Michael Gewecke

Physiologie der Insekten

Physiologie der Insekten

Herausgegeben von Michael Gewecke

Mit Beiträgen von:

Werner Backhaus
Jürgen Boeckh
Detlef Bückmann
Norbert Elsner
Gerta und Günther Fleissner
Michael Gewecke
Kurt Hamdorf
Klaus Hubert Hoffmann
Franz Huber
Otto Kraus
Randolf Menzel
Thomas Roeder

270 Abbildungen, 21 Tabellen

Gustav Fischer Verlag
Stuttgart · Jena · New York · 1995

Anschrift des Herausgebers:

Prof. Dr. Michael Gewecke
Universität Hamburg
Zoologisches Institut
Martin-Luther-King-Platz 3
20146 Hamburg

Die Deutsche Bibliothek – CIP-Einheitsaufnahme

Physiologie der Insekten / hrsg. von Michael Gewecke. –
Stuttgart ; Jena ; New York : G. Fischer, 1995
ISBN 3-437-20518-8
NE: Gewecke, Michael [Hrsg.]

Gesetzt aus der 9/11 p Times normal und Helvetica auf dem Satzsystem TypoScript.
Gedruckt auf LuxoMatt holzfrei matt kompaktgestrichen, chlorfrei gebleichtem Papier, 100 g/qm.

Herstellung: Ralf Bogen
Umschlagsgestaltung: Klaus Dempel, Stuttgart.
Das Umschlagbild zeigt den Kopf einer weiblichen Wanderheuschrecke (*Locusta migratoria* L.; Abb. 4-48).
Satz: Mitterweger Werksatz GmbH
Druck und Einband: Druckhaus Thomas Müntzer, Bad Langensalza
Printed in Germany

Autoren

Dr. Werner Backhaus, Freie Universität Berlin, Institut für Neurobiologie, Königin-Luise-Str. 28–30, 14195 Berlin

Prof. Dr. Jürgen Boeckh, Universität Regensburg, Institut für Zoologie, Universitätsstr. 31, 93040 Regensburg

Prof. Dr. Detlef Bückmann, Universität Ulm, Abteilung für Allgemeine Zoologie, Albert-Einstein-Allee 11, 89069 Ulm

Prof. Dr. Norbert Elsner, Universität Göttingen, I. Zoologisches Institut, Berliner Str. 28, 37073 Göttingen

Dr. Gerta und Prof. Dr. Günther Fleissner, Universität Frankfurt, Zoologisches Institut, Siesmayerstr. 70, 60323 Frankfurt/M.

Prof. Dr. Michael Gewecke, Universität Hamburg, Zoologisches Institut, Neurophysiologie, Martin-Luther-King-Platz 3, 20146 Hamburg

Prof. Dr. Kurt Hamdorf, Ruhr-Universität Bochum, Lehrstuhl für Tierphysiologie, Universitätsstr. 150, 44780 Bochum

Prof. Dr. Klaus Hubert Hoffmann, Universität Bayreuth, Lehrstuhl Tierökologie I, Universitätsstr. 30, 95440 Bayreuth

Prof. Dr. Franz Huber, Max Planck Institut für Verhaltensphysiologie, 82319 Seewiesen

Prof. Dr. Otto Kraus, Universität Hamburg, Zoologisches Institut, Abteilung für Phylogenetische Systematik, Martin-Luther-King-Platz 3, 20146 Hamburg

Prof. Dr. Randolf Menzel, Freie Universität Berlin, Institut für Neurobiologie, Königin-Luise-Str. 28–30, 14195 Berlin

Dr. Thomas Roeder, Universität Hamburg, Zoologisches Institut, Neurophysiologie, Martin-Luther-King-Platz 3, 20146 Hamburg

Vorwort

Als der Gustav Fischer Verlag vor einigen Jahren mit dem Vorschlag an mich herantrat, ein Lehrbuch der Insektenphysiologie zu schreiben, war mir sofort klar, daß es von mehreren kompetenten Wissenschaftlern verfaßt werden sollte. Nur so konnten den Studenten das klassische Wissen und zugleich die Fortschritte übermittelt werden, die unsere Generation in den letzten Jahrzehnten beigetragen hat. Tatsächlich gelang es mir, diejenigen Kollegen als Co-Autoren zu gewinnen, die jeweils Teilgebiete der Insektenphysiologie am besten und aus eigenem, forschenden Erleben darstellen können. Ihnen bin ich für die kreative Mitarbeit zu großem Dank verpflichtet.

Das so entstandene Buch soll eine Lücke schließen und eine Brücke bilden zwischen den allgemeinen Lehrbüchern der Physiologie, in denen meist nur sehr wenig über die vergleichende Physiologie der Insekten steht, und den spezielleren Originalarbeiten und Übersichtsartikeln aus diesem Bereich, deren Inhalt den meisten Studierenden nicht vermittelt werden kann. Dies soll mit dem vorliegenden Lehrbuch geschehen, das die Besonderheiten der Insekten, ihre Vielgestaltigkeit und Anpassungsfähigkeit darstellt, die sie zur artenreichsten Gruppe aller Lebewesen gemacht hat.

Einen Leitgedanken bei der Gestaltung des Buches verdanke ich einem meiner Lehrer, Alfred Kaestner, der uns in seiner Vorlesung in München empfahl, beim Studium der Tiere immer die Frage zu stellen, «wie kann ein Viech existieren?» Und er fügte hinzu «Namen sind nicht wichtig, aber Tatsachen!» Die für die Insekten essentiellen Fragen versuchen wir in diesem Buch zu beantworten, so weit das heute möglich ist. Sie reichen vom Stoff- und Energiewechsel bis zur Kommunikation im Sozialverband. Durch die Konzeption war von vornherein vorgegeben, daß dieses Lehrbuch naturgemäß keine auf Vollständigkeit bedachte, lexikalische Stoffsammlung von Erkenntnissen bieten sollte, im Gegensatz zu einem Handbuch. Vielmehr galt es, eine zwar in sich geschlossene, zugleich aber manchmal exemplarische und durch die individuelle «Handschrift» des jeweiligen Verfassers geprägte Darstellung von Funktionszusammenhängen und Anpassungsmechanismen zu schreiben. Die von den Autoren für dieses Lehrbuch gewählten Beispiele erhalten dadurch eine bestimmte Originalität und Authentizität, sie lassen aber auch viele gleich wichtige Untersuchungsergebnisse unerwähnt und unzitiert. Dafür bitte ich alle Kollegen um Verständnis, die sich eine Berücksichtigung weiterer Aspekte gewünscht hätten.

Aus dieser Bitte geht zugleich hervor, wie sehr Wissenschaft mit der Individualität der Wissenschaftler verbunden ist. Um den Studenten zu vergegenwärtigen, daß Forschung von Menschen gemacht wird, haben wir die meisten der nur lose an den Text gebundenen Boxen einigen Forschern gewidmet, die man zu den Vätern der Insektenphysiologie zählen muß. Es werden Menschenschicksale deutlich, die nicht in Vergessenheit geraten, sondern in Dankbarkeit anerkannt und bewahrt werden sollen.

Es mag ungewohnt sein, in einem Physiologie-Lehrbuch ein Kapitel über das phylogenetische System zu finden. Deshalb sei auf die Selbstverständlichkeit hingewiesen, daß Phylogenie nicht nur an Strukturen der peripheren Gestalt der Tiere stattgefunden hat, sondern auch im Bereich der damit untrennbar verbundenen Funktionen. So sollen die vor allem auf den richtungsweisenden Arbeiten von Willi Hennig beruhenden, in Kapitel 10 dargestellten Stammbäume helfen, die vergleichende Physiologie der Insekten auf das Fundament der Synthetischen Evolutionstheorie zu stellen. Erst die Aufklärung der stammesgeschichtlichen Verwandtschaft der Teilgruppen kann es dem Physiologen ermöglichen, mit angemessenen Forschungsstrategien auch komplexes Verhalten und spezielle Lebensweisen verschiedener Insektengruppen in einem vergleichenden Ansatz zu analysieren und sinnvoll einzuordnen.

Den vielen am Entstehen des Buches beteiligten und ungenannt gebliebenen Kollegen, Mitarbeiterinnen und Mitarbeitern möchte ich für ihren Einsatz herzlich danken, bei wenigstens einigen aber auch persönlich. So haben die Kollegen Ulrich Bässler, Klaus-Dieter Ernst, Malcolm Burrows, Karl-Ernst Kaissling, Kuno Kirschfeld, Ernst Priesner, Klaus Sander, Lutz Thilo Wasserthal, Theo Weber und Rainer Willmann durch anregende Diskussionen und förderliche Kritik sowie die Hamburgerinnen Heike zur Borg, Gisela Gruß, Dörte Heyden und Astrid Mantel durch geduldige und engagierte Gestaltung der Manuskripte und zahlloser Abbildungen zum Gelingen des Buches wesentlich beigetragen.

Hamburg, im Winter 1994
Michael Gewecke

Inhaltsübersicht

Inhalt

1 Stoffwechsel

K. H. Hoffmann

2 Fortpflanzung und Entwicklung

K. H. Hoffmann

3 Hormonale Regulation

D. Bückmann

4 Motorik

M. Gewecke

5 Akustische Kommunikation

N. Elsner und F. Huber

6 Sehen

K. Hamdorf

7 Chemische Sinne

J. Boeckh

8 Orientierung

R. Menzel

9 Kommunikation im Insektenstaat

R. Menzel

10 System der Insekten

O. Kraus

Verzeichnis der Boxen

1 Stoffwechsel

K. H. Hoffmann

Einleitung

Traditionsgemäß wird die Tierphysiologie in eine vegetative und eine animalische Physiologie unterteilt. Die vegetative Physiologie befaßt sich mit der Analyse der stofflichen, d. h. biochemischen Basis der Lebensäußerungen. Dies sind im weitesten Sinne Phänomene der Stoffaufnahme (1.1)*, des Stofftransports (1.1, 1.4), der Umwandlung (1.2, 1.3) und der Ausscheidung (1.5) biologisch relevanter Substanzen. Stoffwechsel ist eine Grundlage der Funktionen von Insekten, sowohl als Individuen wie auch in ihren Beziehungen zur Umwelt, und bietet den Schlüssel für das Verständnis ökologischer Anpassungsmechanismen (1.6, 1.7). Die Mannigfaltigkeit ökologischer Anpassungen reicht von der Stoffaufnahme und Stoffverwertung bis hin zu jahreszeitlichen Anpassungen in der Entwicklung (2.5), Orientierungsproblemen (7.1.4, 8.2, 8.3) und Verhaltensstrategien (Rathmayer 1975).

1.1 Ernährung und Verdauung

Die Insekten beziehen ihre energieliefernden Kohlenstoffverbindungen aus festen oder flüssigen Nährstoffen. Die aufgenommenen Nahrungsstoffe, vor allem Kohlenhydrate, Fette und Proteine, werden zum Aufbau von Körpersubstanz verwendet (Wachstum, Entwicklung, Reproduktion; **Baustoffwechsel**) und als Energiequellen für die Aufrechterhaltung aller Körperfunktionen **(Betriebsstoffwechsel)**. Zur Nahrungsaufnahme und mechanischen Zerkleinerung stehen den Insekten vielfältig gestaltete Mundwerkzeuge zur Verfügung. Nur einige Collembolen können auch über Teile der Körperoberfläche kleinere und wasserlösliche, organische Moleküle aufnehmen. Die chemische Zerkleinerung der Nahrungskomponenten geschieht bei der Verdauung und Resorption, die in besonders differenzierten Abschnitten des Darmtraktes (intestinal, extrazellulär) erfolgen. Manche Räuber (z. B. *Dytiscus*-Larven, *Carabus*-Arten) und Aasfresser *(Panorpa)* verdauen ihre Beute bereits vor dem Mund an, also präoral. Diese extraintestinale Verdauung ist aber immer mit einer anschließenden intestinalen verbunden. Dem Darmtrakt kommt auch die Aufgabe der Defäkation zu, d. h. der Abgabe nicht verdauter oder nicht resorbierter Stoffe.

1.1.1 Nahrungsbedarf und Nahrungsquellen

Die Menge der Nahrung, die ein Insekt aufnimmt, wird im wesentlichen durch seinen Energiebedarf bestimmt. Als Energielieferanten können sich Fette, Kohlenhydrate und Proteine zwar innerhalb gewisser Grenzen gegenseitig vertreten **(Isodynamie)**, tatsächlich werden jedoch alle drei Hauptkomponenten benötigt. Proteine sind als organische Stickstoffquelle unentbehrlich. Auch Sterine (Lipoide) und ungesättigte Fettsäuren sind für

* Die Zahlen in Klammern weisen jeweils auf das entsprechende Kapitel hin.

Insekten essentiell (1.1.1.4) und müssen mit der Nahrung aufgenommen werden. Kohlenhydrate müssen in der Nahrung vorhanden sein, da bei einem ausschließlichen Abbau von Fetten und Proteinen im Intermediärstoffwechsel große Mengen von Ketonverbindungen angereichert würden, die zu Zellschädigungen führen können. Natürlich benötigen Insekten neben den organischen Nährstoffen auch Vitamine (1.1.1.4), Mineralsalze und Wasser (1.5.5.1). Die meisten Insekten beziehen die genannten Nährstoffe in ausreichenden Mengen aus lebenden, toten oder zerfallenden tierischen und pflanzlichen Geweben (in letzterem Fall meist aus Bakterien und Pilzen auf den zerfallenden Geweben). Viele Insekten können aber auch auf Nahrungsquellen mit begrenztem Nährwert gedeihen, da ihnen symbiontische Mikroorganismen essentielle Nahrungsbestandteile liefern (1.1.4.2).

1.1.1.1 Nahrungsbedarf

Insektenlarven sind meist «Freßmaschinen». Dies wird besonders deutlich bei Schmetterlingsraupen. Eine Insektenlarve muß genügend Nahrung aufnehmen, um innerhalb eines Stadiums schnell genug zu wachsen und um die Periode ohne Nahrungsaufnahme kurz vor und während der **Häutung** zu überdauern. Der Häutungsprozeß ist energetisch sehr aufwendig; es können dabei ca. 30 % der Energiereserven aufgebraucht werden. Im Adultstadium ist der Nahrungsbedarf bei Weibchen im allgemeinen größer als bei Männchen, bei denen auch verkümmerte Mundwerkzeuge häufiger vorkommen als bei Weibchen. Der größere Nahrungsbedarf der Weibchen geht auf den Energiebedarf für die **Fortpflanzung** zurück.

Bei den Hemiptera geht bis zu 80 % der Nahrungsenergie in die Eier. Einige Heuschrecken benötigen beträchtliche Energiemengen für ihre Wanderflüge. Im Extrem nehmen einige adulte Insekten gar keine Nahrung mehr auf (z. B. einige Schmetterlinge), oder nur Wasser. Reservestoffe werden dann aus den Speicherorganen (Fettkörper) mobilisiert.

Außenfaktoren, wie z. B. Temperatur, Luftfeuchtigkeit oder der Charakter des Lebensraumes, beeinflussen den Nahrungsbedarf der Insekten in hohem Maße. Findet eine Diapause statt, so nehmen die Tiere vorher verstärkt Nahrung zu sich, während der Diapause dagegen kaum noch. Wahrscheinlich sind die mit einer Diapause verbundenen hormonalen Umstellungen (2.2, 3.4.4) für eine Hemmung der Fraßaktivität verantwortlich.

1.1.1.2 Natürliche Nahrungsquellen

Verhältnismäßig selten kommen unter den Insekten Allesfresser **(Omnivora)** vor. Zu ihnen gehören z. B. die Amerikanische Küchenschabe *(Periplaneta americana)* oder einige Detritusfresser. Die überwiegende Mehrzahl der Insekten ist **stenophag**, d. h. ihr Nahrungsbereich ist mehr oder weniger eng begrenzt.

Extreme Nahrungsspezialisten sind auf nur eine Nahrungsquelle eingestellt, wie etwa die Raupe der Wachsmotte *(Galleria mellonella)*, die vom Wachs der Bienenwaben lebt.

Eine andere Einteilung kann nach der trophischen Ebene der Nahrung erfolgen. Herbivore ernähren sich von lebenden oder «frisch» toten pflanzlichen Stoffen **(phytophag)**; Carnivore ernähren sich von Substanzen tierischer Herkunft **(zoophag)** und die Detritusfresser von toter organischer Substanz pflanzlichen oder tierischen Ursprunges **(saprophag)**. Je nachdem ob totes pflanzliches Material (Mulmfresser), Exkremente von Tieren (Kotfresser) oder tierische Leichen (Aasfresser) die Nahrung bilden, werden sie als **detritophag, coprophag** oder **nekrophag** bezeichnet. Einige Insekten erzeugen durch Abgabe von Stoffen in Pflanzengewebe Gallen und leben dann von den von der Pflanze gebildeten Gallengeweben (z. B. Gallwespen, Gallmükken).

Zahlreiche Insekten sind **Ektoparasiten.** Die bekanntesten unter ihnen sind die Blutsauger an Warmblütern. Sie können zeitweise (temporär) oder dauernd (stationär) mit ihren Wirten in Verbindung stehen. Zwischen dem Parasiten und seinem Wirtstier bestehen oft enge physiologische Bindungen. So werden viele Weibchen erst dann geschlechtsreif, wenn sie Blut gesaugt haben (z. B. die Raubwanze *Rhodnius;* 2.1). Einige Arten bedrohen die Gesundheit des Menschen, indem sie bei der Nahrungsaufnahme zum Krankheitserreger oder Krankheitsüberträger werden. **Endoparasitismus** entwickelte sich oft aus Aasfressertum und führte von hier aus zum Schmarotzen in der Haut, im Nasenrachenraum oder im Magen von Säugern (Oestridae und Gasterophilidae; Diptera). Groß ist die Zahl von Endoparasiten, die in anderen Insekten ihre Entwicklung durchmachen (z. B. Schlupfwespen, Raupenfliegen).

Entscheidend für die Annahme einer potentiellen Nahrungsquelle als Futter sind ihre chemische Zusammensetzung und ihr Gehalt an Fraßlockstoffen (Allomone wie z. B. Glykoside und Alkaloide). Dies wird besonders deutlich bei Fütterung mit einer synthetischen Diät. Oft wird ein solches «Kunstfutter» nur dann angenommen, wenn es natürliche Blattextrakte als Lockstoffe enthält.

1.1.1.3 Synthetische und halbsynthetische Diäten

Mit der Verwendung von synthetischen Nährmedien zur Aufzucht von Insekten gelang es, einen Einblick in die Nahrungsbedürfnisse einzelner Insektenarten zu bekommen. Die erste Art, die vom Ei bis zum adulten Tier auf einer synthetischen Diät aufgezogen wurde, war *Calliphora vomitoria* (Diptera). Inzwischen stehen für mehrere hundert Insektenarten künstliche Nährmedien zur Verfügung.

Bei der Herstellung einer synthetischen Diät sind folgende Punkte zu beachten (Reinecke, in Kerkut und Gilbert 1985 [4]): **1** Die Nahrung muß artspezifische Fraßlockstoffe bzw. fraßstimulierende Substanzen enthalten, aber frei von Fraßabwehrstoffen sein. **2** Die Nahrung darf keine Stoffwechselinhibitoren enthalten. Dabei kann sogar ein essentieller Nahrungsbestandteil, wenn er im Überschuß vorhanden ist, als Inhibitor wirken. **3** Die Nahrung muß alle essentiellen Nahrungsbestandteile enthalten (1.1.1.4). **4** Die Nahrung muß eine passende Struktur bzw. Textur aufweisen. So saugen gewebesaftsaugende und blutsaugende Arten nur dann von einem künstlichen, flüssigen Nährmedium, wenn es von einer Membran (z. B. Parafilm®) umschlossen ist. Bei anderen Arten ist die Nahrungsaufnahme eng mit der Eiablage verbunden und ihre Nahrung muß so beschaffen sein, daß darin Eiablagekammern errichtet werden können.

Um eine vollsynthetische Nahrung handelt es sich nur dann, wenn sie aus reinen Chemikalien zusammengesetzt ist. Nachdem aber gerade phytophagen Insekten zahlreiche Phagostimulantien, z. B. in Form von Blattpulver oder Blattextrakten, beigemischt werden müssen, kann in solchen Fällen nur von einer halbsynthetischen Diät gesprochen werden.

1.1.1.4 Essentielle Nahrungsbestandteile

Für Wachstum und Reproduktion benötigen alle Insekten **Aminosäuren** für die Proteinsynthese. Zehn Aminosäuren gelten als essentiell, müssen also obligatorisch mit der Nahrung aufgenommen werden. Es sind die gleichen zehn, die auch für die Ratte und den Menschen essentiell sind: die L-Isomeren von Arginin, Histidin, Isoleucin, Leucin, Lysin, Methionin, Phenylalanin, Threonin, Tryptophan und Valin.

Größere Abweichungen von dieser Norm findet man nur bei Insekten mit intrazellulären Symbionten, wie z. B. der Hausschabe *(Blattella germanica)*, da die Symbionten gespeicherte Harnsäurekristalle in Aminosäuren umwandeln (1.5.3.4).

Schon 1935 fand Hobson heraus, daß **Sterine** (wichtige Bestandteile der Lipoproteinstruktur von Zellmembranen, der Cuticulawachse und der Häutungshormone; 3.4.4) von den Insekten mit der Nahrung aufgenommen werden müssen, während sie die meisten anderen Tiere synthetisieren können. Nur einige pflanzensaftsaugende Homoptera und Heteroptera werden von intrazellulären Symbionten mit Sterinen versorgt. Außer *Drosophila pachea* und *Xyleborus ferrugineus*, die Δ^7-Sterine (7-Dehydrocholesterin) in der Nahrung benötigen, können alle bisher untersuchten Insekten C27-Cholesterin verwerten. Oft werden allerdings verschiedene Pflanzen (C28, C29)- und Hefesterine besser verwertet als Cholesterin.

Auch einige **Fettsäuren** sind für die meisten Insektenarten essentiell, nämlich die langkettigen, vielfach ungesättigten Fettsäuren Linolsäure (C18:2), Linolensäure (C18:3) und Arachidonsäure (C20:4). In den vergangenen 10 Jahren wurden bei vielen Insekten **Prostaglandine** nachgewiesen, für deren Synthese C20 mehrfach ungesättigte Fettsäuren benötigt werden (Murtaugh und Denlinger 1982).

Eine weitere Gruppe von essentiellen Nahrungsbestandteilen sind die akzessorischen Wachstumsfaktoren. Sie können in zwei Gruppen eingeteilt werden, in wasserlösliche und fettlösliche Substanzen (Tab. 1-1). Wasserlöslich sind die B-Vitamine, Vitamin C, lipogene Faktoren wie Cholin und myo-Inosit, Carnitin (bei *Tribolium*-Arten) und Nucleinsäuren (bei Dipteren). Als fettlösliche, essentielle Wachstumsfaktoren gelten die Vitamine A, E und K, wobei ein Vitamin K-Mangel bisher nur bei der Honigbiene *(Apis mellifera)* und der Hausgrille *(Acheta domesticus)* zu Wachstumsverzögerungen führte.

1.1.2 Nahrungsaufnahme- und Verdauungsorgane

Die paarigen Mundwerkzeuge der Insekten gehen auf die Gliedmaßen der drei hinteren Kopfsegmente zurück. Vor bzw. über den Mundwerkzeugen liegt die Mundöffnung. Der Darmkanal besteht aus drei morphologisch wie herkunftsmäßig verschiedenen Abschnitten, dem Vorderdarm (Mundöffnung, Pharynx, Ösophagus, Kropf und Kaumagen oder Proventrikel), dem Mitteldarm (Ventrikel, z. T. mit Blindsäcken) und dem Hinter- oder Enddarm (Pylorus, Ileum plus Colon, Rectum und After).

1.1.2.1 Mundwerkzeuge

Die paarigen Mundteile stehen von vorne nach hinten in der Folge **Mandibeln**, 1. **Maxillen** und 2. Maxillen (**Labium** = Unterlippe) und werden von unpaaren Mundteilen ergänzt, dem **Labrum** (Oberlippe) und dem **Hypopharynx**. In typischer Ausbildung finden wir die Mundwerkzeuge bei den Orthopteroidea (Typ kauend-beißend, Abb. 1-1). Andere Insektengruppen weisen, je nach Art und Konsistenz der Nahrung sowie des Nahrungserwerbes und der Nahrungsaufnahme, kauend-leckende, leckend-saugende oder stechend-saugende Mundwerkzeuge auf. Bei Pflanzenfressern sind die Mandibeln meist kurz und massiv, mit gut entwickelten Schnei-

Tab. 1-1: Wachstumsfaktoren in der Insektenernährung und ihre physiologischen Funktionen (nach McFarlane, in Blum 1985).

Faktor	Physiologische Funktion
Wasserlöslich	
B-Vitamine	
Thiamin	im Coenzym Thiaminpyrophosphat
Riboflavin	im Coenzym Flavinmononucleotid (FMN) und Flavin-adenin-dinucleotid (FAD)
Nicotinamid	im Coenzym Nicotinamid-adenin-dinucleotid(phosphat) [NAD(P)]
Pantothensäure	im Coenzym A
Pyridoxin (B_6)	im Coenzym Pyridoxalphosphat
Folsäure	Übertragung von C1-Fragmenten
Biotin	CO_2-Stoffwechsel
Vitamin C	Regulierung des Redoxsystemes
Cholin	Phospholipidkomponente
myo-Inosit	Phospholipidkomponente
Fettlöslich	
Vitamin A	Bestandteil des Rhodopsins, Pigmentierung
Vitamin E	antioxidative Wirkung besonders auf Fettsäuren
Vitamin K	Wachstumsfaktor bei einigen phytophagen Arten

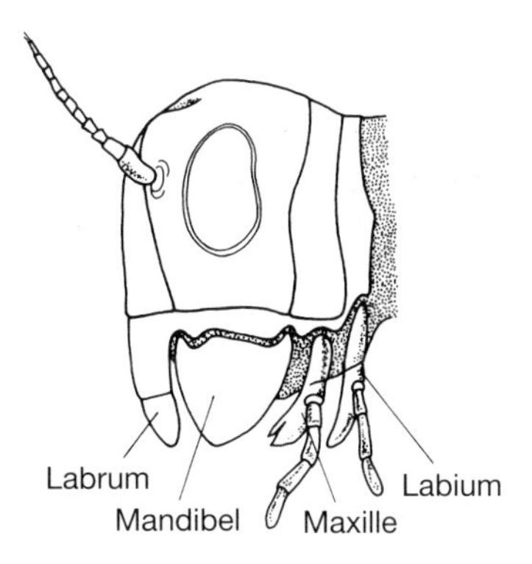

Abb. 1-1: Generalisierte Darstellung der Mundwerkzeuge eines Insekts. Typ kauend-beißend, Seitenansicht.

den und kräftigen Zähnen (Incisivi). Bei kauend-beißenden Räubern finden sich demgegenüber lange und spitze, mit den Enden übereinander greifende Mandibeln, die zum Ergreifen und Töten der Beute dienen. Härte der Mandibeln und die durch sie ausgelöste Kraft können außerordentlich groß sein.

So brechen manche Laufkäfer, die sich von Schnecken ernähren, die harte Schale ihrer Beutetiere mit den Mandibeln auf. Andere Insekten benutzen die Mandibeln als Waffe bei Rivalenkämpfen (Hirschkäfer) oder zur Verteidigung, wie etwa die Soldaten bei Ameisen und Termiten.

Bei den **leckend-saugenden** Mundwerkzeugen (z. B. adulte Lepidoptera, Trichoptera) wird der bis zu 20 cm lange Saugrüssel aus den beiden verlängerten Außenladen der Maxillen gebildet. In der Ruhelage ist der Rüssel ventralwärts eingerollt («Rollzunge»), die Ausstreckung erfolgt durch zahlreiche, im Lumen der Außenladen ausgespannte kleine Muskeln. An der Rüsselspitze sitzen zahlreiche chemische Sinnesorgane z. B. zur Überprüfung des Nektars in den Blütenkelchen.

Damit **stechend-saugende** Insektenarten zu ihrer Nahrungsquelle im Inneren von pflanzlichen und tierischen Geweben gelangen, müssen die Mundteile in die betreffenden Gewebe eindringen können. Hierfür sind meist Mandibeln und Maxillen zu stilettartigen Stechbohrern umgewandelt. Das Labium bildet ein Gleitrohr für den Stechapparat. Weiterhin muß ein Saugrohr (aus dem Labrum gebildet) vorhanden sein, durch das die Nahrungssäfte zum Mund strömen. Der Hypopharynx dient als Speichelrohr, durch das die Speichelflüssigkeit (Antikoagulantien und Enzyme) aus den Speicheldrüsen in die Wunde injiziert wird.

Bei verschiedenen Insektengruppen läßt sich eine mehr oder weniger weitgehende **Reduktion** der Mundteile beobachten. Besonders weitgehende Rudimentationen finden sich bei Dipterenlarven, bei denen nicht nur die Mundwerkzeuge, sondern auch die Kopfkapsel selbst verschwinden kann. Die der Kopfkapsel entsprechenden Teile sind in das Innere des Prothorax verlagert und bilden mit dem Pharynx zusammen ein kompliziertes Schlundgerüst (Cephalopharynxskelett).

1.1.2.2 Darmtrakt

Der Darmtrakt durchzieht den Körper als gerades oder aufgeschlungenes Rohr (Abb. 1-2). Vorder- und Hinterdarm sind ihrer ektodermalen Herkunft entsprechend mit einer chiti-

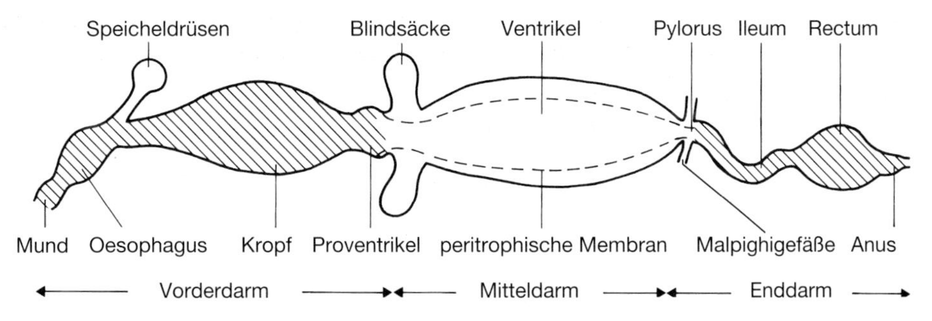

Abb. 1-2: Schematische Darstellung des Darmtraktes von Insekten. Schraffierte Abschnitte sind ektodermalen Ursprungs und mit einer Cuticula ausgekleidet.

nösen, cuticulären **Intima** ausgekleidet, die dem Mitteldarm fehlt. Die Darmwand selbst besteht durchweg aus einem zum Darmlumen hin gewandten, einschichtigen Epithel, dem zum Hämocoel hin eine dünne **Membrana** (Tunica), die Basalmembran der Darmzellen, und eine Peritonealhülle aufliegt, die aus lokkerem Bindegewebe und der **Muscularis** (Muskelschicht aus netzartig verbundenen Ring- und Längsmuskelfasern) besteht. Die einzelnen Darmabschnitte sind durch ventilartig wirkende Ringfalten voneinander getrennt, von denen die zwischen Vorder- und Mitteldarm gelegene als **Cardia**, die zwischen Mittel- und Enddarm befindliche als **Pylorus** bezeichnet wird. Am Vorderende des Hinterdarmes entspringen die als Exkretionsorgane fungierenden **Malpighischen Gefäße** (1.5.1).

Alle Darmabschnitte zeigen spezifische Anpassungen an ihre Aufgabe der Nahrungspassage, Verdauung und Resorption. **Pharynx** und **Ösophagus** leiten die Nahrung mittels peristaltischer Muskelbewegungen zum Mitteldarm. Viele Insekten besitzen einen **Kropf** (Ingluvies), der sehr erweiterungsfähig ist und zur Nahrungsspeicherung dient. Bei einigen Insekten findet hier bereits eine Vorverdauung statt. Die dabei wirksamen Verdauungsenzyme stammen aus den Speicheldrüsen und dem Mitteldarm. Der **Kaumagen** (Vormagen, Proventrikel) ist häufig mit mächtigen Chitinzähnchen ausgestattet, die für die Zerkleinerung härterer Nahrung verwendet werden. Bei fast allen saugenden Insekten fehlt der Vormagen; dafür ist der **Mitteldarm** (Ventrikel) oft mit mächtigen Blindsäcken (Caeca) ausgestattet, die der Oberflächenvergrößerung dienen. Die Aufgaben des Mitteldarmes, Sekretion von Verdauungsenzymen und Resorption der aufgeschlossenen Nahrungsstoffe (1.1.4), werden von den mit Mikrovilli versehenen Epithelzellen erfüllt. Die **Sekretion** kann merokrin, apokrin oder holokrin erfolgen. Im ersten Fall werden in der Zelle Sekrettropfen gebildet, die exocytotisch apikal aus der Zelle austreten. Bei der apokrinen Sekretion wird ein ganzer, sekretbeladener apikaler Zellabschnitt abgeschnürt. Bei der holokrinen Sekretion tritt die ganze Epithelzelle aus dem Zellverband aus und zerfällt im Darmlumen unter Freigabe der Sekrete. Abgestoßene oder erschöpfte Epithelzellen können aus Regenerationsnestern an der Basis des Epithels heraus ersetzt werden. Die **Resorption** erfolgt entweder von allen Zellen zwischen zwei Sekretionsphasen oder von Zellen in nicht mit Sekretion befaßten Bereichen. Zwischen den Epithelzellen eingestreut liegen zwei Typen von endokrinen Zellen (abgeschlossene Zellen, offene Zellen mit Verbindung zum Lumen; Žitňan et al. 1993). Das Mitteldarmepithel der Insekten ist schleimdrüsenlos und daher harten Nahrungskörpern gegenüber empfindlich. Tiere mit harter Nahrung bilden deshalb eine Schutzeinrichtung, die **peritrophische Membran**, aus (Abb. 1-2). Sie besteht aus Chitinfibrillen, die in eine Grundmasse aus Proteinen eingebettet sind. Als schlauchförmiger Hohlzylinder reicht sie oft bis in den Hinterdarm hinein und trennt die Nahrungsmassen von den Epithelzellen. Für Enzyme und auch für aufgeschlossene Nahrungsstoffe ist sie unbeschränkt durchlässig.

Der Enddarm ähnelt histologisch weitgehend dem Vorderdarm. Die Wände des Rectums tragen gewöhnlich Epithelverdickungen, die **Rectalpapillen**, die Orte besonders intensiver Wasserrückresorption aus dem Kot sind (1.1.4.3, 1.5.2.2). Am Ende des Rectums bildet die Ringmuskulatur als dichte Lage einen Schließmuskel (Sphincter).

Wie bei vielen anderen Tieren steht auch bei den Insekten die Länge des gesamten Darmes mit der Art der Nahrung in Zusammenhang. Beim Gelbrandkäfer, als Fleischfresser, ist der Darmkanal etwa doppelt so lang wie der Körper, beim phytophagen Maikäfer etwa 7mal und beim koprophagen Mistkäfer sogar 13mal.

1.1.3 Nahrungsaufnahme und Nahrungsverwertung

Insekten, denen genügend Nahrung zur Verfügung steht, benötigen dennoch eine Phagostimulation, um mit dem Fressen zu beginnen. Die wichtigsten **Fraßstimulatoren** sind Zukker, hauptsächlich Sucrose, dazu Aminosäuren, sekundäre Pflanzenstoffe und Nucleotide. Für Saftsauger stellt auch das Wasser einen Fraßstimulator dar. Kontinuierliches Fressen erfordert eine anhaltende Fraßstimulation. Die meisten Insekten nehmen die Nahrung aber in diskreten Portionen zu sich. Der Umfang einer Mahlzeit scheint vom Volumen des aufgenommenen Futters abzuhängen. Bei Larven von *Locusta migratoria* bestimmt z. B. der Füllungsgrad des Kropfes das Ausmaß einer Mahlzeit, bei anderen Arten kann das Gesamtkörpervolumen als negativer «feedback»-Regulator wirken. Die Länge der Perioden zwischen den Mahlzeiten wird durch äußere Gegebenheiten (Nahrungsangebot, circadiane Zeitgeber), aber auch durch physiologische Veränderungen im Tier (Hämolymphzucker, Hormonspiegel, osmotische Konzentrationen im Blut) beeinflußt.

1.1.3.1 Mechanismen der Nahrungsaufnahme

Bei der Art der Nahrungsaufnahme lassen sich verschiedene Typen unterscheiden, zwischen denen allerdings Übergänge vorkommen. **Zerkleinerer** bearbeiten die Nahrung mechanisch vor der Aufnahme in den Darmkanal. Hierzu gehören alle Insekten mit beißend-kauenden Mundwerkzeugen, die ihre Nahrung in größere Stücke zerreißen, zerschneiden, zerraspeln oder auch fein zermahlen. Die Nahrungspartikel müssen dann zur Mundöffnung gebracht (kauend-leckend) und verschluckt werden. **Sauger** (z. B. Hemipetra, Diptera, Lepidoptera) nehmen flüssige Nahrung von Tieren oder Pflanzen auf, wobei diese freiliegend (leckend-saugende Mundwerkzeuge) oder im Inneren von Geweben oder Körperhöhlen (stechend-saugend) enthalten sind. Das Saugen erfolgt durch den Einsatz des muskulösen Pharynx. **Partikelfresser** (einige Diptera, Ephemeroptera, Trichoptera) leben meist im Wasser und ernähren sich vorwiegend von tierischen und pflanzlichen Mikroorganismen oder pflanzlichem Detritus. Zur Filtrierung der Nahrung aus dem Plankton oder dem Bodenschlamm der Gewässer tragen sie u. a. reusen- oder siebartig wirkende cuticuläre Borsten an den Mundteilen (Culicidae, Simuliidae). Einige Trichopterenlarven bauen seidene Fangnetze, mit denen sie Nahrungspartikel aus dem Wasserstrom filtrieren. **Zersetzer** schließlich verflüssigen ihre Nahrung chemisch außerhalb des Körpers, bevor sie sie aufsaugen (**extraintestinale Verdauung**, z. B. bei Larven von *Dytiscus, Lampyris, Planipennia*). Die hierzu notwendigen Verdauungssäfte können einfach auf die Nahrung gegossen oder in die aufzulösenden Gewebe injiziert werden.

1.1.3.2 Nahrungspassage und Nahrungsverwertung

Nur ein Teil der mit der Nahrung aufgenommenen Materie und Energie (Konsumption, C) ist für das Tier brauchbar; er wird nach Verdauung (1.1.4.1) und Resorption (1.1.4.3) dem Körper einverleibt, unterliegt also der **Assimilation:**

Assimilation (A) = Produktion (P) + Respiration (R).

Der unbrauchbare Teil passiert den Körper und verläßt ihn auf dem Wege der Defäkation (1.1.4.4).

Zur Bestimmung der **Effizienz**, mit der eine Nahrung vom Insekt ausgenutzt werden kann, müssen die Nahrungsaufnahme, die Defäkationsrate (Faeces und Harn) und die Produktion (Gewebeaufbau, Stoffspeicherung, Ei- und Spermienbildung) bestimmt werden. Aus diesen Werten können folgende Quotienten (in %) gebildet werden:
P/C (Bruttowirkungsgrad der Produktion, gross growth efficiency, ECI), P/A (Nettowirkungsgrad der Produktion, net growth efficiency, ECD), A/C (Assimilationsquotient, assimilation efficiency, AD).

Diese Quotienten sind für verschiedene Insektenarten sehr unterschiedlich (Tab. 1-2). Auch Alter und Geschlecht der Tiere sowie Außenfaktoren, wie Temperatur, Luftfeuch-

Tab. 1-2: Ökologische Effizienzen (in %) bei verschiedenen Insektenarten und der Einfluß von Allomonen. A Assimilation, C Konsumption, P Produktion.

Art[1]	P/C	P/C	A/C
Lepidoptera			
Chimabacche fagella	11	47	24
Ennomos quercinaria	20	60	32
Hyphantria cunea	17	57	29
Saltatoria			
Orchelimum fificinium	10	37	28
Melanoplus sp.	5	16	33
Chortippus parallelus	17	41	40
Allomome[2,3] ($3{,}75 \cdot 10^{-2}$M)			
L-Dopa	56,3	74,2	77,0
P-Benzoquinon	102,5	139,8	74,7
Resorcin	100,4	114,9	108,7

[1] Daten aus Remmert (1992)
[2] Daten aus McFarlane, in Blum (1985), für *Agrotis ipsilon* (Lepidoptera)
[3] Werte als Prozent der Kontrolle ohne Zusatz

tigkeit oder Fraßlockstoffe (Allomone), beeinflussen die Nahrungsverwertung erheblich.

Natürlich hängt die Effizienz in der Verdauung von der Verweildauer der Nahrung in den einzelnen Darmabschnitten ab. Rhythmische Kontraktionen der Ring- oder Längsmuskulatur des Darmes, die unter neuraler und endokriner Kontrolle stehen, sorgen für die Nahrungspassage. Dabei verlaufen die Kontraktionen in den drei Hauptabschnitten des Darmes scheinbar unabhängig voneinander.

1.1.4 Verdauung und Resorption

In den Darmkanal aufgenommene Nahrungsstoffe werden durch den Vorgang der Verdauung chemisch aufgeschlossen, d. h. in eine lösliche, resorbierbare Form überführt. Die dafür notwendigen Enzyme (Proteasen, Carbohydrasen, Lipasen) werden hauptsächlich im **Mitteldarm** produziert und sekretiert (einstufige Verdauung). Bei vielen Insekten enthält aber auch der **Speichel** Enzyme, wie Amylase, Invertase (Honigbiene) und Cellulasen. Art und Ausmaß der Enzymsekretion werden von der Menge und Zusammensetzung der aufgenommenen Nahrung bestimmt (Abb. 1-3). Allgemein gilt, je vielseitiger die Nahrung, um so zahlreicher die Enzyme. So weisen Allesfresser, wie die Schaben, das breiteste Enzymspektrum auf. Bei Räubern und Aasfressern überwiegen die Proteasen und Lipasen, bei Pflanzenfressern die Carbohydrasen. Bei den nektarsaugenden Schmetterlings-Imagines ist oft eine Saccharase das einzige nachweisbare Enzym. Hormone (Peptidhormone, Juvenilhormon) üben einen modulierenden Einfluß auf die Aktivität der Verdauungsenzyme aus (Mandal et al. 1983; Žitňan et al. 1993).

1.1.4.1 Verdauungsenzyme des Mitteldarms

Unter den Proteasen kann auch bei Insekten zwischen Endo- und Exopeptidasen unterschieden werden. Die meisten Endopeptidasen sind vom Trypsin- und Chymotrypsintyp, aber nicht identisch mit den entsprechenden Säugerenzymen. Sie wirken bei einem pH-Wert von 6–8. Proteasen mit pH-Optima im sauren Bereich um pH 2,5 wurden bei einigen blutsaugenden Insekten und Räubern gefunden. Dabei handelt es sich wahrscheinlich

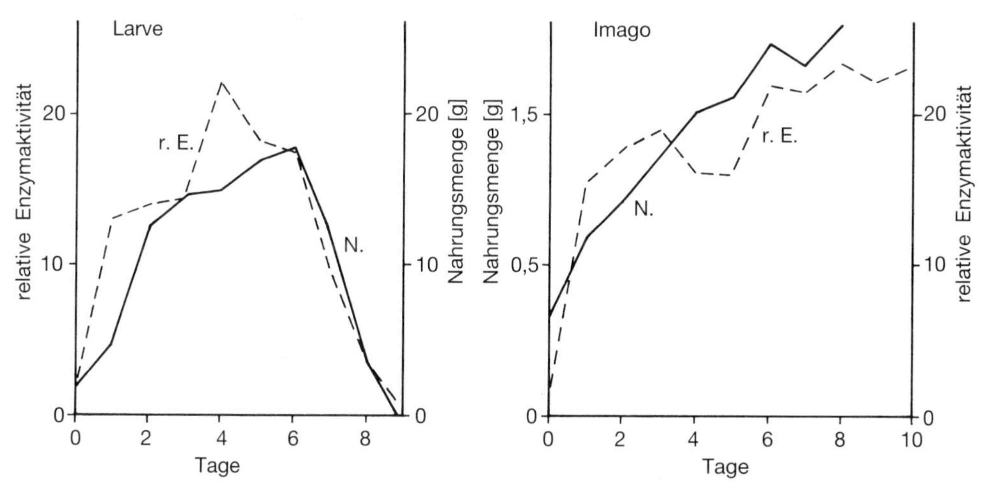

Abb. 1-3: Aufgenommene Nahrungsmenge (N.) und Aktivität der Invertase (r. E.) bei Larven (5. Stadium) und Imagines von Wanderheuschrecken *(Locusta migratoria)* in Abhängigkeit von der Zeit (nach Chapman, in Kerkut und Gilbert 1985 [4]).

nicht um Pepsin, das bisher nur im Mitteldarm von *Calliphora*-Larven nachgewiesen wurde. Unter den Exopeptidasen wurden Carboxypeptidasen, Aminopeptidasen und Dipeptidasen im Insektendarm gefunden.

Vor allem bei räuberischen Insekten und Allesfressern sekretieren die Epithelzellen des Mitteldarmes, und auch der Blindsäcke, eine **Triacylglycerin-Lipase.** Wenig ist darüber bekannt, wie die Nahrungsfette vor dem Angriff durch die Lipasen emulgiert werden. Gallensäuren sind für Insekten bisher nicht beschrieben worden.

Zu den im Mitteldarm vorkommenden **Carbohydrasen** gehören α-Amylase, Maltase und Trehalase, aber auch β-Glucosidasen (z. B. Cellobiase) und β-Galactosidasen. Zahlreiche Insekten geben eine Chitinase in das Mitteldarmlumen ab, die die Zellwände von Mikroorganismen auflösen kann (bakteriolytische Aktivität).

Obwohl bei den Insekten fast alle Verdauungsvorgänge im Mitteldarm ablaufen, liegt doch eine gewisse Kompartimentierung für die Wirkungsorte der Enzyme vor. Zwar werden die meisten Enzyme in den von der peritrophischen Membran abgeschlossenen endoperitrophischen Raum abgegeben **(Endoenzyme)**, einige Enzyme befinden sich aber auch in dem zwischen peritrophischer Membran und Darmepithel gelegenen exoperitrophischen Raum oder sind an die Epithelmembran gebunden **(Exoenzyme)** und spalten dort kleinere Moleküle, die die peritrophische Membran bereits passiert haben (Applebaum, in Kerkut und Gilbert 1985 [4]). Neben dieser vertikalen Enzymverteilung ist oft auch noch eine longitudinale Verteilung zu beobachten. Enzyme mit unterschiedlichen pH-Optima werden bevorzugt in solchen Mitteldarmabschnitten aufgefunden, in denen der entsprechende pH-Wert herrscht.

Bei vielen Insekten ändert sich das Verdauungsenzymmuster im Laufe der Entwicklung (vor allem bei den Holometabolen), meist verbunden mit einer Umstellung in der Nahrung. So benötigen adulte blutsaugende Stechmücken ganz andere Verdauungsenzyme als ihre detritusfressenden Larven.

Die extreme Nahrungsspezialisierung einiger Insekten spiegelt sich in ihren Verdauungsenzymen wider. Die Kleidermotte *(Tineola bisselliella)* sowie Larven der Dermestiden (Speckkäfer) und die Mallophagen (Federlinge) können Keratin verdauen. Das natürliche Keratinmolekül enthält zahlreiche Disulfidbrücken, die erst gebrochen werden müssen, bevor eine Peptidase angreifen kann.

Dies geschieht durch ein starkes Reduktionssystem im Darmlumen (Cystein und Hydrogensulfid unter anaeroben Bedingungen). Die Aktivität der Peptidase **(Keratinase)** darf durch das niedrige Redoxpotential im Darm nicht gehemmt werden. Die Fähigkeit zur Verdauung von Cellulose beruht in vielen Fällen darauf, daß Mikroorganismen im Darmtrakt angesiedelt sind, die die Cellulose abbauen können **(exogene Cellulasen)** (1.1.4.2). Einige Insekten sind aber auch zu eigenständiger Produktion von Cellulasen **(endogene Cellulasen)** befähigt, wie z. B. die höheren Termiten (Termitidae), einige Bockkäfer (Cerambycidae) oder das Silberfischchen *(Ctenolepisma lineata)* (übersicht in Martin 1983). Die celluloseverdauenden Enzyme gehören drei Klassen an, den Endoglucanasen (C_x-Cellulasen), den Cellobiohydrolasen (C_1-Cellulasen) und den β-Glucosidasen (Cellobiase). C_1-Cellulasen können von Insekten allerdings wohl nicht gebildet werden, d. h. ihre Synthese muß von Mikroorganismen (Protozoen, Bakterien, Pilze) übernommen werden.

1.1.4.2 Symbiontische Mikroorganismen

Endosymbiosen mit Bakterien, Hefen oder Protozoen sind besonders häufig bei Insekten mit einseitiger Ernährung, wie z. B. bei Blutsaugern (Arten, die auch als Larven Blut saugen, wie Läuse und Wanzen), Saftsaugern an Pflanzen und Holzfressern. Bei den niederen Termiten (z. B. Mastotermitidae) und holzfressenden Schaben sind **Flagellaten** im Enddarm obligatorisch für die Celluloseverdauung bzw. den Ligninabbau. Bis vor kurzem war nicht klar, ob die Cellulasen von den Flagellaten selbst produziert werden oder von Bakterien im Protoplasma der Protozoen. Inzwischen wurde aber gezeigt, daß auch bakterienfreie Protozoen Cellulasen ausscheiden.

Bakterien können im Darm von Insekten an der Fermentierung von Zuckern, der Stickstoffixierung, dem Harnsäureabbau oder an der Synthese von essentiellen Aminosäuren beteiligt sein. Bei anderen Arten stellen sie ihrem Wirt Vitamine zur Verfügung. Am Rhinozeroskäfer *(Oryctes nasicornis)* und an einigen Bodenfressern konnte gezeigt werden, daß sie die mit der Nahrung aufgenommenen Bakterien im Darm auf Hemicellulose züchten, und diese Bakterien ihnen dann als Nahrung dienen (Bignell et al. 1980). Bei der Gärkammerfermentation der niederen Termiten liegt eine Interaktion zwischen Flagellaten und Darmbakterien vor. Die Bakterien erhalten das Redoxpotential im Darm und stellen Stickstoffverbindungen und Acetat für den Wirt bereit; am Celluloseabbau sind sie aber nicht direkt beteiligt.

1.1.4.3 Resorption

Die Resorption (Absorption) von Nahrungsstoffen im Insektendarm scheint ähnlich abzulaufen wie im Säugerdarm. Die meisten Stoffe werden im Mitteldarm, und hier vor allem in den Blindsäcken, resorbiert. Nur bei Insekten, die ihre Nahrung größtenteils schon im Kaumagen verdauen (Schaben), können z. B. Fette schon im Vordermagen resorbiert werden. Ist eine peritrophische Membran vorhanden, so müssen die gelösten Stoffe erst durch diese Membran diffundieren, bevor sie von den Epithelzellen aufgenommen werden.

Die Aufnahme selbst erfolgt für verschiedene Stoffe unterschiedlich. Die meisten Moleküle werden mittels einer **(erleichterten) Diffusion** resorbiert. Sobald z. B. Glucose oder ein anderes **Monosaccharid** über die Hämolymphe in den nahe am Darm gelegenen Fettkörper gelangt, wird dieses Molekül in das Disaccharid Trehalose eingebaut. Auf diese Weise wird für das Monosaccharid ein Konzentrationsgradient vom Darmlumen zur Hämolymphe aufrechterhalten, der die Nachdiffusion erleichtert. Nur in den wenigen Insektenarten, in denen Glucose der Hauptblutzukker ist (einige Diptera, Hymenoptera), erfolgt die Glucoseresorption vielleicht aktiv. Einige Arten resorbieren auch Di- und Trisaccharide.

Für **Aminosäuren** scheinen sehr unterschiedliche Resorptionsmechanismen zu existieren (Turnen, in Kerkut und Gilbert 1985 [4]). Die Insektenhämolymphe weist sehr hohe Konzentrationen an freien Aminosäuren auf (1.4.3). Dennoch können bei vielen Arten Aminosäuren durch **passive Diffusion** resorbiert werden. Einem aktiven Na^+-Transport folgend werden aus dem Mitteldarmlumen große Mengen Wasser resorbiert, die die Aminosäuren osmotisch nachziehen. Viele Aminosäuren werden gleich in der Epithelzelle umgebaut und so ein Diffusionsgradient aufrechterhalten. Für zahlreiche Lepidopterenarten wurde ein spezifischer, Carrier-vermittelter Aminosäuretransport beschrieben. Ort dieses aktiven Transportes ist die apikale Membran der Mitteldarmepithelzellen. Ob dieser aktive Transport durch einen transmembranen Na^+-Gradienten angetrieben wird (wie bei den Säugetieren), ist nicht bekannt. Vielfach werden Aminosäuren auch in Form von Dipeptiden in die Epithelzelle aufgenommen und die Peptide anschließend von membrangebundenen Enzymen hydrolisiert.

Für **Triglyceride** erfolgt die Aufnahme in die Epithelzellen des Mitteldarms enterocytotisch in Form von Spaltprodukten, wobei allerdings art- und substratabhängige Unterschiede existieren (Komnick 1984). Während Tripalmitin (gesättigte Fettsäuren) den Darmtrakt von *Locusta migratoria* ohne Hydrolyse und ohne Resorption passiert, wird Triolein (ungesättigte Fettsäuren) vollständig hydrolysiert und die Fettsäuren und das Glycerin werden von den Darmzellen aufgenommen. Bei anderen Arten (z.B. *Aeschna cyanea)* ist die Hydrolyse unvollständig und es werden neben freien Fettsäuren Diglyceride aufgenommen (Abb. 1-4). In den Darmzellen findet eine Resynthese von Triglyceriden statt, wie es auch bei der Fettresorption im Säugerdünndarm der Fall ist. Der weitere Transport durch die Darmzelle und die Abgabe in die Hämolymphe unterscheiden sich aber von den Vorgängen in Säugern. Während die Fette in den Säugerdünndarmzellen in Form von Chylomikronen transportiert und per Exocytose abgegeben werden, erfolgt der Transport in Insektendarmzellen ausschließlich in Form von Matrix-Lipiden. Die Lipidmoleküle werden also nicht von einer Membranhülle umgeben; damit fehlt die Voraussetzung für eine exocytotische Abgabe an die Hämolymphe. Der Transport von der apikalen zur basalen Membran geht mit einer Fusion und anschließender Fragmentierung der Matrix-Lipide einher. Basal erfolgt erneut eine Lipolyse zu Diglyceriden und freien Fettsäuren, die dann an die Hämolymphe abgegeben werden. Auch *Aeschna*-Larven resorbieren nur begrenzt gesättigte Lipide. **Sterine** (Cholesterin) werden meist in

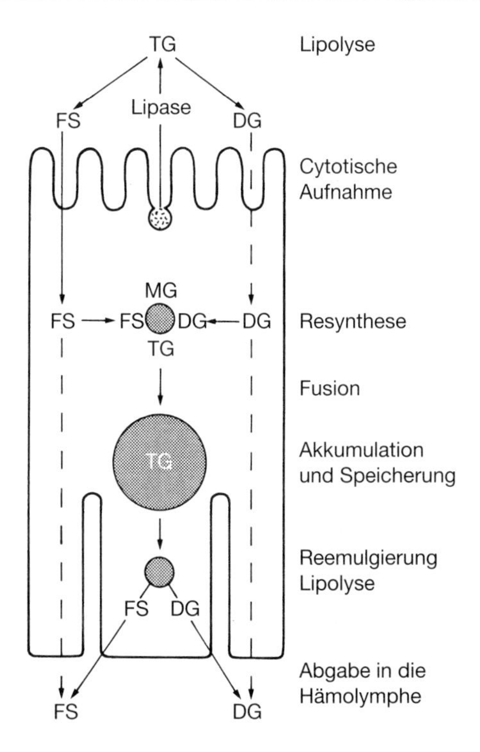

Abb. 1-4: Schema des Fettransports durch die Mitteldarmepithelzellen von Libellenlarven nach Verfütterung von Triolein. DG Diglycerid, FS Fettsäure, MG Monoglycerid, TG Triglycerid (nach Komnick 1984).

freier Form absorbiert, nach der Absorption aber in den Darmzellen verestert. Phytophage Insekten, die oft große Mengen an Phytosterinen mit der Nahrung aufnehmen, wandeln diese in den Mitteldarmzellen teilweise zu Cholesterin um.

Bei einigen Blatthornkäfern (Lamellicornia) findet die Celluloseverdauung durch Mikroorganismen erst im Enddarm statt. Bei diesen Arten werden die Abbauprodukte dann ebenfalls erst im Enddarm resorbiert. Sonst ist der Enddarm vornehmlich der Ort für die Wasser- und Ionenrückresorption (1.1.2.2, 1.5.2.2).

1.1.4.4 Defäkation

Der Kot der Insekten kann in seiner Beschaffenheit sehr unterschiedlich sein, von flüssig, wasserklar bis zu völlig trocken, krümelig. Fester Kot wird entweder durch die Muskulatur des Rectums ausgepreßt oder von den nachdrängenden Nahrungsmassen aus dem After geschoben. Dünnflüssiger Kot wird oft im Rectum gespeichert und von Zeit zu Zeit ausgespritzt. Bei Phloemsaftsaugenden Pflanzenläusen enthalten die Kottröpfchen noch große Mengen an Aminosäuren und Zuckern (Honigtau, Manna; 1.5.3.3) und werden von Ameisen aufgeleckt. Eine andere Verwendung findet der Kot bei verschiedenen Käferarten, nämlich zum Bau von Puppenhüllen (Rosenkäfer) oder anderen schützenden Gehäusen *(Clytra quadripunctata)*. Vermutlich zur Feindabwehr werden die übel riechenden flüssigen Exkremente mancher Käfer benutzt, die auf einen Reiz hin ausgespritzt werden.

Eine Besonderheit liegt im Darm einiger Hymenopteren- und Neuropterenlarven vor. Bis zur Verpuppung besteht hier keine Verbindung zwischen Mittel- und Enddarm. Unverdaute Nahrungsbestandteile werden im stark anschwellenden Mitteldarm gespeichert. Der Kot kann dann erst nach der Verpuppung ausgeschieden werden.

1.2 Atmung und aerober Stoffwechsel

Mit dem Begriff Atmung (Respiration) bezeichnet man in der Physiologie einerseits die oxidativen Abbauvorgänge von organischem Material zu Kohlendioxid (CO_2) und Wasser unter Freisetzung von Energie (**Zellatmung;** aerober Stoffwechsel) und andererseits die Vorgänge der Aufnahme und des Transportes von Sauerstoff (O_2) bzw. den Transport und die Abgabe von CO_2 (Gasaustausch oder Gaswechsel). Im Dienste des Gasaustausches stehen die Respirationsorgane, die bei den Insekten (meist) aus einem System feinverzweigter Luftröhren **(Tracheen)** bestehen, die an der Körperoberfläche oft mit besonderen Atemöffnungen **(Stigmen)** ihren Anfang nehmen. Andere Formen der Atmung (Hautatmung, Kiemenatmung) kommen bei einigen wasserbewohnenden Insekten vor.

Die beiden Medien, aus denen O_2 aufgenommen und an die CO_2 abgegeben wird, sind Luft und Wasser. Luft enthält 21 % O_2 und dieser O_2-Gehalt ist relativ stabil. Der Sauerstoffgehalt von Gewässern hängt von der Intensität des Austausches mit der Luft, von der Art und Menge gelöster Stoffe, von der Temperatur und von Art und Menge der Besiedlung mit atmenden oder photosynthetisierenden Organismen ab. Er kann bis auf nahe Null absinken (siehe biotopbedingte Anaerobiose 1.3.1).

Einfache Modelle für den Transport aus den Medien Luft bzw. Wasser zu den Verbrauchsorganen (Zellen) gibt die Abb. 1-5 wieder.

1.2.1 Tracheen und Tracheolen

Das Tracheensystem der Insekten nutzt die Tatsache aus, daß sowohl O_2 als auch CO_2 in Luft 8–9tausend mal schneller diffundieren als im Wasser. (Die Diffusionskonstante für Sauerstoff ist in Luft etwa 300 000mal größer als in Wasser). Das Tracheensystem besteht aus einer Anzahl sich verzweigender, luftgefüllter Röhren (primäre, sekundäre und tertiäre Tracheen, Tracheolen), die sich von der Körperoberfläche bis hin zu den Zellen erstrecken, die Tracheolen bei Bedarf sogar bis zu den Mitochondrien (z. B. in Flugmuskelzellen; Abb. 1-6). Jede Trachee ist eine funktionsgeprägte, spezialisierte Einstülpung des Integuments. Dies kommt auch in ihrem Feinbau zum Ausdruck (Seifert 1975). Sie besteht aus der einschichtigen Epidermis **(Matrix)**, der außen die Basallamina anliegt. Ins Lumen ist die cuticuläre **Intima** abgeschieden, die bei jeder Häutung des Tieres mit abgestreift wird. In erster Linie muß die Intima das Kollabieren der Tracheenwände verhindern. Dazu befähigt sie die charakteristische Wandversteifung (Spiralfaden oder **Taenidium**), die allerdings keine Sklerotisierung aufweist. Wenn die Trachee nach wiederholten Verzweigungen nur noch einen Durchmesser von 2–5 μm hat (tertiäre Trachee), endigt sie häufig in einer

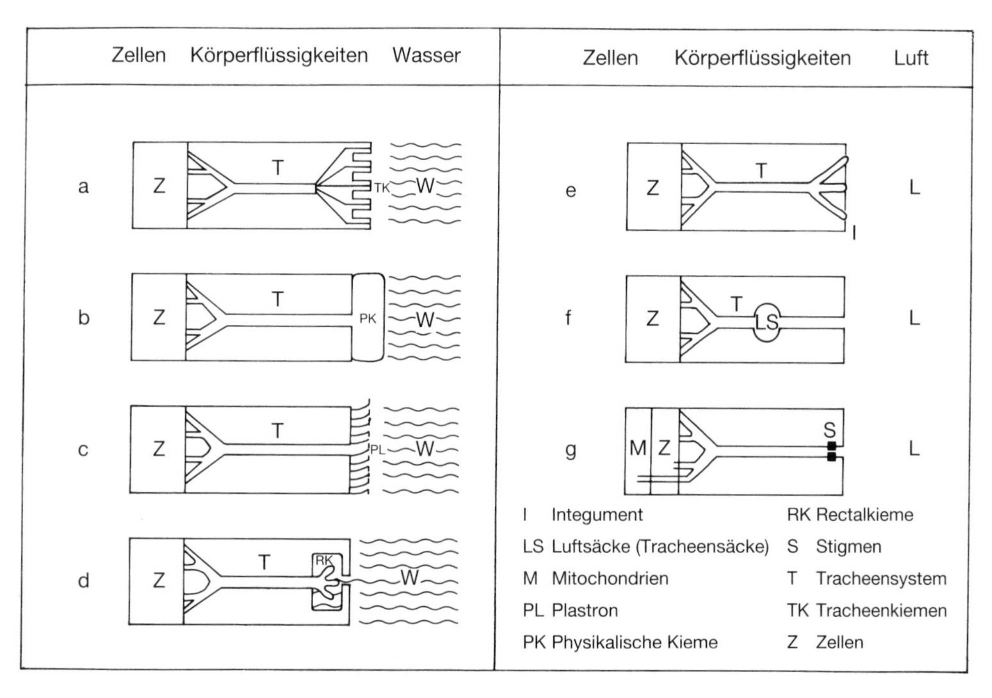

Abb. 1-5: Einfache Modelle zum Gasaustausch zwischen Zellen und dem Umgebungsmedium Wasser (W, linke Seite) oder Luft (L, rechte Seite; nach Kestler, in Hoffmann 1985).

Tracheenendzelle (Abb. 1-6). Die Tracheenendzelle ist eine differenzierte Matrixzelle, die auch als **Tracheoblast** bezeichnet wird. Manche Tracheenendzellen geben eine Vielzahl von **Tracheolen** sternförmig ab, andere bilden nur einzelne Tracheolen. Diese Fortsätze der Tracheoblasten verjüngen sich in manchen Fällen bis zur «freien Weglänge» des O_2-Moleküls (0,072 μm) und enden blind. Vor allem in den Tracheolen findet die Diffusion des Luftsauerstoffs in die Gewebe statt. Die Spitzen der Tracheolen sind meist mit Flüssigkeit gefüllt. Bei hohem Sauerstoffbedarf wird die Flüssigkeit jedoch resorbiert und durch Luft ersetzt (1.2.5.3).

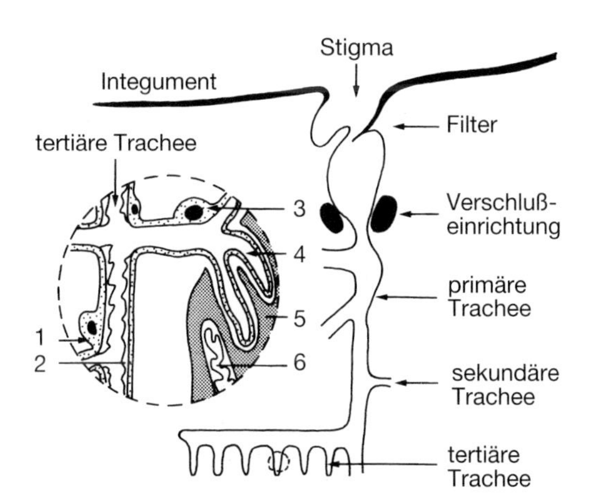

Abb. 1-6: Schematische Darstellung des Tracheensystems eines Insekts. 1 Tracheenepithel, 2 Taenidium, 3 Tracheenendzelle, 4 Tracheole, 5 Muskelfaser, 6 Mitochondrium (nach Mordue et al. 1980).

Die Öffnungen des Tracheensystems nach außen sind die **Stigmen**, die stets in den weichen Flankenhäuten, den Pleuren, liegen. Im Grundschema des Tracheensystems liegen zehn Stigmenpaare vor, zwei thorakale und acht abdominale. Alle Arten mit diesem Bauplan heißen **Holopneustier.** Nur wenige Vertreter der Diplura tragen 11 Stigmenpaare **(Hyperpneustier)**. Als **Hemipneustier** werden solche Insekten bezeichnet, bei denen einige oder sogar alle Stigmen zwar angelegt, später aber wieder verschlossen werden (Hautatmung oder Tracheenkiemen; 1.2.4). Manche Insektenarten unterdrücken schon während der Embryonalentwicklung (oder während der Metamorphose) die Ausbildung einer bestimmten Anzahl von Stigmen **(Hypopneustier)**. Zu den Hypopneustiern mit den unterschiedlichsten Reduzierungsgraden gehören die meisten Coleopteren, einige Wanzen, Blattläuse, Mallophagen und Anoplura, sowie viele apterygote Insekten. Den Acerentomidae (Protura) und einigen Collembolen fehlt das Tracheensystem völlig, sie atmen nur durch das Integument **(Apneustier)**. Das Stigma (Atemloch, Spiraculum) ist im einfachsten Fall eine Öffnung ohne Schutzvorrichtung und Verschlußmechanismus. Meist wird der Stigmenmund **(Trema)** aber durch Ausbildung eines Vorhofes **(Atrium)** in die Tiefe verlagert und durch besondere Einrichtungen verschließbar gemacht (Abb. 1-6).

Eine **Reuse** aus cuticularen Haaren oder ein poröser Filterapparat verhindern das Eindringen von Fremdkörpern.

Von jedem Stigma geht ein kurzer Stigmenast horizontal ins Körperinnere. Von ihm zweigen ein dorsaler, ein visceraler und ein ventraler Tracheenast ab. Im primär einfachen Tracheensystem (Apterygota) gehen die Äste untereinander und mit den Tracheen benachbarter Segmente keine Verbindung ein. Der dorsale Ast versorgt vor allem das Rükkengefäß, die dorsale Muskulatur und den dorsalen Bereich des Integuments, der viscerale den Darm, die Malpighischen Gefäße, Gonaden und den visceralen Fettkörper, der ventrale Ast das Bauchmark, die ventrale Muskulatur und den ventralen Bereich des Integuments. Bei den meisten Insekten bilden die Tracheen aller Segmente aber Quer- und Längsverbindungen **(Anastosomen)** und schaffen damit anatomisch und funktionell ein einheitliches Atmungssystem. Bei sehr flugtüchtigen Insekten kann es zur Vervielfachung von Tracheenästen kommen. Weit verbreitet sind auch **Tracheensäcke** oder Tracheenblasen, Ausstülpungen der Tracheenhauptäste als Luftreservoir. Das gesamte tracheale Volumen ist sehr variabel, es umfaßt ca. 40 % des Körpervolumens beim Maikäfer *(Melolontha melolontha)*, aber nur 6–10 % des Körpervolumens bei der Larve des Gelbrandkäfers *(Dytiscus marginalis)*.

Besondere Anforderungen an das Atmungssystem stellt das Leben in Flüssigkeiten (Abb. 1-5a–d). Im einfachsten Fall liegt auch bei **Wasserinsekten** ein offenes Tracheensystem vor und die Tiere sind zum Atmen auf die atmosphärische Luft angewiesen. So atmen z. B. Moskitolarven durch einen wasserabweisenden, hydrofugen Siphon, der über die Wasseroberfläche herausragt. Einige Coleopteren- und Dipterenlarven stechen mit einem Atmungssyphon Pflanzenteile an und entnehmen ihnen Luft. Andere Insekten nehmen Luftblasen mit unter Wasser. Dabei fungiert die Luftblase nicht so sehr als Sauerstoffspeicher, sondern vielmehr als (volumenvariable) physikalische Kieme oder als volumenkonstanter Plastron.

1.2.2 Physikalische Kieme

Einen Luftvorrat nehmen fast sämtliche wasserbewohnenden Imagines mit unter Wasser, die eine normale Stigmenzahl aufweisen.

Beim Rückenschwimmer *Notonecta* (Hydrocorisae, Heteroptera) lagern sich Luftblasen an die hydrofugen Härchen in der Umgebung der Stigmen. Bei den Dytisciden (Coleoptera) dient der Raum unter den Flügeldecken als Atemhöhle. Bei den Hydrophiliden (Coleoptera) werden Luftblasen durch eine feine, dichte Behaarung auf der Ventralseite von Thorax und Abdomen festgehalten.

Beim Tauchen werden die Gase zwischen der Luftblase und den Geweben über das Tracheensystem ausgetauscht. Die Gase diffundieren aber auch zwischen der Blase und dem umgebenden Wasser. Die Geschwindigkeit der Nachdiffusion von O_2 aus dem Wasser in die Blase hängt von der Partialdruckdifferenz und der Grenzfläche zwischen Wasser und Luft ab (Abb. 1-7). Der in der Blase verbleibende Stickstoff hindert die Blase am Kollabieren und ermöglicht so die Nachdiffusion von O_2 aus dem Wasser. Die Lebensdauer einer Blase hängt also von ihrer ursprünglichen

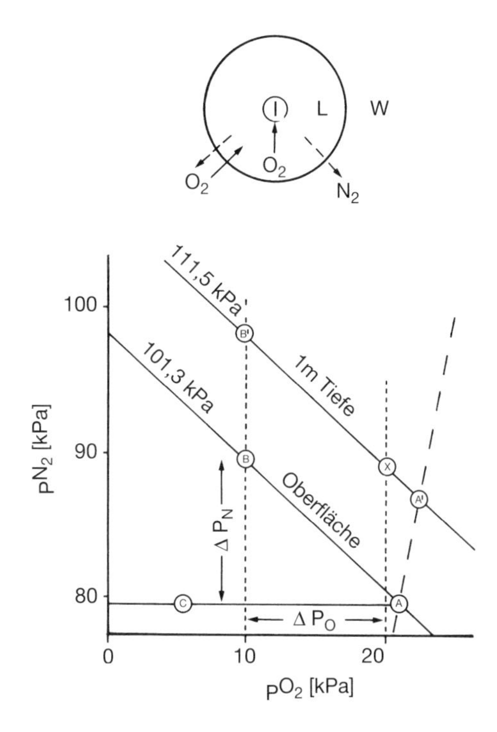

Abb. 1-7: Diffusionsvorgänge (oben) und Partialdruckänderungen (unten) für N_2 und O_2 in einer volumenvariablen physikalischen Kieme an der Wasseroberfläche (A→B) sowie in 1 m Tiefe (A'→B') und bei einem Luftdruck von 101 kPa. Rechts von (X) verliert die Blase O_2 an das Wasser. In einem volumenkonstanten Plastron bleibt der pN_2 konstant (A→C). I Insekt, L Luft, W Wasser (nach Mill, in Kerkut und Gilbert 1985 [3]).

Größe und vom Sauerstoffverbrauch des Insekts ab sowie von der Wassertiefe, in die die Blase mitgenommen wurde. Bis zum völligen Verschwinden der Blase werden dem Insekt bis zum 13fachen des ursprünglichen Sauerstoffgehalts der Blase zugänglich (Nation, in Blum 1985). Zur Erneuerung der Blase muß das Tier an die Wasseroberfläche zurückkehren.

1.2.3 Plastronatmung

Einige Käfer *(Haemonia, Elmis, Phytobius, Coxelmis)* und Wasserwanzen (*Aphelocheirus*-Arten) haben sich völlig unabhängig von der Wasseroberfläche gemacht. Bei diesen Insekten ist ein großer Teil der Körperoberfläche mit feinsten, schief gestellten bzw. am Rande umgebogenen, hydrofugen Härchen besetzt (10^4 bis 10^6 pro mm^2). Durch diese Behaarung wird ein dünner, als **Plastron** bezeichneter Luftfilm um das Tier festgehalten, der praktisch volumenkonstant ist und nicht erneuert werden muß. Das Schutzpolster kann einem Druck von mehreren bar standhalten, bevor es kollabiert. Der pN_2 bleibt im Luftfilm konstant (Abb. 1-7). Der pO_2 fällt von der Oberfläche des Plastron in Richtung Atemöffnung, so daß Sauerstoff aus dem Wasser ständig nachdiffundieren kann. Plastronatmer leben gewöhnlich nur in gut durchlüfteten Gewässern. Bei einem niedrigen O_2-Gehalt, wie z. B. in stark eutrophen Gewässern, kann ein Plastronsystem in umgekehrter Richtung arbeiten; das Umgebungswasser entzieht Sauerstoff aus den Insektengeweben.

1.2.4 Tracheenkiemen und Hautatmung

Bei vielen aquatischen Insekten ist das Tracheensystem völlig geschlossen **(Branchiopneustier)**. Der Gasaustausch muß durch Diffusion über eine dünne Cuticula erfolgen. Zur Oberflächenvergrößerung tragen solche Insektenarten an verschiedenen Körperstellen dünnwandige Ausstülpungen des Integuments, die mit Tracheen versorgt sind und lokalisierte Stätten des Gasaustausches darstellen, sogenannte Tracheenkiemen. Blattartige caudale Tracheenkiemen sind charakteristisch für Larven der Zygoptera (Odonata). Filamentöse Kiemen am Abdomen finden sich bei einigen Trichoptera, Diptera und Lepidoptera. Auch thorakale Tracheenkiemen kommen vor (Plecoptera, Ephemeroptera und einige Coleoptera) und schließlich finden sie sich auch als Anhänge der basalen Beinglieder, wie z. B. bei *Nephelopteryx* (Plecoptera). Tracheenkiemen besonderer Art stellen die bei Anisopterenlarven (Odonata) vorkommenden Darmtracheenkiemen (Rectalkiemen) dar. Sie bestehen aus gewöhnlich sechs in Längsreihen angeordneten faltenartigen Ausstülpungen des Enddarmes, die über den After mit frischem Wasser versorgt werden. Durch Dilatation des Rectums wird Wasser periodisch angesaugt und durch Kontraktion wieder ausgestoßen. Bei jeder Pumpbewegung werden etwa 85 % des Wassers im Rectum erneuert. 25–50 Pumpbewegungen pro Minute führen zu einem **Ventilationsvolumen** von ca. 1 cm^3 pro Minute.

Bei den schon erwähnten apneustischen Insekten fehlt das Tracheensystem völlig; die Atmung erfolgt durch Diffusion der Atemluft über die ganze Körperoberfläche und der Weitertransport der Atemgase durch die Hämolymphe (1.4). In diesem Falle spricht man von echter Hautatmung.

1.2.5 Gastransport im Tracheensystem

Die Mechanismen des Gastransports sind am besten an Hand eines einfachen, präadaptiven Tracheensystems zu verstehen, das aus paarigen tubulären Einstülpungen der Cuticula in jedem Segment besteht (Kestler, in Hoffmann 1985).

1.2.5.1 Diffusionstheorie der Atmung

Schon im Jahre 1920 zeigte der dänische Atmungsphysiologe August Krogh, daß sogar größere aktive Insekten ihre Zellen per Diffusion mit Sauerstoff versorgen können. Er vermutete allerdings, daß **Ventilation**, die zu einem konvektiven Gastransport durch die Stigmen und im Anfangsteil des Röhrensystems führt, bei Aktivität der Tiere (höherer O_2-Bedarf) die Diffusion in Gewebenähe unterstützen kann.

Die Ursache der Diffusion ist die thermische Eigenbewegung der Gasmoleküle. Voraussetzung für einen Diffusionstransport ist als treibende Kraft ein Gefälle der Partialdrücke bzw. Konzentrationen. Die Geschwindigkeit der Diffusion ergibt sich aus dem Diffusionsgesetz von Fick:

$$\dot{M} = -D \cdot F \cdot \frac{dc}{dx} \quad (1)$$

bzw. $$\dot{M} = -K \cdot F \cdot \frac{dp}{dx} \quad (1\,a)$$

Die Transportrate $\dot{M}$ (Mole pro Zeiteinheit) ist also proportional der Fläche (F), durch die die Diffusion erfolgt und proportional dem Konzentrationsgradienten (dc) bzw. dem Partialdruckgradienten (dp) über der Diffusionsstrecke (x). Der physikalische Diffusionskoeffizient (D) oder die Kroghsche Konstante (K) sind abhängig von der Art des diffundierenden Stoffes und von dem Medium, in dem die Diffusion stattfindet. Das negative Vorzeichen zeigt an, daß die Diffusion in Richtung der geringeren Konzentration erfolgt. Bevor die Gleichung (1a) auf die Gasdiffusion (z. B. in der Flugmuskulatur der Insekten) angewendet werden kann, sind noch einige Ergänzungen notwendig. So muß der O_2-Verbrauch des Gewebes hinzugefügt werden. Auch ist es nicht möglich, mit einer einzigen Formel die tracheale Diffusion in allen Geweben zu beschreiben, da die Systeme sehr unterschiedlich gebaut sind (1.2.1). Entsprechend stellte Weis-Fogh (1964) 19 Formeln zur Beschreibung der trachealen Diffusion im Muskel auf.

Ein sehr einfacher Fall liegt vor, wenn im primitiven Tracheensystem die Tracheen kaum ins Gewebe der Organe eindringen. Dann bleibt die Summe der Röhrenquerschnittsfläche (F) in jeder Entfernung vom letzten Verzweigungspunkt konstant und der O_2-Verbrauch findet nur am Ende statt. Derartige Verhältnisse finden sich im Tracheensystem von *Cossus*-Larven oder bei *Rhodnius*. Das Partialdruckgefälle, das notwendig ist, um den Sauerstoff über eine Strecke ΔL (cm) bei der Stoffwechselrate $\dot{M}O_2$ (nmol $O_2 \cdot s^{-1}$) diffundieren zu lassen, hat Krogh (1920) erstmals berechnet:

$$pO_2 = \dot{M}O_2 \cdot \Delta L / (F \cdot KO_2) \quad (2)$$

wobei KO_2 (82,2 $nmol \cdot cm^{-1} \cdot kPa^{-1} \cdot s^{-1}$) die Kroghsche Diffusionskonstante für Sauerstoff in Luft darstellt. $F \cdot KO_2/\Delta L$ ist in diesem einfachen System die diffusive Konduktanz (Transportfähigkeit) für Sauerstoff.

Für Gewebe kann mit Hilfe der Formeln von Weis-Fogh die maximale Diffusionsentfernung in Abhängigkeit vom jeweiligen Sauerstoffverbrauch des Gewebes und von der vermuteten Partialdruckdifferenz (ca. 5 kPa) unter Berücksichtigung der jeweiligen Konduktanz der 19 untersuchten Gewebezylindertypen berechnet werden. Aus derartigen Berechnungen schloß Weis-Fogh, daß bei großen Insekten in den primären Tracheen Diffusion alleine nicht ausreicht, um den extrem hohen Sauerstoffbedarf beim Fliegen zu erfüllen. Die primären Tracheen müssen ventiliert werden.

1.2.5.2 Ventilation

Bei Insekten werden drei Ventilationsmechanismen beobachtet: Passive Saugventilation, aktive Ventilationsbewegungen mit dem Abdomen und Autoventilation (Ventilation im Zusammenhang mit Lauf- und Flugaktivität).

Viele kleine Insekten (und größere Schmetterlingspuppen) zeigen **passive Saugventilation.** Durch den Verbrauch von O_2 entsteht ein partielles Vakuum im Tracheensystem und Luft wird durch die nur wenig geöffneten Stigmen eingezogen. Unter solchen Bedingungen können CO_2 und Wasserdampf das Tracheensystem nur schwer verlassen. Zur CO_2-Abgabe müssen die Stigmen periodisch vollständig geöffnet werden (1.2.5.4). Diese Ventilationsmethode ist für Insekten dann von Vorteil, wenn sie Wasser einsparen müssen, da sie nur während der CO_2-Abgabe größere Mengen an Wasser verlieren.

Aktive Ventilationsbewegungen werden vor allem bei größeren Insekten gefunden. Dorsoventrale Kompression (z. B. des Abdomens) oder ein teleskopartiges Zusammenziehen der Abdominalsegmente pressen die Luft über die geöffneten Stigmen aus den Tracheen (aktives Ausatmen, aktives bzw. passives Einatmen). Das zeitliche Ventilationsmuster ist sehr unterschiedlich. Einige Insekten, wie Libellen und Wanderheuschrecken, ventilieren kontinuierlich, andere wie z. B. Wespen, ventilieren nur während und kurz nach dem Flug. Ruhende Insekten ventilieren oft intermittierend (1.2.5.4). Ein kontrolliertes Öffnen und Schließen der Stigmen erlaubt eine Luftströmung in den Haupttästen in nur einer Richtung. So werden z. B. die vorderen Stigmen nur zum Einatmen, die hinteren zum Ausatmen geöffnet.

Die Wüstenheuschrecke *(Schistocerca gregaria)* saugt im Ruhezustand bis zu 40 ml Luft pro g Körpermasse und Stunde durch die thorakalen Stigmen ein und preßt sie durch die abdominalen Öffnungen wieder aus. Im Flug steigt der Gasaustausch kurzfristig bis auf 180 $ml \cdot g^{-1} \cdot h^{-1}$ (1.2.6.4). Die Ventilation erfolgt jetzt überwiegend durch die mit dem Fliegen verbundenen Thoraxbewegungen **(Autoventilation)**.

1.2.5.3 Diffusiv-konvektiver Gasaustausch durch die Stigmen

Gerade bei kleinen Insekten wäre mit einer reinen Diffusionsatmung ein hoher Wasserverlust verbunden. Andererseits können Insekten aber auch nicht allein mittels eines konvektiven Transportes Gase durch die Stigmen leiten. Sie ersetzen die Diffusion soweit als möglich durch Konvektion. Die ausgeprägteste Form einer solchen Anpassung zur Einsparung von Wasser bei der Atmung ist die diskontinuierliche CO_2-Abgabe bei einigen großen, ruhenden Insekten, wie adulten Schaben *(Periplaneta)*, Carabiden und Heuschrecken *(Schistocerca)*, Vorpuppen von *Orthosoma brunei* (Coleoptera) und zahlreichen Diapausepuppen von Schmetterlingen.

Beim Schwärmer *Hyalophora cecropia* geben die Vorpuppen noch kontinuierlich CO_2 ab, die Diapausepuppen dagegen diskontinuierlich (Abb. 1-8A). Jeder Atmungszyklus kann in drei Abschnitte unterteilt werden, eine Periode, in der die Stigmen fest verschlossen werden (C = constricted), eine Flatterperiode, in der die Stigmen nur leicht geöffnet sind (F), und die Periode der Stigmenöffnung (O) (CO_2-Abgabe nach dem **CFO-Typ**). In der ersten Periode C fällt der intratracheale O_2-Anteil von ca. 18 Volumen-% (in Luft 21 %) auf 3,5 % ab, der CO_2-Gehalt steigt von 3 auf 4 % an. Dabei entsteht im Tracheensystem ein leichter Unterdruck (–0,53 kPa) und bei einem O_2-Gehalt von 3,5 % beginnen die Stigmenventile zu flattern. Bei jeder kurzen Öffnung strömt soviel Sauerstoff ein, wie die Zellen verbrauchen. H_2O und CO_2 können nur schwer gegen den Strom diffundieren. Somit bleibt der O_2-Gehalt bei ca. 3,5 %, der CO_2-Gehalt steigt auf 6,5 % an. Der sich ebenfalls anreichernde Stickstoff führt zu einer erhöhten Auswärtsdiffusion, die mit der Einwärtskonvektion im Fließgleichgewicht steht. In der dritten Periode werden einige oder alle Stigmen vollständig geöffnet. Dabei werden in ei-

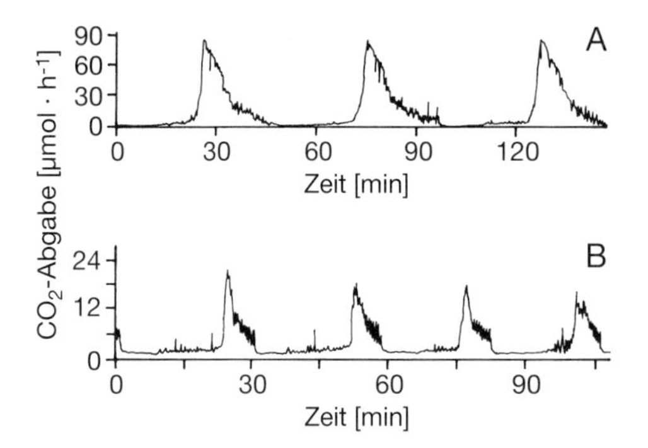

Abb. 1-8: A Diskontinuierliche CO_2-Abgabe bei Puppen von *Hyalophora cecropia* (20 °C) am Ende der Diapause. CFO-Typ: C Stigmen fest verschlossen, F Flatterperiode, O Stigmen geöffnet. **B** Diskontinuierliche CO_2-Abgabe bei einem ruhenden Männchen von *Periplaneta americana* (20 °C). CFV-Typ: C Stigmen fest verschlossen, F Flatterperiode, V abdominale Ventilation (nach Kestler, in Hoffmann 1985).

nem Schub bis zu 350 mm^3 CO_2 freigesetzt (vorwiegend Diffusion). Allerdings lag nur ein kleiner Teil hiervon in den Tracheen als gasförmiges CO_2 vor, der Rest stammt aus Bicarbonat, das in der Hämolymphe und den Geweben gebildet wurde. Die CO_2-Konzentration (6,5 %) selbst löst die Entspannung der Schließmuskeln und damit die Öffnung der Stigmen aus. Die Menge an Wasser, die den Diapausepuppen bei der diskontinuierlichen CO_2-Abgabe verloren geht, ist genau so groß wie die bei der oxidativen CO_2-Bildung entstandene Menge an metabolischem Wasser. Der pO_2 steigt bei geöffneten Stigmen wieder auf den Ausgangswert an.

Bei *Periplaneta americana* und *Schistocerca gregaria* erfolgt die diskontinuierliche CO_2-Abgabe öfter und ist mit periodischen Ventilationsbewegungen verbunden (konvektiver Gasaustausch), die Öffnungsperiode (O) wird durch eine Ventilationsperiode (V) ersetzt (**CFV-Typ;** Abb. 1-8B; Kestler, in Hoffmann 1985). Einige Schaben geben mit dem CO_2 auch Methan diskontinuierlich ab.

1.2.5.4 Diffusiv-konvektiver Gastransport im Gewebe

Von den Tracheen zu den Mitochondrien muß der Sauerstoff durch die Hämolymphe und das Cytoplasma, also durch Flüssigkeiten hindurch, transportiert werden (innere Atmung). Dabei sollte die Diffusion ebenfalls durch einen konvektiven Gastransport unterstützt werden.

Die Beweglichkeit von Mitochondrien innerhalb der Zellen (auch eine Art konvektiver Transport in der Cytoplasmaströmung) vermag die Entfernung für den cytoplasmatischen Gastransport stark zu reduzieren. Dennoch verbleibt eine mehr oder weniger lange Strecke, die die Gase durch Flüssigkeiten hindurch zurücklegen müssen. Diese Strecke kann noch vergrößert sein, wenn die Tracheolen teilweise mit Wasser gefüllt sind, wie es bei niedrigem Sauerstoffverbrauch oft der Fall ist. Nach Diffusion über die erste Barriere, die cuticuläre Wand um die feinen Luftröhren, werden die O_2-Moleküle, in Ergänzung zur Diffusion, konvektiv durch das Tracheoblasten-Cytoplasma transportiert. Der Weg über die äußere Zellmembran des Tracheoblasten erfolgt wieder diffusiv. Durch die Hämolymphe gelangen die O_2-Moleküle per Diffusion und Konvektion an die Cytoplasmamembran der Verbraucherzelle und diffundieren durch diese Membran. Der Transport durch das Zellplasma zu den Mitochondrien erfolgt dann wieder diffusiv und konvektiv (Kestler, in Hoffmann 1985).

Im Zusammenspiel mit den Stigmen kann der reduzierte tracheale O_2/CO_2-Austausch in wassergefüllten Tracheolen ebenfalls den Wasserverlust bei der Atmung herabsetzen (1.5.5.1).

Bei erhöhtem O_2-Bedarf in aktiven Geweben müssen die Tracheolen allerdings luftgefüllt sein. Dies kann entweder durch eine Erhöhung der Osmolarität im Gewebe erreicht werden, wobei Wasser aus den Tracheolen ins Gewebe gezogen wird, oder z. B. auch durch die Bindung des Wassers an Makromoleküle (Wigglesworth 1984; Box 1-1).

1.2.6 Sauerstoffverbrauch und Stoffwechselraten

Die Intensität der Atmung, meßbar am Verbrauch von Sauerstoff oder der Abgabe von CO_2 pro Zeiteinheit, ist ein Maßstab für den Gesamtstoffwechsel der Tiere, sofern die Stoffwechselvorgänge oxidativ ablaufen (zu den anoxidativen Stoffwechselvorgängen siehe 1.3). Leistet das Tier keine äußere Arbeit, so wird seine Stoffwechselaktivität als **Ruhestoffwechselrate** (Basalstoffwechsel, Grundumsatz) bezeichnet; der durch die Aktivität eines Tieres bedingte Energiebedarf wird Leistungszuwachs oder **Leistungsstoffwechsel** genannt (1.2.6.4). Bezieht man die Stoffwechselrate auf Masseneinheit Gewebe, so erhält man die gewichtsspezifische Stoffwechselrate.

Kleine Tiere haben höhere gewichtsspezifische Stoffwechselraten (und damit einen höheren Sauerstoffverbrauch) als große (Abb. 1-9A). Die Stoffwechselrate ist für jede Spezies charakteristisch, ihre Werte variieren jedoch stark. Faktoren, die den O_2-Verbrauch eines Insekts beeinflussen, sind der Entwicklungszustand der Tiere, die Außentemperatur (Abb. 1-9A) und das Angebot an Sauerstoff und Nahrung.

1.2.6.1 Abhängigkeit vom Sauerstoffangebot

Im wäßrigen Milieu kann das Sauerstoffangebot (pO_2) sehr variabel sein. So tritt besonders in eutrophen Süßwasserseen eine drastische Vertikalzonierung im Sauerstoffgehalt auf, d.h. in tieferen Zonen ist kaum noch Sauerstoff vorhanden. Gegenüber einem wechselnden O_2-Angebot können sich Insekten auf zwei Weisen verhalten: Entweder ihr O_2-Verbrauch folgt direkt dem O_2-Angebot (zwischen 0 und 8 ml $O_2 \cdot l^{-1} H_2O$; **Oxykonformer**) oder sie halten ihren O_2-Verbrauch trotz abnehmendem O_2-Angebots so weit wie möglich konstant **(Oxyregulatoren)**. Die O_2-Konzentration, unterhalb der auch Oxyregulatoren ihren O_2-Verbrauch nicht mehr aufrechterhalten können, wird als kritische O_2-Spannung (P_c) bezeichnet (Abb. 1-9B).

Oxykonformer leben meist in Fließgewässern mit hohem Sauerstoffgehalt (z.B. *Baetis*-Larven oder die Chironomidenlarve *Tanytarsus brunnipes*), Oxyregulatoren dagegen in stehenden Gewässern mit stark reduziertem Sauerstoffgehalt (z.B. bei Larven der Eintagsfliege *Cloeon* oder bei den Dipteren *Chironomus longistylus* und *Ch. plumosus*). *Cloeon*-Larven schlagen bei niedrigen O_2-Konzentrationen verstärkt mit ihren Abdominalkiemen und halten so ihren O_2-Verbrauch bis herab zu einer kritischen O_2-Konzentration von 1,5 $ml \cdot l^{-1}$ (bei 10 °C) konstant *(Cloeon dipterum)*.

1.2.6.2 Temperaturabhängigkeit des Stoffwechsels

Stoffwechselreaktionen sind temperaturabhängig. Die Temperaturabhängigkeit einer

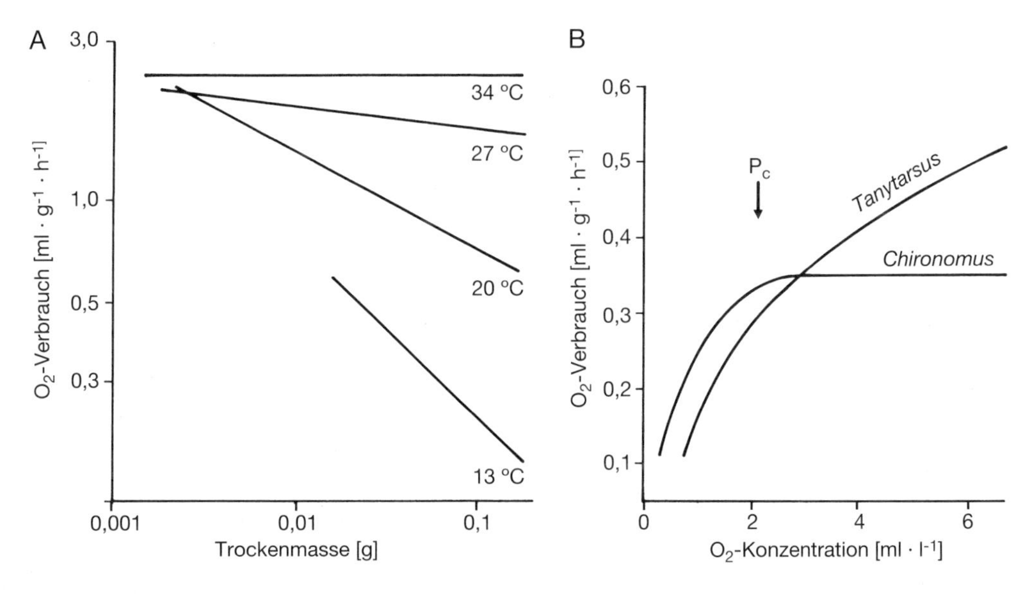

Abb. 1-9: A Sauerstoffverbrauch der Larven von *Anax junius* in Abhängigkeit von Körpermasse und Außentemperatur. **B** Sauerstoffverbrauch von zwei in unterschiedlichen Biotopen lebenden Mückenlarven: *Chironomus longistylus* in stehenden Gewässern mit stark wechselndem O_2-Gehalt, *Tanytarsus brunnipes* in fließenden Bächen mit hohem O_2-Gehalt; P_c kritische O_2-Spannung (**A** nach Mill, in Kerkut und Gilbert 1985 [3]; **B** nach Cleffmann 1987).

Box 1-1: Vincent Brian Wigglesworth

Sir V.B. Wigglesworth (C.B.E., M.D., F.R.S.; 17.4.1899–11.2.1994) wurde in Kirkham, Lancashire (GB) geboren. Nach seinem Studium der Physiologie und Biochemie an der Universität Cambridge und der Promotion (MD) am St. Thomas Hospital in London begann er seine Laufbahn als Insektenphysiologe im Jahre 1926 als Lektor für Medizinische Entomologie an der School of Hygiene and Tropical Medicine in London. Von 1936 bis 1944 war V.B. Wigglesworth Dozent für Entomologie an der Universität London, von 1943 bis 1967 Direktor des Agricultural Research Council (Abteilung Insektenphysiologie). Der Universität blieb V.B. Wigglesworth durch seine Tätigkeiten in Cambridge (Leiter der Abteilung für Entomologie und Professor für Biologie) und am Imperial College in London (Fellow, 1977) verbunden. Sir V.B. Wigglesworth war Ehrenmitglied von mehr als 20 internationalen biologischen Gesellschaften, u.a. der U.S. Nat. Academy of Sciences, der Deutschen Akademie der Naturforscher Leopoldina und der USSR Academy of Sciences. Seine wissenschaftlichen Arbeiten wurden mit zahlreichen Preisen ausgezeichnet, u.a. mit der Gregor Mendel Goldmedaille der Tschechoslowakischen Akademie der Wissenschaften. Die Universitäten Bern, Paris, Newcastle und Cambridge verliehen ihm die Würde eines Ehrendoktors. Es ist nahezu unmöglich, seine wissenschaftlichen Beiträge zur Vergleichenden Physiologie allesamt aufzuzählen. Sein bekanntestes Lehrbuch «Insect Physiology» (1934) ist mittlerweile in der 8. Auflage erschienen. Die «Principles of Insect Physiology» (1939; 7. Auflage 1972) stellen bis heute ein *vade mecum* für alle Entomologen dar. Neben acht Lehrbüchern und Monographien veröffentlichte Sir Wigglesworth 270 Originalarbeiten, davon 70 nach seiner Emeritierung. Nur 14 dieser Publikationen tragen den Namen eines Coautors.

Bei seiner Ernennung zum Lektor im Jahre 1926 forderte Patrick Buxton V.B. Wigglesworth auf, sich der Physiologie der Insekten anzunehmen. Schnell erkannte Sir Wigglesworth den großen Vorteil der Insekten als Studienobjekte zur Betrachtung allgemeiner Prinzipien der Tierphysiologie. Die Insekten wurden zu seinem Lebenswerk! Für seine Experimente benutzte er viele Insektenarten; mit einer ist sein Name aber besonders verbunden, nämlich mit der blutsaugenden Raubwanze *Rhodnius prolixus*, dem Überträger der Chagas-Krankheit in Mittel- und Südamerika. An *Rhodnius* demonstrierte V.B. Wigglesworth erstmals die Funktion von neurosekretorischen Zellen. Mit Hilfe von Parabiose- und Implantationsversuchen gelang ihm der experimentelle Nachweis für die Existenz einer Hormondrüse im Kopf der Insekten, deren Produkt die Umwandlung einer Larve zum adulten Tier verhindert, das Juvenilhormon produzierende Corpus allatum. Aufbauend auf diesen Ergebnissen entwickelte Wigglesworth seine **Theorie der Metamorphose,** nach der die Funktionen jener Komponenten des Gensystems, die für die Ausbildung larvaler Charaktere notwendig sind, durch das Juvenilhormon aufrechterhalten werden. Schon damals erkannte V. B. Wigglesworth auch die Bedeutung von Juvenilhormon für die Reproduktion.

Die **Entwicklungsbiologie** stellt nur einen Eckpfeiler seiner wissenschaftlichen Tätigkeit dar. Mit gleichem Einsatz widmete er sich dem **Stoffwechsel**geschehen bei Insekten. Nur einige Themenkreise seien genannt: Die Bildung der peritrophischen Membran im Verdauungstrakt; die Physiologie der Insektencuticula und ihre Rolle beim Schutz vor Wasserverlust; die Aufgabe der Malpighischen Gefäße, Rectaldrüsen und Analpapillen bei der Exkretion und Osmoregulation; die Kontrolle der Stigmen beim Gasaustausch und die Bedeutung symbiontischer Mikroorganismen als Vitaminquelle für Insekten. Bei allen Arbeiten stand die **«Histophysiologie»** im Vordergrund. Sein großes Wissen auf den Gebieten der Organischen Chemie und Biochemie halfen ihm bei der Entwicklung neuer histochemischer Methoden und bei der Interpretation seiner Ergebnisse. Viele seiner Experimente dienten anderen als Anregung für weitere Forschungen.

Die Vielfalt seiner Interessen, sein experimentelles Können auf allen Gebieten der Biologie und die Liebe zu den Insekten machten ihn zu einem herausragenden Insektenphysiologen.

Literatur

Gupta, B. L. (1990) «VBW 90»: A birthday present for the journal. J. Insect Physiol. **36**, 293–305.
Wigglesworth, V. B. (1972) The principles of insect physiology. Chapman and Hall, London.
Wigglesworth, V. B. (1984) Insect physiology. Chapman and Hall, London, New York.

K. H. Hoffmann

Reaktion wird durch die **Arrhenius-Gleichung** ausgedrückt:

$$k = A \cdot e^{-E_a/RT}$$

In dieser Gleichung steht k für die Reaktionsgeschwindigkeit, T für die Temperatur in Kelvin; E_a ist die Aktivierungsenergie, R die allgemeine Gaskonstante und A eine Reaktionskonstante. Das Ausmaß der Beschleunigung physiologischer Prozesse bei steigender Temperatur kann durch den **Temperaturkoeffizienten** Q_{10} beschrieben werden:

$$Q_{10} = \frac{G_2\ 10/(t_2 - t_1)}{G_1} \quad \text{(Van't Hoff-Gleichung)}$$

G_1 und G_2 sind die Stoffwechselraten bei den Temperaturen t_1 und t_2. Im allgemeinen haben biochemische Reaktionen einen Q_{10}-Wert von 2–3. Für viele Abläufe ist der Q_{10}–Wert aber nicht über den ganzen Temperaturbereich konstant; meist nimmt er mit steigender Temperatur stetig ab (Abb. 1-9A).

Bei einigen Insekten wurden bemerkenswerte **Temperaturunabhängigkeiten** in den Stoffwechselraten gefunden. Diese scheinbaren Temperaturunabhängigkeiten von Lebensprozessen werden durch eine Reihe von Anpassungsmechanismen erreicht. Dabei muß unterschieden werden zwischen akuten, unmittelbaren Temperatureffekten (sofortige Wirkung der Experimentaltemperatur im Sinne einer Temperaturkompensation) und chronischen Temperaturwirkungen, d. h. kompensatorische Temperaturanpassungen, die sich entweder im Laufe von Tagen oder Wochen einstellen (reversible Anpassungen an die normalen Umweltbedingungen = Akklimatisation oder an einen einzelnen Umweltfaktor im Labor = Akklimation) oder an die sich eine Art im Laufe der Evolution angepaßt hat (z. B. genetische Adaptation an eine Klimazone; Hoffmann, in Hoffmann 1985).

Ein Beispiel für eine unmittelbare Temperaturanpassung ist in Abb. 1-10A gezeigt. Aus adulten Wüstenheuschrecken wurden Mitochondrien präpariert und ihre Atmungsrate mit Succinat (0,006 $mol \cdot l^{-1}$) und Pyruvat (0,006 $mol \cdot l^{-1}$) als Substrat bei Experimentaltemperaturen zwischen 5° und 45 °C bestimmt. Der (bei diesen niedrigen Substratkonzentrationen) ermittelte Basalstoffwechsel ist im weiten Temperaturbereich von 5° bis 35 °C praktisch temperaturunabhängig. Ein Beispiel für eine Thermoakklimation ist in Abb. 1-10B wiedergegeben. Kartoffelkäfer wurden für 8 Tage an zwei verschiedene Temperaturen (5° und 15 °C) im Labor adaptiert (Adaptationstemperatur) und ihr Sauerstoffverbrauch dann bei verschiedenen Temperaturen (Experimentaltemperatur) bestimmt. Die Tiere befanden sich während des Versuchszeitraumes in Winterruhe, es wurde also ihr Basalstoffwechsel gemessen. Die an niedrige Temperatur gewöhnten Käfer zeigten bei allen Versuchstemperaturen einen höheren Sauerstoffverbrauch als die warmangepaßten Tiere. Es liegt eine nahezu vollständige Temperaturkompensation vor. Die bei kälteangepaßten Tieren erhöhte Stoffwechselrate gleicht nahezu vollständig die normalerweise abfallenden Reaktionsraten aus, die mit erniedrigten Temperaturen einhergehen. Genotypische Adaptation an die Temperaturbedingungen in extremen Habitaten zeigen einige Mikroarthropoden aus der Arktis und Antarktis, die auch bei 0 °C noch aktiv sind und dabei relativ hohe Stoffwechselraten aufweisen.

Wie kommen kompensatorische Temperaturanpassungen zustande? Nachdem Versuche mit isolierten Geweben bzw. Zellorganellen die gleichen Anpassungen zeigten wie die Ganztiere, liegt die Annahme nahe, daß sich die Anpassungen auf der Ebene von **Enzymen** abspielen. Direkte Beweise für quantitative enzymatische Änderungen während der Temperaturanpassung erbrachten Untersuchungen zur Kinetik isolierter Enzyme aus Tieren, die an verschiedene Temperaturen angepaßt worden waren (Hochachka und Somero 1984).

So zeigt die aus Fettkörper- und Flugmuskelgewebe isolierte Pyruvatkinase von *Gryllus campestris* eine Michaeliskonstante (K_m)/Temperaturkurve, die von der Adaptationstemperatur abhängt (Abb. 1-11A). Auch die Aktivierungsenergie (E_a), die eine Barriere darstellt, die von den Molekülen übersprungen werden muß, damit eine Reaktion stattfindet, kann von der Adaptationstemperatur beeinflußt werden (Abb. 1-11B). Knickstellen in den Arrheniusdiagrammen (log Enzymaktivität gegen 1/Temperatur in Kelvin), d. h. unterschiedliche Aktivierungsenergien bei unterschiedlichen Temperaturen, kommen vor allem bei membrangebundenen Enzymen häufig vor und zeigen Änderungen in der Lipidzusammensetzung der Membran in Abhängigkeit von der Temperatur an.

Diese Anpassungen auf molekularer Ebene garantieren eine optimale katalytische und regulatorische Funktionsfähigkeit von Enzymen sowohl bei niedrigen (Kälteisoenzyme) als bei höheren (Wärmeisoenzyme) Temperaturen. In einigen Fällen einer Langzeitadaptation scheint die Temperaturkompensation auch auf einer Änderung von Enzymmengen zu beruhen.

1.2.6.3 Entwicklung und Alter

Den höchsten Basalstoffwechsel weisen Insekten in Stadien starken Wachstums oder lebhafter Entwicklung auf, den geringsten, wenn die Entwicklung ruht oder abgeschlossen ist. Beim Tabakschwärmer *(Manduca sexta)* steigt der O_2-Verbrauch von 0,01 $ml \cdot h^{-1}$ bei frisch geschlüpften Larven auf 7 $ml \cdot h^{-1}$ am Tag 3 des 5. Larvenstadiums an. Bei Wanderlarven (Tag 5–8 im letzten Larvenstadium) sinkt der O_2-Verbrauch wieder auf 1 $ml \cdot h^{-1}$ ab (Ziegler, in Hoffmann 1985). Die niedrigsten oxidativen Stoffwechselraten (2–4 % der aktiven Rate) wurden bei Insekten während einer embryonalen oder Puppendiapause gemessen.

Altersabhängige Änderungen im O_2-Verbrauch adulter Männchen von *Oncopeltus fasciatus* (Heteroptera) sind in Abb. 1-12 dargestellt. Die Lebensdauer verhält sich umgekehrt proportional zur Haltungstemperatur und damit auch zur Stoffwechselrate. Hohe Stoffwechselraten verkürzen meistens das Leben von Insekten. Ein hoher oxidativer Stoffwechsel scheint zu einer Anhäufung von Radikalen ($O_2^{\cdot-}$, OH^-) und Hydroperoxiden zu führen, die die Zellen schädigen (Sohal, in Collatz und Sohal 1986).

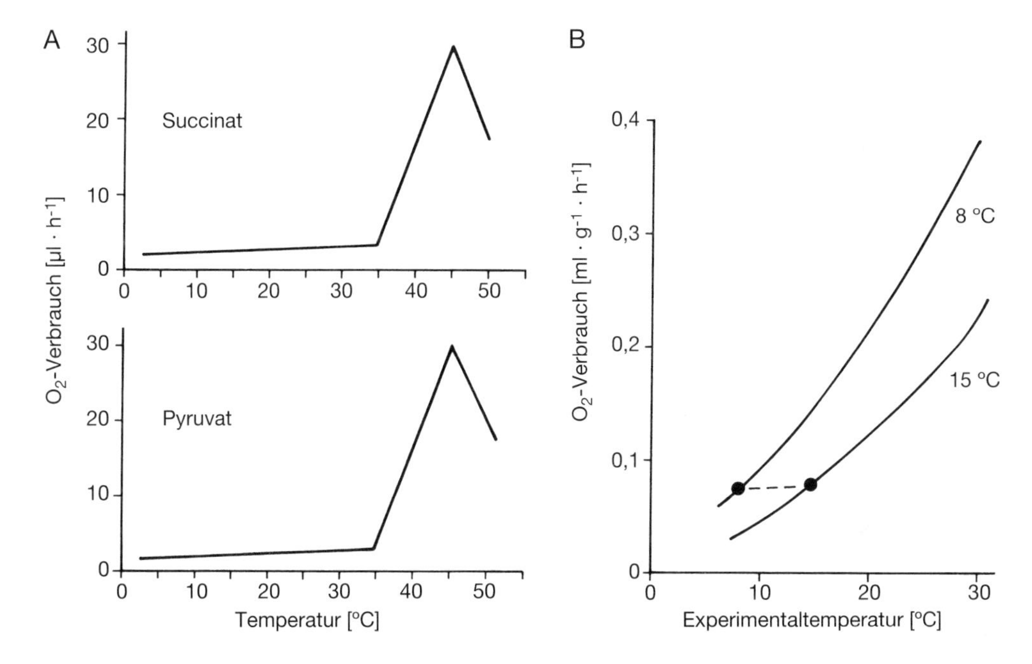

Abb. 1-10: A Atmungsrate isolierter Mitochondrien aus der Wüstenheuschrecke *(Schistocerca gregaria)* bei verschiedenen Temperaturen und mit 0,006 $mol \cdot l^{-1}$ an Succinat bzw. Pyruvat als Substrat im Inkubationsmedium. **B** Sauerstoffverbrauch von warm- (15 °C) und kalt-adaptierten (8 °C) Kartoffelkäfern *(Leptinotarsa decemlineata)* bei verschiedenen Experimentaltemperaturen. Die gestrichelte Linie zeigt den Typ der Adaptation an (**A** nach Newell 1967; **B** nach Marzusch 1952).

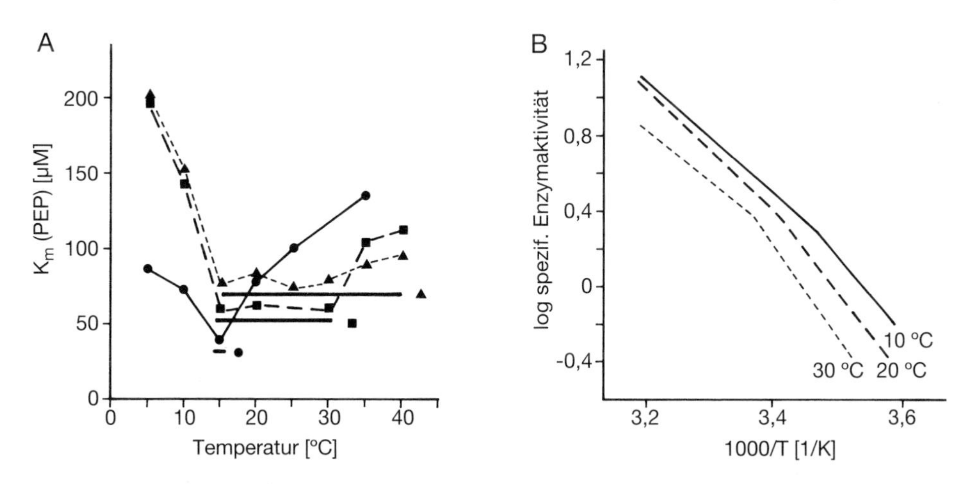

Abb. 1-11: A Die Auswirkung der Temperatur auf die Michaeliskonstante (K_m) der Fettkörper-Pyruvatkinase für Phosphoenolpyruvat bei Feldgrillen *(Gryllus campestris)*, die an 10° (•), 20° (■) und 30 °C (▲) adaptiert wurden. Balken geben den Bereich niedrigster K_m-Werte an. **B** Arrheniusdiagramme für die Pyruvatkinase aus dem Fettkörper von *Acheta domesticus* nach Anpassung an 10°, 20° und 30 °C. T absolute Temperatur (K; nach Hoffmann und Marstatt 1977).

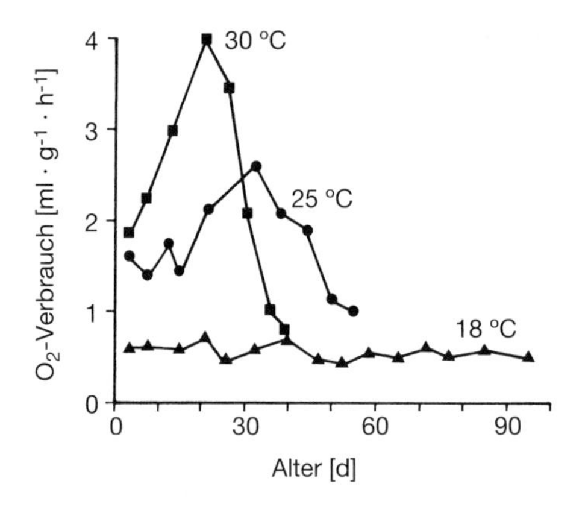

Abb. 1-12: Altersabhängige Änderungen im O_2-Verbrauch von *Oncopeltus fasciatus* bei verschiedenen Haltungstemperaturen (nach Sohal, in Collatz und Sohal 1986).

1.2.6.4 Aktivität und Tagesrhythmik

Fliegende Insekten verbrauchen viel mehr Sauerstoff pro Zeiteinheit als ruhende. Für einige Lepidopteren-, Hymenopteren- und Dipterenarten wurden Verbrauchswerte von mehr als 100 $ml \cdot g^{-1} \cdot h^{-1}$ gemessen (Bartholomew und Casey 1978). Hinter dieser gewaltigen Steigerung stecken sowohl die Energiekosten für das Fliegen (1.2.7) als auch die für das Aufheizen der Flugmuskulatur, die bei großen Insekten vor dem Start zum Flug erfolgen muß (1.6.1.3). Auch bei motorischer Laufaktivität liegt der O_2-Verbrauch deutlich höher als bei ruhenden Tieren.

Viele Insekten weisen ausgeprägte **tagesperiodische Rhythmen** von Aktivität (z. B. motorische Aktivität, Lauterzeugung, Eiablage, Fressen) und Ruhe auf, die sich in einem Tagesgang der Stoffwechselrate widerspiegeln.

So kann man bei der Taufliege, *Drosophila melanogaster*, eine allgemeine lokomotorische Aktivität beobachten, die bei beiden Geschlechtern je einen Gipfel am Morgen und am Abend erreicht. Etwa parallel dazu verläuft der O_2-Verbrauch. Fast ausschließlich am Morgen balzen die Männchen, während die Weibchen überwiegend am Abend die Eier ablegen (Rensing 1973).

1.2.6.5 Kontrolle des Sauerstoffverbrauchs

Eine Regelung der O_2- und CO_2-Austauschrate kann über eine Kontrolle der Ventilation und über eine Kontrolle der Stigmenöffnung erfolgen. Die Regelung der Atembewegungen erfolgt von **nervösen Atemzentren** aus über das autonome (viscerale) Nervensystem (Mill, in Kerkut und Gilbert 1985 [3]). Es können zwei Typen von Atemzentren unterschieden werden: primäre, segmentale Atemzentren, die in den segmentalen Ganglien liegen und die Bewegungen im eigenen Segment kontrollieren, und sekundäre Atemzentren, die einen intersegmental koordinierenden Einfluß auf die Atembewegungen des ganzen Tieres ausüben. Die sekundären Atemzentren scheinen im 3. Thorakel- oder 1. Abdominalsegment zu liegen. Die Atemzentren weisen eine spontane Aktivitätsrhythmik auf, ihre Aktivität wird aber durch exogene Stimuli, neuronaler oder chemischer Art, beeinflußt. So setzen bei einigen Insekten in der Startphase zum Flug Atembewegungen allein nach neuronaler Stimulation ein. Meist ist es aber ein erhöhter CO_2-Gehalt in Tracheen und Hämolymphe, über den die sekundären Zentren aktiviert und damit die Atemmuskeln in Bewegung versetzt werden.

Die Funktion der Stigmen wird über die segmentalen Atemzentren in den Ganglien des Bauchmarkes und im Gehirn reguliert. Bei allen Insekten verfügen die Stigmenmuskeln zusätzlich über einen eigenen, CO_2-abhängigen Kontrollmechanismus (Wigglesworth 1984).

1.2.7 Aerobe Energiegewinnung in der Flugmuskulatur

Die Flugmuskeln der Insekten (4.4.2) arbeiten stets aerob. Die Stoffwechselrate in der Flugmuskulatur kann in Bruchteilen einer Sekunde bis zum 1000fachen des Ausgangswertes ansteigen. Für die Flugmuskeln der Wüstenheuschrecke wurden im Flug Stoffwechselraten bis zu 10 $kJ \cdot g^{-1} \cdot h^{-1}$ errechnet. Dabei stellt sich natürlich die Frage nach einer ausreichenden Versorgung der Muskeln mit Brennstoffen. Einen unmittelbar zur Verfügung stehenden Energiespeicher stellen die als **Phosphagene** bezeichneten Guanidin-Phosphat-Verbindungen dar. Bei Insekten sind die Phosphagenreserven (Argininphosphat) in der Flugmuskulatur aber ziemlich niedrig. Newsholme und Mitarbeiter (1978) erklären dies damit, daß bei Insekten aufgrund der guten O_2-Versorgung das verbrauchte ATP der Muskeln direkt durch das in den Mitochondrien oxidativ gebildete ATP ersetzt wird. Die Flugmuskulatur besitzt also eine hohe ATP-Synthesefähigkeit, wobei das ATP durch vollständige Oxidation von Kohlenhydraten, Fetten und Aminosäuren gebildet werden kann.

Bei einer Einteilung der Insekten nach ihrer Energiequelle für den Flug muß berücksichtigt werden, daß viele Arten mehrere Energieträger nutzen können. Die Bedeutung einzelner Stoffwechselwege in einem Gewebe kann durch die Bestimmung der Aktivität ausgewählter Bezugsenzyme abgeschätzt werden. Wenn auch in vitro-Enzymaktivitätsmessungen nicht die exakte in vivo-Stoffwechselkapazität wiedergeben können, so weisen sie doch auf bevorzugte Substratflußraten hin. Dies wird besonders deutlich, wenn man die Proportionen repräsentativer Bezugsenzyme vergleicht (Tab. 1-3). Im Gegensatz zum Extremitätenmuskel arbeitet der Flugmuskel streng aerob, was aus dem LDH/GAPDH-Verhältnis hervorgeht. Aus den GAPDH/HOADH-Verhältnissen kann geschlossen werden, daß *Calliphora* überwiegend Kohlenhydrate und *Locusta* Kohlenhydrate und Fette im Flug oxidiert (Abb. 1-14). Der Kartoffelkäfer besitzt hohe Enzymaktivitäten im Aminosäurestoffwechsel.

1.2.7.1 Kohlenhydratoxidation

Für Dipteren und Hymenopteren (Insekten mit asynchroner Flugmuskelaktivität; 4.4.2) sind Kohlenhydrate Hauptsubstrat im Flugstoffwechsel. Viele Lepidopteren und Orthopteren (Insekten mit synchroner Flugmuskelaktivität) benutzen Kohlenhydrate zusammen mit Lipiden. Die Vorräte an Kohlenhydraten im Flugmuskel sind stets relativ gering und reichen meist nur für einige Flugminuten. Bei längerem Flug müssen Kohlenhydratspeicher **(Glykogen)** in anderen Organen, z. B. dem Fettkörper, mobilisiert werden. Bei Insekten, die in Flugpausen immer wieder Nahrung zu sich nehmen, liefert der Darm ständig Kohlenhydrate für den Flug nach *(Phormia regina)*. Die resorbierte Glucose wird im Fettkörper zunächst in das Disaccharid Trehalose umgewandelt, bevor sie über die Hämolymphe zur Flugmuskulatur gelangt (1.1.4.3). Der Glykogenabbau im Fettkörper steht unter hormonaler Kontrolle (Hyperglykämisches Hormon, HGH; Tab. 3-2). Glykogen wird über Glucose-1-phosphat zu Glucose-6-phosphat abgebaut. Je ein Glucose-6-phosphat und ein UDP-Glucosemolekül treten zu einem Trehalose-6-phosphat-Molekül zusammen, aus dem unter Wasseranlagerung nach Abspaltung

Tab. 1-3: Aktivitätsverhältnisse repräsentativer Enzyme in Insektenmuskeln. AlAT Alanin-Aminotransferase, GAPDH Glycerinaldehydphosphat-Dehydrogenase, HOADH 3-Hydroxylacyl-CoA-Dehydrogenase, LDH Lactat-Dehydrogenase, SDH Succinat-Dehydrogenase (nach Beenakkers et al. 1984).

Enzyme	Flugmuskulatur			Extremitäten-muskeln
	Calliphora	*Locusta*	*Leptinotarsa*	*Locusta*
LDH/GAPDH GAPDH/HOADH AlAT/SDH	$>10^4$	$4,3 \times 10^{-3}$ 1,0 1,0	$3,3 \times 10^{-3}$ 2,7 20,0	0,4 28,9

von anorganischem Phosphat Trehalose entsteht. Die Trehalose wird als der **Blutzucker** der Insekten in die Hämolymphe freigesetzt. Die Verwendung der Trehalose als Substrat in der Flugmuskulatur erfordert seine hydrolytische Spaltung in zwei Glucoseeinheiten durch das Enzym Trehalase. Die Trehalase findet sich bei einigen Insekten *(Phormia, Sarcophaga, Calliphora, Apis mellifera)* in den Mitochondrien, bei anderen *(Hyalophora, Blaberus, Locusta)* in den Microsomen der Flugmuskelzellen. Der weitere Abbau über Glucose-6-phosphat zu Pyruvat erfolgt identisch zur Vertebraten-Glykolyse. Im Gegensatz zu anderen Muskeltypen findet man im Insektenflugmuskel aber praktisch keine Lactatdehydrogenase. Das Pyruvat muß vollständig oxidiert werden.

Bei der Glykolyse wird im Cytoplasma laufend $NADH_2$ gebildet, das in der Atmungskette unter ATP-Gewinn reoxidiert werden soll. Dies kann nur indirekt geschehen, da $NADH_2$ die Mitochondrienmembran nicht passieren kann. Der indirekte Weg benutzt den Glycerin-3-phosphat-Zyklus (α-Glycerinphosphat-Zyklus; Glycerophosphat-Shuttle). Dabei übernimmt ein Pendelverkehr diffusibler Metabolite (Glycerin-3-phosphat, Dihydroxyacetonphosphat) den H-Transport in die Mitochondrien (Abb. 1-13A). Die hierfür notwendigen Enzyme, eine cytoplasmatische und eine mitochondriale G-3-P-Dehydrogenase sind im Dipterenflugmuskel mit hohen Aktivitäten vorhanden.

Unter Gleichgewichtsbedingungen im Flug werden Pyruvat und G-3-P mit gleicher Rate oxidiert, wie sie gebildet werden; es akkumulieren also keine Glykolyseendprodukte. In den ersten Flugminuten nach dem Start wird allerdings mehr Pyruvat gebildet, als von den Mitochondrien oxidiert werden kann. Dies beruht auf einer kurzfristig begrenzten Aufnahmefähigkeit des **Tricarbonsäure** (TCA)-**Zyklus** infolge unzureichender Versorgung mit Oxalacetat. Gleichzeitig steigt die Konzentration an Alanin an, während die Konzentration an **Prolin** abfällt. Prolin, eine Substanz, die im ruhenden Dipteren-Flugmuskel in erstaunlich hoher Konzentration (10 $mmol \cdot l^{-1}$) vorkommt, dient indirekt zur Aktivierung des TCA-Zyklus (Abb. 1-13B). Ansteigende Konzentrationen an Pyruvat und ADP stimulieren die Prolinoxidation (Prolindehydrogenase). Das entstehende Glutamat wird zur **Transaminierung** von Pyruvat verwendet, wobei Alanin und α-Ketoglutarat entstehen. Das α-Ketoglutarat durchläuft schließlich die Reaktionen des TCA-Zyklus zum Oxalacetat, so daß der TCA-Zyklus zu Beginn des Fluges innerhalb weniger Minuten voll aktiviert wird.

In den Flugmuskeln des Totenkopfschwärmers *(Acherontia atropos)* wurde ein **Substratzyklus** zwischen Glucose und Glucose-6-phosphat nachgewiesen (Surholt und Newsholme 1983):

$$\text{Glucose} + \text{ATP} \xrightarrow{\text{Hexokinase}} \text{Glucose-6-phosphat} + \text{ADP}$$

$$\text{Glucose-6-phosphat} + H_2O \xrightarrow{\text{G-6-Pase}} \text{Glucose} + P_i.$$

Die Zyklusrate ist niedrig im ruhenden Muskel, steigt aber im Flug um etwa das 65fache an. Bei Bedarf (hohe Fluggeschwindigkeit, Gegenwind) kann durch diesen Zyklus eine höhere Substratflußrate durch die Glykolyse, verbunden mit einer empfindlicheren Steuerung, erreicht werden. (In einem Substratzyklus ist die Aktivität beider Enzyme, Vor- und Rückreaktion, an der Regulation der Gesamtgeschwindigkeit des Substratflusses durch den Stoffwechselweg beteiligt. Dies verbessert die effektiven Reaktionen des Enzymsystems auf Änderungen der Regulatorkonzentrationen.) Ein anderer Substratzyklus, der in der Flugmuskulatur von Hummeln nachgewiesen wurde, soll im Dienste der Thermoregulation stehen (1.6.1.3).

1.2.7.2 Fettoxidation

Fette als Energieträger für den Flug finden sich bevorzugt bei Langstreckenfliegern (Wanderheuschrecken, einige Schmetterlinge) und bei Arten, die lange Zeit ohne Nahrungsaufnahme auskommen (1.1.1.1). Fette haben ein höheres ATP-Äquivalent (0,65 mol $ATP \cdot g^{-1}$) als Kohlenhydrate (0,18 mol $ATP \cdot g^{-1}$) und sind osmotisch inaktiv. Bei der Oxidation von Fetten entstehen große Mengen an metabolischem Wasser, das den Wasserverlust bei der Atmung ersetzen kann. Wenn die Wüstenheuschrecke *(Schistocerca gregaria)* im Flug 7 g $Fette \cdot kg^{-1} \cdot h^{-1}$ verbrennt, werden dabei 8,1 g $Wasser \cdot kg^{-1} \cdot h^{-1}$ produziert. Ein Nachteil bei der Fettverbrennung ist die geringe Löslichkeit von Fetten in wäßrigen Medien, wie der Hämolymphe, so daß spezielle Transportmechanismen notwendig werden. Bei allen bisher untersuchten Arten wurden **Di(acyl)glyceride** als wichtigstes Neutral-

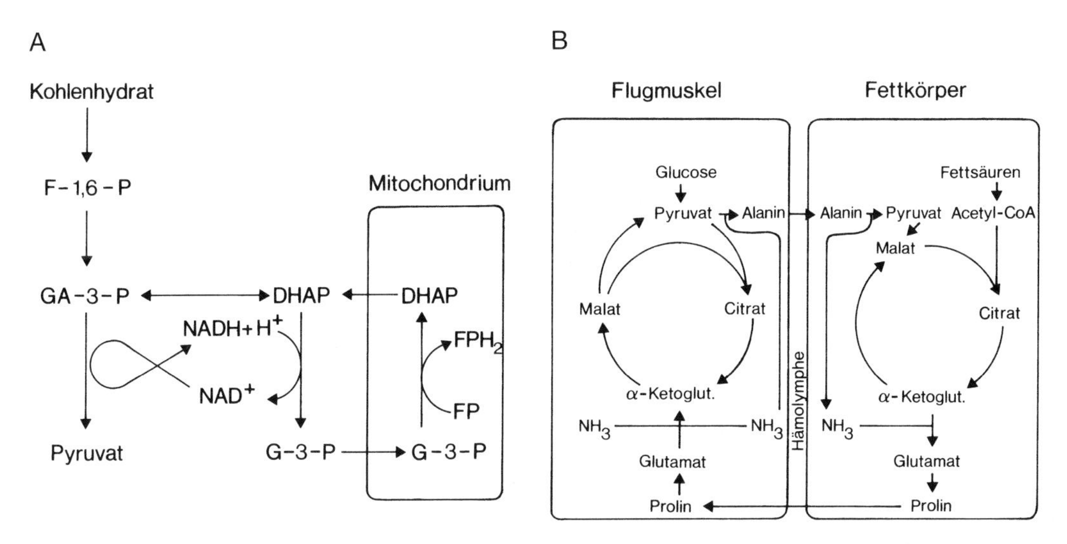

Abb. 1-13: A Glycerin-3-phosphat als Transportmetabolit im Insektenflugmuskel. DHAP Dihydroxyacetonphosphat; F-1,6-P Fructose-1,6-bisphosphat; FP Flavoprotein oxidiert; FPH_2 Flavoprotein reduziert; G-3-P Glycerin-3-phosphat; GA-3-P Glycerinaldehyd-3-phosphat; NAD^+ Nicotinamid-Adenindinucleotid oxidiert; $NADH+H^+$ Nicotinamid-Adenindinucleotid reduziert. **B** Schematische Darstellung der Prolinoxidation im Insektenflugmuskel. Bei manchen Insekten (z.B. *Phormia regina*) kann der TCA-Zyklus im Flugmuskel durch Prolin «gezündet» werden, andere benutzen Prolin als Hauptenergiequelle im Flug *(Glossina morsitans)*. Bei letzteren wird Prolin im Fettkörper synthetisiert und zu den Flugmuskeln transportiert (**A** nach Mordue et al. 1980; **B** nach Beenakkers et al. 1984).

fett in der Hämolymphe gefunden. Im Fettkörper liegen Fette dagegen in Form von **Tri(-acyl)glyceriden** gespeichert. Die Mobilisierung der Triglyceridreserven des Fettkörpers und die Freisetzung von Diglyceriden in die Hämolymphe stehen wiederum unter hormonaler Kontrolle (Adipokinetisches Hormon, AKH und Octopamin; 3.4.2.3). Die Bildung von Diglyceriden aus Triglyceriden kann auf verschiedenen Wegen erfolgen. Im Fettkörper einiger Schaben setzt eine stereospezifische **Lipase** direkt 1,2-Diacylglyceride frei. Bei *Locusta* scheinen Triglyceride zunächst zu 2-Monoglyceriden abgebaut zu werden, bevor eine freie Fettsäure erneut an das C1 des Glycerins angelagert wird (Beenakkers et al. 1984). Da bei der Fettoxidation im Flug große Mengen an Glycerin im Flugmuskel frei werden, können diese zusätzlich für eine Neubildung von Diglyceriden im Fettkörper Verwendung finden.

Die Freisetzung von Diglyceriden in die Hämolymphe und ihr Transport zur Flugmuskulatur kann nur dann erfolgen, wenn in der Hämolymphe spezielle Lipoproteine **(Lipophorine)** vorhanden sind. Lipophorine wurden aus der Hämolymphe verschiedener Insektenarten isoliert. Es handelt sich um Lipoproteine mit hoher Dichte (HDL_p; 50–60 % Proteinanteil, 40–50 % Lipide), die zwei Apoproteine enthalten (Apolipophorin I mit einer relativen Molmasse von 230 000–250 000 und Apolipophorin II mit einer relativen molaren Masse von 70 000–85 000).

Detaillierte Untersuchungen zum Transport von Diglyceriden mittels Lipophorinen in der Hämolymphe während des Fluges liegen für *Locusta migratoria* vor (van Heusden et al. 1987; Ryan 1990). Während des Fluges werden unter Einfluß des AKH Diglyceride (DG) aus den Triglyceridreserven des Fettkörpers in die Hämolymphe freigesetzt (Abb. 1-14A). Der Anstieg im Hämolymph-Diglyceridspiegel geht mit einer Umorganisation in den Lipoproteinen am Fettkörper einher: das high-density-Lipoprotein (HDL_p) assoziiert mit kleinen, nicht Lipide-tragenden Proteinen (Apolipophorin III, apoLp III; 161 Aminosäuren bei *L. migratoria*) unter Aufnahme von Diacylglyceridmolekülen zu einem low-density-Lipoprotein (LDL_p). In diesem komplexen Gebilde werden die Lipide durch die Hämolymphe zu den Flugmuskeln befördert. Bei der Freisetzung der DG an den Flugmuskelmembranen zerfällt das LDL_p wieder in apoLp III und HDL_p, während die Fettsäuren vom Diacylglycerid abgespalten und von den Muskeln aufgenommen werden. Die in den Flugmuskeln vorhandene, membrangebundene Lipophorin-Lipase weist eine hohe Substratspezifität für LDL_p-gebundene Diglyceride auf (Wheeler und Goldsworthy, in Gewecke und Wendler 1985) und steht wiederum unter hormonaler Kontrolle durch das AKH. Bei *L. migratoria* sind alle drei Apolipophorine glycolysiert und werden im Fettkörper gebildet.

Aus der Hämolymphe von *Manduca sexta* wurde kürzlich ein Lipoprotein mit besonders hoher Dichte isoliert und als Lipid-Transfer-Partikel (LTP) charakterisiert (Ryan 1990). Der LTP-Komplex enthält Apoproteine (apoLTP I, -II und -III) und 14 % Lipide, hauptsächlich Diacylglyceride und Phospholipide und scheint als Katalysator beim Lipidtransfer am Fettkörper zu wirken.

In den ersten 10 Minuten eines Fluges benutzen die Flugmuskeln von *Locusta* Trehalose als Energiequelle, und zwar mit einer Rate von ca. 120 $\mu g \cdot min^{-1}$; der Trehaloseumsatz fällt nach 30 Minuten auf ca. 10 $\mu g \cdot min^{-1}$. Schon ca. 2 Minuten nach dem Start setzt die Lipidmobilisation ein und damit der Übergang vom «Kohlenhydrat-» zum «Fettflieger» (Abb. 1-14B).

A

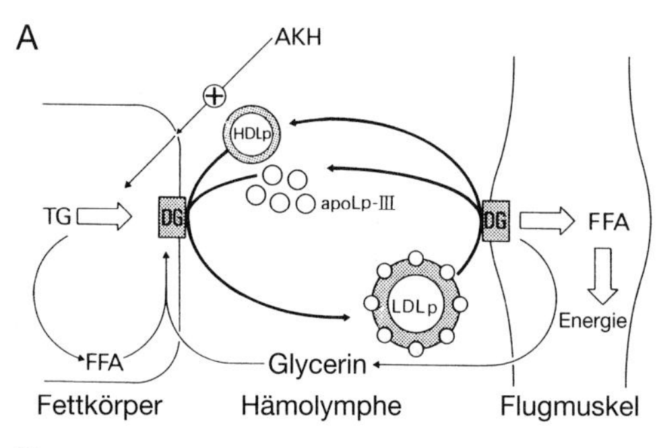

B

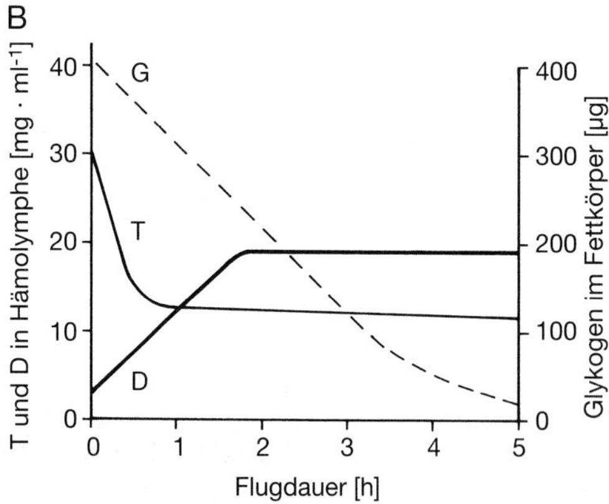

Abb. 1-14: Flugstoffwechsel der Wanderheuschrecke *(Locusta migratoria)*. **A** Der Einfluß von AKH (Adipokinetisches Hormon) auf die Fettmobilisierung und den Fetttransport durch Lipophorine beim Flug. TG Triacylglycerid, DG Diacylglycerid, FFA freie Fettsäure (weitere Abkürzungen im Text). **B** Der Einfluß der Flugdauer auf den Gehalt an Trehalose (T) und Diglyceriden D in der Hämolymphe und an Glykogen (G) im Fettkörper (**A** nach D. J. van der Horst, Utrecht; **B** nach Mordue et al. 1980).

1.2.7.3 Aminosäureoxidation

Wie schon erwähnt (1.2.7.1), benutzen einige Dipteren in den ersten Sekunden des Fluges **Prolin**, um den TCA-Zyklus mit Metaboliten aufzufüllen. Bei anderen Insekten dient Prolin als Hauptenergiequelle (Umsatz bis zu 80 $\mu g \cdot min^{-1}$) für die Flugmuskeln, so z. B. bei der Tsetse-Fliege *(Glossina morsitans)*, dem Kartoffelkäfer *(Leptinotarsa decemlineata)* und einigen Scarabaeidae. Ein wichtiger Schritt ist dabei die Bildung von Pyruvat aus Intermediärprodukten des TCA-Zyklus (Abb. 1-13B). Alanin entsteht wieder als Endprodukt und wird über das Blut in den Fettkörper abtransportiert:

Prolin + 2½ O_2 + 14 ADP → Alanin + H_2O + 2 CO_2 + 14 ATP. Die anfänglich hohen Umsatzraten können nur für ca. 90 s aufrechterhalten werden, weil dann die Vorräte an Prolin in der Muskulatur und im Blut erschöpft sind. Im Fettkörper dieser Tiere kann Prolin jedoch resynthetisiert werden, aus Alanin und Fettsäuren bzw. Acetyl-CoA:

Alanin + Acetyl-CoA + NADPH+H^+ → Prolin + $2H_2O$ + $NADP^+$ + CoA. Nach dem Transport über die Hämolymphe in die Muskulatur steht es erneut als Flugsubstrat zur Verfügung. Der Vorteil der Prolinoxidation liegt im hohen ATP-Äquivalent (bis zu 0,52 mol ATP·g^{-1}), verbunden mit einer schnellen Verfügbarkeit.

1.2.8 Der Fettkörper als Energiequelle

In den vorhergehenden Abschnitten haben wir den Fettkörper der Insekten als Energiequelle beim Flug kennengelernt. Er ist ein Synthese- und Speicherorgan, in dem vor allem während der Larvenzeit Reservestoffe zur späteren Verwendung angesammelt werden. Andere Aufgaben kommen ihm im **Purin-** (Synthese von Harnsäure; 1.5.3.1) und **Pigmentstoffwechsel** (z. B. Ommochromsynthese) zu, oder bei der **Entgiftung** von Substanzen, die im eigenen Stoffwechsel entstanden sind oder mit der Nahrung aufgenommen werden. Damit kommt dem Fettkörper in der Stoffwechselphysiologie der Insekten eine Bedeutung zu, vergleichbar der Leber bei den Wirbeltieren. Entsprechend seinen Aufgaben zeigt der Fettkörper vielfach eine Sonderung in zwei Zellgruppen, in die eigentlichen Fettzellen **(Trophocyten)**, deren Cytoplasma neben den Fetttröpfchen meist noch Eiweiße und Glykogenkörnchen enthält, und in Exkretspeicherzellen **(Uratzellen)**. Der larvale Fettkörper wird von den Imagines übernommen oder aus Resten des larvalen Corpus adiposum regeneriert. In adulten Tieren macht der Fettkörper meist eine Umwandlung vom Speicherorgan (für Wachstum, Häutungen, Metamorphose) zum Syntheseorgan (für Reproduktion) durch. Geschlechtsreife Weibchen produzieren im Fettkörper die Vorstufen der Dotterproteine (Vitellogenine; 2.2.3.1). Im Fettkörper adulter Männchen werden vermehrt Hämolymphmetabolite gebildet, die für die Muskelaktivität gebraucht werden.

1.2.9 Hungerstoffwechsel

In Kapitel 1.1 wurde erwähnt, daß Insekten von Zeit zu Zeit keine Nahrung aufnehmen. In der Larvalzeit tritt dies regelmäßig während der Häutungen ein, im Adultstadium nehmen manche Insekten gar keine Nahrung mehr zu sich. Während der Mensch im Hungerzustand seine Ruhestoffwechselrate um bis zu 15 % absenkt, kann sie bei Insekten um 50 % und mehr fallen.

Bei *Manduca sexta* hat sich gezeigt, daß Larven und Adulte unterschiedliche Strategien zur Bewältigung von Hungerperioden aufweisen (Ziegler, in Hoffmann 1985). Die Larven des Tabakschwärmers, die unter normalen Bedingungen fast ständig fressen, versuchen beim Hungern ihre Energiereserven im Fettkörper weitgehend zu erhalten. Dies geschieht über eine hormonregulierte (AKH; in Imagines kontrolliert AKH die Lipidmobilisierung beim Flug) Umstellung im Kohlenhydratstoffwechsel (3.4.2). Bleibt die Nahrungszufuhr aus, so fällt die Konzentration an **Glucose** in der Hämolymphe rasch ab. (Glucose ist in der Hämolymphe von *Manduca* neben Trehalose als Blutzucker vorhanden: 250–1000 µg·ml^{-1}). Der Abfall im Glucosespiegel geht mit einem raschen Anstieg an aktiver Glykogenphosphorylase a im Fettkörper einher; die Larve schaltet von Anabolismus auf Katabolismus um und geht auf Suche nach einer neuen Futterquelle. Dabei steigt im Blut aber nicht der Glucose- sondern der Trehalosespiegel an. Hält der Hungerzustand länger an, so wird die Glykogenphosphorylase innerhalb von 24 bis 48 Stunden wieder inaktiviert, um Glykogenreserven zu sparen. Hat die Larve (nur im letzten Larvenstadium) bis zu diesem Zeitpunkt keine neue Nahrungsquelle gefunden, so häutet sie sich vorzeitig zu einer, allerdings kleineren, Puppe.

Adulte Tabakschwärmer, die nur unregelmäßig Nahrung aufnehmen, verbrauchen ihre Energiereserven bei Hunger vollständig. Dabei wirkt ein sinkender **Hämolymph-Trehalosespiegel** als Signal zur Mobilisierung aller Glykogen- und Fettreserven im Fettkörper. Dieser Langzeiteffekt ist AKH-unabhängig (Ziegler et al. 1990).

1.2.10 Energiestoffwechsel im Insektengehirn

Eine optimale Sauerstoffversorgung des Gehirns wird durch die enorme Proliferation von Tracheen und Tracheolen erreicht. Kein Neuron liegt mehr als 9 μm von einer Tracheole entfernt. Als Brennstoff steht den Zellen Glykogen, bei einigen Arten aber auch Fettsäuren und Protein zur Verfügung (Kern, in Collatz und Sohal 1986). Die Oxidation von Fettsäuren in Nervengeweben findet man gerade bei solchen Arten, die auch im Flugstoffwechsel Fette verbrennen. Im oxidativen Stoffwechsel des Gehirns wurden O_2-Verbrauchsraten bis zu 40 $ml \cdot g^{-1} \cdot h^{-1}$ gemessen. Trotz der hohen aeroben Stoffwechselraten weisen Insektengehirne eine erstaunliche Toleranz gegenüber **Anoxie** auf (1.3.4).

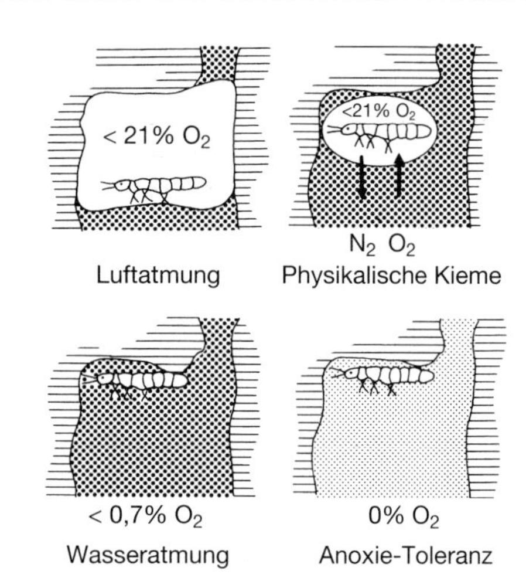

Abb. 1-15: O_2-Aufnahme und anaerobe Energiegewinnung (Lactatgärung) bei *Folsomia candida* (Collembola) (nach Zinkler und Rüssbeck 1986).

1.3 Anaerober Stoffwechsel

Viele Insekten weisen eine bemerkenswerte Resistenz gegenüber Sauerstoffmangel und sogar völlige Sauerstoffabwesenheit auf. Adulte Fliegen *(Musca)* erholen sich nach 12–15 Stunden ohne Sauerstoff wieder vollständig.

Gasterophilus-Larven, Endoparasiten im Darmtrakt von Pferden, überleben bis zu 17 Tage in vollständiger Anoxie. Larven von *Chironomus plumosus* überleben in Anoxie genauso lange wie unter aeroben Bedingungen nämlich bis zu 200 Tage bei 4 °C.

Anoxische Bedingungen können für ein Insekt ökologisch bedingt **(biotopbedingt)** sein, d. h. ein O_2-Mangel für das ganze Tier infolge eines verminderten O_2-Angebotes in der Umgebung, oder funktionsbedingt auftreten, d. h. eine O_2-Unterversorgung, meist nur in bestimmten Geweben infolge einer maximalen Leistung.

1.3.1 Biotopbedingte Anaerobiose

Luftatmende Insekten kommen unter natürlichen Bedingungen selten in eine O_2-Mangelsituation. Anders ist dies bei Arten, die im Wasser, in toter organischer Substanz oder im Boden leben (Abb. 1-15). Collembolenarten, die in tiefere Bodenschichten vordringen, können einige Tage ohne Sauerstoff leben. Monatelang ohne Sauerstoff existieren Insekten häufig in den tieferen Zonen von Seen oder im Schlammsediment seichter, eutropher Gewässer. Im Winter sind viele Insekten in Teichen und Seen durch die Eisdecke von der O_2-Zufuhr abgeschlossen. Um Zeiten mit O_2-Mangel (Hypoxie) oder O_2-Abwesenheit (Anoxie) zu überdauern, haben die Insekten Anpassungen struktureller, physiologischer und biochemischer Art erworben.

1.3.1.1 Anatomische und physiologische Anpassungen

Bei einigen Insektenarten beeinflußt das O_2-Angebot während der Entwicklung die Ausbildung des **Tracheensystems.** So haben unter O_2-Mangel aufgezogene Mehlkäferlarven *(Tenebrio molitor)* größere Tracheen als solche, die bei normalem O_2-Gehalt leben (Loudon 1985).

Wie schon im vorhergehenden Kapitel gezeigt wurde, halten einige Insektenlarven ihren O_2-Verbrauch auch bei niedrigen O_2-Konzentrationen im Wasser bis zu einer kritischen O_2-Spannung aufrecht **(Oxyregulatoren)**. Eine andere physiologische Anpassung an hypoxische Bedingungen mag das Auftreten von **respiratorischen Farbstoffen** darstellen, die man bei einigen wenigen Insekten findet, z. B. in Chironomidenlarven und Larven von *Gasterophilus*, sowie in Larven und Imagines von *Anisops* und *Buenoa* (Hemiptera, Notonectidae; Mill, in Kerkut und Gilbert 1985 [3]).

Das Plasma einiger Chironomidenlarven enthält ein niedermolekulares **Hämoglobin** (relative molare Masse 31 400), das aus zwei Untereinheiten besteht und eine hohe Affinität für Sauerstoff aufweist (P_{50} = 0,8 kPa). *Chironomus*-Spezies zeigen einen sehr ausgeprägten Hämoglobin-Polymorphismus. Interessanterweise stimmen 20 % der Aminosäuresequenz des Chironomiden-Hb mit dem Myoglobin des Wales überein. Das Hämoglobin zeigt keinen Bohr-Effekt. In *Ch. thummi thummi*-Larven liegt der Hämoglobingehalt im Sommer höher als im Frühjahr. Chironomidenlarven leben im Schlamm stehender Gewässer mit oft niedrigem O_2-Gehalt, besonders im Sommer, und benutzen das Hämoglobin, um auch bei niedrigem pO_2 in der Umgebung (unter 9,8 kPa) noch Sauerstoff transportieren zu können. Die **Speicherkapazität** des Hämoglobins für Sauerstoff ist allerdings begrenzt. Bei den Notonectidae weist das Hämoglobin eine viel geringere O_2-Affinität auf (P_{50} = 37 kPa, bei 24°C) und ist intrazellulär, nämlich in reich mit Tracheen durchzogenen Zellen des Abdomens, zu finden. Imagines von *Anisops* und *Buenoa* atmen mittels einer volumenvariablen physikalischen Kieme (1.2.2). Während des Tauchens dissoziiert Sauerstoff vom Hämoglobin ab und gelangt über die abdominalen Stigmen in die Gasblase. Das Tier hält sich so in der Schwebe, obwohl der Gasblase über die thorakalen Stigmen Sauerstoff entzogen wird. Der Tauchvorgang kann auf diese Weise um bis zu 4 Minuten verlängert werden.

1.3.1.2 Biochemische Anpassungen

Reichen die bisher genannten Strategien nicht mehr aus, um den abnehmenden O_2-Gehalt in der Umgebung zu kompensieren, so treten zunehmend anaerobe Stoffwechselprozesse in Erscheinung (Gäde, in Hoffmann 1985). Die anaeroben Stoffwechselprozesse haben zwei Funktionen: 1. das Redoxgleichgewicht in den Zellen aufrechtzuhalten und 2. die Bildung von ATP auch in Abwesenheit von Sauerstoff zu gewährleisten. Dabei werden bei längerer ökologischer Anaerobiose oft mehrere Stoffwechselwege aktiviert, die zu unterschiedlichen Endprodukten führen. Die Ursache hierfür ist, daß die Aufrechterhaltung einer ausgeglichenen Wasserstoffbilanz oft sehr kompliziert ist.

Ausführlich untersucht wurden in den vergangenen Jahren die anaeroben Stoffwechselvorgänge, u. a. bei *Chironomus thummi thummi* und *Chaoborus crystallinus* (Zebe und Schöttler 1986). *Ch. thummi* zeichnen sich durch die Fähigkeit aus, auch niedrige pO_2-Werte noch zur aeroben Energieproduktion auszunutzen. Unter völlig anoxischen Bedingungen können die Larven nur etwa 60 Stunden überleben, weil sie in dieser Zeitspanne schon bis zu 40 % ihres Körpergewichtes an Wasser aufnehmen. Offensichtlich reicht unter anaeroben Bedingungen die produzierte Energie nicht aus, um die Osmoregulation aufrechtzuerhalten. Gibt man dem Haltungswasser NaCl zu, so steigt ihre Anoxieresistenz deutlich an. Im Laufe einer 48stündigen Anoxie verbrauchen die Larven 600–700 μmol Glucoseeinheiten pro g Trokkenmasse, die Hälfte davon in den ersten 12 Stunden. Als Endprodukte entstehen zunächst L-Lactat, Alanin, Succinat und Acetat; letzteres wird ins Haltungswasser abgegeben. Bei längerfristiger Anoxie dominiert **Ethanol** als Endprodukt des Glykogenabbaues, das ebenfalls ins Wasser abgegeben wird (Abb. 1-16). Der Vorteil der Ethanolbildung liegt darin, daß das ungeladene Ethanolmolekül leicht

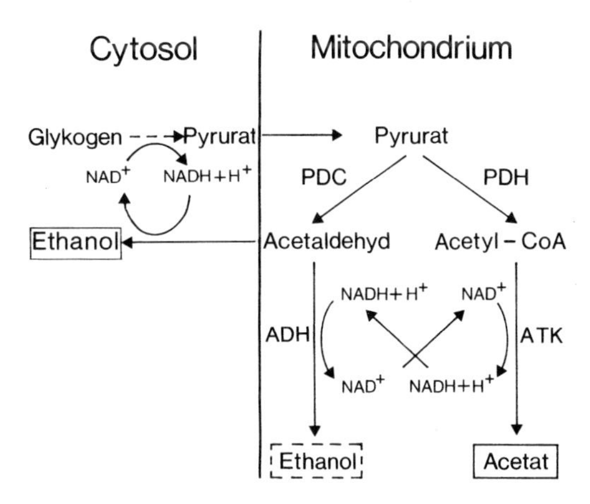

Abb. 1-16: Die Produktion von Acetat und Ethanol unter anaeroben Bedingungen in Larven von *Chironomus thummi thummi*. ADH Alkoholdehydrogenase, ATH Acetatthiokinase, PDC Pyruvatdecarboxylase, PDH Pyruvatdehydrogenase (nach Gäde, in Hoffmann 1985).

Membranen durchdringen kann und sich deshalb einfach und schnell ausscheiden läßt. Die energetische Ausbeute ist allerdings gering, pro mol gebildetem Endprodukt werden nur 1,5 mol ATP frei. Gelangen die Tiere wieder in normoxische Bedingungen, so erreichen die Metabolitkonzentrationen innerhalb weniger Stunden wieder ihre Ausgangswerte. Außerdem nehmen die Tiere verstärkt Nahrung auf, um ihren Glykogenvorrat aufzufüllen.

Eine andere Strategie der Anpassung an anoxische Lebensbedingungen finden wir bei den Larven von *Chaoborus crystallinus*. Die Larven halten sich tagsüber im hypoxischen und anoxischen Sediment von Tümpeln und Teichen auf. Bald nach Sonnenuntergang kommen sie bis an die Wasseroberfläche empor und gehen auf Beutefang **(tagesperiodische Vertikalwanderung)**. Dort finden sie O_2-reiches Wasser vor. Ihre Speicherkapazität für Kohlenhydrate ist sehr gering (120–150 µmol Glucoseeinheiten pro g Trockenmasse) und entsprechend gering ist ihre Anoxietoleranz. In ihrem natürlichen Biotop sind sie aber nur wenige Stunden pro Tag anaeroben Bedingungen ausgesetzt. Als Energiequelle nutzen sie unter anaeroben Bedingungen neben Glykogen das Phosphagen **Phosphoarginin** und vor allem **Malat**, das in normoxischen Larven in extrem hohen Konzentrationen (160 µmol pro g Trockenmasse) vorkommt und dessen Konzentration innerhalb von 12 Stunden Anoxie auf weniger als 100 $\mu mol \cdot g^{-1}$ abfällt. In reziproker Weise steigt die Konzentration von **Succinat** an (Abb. 1-17A). Die Umwandlung von Malat über Fumarat zu Succinat ist mit einer ATP-Bildung gekoppelt (Abb. 1-17B). Außer im Darm findet sich das Malat in praktisch allen Geweben. Neben Succinat treten unter anoxischen Bedingungen noch Lactat und Alanin als Endprodukte des Glykogenabbaus auf. Alle anaeroben Endprodukte verbleiben in den Tieren, werden also nicht ausgeschieden. Unter aeroben Haltungsbedingungen werden die anaeroben Endprodukte wieder rasch abgebaut und die Malatkonzentration steigt innerhalb von 3 Stunden auf ihren Ausgangswert an **(Malat-Zyklus)**. Weitere Untersuchungen haben gezeigt, daß dieser Malat-Zyklus auch unter natürlichen Bedingungen im Zuge der tagesperiodischen Vertikalwanderungen auftritt.

Die terrestrische Dipterenlarve *Callitroga macellaria* kann für mehr als 24 Stunden in einer reinen N_2-Atmosphäre gehalten werden. Allerdings ist die Verpuppungsrate nach einer anaeroben Behandlung um etwa 50 % reduziert. Unter anoxischen Bedingungen werden bei *Callitroga* zwei Mechanismen einer Anpassung beobachtet: Eine Einsparung bei ATP-verbrauchenden Reaktionen und eine anaerobe ATP-Gewinnung durch Kohlenhydrat- und Aminosäureabbau mit Pyruvat, Lactat, Acetat, Alanin, Succinat, Prolin, Glycerin und anderen **Polyhydroxyalkoholen** als Endprodukte (Meyer 1980). Auch der Tabakschwärmer, *Manduca sexta*, ist sehr anoxietolerant und erholt sich noch von 24 Stunden Sauerstoffentzug vollständig. Während Anoxie ist der Stoffwechsel der adulten Insekten stark reduziert. Nach 5,5 Stunden Anoxie beträgt die Wärmeproduktion der Schwärmer nur noch 3 % des normoxischen Wertes (Moratzky et al. 1992).

Haben sich während einer anoxischen Phase Stoffwechselendprodukte in den Tieren angehäuft, so werden sie nach Wiedereintritt von normoxischen Bedingungen zurückoxidiert. Die eingegangene **Sauerstoffschuld** wird

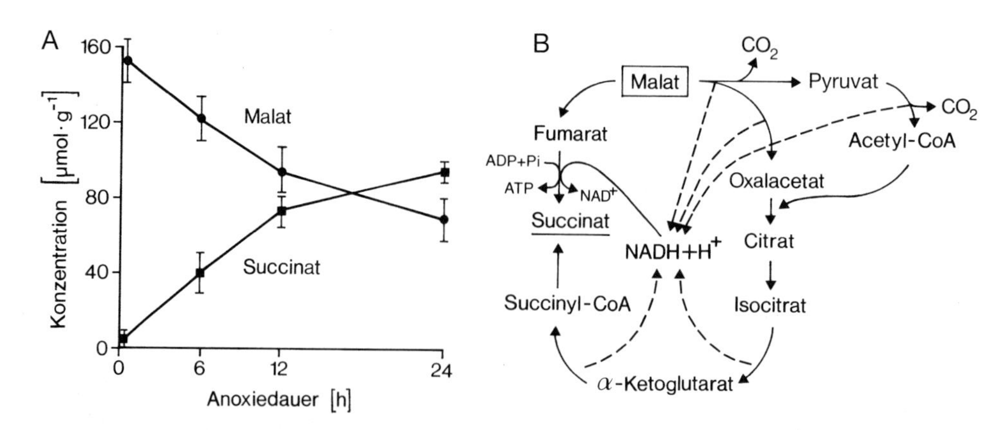

Abb. 1-17: A Die Konzentrationen von Malat und Succinat in *Chaoborus crystallinus* Larven unter anoxischen Bedingungen. **B** Der Stoffwechsel des Malats in anaeroben Mitochondrien. Zur Aufrechterhaltung der Reduktionsäquivalent-Bilanz könnte ein Teil des Malats zu Oxalacetat und Pyruvat oxidiert werden (**A** nach Englisch et al. 1982; **B** nach Schöttler 1980).

durch einen vorübergehend stark erhöhten O_2-Verbrauch abgebaut. Dies trifft auch im Falle einer funktionsbedingten Anoxie zu.

1.3.2 Funktionsbedingte Anoxie

Wenn ein aktiver Wirbeltier-Skelettmuskel weniger Sauerstoff erhält, als er für die Erzeugung einer ausreichenden Menge von ATP durch die Atmungskettenphosphorylierung benötigt, wird ein Teil des Pyruvats zu Lactat reduziert. In Kapitel 1.2.7 wurde gezeigt, daß die großen Leistungen der Flugmuskeln von Insekten nur möglich sind, weil ihr Stoffwechsel vollständig aerob abläuft, sich also auch nach einem lange andauernden Flug kein Lactat anhäuft.

Anders ist dies aber z. B. in den Hinterbeinmuskeln der Wasserwanze *Bellostoma* oder in den Muskeln der **Sprungbeine** von *Locusta*. Histologisch zeichnen sich diese Muskeln durch dicke Fasern mit einem niedrigen Gehalt an Mitochondrien und schlechter Tracheenversorgung aus. Ihr Enzymmuster korreliert mit diesen anatomischen Befunden: die LDH-Aktivität ist hoch, aber die Aktivitäten für die α-Glycerophosphatdehydrogenase und für die oxidativen Enzyme der Mitochondrien sind niedrig (Gäde 1975). Ihr ATP-Speicher (ca. 5 µmol pro g Trockenmasse) reicht nur für wenige Sekunden Tätigkeit aus. Danach werden zunächst die **Phosphagenreserven** (Argininphosphat ca. 20 $\mu mol \cdot g^{-1}$) verbraucht, anschließend setzt anaerobe Glykolyse mit der Bildung von Lactat als Endprodukt ein. Nach nur zwei Sprüngen steigt der Lactatgehalt im Sprungmuskel von *Locusta* von 0,6 auf 3,7 µmol pro g Gewebe an. Nach etwa 20 Sprüngen erreicht die Lactatkonzentration einen maximalen Wert von 6 $\mu mol \cdot g^{-1}$. Die anaerobe Energiegewinnung reicht allerdings nicht aus, um den Energiezustand (energy charge; [ATP] + 0,5 [ADP]/[ATP] + [ADP] + [AMP]) der Muskeln auf dem aeroben Wert von 0,95 zu halten; er sinkt bis auf 0,46 ab. Eine Wanderheuschrecke kann bis zur Erschöpfung 50–100mal hintereinander springen, ihr Sprungvermögen (Dauer des Sprunges, Kraftaufwand für den Sprung, Dauer zwischen den Sprüngen) nimmt dabei aber ständig ab.

1.3.3 Entwicklungsbedingter anaerober Stoffwechsel

Bei Insekten treten häufig entwicklungsbedingte Änderungen im Energiestoffwechsel auf, so z. B. während der Ausdifferenzierung der Flugmuskulatur und während einer Diapause.

1.3.3.1 Entwicklung der Flugmuskulatur

Präadulte Flugmuskeln weisen ein völlig anderes Enzymspektrum auf als die ausdifferenzierten Flugmuskeln der Imagines. Der wichtigste Unterschied besteht in der Aktivität der Lactatdehydrogenase. Während in adulten Flugmuskeln praktisch keine LDH-Aktivität gefunden wird, ist sie in präadulten Muskeln sehr hoch. Die weiteren Umstellungen (α-Glycerinphosphat-Zyklus, TCA-Zyklus, β-Oxidation; 1.2.7) beginnen nach einem weiteren vorübergehenden Anstieg in der LDH-Aktivität, der mit der Einwanderung der Tracheoblasten bzw. Tracheolen in die Muskelfasern einhergeht. Der Zeitpunkt der Umschaltung auf aerobe Energiegewinnung ist von Art zu Art unterschiedlich und hängt vom Entwicklungstyp ab (holometabol oder hemimetabol; 2).

1.3.3.2 Diapausestoffwechsel

Während einer Diapause ist der Energiebedarf von Insekten auf ein Minimum reduziert (2–30 % des normalen Ruhestoffwechsels; 1.2.6.3, 2.5.2.1). Die benötigte Energie wird häufig auf glykolytischem Wege anaerob gewonnen.

Hierzu einige Beispiele: Eier des Seidenspinners *(Bombyx mori)* überwintern in einer Diapause.

Frisch abgelegte Eier weisen einen hohen Glykogengehalt auf. Unmittelbar nach der Ablage wird das Speicherglykogen auf glykolytischem Wege zu Glycerin, Sorbit und Lactat umgewandelt, unter Freisetzung von ATP. Die Polyhydroxyalkohole dienen auch als Gefrierschutzsubstanzen (1.6.4). Zu Ende der Diapause werden die Polyhydroxyalkohole zur Glykogenresynthese verwendet. Larven von *Eurosta solidaginis* überwintern bei –40 °C in Gallen. Bei Temperaturen unter –10 °C erfolgt der Energiestoffwechsel nur noch anaerob, entsprechend steigt die Konzentration an **Lactat** an. Ausschließlich anaerobe Energiegewinnung über Lactatgärung wurde auch bei adulten, diapausierenden Weibchen des Chrysomeliden *Melasoma collaris* (Coleoptera) gefunden, der in hochalpinen Regionen unter einer 1–2 m dicken Schneedecke überwintert.

Andere Insektenarten (z. B. *Melanoplus differentialis, Anthonomus grandis, Culex pipiens*) legen vor einer postembryonalen Diapause umfangreiche Fettspeicher an. Der Fettkörper als Hauptfettdepot macht dabei eine charakteristische Umwandlung von einem Synthese- in ein Speicherorgan durch (1.2.8). Auch bei diesen Arten ist die Stoffwechselrate während der Diapause reduziert. **Respiratorische Quotienten** zwischen 0,7 und 0,8 zeigen jedoch an, daß die restliche Energiegewinnung über einen oxidativen Fettabbau erfolgt. Entsprechend nehmen die Fettspeicher im Laufe der Diapause ab (Behrens, in Hoffmann 1985).

1.3.4 Anoxie und Gehirnstoffwechsel

In Insektengehirnen wurden nur niedrige LDH-Aktivitäten gemessen, die Fähigkeit zur Bildung von Lactat ist also gering. Offensichtlich sind Insektengehirne auf eine aerobe Energieproduktion spezialisiert (1.2.10), wie es auch in der O_2-Versorgung durch die Tracheen zum Ausdruck kommt. Um so erstaunlicher ist die Tatsache, daß adulte Insekten *(Locusta migratoria, Apis mellifera, Calliphora erythrocephala)* längere Anoxiephasen in einem Zustand völliger Bewegungslosigkeit ohne erkennbare Schäden überstehen (Wegener et al. 1986). Dabei sinkt der Energiezustand (energy charge) des Gehirns innerhalb von einigen Stunden bis auf Null ab. Als anaerobe Endprodukte wurden Alanin, Glycerin-3-phosphat, Glycerin und in geringen Mengen Lactat nachgewiesen.

In Gehirn und Herz von Säugern werden innerhalb weniger Minuten Sauerstoffmangel mehr als 25 % des ATP über AMP zu Adenosin und anderen diffusiblen Produkten abgebaut. Diese Produkte verlassen die Zellen durch Diffusion und werden mit dem Blutstrom aus dem Gewebe entfernt, so daß während der postanoxischen Erholung Vorläufermoleküle für die Resynthese von ATP fehlen. Auch im Gehirn der Wanderheuschrecke wird während Anoxie Adenosin gebildet, allerdings in viel geringerem Umfang als bei Säugern. Die Diffusion des Adenosins wird zudem durch den Stillstand des Hämolymphstroms während Anoxie erschwert (Weyel et al. 1993).

Alle Befunde deuten darauf hin, daß, anders als im Vertebratengehirn, der Energiestoffwechsel des Zentralnervensystems der Insekten unter Anoxie stark **gedrosselt** ist. Werden die Tiere wieder in normoxische Bedingungen gebracht, so erfolgt eine rasche **biochemische Erholung.** Ob die Tiere sich auch neurologisch vollständig erholen, ist sehr zweifelhaft.

1.4 Kreislauf

Die Ausbildung des weitverzweigten Tracheensystems (1.2.1) bei den Insekten macht ein Kreislaufsystem bezüglich seiner respiratorischen Aufgabe nahezu bedeutungslos. Das hatte in der stammesgeschichtlichen Entwicklung eine weitgehende Reduktion des Kreislaufsystems bei den Insekten zur Folge. Entsprechend vermischen sich Blut und interstitielle Flüssigkeit zur **Hämolymphe.** Die Hämolymphe und ihre Zirkulation stellen den zentralen Übertragungs- und Verteilungsmechanismus für Nährstoffe, Reservestoffe, Wirkstoffe, Energieträger und Exkretprodukte dar.

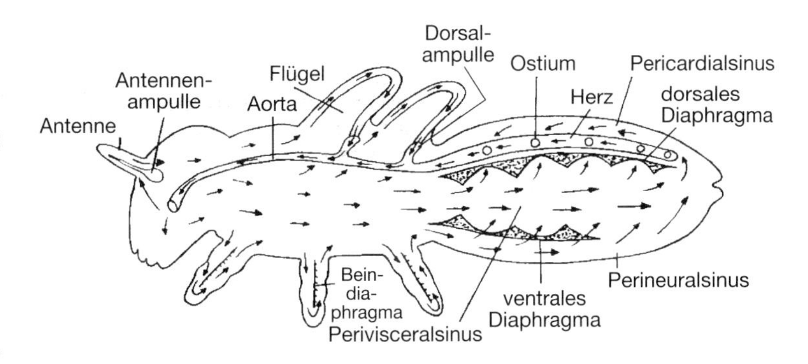

Abb. 1-18: Hämolymphkreislauf eines Insekts mit vollständig entwickelten pulsierenden Organen. Kontraktile Teile sind gepunktet hervorgehoben. Der Verlauf des Hämolymphstroms ist durch Pfeile dargestellt (nach Weber und Weidner 1974).

1.4.1 Das System des Hämolymphtransports

Die Insekten haben ein **offenes Gefäßsystem**, das wahrscheinlich durch Reduktion eines ursprünglich geschlossenen Gefäßsystems unter Erhaltung des dorsalen Längsstammes als **Rückengefäß** entstanden ist. Das Rückengefäß wird in seiner Tätigkeit als pulsierendes Organ durch die **Diaphragmen** und einige besondere **akzessorische pulsierende Organe** unterstützt. Die Hämolymphe strömt durch die Spalten des Mixocoels und umspült direkt die Zellen. Nur im Bereich des Nervensystems kommt es zum Aufbau einer **Bluthirnschranke** durch die Gliazellen (Glia-Lakunen-System). Einen Hämolymphraum, der die Funktion eines echten Gefäßes übernimmt, bezeichnet man als **Sinus.**

1.4.1.1 Diaphragmen

Diaphragmen treten in Gestalt zweier horizontaler, kontraktiler Querwände in der Leibeshöhle auf, die als dorsales und ventrales Diaphragma bezeichnet werden (Abb. 1-18). Sie reichen nach vorne meist nicht über das Abdomen hinaus und teilen dieses in drei Stockwerke, den Dorsalsinus oder **Pericardialsinus**, in dem das Rückengefäß liegt, den **Perivisceralsinus**, der den Darm und die Fortpflanzungsorgane enthält, und den Ventralsinus oder **Perineuralsinus**, in dem das Bauchmark verläuft. Das ventrale Diaphragma ist nur innerhalb weniger Insektengruppen typisch ausgebildet (z.B. Odonata, Saltatoria [Ensifera und Caelifera], Neuropteroidea, [Megaloptera, Raphidioptera und Planipennia], Mecoptera, Hymenoptera, adulte Lepidoptera und «niedere» Diptera), das dorsale Diaphragma fehlt dagegen nur bei den Protura. Das dorsale Diaphragma besteht aus Bindegewebe mit spärlichen Kernen und enthält Muskelfasern, die als paarige Bündel den lateralen Teilen der Terga entspringen, um sich medianwärts im Diaphragma fächerförmig auszubreiten und in elastische Fasern überzugehen (Flügelmuskeln). Die meisten dieser Fasern greifen ventral am Dorsalgefäß an.

1.4.1.2 Dorsalgefäß

Das Rücken- oder Dorsalgefäß erstreckt sich bei voller Ausbildung vom Ende des Abdomens bis in den Kopf und kann in einen hinteren Abschnitt, das **Herz**, und einen vorderen, die **Aorta**, unterteilt werden. Es entsteht ontogenetisch aus den am weitesten dorsal gelegenen Zellen der Coelomsäcke, den Cardioblasten. Häufig ist das Rückengefäß ein hinten blind geschlossener, vorne aber offener Schlauch. Die Wand des Herzens besteht aus deutlich quergestreiften Ringmuskelfasern, die sich zur röhrenförmigen Muscularis zusammenschließen, und ist von segmental angeordneten, paarigen Ostien durchbrochen. Die Muscularis kann außen von einer bindegewebigen Zellschicht, der Adventitia umgeben sein. Die Zahl der Ostien ist recht unterschiedlich. So weisen die Junglarven einiger Libellen nur ein offenes Ostienpaar auf, manche Schaben besitzen mit 13 Paaren die meisten. Das Ostium wirkt ursprünglich als Klappenventil und gestattet der Hämolymphe den Eintritt in das Herz, nicht aber ein Ausströmen. Manchmal reichen die Ostienklappen so weit in das Herzvolumen, daß sie als Taschenventil das Rückströmen der Hämolymphe ins Herz selbst verhindern können (Seifert 1975). Auf der Wand der Aorta enden oftmals Axone von den medianen neurosekretorischen Zellen. In diesem Falle kann die Aorta als ein **Neurohämalorgan** bezeichnet werden.

1.4.1.3 Akzessorische pulsierende Organe

Bei vielen Insekten sind noch eine Reihe akzessorischer pulsierender Organe bekannt, welche die Hämolymphströmung unterstützen (auxiliäre Herzen, Nebenherzen). So liegen z. B. an der Basis der Antennen die bei vielen pterygoten Insekten festgestellten **Antennenampullen** (Antennenherz), die die Hämolymphe in die Antennen pumpen (Abb. 1-18). Die Antennenherzen der Insekten weisen eine große Diversität in Struktur und Funktion auf (Pass 1990). Bei den Schaben sind zwei Ampullen durch einen Dilatatormuskel mit myogener Schlagrhythmik verbunden. Hier stellt das Antennenherz nicht nur ein Hämolymphzirkulationsorgan, sondern auch ein Neurohämalorgan dar. Wichtig für die Durchströmung der Flügel sind die **Dorsalampullen**, dünnwandige, muskulöse Röhren oder Membranen. Diese können mit der Aorta direkt oder indirekt verbunden sein und unterstützen den Hämolymphtransport in den Flügeladern. Die Beine vieler Insekten sind durch längs verlaufende Diaphragmata in zwei unvollständig getrennte Hämolymphräume geteilt, die im Tarsus untereinander kommunizieren. Diese Diaphragmata werden durch an ihnen angreifende Muskeln bewegt und lassen so die Hämolymphe im Inneren der Gliedmaßen zirkulieren. Bei Steinfliegen (Plecoptera) wurden kürzlich «Cercus-Herzen» als akzessorische pulsierende Organe nachgewiesen.

Die Bewegungen der Eingeweide und der Atemorgane unterstützen die Zirkulation der Hämolymphe. Die meist recht weiten Sinusräume der Leibeshöhle können den Zirkulationsstrom verlangsamen. Große Tracheensäcke (1.2.1; z. B. bei den Hymenoptera und Diptera) sorgen oft für eine Verengung der Spalträume der Leibeshöhle und damit für eine Beschleunigung des Hämolymphstroms.

1.4.2 Mechanismen der Hämolymphzirkulation

Durch das Zusammenwirken sämtlicher pulsierender Organe wird die Hämolymphe in allen Teilen der Leibeshöhle in Bewegung gehalten (Abb. 1-18). Die Kontraktionen der Ringmuskulatur des Herzens bewirken dessen **Systole** und treiben die Hämolymphe durch die Aorta kopfwärts in die Leibeshöhle. Dabei kontrahieren jedoch nicht alle Ringmuskelfasern gleichzeitig, sondern es laufen Kontraktionswellen von hinten nach vorne über das Rückengefäß. Die Geschwindigkeit der Kontraktionswelle ist von Art zu Art unterschiedlich. Sie steigt bei zunehmender Aktivität des Tieres, bzw. wenn das Tier zum Abfliegen bereit ist, stark an. Die **Diastole** erfolgt durch die eigene Elastizität der Wand des Herzens mit Unterstützung durch die sogenannten Flügelmuskeln, die das Herz ventral umfassen (Dilatatoren). Durch die Erweiterung des Herzens und des Pericardialraumes wird die Hämolymphe aus der Leibeshöhle durch die geöffneten Ostien wieder eingesaugt. Manche Insekten (meist die Puppen und Imagines) können die Strömungsrichtung der Hämolymphe durch antiperistaltische Bewegungen periodisch umkehren (1.4.2.2 und 1.6.1.3). Hierfür ist allerdings notwendig, daß ihre Herzen entweder caudale Öffnungen aufweisen *(Calliphora, Goliathus, Oryctes)* oder, daß die Ostien als Ein- und Ausströmöffnungen dienen können (Lepidoptera; Wasserthal 1982).

1.4.2.1 Kontrolle des Herzschlags

Der Automatismus des Herzschlags ist **myogen.** Frühere Untersuchungen, die z. B. bei der Schabe *Periplaneta americana* einen neurogenen Schrittmacher zeigten, konnten nicht bestätigt werden (Miller, in Kerkut und Gilbert 1985 [3]). Schlagfrequenz und Schlagamplitude des Herzens werden neural und/oder neurohormonal gesteuert.

Die (motorische) **Innervierung** des Herzens und der Flügelmuskeln erfolgt im allgemeinen von paarigen, dem Dorsalgefäß anliegenden Ganglien sowie von einfachen segmentalen Nervenfasern bzw. von den segmentalen Ganglien der ventralen Nervenkette. In zwei Ordnungen, den Lepidoptera und Diptera, wurden teilweise extreme Reduktionen in der Innervation des Dorsalgefäßes festgestellt (Miller, in Kerkut und Gilbert 1985 [3]).

Die Herzschlagfrequenz variiert aus vielerlei Gründen. Sie ist temperaturabhängig und bei Aktivität des Tieres oft höher als in Ruhe (z. B. 110–140 Schläge pro min in Bewegung gegenüber 40–50 in Ruhe bei einem Schwärmer). Eine Ausnahme stellt hier die Wanderheuschrecke *(Locusta migratoria)* dar, die ihre Herzschlagrate sehr konstant halten kann. Generell weisen kleinere Formen eine höhere Herzschlagfrequenz auf als große und adulte Tiere meist eine höhere als die Larven. Bei einigen Arten (z. B. *Locusta*) wurde eine circadiane Rhythmik des Herzschlags gefunden. In den meisten Insekten pulsiert die Aorta nur passiv, unter bestimmten Umständen (z. B. bei der Aufheizung der Flugmuskulatur von Schwärmern oder bei der Adulthäutung von *Musca*) aber sogar schneller als das Herz selbst (Woodring, in Blum 1985).

Ein Einfluß von **Neurohormonen** auf die Herzschlagfrequenz wurde bisher hauptsächlich an semi-isolierten Herzen untersucht. Aus den Corpora cardiaca von *Periplaneta* wurde ein wasserlösliches Peptid (Neurohormon D) isoliert, das eine steigernde Wirkung auf Herzschlagfrequenz und Schlagamplitude zeigt. Es ist strukturgleich mit dem myoaktiven Faktor M I aus *Periplaneta* (Pea-CAH I) (3.2). Auch die Peptide Pea-CAH II, Pea-CAH III (Coraconin) und die Amine Serotonin (5-Hydroxytryptamin), Octopamin und Dopamin beschleunigen den Herzschlag schon bei niedrigen Konzentrationen (10^{-9} $mol \cdot l^{-1}$). Aus dem Enddarm von Schaben wurde das Pentapeptid **Proctolin** (Pea-M) isoliert, das ebenfalls beschleunigend wirkt (Penzlin 1989). Bei *Periplaneta americana* steigt nach Injektion von neurohormonalem Material die Herzschlagrate auch in vivo drastisch an (Miller, in Kerkut und Gilbert 1985 [3]). Unter natürlichen Bedingungen wurde ein wahrscheinlich neurohormonal induzierter Anstieg in der Herzschlagfrequenz während des Schlüpfens von Schmetterlingen aus der Puppe beschrieben (Wasserthal 1980).

1.4.2.2 Hämolymphzirkulation und Hämolymphdruck

Die Umlaufzeit der Hämolymphe (im Durchschnitt ca. 5 min) ist bei kleinen, aktiven Arten kürzer als bei großen und trägen Tieren. Ein kompletter Umlauf bedeutet aber nicht, daß die Hämolymphe auch vollständig vermischt wurde. Nach Injektion von Farbstoffen oder radioaktiv markierten Substanzen (^{14}C-Inulin) findet man eine homogene Verteilung meist erst nach 1–3 Stunden.

Abweichend von dem Modell einer Körper- und Flügelzirkulation (Abb. 1-18) zeigte Wasserthal (1982) an Vertretern von drei Insektenordnungen (*Calliphora*, Diptera; *Goliathus* und *Oryctes*, Coleoptera; *Attacus*, Lepidoptera), daß die Hämolymphe in der Ruhe, und z. T. auch bei Aktivität, zwischen dem Vorderkörper und seinen Anhängen und dem Hinterkörper hin und her pendelt (**retrograder Transport** mit periodischer Herzschlagumkehr; Abb. 1-19). Dieser Pendelmechanismus kann in Fällen, für die man bisher eine reine Diffusionsatmung angenommen hat, zu einer von außen unsichtbaren Tracheenventilation führen (1.2.5.2). Elastisch dehnbare Tracheen sorgen ihrerseits für einen besseren Hämolymphtransport in den sackgassenartigen Hä-

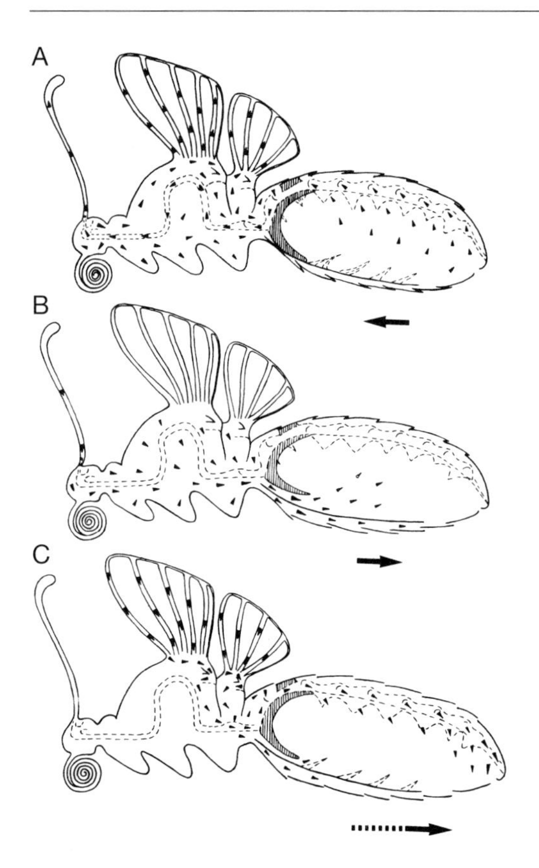

Abb. 1-19: Wirkung einer Herzschlagumkehr auf den Hämolymphstrom in *Papilio machaon*. **A** während der Vorpulsperiode, Abdomen kontrahiert; **B** zu Beginn der Abdomenexpansion und einer Herzaktivitäts-Pause; **C** während der Rückpulsperiode und weiterer Expansion des Abdomens. Der Verlauf des Hämolymphtransports ist durch Pfeile dargestellt (nach Wasserthal 1980).

mocoelräumen der Beine und Flügel. Auf diese Weise kann auch eine geringe Hämolymphmenge wirksam und ökonomisch als Hydraulikflüssigkeit genutzt werden.

Im offenen Kreislaufsystem der Insekten hat das Herz nur einen geringen Einfluß auf den Hämolymphdruck. Bei den Insekten wird ein erhöhter Hämolymphdruck hauptsächlich durch Kontraktion der Abdominalmuskulatur hervorgerufen (4.2.2).

Intracardiale Druckmessungen liegen nur für *Locusta* vor; gemessen wurden diastolische Druckwerte von 0–0,27 kPa und systolische Werte von 0,84–0,92 kPa. Im Hämocoel herrschen beim ruhenden Insekt oft negative Drucke (–0,35 kPa bei *Locusta*). Bei wandernden Larven von *Bombyx* wurden Blutdruckwerte von 1,33–2,0 kPa gemessen und bis zu 6,67 kPa bei frisch geschlüpften Adulten während der Entfaltung der Flügel (1.4.4.2).

1.4.3 Beschaffenheit der Hämolymphe

Die zirkulierende Leibeshöhlenflüssigkeit, die wir als Hämolymphe bezeichnen, setzt sich aus den Bestandteilen der primären und denen der sekundären Leibeshöhle zusammen. In einer flüssigen Grundsubstanz, dem **Plasma**, flottieren die **Blutzellen** oder **Hämocyten**, die oft auch an den inneren Organen haften. Mengenmäßig stellt die Hämolymphe 5–40 % des gesamten Wassergehalt des Körpers dar. Die Menge wechselt mit dem Aktivitäts-, Entwicklungs- und Ernährungszustand des betreffenden Insekts und wird auch von Außenfaktoren beeinflußt (Nahrungsversorgung, Wasserangebot, Temperatur, Parasitenbefall, Toxine, Verletzungen). Die Hämolymphe der Insekten ist farblos oder durch Pigmente gefärbt. Ihre Dichte liegt zwischen 1,012 und 1,070, ihre osmotische Konzentration zwischen 215 und 593 mOsmol. Extrem hohe Werte wurden bei frostresistenten Arten gemessen (1.6.4). Allgemein scheinen Insekten die osmotische Konzentration ihrer Hämolymphe gut regulieren zu können (1.5.5). Der pH-Wert liegt überwiegend im leicht sauren Bereich (pH 6,4–6,8).

Genaue Kenntnisse zur chemischen Zusammensetzung der Hämolymphe von möglichst vielen Insektenarten sind für die Herstellung von Ringer-Lösungen oder (Zell-)Kulturmedien wichtig.

1.4.3.1 Chemische Zusammensetzung des Plasmas

Im Chemismus des Plasmas müssen die normalen Bestandteile von den Stoffen unterschieden werden, die in der Hämolymphe nur vorübergehend transportiert werden. Etwa drei Viertel des Gesamtvolumens macht das Wasser aus, das die meisten anderen Stoffe gelöst oder als Kolloide enthält. Der Gehalt an **anorganischen Ionen** wurde oft unter dem Gesichtspunkt der phylogenetischen Entwicklung der Insekten untersucht. Bei den Apterygota sind Na^+ und Cl^- die häufigsten Ionen. Bei den endopterygoten (holometabolen) Ordnungen (z.B. Lepidoptera, Hymenoptera, Coleoptera) tragen zunehmend **organische Ionen** zur osmotischen Gesamtkonzentration bei. Der Na^+-Gehalt sinkt, die Konzentrationen an Mg^{2+} und K^+ nehmen etwas zu. Oft spiegelt der anorganische Ionengehalt auch die Zusammensetzung der Nahrung wider (1.1.1).

Als Puffersubstanzen spielen neben anorganischen Ionen (Hydrogencarbonat, Phosphate) Aminosäuren und Proteine eine Rolle. Der Gehalt an Aminosäuren ist meist recht hoch. Gewöhnlich enthält die Hämolymphe alle Aminosäuren, die in Proteinen vorkommen, dazu noch zahlreiche Derivate z.B. des Tryptophans und Tyrosins, wie Kynurenin oder 3-OH-Kynurenin.

Der Proteingehalt der Hämolymphe erreicht in einigen Dipteren einen Wert von 200 $mg \cdot ml^{-1}$, bei den meisten anderen Insekten liegt er niedriger. Besonders hohe Werte werden im allgemeinen kurz vor einer Larvenhäutung gemessen (Speicherproteine). Große Änderungen im Proteingehalt treten in adulten Insektenweibchen im Zusammenhang mit der Vitellogenese auf. Zahlreiche Hämolymphproteine dienen als Träger für hydrophobe Substanzen (Juvenilhormon-Trägerproteine; Lipophorine, 1.2.7.2). Respiratorische Blutproteine der Insekten werden in 1.3.1.1 beschrieben.

Da einige Insekten Ammoniak als Exkretprodukt ausscheiden (1.5.3.2), ist es nicht verwunderlich, daß ihre Hämolymphe auch hohe Konzentrationen an Ammoniak enthält: 0,36 $mmol \cdot l^{-1}$ bei *Sialis lutaria* und 1,35 $mmol \cdot l^{-1}$ bei *Chironomus tentans* (Mullins, in Kerkut und Gilbert 1985 [3]).

Der Gehalt an Kohlenhydraten in der Hämolymphe ist im Vergleich zum Zuckergehalt im Vertebratenblut sehr hoch. Hauptblutzukker ist das Disaccharid **Trehalose**, die Konzentrationen sind inter- und intraspezifisch aber sehr unterschiedlich (0–65 $mg \cdot ml^{-1}$). Auch **Glucose** findet man bei vielen Insekten, meist jedoch in geringeren Mengen (0–20 $mg \cdot ml^{-1}$). Große Änderungen im Kohlenhydratgehalt und -spektrum der Hämolymphe treten im Zusammenhang mit dem Flug (1.2.7.1), dem Gefrierschutz (1.6.4) und bei Hunger (1.2.9) auf.

Auch **Lipide** sind in der Hämolymphe enthalten. Ihr Gesamtgehalt liegt zwischen 15 und 55 $mg \cdot ml^{-1}$. Diglyceride stellen die vorherrschende Lipidklasse dar. Die Gesamtlipidmenge nimmt zur Zeit der Metamorphose stark zu, da die Fettzellen ihren Gehalt an die Hämolymphe abgeben.

In der Hämolymphe von Insekten finden sich auch erstaunlich hohe Konzentrationen an organischen Phosphaten und organischen Säuren.

1.4.3.2 Hämocyten

Die Hämocyten können ein Sechstel der gesamten Hämolymphmenge ausmachen, sitzen aber in ihrer überwiegenden Zahl an der Oberfläche der das Mixocoel begrenzenden Gewebe. Bei der Seidenraupe, *Aleurodes*, und bei *Rhodnius prolixus* zirkuliert überhaupt nur zellfreie Hämolymphe. *Gryllus assimilis* hat dagegen in 1μl Hämolymphe 30 000 Hämocyten. Von manchen Insekten sind bis zu 30 verschiedene Hämocytentypen beschrieben worden, ultrastrukturell wurden aber nur sieben Typen identifiziert: Prohämocyten, Plasmatocyten, Granulocyten, Adipohämocyten, Önocytoide, Sphärulazellen und Koagulocyten (Gupta, in Kerkut und Gilbert 1985 [3]). Alle Hämocyten treten zunächst als kleine, teilungsfähige **Prohämocyten** auf. Sie wandeln sich in cytoplasmareiche **Plasmatocyten** um. Diese können durch Pseudopodien amöboid beweglich sein und sind zur **Phagocytose** befähigt. Die Plasmatocyten können zu **Granulocyten** transformiert werden. Die Granulocyten, deren Cytoplasma von körnigen Einschlußkörpern erfüllt ist, können ebenfalls Pseudopodien bilden, aber nicht phagocytieren. Wahrscheinlich stellen die Granulocyten das Ausgangsstadium für weitere Differenzierungen in Adipohämocyten, Önocytoide, Sphärulazellen und Koagulocyten dar. Die blasenförmigen **Adipohämocyten** sind reich an Vakuolen und mit Lipiden gefüllt. Die nicht phagocytären **Önocytoiden** sind ovale Zellen mit stark färbbaren Kernen und einheitlichem azidophilen Cytoplasma. Ob es sich bei ihnen wirklich um einen eigenständigen Blutzellentyp handelt, ist allerdings noch umstritten (Woodring, in Blum 1985). Unklar ist auch die Funktion der runden oder ovalen Sphärulazellen, die bei vielen Insektenarten ganz fehlen. Die ebenfalls runden **Koagulocyten** scheinen bei der Gerinnung der Hämolymphe (1.4.4.3) eine Rolle zu spielen. Bei mehreren Insektenarten (*Locusta, Gryllus, Melolontha, Calliphora*) wurden **hämatopoietische Organe** nachgewiesen, von denen die Hämatocytoblasten (Vorläufer der Hämocyten) gebildet werden. Es handelt sich bei ihnen um Zellansammlungen in der Nähe des Dorsalgefäßes, an den Flügelanlagen oder an verschiedenen Stellen der Thorax- und Abdomen-Wände.

1.4.4 Aufgaben der Hämolymphe

Wie bereits dargestellt, steht der Hämolymphstrom durch den Körper der Insekten in einem funktionellen Zusammenhang mit den Atembewegungen. Ebenso besteht ein funktioneller Zusammenhang zwischen der Hämolymphe und den Exkretionsorganen (1.5.2). Es kann also von einer Funktionseinheit Kreislaufsystem-Atmung-Exkretion gesprochen werden. Weitere Aufgaben der Hämolymphe bestehen im Transport von Nährstoffen und Speichersubstanzen, Hormonen (3.2) und Hämocyten. Wichtige Funktionen sind auch der Abbau körpereigener Gewebe und Organe durch Phagocytose in Hämocyten (insbesondere zur Zeit der Metamorphose), die Übertragung des Binnendruckes der Leibeshöhle von einer Körperregion zur anderen (hydrostatischer Druck) und der Vorgang der Blutgerinnung. (Über die Rolle der Hämolymphe bei der Temperaturregulation und im Gefrierschutz siehe 1.6).

1.4.4.1 Transportmilieu

Im Vordergrund steht der Transport der **Nährstoffe** von den Resorptionsstätten des Darmkanals (1.1.4.3) zu den Aufbau-, Verbrauchs- und Speicherorganen und der Abtransport von Stoffwechselendprodukten zu den Ausscheidungsorten oder den Exkretspeicherorganen (1.5). Während des Fluges müssen Energieträger aus dem Fettkörper über die Hämolymphe zur Flugmuskulatur transportiert werden (1.2.7). Während der Vitellogenese werden die im Fettkörper gebildeten weibchenspezifischen Proteine (Vitellogenine) über die Hämolymphe zu den Ovarien transportiert und dort als Vitellin in die wachsenden Oocyten eingelagert (2.2.3). Oft werden Stoffe unmittelbar nach ihrem Eintritt in die Hämolymphe umgewandelt, etwa um einen Konzentrationsgradienten für ihre Diffusion aufrechtzuerhalten.

Der Transport (und die Speicherung) von **Hormonen** (Neurohormone, Juvenilhormone, Ecdysteroide) in der Hämolymphe ist in 3.3 dargestellt. Zahlreiche Hormone beeinflussen nach ihrer Abgabe in das Hämocoel die Zusammensetzung der Hämolymphe (z. B. Diuretisches Hormon, Adipokinetisches Hormon, Hyperglykämisches Hormon). Über die Transportrolle hinaus ist die Hämolymphe an der Aufrechterhaltung der Hormonkonzentrationen beteiligt.

1.4.4.2 Stoffspeicherung und hydrostatischer Druck

Die in der Hämolymphe gespeicherten Stoffe spiegeln den metabolischen und entwicklungsphysiologischen Zustand des Tieres wider. Besonders deutlich wird dies während der Häutungen, in der Puppenphase und in der Fortpflanzungsperiode. Während der **Häutungen** ist die Hämolymphe am Abbau und an der vorübergehenden Speicherung von Material aus der Endocuticula beteiligt. Holometabole Insekten speichern während der **Metamorphose** große Mengen an Proteinen aus der Hämolymphe im Fettkörper. Dabei handelt es sich um spezifische Speicherproteine wie das Arylphorin Calliphorin und die Methionin – reichen Speicherproteine (Kanost et al. 1990).

Die eigentliche Häutung **(Ecdysis)** ist mit einer verstärkten Wasseraufnahme verbunden, so daß die Menge der Hämolymphe zunimmt. Die Muskeln der Rumpfwand bleiben kontrahiert, der Druck der Hämolymphe steigt kräftig an (bis auf 6,67 kPa). Auf diese Weise wird das innerhalb der abgelösten, alten Cuticula (Exuvie) gefaltete Integument geglättet und die Körperanhänge können sich voll entfalten. Die Männchen einiger Embioptera versteifen ihre schmalen Flügel vor dem Flug mittels eines erhöhten Hämolymphdrukkes (Jones 1977).

1.4.4.3 Koagulation

Sofern bei Insekten überhaupt eine «Blutgerinnung» stattfindet (z.B. beim Wundverschluß), wird sie durch eine **Aggregation** von Hämocyten (z.B. bei *Calliphora*) und/oder durch eine **Gelbildung** im Plasma (z.B. bei *Locusta* und *Periplaneta*) verursacht (Gupta, in Kerkut und Gilbert 1985 [3]). An der Koagulation sind die Koagulocyten, aber auch andere Hämocyten beteiligt. Wenig ist bisher der Ursprung und die Natur der gerinnenden Proteine und der Faktoren, die die Gerinnung auslösen (Ca^{2+}-Ionen?) bekannt. Bei *Locusta* und *Acheta* wurde ein Glykolipoprotein nachgewiesen, das in seiner Funktion dem Fibrinogen der Vertebraten entsprechen könnte. Bei der Schabe *Leucophaea* fanden sich zwei Gerinnungsproteine (Koagulogene), eines in Hämocyten, das andere im Plasma. Beim Plasmakoagulogen handelt es sich um ein Lipophorin. Die Vernetzung der Koagulogene läuft nach dem Muster der Fibrinbildung bei den Vertebraten ab (Kanost et al. 1990). Substanzen wie das Prothrombin, Thrombin oder Thromboplastin der Säuger wurden bei Arthropoden bisher nicht nachgewiesen.

1.4.4.4 Abwehrfunktionen

Insekten besitzen im Gegensatz zu den Wirbeltieren keine Lymphocyten, können also keine Immunoglobuline bilden. Dennoch haben auch die Insekten ein **Immunsystem** im Sinne einer zellulären und humoralen Abwehr von Krankheitserregern (Bakterien, Parasiten). Die Immunität der Insekten beruht auf drei Abwehrmechanismen (Götz und Boman, in Kerkut und Gilbert 1985 [3]): **1** Die strukturellen und biochemischen Eigenschaften der Cuticula und der Darmwand wirken als Barriere gegen Eindringlinge; **2** die meisten Hämocyten weisen eine hohe Fähigkeit zur Phagocytose und Einkapselung eindringender Organismen auf; **3** in der Hämolymphe sind Enzyme (Lysozyme) und antibakterielle Proteine vorhanden. Einige dieser Substanzen sind ständig zu finden (Phenoloxidase, Lysozyme), andere werden erst nach einer Stimulation durch Gifte oder Bakterien de novo synthetisiert (Cecropine, Sarcotoxine, Diptericine, Attacine, Immunprotein P 4) bzw. aus Hämocyten («Immunocyten») freigesetzt (Hämaglutinine). Während P 4 keine direkte antibakterielle Aktivität aufweist, binden die anderen Proteine spezifisch an die Bakterienoberfläche und wirken bakteriolytisch (Kanost et al. 1990). Das Immunsystem der Insekten weist bei weitem nicht die hohe Spezifität des Vertebraten-Immunsystems auf. So ist bei Insekten eine Verpflanzung von Organen innerhalb einer Art oder innerhalb nahe verwandter Arten ohne weiteres möglich.

Manche Insekten spritzen bei Berührung aus präformierten Stellen der Haut am Mund, an den Beingelenken oder an der Basis der Flügeldecken Hämolymphe aus. Dieser Vorgang wird als **Reflexbluten** bezeichnet und als Abwehrmechanismus gegenüber Feinden gedeutet, weil die ausgeschiedene

Flüssigkeit oft giftige, ätzende oder übel riechende Substanzen enthält. Die dabei verlorengehende Flüssigkeitsmenge kann bis zu 13 % des Wassergehalts der Tiere betragen.

1.5 Exkretion und Wasserhaushalt

Endprodukte des Stoffwechsels werden meist über spezielle Exkretionsorgane ausgeschieden. Die gleichen Organe erfüllen jedoch auch die Aufgabe, die chemische Zusammensetzung der Körperflüssigkeiten zu regulieren (Osmoregulation, Ionenregulation, Regulation des Säure-Basen-Haushalts). Exkretstoffe im engeren Sinne sind die **stickstoffhaltigen Stoffwechselendprodukte.** Im weiteren Sinne gehören hierher aber auch Salze, Wasser oder Kohlendioxid. Die Bedeutung der Ausscheidung dieser Stoffe liegt nicht so sehr in ihrer Entfernung aus dem Körper, als vielmehr in der Regulierung ihrer Konzentrationen. Die Vorgänge der Exkretion und der Osmoregulation dienen also der Aufrechterhaltung eines konstanten inneren Milieus **(Homöostase).** Die vielfältigen Mechanismen zur Regulation des Wasser- und Ionenhaushalts spiegeln einmal mehr die erfolgreiche Besiedelung fast aller Lebensräume auf der Erde durch die Insekten wider.

1.5.1 Struktur der Exkretionsorgane

Bei den Insekten bilden die Malpighischen Gefäße zusammen mit dem Enddarm (Rectum) das wichtigste exkretorisch-osmoregulatorische System (Abb. 1-20).

Die tubulären **Malpighischen Gefäße** der Insekten sind ektodermaler Herkunft und münden an der Übergangsstelle vom Mittel- zum Enddarm in den Verdauungskanal (1.1.2.2). Ihre Enden sind verschlossen und liegen meist frei im Hämocoel, werden also von der Hämolymphe umspült. Die Länge und die Anzahl der Malpighischen Schläuche variiert bei den verschiedenen Gruppen und Arten sehr stark. Manche Schildläuse besitzen nur zwei sehr lange, die meisten Lepidopteren sechs (Oligonephria), die Honigbiene und viele Orthopteren 150 und mehr (Polynephria). Bei Blattläusen fehlen sie ganz (Seifert 1975). Meist weisen sie mehrere aufeinanderfolgende Funktionsabschnitte auf, die sich in der Feinstruktur ihrer Zellen widerspiegeln. Der histologische Grundaufbau der Malpighischen Gefäße entspricht dem des Darms. Das einschichtige Epithel wird von der Basalmembran umhüllt. Ihr können Ring-, längs- und spiralig verlaufende Muskelfasern aufgelagert sein, die eine aktive Windenbewegung oder Peristaltik ermöglichen.

Die entsprechend ihrer Transportfunktionen polar gebauten Epithelzellen besitzen Oberflächenvergrößerungen in Form von basalen Zellmembraneinfaltungen und apikalen

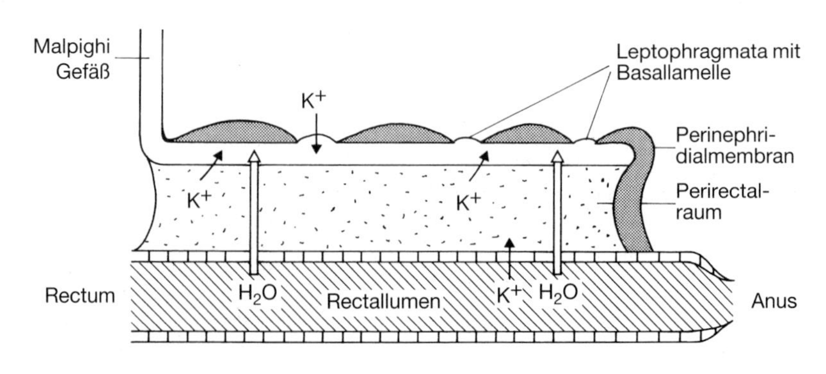

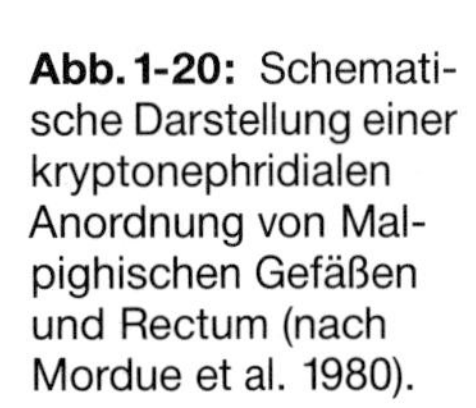
Abb. 1-20: Schematische Darstellung einer kryptonephridialen Anordnung von Malpighischen Gefäßen und Rectum (nach Mordue et al. 1980).

Mikrovilli (Bürstensaum; Abb. 1-21 A). In der intermediären Region liegen der Kern, die Dictyosomen (Golgi-Felder) und das Endoplasmatische Reticulum mit oft zahlreichen Speichervakuolen. Zahlreiche Mitochondrien befinden sich zwischen den basalen Einfaltungen und an oder in den Mikrovilli des Bürstensaums. Trotz ihrer ektodermalen Herkunft besitzen die Malpighischen Gefäße keine chitinöse Intima. Dieses Grundschema der Zellarchitektur findet man aber nur bei reabsorbierenden Zellen. So fehlt bei *Drosophila* der typische Bürstensaum in den Zellen des verdickten Gefäßanfangs, die nicht resorbieren, und die Mitochondrien sind über die ganze Zelle gleichmäßig verteilt. Bei *Rhodnius prolixus* tragen die Epithelzellen im proximalen Drittel der Gefäße einen Bürstensaum aus getrennten Mikrovilli, im distalen Abschnitt hingegen einen Wabensaum, wobei die Enden der Mikrovilli durch Cytoplasmabrücken verbunden sind. In vielen Fällen verbindet ein Ureter die Malpighischen Gefäße mit dem Enddarm. Seine Zellen gleichen denen des Darmkanals. Der Ureter kann auch zu einer Ampulle aufgebläht sein. Die Wandzellen tragen dann meist Fortsätze, die in das Lumen des Darms ragen. Die Malpighischen Gefäße werden oft von Endverzweigungen der Tracheen umsponnen.

Bei vielen Coleopteren (z. B. *Tenebrio molitor*) und Lepidopteren stehen die distalen Enden der Malpighischen Schläuche in einem engen Kontakt mit der Wand des Rectums und bilden einen **kryptonephridialen Komplex** (Abb. 1-20). Dabei sind die Endabschnitte der Malpighischen Gefäße von einer wasserundurchlässigen Membran, der Perinephridialmembran, umgeben, zwischen den Gefäßen und der Enddarmwand liegt der Perirectalraum. Innerhalb des Komplexes lassen sich bei *Tenebrio* zwei Typen von Epithelzellen in den Malpighischen Gefäßen unterscheiden: große, mitochondrienhaltige Primärzellen mit tiefen basalen Einfaltungen und großen Mikrovilli, und, dazwischen eingestreut und meist an besonderen Anschwellungen bzw. Blasen liegend, viel kleinere und dünne, wasserundurchlässige, Ionen-transportierende Leptophragma-Zellen. An den Stellen mit Leptophragmazellen ist auch die Perinephridialmembran dünner, so daß die Malpi-

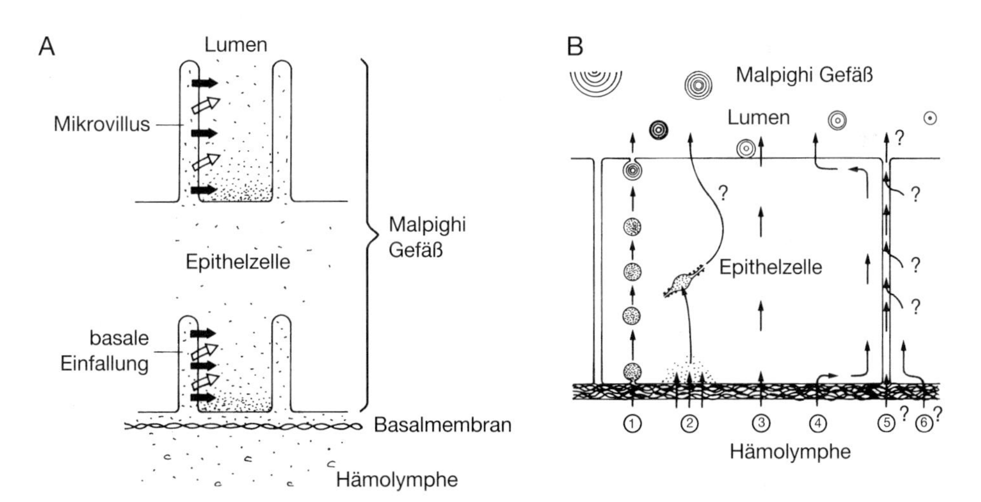

Abb. 1-21: A Modellvorstellung zur lokalen Osmose mittels stehender Gradienten. Die Dichte der Punkte gibt die jeweilige Konzentration an gelösten Molekülen (Ionen) wieder. Dunkle Pfeile, aktiver Ionentransport; helle Pfeile, Flüssigkeitsstrom. Das Ergebnis ist eine isoosmotische Sekretion ohne eine osmotische Differenz zwischen dem Lumen und der Hämolymphe. **B** Transepitheliale Transportwege im Anfangsabschnitt eines Malpighischen Gefäßes einer *Drosophila*-Larve. 1 cytotischer Transport (Cytopempsis), 2 Akkumulation einer aufgenommenen Substanz in den Zysternen des Endoplasmatischen Reticulums, 3 Transport durch das Cytoplasma, 4 Transport durch das Cytoplasma entlang der Plasmalemma-Membran, 5 Passage durch den Interzellularraum, 6 Passage durch den Interzellularraum nach Eintritt in die Zelle (**A** nach Cochran, in Blum 1985; **B** nach Wessing und Eichelberg 1975).

ghischen Gefäße von der Hämolymphe nur durch eine dünne Basallamelle getrennt sind. Im kryptonephridialen Komplex der Lepidoptera wurden keine Leptophragma-Zellen gefunden.

1.5.2 Funktion der Exkretionsorgane

Die Malpighischen Gefäße produzieren den Harn, der in den vorderen Abschnitt des Enddarms transportiert wird. Er kann im Rectum in seiner Zusammensetzung verändert werden.

1.5.2.1 Harnbildung

Die Bildung der luminalen Flüssigkeit (tubulärer Harn, Primärharn) erfolgt bei den Insekten nicht durch Druckfiltration, wie z. B. bei den Vertebraten, sondern durch **Sekretion** und Diffusion. Oft ist die gebildete Flüssigkeit nahezu isoosmotisch zur Hämolymphe und enthält alle niedermolekularen Verbindungen (anorganische Ionen, Aminosäuren, niedermolekulare Zucker, Harnsäure und andere Stickstoffverbindungen), die auch in der Hämolymphe auftreten, aber in davon abweichenden Konzentrationen. Der wichtigste Vorgang beim Stofftransport ist die aktive Sekretion von Ionen, besonders von K^+-Ionen, in das Lumen der Malpighischen Gefäße. Kalium gelangt über mehrere Wege in die Zelle: über eine Na/K-ATPase, über einen sekundär aktiven Cotransport (Carrier) oder über K^+-Kanäle. Es verläßt die Zelle über eine apikale elektrogene Pumpe (Hevert, in Hoffmann 1985).

Ionentransportierende Gewebe tragen bei Insekten auf der apikalen Seite häufig knopfartige Anschwellungen, die **Portasomen.** In den Malpighischen Gefäßen scheinen die Portasomen den Raum zwischen den Mitochondrien und der apikalen Plasmamembran zu überbrücken. Wahrscheinlich handelt es sich bei den Portasomen um eine **K^+-ATPase**, die aber auch andere Alkaliionen (und H^+-Ionen) transportieren kann.

Der aktive K^+-Transport allein führt noch nicht zu einem Flüssigkeitsstrom aus der Hämolymphe in die Malpighischen Gefäße. Anionen, hauptsächlich Chlorid und Phosphat, folgen aktiv oder passiv dem K^+-Transport. Der Wasserstrom ist an den Gesamtionentransport gekoppelt **(osmotische Kopplung;** Salz-Wasser-Koppelung). Durch die Arbeit aller Ionentransporte entsteht am Malpighischen Gefäß ein elektrisches Potential von 40–50 mV; die Zellen sind immer negativ gegenüber der Hämolymphe.

Ein einfacher osmotischer Entzug von Wasser aus der Hämolymphe in das Gefäßlumen würde einen hyperosmotischen tubulären Harn erfordern. Dies ist bei den meisten Insekten aber nicht der Fall. Diamond und Bossert (1968) entwickelten die Hypothese der **lokalen Osmose** mittels stehender Gradienten. Danach werden durch die aktiven Ionentransporte in den Räumen zwischen den basalen Einfaltungen bzw. den apikalen Mikrovilli lokal begrenzte hohe osmotische Konzentrationen erzeugt (Abb. 1-21 A), die Wasser aus dem Blut in die Epithelzellen bzw. aus den Epithelzellen in das Lumen nachsaugen. Sind die Zwischenräume zwischen den Mikrovilli kurz und weit, so können sich keine lokalen Gradienten bilden und es verläßt nur wenig Flüssigkeit mit hoher Ionenkonzentration das Epithel. In Abwesenheit von K^+-Ionen können auch Na^+-Ionen den Flüssigkeitsstrom antreiben.

Bei vielen Insekten wirkt die Basalmembran als Molekularsieb und hält große Moleküle, wie Proteine, zurück. Aus den Arbeiten von Wessing und Eichelberg (1975) ist allerdings bekannt, daß viele großmolekulare Stoffe mit Hilfe von cytotischen Vorgängen (Cytopempsis = Transcytose) in das Lumen transportiert werden. Substanzen, die in der Hämolymphe an Trägermoleküle gebunden sind (z. B. einige Ionen, Hormone und auch Harnsäure), können nach Ablösen des Trägers an der basalen Mucopolysaccharidschicht ebenfalls via cytotischem Transport in die Malpighischen Gefäße gelangen. Schließlich enthält der tubuläre Harn auch toxische Komponenten, die z. B. mit der Nahrung aufgenommen wurden (Glycoside, Alkaloide, Insektizide).

Die Möglichkeiten eines transepithelialen Transports im Anfangsabschnitt eines Malpighischen Gefäßes einer *Drosophila*-Larve sind in Abb. 1-21B zusammengefaßt.

1.5.2.2 Reabsorption

Bei einigen Insektenarten werden schon im proximalen Abschnitt der Malpighischen Gefäße Ionen aus dem Primärharn selektiv reabsorbiert. So verlassen bei *Rhodnius* K^+- und Cl^--Ionen in diesem Bereich die luminale Flüssigkeit. Die endgültige Zusammensetzung des Harns wird oft erst im Enddarm festgelegt (1.1.4.3). Zentrale Bedeutung kommt dabei der Fähigkeit des Rectums zur spezifischen Reabsorption von Harnkomponenten zu (vor allem der K^+-Ionen und des Wassers; Abb. 1-22). Orte besonders intensiver Reabsorption aus dem Harn-/Kotgemisch sind die **Rectal-Polsterzellen** bzw. die **Rectalpapillen.** Über die Wand des Rectums wird eine Potentialdifferenz von 30–35 mV gemessen (luminale Seite positiv). Als Antrieb für die Reabsorption dient wahrscheinlich ein aktiver, elektrogener Cl^--Transport (Cl^--ATPase in der apikalen Membran). Neben dem aktiven Cl^--Transport werden in der Literatur aber auch für Na^+, K^+ (Na/K-ATPase in der basolateralen Membran), H^+/HCO_3^-, Phosphat, Acetat und Prolin aktive Reabsorption beschrieben (Hanrahan und Philipps 1983; Untersuchungen an *Schistocerca gregaria*). Wasser folgt wiederum dem Ionenstrom (Salz-Wasser-Koppelung). Im Wasser gelöst werden schließlich noch Energieträger, wie niedermolekulare Zucker und Aminosäuren, reabsorbiert. Größere Moleküle müssen im Rectallumen verbleiben, da die cuticuläre Auskleidung des Rectums auch hier als ein Molekülsieb wirkt.

Eine Modifikation zur rectalen Reabsorption wurde bezüglich des Wasserstroms vorgeschlagen (Wall 1970). Ein osmotischer Wasserentzug aus dem Rectallumen über das Cytoplasma der Rectalzellen in das Hämocoel setzt voraus, daß das Cytoplasma stets hyperosmotisch zum Lumen ist (siehe Abb. 1-22). Dies ist aber oft nicht der Fall. Vielmehr scheint bei einigen Insekten Wasser aus dem Rectallumen über die Interzellularräume (trotz der vorhandenen Zellkontaktstellen) in die Hämolymphe zu gelangen. Auf diese Weise kann z. B. *Periplaneta* Wasser ohne Ionentransporte reabsorbieren.

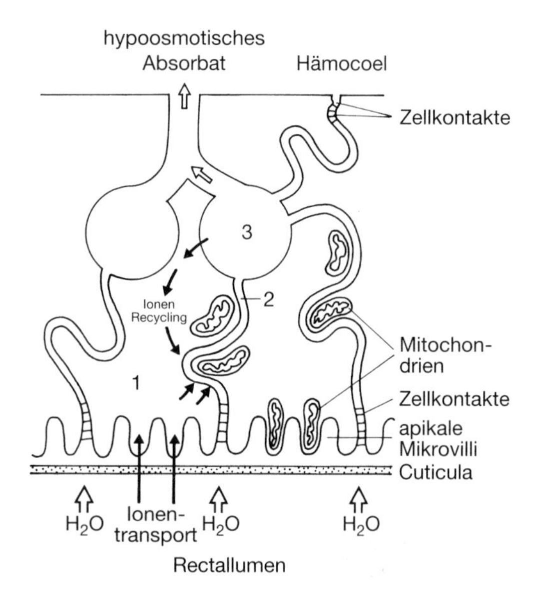

Abb. 1-22: Ionen- und Wassertransport in den Rectal-Polsterzellen von *Schistocerca gregaria.* 1 Cytoplasma, 2 Interzellularraum, 3 erweiterter Interzellularraum (nach Bradley, in Kerkut und Gilbert 1985 [4]).

Das im Enddarm aus dem Harn entfernte Wasser und die Ionen (K^+) werden wieder dem Lumen der Malpighischen Gefäße zugeführt (Abb. 1-20). Diese Substanzen zirkulieren also in einem **Malpighischen Gefäße-Enddarm-Kreislauf** (Abb. 1-23). Im Falle einer kryptonephridialen Anordnung von Malpighischen Gefäßen und Rectum (Abb. 1-23B) gelangen Wasser und Ionen gar nicht erst in die Hämolymphe, sondern werden den Malpighischen Schläuchen direkt über den Perinephridialraum zugeführt. Der Mehlkäfer *Tenebrio* erreicht hiermit eine Harnkonzentrationsfähigkeit, die vergleichbar mit der der wirkungsvollsten Säugernieren ist.

Ein anderes Reabsorptionssystem wurde kürzlich bei einem Tenebrioniden aus der Namib-Wüste entdeckt (*Onymacris rugatipennis;* Nicolson 1992). Hier strömt die tubuläre Flüssigkeit aus den Malpighischen Gefäßen nahezu vollständig in den Mitteldarm. Vom Mitteldarm aus wird das Wasser in die Hämolymphe zurückgeführt (Filtration der Hämolymphe ohne Wasserverlust).

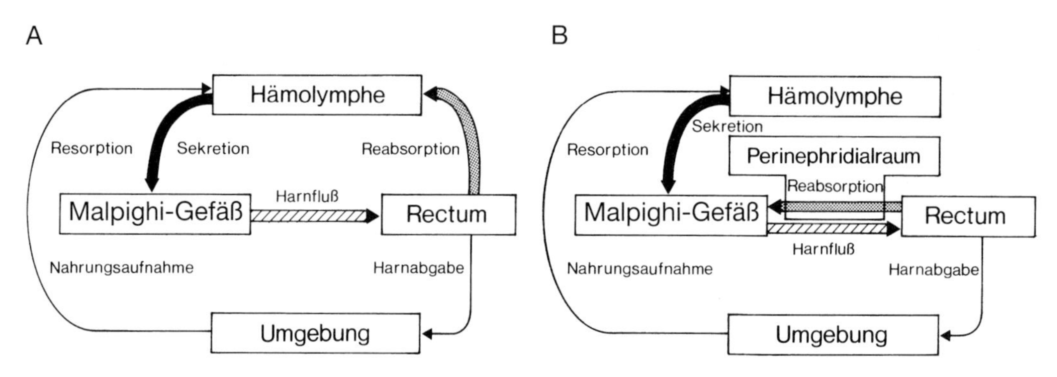

Abb. 1-23: Transportwege der Exkretion und Osmoregulation bei Insekten ohne (**A**) und mit (**B**) einem kryptonephridialen Komplex (nach Hevert, in Hoffmann 1985).

Ganz anders ist die Situation bei aquatischen Insekten oder bei terrestrischen Arten, die große Mengen an Flüssigkeiten mit der Nahrung aufnehmen (Blutsauger, Pflanzensaftsauger). In beiden Fällen werden im Rectum nur Ionen (spezifisch) reabsorbiert; die Tiere geben große Mengen eines stark verdünnten Harns ab **(Diurese).**

1.5.2.3 Hormonale Steuerung

Sekretion von Ionen in das Lumen der Malpighischen Gefäße und die rectale Reabsorption werden durch Peptidhormone gesteuert. An der hormonalen Steuerung sind zwei antagonistisch wirkende Hormongruppen beteiligt, diuretische Hormone, die die Wasserabgabe fördern, und antidiuretische Hormone, die sie hemmen (3.4.2.1). Diuretisch wirkende Faktoren steigern die tubuläre Sekretionsrate um das 2–4fache bei Insekten, die kontinuierlich Nahrung aufnehmen, und um das 10–1000fache, z. B. bei manchen Blutsaugern. Das erste diuretische Hormon wurde aus der Wanderheuschrecke, *Locusta migratoria*, isoliert und identifiziert, ein Nonapeptid Homodimer mit zwei Disulfidbrücken und Sequenzhomologien zum Arginin-Vasotocin bzw. Arginin-Vasopressin (AVP-like DH). Ähnliche Peptide finden sich bei Schaben, Stabheuschrecken und Bienen. Ein diuretisches Peptid mit 41 Aminosäureresten wurde aus *Manduca sexta* isoliert (Mas-DH), das eine Sequenzhomologie zum Vertebraten Corticotropin-Releasinghormon aufweist. Inzwischen wurden bei verschiedenen anderen Insekten Diuresehormone (30–46 Aminosäuren) mit Sequenzhomologien zum Mas-DH gefunden. Sie alle scheinen das Adenylatzyklase-System zu aktivieren (Kelly et al. 1994). Bei manchen Insektenarten treten mehrere diuretische Hormone gleichzeitig auf, die über unterschiedliche second messenger wirken können (z. B. erhöhen Myokinine den Harnfluß c-AMP unabhängig). Bei *Rhodnius prolixus* ist 5-Hydroxytryptamin an der Regulation der Harnabgabe beteiligt. Antidiuretische Hormone wurden bei verschiedenen Insekten nachgewiesen; bisher ist aber keine Sequenz für ein spezifisches Antidiuresehormon bekannt. Neuroparsine stimulieren die Wasserrückresorption im Rectum von *L. migratoria*, sie haben aber wohl auch andere Funktionen.

Aus den Corpora cardiaca (CC) von *Schistocerca* wurde ein Neuropeptid isoliert, das die rectale KCl-Reabsorption stimuliert (**C**hloride **T**ransport **S**timulating **H**ormone). Gleichzeitig beeinflußt dieses CTSH auch den **Säure-Basen-Haushalt** und die Stickstoffexkretion. Kürzlich wurde ein Peptid aus den CC von *Schistocerca* isoliert und teilweise sequenziert, das den Cl^--Transport im Ileum beeinflußt (Scg-ITP; Audsley et al. 1992).

1.5.2.4 Akzessorische Funktionen

Bei verschiedenen Insekten können die Malpighischen Gefäße auch noch akzessorische Funktionen haben. Manche Dipteren- und Cerambyciden-Larven speichern **Calciumsalze** (Apatit) vor der Verpuppung in besonderen Erweiterungen der Gefäße, um sie später zur Verstärkung der Puppenhülle zu verwenden. Manche Chrysomeliden-Weibchen überdekken ihre Eikammern mit einer klebrigen Substanz aus den Malpighischen Gefäßen. Schließlich liefern diese Gefäße bei verschiedenen Planipenniern und Coleopteren **Seide** für die Kokonbildung.

1.5.3 Stickstoffexkretion

Die meisten Tiere nehmen mit der Nahrung mehr Stickstoff auf, als sie zur Aufrechterhaltung ihrer Körperfunktionen benötigen. Der überschüssige Stickstoff wird in der Regel ausgeschieden. Die Art der Ausscheidungsprodukte hängt von der Lebensweise der Organismen ab. Nur aquatische Insekten können **Ammoniak** als hauptsächliches Exkret ausscheiden, die terrestrischen Formen müssen unter Energieaufwand ungiftige Exkretstoffe produzieren: bei Insekten sind dies meist die **Harnsäure** und ihre Salze (Urate), seltener Harnstoff, Allantoin, Allantoinsäure, Hypoxanthin, bestimmte Aminosäuren oder Tryptophanderivate. Der Energieaufwand für die Exkretion ist bei Insekten ähnlich hoch wie bei Säugern. Viele Schabenarten scheiden die Exkretstoffe (Harnsäure) nicht aus, sondern speichern sie im Fettkörper.

1.5.3.1 Harnsäure

Die meisten Insekten scheiden die kaum wasserlösliche Harnsäure in kristalliner Form aus **(uricotelisch).** Die Harnsäurebildung kann auf drei Wegen erfolgen: 1. eine de novo Synthese aus Proteinstickstoff, 2. Abbau von Nucleinsäuren bzw. Nucleotiden und 3. bei der Bildung von Allantoin bzw. Allantoinsäure. Der wichtigste Weg ist sicher die de novo Synthese, deren Details bei Insekten allerdings noch nicht untersucht wurden. Es wird angenommen, daß die Insekten den gleichen Stoffwechselweg zur Bildung der Harnsäure benutzen wie die Vögel. Die **Harnsäurebildung** erfolgt hauptsächlich im Fettkörper, die Ausscheidung über die Malpighischen Gefäße. Über den Transport der schwerlöslichen Harnsäure innerhalb des Körpers (in gelöster Form) ist ebenfalls wenig bekannt. Offensichtlich kann aber ihre Löslichkeit durch Bildung von Uraten (Na^+ oder K^+ an Position 9 des Purinringes) bzw. von supergesättigten Lösungen erhöht werden (Cochran, in Kerkut und Gilbert 1985 [4]). Darüberhinaus könnten lokale pH-Gradienten die **Transportfähigkeit** verbessern. Die Aufnahme der Urate in die distalen Abschnitte der Malpighischen Gefäße steht mit dem aktiven K^+-Transport in Zusammenhang (1.5.2.1). Im Rectum führt die Wasserrückresorption zu einer Verminderung des Lösungsvolumens; die Rückresorption von Na^+ und K^+ fördert die Bildung von noch schwerer löslichen NH_4^+, Ca^{2+} und Mg^{2+}-Uraten, und die Ansäuerung in der Rectalflüssigkeit schließlich die Bildung der kristallinen freien Harnsäure.

1.5.3.2 Ammoniak

Die meisten im Wasser lebenden Insekten geben den überflüssigen Stickstoff als Ammoniak ab **(ammoniotelisch).** In den letzten Jahren zeigte sich, daß auch einige terrestrische Formen Ammoniak produzieren. So ist unter bestimmten Ernährungsbedingungen bei der Schabe *Periplaneta americana* Ammoniak das einzige stickstoffhaltige Exkretprodukt, das ausgeschieden wird. Auch Fliegenlarven *(Calliphora, Lucilia)* geben Ammoniak ab. Offensichtlich sind Insekten etwas unempfindlicher gegen Ammoniak als viele Vertebraten. Die **Ammoniakbildung** erfolgt sehr wahrscheinlich durch **Desaminierung** von Aminosäuren.

Bei aquatischen Formen diffundiert das Ammoniak über die Körperoberfläche ins

Wasser oder sie scheiden ihn mit einer großen Flüssigkeitsmenge über den Darm aus. Schmeißfliegenlarven leben in einem ammoniakreichen Substrat und nehmen ihn mit der Nahrung auf. Nach Resorption im Mitteldarm und vorübergehender Speicherung in der Hämolymphe in Form von Aminosäuren wird das Ammoniak nach Desaminierung der Aminosäuren über den Enddarm wieder ausgeschieden. In *Sarcophaga*-Larven wurden folgende Ammoniakkonzentrationen (in $mmol \cdot l^{-1}$) gemessen: Vorderdarm 850; vorderer Abschnitt des Mitteldarms 130; hinterer Mitteldarm 16; Enddarm 860; Hämolymphe 0,01; tubulärer Harn in den Malpighischen Gefäßen 0,01–1,0; Exkrete 965 (Cochran, in Kerkut und Gilbert 1985 [4]).

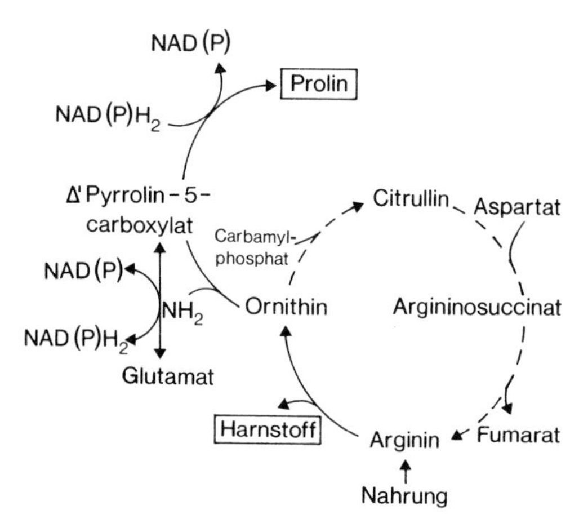

Abb. 1-24: Schematische Darstellung zur Bildung von Harnstoff und Prolin bei Insekten. Gestrichelt: ergänzter Ornithin-Zyklus (nach Cochran, in Kerkut und Gilbert 1985 [4]).

1.5.3.3 Harnstoff und andere Stickstoffverbindungen

Ein vollständiger **Ornithin-Zyklus** für die Synthese von Harnstoff, wie er bei den Wirbeltieren vorkommt, konnte bei Insekten bisher nicht nachgewiesen werden. Dennoch scheiden einige Insekten geringe Mengen an Harnstoff aus. Vermutlich entsteht dieser Harnstoff aus der mit der Nahrung aufgenommenen Aminosäure **Arginin** unter Bildung von Prolin (Abb. 1-24; 1.2.7.3). Da Harnstoff gut wasserlöslich ist, wird er in gelöster Form in die Malpighischen Gefäße aufgenommen. Über eine Reabsorption von Harnstoff im Rectum ist nichts bekannt.

Wie schon an anderer Stelle erwähnt (1.4.3.1), weisen Insekten oft sehr hohe Konzentrationen an **Aminosäuren** in ihrer Hämolymphe auf. So ist es nicht überraschend, daß bei vielen Insekten Aminosäuren auch in den Exkreten zu finden sind. Ein eindrucksvolles Beispiel hierfür sind die pflanzensaftsaugenden Homoptera, die mit ihrer Nahrung weit größere Mengen an Aminosäuren aufnehmen, als sie benötigen. Der Bau ihres Verdauungskanals ist dadurch charakterisiert, daß infolge von Schlingenbildungen ursprünglich weit auseinanderliegende Darmabschnitte sich berühren und von einer gemeinsamen Bindegewebshülle umschlossen werden. Meist schließt sich der Hinterdarm eng an die Übergangsstelle zwischen Vorder- und Mitteldarm an und bildet mit dem hinteren Teil des Oesophagus die **Filterkammer.** Auch die Basis der Malpighischen Gefäße ist oft noch mit einbezogen. An den Berührungsstellen können die dünnen Wände von flüssigen und gelösten Stoffen leicht durchdrungen werden. Über die Filterkammer kann der Flüssigkeitsüberschuß aus der Nahrung so direkt vom vorderen in den hinteren Teil des Darmes gelangen und als aminosäure- und zuckerreicher **Honigtau** ausgeschieden werden (1.1.4.4).

1.5.3.4 Exkretspeicherung

In vielen Insekten können die Endprodukte des Stickstoffstoffwechsels in verschiedenen Geweben fürs ganze Leben oder bis zu einem bestimmten Lebensabschnitt gespeichert werden, so z. B. in den **Uratzellen** des Fettkörpers, in den Pericardialzellen (1.5.4), in Epidermiszellen und in Flügelschuppen. Die Schabe *Periplaneta americana* scheidet, wie bereits gesagt, überschüssigen Stickstoff in

Form von Ammoniak und einigen Tryptophanderivaten aus. Harnsäure enthalten die Exkrete praktisch nicht, obwohl sie von den Schaben in großen Mengen im Fettkörper gebildet wird. *Periplaneta* und andere Schabenarten speichern Harnsäure bzw. ihre Salze in speziellen Zellorganellen der Uratzellen des Fettkörpers. Offensichtlich können die Uratspeicher bei Stickstoffmangel auch wieder mobilisiert werden (1.1.1.4). Der Abbau der Purinkörper erfolgt durch Bakterien, die ebenfalls in speziellen Fettkörperzellen zu finden sind, den Mycetocyten. Andere Schabenarten *(Blattella germanica, Parcoblatta fulvescens)* transportieren Urate in die Ootheken. Die **Gesamtstickstoffbilanz** einer Schabe könnte damit wie folgt aussehen (Cochran 1985): N-Bilanz = N-Aufnahme – (Urin-N + Fäzes-N + Eier-N + Speicher-N).

Frisch geschlüpfte Schmetterlinge scheiden die während der Puppenruhe angesammelten Exkretstoffe im Mekonium, einem bunt gefärbten Saft, aus.

1.5.4 Pericardialzellen und Nephrocyten

Neben dem Malpighische Gefäße-Rectum-System werden noch anderen Strukturen exkretorische Funktionen zugeschrieben: den männlichen akzessorischen Drüsen bei den Schaben, den Labialdrüsen einiger Apterygota und adulter Saturniidae sowie den Pericardialzellen und Nephrocyten.

Die Pericardialzellen sind mesodermalen Ursprungs und sitzen häufig dem Rückengefäß an. Manchmal sind sie zu großen Ballen zusammengefaßt und werden dann als Pericardialdrüsen bezeichnet. Oft sind in ihnen Vakuolen, granuläre Einschlüsse und auch Pigmente zu finden. Schon lange ist ihre Fähigkeit zur Cytose bekannt. Sie entnehmen der Hämolymphe selektiv Proteine und setzen nach Verdauung die Aminosäuren wieder in die Hämolymphe frei. Den Pericardialzellen wird auch eine Rolle beim Häutungsgeschehen zugesprochen. Bei manchen Insekten scheinen sie einen Faktor für die Herzschlagbeschleunigung zu produzieren. Ihre exkretorische Funktion betrifft wahrscheinlich nur den intermediären Stoffwechsel von Abbauprodukten.

Zellen mit ähnlichen Eigenschaften, aber in anderen Teilen des Körpers gelegen, sind die Nephrocyten. Sie treten meist in Gruppen um die Mundgliedmaßen, an den Basen der Beine, zwischen den Speicheldrüsen, am dorsalen Diaphragma oder verstreut im Fettkörper auf. Sie sollen für die Mikrophagocytose von kolloidalen Partikeln zuständig sein.

1.5.5 Wasserhaushalt

Wie bereits mehrfach erwähnt, ist die Exkretion auch von großer Bedeutung für den Wasserhaushalt der Landinsekten bzw. für die Osmoregulation bei Wasserinsekten.

1.5.5.1 Wasseraufnahme und Wasserverlust

Die hauptsächlichen Quellen für Wasser sind, abgesehen von der osmotischen Wasseraufnahme bei Süßwasserformen (1.5.5.2), Trinkwasser und der Wassergehalt der Nahrung bzw. das Oxidationswasser aus der Nahrung. Einige Insekten sind zur Wasserdampfsorption befähigt. Die wesentlichen Wege der Wasserabgabe sind Verdunstung über die Körperoberfläche (zufällige Wasserabgabe), Verdunstung durch das Tracheensystem (1.2.5.2, 1.2.5.3), die Wasserabgabe über Kot bzw. Harn (1.5.2.2), Sekretion und die Abgabe von Wasser mit den Eiern (funktionelle Wasserabgabe).

Der Gefahr einer starken Verdunstung sind insbesondere die fliegenden Imagines ausgesetzt. Ihre chitinöse Körperbedeckung, die häufig noch mit einer Wachsschicht überzogen ist, setzt der Verdunstung über die Körperoberfläche jedoch eine starke Barriere entgegen. Einige Wüstenkäfer können bei besonders trockenen Umweltbedingungen vermehrt Wachse absondern. Andere Insekten verändern die Zusammensetzung ihrer Oberflächenlipide, wenn z.B. die jahreszeitlichen Verhältnisse einen besseren Verdunstungsschutz erfordern (Wigglesworth 1986; 1.6.1).

Die meisten terrestrischen Insekten erhalten die Wasserbilanz durch Trinken und entsprechende Nahrungsaufnahme. Selbst in Wüstenbiotopen steht den Insekten freies Wasser in Form von Tautropfen während der Morgenstunden zur Verfügung. Collembolen nehmen über den Ventraltubus Wasser auf.

Eine besondere Form der Wasseraufnahme bei Insekten ist die **Wasserdampfsorption.** Innerhalb der Arthropoden sind unterschiedliche Wasserdampf-Sorptionssysteme im analen und oralen Bereich unabhängig voneinander entstanden. Zumindest einige davon dienen auch bei Insekten dem Zweck der Gewinnung von Wasser aus der ungesättigten Atmosphäre (Wharton, in Kerkut und Gilbert 1985 [4]). Bei den Psocoptera spielt offenbar ein Sekret mit einer Wasseraktivität unterhalb jener der umgebenden Luft für die Kondensation des Wasserdampfes eine wichtige Rolle. Das Sekret wird an bestimmten Kondensationsorten in der Mundregion exponiert und mit dem aufgenommenen Wasser verschluckt. Das Wasser gelangt über den Darmtrakt in die Hämolymphe. Im Epithel der Analsäcke von Lepismatiden kondensiert Wasser in einer subcuticulären hygroskopischen Substanz. Das kondensierte Wasser wird aktiv auf elektroosmotischem Wege herausgezogen und direkt in die Hämolymphe abgegeben. Mehlkäferlarven nehmen mittels einer hygroskopischen Salzlösung in den kryptonephridialen Malpighischen Schläuchen über den Anus Wasser aus der ungesättigten Atmosphäre auf. Ein lösungsunabhängiger Mechanismus findet sich bei der Wüstenschabe *Arenivaga investigata*, die die hydrophilen Eigenschaften feinster und polsterartig angeordneter Cuticulahaare auf dem Hypopharynx zur Akkumulation von Wasser ausnützt.

1.5.5.2 Osmoregulation bei Wasserinsekten

Wie für das Leben der Landinsekten das Wasser ein Problem bedeutet, so für die Wasserinsekten der Salzgehalt ihres Mediums.

Süßwasserinsekten leben in einem Medium mit Wasserüberschuß und Ionenmangel. So liegt die Na^+-Konzentration im Süßwasser bei etwa 0,4 $mmol \cdot l^{-1}$. In der Hämolymphe z.B. von *Sialis*-Larven beträgt sie dagegen 125 $mmol \cdot l^{-1}$ (Gesamtosmolarität der Hämolymphe: 339 $mOsmol \cdot kg^{-1}$). Es ist also nötig, den Körper vor Ionenverlusten zu bewahren bzw. vor einem Wassereinstrom zu schützen. Imagines und Puppen, die eine starke, undurchlässige Cuticula haben und auch ihren Sauerstoffbedarf aus der Luft decken, werden von den geringen osmotischen Konzentrationen des Süßwassers wenig berührt. Dasselbe gilt aber auch für viele Larven, selbst wenn sie mittels Tracheenkiemen Sauerstoff aus dem Wasser aufnehmen. Die *Sialis*-Larve ist ein Beispiel dafür, daß auch dünne Hautstellen eine geringe Ionendurchlässigkeit von innen nach außen aufweisen können. Tritt trotzdem ein Ionenmangel ein, so muß der Bedarf über die Nahrung gedeckt werden. Andere Süßwasserformen weisen aktive Osmoregulation (Ionenaufnahme) an den Tracheenkiemen (Odonata) oder an anderen dünnwandigen Anhängen des Körpers (Analschläuche der Culiciden- und Chironomidenlarven) auf **(hyperosmotische Regulation;** Abb. 1-25A). Ergänzt werden diese osmoregulatorischen Leistungen durch eine aktive Reabsorption von Ionen aus dem Rectum (1.5.2.2).

Vom Land und vom Süßwasser ins Meer eingedrungene Insekten weisen eine starke **hypoosmotische Regulation** auf. Ein gutes Beispiel für einen Brackwasserbewohner auf dem «Rückweg zum Meer» ist die Köcherfliege *Limnephilus affinis*, die die Na^+- und Cl^--Konzentrationen in ihrer Hämolymphe streng hypoosmotisch gegenüber dem Außenmedium hält (Abb. 1-25B). Überschüssige Ionen werden über das Malpighische Gefäße-Rectum-System entfernt. Bei Außenkonzentrationen von über 200 $mmol \cdot l^{-1}$ NaCl hält *L. affinis* allerdings die gesamtosmotische Konzentration der Hämolymphe mittels Nichtelektrolyten (Aminosäuren) annähernd isoosmotisch zum Medium. Eine noch weiterreichende hypoosmotische Regulation **(Homoiosmotie)** zeigen einige *Chironomus*-Arten, die in salzhaltigen Kleingewässern leben. Gleichzeitig ist bei ihnen der Regulationspegel deutlich erhöht. Nur relativ wenige Arten gingen aus dem Süßwasser ins offene Meer zurück (Wan-

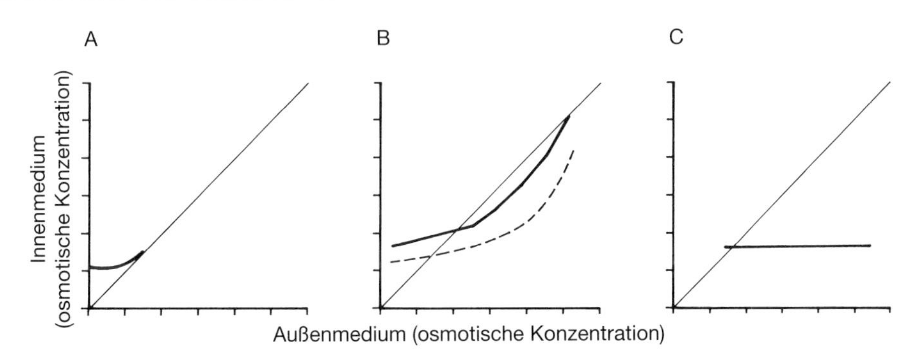

Abb. 1-25: Abhängigkeit der osmotischen Konzentration der Hämolymphe (Innenmedium) von der des Außenmediums bei (**A**) einem Süßwasserinsekt (hyperosmotische Regulation), (**B**) einem Brackwasserbewohner *(Limnephilus affinis)* (--- anorganische Ionen, – gesamtosmotische Konzentration) und (**C**) marinen Insekten (Larven von *Coelopa;* hypoosmotische Regulation; nach Remmert 1992).

ze *Halobates*, Mücke *Cricotopus*). Eine wirkliche Bindung an marine Salinität kommt durch den Verlust der hyperosmotischen Regulation zustande. Das ist bei der Strandfliege *Coelopa* und manchen *Clunio*-Larven der Fall (Abb. 1-25 C).

1.6 Thermoregulation und Gefrierschutz

Stoffwechselreaktionen sind temperaturabhängig (1.2.6.2). Das Leben eines Tieres hängt somit von der Aufrechterhaltung einer geeigneten Körpertemperatur ab. **Endotherme** Tiere erhalten ihre Körperwärme größtenteils aus dem eigenen Stoffwechsel. **Ectotherme** Tiere erhalten ihre Wärme aus der Umgebung. Zwar sind alle Organismen potentiell endotherm, aber nur die Vögel und Säuger, sowie einige niedere Vertebraten und einige große Insekten, sind in der Lage, auch bei niedrigen Außentemperaturen ihre Körpertemperatur über der der Umgebung zu halten. Bei den ectothermen Insekten besteht die einzige Möglichkeit für eine Regulation der Körpertemperatur im Aufsuchen eines geeigneten Mikroklimas.

Eine andere Einteilungsmöglichkeit beruht darauf, ob ein Tier seine Körpertemperatur in engen Grenzen unabhängig von der Außentemperatur regulieren kann oder nicht. Als **homoiotherm** bezeichnet man jene Tiere, die ihre Körpertemperatur stets eng um einen gegebenen Sollwert regulieren (Vögel und Säuger). Als **poikilotherme** Tiere faßt man all jene zusammen, bei denen die Körpertemperatur mehr oder weniger der Umgebungstemperatur folgt.

Tiere, die in der Lage sind, ihre endotherme Wärmeproduktion bei Bedarf (temporär) um einige Grade zu variieren, ohne daß sie dabei allerdings die Temperatur des ganzen Körpers innerhalb eines engen Bereiches regulieren (regional), werden auch als **heterotherm** bezeichnet.

1.6.1 Individuelle Thermoregulation

Am einfachsten kann ein Tier seine Körpertemperatur durch ein Ausrichten im Temperaturfeld steuern. Bei vielen Insekten erfolgt die Orientierung in einem Temperaturgradienten durch Abtasten der Umgebung **(Thermoklinotaxis).** So sammeln sich Insekten in einer «Temperaturorgel» häufig in einem Vorzugstemperaturbereich an. Viele Insekten, die von Viren oder intrazellulären Prokaryonten befallen sind, suchen bevorzugt sehr hohe Umgebungstemperaturen auf und erzeugen dadurch ein Verhaltensfieber. Ein derartiges Verhaltensfieber bewahrt z. B. Mittelmeerfeldgrillen *(Gryllus bimaculatus)*, die mit Rickettsien *(Rickettsiella grylli)* infiziert sind, vor dem Tod.

Viele terrestrische Insekten sind nur in warmen Jahreszeiten aktiv, zusätzlich sind ihre motorischen Aktivitäten oftmals noch auf die wärmste Tageszeit beschränkt. Ursache dafür ist, daß Muskelaktivitäten und ihre Steuerung durch das Nervensystem eine Mindesttemperatur für ihr Funktionieren erfordern. So benötigen größere Insekten für den Start zum Flug Thoraxtemperaturen zwischen 33° und 40 °C. Diese Mindesttemperaturen können durch entsprechende Verhaltensweisen, morphologische Anpassungen oder physiologische Mechanismen erreicht werden.

1.6.1.1 Thermoregulatorische Verhaltensweisen

Bei tagaktiven Insekten sind Sonnenbaden bzw. das Aufsuchen von Schatten die wichtigsten thermoregulatorischen Verhaltensweisen. Thermoregulation durch individuelles **Sonnenbaden** wird von Insekten mit einer kleinen Körpermasse bevorzugt (Abb. 1-26). Der Grund hierfür liegt nicht nur in ihrer geringen Masse, sondern auch in der schnelleren Wärmeaufnahme über ihre Körperoberfläche aus der Umgebung und umgekehrt, aufgrund ihres größeren Oberflächen-Volumen-Verhältnisses gegenüber dem bei großen Tieren.

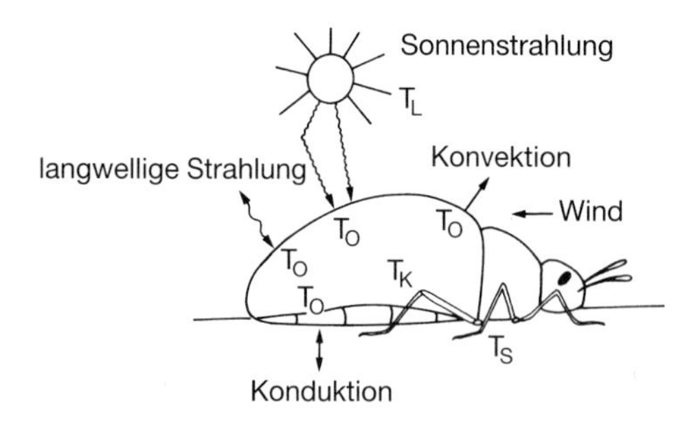

Abb. 1-26: Wärmeaustausch zwischen einem terrestrischen Insekt und seiner Umgebung ohne Berücksichtigung von Wärmeverlusten bei der Atmung. T_K Körperkerntemperatur, T_L Lufttemperatur, T_O Temperatur an der Körperoberfläche, T_S Substrattemperatur (nach May, in Kerkut und Gilbert 1985 [4]).

Konduktion ist der Wärmeaustausch zwischen dem Insekt und dem Substrat, das das Tier direkt berührt. Sie beruht auf der direkten Übertragung kinetischer Energie von Molekül zu Molekül, wobei die Wärmeübertragung immer vom wärmeren zum kälteren Objekt erfolgt. Für terrestrische Insekten ist die Wärmeübertragung durch Konduktion meist gering, da sie den Boden oft nur mit den ventralen Flächen der Tarsi berühren.

Einige Schmetterlinge nutzen aber im Ruhezustand eine direkte Leitung der Substratwärme auf den Körper aus, indem sie ihre Flügel auf die Unterlage drükken, und die Wüstenheuschrecke *(Schistocerca gregaria)* preßt in den kühleren Nachmittagsstunden ihren Körper flach auf den warmen Sandboden.

Nur bei aquatischen Insekten erfolgt Konduktion oft über die gesamte Körperoberfläche, entsprechend hoch ist die Wärmeaustauschrate.

Konvektion ist der Wärmeaustausch bei sich bewegenden Medien. Sie beschleunigt den Wärmeaustausch durch Konduktion zwischen einem festen (Insekt) und einem strömenden Medium (Luft, Wasser). Bei terrestrischen Insekten ist die konvektive Wärmeaustauschfläche meist größer als die konduktive. Das Ausmaß eines konvektiven Wärmeaustausches wird von der Größe, Form und Oberflächenbeschaffenheit (z. B. Haarbesatz) des Insekts, aber auch von der Windgeschwindigkeit und der Vegetation in der Umgebung bestimmt **(Mikroklima).** In der Hocharktis fliegen Insekten aufgrund der Temperatur-Wind-Verhältnisse meist nur in Höhen bis 1 m über dem Boden, um sich vor einer Unterkühlung zu schützen. Umgekehrt verbringt der tropische Schmetterling *Precis villida* bei niedriger Lufttemperatur die meiste Zeit sonnenbadend am Boden, während er bei hoher Lufttemperatur vermehrt fliegt, um die konvektive Wärmeabgabe zu erhöhen (May, in Kerkut und Gilbert 1985 [4]).

Strahlung, schließlich, ist die Übertragung von Wärme durch elektromagnetische Wellen.

Sie erfolgt ohne direkten Kontakt zwischen den Objekten. Dabei können sowohl sichtbares Licht als auch Infrarotstrahlen (kurzwelliges und langwelliges Infrarot, z. B. von einem aufgeheizten Stein) zu einer Erwärmung des Körpers über die Lufttemperatur führen. Die Körpertemperatur ist also eine Funktion zahlreicher physikalischer Parameter und kann durch folgende Gleichung beschrieben werden (Casey 1988):

$$T_b = T_a +/-R +/-C +/-G +M -E$$

(T_b Körpertemperatur, T_a Lufttemperatur, R Strahlung, C Konvektion, G Konduktion, M Metabolismus, E Evaporation).

Viele Tagschmetterlinge und Libellen wirken durch gezielte Änderungen ihrer Lage in Beziehung zur Sonneneinstrahlung regulierend auf die Körpertemperatur **(Heliothermie).** Die Körperstellung beim Sonnenbaden wird durch zwei Parameter bestimmt: die Stellung der Flügel relativ zum Körper und die Haltung des Körpers relativ zur Sonne (Abb. 1-27A). Am häufigsten beobachtet man dorsales (Papilionidae, Danaidae, Nymphalidae) und laterales (Lycaenidae, *Colias*-Arten) **Sonnenbaden** (Abb. 1-27B). Die Flügel stehen rechtwinkelig zur Sonne, die Strahlung wird hauptsächlich von den körpernahen Bereichen der Flügel absorbiert. Die Wärmeleitung von den Flügeln in den Körper erfolgt größtenteils über die Luft unter den Flügeln (Wasserthal 1975). Eine andere Stellung beim Sonnenbaden, das **Reflexionsbaden**, wurde von Kingsolver (1985) für *Pieris*-Arten beschrieben (Abb. 1-27B). Dabei werden die Flügel als Reflektoren benutzt, die die Sonnenstrahlen auf den Körper lenken sollen. Gleichzeitig ist beim Reflexionsbaden der konvektive Wärmeverlust reduziert. Die Bedeutung des Reflexionsbadens für die Regulation der Körpertemperatur ist allerdings umstritten.

Vor allem bei größeren Insekten kann es bei intensiver Sonneneinstrahlung und hohen Außentemperaturen zu einer **Überhitzung** des Körpers kommen. Neben physiologischen Mechanismen (1.6.1.3) können auch spezifische Verhaltensweisen zur Verhinderung einer Überhitzung beobachtet werden. Wüstenheuschrecken *(Schistocerca)* richten sich bei hoher Außentemperatur hoch auf ihre Beine auf und stellen ihre Körperlängsachse quer zur Windrichtung. Blattwespenlarven strecken ihr

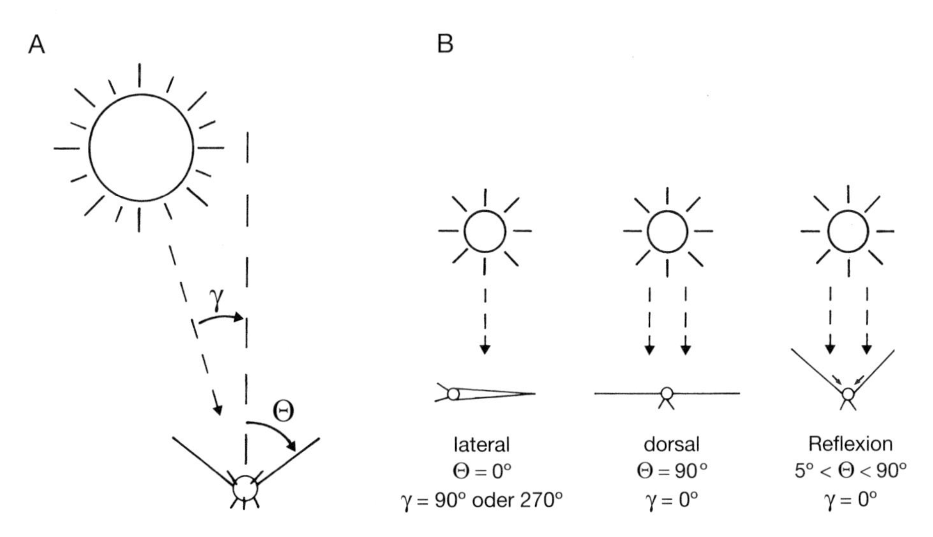

Abb. 1-27: Sonnenbaden bei Schmetterlingen. **A** Die Körperstellung (Frontalansicht) beim Sonnenbaden wird durch zwei Parameter bestimmt, den Elevationswinkel der Flügel (θ) und die Stellung der Körpermedianebene relativ zur Sonne (γ). **B** Laterales, dorsales und Reflexions-Sonnenbaden bei Schmetterlingen (nach Kingsolver 1985).

Hinterende in die Luft, um die Wärmeabgabe durch Konvektion zu erhöhen (May, in Kerkut und Gilbert 1985 [4]). Einige Heuschrekken- und Zikadenarten pendeln zur Kontrolle der Körpertemperatur regelmäßig zwischen Sonne und Schatten. Das Aufsuchen von Schatten ist oft mit einer Umkehr der Lichtpräferenz **(negative Phototaxis)** bei einem bestimmten Temperaturwert gekoppelt.

Einige Insekten bauen sich Refugien, die auch im Dienste der Thermoregulation stehen können. In den Gespinsten von Raupenkolonien oder den Blattgallen von Blattläusen liegen die Temperaturen oft über der Lufttemperatur. Auch die Kokons des hocharktischen Trägerspinners *(Gynaephora rossii)* dienen als Mikroklimakammer für die Raupen.

Gerichtete thermoregulatorische Verhaltensweisen werden in gleicher Weise kontrolliert wie physiologische Systeme (Heath 1970). Als Auslöser kann der unmittelbare Temperaturreiz aufgefaßt werden.

1. On-off Kontrolle: Wanderheuschrecken und viele andere Insekten unterbrechen ihren Flug, wenn die Körpertemperatur einen kritischen Wert überschreitet und starten bei Unterschreiten dieses Wertes erneut zum Flug. Die Wärmeproduktion durch Muskelaktivität im Flug ist also entweder maximal oder null. Die Körpertemperatur der Tiere zeigt jedoch nur geringe Schwankungen.

2. Gekoppelte on-off Systeme: Häufig stehen zwei oder mehr Verhaltensweisen im Dienste der Thermoregulation, wie z. B. das Sonnenbaden einerseits und das Aufsuchen von Schatten andererseits. Die Zikade *Magicicada cassini* sucht bei Temperaturen über 31,8 °C Schatten auf und verläßt ihn bei einer Körpertemperatur unter 25 °C wieder. Der Bereich zwischen diesen beiden Schwellenwerten wird als refraktärer Bereich bezeichnet und stellt einen Temperaturbereich ohne Betätigung thermoregulatorischer Verhaltensweisen dar. Die Weite dieses Temperaturbereiches ist für das Tier von großer ökologischer Bedeutung.

3. Proportionale Kontrolle: Obgleich der Effekt bei thermoregulatorischen Verhaltensweisen meist nach dem «Alles oder Nichts»-Prinzip erfolgt, gibt es auch einige Beispiele für kontinuierliche thermoregulatorische Verhaltensänderungen, wie etwa eine kontinuierliche Veränderung der Absorptionsoberfläche beim Sonnenbaden einiger Schmetterlinge, Zikaden und Schwarzkäfer.

Trotz der gezeigten Vielfalt können thermoregulatorische Verhaltensweisen nur dann wirksam sein, wenn entsprechende strukturelle, morphologische Voraussetzungen vorhanden sind.

1.6.1.2 Morphologische Anpassungen

Flügel von Tagschmetterlingen zeigen Strukturanpassungen an die Funktion als Wandler von elektromagnetischer (Strahlung) in thermische Energie. Alle Schmetterlinge der gemäßigten Breiten mit dorsalem Sonnenbaden (Abb. 2-27B) zeichnen sich durch eine dunkle **Färbung** der Flügelbasis und des inneren Randes der Hinterflügel aus. Besonders deutlich wird dies bei den sonst hell gefärbten einheimischen Papilioniden. Flügelteile, die an den Körper angrenzen, sind oft noch mit langen Schuppen besetzt oder dicht behaart. Dunkle Pigmentierung (Melanisierung) und rauhe Oberflächen erhöhen die Strahlungsabsorption bei gleichzeitig verminderter Reflexion. Dies ist besonders wichtig bei alpinen Arten (z. B. *Parnassius*), die niedrigen Temperaturen aber einer intensiven Strahlung ausgesetzt sind. Bei Schmetterlingen mit Reflexions-Sonnenbaden *(Pieris)* dienen die dorsalen Oberflächen der Flügel als Reflektoren (Abb. 1-27B). Entsprechend hell (weiß) gefärbt sind z. B. bei *Pieris* die ganzen Flügeloberflächen. *Pieris*-Arten weisen oft einen Saisonpolymorphismus in der Flügelfärbung auf (2.5.2.3), der im Dienste der Thermoregulation stehen soll.

Ob der Färbung des ganzen Körpers bei Insekten eine thermoregulatorische Rolle zukommt, ist immer noch umstritten. Regulieren kann die Färbung den Wärmeaustausch zwischen einem Insekt und seiner Umgebung nur dann, wenn sie entweder die Wirkung einer Orientierungsänderung zur Sonne verstärkt oder wenn sich die Körperfarbe selbst temperaturabhängig verändert. Einige wenige Insekten ändern ihre Farbe (oder auch ihre **Oberflächenstruktur**) tatsächlich reversibel in Abhängigkeit von der Temperatur. Männchen von *Kosciuscola tristis* (Caelifera, Acrididae) z. B. sind bei Kälte nahezu schwarz, bei Erwärmung werden sie innerhalb weniger Minuten hellblau **(Tyndall-blau).**

1.6.1.3 Physiologische Regulation der Körpertemperatur

Einige wenige Insekten, darunter einige große Schwärmer, Hummeln, Bienen und Libellen, sind in der Lage, ihre Körpertemperatur endotherm zu regulieren. Ein Schwärmer mit einer Masse von 0,5–0,6 g produziert während des Fluges im Thorax eine Wärmemenge von 17–25 $J \cdot g^{-1} \cdot min^{-1}$. Bei guten endothermen Thermoregulatoren ist der Thorax durch Schuppen, Haare oder subcuticuläre Luftsäkke wärmeisoliert. All dies führt zu einer **Thoraxtemperatur** die gegenüber der Außentemperatur bis zu 25° erhöht ist (regionale Heterothermie). Um bei längerem Flug den Thorax vor einer Überhitzung zu schützen, muß entweder die Wärmeproduktion oder die Wärmeabgabe verändert werden. Eine Kontrolle der Wärmegewinnung kann nach Heinrich (1981a) für die meisten Arten unter normalen Flugbedingungen ausgeschlossen werden. Höchstens Insektenarten mit großen Flügelflächen (Libellen, Wanderheuschrecken) vermögen die Wärmeproduktion im Flug vielleicht dadurch zu regulieren, daß sie für längere Zeit gleiten. Alle anderen regulieren die Wärmeabgabe über entsprechende **Kreislaufmechanismen** (1.4.2).

Dieser Mechanismus wurde erstmals von Heinrich (1970) für den Tabakschwärmer *(Manduca sexta)* beschrieben. Über die Hämolymphe wird überschüssige Wärme aus dem aktiven und gut isolierten Thorax in das inaktive Abdomen überführt. Das Dorsalgefäß pumpt dabei kaltes Blut mit 2–3 Impulsen pro Minute und mit einem hohen Schlagvolumen von hinten (kaltes Abdomen) nach vorne (über die warmen Flugmuskeln im Thorax in den Kopf). Die erwärmte Hämolymphe fließt ventral wieder in das Abdomen ab (Abb. 1-28). Die Wärmeabgabe vom Abdomen in die Umgebung ist aufgrund der großen Oberfläche und der schlechten Isolation des Abdomens sehr hoch. Im Ruhezustand

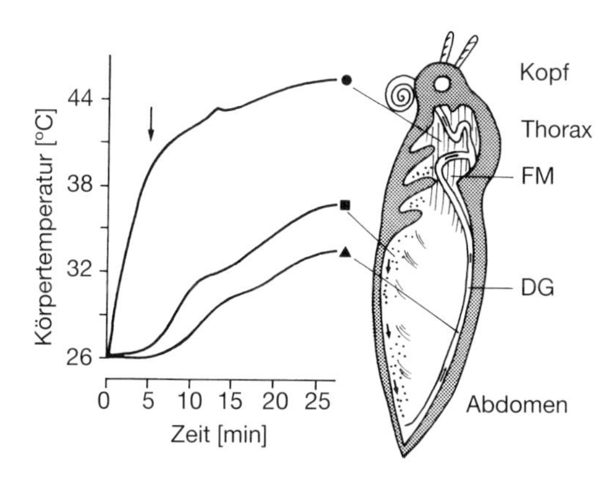

Abb. 1-28: Temperaturregulation beim Tabakschwärmer *(Manduca sexta)* während einer 25 min Wärmezufuhr an den Thorax. Erreicht die Thoraxtemperatur (●) ungefähr 39 °C (Pfeil), so fließt Hämolymphe ventral vom Thorax in das Abdomen und erwärmt dieses (■). Kühleres Blut (▲) wird über das Dorsalgefäß wieder in den Thorax gepumpt. FM Flugmuskulatur, DG Dorsalgefäß (nach Heinrich 1970).

oder im Flug bei Außentemperaturen unter 20 °C erfolgt entweder gar keine Hämolymphpulsation, oder der Hämolymphfluß verläuft genau umgekehrt. Auch bei Hummeln und Holzbienen erfolgt bei Bedarf eine Wärmeabgabe über die Hämolymphe in das Abdomen.

Die Arbeiterinnen der Honigbiene sind kleiner als die meisten Hummeln und können bei Außentemperaturen unter 25 °C ihre Thoraxtemperatur im Flug nicht konstant halten. Bei hohen Außentemperaturen sind sie auch nicht in der Lage, überschüssige Wärme über das Abdomen abzuführen. Größere Wärmemengen werden aber in den Kopf abgegeben, passiv durch Konduktion und aktiv durch Hämolymphzirkulation. Der Kopf wiederum wird durch **Verdunsten** von Wasser an den Mundwerkzeugen abgekühlt.

Insekten, die während des Fluges eine hohe Thoraxtemperatur aufweisen, können meist erst dann zum Flug starten, wenn die Flugmuskulatur entsprechend warm ist. Bei niedrigen Außentemperaturen müssen diese Insekten ihre Flugmuskeln durch **Muskelzitter-Thermogenese (Myothermie)** vor dem Flug auf etwa 40 °C aufwärmen (temporäre Heterothermie; Abb. 1-29), da diese sonst viel zu langsam kontrahieren würden, um genügend Kraft für das Abheben aufzubringen. In der

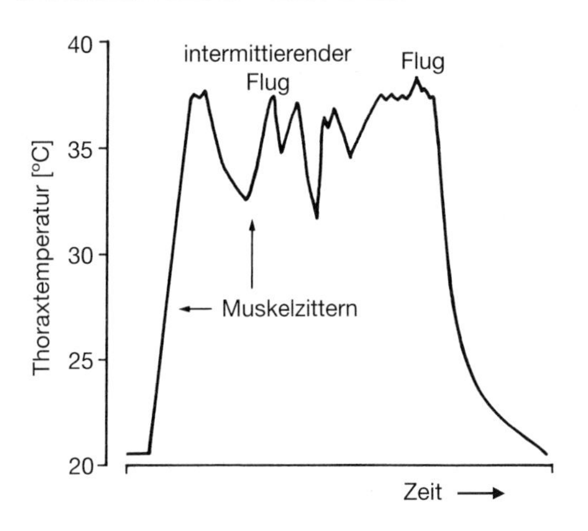

Abb. 1-29: Verlauf der Thoraxtemperatur bei *Celerio lineata* während Muskelzittern, intermittierendem Fliegen und kontinuierlichem Flug. Außentemperatur 21,5 °C (nach Heinrich 1974).

Aufwärmphase arbeiten die antagonistischen Flugmuskeln gegeneinander, was bei Insekten mit neurogenem Flugmotor (4.4.2.1) statt zum Flügelschlag zu einer Flügelvibration mit kleiner Amplitude führt. Es wird vermutet, daß diese Flügelvibrationen auch die Versorgung der Flugmuskeln mit Sauerstoff verstärken (Ventilation; 1.2.5.2). Der O_2-Verbrauch steigt in der Aufwärmphase um das 2–10fache, im Flug bis zum 156fachen gegenüber ruhenden Tieren an (1.2.6.4). Der Anstieg der Thoraxtemperatur verläuft sehr schnell (1–10 °C pro Minute) und weitgehend linear mit der Zeit.

Neben einer Muskelzitter-Thermogenese scheinen einige Arten der Gattung *Bombus* noch einen zweiten Mechanismus zur Wärmeproduktion zu besitzen, einen Substratzyklus im Glucosestoffwechsel der Flugmuskulatur **(zitterfreie Thermogenese;** 1.2.7.1). Newsholme und Mitarbeiter (1972) fanden in der Flugmuskulatur verschiedener *Bombus*-Arten für das Enzym Fructose-1,6-bisphosphatase (FBPase), ein Schlüsselenzym der Glukoneogenese, genau so hohe Aktivitäten wie für das Glykolyseenzym Phosphofructokinase (PFK). Simultane Aktivitäten von FBPase und PFK führen zu einem «Kurzschluß» im Energiestoffwechsel mit der Nettoreaktion: ATP → ADP + P_i + Wärme (Abb. 1-30). Die Raten für den Substratzyklus sind bei 5 °C (10,4 $\mu mol \cdot min^{-1} \cdot g^{-1}$) deutlich höher als bei 21 °C (0,48 $\mu mol \cdot min^{-1} \cdot g^{-1}$); während der Aufwärmphase steigt die Substratzyklusrate auf 250 $\mu mol \cdot min^{-1} \cdot g^{-1}$

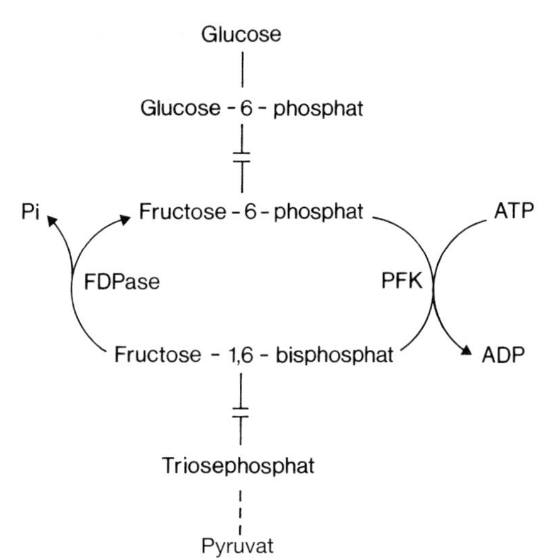

Abb. 1-30: Stoffwechselschema für einen «Kurzschluß» im Kohlenhydratstoffwechsel der Flugmuskulatur einiger *Bombus*-Arten. PFK, Phosphofructokinase; FBPase, Fructose-1,6-bisphosphatase; ADP, ATP, Adenosindi(tri)phosphat; P_i, anorganisches Phosphat (nach Newsholme et al. 1972).

Muskelgewebe an (Surholt et al. 1991). Während des Fluges wird der Substratzyklus abgeschaltet, wahrscheinlich durch die Anwesenheit von großen Mengen an Ca^{2+}-Ionen, die im aktiven (warmen) Muskel aus dem Sarcoplasmatischen Reticulum freigesetzt werden und die Aktivität der FBPase hemmen.

1.6.2 Soziale Thermoregulation

Bei den sozial lebenden Insekten sind die Wärmeansprüche des Individuums nur von sekundärer Bedeutung. Ihr Leben in einer Kolonie bringt ihnen aber einige Vorteile bei der Aufrechterhaltung stabiler Temperaturen. Die große Masse eines **Insektenstaates** (das Verhältnis Masse: Oberfläche ist groß) bzw. die Größe ihrer Nester schützt das Nest, und insbesondere auch die Brut, gegen kurzzeitige Temperaturänderungen in der Umgebung. Zudem sind die Nestbauten oft noch gut isoliert und liegen im Boden oder in Erdhügeln. Die Präzision bei der Temperaturregulation hängt von der Größe der Kolonie aber auch von ihrem Entwicklungszustand ab. Bei Bienen oder Wespen mit einem jährlichen Koloniezyklus findet man die beste Thermoregulation zum Zeitpunkt der höchsten Aktivität der Kolonie. Die Arbeitsteilung bei den sozialen Insekten erleichtert die Thermoregulation. Soziale Insekten können ihre Nesttemperatur auch während der Nahrungssuche, Fortpflanzung, Brutfürsorge, Nestverteidigung usw. regulieren.

Auch hier finden wir wiederum **Verhaltensweisen** (z. B. bei Termiten und Ameisen mit niedrigen individuellen Stoffwechselraten) und **physiologische Mechanismen** (z. B. bei Wespen und Bienen mit hohen individuellen Stoffwechselraten) im Dienste der Thermoregulation.

Die Termite *Macrotermes bellicosus* baut die aufwendigsten Nester (Hügel), mit einem komplizierten Belüftungssystem, das für sehr konstante Temperaturverhältnisse in den Brutkammern (30 ± 0,5 °C) sorgt. Dazu legen diese Termiten Pilzkulturen an, die der Nahrungsversorgung dienen, aber durch Bakterienfermentation auch die Aufrechterhaltung der Nesttemperatur unterstützen. Ameisen *(Formica polyctena)* tragen ihre Brut immer an die der Sonne zugewandte Seite ihres Hügels. In nördlichen Breiten bauen Ameisen ihre Nester bevorzugt unter Steine, die sich – und damit auch die Brut – in den Morgenstunden rasch aufwärmen. Rote Waldameisen *(Formica rufa)* erwärmen die Brutkammern, indem spezialisierte **«Wärmeträger»** ihren Körper an der Sonne aufheizen und die gespeicherte Wärme in die Brutkammern tragen.

Eine sehr hohe Stufe sozialer Wärmeregulation ist bei den Honigbienen *(Apis mellifera)* verwirklicht. Ein Bienenvolk (15 000–60 000 Tiere) hält die Temperatur der Brutkammern im Stock auf 32–36 °C, auch wenn die Außentemperatur zwischen –40 °C und 40 °C verändert wird. Die Konstanthaltung der Stocktemperatur erfolgt über eine Regelung des Wärmegewinns, des Wärmeverlustes und über ein aktives Kühlen. Die höchste Wärmeproduktion weisen adulte Arbeiterinnen auf (ca. 200 $mW \cdot g^{-1}$), die geringste die juvenilen Drohnen (ca. 70 $mW \cdot g^{-1}$; Fahrenholz et al. 1989). Aktives Kühlen erfolgt durch eine Erhöhung des Luftstroms (bis 60 $l \cdot min^{-1}$), der von den Bienen durch Fächeln am Stockeingang erzeugt wird, und durch die Verdunstung von Wasser an den Mundwerkzeugen der Tiere oder an den Wabenoberflächen des Stockes. **Wassersammlerinnen** transportieren bei Bedarf das Wasser in den Stock. Bei einem akuten Temperaturanstieg im Stock wird zusätzlich der Inhalt der Honigblase (30–50 % Wasser) ausgespuckt und eingedickt. Ein überwinterndes Bienenvolk (im Durchschnitt 17 500 Individuen) ballt sich im Stock zu einer **Überwinterungstraube** zusammen, in deren Kern die Temperatur selten unter etwa 18 °C absinkt. Erreicht die Körpertemperatur der Bienen, die sich an der Oberfläche der Traube befinden, ca. 9 °C, so verstärken die Tiere im Kern ihre Muskelaktivität. Während des **Schwärmens** erwachsener Bienen im Frühjahr spielt der Durchmesser der Schwarmtraube, und damit die Dichte der Traube, eine wichtige thermoregulatorische Rolle (Heinrich 1981b).

1.6.3 Ökologische Aspekte der Thermoregulation

Die verschiedenen Mechanismen zur Erwärmung des Körpers und zum Schutz vor einer Überhitzung stellen Anpassungen der Tiere an ihre Lebensweise dar. So können viele große Insekten nur deshalb dämmerungs- oder nachtaktiv sein, weil sie die Fähigkeit zur Zitter-Thermogenese haben. Thermoregulation ermöglicht die Einnahme spezieller ökologischer Nischen.

In der Lebensgemeinschaft der Steppen- und Savannenbewohner spielen Kotkäfer eine wichtige Rolle, denn sie beseitigen die Ausscheidungen der Säugetierherden. Zwischen den Käfern herrscht ein harter Konkurrenzkampf. Wie gut ein Käfer diesen Kampf besteht, hängt u. a. von seiner Körpertemperatur ab. Ein warmer Käfer (Muskelzitter-Thermogenese) hat bessere Aussichten, einen Kothaufen mit einer Kotkugel zu verlassen und die Kugel gegen einen Konkurrenten zu verteidigen, als ein kalter Käfer (Heinrich und Bartholomew 1980).

Hummeln vermögen während der Zeit des Koloniеaufbaus im Frühjahr auch in Flugpausen während der **Nahrungsaufnahme** eine hohe Thoraxtemperatur zu erhalten. Für sie besteht somit jederzeit die Möglichkeit, eine andere Nahrungsquelle aufzusuchen oder einer Gefahr zu entgehen. Zu dieser Zeit sind die blühenden Pflanzen reich an Nektar und Pollen, und die Hummeln verweilen auf jeder Blüte nur wenige Sekunden. Im Herbst zerfallen die Kolonien und der Energiebedarf der Tiere nimmt ab. Der Nährstoffgehalt der Einzelblüten der jetzt blühenden Arten ist sehr viel niedriger. Andererseits stehen gerade diese Blüten an großen Blütenständen besonders dicht beieinander. Die Hummeln krabbeln jetzt von einer Einzelblüte zur anderen. Eine Aufwärmung erfolgt jetzt nur noch vor dem

Flug zu einem neuen Blütenstand (Heinrich 1973). Die Wüstenzikade *Diceroprocta apache* kann ihre Körpertemperatur bis zu 5 °C unter der Umgebungstemperatur (42 °C) halten, indem sie die als Nahrung aufgenommene Xylemflüssigkeit verstärkt zur Kühlung nutzt (Hadley et al. 1991).

Thermoregulation kann, direkt oder indirekt, auch den Fortpflanzungserfolg bei Insekten beeinflussen. Als Mechanismen hierfür kommen in Frage: Der Einfluß der Körpertemperatur auf die Anlockung des Sexualpartners, die Kopulation, die Entwicklung der Gonaden und auf die Embryonal- und Larvenentwicklung. So wandern beispielsweise Feuerwanzenlarven zwischen besonnten und schattigen Plätzen hin und her und bleiben damit in ihrer Entwicklung eng an den Jahreslauf der Bedingungen eingepaßt. Zwingt man sie dazu, dauernd in der Sonne zu sitzen, so entwickeln sie sich zwar sehr rasch, die Synchronisation ihres Entwicklungsablaufes mit der Jahreszeit geht jedoch verloren und die Tiere sterben aus (Remmert 1992).

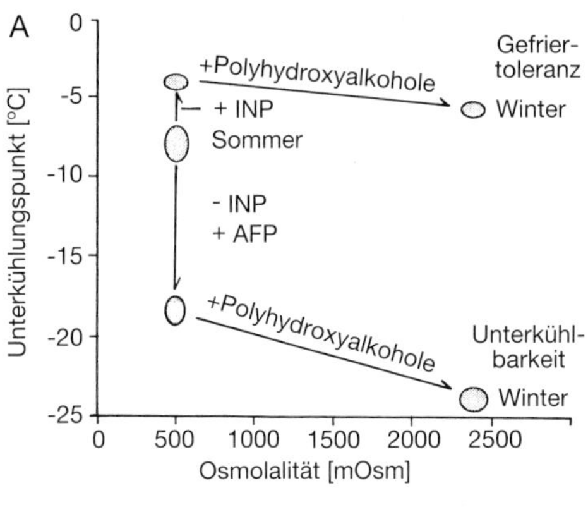

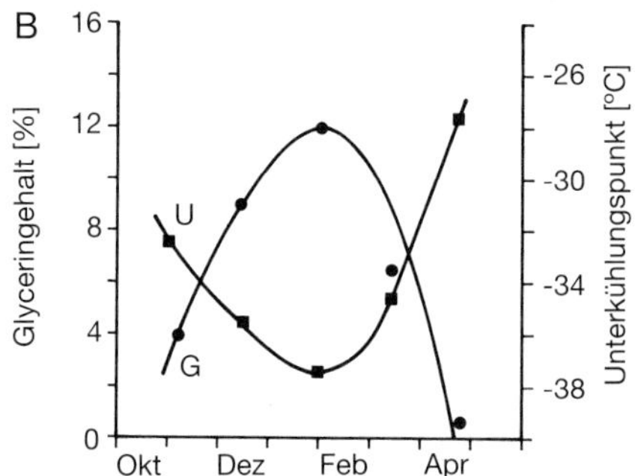

Abb. 1-31: Gefrierschutz. **A** Zwei Strategien des Gefrierschutzes bei Insekten: Gefriertoleranz und Unterkühlbarkeit (freezing avoidance). Chemische Veränderungen und Herabsetzung des Unterkühlungspunktes. INP Kristallisationskerne, AFP Gefrierschutzproteine. **B** Änderungen im Glyceringehalt (G) und im Unterkühlungspunkt (U) in überwinternden Gespinstmotten *(Hyponomeuta evonymellus)* aus Kanada (**A** nach Zachariassen und Lundheim 1992; **B** nach Somme 1965).

1.6.4 Gefrierschutz

Viele Insekten, die in den subpolaren und polaren Regionen leben (immerhin gibt es in der Arktis noch über 1600 Insektenarten; in der Antarktis wurden bisher über 40 Arten nachgewiesen), überleben Temperaturen unterhalb des Gefrierpunktes. Dabei treten zwei Strategien eines Gefrierschutzes auf: (partielle) **Gefriertoleranz** (freeze tolerance) und Super-**Unterkühlbarkeit** (supercooling, freeze avoidance; Abb. 1-31 A). Gefriertolerante Arten überleben ein Gefrieren ihrer extrazellulären Flüssigkeiten, während andere Insekten sich superkühlen können, wobei die Körperflüssigkeiten unter ihren Gefrierpunkt abgekühlt werden und dennoch nicht gefrieren. Um die biochemischen Veränderungen zu verstehen, die zu einem Gefrierschutz führen können, müssen wir zuerst die genauen Ursachen der Zellschädigung durch Gefrieren kennen. Eine intrazelluläre Eisbildung hat fast immer den Zelltod durch irreversible Zerstörung der zellulären Ultrastrukturen zur Folge. Eine extrazelluläre Eisbildung tolerieren dagegen viele Organismen im erheblichen Maße. Wenn sich extrazelluläre Eisbildung tödlich auswirkt, so ist wahrscheinlich eine Austrocknung der Zellen die Todesursache. Zwischen dem gefrorenen extrazellulären Raum und dem unterkühlten, aber ungefrorenen Zellinneren entsteht eine Dampfdruckdifferenz, die einen Wasserstrom aus der Zelle verursacht. Der Zelltod tritt meist dann ein, wenn zwei Drittel des Zellwassers in den extrazellulären Raum übergetreten sind.

Die Tatsache, daß es Insekten gibt, die eine Eisbildung in ihrem Körper überleben, ist seit 250 Jahren bekannt. Die erste Insektenart, bei der die Gefriertoleranz genauer untersucht wurde, war ein kleiner Laufkäfer *(Pterostichus brevicornis)*, der im Inneren Alaskas in Baumstümpfen und abgestorbenem Holz überwintert (Baust und Miller 1970).

Adulte Tiere überleben dabei Temperaturen bis –87 °C ohne Schaden. Inzwischen wurde für mehrere Insekten aus fünf weiteren Ordnungen (Lepidoptera, Diptera, Neuroptera, Homoptera, Hymenoptera) in allen Entwicklungsstadien Gefriertoleranz nachgewiesen. Auch bei der Gefriertoleranz müssen die physikalischen Schäden durch Eiskristalle im Extrazellularraum so gering wie möglich gehalten werden. Der Vorgang des Gefrierens muß langsam und kontrolliert stattfinden, um den osmotischen Streß der Zelle zu begrenzen. Die Zellen müssen umgeben von extrazellulärem Eis überleben und das Stoffwechselgleichgewicht aufrechterhalten können (Michael und Folkers 1993). Gefriertolerante Arten besitzen in ihrer Hämolymphe hydrophile Proteine (relative molare Masse ca. 75 000), die wie Impfkristalle wirken und die Eiskristallbildung fördern (Kristallisationskerne; ice nucleating proteins, INP). Auch Bakterien können als Kristallisationskerne dienen. Die extrazellulären Flüssigkeiten gefrieren somit schneller (schon bei Temperaturen wenig unter 0 °C) als die intrazellulären. Sobald Wasser die extrazelluläre Flüssigkeit verläßt, um Eiskristalle zu bilden, wird die Flüssigkeit konzentrierter. Dieser Vorgang entzieht den Zellen Wasser und erniedrigt den intrazellulären Gefrierpunkt, schützt also die Zellen vor dem Gefrieren. Entsprechend tolerant sind gefriertolerante Arten gegenüber zellulärer Dehydrierung.

Unterstützt wird der ganze Vorgang durch das Vorhandensein von **Gefrierschutzsubstanzen** in den Zellen. Dabei kommen fast durchwegs Polyhydroxyalkohole zum Einsatz, die zum Teil schon lange vor Frostbeginn synthetisiert werden. Große Mengen an Polyhydroxyalkoholen (Glycerin, Sorbit, Threit, Mannit) in den Zellen gefriertoleranter Arten verhindern die intrazelluläre Eisbildung, indem sie den Unterkühlungspunkt des Zellwassers (weit mehr als den eigentlichen Gefrierpunkt) stark herabsetzen. Neben ihrer gefrierpunktserniedrigenden Eigenschaft wirken die Polyhydroxyalkohole enzym- und membranstabilisierend. Außerdem schützt ihre hydrophile Natur die Zellen vor dem Austrocknen. Zusätzlich hat extrazelluläres Glycerin bei diesen Insekten noch eine andere Schutzfunktion. Beim Gefrieren der extrazellulären Flüssigkeit wird es zusammen mit anderen gelösten Substanzen, insbesondere Elektrolyten, angereichert. Glycerin verdünnt also diese Substanzen und verhindert dadurch ein übermäßiges osmotisches Gefälle zwischen den Zellen und dem extrazellulären Raum.

Die weitaus größere Zahl von Insekten ist auch gegenüber extrazellulärem Gefrieren empfindlich. Der in der englischen Sprache hierfür benutzte Ausdruck «freezing resistance» wäre im Deutschen sicher irreführend. Diese Insekten sind nicht resistent gegen ein Gefrieren, sie **verhindern** intra- und extrazelluläres Gefrieren mittels verschiedener Mechanismen: **1** Herabsetzung des Unterkühlungspunktes in allen Körperflüssigkeiten **(Super-Unterkühlung), 2** Beseitigung von **Kristallisationskernen** (INP), **3** Akkumulation von **Polyhydroxyalkoholen** oder Zuckern, **4** Akkumulation von **Gefrierschutzproteinen** in der Hämolymphe und **5 Dehydrierung** zur Verringerung der Menge an freiem Wasser und zur Erhöhung der effektiven Konzentrationen an Gefrierschutzsubstanzen.

Im Winter werden jegliche Kristallisationskeime aus Hämolymphe und Darm entfernt. Auf diese Weise werden in kälteadaptierten Tieren Unterkühlungspunkte bis –64 °C erreicht (Larven von *Rhabdophaga strobiloides;* Diptera), in Eiern sogar bis –70 °C (Abb. 1-31 A). Der Unterkühlungszustand ist metastabil. Große Mengen an Polyhydroxyalkoholen (4–6 molal) oder Zuckern (Trehalose) mögen das Super-Unterkühlen unterstützen (Abb. 1-31 B), aber auch als Gefrierschutzsubstanzen wirken oder zur Resistenz gegen Austrocknung verhelfen (Hochachka und Somero

1984). Viele gefrierempfindliche Insektenarten akkumulieren im Winter zusätzlich Gefrierschutzproteine (antifreeze proteins, AFP; thermal hysteresis proteins, THP) in ihrer Hämolymphe. Diese Proteine verursachen eine **Temperaturhysterese**, d. h. eine Differenz zwischen Schmelz- und Gefrierpunkt des Blutes. Die Proteinmoleküle binden an die Oberfläche gerade entstehender, kleinster Eiskristalle und verhindern bzw. verzögern ihr weiteres Wachstum. Sie stoppen also sofort das Gefrieren der Hämolymphe und erhalten den metastabilen Unterkühlungszustand. Gefrierschutzproteine wirken nicht-kolligativ. In letzter Zeit wurden mehrere Gefrierschutzproteine aus Insekten auf ihre Zusammensetzung hin untersucht. Im Gegensatz zu den Gefrierschutzproteinen im Blut von Polarfischen handelt es sich hier um reine Proteine (relative molare Masse 9000 bis 17 000) und nicht um Glykoproteine, die reich an hydrophilen Aminosäuren und Cystein sind. Temperatur- und Photoperiodeänderungen im Jahresablauf kontrollieren die Synthese und den Abbau dieser Proteine.

Vor kurzem wurden auch in gefriertoleranten Insekten neben INP Gefrierschutzproteine gefunden. Ein ausgeklügeltes Gleichgewicht zwischen INP und AFP scheint die extrazelluläre Eisbildung zu dosieren und die Rekristallisation zu großen Eiskristallen zu verhindern (Michael und Folkers 1993).

Eine große Gefahr für unterkühlte Insekten ist **Kontaktfeuchtigkeit.** Gefriert diese Feuchtigkeit, so können die entstehenden Eiskristalle mit dem unterkühlten Insekt (trotz einer ziemlich wasserundurchlässigen Cuticula) in Kontakt treten und Gefrieren auslösen. Insekten in nassen Biotopen müssen deshalb entweder gefriertolerant sein oder in trockene Überwinterungsplätze ausweichen.

Jüngste Untersuchungen haben gezeigt, daß dem endokrinen System der Insekten (Juvenilhormon, 20-Hydroxyecdyson, Adipokinetisches Hormon) eine Mittlerrolle zwischen Umwelteinflüssen und dem Stoffwechselgeschehen beim Gefrierschutz zukommt (Zachariassen und Lundheim 1992).

Die meisten Untersuchungen zum Gefrierschutz bei Insekten wurden im Zusammenhang mit Überwinterung bzw. Diapause (2.5.2.1) durchgeführt, d. h. die Tiere sind über Wochen oder Monate tiefen Temperaturen ausgesetzt. Viele Insekten der gemäßigten Breiten sind im Frühjahr und Herbst tagesperiodischen Temperaturzyklen mit einer Amplitude von 20 bis 30° ausgesetzt und müssen sich entsprechend schnell vor Frosteinwirkungen schützen können. Werden Fleischfliegen *(Sarcophaga crassipalpis)* für zwei Stunden einer Temperatur von −10 °C ausgesetzt, so überleben nur wenige Tiere. Verweilen die Tiere aber zunächst für 10 Minuten bei 0 °C **(cold-hardening)**, so überleben mehr als 50 % den 2stündigen Kälteschock bei −10 °C. Auch hier korreliert die Kälteresistenz mit einer Akkumulation von Glycerin. Ob bei dieser schnellen Kälteanpassung auch heat-shock Proteine (Streßproteine) eine Rolle spielen ist noch unklar (Lee 1989).

1.7 Biolumineszenz

Biolumineszenz ist die Ausstrahlung sichtbaren Lichtes durch lebende Organismen. Da diese Lichterscheinungen nicht mit Temperaturänderungen verbunden sind, werden sie auch als **kaltes Leuchten** beschrieben. Das biologische Leuchten ist im Tierreich ganz erstaunlich weit verbreitet, von den Einzellern bis hin zu den Knochenfischen. Die meisten leuchtenden Tiere leben im Meer. Doch auch auf dem Festland finden wir einige Hundert- oder Tausendfüßler, Gürtelwürmer, Schnekken und vor allem Insekten mit Leuchtvermögen.

1.7.1 Verbreitung im Insektenreich

Schon vor 300 Jahren beeindruckten Leuchtkäfer Naturforscher und Seefahrer auf ihren Reisen in Südostasien: «Man stelle sich einen Baum vor, 10 bis 15 m hoch, dicht belaubt, und mit schmalen Blättern, offensichtlich mit einem Leuchtkäfer-Männchen auf jedem Blatt, und alle Leuchtkäfer senden in perfekter Synchronie Lichtblitze aus, drei pro Sekunde; dazwischen liegt der Baum in völliger Dunkelheit» (Buck und Buck 1966). Diese Fähigkeit zum synchronen Leuchten besitzen nur wenige Arten, z. B. aus der Gattung *Pte-*

roptyx und *Luciola*. Die Fähigkeit, überhaupt zu leuchten, ist bei den Insekten dagegen weiter verbreitet. **Selbstleuchtende** Arten finden sich bei den Collembola (Familien Poduridae und Onychiuridae), Homoptera (Fulguridae), Diptera (Mycetophilidae) und den Coleoptera (Elateridae, Phengodidae und Drillidae, Lampyridae und Rhagopthalmidae). Bei anderen Arten, für die Biolumineszenz beschrieben wurde, scheint es sich um Insekten zu handeln, die mit **Leuchtbakterien** infiziert sind, also nicht selbst leuchten (sekundäres Leuchten oder **Fremdleuchten**).

Soll das Leuchten den Organismen einen Vorteil bringen, so muß das Licht von Artgenossen oder im gleichen Lebensraum lebenden anderen Arten wahrgenommen werden können, und dies ist nur in der Dämmerung und Dunkelheit möglich. Biolumineszenz hat sich im Laufe der Evolution damit in Arten entwickelt, die z.B. in der dichten Krautschicht tropischer Wälder vorkommen, nachtaktiv sind oder subterran leben.

Bei den wenigen leuchtenden **Collembola** findet sich Lumineszenz nur in adulten, geschlechtsreifen Tieren. Das Leuchten ist hier nur in Gegenwart von **Sauerstoff** möglich. Die Lichtemission wird durch mechanische Reizung ausgelöst und hält 5–10 s lang an.

Biolumineszenz bei Homoptera wurde bisher nur für eine Art beschrieben, *Fulgora laternaria* (Cicadinae) aus dem tropischen Südamerika. Die hellen Kopflichter leuchten bei Männchen und Weibchen während des nächtlichen Hochzeitsfluges.

Alle leuchtenden **Diptera** gehören der Familie der Pilzmücken an. Die räuberischen Larven spinnen Netze, in die sie mit ihrem Licht Beutetiere locken. In *Keroplatus*-Larven sind Fettzellen des hypodermalen Fettkörpergewebes der Sitz des Leuchtvermögens. Bei der Larve der in Neuseeland lebenden Pilzmücke *Arachnocampa luminosa* befindet sich im letzten Abdominalsegment ein Leuchtorgan, das vom Endabschnitt der vier mit der Ventralseite des Enddarms verwachsenen Malpighischen Gefäße gebildet wird und über starke Tracheenäste gut mit Sauerstoff versorgt wird. Bei *Arachnocampa* leuchten alle Entwicklungsstadien außer den Eiern. Junglarven spinnen seidene Fäden, an denen sie sich von der Decke einer Höhle herablassen, und beginnen hell zu leuchten. Angelockt von dem Licht verfangen sich Beutetiere im klebrigen Fadendikkicht und werden von den Larven verspeist. Weibliche Puppen beginnen zu leuchten, sobald sich ein Männchen auf ihnen niedergelassen hat. Nicht selten warten so schon bis zu drei Männchen auf ein gerade aus der Puppe schlüpfendes Weibchen. Weibchen verlieren nach der Eiablage gewöhnlich ihr Leuchtvermögen, während Männchen zeitlebens zum Leuchten befähigt sind.

Die biochemischen Grundlagen des Leuchtens von *Arachnocampa* sind sehr ähnlich dem Leuchtsystem der echten Leuchtkäfer (1.7.2). Nur in Gegenwart von ATP, Mg^{2+}-Ionen und Sauerstoff ist hier Leuchten möglich. Ein **Luciferin-Luciferase-System** wurde dagegen noch nicht nachgewiesen. Das emittierte Licht ist blau (λ_{max} = 488 nm).

Wohl das intensivste Leuchtvermögen unter den Insekten besitzen verschiedene südamerikanische Schnellkäfer (Elateridae) der Gattung *Pyrophorus*. Aus *Pyrophorus* isolierte der französische Physiologe DuBois im Jahre 1885 zwei Stoffe, die im Reagenzglas vereinigt in Gegenwart von Sauerstoff aufleuchteten. Die hitzestabile Komponente bezeichnete er als **Luciferin**, die hitzelabile als **Luciferase.** In Wasser homogenisierte Leuchtorgane leuchteten im Reagenzglas für einige Minuten. Gab er nach Verlöschen einen erhitzten Leuchtorganextrakt zu, leuchtete das Homogenat erneut auf. Erst 60 Jahre später entdeckte McElroy (1947), daß es sich bei der hitzestabilen «Regeneriersubstanz» um **ATP** handelt.

Das eindrucksvollste Leuchtinsekt stellt wohl der südamerikanische «Eisenbahnwurm» *Phrixothrix* (Phengodidae) dar. Larven und larviforme Weibchen leuchten nach Erregung in zwei Farben. Zwei laterale Reihen aus je 11 Leuchtorganen an Thorax und Abdomen erscheinen grün, zwei Leuchtorgane am Kopf leuchten rot (Abb. 1-32).

Bei den echten Leuchtkäfern (Lampyridae) treten leuchtende Formen in allen Entwicklungsstadien auf. Frisch abgelegte Eier strahlen häufig ein diffuses Licht aus, das bald verschwindet. Einige Tage vor dem Schlüpfen der Larven beginnen die Eier dann wieder zu leuchten, die larvalen Leuchtorgane haben sich im Embryo entwickelt. Die larvalen Leuchtorgane sitzen meist paarig am achten Abdominalsegment. Die lichterzeugenden Organe der adulten Käfer sind oft neue Strukturen, gehen ontogenetisch also nicht auf die larvalen Organe zurück, und zeigen alle Abstufungen der Spezialisierung. Der Grundbauplan ist bei allen **Photophoren** jedoch ziemlich gleichartig (Abb. 1-33). Unter einem unpigmentierten und dazu durchsichtigen Fenster aus Chitin liegen Schichten von Leuchtzellen, die ein intensives Licht ausstrahlen. Umgeben werden die Leuchtzellen von einer als Reflektor wirkenden Lage von Zellen, in die verschiedene Stoffwechselendprodukte (Purinkristalle, Uratkörnchen) eingelagert sind. Unerläßliche Voraussetzung für die Funktion eines derartigen Leuchtkörpers ist eine intensive Sauerstoffversorgung über das Tracheensy-

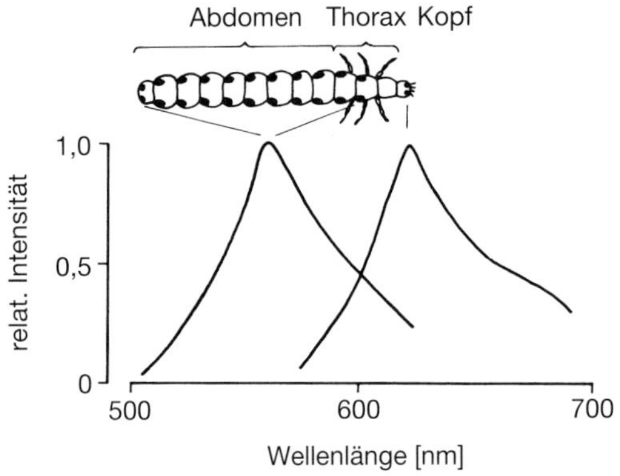

Abb. 1-32: Emissionsspektrum des «Eisenbahnwurms» *Phrixotrix*. Das Spektrum mit einem Maximum bei 560 nm stammt von den 11 lateralen Leuchtorganen an Thorax und Abdomen. Das Spektrum mit dem Maximum bei 620 nm gehört zu den zwei Leuchtorganen am Kopf. Bei 680 nm deutet sich ein weiteres Maximum im Rotbereich an (nach McElroy und DeLuca, in Kerkut und Gilbert 1985 [4]).

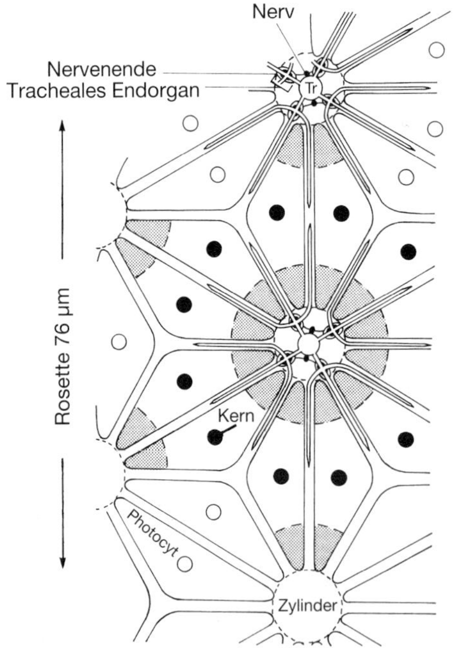

Abb. 1-33: Schematischer Tangentialschnitt durch das Leuchtorgan eines Leuchtkäfers *(Photuris)*. Tr Trachea (nach Case und Strause, in Herring 1978).

stem, sowie die Verbindung mit Nervenzellen, über die Leuchtdauer und **Blitzfolge** geregelt werden können. Das Leuchtverhalten wird stark vom physiologischen Zustand der Tiere bestimmt. Käfer in einer Quieszenz (2.5.2) leuchten meist nicht, während erregte Tiere schnelle und sehr variable Blitzfolgen aussenden.

Die deutsche Fauna weist drei Leuchtkäferarten auf, und zwar die bekannten «Glühwürmchen» *Lampyris noctiluca* L., *Phausis splendidula* L. und die seltenere Art *Phosphaenus hemiptera* GOEZE. (Die flügellosen Weibchen erscheinen dem Laien als «Wurm» und heißen daher «Glühwürmchen».)

1.7.2 Mechanismus der Biolumineszenz bei Leuchtkäfern

Eingehende Untersuchungen zur Biochemie des Leuchtens wurden nur an der nordamerikanischen Art *Photinus pyralis* durchgeführt, doch scheinen die biochemischen Grundlagen der Lumineszenz für alle echten Leuchtkäfer gleich zu sein. Das Leuchtkäfer-**Luciferin** [D(-)–LH_2; Abb. 1-34] und eine **Luciferase** (alle Leuchtkäfer-Luciferasen sind dimere Proteine mit einer relativen molaren Masse von ca. 50 000 pro Untereinheit) bilden mit ATP in Gegenwart von Mg^{2+}-Ionen einen Enzym-Luciferin-AMP-Komplex und anorganisches Pyrophosphat:

$$\text{E (Luciferase)} + LH_2 \text{ (Luceferin)} + \text{Mg ATP} \rightarrow \text{E}\cdot LH_2\text{-AMP} + PP_i \quad (1)$$

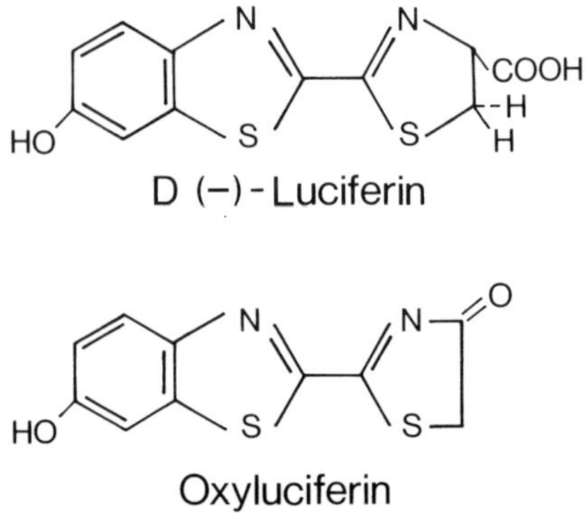

Abb. 1-34: Struktur von D(-)-Luciferin und Oxyluciferin aus *Photinus pyralis*.

$E \cdot LH_2\text{-}AMP + O_2 \rightarrow$ Oxyluciferin $+ CO_2 +$ AMP + Licht (2)

Der Enzym-Luciferin-AMP-Komplex wird durch Sauerstoff oxidiert, wobei der entstehende Enzym-Produkt-Komplex in einen angeregten Zustand (1. Singulettzustand, 1. Triplettzustand) übergeht und CO_2 freigesetzt wird. Der angeregte Komplex zerfällt beim Übergang in den Grundzustand, wobei Licht im Wellenlängenbereich von 490–630 nm (blau-grün bis rot) emittiert werden kann. Unterschiede in der **Wellenlänge** der Lichtemission beruhen wahrscheinlich auf unterschiedlichen Luciferasen (Isoenzyme) in den verschiedenen Leuchtkäferarten bzw. in verschiedenen Leuchtorganen einer Art. Zusätzlich können Unterschiede im Lichtemissionsspektrum durch Veränderungen des pH-Wertes in den Leuchtzellen entstehen. Der pH-Wert der Leuchtzellen beeinflußt auch die **Quantenausbeute**, d.h. die Anzahl freigesetzter Photonen pro Molekül oxidiertem Substrat. Im schwach alkalischen Bereich ist die Quantenausbeute bei Leuchtkäfern nahezu 1 (McElroy und DeLuca, in Kerkut und Gilbert 1985 [4]).

Die Leuchtreaktion kann auch im Reagenzglas durchgeführt werden. In den letzten Jahren wurden zahlreiche analytische Verfahren entwickelt, um die Leuchtreaktion der Leuchtkäfer zur Bestimmung kleinster Mengen an ATP und Sauerstoff, bzw. ATP-abhängiger Enzymaktivitäten heranzuziehen (Luminometrie).

1.7.3 Lichtintensität und Kontrolle der Lichtemission

Die Intensität des emittierten Lichtes ist bei den einzelnen Arten sehr verschieden. Für *Photuris* wurden $1\text{-}7 \cdot 10^{-6}$ $\mu W \cdot cm^{-2}$ Rezeptoroberfläche in 1 m Entfernung gemessen, für *Lampyris* $2 \cdot 10^{-4} \mu W \cdot cm^{-2}$. Man hat berechnet, daß erst 6400 hell leuchtende Lampyris-Weibchen ein Licht ausstrahlen, das der Lichtstärke einer Normalkerze gleichkommt. Die Leuchtkäfer sind mit ihren Superpositionsaugen aber sehr gut an die Wahrnehmung derartig geringer Lichtintensitäten angepaßt (6.1.1.3).

Die Leuchtkäfer vermögen die Lichterzeugung selbständig zu steuern. So beschränken manche Arten (z.B. *Lampyris* sp.) ein ständiges Leuchten auf gewisse Tagesstunden. Bei anderen (z.B. *Photinus* sp., *Luciola* sp.) erfolgt das Leuchten stets in Form rhythmischer Blitze von charakteristischer Frequenz und Dauer (1.7.5.1). Ein **intermittierendes Leuchten** kann aber z.B. auch durch Einschlagen des Abdomens vorgetäuscht werden.

Für eine Steuerung der Lichtemission werden zwei Mechanismen diskutiert, eine Kontrolle über die Sauerstoffversorgung der Leuchtorgane und eine direkte neurale Kontrolle der lichtemittierenden Zellen (Case und Strause, in Herring 1978).

1.7.4 Biolumineszenz und Sehen

Das Spektrum des von Leuchtkäfern emittierten Lichtes (meist zwischen 540 und 580 nm) stimmt mit der spektralen Empfindlichkeit ihrer Augen überein. Die untersuchten 55 nordamerikanischen Leuchtkäferarten (Lall et al. 1980) lassen sich bezüglich ihrer Maxima im Emissionsspektrum in zwei Gruppen unterteilen. Eine Gruppe beginnt innerhalb der ersten 30 Minuten nach Sonnenuntergang zu lumineszieren (dämmerungsaktiv), die andere erst bei völliger Dunkelheit (nachtaktiv). Von den 32 nachtaktiven Arten leuchten 23 grün ($\lambda_{max} \leq 560$ nm), 21 der 23 dämmerungsaktiven Arten haben ihr **Emissionsmaximum** dagegen im gelben Spektralbereich ($\lambda_{max} \geq 560$ nm). Offensichtlich macht eine Verschiebung der Lichtemission in den gelben Spektralbereich es den Tieren leichter, Lichtsignale gegenüber dem grünen Hintergrund der Pflanzen im Zwielicht der Dämmerung zu erkennen.

Etwa 30 Leuchtkäferarten senden Folgen von kurzen Leuchtblitzen aus, die **Flickerfrequenz** liegt gewöhnlich zwischen 7 und 20 Hz. Um derartige kurze Blitze als Signale zu erkennen, muß das Auge des Empfängers über ein entsprechendes zeitliches Auflösungsvermögen verfügen. Bei *Luciola lusitanica* zeigt das Elektroretinogramm noch diskrete Antworten auf eine Blitzfolge von $3{,}3 \cdot s^{-1}$.

1.7.5 Biologische Funktion des Leuchtens

Die biologische Bedeutung des Leuchtens ist nicht für alle Insekten einwandfrei geklärt. Bei primitiven Insektenarten ist das Leuchten vielleicht nur ein zufälliges Nebenprodukt chemischer Vorgänge in den Zellen.

1.7.5.1 Sexualkommunikation bei Leuchtkäfern

Bei adulten Leuchtkäfern scheint die Biolumineszenz im Dienste der Sexualkommunikation zu stehen. Da verschiedene Leuchtkäferarten oft innerhalb des gleichen Biotops vorkommen, muß in ihren Leuchtsignalen eine artspezifische Information kodiert sein. Als **Signalparameter** kommen Form und Größe der Leuchtorgane, die spektrale Zusammensetzung des Lichtes, die Intensität der Leuchtsignale und nicht zuletzt die zeitliche Folge der Leuchtsignale in Frage. Der Bedeutung von Helligkeit und Größe der Leuchtorgane sind dadurch Grenzen gesetzt, daß beide Parameter mit der Entfernung vom Sender (Leuchtorgan) variieren. Die meisten Untersuchungen liegen zur Bedeutung von Blitzdauer und Blitzfolgen als Signalparameter bei der Partnerfindung vor.

Bei Leuchtkäfern lassen sich diesbezüglich drei Systeme unterscheiden (Abb. 1-35): **A** Ein Partner, gewöhnlich das Weibchen, sitzt auf der Stelle und sendet, oft kontinuierlich, ein artspezifisches Signal aus, das den in der Regel nicht leuchtenden Geschlechtspartner anlockt. Diesem **Kommunikationssystem** folgen unsere einheimischen Leuchtkäferarten, *Lampyris noctiluca* und *Phausis splendidula* (Hoffmann 1981). **B** Ein Partner, in der Regel das fliegende Männchen, sendet ein artspezifisches Signal aus, das aus einem Einzelblitz oder aus Blitzpaaren besteht. Der Partner antwortet wiederum mit einem artspezifischen Signal. Der Hochzeitswerber wird auf die Antwort hin angelockt (z. B. bei *Photinus, Pyractonema, Photuris, Aspisoma* und einigen *Luciola*-Arten). Signalerkennung und Artisolierung beruhen größtenteils auf artspezifischen Zeitintervallen zwischen männlichen und weiblichen Blitzen. Die meisten Leuchtkäferarten benutzen aufgrund des größeren Kodierungspotentials dieses System. **C** Einige Leuchtkäferarten haben ein Kommunikationssystem entwickelt, in dem Elemente aus den Systemen A und B kombiniert sind (synchrone Leuchtkäfer). Männchen dieser Arten senden einzelne Lichtblitze oder Blitzfolgen synchron aus. Innerhalb einer Art ist die Synchronie zu perfekt, als daß sie mit einer Anführer/Mitläufer-Beziehung erklärt werden könnte. Ein Beispiel für **synchrone Leuchtkäfer** sind die nordamerikanischen Arten *Photinus concisus* und *Photuris congener.* Männchen innerhalb einer Population von ca. 30 m Durchmesser leuchten synchron, solange die benachbarten Tiere zueinander Sichtkontakt haben. Während sich bei *Photinus* und *Photuris* die Männchen aufgrund hoher Populationsdichten zufällig in enger Nachbarschaft zueinander einfinden, versammeln sich Männchen der südostasiatischen Gattung *Pteroptyx* aktiv z. B. auf Mangrovenbäumen (1.7.1). Hunderte von Männchen sitzen in einem Schwarm und zeigen rhythmische Blitzsynchronie. Die Männchen blitzen spontan und mit einer sehr regelmäßigen, art- und temperaturabhängigen Frequenz. Eine endogene freilaufende Rhythmik wird getriggert

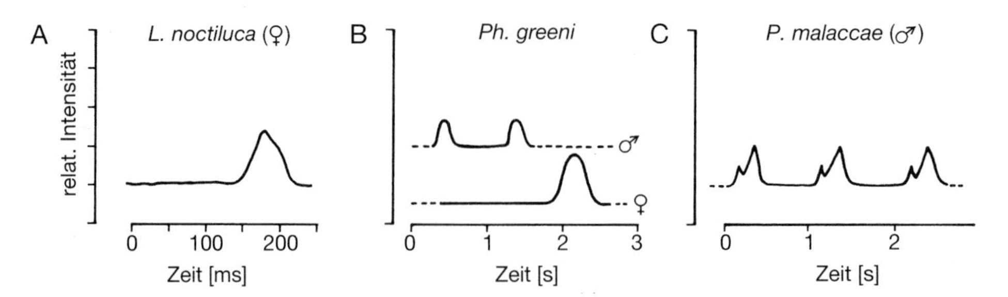

Abb. 1-35: Blitzmuster verschiedener Leuchtkäferarten. **A** *Lampyris noctiluca,* **B** *Photinus greeni,* **C** *Pteroptyx malaccae* (nach Hoffmann 1981).

durch einen Schrittmacher im Gehirn. Die Vorgänge scheinen analog zu Phänomenen der circadianen Rhythmik von Stoffwechselprozessen zu sein.

Die **ökophysiologische Bedeutung** der Blitzsynchronie ist noch nicht völlig geklärt. Synchron blitzende Arten leben meist in Gebieten mit dichter Vegetation. Vielleicht lockt ein gemeinsames Leuchten mehrerer Männchen die Weibchen eher an. Das Weibchen ist in diesem Fall gegen mutante Männchen, die außer Phase blitzen, geschützt.

1.7.5.2 Interspezifische Leuchtkommunikation

Von manchen Autoren werden Leuchtorgane bei Leuchtkäfern lediglich als sekundäre Geschlechtsmerkmale aufgefaßt. Andere sind der Ansicht, daß das erzeugte Licht ein Schreck- und Warnsignal gegen Feinde darstellt. Tatsächlich ahmen z.B. Weibchen von *Photuris versicolor* das Antwortsignal von *Photinus macdermotti*-Weibchen nach und locken so *P. macdermotti*-Männchen an, die sie auffressen (**aggressive Mimikri;** Lloyd 1981). Die Tatsache, daß von Räubern erbeutete Leuchtkäfer oft wieder ausgespuckt werden und Leuchtkäfer z.B. von Fledermäusen nur selten gejagt werden, unterstützt die Hypothese, daß das Leuchten als Warnsignal für Ungenießbarkeit dienen könnte **(Müllersche Mimikri).**

Einige Leuchtkäferarten (*Photuris* sp.) erhöhen ihre Blitzfrequenz vorübergehend bei Start und Landung. Diese Illumination der Umgebung könnte helfen, einen geeigneten Landeplatz zu finden oder einem Hindernis beim Start auszuweichen (Buck in Herring 1978).

Literatur zu 1

Audsley, N., McIntosh, C. und Phillips, J.E. (1992) Isolation of a new neuropeptide from locust corpus cardiacum which influences ileal transport. J. Exp. Biol. **173**, 261–274.

Bartholomew, G.A. und Casey, T.M. (1978) Oxygen consumption of moths during rest, preflight warm-up, and flight in relation to body size and wing morphology. J. Exp. Biol. **76**, 11–25.

Baust, J.G. und Miller, L.K. (1970) Variations in glycerol content and its influence on cold hardiness in the Alaskan carabid beetle, *Pterostichus brevicornis*. J. Insect Physiol. **16**, 979–990.

Beenakkers, A.M.T., Horst, D.J. van der und Marrewijk, W.J.A. van (1984) Insect flight muscle metabolism. Insect Biochem. **14**, 243–260.

Bignell, D.E., Oskarsson, H. und Anderson, J.M. (1980) Distribution and abundance of bacteria in the gut of a soil-feeding termite *Procubitermes aburiensis* (Termitidae, Termitinae). J. Gen. Microbiol. **117**, 393–403.

Blum, M.S. (Ed.) (1985) Fundamentals of insect physiology. Wiley and Sons, New York.

Buck, J. und Buck, E. (1966) Biology of synchronous flashing of fireflies. Nature **211**, 562–564.

Casey, T.H. (1988) Thermoregulation and heat exchange. Adv. Insect Physiol. **20**, 119–146.

Cleffmann, G. (1987) Stoffwechselphysiologie der Tiere. UTB Ulmer, Stuttgart.

Cochran, D.G. (1985) Nitrogen excretion in cockroaches. Annual Rev. Entomol. **30**, 29–49.

Collatz, K.G. und Sohal, R.S. (Eds.) (1986) Insect aging. Springer, Berlin.

Diamond, J.M. und Bossert, W.H. (1968) Standing gradient osmotic flow. A mechanism for coupling of water and solute transport in epithelia. J. Gen. Physiol. **50**, 2061–2083.

DuBois, R. (1885) Note sur la physiologie des pyrophores. C.R. Soc. Biol. **2**, 559–562.

Englisch, H., Opalka, B. und Zebe, E. (1982) The anaerobic metabolism of the larvae of the midge *Chaoborus crystallinus*. Insect Biochem. **12**, 149–155.

Fahrenholz, L., Lamprecht, I. und Schricker, B. (1989) Thermal investigation of a honey bee colony: thermoregulation of the hive during summer and winter and heat production of members of different bee castes. J. Comp. Physiol. B **159**, 551–560.

Gäde, G. (1975) Zur stoffwechselphysiologischen Spezialisierung von Insektenmuskeln. Verh. Dtsch. Zool. Ges. **67**, 258–261.

Gewecke, M. und Wendler, G. (Eds.) (1985) Insect locomotion. Parey, Hamburg.

Hadley, N.F., Quinlan, M. und Kennedy, M.L. (1991) Evaporative cooling in the desert cicada: Thermal efficiency and water-metabolic costs. J. Exp. Biol. **159**, 269–284.

Hanrahan, J.W. und Phillips, J.E. (1983) Mechanism and control of salt absorption in locust rectum. Amer. J. Physiol. **244**, R131–R142.

Heath, J.E. (1970) Behavioural regulation of body temperature in poikilotherms. Physiologist **13**, 399–410.

Heinrich, B. (1970) Thoracic temperature stabilization by blood circulation in a free flying moth. Science **168**, 580–582.

Heinrich, B. (1973) The energetics of the bumblebee. Sci. Amer. **228**, 96–102.

Heinrich, B. (1974) Thermoregulation in endothermic insects. Science **185**, 745–756.

Heinrich, B. (Ed.) (1981a) Insect thermoregulation. Wiley and Sons, New York.
Heinrich, B. (1981b) The regulation of temperature in the honeybee swarm. Sci. Amer. **244**, 146–160.
Heinrich, B. und Bartholomew, G. A. (1980) Afrikanische Kotkäfer. Spektrum der Wissenschaft **1**, 60–67.
Herring, P. J. (Ed.) (1978) Bioluminescence in action. Academic, New York.
Heusden, M. C. van, Horst, D. J. van der, Voshol, J. und Beenakkers, A. M. T. (1987) The recycling of protein components of the flight-specific lipophorin in *Locusta migratoria*. Insect Biochem. **17**, 771–776.
Hobson, R. F. (1935) On a fat-soluble growth factor required by blowfly larvae. II. Identity of the growth factor with cholesterol. Biochem. J. **29**, 2023–2026.
Hochachka, P. W. und Somero, G. N. (1984) Biochemical adaptation. Princeton University Press, Princeton.
Hoffmann, K. H. (1981) Leuchtende Tiere: Chemie und biologische Bedeutung. Biol. in uns. Zeit **11**, 97–106.
Hoffmann, K. H. (Ed.) (1985) Environmental physiology and biochemistry of insects. Springer, Berlin.
Hoffmann, K. H. und Marstatt, H. (1977) The influence of temperature on catalytic efficiency of pyruvate kinase of crickets (Orthoptera: Gryllidae). J. therm. Biol. **2**, 203–207.
Jones, J. C. (1977) The circulatory system of insects. Thomas, Springfield, Illinois.
Kanost, M. R., Kawooya, J. K., Law, J. H., Ryan, R. O., Heusden M. C. van und Ziegler, R. (1990) Insect haemoloymph proteins. Adv. Insect Physiol. **22**, 299–396.
Kelly, T. J., Masler, E. P. und Menn, J. J. (1994) Insect neuropeptides: Current status and avenues for pest control. In: Hedin, P. A., Menn, J. J. und Hollingworth, R. M. (Eds.) Natural and Derived Pest Management Agents. Am. Chem. Soc. Symp. Ser., Washington D. C.
Kerkut, G. A. und Gilbert, L. I. (Eds.) (1985) Comprehensive insect physiology, biochemistry and pharmacology. **3**, **4**. Pergamon, Oxford.
Kingsolver, J. G. (1985) Thermal ecology of *Pieris* butterflies (Lepidoptera: Pieridae): a new mechanism of behavioral thermoregulation. Oecologia (Berl.) **66**, 540–545.
Komnick, H. (1984) Fettransport im Insektendarm. Verh. Dtsch. Zool. Ges. **77**, 123–126.
Krogh, A. (1920) Studien über Tracheenrespiration. III. Die Kombination von mechanischer Ventilation mit Gasdiffusion nach Versuchen an *Dytiscus*-Larven. Pflüger's Arch. Gesamte Physiol. Menschen Tiere **179**, 113–120.
Lall, A. B., Seliger, H. H. und Biggley, W. H. (1980) Ecology of colors of firefly bioluminescence. Science **210**, 560–562.
Lee, R. E. Jr. (1989) Insect cold-hardiness: to freeze or not of freeze. Bio. Sc. **39**, 308–313.
Lloyd, J. E. (1981) Firefly mate-rivals mimic their predators and vice versa. Nature (Lond.) **290**, 498–500.
Loudon, C. (1985) Development in low oxygen: Morphological and physiological consequences in the beetle larva *Tenebrio molitor*. Amer. Zool. **25**, 118A.
Mandal, S., Choudhuri, A. und Choudhuri, D. K. (1983) Activity and distribution of five digestive enzymes in the gut of *Gryllotalpa gryllotalpa* Curtis (Gryllotalpidae: Orthoptera) after allatectomy, brain cauterization and juvenoid treatment. Aust. J. Zool. **31**, 139–146.
Martin, M. M. (1983) Cellulose digestion in insects. Comp. Biochem. Physiol. **75**A, 313–324.
Marzusch, K. (1952) Untersuchungen über die Temperaturabhängigkeit von Lebensprozessen bei Insekten unter besonderer Berücksichtigung winterschlafender Kartoffelkäfer. Z. vergl. Physiol. **34**, 75–92.
McElroy, W. D. (1947) The energy source for bioluminescence in an isolated system. Proc. Nat. Acad. Sci. USA **33**, 342–345.
Meyer, S. E. G. (1980) Studies on anaerobic glucose and glutamate metabolism in larvae of *Callitroga macellaria*. Insect Biochem. **10**, 449–455.
Michael, M. und Folkers, G. (1993) Biologische Frostschutzmittel bei Fischen, Fröschen, Fliegen und Fichten. Pharm. in uns. Zeit **22**, 25–32.
Moratzky, T., Burkhardt, G., Weyel, W. und Wegener, G. (1992) Mikrokalorimetrische Untersuchungen an adulten Insekten unter normoxischen und anoxischen Bedingungen. Verh. Dtsch. Zool. Ges. **85.1**, 150.
Mordue, W., Goldsworthy, G. J., Brady, J. und Blaney, W. M. (1980) Insect physiology. Blackwell, Oxford.
Murtaugh, M. P. und Denlinger, D. L. (1982) Prostaglandins E and $F_{2\alpha}$ in the house cricket and other species. Insect Biochem. **12**, 599–603.
Newell, R. C. (1967) Oxidative activity of poikilotherm mitochondria as a function of temperature. J. Zool. (Lond.) **151**, 299–311.
Newsholme, E. A., Beis, J., Leech, A. R. und Zammit, V. A. (1978) The role of creatine kinase and arginine kinase in muscle. Biochem. J. **172**, 533–537.
Newsholme, E. A., Crabtree, B., Higgens, S. J., Thornton, S. D. und Start, C. (1972) The activities of fructose diphosphatase in flight muscles from the bumble-bee and the role of this enzyme in heat generation. Biochem. J. **128**, 89–97.

Nicolson, S. W. (1992) Diuresis in the desert? Unexpected excretory physiology of a Namib desert beetle. South African J. Sci. **88**, 243–245.
Pass, G. (1990) Antennal circulatory organs in Onychophora, Myriadopa and Hexapoda: Functional morphology and evolutionary implications. Zoomorphology **110**, 145–164.
Penzlin, H. (1989) Neuropeptides – Occurrence and functions in insects. Naturw. **76**, 243–252.
Rathmayer, W. (1975) Zoologie heute. Fischer, Stuttgart.
Remmert, H. (1992) Ökologie. Ein Lehrbuch. Springer, Berlin.
Rensing, L. (1973) Biologische Rhythmen und Regulation. Fischer, Stuttgart.
Ryan, R. O. (1990) Dynamics of insect lipophorin metabolism. J. Lipid Res. **31**, 1725–1739.
Schöttler, U. (1980) Der Energiestoffwechsel bei biotopbedingter Anaerobiose: Untersuchungen an Anneliden. Verh. Dtsch. Zool. Ges. **73**, 228–240.
Seifert, G. (1975) Entomologisches Praktikum. Thieme, Stuttgart.
Somme, L. (1965) Further observations on glycerol and cold-hardiness in insects. Can. J. Zool. **43**, 765–770.
Surholt, B., Greive, H., Baal, T. und Bertsch, A. (1991) Warm-up and substrate cycling in flight muscles of male bumblebees, *Bombus terrestris*. Comp. Biochem. Physiol. **98** A, 299–304.
Surholt, B. und Newsholme, E. A. (1983) The rate of substrate cycling between glucose and glucose-6-phosphate in muscle and fat body of the hawk moth *(Acherontia atropos)* at rest and during flight. Biochem. J. **210**, 49–54.
Wall, B. (1970) Water and solute uptake by rectal pads of *Periplaneta americana*. Amer. J. Physiol. **218,** 1208–1215.
Wasserthal, L. T. (1975) The role of butterfly wings in regulation of body temperature. J. Insect Physiol. **21**, 1921–1930.
Wasserthal, L. T. (1980) Oscillatory haemolymph «circulation» in the butterfly, *Papilio machaon* L. revealed by contact thermography and photocell measurements. J. Comp. Physiol. **139**, 145–163.
Wasserthal, L. T. (1982) Wechselseitige funktionelle und strukturelle Anpassungen von Kreislauf und Tracheensystem bei adulten Insekten. Verh. Dtsch. Zool. Ges. **75**, 105–116.
Weber, H. und Weidner, H. (1974) Grundriß der Insektenkunde. Fischer, Stuttgart.
Wegener, G., Michel, R. und Thuy, M. (1986) Anoxia in lower vertebrates and insects: Effects on brain and other organs. Zool. Beitr. **30**, 103–124.
Weis-Fogh, T. (1964) Diffusion in insect wing muscle, the most active tissue known. J. Exp. Biol. **41**, 229–256.
Wessing, A. und Eichelberg, D. (1975) Ultrastructural aspects of transport and accumulation of substances in the Malpighian tubules. Fortschr. Zool. **23**, 148–172.
Weyel, W., Moratzky, T. und Wegener, G. (1993) Der Adeninnukleotidstoffwechsel in Gehirn, Flug- und Sprungmuskulatur der Wanderheuschrecke *Locusta migratoria*: Wirkung von Anoxie. Verh. Dtsch. Zool. Ges. **86.1**, 127.
Wigglesworth, V. B. (1984) Insect physiology. Chapman and Hall, London.
Wigglesworth, V. B. (1986) Temperature and the transpiration of water through the insect cuticle. Tissue Cell. **18**, 99–116.
Zachariassen, K. E. und Lundheim, R. (1992) The endocrine control of insect cold hardiness. Zool. Jb. Physiol. **96**, 183–196.
Zebe, E. und Schöttler, U. (1986) Vergleichende Untersuchungen zur umweltbedingten Anaerobiose. Zool. Beitr. **30**, 125–140.
Ziegler, R., Eckart, K. und Law, H. (1990) Adipokinetic hormone controls lipid metabolism in adults and carbohydrate metabolism in larvae of *Manduca sexta*. Peptides **11**, 1037–1040.
Zinkler, D. und Rüssbeck, R. (1986) Ecophysiological adaptations of Collembola to low oxygen concentrations. In: Dellai, R. (Ed.) 2nd International Seminar on Apterygota. University of Siena Press.
Žitňan, D., Šauman, I. und Sehnal, F. (1993) Peptidergic innervation and endocrine cells of insect midgut. Arch. Insect Biochem. Physiol. **22**, 113–132.

2 Fortpflanzung und Entwicklung

K. H. Hoffmann

Einleitung

Der Lebenszyklus der Insekten setzt sich aus aufeinanderfolgenden Entwicklungsereignissen zusammen, die mit der Befruchtung der Eier beginnen und mit dem Tod der Tiere enden. Dazwischen liegen Perioden des Wachstums, der Reifung und der Vermehrung. In der ersten Phase der Entwicklung, der Embryonalentwicklung, findet die Zelldifferenzierung und Organbildung statt. Mit der zweiten Phase, der Postembryonalentwicklung, beginnt die Jugendentwicklung. Diese ist bei Insekten durch Larvenstadien gekennzeichnet, die jeweils mit einer Häutung enden. Da das Exoskelett eine Volumenzunahme nur im Zusammenhang mit einer Häutung möglich macht, ist das Wachstum diskontinuierlich. Viele Insektenlarven sind reine Freßstadien, die sich auch kaum bewegen. In der dritten Phase, der Geschlechts- oder Fortpflanzungsperiode, nehmen einige Insekten dagegen keine Nahrung mehr auf (1.1.1). Bei ihnen stammt die Energie für das Aufsuchen eines geeigneten Eiablageplatzes und für die Produktion und Ablage der Eier (Oviposition) aus dem Fettkörper, der in der Larvalperiode angelegt wurde.

Die Evolution der Insekten hat zunehmend strukturelle und funktionelle Unterschiede zwischen den Jugendstadien und den adulten Tieren **(Imagines)** hervorgebracht. Entsprechend können bei den heute lebenden Insekten drei Typen der postembryonalen Entwicklung unterschieden werden: **Ametabolie, Hemi**- und **Holometabolie**, wobei diese Bezeichnungen allerdings nicht einheitlich verwendet werden. Bei den Entognatha sowie den Archaeognatha und Zygentoma, welche die primäre Flügellosigkeit beibehalten haben (10.2), unterscheiden sich die Imagines von den juvenilen Tieren nur durch ihre Größe und die funktionsfähigen Fortpflanzungsorgane (ametabole Entwicklung). Die Anzahl der Häutungen ist meist sehr hoch (45–60 Häutungen beim Silberfischchen, *Thermobia domestica*) und sehr variabel. Auch bei der hemimetabolen Entwicklung zeigt das Jungtier oft schon weitgehende Ähnlichkeiten mit dem Erwachsenen. Merkmale, die in voller Ausprägung nur den Imagines zukommen (z. B. Flügel, Ovipositor), treten in einfacher Form schon frühzeitig in Erscheinung und werden von Häutung zu Häutung stärker ausgeprägt. Die Anzahl der Häutungen ist geringer als bei den ametabolen Insekten. Die Form der Hemimetabolie, wie sie beispielsweise bei Schaben, Heuschrecken, Grillen, Läusen oder Wanzen mit ihren landlebenden Jugendstadien auftritt, wird auch als paurometabole Entwicklung bezeichnet. Bei den Eintagsfliegen (Ephemeroptera) und Libellen (Odonata) mit ihren wasserlebenden Larven werden hingegen larvenspezifische Merkmale (z. B. Tracheenkiemen; 1.2.4) erst bei der Häutung zur Imago durch adultspezifische Strukturen (Tracheen mit Stigmen) ersetzt (eigentliche hemimetabole Entwicklung). Bei den Holometabola (z. B. Coleoptera, Hymenoptera, Lepidoptera und Diptera) sind Larve und Imago sehr verschieden. Der Imago ist ein Puppenstadium vorgeschaltet. Nach der **Puppenhäutung** treten erstmals Anlagen der Flügel und Genitalanhänge äußerlich hervor. In der Puppe erfolgt der innere Umbau von der Larval- zur Imaginalorganisation. Aus der dem Puppenstadium folgenden Imaginalhäutung entsteht die Imago, die sich im allgemeinen nicht mehr häutet (vollständige **Metamorphose**). Am Ende des Adultlebens treten bei allen Insekten Abbauprozesse (Seneszenz) in den Vordergrund, die zum Tode führen.

Bei den meisten Insektenarten wird die Dauer des Individualzyklus vom natürlichen Jahresgang in Nahrungsangebot, Photoperiode und Temperatur bestimmt. Es tritt meist eine Generation pro Jahr auf (univoltin), unter günstigen Bedingungen können es aber auch mehrere pro Jahr sein (polyvoltin). Bei anderen Insekten erstrecken sich einzelne Phasen des Individualzyklus über mehrere Jahre. So dauert bei der nordamerikanischen Zikade *Tibicen septendecim* die Larvalzeit 17 Jahre.

Alle Phasen der Insektenentwicklung stehen unter hormonaler Kontrolle (3.4).

2.1 Fortpflanzungstypen und Entwicklungszyklen

Hohe Fortpflanzungskapazitäten und das Auftreten von sehr unterschiedlichen Fortpflanzungsstrategien ermöglichten die so erfolgreiche Verbreitung der Insekten. In der Regel ist die Fortpflanzung geschlechtlich, und zwar zweigeschlechtlich (getrenntgeschlechtlich; Gonochorismus).

2.1.1 Sexuelle Fortpflanzung

Männchen und Weibchen einer Art sind, vom Bau ihrer Geschlechtsorgane abgesehen, oft völlig gleich gestaltet. Bei einigen Insekten treten allerdings ausgeprägte sekundäre Geschlechtsmerkmale auf, wie etwa die stark vergrößerten Mandibeln, das «Geweih», des Hirschkäfers *(Lucanus cervus)*. Die geschlechtliche Fortpflanzung ist durch die Ausbildung haploider Keimzellen (Gameten; Eizellen und Spermien) gekennzeichnet, die zu einer Zygote mit einem diploiden Kern verschmelzen können (Besamung und Befruchtung). Bei vielen Insekten werden die Spermien nicht frei in einer Sekretflüssigkeit auf das Weibchen übertragen, sondern in Form einer **Spermatophore**. Durch erstarrende Sekrete wird eine Kapsel um eine Spermienmasse gebildet. Bei den Collembola, Archaeognatha und Zygentoma werden die Spermatophoren mit kleinen Stielen versehen am Boden abgesetzt und dann vom Weibchen aufgenommen. Bei den meisten Insekten erfolgt aber eine direkte Übertragung. Die Männchen heften die Spermatophore dem Weibchen an (Grillen) oder bringen sie in die Genitalöffnung. Der Begattung geht ein oft komplexes Partnerfindungs- und Werbeverhalten voraus (Matthes 1972). Bei der Partnerfindung spielen visuelle (1.7.5.1), akustische (5), chemische (7) und taktile Reize bzw. Kontakte eine Rolle. Nur selten folgt der Erkennung und Anlockung des Geschlechtspartners sofort die Kopulation. So sind manche aggressiven Weibchen nur dann paarungsbereit, wenn sie vom werbenden Männchen mit Nahrung besänftigt werden (z.B. Diptera, Empididae). Bei anderen Arten muß der Partner durch ein entsprechendes Werbeverhalten erst weiter stimuliert bzw. in eine Stellung gebracht werden, die die Paarung ermöglicht. Die Paarungsbereitschaft der Weibchen hängt nicht nur vom Werbeerfolg der Männchen ab, sondern auch vom physiologischen Zustand der Weibchen. Viele Weibchen paaren sich nur ein- oder wenige Male. Nach der Paarung sind sie für eine gewisse Zeit für Männchen nicht empfänglich. Dabei spielen Pheromone aus der Samenflüssigkeit eine Rolle, die entweder direkt oder über ein Hormon auf das Verhalten der Weibchen wirken. Viele Insektenarten paaren sich nur zu einer bestimmten Tageszeit, sie weisen eine ausgeprägte Tagesrhythmik im Paarungsverhalten auf (2.5.2). Einige Schmetterlinge paaren sich nur in der Nähe der Futterpflanze ihrer Larven.

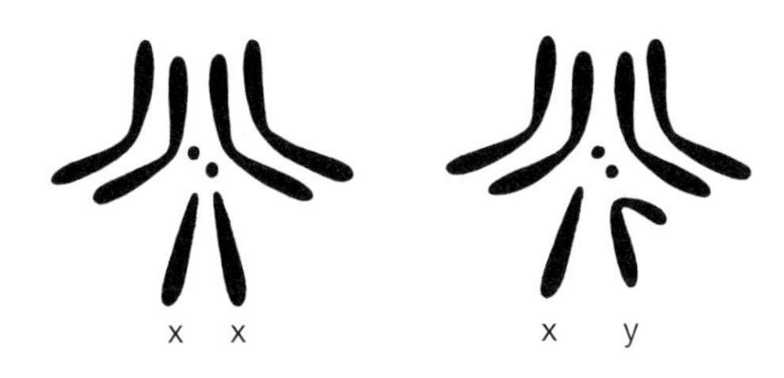

Abb. 2-1: Der Chromosomensatz von *Drosophila melanogaster.* Links Weibchen, rechts Männchen (nach Laugé, in Kerkut and Gilbert 1985 [1]).

2.1.2 Geschlechtsbestimmung

Die Geschlechtsbestimmung kann durch die den verschiedenen Individuen zugeteilten unterschiedlichen Chromosomen erfolgen (genotypisch) oder durch unterschiedliche Umwelteinflüsse (phaenotypisch). Männliche und weibliche Nachkommen treten normalerweise im Verhältnis 1:1 auf. Bei den meisten Insekten ist das Weibchen in bezug auf die genotypische Geschlechtsbestimmung **homogametisch** (XX) und das Männchen **heterogametisch** (XY oder X0) (Abb. 2-1). Bei den Amphiesmenoptera (= Trichoptera und Lepidoptera) sind die Verhältnisse umgekehrt (Männchen homogametisch ZZ, Weibchen ZW oder Z0; Laugé, in Kerkut und Gilbert 1985 [1]). Eine extreme Besonderheit gibt es bei einem Käfer *(Blaps polychresta)*, bei dem das Männchen 12 X-Chromosomen und 6 Y-Chromosomen besitzt (multiple Geschlechtschromosomen; Strickberger 1988). Da das Geschlecht ein komplexes Entwicklungsmerkmal ist, wird es oft auch von zahlreichen autosomalen Genen beeinflußt.

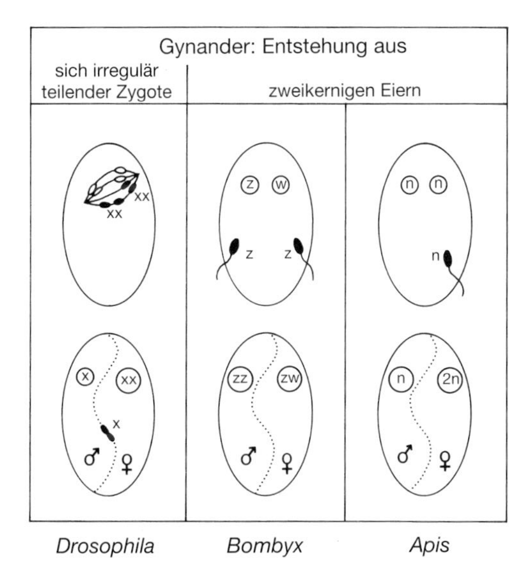

Abb. 2-2: Die häufigsten Ursachen für Gynandromorphismus bei Vertretern aus drei Insektenordnungen (nach Laugé, in Kerkut und Gilbert 1985 [1]).

Dies wird am deutlichsten bei der Taufliege *Drosophila melanogaster* durch die Wirkung des von Sturtevant (1945) entdeckten transformer-Gens sichtbar. Transformer *(tra)* ist ein rezessiv mutiertes Gen, das heterozygot weder bei Männchen noch bei Weibchen einen erkennbaren Effekt hat. Wenn es jedoch homozygot vorliegt, werden die tra/tra-Tiere, die sonst Weibchen (XX) wären, vollständig zu phaenotypischen, aber sterilen Männchen transformiert.

Als Abnormitäten treten bei getrenntgeschlechtlichen Arten Tiere auf, die phaenotypisch zwischen den beiden Geschlechtern stehen. Als **Gynandromorphe** bezeichnet man dabei Individuen, die mosaikartig aus Anteilen beider Geschlechter zusammengesetzt sind. Solche Gynander kennt man von den Diptera (*Drosophila* sp.) und Lepidoptera *(Bombyx mori)*, von vielen Hymenoptera *(Apis mellifera)* und Orthopteroidea. Die häufigsten Ursachen, die zu Gynandromorphismus führen, sind in Abb. 2-2 dargestellt. Bei *Drosophila* findet man Gynander, wenn eines der X-Chromosomen verloren ging oder bei der Zellteilung im weiblichen Embryo eliminiert wurde (XX→X0). Wenn sich diese **Nondisjunction** früh genug in der Entwicklung ereignet, wird die Hälfte des Körpers männlichen Phaenotyp zeigen (Halbseitentiere). Bei weiblicher Heterogametie *(Bombyx)* kann ein Ei den normalen Kern mit Z und den Richtungskern ohne Z enthalten. Werden abnormerweise beide Kerne durch Spermien befruchtet, so erhält das Ei ZZ- und Z0- oder ZW-Kerne und liefert Gewebe beider Geschlechter. Bei Bienen kann eine verspätete Befruchtung eintreten, wenn das Ei mit seinem haploiden Kern schon die parthenogenetische Entwicklung zur Drohne (2.1.3) begonnen hat. Von den zwei oder mehreren haploiden Kernen wird einer befruchtet und dadurch diploid. Er liefert weibliche Bezirke. **Intersexe** unterscheiden sich von Gynandern darin, daß sie in allen Zellen vermutlich die gleiche Chromosomenausstattung haben. Sie können als Resultat aus der Kreuzung verschiedener

Sexualrassen entstehen. Die Kreuzungsprodukte sind hinsichtlich der Geschlechtsbestimmung sehr umweltlabil (Phänotyp zwischen Männchen und Weibchen).

Echtes Zwittertum **(Hermaphroditismus)**, d.h. Vereinigung von fertilen Hoden und Ovarien in einem Individuum, ist bei Insekten selten. Fraktioneller Hermaphroditismus findet sich bei den Schildläusen *Icerya purchasi, I. bimaculata* und *I. zeteki*, deren phaenotypische Weibchen zur **Selbstbefruchtung** befähigte Zwitter sind; Männchen kommen selten vor. Voll entwickelten Hermaphroditismus zeigen die Termitenfliegen (Termitoxeniidae), bei denen zuerst die Hoden reifen, während die Eierstöcke, unter starken postmetabolen Veränderungen am Hinterleib und Thorax, später die Reife erreichen. Hier kommt nicht nur Selbstbefruchtung, sondern (als Regel) auch Fremdbefruchtung vor (Weber und Weidner 1974).

Im Gegensatz zu den genetischen Mechanismen kennt man bei einigen Insekten auch umgebungsbedingte Mechanismen der Geschlechtbestimmung. So wird aus einer genotypisch männlichen Stechmückenlarve *(Aedes stimulans)* durch Haltung bei hoher Temperatur (≥ 27 °C) ein fertiles Weibchen. Andere Umweltfaktoren, die das Geschlecht beeinflussen können, sind die Dichte einer Larvenpopulation, das Nahrungsangebot, das Eiablagesubstrat und die Photoperiode (Laugè, in Kerkut und Gilbert 1985 [1]).

2.1.3 Parthenogenese

Grundsätzlich kann sich eine Eizelle auch ohne Besamung entwickeln. Eine solche eingeschlechtliche Fortpflanzung oder Jungfernzeugung (Parthenogenese) ist seit den Untersuchungen am Heterogoniezyklus der Blattläuse vor mehr als 200 Jahren bekannt. Nach dem Geschlecht der parthenogenetisch erzeugten Nachkommen unterscheidet man die **Arrhenotokie** (unbefruchtete Eier werden zu Männchen, befruchtete zu Weibchen; z.B. bei Hymenoptera), die **Thelytokie** (unbefruchtete Eier werden fast durchweg zu Weibchen; z.B. bei der Stabheuschrecke, *Carausius morosus*) und die **Amphitokie** (beide Geschlechter können aus unbefruchteten Eiern hervorgehen; manche Schmetterlinge und Blattschneiderameisen). Nach der Regelmäßigkeit des Auftretens kann man die exzeptionelle Parthenogenese oder **Tychoparthenogenese** (z.B. bei manchen Spinnern und Phasmida; unbefruchtete Eier entwickeln sich nur gelegentlich weiter) von der normalen Parthenogenese unterscheiden, bei der sich die unbefruchteten Eier stets weiterentwickeln. Bei der Honigbiene *(Apis mellifera)* entstehen aus unbesamten haploiden Eiern stets Männchen, die Drohnen, deren Keimbahnzellen und jungen somatischen Zellen haploid sind (Abb. 2-3A; experimentell können bei der Honigbiene bis zu 50 % diploide Männchen erzeugt werden: «Supermänner»). Aus befruchteten Eiern (diploiden Zygoten) gehen, je nach Ernährung der Larven, Arbeiterinnen und Königinnen,

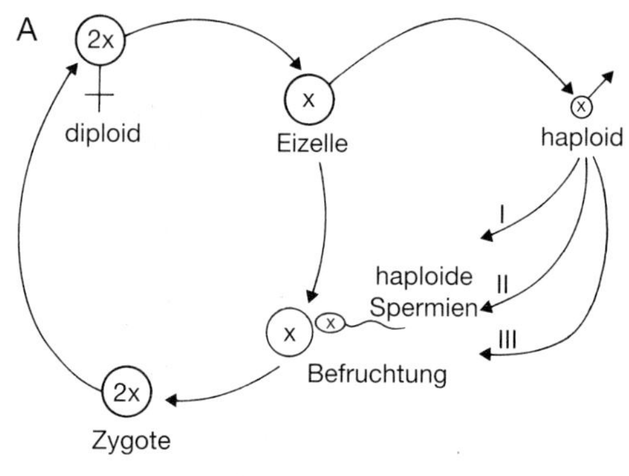

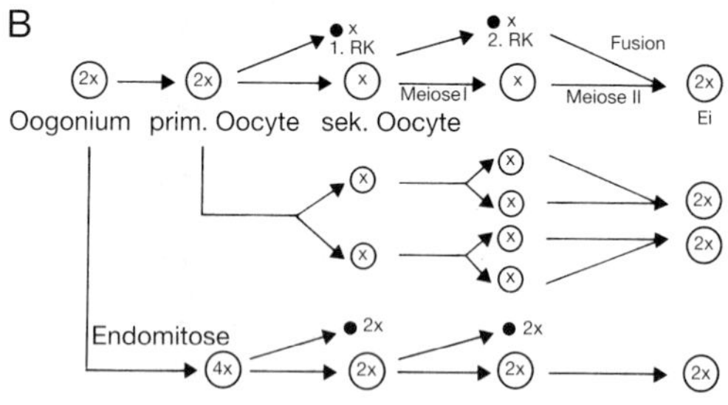

Abb. 2-3: Parthenogenese-Typen. **A** Haploide oder generative Parthenogenese. Die haploiden Spermien entstehen in haploiden Männchen durch abortive Meiose I (I), abortive Meiose II (II) oder durch einmalige mitotische Teilung (III). **B** Beispiele für diploide, meiotische Parthenogenese. Erläuterung des Ablaufes im Text. RK Reifungskörperchen (nach Retnakaran und Percy, in Kerkut und Gilbert 1985 [1]).

also Weibchen hervor (Kastenbildung). In beiden Geschlechtern werden in Somazellen der Jugendstadien und auch der Imago unter Endopolyploidisierung höhere Ploidiestufen erreicht. Ein entsprechendes Verhalten (**fakultative** Arrhenotokie; haploide oder generative Parthenogenese; Abb. 2-3A) zeigen auch die meisten anderen parthenogenisierenden Aculeata. Hier erfolgt also die Geschlechtsbestimmung durch Parthenogenese.

Die Geschlechtsbestimmung basiert bei der Honigbiene und vielen anderen Hymenoptera allerdings nicht ausschließlich auf Diploidie oder Haploidie, sie wird auch durch ein System multipler Allele kontrolliert. Diploide Heterozygoten für diese Allele werden Weibchen und haploide mit einem einzigen Allel werden Männchen. Wenn Kreuzungen zwischen einer Bienenkönigin und einer verwandten Drohne erfolgen, entstehen einige diploide Männchen, die homozygot für ein einzelnes geschlechtsbestimmendes Allel sind. Solche Larven werden jedoch gewöhnlich von erwachsenen Arbeiterinnen gefressen (Strickberger 1988).

Reine oder fast reine **konstante Parthenogenese** gibt es bei zahlreichen Arten, bei denen Männchen selten oder gar nicht gefunden werden. So kommen bei *Carausius morosus* auf 2000–3000 Weibchen nur noch fünf Männchen; in Laborzuchten treten praktisch gar keine Männchen auf. Die parthenogenetisch erzeugten Nachkommen sind Weibchen und haben die volle, diploide Chromosomenzahl (diploide oder somatische Parthenogenese). Dies kann dadurch erreicht werden, daß beide Reifungsteilungen (2.2.4) als gewöhnliche Äquationsteilung ablaufen (z. B. bei *Carausius*). Bei anderen Arten fallen die Reifungsteilungen ganz aus oder die Reduktionsteilung bleibt aus (Blattläuse; ameiotische Parthenogenese). Schließlich können die Reifungsteilungen in der gewöhnlichen Weise stattfinden, aber z. B. durch Verschmelzen des Eikerns mit dem 2. Richtungskern oder durch Verschmelzen von Furchungskernen wird die diploide Zahl wieder hergestellt (meiotische Parthenogenese; Abb. 2-3B). In seltenen Fällen findet vor der Reifungsteilung eine Endomitose statt.

Ein Paradebeispiel für Lebenszyklen mit **zyklischer Parthenogenese** liefern die Blattläuse (Aphidina). Ursprünglich dürfte reiner Gonochorismus mit geflügelten Männchen und Weibchen geherrscht haben. Ihn gibt es heute nicht mehr; vielmehr ist ein zunehmender Trend zur völligen Aufgabe der sexuellen Generation zugunsten von reiner Parthenogenese zu beobachten. Verbunden mit dem heterogenen Wechsel zwischen einer bisexuellen und parthenogenetischen Generation ist die rasche Massenentwicklung von Blattläusen in den klimatisch günstigen Sommermonaten. Die aus einem befruchteten Ei hervorgehende Morphe wird zur Stammutter (Fundatrix) aller folgenden parthenogenetischen Generationen. Letztere bilden als Virgines unter rein parthenogenetischer Vermehrung im Sommer eine Anzahl von genetisch fixierten oder aber umweltabhängigen Virgo-Generationen (meist lebendgebärend; 2.3). Im Herbst entstehen unter dem Einfluß von Kurztag und niedriger Temperatur Sexuparae, die die bisexuelle Generation der Sexuales aus sich hervorbringen, und zwar aus größeren Eiern die Männchen, aus kleineren die Weibchen. Das (meist) einzige Ei pro Weibchen, das Winterei oder Latenzei, läßt im Frühjahr dann wieder eine Fundatrix entstehen. Parallel zum Generationswechsel ist eine sukzessive Tendenz zur Flügelreduktion festzustellen. So sind bei der Walnußlaus *(Chromaphis juglandicola)* nur die weiblichen Sexuales ungeflügelt, bei der Buchenzierlaus *(Phyllaphis fagi)* dagegen praktisch alle Morphen ungeflügelt. Viele Blattlausarten sind auf bestimmte Pflanzen beschränkt, andere wechseln zwischen zwei Wirtspflanzen (Sommerwirt – Winterwirt).

Das Auftreten von morphologisch und teilweise auch funktionell differierenden Einzeltieren (wie z. B. bei Honigbienen, Ameisen oder Blattläusen) wird als **Polymorphismus** bezeichnet (2.5.2.3). Tritt Reproduktion bereits auf der Entwicklungsstufe von Larven oder Puppen auf **(Pädogenese)**, so ist sie fast immer parthenogenetisch (2.4.3.4). Dies kommt bei einigen Diptera (Nematocera, Cecidomyiidae) und bei dem Käfer *Micromalthus debilis* vor.

2.1.4 Ungeschlechtliche Vermehrung

Ungeschlechtliche Vermehrung gibt es bei Insekten nur in Form der **Polyembryonie** (manche parasitischen Schlupfwespen und eine Strepsiptera-Art). Junge Furchungsstadien zerfallen in bis zu 3000 Tochterkeime, aus denen sich je ein Embryo entwickelt. Die Ernährung der Embryonen erfolgt über die Hämolymphe der Wirtstiere bzw. des mütterlichen Körpers (Strepsiptera, *Halictoxenos*). Polyembryonie tritt stets in Zusammenhang mit Parasitismus oder Viviparie auf (2.3.5, 2.5.5).

Sie kann als eine extreme Verkürzung des Lebenszyklus bis auf die ersten Furchungsstadien angesehen werden und erhöht das Fortpflanzungspotential dieser Arten erheblich.

2.2 Struktur und Funktion der Fortpflanzungsorgane

Bei den Fortpflanzungsorganen muß zwischen den äußeren und den inneren Geschlechtsorganen unterschieden werden. Träger der äußeren Geschlechtsorgane sind das 8. und 9. Segment des Abdomens. Die weibliche Geschlechtsöffnung liegt in der Regel am Hinterrand des 8. und die männliche innerhalb des 9. Sternums. Beim Weibchen entsteht aus rückgebildeten Extremitäten der Genitalsegmente heraus der Legeapparat oder **Ovipositor** (Pterygota; bei den primär flügellosen Insekten stellt der Ovipositor eine einfache Öffnung für Kopulation und Eiablage dar). Die ursprüngliche Form des Insekten-Ovipositors leitet sich von den Thysanuren ab und kommt bei den Orthopteroidea vor. Bei der Schlupfwespe *Thalessa* kann der Ovipositor bis zu 15 cm lang werden. Bei manchen Insekten ist der Legeapparat zurückgebildet und durch einen sekundären Legebohrer aus dem Hinterende ersetzt. Bei einigen Hymenoptera erfährt der Ovipositor einen Funktionswandel. Er dient nicht mehr der Eiablage, sondern wird zu einem Giftstachel (Hoffmann 1995). Die Männchen tragen an den Genitalsegmenten Bildungen, die Funktionen bei der Kopulation übernehmen (Kopulationsapparat). Der Aufbau des männlichen Kopulationsapparates ist sehr mannigfaltig. Zum eigentlichen Kopulationsorgan (Penis, Phallus, Aedeagus), das oft paarige Anhänge (Paraphysen) trägt, kommen noch unterschiedlich gebaute Klammerorgane hinzu. Bei Libellenmännchen (Odonata) tritt ein am 2. Abdominalsegment ventral gelegener sekundärer Kopulationsapparat auf.

Die inneren Fortpflanzungsorgane liegen in der Regel zwischen dem 5. und 7. Abdominalsegment und bestehen aus paarigen Hoden (Testes) bzw. Eierstöcken (Ovarien), paarigen Genitalgängen (Samenleiter bzw. Ovidukt) und einer medianen Epithelröhre, dem Ductus ejaculatorius bzw. der Genitalkammer oder Vagina (Abb. 2-4, 2-5). An der Wand der Vagina entsteht als Ausstülpung ein unpaares Receptaculum seminis (Spermathek). Die Ausführgänge sind mit sehr verschieden gestalteten, drüsigen Anhangsorganen (mesodermale und ektodermale akzessorische Drüsen) versehen, die bei der Begattung für die Lebenderhaltung des Spermas in den weiblichen Organen bis zur Besamung der Eier von Bedeutung sind, aber auch bei der Eiablage und der Spermatophorenbildung. Zu den chemischen Substanzen in den Sekreten der **akzessorischen Drüsen** gehören Proteine, Kohlenhydrate und Lipide, Diphenole, aber auch Harnsäure und Prostaglandine (Davey, in Kerkut und Gilbert 1985 [1]). Bei lebendgebärenden Tsetsefliegen *(Glossina)* und Schaben *(Diploptera)* sind die akzessorischen Drüsen zu Milchdrüsen umgewandelt (2.3.5; Kaulenas 1992).

2.2.1 Männliche Geschlechtsorgane und Spermatogenese

Die Hoden bestehen im ursprünglichen Fall aus mehreren Hodenschläuchen oder **Follikeln**, die kammförmig angeordnet sind. Jeder Follikel mündet über einen kurzen Gang, das Vas efferens, in den Samenleiter (Vas deferens; Abb. 2-4). Die Vasa und Follikel bestehen aus einem einschichtigen Epithel. Um die Follikelwand herum liegt eine meist stark pigmentierte Peritonealhülle, die alle Follikel eines Hoden vereinigt oder als «Scrotum» sogar beide Hoden umgeben kann. Unter den primär flügellosen Insekten, aber auch bei einigen Pterygota, findet man den unifollikulären Hoden. Hier sitzt jedem Vas deferens nur ein einziger schlauchförmiger Follikel an.

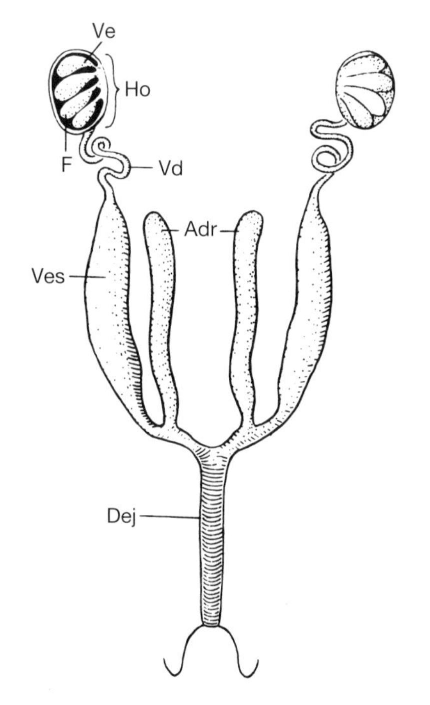

Abb. 2-4: Schema der männlichen Geschlechtsorgane. Adr akzessorische Drüsen, Dej Ductus ejaculatorius, F Hodenfollikel, Ho Hoden, Vd Vas deferens, Ve Vas efferens, Ves Vesicula seminalis (nach Seifert 1975).

In den Follikeln erfolgt die Bildung der Spermien, die Spermatogenese. Im apikalen Bereich jedes Follikels liegen zwischen vielen somatischen Zellen die diploiden männlichen Urgeschlechtszellen. Im typischen Fall liegen jeweils einige von ihnen um eine Apikalzelle rosettenförmig angeordnet und werden von einem Epithel aus somatischen Zellen umkleidet; es bildet sich eine **Spermatocyste**. Die Bildung von Spermatocysten setzt schon im frühen Larvenstadium ein. Die Spermatocysten wachsen heran, weil sich jede Urgeschlechtszelle 6–8mal mitotisch teilt. Während dieser Teilungsperiode sind die Urgeschlechtszellen zu **Spermatogonien** geworden. Nach der letzten Vermehrungsteilung liegen sie als **Spermatocyten** I. Ordnung vor. An die letzte Vermehrungsteilung schließt sich die Meiose an, wobei durch zwei aufeinanderfolgende Reifungsteilungen die Chromosomenzahl halbiert (haploid) wird. Die erste dieser Teilungen läßt aus jeder Spermatocyte I. Ordnung zwei Spermatocyten II. Ordnung entstehen, die zweite aus jeder Spermatocyte II. Ordnung zwei (haploide) **Spermatiden**. Bei der folgenden Spermatohistogenese entstehen aus den runden Spermatiden die in der Regel flagellatenförmigen **Spermien** (Seifert 1975). Der von der Bildung neuer Spermatocysten ausgehende Druck schiebt die reiferen Entwicklungsstadien in Richtung Vas efferens. Ob der Apikalzelle oder anderen somatischen Zellen in der Spermatocyste eine Nährfunktion für die Spermatogonien zukommt, analog zu den Sertoli-Zellen im Wirbeltierhoden, ist noch unklar. Die Spermien (Spermatozoa) gelangen über das Vas efferens in den Samenleiter und werden bis zur Begattung der Weibchen in einem erweiterten Abschnitt des Samenleiters, der Samenblase, gespeichert. Insektenspermien sind oft recht groß, sie können länger als der ganze Körper des Männchens werden (Megaspermie). Die Anzahl der produzierten Spermien ist hingegen relativ gering. Bei *Drosophila* werden pro Kopulation 350 bis 1200 Spermien übertragen.

2.2.2 Weibliche Geschlechtsorgane und Oogenese

Das Ovar der Weibchen gliedert sich in schlauchförmige **Ovariolen** oder Eiröhren (eine bei einigen Blattläusen, bis 3000 bei der Königin der höheren Termiten), die mit dem Ovidukt über einen kurzen Stiel verbunden sind (Abb. 2-5A). Auf den Ovidukt folgt das **Vitellarium**, in dem Eiwachstum und Dotterbildung bzw. Dottereinlagerung stattfinden. Der proximale Abschnitt der Ovariole ist das **Germarium**, in dem sich die **Urgeschlechtszellen** (Stammzellen) befinden (Abb. 2-5B). Nach dem Verhalten der Urgeschlechtszellen im Germarium werden verschiedene Ovariolentypen unterschieden. Im primitiven panoistischen (atrophen) Ovartyp (bei Archaeogna-

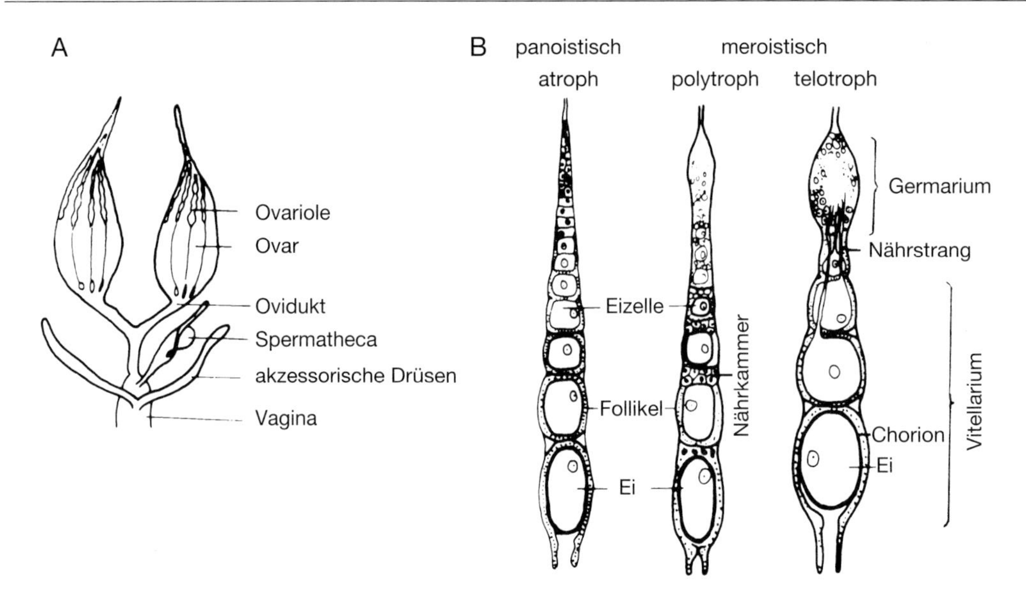

Abb. 2-5: Fortpflanzungsorgane bei Insektenweibchen. **A** Schema der Geschlechtsorgane. **B** Ovariolentypen im Längsschnitt (nach Wigglesworth 1984).

tha, Zygentoma, Odonata, vielen Orthopteroidea, einigen Megaloptera und Siphonaptera) enthält das Germarium ausschließlich weibliche Keimzellen (Oogonien), aus denen durch mehrfache Teilungen Oocyten I. Ordnung werden. Diese gelangen in das Vitellarium, wo sie sich hintereinander anordnen und vom Follikelepithel umgeben werden. In der meroistischen Ovariole entwickeln sich aus den Urgeschlechtszellen auch hochgradig polyploide Nährzellen, die entweder (polytrophe Ovariole, z.B. bei Dermaptera, Psocodea, Lepidoptera, Diptera und adephagen Coleoptera) zu mehreren mit je einer Eizelle in das Vitellarium rücken oder (telotrophe Ovariole, z.B. bei Ephemeroptera, Hemiptera, polyphagen Coleoptera und Megaloptera [Sialidae]/ Rhaphidioptera) im Germarium verbleiben (Syncytium) und durch Nährstränge mit den Eizellen, die im Vitellarium heranwachsen, verbunden bleiben.

Die Vorgänge der **Oogenese** (Eibildung) sind am besten bei der Taufliege *Drosophila* untersucht (Gutzeit 1990). Durch die Teilung einer Stammzelle entstehen zwei Tochterzellen, die verschiedene Entwicklungen durchlaufen. Eine Zelle bleibt als Stammzelle erhalten, während die andere weitere Mitosen durchläuft und die Bildung eines Follikels einleitet. Nach vier mitotischen Teilungen entsteht eine Gruppe von 16 Keimbahnzellen, die durch Interzellularbrücken (Cytoplasmabrükken) untereinander in Verbindung stehen, also ein Syncytium bilden. Jede dieser Zellgruppen wird von einer Schicht Körperzellen, den Follikelzellen, eingehüllt. Die einschichtige Hülle bleibt bis zum Ende der Oogenese erhalten. Eine der Keimbahnzellen wird zur **Oocyte**, die übrigen 15 Zellen differenzieren sich zu Nährzellen. Die Oocyte liegt dabei zunächst in der Mitte der Keimbahnzellgruppe, später gelangt sie durch zelluläre Umlagerungen in eine polare, posteriore Lage. Bereits im Germarium wird der Zellverband somit polarisiert und erhält eine morphologisch erkennbare anteroposteriore Achse. Die korrekte zelluläre Organisation und Determination der Zellen im Germarium scheint von der Aktivität zahlreicher Gene abzuhängen, wobei der Weg der Signaltransduktion noch nicht endgültig geklärt ist. Die weitere Entwicklung eines Follikels im Vitellarium ist gekennzeichnet durch Differenzierung und zunehmende Spezialisierung der beteiligten Zellgruppen sowie durch ein enormes Wachstum.

Während der Wachstumsphase werden der terminalen Oocyte große Mengen von Nährstoffen sowohl aus den Nährzellen als auch aus der Hämolymphe zugeführt, die entweder zum Aufbau des Ooplasmas verwendet werden oder diesem als Nahrungsdotter (Vitellin) eingelagert werden **(Vitellogenese)**. Wenn die Oocyte das gleiche Volumen erreicht hat wie die 15 Nährzellen zusammen, strömt das Nährzellcytoplasma über die cytoplasmatischen Brücken in die Oocyte ein und die verbleibenden Nährzellkerne bilden sich zurück. Dieser Abschnitt der Oogenese wird als **Prävitellogenese** bezeichnet. Für den Transport der Nährzellprodukte in die Oocyte sind vermutlich Mikrotubuli oder mit ihnen assoziierte **Cytoskelettelemente** erforderlich.

Das gespeicherte Material im Ei besteht aus Proteinen, Kohlenhydraten und Lipiden, die außerhalb der Oocyte gebildet und vesikulär aufgenommen werden (2.2.3.1, 2.3.4.1). Zwei andere wichtige Klassen von Speichersubstanzen sind Ribonucleinsäuren und Ribonucleoproteine. Bis kurz vor der Gastrulation (2.3) bildet der Embryo nämlich keine eigenen Ribosomen, aber eine Menge neuer Proteine. Im panoistischen Ovar sind die mütterlichen Chromosomen der Eizelle der Ort der Synthese von RNA, die für die frühe Embryonalentwicklung notwendig ist. Bei einigen Arten findet man auch große Mengen an extrachromosomaler DNA im Kern, die u.a. ribosomale Gene enthält. Im meroistischen Ovar versorgen die Nährzellen das Ei auch mit RNA (Berry, in Blum 1985; Hoffmann 1995). Abschließend bildet das Follikelepithel eine zweischichtige Eischale, das **Chorion**, aus (2.2.3.2); das Ei ist jetzt legefertig. Nach der Eiablage rückt die nächste Oocytengeneration im Vitellarium nach.

2.2.3 Sexuelle Reifung

Bei einigen Ephemeroptera, Plecoptera und Lepidoptera erfolgt die Spermien- und Eiproduktion bereits im letzten Larvalstadium bzw. in der Puppe. Die Tiere kopulieren unmittelbar nach der Imaginalhäutung bzw. dem Schlüpfen aus der Puppe, und nur wenige Stunden später legen die Weibchen die ersten Eier ab. Die meisten Insektenweibchen machen jedoch nach der Imaginalhäutung erst eine Periode der sexuellen Reifung durch, die einige Tage aber auch mehrere Monate (z. B. bei einer Reproduktionsdiapause; 2.5.2.1) dauern kann.

2.2.3.1 Vitellogenese

Zu den Reifungsvorgängen, die bei adulten Weibchen zu beobachten sind, gehören charakteristische Veränderungen in der Färbung, die Ausbildung von Pheromon-produzierenden Drüsen, Wachstum der Fortpflanzungsorgane einschließlich der akzessorischen Drüsen und die Dotterproteinsynthese und -einlagerung in die Oocyten (Vitellogenese). Alle Prozesse werden vom endokrinen System kontrolliert (2.4.5, 3.4) und spiegeln sich in charakteristischen Verhaltensweisen der Tiere wider. Bei vielen Diptera ist zur Reifung der Ovarien ein vorhergehender Reifungsfraß (z. B. die Aufnahme von Proteinen) nötig, von welchem die spätere Eiproduktion abhängt (anautogene Insekten). Bei parasitischen Diptera und bei den Königinnen der Ameisen und Termiten werden die Flügel nach der Begattung abgeworfen und die nun überflüssige Flugmuskulatur wird weitgehend abgebaut und die chemischen Bausteine für die Reifung der Ovarien verwendet.

Während der Oogenese nimmt das Eivolumen stark zu (innerhalb von 3 Tagen um das 90 000fache). Hauptursache der Volumenzunahme ist die Dottereinlagerung. Der Grad der **Synchronisation** im Oocytenwachstum zwischen den einzelnen Ovariolen wird vom zeitlichen Muster der Juvenilhormonsynthese in den Corpora allata bestimmt. So weisen die viviparen Schabenarten *Leucophaea maderae* und *Diploptera punctata* und die ovovivipare Schabe

Nauphoeta cinerea ein sehr synchrones Oocytenwachstum auf; die aufeinanderfolgenden **gonotrophen Zyklen** sind streng voneinander getrennt (Abb. 2-6A). Maximale Aktivitäten der Corpora allata und hohe Hämolymph-Juvenilhormontiter sind jeweils zum Zeitpunkt des schnellsten Oocytenwachstums zu beobachten. Während der Ovulation und der folgenden Trächtigkeit (2.3.5) ist die Juvenilhormon-Syntheserate niedrig. In diesem Zeitraum reifen auch keine weiteren Oocyten heran. Bei den Heuschrecken *(Locusta migratoria* und *Schistocerca gregaria)* ist das Oocytenwachstum ebenfalls synchronisiert, die gonotrophen Zyklen folgen jedoch unmittelbar aufeinander (Abb. 2-6B). Beispiele für Arten mit synchroner Oocytenentwicklung, aber sich überlappenden gonotrophen Zyklen, sind die Schabe *Periplaneta americana*, die Feldheuschrecke *Melanoplus sanguinipes* oder die Mittelmeerfeldgrille *(Gryllus bimaculatus;* Abb. 2-6C). Völlig asynchron verläuft die Oocytenentwicklung z. B. beim Mehlkäfer *(Tenebrio molitor)*. In solchen Fällen können kaum funktionelle Zusammenhänge zwischen der Aktivität der Corpora allata und der Ovarienreifung gefunden werden. Warum jeweils nur die terminalen Oocyten heranwachsen, ist noch nicht völlig klar. Eine einfache Erklärung hierfür wäre, daß die zuerst reif gewordenen Oocyten, wenn einmal die Dottereinlagerung begonnen hat, aufgrund der zunehmend größeren Oberfläche den weiter distal gelegenen Oocyten alle Nährstoffe wegschnappen. Bei vielen Insektenweibchen unterbleibt die Dottereinlagerung in die folgenden Oocyten auch dann, wenn die terminalen Oocyten ihr Wachstum abgeschlossen haben, die Eier aber noch nicht abgelegt wurden. Adams (1970) zeigte, daß reife Eier tragende Ovarien der Stubenfliege *(Musca domestica)* ein **oostates Hormon** produzieren, das die Juvenilhormonsynthese, und damit die Dotterproteinbildung und -einlagerung, hemmt. Bei der Wanze *Rhodnius prolixus* wurde ein **antigonadotropes Hormon** nachgewiesen, das in der Stielregion der Ovariolen gebildet wird, sofern diese reife Eier enthalten. Das Hormon hemmt den Einfluß von Juvenilhormon auf die praevitellogenen Oocyten und damit die Vitellogenese (Huebner und Davey 1973). Bei der Schabe *Diploptera* wirken die vitellogenen Oocyten zunächst stimulierend auf die Juvenilhormonsynthese und damit auf die Oocytenreifung. Die stimulierende Fähigkeit endet aber mit der Chorionbildung. Das Ovar wirkt jetzt hemmend auf die Aktivität der Corpora allata. Dabei sollen die zu diesem Zeitpunkt in großen Mengen vorhandenen Ovarecdysteroide (20-Hydroxyecdyson; 3.2) eine Rolle spielen (Rankin und Stay 1985). Ähnliche Verhältnisse scheinen auch bei einer anderen Schabe *(Nauphoeta cinerea)* vorzuliegen.

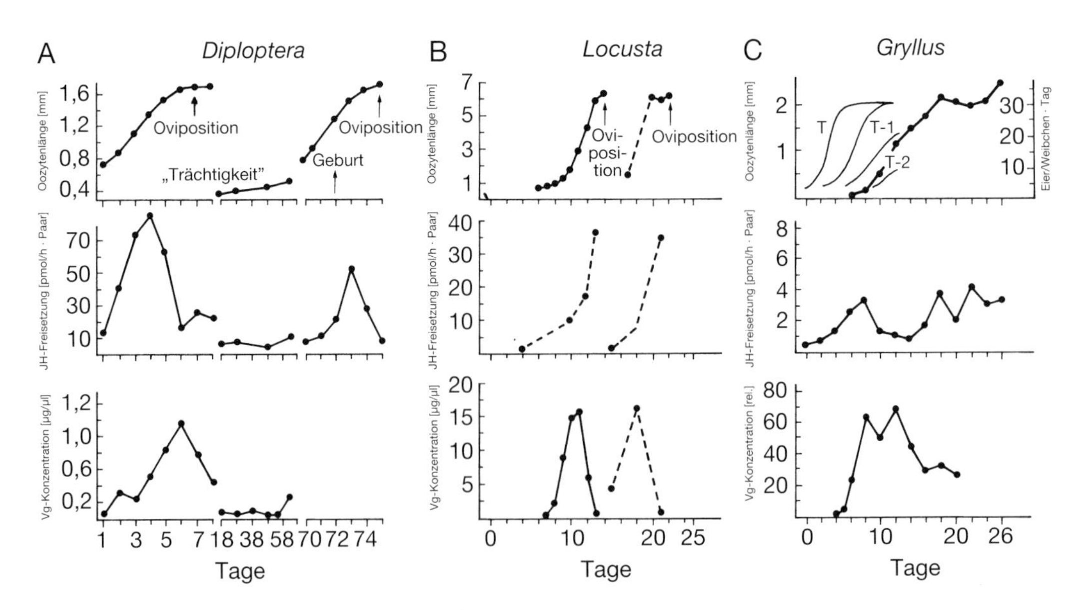

Abb. 2-6: Die Oocytenentwicklung bei drei Insektenarten. **A** *Diploptera punctata,* **B** *Locusta migratoria,* **C** *Gryllus bimaculatus*. Von oben nach unten: Länge der terminalen Oocyten bzw. Eiablagerate, Freisetzung von Juvenilhormon III in vitro aus den Corpora allata, Vitellogeningehalt der Hämolymphe. Altersangaben in Tagen nach der Imaginalhäutung. T (T-1, T-2) Follikel I. (II., III.) Ordnung (nach Hoffmann 1986).

Die **Vitellogenine** werden meist im Fettkörper der Insekten gebildet und von hier in die Hämolymphe sezerniert. Es handelt sich um oligomere Phospho-Lipo-Glykoproteine mit einem variablen Anteil an Kohlenhydraten (1–4 %) und Fetten (6–12 %) und einer nativen Molekularmasse zwischen 190 und 650 kD. Die Untereinheiten (Apoproteine) haben relative Molmassen zwischen 45 und 220 kD. Bei einigen Lepidoptera wurde kürzlich ein Mikrovitellogenin entdeckt (26,5 kD; Kanost et al. 1990). Die Synthese der Vitellogenine wird durch Juvenilhormon in ähnlicher Weise reguliert, wie die Bildung von Vitellogenin in der Leber eierlegender Wirbeltiere durch Östrogen, nämlich über die Transkription der mRNA für Vitellogenin (3.4) (Abb. 2-7). Die Fähigkeit des Fettkörpers, Vitellogenin zu synthesisieren, kann auch im in vitro-Versuch gezeigt werden. In einem synthetischen Medium inkubierte Fettkörper bauen die radioaktiv markierten Aminosäuren ^{3}H-Leucin und ^{35}S-Methionin in Vitellogenin ein. In vivo unterbleibt die Vitellogeninsynthese nach Entfernung der Corpora allata (Allatektomie) oder nach Behandlung von frisch gehäuteten adulten Weibchen mit dem «Antijuvenilhormon» **Precocen II** (z. B. bei *Locusta migratoria;* Koeppe et al., in Kerkut und Gilbert 1985 [8]).

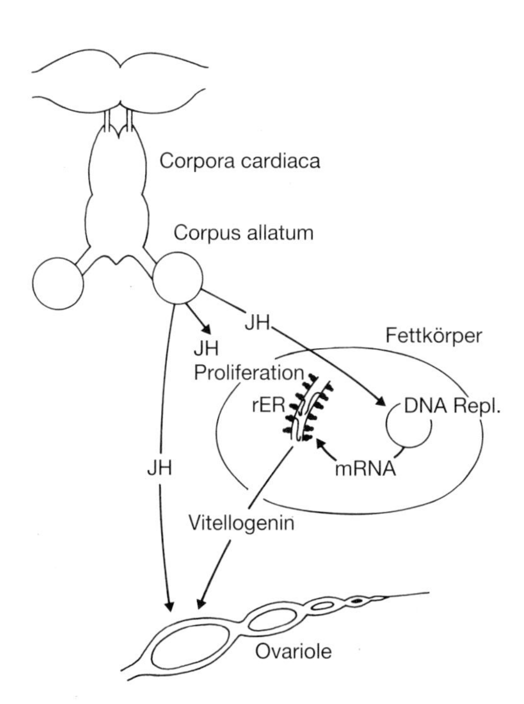

Abb. 2-7: Der Einfluß von Juvenilhormon (JH) auf die Vitellogenese bei Insekten. rER rauhes Endoplasmatisches Retikulum (nach Engelmann, in Downer und Laufer 1983).

Durch Injektion oder Applikation von Juvenilhormon oder Juvenilhormon-Analoga (z. B. Hydropren, Methopren) kann die Vitellogeninsynthese aber wieder ausgelöst werden. Für viele Vitellogenine wurden inzwischen die Gene kloniert und sequenziert; sie liegen alle auf dem X-Chromosom.

Einige Diptera und Lepidoptera weisen zusätzlich eine Juvenilhormon-abhängige Vitellogeninsynthese im Ovar (Follikelzellen) selbst auf. Das am besten untersuchte Beispiel hierfür ist *Drosophila. Drosophila*-Eier beinhalten drei Dotterproteine, YP 1, YP 2 und YP 3, die zu 10–35 % aus dem Ovar stammen. Auch die Ovarproteine werden teilweise zuerst in die Hämolymphe sezerniert, bevor sie von den sich entwickelnden Oocyten wieder aufgenommen werden. Die Aufnahme von Vitellogenin über die Oocytenmembran erfolgt mittels **Mikropinocytose** an neu gebildeten Interzellularräumen zwischen den Follikelepithelzellen. Die Aufnahme stellt einen Rezeptor-vermittelten Transport dar. Für *Locusta migratoria* wurde kürzlich ein Vitellogeninrezeptor aus der Oocytenmembran isoliert, ein 180 kD Glykoprotein (Ferenz 1990). Die Aufnahme von Vitellogenin in das Ovar ist Juvenilhormon-abhängig. Wenigstens für eine Schabenart *(Leucophaea)* wurde in den vitellogenen Ovarien ein hochaffines **Bindungsprotein** für Juvenilhormon nachgewiesen (Engelmann, in Downer und Laufer 1983). Bei der Aufnahme erfahren die Dotterproteine oft kleine chemische Veränderungen (z. B. Phosphorylierung); im Ei werden sie als **Vitelline** bezeichnet. Immunologisch unterscheiden sich das einzelne Vitellogenin und Vitellin einer Art nicht, wohl aber die verschiedenen Vitellogenine und Vitelline einer Art (2.3.4.1).

Bei der Stechmücke *Aedes aegypti* verhindert Ovarektomie die Vitellogeninsynthese nach einer Blutmahlzeit. In normalen Tieren synthetisiert das Ovar 10 bis 24 Stunden nach der Blutmahlzeit Ecdyson, das in die Hämolymphe freigesetzt und sofort zu 20-Hydroxyecdyson hydroxyliert wird. Nur wenige Stunden danach erreicht die Vitellogeninsynthese ihr Maximum. Der Fettkörper reagiert allerdings nur dann auf Ecdysteroide mit Vitellogeninsynthese, wenn er vorher dem Juvenilhormon ausgesetzt war (3.4). Außer bei Diptera und der Baumwollwanze *(Oncopeltus fasciatus)* gelang es bisher aber bei keinem weiteren Insekt, die Vitellogeninsynthese durch Ecdysteroide auszulösen.

Vitellogenine sind in der Regel weibchenspezifische Proteine. Bei einigen Insektenarten kann aber auch bei Männchen Vitellogeninbildung im Fettkörper beobachtet werden, natürlicherweise (Lepidoptera und *Rhodnius*) oder experimentell induziert (z.B. *Leucophaea, Sarcophaga*), d.h. durch Ovarimplantation, Juvenilhormon- oder Ecdysoninjektion ausgelöst (Lamy 1984).

In Abwesenheit von Juvenilhormon während der Ovipositionszeit, z.B. bei ungünstigen Umweltbedingungen, kommt es bei vielen Insekten zur **Oosorption**, einer Resorption von Dotterproteinen und Eizelle.

2.2.3.2 Chorionbildung

Die Bildung einer Dottermembran (Vitellinmembran, Vitellinschicht) und des Chorions, einer cuticularen Eischale, am Ende der Vitellogenese erfolgt aus den Follikelepithelzellen heraus. Nur bei einigen Orthopteroidea und Lepidoptera scheint die Dottermembran von der Oocyte selbst produziert zu werden. Das Chorion ist meist zweischichtig und besteht aus dem der Dottermembran aufliegenden **Endochorion** und dem z.T. stark sklerotisierten **Exochorion**. Bei einigen Acrididae wird der Eizelle bei der Wanderung durch den Ovidukt eine dritte Schicht aufgelagert, das **Extrachorion** (Abb. 2-8). Das Chorion dient dem mechanischen Schutz der Eizelle und der Regulation ihres Wasserhaushalts. Bei den gegen Austrocknung besonders resistenten Eiern sind zwar alle Schichten des Chorions wasserdurchlässig; nach der Chorionbildung scheidet die Oocyte aber eine Wachsschicht zwischen die Dottermembran und das Chorion ab, die wasserabweisend ist (Gillott 1980). Auch die Diffusion der respiratorischen Gase ist durch das Chorion möglich. Bleibt das Chorion dünn, dann findet der Gasaustausch

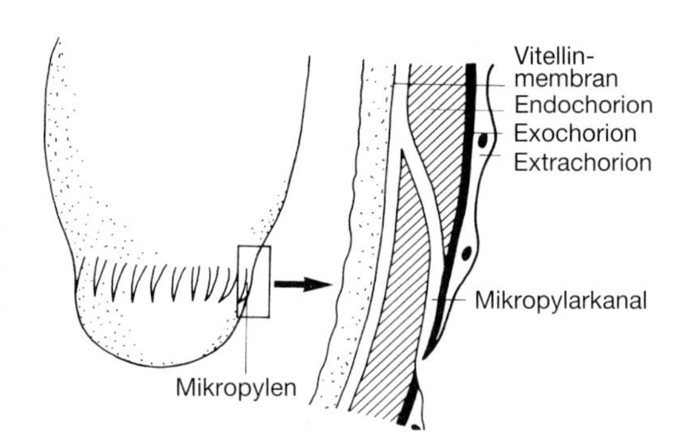

Abb. 2-8: Ei mit Mikropylen und Chorionstrukturen von *Locusta migratoria* (nach Gillott 1980).

durch die gesamte Oberfläche statt. Meist enthält das Chorion jedoch äußerst feine Kanäle, welche mit einem Netzwerk an Hohlräumen im Endochorion in Verbindung stehen und so den Gastransport zwischen Umwelt und Eizelle ermöglichen, ohne daß dabei Wasser verloren geht. Unter Wasser arbeitet das Chorion-Netzwerk als Plastron (1.1.3).

An bestimmten Stellen sind im Chorion Durchtrittsstellen für die Spermien bei der Besamung ausgespart, die **Mikropylen** (Abb. 2-8). Sie treten in der Einzahl oder auch zu mehreren radiär angeordnet auf.

2.2.3.3 Sexuelle Reifung der Männchen

Im Vergleich zu Weibchen ist über die sexuelle Reifung der Insektenmännchen wenig bekannt. Meist ist sie auch vor der Imaginalhäutung schon weitgehend abgeschlossen. Nur bei wenigen Arten findet die Spermatogenese noch in den Imagines statt. Daneben ist in den adulten Männchen eine zunehmende Sekretion der akzessorischen Drüsen zu beobachten. Pheromon-produzierende Drüsen werden aktiv und die Männchen entwickeln charakteristische Verhaltensweisen oder Farbmuster. Alle Vorgänge werden wiederum vom endokrinen System beeinflußt. So fördert 20-Hydroxyecdyson (in Abwesenheit von Juvenilhormon) die Spermatogenese bei Arten, in denen sie vor der Adulthäutung abläuft. Nachdem in jüngster Zeit auch in einigen adulten Insektenmännchen, und vor allem in den Hoden, größere Mengen an Ecdysteroiden gefunden wurden *(Calliphora vicina, Gryllus bimaculatus, Heliothis virescens)*, könnten Häutungshormone auch bei Arten mit später Spermatogenese die Spermienreifung beeinflussen (Hagedorn, in Kerkut und Gilbert 1985 [8]). Bei anderen Insekten fördert Juvenilhormon die Spermienreifung, vor allem am Ende einer Diapause (Auchenorrhyncha, *Draeculacephala crassicornis;* Coleoptera, *Pterostichus nigrata;* Lepidoptera, *Mamestra brassicae* und *Papilio xuthus;* Koeppe et al., in Kerkut und Gilbert 1985 [8]). Auch die akzessorischen Drüsen benötigen für ihre Sekretproduktion in adulten Tieren Juvenilhormon (3.4).

2.2.4 Begattung, Besamung und Befruchtung

Wie schon erwähnt, werden bei einigen primär flügellosen Insekten die Spermien indirekt auf das Weibchen übertragen. Bei den meisten Pterygota werden sie aber bei der Kopulation direkt in den weiblichen Genitaltrakt gebracht. Im Falle einer Übertragung von Spermatophoren werden diese entweder vor der Kopulation gebildet (Gryllidae, Tettigonidae) oder erst während der Begattung. Die Art und Weise des Spermientransports von der in der Vagina oder der Bursa copulatrix liegenden Spermatophore in die Spermathek (Receptaculum seminis) ist in vielen Fällen noch unklar. Bei einigen Arten ist die Spermatophore am Vorderende offen und die Spermien können leicht austreten. Bei anderen wird die (geschlossene) Spermatophore mechanisch geöffnet oder enzymatisch verdaut. Die weitere Wanderung der Spermien zur Spermathek erfolgt entweder aktiv oder passiv mittels rhythmischer Kontraktionen der Wände des Genitaltraktes. Bei einer direkten Spermaübertragung reicht der Penis oft bis an die Spermathek heran. Die Spermien können in der Spermathek mehrere Monate und sogar Jahre (Ameisen, Honigbienen) verweilen, bis es zur Besamung der Eizelle kommt.

Eine besondere Form der Begattung zeigen die parasitischen bzw. semiparasitischen Cimicidae (Heteroptera) und die Strepsiptera, bei denen die Spermien vom Penis in das Hämocoel der Weibchen injiziert werden. Von dort wandern sie in ein spezielles Speicherorgan (Conceptacula seminales), das mit dem Ovidukt in Verbindung steht. Ein Teil der Spermien wird auf dem Weg durch die Hämolymphe von Hämocyten phagocytiert und kann den Weibchen als Nahrung dienen.

Die Dauer der Begattung ist äußerst verschieden. Bei vielen Schmetterlingen und Käfern dauert die Vereinigung stundenlang, Stubenfliegen vereinigen sich nur für Sekunden. Langlebige Arten kopulieren in der Regel mehrmals, kurzlebige üben die Begattung meist nur einmal aus.

Bei den Cimicidae erfolgt die Besamung bereits vor der Chorionbildung im Ovar; bei den Strepsiptera dringen die Spermien in Eier ein, die im Hämocoel schwimmen. Bei den meisten Insekten erfolgt die Besamung der Eier aber erst auf ihrem Weg durch den Ovidukt, also unmittelbar vor der Eiablage. Obwohl die meisten Insektenspermien eine gewisse Beweglichkeit aufweisen, ist es zweifelhaft, ob Schwimmbewegungen bei der Besamung der Eier eine Rolle spielen (Sander, in Metz und Monroy 1985). Bei den bisher untersuchten Arten wurden zahlreiche anatomische Anpassungen gefunden, die die Spermien mittels peristaltischer Bewegungen zu den Mikropylen leiten. Bei zahlreichen Arten ist Mono- oder Oligospermie die Regel, bei anderen dringen zahlreiche Spermien durch die Mikropyle(n) in das Ei ein **(Polyspermie)**. Meist macht aber nur ein Spermium die Umformung zum (haploiden) männlichen Vorkern durch, die anderen degenerieren. Bei manchen Insekten kann das Weibchen den Zutritt der Spermien zu den Eiern blockieren. Bei der Honigbiene ist dies der Fall, wenn die Königin über Drohnenzellen sitzt und Eier ablegt (2.1.3).

Während die Spermien durch den Dotter vordringen und das erste von ihnen sich dem

Eikern nähert, macht dieser die beiden **Reifungsteilungen** durch, in deren Verlauf vier weibliche haploide Kerne entstehen. Nur einer von ihnen bleibt als weiblicher Vorkern erhalten, die drei anderen gehen in der Regel als Richtungskerne zugrunde (2.1.3). Männlicher und weiblicher Vorkern verschmelzen nun zu einem diploiden Kern. Diese Befruchtung erfolgt manchmal erst nach der Eiablage. Die (diploide) Chromosomenzahl schwankt von Art zu Art und kann auch innerhalb der Arten bei verschiedenen Rassen ungleich sein. Die Schildlaus *Icerya purchasi* hat nur vier Chromosomen, der Schmetterling *Nyssa zonaria* dagegen 112. Unmittelbar nach der Befruchtung erfolgt die erste Furchungsteilung.

2.2.5 Oviposition

Insektenweibchen mit einer kurzen Adultlebenszeit legen die Eier meist in einem Gelege ab. Andere legen einzelne oder mehrere Eier in regelmäßigen Abständen. Wiederum andere produzieren laufend Eier (2.2.3.1). In jedem Fall werden nur dort Eier abgelegt, wo sie vor Austrocknung und vor Feinden geschützt sind und wo den ausschlüpfenden Larven genügend Nahrung und ein geeignetes Medium zur Verfügung steht. Nur wenige Insekten (Ephemeroptera, Plecoptera, Siphonaptera, Phasmatodea, manche Trichoptera und Lepidoptera) lassen ihre Eier einfach zu Boden fallen. Viele kleben einzelne Eier oder Eiballen mittels eines Sekrets aus den akzessorischen Drüsen an eine geeignete Oberfläche und überdecken sie z. T. mit diesem oder einem anderen Sekret (Seidengespinste; Eischwamm des Schwammspinners). Andere legen die Eier mittels ihres Ovipositors in lebende oder tote Pflanzen und Tiere oder in den Boden ab. Viele orthoptere Insekten hüllen ihre Eiballen in einen Sekretmantel ein **(Oothek)**. Bei ungünstigen Außenbedingungen können legefertige Eier längere Zeit im hinteren Teil des Ovars zurückgehalten werden.

Die Kontrolle über die Eiablage (rhythmisch peristaltische Kontraktionen der Wände des Ovidukts; Kontraktion der Ovipositor-Stellmuskeln) erfolgt neural oder über Pheromone und Hormone. Bei *Locusta* verhindert die Entfernung des terminalen Abdominalganglions die Eiablage. Bei anderen Insekten (z. B. der Wanze *Rhodnius prolixus* und den Heuschrecken *Schistocerca gregaria* und *Melanoplus sanguinipes*) ist eine verstärkte Kontraktion der Oviduktmuskeln unter dem Einfluß eines myotropen **Neurohormons** zu beobachten. Die Hormonausschüttung wird durch Spermatophoren in der Spermathek und durch Ecdysteroide aus dem Ovar ausgelöst. (Die meisten Insekten legen nur befruchtete Eier ab. Unbefruchtete Eier sind bei ihnen in der Regel nicht lebensfähig.) Bei zwei Grillenarten *(Acheta domesticus* und *Teleogryllus commodus)* übertragen die Männchen bei der Begattung mit der Spermatophore ein Enzym, das die Synthese von **Prostaglandin** PGE_2 in der weiblichen Spermathek bewirkt (Loher et al. 1981). Geringste Mengen von Prostaglandinen stimulieren die Eiablage. Beim Heimchen *(Acheta domesticus)* verhindert Allatektomie die Ovipositionsbewegungen. Nach Behandlung der operierten Tiere mit Juvenilhormon III setzen die Bewegungen wieder ein.

2.3 Embryonalentwicklung

Mit der ersten Furchungsteilung beginnt die **Ontogenese** und die Embryonalentwicklung (Keimesentwicklung, Embryogenese). Im typischen Fall gliedert sich die Embryonalentwicklung in vier Abschnitte: Furchung, Keimblätterbildung, Sonderung der Organanlagen und histologische Differenzierung (Histogenese). Die ersten zwei Abschnitte werden auch als **Primitiventwicklung** (Blastogenese) zusammengefaßt, die mit der Ausbildung der Körpergrundgestalt ihren Abschluß findet. Danach setzt die **Definitiventwicklung** ein, in deren Verlauf die endgültige Körperform der Junglarve entsteht und die mit dem Schlüpfen der Larve abschließt.

Die Frage, wie das Körpermuster in der Ontogenese zustande kommt, war die Ausgangsfrage der Entwicklungsphysiologie im vorigen Jahrhundert. Die zunächst verwendeten Methoden des experimentellen Eingriffs (Kauterisierung, Ligatur usw.) können grobe

Störungen in der Entwicklung verursachen, so daß die Ergebnisse aus solchen Experimenten oft schwer interpretierbar sind. Eine elegante Methode, ein komplexes System spezifisch zu stören, ist die genetische Defektsetzung durch Mutation eines beteiligten Gens. Mutanten sollten daher auch zur Aufklärung der Prozesse der **Musterbildung, Segmentierung** und anderer komplexer Entwicklungsschritte dienen können. Die Analyse eines Entwicklungsprozesses mit Mutanten geht von der Voraussetzung aus, daß alle Entwicklungsvorgänge eine molekulare Grundlage haben und daß Moleküle spezifisch bei der Bildung von räumlichen Mustern und Differenzierungsvorgängen beteiligt sind. Solche Moleküle werden **Morphogene** genannt.

Die embryonale Musterbildung beginnt bei Insekten schon während der Oogenese. So lassen sich schon früh in der Embryonalentwicklung einige besondere Plasmabezirke mit morphogenetischen Auswirkungen feststellen (Fioroni 1987). Das um den Oocytenkern liegende **Maturationsplasma** dient der Meiosenkontrolle bzw. der Mitosenblockierung. **Polplasma** ist am Ei-Hinterpol zur Determination der Urkeimzellen eingesetzt. Bei *Drosophila* führt die Zerstörung der Polzellen zu Imagines ohne Keimzellen (Janning 1980). Das **Furchungszentrum** ist ebenfalls plasmatisch präformiert und läßt die Hofbildung der Furchungsenergiden einsetzen (2.3.1.2). Die frühe Musterbildung bedeutet aber nicht, daß frisch abgelegte Eier bereits eine starre Organisation aufweisen. So kann bei den meisten untersuchten Arten die Musteranlage experimentell drastisch modifiziert werden. Schon die von Friedrich Seidel und seinen Schülern um 1930 durchgeführten Experimente bestätigten, daß zumindest bei den niederen Insekten die Strukturen in der Eizelle nicht mosaikartig vorgebildet sind. Seidel vermutete, daß die Musterbildung vom **Differenzierungszentrum** ausgeht, einem Gebiet im Bereich des späteren Prothorax (2.3.1.3). Bei vielen Insekten tritt diese Region besonders hervor, da hier z.B. Gastrulation und Segmentierung zuerst beobachtet werden. Für Seidel's Vermutung, daß das Differenzierungszentrum die Blastodermdifferenzierung steuert, gibt es aber keine experimentellen Beweise. Das Differenzierungszentrum stellt vielmehr den Ort des größten Differenzierungs-Vorsprungs dar. Umgekehrt verlieren diese Zellen als erste die Fähigkeit, vom normalen Entwicklungsweg abzuweichen. Das Vorhandensein eines **Bildungszentrums** (später auch als Aktivationszentrum bezeichnet) wurde ursprünglich durch die klassischen Schnürungsversuche von Seidel am Libellenei *(Platycnemis pennipes)* gezeigt; das posterior liegende Zentrum soll unter Stoffausscheidung in anteriorer Richtung die Bildung der Keimanlage (Blastodermbildung) bestimmen: «Vom Bildungszentrum der Keimanlage geht nicht nur ein aktivierender Einfluß (auf das Differenzierungszentrum) aus, sondern es ist auch an der Bestimmung der Teile für ihre Aufgabe beteiligt» (Seidel 1929, S. 433). Im Lichte neuerer Daten scheinen die Blastodermbildungs- und die Differenzierungsvorgänge von einem oder mehreren Gradienten morphogenetischer Substanzen gesteuert zu werden, die von den Polen ausgehen (Übersicht z.B. in Meinhardt 1977; Kalthoff 1984; Sander, in Malacinski und Bryant 1984; Nüsslein-Volhard und Roth 1989). Offensichtlich werden die ersten Entwicklungsschritte durch cytoplasmatische Faktoren des Eis gesteuert, die letztlich auf das mütterliche Genom zurückgehen. Die musterbildenden Prozesse sind wahrscheinlich zellulärer Natur und laufen zu einem wesentlichen Teil in der Oberflächenlage des Ooplasmas ab.

Die nahezu einheitliche Zellschicht des Blastoderms erfährt während der Gastrulation eine Gliederung entlang der anterior-posterioren Achse in Acron, Kopf, Thorax und Telson; bei den Diptera ist bereits die vollständige Abdomenanlage vorhanden. Bei einer transversalen Schnürung des Eies vor der Blastodermbildung fehlen den entstehenden Teilembryonen mittlere Strukturen. Schnürung des späten Blastodermstadiums ergibt zwei Teilembryonen, die zusammen alle Strukturen des Embryos erzeugen. Die Bildung der dorsoventralen Achse scheint anders als die anterior-posteriore reguliert zu werden. Eine longitudinale Trennung des Embryos in eine rechte und eine linke Hälfte kann zu zwei vollständigen Embryonen (Zwillinge) führen. Bei manchen Insekten kann diese Trennung noch nach der Gastrulation erfolgen. Bei der Ausbildung der dorsoventralen Achse scheinen selbstregulierende Eigenschaften vorzuliegen (Nüsslein-Volhard und Roth 1989). Ein Morphogen bestimmt allerdings auch hier die Position (entlang der dorsoventralen Achse) in einer konzentrationsabhängigen Weise (Gradientenmechanismus).

Insgesamt sind bei der Kontrolle des Körpergrundmusters drei Genklassen beteiligt: Gene aus dem mütterlichen Genom, die bereits während der Oogenese exprimiert werden, sorgen für die Raumorganisation des Keimes (anteroposteriore Polarität und Ausbildung des dorsoventralen Körpermusters). Gene aus dem zygotischen Genom, das aus der Vereinigung von Sperma- und Eikern hervorgeht, sind Segmentierungsgene, die Einfluß auf die Zahl und Polarität der Segmente im Embryo nehmen. Homöotische Gene («Bithorax» Komplex, «Antennapedia» Komplex) verifizieren den Entwicklungsweg der einzelnen Segmente und sorgen für die Segmentidentität (2.3.4; Duspiva 1989).

2.3.1 Primitiventwicklung

Das Insektenei gehört seinem Aufbau nach dem **centrolecithalen** Typ an (Abb. 2-9). Der Zellkern befindet sich zentral inmitten des Hofplasmas, das über das Netzplasma mit dem peripheren Periplasma in Verbindung steht. Die Räume zwischen diesen Cytoplasmasträngen werden vom Nahrungsdotter (Deutoplasma) erfüllt. Ausgesprochen **plasmaarm** sind z. B. die **Eier** der Steinfliege *Allonarcys* und einiger Orthopteroidea; plasmareiche Eier weisen die meisten Holometabola auf. Extrem **dotterarme Eier** kommen unter den viviparen Formen (2.3.5) und den endoparasitischen Schlupfwespen vor. Dotterarm sind auch die Eier der Collembola, die sich anfangs auch anders (total äqual) furchen als die übrigen Insekteneier.

2.3.1.1 Eizellaktivierung

Am Ende der Oogenese ruht die Oocyte im Stadium der ersten meiotischen Metaphase. Der Abschluß der Meiose ist häutungshormonabhängig und erfolgt während der Eiablage. Während der Eizellaktivierung sind strukturelle, aber auch physiologische Veränderungen (Proteinsynthese, Wasserdurchlässigkeit) erkennbar. Die aktivierte Eizelle ist eine hoch dynamische Struktur.

2.3.1.2 Furchung

Die Furchung bringt eine Aufteilung der Zygote in **Blastomere** (Furchungszellen) durch mitotische Teilungen. Beim typischen Insektenei mit seiner superfiziellen Furchung erfolgt zunächst die Kernteilung im **Furchungszentrum** (u. U. nur 8–10 Minuten pro Teilungsschritt). Jeder Tochterkern ist von einem Hofplasmaanteil umgeben. Eine Furchung im eigentlichen Sinne findet zunächst nicht statt (Abb. 2-9A). Furchungskern plus Plasmaanteil bilden jeweils eine **Furchungsenergide**. Die Furchungsenergiden teilen sich synchron weiter, z. B. beim Heimchen *(Acheta domesticus)* bei 23 °C alle 1,5 Stunden. Die Energiden gelangen an die Oberfläche und dringen in das Periplasma ein (plasmodiales Präblastoderm). Nur wenige bleiben im Netzplasma zurück und werden als **Dotterkerne** bezeichnet, die im Verlauf der Entwicklung als **Vitellophagen** dienen, d. h. den Dotter aufschließen (Abb. 2-9B). Erst nach weiteren Mitosen bilden sich zwischen den peripheren Energiden Zellmembranen aus, es entsteht das **Blastoderm**, ein einschichtiges Oberflächenepithel, das den zentralen Dotter umhüllt. In der folgenden Differenzierung des Blastoderms unterscheiden sich die niederen Insekten (mit ihrem Kurzkeim oder halblangem Keim und hemimetaboler Entwicklung;

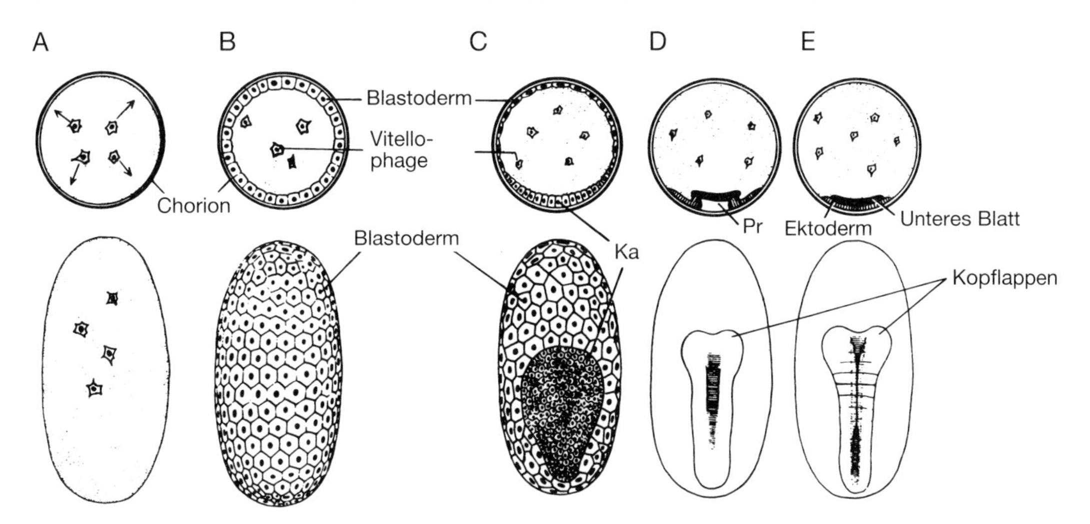

Abb. 2-9: Querschnitte und Ventralansichten von verschiedenen Furchungsstadien und Stadien der Blastodermdifferenzierung. **A** 4-Energidenstadium, **B** undifferenziertes Blastoderm, **C** Ausbildung der einschichtigen Keimanlage (Ka), **D** Bildung der Primitivrinne (Pr), **E** Stadium mit zweischichtiger Keimanlage und beginnender Segmentierung (nach Seifert 1975).

2.3.1.3) von den höheren Insekten (Holometabola mit Langkeim). Aus dem Blastoderm entstehen das embryonale Primordium, d.h. die Keimanlage (Abb. 2-9 C), die den zukünftigen Embryo bildet, und das extraembryonale Ektoderm (bildet extraembryonale Hüllen, wie die **Serosa**). Bei den niederen Insekten entsteht die Keimanlage durch Fusion zweier Vorkeimanlagen. Sie ist relativ klein und liegt gewöhnlich ventral am Hinterpol des Eies. Bei den Holometabola erstreckt sich die Keimanlage ventral über die gesamte Dottermasse.

2.3.1.3 Keimblätterbildung und Beginn der Segmentierung

Das Vorderende der Keimanlage verbreitert sich zu einem Paar abgerundeter Kopflappen. Die weitere Differenzierung der Keimanlage geht vom Differenzierungszentrum aus. Hier sondert sich zuerst eine Mittelplatte von paarigen Seitenplatten. Indem die Mittelplatte entweder von den Seitenplatten überwachsen wird oder, sich einfaltend, in die Tiefe sinkt, bildet sich vorübergehend eine **Primitivrinne** aus (Abb. 2-9 D). In manchen Fällen gelangen Zellen der Keimanlage auch durch Einwanderung nach innen. Das Resultat ist stets, daß die Keimanlage zweischichtig und damit zum **Keimstreif** wird. Die äußere Schicht ist das **Ektoderm**, die innere das untere Blatt **(Mesentoderm)**, das sich später in Entoderm und Mesoderm differenziert (Abb. 2-9 E).

Bei den niederen Insekten kommt es im folgenden zu einer mehr oder weniger stark ausgeprägten Verlagerung des Keimstreifs ins Innere des Dotterraumes (Anatrepsis). Die damit verbundenen Bewegungsvorgänge sind unter dem Begriff der **Blastokinese** zusammengefaßt. Das Hinterende des Keimstreifs rollt sich nach dorsal und vorn in den Dotter hinein (Abb. 2-10 A), wobei bei manchen Insekten zusätzlich eine Rotation von 90 Grad um die Körperachse zu beobachten ist (Einrollung oder **Invagination**). Bei dieser Einrollung zieht der Keimstreif einen Teil der (extraembryonalen) Hüllen-Anlage mit in den Dotter. Dieser wird zum **Amnion**. Die Region der Serosa bleibt dagegen an der Oberfläche. Es liegen also zwei Keimhüllen vor, die extraem-

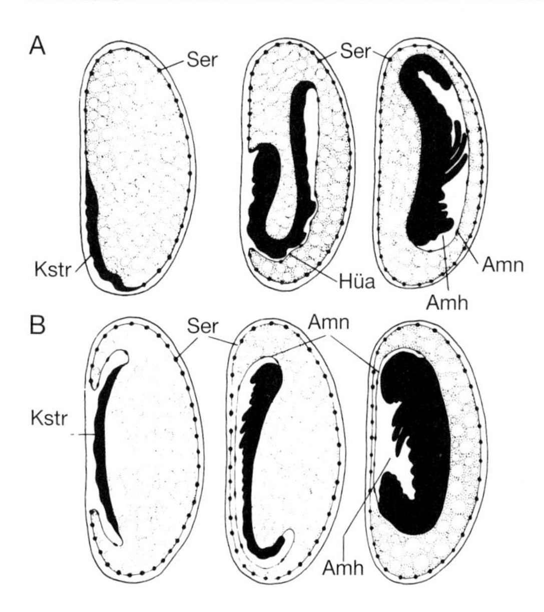

Abb. 2-10: Blastokinese. **A** Einrollung des invaginierten Keimstreifs (bei kurzen und mittellangen Keimen) und Entstehung der Keimhüllen. **B** Einsinken des immersen Keimstreifs (beim Langkeim) und Entstehung der Keimhüllen. Amh Amnionhöhle, Amn Amnion, Hüa Hüllen-Anlage, Kstr Keimstreif, Ser Serosa (nach Seifert 1975).

bryonale Serosa, die den Keimstreif samt dem Dotter überzieht, und das zur Keimanlage gehörende Amnion. Dieses kleidet eine von Flüssigkeit erfüllte, meist abgeschlossene Höhle, die **Amnionhöhle** aus, die ventral an den Keimstreif grenzt.

Der lange Keimstreif bei den Holometabola wird ventral von allen Seiten von einer Serosafalte umwachsen. Auch dabei gliedert sich ein Amnion ab, das die Amnionhöhle begrenzt (Abb. 2-10B). Im weiteren Verlauf kann entweder Dotter zwischen Amnion und Serosa eindringen und es entsteht der versenkte Keimstreif (z. B. Lepidoptera) oder das Eindringen des Dotters unterbleibt und es entsteht der oberflächliche (superfizielle) Keimstreif (z. B. Diptera und einige Coleoptera). Die Blastokinese tritt hier nur noch als Krümmung der Keimanlage auf, wobei sich die hintere Spitze der Keimanlage u-förmig nach oben umbiegt.

Einige Orthopteroidea besitzen außer dem Amnion und der Serosa eine dritte Keimhülle, das **Indusium**, während z. B. bei manchen Ameisen und Schlupfwespen die Keimhüllen völlig fehlen.

Schon zu Beginn der Blastokinese, vor allem aber nach der Keimhüllenbildung, differenziert und wächst der Keimstreif weiter. Das aus dem unteren Blatt (neben einem Mittelstrang) hervorgehende **Mesoderm** wird in Längsrichtung untergliedert. Die einzelnen Abschnitte umschließen jederseits einen Hohlraum, das **Coelom**. Ein Coelomsackpaar ist das wichtigste früh-embryonale Kennzeichen für ein Segment.

Etwa zur gleichen Zeit wie die Coelombildung erfolgt die äußere Segmentierung des Keimstreifs. Auch bei der **Segmentbildung** unterscheiden sich Kurz- und Langkeim. Beim Kurzkeim nimmt der präsumptive Kopf einen großen Raum ein (Kopfkeim), der Rumpf entwickelt sich nach Art einer Sprossung aus einer Segmentbildungszone. Beim Langkeim fehlt eine Segmentbildungszone, alle Körperabschnitte der künftigen Larve sind, wie schon erwähnt (2.3.1.2), bereits im Blastodermstadium vorgebildet. Geht nur das Abdomen aus einer Segmentbildungszone hervor, so spricht man vom halblangen Keim oder Kopf-Thorax-Keim. Vom Differenzierungszentrum aus folgt auf die Ausbildung der ersten Segmentfurchen die Anlage der segmentalen Gliedmaßen (Extremitäten), zunächst an den Kopf- und Thoraxsegmenten. Am Abdomen entstandene Extremitätenknospen werden i. d. R. wieder rückgebildet. Höchstens am 1. und 11. Abdominalsegment bleiben sie in Gestalt der **Pleuropodien** (embryonale, epitheliale Drüsen am 1. Segment, deren Funktionen noch unbestimmt sind) und der **Cerci** erhalten. Mit Abschluß der äußeren Segmentbildung, der Coelombildung, sowie der Sonderung der Anlagen des Darms und des Zentralnervensystems ist die Primitiventwicklung abgeschlossen.

2.3.2 Organentwicklung

Beim Langkeim setzen die Sonderung der Organanlagen und die histologische Differenzierung früher ein als beim Kopf- oder Kopf-Thorax-Keim, nämlich schon in der Primitiventwicklung. In Tab. 2-1 ist dargestellt, welche Organe aus den drei **Keimblättern** hervorgehen. Das Zentralnervensystem ist im Embryonalstadium zunächst streng segmental gegliedert. Ebenfalls streng segmental entstehen durch röhrenförmige Ektodermeinstülpungen die Tracheen. Durch Vereinigung der Coelomräume mit einem zwischen dem Mittelstrang und dem Dotter entstandenen Spaltraum wird die endgültige Leibeshöhle, das **Mixocoel**, gebildet. Die Mitteldarmanlage liegt zunächst dem Dotter ventral als Streifen bzw. Rinne auf. Erst im Verlauf der weiteren Organentwicklung dehnen sich ihre Flanken weiter nach dorsal aus und umschließen den Dotter. Der Rest des Dotters gelangt so in die Mitteldarmhöhle und wird dort verdaut. Währenddessen wird bei den niederen Insekten die Blastokinese fortgesetzt. Der typisch invaginierte Keimstreif verkürzt sich. Besonders stark kontrahiert sich die Serosa auf der Ventralseite des Eies. Die Serosa zieht den Embryo mit dem Kopf voran über den Hinterpol auf die Ventralseite des Eies; der Keim wird ausgerollt (Katatrepsis; Abb. 2-10A). Dieser Vorgang dauert nur wenige Stunden. Mit der folgenden **Geradstreckung** des Embryos wird die Blastokinese abgeschlossen. Schließlich umwächst das Ektoderm, und nachträglich das Mesoderm, die Dorsalseite des Embryos (ektodermaler Rückenschluß). Der letzte Dotterrest gelangt durch eine Öffnung im Nacken in den Darm, der danach endgültig geschlossen wird. Aus dem anfänglich länglich-flachen Keimstreif ist ein im Querschnitt drehrunder Insektenembryo geworden. Aus den Organanlagen wurden arbeitsbereite Organe und schließlich werden die extraembryonalen Keimhüllen noch rückgebildet.

2.3.3 Schlüpfen

Aus dem Ektoderm differenziert sich die Epidermis. Bei Insekten mit hemimetaboler Entwicklung und einigen Holometabola beginnt die Epidermis schon frühzeitig mit der Bildung von Chitin und Cuticularproteinen und stellt so eine **Embryonalcuticula** her. Bei einigen Insekten (z. B. bei den Heuschrecken *Locusta migratoria* und *Melanoplus differentialis*) werden mehrere Embryonalcuticulae nacheinander gebildet (Embryonalhäutungen; 2.3.4.3). Bei den meisten Holometabola fehlt

Tab. 2-1: Herkunft der Organsysteme in der Embryogenese

Keimblatt	Organ
Ektoderm	Integument Vorder- und Hinterdarm (einschl. Malpighische Gefäße) zahlreiche Drüsen Tracheensystem Sinnesorgane und afferente Nervenbahnen Neuroblasten (→ Zentralnervensystem und efferente Nervenbahnen)
Mesoderm	Herz und Aorta Hämocyten Gonaden Fettkörper peritoneales Bindegewebe Muskeln (Skelett-, Darmmuskulatur u. a.) Mandibel-, Maxillen-, Labialdrüsen
Entoderm	Mitteldarmepithel

die Embryonalcuticula. Sie bilden nur die **Larvencuticula** aus. Die Darmperistaltik setzt nun ein, und der Darm nimmt die zwischen Chorion und Embryo befindliche Flüssigkeit auf, wobei der Embryo sein Volumen vergrößert und die Eischale nun vollkommen ausfüllt. Das Integument trocknet außen ab und die Tracheenatmung setzt ein.

Das Chorion kann auf verschiedene Weise gesprengt werden. Am häufigsten platzt es an vorgegebenen Bruchlinien auf, wenn die Junglarve durch gesteigerten Binnendruck und Kontraktion ihrer Muskulatur gegen die Eischale drückt (z. B. Heteroptera). Häufig sind auch Eizähne beteiligt, die an der Stirnseite der Embryonalcuticula liegen (z. B. Odonata, Hemiptera). Bei Insekten ohne Embryonalcuticula gehören die Eizähne der Larvencuticula an. Schließlich beißen die Junglarven vieler Coleoptera und Lepidoptera das Chorion mit den Mandibeln auf. Aus der entstandenen Öffnung dringt die Larve durch Betätigung ihrer Extremitäten oder mit Hilfe peristaltischer Bewegungen des Rumpfes heraus, wobei auch die etwa vorhandene Embryonalcuticula abgestreift wird.

2.3.4 Physiologie der Embryonalentwicklung

Wie schon erwähnt, ist die primäre Ursache für die Differenzierung verschiedener Zellen und Gewebe eine verschiedene Aktivität ihrer Gene (differentielle Genaktivität). Die Aktivierung kann von Nachbarzellen, von speziellen Organisatoren und Hormonen (z. B. Ecdyson) ausgehen, sie kann aber auch durch Außenbedingungen ausgelöst werden. Man kennt viele Beispiele, die zeigen, daß Entwicklungsmuster davon abhängen, wie Zellen Positions-Information interpretieren können. Beispielsweise verwandelt die *Drosophila*-Mutation **Antennapedia** die Antennenstruktur des Kopfes in ein Bein. Man nennt solche Mutationen homöotisch; sie verändern ein bestimmtes Organ in einem Segment so, daß es einem Organ entspricht, das man normalerweise in einem anderen Segment findet. Die Mutation verursacht also die Fehlfunktion eines Strukturgens, so daß dieses auch im vorderen Kopfsegment aktiv ist (Strickberger 1988).

An den Bewegungsvorgängen der frühen Blastokinese ist der Keimstreif nicht aktiv beteiligt. Vielmehr scheinen kontraktile Strukturen im Dotter (embryonales Actomyosin) die Bewegungen durchzuführen (Agrell und Lundquist, in Rockstein 1973). Ausführliche Darstellungen zur Physiologie der embryonalen Organisation finden sich z. B. in Sander et al. (in Kerkut und Gilbert 1985 [1]) und Boswell und Mahowald (in Kerkut und Gilbert 1985 [1]).

2.3.4.1 Stoffwechsel der Eizelle und des Embryos

Wie jedes in der Entwicklung begriffene Lebewesen, so weist auch der werdende Insektenkeim einen lebhaften Baustoffwechsel auf. Hauptkomponente im Insektenei sind die Dotterproteine (Vitelline). Sie machen bis zu 30 % des Eivolumens und bis zu 90 % der Gesamtproteine aus. Viele Insektenarten haben mehrere, immunologisch verschiedene Vitelline: zwei finden sich bei der Mittelmeerfeldgrille *(Gryllus bimaculatus)*, drei bei *Drosophila*, fünf bei der Schabe *Leucophaea maderae* und sieben bei der Stabheuschrecke *(Carausius morosus)*. Bei den meisten Vitellinen handelt es sich um Lipo(glyko)proteine (2.2.2). Neben den Proteinen weisen Insekteneier beträchtliche Mengen an Lipiden (1,5 bis 18,4 % des Trockengewichtes) und Kohlenhydraten auf. Das häufigste Kohlenhydrat ist die Trehalose. Alle bisher untersuchten Eier enthielten aber auch Glucose, Fructose, Glycerin und Glykogen.

Der während der Embryogenese zunehmende Sauerstoffverbrauch spiegelt den steigenden Energiebedarf wider. In der frühen Embryonalentwicklung werden die Dotterproteine kaum zur Energiegewinnung herangezogen; Lipide stellen die wichtigste Energiequelle dar (RQ-Werte < 1). Die meisten Dotterproteine werden zu freien Aminosäuren abgebaut, die dem Baustoffwechsel (Proteinbiosynthese) dienen. Bei einigen Insekten enthalten die frisch geschlüpften Larven noch Reste von Dotterproteinen. Manche Insekteneier verlieren im Laufe der Embryogenese Wasser, andere (z. B. Orthopteroidea) nehmen passiv oder aktiv Wasser auf.

Obwohl sich die Kernzahl in der frühen Embryonalentwicklung stark vervielfacht, nimmt der DNA-Gehalt zunächst nur wenig zu (lag-Phase). Einer Phase hoher DNA-Syntheseraten folgt schließlich ein Plateau am Ende der Embryogenese. Auch die RNA-Synthese im Ei beginnt erst nach einer lag-Phase. Zu diesem frühen Zeitpunkt werden nur mütterliche, gespeicherte Nucleinsäuren transcribiert (Agrell und Lundquist, in Rockstein 1973).

2.3.4.2 Temperatur und Embryogenese

Die Entwicklungsdauer der Eier zeigt in der Regel eine hyperbolische Temperaturabhängigkeit (2.5.1); die Reziprokwerte der Schlüpfzeit liegen auf einer Geraden. Der Entwicklungsnullpunkt und die optimale Temperaturzone für die Entwicklung sind von Art zu Art unterschiedlich und werden von den Temperaturbedingungen im Biotop bestimmt. So entwickeln sich die Eier der Mittelmeerfeldgrille *(Gryllus bimaculatus)* nicht bei einer Temperatur unter 16,6 °C, die Eier des subantarktischen Käfers *Hydromedion sparsutum* hingegen auch noch bei einer Temperatur von –0,7 °C (Haderspeck und Hoffmann 1990). Bei der Temperatur für die kürzeste Entwicklungsdauer ist auch die Schlüpfrate am höchsten. Tagesperiodische Temperaturwechsel erhöhen oft den Schlüpferfolg. Auch in der Embryonalentwicklung werden bei einigen Insektenarten bemerkenswerte Temperatur**un**abhängigkeiten in der Stoffwechselrate gefunden (1.2.6.2), und zwar bei Arten, die in ihrem Lebensraum größeren Temperaturschwankungen ausgesetzt sind. Bei sozialen Hymenoptera mit ihrer nahezu perfekten Homoiothermie in der Embryonalentwicklung (1.6.2) treten derartige Temperaturanpassungen dagegen nicht auf. Bei extremen Temperaturverhältnissen kann eine Ruhephase in der Embryonalentwicklung (Diapause; 2.5.2.1) das Überleben sichern. Extreme Temperaturen können auch zu Mißbildungen führen.

2.3.4.3 Endokrine Aspekte der Embryonalentwicklung

Insekteneier enthalten oft große Mengen an Ecdysteroiden und Juvenilhormonen (3.2), häufig bereits weit vor der Differenzierung von embryonalen Hormondrüsen (Hoffmann, in Kerkut und Gilbert 1985 [1]).

So wurden in frisch abgelegten Eiern der Wanderheuschrecke *(Locusta migratoria)* etwa 75 µg pro Gramm Frischgewicht an **Ecdysteroiden** nachgewiesen, hauptsächlich als polare Konjugate (Phosphatester von 2-Deoxyecdyson, Ecdyson, 20-Hydroxyecdyson, 26-Hydroxyecdyson). Bei einigen Insektenarten *(Periplaneta americana, Acheta domesticus)* wurden auch apolare Konjugate (Ecdysteroid-Fettsäureester) in frisch abgelegten Eiern gefunden. Die Ecdysteroidkonjugate stammen aus den Muttertieren und sind im Ei meist an Dotterproteine gebunden. Wiederum andere Insektenarten *(Gryllus bimaculatus, Carausius morosus, Calliphora erythrocephala)* zeigen diesen massiven Transfer von Ecdysteroiden vom Muttertier in die Eier allerdings nicht; die frisch abgelegten Eier enthalten kaum Häutungshormone. Bei *L. migratoria* werden im Laufe der Embryogenese freie Ecdysteroide aus den Konjugaten abgespalten. Die Maxima an freien Hormonen fallen jeweils mit der Ausbildung einer Cuticula zusammen (Abb. 2-11). Ecdysteroide kontrollieren also wohl die Embryonalhäu-

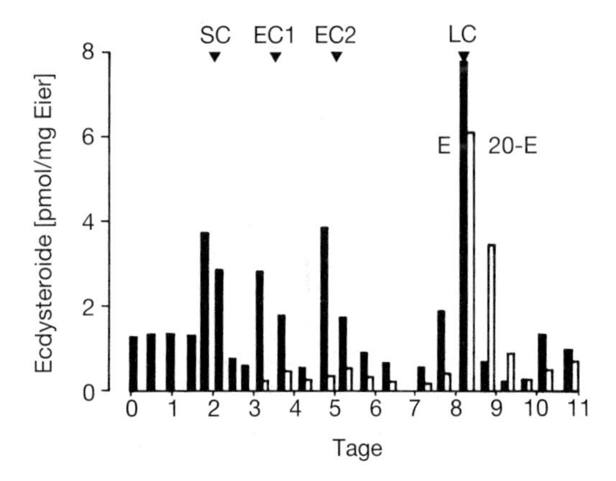

Abb. 2-11: Freie Ecdysteroide während der Embryonalentwicklung der Wanderheuschrecke, *Locusta migratoria*. E Ecdyson (dunkle Säulen), 20-E 20-Hydroxyecdyson (helle Säulen). SC Bildung der Serosa-Cuticula; EC 1, EC 2 Ausbildung der ersten und zweiten Embryonalcuticula; LC Bildung der ersten Larvencuticula (nach Lagueux et al., in Hoffmann und Porchet 1984).

tungen. Dabei können verschiedene freie Ecdysteroide (2-Deoxyecdyson, Ecdyson, 20-Hydroxyecdyson) als Signalmoleküle wirken. Bei *Gryllus bimaculatus* steigt der Gehalt an Ecdysteroiden in den Eiern erst kurz vor dem Schlüpfen der Larve (Ausbildung der Larvencuticula) stark an. Die Häutungshormone werden hier sehr wahrscheinlich von den embryonalen Hormondrüsen gebildet (Weidner und Hoffmann 1992).

Aus den Embryonen des Tabakschwärmers *(Manduca sexta)* wurden ein Juvenilhormon 0 (C19-JH) und 4-Methyl-JH I isoliert, die im Insektenreich sonst kaum auftreten. Über die Rolle von **Juvenilhormon(en)** in der Embryogenese ist nichts bekannt.

2.3.5 Besondere Formen der Embryonalentwicklung

Gewöhnlich erfolgt die Keimentwicklung in vollem Umfang außerhalb des mütterlichen Körpers **(Oviparie)**.

Manche Schildläuse, die Bettwanze und viele Tachiniden (Diptera) zeigen **Ovoviviparie;** die Keimentwicklung findet weitgehend in den mütterlichen Geschlechtswegen statt. Häufig schlüpft die Larve im Augenblick der Eiablage. In einigen Fällen schlüpfen sogar ältere Larvenstadien aus dem frisch abgelegten Ei (z.B. bei der Buckelfliege *Termitoxenia;* **Larviparie**). Solche Insekten legen nur wenige Eier gleichzeitig ab, so daß dem einzelnen Embryo mehr Dotterproteine zur Verfügung stehen und Individuen in einem fortgeschrittenen Entwicklungsstadium schlüpfen können. Bei voller **Viviparie** ermöglichen besondere Strukturen im weiblichen Fortpflanzungstrakt den Stoffaustausch zwischen dem Muttertier und den Nachkommen. So zeigen einige Dermaptera, Psocodea und Aphidina «pseudoplacentale» Viviparie. Die Eier dieser Arten enthalten nur wenig oder keinen Dotter und weisen kein Chorion auf. Die in den Ovariolen heranwachsenden Embryonen werden über die Follikelzellen ernährt. In einigen Fällen dient eine Pseudoplacenta der Nahrungsübermittlung. Bei der Fliege *Glossina* und anderen **pupiparen** Diptera enthalten die Eier Dotter und besitzen ein Chorion. Im sogenannten «Uterus» schlüpft eine Larve (ovovivipar), die aber im Uterus verbleibt und sich von einem milchartigen Sekret der akzessorischen Drüsen ernährt. Es wächst nur jeweils eine Larve heran, die sich kurz nach der Geburt verpuppt.

Bei den Strepsiptera (2.2.4) und einigen pädogenetischen Cecidomyiidae (Diptera) machen die Eier ihre Entwicklung in der Leibeshöhle der Mutter durch (Leibeshöhlenträchtigkeit). Die Nährstoffe erhalten die Embryonen unmittelbar aus der Hämolymphe. Nach dem Schlüpfen verlassen die Junglarven entweder das Hämocoel über eine besondere Geschlechtsöffnung oder sie leben in der Leibeshöhle auf Kosten der mütterlichen Organe eine Zeit lang weiter. Viviparie kommt nicht selten in Verbindung mit Parthenogenese vor (2.1.3).

2.4 Postembryonale Entwicklung

Während der postembryonalen Entwicklung wächst das aus dem Ei geschlüpfte Tier heran. Das Wachstum wird durch **Häutungen** ermöglicht, bei denen jeweils die alte Cuticula durch eine neue ersetzt wird. Die Häutungen grenzen die einzelnen Entwicklungsstadien voneinander ab. Die Häutungen ermöglichen auch Abänderungen des äußeren Baues, denen innere Umbildungen entsprechen (Metamorphose). Die Anzahl der Häutungen ist sehr unterschiedlich (1 bis 60). Am häufigsten kommen 4 bis 5 Larvenstadien vor. Oft ist die Zahl vom Nahrungsangebot oder von der Temperatur der Umgebung abhängig. Larven gibt es bei allen Metamorphosetypen (siehe Einleitung). Larven mit sichtbaren Flügelanlagen werden oft als **Nymphen** bezeichnet. Häufig nehmen Nymphen keine Nahrung zu sich und stellen eine Art Ruhestadium dar. Besitzt auch das Stadium davor bereits Flügelscheiden, so nennt man es **Pronymphe**. Bei den Ephemeroptera verwandelt sich das letzte Larvenstadium in eine vollflügelige **Subimago**, die erst durch eine letzte Häutung zur geschlechtsreifen Imago wird. Bleibt ein Stadium von der abgelösten Cuticula des vorhergehenden Stadiums umhüllt, so spricht man von einem **pharaten** Stadium.

2.4.1 Wachstum

Wachstum ist bei den Insekten nahezu ausschließlich auf die Larvalstadien beschränkt.

Nur bei einigen Arten findet man auch in frisch geschlüpften Imagines kurze Perioden mit somatischem Wachstum, wenn eine zusätzliche Cuticula (überzählige Imaginalhäutung) ausgebildet wird. (Von echtem Wachstum zu unterscheiden ist die Gewichtszunahme bei Imagines z.B. in Verbindung mit der Gonadenreifung.) Bei den meisten Organismen erfolgt Wachstum durch **Zellvermehrung**. Bei den Insekten ist dies während der Keimesentwicklung durchweg der Fall. Während der Larvalentwicklung kommt vielfach ein Kern- und damit auch ein **Zellwachstum** durch Polyploidisierung hinzu. Besonders in spezifisch larvalen Organen einiger holometaboler Arten erreichen einzelne Zellen auf diese Weise eine enorme Größe.

2.4.1.1 Cytologie des Wachstums

Das Zellwachstum beruht meist auf einer Vermehrung der in den Chromosomen enthaltenen Chromonemen. Dabei sind zwei Fälle zu unterscheiden, die **Endopolyploidie** und die **Polytänie**. Bei der Polytänie bleiben die an Zahl vervielfachten, entspiralisierten Chromonemen in ihrem Chromosom vereint, es entstehen **Riesenchromosomen**. Die Chromosomenzahl des vergrößerten Kerns bleibt unverändert. Das bekannteste Beispiel bilden die polytänen Chromosomen der Labialdrüsenzellen bei Dipterenlarven. Bei der Endopolyploidie trennen sich die vervielfachten Chromonemen und bilden eine entsprechende Anzahl von Einzelchromosomen aus (Endomitose, Polyploidie). Das Ausmaß der Kern- und Zellvergrößerung hängt vom Polyploidiegrad ab. Viele larvale, hochpolyploide Gewebe büßen die Teilungsfähigkeit ein und können daher keine tiefgreifenden Umbildungen mehr erfahren. Wenn die Gewebe nicht unverändert in die Imago übernommen werden (z.B. Malpighische Gefäße), gehen sie bei der Metamorphose zugrunde und werden von diploid gebliebenen Imaginalanlagen (2.4.3) aus ersetzt.

2.4.1.2 Wachstumsverlauf

Die durch die Häutungen bedingte diskontinuierliche Volumenzunahme zeigt sich in der treppenförmigen Kurve des Längen- bzw. Breitenwachstums, besonders bei sklerotisierten Teilen (Abb. 2-12A). Bei sklerotisierten Körperteilen (z.B. der Kopfkapsel) erfolgt das Längenwachstum im Verlauf der Häutungen im Sinne einer geometrischen Reihe (Abb. 2-12A), die Wachstumsrate bleibt also konstant (Dyar'sche Regel). Diese Regel gilt aber nur dann, wenn auch die Intervalle zwi-

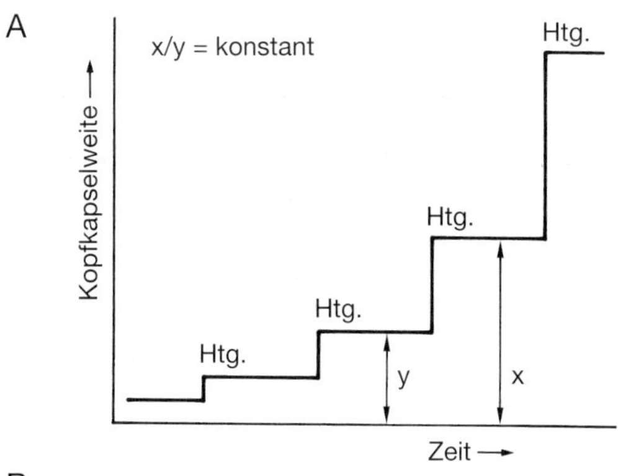

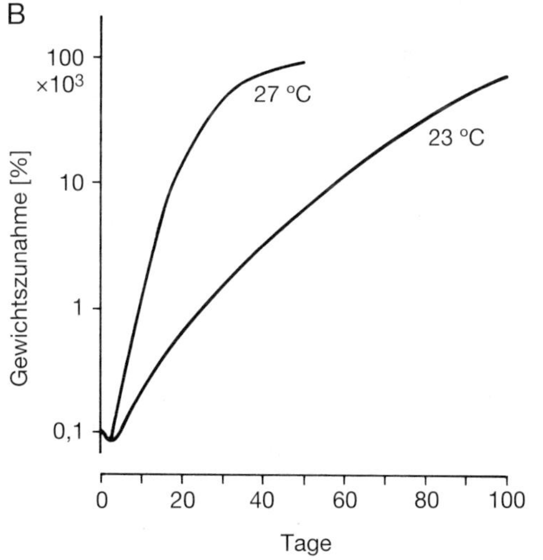

Abb. 2-12: Wachstum in der Larvalperiode. **A** Sprunghafte Zunahme der Kopfkapselweite (Dyar'sche Regel). **B** Kontinuierliche Zunahme im Larvengewicht von *Gryllus bimaculatus* bei 23° bzw. 27 °C Haltungstemperatur (nach Behrens et al. 1983).

schen den Häutungen konstant sind. Einzelne Körperteile oder Anhänge können sehr verschiedene Wachstumsraten haben, die Insekten zeigen also ein **allometrisches** oder heterogenes Wachstum und verändern ihre Körperproportionen während des Wachstums. Die Kurve für die Gewichtszunahme der Tiere verläuft weitgehend kontinuierlich, auch wenn vor jeder Häutung häufig ein kleiner Abstieg als Ausdruck des gesteigerten Stoffwechsels in der Häutungsperiode, verbunden mit einer reduzierten Nahrungs- und Wasseraufnahme, zu beobachten ist (Abb. 2-12B). Das Wachstum der inneren Organe wird durch die Häutungen kaum beeinflußt.

2.4.1.3 Wachstum und Stoffwechsel

Frisch geschlüpfte Larven haben einen geringen Fettgehalt. Erst im letzten Larvenstadium werden große Fettmengen synthetisiert und im Fettkörper gespeichert. Bei einigen Insekten, wie der Honigbiene, speichern die Altlarven auch Glykogen. Umgekehrt nimmt der Gehalt an Proteinen, Nucleinsäuren und Wasser während der Larvalzeit ab. Ausgenommen sind Arten mit Proteinen für spezielle Zwekke, etwa zum Spinnen eines Kokons (z. B. beim Seidenspinner *Bombyx mori*). *Calliphora*-Larven enthalten große Mengen eines Hämolymphproteins (Calliphorin) (1.4.4.2), das in den Puppen als Stickstoff- und Energiequelle bei der Ausbildung der Adultgewebe dient. Der Sauerstoffverbrauch pro Gramm Körpergewicht nimmt mit zunehmender Größe der Larven ab. Die allgemeinen biochemischen Veränderungen während der Larvalzeit werden von stadienspezifischen Veränderungen überlagert, die im Zusammenhang mit der Produktion von neuen Geweben, der Synthese der neuen und dem Abbau der alten Cuticula stehen. Innerhalb eines Stadiums weist der Sauerstoffverbrauch einen u-förmigen Verlauf auf, mit einem Maximum während der Häutung. Stadienspezifische Änderungen im Gehalt an Proteinen, Kohlenhydraten und Fetten von Fettkörper und Hämolymphe spiegeln auch den zyklischen Verlauf der Nahrungsaufnahme wider.

2.4.2 Häutungen

Bei den Häutungen wird die alte Cuticula abgestreift und durch eine neue, zuvor von den Epidermiszellen, vom Epithel des Vorder- und Enddarms und von der Tracheenmatrix abgeschiedene, ersetzt (Seifert 1975; Koecke 1982).

2.4.2.1 Feinbau des Integuments und Cuticulabildung

Der Hauptbestandteil des Integuments ist eine Epidermis (Hypodermis), die apical die Cuticula und basal die Basalmembran abscheidet (Abb. 2-13). Innerhalb der stets einschichtigen Epidermis unterscheidet man morphologisch und funktionell verschiedene Zellen, wie Deckzellen, Drüsenzellen, Haarbildungszellen, Sinneszellen und Önocyten. Die Cuticula tritt in zwei verschiedenen Erscheinungsformen auf, als elastisch-harte Panzerplatte oder **Sklerit** und als biegsame Membran. Die Membranen sind als Gelenkhäute zwischen die Sklerite geschaltet und ermögli-

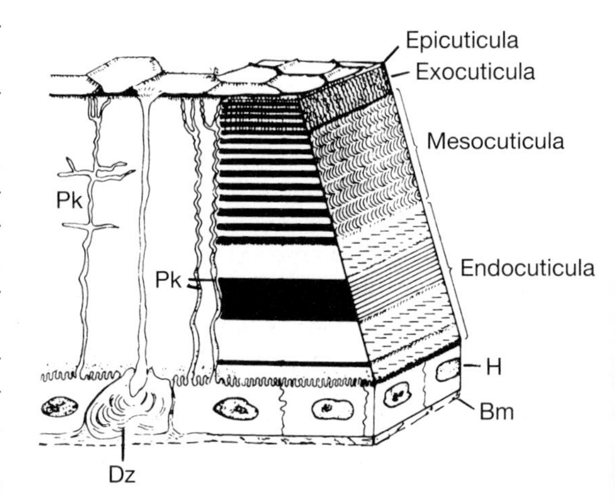

Abb. 2-13: Schema des Insektenintegumentes. Bm Basalmembran, Dz Drüsenzelle, H Hypodermis, Pk Porenkanal (nach Koecke 1982).

chen deren Bewegung (4.1.2). Auch ganze Körperabschnitte können membranös sein und gestatten aufgrund ihrer Dehnbarkeit dann erhebliche Veränderungen des Körpervolumens.

Die typische Cuticula besteht aus vier Schichten. Die oberste ist sehr dünn, die **Epicuticula**. Die Epicuticula besteht wiederum aus vier Lagen und ist stets chitinfrei. Die vier Lagen werden von außen nach innen als Zementschicht, Wachsschicht, Cuticulinschicht bzw. äußere Epicuticula und innere Epicuticula bezeichnet. (Die Bezeichnungen werden allerdings nicht immer einheitlich verwendet; Wigglesworth 1990). Die Zementschicht fehlt bei adulten Insekten, deren Körperoberfläche mit Schuppen bedeckt ist, und bei wasserlebenden Formen. Die Wachsschicht besteht aus langen Kohlenwasserstoffketten und ist für die Wasserundurchlässigkeit der Cuticula verantwortlich. Daneben bietet sie einen Schutz gegen das Eindringen von Mikroorganismen (Urich 1990). Die ebenfalls wasserdichte Cuticulinschicht ist nur 10–20 nm dick und enthält (wie die Zementschicht) mit Phenolen gegerbte Proteine und Lipoide. Die innere Epicuticula erscheint im elektronen-mikroskopischen Bild als homogene und elektronendichte Schicht (Lipid-Protein-Wechsellagerung). Die drei inneren Schichten der Cuticula (Exo-, Meso- und Endocuticula; **Procuticula**) bestimmen die Dicke und die mechanischen Eigenschaften des Exoskeletts (4.1.1). Sie bestehen bis zu 60 % aus **Chitin** und den damit vernetzten Glykoproteinen. Chitin ist ein Stickstoff enthaltendes, fibrilläres Homopolysaccharid, ein Polymer aus N-acetyl-Glucosamin, dessen Grundeinheit das Disaccharid Chitobiose ist. Jede Fibrille kann bis zu 1000 Untereinheiten enthalten. Die Fibrillen werden lagenweise zusammengeschichtet und durch Glykoproteine vernetzt. Mit dieser Anordnung von Chitinmicellen kann auch die Elastizität der Procuticula gegen Zug und Druck erklärt werden. Die Verhärtung oder **Sklerotisierung** der Cuticula setzt an den Proteinen an und verläuft fortschreitend von außen nach innen, also so, daß sie in den epidermisfernen Schichten am stärksten ausgebildet ist. Bei der Sklerotisierung entsteht unter Mitwirkung des Häutungshormons Ecdyson (2.4.2.3, 3.3) aus der Aminosäure Tyrosin das N-acetyl-Dopamin (Abb. 2-14). N-acetyl-Dopamin wird von den Epidermiszellen ausgeschieden und gelangt über die Porenkanäle in die Exocuticula.

Von dieser Verbindung gehen zwei Wege der Sklerotisierung aus: durch die Einwirkung eines cuticulären Enzyms werden die Proteine an das N-acetyl-Dopamin gebunden und damit vernetzt (sogenannte **β-Sklerotisierung;** z. B. bei *Schisto-*

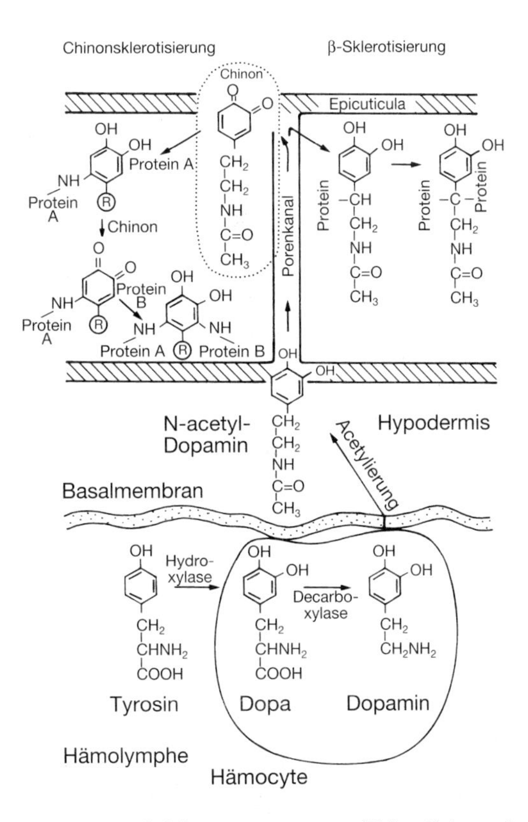

Abb. 2-14: Verhärtungsprozesse (Sklerotisierung) in der Insektencuticula. Links Chinonsklerotisierung, rechts β-Sklerotisierung. Bei der Chinonsklerotisierung wird N-acetyl-Dopamin (NADA) durch Phenoloxidase zum entsprechenden Chinon oxidiert und verbindet sich mit Protein A. Das entstehende Protein-Catechol-Addukt wird zum Chinon weiter oxidiert und bildet durch Kopplung mit einem zweiten Protein B eine Brücke von noch nicht ganz geklärter Struktur. Bei der β-Sklerotisierung werden Proteinketten an das β- und α-C-Atom der NADA-Seitenkette gebunden (nach Gillott 1980; Koecke 1982; Urich 1990).

cerca, Apis, Tenebrio und *Hyalophora*). Der zweite Weg geht über eine Veränderung des N-acetyl-Dopamins durch Polyphenoloxidasen zu einer Chinonform, welche die Proteine im Ringsystem bindet (**Chinon-Sklerotisierung;** z.B. bei *Ephestia, Calliphora, Schistocerca* und *Romalea*). Das Beispiel der Heuschrecke *Schistocerca* zeigt, daß beide Formen der Sklerotisierung gleichzeitig auftreten können. Bei der Puppen-Cuticulabildung benutzen mehrere Insektenarten auch N-β-alanyl-Dopamin als Substrat. Auch N-Acylderivate des Noradrenalins (Norepinephrin) können als Substrate für die Sklerotisierung dienen (Hopkins und Kramer 1992).

Die Cuticulaproteine werden in Epidermiszellen synthetisiert oder über die Epidermiszellen aus der Hämolymphe herantransportiert. Über ihre Struktur ist noch wenig bekannt. Die Sklerotisierung ist immer irreversibel. In den Gelenkhäuten erfolgt keine Sklerotisierung; ihre hohe Elastizität wird durch die Einlagerung eines dimeren Proteins, **Resilin**, bewirkt (4.1.1). In der Exocuticula können Cuticulapigmente, die **Melanine**, abgelagert werden.

Die organische Struktur des Exoskeletts der Insekten stellt eine bessere Anpassung an das Landleben dar als das mineralische Exoskelett der marinen Vorfahren der Insekten.

2.4.2.2 Häutungsverlauf

Die Häutung kündigt sich gewöhnlich durch eine auffällige Streckung der Deckzellen und durch zahlreiche Mitosen an, die überall in der Epidermis ablaufen. Die gestreckten Deckzellen behalten Kontakt mit der Basalmembran und es bilden sich zwischen ihnen interzelluläre Hohlräume aus. Bei einigen Insekten sezerniert die Epidermis eine Flüssigkeit, die zur Häutungsmembran wird. Die aufgefaltete Epidermis löst sich nun von ihrer Cuticula. In den entstehenden Zwischenraum geben die Deckzellen ein Häutungsgel ab. Unmittelbar danach beginnen sie mit der Abscheidung einer neuen Cuticulinschicht. Der Vorgang des Abhebens der alten Cuticula von der Epidermis wird **Apolysis** genannt. Die abgelöste Cuticula heißt **Exuvie**, der Raum zwischen der sich neu bildenden Cuticulinschicht und der Exuvie Exuvialraum. Im folgenden wird das Häutungsgel enzymatisch in die Exuvialflüssigkeit umgewandelt, die dem chemischen Abbau der inneren Schicht der Exuvie, der nicht sklerotisierten Endocuticula, dient. Die Epidermis ist durch die neue Cuticulinschicht vor der verdauenden Wirkung der Exuvialflüssigkeit geschützt. Die Abbauprodukte (Aminosäuren, Zucker) aus der alten Endocuticula werden von den Deckzellen resorbiert und stehen so für die Ausbildung der neuen Cuticula wieder zur Verfügung. Die Bildung der neuen Procuticula erfolgt schichtweise von außen nach innen. Die Ablage der Wachsschicht auf die Epicuticula beginnt erst einige Stunden vor dem eigentlichen Häutungsakt **(Ecdysis)**. Zum Zeitpunkt der Ecdysis besteht die alte Cuticula nur noch aus der Exo- und Epicuticula.

Kurz vor der Häutung steigt der Hämolymphdruck durch Verschlucken von Luft bzw. Wasser stark an (1.4.2.2). Durch Kontraktion des Abdomens wird die Hämolymphe in Kopf und Thorax gepreßt. Die allgemeine Drucksteigerung im vorderen Körperbereich läßt die Exuvie entlang der Häutungsnähte aufplatzen. Durch den entstehenden Spalt stemmt oder zieht sich das Tier aus seiner Exuvie. Solange die Cuticula nach der Ecdysis noch weich ist, vergrößert das Insekt sein Volumen durch heftiges Schlucken von Luft oder Wasser. Auf diese Weise wird das gefältete, neue Integument gedehnt und geglättet. Auch die vielfach eingefalteten Flügel breiten sich nach der Imaginalhäutung auf diese Weise aus. Einige Insekten (z.B. Grillen) fressen die abgestreifte Exuvie auf.

2.4.2.3 Koordination des Häutungsablaufs

Hormone koordinieren den Ablauf des Häutungsgeschehens (3.4.4.1), doch ist bis heute unklar, ob die Hormone direkt oder indirekt wirken. Häufig beeinflussen mehrere Hormone gleichzeitig einen Vorgang; andere Faktoren, wie die Ernährung oder Verletzungen, wirken modifizierend. 20-Hydroxyecdyson stimuliert nicht nur die Synthese von m-RNA für das Enzym Dopa-Decarboxylase (2.4.2.1), es induziert auch die Apolysis, stimuliert die mitotischen Teilungen der Epidermiszellen und erhöht die Aktivität der Chitinase bei der Verdauung der alten Cuticula. Juvenilhormon gewährleistet die Beibehaltung von Juvenilcharakteren. An der Sklerotisierung der Cuticula ist neben 20-Hydroxyecdyson meist ein neurosekretorisches Hormon, das Bursicon, beteiligt. Bursicon erhöht die Permeabilität der Hämocytenmembran für Tyrosin und der Epidermiszellmembran für Dopamin. Darüber hinaus scheint Bursicon die Tyrosinase in den Blutzellen zu aktivieren, die die Oxidation von Tyrosin zu Dopa katalysiert.

2.4.3 Metamorphose

Während der postembryonalen Entwicklung müssen einerseits die Merkmale der Imago ausgebildet werden und andererseits die larveneigenen Merkmale zurückgebildet werden. Diese Veränderungen werden als Metamorphose bezeichnet, wobei zwischen der äußeren, dem Betrachter unmittelbar zugänglichen, und der inneren Metamorphose unterschieden werden muß. Die Veränderungen können allmählich vor sich gehen (Ametabolie ohne äußere Veränderungen während der Metamorphose; Pauro- und Hemimetabolie mit gradueller bzw. unvollständiger Metamorphose) oder in einer dramatischen Gestaltsumwandlung mit der Puppenhäutung (Holometabolie mit vollständiger Metamorphose; siehe Einleitung). Im letzteren Fall entstehen die imaginalen Merkmale aus undifferenziert gebliebenen, embryonalen Zellen, die man Primordialzellen oder **Imaginalzellen** nennt. Sie kommen einzeln oder als vielzellige Inseln, sogenannte **Imaginalanlagen**, vor. Häufig stellen die Imaginalanlagen anfänglich flache, einschichtige Epithelien dar und werden als **Imaginalscheiben** (Holometabola) bezeichnet. Sie entstehen durch Einstülpungen der embryonalen Epidermis. Das Ausmaß der histologischen Veränderungen während der Metamorphose ist in den verschiedenen Ordnungen unterschiedlich. Dies gilt besonders für die Muskulatur und den Fettkörper. So wird der larvale Fettkörper bei primitiveren Holometabola in das Adultstadium übernommen, bei den höheren Diptera aber vollständig aufgelöst und durch einen imaginalen Fettkörper ersetzt. Bei *Drosophila* werden 93 % des Nervensystems neu angelegt, bei *Manduca* nur ca. 70 % (Gillott 1980). Den Aufbau der imaginalen Organe oder Gewebe nennt man Histogenese.

2.4.3.1 Histogenese

Die Imaginalanlagen können in verschiedenen Formen auftreten. Ist die Imaginalanlage äußerlich sichtbar, spricht man von einer äußeren Imaginalanlage. So wird bei den Insekten mit hemimetaboler Entwicklung die Imaginalanlage für die Flügel stets zu einer äußeren Imaginalanlage, der Flügelscheide, die von Häutung zu Häutung vergrößert wird (Exopterygota). Findet eine äußere Imaginalanlage unter der Larvencuticula nicht genügend Platz, so daß sie zwischen die alte und die neue Cuticula des Rumpfes gedrängt und erst nach der Häutung gestreckt wird, dann liegt die freie Imaginalanlage vor. In anderen Fällen ist die Imaginalanlage in den Rumpf eingestülpt (versenkte Imaginalanlage). Ist die ganze Anlage versenkt und schließt sich die Rumpfepidermis vor ihr, dann entsteht eine gestielte Imaginalanlage. Sie kommt bei Holometabola vor (Seifert 1975).

Bei *Drosophila* gibt es zum Beispiel sieben paarige Hauptscheiben und ein verschmolzenes Paar: Auge/Antenne-Scheiben, 1., 2. und 3. Thoraxbeinpaar-Scheiben, dorsale präthorakale Scheiben, Flügel-Scheiben, Halteren-Scheiben und die einzelne Genitalscheibe. Während der Metamorphose werden die Scheiben ausgestülpt und liefern die charakteristischen Adultstrukturen.

Bis zum Puppenstadium bilden die Imaginalscheiben im Gegensatz zu anderen Epidermiszellen keine Cuticula aus. Erst hier wird eine Puppencuticula sezerniert, danach eine Adultcuticula. Der lange Zeitraum zwischen Determination (im Embryo) und Differenzierung (in der Puppe) macht die Imaginalscheiben entwicklungsbiologisch besonders interessant. Obschon jede Scheibe von ihrem ersten Erscheinen im Keim an auf einen bestimmten Entwicklungsweg festgelegt ist, sind ihre einzelnen Zellen keineswegs bereits festgelegt, einen bestimmten Teil der Adultstruktur zu bilden. Die Imaginalscheibe ist ein embryonales Feld, in dem Regulation möglich ist (Bryant 1974). Teilt man eine Scheibe in zwei Teile ungleicher Größe, so wird das größere Teilstück regenerieren und während der Metamorphose die komplette Adultstruktur hervorbringen. Das kleinere Teilstück dupliziert den Musteranteil, den er im Gesamtverband gebildet hätte.

2.4.3.2 Histolyse

Um die imaginalen Organe aufzubauen, müssen die larveneigenen Organe abgebaut werden. Dies geschieht durch **Autolyse** (Selbstauflösung larvaler Zellen), **Lyocytose** (extrazelluläre Verdauung larvaler Zellen mittels Enzymen, die von Hämocyten abgeschieden werden) oder **Phagocytose** (intrazelluläre Verdauung durch Phagocyten). Daneben kommt auch eine Abstoßung ganzer Körperanhänge vor, z.B. der äußeren Tracheenkiemen der Ephemeropteren- und Odonatenlarven (1.2.4) bei der Imaginalhäutung (Weber und Weidner 1974).

2.4.3.3 Hypermetamorphose

Bei einigen Neuropteroidea, Coleoptera, parasitischen Hymenoptera, Diptera und bei den Strepsiptera zeigen die Larvenstadien unter sich ausgesprochene, funktionsgeprägte morphologische Unterschiede. Die freibeweglichen Junglarven suchen Nahrung auf bzw. dringen in einen Wirt ein, die älteren Stadien sind freilebende Freßstadien bzw. leben parasitisch; sie sind wenig beweglich und weisen oft eine regressive Entwicklung der Extremitäten und der Sklerotisierung auf. Einige Arten überwintern im vorletzten Larvenstadium als Scheinpuppe (Larva coarctata pharata), von der Cuticula des vorhergehenden Stadiums umhüllt. Diesem Ruhestadium folgt im Frühjahr nochmals ein frei bewegliches Larven- und endlich das Puppenstadium (Coleoptera, Meloidae; Ross et al. 1982).

2.4.3.4 Neotenie

Bei einigen Insektenarten ist, vor allem beim Weibchen, das Auftreten imaginaler Merkmale verzögert oder sogar verhindert. Die Weibchen behalten larvale (oder pupale) Charaktere bis zur Geschlechtsreife bei, bleiben also flügellos, während die Männchen «normale» Adulti ausbilden (z.B. Coccina; Strepsiptera; Coleoptera, Lampyridae; vgl. Pädogenese, 2.1.3).

2.4.3.5 Stoffwechseländerungen während der Metamorphose

Die Insektenmetamorphose ist durch einen drastischen Abfall und Wiederanstieg in der Stoffwechselrate gekennzeichnet. Dieser u-förmige Verlauf im Sauerstoffverbrauch geht mit entsprechenden Änderungen in der Akti-

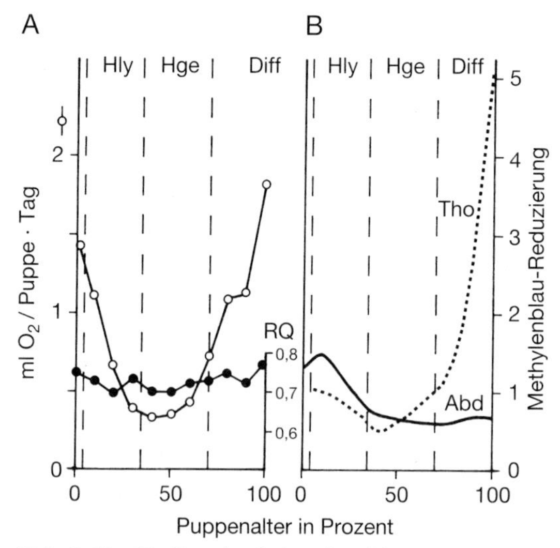

Abb. 2-15: Stoffwechsel in der Metamorphose. **A** Sauerstoffverbrauch und Respiratorischer Quotient (RQ) während der Metamorphose von *Calliphora erythrocephala*. Hly Histolyse, Hge Histogenese, Diff Differenzierung. **B** Die Änderungen in der Fähigkeit zur Methylenblau-Reduktion in verschiedenen Abschnitten der Puppenentwicklung von *C. erythrocephala* (Tho Thorax, Abd Abdomen) zeigen an, daß die Abnahme im Stoffwechsel mit der Histolyse der Larvengewebe einhergeht, während die Zunahme auf die Bildung der Adultmuskulatur, hauptsächlich im Thorax, zurückgeht (nach Agrell und Lundquist, in Rockstein 1973).

vität der oxidativen Enzym einher. Abb. 2-15 zeigt am Beispiel von *Calliphora erythrocephala* den Zusammenhang zwischen Sauerstoffverbrauch und den Vorgängen von Histolyse und Histogenese in der Puppe. Werte für den Respiratorischen Quotienten (RQ) um 0,7 weisen auf Fettverbrennung in der Puppenphase hin. Trotz der gewaltigen Umbauvorgänge in der Puppe sind meist nur geringe Veränderungen im Gesamtproteingehalt bzw. Stickstoffgehalt zu beobachten. Die Zunahme an Proteinen, z. B. in den Mitochondrien der Flugmuskulatur, geht zu Lasten von löslichen Proteinen. Das wichtigste stickstoffhaltige Exkretionsprodukt ist Harnsäure, die in der Puppe akkumuliert. Auch der Gesamtgehalt an Nucleinsäuren (DNA und RNA) verändert sich während der Metamorphose nur geringfügig. Häufig stehen Stoffwechseländerungen in der Puppe auch im Zusammenhang mit einer Diapause (2.5.2.1).

2.4.4 Regeneration

Bei der Regeneration werden beschädigte oder verloren gegangene Körperanteile, Organe, Gewebe oder Zellen wieder ersetzt. Die **physiologische Regeneration** dient entsprechend der beschränkten Lebensdauer vieler Zellen deren Wiederersatz. So werden abgestoßene Mitteldarmzellen regelmäßig durch neue ersetzt (1.1.2.2). Die **reparative** oder traumatische **Regeneration** führt zum Ersatz von Körperanteilen. Insekten zeichnen sich durch die Regeneration von Körperanhängen im Verlauf von **Häutungen** aus. Die Fähigkeit hierzu ist sehr unterschiedlich ausgeprägt und nimmt mit fortschreitendem Alter ab. Bei der Imago reicht sie meist nicht einmal mehr zu einer regelrechten Wundheilung aus. Besonders stark ausgeprägt ist die Regenerationsfähigkeit bei Insektengruppen (z. B. bei Phasmatodea) mit der Fähigkeit zur **Autotomie**, zum Abwerfen von Körperanhängen auf mechanische oder chemische Reize hin. Sehr wahrscheinlich führen die gleichen molekularen und zellulären Prozesse zur Ausbildung eines Regenerates, die auch an der Ausbildung der Körperanhänge in der Embryogenese beteiligt sind (Bullière und Bullière, in Kerkut und Gilbert 1985 [2]). Hohe Häutungshormontiter hemmen die Regenerationsfähigkeit.

Trennt man bei einer frisch geschlüpften Stabheuschreckenlarve *(Carausius morosus)* eine Antenne unmittelbar an der Basis ab, so entsteht an ihrer Stelle keine neue Antenne mehr, sondern meist ein Bein, eine **Heteromorphose**, wie man sie zuweilen auch in der Natur antrifft.

2.4.5 Postmetabole Entwicklung

Das Imaginalleben kann in drei Perioden unterteilt werden, die postmetabole Reifungs-, die Fortpflanzungsperiode und die Periode des Alterns **(Seneszenz)**, die mit dem natürlichen Tod abschließt. Die Dauer der Reifungs- und Fortpflanzungsperiode ist art- und geschlechtsspezifisch unterschiedlich und wird stark von Umweltfaktoren (Temperatur, Nahrung etc.) beeinflußt. Reifung und Funktionsweise der Gonaden sind in Abschnitt 2.2 dargestellt.

Von entscheidender Bedeutung für den Alternsverlauf ist die Ökologie und Fortpflanzungsweise einer Art (Collatz und Wilps 1983; Collatz 1986). Bei vielen Insekten beschleunigt eine erfolgreiche Fortpflanzung den Alterungsprozeß, der nicht unbedingt von Seneszenzerscheinungen (einer progressiv fortschreitenden Anhäufung degenerativer Ereignisse) begleitet zu sein braucht. Sind die Kosten für die Fortpflanzung sehr hoch und stehen die Arten unter einem hohen Feinddruck, so wird die Selektion auf eine baldmögliche Reproduktion auf Kosten der Lebensdauer wirken. Verhinderte Fortpflanzung wirkt demgemäß lebensverlängernd **(r-Selektionsstrategie**, wie sie bei vielen Calliphoridae, Muscidae und Drosophilidae zu finden ist; Tiere mit einer hohen Nachkommenzahl und hoher Sterberate; Abb. 2-16). Bei der Fliege *Protophormia*, einem r-Strategen, ist ein sprunghafter Rückgang der Flugleistung zwischen dem ersten Drittel (bei Tieren nach erfolgreicher

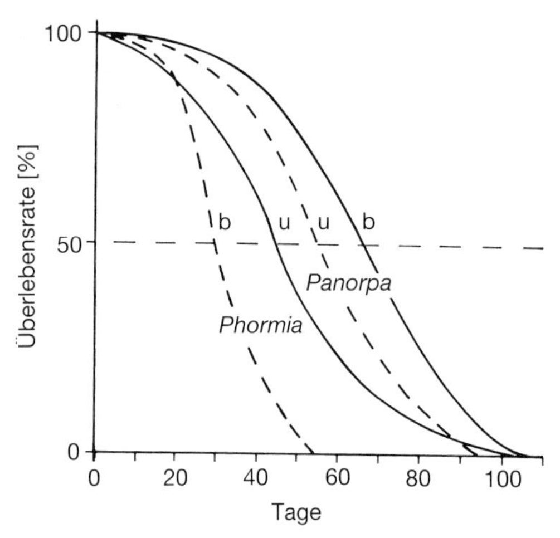

Abb. 2-16: Unterschiede in der Lebensdauer unbegatteter (u) Weibchen von *Phormia* (Calliphoridae) und *Panorpa* (Mecoptera) gegenüber den entsprechenden begatteten (b) Gruppen (nach Collatz und Wilps 1983).

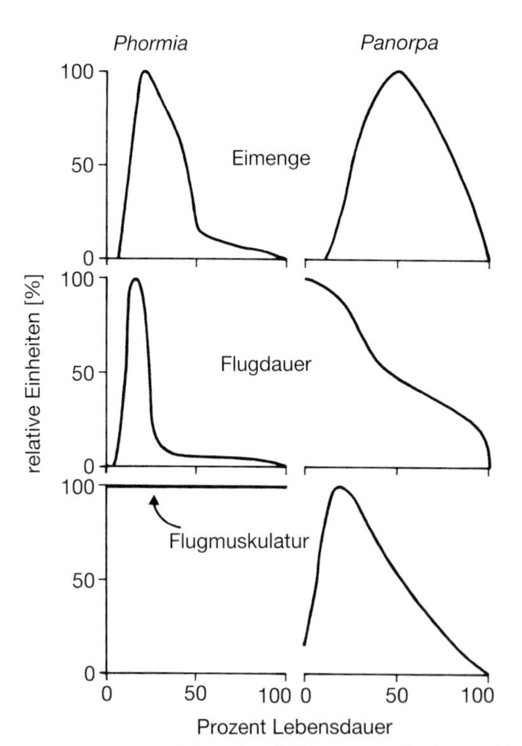

Abb. 2-17: Vergleich der Stärke verschiedener Alterseffekte von *Phormia* und *Panorpa* (in relativen Einheiten) über die Lebensdauer (nach Collatz und Wilps 1983).

Fortpflanzung) und der Hälfte (bei virginellen Weibchen) der Adultlebensspanne zu beobachten (Abb. 2-17). Der sprunghafte Vitalitätsverlust in Abhängigkeit vom Fortpflanzungserfolg macht eine hormonelle Steuerung beim Ablauf des Alternsprogrammes wahrscheinlich. Als Ursache für den Vitalitätsverlust werden fehlende Reservestoffe, degenerierte Muskeln und reduzierte Enzymaktivitäten diskutiert.

Nach den Vorstellungen von Sohal und Mitarbeitern (Sohal, in Collatz und Sohal 1986) führt die Fortpflanzung (ebenso wie eine Temperaturerhöhung) zu einer Erhöhung der Stoffwechselrate und einer schnelleren Erschöpfung des Stoffwechselpotentials. Eine intensivere Stoffwechselrate bedeutet einen höheren Sauerstoffverbrauch, was zu einer Erhöhung des Gehaltes an **freien Radikalen** und Hydroxyperoxiden (H_2O_2, oxidiertes Glutathion, n-Pentan, Thiobarbitursäure-reaktives Material; Anhäufung des Alternspigmentes Lipofuscin) im Organismus führt. Von freien Radikalen ist bekannt, daß sie membranschädigend und zellzerstörend wirken. Zusätzlich ist z. B. bei alternden *Musca*-Arten eine Abnahme der Aktivität der Enzyme Superoxiddismutase und Katalase sowie der Substanzen Glutathion und Tocopherol zu beobachten, die den Schutz des Organismus vor der Wirkung freier Radikale gewährleisten. Die mit zunehmendem Alter größer werdende Imbalance zwischen freier Radikal- und Antoxidatienbildung scheint also den Alterungsprozeß, und damit die Lebensdauer, zu bestimmen.

Eine erfolgreiche Fortpflanzung muß allerdings nicht immer lebensverkürzend wirken. Bei der Schlupfwespe *Pimpla turionella* unterscheidet sich die Lebensdauer von virginellen und kopulierten Weibchen nicht, auch deren Eiablageraten sind identisch (aus den unbefruchteten Eiern schlüpfen Männchen; 2.1.3). Bei der Skorpionsfliege *(Panorpa vulgaris)* wirkt eine Verhinderung der Fortpflanzung sogar deutlich lebensverkürzend; verpaarte Weibchen haben eine ca. 20 % längere Lebensdauer als virginelle (Abb. 2-16). *Panorpa* ist ein typischer **«k-Stratege»** mit geringer Nachkommenzahl bei geringer Sterberate. Der Alterungsprozeß läuft im Sinne einer fortschreitenden Anhäufung von Defekten ab. Entsprechend läßt das Flugvermögen mit zunehmendem Alter kontinuierlich nach (Abb. 2-17). Im Freiland findet man regelmäßig Tiere mit typischen Alterskennzeichen, wie Pigmentanhäufungen und partiellen Flügelverlusten.

Der physiologische **Tod** ist bei Insekten demnach ein allgemeiner, wenn auch in der einzelnen Zelle zum Ausdruck kommender Stoffwechseltod.

2.5 Exogene Einflüsse

Entwicklung und Fortpflanzung der Insekten werden in hohem Maße von abiotischen Faktoren direkt oder indirekt (über die Wirkung auf andere Organismen) beeinflußt (Übersicht in Tauber et al. 1986; Zaslavski 1988; Box 2-1). Unter natürlichen Bedingungen sind die Tiere einer Kombination von **abiotischen** und **biotischen Umweltfaktoren** ausgesetzt, und diese Kombination bestimmt letztendlich die Verbreitung und Häufigkeit einer Art. Oft verändert die Wirkung eines Faktors die normale Antwort auf einen anderen. Zum Beispiel vermag Licht eine Diapause zu induzieren, die die Tiere unempfindlich gegenüber tiefen Temperaturen macht. Ein anderer abiotischer Faktor, dem Insekten zunehmend ausgesetzt sind, sind **Pesticide**. Auch subletale Dosen von Pesticiden können die Fortpflanzung und Entwicklung erheblich beeinträchtigen.

2.5.1 Temperatur

Die Umgebungstemperatur beeinflußt die Entwicklungsdauer wie auch die Fortpflanzungsrate. Jede Insektenart entwickelt sich in einem **Vorzugstemperaturbereich;** Temperaturen außerhalb dieses Bereiches erhöhen die Mortalitätsrate. Unter tagesperiodischen Wechseltemperaturen, wie sie in den gemäßigten Breiten natürlicherweise herrschen, ist die Mortalität oft geringer und der Vorzugstemperaturbereich weiter als wenn die Tiere (im Labor) unter konstanten Temperaturbedingungen gehalten werden (Ratte, in Hoffmann 1985). Die **Entwicklungszeit** nimmt für alle Stadien mit steigender Temperatur exponentiell ab. Abb. 2-18 zeigt den Einfluß der Temperatur auf die Entwicklung der Eier von *Drosophila melanogaster.* Die Dauer des Eistadiums hat bei 30 °C ihren Minimalwert, und dementsprechend erreicht die Kurve für den reziproken Wert, die **Entwicklungsgeschwindigkeit**, bei dieser Temperatur ihr Maximum.

Die Beziehung zwischen Entwicklungszeit und Temperatur kann durch verschiedene Exponentialfunktionen näherungsweise wiedergegeben werden, eine hiervon ist die **Kettenlinien-Funktion** von Janisch (1925):

$$t_d = \frac{t_{min}}{2}\left[a^{(T-Topt)} + a^{(Topt-T)}\right]$$

(T_{opt} optimale Entwicklungstemperatur, T Experimentaltemperatur, t_d Entwicklungszeit, t_{min} kürzeste Entwicklungszeit im Temperaturoptimum, a artspezifische Konstante).

Einfacher und meist hinreichend genau ist es, durch die Punkte mit den Koordinaten Entwicklungsgeschwindigkeit und Temperatur eine Gerade zu legen. Diese Gerade schneidet die Temperaturachse beim (rechnerischen) **Entwicklungsnullpunkt** (T_o). Die Entwicklungsgeschwindigkeit läßt sich in erster Näherung durch die Formel bestimmen: $1/T = k \cdot (T-T_o)$. Es muß sich also eine bestimmte

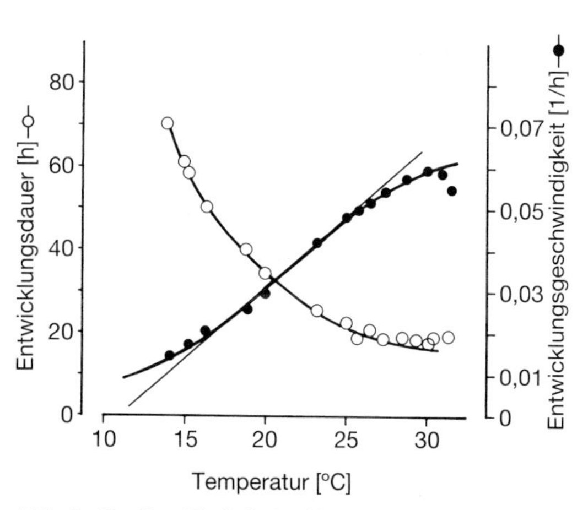

Abb. 2-18: Der Einfluß der Temperatur auf die Entwicklung der Eier von *Drosophila melanogaster* (nach Varley et al. 1980).

Box 2-1: Alfred Kühn

Alfred Kühn (22.4. 1885–22.11. 1968), geboren in Baden-Baden, verbrachte seine Kinder- und Jugendzeit in Hornberg und Freiburg. Dort begann er 1904 auch das Studium der Naturwissenschaften. Neben den entwicklungsgeschichtlichen Arbeiten bei seinem Lehrer August Weismann interessierten ihn besonders die Untersuchungen des Physiologen und Philosophen Johannes von Kries zur Arbeitsweise des Labyrinths bei Reptilien. Seiner Promotion im Jahre 1908 über das Verhalten von Chromosomen im Lebenszyklus von Cladoceren bei parthenogenetischer Fortpflanzung folgte rasch die Habilitation (1910). Während seiner Studienaufenthalte an der Zoologischen Station in Neapel begann Alfred Kühn mit entwicklungs- und stammesgeschichtlichen Untersuchungen an Hydrozoen. Den drei Themenkreisen der vergleichenden Entwicklungsgeschichte und -physiologie, der beschreibenden Morphologie und später der Sinnesphysiologie ist Alfred Kühn durch viele Jahrzehnte treu geblieben.

Bis 1914 war Alfred Kühn als Privatdozent und außerordentlicher Professor in Freiburg tätig. Auf den Wehrdienst im 1. Weltkrieg folgte eine Zeit als Assistent bei Karl Heider in Berlin, von dort 1920 die Berufung als Ordinarius auf den Lehrstuhl für Zoologie nach Göttingen. In Göttingen schuf Alfred Kühn während seiner 17jährigen Tätigkeit Unterrichtsmöglichkeiten, die neu waren und richtungsweisend wurden. Hier entstand im Jahre 1922 der «Grundriß der allgemeinen Zoologie», ein Buch, das Generationen von Biologen und Medizinern in ihrem Studium begleitete. Noch heute gilt dieses Lehrbuch als ein Meisterwerk der sprachlichen und zeichnerischen Darstellung. Das Erbe Alfred Kühns und später Ernst Hadorns führen Rüdiger Wehner und Walter Gehring in ihrem Lehrbuch «Zoologie» fort. Die Berufung zum 2. Direktor des Kaiser-Wilhelm-Instituts für Biologie in Berlin-Dahlem (1937) ermöglichte es Alfred Kühn, sich mehrere Jahre ganz der Forschung zu widmen. In Berlin suchte und fand Kühn die enge Zusammenarbeit mit dem Chemiker Adolf Butenandt. Aus dieser Zusammenarbeit erwuchsen die Grundlagen für das Verständnis der **Wirkungsweise von Erbanlagen** mit der Vorstellung, daß die Gene ihre Wirkung primär über spezifische Enzyme entfalten. Mit diesen Arbeiten war Alfred Kühn einer der bedeutendsten Wegbereiter der heutigen Molekularbiologie. Der 2. Weltkrieg machte 1943 eine Verlagerung des Kaiser-Wilhelm-Instituts für Biologie nach Hechingen notwendig. 1946 bis 1951 war Alfred Kühn auch Ordinarius und Direktor des Zoologischen Instituts in Tübingen. Im Jahre 1951 erfolgte die Übersiedlung in das neuerrichtete Max-Planck-Institut für Biologie in Tübingen, wo Alfred Kühn bis 1958 als Geschäftsführender Direktor tätig war und wo er bis zu seinem Tod im Jahre 1968 forschend und lehrend wirkte. Alfred Kühn erhielt 4mal den Ehrendoktor, war Träger des Ordens Pour le mérite, Friedensklasse, und Ehrenmitglied zahlreicher wissenschaftlicher Gesellschaften.

Aus den Interessengebieten Alfred Kühns soll hier auf zwei entomologische Themenkreise ausführlicher eingegangen werden, auf die sinnesphysiologischen Arbeiten zum Farbensinn von Bienen sowie die Untersuchungen zur **Entwicklungsphysiologie** und Genetik an Schmetterlingen. Die sinnesphysiologischen Arbeiten Alfred Kühns gipfeln im Nachweis der Fähigkeit von Bienen, ultraviolettes Licht als Farbe zu sehen (1927). Die Untersuchungen zur Physiologie von Sinnesorganen und des durch sie vermittelten Orientierungsverhaltens führten zur Abfassung eines ersten und wegweisenden tierphysiologischen Praktikums (1919). Seine entwicklungsphysiologischen Untersuchungen gehen auf die Zeit in Freiburg zurück, die Ergebnisse sind aber erst 1926 publiziert worden.

In der Abänderung des Zeichnungsmusters eines Schmetterlingsflügels durch wechselnde Temperaturen sah Alfred Kühn einen Weg, die Entstehung eines gegliederten, flächenhaften Musters experimentell zu verfolgen. Schnell gelang Alfred Kühn in dieser Frage der entscheidende Brückenschlag zur Genetik. Bei Kleinschmetterlingen (*Ephestia*, Ptychopoda) ließen Mutationen das Eingreifen von Genen in den Ablauf der Differenzierung erkennen. Gleichfalls am Modell der Insektenentwicklung verfolgte Kühn die **Wirkungsweise von Hormonen.** Die Aufklärung der chemischen Natur der beteiligten Hormone und ihre Rolle bei der Aktivierung von Genen in den kompetenten Zellen sind Bestandteile einer molekularen Entwicklungsbiologie geworden.

Alfred Kühn war nicht nur ein herausragender Forscher und akademischer Lehrer, er hat auch zahlreiche Gedichte und Märchen verfaßt («Wunderarzt», «Die Wolkenschäfchen», «Der Sonnenacker»).

Literatur

Egelhaaf, A. (1969) Auf dem Wege zur molekularen Biologie. Alfred Kühn zum Gedenken. Naturwiss. **56**, 229–232.

Kühn, A. (1919) Die Orientierung der Tiere im Raum. Fischer, Jena.

Kühn, A. (1922) Grundriß der allgemeinen Zoologie. Thieme, Stuttgart.

Kühn, A. (1926) Über die Änderung des Zeichnungsmusters von Schmetterlingen durch Temperaturreize und das Grundschema der Nymphalidenzeichnung. Nachr. Ges. Wiss. Göttingen, 120–141.

Kühn, A. (1927) Zum Nachweis des Farbunterscheidungsvermögens der Bienen. Z. vergl. Physiol. **5**, 762–800.

Schwartz, V. (1969) A. Kühn. Z. Naturf. **25b**, 1–4.

Wehner, R. und Gehring, W. (1990) Zoologie. Thieme, Stuttgart.

K. H. Hoffmann

Zahl von Tagesgraden ansammeln, bis die Entwicklung vollendet ist, wobei nur die Temperaturen oberhalb des Entwicklungsnullpunktes gezählt werden. Das Ausmaß in der Temperaturabhängigkeit der Entwicklung, ausgedrückt durch die Steigung für die Entwicklungsgeschwindigkeit oder den Q_{10}-Wert, ist bei den verschiedenen Insektenarten sehr unterschiedlich (Q_{10}-Werte zwischen 1 und 4). Ein Q_{10} von 1, z. B. für die Entwicklung des Teppichkäfers *(Attagenus megatoma)*, zeigt an, daß es auch Insekten gibt, die sich (innerhalb bestimmter Grenzen) **un**abhängig von der Umgebungstemperatur entwickeln.

In der Natur sind die meisten Insekten erheblichen Temperaturschwankungen im Tages- wie im Jahresablauf ausgesetzt. Aus der Zeit, die ein Organismus jeweils einer bestimmten Temperatur ausgesetzt ist und bei Kenntnis der Entwicklungsgeschwindigkeit unter konstanten Temperaturen, müßte sich errechnen lassen, wie lange das Tier unter einem gegebenen Wechseltemperaturregime zu seiner Entwicklung benötigt **(Temperatursummenregel)**. Derartige Berechnungen hat Kaufmann 1928 (in Remmert 1992) bereits durchgeführt und diese Berechnungen sind durch zahlreiche Experimente bestätigt worden. Wechseltemperaturen können die Entwicklung beschleunigen, aber auch verzögern. Betrachtet man die Entwicklungsdauer einer Art unter verschiedenen Thermoperioden innerhalb des gesamten Temperaturbereichs, in dem Entwicklung stattfindet, so gilt oft folgende Regel: Wechseltemperaturen im Bereich unterhalb des Wendepunktes der Entwicklungskurve beschleunigen die Entwicklung, während im Bereich des Temperaturoptimums Wechseltemperaturen die Entwicklung verzögern. Die Beschleunigung in der Entwicklung geht oft weit über den Betrag hinaus, der aufgrund der Temperatursummenregel zu erwarten ist (z. B. bei *Drosophila*-Arten, der Zierlaus *Therioaphis maculata*, den Heuschrecken *Melanoplus mexicanus* und *Locusta migratoria* und bei der Grille *Gryllus bimaculatus*).

Bei vielen Insekten ist auch die Reproduktionsrate unter Wechseltemperaturen stark erhöht. So legen unter Wechseltemperaturen aufgezogene Zierläuse *(Therioaphis maculata)* deutlich mehr Eier ab als bei den entsprechenden Konstanttemperaturen; auch der Temperaturbereich, in dem Eiproduktion stattfindet, ist erweitert (Abb. 2-19A). Zusätzlich kann die Phasenbeziehung zwischen Thermo- und Photoperiode und die Häufigkeit des Temperaturwechsels die Reproduktionsrate beeinflussen. Grillenweibchen *(Gryllus bimaculatus)* legen unter rasch oszillierenden Temperaturen nochmals doppelt so viele Eier ab als bei der entsprechenden tagesperiodischen Wechseltemperatur (Abb. 2-19B). Über die physiologische Basis dieser Wechseltemperaturerscheinungen ist noch wenig bekannt, diskutiert wird eine Temperaturwirkung über das (neuro)endokrine System (Ratte, in Hoffmann 1985; Hoffmann 1986). Bei der ökologischen Bedeutung

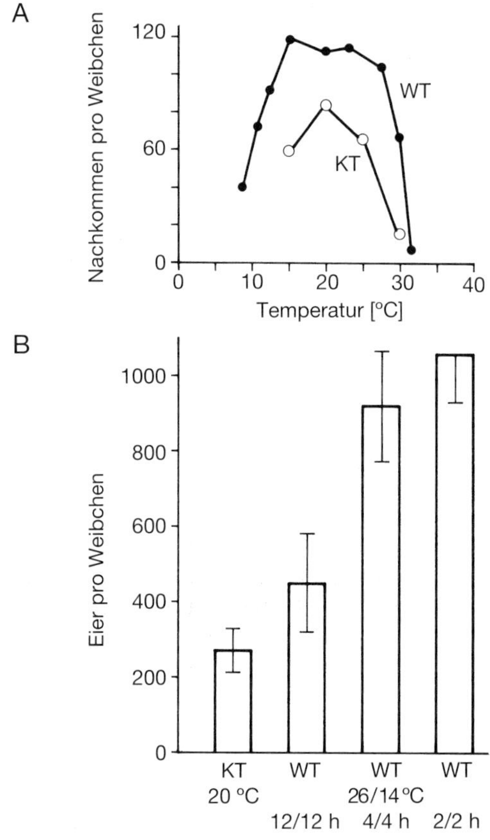

Abb. 2-19: Der Einfluß von Wechseltemperaturen auf die Reproduktionsrate. **A** Anzahl der Nachkommen bei *Therioaphis maculata* unter konstanten (KT) und tagesperiodisch wechselnden Temperaturen (WT; Amplitude 8°). **B** Eiablage von *Gryllus bimaculatus* unter konstanten (KT) und wechselnden Temperaturen (WT; **A** nach Ratte, in Hoffmann 1985; **B** nach Behrens et al. 1983).

einer solchen Erhöhung der Produktivität an organischer Substanz bzw. an Eiern ist dieses Phänomen jedoch unbedingt weiter zu verfolgen.

In Habitaten mit einer kurzen Wachstumsperiode im Sommer ist es notwendig, daß die Larven nahezu gleichzeitig aus den Eiern schlüpfen oder daß die Weibchen ihre Eier zur gleichen Zeit ablegen. Diese **Synchronisation** in der Entwicklung kann dadurch erreicht werden, daß die einzelnen Stadien unterschiedliche Temperaturschwellenwerte für die Entwicklung aufweisen.

2.5.2 Photoperiode

Von besonderer Bedeutung für die Entwicklung der Insekten ist die Dauer der täglichen Lichtzeit (Photophase), bzw. der rhythmische Wechsel von Licht und Dunkelheit (Tag-Nacht-Zyklus; Photoperiode). Die Photoperiode beeinflußt Insekten auf zwei Weisen: erstens vermag sie kurzzeitige (tagesperiodische) Verhaltensantworten zu induzieren (Tagesrhythmik), zweitens ermöglicht sie eine zeitliche Einklinkung der Entwicklung in die Bedingungen des Lebensraumes (Jahresrhythmik). In beiden Fällen müssen die Tiere über die Fähigkeit zur exakten Zeitmessung verfügen, sie haben eine **innere Uhr** (endogene Rhythmik mit Tag-Nacht-Wechsel als Zeitgeber; 8.3; Box 8-2). Die Frage nach dem Mechanismus der inneren Uhr kann heute noch nicht beantwortet werden. Wahrscheinlich arbeitet die Uhr nach dem Prinzip selbsterregter Schwingungen und ist ein zellulärer Mechanismus. Im Vielzeller-Organismus müssen die Einzelmechanismen (Oszillatoren) durch übergeordnete Zentralmechanismen aufeinander abgestimmt werden. Beispiele für eine photoperiodisch gesteuerte, endogene Tagesrhythmik im Fortpflanzungs- und Entwicklungsgeschehen finden sich beim Kopulationsverhalten, der Eiablage und beim Schlüpfen aus Eiern und Puppen.

Viele Schwärmerweibchen scheiden ihr Lockpheromon (7.1.3) immer kurz nach Einbruch der Dunkelheit aus und sind in der Mitte der Dunkelphase für die Männchen besonders empfänglich. Ameisenmännchen unternehmen ihre Hochzeitsflüge am Ende der Morgendämmerung oder zu Beginn der Abenddämmerung. Der Schwarmbildung von Stechmückenmännchen in der Morgen- und Abenddämmerung unterliegt ebenfalls eine endogene Rhythmik mit der Photoperiode als **Zeitgeber;** allerdings können auch Temperatur und die Lichtintensität die Schwarmbildung beeinflussen. Einige Stechmückenarten *(Aedes aegypti, Taeniorhynchus fuscopennatus)* weisen eine strenge **Tagesrhythmik** bei der Eiablage auf. Viele tropische Libellen schlüpfen in Massen am Abend aus der Puppe und sind am folgenden Morgen dann flugfähig. Auf diese Weise sind die noch flugunfähigen, frischen Imagines vor tagaktiven Feinden geschützt. Eine endogene Rhythmik mit der Photoperiode als Zeitgeber liegt auch dem Schlüpfen vieler *Drosophila*-Arten zugrunde, die in Massen 1–2 Stunden vor der Morgendämmerung ausschlüpfen. Wird eine im Dauerdunkel gehaltene Kultur von *Drosophila*-Larven unterschiedlichen Alters einem kurzen Lichtblitz (1/2000 Sekunde) ausgesetzt, so schlüpfen die Adulti in regelmäßigen 24-Stunden-Intervallen. In polaren Gebieten (ohne ausgeprägte Photoperiode) kann dagegen die Temperatur als Zeitgeber für das Schlüpfen wirken. Versuche an einigen Großschmetterlingsarten *(Hyalophora cecropia, Antheraea pernyi, Bombyx mori)* erbrachten den Hinweis, daß die circadiane Rhythmik der Schlüpfhäufigkeit aus den Puppen vom Gehirn gesteuert wird. Aus schlüpfreifen Puppen wurde das Schlüpfhormon (eclosion hormone) isoliert, das nur zu einer bestimmten Tageszeit ausgeschüttet wird (Truman 1983; 3.4.4).

Eine besonders präzise zeitliche Programmierung für die Entwicklung braucht die in der Gezeitenzone auf felsigem Substrat lebende Einstundenmücke *Clunio*. Die Imagines müssen schlüpfen, wenn zur Zeit der Springtiden eine besonders tiefe Ebbe auftritt und das Habitat für kurze Zeit trockenfällt **(Semilunarrhythmik**; Neumann 1983; 1989). Innerhalb einer Stunde muß es zum Schlüpfen, zur Partnerfindung und zur Eiablage kommen. Infolge der Zeitverschiebung von Gezeiten längs der Meeresküsten kann eine Programmierung auf eine bestimmte Tageszeit nur auf einen bestimmten Küstenort passen. Längs der Küsten erwartet man geographisch isolierte Zeitrassen, und die wurden tatsächlich nachgewiesen. Die Phasenlage des Tagesrhythmus im Schlüpfen ist ein genkontrolliertes Merkmal. Als Zeitgeber für die Semilunarrhythmik treten bei den verschiedenen geographischen Rassen von *Clunio marinus* verschiedene Faktoren auf: die Gezeitenturbulenz zusammen mit dem Tag-Nacht-Zyklus bei den nördlichen Populationen (z. B. auf Helgoland) und das Mondlicht zusammen mit dem Tag-Nacht-Zyklus bei den südeuropäischen

Populationen sowie bei einer subtropischen *Clunio*-Art. Ganz anders verhalten sich arktische Populationen von *C. marinus*. Hier programmiert ein einmaliger Reiz – eine kurze Temperaturerhöhung bei Niedrigwasser – ein Schlüpfen 12 Stunden später voraus (nichtoszillierendes Zeitmeßsystem; Sanduhrmechanismus). Für die an der japanischen Pazifikküste lebende *Clunio*-Art *(C. tsushimensis)* liegt der für die Fortpflanzung günstigste Springniedrigwasserstand im Sommer um die Mittagszeit, im Winter dagegen 12 Stunden später. Der jahreszeitliche Phasenwechsel bei der täglichen Schlüpfzeit wird wiederum von der Photoperiode gesteuert.

Jahresperiodische Reaktionen auf die Photoperiode sind besonders von Insekten der gemäßigten und arktischen Breiten entsprechend den strengeren Klimaunterschieden zwischen Sommer und Winter bekannt. Die Amplitude der jahreszeitlichen Änderungen der Photoperiode nimmt von niederen zu höheren Breiten auf der Erde beträchtlich zu. Die Dauer der täglichen Beleuchtung kann sich sowohl auf die Geschwindigkeit der Entwicklung als auch auf die Ausbildung von Größe, Form und Färbung auswirken. Einige Insektenlarven wachsen unter **Langtagbedingungen** (16 oder mehr Stunden Licht) schneller als im **Kurztag**. Bei anderen Arten ist es genau umgekehrt.

Wie weit die Photoperiode dabei einen unmittelbaren Einfluß auf die Entwicklungsgeschwindigkeit ausübt, ist noch nicht klar. Sie ist aber neben der Temperatur ein entscheidender Faktor bei der Auslösung und Steuerung von in den Lauf der Entwicklung häufig eingeschalteten Zeiten einer relativen Stoffwechsel- und Entwicklungsruhe, einer **Dormanz**. Dormanz kann in allen Entwicklungsstadien und in verschiedenen Formen (Quieszenz, Parapause, Diapause) auftreten und stellt einen Weg dar, vorübergehend auftretende ungünstige Umweltbedingungen (extreme Temperaturen, Trockenheit, Nahrungsmangel) zu überdauern. Im Fall von **Quieszenz** liegt eine nicht obligatorische Entwicklungsverzögerung vor, die direkt durch die veränderten Umweltbedingungen hervorgerufen wird. Bei der **Diapause** handelt es sich um eine während der Entwicklung (in einem für die Art festliegendem Stadium) genetisch festgelegte Vorwegeinstellung auf eine normalerweise (meist jahresperiodisch) auftretende Änderung eines Außenfaktors (vgl. Winterschlaf mancher Kleinsäuger); häufig ist die Photoperiode auslösender bzw. bestimmender Faktor. Die Insektendiapause steht unter hormonaler Kontrolle (Ecdysteroide, Juvenilhormone, Diapausehormone; 3.4).

2.5.2.1 Diapausestadien in der Entwicklung

Während der Embryonalentwicklung tritt Diapause z. B. bei der Grille *Homeogryllus japonica* (nach der Blastodermbildung), beim Seidenspinner *(Bombyx mori)* (während der Keimstreifbildung), bei der Wanderheuschrecke *(Locusta migratoria)* (während der Anatrepsis) oder beim Schmetterling *Lymantria dispar* (unmittelbar vor dem Ausschlüpfen der Larve) auf. Larvendiapause kann in jedem Stadium, von der ersten Larve (vor der ersten Nahrungsaufnahme) bis zur Vorpuppe (z. B. bei *Hydromedion sparsutum;* Coleoptera, Perimylopidae) stattfinden. Meist zeigen die Larven vor Eintritt in die Diapause ein charakteristisches Prädiapauseverhalten (z. B. Aufsuchen eines geeigneten Ortes für das Ruhestadium). Einige Arten (z. B. *Chilo suppressalis;* Lepidoptera, Pyralidae) häuten sich auch während der Diapause (stationäre Larvalhäutungen). Am häufigsten tritt Diapause in Verbindung mit der Metamorphose auf (Puppendiapause der Lepidoptera). Auch wenn die Diapause in der Regel zum Überdauern einer ungünstigen Jahreszeit dient, so gibt es doch Arten, die über mehrere Jahre hinweg in Diapause verharren (Behrens, in Hoffmann 1985). Die Adultdiapause ist eine Reproduktionsdiapause und kommt häufig bei Coleoptera (z. B. beim Kartoffelkäfer, *Leptinotarsa decemlineata*, und beim Gelbrandkäfer, *Dytiscus marginalis*) und Lepidoptera (Monarch, *Danaus plexippus*) vor. Bei Insekten mit einem mehrjährigen Entwicklungszyklus können zwei Diapausen in unterschiedlichen Entwicklungsstadien hintereinander auftreten (z. B. Embryonal- und Puppendiapause beim Kleinen Frostspanner, *Operophtera brumata;* Embryonal- und Adultdiapause bei der Wanderheuschrecke, *Locusta migratoria*).

2.5.2.2 Diapause-Induktion und -Termination

Photoperiodeänderungen sind der wichtigste Auslöser für eine Diapause. Licht ist wirksam, wenn ein Schwellenwert von etwa 11 Lux überschritten wird. Somit ist z.B. Mondlicht ineffektiv. Wolken am Tageshimmel haben hingegen keinen Einfluß auf die Photoperiode-Wahrnehmung. Die Wahrnehmung der Photoperiode erfolgt sehr wahrscheinlich direkt im Gehirn (cerebrale neurosekretorische Zellen) in einer sensitiven Phase, die hinreichend lange vor dem Eintritt der ungünstigen Umweltbedingungen liegt und meist 3–30 Tage dauert. So sind beim Seidenspinner *(Bombyx mori)* die Eier der Vorgeneration das photosensitive Stadium für die Embryonaldiapause in der folgenden Generation. Die meisten Insekten messen die absolute Tageslänge,

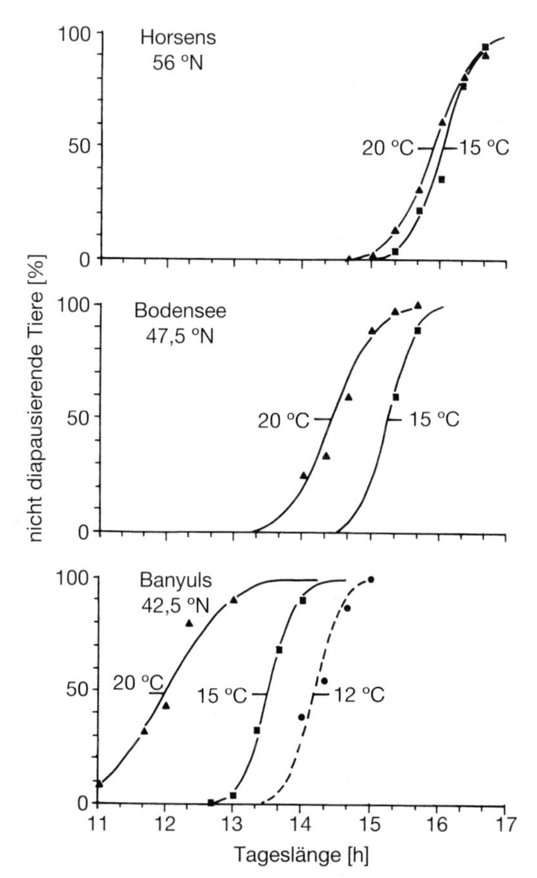

Abb.2-20: Das Auftreten von Nichtdiapause-Stadien in Abhängigkeit von Tageslänge und Temperatur bei drei Kohlweißling-Populationen *(Pieris brassicae)* aus Gebieten unterschiedlicher nördlicher Breite (N; nach Sauer et al. 1990).

oder besser die absolute Länge der Dunkelphase (Scotophase); seltener wirkt eine Zu- oder Abnahme in der Photoperiode Diapause-auslösend. Eine artspezifische **kritische Tageslänge** entscheidet also darüber, ob die Tiere sich kontinuierlich weiterentwickeln (bei den Insekten der gemäßigten Breiten unter Langtagbedingungen) oder in eine Diapause eintreten (Kurztagbedingungen). Innerhalb einer Art hängt die kritische Tageslänge vom Verbreitungsgebiet ab (Abb. 2-20). Auch weist sie eine gewisse genetische Variabilität auf.

Beim Kohlweißling *Pieris brassicae* oder beim Nachtfalter *Acronycta rumicis* ist die kritische Tageslänge auch temperaturabhängig (Abb. 2-20). In Banyuls (42,5°N) kann die Vegetationsperiode (Dauer eines ausreichenden Nahrungsangebotes) von Jahr zu Jahr variieren, während sie in Horsens (56°N) sehr konstant ist. Entsprechend weist die Banyuls-Population eine breitere genetische Variabilität in bezug auf die kritische Tageslänge auf. Auch die Temperaturabhängigkeit der kritischen Tageslänge ist viel stärker ausgeprägt als bei der Horsens-Population. Für die Fleischfliege *Sarcophaga argyrostoma* liegt die kritische Tageslänge bei 13,3 Stunden (15–25 °C), bei 25 °C treten aber nur noch wenige Larven in die Diapause ein (temperaturkompensierte Diapauseinduktion).

In der Vorbereitungsphase auf eine Diapause werden Reservestoffe (Kohlenhydrate, Lipide) angehäuft, gleichzeitig verlieren die Tiere Wasser. Über die Stoffwechselanpassungen während einer Diapause wird in den Kapiteln 1.2.6.3, 1.3.3.2 und 1.6.4 berichtet, über die hormonale Steuerung der Diapause in 3.4.4.4. Diapause stellt eher einen dynamischen denn einen statischen Zustand dar, in dessen Verlauf sich der physiologische Status der Tiere verändert.

Faktoren, welche die Diapause beenden, sind zunehmende Tageslänge, wie bei der Libelle *Anax*, oder eine Periode mit niedrigen Temperaturen bzw. Bedingungen, die den Winter simulieren (Varley et al. 1980). Bei der Vorpuppen-Diapause des unter konstant tiefen Temperaturen lebenden subantarktischen Käfers *Hydromedion sparsutum* entscheiden die während der gesamten Larvenzeit herrschenden Photoperiodebedingungen über die Länge des Ruhestadiums (Haderspeck und Hoffmann 1990).

Auch die Beendigung der Diapause ist ein kontinuierlicher Vorgang. Der eigentlichen Diapause folgt eine metabolische Quieszenz, bevor im Frühjahr die Postdiapauseentwicklung einsetzt. Im Labor kann die Diapause bei vielen Insekten durch eine Kältebehandlung (chilling) verkürzt werden (z. B. Larvendiapause bei *Gryllus campestris*).

2.5.2.3 Saisondimorphismus

Durch die Umstellung des Stoffwechsels während der Diapause werden bei bi- oder polyvoltinen Arten bei der diapausierenden Generation z. T. starke morphologische Veränderungen hervorgerufen, wodurch sie sich vorwiegend in der Färbung, aber auch in Strukturen, von den nicht diapausierenden Generationen unterscheidet.

So schlüpfen aus Diapausepuppen des Landkärtchens *(Araschnia levana)* im Frühjahr immer die Falter der roten *levana*-Form, wogegen sich im Sommer aus Subitanpuppen die schwarz-weißen Falter der *prorsa*-Form entwickeln (Abb. 2-21). Der Entwicklungsmodus der Puppen wird durch die Tageslänge gesteuert. Wirken auf die Raupen lange Tageslichtlängen ein, so werden sie zu Subitanpuppen, unter Kurztag dagegen zu Diapausepuppen. Durch die Einwirkung von extremen Temperaturen auf die Puppen können auch intermediäre Flügelfärbungen hervorgerufen werden. Die Rotfärbung der Flügel hängt davon ab, zu welchem Zeitpunkt nach der Verpuppung die Imaginalentwicklung durch Ecdysteroide ausgelöst wird. Bei anderen Schmetterlingsarten bewirken Faktoren aus dem Gehirn direkt die Saisonformbildung in den Flügeln. Auch fast alle anderen untersuchten Saisonpolymorphismen konnten als Folgen photoperiodisch induzierter Diapause-Nichtdiapause-Mechanismen erkannt werden (2.1.3).

Abb. 2-21: Saisondimorphismus bei *Araschnia levana*. Dorsalansicht der rötlichen Frühjahrsform (links) und der schwarz-weißen Sommerform (rechts; Photos P. B. Koch, Ulm).

2.5.3 Nahrung

Nur selten ist das quantitative Nahrungsangebot ein beschränkender Faktor für Fortpflanzung und Entwicklung. Häufig wird die Fortpflanzungsrate hingegen von der Art des zur Verfügung stehenden Futters beeinflußt. Viele Diptera überleben als Imagines mit Kohlenhydraten als alleiniger Nahrung, für die Eibildung benötigen die Weibchen aber eine Proteinquelle (z. B. Wirbeltierblut) (1.1). In äquatorialen Regionen, in denen Temperatur und Photoperiode nur geringe jahresperiodische Veränderungen aufweisen, kann das Futterangebot als ein Jahreszeitenindikator dienen und eine (meist Sommer-)Diapause auslösen. Häufiger moduliert die Nahrung aber nur eine photoperiodische Diapauseinduktion. So kann beim Kartoffelkäfer *(Leptinotarsa decemlineata)* das Fressen alter Kartoffelblätter eine Reproduktionsdiapause induzieren, auch unter Langtagbedingungen, in denen sie sonst Eier legen.

2.5.4 Populationsdichte

Wenn lebensnotwendige Umweltbestandteile (Nahrung, Brutstätten, Verstecke) knapp werden, verringert die **Konkurrenz** unter den Individuen die Fortpflanzungs- und Überlebensrate. Mangelnde Eiablageplätze reduzieren die Nachkommenzahl; bei fehlenden Überwinterungsplätzen sterben viele Tiere den Kältetod; mangelnde Verstecke erhöhen die Wahrscheinlichkeit, von Räubern erbeutet zu werden. Bei der afrikanischen Wüstenschrecke *(Schistocerca gregaria)* haben **gregäre** Weibchen weniger Ovariolen im Ovar und legen weniger Eier ab als **solitäre**. Bei einer anderen Heuschrecke *(Melanoplus sanguinipes)* verhält sich die Kopulationshäufigkeit (und damit die Eiproduktionsrate) umgekehrt proportional zur Populationsdichte. Viele Insekten (-larven) verhalten sich bei zu großer Populationsdichte kannibalisch. Bei den sozialen Hymenoptera erfolgt die Regulation der Populationsdichte dadurch, daß nur ein fortpflanzungsfähiges Weibchen, die Königin, über die anderen Weibchen dominiert (Gillott 1980; physische Aggression, Pheromonausschüttung; 7.1). Bei manchen Vorratsschädlingen löst die Pheromonabgabe bei einer Überbevölkerung Diapause aus (z.B. bei der Mehlmotte *Ephestia cautella*). Umgekehrt verpuppen sich in Gruppen gehaltene Larven des Speckkäfers *(Trogoderma)* ohne Diapause, während Einzellarven diapausieren und eine hohe Larvaldichte die Diapause wieder beendet.

2.5.5 Interspezifische Interaktionen

Treten zwei Arten von Mehlkäfern *(Tribolium castaneum* und *T. confusum)* in einer Mischzucht auf, so entscheiden die Versuchsbedingungen darüber, welche der beiden Arten die andere verdrängt. Bei Temperaturen oberhalb von 29 °C ist *T. castaneum* begünstigt, unterhalb von 29 °C ist *T. confusum* die erfolgreichere Art. Unter intermediären Bedingungen können beide Arten koexistieren.

Parasitische Tiere (parasitische Hymenoptera und Diptera) benötigen für ihre vollständige Entwicklung gewöhnlich nur einen einzigen Wirt. Die Imagines legen ihre Eier an oder in ein Entwicklungsstadium ihres Wirtes bzw. in dessen unmittelbare Nähe, und die sich entwickelnden Larven ernähren sich von ihm und töten ihn dabei letztlich **(Parasitoide)**. Die Imagines sind frei lebend und Nektarsauger, Pollenfresser oder Räuber. Die Nachkommenproduktion des Parasiten hängt in entscheidendem Maße von der Fähigkeit des Weibchens ab, Wirte zu finden. Suchende Parasiten können ihr Verhalten ändern, wenn Artgenossen in der Nähe sind oder wenn sie auf einen Wirt stoßen, der bereits parasitiert ist. Eine solche Reaktion schmälert die Sucheffizienz bei steigender Populationsdichte. Die ungewöhnlich erleichterte Nahrungsaufnahme für den Parasiten kann zu Besonderheiten in der Embryonalentwicklung (totale Furchung, Trophamnionbildung; 2.3.5) und zu einer atypischen Metamorphose (protopode Junglarven) führen. Häufig tritt auch Polyembryonie auf (2.1.4). Das Beispiel der Parasitierung von *Trichoplusia ni* (Lepidoptera, Noctuidae) durch *Chelonus* sp. (Hymenoptera, Braconidae) zeigt, welch enge Beziehungen zwischen dem Parasiten und ihrem Wirt auch auf endokriner Ebene bestehen. Die Parasitierung führt beim Wirt zu einem drastischen Absinken im Juvenilhormon II Titer zu Beginn des vorletzten Larvenstadiums und damit zum vorzeitigen Spinnen eines Kokons. Die Parasitoide schlüpfen aus der folgenden Vorpuppe (Grossniklaus-Bürgin, in Sehnal et al. 1988).

Außer den schon erwähnten parasitoiden Insekten kommen als räuberische Verfolger der Insekten zahlreiche Wirbeltiere, aber auch Skorpione und Spinnen in Betracht. Wirklich bedeutsam, z.B. für die Einschränkung der Massenvermehrung schädlicher Insekten, sind unter ihnen aber nur die Vögel.

Als tierische Parasiten der Insekten spielen Nematoden und Acanthocephalen eine Rolle, die in der Leibeshöhle der Wirte leben und vielfach parasitäre Kastration verursachen. Einige Protozoa aus den Gruppen der Amoebina (Rhizopoda), Flagellata und Sporozoa sind Erreger wichtiger Insektenseuchen (z.B. *Nosema apis*, der Erreger der Ruhr der Honigbiene).

Literatur zu 2

Adams, T.S. (1970) Ovarian regulation of the corpus allatum in the housefly, *Musca domestica*. J. Insect Physiol. **16**, 349–360.

Behrens, W., Hoffmann, K.H., Kempa, S., Gässler, S. und Merkel-Wallner, G. (1983) Effects of diurnal thermoperiods and quickly oscillating temperatures on the development and reproduction of crickets, *Gryllus bimaculatus*. Oecologia (Berlin) **59**, 279–287.

Blum, M.S. (Ed.) (1985) Fundamentals of insect physiology. John Wiley and Sons, New York.

Bryant, P.J. (1974) Determination and pattern formation in the imaginal disc of *Drosophila*. Curr. Top. Develop. Biol. **9**, 41–80.

Collatz, K.-G. (1986) Fortpflanzung-Altern-Lebensdauer: Eine vergleichend biologische Analyse. Zool. Jb. Syst. **113**, 293–305.

Collatz, K.-G. und Sohal, R.S. (Eds.) (1986) Insect aging. Springer, Berlin.

Collatz, K.-G. und Wilps, H. (1983) Altern bei Insekten. Naturw. Rdschau **36**, 57–63.

Downer, R. und Laufer, H. (Eds.) (1983) Endocrinology of insects. Alan R. Liss, New York.

Duspiva, F. (1989) Grundlagen der Entwicklungsbiologie der Tiere. 86–113. G. Fischer, Jena.

Ferenz, H.-J. (1990) The locust oocyte vitellogenin receptor-function and characteristics. In: Hoshi,

M. und Yamashita, O. (Eds.): Advances in Invertebrate Reproduction, **5**. 103–108. Elsevier, Amsterdam.

Fioroni, P. (1987) Allgemeine und vergleichende Embryologie der Tiere. Springer, Berlin.

Gillott, C. (1980) Entomology. Plenum, New York.

Gutzeit, H. O. (1990) Die Entwicklung der Eizelle bei Insekten. Biol. in uns. Zeit **20**, 33–41.

Haderspeck, W. und Hoffmann, K. H. (1990) Effects of photoperiod and temperature on development and reproduction of *Hydromedion sparsutum* (Müller) (Coleoptera, Perimylopidae) from South Georgia (Subantarctic). Oecologia **83**, 99–104.

Hoffmann, J. und Porchet, M. (Eds.) (1984) Biosynthesis, metabolism and mode of action of invertebrate hormones. Springer, Berlin.

Hoffmann, K. H. (Ed.) (1985) Environmental physiology and biochemistry of insects. Springer, Heidelberg.

Hoffmann, K. H. (1985) Endokrine Kontrolle der Fortpflanzung bei Insekten. Biol. in uns. Zeit **16**, 136–142.

Hoffmann, K. H. (1995) Oogenesis and the female reproductive system. In: Leather, S. R. und Hardie, J. (Eds.) Insect Reproduction. CRC Press, Boca Raton.

Hopkins, T. L. und Kramer, K. J. (1992) Insect cuticle sclerotization. Ann. Rev. Entomol. **37**, 273–302.

Huebner, E. und Davey, K. G. (1973) An antigonadotropin from the ovaries of the insect *Rhodnius prolixus* Stal. Can. J. Zool. **51**, 113–120.

Janisch, E. (1925) Über die Temperaturabhängigkeit biologischer Vorgänge und ihre kurvenmäßige Analyse. Pflügers Archiv **209**, 414–436.

Janning, W. (1980) Zur Organisation des frühen *Drosophila*-Embryos. Verh. Dtsch. Zool. Ges. **73**, 78–93.

Kalthoff, K. (1984) Localization and determination in dipteran eggs. Verh. Dtsch. Zool. Ges. **77**, 19–35.

Kanost, M. R., Kawooya, J. K., Law, J. H., Ryan, R. O., van Heusden, M. C. und Ziegler, R. (1990) Insect haemolymph proteins. Adv. Insect Physiol. **22**, 299–396.

Kaulenas, M. S. (1992) Insect accessory reproductive structures. Springer, Berlin.

Kerkut, G. A. und Gilbert, L. I. (Eds.) (1985) Comprehensive insect physiology, biochemistry and pharmacology. **1, 2, 8**. Pergamon, Oxford.

Koecke, H.-U. (1982) Allgemeine Zoologie. **1**. Vieweg und Sohn, Braunschweig.

Lamy, M. (1984) Vitellogenesis, vitellogenin and vitellin in the males of insects: A review. Int. J. Invertebr. Reprod. Develop. **7**, 311–321.

Loher, W., Ganjian, I., Kubo, I., Stanley-Samuelson, D. und Tobe, S. S. (1981) Prostaglandines: Their role in egg-laying of the cricket *Teleogryllus commodus*. Proc. Nat. Acad. Sci. USA **78**, 7835–7838.

Malacinski, G. M. und Bryant, S. V. (Eds.) (1984) Pattern formation. A primer in developmental biology. Macmillan, New York.

Matthes, D. (1972) Vom Liebesleben der Insekten. Kosmos, Stuttgart.

Meinhardt, H. (1977) A model of pattern formation in insect embryogenesis. J. Cell. Sci. **23**, 117–139.

Metz, C. H. und Monroy, A. (Eds.) (1985) Biology of fertilization. **2**. Academic, New York.

Neumann, D. (1983) Die zeitliche Programmierung von Tieren auf periodische Umweltbedingungen. In: Rheinisch-Westfälische Akademie der Wissenschaften **N 324**, 31–62. Westdeutscher Verlag, Opladen.

Neumann, D. (1989) Circadian components of semilunar and lunar timing mechanisms. J. Biol. Rhythms. **4**, 285–294.

Nüsslein-Volhard, C. und Roth, S. (1989) Axis determination in insect embryos. In: Cellular basis of Morphogenesis. CIBA Foundation Symposium **144**, 37–55. Wiley and Sons, Chichester.

Rankin, M. A. und Stay, B. (1985) Regulation of juvenile hormone synthesis during pregnancy in the cockroach, *Diploptera punctata*. J. Insect Physiol. **31**, 145–157.

Remmert, H. (1992) Ökologie. Ein Lehrbuch. Springer, Berlin.

Rockstein, M. (Ed.) (1973) The physiology of insecta. **1**. Academic, New York.

Ross, H. H., Ross, C. A. und Ross, J. R. P. (1982) A textbook of entomology. J. Wiley and Sons, New York.

Sauer, K. P., Spieth, H. und Grüner, C. (1990) Adaptive significance of genetic variability of photoperiodism in Mecoptera and Lepidoptera. In: Taylor, F. und Karban, R. (Eds.): The Evolution of Insect Life Cycles. 153–172. Springer, New York.

Sehnal, F., Zabza, A. und Denlinger, D. L. (Eds.) (1988) Endocrinological frontiers in physiological insect ecology. Wroclaw Technical University Press, Wroclaw.

Seidel, F. (1929) Untersuchungen über das Bildungsprinzip der Keimanlage im Ei der Libelle *Platycnemis pennipes*. I–V. Wilh. Roux's Archiv **119**, 322–440.

Seifert, G. (1975) Entomologisches Praktikum. Thieme, Stuttgart.

Strickberger, M. W. (1988) Genetik. Hauser, München.

Sturtevant, A. M. (1945) A gene in *Drosophila melanogaster* that transforms females into males. Genetics **30**, 297–299.

Tauber, M. J., Tauber, C. A. und Masaki, S. (1986) Seasonal adaptations of insects. Oxford University Press, Oxford.

Truman, J.W. (1983) Insect ecdysis: A system for the study of internal chemicals that control behavior. In: Huber, F. und Markl, H. (Eds.). Neuroethology and Behavioral Physiology. 167–175. Springer, Berlin.

Urich, K. (1990) Vergleichende Biochemie der Tiere. Fischer, Stuttgart.

Varley, G.C., Gradwell, G.R. und Hassel, M.P. (1980) Populationsökologie der Insekten. Thieme, Stuttgart.

Weber, H. und Weidner, H. (1974) Grundriß der Insektenkunde. Fischer, Stuttgart.

Weidner, K. und Hoffmann, K.H. (1992) Endocrinology of cricket reproduction and embryogenesis – environmental aspects. Zool. Jb. Physiol. **96**, 199–210.

Wigglesworth, V.B. (1984) Insect physiology. Chapman and Hall, London.

Wigglesworth, V.B. (1990) The distribution, function and nature of «cuticulin» in the insect cuticle. J. Insect Physiol. **36**, 307–313.

Zaslavski, V.A. (1988) Insect development. Photoperiodic and temperature control. Springer, Berlin.

3 Hormonale Regulation

D. Bückmann

Einleitung

Die Lebensvorgänge in den verschiedenen Organen werden auf zwei Wegen miteinander koordiniert, über die peripheren Nerven und über die Hormone. In beiden Fällen erfolgt die unmittelbare Einwirkung auf das reagierende Gewebe durch Botenstoffe, die zu den **Wirkstoffen** gehören, d. h. die von ihnen hervorgerufenen Reaktionen beruhen nicht auf ihrem Stoff- oder Energiegehalt sondern übertreffen diesen meist bei weitem. Die Wirkung der Botenstoffe beruht vielmehr auf ihrer jeweiligen besonderen Molekülstruktur, die sich an dazu passende Rezeptoren der Erfolgszellen anlagert (3.3.2).

Die peripheren Nerven reichen direkt bis an die Erfolgsgewebe und setzen dort als Botenstoffe die **Transmittersubstanzen** ab (Box 4-1). Diese sind niedermolekular, kurzlebig und unspezifisch, d. h. bei vielen Nervenendigungen die gleichen. Ihre Wirkung ist trotzdem spezifisch, d. h. auf bestimmte Zielzellen beschränkt, weil sie direkt am Abgabeort wirken und dann sofort von dort entfernt oder abgebaut werden. Sie steuern dementsprechend schnelle, lokal begrenzte und sich schnell wiederholende Reaktionen.

Hormone sind dagegen Botenstoffe, die von einzelnen Geweben in die Körperflüssigkeit abgegeben werden und nach einem Transport durch dieselbe in anderen Zellen spezifische Wirkungen auslösen. Ihre Moleküle sind größer und langlebiger. Dadurch können sie einerseits im Blut alle Zellen erreichen und andererseits kompliziert beschaffen sein, so daß sie ebenfalls spezifisch nur auf bestimmte Zellen wirken, weil nur diese die passenden Rezeptoren tragen. Sie steuern langsame, langdauernde, weit im Körper verteilte Reaktionen. Ihre Abgabe in das Blut wird als **Endokrinie** bezeichnet. Diese ist bei den Insekten, deren Blutkreislauf nicht gegen die übrige Körperflüssigkeit abgeschlossen und bei deren geringer Körpergröße die Transportdistanz immer klein ist, nicht von dem Botenstofftransport direkt durch das Gewebe zu nahegelegenen Wirkorten, der sog. **Parakrinie**, zu unterscheiden.

Das Nervensystem bildet außer den **Transmittern** auch eigene Hormone, die **Neurosekrete.** Beides sind Amine, Aminosäuren oder Peptide und wirken über Rezeptoren **an der Außenmembran der Zielzellen** (3.3.2). Zwischen ihnen bestehen graduelle Unterschiede in Molekülgröße, Bildungsort, und Transportdistanz. Typische Neurotransmitter sind Amine oder kleine Peptide. Sie werden an Synapsen, d. h. an Nervenendigungen, direkt gegenüber einer Anhäufung von Rezeptoren der Erfolgszellen, abgegeben. Rezeptoren für dieselben Substanzen können aber auch in größerer Entfernung lokalisiert sein und durch die Hämolymphe erreicht werden, so daß diese Transmitter zugleich auch als Hormone wirken. Das gilt bei den Insekten insbesondere für das Octopamin (3.2.1) und das Proctolin (3.2.2). Die typischen Neurosekrete sind aber größere Peptide. Sie entstehen im Perikaryon der Nervenzellen und werden durch deren Axon zum Abgabeort transportiert. Zellen mit Rezeptoren dafür können im ganzen Körper verteilt sein.

Deutlicher von den beiden Wirkstoffarten des Nervensystems verschieden sind die **Hormone** der peripheren, nicht dem Nervensystem entstammenden Hormondrüsen. Sie sind bei den Insekten Nichtpeptide und wirken über Rezeptoren **im Innern der Zielzellen** und im Zellkern (3.3.2).

Das **Hormonsystem** ist somit hierarchisch organisiert (Abb. 3-1). Die neurosekretorischen Zellen im Zentralnervensystem bilden Peptidhormone, transportieren sie durch ihre Axone zum Abgabeort und setzen sie dort durch Exozytose frei. Diese wird ausgelöst durch Membrandepolarisationen, wahrscheinlich unter Beteiligung von Transmittersubstanzen, die in denselben Zellen gefunden werden (Raabe 1989). Mehrere solcher neurosekretorischen Axonenden bilden gemeinsam eigene, günstig im Kreislauf gelegene Speicher- und Abgabeorte für das Neurosekret. Sie überführen es vom Nerven in die Hämolymphe und werden deshalb als neurohämale Strukturen oder als **Neurohämalorgane** bezeichnet. Durch Speicherung und zeitlich genau abgestimmte Abgabe der Hormone haben sie eine steuernde Funktion. Die abgegebenen Neurosekrete wirken teils direkt auf periphere Zielorgane, teils auf andere endokrine Drüsen. Diese bilden Nichtpeptidhormone und unterliegen immer der übergeordneten Steuerung durch Neurosekrete. Sie liegen entweder direkt dem Nervensystem an als sog. **neuroendokrine**

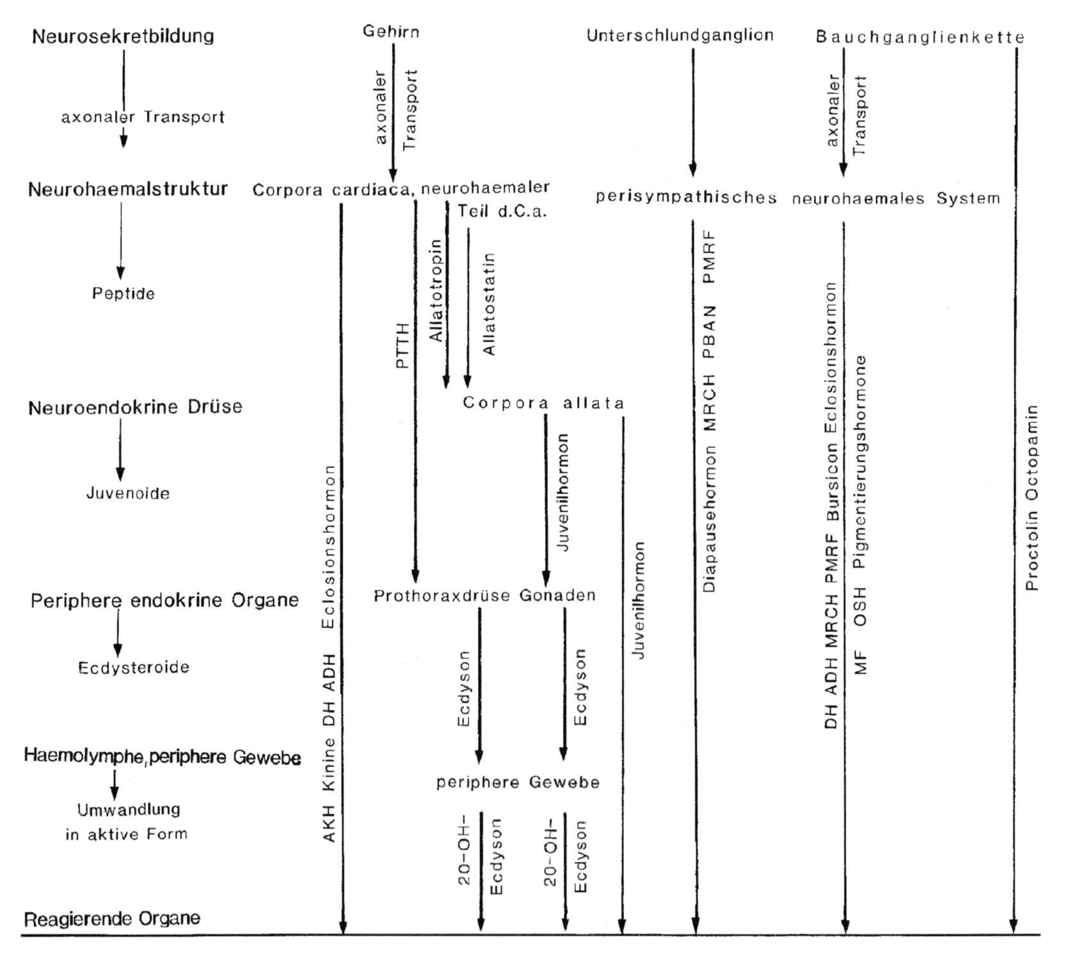

Abb. 3-1: Das hormonale System der Insekten. Links: Gewebs- und Hormon**typen.** Rechts: Die einzelnen endokrinen Gewebe und ihre Hormone.

Drüsen oder frei im Körper als **periphere Hormondrüsen**.

Das Hormonsystem der Insekten (Abb. 3-1) ist gegenüber anderen gekennzeichnet durch ein hochentwickeltes System von Neuropeptiden (3.2.2) und Abgabestrukturen dafür sowie durch relativ wenige periphere Hormondrüsen (3.1). Besonders leistungsfähig sind die hormonalen Mechanismen für den Wasserhaushalt, die Stoffwechselmobilisierung, Entwicklungs- und Färbungsmodifikationen und Häutungsvorgänge. Diese Eigenschaften lassen sich von der Sonderstellung der Insekten als stammesgeschichtlich alte primäre Land- und Lufttiere her verstehen: Die Tracheenatmung entlastet den Hämolymphkreislauf vom Sauerstofftransport. Wegen der geringen Transportleistung des Kreislaufs (1.4.2) bringt ein besonderes «perisympathisches» neurohämales System die Neurosekrete näher an ihre Zielorgane heran (3.1.2). Die Tracheenatmung begrenzt auch die Körpergröße und damit die Aufgabenbereiche peripherer Hormondrüsen. Der trockene Lebensraum auf dem Lande erfordert Anpassungen an stoßweise überhöhte Wasseraufnahme mit anschließendem Wassermangel (3.4.2.1). Seine Aufgliederung in viele kleine Biotope mit verschiedenem Mikroklima begünstigte die Bildung zahlloser Arten von Insekten mit einer Fülle ökologischer Sonderanpassungen. Zu diesen gehören Diapausen und Polyphänismen (3.4.4.4), und entsprechend den Strahlungs- und Lichtbedingungen auf dem Lande spielen Farbmodifikationen eine bedeutende Rolle (3.4.3). Die Leistungen der Insektenflugmuskeln gehören zu den höchsten Muskelleistungen im Tierreich. Sie erfordern besondere Mechanismen der Stoffwechselmobilisierung und der direkten Fettveratmung (1.2, 3.4.2). Der Panzer aus der leichten, aber festen Cuticula erlaubt Wachstum und äußere Formänderungen nur bei Häutungen (3.4.4).

Die Besonderheiten der Insekten tragen wesentlich zur Erforschung der Hormone und zum Verständnis ihrer Wirkungen bei: Da man bei Insekten keine eindeutig inkretorischen Drüsen kannte, deren Funktion man durch ein Ausschaltungsexperiment hätte prüfen können, wurden Methoden entwickelt, um die Existenz von Hormonen von ihren Funktionen her zu erschließen (Box 3-1, Abb. 3-16). Das Fehlen von Sexualhormonen, wie sie bei den Wirbeltieren von den Gonaden abgegeben in beiden Geschlechtern verschiedene sekundäre Geschlechtsmerkmale hervorrufen (3.4.4.2), führte zu der Erkenntnis, daß die Hormone in verschiedenen Tierstämmen unterschiedliche Aufgaben haben (Bückmann, in Koolman 1989). Insekten lieferten die ersten Hinweise auf Neurosekretion (Kopec 1917), das erste rein dargestellte Wirbellosenhormon (Butenandt und Karlson 1954) und damit die ersten Anhaltspunkte über die Variationsbreite der Hormonsubstanzen im Tierreich. Die Wirkungen der Insektenhormone auf Polytänchromosomen (Clever und Karlson 1960), ihre auffällige Multitropie (d.h. die vielfältig verschiedenen Wirkungen desselben Hormons in verschiedenen Geweben und Stadien) sowie die wechselseitige Beeinflussung ihrer Wirkungen lieferten Hinweise auf die zellulären Wirkungsmechanismen (3.3.2).

3.1 Hormonbildende und -abgebende Organe und Gewebe

3.1.1 Neurosekretorische Zellen

Im Gehirn und den Rumpfganglien finden sich bei allen Insekten ähnlich gelegene Gruppen neurosekretbildender Zellen. So enthält das Protocerebrum in der Pars intercerebralis auf jeder Seite eine mediane und eine laterale Gruppe neurosekretorischer Zellen (Abb. 3-2, 3-3). Im Rumpf finden sich einzelne neurosekretorische Zellen auch in peripheren Nerven.

Die neurosekretorischen Zellen der Insekten sind meist unipolar und erregbar. Häufig sind sie auf-

Box 3-1: Wolfgang von Buddenbrock

Bevor die Physiologie einzelner Tiergruppen wie der Insekten erforscht werden konnte, mußte sich erst die Erkenntnis durchsetzen, daß die verschiedenen Tiergruppen sich nicht nur morphologisch sondern auch physiologisch, nicht nur in ihrem Bau sondern auch in der Arbeitsweise ihrer Organe unterscheiden. Ein Wegbereiter dieser Idee und damit einer der Begründer der **vergleichenden Physiologie** der Tiere war Wolfgang von Buddenbrock (25.3. 1884–11.4. 1964). Er schrieb das erste Buch (1928) über dieses Gebiet. Darüberhinaus verdankt ihm speziell die Physiologie der Insekten wesentliche Anregungen und Erkenntnisse.

Wolfgang Freiherr von Buddenbrock-Hettersdorf wurde 1884 in Bischdorf in Schlesien geboren. Zu seinen Vorfahren gehörten mütterlicherseits der Dichter Johann Gottfried Herder und väterlicherseits der General Wilhelm Dietrich von Buddenbrock, bekannt durch das in der preußischen Geschichte bedeutsame Beispiel von Zivilcourage, mit der er beim Kriegsgericht von Köpenick dem jähzornigen König Friedrich Wilhelm I. entgegentrat, um den Kronprinzen, den späteren Friedrich den Großen, vor dem Zorn des Vaters zu schützen. Die strengen Traditionen der Familie und die wirtschaftliche Not nach dem frühen Tod seines Vaters bedeuteten für Wolfgang Buddenbrock, daß seine frühe Vorliebe für die Tierkunde kein Verständnis fand und er sich den Berufsweg zur Zoologie mühevoll erkämpfen mußte. Er studierte bei Ernst Haeckel in Jena und promovierte 1910 bei dem damals führenden Morphologen Otto Bütschli in Heidelberg. Aus dem 1. Weltkrieg wird berichtet, wie er als Soldat dicht hinter der Front in einem dunklen Unterstand mit Hilfe einer Kerze und einer berußten Platte das Licht-Kompaß-Verhalten von Käfern studierte. Nach dem Krieg war er Assistent bei Karl Heider in Berlin und erhielt 1922 seinen ersten Ruf auf einen Lehrstuhl in Kiel. 1935 führte dort seine kompromißlose Haltung gegenüber den damaligen Machthabern zu seiner Amtsenthebung und einer Art Strafversetzung nach Halle, von wo er 1942 nach Wien berufen wurde. Am Ende des 2. Weltkrieges verlor er seine schlesische Heimat, seine 3 Söhne und auch seinen Wirkungskreis in Wien. 1946 begann er an der neu gegründeten **Universität Mainz** den Aufbau des dortigen Zoologischen Institutes, dem er bis 1954 vorstand.

Sein wissenschaftliches Werk ist gekennzeichnet durch seine Naturbegabung für die **Beobachtung** von Tieren, gerade auch von solchen, die dem Menschen fern stehen. Die intensive und vorurteilslose Beobachtung ihrer Lebensäußerungen schärft ihm den Blick für die physiologischen Probleme, die dem Tier aus seinem Bau und seiner speziellen Lebensweise erwachsen. So befähigt ihn gerade eine große Kenntnis tierischer Formen zum

Vorkämpfer einer Zoologie, die sich von der reinen Klassifizierung der Formen löst und sich den **Lebenserscheinungen** zuwendet. Auf allen Gebieten der Sinnes-, Nerven-, Atmung-, Stoffwechsel- und Hormonphysiologie greift er grundlegend in die aktuelle Erforschung der wirbellosen Tierstämme ein. Beispielsweise erkennt er, daß die in Anlehnung an die Wirbeltierverhältnisse sogenannten Otocysten vieler niederer Tiere in Wirklichkeit der **Schwereorientierung** dienen, und daß Arthropoden nach Ausschaltung der Statocysten plötzlich Lichtrückenverhalten zeigen: Er entdeckt das Prinzip der doppelten Sicherung der Gleichgewichtslage durch Lichtrückenverhalten und Schweresinnesorgane. Neben seinen selbstpublizierten Arbeiten gehen vielfältige bedeutende Anregungen und Ideen von ihm aus. Ein Beispiel ist der erste schlüssige Nachweis von **Wirbellosenhormonen** in seinem Laboratorium. Von Kollegen wird die liebenswürdige Bescheidenheit und Großzügigkeit hervorgehoben, mit der er in solchen Fällen persönlich zurückstand.

Sein Verdienst war es, eine anthropozentrische Sicht zu überwinden, die von den zunächst am besten untersuchten Objekten her, den Wirbeltieren und dem Menschen, die «niederen» Tiere als eine Art unvollkommener, auf einer früheren Entwicklungsstufe stehengebliebener Wirbeltiere auffaßt und ihre Lebensäußerungen und Verhaltensweisen als primitive automatische Mechanismen. So verdankt ihm auch die Physiologie der Insekten viele Anstöße, darunter Untersuchungen zur Lichtorientierung, zur Licht-Kompaß-Reaktion, dem Stoffwechsel und den Hormonen. Nach der Auffassung, daß die Wirbeltiere und der Mensch die höchstentwickelten Lebewesen seien, konnte man bei wirbellosen Tieren keinesfalls mehr oder andere Hormone vermuten als bei den Wirbeltieren. Die bestbekannten Wirbeltierhormone waren die Sexualhormone, die, von Hoden und Ovar gebildet, jeweils die männlichen oder weiblichen Geschlechtsmerkmale hervorrufen. Das beweist das Ausschaltungs- und Reimplantationsexperiment: Ein kastrierter Hahn wird Kapaun. Ihm fehlen Hahnenkamm und das Hahnengefieder. Durch Reimplantation des Hodens werden diese sekundären Geschlechtsmerkmale wieder hervorgerufen. Entsprechende Experimente wurden seit 1899 an Insekten, vor allem Schmetterlingsraupen, durchgeführt. Immer entwickelten die kastrierten Tiere trotzdem als Schmetterlinge die normalen männlichen oder weiblichen Geschlechtsmerkmale. Daraus resultierte die allgemeine Auffassung: Wirbellose Tiere haben keine Hormone. Daran änderten auch die ersten experimentellen Hinweise auf Insektenhormone nichts. Sie paßten in kein Konzept.

Die fehlende Konzeption dazu lieferte Buddenbrock. Er war überzeugt, daß verschiedene Tierstämme nicht unterschiedlich vollkommen entwickelt seien, sondern nach verschiedenen Prinzipien. Demnach konnten andere Tierstämme ganz **andere Hormone** mit ganz anderen Aufgaben haben als die Wirbeltiere. Von diesen unterscheiden sich die Schmetterlinge nicht nur durch den Bauplan, sondern auch durch den Zeitplan ihre Lebenslaufes. Die Raupe hat nichts zu tun als ununterbrochen zu fressen und einen Fettkörper anzusammeln. Der Schmetterling lebt später von diesem Fettkörper. Bei vielen Arten nimmt er keine Nahrung mehr auf. Er hat nichts zu tun, als der Fortpflanzung zu dienen. Wozu braucht er Sexualhormone? Es reicht, wenn die X- und Y-Chromosomen in den Zellen dafür sorgen, daß die männliche oder weibliche Form verwirklicht wird. Wirbeltiere dagegen sind große langlebige Tiere. Sie durchlaufen mehrere Perioden sexueller Aktivität, Brunstperioden, in denen der Hirsch sein Geweih aufsetzt, der Stichling sein rotes Hochzeitskleid anzieht usw.. Diese Phasen umfassen Veränderungen in den verschiedensten Geweben des Körpers, welche synchronisiert werden müssen. Dies geschieht durch

Hormone, die im Blutstrom alle Zellen gleich gut erreichen. Von Buddenbrock schloß: «Wenn wir nach Hormonen suchen, müssen wir nach Vorgängen suchen, die einer Synchronisation in vielen verschiedenen Geweben bedürfen.» Als solche Prozesse erschienen ihm der Farbwechsel der Krebse und die Häutungen der Insekten. Da kein Bildungsorgan der vermuteten Hormone bekannt war, das man hätte ausschalten können, mußten neue Methoden entwickelt werden. Die Transfusion von Hämolymphe häutungsbereiter Raupen in andere Raupen veranlaßte diese zum Teil zu vorzeitiger Häutung. Ebenfalls mit Hilfe von Hämolymphtransfusion gelang gleichzeitig von Buddenbrocks Doktoranden Gottfried Koller (1927) der erste Beweis von Wirbellosenhormonen am Farbwechsel der Krebse, und in seinem Buch «Grundriß der vergleichenden Physiologie» berichtet von Buddenbrock (1928) auch über die Versuche über Insektenhäutungshormone. Dies Buch war nicht nur das erste Werk über die vergleichende Physiologie der Tiere, sondern auch jahrzehntelang das einzige und weltweit führende. Noch 1950 schreibt Prosser im Vorwort zu seinem bekannten amerikanischen Lehrbuch der vergleichenden Physiologie: «The only truly comprehensive account... was von Buddenbrocks Grundriß der vergleichenden Physiologie.» So konnte das Werk nicht nur der erwähnten Auffassung von der vergleichenden Physiologie der verschiedenen Tierstämme zum Durchbruch verhelfen, sondern zugleich das Signal setzen zur gezielten weiteren Suche nach Insektenhäutungshormonen. Sein Ansatz, nicht von Organen sondern von der Funktion her nach Hormonen zu suchen, leitete die Entwicklung neuer Methoden der Hormonphysiologie ein.

Literatur

Buddenbrock, W. von (1928) Grundriß der vergleichenden Physiologie. Borntraeger, Berlin.
Buddenbrock, W. von (1952–1967) Vergleichende Physiologie, **1–6.** Birkhäuser, Basel.
Bückmann, D. (1985) Wolfgang von Buddenbrock und die Begründung der vergleichenden Physiologie, Med. Hist. J. **20**, 120–134.
Koller, G. (1927) Über Chromatophorensystem, Farbensinn und Farbwechsel bei *Crangon vulgaris*. Z. vergl. Physiol. **5**, 192–246.
Prosser, C. L. (Ed.) (1952) Comparative Animal Physiology. Saunders, Philadelphia.
Schaller, F. (1985) Wolfgang von Buddenbrock (1884–1964) der Zoologe und Physiologe. Med. hist. J. **20**, 109–118.

Foto: E. Dorn

D. Bückmann

grund ihres Sekretgehaltes im auffallenden Licht an weißlicher Opaleszens zu erkennen und in histologischen Präparaten an spezifischer Färbbarkeit mit Farbstoffen wie Paraldehydfuchsin, Chromhämatoxylin-Phloxin und Alcyanin. Dabei färben sich nicht die als Hormone wirksamen Peptide selber an, sondern Trägereiweiße, aus denen die Hormone dann freigesetzt werden (Friedel und Loughton, in Downer und Laufer 1983). Bei der Abgabe der aktiven Substanz in die umgebende Flüssigkeit geht keine färbbare Substanz in diese über. Elektronenoptisch sind die Sekrete vor allem am Abgabeort in den Nervenendigungen in Form typischer Grana erkennbar. Diejenigen von Transmitterstoffen, wie Adrenalin und Octopamin, sind 60–100 nm groß, diejenigen der Neurosekrete dagegen 100–300 nm.

3.1.2 Neurohämalorgane

Abgabeorte der im Gehirn gebildeten Neurosekrete sind die Endigungen neurosekretorischer Axone in der **Wand der vorderen Aorta** und den Corpora cardiaca. Erstere, die ursprünglichen neurohämalen Strukturen der Insekten, sind bei den Collembola, denen die Corpora cardiaca völlig fehlen, und bei den Protura, Diplura und Machilidae, deren Corpora cardiaca rudimentär sind, die wichtigsten Neurohämalorgane der Kopfregion. Bei den übrigen Insekten bilden sie ventrale Aussak-

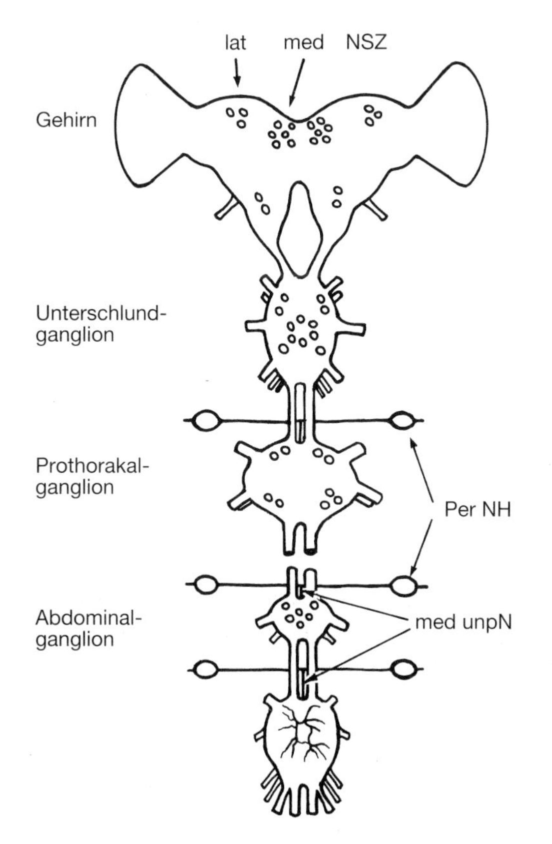

Abb. 3-2: Die Lage neurosekretorischer Zellgruppen in einem Insekt. lat (med) NSZ laterale (mediane) neurosekretorische Zellgruppen, med unpN mediane unpaare Nerven der Rumpfganglien, Per NH Perisympathische Neurohämalorgane (nach Raabe 1989).

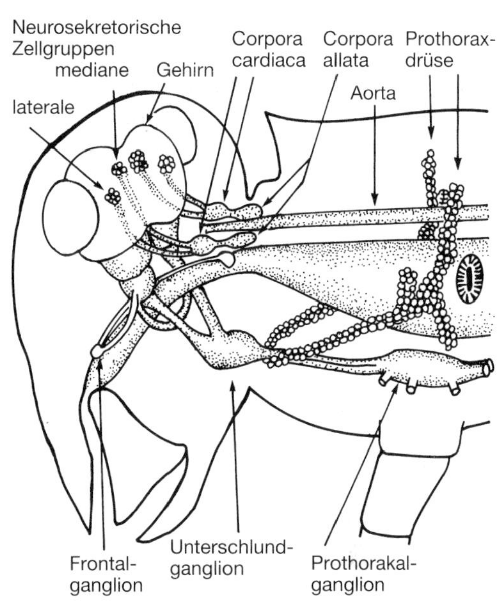

Abb. 3-3: Die endokrinen Organe im Insektenvorderkörper.

kungen an den Nerven vom Gehirn zu den Corpora cardiaca.

Die beiden **Corpora cardiaca** liegen im Kopf hinter dem Gehirn, beiderseits am vorderen Ende der Aorta (Abb. 3-3). Mit dieser können sie eng verbunden sein (Machilidae, Plecoptera, Blattoidea, Dermaptera, Psocoptera, Neuropteroidea, Mecoptera und Mehrzahl der Diptera). Bei Phasmida und Orthopteroidea schließen sie die Aorta vollständig ein. Bei anderen Insektenordnungen haben sie offensichtlich sekundär die enge Verbindung mit der Aortenwand verloren. Sie können aber von besonderen Lakunen durchzogen sein, in welche die Sekrete freigesetzt werden. Mit dem Gehirn ist jedes Corpus cardiacum durch mindestens zwei Nerven verbunden, die Nervi Corporis cardiaci (N.C.C.) 1 und 2. Sie entspringen von der medianen und der lateralen Gruppe neurosekretorischer Zellen des Protocerebrum. Deren Neurosekret wird durch diese Nerven zum Abgabeort transportiert. Durchschneidet man sie, so sammelt sich das Sekret im Stumpf vor der Schnittstelle an, und der distale Teil wird davon frei (Abb. 3-4).

Zusätzlich können noch ein oder zwei weitere Nerven jedes Corpus cardiacum mit dem Gehirn verbinden. Die N.C.C. 3 und 4 entspringen dann aus dem Deutocerebrum und dem Tritocerebrum. Vier Nervi Corporis cardiaci gibt es bei den Orthopteroidea, Isoptera, Dictyoptera, Heteroptera und Coleoptera. Bei vielen Insekten sind die Corpora cardiaca auch mit dem Hypocerebralganglion des unpaaren stomatogastrischen Nervensystems verbunden, das Darm und Aorta versorgt.

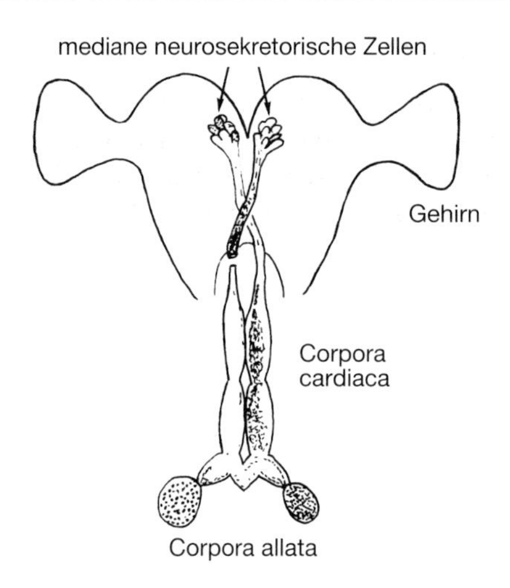

Abb. 3-4: Nervendurchschneidung zwischen Gehirn und Corpus cardiacum bei *Leucophaea maderae* zur Demonstration des Sekrettransportes: Ansammlung des Neurosekrets vor der Schnittstelle, Entleerung von Neurosekret hinter der Schnittstelle, Anschwellen des denervierten Corpus allatum durch Ausfall des hemmenden Einflusses (nach Scharrer, in Wigglesworth 1954).

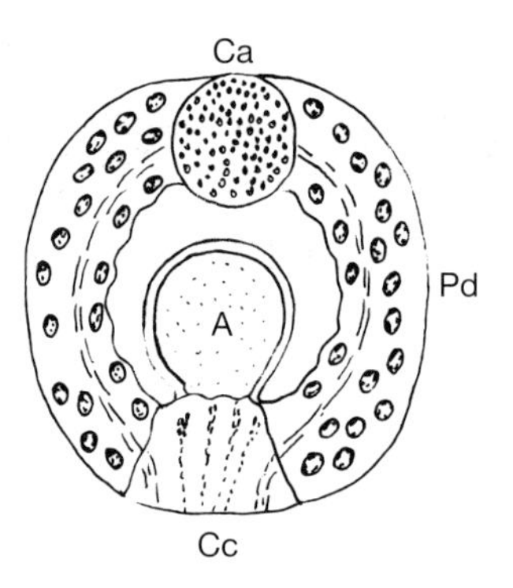

Abb. 3-5: Endokrine Organe im Vorderkörper einer Dipterenlarve, angeordnet zur «Weismannschen Ringdrüse»: A Aorta, Ca Corpus allatum, Cc Corpus cardiacum, Pd der Pothoraxdrüse entsprechender Seitenteil der Ringdrüse (nach Cazal, in Wigglesworth 1954).

Nach hinten grenzt jedes Corpus cardiacum an eine echte Hormondrüse, ein Corpus allatum (Abb. 3-3). Die äußere Grenze entspricht aber nicht genau derjenigen zwischen neurohämalem und sekretorischem Gewebe. Vielmehr enthalten (mit Ausnahme der erwähnten rudimentären Corpora cardiaca vieler Apterygota) die Corpora cardiaca neben den Endigungen von Neurosekretbahnen auch eigene sekretorische Zellen, die sog. **intrinsischen sekretorischen Zellen**. Dafür finden sich einige sekretabgebende Endigungen neurosekretorischer Zellen, also neurohämale Strukturen, bei den Lepidoptera auch in den Corpora allata.

Die Corpora cardiaca der Dipterenlarven sind gemeinsam mit den Corpora allata und der Prothoraxdrüse anatomisch zum «Weismannschen Ring» zusammengeschlossen (Abb. 3-5). Während der Metamorphose wird der Prothoraxdrüsenteil zurückgebildet, und in dem adulten Dipter entspricht die Lage der Corpora cardiaca und der Corpora allata derjenigen anderer Insekten.

Die Hormone des **Gehirn-Corpora cardiaca-Komplexes** sind Peptide von sehr verschiedener Molekülgröße, vorwiegend solche, die bei allen Insekten verbreitet sind und kinetische und stoffwechselsteuernde Aufgaben haben (3.2.2, 3.4): Die meisten muskelaktivierenden Hormone, die fett- und kohlenhydratmobilisierenden, in manchen Fällen auch die wasserabgabefördernden Hormone, schließlich die Hormone, welche die peripheren Hormondrüsen, die Corpora allata und die Prothoraxdrüsen, steuern. Die letzteren werden bei den Lepidoptera von den neurohämalen Strukturen der Corpora allata abgegeben.

Bildungs- und Abgabeort von Neurosekret können in der Entwicklung wechseln: Das Schlüpfhormon (3.2.2) wird in der Raupe des Tabakschwärmers *Manduca sexta* von zwei Gehirnzellen gebildet, in deren Axonen durch das ganze Bauchmark transportiert und im Abdomen durch den Proctodealnerven freigesetzt. Später, in der Puppe, wird es von 5 anderen Zellpaaren des Gehirns gebildet und über die Corpora cardiaca freigesetzt. Diese ermöglichen eine besonders genaue zeitliche Abstimmung der Hormonabgabe bei der Imaginalhäutung (3.4.4.1).

Im Rumpf verteilte neurohämale Strukturen sind bei den Insekten besonders ausgeprägt. Dem erwähnten stomatogastrischen System der Kopfregion entspricht im Rumpf das posteriore viscerale Nervensystem, das «perisympathische» System, zu dem die mittleren unpaaren Nerven der einzelnen Rumpfgang-

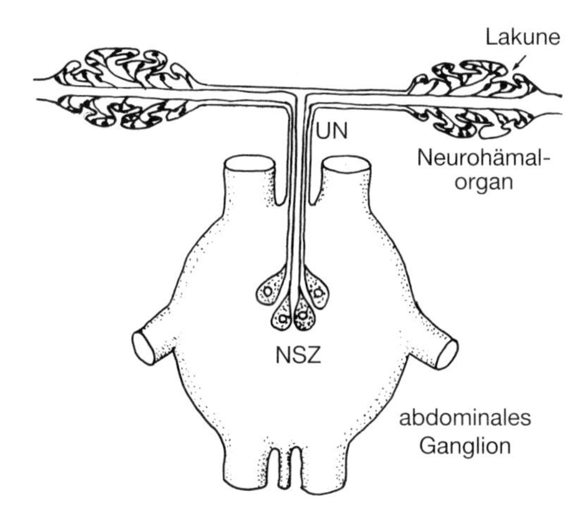

Abb. 3-6: Struktur eines perisympathischen neurohämalen Organs. NSZ neuosekretorische Zellen, UN unpaarer Nerv des abdominalen perisympathischen Nervensystems (nach Raabe in Novak 1975).

lien gehören (Abb. 3-2, 3-6). Sie tragen segmental angeordnete neurohämale Endstrukturen. Deren Ultrastruktur gleicht derjenigen typischer Neurohämalorgane. In manchen Fällen enthalten sie auch eigene, intrinsische sekretorische Zellen (Raabe 1982). Sie geben vorwiegend neurosekretorische Produkte der ventralen Nervenkette ab. Dazu gehören entwicklungssteuernde Neurosekrete für artspezifische oder individuelle Modifikationen, bei einigen Arten auch das Wasserabgabehormon und in den Abdominalganglien das die Enddarmmuskulatur steuernde Proctolin (3.2.2). Auch im Gehirn gebildetes Neurosekret kann über die ventrale Ganglienkette freigesetzt werden.

3.1.3 Periphere endokrine Organe

Hormonbildende Organe, die nicht dem Nervensystem entstammen, werden als periphere und, da sie sich von Epithelien ableiten, auch als epitheliale Hormondrüsen bezeichnet.

3.1.3.1 Neuroendokrine Drüsen

Neuroendokrine Drüsen entstehen nicht aus Nervengewebe. Sie sind aber anatomisch dem Zentralnervensystem eng angelagert. Bei den Insekten sind es die **Corpora allata**, paarige, meist ovale Drüsen, die sich auf beiden Körperseiten caudad an das jeweilige Corpus cardiacum anschließen, diesem direkt anliegend oder durch einen kurzen Nerven, den Nervus Corporis allati, mit ihm verbunden (Abb. 3-3). Bei manchen Ordnungen verbindet ein zweiter Nerv die Corpora allata mit dem stomatogastrischen Nervensystem. Die Corpora allata entstehen ursprünglich aus je einer bläschenförmigen Abfaltung der äußeren Epidermis. Bei den Lepidoptera enthalten sie zusätzlich einige neurosekretabgebende Endigungen von Axonen aus dem Gehirn. Die eigentlichen drüsigen Teile der Corpora allata aber geben nur einen Typ von Hormonen ab, die Juvenilhormone (3.2.4).

3.1.3.2 Periphere endokrine Gewebe

Hormondrüsen, die nicht nur ihrer Entstehung, sondern auch ihrer Lage nach vom Nervensystem unabhängig sind, kommen meist in Form einfacher Gewebsstränge, Zellgruppen oder gar Einzelzellen vor.

Die bedeutendste derartige Drüse ist bei den Insekten die **Prothoraxdrüse** (Abb. 3-3). Sie ist ihrer Entstehung nach wahrscheinlich einer exokrinen Drüse an den zweiten Maxillen homolog, einer Maxillendrüse. Sie gehört somit zu den Kopfdrüsen und erstreckt sich bei vielen Insektenordnungen auch weit in den Kopf hinein. Ihr Hauptteil aber befindet sich stets im Prothorax, und bei vielen holometabolen Insekten ist sie ganz auf dieses Segment beschränkt. Sie besteht aus großen blasigen Zellen und ist nur von einigen dünnen Seitenzweigen des unpaaren Prothorakalganglionnerven innerviert. Bei den verschiedenen Ordnungen sind die Lage und die Benennungen der Prothoraxdrüse unterschiedlich. Bei den Orthopteroidea und flügellosen Insekten wurde sie zunächst als Ventraldrüse bezeichnet. Bei Dipterenlarven bildet sie den Mittelteil der Weismannschen Ringdrüse (Abb. 3-5).

Bei den Zygentoma *(Lepisma thermobia)*, die keine Metamorphose durchlaufen und sich zeitlebens regelmäßig häuten, bleibt die Prothoraxdrüse während des ganzen Lebens aktiv. Bei den Pterygota wird sie im Verlauf der Metamorphose zurückgebildet, bei manchen Coleoptera schon im Puppenstadium und bei manchen Insekten ohne Puppenstadien erst in den ersten Tagen des Imaginalstadiums. Stets fehlt sie damit den adulten Tieren.

Die Prothoraxdrüse bildet Hormone vom Typ der Ecdysteroide. Sie setzt diese als Ecdyson, oder als dessen Vorstufen 3- oder 2-Dehydroecdyson, frei (3.2.3). Diese werden in peripheren Geweben zum Ecdyson reduziert. Das Ecdyson wird stets peripher zur eigentlich aktiven Form, dem 20-Hydroxyecdyson oxidiert. Nach der Degeneration der Prothoraxdrüse übernehmen in den adulten Insekten vor allem die **Gonaden** die Ecdysteroidsynthese. Diese wurde bei Embryonen, im Darm, in Oenocyten und im Integument (bei Coleopteren, deren Prothoraxdrüsen früh degenerieren, sogar in den Puppenflügeln) nachgewiesen; in den Pericardialzellen wird sie vermutet. Diese Verteilung spricht dafür, daß die Ecdysteroidbildung ursprünglich, ähnlich wie bei den Cheliceraten, im Körper weit verbreitet war und erst bei den höheren Mandibulaten zur straffen Synchronisation der Häutungsvorgänge ihrer komplizierten Exuvien auf besondere Drüsen konzentriert wurde (Bückmann 1984).

In den Ovarien finden sich auch Steroidhormone vom Typ der Wirbeltiersteroide und in sekretorischen Zellen des Darms Peptide, die sonst als Neurosekrete bekannt sind und solche, die bei den Wirbeltieren als Hormone wirken (wie pankreatisches Polypeptid, Somatostatin und Urotensin). Funktionen dieser Stoffe bei den Insekten sind noch nicht bekannt.

3.2 Hormone

Die bisher bekannten Hormone der Insekten gehören vier Stoffklassen an. Es sind Amine, Peptide, Steroide und Juvenoide.

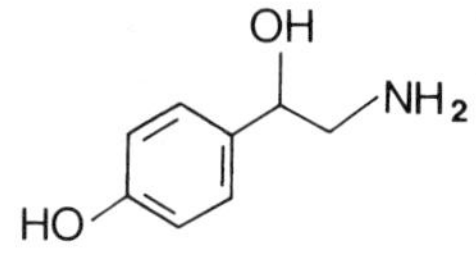

OH NH2 HO

Abb. 3-7: Octopamin, ein bei den Insekten als Hormon wirksames Amin.

3.2.1 Amine

Acetylcholin, Adrenalin, Noradrenalin, 5-Hydroxytryptamin, Serotonin, Gamma-Amino-Buttersäure und Glutaminsäure, die von vielen Tiergruppen als Transmitterstoffe des Nervensystems bekannt sind, finden sich in derselben Funktion auch bei den Insekten, das **Octopamin** (Abb. 3-7) daneben auch als in der Hämolymphe transportiertes Hormon (3.4.1; Box 4-1).

3.2.2 Peptide

Die bisher bei den Insekten eindeutig als Hormone erkannten Peptide sind Neurosekrete. Es wird mit der Existenz von über 100 derartigen Neuropeptiden gerechnet (Raabe 1989). Die meisten davon sind bisher nur bei den Insekten bekannt, aber sie haben vielfach Sequenzübereinstimmungen miteinander und mit Peptiden anderer Tiergruppen. Mit diesen bilden sie Peptidfamilien, die wahrscheinlich jeweils aus einem ursprünglich einheitlichen Peptid hervorgegangen sind, dessen Gen sich in der Stammesgeschichte veränderte.

Unter den Neuropeptiden der Insekten sind die kleinen und mittelgroßen vorwiegend muskelaktivierend (myotrop) sowie stoffwechselsteuernd (metabolisch), und die großen wirken morphogenetisch, also bei der Entwicklungssteuerung. Dazwischen stehen die drüsenaktivierenden (glandotropen) und einige Wasserhaushaltshormone (Tab. 3-1 bis 3-4).

Die Benennung der Neuropeptide erfolgt uneinheitlich nach ihrer Funktion, ihrer Struktur oder der

Tab. 3-1: Myotrope Peptidhormone der Insekten in der Reihenfolge ihrer Molekülgröße. Die für die Peptidfamilie und die spezifische Wirkung charakteristischen Aminosäuren sind jeweils fettgedruckt. AS Zahl der Aminosäurereste (nach Holman et al. 1990).

Proctolin: (5 AS)
H-Arg-Tyr-Leu-Pro-Thr-OH
Oviduktmotilitätsstimulierendes Hormon *(Leptinotarsa)* (Led-OVM, 6 AS)
Ile-Ala-Tyr-Lys-Pro-Glu-NH_2
Leucokinine *(Leucophaea)*
Leucokinin I (Lem-K-I, 8 AS)
Asp-Pro-Ala-**Phe**-Asn-**Ser-Trp-Gly-NH_2**
Leucokinin II (Lem-K-II, 8 AS)
Asp-Pro-Gly-**Phe**-Ser-**Ser-Trp-Gly-NH_2**
Leucokinin III (Lem-K-III, 8 AS)
Asp-Gln-Gly-**Phe**-Asn-**Ser-Trp-Gly-NH_2**
Leucokinin IV (Lem-K-IV, 8 AS)
Asp-Ala-Ser-**Phe**-His-**Ser-Trp-Gly-NH_2**
Leucokinin V (Lem-K-V, 8 AS)
Gly-Ser-Gly-**Phe**-Ser-**Ser-Trp-Gly-NH_2**
Leucokinin VI (Lem-K-VI, 8 AS)
pGlu-Ser-Ser-**Phe**-His-**Ser-Trp-Gly-NH_2**
Leucokinin VII (Lem-K-VII, 8 AS)
Asp-Pro-Ala-**Phe**-Ser-**Ser-Trp-Gly-NH_2**
Leucokinin VIII (Lem-K-VIII, 8 AS)
Gly-Ala-Asp-**Phe**-Tyr-**Ser-Trp-Gly-NH_2**
Myotropine *(Locusta)*
Locustamyotropin I (Lom-MT-I, 12 AS)
Gly-Ala-Val-Pro-Ala-Ala-Gln-**Phe**-Ser-**Pro-Arg-Leu-NH_2**
Locustamyotropin II (Lom-MT-II, 8 AS)
Glu-Gly-Asp-**Phe**-Thr-**Pro-Arg-Leu-NH_2**
Tachykinine *(Locusta)*
Locustatachykinin I (Lom-TK-I, 9 AS)
Gly-**Pro**-Ser-**Gly-Phe-Tyr-Gly-Val-Arg-NH_2**
Locustatachykinin II (Lom-TK-II, 10 AS)
Ala-**Pro**-Leu-**Ser-Gly-Phe-Tyr-Gly-Val-Arg-NH_2**
Locustatachykinin III (Lom-TK-III, 10 AS)
Ala-**Pro**-Gln-Ala-**Gly-Phe-Tyr-Gly-Val-Arg-NH_2**
Locustatachykinin IV (Lom-TK IV, 10 AS)
Ala-**Pro**-Ser-Leu-**Gly-Phe**-His-**Gly-Va-Arg-NH_2**
Pyrokinine
Leucopyrokinin *(Leucophaea)* (Lem-PK, 8 AS)
pGlu-Thr-Ser-**Phe**-Thr-**Pro-Arg-Leu-NH_2**
Locustapyrokinin *(Locusta)* (Lom-PK-I, 16 AS)
pGlu-Asp-Ser-Gly-Asp-Gly-Trp-Pro-Gln-Gln-Pro-**Phe**-Val-**Pro-Arg-Leu-NH_2**
Sulfakinine
Leucosulfakinin *(Leucophaea)* I (Lem-SK-I, 11 AS)
Glu-Gln-Phe-Glu-**Asp-Tyr(SO_3)-Gly-His-Met-Arg-Phe-NH_2**
Leucosulfakinin II (Lem-SK-II, 11 AS)
pGlu-Ser-Asp-**Asp-Tyr(SO_3)-Gky-His-Met**-Phe-**Arg-Phe-NH_2**
Perisulfakinin *(Periplaneta)* (Pea-SK, 11 AS)
Glu-Gln-Phe H-Asp-**Tyr(SO_3)Gly-His-Met-Arg-Phe-NH_2**
Drosulfakinin *(Drosophila)* I (Drm-SK-I, 9 AS)
Phe-Asp-**Asp-Tyr-(SO_3)-Gly-His-Met-Arg-Phe-NH_2**
Drosulfakinin II (Drm-SK-II, 14-AS)
AGly-Gly-Asp-Asp-Gln-Phe-Asp-**Asp-Tyr(SO_3)-Gly-His-Met-Arg-Phe-NH_2**
Cardioacceleratorische Peptide *(Periplaneta)* (Pea-CA I u. II): auch adipokinetisch-hyperglycämisch wirksam: s. Tab. 3-2
Darmbewegung hemmendes Peptid Myosuppressin *(Leucophaea)* (Lem-MS, 10 AS)
pGlu-Asp-Val-Asp-His-Val-**Phe-Leu-Arg-Phe-NH_2**

Insektenart. Der Eindeutigkeit wegen werden bei Abkürzungen für das Hormon zwei Buchstaben vom Gattungsnamen und ein Buchstabe vom Artnamen der Spezies, bei der die betreffende Struktur ermittelt wurde, vorangesetzt (Raina und Gaede 1988). Danach heißt z. B. das Locustapyrokinin aus *Locusta migratoria* Lom-PK und das Leucopyrokinin aus *Leucophaea maderae* Lem-PK (Tab. 3-1).

Zu den **myotropen Peptiden** gehört das kleinste Insektenneuropeptid und zugleich das erste, dessen Sequenz aufgeklärt wurde (Starrat und Brown 1975), das Pentapeptid **Proctolin** (Tab. 3-1). Es wird in verschiedenen Ganglien gebildet und durch eigene («proctolinerge» Neurone) freigesetzt. Es bewirkt langsame Längsmuskelkontraktionen des Hinterdarmes. Außerdem wirkt es auf den Herzschlag, die Oviduktmuskeln und bei manchen Arten auch auf andere Muskeln. Dasselbe Peptid wird bei decapoden Krebsen als herzbeschleunigendes Hormon in die Hämolymphe abgegeben.

Die Mehrzahl der myotropen Insektenpeptide, die **Kinine**, bestehen aus je 8 bis 16 Aminosäureresten, wobei die Octopeptide überwiegen (Tab. 3-1). Aus Kopfnervensystemen oder ganzen Köpfen einzelner Insektenarten wurden jeweils zahlreiche (bis zu 40) derartige Peptide isoliert. Sie gehören mehreren verschiedenen Peptidfamilien an. Einige sind verwandt mit der im Tierreich weit verbreiteten Gruppe der FMRF-Peptide und den von den Wirbeltieren bekannten Tachykininen. Andere umfassen bisher nur Insektenhormone, darunter aber nicht nur Kinine. Zwei myotrope Hormone gehören zur Familie der adipokinetisch-hyperglycämischen Hormone. Die Leuco-, Acheta- und Pyrokinine schließlich umfassen bisher nur Insektenkinine, und das oviductstimulierende Hormon gehört keiner bisher bekannten Familie an.

Die **FMRF**-Peptide mit der C-terminalen Gruppierung **Phe-Met-Arg-Phe-NH$_2$** (im Einbuchstabencode der Aminosäuren FMRFamid) wurden zuerst bei Mollusken, dann auch bei anderen Tierstämmen als herzschlagstimulierende Peptide entdeckt. Mit ihnen sind neben einigen Insektenpeptiden, von denen keine Hormonwirkung bekannt ist, die myotropen Sulfakinine verwandt, die eine Sulfatgruppe am Tyrosin tragen und den Wirbeltierhormonen Gastrin und Cholecystokinin ähneln (Tab. 3-1). Auch die nichtsulfatierte Form des Leucosulfakinin II kommt vor und wirkt myotrop. Andere Insektenpeptide haben die verwandte Sequenz FLRFamid, mit einem Leucin statt des Methionins. Unter diesen ist ein Hormon, das Leucomyosuppressin (Lem-MS), das die spontanen Bewegungen des Schabenenddarms nicht stimuliert sondern hemmt. Sequenzübereinstimmungen mit den Wirbeltierpeptiden Tachykinin und der Substanz P haben die Locustatachykinine.

Die **Myotropine** haben die C-terminalen Aminosäuren gemeinsam mit dem Pheromonbiosynthese aktivierenden Neuropeptid PBAN der Lepidoptera und damit auch dem Farbwechselhormon MRCH. Zwei der herzstimulierenden Peptide aus der Schabe *Periplaneta americana* (Pea-CA-I und II, Tab. 3-2) wurden wegen dieser myotropen Wirkung zunächst als M 1 und M 2 bezeichnet. Sie gehören ihrer Struktur nach zu der Familie der adipokinetisch-hyperglycämischen Insektenhormone und haben neben ihrer myotropen auch deren Stoffwechselwirkungen. Die Pyrokinine haben am N-terminalen Ende die Pyroglutaminsäure, in der die Aminogruppe durch Ringschluß mit der zweiten Carboxylgruppe der Glutaminsäure blockiert ist. Mit den nach der Schabe *Leucophaea* und der Grille *Acheta* benannten Leucokininen und Achetakininen haben sie ähnliche für die myotrope Wirkung entscheidende C-terminale Pentapeptidsequenzen:

Phe-X-Pro-Arg-Leu-NH$_2$ (Pyrokinine) und Phe-X-Ser-Y-Gly-NH$_2$ (Leucokinine, Y = Trp; Achetakinine, Y = Pro; für X können jeweils mehrere verschiedene Aminosäuren stehen). Ein speziell die Oviduktmuskulatur stimulierendes Hormon aus dem Kartoffelkäfer *Leptinotarsa decemlineata* (das Led-OVM, Tab. 3-1) hat keine Homologie mit bisher bekannten Peptiden.

Glandotrope Hormone gehören, gemeinsam mit den myotropen (3.4), zu den kinetischen Hormonen, welche die gewebsspezifische Aktivität der Zielgewebe stimulieren. Auf eine äußere Drüse wirkt das Pheromonbiosynthese aktivierende Neuropeptid PBAN der Schmetterlinge. Seine bisher bekannten Formen von *Heliothis zea* (Hez-PBAN) und dem Seidenspinner *Bombyx mori* (Bom-PBAN) bestehen jeweils aus 33 Aminosäureresten, von denen 26 bei beiden übereinstimmen. Das letztere ist außerdem identisch mit dem MRCH, einem Pigmentierungshormon von Lepidopterenraupen (3.4.2).

Endokrinokinetische Hormone (Tab. 3-3) regulieren die Tätigkeit endokriner, also hormonabgebender Drüsen (3.4). Allatostatine,

Tab. 3-2: Adipokinetisch-hyperglykämische Peptidhormone der Insekten (nach Ziegler et al. 1985; Gäde 1990; Schaffer et al. 1990).

Libellula-AKH (Lia-AKH, 8 AS)
pGlu-Val-Asn-**Phe**-Thr-Pro-Ser-**Trp-NH$_2$**

Adipokinetisches Hormon (AKH) I (*Schistocerca* und *Locusta*) (Lom-AKH-I, 10 AS)
pGlu-Leu-Asn-**Phe**-Thr-Pro-Asn-**Trp**-Gly-Thr-NH$_2$

AKH *(Manduca)* (Mas-AKH, 9 AS)
pGlu-Leu-Thr-**Phe**-Thr-Ger-Ser-**Trp**-Gly-NH$_2$

AKH II *(Schistocerca)* (Scg-AKH-II, 8 AS)
pGlu-Leu-Asn-**Phe**-Ser-Thr-Gly-**Trp**-NH$_2$

AKH II *(Locusta)* (Lom-AKH-II, 8 AS)
pGlu-Leu-Asn-**Phe**-Ser-Ala-Gly-**Trp**-NH$_2$

«M I» *(Periplaneta)* (Pea CA I, 8 AS)
pGlu-Val-Asn-**Phe**-Ser-Pro-Asn-**Trp**-NH$_2$

«M II» *(Periplaneta)* (Pea CA II, 8 AS)
pGlu-Leu-Thr-**Phe**-Thr-Pro-Asn-**Trp**-NH$_2$

Blaberus (Bld-HTH, 10 AS)
pGlu-Val-Asn-**Phe**-Ser-Pro-Gly-**Trp**-Gly-Thr-NH$_2$

Carausius HGH (Cam-HGH, 10 AS)
pGlu-Leu-Thr-**Phe**-Thr-Pro-Asn-**Trp**-Gly-Thr-NH$_2$

Gryllus AKH (Grb-AKH, 8 AS)
pGlu-Val-Asn-**Phe**-Ser-Thr-Gly-**Trp**-NH$_2$

Romalea AKH (Rom-AKH, 10 AS)
pGlu-Val-Asn-**Phe**-Thr-Pro-Asn-**Trp**-Gly-Thr-NH$_2$

Heliothis HpTH (Hez-HTH, 10 AS)
pGlu-Leu-Thr-**Phe**-Ser-Ser-Gly-**Trp**-Gly-Asn-NH$_2$

Tenebrio Hr TH (Tem-HTH, 8 AS)
pGlu-Leu-Asn-**Phe**-Ser-Pro-Asn-**Trp-NH$_2$**

Tabanus-AKH (Taa-AKH, 8 AS)
pGlu-Leu-Thr-**Phe**-Thr-Pro-Gly-**Trp**-NH$_2$

Tabanus HoTH (Taa-HoTH, 10 AS)
pGlu-Leu-Thr-**Phe**-Thr-Pro-Gly-**Trp**-Gly-Tyr-NH$_2$

Drosophila/Phormia HTH (Pht-HTH, 8 AS)
pGlu-Leu-Thr-**Phe**-Ser-Pro-Asp-**Trp-NH$_2$**

RPCH (Crustaceenfarbwechselhormon) (*Pandalus borealis*, 8 AS)
pGlu-Leu-Asn-**Phe**-Ser-Pro-Gly-**Trp-NH$_2$**

welche die Juvenilhormonbildung in den Corpora allata hemmen, und Allatotropine, welche sie fördern, werden im Gehirn-Corpora cardiaca-Komplex gebildet. Aus der Schabe *Nauphoeta* wurden vier einander ähnliche Allatostatine von 8 bis 13 Aminosäuren Kettenlänge isoliert. Die drei letzten Glieder sind bei allen gleich. Das Allatotropin des Tabakschwärmers *Manduca sexta* besteht aus 13 Aminosäuren ohne Sequenzhomologien mit bisher bekannten Hormonen.

Die **prothorakotropen Hormone** (engl. prothora**cic**otropic von prothoracic gland), abgekürzt PTTH, sind bedeutend größer. Sie werden im Gehirn gebildet, über die Corpora cardiaca oder die neurohämalen Anteile der Corpora allata abgegeben und stimulieren in der Prothoraxdrüse die Synthese und die Abgabe des Häutungshormons. Diejenigen des Seidenspinners wurden Bombyxine benannt. Es gibt davon große mit einem Molekulargewicht von 22 kDa und kleine mit 4–5 kDa. Zu den letzteren gehört das Bombyxin II. Es hat 40 % Homologie in der Aminosäurensequenz mit dem Insulin der Wirbeltiere, und wie dieses besteht es aus zwei Peptidketten, die durch zwei Disulfidbrücken zusammengehalten werden. Sie umfassen 20 bzw. 28 Aminosäurereste und entstehen aus einem gemeinsamen Prohormon. In diesem sind sie durch ein C-«Peptid» verbunden, das bei der Entstehung des aktiven Hormons herausgetrennt wird. Das Bombyxin II stimuliert die Prothoraxdrüsen eines anderen Seidenspinners, *Samia cynthia ricini*. (Bei *Bombyx* selber hat es diese Wirkung nicht.) Die gleiche Wirkung, die Ecdysteroidbildung zu stimulieren, übt, nachdem im adulten Tier die Ovarien diese Aufgabe über-

Tab. 3-3: Glandotrope endokrinokinetische Peptidhormone der Insekten (nach Holman et al. 1990; Woodhead et al. 1989).

Allatostatine aus *Diploptera punctata* (Woodhead et al. 1989)
Allatostatin 1 (Dip-AS-I, 13 AS)
Ala-Pro-Ser-Gly-Ala-Gln-Arg-Leu-Tyr-Gly-**Phe-Gly-Leu** $\mathbf{NH_2}$
Allatostatin 2 (Dip-AS-II, 10 AS)
Gly-Asp-Gly-Arg-Leu-Tyr-Ala-**Phe-Gly-Leu** $\mathbf{NH_2}$
Allatostatin 3 (Dip-AS-III, 9 AS)
Gly-Gly-Ser-Leu-Tyr-Ser-**Phe-Gly-Leu** $\mathbf{NH_2}$
Allatostatin 4 (Dip-AS-IV, 8 AS)
Asp-Arg-Leu-Tyr-Ser-**Phe-Gly-Leu** $\mathbf{NH_2}$
Allatotropin (*Manduca sexta*) (Mas-AT, 13 AS)
H-Gly-Phe-Lys-Asn-Val-Glu-Met-Met-Thr-Ala-Arg-Gly-Phe-NH_2
PTTH Prothorakotropes Hormon
«Bombyxin» = *Bombyx* 4 K-PTTH II (Bom-PTTH II)
A-Kette (20 AS)
H-Gly-Ile-Val-Asp-Glu-Cys-Cys-Leu-Arg-Pro-Cys-Ser-Val-Asp-Val-Leu-Leu-Ser-Tyr-Cys-OH
B-Kette (28 AS)
pGlu-Gln-Pro-Gln-Ala-Val-His-Thr-Tyr-Cys-Ala-Arg-His-Leu-Ala-Arg-Thr-Leu-Ala-Asp-Leu-Cys-Trp-Glu-Ala-Gly-Val-Asp-OH

nommen haben, ein bei der Fiebermücke *Aedes aegypti* gefundenes Peptid aus 92 Aminosäuren mit einem Molekulargewicht von 10 kDA aus, der OEF (ovarian ecdysiotropic factor).

Metabolische Hormone: Aus den Corpora cardiaca von Insekten wurden bisher fast 20 Fett- oder Kohlenhydrat-aktivierende, adipokinetische oder hypertrehalosämische Hormone (AHK und Hp TrH) isoliert. Es sind Octo-, Nona- und Decapeptide. Alle gehören einer einzigen Peptidfamilie an. Unter ihnen sind auch die beiden erwähnten, zugleich myotropen Peptide Pea-CA (cardioaccelatorisches Hormon) I und II (Tab. 3-2). Das N-terminale Ende bildet bei ihnen stets die Pyroglutaminsäure, und in Position 4 und 8 stehen Phe und Trp. Die ersten sechs und die achte Aminosäure stimmen überein mit denjenigen eines Farbwechselhormons aus Crustaceen, des RPCH (red pigment concentrating hormone). Tatsächlich können sich beide Hormonarten gegenseitig in ihrer Wirkung vertreten. Das Pea-CA 1 erwies sich schließlich auch noch als identisch mit dem im physiologischen Farbwechsel wirksamen Neurohormon D (3.4.3.4). Auch mit dem Glucagon der Wirbeltiere bestehen gewisse Übereinstimmungen. Als das stammesgeschichtlich älteste dieser Hormone bei den Insekten wird dasjenige der Libellen angesehen. Als Besonderheit enthält das hypertrehalosämische Hormon der Fliegen *Phormia* und *Drososophila* eine geladene Gruppe (Tab. 3-2).

Diese Hormone wirken entweder fettmobilisierend (adipokinetisch) oder blutzuckererhöhend (hyperglycämisch; d. h., da es sich bei dem Blutzucker im wesentlichen um das nichtreduzierte Disaccharid Trehalose handelt, 1.2.2, hypertrehalosämisch). Welche Wirkung jeweils eintritt, hängt von der Insektenart ab. Sie wirken z. B. bei Schaben hyperglykämisch und bei Heuschrecken adipokinetisch (3.4.2). Die Wirkung kann sogar im Laufe der Metamorphose wechseln (Ziegler et al. 1990).

An der Steuerung des Kohlenhydratstoffwechsels ist ein weiteres Hormon beteiligt, das in den medianen neurosekretorischen Zellen des Gehirns gebildet wird, das median neurosecretory cell hormone, MNCH (3.4.2).

Wasserhaushaltsregulierende Hormone sind größer. Wasserabgabehemmende, **antidiuretische Hormone** (ADH) kommen in mehreren Formen vor, und zwar in verschiedenen Ganglien sowie in geringer Konzentration auch im ganzen Nervensystem (Tab. 3-4). Die Rückresorption von Wasser aus dem Enddarm stimulieren bei *Periplaneta* ein ADH mit dem Molekulargewicht von etwa 8 kDa und bei *Locusta* zwei verschiedene Peptide aus den Speicherstrukturen der Corpora cardiaca sowie eines aus den intrinsischen Drüsenzellen. Ein weiteres aus dem Unterschlundganglion fördert die Rückresorption in den Malpighischen Gefäßen. Es hat ebenfalls ein Molekulargewicht von etwa 8 kDa und serologische Verwandtschaft mit dem Wirbeltierva-

Tab. 3-4: Diuretische und adiuretische Peptidhormone der Insekten (nach Holman et al. 1990)

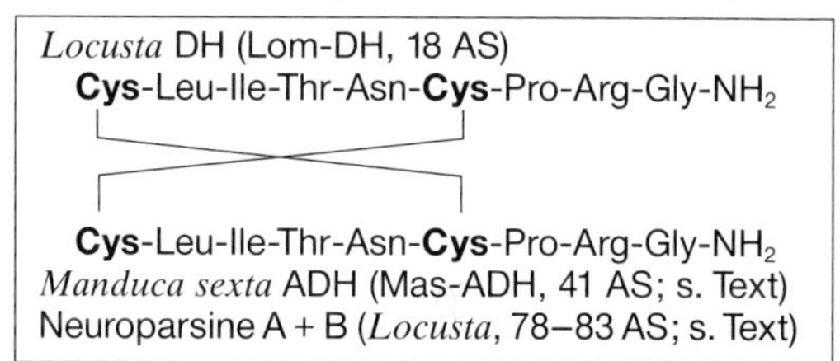
Locusta DH (Lom-DH, 18 AS)
Cys-Leu-Ile-Thr-Asn-**Cys**-Pro-Arg-Gly-NH_2
Cys-Leu-Ile-Thr-Asn-**Cys**-Pro-Arg-Gly-NH_2
Manduca sexta ADH (Mas-ADH, 41 AS; s. Text)
Neuroparsine A + B (*Locusta*, 78–83 AS; s. Text)

sopressin. Das Neuroparsin aus *Locusta* hat neben der adiuretischen auch adipokinetisch-hypertrehalosämische Wirkung und hemmt Juvenilhormoneffekte. Es entsteht in speziellen medianen neurosekretorischen Zellen als Neuroparsin A in 4 verschiedenen Variationen, bei denen jeweils an dieselben Ketten verschiedene Endsequenzen von ein bis 5 Aminosäureresten angehängt sind. Es wird in den Corpora cardiaca in Neuroparsin B umgewandelt und freigesetzt. Letzteres besteht aus zwei gleichen, durch Disulfidbrücken verbundenen Peptidketten von je 78 Aminosäureresten.

Die **diuretischen Hormone** (DH) (Tab. 3-4) fördern die Wasserabgabe durch den Harn. Bei vielen Insekten entstehen sie im Gehirn-Corpora cardiaca-Komplex, bei anderen in den Bauchganglien (3.4.2) und in geringer Konzentration im ganzen Nervensystem. Es gibt verschiedene Formen, häufig sogar mehrere bei derselben Insektenart. Das DH von *Manduca sexta* besteht aus 41 Aminosäureresten ohne Disulfidbrücken. Es hat Sequenzhomologien mit dem CRF (Corticotropin releasing factor) und dem Urotensin I der Wirbeltiere. Dagegen hat ein DH aus der Wanderheuschrecke Ähnlichkeit mit Arginin-Vasopressin. Es ist ein Dimer von zweimal derselben Aminosäurefolge, die von Cystinbrücken kreuzweise verbunden sind (Tab. 3-3). Ein weiteres hat serologische Ähnlichkeit mit Wirbeltier-ACTH.

Chloridtransport stimulierende Hormone (CTSH) wirken spezifisch auf die Ionenrückresorption im Enddarm. Ein solches Hormon mit einem Molekulargewicht von 8 kDa findet sich bei Heuschrecken in den Corpora cardiaca, daneben ein anderes in den abdominalen Ganglien. Sie fördern neben der Ionen- auch die Flüssigkeitsreabsorption.

Morphogenetische Hormone greifen direkt in periphere Entwicklungsvorgänge ein. Allgemein bei Insekten verbreitet sind das Bursicon und das Schlüpfhormon (Eclosionshormon). Das Bursicon bewirkt die Erhärtung der Cuticula nach einer Häutung. Es wurde zuerst bei Dipteren entdeckt (Cottrell 1962; Fraenkel et al. 1966). Es findet sich im Gehirn und, in größerer Konzentration, in der Bauchganglienkette. Sein Molekulargewicht beträgt etwa 40 kDa. Das Schlüpfhormon synchronisiert bei Häutungen die Verhaltensweisen des Schlüpfens aus der alten Cuticula und die letzten abschließenden Häutungsprozesse. Es wurde zunächst bei den Lepidopteren entdeckt (Truman und Riddiford 1970). Dasjenige des Seidenspinners *Bombyx mori* besteht aus über 80 Aminosäureresten, dasjenige des Tabakschwärmers *Manduca sexta* aus 62 Aminosäureresten. Letzteres wird im Gehirn gebildet, bei den Larven im Abdomen, in der Puppe aber durch die Corpora cardiaca abgegeben (3.1.2).

Fortpflanzungssteuernde Peptidhormone, deren Identität und genaue Verbreitung noch nicht bekannt ist, sind ein makromolekularer Faktor **(MF)** der Hämolymphe, ein Eientwicklungshormon (egg development neurohormone, **EDNH**), ein eiablageförderndes Hormon (oviposition stimulating hormone, **OSH**) und oostatische Hormone, welche die Eientwicklung hemmen (3.4.4.2; Raabe 1989).

Pigmentierungshormone sind vielfach nur bei einzelnen Arten oder Familien bekannt, weil sie spezielle Anpassungsvorgänge nur dieser Arten steuern. Dazu gehören Farbwechsel, -modifikationen und -anpassungen (3.4.3) bei Lepidopteren mit großen, auffälligen und gefährdeten Larven-, Puppen- und Falterformen. Die betreffenden Hormone finden sich aber auch bei anderen Insekten und haben dort möglicherweise andere Funktionen.

Das **Diapausehormon** steuert beim Seidenspinner *Bombyx mori* die Färbung der Eier und ihren Diapausemodus. Es findet sich auch bei Arten ohne Eidiapause (3.4.4.4). Seine beiden Formen A und B bestehen jeweils aus denselben 14 Aminosäuren, aber die Form A enthält noch zusätzlich zwei Aminozucker (Yamashita, in Downer und Laufer 1983).

Auf das Farbkleid von Raupen (3.4.3) wirken ein Neurosekret der Bauchganglienkette, das bei *Hestina japonica* beim Eintritt in ein Ruhestadium eine Rotfärbung hervorruft, und eines, das bei den Raupen mehrerer Lepidopterenarten bei hoher Populationsdichte eine intensive Pigmentierung hervorruft, das **MRCH** (melanization and reddish coloration hormone, Matsumoto et al. 1981). Es ist identisch mit dem Pheromonbiosynthese aktivierenden Neuropeptid, **PBAN** (Raina und Menn, in Prestwich und Blomquist 1987). Bei Puppen der Tagschmetterlinge (Rhopalocera) steuert ein Peptid mit einem Molekulargewicht um 3 kDa die morphologische Farbanpassung, der PMRF (pupal melanin reducing factor). Es schränkt die schwarze Pigmentierung ein und fördert die Einlagerung gelber Carotinoide (Bückmann und Maisch 1987). Es wird von den Rumpfganglien abgegeben und findet sich auch bei Arten ohne Farbanpassung. Bei einer Rasse des Seidenspinners bilden die vorderen Rumpfganglien einen Faktor mit der entgegengesetzten Wirkung: Er ruft die Melanisierung der Puppen hervor.

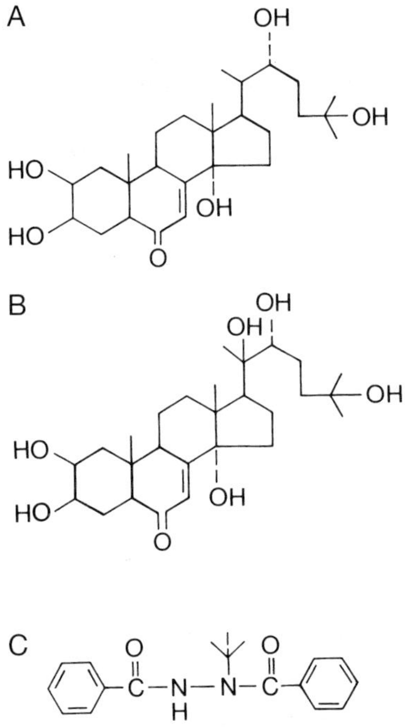

3.2.3 Steroide

Bei den Insekten sind als eindeutig hormonwirksame Steroide nur die Ecdysteroide bekannt, welche nach der ersten bekannten Wirkung, Häutungen auszulösen, benannt sind (Ecdysis = Häutung). Sie leiten sich von den aus 27 C-Atomen bestehenden Ringsystem des Cholestan ab, dessen volle Seitenkette bei ihnen erhalten ist. Das unterscheidet sie von den Steroidhormonen der Wirbeltiere, ebenso eine andere Anordnung der Doppelbindungen (Abb. 3-8) und schließlich eine größere Zahl von Hydroxylgruppen, die ihnen eine bessere Wasserlöslichkeit verleiht. Die häufigsten bei Insekten natürlich vorkommenden Ecdysteroide sind das **Ecdyson**, das als erstes Wirbellosenhormon in kristallisierter Form rein dargestellt wurde (Butenandt und Karlson 1954), und das mit ihm zugleich gefundene **20-Hydroxyecdyson** (Abb. 3-8). Es wurde zunächst β-Ecdyson, später auch Ecdysteron, oder, da es bei den Crustaceen zunächst das einzige Häutungshormon zu sein schien, Crustecdyson genannt. Es ist die physiologisch wirksame Form des Ecdysons.

Aus zahlreichen wirbellosen Tieren und auch aus Pflanzen kennt man an die hundert Verbindungen vom Typ der Ecdysteroide, die großenteils auch im Test am Insekt als Häutungshormone wirksam sind, darunter die

Abb. 3-8: Ecdyson **(A)**, 20-Hydroxyecdyson **(B)**, RH 5849 = Ecdysonanalog **(C)**.

pflanzlichen Steroide Ponasteron und Inokosteron, welche die natürlichen Insektenecdysteroide in ihrer biologischen Aktivität im Insekt sogar übertreffen. Andere Ecdysteroide treten im Insekt als Abbauprodukte des Ecdysons auf. Die **Biosynthese** geht vom Cholesterin aus. Die Insekten sind im allgemeinen nicht in der Lage, das Cholestangerüst selber zu synthetisieren. Erst in einem Falle wurde die Neusynthese von Cholesterin aus Azetat im Ovar einer Schabe beobachtet. Sonst aber müssen Insekten das Cholesterin oder andere, pflanzliche, Ecdysteroide, die als Ausgangsprodukt in Frage kommen, gleichsam als Vitamin mit der Nahrung aufnehmen. Aus dem Cholesterin wird, über eine Ketogruppenbildung und mehrere Hydroxylierungen, durch eine Cytochrom P 450-abhängige Monooxigenase das Ecdyson gebildet. In der Larve geschieht dies vor allem in der Prothoraxdrüse, in der Imago in den Gonaden. In manchen Fällen setzt die Prothoraxdrüse die Vorstufen

2- und 3-Dehydroecdyson frei, die erst im Erfolgsgewebe zum Ecdyson umgewandelt werden. In allen Fällen wird dieses zum funktionell wirksamen 20-Hydroxyecdyson oxydiert. Die dafür nötige Ecdysonmonooxigenase findet sich bei verschiedenen Insekten im Fettkörper, dem Mitteldarm und den Malpighischen Gefäßen. Der **biologische Abbau** der Ecdysteroide im Insekt erfolgt gewebsspezifisch, in vielen Fällen über Deoxyecdyson und die Ecdysonsäuren.

Bei allen Arthropoden haben die Ecdysteroide die Funktion, Häutungen auszulösen. Daneben wirken sie aber auch auf Gonadenentwicklung, Farbwechsel und Verhaltensweisen. Die Wirkungen unterscheiden sich in verschiedenen Geweben und verschiedenen Entwicklungsstadien.

Als **Hormonanalog**, das die gleichen Wirkungen wie Ecdysteroide hervorruft, wenn auch nur in höherer Konzentration, erwies sich eine völlig anders gebaute Verbindung, das 1,2 Dibenzoyl, 1-t-butylhydrazin «RH 5849» (Wing 1988; Abb. 3-8). Anscheinend lagert es sich an die Ecdysteroidrezeptoren der Zielzellen und imitiert dort die Ecdysteroidwirkung. Dagegen lagern sich **Antihormone** zwar ebenfalls an die Rezeptoren, sie lösen dort aber die Ecdysteroidwirkung nicht aus. Sie hemmen diese sogar kompetitiv, indem sie die Rezeptoren besetzen und damit die Anlagerung von Ecdysteroid verhindern. Als derartige Antihormone wirken die Brassinosteroide (Pongs, in Koolman 1989).

Steroide vom Typ der **Wirbeltiersteroidhormone** wurden bei Insekten in den Gonaden gefunden, wo sie möglicherweise organinternen Steuerungen dienen. Einige Wasserinsekten nutzen derartige Steroide als äußere Abwehrstoffe gegen Wirbeltiere wie Fische und Amphibien. Diese Steroide wirken dort also als Allomone.

3.2.4 Juvenoide

Die Juvenoide sind als Hormone bisher nur bei Insekten bekannt. Sie verdanken ihren Namen der Wirkung, bei den Larven die Metamorphose zu verhindern, also den juvenilen Zustand zu erhalten. Möglicherweise sind sie eine Sonderentwicklung, die mit der Unfähigkeit der Insekten, das Cholestangerüst zu bilden (3.2.3), zusammenhängt. Sie entstehen nämlich aus demselben Vorläufermolekül, dem Farnesoldiphosphat. Die Juvenoide sind Abkömmlinge des zweifach ungesättigten Alkohols Farnesol mit einer Epoxygruppe. Der 7-Ethyl-3,11-dimethyl-10-epoxy-2,6-tridecadiensäure-Methylester ist das als erstes strukturell aufgeklärte Juvenilhormon I (JH I; Röller et al. 1967). Bei den Juvenilhormonen II und III ist jeweils eine Ethylgruppe mehr durch eine Methylgruppe ersetzt (Abb. 3-9). Das JH III ist die allgemein verbreitete Form, während JH I und II nur bei den Lepidopteren vorzukommen scheinen. Eine weitere Form, bei der alle drei Methylgruppen durch Ethylgruppen ersetzt sind und die dementsprechend als Juvenilhormon 0 bezeichnet wird, wurde in der Natur bisher nur in Embryonen des Tabakschwärmers *Manduca sexta* gefunden (Bergot et al. 1980).

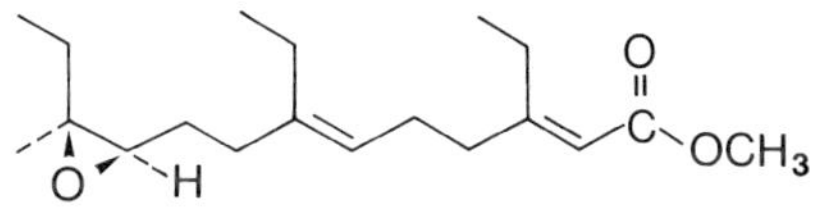

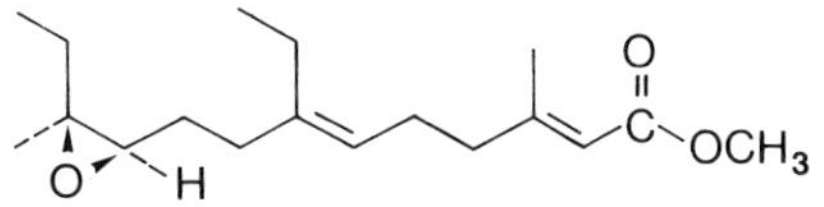

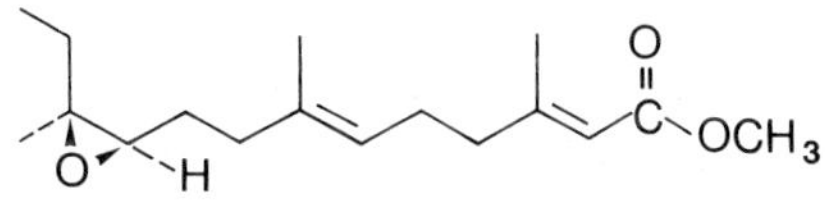

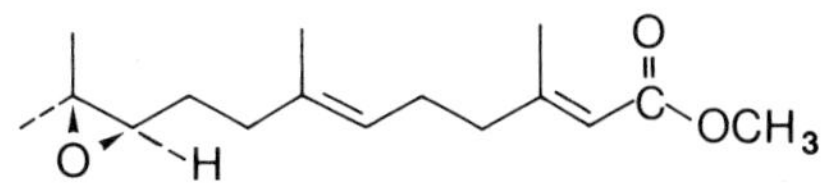

Abb. 3-9: Die 4 Formen von Juvenilhormon «0», I, II und III.

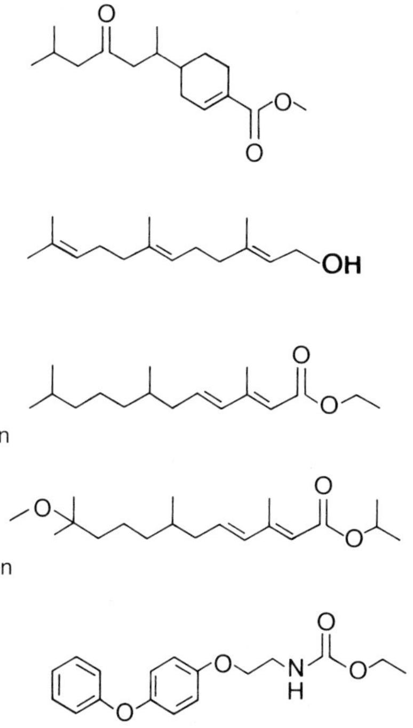

Juvabion

Farnesol

Hydropren

Methopren

Fenoxycarb

Abb. 3-10: Juvenilhormonanaloga.

Auch andere Farnesolabkömmlinge, der Farnesylmethylether, das Farnesyldiethylamin und das Juvabion und einige synthetische Verbindungen (Abb. 3-10) haben Juvenilhormonwirkung. Das Juvabion wurde entdeckt, als die Larven der Feuerwanze *Pyrrhocoris apterus* in mit Zeitungspapier ausgeschlagenen Zuchtgefäßen überzählige Larvenhäutungen durchmachten. Die verantwortliche Substanz wurde zunächst als «Papierfaktor» bezeichnet (Slama und Williams 1966). Sie fand sich nur im Papier bestimmter Zeitungen aus dem Holz der amerikanischen Balsamfichte. Sie ist nicht bei allen Insekten wirksam. Einige künstliche Analoga mit Juvenilhormonwirkung werden zur biologischen Bekämpfung von Schadinsekten eingesetzt (3.5).

Die Wirkungen der Juvenilhormone sind vielfältig und wechseln im Laufe der Entwicklung. Zu der namengebenden metamorphosehemmenden Wirkung in der Larve treten verhaltenssteuernde, ethotrope Wirkungen und vor allem die gonadotrope Wirkung in den adulten Insekten (3.4).

3.3 Transport- und Wirkungsmechanismen der Hormone

3.3.1 Transportproteine

Die Moleküle der Steroide und der Juvenilhormone sind unpolar und lipophil. Deshalb würden sie allein in wäßriger Lösung nicht die für die physiologischen Reaktionen notwendigen Konzentrationen erreichen. Sie sind in der Insektenhämolymphe als Liganden (3.3.2) an spezifische Transportproteine angelagert. Die Proteine erhöhen die Transportkapazität der Hämolymphe für diese Hormone. Sie schützen die Hormone außerdem vor enzymatischem Abbau und vor Verlust durch Exkretion. Sie bilden ein Reservoir, aus dem das Hormon im Zielgewebe freigesetzt werden kann.

Im Kreislauf der Insekten gibt es hormonbindende Proteine mit hoher Affinität aber niedriger Kapazität. Sie sind hochspezifisch, binden also nur einen Liganden, und sie haben nur eine Bindungsstelle im Molekül. Im Gegensatz zu entsprechenden Substanzen der Wirbeltiere sind sie reine Proteine. Daneben gibt es hormonbindende Lipoproteine mit niedriger Affinität aber hoher Aufnahmekapazität. Diese binden verschiedene Liganden und haben für jeden Liganden mehr als eine Bindungsstelle. Die Assoziationskonstanten der ersteren liegen zwischen 10^{-7} und 10^{-9} molar, also im Bereich der physiologischen Hormonkonzentrationen, diejenigen der letzteren liegen zwischen 10^{-4} und 10^{-6} molar. Letztere sind aber dafür in 100 bis 1000fach höherer Konzentration vorhanden, so daß sich das Hormon insgesamt auf beide Typen verteilt (Goodman, in Downer und Laufer 1983).

Die **Juvenilhormone** werden stets an Bindungsproteinen transportiert. Ihre Konzentration muß über längere Zeit in der Hämolymphe hoch gehalten werden, da sie bei vielen Insekten eine sehr aktive Juvenilhormonesterase enthält, welche freies Juvenilhormon schnell inaktiviert. Seine Halbwertszeit beträgt z. B. bei *Manduca* nur 25 min.

Die **Ecdysteroide** sind durch ihre zahlreichen Hydroxylgruppen (3.2.3) etwas besser wasserlöslich. Ihre kurzzeitige Wirkung bei den Häutungen erfordert auch keine langdauernde Titererhöhung. Sie werden vorwiegend in nur kurzfristiger, unspezifischer Assoziation mit Hämolymphproteinen oder sogar ungebunden transportiert. Bei den untersuchten ecdysteroidbindenden Proteinen von *Locusta* ist die Bindung von Ecdyson 100fach niedriger als diejenige von 20-Hydroxyecdyson. Die C20-Hydroxylierung erhöht also die Transportkapazität.

3.3.2 Wirkungsmechanismen

Grundlage aller stofflichen Informationsübertragung sind **Rezeptoren**. Es sind Proteinmoleküle, deren Struktur räumlich selektiv zu derjenigen bestimmter Moleküle im Außenmedium paßt, so daß sie diese ohne kovalente Bindung als Liganden anlagern. Dadurch entsteht ein Rezeptor-Liganden-Komplex, der neue, andere Eigenschaften und Folgewirkungen für die Zelle hat als seine Komponenten. Der Besitz solcher Rezeptoren für ein bestimmtes Hormon macht eine Zelle erst reaktionsbereit, kompetent, für das betreffende Hormon. Das Prinzip der Rezeptoren ist aber nicht auf Hormone beschränkt. Allgemein ermöglicht es den Zellen, auf Substanzen ihrer Umgebung angemessen zu reagieren. Es gibt Rezeptoren für Nahrungsstoffe, und selbst Zellgifte können auf dem Wege über die Anlagerung an Rezeptoren wirken. Im Falle der Hormone bestehen die Primärwirkungen der Hormon-Rezeptorkomplexe in Membrandepolarisationen, Enzym- und Genaktivierungen. Die Primärwirkungen werden über Folgereaktionen in mehreren Schritten kaskadenartig verstärkt.

Nach ihrer Lokalisation lassen sich zwei Typen von Hormonrezeptoren unterscheiden. Die **Amine** und **Peptidhormone** wirken an Rezeptoren **an der Außenmembran** der Zielzellen. Folgeprozesse sind Membrandepolarisationen und Enzymaktivierungen, insbesondere diejenige von Adenylatzyklase. Sie führt zur Bildung von cAMP als sekundärem Botenstoff (second messenger) innerhalb der Zelle. Weitere Folgereaktionen sind Aktivierungen von Proteinkinasen (Marks 1979). Die **Ecdysteroide** und **Juvenoide** können hingegen dank ihrer apolaren und lipophilen Struktur durch die Zellmembran dringen. Sie wirken **im Innern** an Rezeptoren im Zellkern. Diese nucleären Rezeptoren bilden wahrscheinlich im ganzen Tierreich eine einzige Peptidfamilie. Es sind Proteine mit speziellen Domänen für die Anlagerung des Hormons, die Anlagerung an das Chromatin und für Folgereaktionen. Der Hormonrezeptorkomplex reagiert im Zellkern mit dem genetischen Material. Dessen Reaktion auf Hormone wurde zuerst an den Riesenchromosomen der Dipteren erkannt (Clever und Karlson 1960), also an **Polytänchromosomen** aus vielen aneinanderliegenden Chromatiden. Die Chromatinverdichtungen aller Chromatiden liegen jeweils auf gleicher Höhe und bilden innerhalb des Gesamtchromosoms Querscheiben. Je nach dem Funktionszustand des Gewebes sind einzelne Querscheiben angeschwollen zu puffs oder noch stärker verändert zu Balbianiringen. Durch Markierung mit radioaktivem Uridin läßt sich zeigen, daß puffs und Balbianiringe Orte gesteigerter Aktivität der Transkription sind.

Die Verteilung der puffs und Balbianiringe, also der Genbereiche, welche jeweils aktiv sind, auf den Chromosomen ändert sich während der Entwicklung. Dieselben Veränderungen, die bei der Verpuppung spontan auftreten, lassen sich in Larven durch **Ecdysteroide** experimentell auslösen. Sie lieferten damit den ersten Hinweis auf eine Wirkung der Hormone über Genaktivierung (Clever und Karlson 1960). Sie sind die frühesten beobachtbaren Reaktionen auf zugeführte Ecdysteroide und für diese spezifisch. Die puffs an jenen Genloci, die in der Larve aktiv sind, werden zurückgebildet, und an anderen, für die Verpuppung spezifischen Genorten, werden neue gebildet. Die innerhalb von 30 Minuten auftretenden frühen oder primären puffs sind direkte Folge der Ecdysteroidwirkung. Die aktiven Bereiche codieren für Proteine, welche ihrerseits die Aktivität der Gene für die Larvensekrete unterdrücken und zugleich die Aktivität anderer Gene an anderen Chromosomenorten fördern, wo dementsprechend dann die späten, die sekundären puffs auftreten (Lepesant und Richards, in Koolman 1989). Etwa 6 Stunden nach Ecdysteroidgabe wird die Anreicherung von RNA im Kern deutlich. Außer der insgesamt verstärkten RNA-Synthese kommt es zu Veränderungen im Muster der RNA. Bei Lepidopteren wurden bestimmte, nur unter Ecdysteroidwirkung auftretende mRNA für bestimmte puppentypische Proteine nachgewiesen (Riddiford, in Kerkut und Gilbert 1985 [8]). Außer der Transkription beeinflussen die Ecdysteroide auch die Stabilität der RNA, die Translation und die posttranslationalen Prozesse (Koolman und Spindler, in Downer und Laufer 1983). Bestimmte Proteine werden vermehrt gebildet, und es ändert sich auch die Gesamtproteinsynthese. Diese kann sogar abnehmen. Zugleich beeinflussen die Ecdysteroide auch die DNA-Replikation. Meist stimulieren sie diese. Die Replikation ist Voraussetzung für mitotische Zellteilungen. Solche gehören vielfach zu den durch die Ecdysteroide ausgelösten Folgewirkungen, insbesondere, wenn sich unter der Hormonwirkung das Entwicklungsprogramm verändert (3.3.3).

Auch die **Juvenilhormone** bewirken an den Riesenchromosomen erkennbare Genaktivierungen. Auch sie rufen innerhalb von 30 Minuten die ersten puff-Reaktionen hervor. Ihr Maximum erreichen diese nach 4 Stunden (Laufer und Borst, in Downer und Laufer 1983). Diejenigen puffs, die normalerweise mit der Verpuppung verbunden sind, werden unter Juvenilhormonwirkung zurückgebildet oder sie treten gar nicht auf. Daß auch das Juvenilhormon die Transkription spezifischer Gene steuert, beweist am deutlichsten eine nur unter Juvenilhormonwirkung auftretende mRNA für Vitellogenin im Fettkörper (3.4.4.3).

3.3.3 Folgeprozesse und biologische Funktionen

Die Primärwirkungen des Hormon-Rezeptorkomplexes rufen Ketten weiterer Folgeprozesse hervor, die letztlich die Aufgabe des Hormons im Leben des Tieres, seine biologische Funktion erfüllen. Da die Insektenhormone zunächst anhand ihrer Funktion erfaßt werden, sind diese die erste Grundlage der Benennung und Einteilung: **Morphogenetische** Hormonwirkungen beeinflussen die Entwicklung, **metabolische** den Stoffwechsel, und **kinetische** stimulieren die gewebsspezifische Funktion der jeweiligen Zielzellen. Bei Muskelkontraktionen sind sie **myotrop**, bei Drüsensekretion **glandotrop**, im Falle von Hormondrüsen **endokrinokinetisch**, bei Entwicklung und Funktion der Gonaden **gonadotrop**, bei Farbwechselmechanismen **melanotrop** und bei Auslösung von Verhaltensweisen **ethotrop**. Die einzelnen Hormone können aber zugleich in verschiedenen Geweben unterschiedliche Wirkungen haben. «Jedes Hormon ist ein Signal, das je nach Zielgewebe unterschiedlich interpretiert wird» (Marks 1979). Die Hormone selber sind also poly- oder **multitrop**. An ihre Primärwirkungen können jeweils ganz verschiedene Folgeprozesse gekoppelt werden. Die Multitropie wurde gerade bei Insektenhormonen besonders deutlich. Ihre biologische Bedeutung wird darin gesehen, daß Hormone gerade sehr verschiedenartige biologische Vorgänge auslösen und in biologisch wirksamer Weise miteinander zu synchronisieren haben (Bückmann 1984; 3.3.4).

So bewirken die Schabenhormone Pea CA I und II (Tab. 3-1) zugleich mit einer Aktivierung des Stoffwechsels auch eine Beschleunigung des Kreislaufs, die Schlüpfhormone und das Bursicon synchronisieren bestimmte Verhaltensweisen mit bestimmten morphologischen Veränderungen, und geringe Ecdysonmengen synchronisieren bei manchen Lepidopterenraupen das Verlassen des Futters mit einem schützenden Farbwechsel (3.4.3.1).

Die **Ecdysteroide** und **Juvenilhormone** lösen nicht nur in verschiedenen Geweben unterschiedliche Wirkungen aus. Darüber hinaus wechseln sie ihre Wirkung im Laufe der Entwicklung. Vor der Metamorphose lösen die Ecdysteroide Häutungen aus und sind daneben ethotrop (3.4.4.1). Danach aber bekommen sie gonadotrope und in Einzelfällen, bei der Eiablage oder der Geburt von Jungen, auch myotrope Funktionen (3.4.4.2). Das Juvenilhormon hat vor und nach der Metamorphose geradezu entgegengesetzte Wirkungen: In der Larve verhindert es die Metamorphose und damit die Gonadenentwicklung und -reifung. Es wirkt also antigonadotrop. In der Imago ist es dagegen vor allem für die Dottereinlagerung in die Eizellen verantwortlich, also gonadotrop. Auch seine ethotropen Funktionen wechseln. Beeinflußte es in der Larve das Spinnverhalten (3.4.4.1), so wirkt es in der Imago auf die Abgabe von Pheromonen und die Verhaltensweisen der Paarung und der Eiablage (3.4.4.2).

Bei Hormonen, die über Genaktivierung wirken, bedeuten solche Wirkungsunterschiede und -wechsel offensichtlich, daß das Hormon in verschiedenen Zellen oder Stadien unterschiedliche Gene aktiviert. Das ist möglich, weil Steroid-Rezeptorkomplexe nicht nur an Strukturgenen wirken, sondern an Regulatorsequenzen der DNA, welche andere Folgesequenzen steroidabhängig machen können. Welche Wirkung im Einzelfall eintritt, welche Erbfaktoren also aktiviert werden, hängt offensichtlich von der gewebsspezifischen Determination ab. Diese wiederum wird von den bereits durchlaufenen Hormonwirkungen mitbestimmt.

3.3.4 Hormonale Wechselwirkungen

Die Hormone beeinflussen ihre eigene Abgabe und ihre spätere Wirkung ebenso wie diejenige anderer Hormone in mehrfacher Weise. Im Sinne von Regelkreisen steuern sie ihre eigene Abgabe. Juvenilhormone beeinflussen darüberhinaus auch ihre eigene Konzentration über die sie abbauenden Enzyme. Weiterhin beeinflussen Hormone gegenseitig ihre Abgabe. Ecdysteroid wirkt z. B in adulten Grillen allatotrop, und Juvenilhormon in Lepidopterenpuppen prothoracotrop (Laufer und Borst, in Downer und Laufer 1983). Schließlich kann ein Hormon ein Gewebe erst kompetent, reaktionsbereit, für ein anderes machen. So werden bei den Lepidoptera durch die Abnahme des Ecdysteroidtiters die Gewebe zugleich kompetent zur Reaktion auf das Schlüpfhormon (Truman, in Kerkut und Gilbert 1985 [8]; 3.4.4.1). Bei den Diptera macht das Ecdyson den Fettkörper kompetent, auf das Juvenilhormon mit Vitellogenese zu reagieren (3.4.4.2). Derartige Kompetenzbildungen können darauf beruhen, daß das eine Hormon die Bildung der Rezeptoren für das andere auslöst.

Eine Modifikation der Wirkung eines Hormons im Erfolgsgewebe durch seine eigene bisherige Einwirkung wird erkennbar, wenn es, je nachdem, ob der Titerverlauf ansteigt oder abfällt, verschieden wirkt (3.4.4.1). Bei Lepidoptera, deren Verpuppungsvorbereitungen mit einem Farbwechsel verbunden sind, wird durch niedrige Ecdysondosen nur der Farbwechsel, durch hohe Dosen dagegen direkt nur die Verpuppung ausgelöst. Die normale Aufeinanderfolge beruht demnach auf einem allmählichen Anstieg der Konzentration. Veränderungen der jeweils erforderlichen Ecdysonmengen zeigen, daß die niedere Hormondosis nicht nur die erste Reaktion auslöst. Sie erhöht zugleich auch die Reaktionsbereitschaft für die weiteren Wirkungen desselben Hormons (Bückmann 1963; 3.4.4.1). Die letzten Prozesse unmittelbar vor der Puppenhäutung, darunter die Ausschüttung des Schlüpfhormons, werden dann durch einen Abfall der Ecdysteroidkonzentration ausgelöst. Auch bei anderen Insektenordnungen wurden solche steuernden Wirkungen beobachtet (Riddiford, in Kerkut und Gilbert 1985 [8]).

Die **gegenseitige Modifikation** ihrer Wirkungen wird am deutlichsten bei Juvenilhormonen und Ecdysteroiden. Die Ecdysteroide lösen alle Häutungen aus. Ob aber eine Larven-, eine Puppen- oder eine Imaginalhäutung erfolgt, darüber entscheidet der jeweilige

Juvenilhormontiter (3.4.4.1). Das Juvenilhormon modifiziert also die Wirkung des Ecdysteroids. Für sich alleine wirkt es anscheinend nicht direkt auf periphere Gewebe der Larve. Bei manchen Larven bewirken hohe Juvenilhormonkonzentrationen sogar Ruhestadien, also das Ausbleiben von Reaktionen (3.4.4.4). In anderen Fällen fördern sie die Ecdysonausschüttung (Laufer und Borst, in Downer und Laufer 1983).

In der erwachsenen Larve kommt es bei dem erwähnten Ecdysteroidanstieg vor der Verpuppung zugleich zu einem Anstieg der juvenilhormonabbauenden Esterase. Es resultiert erstmalig in der Entwicklung eine alleinige Einwirkung von Ecdysteroid ohne Juvenilhormon. Dieser erste reine Ecdysteroidgipfel determiniert das Gewebe, zukünftig auf die Hormone, auch auf Ecdysteroide selber, anders zu reagieren als bisher. Er wird deshalb als commitment peak bezeichnet. Die Reaktionen werden von den Larven- zur Puppenentwicklung umprogrammiert. Larvenspezifische Gene werden inaktiviert. Die mRNA für typische Larvenproteine und die Eiweißkomponente verschwinden aus den Zellen. Nach der Umprogrammierung sind die Zellen nicht mehr in der Lage, larvenspezifische Proteine und eine Larvencuticula zu bilden. Wenn man sie in jüngere Larven zurückverpflanzt, so häuten sie sich mit denselben, bilden aber, im Gegensatz zur Wirtsraupe, keine Larven- sondern eine Puppencuticula (Riddiford, in Kerkut und Gilbert 1985 [8]). Ein späterer derartiger Ecdysteroidgipfel im Puppenstadium bewirkt die Umdetermination von der Puppen- zur Imaginalentwicklung. In der Imago haben dann die Juvenilhormone und die Ecdysteroide keine Häutungs- und Metamorphosewirkungen mehr, sondern sie steuern die Fortpflanzung (3.4.4; Abb. 3-19).

Anscheinend gibt es ganze Sätze von Genen, die durch die betreffende hormonale Situation jeweils nur in der Larve, in der Puppe oder in der Imago aktiv sind und dafür sorgen, daß jeweils die betreffende Tierform entsteht. Durch Erbfaktoren bedingte Unterschiede zwischen Individuen derselben Art werden als Polymorphismen bezeichnet (3.4.4.4). Dementsprechend wird die durch verschiedene, hormonal nacheinander aktivierte Sätze von Genen bedingte Metamorphose der Insekten als **sequentieller Polymorphismus** aufgefaßt (Wigglesworth 1954).

3.4 Hormonal gesteuerte Funktionskreise

Da die einzelnen Hormone in verschiedenen Geweben und Entwicklungsstadien unterschiedliche Wirkungen auslösen, müssen ihre Aufgaben im Zusammenhang mit den verschiedenen biologischen Situationen und Funktionskreisen betrachtet werden.

3.4.1 Myotrope Wirkung auf die Muskulatur der inneren Organe

Einer hormonalen Steuerung unterliegen bei den Insekten die Herz-, Darm- und Oviduktmuskulatur sowie die Malpighischen Gefäße. Ihre Bewegungen werden durch Nervenextrakte gefördert. An jeder dieser Steuerungen sind mehrere Hormone beteiligt, jedes dieser Hormone an mehreren Wirkungen. Nur in einigen Fällen überwiegt die Steuerung durch ein bestimmtes Hormon: Das von eigenen proctolinergen Neuronen in der Enddarmregion abgegebene Proctolin stimuliert die langsamen rhythmischen peristaltischen Kontraktionen des Darmes. Es wirkt daneben aber auch auf andere Organe (3.2.2). Die akzessorischen kontraktilen Antennengefäße, die «Antennenherzen», von *Periplaneta* werden durch das Octopamin (3.2.1) gesteuert. Spezielle Stimulierung des Ovidukts ist Aufgabe des Led-OVM (Tab. 3-1) aus *Leptinotarsa*.

Die zahlreichen bekannten **Kinine** (3.2.2) wurden anhand ihrer Wirkungen an Standardpräparaten isoliert, so daß ihre unterschiedlichen Aufgaben im intakten Spendertier noch kaum bekannt sind. Die meisten Kinine stimulieren die Darm- und Herzmuskulatur. Einige wirken auch hemmend, so das Leuco-Myosuppressin (Lem-MS, Tab. 3-1) auf die Darmbewegung. Die Wirkungen sind auch nicht bei allen Arten gleich. So stimuliert das Myotropin aus *Locusta* (Lom-MT; Tab. 3-1) den Enddarm von *Leucophaea*, nicht aber den von *Locusta* selber. Hier stimuliert es die Oviduktmuskulatur. Die myotrop auf die Malpighischen Gefäße wirkenden Substanzen sind ebenfalls Peptide der Corpora cardiaca.

Viele Peptide haben neben den myotropen auch metabolische Funktionen. So aktivieren einige Kinine auch die Diurese und umgekehrt einige **adipokinetische Hormone** (3.2.2) zugleich mit dem Stoffwechsel auch den Herzschlag.

3.4.2 Metabolische Hormonwirkungen

Bei den Insekten werden der Wasser- und Salzhaushalt, der Kohlenhydrat- und der Fettstoffwechsel hormonal gesteuert.

3.4.2.1 Osmoregulation

Regelmäßige drastische Änderungen des Wassergehaltes bei vielen Insekten zeigen an, daß ihr Wasserhaushalt einer Regulation unterliegt. Blutsaugende Arten (Wanzen, Stechfliegen und Stechmücken) nehmen bei einer einzigen Mahlzeit das 2 bis 12-fache ihres Gewichtes an Flüssigkeit auf und geben 40 bis 50 % der aufgenommenen Flüssigkeit innerhalb von ½–5 Stunden wieder ab. Schmetterlinge geben nach ihrer Adulthäutung innerhalb von wenigen Stunden 40 bis 50 % ihres gesamten Körperwassers ab. Pflanzenfressende Insekten nehmen täglich ihr eigenes Körpergewicht an wasserreichem Pflanzenmaterial auf und geben den größten Teil des Wassers durch periodische Produktion feuchter Kotballen wieder ab (Phillips, in Downer und Laufer 1983).

Mit einer Regulation des Wasserhaushaltes ist immer auch eine solche des Ionenhaushaltes verbunden. Die Wasserabgabe erfolgt durch die Malpighischen Gefäße (1.5). Sie ist gekoppelt mit dem aktiven Transport von K^+, (in einigen Fällen, z. B. bei blutsaugenden Insekten, auch von Na^+) sowie einem aktiven und passiven Transport von Cl^-. Infolgedessen ist KCl das vorherrschende Salz in der Flüssigkeit der Malpighischen Gefäße. Diese gelangt in den Darm, wo, vorwiegend aus dem Rektum, Wasser, Ionen und Metaboliten selektiv zurückgewonnen werden. Die endokrine Steuerung setzt sowohl bei der Sekretion in den Malpighischen Gefäßen als auch bei der Reabsorption im Enddarm an. Die Bedeutung jedes dieser beiden Prozesse ist bei den einzelnen Arten verschieden. Der Steuerung dienen diuretische Hormone (DH), antidiuretische Hormone (ADH) und ein Chloridtransport-stimulierendes Hormon (CTSH) (3.2.2). Die **diuretischen Hormone** erhöhen die Flüssigkeitssekretion und auch die KCl-Abgabe in den Malpighischen Gefäßen. Die Wirkung läßt sich leicht an isolierten Malpighischen Gefäßen erfassen; sie erfolgt über cAMP. Bildungs- und Abgabeorte und auch die Molekülgrößen der diuretischen Hormone unterscheiden sich bei verschiedenen Insekten. Trotzdem wirken sie jeweils bei allen Arten. Auch die Auslösung der Hormonabgabe erfolgt, je nach der Biologie der Tiere, sehr unterschiedlich.

Bei der blutsaugenden Wanze *Rhodnius prolixus* tritt immer nach einer Blutmahlzeit ein DH in der Hämolymphe auf (Madrell 1963): Die Hämolymphe eines gefütterten Tieres erhöht die Flüssigkeitssekretion auf das 200-fache. Auslösender Reiz ist die Dehnung der Rumpfmuskeln bei der Nahrungsaufnahme. Künstliche Dehnung führt auch bei decapitierten Tieren zur Diurese. Also sind weder der Freßakt noch das Gehirn erforderlich. Nur 10 neurosekretorische Zellen des Mesothorakalganglions bilden das diuretische Hormon und geben es über neurohämale Endigungen an abdominalen Nerven nahe dem Thorax ab. Bei anderen Arten wird ein Einfluß von Osmorezeptoren im Darm auf die Hormonabgabe diskutiert. Die abgebenden neurohämalen Strukturen liegen bei Dipteren nahe den Malpighischen Gefäßen, während bei *Schistocerca* das DH in der Pars intercerebralis des Gehirns gebildet und über die Corpora cardiaca abgegeben, bei der Schabe *Periplaneta* schließlich in den letzten Abdominalganglien gebildet und abgegeben wird (Phillips, in Downer und Laufer 1983).

Bei *Rhodnius prolixus* erfolgt auch die selektive Ionenrückresorption in den Malpighischen Gefäßen und wird durch die neurosekretorischen Zellen, die das diuretische Hormon bilden, gefördert, außerdem auch durch 5-Hydroxytryptamin. Ein besonderer unterer Abschnitt dieser Gefäße reabsorbiert das KCl, dagegen kein Wasser. Derartige reabsorptive Abschnitte kommen nicht bei allen Insekten vor.

Antidiuretische Hormone, ADH fördern die Reabsorption von Wasser im Enddarm. Ihre Bildungsorte sind nicht einheitlich. Bei verschiedenen Orthopteroidea und Blattaria findet man sie im drüsigen Teil der Corpora cardiaca, bei anderen Blattaria in deren Speicherteil, bei wieder anderen im ganzen Zentralnervensystem, vor allem aber im Gehirn, dem Metathorakalganglion, dem terminalen Abdominalganglion und in den perisympathischen Organen. Bei *Locusta* wirkt außerdem ein dem Wirbeltiervasopressin ähnlicher Faktor aus zwei neurosekretorischen Zellen des Unterschlundganglions antidiuretisch auf die Malpighischen Gefäße (3.2.2).

Die Salzreabsorption im Rektum wird durch ein weiteres Peptidhormon stimuliert, das **CTSH (chlorid transport stimulating hormone)**. Es wurde bei Heuschrecken in den Corpora cardiaca gefunden. Es bewirkt einen Anstieg des cAMP-Gehaltes im rektalen Gewebe auf das 2,5-fache. Seine Wirkung kann auch durch direkt zugeführtes cAMP oder cGMP imitiert werden. Offensichtlich wirken diese Stoffe als sekundäre Messenger.

3.4.2.2 Regulation des Kohlenhydratstoffwechsels

Bei Beanspruchung, besonders beim Flug, werden energieliefernde Substanzen aus dem Hauptspeicherorgan der Insekten, dem Fettkörper, mobilisiert. Entsprechend den biologischen Typen des «Kohlenhydratfliegers» und des «Fettfliegers» (1.2.7) sind dies entweder Kohlenhydrate oder Lipoide. Beide werden durch die adipokinetisch-hypertrehalosämischen Hormone (AKH, HPTH; Tab. 3-2) mobilisiert. Welche der beiden Wirkungen eintritt, hängt von der reagierenden Art ab. Die Wirkung kann sogar bei der Metamorphose wechseln oder beide Wirkungen treten gemeinsam aber verschieden stark auf. So überwiegt in *Heliothis zea* beim Hez-HPTH die hypertrehalosämische, beim Mas-AKH (das sich auch in *Heliothis* findet), die lipotrope Wirkung.

Der Blutzuckerspiegel der Insekten ist nicht konstant. Bei der Kohlenhydratmobilisierung erhöht er sich durch die Spaltung von Glykogen in Trehalose. Dabei wird vom Glykogen Glucose-1-Phosphat abgespalten. Das Hormon steuert diesen Vorgang durch Aktivierung des Enzyms Phosphorylase. Ein Extrakt der Corpora cardiaca der Schabe *Periplaneta americana* erhöht den Trehalosegehalt um 300 % (Steele, in Downer und Laufer 1983). Auch bei solchen Insekten, bei denen die Mobilisierung den Fettstoffwechsel erfaßt, sinkt nach Herausnahme der Corpora cardiaca der Trehalosespiegel ab. Möglicherweise wirkt also bei geringem Trehalosespiegel auch hier das Hormon hypertrehalosämisch.

Zusätzlich zu dieser langfristigen Mobilisierung durch Peptidhormone bewirkt das Octopamin (3.2.1) eine schnelle Mobilisierung für Notsituationen, ähnlich derjenigen durch Adrenalin bei Wirbeltieren. 10 μl einer 10^{-4} molaren Octopaminlösung bewirken bei *Periplaneta* einen 100 %igen Trehaloseanstieg innerhalb von 15 Minuten.

Einen den umgekehrten Vorgang, die Glykogensynthese aus Zuckern, steuernden Faktor bilden bei verschiedenen Insektenordnungen die medianen neurosekretorischen Zellen des Gehirns, das median neurosecretory cell hormone: **MNCH** (3.2.2). Eine Entfernung dieser Zellen bewirkt bei diesen Insekten eine ungebremste Zunahme von Glykogen im Fettkörper (*Calliphora erythrocephala*) und auch in der Flugmuskulatur *(Locusta migratoria)*. Durch Implantation von medianen neurosekretorischen Zellen wird dieser Vorgang gestoppt.

Auch eine **hypo**trehalosämische Wirkung wird den medianen neurosekretorischen Zellen des Gehirns zugeschrieben. Eine dertige Wirkung hat ferner das Diapausehormon des Seidenspinners. Unter seinem Einfluß entstehen Diapause-Eier (3.4.4.4), die mehr Glykogen enthalten, als die Nichtdiapause-Eier (Steele, in Kerkut und Gilbert 1985 [8]).

3.4.2.3 Regulation des Fettstoffwechsels

Extrakte der Corpora cardiaca wirken, wie erwähnt, bei vielen Insekten, wie *Locusta* und *Carausius*, nicht kohlenhydrat- sondern fettmobilisierend. Sie rufen einen 3- bis 4fachen Anstieg des Lipidspiegels in der Hämolymphe hervor. Der gleiche Anstieg erfolgt natürlicherweise beim Fluge. Bei der Mobilisierung der Fette setzt der Fettkörper Diacylglycerin in die Hämolymphe frei. Dieses ist bei den meisten Insekten die wichtigste neutrale Lipidkomponente in der Hämolymphe (1.2.7).

Die beteiligten Hormone wirken hier als **adipokinetische Hormone (AKH)**. Das AKH wird bei Orthopteroiden im drüsigen Teil der Corpora cardiaca gefunden. Seine Abgabe wird ausgelöst durch Nervenzellen aus dem Protocerebrum. Ihre Axone laufen über den NCC II in den drüsigen Teil der Corpora cardiaca. Die durch den Flug induzierte Erhöhung der Hämolymphlipide wird durch eine Durchschneidung der NCC I und II verhindert. Im erwachsenen Weibchen wirkt auch das Juvenilhormon adipokinetisch. Es aktiviert die Dotterbildung, bei der Fette verbraucht werden (3.4.4.3). Bei Ausschaltung der Corpora allata unterbleibt diese und es kommt zu einer übermäßigen Fettkörperbildung.

Bei solchen Insekten, die für ihren Stoffwechsel vorwiegend Kohlenhydrate mobilisieren, wirken die Extrakte aus den Corpora cardiaca daneben in geringem Maße anti-adipokinetisch: Tri- und vor allem die Diglyceride in der Hämolymphe nehmen ab, und die Lipide im Fettkörper steigen an (Beenakkers, in Downer und Laufer 1983; Steele, in Kerkut und Gilbert 1985 [8]).

3.4.3 Chromatotrope Hormonwirkungen

Da die meisten Insekten als tagaktive typische Landtiere in einer hell erleuchteten optisch heterogenen Umwelt leben, gewinnt bei ihnen die äußere Körperfarbe erhebliche biologische Bedeutung. Dem entspricht die Vielfalt und Buntheit ihrer Farbtrachten. Dagegen ist ein echter Wechsel der Körperfarbe innerhalb eines Entwicklungsstadiums selten. Dies gilt insbesondere für den physiologischen Farbwechsel durch Pigmentbewegung. Der Schutz des Körpers vor Austrocknung erfordert eine robuste Cuticula, die Pigmentbewegungen in lebenden Zellen kaum nach außen wirksam werden ließe. Die Mechanismen der Farbanpassung beruhen stattdessen meist auf Veränderungen oder Variationen der Pigmentmenge und -verteilung und stehen in enger Beziehung zum Entwicklungsverlauf. Die steuernden Hormone lassen sich meist den morphogenetischen Hormonen zurechnen. Da diese Mechanismen in Anpassung an spezielle ökologische Bedingungen erst innerhalb der einzelnen Arten herausgebildet wurden, sind die hormonalen Steuerungsmechanismen in diesen Fällen besonders vielfältig und verschieden. In der Reihenfolge zunehmender Unabhängigkeit vom Entwicklungsstadium und zunehmender Abhängigkeit von Umweltfaktoren lassen sich die im folgenden dargestellten Möglichkeiten aufführen (Bückmann 1974).

3.4.3.1 Ontogenetische Farbwechsel

Die starre Festlegung des Entwicklungsganges und der Verhaltensweisen bringen die Insekten in aufeinanderfolgenden Entwicklungsabschnitten zuverlässig in bestimmte biologische Situationen. Diesen angepaßt wechselt das Farbkleid in der Entwicklung. Eine solche Farbänderung ist einfach ein Schritt der Normalentwicklung hat aber das Aussehen und die biologische Funktion eines Farbwechsels, besonders deutlich, wenn die Farbänderung nicht mit einem Häutungsschritt zusammenfällt. Deshalb wurde die Bezeichnung «ontogenetischer Farbwechsel» vorgeschlagen. In solchen Fällen ist kein eigenes Pigmentierungshormon bekanntgeworden. Die Farbänderung ist eine der Reaktionen auf diejenigen Hormone, die den betreffenden Entwicklungsschritt steuern, in den meisten Fällen einen Häutungsschritt (3.4.4). Ein ontogenetischer Farbwechsel ohne gleichzeitige Häutung ist die rote Umfärbung vieler großer grüner Schmetterlingsraupen, besonders von Sphingiden und Notodontiden, wenn sie zum Einspinnen das grüne Futterlaub verlassen. Sie beruht auf der Neubildung von Ommochromfarbstoffen in der Epidermis. Bei *Cerura vinula* ergreift sie auch den Fettkörper, den Darminhalt und die malpighischen Gefäße, bei vielen anderen Lepidopteren nur die letzteren (Abb. 3-12). Da Ommochrom aus Tryptophan entsteht (wie es beim Umbau von Körpereiweißen zu dem tryptophanarmen Spinnsekret in großen Mengen freiwerden muß), wird vermutet, daß hier eine Stoffwechselumsteuerung, welche die Verpuppung vorbereitet, bei einigen Arten auch in den Dienst einer Farbanpassung gestellt ist. Die Umfärbung ist streng mit dem Verhalten des Kokonbaus synchronisiert. Sie wird durch Ecdyson hervorgerufen und durch Juvenilhormon gehemmt. Ihr folgen, nachdem die Raupe im Kokon geborgen ist, ein Wiederverblassen und weitere Farbänderungen bis zur Verpuppung. Der ganze Ablauf wird durch den allmählichen Anstieg der Ecdysteroidkonzentration in Abwesenheit von Juvenilhormon gesteuert (Bückmann 1985), die für den Entwicklungsabschnitt vor der Verpuppung typisch ist.

3.4.3.2 Morphologische Farbanpassungen und Dichroismen

In die Entwicklung können einzelne Stadien eingeschaltet sein, in denen die Pigmentierung durch Umweltfaktoren wie Lichtreize, chemische Reize oder taktile Reize von Artgenossen bei hoher Populationsdichte bestimmt wird. Variiert die Färbung je nach der Stärke eines solchen Faktors kontinuierlich, so resultiert eine morphologische Farbanpassung. Sind dagegen nur zwei verschiedene Faktoren möglich, so daß die Reaktion bei einer bestimmten Intensität des steuernden Faktors umschlägt, so besteht ein Diphänismus (3.4.4.4) der Färbung, ein Dichroismus. Die hormonale Steuerung erfolgt meist über spezielle Neuropeptide, aber es kommen auch Wirkungen von Juvenilhormon und der Ecdysteroidausschüttung auf die Pigmentierung vor.

Viele Tagschmetterlingspuppen (Rhopalocera), die nicht in einem Kokon geschützt sondern frei exponiert sind, passen ihre Pigmentierung der Umgebung an. Während einer sensiblen Periode kurz vor der Verpuppung bestimmen die Lichteinflüsse auf die Raupenaugen irreversibel die zukünftige Puppenfärbung. Wird kurz nach dieser Periode der Körper durchschnürt, so paßt nur das Vorderstück seine Pigmentierung an. Die Hinterstücke sind stets einheitlich, bei Arten mit Melanin in der Puppencuticula maximal melanisiert. Die Steuerung erfolgt also vom Vorderkörper her durch einen Faktor, welcher die Melanisierung einschränkt (Bückmann 1974), den **PMRF** (pupal melanisation reducing factor). Er modifiziert nicht die Intensität der Schwarzfärbung, sondern die Größe der melanisierten Flächen (Abb. 3-11). Die Epidermis enthält demnach ein Muster verschiedener Bereiche, die ungleich empfindlich auf den PMRF ansprechen. Dieser fördert zugleich die Carotinoideinlagerung in die Cuticula (Bückmann und Maisch 1987; 3.2.2). PMRF findet sich auch in Arten ohne Farbanpassung.

Einen **Dichroismus** zeigen die Puppen des japanischen Papilioniden *Papilio xuthus*. Sie sind auf frischen Pflanzen grün, auf bereits vertrockneten Pflanzen braun. Steuernder Umweltfaktor sind chemische Reize von dem frischen oder dem vertrockneten Laub. Im letzteren Falle wird die braune Pigmentierung durch einen die Carotinoideinlagerung fördernden Faktor vom Vorderkörper her ausgelöst. Möglicherweise ist er mit dem PMRF identisch. Er wird im Gehirn gebildet und zu Axonenden im Prothoraxganglien transportiert, von dort aber nur bei Tieren auf trockenem Laub in den Körper freigesetzt (Awiti und Hidaka 1982).

Auch bei anderen Lepidopterenfamilien kommen vereinzelt solche hormonal gesteuerten Pigmentierungsmodifikationen vor. Bei einem Zuchtstamm des Seidenspinners *Bombyx mori* bestimmt die Temperatur im Stadium der spinnenden Raupe, ob schwarze Puppen oder helle Puppen entstehen. Bei 20° veranlaßt das Gehirn die Thoraxganglien zur Abgabe eines Peptidhormons, welches die Schwarzfärbung hervorruft. Bei 30° bleibt es aus (Hashiguchi 1965). Bei einer Mutante von *Manduca sexta*, deren Larven normalerweise schwarz sind, wird diese Färbung durch Juvenilhormon unterdrückt. Die Raupen mancher Noctuiden, unter ihnen *Spodoptera* und der ostasiatische Heerwurm *Leucania* färben sich bei hoher Populationsdichte dunkel. Sowohl das Melanin in der Cuticula als

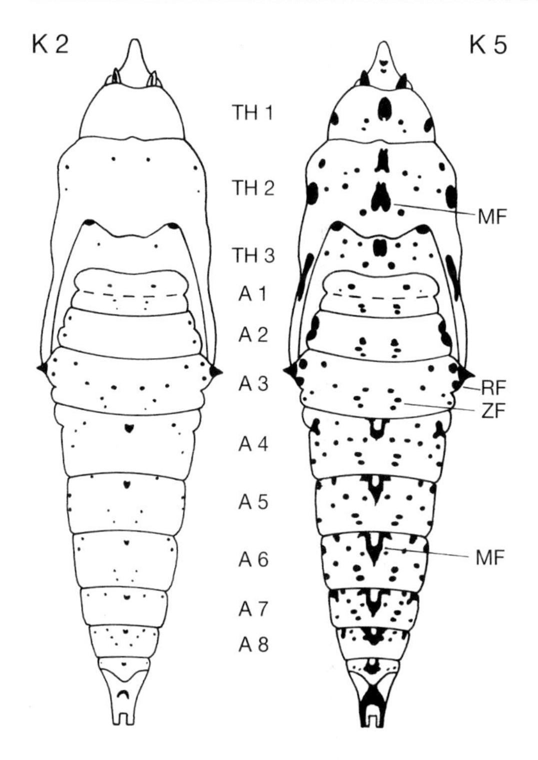

Abb. 3-11: Morphologische Farbanpassung bei den Puppen von *Pieris brassicae*. Die einzelnen Melaninflecken reagieren durch Vergrößerung verschieden empfindlich auf Abwesenheit des melanisierungshemmenden Hormons. K 2 = zweithellste, K 5 = dunkelste Melanisierungsklasse aus einer Skala von 5 Klassen. Stärkste Reaktion: MF auf TH 2; schwächste Reaktion: ZF auf A 3. A 1–8 Abdominalsegmente 1–8; TH 1–3 Thorakalsegmente 1–3; MF Mittelflecken, RF Randflecken, ZF Zwischenflecken (nach Bückmann 1974).

auch das Ommochrom in der Epidermis nehmen zu. Die von Artgenossen ausgehenden Reize bewirken die Ausschüttung eines Färbungshormons aus dem Unterschlundganglion, des «melanisation and reddish coloration hormone», **MRCH** (Matsumoto et al. 1981; 3.2.2). Bei *Arcte coerulea* wird in dichter Population nach der dritten Häutung eine entsprechende Farbänderung mit vergrößerten schwarzen Streifen von einem Zentrum zwischen dem 4. und dem 7. Abdomensegment hervorgerufen, ähnlich wie diejenige bei den Diapauselarven von *Hestina japonica*.

Bei allen drei Wanderheuschreckenarten der alten Welt, *Nomacadris septemfasciata, Locusta migratoria* und *Schistocerca gregaria*, tritt ein durch die Populationsdichte gesteuerter **Phasen-Dimorphismus** auf. Die solitäre Phase, die Forma solitaria, lebt einzeln und ist hellgrün. Bei hoher Populationsdichte gehen die Tiere in die Wanderphase, die Forma gregaria, über. Diese ist durch stärkere Melanin- und Ommochrombildung dunkler gefärbt, und die Tiere rotten sich zu den gefürchteten Wanderschwärmen zusammen. Transplantation von Corpora allata in die braunen Tiere verwandelt diese in grüne. Umgekehrt veranlassen aber die Corpora allata der braunen Form die grüne nicht zu einem Phasenwechsel. Die grüne Farbe der solitären Tiere kommt demnach durch einen höheren Gehalt an Juvenilhormon zustande. Dieser ist jedoch nicht die Ursache der sonstigen Phasenunterschiede (Pener, in Downer und Laufer 1983).

Bei vielen Insekten sind Unterschiede der Pigmentierung mit solchen im Entwicklungsgang gekoppelt. Bei Arten mit fakultativer Diapause (3.4.4.4) sind oft diejenigen Individuen, die eine Diapause durchlaufen, anders gefärbt als die Nichtdiapausetiere. Darüber, welchen Entwicklungsmodus das einzelne Tier durchläuft, und damit zugleich über seine Färbung, entscheiden wiederum Umweltfaktoren, wie Temperatur, Tageslänge und Populationsdichte. Derartige Modifikationen können in allen Entwicklungsstadien auftreten.

Die **Eier** sind bei der fakultativ bivoltinen Rasse des Seidenspinners *Bombyx mori* entweder zu einer Embryonaldiapause determiniert und durch Melanin und Ommochrom dunkel gefärbt, oder sie sind Nichtdiapauseeier und hell. In Weibchen, die aufgrund entsprechender Umweltbedingungen Diapauseeier legen (3.4.4.4), gibt das Unterschlundganglion das Diapausehormon (3.2.2) ab, welches die Eier im Ovar zur Diapauseentwicklung determiniert und zugleich ihre dunkle Pigmentierung bewirkt.

Die **Larven** können bei *Hestina japonica*, nach entsprechenden Umwelteinflüssen, in einer fakultativen Larvendiapause überwintern. Sie sind dann ebenfalls stärker gefärbt als die anderen. Diese Färbung wird gemeinsam mit der Disposition zur Larvendiapause durch ein Hormon der 3. bis 6. Bauchganglien hervorgerufen.

Die **Puppen** zeigen beim Landkärtchen *Araschnia levana* eine fakultative Puppendiapause. Im Langtag aufwachsende Raupen werden zu Nichtdiapausepuppen. Dadurch entwickeln sich die Nachkommen der Frühjahrsgeneration noch im gleichen Sommer zu Schmetterlingen der sog. forma prorsa: schwarz mit weißen Binden (Abb. 2-21). Die aus deren Eiern schlüpfenden Raupen leben im Spätsommer, zwar noch bei Wärme, aber schon bei abnehmender Tageslänge. Diese determiniert sie zu Diapausepuppen. Sie überwintern in Puppendiapause und schlüpfen im nächsten Frühjahr als Falter der sog. forma levana. Diese sind hell rotbraun. Hier bestimmt der Zeitpunkt der Ecdysonausschüttung, welche die Imaginalentwicklung einleitet (3.4.4.3), zugleich die Flügelfärbung. Die Disposition der Flügelanlagen für die verschiedenen Färbungen verändert sich autonom in Richtung auf die braune Pigmentierung. Je später das Ecdysteroid die Imaginalentwicklung auslöst, desto mehr wird die Pigmentierung der Frühjahrsform angenähert (Koch und Bückmann 1987). Dies gelingt durch Ecdysonzufuhr auch bei Fragmenten ohne Kopf und Prothorax. Dort gelagerte Neurohämalorgane sind also nicht beteiligt. Der Färbungsdimorphismus tritt erst bei der Imago, nach dem unterschiedlichen Diapauseverhalten des Puppenstadiums, hervor.

Solche Formen von **Imaginaldiphänismus**, die mit einem Unterschied im Diapauseverhalten der Imagines selber gekoppelt sind, werden bei *Papilio xuthus* und bei *Polygonia c-aureum* durch ein Neurosekret des Gehirns gesteuert, das direkt auf die Pigmentierung wirkend die Sommerform hervorruft. In Faltern der Herbstform ist es sogar in größeren Mengen enthalten. Offensichtlich wird es hier nicht freigesetzt, sondern im Neurohämalorgan zurückgehalten. Es kommt auch bei Lepidopteren ohne Dimorphismus vor.

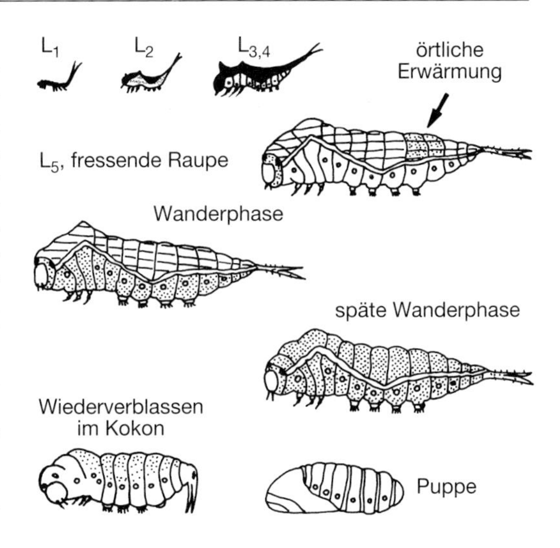

Abb. 3-12: Ontogenetischer und morphologischer Farbwechsel bei *Cerura vinula*. Schwarz: Melanin; Gestreift: Braun (oxydiertes Ommochrom); punktiert: Rot (reduziertes Ommochrom). L 1–L 5 Larvenstadien (Häutungsintervalle). Ontogenetische Farbwechsel bei den Häutungen: Die Stadien ähneln nacheinander umgerolltem welkem Blattrand, einer Blattrippe und einer Blattgrenze. Ontogenetischer Farbwechsel ohne Häutung: Beim Verlassen des Futters wird die Seitenhaut rot durch Ommochromneubildung. Die Reduktion des dorsalen, braunen Ommochroms zum roten wird durch niedere Temperatur verzögert. Durch Erwärmung kann sie schon vorher, auch lokal begrenzt, ausgelöst werden (Pfeil; nach Bückmann 1974).

3.4.3.3 Morphologische Farbwechsel

In der Entwicklung können mehrere Stadien mit modifizierbarer Pigmentierung aufeinander folgen. Bei Libellenlarven wird je nach Untergrundhelligkeit die Cuticula heller oder dunkler. Diese Farbänderung ist jeweils nur bei einer Häutung möglich. Die Farbänderungen können einander aber bei den folgenden Häutungen aufheben oder verstärken, so daß eine Art reversibler Farbwechsel resultiert (Krieger 1954).

Ein echter reversibler Farbwechsel durch Änderung des Pigmentgehaltes wird als «morphologischer Farbwechsel» bezeichnet.

In einigen derartigen Fällen wirken Umweltfaktoren wie Feuchtigkeit und Temperatur direkt auf das Integument. Beim männlichen Herkuleskäfer *Dynastes hercules* werden die gelben Flügeldecken unter dem direkten Einfluß von Feuchtigkeit schwarz, weil eine gelbe schwammige Schicht in der Cuticula in durchtränktem Zustand durchsichtig und eine darunterliegende schwarze Schicht sichtbar wird. Bei der Raupe von *Cerura vinula* (Abb. 3-12) wird bei lokaler Einwirkung von Wärme oder Sauerstoffmangel das braune Ommochrom der Rückenhaut örtlich begrenzt zur roten Stufe reduziert. Eine Abschnürung der Hormonzufuhr hat darauf keinen Einfluß. Dieselbe Rotfärbung erfolgt spontan, wenn später die Raupe zum Spinnen das Futter verläßt. Sie ist aber nicht streng mit der gleichzeitigen Umfärbung der übrigen Epidermis durch Ommochromneubildung (3.4.3.1) synchronisiert, sondern sie kann demgegenüber durch Kälte verzögert werden. Offensichtlich hängt der Oxidationszustand des Ommochroms vom Stoffwechsel im Integument ab.

Ein echter, vom Entwicklungsstadium unabhängiger morphologischer Farbwechsel, der von den Augen gesteuert wird, kommt bei der Stabheuschrecke *Carausius morosus* vor. Wird der untere Teil des Komplexauges verdunkelt, so daß die optische Reizverteilung derjenigen bei Licht auf dunklem Untergrund entspricht, so erhöht sich die Ommochrommenge im Integument auf das Mehrfache.

Dies geschieht unabhängig von Häutungen und auch nach Entfernung der Corpora allata. Der Farbwechsel wird anscheinend über Neurosekrete gesteuert (Bückmann 1974).

3.4.3.4 Physiologische Farbwechsel

Auf **Pigmentbewegungen** beruhende reversible, umweltabhängige Farbänderungen werden als physiologische Farbwechsel bezeichnet. Den Insekten fehlen besondere Farbzellen, Chromatophoren, in denen das Pigment kontrahiert oder dispergiert werden kann. Bei einigen Arten kann aber in normalen Epidermiszellen Pigmentbewegung durch Umweltfaktoren ausgelöst werden. Dabei wirkt wiederum in einigen Fällen die Temperatur ohne zwischengeschaltete hormonale Steuerung direkt auf die Färbung des Integuments.

Bei der australischen Heuschrecke *Kosciuscola tristis* sowie den Libellen *Diphlebia lestoides* und *Aeschna caerulea* ruft der direkte Einfluß der Wärme auf die Epidermiszellen dort eine Pigmentbewegung hervor. Bei der Libelle *Austrolestes annulosus* ist nur die Aufhellung direkt umweltgesteuert. Die Verdunkelung wird dagegen von einem Neurosekret der abdominalen Ganglien verursacht (Hoffmann 1985).

Bei der Stabheuschrecke *Carausius morosus* (Abb. 3-13) überlagern sich direkt von Umweltfaktoren ausgelöste Farbwechsel mit hormonal gesteuerten. Die Epidermiszellen enthalten drei Arten von Farbstoffen. Grün-gelbliche, sehr kleine Partikel mit Gallenfarbstoffen (Bilinen) in der äußeren Hälfte der Zellen wandern nicht. Orangerote Carotinoidpartikel dicht oberhalb der Zellkerne wandern nur horizontal: In Dunkelstellung verbreiten sie sich über die ganze Außenseite der Zelle. In Hellstellung bilden sie kompakte Haufen über den Zellkernen. Braunrote Ommochromgrana haben den stärksten Anteil am Farbwechsel. Sie liegen in Hellstellung unterhalb der Zellkerne an der Basis der Zelle und wandern zur Dunkelstellung entlang besonderen Bahnen von Mikrotubuli an die Außenwand, wo sie sich ebenfalls über die ganze Oberfläche ausbreiten (Abb. 3-13). Der Farbwechsel wird von mehreren Umweltfaktoren beeinflußt: Im täglichen Licht/Dunkelwechsel werden die Tiere tags hell, nachts dunkel. Auch unter konstanten Bedingungen klingt dieser Rhythmus nach. Ihm sind die anderen Wirkungen überlagert: Wärme, Trokkenheit und heller Untergrund hellen die Tiere auf. Kälte, Feuchtigkeit und dunkler Untergrund verdunkeln. Die Temperatur wirkt offensichtlich direkt

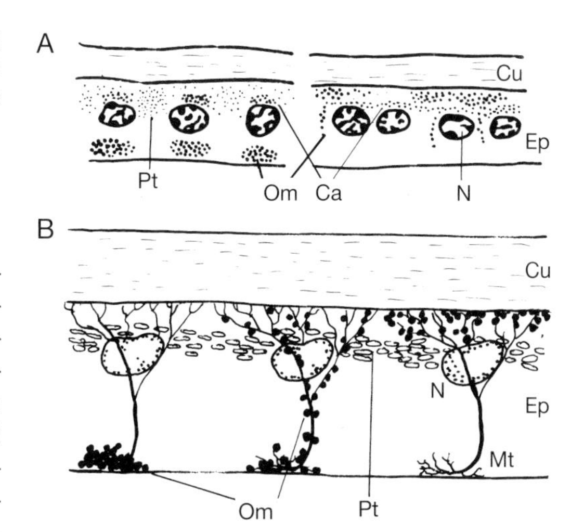

Abb. 3-13: Der physiologische Farbwechsel der Stabheuschrecke *Carausius morosus*. Links Hellstellung, rechts Dunkelstellung. Ca Carotinoide, Cu Cuticula, Ep Epidermis, Mt Mikrotubuli, N Zellkern, Om Ommochromgrana, Pt Pteringrana. **A** Die Pigmentbewegungen (nach Schleip, in v. Buddenbrock 1950). **B** die Pigmentwanderung der Ommochromgrana an Bündeln von Mikrotubuli (nach Berthold aus Fuzeau-Braesch, in Kerkut und Gilbert 1985 [9]).

auf die Epidermis: Bei gleichzeitiger lokaler Erwärmung oder Kühlung verschiedener Körperregionen werden diese unabhängig voneinander hell oder dunkel. Die anderen Faktoren wirken dagegen über Hormone. Die Wirkung von dunklem Untergrund läßt sich auch durch eine Verdunkelung der unteren Augenhälften hervorrufen. Sie erfolgt also über die Augen. Die Feuchtigkeit auf der Oberfläche des ganzen Körpers wirkt über ein Zentrum im Kopf.

Die Fähigkeit zum physiologischen Farbwechsel hängt vom Farbstoffgehalt der Epidermis ab. Dieser variiert unter dem Einfluß von Außenfaktoren im morphologischen Farbwechsel (3.4.3.3). Ein Hormon, das im Gehirn und dem Unterschlundganglion von *Carausius* in hoher Konzentration, in den Corpora cardiaca in mittlerer und in den Bauchganglien in sehr geringer Konzentration enthalten ist, wirkt verdunkelnd. Das Neurohormon D, welches den Farbwechsel je nach Konzentration verschieden beeinflußt, erwies sich als identisch mit dem myotropen Peptid Pea MI (Tab. 3-2). Auch Krebsfarbwechselhormone sind wirksam, und umgekehrt wirken Extrakte aus den Corpora cardiaca bei Krebsen farbwechselaktiv (Hoffmann 1985; Raabe, in Downer und Laufer 1983).

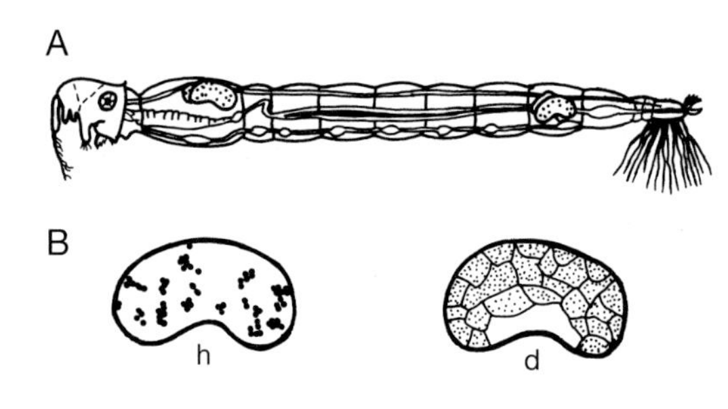

Abb. 3-14: Physiologischer Farbwechsel der Tracheenblasen bei der Büschelmückenlarve *Chaoborus crystallinus*. **A** Die Lage der Tracheenblasen in der Larve. **B** Die Lage und Form der Farbzellen auf der Tracheenblase; d Dunkelstellung, h Hellstellung (nach Gersch 1964).

Einen besonderen Typ von Farbzellen, der sich stark von den Chromatophoren anderer Tiergruppen unterscheidet, hat die wasserlebende Larve der Büschelmücke *Chaoborus crystallinus* in der Epidermis zweier Paare großer, geschlossener Tracheenblasen im Thorax und im Abdomen. Die Farbzellen ändern nicht nur ihre Form, sondern auch ihre Lage. Bei voller Ausbreitung überziehen sie die ganzen Tracheenblasen. Bei voller Kontraktion sind sie klein und rund und lassen einen Teil der Tracheenblasen frei (Abb. 3-14). Der Farbwechsel gilt als ein Mechanismus zur Regulation des spezifischen Gewichtes: Das Integument ist durchsichtig. Das Sonnenlicht trifft direkt die Tracheenblasen. Bei ausgebreiteten Farbzellen wird es stärker absorbiert und erwärmt die Tracheenblasen. Die Luft darin dehnt sich aus und erhöht den Auftrieb im Wasser. Die hormonale Steuerung gleicht derjenigen des physiologischen Farbwechsels der Stabheuschrecke *Carausius morosus*. Hormonhaltige Extrakte haben bei beiden Arten die gleiche Wirkung (Raabe, in Downer und Laufer 1983).

3.4.4 Hormonale Entwicklungssteuerung

Bei den Insekten regulieren Hormone die Häutungen und die Metamorphose, die geschlechtliche Reifung, die Fortpflanzung und zahlreiche artliche und individuelle Anpassungen des Entwicklungsverlaufs an Umweltbedingungen durch Diapausen und Polyphänismen.

3.4.4.1 Häutungen und Metamorphose

Jede Häutung wird vom Gehirn-Corpora cardiaca-Komplex durch das prothorakotrope Hormon ausgelöst (3.2). Dieses veranlaßt die Prothoraxdrüse, ihrerseits das Häutungshormon Ecdyson abzugeben. Nach seiner Umwandlung zu 20-Hydroxyecdyson im Gewebe (3.2.3) bewirkt es die Häutung. Deren genauer Ablauf wird bestimmt durch das Juvenilhormon (3.2.4; Abb. 3-15). Dieses wirkt daraufhin, daß wieder eine Larve entsteht. Seine Titeränderungen bestimmen somit den Ablauf

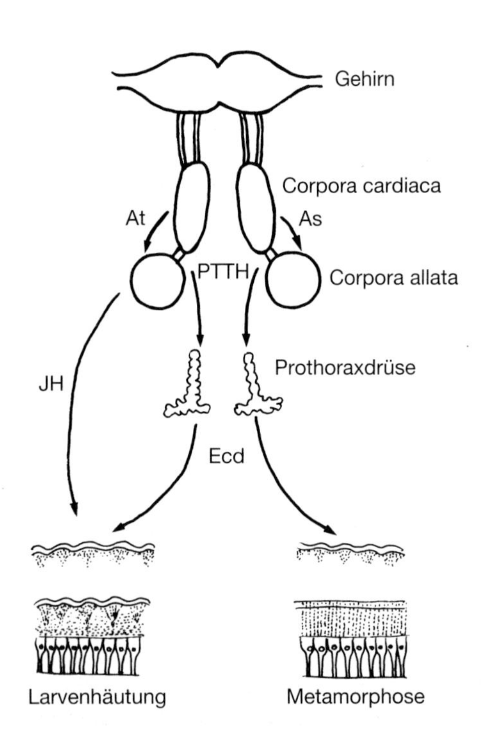

Abb. 3-15: Das Zusammenwirken der Hormone bei den Häutungen und der Metamorphose. Das Gehirn veranlaßt über PTTH die Prothoraxdrüse zu Ecdysonabgabe. Stimuliert es gleichzeitig durch Allatotropin die Corpora allata zur Juvenilhormonabgabe, so resultiert eine Larvenhäutung (links). Hemmt es die Corpora allata durch Allatostatin, so führt die Häutung unter alleiniger Wirkung des Ecdysteroids zum Beginn der Metamorphose (rechts). As Allatostatin, At Allatotropin, Ecd Ecdysteroid, JH Juvenilhormon, PTTH Prothorakotropes Hormon.

der Metamorphose: Bei hohem Gehalt an Juvenilhormon kommt es zur Larvenhäutung, bei geringerem zur Puppenhäutung, oder bei hemimetabolen Insekten zu imagoähnlicheren Larven und bei völligem Fehlen zur Imaginalhäutung. Die Juvenilhormonkonzentration bei den Häutungen wird offensichtlich immer niedriger, und zwar bei hemimetabolen Insekten allmählich, so daß die Tiere der Imago immer ähnlicher werden, bei holometabolen Insekten dagegen plötzlich, erst im letzten Larvenstadium.

Dies Bild ist das Ergebnis grundlegender Befunde, die zu den frühesten Hormonbeweisen bei wirbellosen Tieren gehören (Box 3-1; Bückmann, in Koolman 1989). Der erste Hinweis auf eine stoffliche Auslösung der Metamorphose bestand darin, daß enthirnte Raupen sich nicht verpuppen können, wohl aber solche, bei denen die Nervenverbindungen des Gehirns durchtrennt sind (Kopec 1917). Für eine stoffliche Auslösung der Larvenhäutungen sprachen Versuche, durch die Hämolymphe häutungsbereiter Raupen die Häutung der Empfänger zu beschleunigen (von Buddenbrock 1928). Raupenbeinchen, auf den Rücken anderer Raupen verpflanzt, häuten sich immer gemeinsam mit dem Empfänger (Bodenstein 1933). Das geschieht auch dann, wenn Epidermis ohne Kontakt zur Wirtsepidermis in die Leibeshöhe transplantiert wird (Abb. 3-16A; Piepho 1938). Wanzenlarven, die sich normalerweise nur nach einer Blutmahlzeit häuten, werden, mit einem gefütterten Tier in Parabiose verbunden, durch dessen Blut zur Häutung gezwungen (Wigglesworth 1934; Abb. 3-16B). Die Puppen des Riesenseidenspinners *Platysamia cecropia* häuten sich nicht zur Imago, wenn sie nicht eine vorübergehende Kälteperiode durchlaufen haben (3.4.4.4). Läge dies an einem hemmenden Faktor, so müßte dieser nach einer parabiotischen Vereinigung der Puppe mit anderen, schon gekühlten also entwicklungsfähigen, auch deren Entwicklung verhindern. Stattdessen zwingt aber deren Blut auch das ruhende Tier zur Imaginalhäutung (Abb. 3-16C; Williams 1946). Es enthält demnach einen häutungsauslösenden Faktor.

Den Hormonbeweisen folgte die Suche nach den auslösenden Organen. An der Häutungsauslösung ist das **Gehirn** beteiligt: Seine Entfernung verhindert nicht nur die Häutung. Seine Reimplantation

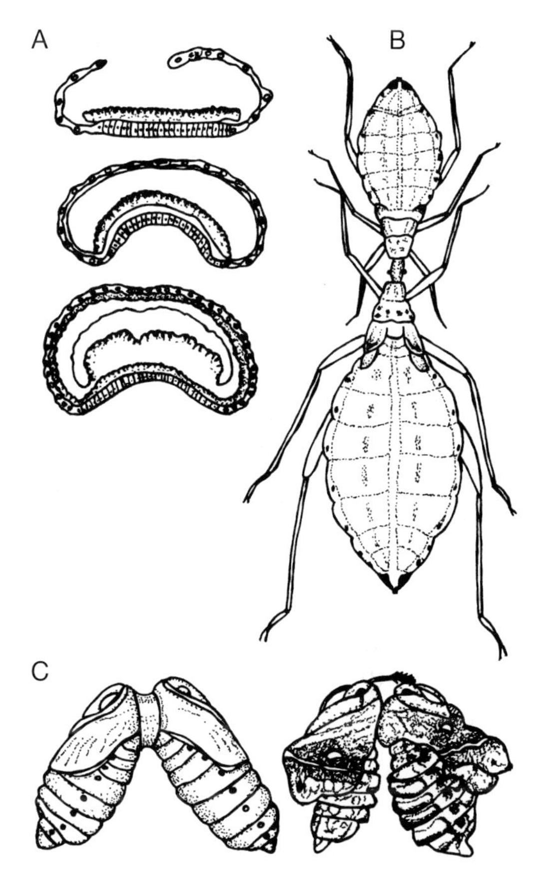

Abb. 3-16: Die grundlegenden Hormonbeweise bei Insekten. **A** Häutung von Hautimplantaten bei Lepidopterenraupen: Das Implantat schließt sich an seinem Rand zu einem Bläschen. Dieses häutet sich immer gemeinsam mit dem Wirtstier: Die abgehäutete Cutikula wird in das Bläscheninnere abgestoßen. **B** Parabiose bei der blutsaugenden Wanze *Rhodnius prolixus*: Das durch Fütterung häutungsbereite Tier zwingt über die Blutverbindung auch das andere, nichtgefütterte Tier zur Häutung. **C** Parabiose von Schmetterlingspuppen: Die nach einer Kälteperiode häutungsbereite Puppe zwingt durch die Verbindung über die Hämolymphe auch die andere, im Ruhestadium befindliche, zur Häutung (**A** nach Piepho 1938; **B** nach Wigglesworth 1934; **C** nach Williams 1946).

ermöglicht sie auch wieder. Andererseits ist für die Imaginalhäutung von Schmetterlingspuppen ein Zentrum im **Thorax** erforderlich, und in isolierten Raupenhinterstücken läßt sich die Häutung nicht durch das Gehirn auslösen, sondern nur durch die Prothoraxdrüse (Fukuda 1940). Diesen Widerspruch klärten Versuche am Riesenseidenspinner. Das Gehirn einer vorübergehend gekühlten Puppe ruft auch in einer ungekühlten die Imaginalentwicklung hervor, aber nur, falls letztere auch die Prothoraxdrüse enthält oder zusätzlich noch eine solche mit implantiert wird. Diese braucht nicht aus einer gekühlten Puppe zu stammen. Es ist also das Gehirn, welches durch eine Kühlung stimuliert wird und dann die Prothoraxdrüse zur Abgabe des Häutungshormons veranlaßt (Williams 1946).

Die juvenile Wirkung der **Corpora allata** zeigte sich zuerst im erwähnten Parabioseexperiment an Wanzen (Abb. 3-16B): Beide Tiere häuten sich nur dann zu Larven, wenn Corpora allata erhalten bleiben, andernfalls zu Imagines. Junge Schmetterlingsraupen häuten sich nach Entfernung der Corpora allata vorzeitig zu kleinen Puppen und bei der darauffolgenden Häutung zu Zwergimagines (Abb. 3-17). Umgekehrt bewirkt die Implantation zusätzlicher Corpora allata überzählige Larvenhäutungen und damit schließlich übergroße Puppen und Imagines. Bei Puppen bewirken implantierte Corpora allata, daß bei der Häutung keine Imaginalcuticula, sondern wieder eine Puppencuticula entsteht.

Entwicklungsschritte **innerhalb** der Häutungsintervalle werden z. T. ebenfalls durch Anstieg und Abfall der Titer von Ecdyson und Juvenilhormon gesteuert. Andere werden durch zusätzliche Neuropeptide wie das Schlüpfhormon und das Bursicon ausgelöst,

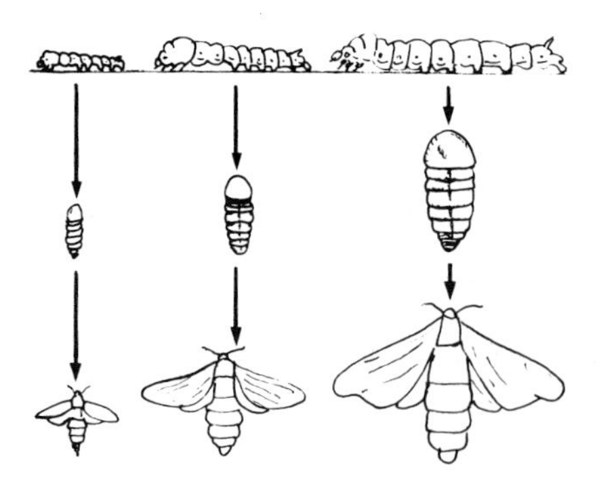

Abb. 3-17: Vorzeitige Metamorphose zu Zwergpuppen und -imagines nach Entfernung der Corpora allata in Jungraupen verschiedenen Alters beim Seidenspinner (nach Highnam und Hill 1977).

vor allem solche, bei denen Umweltfaktoren steuernd in die Entwicklung eingreifen.

Die Änderungen der Hormontiter sind von einigen Lepidoptera gut bekannt (Abb. 3-18). Im letzten Larvenstadium sinkt der Juvenilhormontiter unter die Nachweisgrenze ab. Schon lange vor der eigentlichen Puppenhäutung folgt ein erster kleiner Gipfel des Ecdysontiters und die Verpuppungsvorbereitungen setzen ein, in manchen Fällen äußerlich erkennbar an einem ontogenetischen Farbwechsel (3.4.3; Abb. 3-12). Dieser wird durch kleine Dosen von Ecdyson ausgelöst, durch Juvenilhormon gehemmt. Obwohl der Zeitabstand von der vorherigen Häutung individuell variiert, fällt er zeitlich stets mit dem Kokonbau zusammen. Offensichtlich löst das Ecdyson zugleich mit der Umfärbung auch den Spinninstinkt aus, hat also eine ethotrope Wirkung. Auch Juvenilhormon hat einen ethotropen Einfluß auf das Spinnen: Wachsmottenlarven, die sich nach Implantation zusätzlicher Corpora allata zu Mischformen zwischen Larve und Puppe häuten, spinnen auch entsprechende Zwischenformen zwischen dem Larvengespinnst und dem typischen Puppenkokon (Piepho 1950).

Der erwähnte erste Ecdysteroidgipfel erhöht die Reaktionsbereitschaft der Gewebe für weiteres Ecdyson (3.3.2). Vor allem aber verändert diese erstmalige reine Einwirkung von Ecdysteroid ohne Juvenilhormon (commitment peak; 3.3.4) auch die Art der Reaktion. Die Epidermis wird umdeterminiert. Sie verliert die Fähigkeit, eine Larvencuticula zu bilden und reagiert von jetzt an auf Häutungshormon nur mit einer Puppencuticula (Riddiford, in Kerkut und Gilbert 1985 [8]). Beim Seidenspinner ist dazu auch ein völliges Fehlen von Ecdysteroid in den ersten Tagen des letzten Larvenstadiums erforderlich. Hier wird deshalb durch Juvenilhormon keine vollständige überzählige Larvenhäutung ausgelöst, wohl aber durch Ecdysongabe am Anfang des letzten Häutungsintervalls. Später steuert ein allmählicher größerer Ecdysonanstieg die Aufeinanderfolge weiterer Verpuppungsprozesse (3.3.2; Abb. 3-18). In der jun-

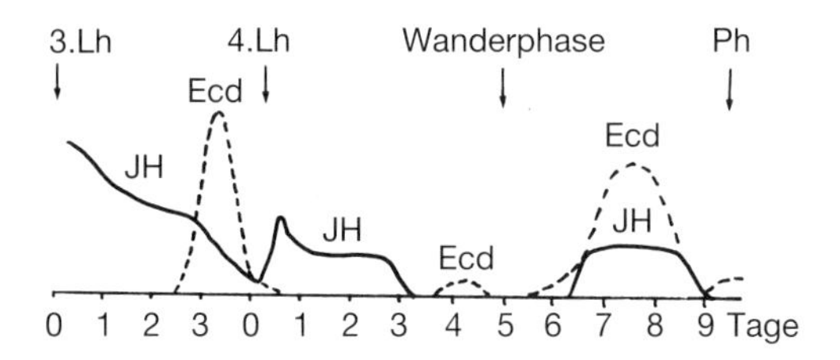

Abb. 3-18: Feinsteuerung des Entwicklungsablaufes vom vorletzten Larvenstadium bis zur Verpuppung durch Variation der Hormontiter beim Tabakschwärmer *Manduca sexta*. Der Juvenilhormontiter (JH) nimmt von den Larvenhäutungen (Lh) zur Puppenhäutung (Ph) ab. Vorübergehende Einwirkung von Ecdysteroid (Ecd) ohne Juvenilhormon bewirkt den Farbwechsel der wandernden Raupe und zugleich die Umdetermination zur Verpuppung (nach Riddiford, in Raabe 1989).

gen Puppe schließlich bewirkt ein weiterer Ecdysteroidgipfel die erneute Umdeterminierung von der pupalen zur imaginalen Differenzierung.

Am Ende einer Häutung verursacht das Schlüpfhormon (Eclosionshormon, 3.2.3) die letzten morphologischen Häutungsprozesse und die koordinierten Muskelbewegungen des Schlüpfens aus der Exuvie. Bei den Raupen wird das Schlüpfhormon im Rumpf abgegeben (3.1.3). Sie häuten und verpuppen sich auch, wenn sie dekapitiert sind, und zwar unabhängig von der Tageszeit in konstantem Zeitabstand von der vorherigen Häutung oder anderen Entwicklungsvorgängen. In der Puppe wird das Schlüpfhormon über die Corpora cardiaca abgegeben. Hier zeigt sich beim Tabakschwärmer eine zusätzliche, umweltgesteuerte **tageszeitliche Feinsteuerung**. Die Abnahme des Ecdysteroids veranlaßt die Schlüpfhormonabgabe, aber nicht unmittelbar. Sie ist nur die erste Voraussetzung dafür. Die Hormonabgabe in den Corpora cardiaca ist an tagesperiodische Vorgänge gekoppelt, die es nur zu einer bestimmen Tageszeit freigeben. Es gibt somit tageszeitliche Durchlässe (gates), in denen allein die Tiere schlüpfen können. Wird der Ecdysteroidtiter durch Hormonzufuhr künstlich hochgehalten, so verzögert sich die Häutung. Wird sie so lange verzögert, daß sie zeitlich nicht mehr in ein gate fällt, so folgt sie nicht einfach mit entsprechender Verzögerung, sondern erst am nächsten Tag zur selben Zeit. Ort der Zeitmessung ist das Gehirn: Transplantation eines Gehirns in eine enthirnte Puppe löst dort die Häutung an dem für den Spender typischen Zeitpunkt aus.

Das Schlüpfhormon erhöht die Dehnbarkeit der Flügelcuticula der schlüpfenden Imago, die sich ja sofort anschließend zur vollen Größe strecken muß. Sein Wiederabfall löst die Abgabe des Bursicons aus, das kurz darauf den gestreckten Flügel erhärten läßt, und er bewirkt zugleich auch die Kompetenz des Gewebes, auf das Bursicon zu reagieren. Das Schlüpfhormon wirkt ferner auf seine eigene Abgabe zurück und blockiert weitere Freisetzung, so daß, wenn die Häutung durch exogenes Schlüpfhormon vorzeitig ausgelöst wird, später am eigentlich normalen Häutungstag das körpereigene Hormon nicht mehr freigesetzt wird (Truman, in Kerkut und Gilbert 1985 [8]). Die geschilderten Mechanismen zeitlicher Feineinstellung arbeiten sehr schnell und kurzfristig. Das vorhandene Schlüpfhormon wird von den Corpora cardiaca innerhalb von 20 min abgegeben und mit einer Halbwertszeit von nur 45 min wieder aus der Hämolymphe entfernt. Ähnlich kurz sind die Abgabe- und Wirkungszeiten des Bursicons (Reynolds, in Kerkut und Gilbert 1985 [8]).

Bei den cyclorrhaphen Diptera entsteht das Puparium, in welchem sich die letzte Larve zur Puppe häutet, durch Bräunung und Erhärtung, die sog. **Sklerotisierung**, der vorletzten Larvencuticula. Sie beruht auf einer Chinongerbung der Proteine in der Cuticula. Die daran beteiligten Enzyme, darunter der Aktivator von Phenoloxidase und DOPA-Decarboxylase entstehen unter Ecdysteroidwirkung (3.3). Bei manchen Arten, wie *Musca autumnalis*, erhärtet die Cuticula auf einem anderen Wege, nämlich durch eine Verkalkung der Larvenhaut. In diesem Falle löst das Ecdysteroid die Kalkeinlagerung aus. Bei Fliegen, welche sich nach der Imaginalhäutung erst aus ihrem Substrat, in dem sich die Larve verpuppte, herausgraben müssen, ehe die Cuticula erhärtet, wird diese Erhärtung nicht direkt durch Ecdyson ausgelöst, sondern erst nachträglich durch das in der entsprechenden biologischen Situation freigesetzte Neurosekret Bursicon (Cottrell 1962; Fraenkel et al. 1966).

Bei holzfressenden Schaben durchlaufen die symbiontischen Flagellaten, die diesen Tieren bei der Zelluloseverdauung helfen, vor jeder Häutung einen geschlechtlichen Entwicklungszyklus: Dieser wird durch das Häutungshormon des Wirtes ausgelöst. Sie reagieren also auf ein Hormon einer anderen Art aus einem völlig anderen Tierstamm, müssen also die Rezeptoren dafür entwickelt haben (Cleveland et al. 1960).

3.4.4.2 Geschlechtliche Differenzierung

Sexualhormone wie diejenigen der Wirbeltiere, die in den Gonaden gebildet werden und die sekundären Geschlechtsmerkmale hervorrufen, fehlen den Insekten. Werden diese als Larven kastriert, so entwickeln sie trotzdem als Imagines die für das jeweilige Geschlecht typischen sekundären Geschlechtsmerkmale. Offensichtlich werden diese direkt durch die genetische Konstitution der Körperzellen hervorgerufen und nicht über ein Hormon der Gonaden. Auch das Auftreten von Gynandromorphen (Halbseitenzwittern), bei denen die rechte und die linke Körperhälfte verschiedenes Geschlecht haben, spricht gegen das Vorhandensein von Sexualhormonen; denn ein im Blut kreisendes Sexualhormon würde beide Körperhälften gleichmäßig beeinflussen. Bei gewissen Hymenoptera, deren Weibchen flügellos sind, tragen z. B. die Halbseitenzwitter auf einer Seite Flügel, auf der anderen nicht. Die Kastration durch Parasiten verändert bei manchen Insekten auch die sekundären Geschlechtsmerkmale. Das kann jedoch nicht nur auf dem Ausfall von Hormonen sondern auch auf Stoffwechseleinflüssen beruhen (v. Buddenbrock 1950).

Die männliche geschlechtliche Differenzierung hängt bei dem Leuchtkäfer *Lampyris noctiluca* von einem **androgenen Hormon** ab, das im apikalen Bindegewebe des Hodens gebildet wird. Dieses Gewebe fehlt dem Ovar. Die Weibchen sind flügellos. Werden ihnen Hoden implantiert, so entstehen Flügel, und die Gonaden werden zu Hoden. Umgekehrt bewirken aber in männliche Larven transplantierte Ovarien nicht deren Verweiblichung, sondern die implantierten Ovarien werden ebenfalls zu Hoden. Die transplantierten bzw. wirtseigenen Hoden vermännlichen also durch das androgene Hormon in beiden Fällen sowohl die primären als auch die sekundären Geschlechtsmerkmale. Die Entstehung des hormonbildenden Gewebes hängt von einem Neurohormon des Gehirns ab: Sie unterbleibt auch im Männchen, wenn die pars intercerebralis des Gehirns entfernt wird. Es kommt dann zu einer Verweiblichung. Bei anderen Insekten mit Sexualdimorphismus gibt es keine Hinweise auf eine derartige androgene Steuerung. Jedoch weisen histologische Merkmale auf eine Rolle des apikalen Gewebes bei der Differenzierung der Spermien hin (Raabe 1986).

Bei den Blattläusen (Aphidae) besteht ein umweltgesteuerter Wechsel zwischen parthenogenetischen und zweigeschlechtlichen Generationen. Bei *Myzus persicae* wird in den parthenogenetischen Weibchen die Entstehung männlicher Nachkommen durch Juvenilhormon verhindert. Anscheinend verhindert es die Elimination eines X-Chromosoms, die zur Entstehung des XO Typs der Männchen erforderlich ist.

3.4.4.3 Gonadenreifung und Fortpflanzung

An der Entwicklung und Reifung der Gonaden und der akzessorischen Sexualorgane sind Steroide, Juvenoide und Neurosekrete beteiligt. Ihr jeweiliger Anteil an der Steuerung ist in beiden Geschlechtern und bei verschiedenen Insekten unterschiedlich.

Bei den sich zeitlebens regelmäßig häutenden primär **flügellosen Insekten** alternieren Fortpflanzungsperioden mit den Häutungen. Der Ablauf wird bei *Thermobia* durch abwechselnde Erhöhungen des Ecdysteroidgehaltes der Hämolymphe vor den Häutungen und des Juvenilhormongehaltes zwischen Häutung und Eiablage gesteuert (Hagedorn, in Kerkut und Gilbert 1985 [8]).

Bei den **Pterygota** setzt die mitotische Vermehrung der Oo- und Spermatogonien schon in der Larve ein, entweder spontan, oder, im Falle einer umweltgesteuerten Synchronisierung, durch ein Neurosekret des Gehirns ausgelöst. So setzen z.B. bei der blutsaugenden Wanze *Panstrongylus megistus* die mitotische Vermehrung der Oogonien und die Reifungsteilungen erst nach einer Blutmahlzeit ein. Sie unterbleiben, wenn die neurosekretorischen Zellen des Gehirns zerstört sind. Die Prothoraxdrüse ist nicht für den Beginn der Mitosen nötig, sondern erst für denjenigen der Meiosen. Der Übergang zur Meiose, die Spermatogenese und die histologische Ausdifferenzierung der Gonaden und der akzessorischen Organe erfolgen meist am Ende des letzten Larvenstadiums, beim Beginn der Metamorphose. Entsprechend der in diesem Stadium herrschenden hormonalen Situation (Ecdysteroidwirkung ohne Juvenilhormon; 3.4.4.1), werden diese Vorgänge bei den meisten Insekten durch Ecdysteroide ausgelöst und durch Juvenilhormon gehemmt. Bei den Spermatogonien von Lepidoptera geschieht dies durch den erwähnten zweiten, größeren Ecdysteroidgipfel in der Vorpuppe (Abb. 3-18). Daß zu diesen Vorgängen Ecdysteroide erforderlich sind, aber keine Juvenilhormone, geht auch daraus hervor, daß durch Allatektomie erzeugte Zwergimagines (3.4.4.1) wohlentwickelte Gonaden und akzessorische Geschlechtsorgane haben (Raabe 1986).

Im Adultstadium werden dann die Fortpflanzungsorgane funktionsfähig. Ihre Funktionen laufen bei manchen Insekten kontinuierlich und bei anderen in mehreren Fortpflanzungszyklen. Die Titer von Ecdysteroiden und Juvenilhormon wechseln im Zusammenhang mit den Fortpflanzungsprozessen. Die **Ecdysteroide** werden jetzt von den Gonaden selber gebildet. Diese Ecdysteroidbildung unterliegt, ähnlich wie vorher diejenige der Prothoraxdrüse, der Steuerung durch ein Neurosekret des Gehirns, dem OEF (ovarialen ecdysiotropen Faktor; 3.2.3). Außerdem übernehmen gelegentlich auch andere Gewebe wie das Integument die Ecdysteroidbildung. Zu der Funktion der Ecdysteroide in den adulten Insekten gehört in manchen Fällen die Auslösung des Kopulationsverhaltens. An der Vitellogenese sind sie vor allem bei Dipteren beteiligt. Sie werden außerdem als inaktive Konjugate in großen Mengen in die Eier eingelagert. In den sich entwickelnden Embryonen werden sie dann schubweise in die aktive Form freigesetzt, anscheinend immer bei den embryonalen Häutungsprozessen. In den Embryonen von *Gryllus* wurde auch Neusynthese von Ecdysteroiden aus Cholesterin beobachtet. Das **Juvenilhormon** wird in den adulten Tieren nach wie vor von den Corpora allata gebildet. In vielen Insekten ist es für das Paarungsverhalten erforderlich. In den Weibchen bewirkt es die Ausdifferenzierung der Gonaden und der akzessorischen Sexualorgane, die Vitellogenese, sowie Verhaltensweisen der Paarung und Eiablage. Es tritt auch in den Eiern während der Embryonalentwicklung auf.

Die **Vitellogenese**, die Dottereinlagerung in die Eier, ist die tiefgreifendste Veränderung im Stoffwechsel weiblicher adulter Insekten. Bei jeder Insektenart treten eine oder mehrere Vorstufen der Dotterproteine, die Vitellogenine, als geschlechtsspezifische Proteine in der Hämolymphe der Weibchen auf (2.2.3.1). Es sind Lipoglykoproteine mit einer multimeren (d.h. aus Untereinheiten aufgebauten) Struktur aus mehreren Polypeptiden mit verschiedenen Molekulargewichten. Bei den meisten Arten werden sie im Fettkörper gebildet, bei einigen auch zum Teil oder ausschließlich im Ovar. Sie werden in der Hämolymphe transportiert und in einigen Fällen schon in der Puppe, aber meist erst im adulten Stadium, in die Oozyten eingebaut. Das geschieht bei Arten, die mehrfach schubweise Eier ablegen, zyklisch, bei den anderen kontinuierlich. Die Oozyten nehmen dabei mit Hilfe besonderer Rezeptoren (3.3.2) selektiv nur Vitellogenine auf, und zwar gegen das Konzentrationsgefälle: Ihr Gehalt an Vitellogenin kann das 20- bis 100-fache desjenigen der Hämolymphe erreichen. Das Vitellogenin wird als **Vitellin** zum Bestandteil des Dotters.

Bei diesen Vorgängen greift das **Juvenilhormon** an zwei Stellen an: Im Fettkörper fördert es die Vitellogeninsynthese und im Ovar verändert es die Follikelzellen so, daß das Vitellogenin in das Ei eindringen kann. Die Abgabe des Hormons durch die Corpora allata wird vom Gehirn durch die Pars intercerebralis gesteuert (3.3), und zwar anscheinend durch ein Allatostatin, das in den Corpora cardiaca oder den neurohämalen Teilen der Corpora allata freigesetzt wird. Durchschneidung der Nerven zu den Corpora allata bewirkt eine ungehemmte JH-Abgabe (Abb. 3-4).

Die Rolle der Corpora allata bei der Vitellogenese wurde bei der Wanze *Rhodnius prolixus* entdeckt, deren Oozyten sich nur nach einer Blutmahlzeit entwickeln. Bei enthirnten Tieren bleiben sie aber auch in diesem Falle unterentwickelt. Die Oogenese kommt dagegen sogar in dekapitierten Tieren wieder in Gang, wenn diese in Parabiose mit solchen vereinigt sind, die ihre Corpora allata noch enthalten (Wigglesworth 1954). Bei den Insekten mit zyklischer Eiablage werden offensichtlich auch die Corpora allata zyklisch aktiv. Bei manchen Lepidoptera legen allerdings auch solche Tiere entwicklungsfähige Eier, die sich nach Allatektomie im Larvenstadium vorzeitig zu Zwergimagines entwickelt haben (3.4.4.1). Dies ist aber nur bei solchen Arten der Fall, deren Eier schon in den larvalen Stadien viel Dottermaterial ansammeln und vor der Adulthäutung reifen. Bei Arten, die im Adultstadium noch fressen und erst in diesem Stadium ihre Eier reifen, sind die Corpora allata für die Oozytenreifung und Vitellogenese notwendig (Raabe 1986).

Bei den **sozialen Insekten** mit Kastenpolyphänismus (3.4.4.4) ist die Reproduktion der Arbeiter und Soldaten durch Juvenilhormonmangel unterdrückt. Unter der Wirkung von Pheromonen (7.1.3) oder der Ernährung sind die Corpora allata gehemmt. Die Funktion der Ecdysteroide dabei ist uneinheitlich. Bei den Bienen enthalten die zukünftigen Arbeiterinnen weniger Ecdysteroid als die zukünftigen Königinnen, bei den Ameisen dagegen mehr Ecdysteroid.

Durch sensorische Steuerung der JH-Abgabe wird bei vielen Insekten die Eireifung zeitlich an die jeweilige biologische Situation angepaßt. Bei den Schaben, welche ihre Eier nicht einzeln und kontinuierlich ablegen, sondern schubweise in chitinigen Kapseln, den Ootheken, hemmen diese Ootheken, solange sie noch im Uterus sind, die JH-Abgabe, so daß keine neuen Eier nachreifen. Werden die Ootheken experimentell entfernt, so reift ein neuer Schub Eier heran. Setzt man aber eine künstliche Nachbildung der Ootheken ein, so unterbleibt die Eireifung wiederum. Trotz vorhandener Ootheken erfolgt die Hormonbildung, wenn der Bauchnervenstrang durchschnitten ist. Die Anwesenheit der Ootheken wird also dem Gehirn über taktile Reize und die Nervenverbindungen gemeldet. Dieses steuert dann die Tätigkeit der Corpora allata. Bei der Schabe *Gomphadorhina* wirken die Ootheken auch auf stofflichem Wege, so daß die Injektion von Extrakten zerquetschter Ootheken die Eireifung hemmt. Bei *Leucophaea* und *Diploptera* löst erst die Kopulation die Eireifung aus. Dabei sind kastrierte Männchen ebenso wirksam wie fertile. Die Eireifung unterbleibt aber, wenn den Weibchen die Gonapophysen fehlen. Auslösender Faktor sind hier offensichtlich die taktilen Sinneswahrnehmungen bei der Kopulation. Selbst der Einfluß der Temperatur auf die Eientwicklung beruht, wie bei der Grille *Gryllus bimaculatus* gezeigt wurde, nicht auf direkter Einwirkung der Wärme auf die Eientwicklungsvorgänge, sondern er wird über Temperatursinnesorgane der Antennen vermittelt (Hoffmann 1985).

Die **Ecdysteroide** beteiligen sich bei den einzelnen Insektenordnungen in verschiedenem Maße an der Vitellogenese (Abb. 3-19). Bei den Blattaria scheinen sie entbehrlich zu sein. Bei Orthopteroida dagegen fördern sie die Vitellogenese gemeinsam mit dem Juvenilhormon. Bei manchen Lepidoptera, so dem Seidenspinner, sind sie im Puppenstadium für die Vitellogenese unentbehrlich. Bei Diptera sind Ecdysteroide und Juvenilhormon bei ihrer Wirkung auf die Vitellogenese hintereinandergeschaltet: das Juvenilhormon stimuliert die Ovarien zur Ecdysteroidabgabe, und die Ecdysteroide bewirken die Vitellogeninsynthese im Fettkörper (Raabe 1986).

Zusätzliche Neurosekrete sind bei einzelnen Verwandtschaftsgruppen an der Gonadenentwicklung beteiligt. Bei den Riesenseidenspinnern (Saturniidae) ist für die normale Gonadenentwicklung zusätzlich zum Ecdysteroid ein makromolekularer Faktor (MF) erforderlich, der in weiblichen und männlichen Puppen gefunden wurde (Raabe 1986).

Bei Diptera ist ein besonderes Neurosekret für die umweltgesteuerte Eientwicklung erforderlich, das EDNH (egg development neurohormone). Viele Stechmücken legen nur Eier, wenn sie Blut gesaugt haben. Dies Verhalten wird als anautogen bezeichnet. Bei dem anautogenen Stamm von *Aedes aegypti* bewirkt das Juvenilhormon nur die Prävitellogenese. Die spätere eigentliche Vitellogenese wird durch das EDNH hervorgerufen, welches nach einer Blutmahlzeit von der Pars intercerebralis sezerniert wird. Das Gehirn induziert also zunächst in den Corpora allata die Sekretion des Juvenilhormons. Dieses macht den Fettkörper kompetent zur Reaktion auf das Ecdyson, das Ovar kompetent für

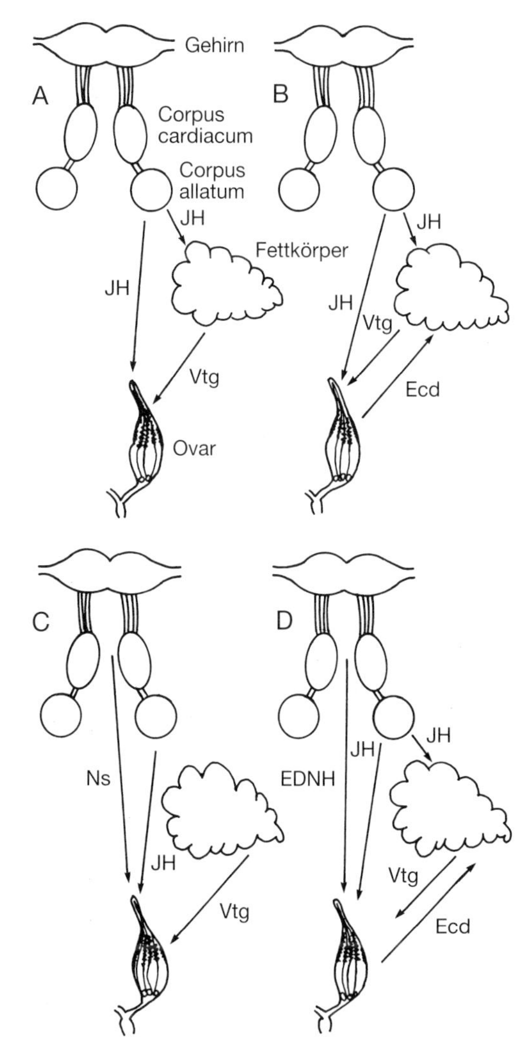

Abb. 3-19: Das Zusammenwirken der Hormone bei Eientwicklung, Vitellogenese und Eireifung verschiedener Insekten. EDNH egg development neurohormone, JH Juvenilhormon, Vtg Vitellogenin. **A** *Rhodnius* (Hemiptera); das Juvenilhormon bewirkt im Fettkörper die Vitellogeninsynthese und im Ovar die Aufnahme des Vitellogenins. **B** *Drosophila* (Diptera); die Vitellogeninsynthese im Fettkörper wird durch Ecdysteroid (Ecd) aus dem Ovar ausgelöst. **C** *Locusta* (Ensifera); das Gehirn löst über ein glandotropes Neurosekret (Ns) die Ecdysonabgabe im Ovar aus. **D** *Aedes* (Diptera); ein eigenes Neurosekret (EDNH) ist zur Reifung der Eier erforderlich (nach Raabe 1986).

die Reaktion auf das EDNH und induziert die Prävitellogenese. Erst nach einer Blutmahlzeit gibt das Gehirn das EDNH ab. Dieses löst im Ovar die Ecdysonabgabe aus. Das Ecdyson wiederum stimuliert die Vitellogeninbildung im Fettkörper (Abb. 3-19; Raabe 1986).

Auch **Antigonadotropine** wurden bei Schaben, Fliegen und Mücken nachgewiesen. Eines wurde aus den Ovarien von *Aedes aegypti* angereichert, das anscheinend indirekt wirkt, und zwar über die Darmzellen, wo es die für die Gonadenentwicklung notwendige Resorption des als Nahrung aufgenommenen Wirbeltierblutes verhindert.

Das **Paarungsverhalten** ist ebenso wie die **Pheromonproduktion** bei vielen Insekten vom Juvenilhormon abhängig (Vanderwel und Oehlschlaeger, in Prestwich und Blomquist 1987). Hier bestehen Unterschiede selbst innerhalb der einzelnen Verwandtschaftsgruppen.

So ist das Paarungsverhalten, das «calling», bei *Pseudaletia unipuncta* (Noctuidae) ebenso wie die Pheromonabgabe vom Juvenilhormon abhängig; bei anderen Lepidopteren wird dagegen die Sexualpheromonproduktion von einem eigenen Neurosekret, dem PBAN (Pheromonbiosynthesis activating neurohormone) gesteuert (3.2.2). Unter den Schaben ist bei *Leucophaea* das Juvenilhormon für das normale Kopulationsverhalten der Weibchen erforderlich, bei *Diploptera* dagegen nicht. Der abschließende Schritt der Eiablage (Ovulation) oder der Geburt bereits entwickelter Jungen (Parturition) unterliegt wiederum einer eigenen hormonalen Steuerung durch Neuropeptide. Die Ovipositoröffnermuskeln von *Locusta migratoria* reagieren auf Proctolin und sind proctolinerg innerviert. Bei Phasmiden und Lepidopteren wird ein eigenes Eiablagehormon, ein ovipositionstimulierendes Neurohormon (OSH) im ganzen Zentralnervensystem gebildet. Bei den lebendgebärenden Dipteren der Gattung *Glossina* (Tsetse-Fliegen) wirkt ein parturitionsstimulierendes Hormon. Ecdysteroid stimuliert die Uteruskontraktion (Raabe 1986).

Auch die kastenspezifisch verschiedenen Verhaltensweisen werden vom JH beeinflußt. Bei *Pollistes gallica* hat das einzige eierlegende Weibchen der Kolonie, das durch bestimmte Verhaltensweisen dominant ist, größere Corpora allata und eine stärkere Juvenilhormonabgabe. Bei der Honigbiene hängt das Verhalten der Arbeiterinnen und damit die Arbeitsteilung im Stock mit dem JH Gehalt zusammen. Die brutpflegenden Ammenbienen haben kleine Corpora allata (Robinson et al. 1989).

In den Ovarien vieler Insekten wurden auch Steroidhormone vom Wirbeltiertyp gefunden. Sie werden am gleichen Ort auch abgebaut. Ihre Funktion kann demnach nur organintern sein.

Bei Grillen erhöhen Prostaglandine die Eiablagerate. In der Spermatophore ist das Enzym Prostaglandinsynthetase enthalten. Bei der Kopulation gelangt es mit den Spermien in die Spermathek und bewirkt dort die Prostaglandinsynthese aus Arachidonsäure.

3.4.4.4 Individuelle Entwicklungsmodifikationen

Viele Insekten durchlaufen in ihrer Entwicklung einzelne Phasen besonderer Sensibilität für bestimmte Umweltfaktoren, in denen diese den Entwicklungsverlauf tiefgreifend modifizieren, gewissermaßen steuernd darin eingreifen. Das kann sowohl den zeitlichen Ablauf der Entwicklung betreffen, als auch die entstehende Form. Häufig ist beides miteinander gekoppelt: Individuen, die eine Entwicklungsruhe durchlaufen, unterscheiden sich von den anderen auch in der Form oder Farbe.

Die **Umweltfaktoren** können eine kontinuierliche Variation körperlicher Merkmale bedingen oder eine alternative, umschlagende Modifikabilität, bei der ohne Zwischenstufen nur zwei oder wenige distinkte Formen entstehen. Letzteres wird häufig als **Di-** bzw. **Polymorphismus** bezeichnet. Dies ist aber auch die Bezeichnung für solche Fälle, in denen der unterschiedlichen Entwicklung verschiedene Erbfaktoren zugrundeliegen (3.3.3). Deshalb bezeichnet man einen Fall, in dem je nach Umweltbedingungen ein- und derselbe Genotyp verschiedene Phänotypen annimmt, genauer als **Di-** bzw. **Polyphänismus**, definiert als «das Auftreten von zwei oder mehr distinkten Phänotypen, die in Individuen desselben Genotyps durch Umweltfaktoren induziert werden.» Als verschiedene Phänotypen gelten dabei nicht nur solche, die sich morphologisch unterscheiden «sondern auch solche, die sich nur im Diapausemodus oder im Verhalten oder in physiologischen Kriterien unterscheiden». (Hardie und Lees, in Kerkut und Gilbert 1985 [8]).

Neben der individuellen zeitlichen Einpassung von Entwicklungsschritten in die Tageszeiten oder andere Umweltänderungen gibt es grobe Entwicklungsverzögerungen zum Überdauern ungünstiger Umweltbedingungen, etwa extremer Temperaturen, gegen die sich Insekten wegen ihrer geringen Körpergröße weder abschließen noch sich ihnen durch weite Wanderungen entziehen können. Stattdessen weichen sie in ein unempfindliches Ruhestadium aus. Im einfachsten Fall hemmen die ungünstigen Umweltfaktoren direkt den Stoffwechsel und die Entwicklung, so daß diese nach Ende der Hemmung automatisch weiterlaufen. Bei den Insekten ist aber auch eine extreme Form vollständiger Entwicklungsruhe verbreitet, die **Diapause**. In diesem Zustand sind die äußere Aktivität, die Bewegungen und die Nahrungsaufnahme eingestellt. Die Entwicklung ist unterbrochen und der Stoffwechsel gedrosselt. Damit ist die Empfindlichkeit nicht nur gegen extreme Temperaturen, sondern auch gegen Atmungsgifte herabgesetzt (Denlinger, in Kerkut und Gilbert 1985 [8]; Behrens, in Hoffmann 1985).

Diapausen können in allen Entwicklungsstadien eingeschaltet sein, von der Embryonalentwicklung im Ei bis zum Imaginalstadium. Ist die Diapause obligatorisch, dann setzt sie bei allen Individuen gleichermaßen in einem bestimmten Entwicklungsstadium ein. Nur ihr Ende wird durch Umweltfaktoren bestimmt. Ist die Diapause fakultativ, so entscheiden schon vorher Umweltfaktoren darüber, ob das jeweilige Einzeltier eine Diapause durchlaufen wird oder nicht. Sowohl die Kombinationen von Umweltfaktoren, welche sie steuern, als auch die hormonalen Mechanismen, über welche dies geschieht, sind selbst beim gleichen Typ von Diapause von Art zu Art verschieden. Bei den Anpassungen der einzelnen Arten an ihre ganz speziellen Lebensbedingungen wurden die Steuerungsmechanismen nur innerhalb der betreffenden Art entwikkelt. An einzelnen Arten gewonnene Ergebnisse lassen sich deshalb nicht verallgemeinern (Denlinger, in Kerkut und Gilbert 1985 [8]).

Allgemein scheint zu gelten, daß die Beendigung der Diapause, gleich ob obligatorisch oder fakultativ, jeweils durch dasjenige Hormon erfolgt, das den nächsten Entwicklungsschritt auslöst. Die Puppendiapause von Schmetterlingen wird durch das Ecdyson beendet, welches die Imaginalhäutung auslöst, die Imaginaldiapause des Kartoffelkäfers durch das Juvenilhormon, das die Gonadenentwicklung ankurbelt. Dementsprechend wird die Diapause gelegentlich als ein Hormonmangelsyndrom bezeichnet (Lavenseau et al. 1986), obwohl sie eine physiologische, ja lebensnotwendige Erscheinung ist. In der Regel ist es letztlich das Gehirn, das durch seine endokrinokinetischen Hormone, wie PTTH oder Allatotropin, die Diapausen beendet.

Schon die **Embryonaldiapause** des Seidenspinners *Bombyx mori* im Ei beruht nicht auf der Anwesenheit eines hemmenden, sondern auf dem Fehlen eines die Weiterentwicklung auslösenden diffusiblen Faktors. Werden nämlich Embryonen in vitro auf Nährboden gehalten, so veranlassen die Nichtdiapauseembryonen benachbarte Diapauseembryonen zur Mitentwicklung.

Diapausen im Larvenstadium können bei den Lepidoptera durch ein Übermaß an Juvenilhormon bedingt sein. Das Ende der Diapause wird dann entweder durch eine Abnahme der JH-Konzentration infolge erhöhter JH-Esteraseaktivität hervorgerufen, oder es folgt zunächst ein Ruhestadium, in welchem sowohl Juvenilhormone als auch Ecdysteroide fehlen, und danach wird die eigentliche Weiterentwicklung durch Ecdysteroid ausgelöst. Bei Grillen scheint dagegen die Larvendiapause auf JH-Mangel zu beruhen und durch JH-Ausschüttung beendet zu werden (Lavenseau et al. 1986).

Bei der **Puppendiapause** der Lepidoptera ist die Atmung gedrosselt durch verminderte Cytochrom C-Menge. Diese wird zum begrenzenden Faktor der Atmung. Im Verhältnis zu der von ihr umgesetzten geringen Stoffmenge ist das Folgeenzym Cytochrom-Oxydase im Überschuß vorhanden, so daß dessen kompetitive Hemmung durch die Gifte CN oder CO unwirksam ist. Ist allerdings die Sauerstoffversorgung nur knapp, dann entfällt dieser funktionelle Überschuß, und die Atmung ist wieder giftempfindlich. Am Ende der Diapause beginnt die Imaginalentwicklung mit einem Anstieg des Cytochrom-C-Gehalts. Damit steigen die Atmungsintensität und die verfügbare Energiemenge. Sie bringen aber nicht automatisch auch die Imaginalhäutung in Gang; denn sie lassen sich auch durch andere Faktoren, etwa Verletzung, erzielen, ohne daß es automatisch zur Imaginalentwicklung kommt. Der Anstieg des Stoffwechsels bedingt nicht die morphogenetischen Veränderungen, sondern er wird seinerseits durch die morphogenetischen Prozesse bedingt, die vom Ecdyson ausgelöst werden.

Bei manchen in Diapause überwinternden Lepidopterenpuppen, wie *Platysamia cecropia*, ist vorübergehende Kälte notwendig, ehe die Entwicklung fortgesetzt wird. Durch die vorübergehende Kühlung wird die Diapause gebrochen. Erst danach veranlaßt die Wiedererwärmung das Gehirn zur Abgabe des prothorakotropen Hormons (3.4.4.1). Bei anderen Seiden- und Riesenseidenspinnerpuppen wird die Diapause über einen Einfluß der Tageslänge durch ein Fenster über dem Gehirn, eine transparente Stelle in der Puppencuticula, beendet. Bei *Heliothis caceae* aktiviert das PTTH die Prothoraxdrüse schon in der jungen Puppe, aber nicht direkt, sondern es macht sie bereit, auf spätere Temperaturveränderungen durch Ecdysonausschüttung zu reagieren. Bei *Manduca sexta* dagegen ist die Prothoraxdrüse während der Diapause inaktiv. Hier kann auch Juvenilhormon die Diapause beenden, indem es entweder selber prothorakotrop wirkt oder die Abgabe des PTTH durch das Gehirn veranlaßt.

Ein Beispiel **imaginaler Diapause** ist die winterliche Entwicklungsruhe des Kartoffelkäfers *Leptinotarsa decemlineata* (de Wilde, in Downer und Laufer 1983). Während dieser unterbleibt die Reifung der Gonaden. Bei der Beendigung der Diapause kommt es nicht auf die erreichte Kälte an. Die Imagines entwickeln sich nach Beginn einer Erwärmung, und zwar je wärmer es wird, desto schneller. Der Wiederbeginn der Gonadenreifung wird vom Zentralnervensystem über die Tätigkeit der Corpora allata gesteuert. Auch Ecdyson scheint dafür erforderlich zu sein.

Von den Faktoren, welche eine gegebene Diapause beenden, sind diejenigen zu unterscheiden, welche im Falle einer **fakultativen Diapause** die Individuen dazu determinieren, eine Diapause zu durchlaufen oder nicht. Meist sind es die Temperatur und die Tageslänge, und zwar häufig nicht die absolute Tagesdauer sondern ihre Änderung im jahreszeitlichen Wechsel. Diese ist ein zuverlässiges Anzeichen für das Nahen von Sommer und Winter, da sie den betreffenden Temperaturänderungen schon vorausgeht. Ihre steuernde Wirkung haben diese Faktoren nur während einer sensiblen Periode, die oft schon lange vor dem eigentlichen Diapausebeginn liegt. Zwischen beiden kann fast eine ganze Generation liegen.

Bei der fakultativ bivoltinen (2 Generationen pro Jahr hervorbringenden) Rasse des Seidenspinners *Bombyx mori* erfolgt schon während der Embryonalentwicklung weiblicher Tiere die Entscheidung über die Diapause ihrer Nachkommen. Als Embryonen kalt und im Kurztag gehaltene Weibchen legen später Nichtdiapauseeier, die sich sofort entwickeln. Die warm und im Langtag gehaltenen legen dagegen Diapauseeier, so daß die Nachkommen der Sommergeneration, deren Entwicklung in den Winter fällt, diesen in der Embryonaldiapause überstehen. Die sensible Periode kann sich bis ins frühe Larvenstadium hinein erstrecken. Dabei erfolgt der determinierende Einfluß des Lichts über den Kopf aber nicht durch die Augen. Erst wenn das betreffende Tier später in die Fortpflanzungsperiode kommt, überträgt das Diapausehormon (3.2.2) aus dem Unterschlundganglion die Determination auf die Eier im Ovar. Die Diapauseeier sind an ihrer dunklen Färbung zu erkennen (3.4.3). Auch bei anderen Lepidopteren mit fakultativer Embryonaldiapause *(Orgyia antiqua)* steuert das Unterschlundganglion die Diapausedetermination. Das Diapausehormon findet sich aber selbst in Unterschlundganglien von Arten ohne Embryonaldiapause (Yamashita, in Downer und Laufer 1983).

Eine fakultative **Larvendiapause** ist bei dem japanischen Schmetterling *Hestina japonica* mit einem Wechsel der Pigmentierung verbunden. Die Determination erfolgt durch ein Hormon der Abdominalganglien (3.4.3.2).

Fakultative **Puppendiapausen** kommen bei vielen Lepidopteren vor. Auch in diesen Fällen kann die sensible Periode, in der Umweltfaktoren den späteren Diapausemodus bestimmen, lange vor dem Puppenstadium liegen. Bei dem Landkärtchen *(Araschnia levana)* ist es die Tageslänge während der Raupenstadien, welche darüber entscheidet. Hier ist der Unterschied im Diapausemodus mit einem Unterschied der Flügelfarbe gekoppelt (3.4.3.2).

Die **morphologischen Entwicklungsmodifikationen**, die Di- und Polyphänismen, sind, soweit sie die Pigmentierung betreffen, als Di- oder Polychroismen bei den Farbanpassungen behandelt (3.4.3). Andere morphologische Diphänismen betreffen die Flügellänge oder den Unterschied zwischen geflügelten und ungeflügelten Formen, wie sie bei Orthopteroidea und Aphida vorkommen. Dabei ähneln die ungeflügelten Formen mehr den Larven, so daß eine Wirksamkeit des Juvenilhormons vermutet wird. Im Experiment unterscheiden sich die unter Wirkung dieses Hormons zustandegekommenen larvenähnlichen Tiere jedoch deutlich in anderen Merkmalen von den flügellosen Imagines (Hardie und Lees, in Kerkut und Gilbert 1985 [8]).

Am eindrucksvollsten sind die **Kastenpolyphänismen** der staatenbildenden Insekten, den Termiten (Isoptera) und Hymenoptera. Der Unterschied zwischen männlichen und weiblichen Tieren ist in beiden Fällen genetisch bedingt. Bei der Honigbiene gehen Männchen aus nichtbefruchteten Eiern hervor und sind haploid. Unter den diploiden Weibchen gibt es dagegen einen echten Diphänismus bei gleicher genetischer Konstitution: Die Königinnen sind voll fortpflanzungsfähige Weibchen, und bei den Arbeiterinnen sind die Geschlechtsorgane reduziert. Bei den Termiten treten sowohl männliche als auch weibliche Tiere in verschiedenen Formen, den sog. Kasten auf.

Die Kastendetermination hängt von Umweltfaktoren ab: von der Anwesenheit von Geschlechtstieren und anderen Kasten sowie von dem Verhalten der Arbeiterinnen, die die Nachzucht füttern. Sie applizieren die Nahrung und die Pheromone. Beide wirken auf die Kastendetermination über die Corpora allata. Deren Juvenilhormonabgabe ist bei den Arbeiterinnen sowohl der sozialen Hymenopteren als auch der Termiten gehemmt. Sowohl die Geschlechtstiere als auch die Soldaten geben Pheromone ab, die über ihre Anwesenheit in der Kolonie informieren. Das Fehlen dieser Pheromone aktiviert die Corpora allata. Die Unterscheidung zwischen den Kasten hängt mit dem Zeitpunkt des auslösenden Reizes, d.h. des Fehlens der Pheromone zusammen. Die Larven durchlaufen im Häutungsintervall getrennte sensitive Perioden, in denen die Gewebe vorübergehend auf Juvenilhormon durch Entwicklung zum Ersatzgeschlechtstier oder zu anderer Zeit durch Entwicklung zum Soldaten reagieren. Dauernder sehr niedriger JH-Titer bewirkt die Metamorphose zum normalen Geschlechtstier (Nijhout und Wheeler 1982).

Unter den sogenannten niederen Termiten, zu denen *Kalotermes flavicollis* gehört, gibt es sowohl im männlichen wie im weiblichen Geschlecht drei Endstadien der Entwicklung: Die Larven gelangen über mehrere Larvenhäutungen in den Zustand der sogenannten Pseudergaten. Diese können sich mehrfach immer wieder zu Pseudergaten häuten. Unter bestimmten Bedingungen entwickeln sie sich aber zur Nymphe, die sich dann zu einem zweiten Nymphenstadium und schließlich zur männlichen oder weiblichen Imago häuten kann. Die erwachsenen Geschlechtstiere sind die einzigen pigmentierten Tiere des Volkes. Sowohl bei den Larven der letzten Stadien als auch bei den Pseudergaten kommt es vor, daß sie sich zum Vorsoldaten und darauffolgend zum Soldaten häuten. Im Falle, daß die Kolonie verwaist ist, d.h. daß kein Paar funktionsfähiger Geschlechtstiere vorhanden ist, häuten sich Pseudergaten zu Ersatzgeschlechtstieren. Implantation aktiver Corpora allata oder Behandlung mit Juvenilhormon führen in Larven zur Entstehung von Soldaten, in Pseudergaten zur Ersatzgeschlechtstierhäutung (Nijhout und Wheeler 1982).

Bei Ameisen der Gattung *Pheidole* treten Geschlechtstiere, Arbeiter und Soldaten auf. Die Applikation von zusätzlichem Juvenilhormon bei der Königin oder den Eiern führt zur Entstehung zusätzlicher Geschlechtstiere. Bei den Larven führt sie dagegen zur Entwicklung von Soldaten. Die Differenzierung der drei Kasten beruht demnach auch hier auf zwei juvenilhormonsensitiven Perioden. In der ersten, während der Embryonalentwicklung, determiniert zusätzliches Juvenilhormon die Tiere zu Geschlechtstieren, in der zweiten, während des letzten Larvenstadiums, zu Soldaten. Die äußeren Faktoren, welche die Juvenilhormone bestimmen, sind wahrscheinlich solche der Nahrung (Nijhout und Wheeler 1982).

Bei der Honigbiene werden die Larven in besonderen Weiselzellen mit einem besonderen Weiselzellenfuttersaft, dem «Gelee royale», gefüttert. Er unterscheidet sich vom Arbeiterinnenfutter vorwiegend im Mengenverhältnis der Komponenten. Anscheinend wirkt er als ein Freßstimulans und veranlaßt die Corpora allata, mehr Juvenilhormon zu bilden. In der dreitägigen Larve ist der Juvenilhormongehalt der zukünftigen Königinnen zehnfach höher als derjenige der Arbeiterinnen. Gleichzeitig differenzieren sich bei ihnen die Ovariolen, während sie bei den anderen Larven atrophieren. Werden mit Arbeiterinnenfuttersaft aufgezogene Larven mit Juvenilhormon behandelt, so entstehen Zwischenformen oder sogar vollkommene Königinnen.

Zu der äußeren Beeinflussung der Larven durch das Futter tritt eine solche der Arbeiterinnen durch Pheromone, welche die Königin abgibt, die Königinsubstanz (9.1). Ihr Fortfall (wenn der Stock ohne Königin verwaist ist) aktiviert die Corpora allata der Arbeiterinnen mit entsprechenden Wirkungen auf ihr Verhalten und ihre Fortpflanzungsorgane. Sie bauen vermehrt Weiselzellen und wandeln sich in Ersatzweisel um. Diese sind allerdings, da ihre Eier unbefruchtet sind, drohnenbrütig. Auch wenn ihr Juvenilhormontiter wieder absinkt, bleiben sie zur Eiablage fähig. Dagegen ist der Wechsel der verschiedenen Tätigkeiten im Stock bei den eigentlichen Arbeiterinnen mit Veränderungen des Juvenilhormontiters korreliert (Robinson et al. 1989).

3.5 Praktische Anwendungen der Insektenhormone

Die Existenz besonderer Hormone, die nur bei Insekten vorkommen, ermöglicht chemische Bekämpfungsmethoden, die für andere Lebewesen unschädlich sind. Dazu bieten sich vor allem die Ecdysteroide und die Juvenoide an. Sowohl die Hormone selber als auch entsprechende Antihormone könnten bei Insekten die Entwicklung stören, ohne Wirbeltiere zu beeinflussen. Hinsichtlich der praktischen Anwendungsmöglichkeit werden sie allerdings möglicherweise durch die Pheromone übertroffen, die von ihrer biologischen Funktion her immer nur auf einzelne Arten wirken und selbst bei diesen nicht als Gifte sondern vorwiegend ethotrop (7.1.3).

3.5.1 Hormone und Hormonanaloga

Für den praktischen Einsatz kommen insbesondere Juvenilhormone in Frage, weil sie aufgrund ihrer chemischen Eigenschaften von außen in das Integument eindringen. Äußerlich auf die Körperoberfläche gebracht wirken sie doch im ganzen Körper. Übermäßiges Juvenilhormon verzögert die Metamorphose. Bei Insekten, deren **Larvenstadien** dem Menschen schädlich sind, kommt die Wirkung demnach erst nach Ende der schädlichen Phase zur Geltung und verlängert diese sogar. Dies gilt insbesondere für die wirtschaftlich wichtige Ordnung der Lepidoptera. Die Wirkung des Hormons dezimiert zwar die nachfolgende Generation, das ist aber für die Praxis unzureichend.

Dagegen sind Juvenilhormone und ihre Analoga dort anwendbar, wo erst das Adultstadium für den Menschen schädlich ist, so daß eine Verhinderung der Metamorphose zugleich das Auftreten des schädlichen Stadiums unterbindet. Dieses ist der Fall bei holometabolen Insekten, die erst als Imagines am Menschen Blut saugen, bei Stechfliegen und -mükken sowie Flöhen. Unter den Juvenilhormonanaloga ist das Juvabion (Abb. 3-10) nur bei wenigen Insekten wirksam. Zur Verwendung kommen andere Hormonanaloga, die außerdem eine bessere «Formulierung» gestatten, d. h. Anwendung in einer Form, in der das Hormon gut ausgebracht werden kann, wirksam und haltbar ist. Für die Bekämpfung, insbesondere von Flöhen, wird das Juvenilhormon-Analogon Methopren eingesetzt (Staal 1975, Abb. 3-10). Als Anwendungsmöglichkeit wird auch die künstliche Unterbrechung der Diapause bei solchen Arten erwogen, bei denen dies durch JH-Analoga möglich ist. Bei vorzeitiger Weiterentwicklung in ungünstiger Jahreszeit würden die Tiere den klimatischen Faktoren zum Opfer fallen.

3.5.2 Antihormone

Eine andere Bekämpfungsmöglichkeit könnten Hormonantagonisten bieten. Diejenigen des Juvenilhormons bewirken eine vorzeitige Metamorphose und damit frühzeitige Beendigung des Larvenstadiums. Nach dieser vorzeitigen Entwicklung wurde eine derartige Substanz Precocen (Abb. 3-20) benannt. Sie ist nicht ein direkter Juvenilhormonantagonist, sondern eher ein Antiallatotropin. Sie verhindert in den Corpora allata die Bildung von Juvenilhormon. Sie wirkt aber ebenfalls nicht bei allen Insekten, sondern vorzugsweise nur auf einige Orthopteroidea und Heteroptera (Bouwers, in Downer und Laufer 1983).

Extrakte des tropischen Neem-Baumes *Azadirachta indica* wirken bei mehreren hemimetabolen Insekten als Fraßhemmer. Darüberhinaus aber blockieren sie sowohl die Ecdysteroid- als auch die Juvenilhormonwirkungen, so daß die Larven dauerhaft in ihrem jeweiligen Entwicklungszustand beharren. Möglicherweise wirken sie auf die übergeordneten neurosekretorischen Zellen. Wirksamste Komponente ist das Azadirachtin, das in mehreren Isomeren auftritt. Die komplizierte Struktur läßt keine Synthese zu, jedoch wäre die Verwendung einfacher Pflanzenextrakte in dem Verbreitungsgebiet des Neem-Baumes billig und wirtschaftlich zugänglich.

I II

Abb. 3-20: Formeln des Precocen.

Literatur zu 3

Awiti, L. und Hidaka, T. (1982) Neuroendocrine mechanism involved in pupal colour dimorphism in swallowtail *Papilio xuthus*. Insect Sci. appl. **3**, 181–192.

Bergot, B. J., Jawison, G. C., Ratcliff, M. A. und Schooley, D. A. (1980) Zero, J. H.: New naturally occuring insect hormone from developing embryos of the tobacco hornworm. Science **210**, 336–338.

Bodenstein, D. (1933) Beintransplantationen an Lepidopteren Raupen. I. Transplantationen zur Analyse der Raupen- und Puppenhäutung. Roux' Arch. **123**, 564–583.

Buddenbrock, W. von (1928) Grundriß der vergleichenden Physiologie. Borntraeger, Berlin.

Buddenbrock, W. von (1950) Vergleichende Physiologie **4**: Hormone. Birkhäuser, Basel.

Bückmann D. (1963) Die Hormonschwelle absteuernder Faktor in der Puppenentwicklung von *Cerura vinula* L. Zool. Anz. Suppl. **26**, 180–189.

Bückmann D. (1974) Die hormonale Steuerung der Pigmentierung und des morphologischen Farbwechsels bei Insekten. Fortschr. Zool. **22**, 1–22.

Bückmann, D. (1984) The phylogeny of hormone systems. Nova acta Leopoldina NF **56**, Nr. 255, 437–452.

Bückmann, D. (1985) Color change in insects. In: Bagnara, J., Klaus, S. N., Paul, E. und Scharl, M. (Eds.) Biological, molecular and clinical aspects of pigmentation. 209–218. University of Tokyo Press, Tokyo.

Bückmann, D. und Maisch A. (1987) Extraction and partial purification of the pupal melanization reducing factor (PMRF) from *Inachis io* (Lepidoptera). Insect Biochem. **17**, 841–844.

Butenandt, A. und Karlson P. (1954) Über die Isolierung eines Metamorphosehormons der Insekten in kristallisierter Form. Z. Naturforsch. **9b**, 389–391.

Cleveland, L.R., Burke, W. und Karlson, P. (1960) Ecdysone induced modification in the sexual cycles of the protozoa of *Cryptocercus*. J. Protozool. **7**, 229–239.

Clever, U. und Karlson, P. (1960) Induktion von Puff-Veränderungen in den Speicheldrüsenchromosomen von *Chironomus tentans* durch Ecdyson. Exp. Cell Res. **20**, 623–626.

Cottrell, C.B. (1962) The imaginal ecdysis of blowflies. The control of cuticular darkening and hardening. J. exp. Biol. **39**, 395–411.

Downer, G.H. und Laufer, H. (Eds.) (1983) Endocrinology of insects. Alan R. Liss, Inc., New York.

Fraenkel, G., Hsiao, C. und Seligman, M. (1966) Properties of bursicon: an insect protein hormone that controls cuticular tanning. Science **151**, 91–93.

Fukuda, S. (1940) Induction of pupation in silkworm by transplanting the prothoracic gland. Proc. Imp. Acad. Japan **16**, 414–416.

Gäde, G. (1990) The putative ancestral peptide of the adipokinetic/red pigment concentrating hormone family isolated and sequenced from a dragonfly. Biol. Chem. Hoppe-Seyler **371**, 475–483.

Gersch, M. (1964) Vergleichende Endokrinologie der wirbellosen Tiere. Akad. Verlagsges. Geest und Portig, Leipzig.

Hashiguchi, T. (1965) Hormone determining the black pupal colour in the silkworm *Bombyx mori* L. Nature **215**, 4980.

Highnam, K.C. und Hill, L. (1977) The comparative endocrinology of the invertebrates. Edward Arnold, London.

Hoffmann, K.H. (Ed.) (1985) Environmental physiology and biochemistry of insects. Springer, New York und Heidelberg.

Holman, G.M., Nachman, R.J. und Wright, M.S. (1990) Insect neuropeptides. Ann. Rev. Entomol. **35**, 201–217

Kerkut, G.A. und Gilbert, L.I. (Eds.) (1985) Comprehensive insect physiology, biochemistry and pharmacology. **7**, **8**, **9**. Pergamon, Oxford.

Koch, P.B. und Bückmann, D. (1987) Hormonal control of seasonal morphs by the timing of ecdysteroid release in *Araschnia levana* L. (Nymphalidae: Lepidoptera). J. Insect Physiol. **33**, 823–829.

Koolman, J. (Ed.) (1989) Ecdyone, from chemistry to mode of action. Georg Thieme, Stuttgart.

Kopec, S. (1917) Experiments on metamorphosis of insects. Anz. Akad. Wiss., Krakau **1–3b**, 57–60.

Krieger, F. (1954) Untersuchungen über den Farbwechsel der Libellenlarven. Z. vergl. Physiol. **36**, 352–366.

Lavenseau, L., Gadenne, C., Hilal, A. und Peypelut, L. (1986) The endocrine control of diapause in insects. Adv. Invertebr. Reprod. **4**, 69–78.

Madrell, S. H. (1963) Exkretion in the blood sukking bug, *Rhodnius prolixus* Stal. J. Exp. Biol. **40**, 247-256.

Marks, F. (1979) Molekulare Biologie der Hormone. Gustav Fischer, Stuttgart.

Matsumoto, S. Isogai, A., Suzuki, A., Ogura, N. und Sonobe, H. (1981) Purification and properties of the melanization and reddish colouration hormone (MRCH) in the armyworm, *Leucania separata* (Lepidoptera, Noctuidae). Insect Biochem. **11**, 725–733.

Nijhout, F.H. und Wheeler, D.E. (1982) Juvenile hormone and the physiological basis of insect polymorphisms. Quart. Rev. Biol. **57**, 109–133.

Novak, V.J.A. (1975) Insect hormones, 2. ed. Chapman und Hall, London.

Piepho, H. (1938) Wachstum und totale Metamorphose von Hautimplantaten bei der Wachsmotte *Galleria mellonella* L. Biol. Zbl. **58**, 356–366.

Piepho, H. (1950) Hormonale Grundlagen der Spinntätigkeit bei Schmetterlingsraupen. Z. Tierpsychol. **7**, 424–434.

Prestwich, G.D. und Blomquist, G.J. (eds.) (1987) Pheromone Biochemistry. Academic, New York.

Raabe, M. (1982) Insect neurohormones. Plenum, New York und London.

Raabe, M. (1986) Insect reproduction: Regulation of successive steps. Adv. Ins. Physiol. **19**, 29–154.

Raabe, M. (1989) Recent developments in insect neurohormones. Plenum, New York.

Raina, A.K. und Gäde, G. (1988) Insect peptide nomenclature. Insect Biochem. **18**, 785–787.

Robinson, G.E., Page, R.E. jr., Strambi, C. und Strambi, A. (1989) Hormonal and genetic control behavioral integration in honey bee colonies. Science **246**, 109–112.

Röller, H., Dahm, K.H., Swelley, C.C. und Trost, B.M. (1967) Die Struktur des Juvenilhormons. Angew. Chemie **4**, 190–191.

Schaffer, M.H., Noyes, B.E., Slaughter, C.A. und Gaskell, S.J. (1990) The fruitfly *Drosophila melanogaster* contains a novel charged adipokinetic-hormone-family peptide. Biochem. J. **269**, 315–320.

Slama, K. und Williams, G.M. (1966) «Paper factor» as an inhibitor of the embryonic development of the European bug *Pyrrhocoris apterus*. Nature **210**, 329–330.

Staal, G.B. (1975) Insect growth regulators with juvenile hormone activity. Ann. Rev. Entomol. **20**, 393.

Starrat, A.N. und Brown, B.E. (1975) Structure of the pentapeptide proctolin, a proposed neurotransmitter in insects. Life Sci. **17**, 1253–1256.

Truman, Y. W. und Riddiford, L. (1970) Neuroendocrine control of ecdysis in silkmoths. Science **167**, 1624–1626.

Wigglesworth, V.B. (1934) The physiology of ecdysis in *Rhodnius prolixus* (Hemiptera). II. Factors controlling moulting and «metamorphosis». Quart. J. Micr. Sci. **77**, 191-222.

Wigglesworth, V.B. (1954) The physiology of insect metamorphosis. Cambridge University Press, Cambridge.

Williams, C.M. (1946) Physiology of insect diapause. The role of the brain in the production and termination of pupal dormancy in the giant silkworm, *Platysamia cecropia*. Biol. Bull **90**, 234–243.

Wing, K.D. (1988) RH nonsteroidal ecdysone agonist; Effects on a *Drosophila* cell line. Science **241**, 467–469.

Woodhead, A.P., Say, B., Seidel, S.L. Khan, M.A. und Tobe, S.S. (1989) Primary structure of four allatostatin neuropeptide inhibitors of juvenile hormone synthesis. Proc. Natl. Acad. Sci. USA **86**, 5997–6001.

Ziegler, R., Eckart, K., Schwarz, H. und Keller, R. (1985) Amino acid sequence of *Manduca sexta* adipokinetic hormone elucidated by combined fast atom bombardment (FAB)/tandem mass spectrometry. Biochem. Biophys. Res. Comm. **133**, 337–342.

Ziegler, R., Eckart, K. und Law, J.H. (1990) Adipokinetic hormone controls lipid metabolism in adults and carbohydrate metabolism in larvae of *Manduca sexta*. Peptides **11**, 1037–1040.

4 Motorik

M. Gewecke

Einleitung

Bewegung ist eines der auffälligsten Kennzeichen tierischen Lebens. Sie findet auf allen Ebenen eines Organismus statt, auf der der Moleküle, Zellen, Organe, Körperteile, Körperanhänge und der des ganzen Tieres. Das vorliegende Kapitel über die Motorik der Insekten wird sich auf die makroskopischen Bewegungen von Teilen und Anhängen des Körpers zueinander, die **körperbezogene Bewegung**, und auf die Fortbewegung des ganzen Insekts im Raum, die Lokomotion **(raumbezogene Bewegung)**, beschränken. Zu den körperbezogenen Bewegungen gehören Kopfdrehungen, Abbiegung und Dehnung des Abdomens sowie Bewegungen der Extremitäten (Antennen, Beine, Cerci) und der Flügel. Die Bewegung der Beine kann beim Putzen, Stridulieren (5.2) oder Kopulieren eingesetzt werden, vor allem aber dient sie dem mechanischen Halt an der Unterlage beim Stehen oder Klettern und der Lokomotion beim Springen, Laufen oder Schwimmen.

Jede Bewegung ist die Endstufe von komplizierten Vorgängen im Organismus, vor allem im neuro-motorischen System, die man zusammenfassend als **Motorik** bezeichnet. Bewegungen können spontan auftreten, d.h. endogen sein, oder durch äußere Reize verursacht werden. Meistens treten Bewegungen nicht zufällig auf, sondern sind als Teile von Verhaltensweisen wichtige Glieder in den geregelten Beziehungen zwischen dem Tier und seiner Umwelt einschließlich anderer Lebewesen (Abb. 4-1). Auf das Tier wirkt eine Fülle physikalischer und chemischer **Reize**, die über entsprechende Sinnesorgane Informationen aus der Umwelt übermitteln können (5 bis 9; Box 4-3). Die neurale Auswertung der so in das Tier strömenden Information kann dazu führen, daß es mit seinen Effektororganen, also Drüsen oder Muskeln, reagiert. Dieses **Verhalten** ist meist eine Bewegung, kann aber auch im Aussenden eines optischen oder chemischen Signals bestehen. In allen Fällen kann dieses Verhalten wieder Information für andere Individuen bedeuten, wie bei der **Kommunikation** (5, 7, 9). Die Bewegung des Körpers oder seiner Anhänge, der Beine und Flügel, führt oft auch zu Ortsveränderung durch **Lokomotion**, die der räumlichen Anpassung des Tieres an seine Umwelt dient. Durch Laufen, Springen, Schwimmen oder Fliegen kann ein Insekt ein lebenswichtiges Ziel erreichen, wie Schatten, Futter, einen Geschlechtspartner oder ein Überwinterungs-

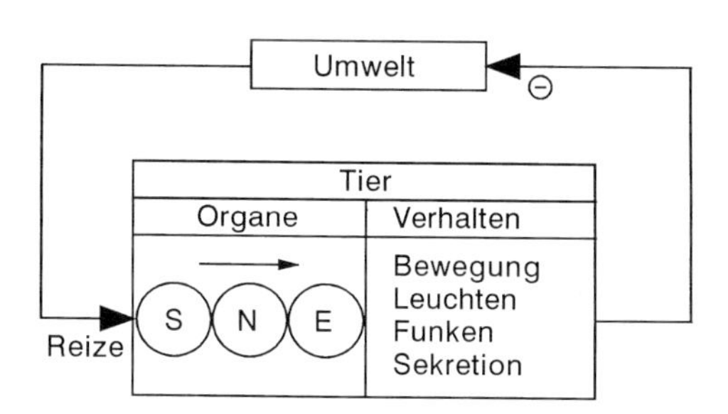

Abb. 4-1: Funktioneller Zusammenhang zwischen einem tierischen Organismus und seiner Umwelt. Am Ende der Kette der Informationsaufnahme in den Sinnesorganen (S), der Informationsverarbeitung im Nervensystem (N) und der Kommandogenese in den Effektororganen (E) steht das Verhalten als effektorische Leistung. Diese wirkt wieder auf die Umwelt zurück, sei es durch Bewegungen, die zu Ortsveränderung (Lokomotion) des Tieres führen kann, oder sei es durch Aussendung von Signalen für andere Tiere, wodurch sich der Regelkreis schließt.

quartier. Es kann dadurch aber auch einer drohenden Gefahr ausweichen, wie extremen Temperaturen, Trockenheit oder einem Freßfeind.

Die Geschwindigkeit, Richtung und der Zeitverlauf der Fortbewegung müssen durch sensorische und neurale Mechanismen gesteuert werden. Da sich durch die Ortsveränderung auch die ursprüngliche Reizsituation verändert, schließt sich die Kette der Ereignisse, meist über eine negative Rückkopplung, zu einem Regelkreis (Abb. 4-1). Die für die Orientierung der Insekten erforderlichen, kontrollierten Bewegungsabläufe sind aber nur möglich, wenn Sinnesorgane sie überwachen (Schöne 1980). So werden die körperbezogenen Bewegungen vor allem durch **Propriorezeptoren** und die Bewegungen im Raum bei der Lokomotion durch **Exterorezeptoren** kontrolliert.

Im folgenden werden die verschiedenen Aspekte der Motorik in unterschiedlichen Funktionsabläufen behandelt, die Mechanik, die neurale Steuerung und die sensorische Kontrolle.

4.1 Skelett-Muskel-System

Im physikalischen Sinn resultiert Bewegung aus der Beschleunigung einer Masse (Dynamisches Grundgesetz von Newton: **Kraft = Masse · Beschleunigung**: K[N] = M [kg] · B[m · s^{-2}]. Die beschleunigte Bewegung der Masse in einem Medium kann, bei gleichbleibender Kraft, aufgrund von entgegengesetzt gerichteten Reibungskräften in eine gleichförmige Bewegung mit einer konstanten Geschwindigkeit v[m · s^{-1}] übergehen. Über eine Verzögerung (negative Beschleunigung: -B) kann die Masse wieder eine Ruhelage erreichen.

Nach dem dritten Axiom von Newton ist die Kraft gleich der Gegenkraft (actio = reactio). Danach mußten im Laufe der Evolution bei der mechanischen Konstruktion der Insekten zu allen durch Muskelkraft bewegten Körperanhängen, die die Kraft auf die Umgebung übertragen, auch starke Widerlager in den Gelenken und dem Skelett entwickelt werden, die den auf sie ausgeübten Kräften standhalten können. Der Bewegungsapparat der Insekten braucht also immer beides, die kraftproduzierenden Muskeln und das widerstandsfähige Skelett. Die Rückbewegung eines Körperanhangs in die Ausgangsposition kann entweder durch antagonistische Muskeln oder durch elastische Skelettstrukturen erreicht werden.

4.1.1 Skelett

Die mechanische Stabilität des Körpers wird bei Insekten, wie bei anderen Arthropoden auch, vor allem durch das **Außenskelett** erreicht. Alle Körperteile und -anhänge besitzen in ihrer Körperdecke **(Integument)** eine feste **Cuticula** als stützenden und schützenden Hautpanzer. Die aus mehreren Schichten (Epi-, Exo-, Endocuticula) bestehende Cuticula ist ein totes Gebilde, das von dem darunter liegenden Epithel, der Epidermis, abgeschieden wird (Abb. 4-6). Die Cuticula tritt im Bereich der Sklerite als feste, elastisch-harte Panzerplatte auf und im Bereich der Gelenke als biegsam-zähe Membran. Die der Epidermis aufliegende Endocuticula erscheint im Lichtmikroskop oberflächenparallel lamelliert und senkrecht dazu von feinen Porenkanälen durchzogen.

Endo- und Exocuticula bestehen aus Proteinen, dem Polysaccharid **Chitin** und Lipoiden, während die äußere, dünne Epicuticula chitinfrei ist (2.4.2.1). Chitin ist also nicht für die Härte der Epicuticula und der chitinarmen Exocuticula verantwortlich. Dagegen verdankt die Endocuticula der vernetzten Struktur des Chitins ihre Flexibilität und Dehnbarkeit. Chitin ist ein Polymer von Acetylglucosamin. Es ist der Cellulose ähnlich, auch durch die Ausbildung von Mizellen. Diese schließen sich zu Fibrillen zusammen, die in jeder Schicht der Cuticula eine bestimmte Richtung aufweisen und dadurch in histologischen Schnitten das lamellierte Erscheinungsbild erzeugen. Die Chitinfibrillen sind durch eine Proteinmatrix in der Art von Fiberglas zu einem Mucopolysaccharid verbunden (Wigglesworth 1966).

In der Exocuticula liegt Protein als harte, hornige Substanz vor, als **Sklerotin**, das besonders wichtig für die Entstehung der stabilen Extremitäten und der Flügel ist. Für die Fortbewegung auf dem Land und die Eroberung des Luftraums ist aber auch ein biegsames Protein erforderlich, das **Resilin**. Diese gummiartige Substanz ist in der Endocuticula zwischen den Chitinlamellen eingelagert und begründet die Elastizität der Cuticula (Pringle, in Rockstein 1965). In Membranen kommt Resilin in reiner Form vor und ermöglicht die gute Beweglichkeit, vor allem der Flügelgelenke (4.3.2.4, 4.4.1).

Die relativ dünne Epicuticula hat kaum Einfluß auf die mechanischen Eigenschaften des Integuments. Dank einer Wachslage an ihrer Außenfläche ist sie aber für die Impermeabilität der Cuticula verantwortlich und schützt das Insekt vor Wasserverlust. Wie die Wirbeltiere dem Keratin der Hornhaut, so verdanken die Insekten also neben dem Sklerotin vor allem den Wachsen der Epicuticula ein echtes Landleben.

Ein grundlegendes Problem bildet das Außenskelett für das Wachstum der Insekten. Die Lösung des Problems liegt darin, daß sich die Tiere während der Entwicklung in bestimmten Zeitabständen des Hautpanzers durch Häutung entledigen (2.4.2). Während und mehrere Stunden nach der Häutung sind die Tiere kaum zu Bewegungen in der Lage und Freßfeinden hilflos ausgeliefert.

An bestimmten Stellen des Körpers wird durch Einstülpungen des Integuments ein **Innenskelett** geschaffen, das in Form von Leisten und Querstreben das Außenskelett versteift und Ansatzflächen für die Körpermuskulatur schafft. Zum Innenskelett gehören das Tentorium der Kopfkapsel (Abb. 4-2), die

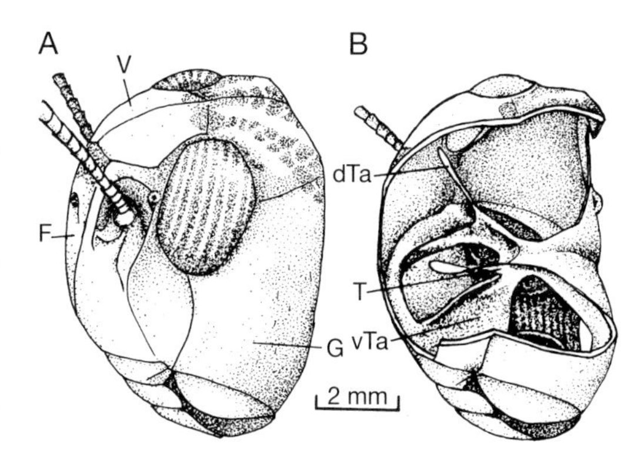

Abb. 4-2: **A** Latero-dorsale Ansicht des Exoskeletts der Kopfkapsel einer Heuschrecke. F Frons, G Gena, V Vertex. **B** Latero-dorsaler Blick in die mazerierte und geöffnete Kopfkapsel auf das Endoskelett, das aus dem Tentorium (T) mit 2 dorsalen (dTa) und 2 ventralen Tentorialarmen (vTa) besteht.

tergalen Phragmata, die Pleuralleisten und die sternalen Furcaäste (Abb. 4-16A; Weber und Weidner 1974).

4.1.2 Gelenke

Mit seinem festen Exoskelett kann sich ein Insekt nur dank der Gelenke bewegen, die die einzelnen steifen Sklerite seines Körpers und der Körperanhänge miteinander verbinden. Die Beweglichkeit beruht auf den Gelenkhäuten (-membranen), die schmal und straff (Syndese) oder breit und weich sein können, sowie auf zusätzlich herausgebildeten Gelenkflächen an benachbarten Skleriten. Wie sich ein Gelenk bewegt, hängt von seiner spezifischen Konstruktion ab, d.h. von der Form der Gelenkhäute und der relativen Lage der Muskelansatzpunkte (proximal: Origo; distal: Insertio) zu der der Drehpunkte.

Ursprüngliche Verhältnisse findet man noch im Abdomen. Durch Kontraktion der Längsmuskulatur können einzelne Segmente teleskopartig ineinandergezogen werden. Die antagonistische Streckung des Abdomens kann durch andere Muskeln oder durch den hydrostatischen Innendruck erfolgen (4.2.2).

Diese Longitudinalbewegungen ähneln noch dem Verkürzen und Strecken von Regenwurmsegmenten. Bei unsymmetrischen Gelenkkonstruktionen können Rotationsbewegungen entstehen. Dabei beruht die Drehbewegung im Gelenk auf der Kraft (K) eines assoziierten Muskels, der über einen durch das Exoskelett vorgegebenen Hebel (r) ein Drehmoment erzeugt ($D = K \cdot r \cdot \sin \alpha$ [Nm]; α = Winkel zwischen r und K). Der Betrag dieses Vektors ergibt sich aus r·K und seine Richtung steht senkrecht auf der aus r·K gebildeten Ebene und damit senkrecht zur Bewegungsrichtung (Abb. 4-3A).

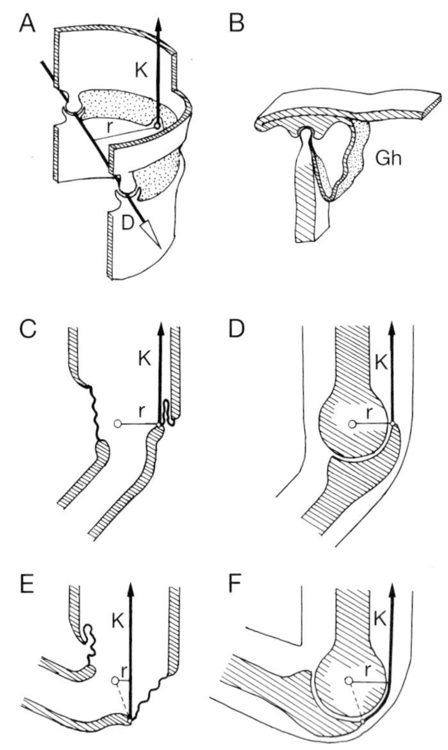

Abb. 4-3: Gelenkkonstruktionen, bei denen die Muskelkraft (K) über den Hebelarm (r) in der Drehachse des Gelenks ein Drehmoment (D) erzeugt (D = K·r). **A** Dikondyles Scharniergelenk und **B** monokondyles Kugelgelenk von Insekten (Gh Gelenkhaut). **C, E** Beim Abbiegen eines Insektengelenks mit Exoskelett verkürzt sich der Hebelarm, wodurch das erzeugte Drehmoment verringert wird. **D, F** Beim Abbiegen des Endoskelettgelenks eines Wirbeltiers bleibt der Hebelarm und damit das Drehmoment konstant (**A, B** nach Weber und Weidner 1974; **C–F** nach Darnhofer-Demar 1973).

Welches der wirksame Hebel in einem Gelenk ist, hängt von der räumlichen Beziehung zwischen der Zugrichtung des Muskels an einem Ende des Hebels und der Lage der Drehachse des Gelenks ab. Bei den **dikondylen Gelenken** ist die Lage der Drehachse eindeutig und das einer Bewegung zugrunde liegende Drehmoment leicht zu berechnen. In **monokondylen Gelenken** und Kugelgelenken hängt die Lage der Drehachse und damit die Bewegung von der jeweiligen Lage des Kraftansatzpunktes ab. Diese kann in vielen Gelenken stark variieren, da mehrere Muskeln an verschiedenen Punkten und aus unterschiedlichen Richtungen an dem Gelenk angreifen (z. B. an den Hüftgelenken). Die Beweglichkeit eines Kugelgelenks als Teil eines Exoskeletts ist natürlich viel stärker eingeschränkt als die eines Kugelgelenks des Innenskeletts der Vertebraten.

Auch bei den Gelenken bringt ein Vergleich zwischen den Insekten mit ihrem Außenskelett und den Wirbeltieren mit ihrem Innenskelett interessante Einsichten darüber, wie sich in der Evolution unter verschiedenen Ausgangsbedingungen physikalische Gesetzmäßigkeiten auf die Entwicklung funktionierender Konstruktionen ausgewirkt haben. Wie Abb. 4-3C, E veranschaulicht, ist bei einem Außenskelett das durch einen Muskel erzeugte Drehmoment von der Gelenkstellung abhängig. Beim Abbiegen eines Scharniergelenks der Wirbeltiere mit Innenskelett kann der wirksame Hebel und damit das erzeugte Drehmoment hingegen durch das Umlenken der Sehne um den Knochen konstant gehalten werden (Abb. 4-3D, F). Diesem Prinzip kommen auch die Femur-Tibia-Gelenke verschiedener Insekten nach, die in sehr unterschiedlichen Winkelstellungen des Gelenks Kraft erzeugen müssen. Mit Hilfe von Apodemskleriten und Gelenkhöckern werden die Hebelverhältnisse und die Aktionsradien der Gelenke optimiert (4.3.2).

Die dreidimensionale Bewegungsfreiheit der Extremitäten beruht auf der Konstruktion von Kugelgelenken oder auf einer Kombination von Scharniergelenken in benachbarten Gelenken, deren Achsen unterschiedliche Richtungen besitzen (Kreuzgelenke, 4.3;

Abb. 4-15, 4-16). Die kompliziertesten Verhältnisse findet man bei den Flügelgelenken, in denen die Flügel nicht nur auf- und abbewegt, sondern auch um ihre Längsachse gedreht werden können (4.4.1).

4.1.3 Muskel

Die Muskeln der Insekten sind nur Variationen eines Themas, das für alle Tiere gilt. Aufgrund der Interaktion der Proteine **Actin** und **Myosin** sowie der Energielieferung durch ATP wird in einer bestimmten Richtung Zugkraft erzeugt, mit der Arbeit geleistet und Bewegungen ausgeführt werden können. Die Insektenmuskeln unterscheiden sich von den Muskeln der Wirbeltiere vor allem

1. durch die relative Größe und die Anordnung der Zellelemente,
2. durch die Aktivierung, d.h. die Innervierung, die Erregungsübertragung einschließlich der Neurotransmitter und -modulatoren sowie der Auslösung der Kontraktion, und
3. durch die biochemische Anpassung des Energiestoffwechsels.

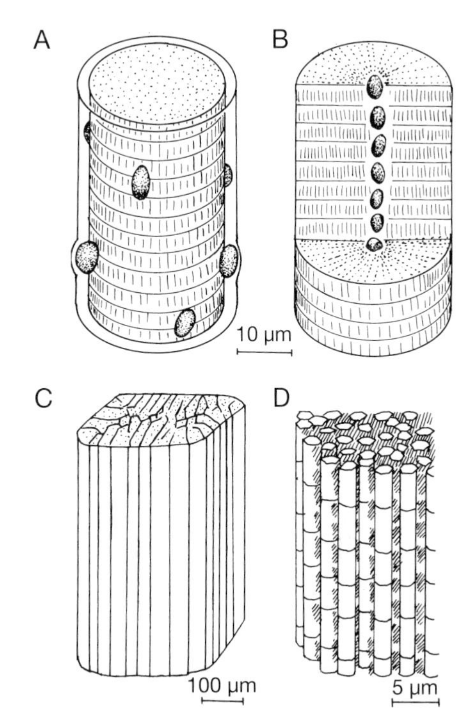

Abb. 4-4: Typen von Muskelfasern der Insekten. **A** Wirbeltiertyp (Zellkerne peripher), **B** tubulärer Typ (Zellkerne zentral), **C** fibrillärer Typ, **D** die großen Myofibrillen einer «fibrillären» Muskelfaser (nach Pringle 1957; Seifert 1970).

4.1.3.1 Struktur

Alle Muskeln der Insekten bestehen aus **quergestreiften Muskelfasern**, die denen anderer Tiere gleichen. Diese Fasern sind langgestreckte Zellen, die viele Kerne, quergestreifte Myofibrillen (aus Actin und Myosin), Sarkosomen (Mitochondrien) und sarkoplasmatisches (endoplasmatisches) Reticulum enthalten. Die unterschiedliche Anordnung und Größe dieser Zellbestandteile hat zu verschiedenen Typen von Muskelfasern geführt (Abb. 4-4):

A: Die Myofibrillen bilden einen zentralen Strang und die Kerne liegen peripher wie bei quergestreiften Muskelfasern der Wirbeltiere **(Wirbeltier-Typ)**;

B: Die Kerne sind axial in der Faser aufgereiht und werden von Myofibrillen umgeben **(tubulärer Typ)**;

C: Die relativ großen Fasern enthalten besonders dicke Myofibrillen (2–3 µm) und die Kerne sind unregelmäßig angeordnet und in lichtmikroskopischen Bildern schwer zu erkennen **(«fibrillärer» Typ)**. Ein weiterer struktureller Unterschied, der mit der verschiedenartigen Aktivierung zusammenhängt, liegt im Bereich des sarkoplasmatischen Reticulums, das bei «fibrillären» Muskeln stark reduziert ist (Abb. 4-5).

Die beiden Enden jeder Skelettmuskelfaser (Origo und Insertio) sind über feine Tonofibrillen der Epidermiszellen direkt mit der Cuticula verbunden (Abb. 4-6) und nicht über Bindegewebe (Sehnen) wie bei Wirbeltieren. Sehnenähnliche Strukturen werden jedoch häufig als chitinöse Einstülpungen der Cuticula **(Apodeme)** gebildet. Dadurch werden die Ansatzflächen für Muskeln vergrößert und

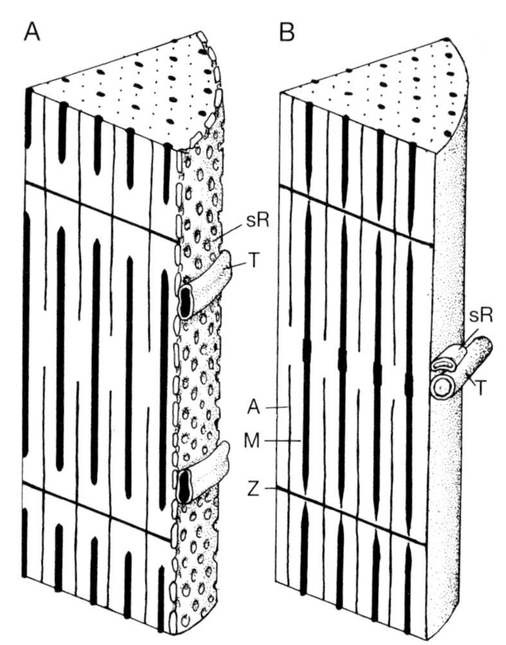

Abb. 4-5: Ausschnitte aus den Myofibrillen einer tubulären **(A)** und einer «fibrillären» Muskelfaser **(B)** zeigen die unterschiedliche Anordnung der Zellstrukturen. In **B** reichen die Myosinfilamente (M) bis an die Z-Scheibe (Z) und verschieben sich bei der Oszillation der Muskelfaser (4.4.2.2) kaum gegenüber den Actinfilamenten (A). sR sarkoplasmatisches Reticulum, T Transversaltubulus (nach Smith 1965).

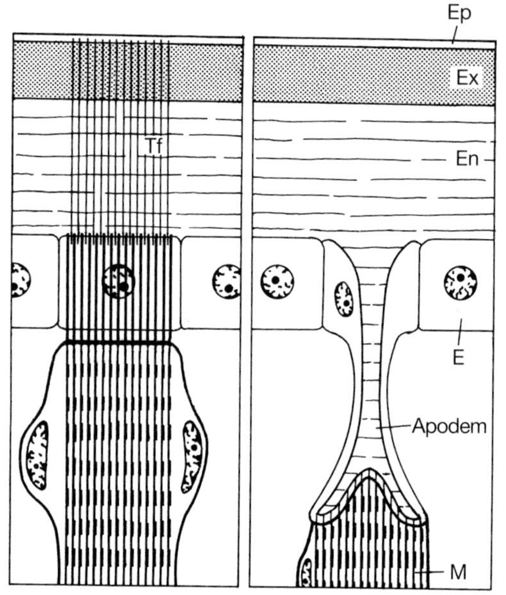

Abb. 4-6: Möglichkeiten der Verankerung von Muskelfasern (M) am Exoskelett. E Epidermis; En Endo-, Ep Epi-, Ex Exocuticula; Tf Tonofibrillen (nach Seifert 1970; Weber und Weidner 1974).

Hebelarme für die Kraftübertragung geschaffen. Apodeme können sehr lang sein, z. B. die Krallenbeugerapodeme großer Stabheuschrecken mehr als 10 cm lang (Abb. 4-16).

4.1.3.2 Aktivierung

Auch bei Insekten wird die Aktivität der Skelettmuskeln in den meisten Fällen direkt über die Erregung von **Motoneuronen** gesteuert, die mit den Muskelfasern, die sie innervieren, eine **motorische Einheit** bilden. Nur bei der Aktivierung der «fibrillären» Muskeln gibt es besondere Aktivierungsmechanismen (4.4.2.2). Während jedoch bei den Wirbeltieren jede Muskelfaser über nur eine motorische Endplatte erregt wird, sind die Skelettmuskelfasern der Insekten multiterminal, d. h. über viele Synapsen und polyneuronal, d. h. von mehreren Neuronen, innerviert (Abb. 4-7). Dies ist erforderlich, da die Muskelzellmembran der Insekten keine nach dem Alles-oder-Nichts-Prinzip fortgeleiteten Spitzenaktionspotentiale ausbildet. An jeder subsynaptischen Zone der Muskelfasermembran wird die graduierte Erregung nur elektrotonisch über eine kurze Distanz fortgeleitet. So kann aber die Aktivität der einzelnen Faser und damit auch eines Muskels durch Summations- und Bahnungseffekte sehr fein abgestimmt werden, d. h. hier kommt es zur Verrechnung von Information.

Die differenzierte Aktivierung eines Muskels wird stark durch seine Funktion im Organismus bestimmt, d. h. ob er die Stellung eines Gelenks kontrolliert, eine langsame Körper- oder eine schnelle Beinbewegung auslöst. Allgemein gilt für Arthropodenmuskeln, daß sie aus einer Mischung von Fasern bestehen, die unterschiedliche Struktur und physiologische

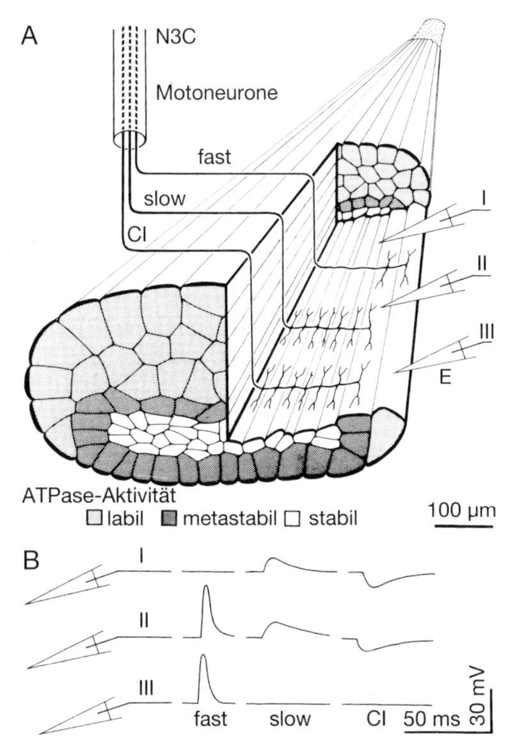

Abb. 4-7: A Innervierungsmuster eines Coxal-Muskels (M 92) der Wanderheuschrecke *(Locusta migratoria)*. Die 3 Fasertypen, die man nach ihrer ATPase-Aktivität unterscheiden kann, werden von 3 verschiedenen, multiterminalen Motoneuronen zum Teil polyneuronal (mehrere Neurone zu einer Faser) innerviert. Im Nerv N3C laufen Axone mit schneller (fast) und langsamer (slow) Leitungsgeschwindigkeit sowie das Axon eines hemmenden Neurons (CI common inhibitor). **B** Intrazelluläre Ableitungen der junction potentials aus den 3 unterschiedlichen Muskelfasern (I–III) bei elektrischer Reizung der 3 verschiedenen Motoneurone. E Glaskapillar-Mikroelektrode (nach Müller et al. 1992).

Eigenschaften aufweisen. Außerdem gibt es unterschiedliche Typen exzitatorischer und inhibitorischer Motoneurone (Abb. 4-7, 4-8). **Langsame** (slow, tonische) **Motoneurone** haben ein relativ dünnes Axon mit langsamer Leitungsgeschwindigkeit und relativ kleine Synapsen, die nur geringe Mengen von Neurotransmittern ausschütten können und nur kleine EPSPs (s. u.) auslösen. **Schnelle** (fast, phasische) **Motoneurone** haben meist dicke, schnell leitende Axone und große Synapsen, die über große EPSPs einer schnellen Aktivierung der Muskelfasern dienen. Der Extensor-tibiae-Muskel wird beispielsweise durch ein schnelles Motoneuron mit einem großen Soma (90–100 µm im Durchmesser) und dickem Axon innerviert (FETi = fast extensor tibiae), durch das nach Einzelreizung eine Muskelzukkung verursacht wird, und durch ein langsames Motoneuron mit kleinerem Soma und dünnem Axon (SETi = slow extensor tibiae), durch das nach Mehrfachreizung eine graduierte Kontraktion ausgelöst wird. Die Flexormuskeln des Femurs werden von mehreren schnellen und langsamen Motoneuronen innerviert.

Daß unterschiedliche Kontraktionseigenschaften auf unterschiedlicher Innervierung beruhen, zeigten Hoyle und Burrows (1973) am Beispiel der Sprungbeinmuskeln von Heuschrecken. Dazu stachen sie eine Glaskapillar-Mikroelektrode in das Soma eines Motoneurons ein (Abb. 4-8). Mit ihr konnte die Zelle hyperpolarisiert (und so auch iontophoretisch gefärbt) und depolarisiert (und so elektrisch gereizt) werden. Außerdem wurden mit dieser Elektrode die ausgelösten Aktionspotentiale abgeleitet. Durch das zeitlich gekoppelte Auftreten von Aktionspotentialen im Neuron und im Muskel, sowie von Spannungserzeugung durch den Muskel, wurden die motorischen Einheiten identifiziert. Die schnelle motorische Einheit mit dem FETi löst eine kräftige Muskelkontraktion aus. Eine Einzelzukkung führt zu einem defensiven Beinschlag und eine tetanische Aktivitätssalve (mit ca. 20 Hz) ist Voraussetzung für eine Sprungbewegung (4.3.2.4). Die Beinstreckung beim Festhalten, Laufen und Klettern wird durch die langsame motorische Einheit mit dem SETi gesteuert, das dabei kontinuierlich oder in kürzeren Salven feuert. Rhythmische Aktivität der Beinmuskeln wird durch exzitatorische und inhibitorische Eingänge von praemotorischen Interneuronen verursacht. Wie bei anderen Rhythmen sind neuronale Netzwerke auch die Grundlage der rhythmischen Beinbewegung beim Laufen und Schwimmen (4.3.2).

Als **Transmitter** der neuromotorischen Synapsen der Insekten dienen Glutamat bei erregenden und GABA bei hemmenden Synapsen (Box 4-1). Durch diese Transmitter wird an der Muskelzellmembran im ersten Fall ein **exzitatorisches postsynaptisches Potential** (EPSP = EJP, Junction-Potential) ausgelöst und im zweiten Fall ein **inhibitorisches postsynaptisches Potential** (IPSP = IJP). Diese Po-

Box 4-1: Neurotransmitter und Neuromodulatoren

Insekten verfügen über ein sehr viel einfacheres Nervensystem als Vertebraten. Trotzdem konnten nahezu alle bei Vertebraten bekannten Neurotransmitter auch bei Insekten nachgewiesen werden. Lediglich Adrenalin und Noradrenalin, deren Funktion bei Insekten das strukturverwandte Octopamin übernimmt, sowie eine Reihe von Neuropeptiden haben bei Insekten keine physiologische Bedeutung. Obwohl die meisten Transmitter sowohl bei Insekten als auch bei Vertebraten vorkommen, nehmen einige dieser Substanzen bei Insekten andere Funktionen wahr.

Die Rolle des Acetylcholins als klassischer Transmitter der neuromuskulären Synapse wird bei Insekten von der Aminosäure **Glutamat** übernommen. **Acetylcholin** seinerseits fungiert als wichtigster exzitatorischer Transmitter im Nervensystem der Insekten (Breer und Sattelle 1987) und ersetzt somit Glutamat, das diese Rolle bei Vertebraten einnimmt. Ebenso wie bei Vertebraten können auch bei Insekten nikotinische und muskarinische Acetylcholinrezeptoren unterschieden werden. Während die nikotinischen Rezeptoren postsynaptisch sind, scheinen die muskarinischen präsynaptisch zu sein. Der nikotinische Acetylcholinrezeptor, ein aus mehreren Untereinheiten bestehendes, mit einem integralen Natriumkanal ausgestattetes Rezeptormolekül, ist Wirkort einiger hochspezifischer **Insektizide**. Der wichtigste inhibitorische Transmitter im Nervensystem der Insekten ist die Aminosäure **GABA** (γ-Aminobuttersäure). Der GABA-Rezeptor ist direkt mit einem Chloridkanal assoziiert und ist, ebenso wie der nikotinische Acetylcholinrezeptor, als Wirkort einiger Insektizide identifiziert worden.

Neben diesen als klassisch zu bezeichnenden Transmittern, die Informationen sehr schnell weiterleiten, gibt es eine Vielzahl von Substanzen die eher als **Modulatoren** wirken. Diese Substanzen, wie z.B. Octopamin, Serotonin oder Dopamin, wirken über G-Protein-gekoppelte Rezeptoren (Roeder 1994). Diese biogenen Amine, insbesondere **Octopamin**, haben vielfältige modulatorische Wirkungen im Nervensystem der Insekten. Intraganglionäre Applikation von Octopamin kann sowohl bei der Wanderheuschrecke *Locusta migratoria* als auch beim Tabakschwärmer *Manduca sexta* komplettes Flugverhalten auslösen. Auch die sogenannten höheren Leistungen des Nervensystems, wie das Lernen und die Gedächtnisleistung, scheinen unter der Kontrolle dieser biogenen Amine zu stehen. Die Komplexität der Signaltransduktion bei Insekten beschränkt sich aber nicht auf die Transmittervielfalt, sondern setzt sich bis auf die Ebene der Rezeptoren fort. Es konnte schon eine Vielzahl unterschiedlicher Rezeptorsubtypen, insbesondere der Octopamin- und Serotoninrezeptoren, bei Insekten charakterisiert werden (Tabelle).

Obwohl für eine Reihe unterschiedlicher **Peptide** eine Neurotransmitter-Funktion im Nervensystem verschiedener Insekten nachgewiesen wurde, ist die physiologische Bedeutung der meisten dieser Peptide bisher unbekannt (Nässel 1993). Für das Pentapeptid **Proctolin** ist die modulatorische Wirkung auf unterschiedliche Effektororgane detailliert beschrieben worden. Es gehört, zusammen mit Vertretern der **FMRFamid**-Familie, den **Adipokinetischen Hormonen** und den **Tachykininen**, zu den am besten untersuchten Peptiden. Eine vollständige Aufzählung neuroaktiver Peptide aus dem Nervensystem der Insekten ist nicht möglich, da ständig neue Peptide unterschiedlichster Struktur entdeckt werden.

Für viele neuroaktive Peptide ist die Primärstruktur und Verteilung im Nervensystem zwar gut analysiert, unser Wissen über die entsprechenden Rezeptoren jedoch sehr

TRANSMITTER		REZEPTOREN		
BEZEICHNUNG	STRUKTUR	SUBTYPEN /davon kloniert	FAMILIE	EFFEKTUIERUNG
Biogene Amine				
Octopamin	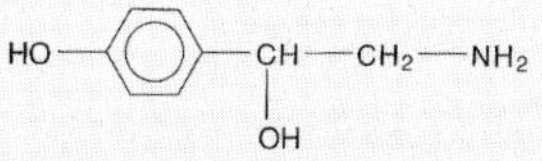 $HO-C_6H_4-CH(OH)-CH_2-NH_2$	4/0	G-Protein	+cAMP $+Ca^{2+}$?
Tyramin	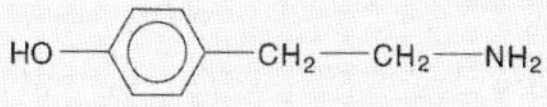 $HO-C_6H_4-CH_2-CH_2-NH_2$	1/1	G-Protein	-cAMP
Dopamin	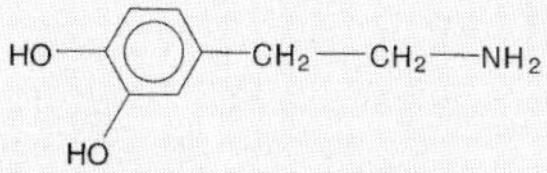 $(HO)_2C_6H_3-CH_2-CH_2-NH_2$	2/1	G-Protein	+cAMP
Serotonin	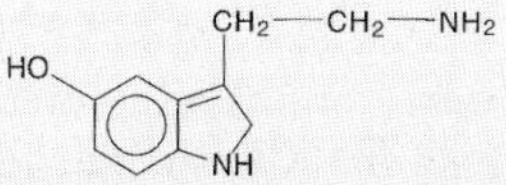 HO-Indol(NH)-$CH_2-CH_2-NH_2$	5/3	G-Protein	+cAMP -cAMP $+IP_3$
Histamin	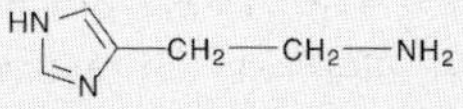 Imidazol(HN, N)-$CH_2-CH_2-NH_2$	2/0	G-Protein Ionenkanal	? Chlorid
Acetylcholin	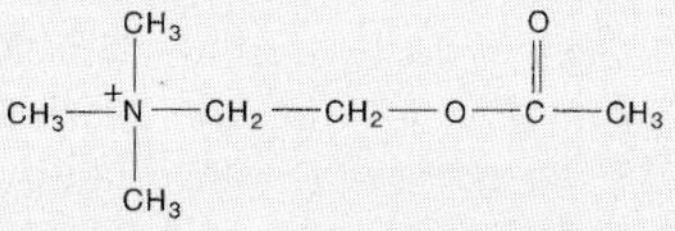 $CH_3-\overset{+}{N}(CH_3)_2-CH_2-CH_2-O-C(=O)-CH_3$	nicotinisch 6/6	Ionenkanal	Natrium
		muscarinisch 1/1	G-protein	+cAMP
Aminosäuren				
Glutamat	$HOOC-CH_2-CH_2-CH(NH_2)-COOH$	D-Rezeptoren 2/2	Ionenkanal	Natrium
		H-Rezeptoren 1/0	Ionenkanal	Chlorid
GABA (γ-Aminobuttersäure)	$HOOC-CH_2-CH_2-CH_2-NH_2$	2/1	Ionenkanal	Chlorid
Peptide				
Proctolin	RYLPT	1/0	G-Protein	+cAMP
FMRFamid Familie	$DPKQDFMRF-NH_2$	1/0	G-Protein	+cAMP
Tachykinine	$GPSGFYGVR-NH_2$	2/2	G-Protein	+IP3
Adipokinetische Hormone	$pQLNFTPNWGT-NH_2$	2/0	G-Protein	+cAMP

gering. Lediglich drei Rezeptoren (zwei Tachykinin-Rezeptoren und ein Rezeptor für das Neuropeptid Y) konnten bei *Drosophila* kloniert werden. Es handelt sich, wie scheinbar bei allen Rezeptoren für neuroaktive Peptide, um G-Protein-gekoppelte Rezeptoren, die jedoch bezüglich ihrer Pharmakologie und ihrer anderen Charakteristika kaum untersucht worden sind.

Literatur

Breer, H. und Sattelle, D. B. (1987) Molecular properties and functions of insect acetylcholine receptors. J. Insect Physiol. **33**, 771–790.

Roeder, T. (1994) Biogenic amines and their receptors in insects. Comp. Biochem. Physiol. **107** C, 1–12.

Nässel, D. (1993) Neuropeptides in the insect brain: a review. Cell Tiss. Res. **273**, 1–29.

T. Roeder

tentiale überlagern sich dem Ruhepotential, das bei Insektenmuskeln 40–60 mV beträgt. Durch ein EJP wird die Membran depolarisiert und dadurch eine Kontraktion ausgelöst. Jedes IJP hyperpolarisiert die Membran und kann so eine Aktivierung verhindern.

Die Antennenmuskeln der Wanderheuschrecken *(Locusta migratoria)* werden von je 4–6 Motoneuronen innerviert (slow, intermediate, fast, inhibitory; 4.3.1). Außer durch Transmitter wird die Aktivität dieser Muskeln aber auch über den **Neuromodulator** Proctolin gesteuert (Bauer 1991). Dieses Pentapeptid kann sowohl den Muskeltonus als auch die Dauer und Stärke von Einzelzuckungen sowie tetanischen Kontraktionen erhöhen. Andere **Cotransmitter**, wie Serotonin, Dopamin, Octopamin und FMRF-amid, wirken hauptsächlich präsynaptisch, Proctolin hingegen nur postsynaptisch und zwar vermutlich über Inositoltriphosphat als second messenger. Bei dieser Art der Informationsübertragung wird das Potential der postsynaptischen Muskelzellmembran nicht verändert. Die Neurone, in denen mit immunhistochemischen Verfahren Proctolin nachgewiesen wurde, liegen bei Heuschrecken im Deutocerebrum. Im Unterschlundganglion und dem Thorakalganglion findet man die DUM-Neurone (dorsal, unpaired, median), die über Octopamin die Aktivität von Muskelfasern beeinflussen können, indem sie über Adenylatcyclase den cAMP-Spiegel erhöhen.

4.1.3.3 Mechanik und Energetik

Wie der Feinbau des kontraktilen Apparats so stimmen auch die chemisch-mechanischen Prozesse der Muskelkontraktion auf dem molekularen Niveau bei den Skelettmuskeln der Insekten und Wirbeltiere überein. Die Kraftproduktion der Muskeln, die proportional zu ihrem Querschnitt ist, liegt ähnlich in beiden Tiergruppen bei 1 kg/cm^2. Ein Vergleich der Längen-Spannungs-Diagramme zeigt jedoch, daß die Insektenmuskeln steifer sind als die der Wirbeltiere (Abb. 4-9). Eine besondere Ausprägung der Spannungssensitivität zeigen die «fibrillären» Insektenmuskeln, bei denen durch Dehnung eine Kontraktion ausgelöst werden kann (4.4.2.2).

Die für die Erzeugung der mechanischen Muskelarbeit erforderliche Beschaffung chemischer Energie ist besonders gut bei den Flugmuskeln der Insekten untersucht worden (1.2.7). Letzten Endes wird hier aus verschiedenen Stoffwechsel-Speichern (Glycogen bei Fliegen oder Fett bei Wanderinsekten) an ATP gebundene Energie zur Verfügung gestellt. Der ATP-Umsatz in einem aktiven Muskel muß sehr schnell sein, da die geringe Menge an gespeichertem ATP bereits nach höchstens einer Sekunde verbraucht ist. Außer in ATP kann auch etwas Energie aus Argininphosphat gewonnen werden. Dank der guten Sauerstoffversorgung über das Tracheensystem und dank großer Mitochondrien arbeiten die Flugmuskeln aerob.

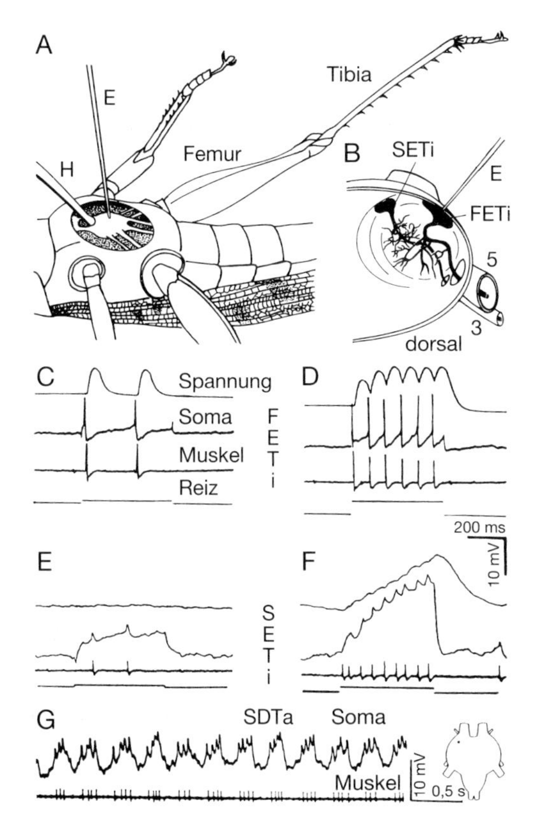

Abb. 4-8: Neurale Mechanismen, die der Beinbewegung der Wüstenheuschrecke *(Schistocerca gregaria)* zugrunde liegen. **A** Latero-ventrale Ansicht des Präparats, bei dem mit einer Glaskapillar-Mikroelektrode (E) aus Somata von Bein-Motoneuronen des Metathorakalganglions abgeleitet und in die Strom injiziert wird. Ein Metallhalter (H) dient als indifferente Elektrode und unterstützt das Ganglion mechanisch. Die Muskelaktivität kann durch Ableitung ihrer elektrischen Potentiale und Messung der erzeugten mechanischen Spannung registriert werden. **B** Kaudalansicht zweier (mit fluoreszierendem Farbstoff visualisierter) Motoneurone im linken Metathorakalganglion. Das schnelle FETi-Neuron (fast extensor tibiae) innerviert den Streckmuskel (musculus extensor tibiae) des Femur (Abb. 4-16). Sein Axon zieht durch den Nerv 5 des Ganglions ins Bein. Das Axon des langsamen SETi-Neurons (slow extensor tibiae), das den gleichen Muskel innerviert, zieht durch den Nerv 3. Die unterschiedlichen Eigenschaften von FETi **(C, D)** und SETi **(E, F)** werden durch ihre unterschiedlichen Reaktionen auf elektrische Reizung (**C, E** geringe und **D, F** stärkere Depolarisation) gezeigt. FETi erzeugt Muskelzuckungen, SETi hingegen tetanische Kontraktion. **G** Spontane, oszillatorische Aktivität (oben) eines langsamen Tarsusdepressor-Neurons (SDTa, slow depressor tarsus; rechts Lage des Somas im Metathorakalganglion), die rhythmische Tarsusbewegungen (unten, Myogramm des musculus depressor tarsus) auslöst (10 mV-Balken beziehen sich auf Soma-Ableitungen; nach Burrows und Hoyle 1973; Hoyle und Burrows 1973).

4.2 Körperbewegung

Die Gliederung des Insekts in Kopf **(Caput)**, Brust **(Thorax)** und Hinterleib **(Abdomen)** geht einher mit einer mehr oder weniger guten Beweglichkeit dieser drei Thagmata gegeneinander. Außerdem kann bei vielen Insekten das Abdomen dank der intersegmentalen Gelenke in sich bewegt und mehr oder weniger abgebogen werden.

4.2.1 Kopfbewegung

Die Kopfkapsel ist über die Halshaut mit dem Prothorax verbunden. Die Beweglichkeit dieses **Halsgelenks** ist vor allem von der Form und Größe des Hinterhauptlochs und der Thoraxöffnung abhängig. So können etwa Heuschrecken mit einem dicken Hals den Kopf weniger stark bewegen als Libellen, Fliegen und Bienen mit sehr dünnem Hals. Die Nackenmuskeln, die den Kopf bewegen,

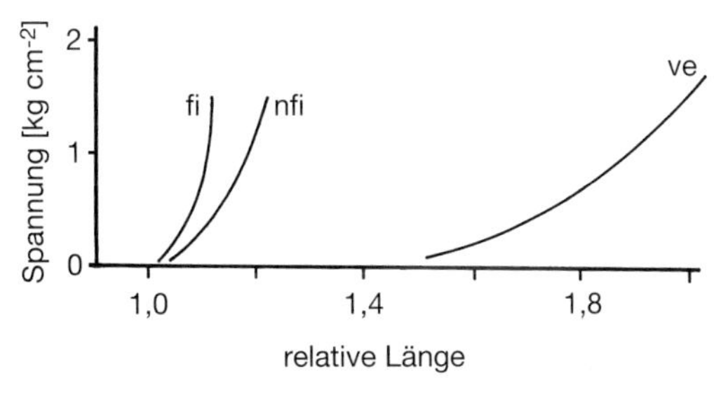

Abb. 4-9: Längen-Spannungs-Diagramm für passive Dehnung verschiedener Muskeltypen. fi «fibrillärer» Flugmuskel eines Käfers; nfi «nicht-fibrillärer» Flugmuskel einer Heuschrecke; ve Vertebraten-Muskel (m. semitendinosus eines Frosches), der viel weniger steif ist (nach Pringle, in Rockstein 1965).

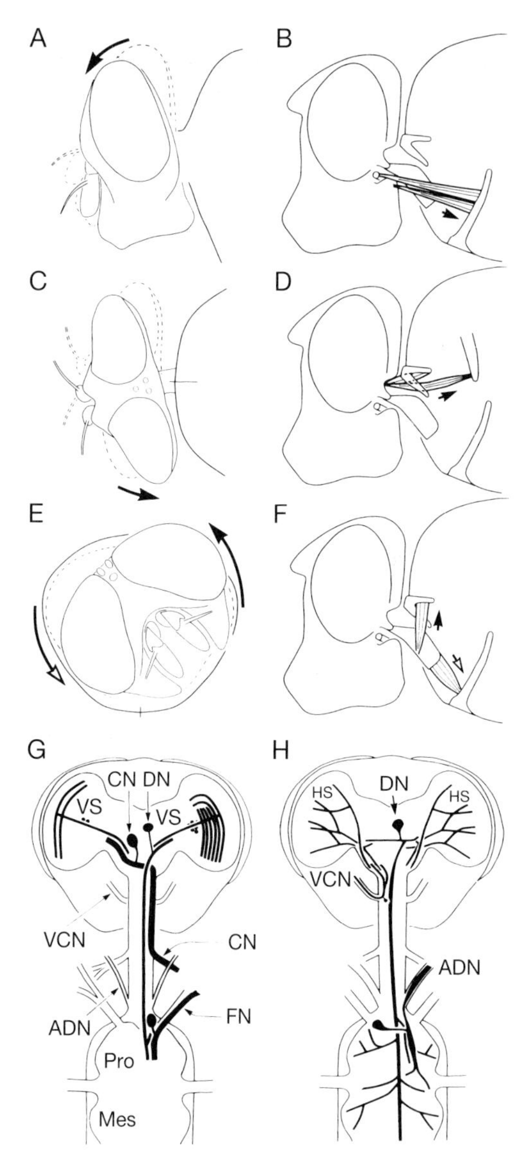

Abb. 4-10: Das motorische System des Nackens der Schmeißfliege *(Calliphora erythrocephala)*. Die 3 wichtigsten Kopfbewegungen Nicken **(A)**, Seitlich-Drehen **(C)** und Rollen **(E)** werden vermutlich durch die rechts daneben **(B, D, F)** dargestellten Nackenmuskeln ausgeführt. **G, H** Neuronale Verbindungen zwischen den visuellen Interneuronen des Gehirns (HS Horizontalzelle, VS Vertikalzelle) und den Motoneuronen der Nackenmuskeln, z.T. über deszendierende Neurone (DN). ADN motorischer Nackennerv, CN Cervicalnerv, FN Frontalnerv, Mes Mesothorakalganglion, Pro Prothorakalganglion, VCN ventraler Cervicalnerv (nach Strausfeld et al. 1987).

ziehen vom Thorax zur Kopfkapsel (Abb. 4-10). Die Bewegungen des Kopfes können über die Augen und über Propriorezeptoren kontrolliert werden. Dies sind vor allem Haarfelder, wie das **Prosternalorgan** (4.5.3).

Die Kopfbewegungen der Insekten dienen, wie bei den Wirbeltieren, der Ausrichtung der Mundwerkzeuge beim Fressen und Putzen, dem Schutz vor Beschädigung oder einer bequemen Lage beim Ruhen. Von gleicher Bedeutung sind die Kopfbewegungen aber auch bei der optimalen Positionierung der Sinnesorgane der Kopf- und Halsregion beim Sehen, beim Messen der Schwerkraft oder bei der Flugsteuerung im Raum. So versuchen Insekten, ihr Retinabild zu stabilisieren, wenn sie sich selbst drehen oder wenn sich die Umwelt bewegt. Sie können jedoch ihre in der Kopfkapsel integrierten Augen nicht bewegen, sondern nur den ganze Kopf. Diese kompensatorischen Kopfbewegungen dienen z. B. bei fliegenden Tieren wiederum der Stabilisierung der Körperlage. Zur Steuerung dieser komplexen Verhaltensweisen werden neurale Systeme eingesetzt, die die visuelle Information von den Augen (oder bei den Diptera auch die der Halteren; 4.5.4) auf die Motoneurone der Nackenmuskeln übertragen (Abb. 4-10, 4-11).

Bei Fliegen werden visuelle Bewegungsreize mit Hilfe von bewegungsempfindlichen Interneuronen des Gehirns analysiert: Vertikalzellen (VS) reagieren auf vertikale, Horizontalzellen (HS) auf horizontale Musterbewegungen (4.4.3.3; Abb. 4-37, 6-44). Die VS-Neurone sind direkt und die HS-Neurone über descendierende Interneurone mit Motoneuronen verbunden, die bestimmte Nackenmuskeln innervieren (Abb. 4-10).

4.2.2 Abdomenbewegung

Da die Segmente der Kopfkapsel untereinander fest verwachsen sind, ebenso wie die Segmente der Brustkapsel, können Körperbewegungen im vorderen Körperbereich nur im Halsgelenk auftreten. Der Hinterleib kann aber nicht nur gegenüber der Brustkapsel, sondern meist auch in sich bewegt werden, da seine Segmente durch mehr oder weniger breite

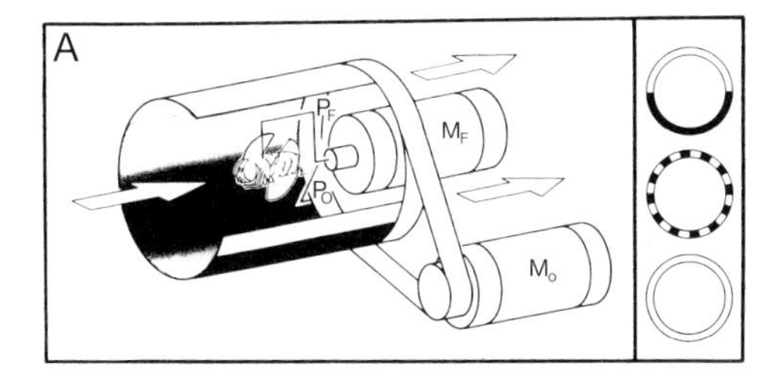

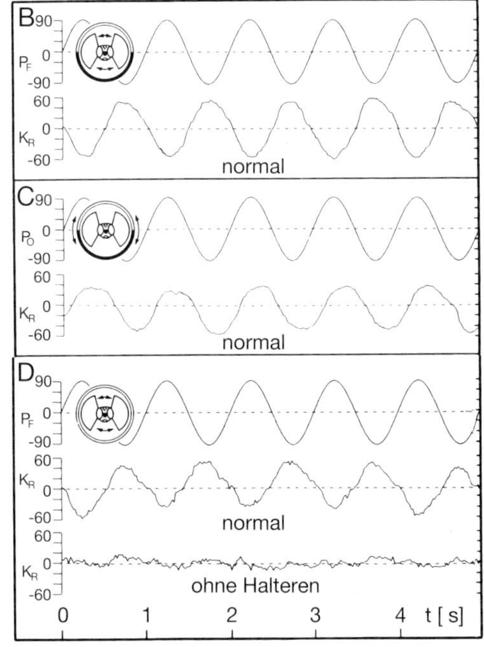

Abb. 4-11: Sensorische Steuerung (über Augen und Halteren) kompensatorischer Kopf-Rollbewegungen (K_R; mit Video-Kamera registriert) bei fixiert fliegenden Schmeißfliegen *(Calliphora)*. **A** Apparatur, in der die Position der in einem Luftstrom (weiße Pfeile) fliegenden Fliege (P_F) um ihre Körperlängsachse (Rollen) durch einen Servo-Motor (M_F) gesteuert werden kann, oder die Position von optischen Mustern (P_O, siehe auch rechts) durch einen zweiten Servo-Motor (M_O). **B** Wenn die Fliege in optisch strukturierter Umgebung sinus-förmig gerollt wird (nach rechts, positive Winkel), reagiert sie mit kompensatorischen Rollbewegungen des Kopfes (nach links, negative Winkel) auf diese aufgezwungene Körperbewegung. **C** Wenn um eine nicht bewegte Fliege (P_F = O) ein optisches Muster gedreht wird ($\pm P_O$), reagiert die Fliege ebenfalls mit Kopfrollen, allerdings gleichsinnig zum optischen Reiz und nur etwas phasenverschoben (d.h., sie versucht, die visuelle Umgebung zu stabilisieren). **D** Auch wenn die Fliege in Abwesenheit optischer Muster sinus-förmig gedreht wird, reagiert sie (wie in **A**) mit kompensatorischen Kopfbewegungen (Mitte); nach Ausschalten der Halteren (4.5.4) fällt diese Kopfbewegung aus (unten; nach Hengstenberg 1988).

Gelenkhäute miteinander verbunden sind. Außerdem können dank der Flankenhäute auch die Tergite jedes Segments gegenüber den Sterniten bewegt werden. Insekten mit relativ ursprünglichem Körperbau, wie die Heuschrekken, können deshalb ihr Abdomen in alle Richtungen abbiegen, dorso-ventral dehnen und abflachen, um die Längsachse verdrehen sowie in Längsrichtung verkürzen oder strecken.

Die Weibchen der Wanderheuschrecke *(Locusta migratoria)* graben mit ihrem Hinterleib, der im Normalzustand 2,5 cm lang ist, ein bis zu 9 cm tiefes Loch in den Boden, um ihre Eier abzulegen (Abb. 4-12). Dabei wird ein Teil der Längenzunahme des Abdomens durch Entfalten der teleskopartigen Intersegmentalhäute erreicht und der Rest durch Dehnung der verdickten Teile dieser Häute (Abb. 4-12, Inset). Die Streckung des Abdomens auf etwa das 3fache seiner normalen Länge soll nicht nur auf Erhöhung des inneren Drucks, sondern auch auf der Aktivität der Valvulae des Ovipositors beruhen (Vincent und Wood 1972). Damit klammern die Tiere ihren Legebohrer wiederholt an der Wand des gegrabenen Loches fest, dehnen die Gelenkhäute etwas durch Zug am Abdomen und verlängern es so in kleinen Schritten. Die anschließende Verkürzung des Abdomens wird vor allem durch die abdominalen Längsmuskeln erreicht.

Bei einigen holometabolen Insekten sind besondere Gelenke für die Abdomenbewegung herausgebildet worden. So kann der Hinterleib der Schmeißfliege *(Calliphora erythrocephala)* vor allem in der **Taille** zwischen Thorax und Abdomen bewegt werden. Funktionell entspricht ihr die «Wespentaille» der Apocrita, die hingegen durch eine Einschnürung des zweiten Hinterleibsegments entsteht. Bei den Ameisen wird die Beweglichkeit des Gasters (dicker Teil des Hinterleibs) dadurch vergrößert, daß das zweite und dritte Hinterleibsegment stielförmig verschmälert ist. So können sie den Gaster bis fast um 180° ventrad beugen. Bei der **Stridulation** erzeugen Ameisen, z. B. die tropische Blattschneiderameise *Atta cephalotes*, Vibrationen, indem sie ein Rippenfeld am ersten Gastersegment über den dorsalen, scharfen Hinterrand des zweiten Stielchensegments streichen. So entsteht bei jeder Hebung des Gasters eine Serie von 30–40 scharfen Klicks im Ultraschallbereich. Diese hochfrequenten, vom Gaster auf das Erdreich übertragenen Substratvibrationen, dienen der Kommunikation dieser Ameisen (Markl 1969).

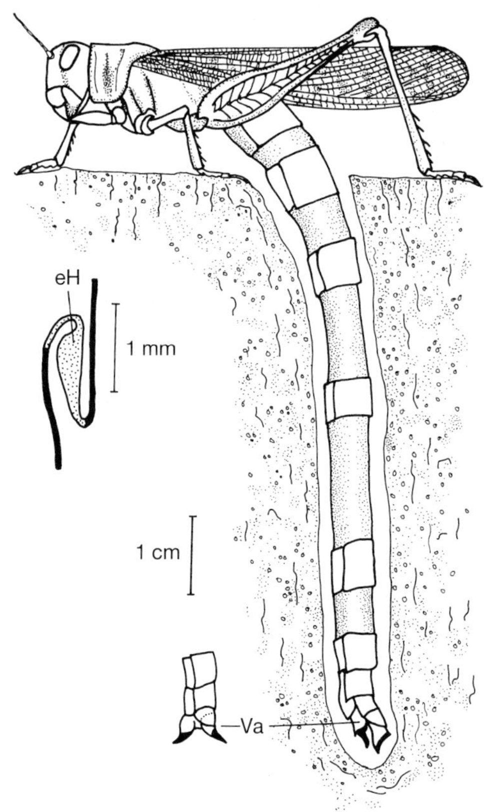

Abb. 4-12: Mechanismus der Abdomenstreckung bei der Eiablage einer weiblichen Wanderheuschrecke *(Locusta)*. Beim Bohren des Loches für das Eigelege wird das Abdomen von ca. 2,5 cm auf bis zu 9 cm teleskopartig verlängert, wobei die visko-elastischen Intersegmentalhäute (eH; linkes Inset: Längsschnitt durch ungedehntes Gelenk) stark gestreckt werden. Die Streckung wird u.a. durch die Valven (Va) des Ovipositors verursacht, die das Loch bohren, sich an den Wänden des Loches verankern (unteres Inset) und den Rest des Abdomens nachziehen (nach Vincent und Wood 1972).

Neben den hier geschilderten Spezialfällen der Eiablage und der Stridulation spielen die Abdomenbewegungen noch bei verschiedenen anderen Verhaltensweisen eine wichtige Rolle: Bei der Kopulation, dem Flügelfalten (Ohrwurm), der Fortbewegung (Springschwanz), der Flugsteuerung (Heuschrecke; 4.4.3) und der Atmung (1.2.5.2).

Die abdominalen **Atmungsbewegungen** der Wanderheuschrecke gehören zu den bestuntersuchten rhythmischen Bewegungen der Insekten. Bei diesen Ventilationsbewegungen wird die Atemluft durch ein Netzwerk von Tracheen gepumpt, und zwar durch eine starke, durch Muskelkraft erzeugte Exspirationsbewegung und eine schwächere Inspirationsbewegung, die vor allem auf elastischen Kräften und nur zum Teil auf der Tätigkeit inspiratorischer Muskeln beruht. Dabei können die einzelnen Segmente über ihre Tergal- und Sternalmuskulatur simultan oder peristaltisch dorso-ventral bewegt werden. Je nach der Aktivität des Insekts kann die Amplitude und der Rhythmus der Ventilationsbewegungen stark variieren (Abb. 4-13). Die Koordination der Muskeltätigkeit und damit die Synchronisa-

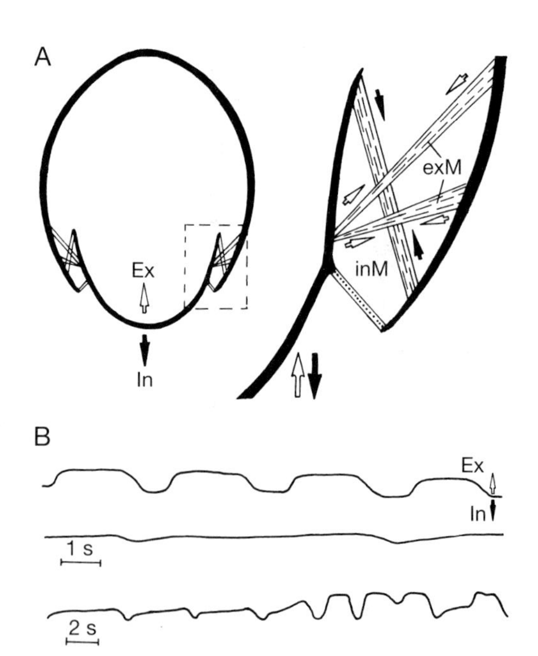

Abb. 4-13: Mechanismus der abdominalen, dorso-ventralen Atmungsbewegungen von Wanderheuschrecken *(Locusta)*. **A** Querschnitt durch ein Abdominalsegment mit den seitlichen Muskeln für die Exspiration (Ex) und Inspiration (In); rechts: Ausschnittsvergrößerung mit den expiratorischen (exM) und inspiratorischen (inM) Muskeln. **B** Registrierungen von 3 unterschiedlichen, rhythmischen Atmungsbewegungen (Änderungen der Abdomenhöhe): oben regelmäßige Plateau-Atmung, Mitte Miniatur-Inspirationen, unten Übergangssituation (nach Hustert 1974).

tion der Atmungsbewegungen in allen Abdominalsegmenten wird durch Inter- und Motoneurone gesteuert, deren Somata im posterioren Teil des metathorakalen Verbundganglions und in den Abdominalganglien liegen. Die neuronalen (sekundären) Rhythmusgeneratoren (Oszillatoren) der einzelnen Segmente werden durch propriorezeptive Eingänge und plurisegmentale Interneurone des übergeordneten (primären) neuronalen Oszillators beeinflußt. Dieser ist über die Ganglien des Abdomens und des Thorax bis zum Unterschlundganglion verteilt. Die betreffenden Interneurone dieses anterioren Ganglions sind allerdings nicht immer aktiv. Durch Strominjektion in die Interneurone des ersten abdominalen Ganglions kann die Frequenz des Atemrhythmus verschoben werden, d.h. er wird

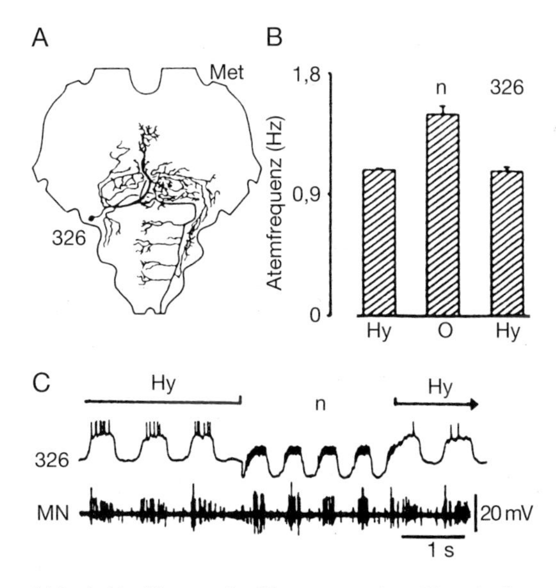

Abb. 4-14: Neuronale Steuerung des Atemrhythmus von Wanderheuschrecken *(Locusta)*. **A** Ein intersegmentales Interneuron (326) des neuralen Atemrhythmus-Generators, der über abdominale und thorakale Ganglien sowie das Unterschlundganglion verteilt ist. **B, C** Die Atemfrequenz ist gegenüber dem normalen Zustand (n) reduziert, wenn durch Hyperpolarisation (Hy) des Interneurons 326 dessen Aktivität gehemmt wird. MN Elektrische Summen-Aktivität des 9. motorischen Nervs des Metathorakalganglions (Met; 20 mV-Balken zu 326; nach Ramirez und Pearson 1989).

beschleunigt oder verlangsamt (Abb. 4-14). Daraus schließen Ramirez und Pearson (1989), daß hier der wichtigste Teil des primären Rhythmusgenerators für die Atmungsbewegung liegt.

4.3 Extremitätenbewegung

In der ontogenetischen Entwicklung deuten die bei einigen Insekten noch an allen Körpersegmenten angelegten Extremitätenpaare auf die Verwandtschaft zu den Progoneata hin. Die Extremitätenlosigkeit von Segmenten ist bei den Insekten also ein abgeleitetes Merkmal. Der Bau und die Beweglichkeit der bei den adulten Insekten ausgebildeten Extremitäten ist sehr verschiedenartig, da sie an unterschiedliche Funktionen angepaßt sind. Die Extremitäten des Kopfes sind die beiden **Antennen**, die zahlreiche Sensillen unterschiedlicher Modalität tragen und damit als komplexes Sinnesorgan anzusehen sind, und die **Mundwerkzeuge** (Mandibel, Maxillen), die der Nahrungsaufnahme dienen. Jedes der drei Segmente des Thorax, des Lokomotionsthagmas, trägt ein Paar Beine, die in ihrer ursprünglichen Konstruktion der Fortbewegung auf festem Untergrund dienen. Spezialisierte Beinpaare werden aber auch für andere Aufgaben, wie Putzen, Beutefang, Stridulieren oder zum Schwimmen eingesetzt. Beim Abdomen gibt es nur an den hinteren Segmenten Extremitäten, die **Gonopoden** der Genitalsegmente und die **Cerci** des letzten (11.) Segments. Diese fühlerartigen Anhänge tragen häufig, wie die Antennen des Kopfes, zahlreiche Sensillen und sind dann ebenfalls bewegliche, komplexe Sinnesorgane. Bei einigen Dermaptera sind die Cerci hingegen als kräftige, gegeneinander bewegliche Zangen ausgebildet.

Im folgenden wollen wir uns nicht mit den hoch spezialisierten Bewegungsapparaten von

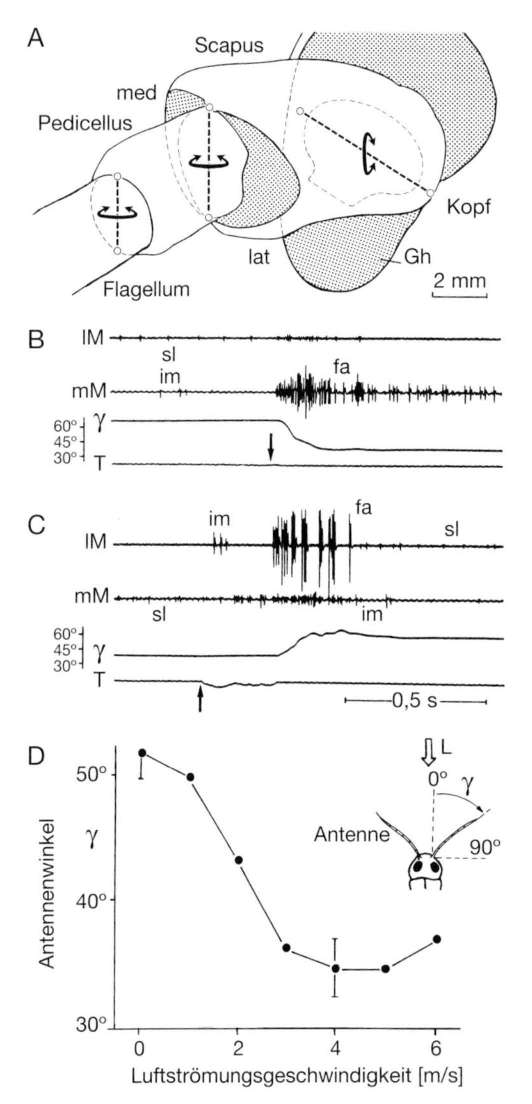

Abb. 4-15: Bewegungen und Reflexe der Heuschreckenantenne. **A** Der Bewegungsmechanismus der proximalen Gelenke: Die Antenne kann aktiv um die horizontale Drehachse des Kopf-Scapus-Gelenks gehoben oder gesenkt und um die vertikale Achse des Scapus-Pedicellus-Gelenks laterad (lat) oder mediad (med) geschwenkt werden. Passive Auslenkungen des Flagellums können um das Pedicellus-Flagellum-Gelenk zu Drehungen um unendlich viele Achsen führen (hier nur eine vertikale dargestellt). **B** Durch medianes Auslenken (Pfeil) des Flagellums einer ruhenden Heuschrecke wird ein Ausweichreflex ausgelöst, d. h. der mediane Scapus-Muskel (mM) schwenkt die Antenne um die vertikale Achse des Scapus-Pedicellus-Gelenks zur Mitte, wodurch der Antennenwinkel (γ) reduziert wird. **C** Lateraler Ausweichreflex durch den lateralen Scapus-Muskel (lM). **D** Bei fliegenden Heuschrecken wird die durch die frontale Luftströmung (Fahrtwind) ausgelöste laterale Auslenkung im Pedicellus-Flagellum-Gelenk durch die entgegengesetzte aktive Bewegung (Bereichseinstellung) im Scapus-Pedicellus-Gelenk überkompensiert, so daß der Antennenwinkel (γ) durch diesen Widerstandsreflex reduziert wird. fa (im, sl) Aktionspotentiale von schnellen (intermediären, langsamen) motorischen Einheiten der Scapusmuskeln, Gh Gelenkhaut, L Luftströmung, T Transducer als Kraftmesser (**A** nach Gewecke 1972; **B, C** nach Saager und Gewecke 1989; **D** nach Gewecke, in Browne 1974).

Mundwerkzeugen oder abdominalen Extremitäten beschäftigen, sondern mit den ursprünglicheren Konstruktionen der Antennen und thorakalen Beine.

4.3.1 Antennenbewegung

Die Antennen, oder Fühler, des Procephalons sind die vordersten Extremitäten des Insekts. Sie inserieren meist zwischen den Komplexaugen im Bereich der Ocellen an der Kopfvorderseite. Die **Gliederantennen** der Entognatha sind ursprünglicher als die Antennen der übrigen Insekten, da sie noch in allen Segmenten, außer dem letzten, Muskeln besitzen.

Davon abweichend besitzen die Ectognatha eine **Geißelantenne** als abgeleitetes Merkmal. Bei ihr gibt es nur noch im Grundglied, dem Scapus, Muskulatur, während das zweite Segment, der Pedicellus, sowie die aus dem Endsegment der Gliederantenne durch sekundäre Unterteilung hervorgegangene Geißel (Flagellum) keine Muskeln enthalten. Daraus ergibt sich, daß die Geißelantenne aktiv, d. h. mit Muskelkraft, nur als ganzes im Kopf-Scapus-Gelenk, und der Pedicellus mit dem Flagellum im Scapus-Pedicellus-Gelenk bewegt werden kann. Wie das Beispiel der ursprünglich gebauten Heuschreckenantenne zeigt, wird sie mit den beiden proximalen, scharnierartigen Gelenken in alle Richtungen geschwenkt. Dabei heben und senken zwei Muskeln der Kopfkapsel, die am Tentorium entspringen (Abb. 4-2), die Antenne um die horizontale Achse des Kopf-Scapus-Gelenks, während die zwei Scapusmuskeln den Pedicellus mit dem Flagellum um die vertikale Achse des Scapus-Pedicellus-Gelenks seitlich bewegen (Abb. 4-15 A). Die vier Muskeln des antennalen Bewegungsapparates werden von jeweils 4–6 Motoneuronen innerviert, deren Somata im ipsilateralen, proximalen Teil des Deutocerebrums liegen. Diese Neurone gehören zum langsamen, intermediären, schnellen oder inhibitorischen Typ und haben dadurch unterschiedliche Wirkungen bei der Antennenbewegung (Bauer und Gewecke 1991).

Die aktiven Antennenbewegungen dienen zum einen der optimalen Positionierung der antennalen Sensillen im Reizfeld, z.B. beim Betasten von Gegenständen oder Artgenossen, und zum anderen ihrem Schutz vor Verletzungen. Je nach Verhaltenskontext kann man bei Heuschrecken (*Schistocerca*) durch Reizung antennaler Mechanorezeptoren, z.B. durch passive Auslenkung des Flagellums, unterschiedliche Reflexe auslösen: Beim ruhenden Tier **Ausweichreflexe** und beim fliegenden Tier überkompensierende **Widerstandsreflexe** (Abb. 4-15B–D). Bei vielen fliegenden Insekten, wie Heuschrecken, Bienen, Stechmücken und Fliegen, werden die frontal durch den Fahrtwind angeströmten und dadurch nach hinten ausgelenkten Antennen reflektorisch nach vorn, gegen die Strömung bewegt, und zwar je mehr, je stärker die Strömung ist (Abb. 4-15D). Diese **Bereichseinstellung** steht im Dienste der Messung und Regelung der Flugeigengeschwindigkeit, die der Geschwindigkeit des frontalen Fahrtwindes entspricht (Gewecke, in Browne 1974). Der Widerstandsreflex ist hier also die Voraussetzung für die Funktion der Antenne als Luftströmungs-Sinnesorgan (4.5.5).

4.3.2 Beinbewegung

Das typische Insektenbein gliedert sich in die Coxa, die an einem Thoraxsegment eingelenkt ist, den Trochanter, den Femur, die Tibia und den gegliederten Tarsus (Abb. 4-16). Die Beweglichkeit des Beins beruht auf der Konstruktion der Gelenke zwischen seinen einzelnen Segmenten, auf der Anordnung von Muskeln und Apodemen, sowie der sensorischen und neuronalen Kontrolle. Es ist die Aufgabe übergeordneter neuronaler Mechanismen, die Bewegung der sechs Beine bei den verschiedenen Verhaltensweisen wie Laufen, Schwimmen oder Springen zweckmäßig zu koordinieren.

4.3.2.1 Bewegung eines Beins

Wie die aktiv beweglichen Antennengelenke so sind auch die meisten **Beingelenke** als Scharniergelenke konstruiert (Abb. 4-3A, 4-15, 4-16). Das Thorax-Coxa-Gelenk kann mono-

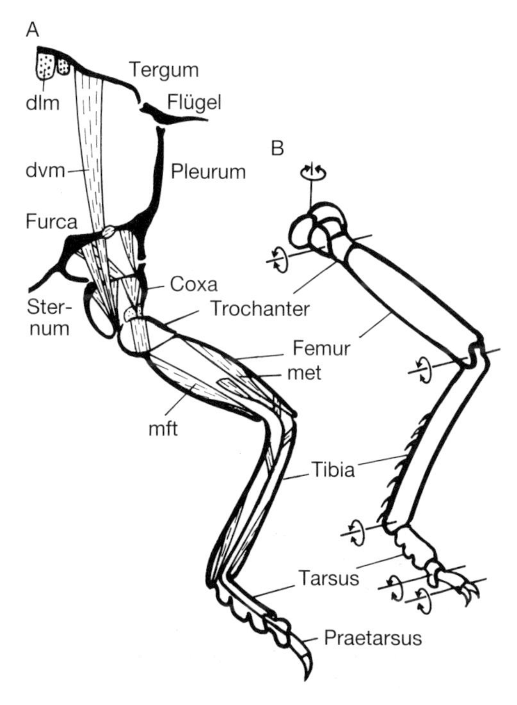

Abb. 4-16: Der Bewegungsapparat eines Laufbeins einer Heuschrecke. Im Schnittbild **(A)** sind die Beinmuskeln dargestellt und in der Außenansicht **(B)** die Drehachsen der Beingelenke. dlm dorsaler Längsmuskel, dvm Dorsoventralmuskel, met (mft) musculus extensor (flexor) tibiae (**A** nach Weber und Weidner 1974).

oder dikondyl sein. Seine Hauptdrehachse liegt immer senkrecht zur Körperlängsachse und so wird das Bein in diesem Gelenk vor- und zurückgeschwenkt. Die distal folgenden Gelenke zwischen Coxa und Trochanterofemur, zwischen Femur und Tibia sowie Tibia und Tarsus sind dikondyle Scharniergelenke, deren Drehachsen parallel zur Körperlängsachse liegen. So können, wie bei den Antennen, auch bei den Beinen die distalen Teile in alle Richtungen bewegt werden. Die Beweglichkeit der Tarsalia beruht vor allem auf parallel liegenden Drehachsen zwischen ihnen (Abb. 4-16B).

Die von den Gelenkkonstruktionen ermöglichten Bewegungen werden durch die im zugehörigen Thoraxsegment oder im Bein selbst liegenden **Beinmuskeln** erzeugt (Abb. 4-16A). Von der Furca entspringen zwei Muskeln, die am vorderen und hinteren Rand der Coxa inserieren und das Bein nach vorn beugen (Flexion) und hinten strecken (Extension). Die Hebung des Trochanterofemurs und damit auch der distalen Beinglieder erfolgt meist durch einen Coxalmuskel und die Senkung des Beins, und damit die kraftaufwendige Hebung des Körpers, durch drei Muskeln mit unterschiedlichem Ursprung, einem in der Coxa, einem an der Furca und einem großen Muskel am Tergum. Die Bewegungen um die horizontale Achse des Femur-Tibia-Gelenks (Kniegelenk) werden durch einen dorsal im Femur liegenden Heber (Strekker, musculus extensor tibiae) und einen ventral liegenden Senker (Beuger, m. flexor tibiae) ausgeführt. Heber und Senker des Tarsus liegen im distalen Teil der Tibia. Ein Muskelbündel im Femur und zwei in der Tibia wirken über ein langes Apodem als Beuger des Praetarsus (4.1.3.1). Antagonistisch zu diesen Krallenbeugern wirken die elastischen Gelenkmembranen.

Dieses Grundschema des Bewegungsmechanismus eines Laufbeins wird bei Spezialisierungen auf andere Funktionen, etwa beim Springen, Klettern, Rudern, Graben, Putzen oder Fangen, mehr oder weniger stark abgewandelt.

Die neuronale Kontrolle der Beinbewegungen erfolgt über die Motoneurone des entsprechenden Teils der Thorakalganglien. Dabei können in einem bestimmten Beingelenk durch Innervierung der zugehörigen Muskeln von verschiedenartigen Neuronen unterschiedliche Bewegungen ausgelöst werden. So werden langsame Streckbewegung des Kniegelenks durch eine langsame motorische Einheit und plötzliches Strecken durch eine schnelle Einheit ausgelöst (4.1.3.2; Abb. 4-8). Für eine Anpassung der Beinbewegung an die

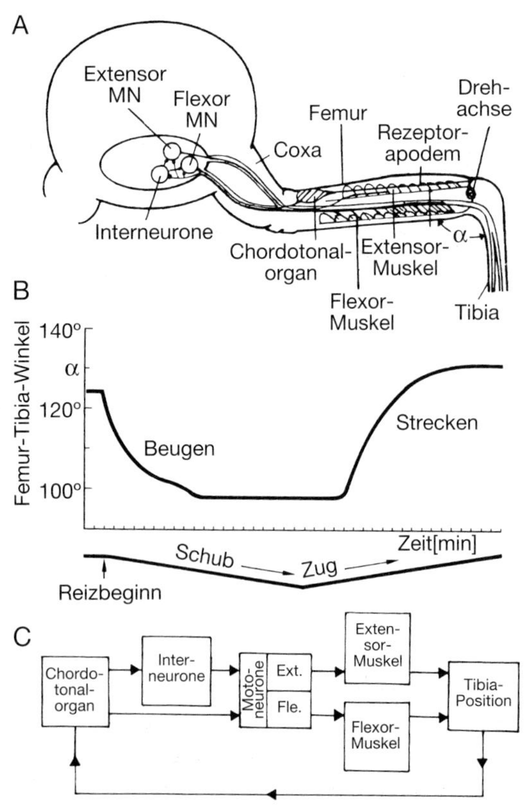

Abb. 4-17: Regelung des Femur-Tibia-Gelenks der Stabheuschrecke *Carausius morosus*. **A** Thoraxquerschnitt und proximaler Teil eines Beins. **B** Reaktion (Änderung des Winkels α) auf Bewegung des Rezeptorapodems (Schub, Zug mit Pinzette) mit einer Geschwindigkeit von 5 μm/min und dadurch ausgelöste Reizung des Chordotonalorgans. **C** Regelkreis zur Stabilisierung des Femur-Tibia-Gelenks (**A, C** nach Bässler 1993; **B** nach Bässler 1977).

jeweilige Verhaltenssituation ist ihre Kontrolle über Propriorezeptoren (4.5) als Glieder von Reflexbögen oder **Regelkreisen** erforderlich.

Am Beispiel des Kniegelenks der Stabheuschrecke *(Carausius morosus)* wurde die Funktion des Regelsystems für die Gelenkbewegung quantitativ beschrieben (Bässler 1977, 1993). Die Stellung des Femur-Tibia-Gelenks wird von einem Chordotonalorgan des Femurs gemessen, dessen Rezeptor-Apodem zur Tibia zieht (Abb. 4-17). Versucht man, durch äußere Kräfte die Gelenkstellung zu ändern, arbeitet das Regelsystem über die Beinmuskulatur dem entgegen. Wird die Rezeptorsehne jedoch durchtrennt und so der Regelkreis unterbrochen, verändern schon geringe Kräfte die Gelenkstellung. Man kann nun das von der Tibia abgetrennte Rezeptor-Apodem mit einer Klammer fassen und das Chordotonalorgan definiert reizen. Ein Zug am Apodem eines inaktiven, stehenden Tieres (normalerweise durch Gelenkbeugung verursacht) führt dann zur Streckung des Kniegelenks, eine Entspannung des Apodems hingegen zur Beugung. Rampenversuche mit unterschiedlichen Reizgeschwindigkeiten haben gezeigt, daß das System im wesentlichen geschwindigkeitsempfindlich ist und noch bei Geschwindigkeiten von 5 µm/min reagiert. Das entspricht im normalen Tier einer Winkeländerung von etwa 0,5°/min (entsprechend der Geschwindigkeit des Stundenzeigers einer Uhr). Das Regelsystem bremst also alle Bewegungen auf diesen niedrigen Wert herunter. Wenn das Tier aktive Bewegungen ausführt, erzeugt ein Zugreiz, der im inaktiven Tier eine Erregung des Extensor-Muskels verursacht hatte, jetzt eine Hemmung dieses Muskels und eine Erregung des Flexor-Muskels. Das gleiche neuronale Netzwerk erzeugt also je nach Verhaltenszustand einen unterschiedlichen Ausgang. Die Eigenschaften dieses flexiblen Systems ließen sich quantitativ auf die Eigenschaften und Verknüpfungen der beteiligten Sinneszellen, Interneurone und Motoneurone zurückführen (Bässler 1993).

4.3.2.2 Laufen

Bei der normalen Form der terrestischen Lokomotion, dem Vorwärtslaufen, führt jedes Bein eine rhythmische Bewegungsfolge durch. In einem Bewegungszyklus folgen zwei Phasen aufeinander (Abb. 4-18):

1. Das Bein wird in seiner hinteren Position im Coxa-Trochanterofemur-Gelenk angehoben, im Thorax-Coxa-Gelenk nach vorn geschwenkt und in seiner vorderen Position auf den Boden abgesenkt (Schwingphase, return stroke, Protraktion) und

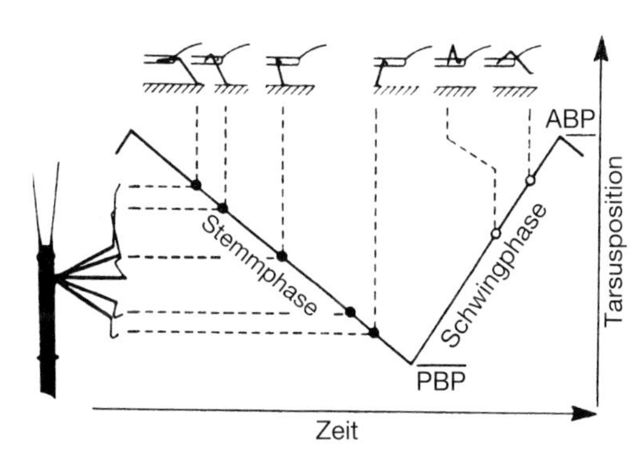

Abb. 4-18: Mechanismus einer zyklischen Beinbewegung bei der Stabheuschrecke *(Carausius)*. Die Änderung der Tarsusposition gegenüber dem Körper während eines Schrittes des rechten Vorderbeins (links Aufsicht, oben Seitenansicht). ABP (PBP) anteriore (posteriore) Bein-Position (nach Cruse 1990).

2. nach hinten geschwenkt (Stemmphase, power stroke, Retraktion). Dabei wird die Kraft der Beinmuskeln auf den Körper übertragen und dieser gegenüber dem Boden nach vorn geschoben.

Das moto-neuronale System, das diesen Bewegungsablauf erzeugt, wird als **Laufmuster-Generator** bezeichnet. Jeder dieser Generatoren ist seinerseits aus Untereinheiten (Modulen) zusammengesetzt. Es gibt zwar Module, die nur aus Neuronen des ZNS bestehen, die meisten haben aber Sinnesorgane als integrale Bestandteile. Fast alle von ihnen arbeiten nur im laufenden Tier und sind im stehenden Tier abgeschaltet (Bässler 1993). Jeder solcher Generator muß die Übergänge zwischen den beiden Phasen steuern, wobei folgende drei Parameter eine Rolle spielen, die Position und die Belastung des Beines sowie die Phasenlage der anderen Beine. Die ersten beiden Parameter werden mit Hilfe propriorezeptiver Information gesteuert, um z. B. sicherzustellen, daß das Bein beim Abheben weit genug hinten und nicht zu stark belastet ist (Cruse 1990).

Der dritte Parameter der Beinbewegungs-Steuerung, die Phasenlage eines Beins gegenüber der der anderen Beine, ist von übergeordneter Bedeutung, da er sich auf die Bewegung aller Beine bezieht. Beim Stehen, Hängen, Klettern oder Laufen müssen die Bewegungen der sechs Einzelbeine den jeweiligen Erfordernissen, d.h. Tragen und Vorwärtsbewegen des Körpers, angepaßt und untereinander koordiniert werden. Um etwa ein Absinken des Körpers während der Schwingphase eines Beins zu verhindern, müssen andere Beine den Körper tragen, sich also in einer anderen Bewegungsphase befinden als das betrachtete Bein. Daraus ergibt sich eine Phasenverschiebung zwischen den Aktionsfolgen verschiedener Beine, d.h. ihrer Schrittfolge. Weitere Prämissen für die Erzeugung koordinierter Beinbewegungen sind, daß die Beine sich nicht gegenseitig stören dürfen und daß immer gleich viele Beine auf dem Boden stehen, damit die Vorwärtsbewegung möglichst gleichmäßig erfolgt.

Nach diesen Erfordernissen hat sich die Koordination der metachronalen Bewegung der sechs Beine entwickelt, wie sie etwa bei einer laufenden Schabe *(Periplaneta)* zu beobachten ist (Abb. 4-19). Bei ihr befinden sich mindestens drei Beine (z.B. linkes Vorder- und Hinter- sowie rechtes Mittelbein) als dreifüßige Stativ mit Bodenkontakt in der Stemmphase und die drei anderen Beine in der Schwingphase. Die Tarsen dieser drei Beine werden dann dicht hinter die Tarsen der stemmenden Beine gesetzt, so daß jetzt diese entlastet und nach vorn geschwenkt werden können. So folgt ein Schritt von drei synchronisierten Beinen dem Schritt der anderen drei. Dabei läuft eine Welle von Protraktionen von hinten nach vorn. Aber kein Bein wird gehoben, bevor das hintere einen Halt gefunden hat. Die Frequenz der Schrittbewegungen variiert bei Schaben zwischen 1 und 23 Hz, wodurch Laufgeschwindigkeiten von 1 bis 80 cm/s erreicht werden.

Die sich aus diesen Beobachtungen ergebende Koordinierung der rhythmischen Bewegung der Gelenke jedes Beines und der Bewegung der sechs Beine zueinander erfordert eine präzise neuronale Steuerung, an der neurale Mustergeneratoren und Reflexmechanismen beteiligt sind. So wird z.B. bei *Carausius* durch einen inhibitorischen Mechanismus verhindert, daß ein vorderes Bein abgehoben wird,

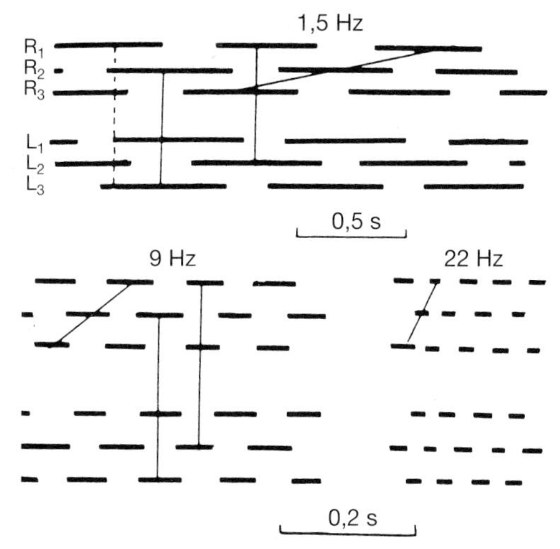

Abb. 4-19: Koordinierung der rhythmischen Beinbewegung einer Schabe *(Periplaneta americana)* beim Laufen. Schrittbewegungen der 6 Beine (L linke, R rechte; 1 pro-, 2 meso-, 3 metathorakal) mit unterschiedlichen Frequenzen (1,5 Hz, 9 Hz, 22 Hz). Die Dauer der Stemmphasen (schwarze Balken, Zeitfolge von links nach rechts) nimmt mit der Frequenz ab. Vertikale Linien zeigen, welche Beine gleichzeitig Bodenkontakt haben, nur bei langsamem Lauf alle 6 Beine (gestrichelt), sonst meist 3 Beine (alternierender Triangel-Stand). Die schrägen Linien verbinden die aufeinander folgenden Beinbewegungen einer Körperseite (nach Delcomyn aus Hoyle, in Herman et al. 1976).

während sich das dahinter liegende noch in der Schwingphase befindet. Zwei bahnende Mechanismen bewirken hingegen den Beginn einer Schwingphase benachbarter Beine zum richtigen Zeitpunkt. Man konnte bei diesem Insekt experimentell zeigen, daß ein Hinterbein im Rhythmus eines Mittelbeins getrieben werden kann, und daß Motoneurone des Mittelbeins wiederum phasenabhängig von der Vorderbeinbewegung sind. Die Koordination der Bewegung der sechs Beine zueinander beruht also auf einer Interaktion der sechs einzelnen Beinbewegungs-Mustergeneratoren.

Nach jahrelangen Diskussionen darüber, ob der Rhythmus periodischer Bewegungen, z.B. der Beine beim laufenden Insekt, allein im Zentralnervensystem durch einen **zentralen Mustergenerator** (central pattern generator, CPG) oder unter Mitwirkung peripherer Sinnesorgane als **Kettenreflex** (chain reflex) verursacht wird, gilt heute der Konsens, daß beide Mechanismen zusammenarbeiten. Nur so können die zentral generierten Bewegungsfolgen an die jeweiligen Umweltbedingungen angepaßt werden.

Das Zusammenspiel der zentralen Oszillatoren und peripherer Informationen wird durch Untersuchungen verdeutlicht, bei denen die Versuchstiere nicht auf ebenem, sondern auf unebenem Untergrund laufen. Dadurch wird zum einen die Phasenbeziehung zwischen den Bewegungen verschiedener Beine beeinflußt; denn bei Heuschrecken sind beispielsweise gleichzeitige Schrittbewegungen der beiden Beine eines Segments auf glattem Untergrund selten, auf unebenem Untergrund jedoch häufiger zu beobachten. Zum anderen scheint auch die Suchstrategie für einen Halt der Tarsen auf dem Untergrund beeinflußt zu werden. Bei *Carausius* etwa gelten für die Lokomotion Beinbewegungen nach dem «Folge-dem-Führer-Prinzip», d.h. die hinteren Beine bringen ihre Tarsen nach Möglichkeit in die gleichen Positionen, die schon für die vorderen geeignet waren. Bei Heuschrecken wurde dieses Problem mit Hilfe von Hochgeschwindigkeitskameras an Tieren untersucht, die auf unebenem Untergrund liefen, d.h. auf Holzklötzen unterschiedlicher Höhe. So konnte Franklin (in Gewecke und Wendler 1985) eine alternative Strategie nachweisen, nach der diese Insekten für jedes Bein getrennt und rein taktil einen Halt finden. Dabei werden drei Mechanismen benutzt:

1. Rhythmische Suchbewegungen, wenn ein Bein am Ende der Schwingphase keinen Bodenkontakt erhält, 2. ein Hebereflex, der das Bein über ein Objekt hebt, das während der Schwingphase berührt wird (Abb.4-20) und 3. lokale Suchbewegungen, wenn der Tarsus den Untergrund berührt hat.

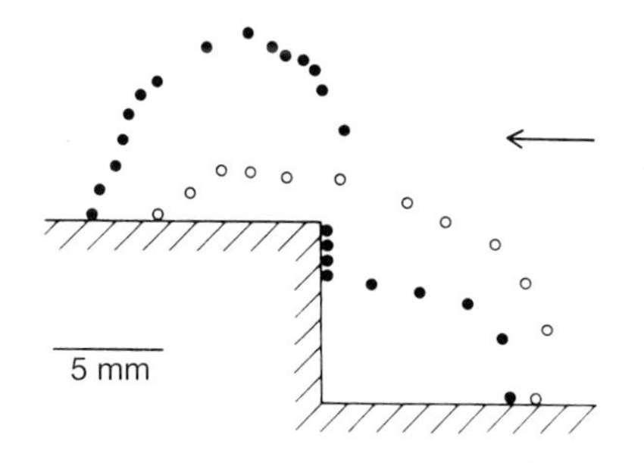

Abb.4-20: Der Hebereflex eines Mittelbeins einer Wanderheuschrecke *(Locusta)*. Die schwarzen Punkte zeigen die (von rechts nach links) aufeinander folgenden Positionen des Tarsus; beim Berühren einer Stufe wird der Tarsus zuerst gehoben und dann weiter vorbewegt und gesenkt. Offene Kreise zeigen einen normalen Schritt (nach Franklin, in Gewecke und Wendler 1985).

4.3.2.3 Schwimmen

Auch bei den imaginalen Insekten, die im Wasser leben und schwimmen, wird die Fortbewegung ihres Körpers durch koordinierte Beinbewegungen erreicht. Zu diesen Insekten gehören vor allem Wasserkäfer (Hydrophilidae) und Schwimmkäfer (Dytiscidae) sowie Wasserwanzen (Hydrocorisae). Im Gegensatz zu den lauernden Räubern, wie den Nepidae oder Libellenlarven, die wie landbewohnende Insekten auf dem Untergrund laufen oder klettern, sind die Dytisciden Schwimmjäger. Ihre drei Beinpaare sind ihrer jeweiligen Aufgabe entsprechend unterschiedlich ausgebildet: Die Vorderbeine dienen neben dem Festhalten des Tieres am Untergrund dem Ergreifen und Festhalten von Beute oder beim Männchen dem Halten des Weibchens, während die Mittel- und Hinterbeine als Schreit- oder Ruderbeine vor allem bei der Fortbewegung eingesetzt werden. Die im Wasser lebenden Larven anderer Insektengruppen wenden beim Schwimmen andere Fortbewegungsmechanismen an. So werden Vor- und Auftrieb bei Larven von Mücken oder Kleinlibellen (Zygoptera) durch undulierende Körperbewegungen und bei Larven der Großlibellen (Anisoptera) nach dem Rückstoßprinzip erzeugt (Wasserausstoß aus dem Rectum durch schnelle Kontraktion der Abdomenmuskulatur; Nachtigall, in Kerkut und Gilbert 1985 [5]).

Bei der Schwimmbewegung mit den Beinen, die im folgenden ausschließlich betrachtet wird, gibt es zwei unterschiedliche Probleme:

1. Wie müssen Schwimmbeine konstruiert sein und bewegt werden, damit sie Vortrieb erzeugen können, und wie wird

2. die Bewegung der Schwimmbeine so koordiniert, daß eine orientierte Fortbewegung resultiert?

Während beim Laufen die mechanische Energie vom Bein nur über die Tarsen auf den Untergrund übertragen werden kann, wird bei einem Beinschlag im Wasser über alle Teile des Beines mehr oder weniger Kraft auf das Wasser übertragen. Die Gesamtkraft könnte man durch Integration der an den verschiedenen Teilen des Beines erzeugten Kräfte berechnen. Diese sind wiederum abhängig vom hydrodynamischen Widerstand (W), der Winkelgeschwindigkeit (ω) und dem Abstand von der Drehachse (r) wie aus dem Newton'schen Widerstandsgesetz hervorgeht: $W = c_w \cdot \varrho/2 \cdot F \cdot \omega^2 \cdot r^2$ (c_w Widerstandsbeiwert, ϱ Dichte des Mediums, F Bezugsfläche; Nachtigall, in Rockstein 1974 [3]). Da die Bahngeschwindigkeit eines Beinprofils also mit dem Abstand vom Hüftgelenk zunimmt, haben die distalen Teile des Beins, bei gleichem Widerstand, einen größeren Einfluß auf die Gesamtkraft als die proximalen. Dieser Effekt kann noch durch spezielle Mechanismen zur Erhöhung des Widerstands der distalen Beinsegmente vergrößert werden. Unter diesem Selektionsvorteil ist die Entwicklung der **Ruderbeine** des Gelbrandkäfers zu verstehen, besonders die der Hinterbeine. Hier ist die Coxa fest mit der Thoraxkapsel verwachsen und die Hauptdrehachsen des Beines liegen in Dorsoventralrichtung (bezogen auf den Rumpf). Deshalb kann das Bein vor allem in einer Ebene etwa parallel zur Körperunterseite bewegt werden (Abb. 4-21). Während der von vorn nach hinten gerichteten Retraktion (power stroke) ist das Hinterbein ausgestreckt, und die Tibia und der Tarsus sind mit ihrer Breitseite und mit den passiv aufgestellten Haaren quer zur Schlagrichtung ausgerichtet (Hughes 1958; Nachtigall, in Kerkut und Gilbert 1985 [5]). Dadurch wird wie bei einem Ruder mit seinem distalen Ruderblatt ein optimaler Widerstand erreicht und ein entgegengesetzt gerichteter Vortrieb, der auf den Körper übertragen wird. Dieser ist maximal, wenn die Beine durch die Position quer zur Körperlängsachse bewegt werden. In der Protraktionsphase (return stroke) werden Tibia und Tarsus zum einen etwas um ihre Längsachse rotiert und zum anderen, ebenso wie die an ihnen sitzenden Haare, passiv nach hinten ausgelenkt. So kann der Strömungswiderstand und die auf den Körper übertragene Rücktriebskraft minimiert werden.

Die Schwimmbewegungen der Extremitäten kann man gut beobachten (und filmen), wenn man z. B. einen Gelbrandkäfer *(Dytiscus marginalis)* mit dem Pronotum an einen Halter klebt und ihn in die Strömung eines Wasserkanals taucht (Gewecke, in Gewecke und Wendler 1985). Dann streckt er die Antennen schräg nach vorn, legt die Vorderbeine dicht unter den Prothorax und schlägt die Mittel- und Hinterbeine mit großer Amplitude und einer Frequenz von etwa 6 Hz (3 Hz nach einer min). Dabei schlagen die beiden Mittelbeine gleichzeitig, aber bis zu 180° phasenverschoben gegenüber den ebenfalls gleichzeitig schlagenden Hinterbeinen; d. h. wenn die Hinterbeine vorgezogen werden,

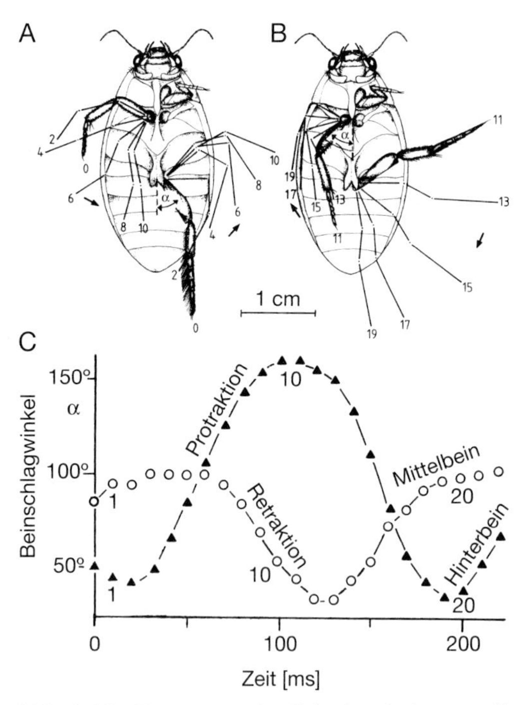

Abb. 4-21: Bewegung der Schwimmbeine von fixiert (in einem Wasserkanal) schwimmenden Gelbrandkäfern (*Dytiscus marginalis*; nach Aufnahmen mit einer Hochgeschwindigkeitskamera, 100 Bilder/s). **A, B** In der Ventralansicht ist die Positionsfolge (0–19) der einzelnen Teile des Mittel- und Hinterbeins für einen Schlagzyklus schematisch dargestellt; die Vorderbeine werden beim Schwimmen nicht bewegt (von jedem Beinpaar ist nur jeweils ein Bein dargestellt). **C** Phasenverschobene Änderung der Beinschlagwinkel (α): Während der Retraktion des Mittelbeins kommt es zur Protraktion des Hinterbeins und umgekehrt (**A, B** nach Gewekke, in Gewecke und Wendler 1985; **C** nach Eigenbrod und Gewecke unveröffentlicht).

schlagen die Mittelbeine nach hinten und vice versa (Abb. 4-21). Durch diese Phasenverschiebung wird der durch die Hinterbeine erzeugte ruckartige Hauptvortrieb etwas geglättet. Freie Tiere erreichen so mit hohen Beinschlagfrequenzen und großen -amplituden Schwimmgeschwindigkeiten bis zu 25 cm/s.

Über die neuralen Mechanismen, die die rhythmischen Schwimmbewegungen der Beine erzeugen und untereinander koordinieren, ist bisher nichts bekannt. Ebenso rätselhaft ist es auch, warum die Käfer rechts-links-symmetrische Beinbewegungen machen, wenn sie im Wasser sind, warum sie an Land bei Kontakt ihrer Tarsen mit dem Boden alternierende Laufbewegungen machen und warum sie nach Verlust des Tarsenkontakts beim Fliegen alle Beine ruhig halten und mit den Flügeln schlagen. Auf jeden Fall muß der Käfer neurale Systeme besitzen, die Informationen über die jeweilige Umweltsituation erhalten und entsprechende lokomotorische Verhaltensprogramme bestimmen. Ein System muß z. B. beim Schwimmen die Steuerung der Position von Antennen und Vorderbeinen sowie die rhythmischen Bewegungen von Mittel- und Hinterbeinen übernehmen.

Die biologische Bedeutung der Lokomotionsweisen ist sehr unterschiedlich. Die Dytiscidae können nur unbeholfen und relativ langsam laufen (bei der Flucht springen sie auch), aber sehr geschickt schwimmen. Das tun sie aber nicht sehr lange und kommen so in einigen Minuten nur wenige Meter voran. Die Tiere können aber stundenlang fliegen und dabei viele Kilometer zurücklegen. Dies spiegelt die unterschiedlichen Funktionen wider: Beim Schwimmen wird Futter oder ein Artgenosse erreicht, beim Fliegen aber ein neuer Teich als Lebensraum.

4.3.2.4 Springen

Im Gegensatz zum Laufen und Fliegen ist das Springen eine plötzliche und kurzdauernde Bewegung. Es scheint zwar eine sehr spezielle Form der Fortbewegung zu sein, ist aber doch sehr verbreitet und auch schon bei den als ursprünglich eingestuften Collembola zu finden. Das Springen ist eine Mischform zwischen der Lokomotion auf dem Untergrund und in der Luft: Die Energie beim Absprung wird von den Sprungextremitäten auf den Untergrund übertragen, aber die eigentliche Fortbewegung geschieht in der Luft. Bei geflügelten Insekten folgen dem Sprung oft auch Flügelschlagbewegungen und ein aktiver Flug. Neben dieser Bedeutung als Startsprung (entsprechend einem Katapultstart von Flugzeugen) und der der hüpfenden Fortbewegung ist die des Fluchtsprungs wohl gleichrangig einzuordnen.

Beim Sprung wird die durch die volle Muskelkraft erzeugte Energie gleich zu Beginn der Bewegung benötigt. Ein sich von Null aus kontrahierender Muskel entfaltet die volle Kraft erst dann nach außen, wenn alle in Serie liegenden, elastischen Elemente gedehnt sind, also erst nach einer gewissen Zeit. Die sofortige Kraftentfaltung ist also nur möglich, wenn sich der Muskel vorher isometrisch kontrahieren kann und so lange von einem Hilfsmechanismus gehalten wird.

Bei den Springschwänzen, den Collembola, sind Extremitäten des 5. Abdominalsegments als zweizinkige **Springgabel** (Furca) ausgebildet. Zusammen mit dem häkchenbesetzten Retinaculum auf der Ventralseite des 3. Abdominalsegments bildet sie den Sprungapparat. In Ruhestellung liegt die Furca nach vorn geklappt unter dem Abdomen und wird vom Retinaculum gehalten. Für einen Sprung wird sie von diesem Hilfsmechanismus losgelassen, so daß sie nach hinten schlägt und das Insekt in die Höhe schleudert.

Echte **Sprungbeine** sind vor allem spezialisierte Hinterbeine. Sie sind dafür mit einer kräftigen Muskulatur, langen Hebelarmen und spezieller Gelenkmechanik ausgerüstet. Die Heuschrecken sind ein Beispiel dafür, wie mit dem schnellen Strecken (20 ms) langer Sprungbeine der Körper beschleunigt werden kann, bevor die Tarsen den Bodenkontakt verlieren (Abb. 4-22A). So kann der Sprung bis zu 30 cm hoch und 70 cm weit sein (Hughes und Mill, in Rockstein 1974). Die Kraft für den Sprung kommt aus den Extensor-Muskeln des Femurs und wird über ein starkes Apodem

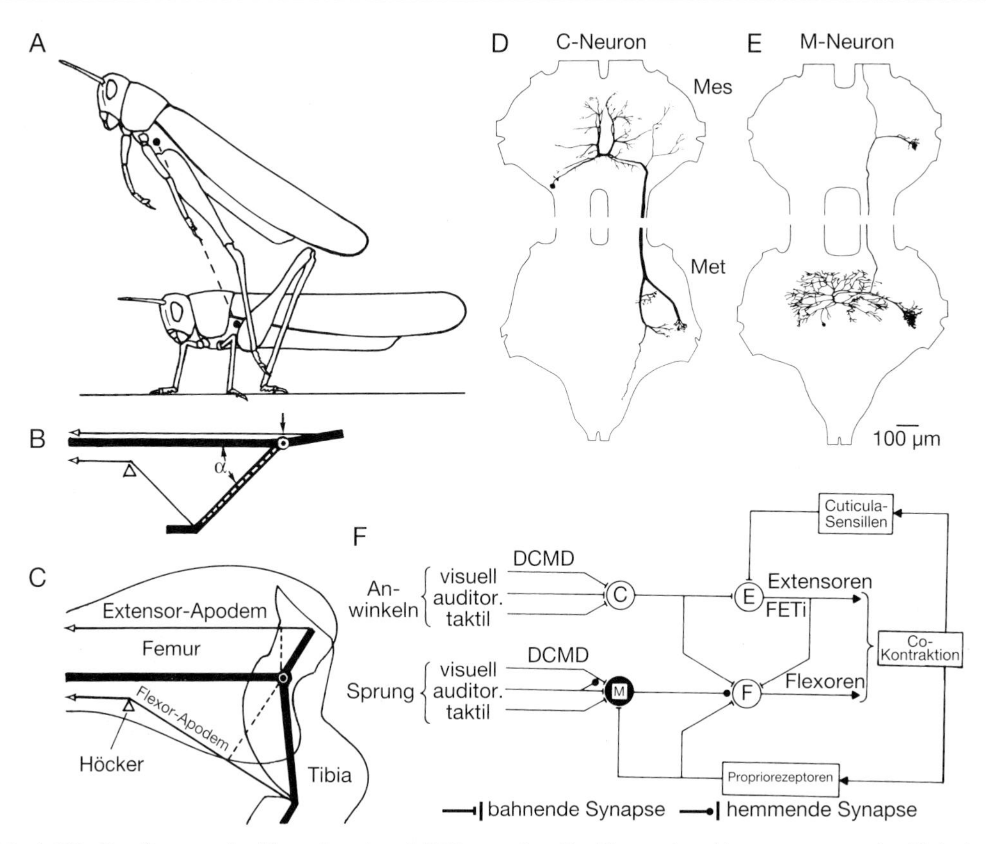

Abb. 4-22: Der Sprung der Heuschrecke. **A** Frühe und späte Phase des Absprungs von der Unterlage durch Strecken der Hinterbeine, besonders der Femur-Tibia-Gelenke. **B, C** Schematische Darstellung von zwei Positionen des Femur-Tibia-Gelenks mit Hebelarmen (gestrichelt) und den Zugrichtungen des musculus extensor tibiae (Strecker) und des m. flexor tibiae (Beuger; Abb. 4-16). Die schwarzen Balken stellen mechanische Analoge des Femur- und Tibiaskeletts dar; der schwarze Pfeil weist auf den Drehpunkt des Gelenks hin. Dank eines Gelenk-Höckers ist der Hebelarm für den Beuger-Muskel, im Gegensatz zu dem des Streckermuskels, fast unabhängig von der Gelenkstellung. **D** C-Neuron im Meso- (Mes) und Metathorakalganglion (Met), über das die Co-Kontraktion der beiden oben genannten Muskeln und damit die Sperrung des Femur-Tibia-Gelenks gesteuert wird. **E** multimodales M-Neuron, das monosynaptisch das Flexor-Motoneuron hemmt und damit als Trigger-Neuron durch Freigabe der Kraft des m. extensor tibiae die Streckung des Beins und den Sprung auslöst. **F** Schematische Darstellung der Mechanismen, die der Vorbereitung und der Auslösung des Sprungs der Heuschrecke dienen. α Femur-Tibia-Gelenkwinkel, C C-Interneuron, E Extensor-Motoneuron (FETi, Abb. 4-8), F Flexor-Motoneuron, M inhibitonisches M-Interneuron (**A** nach Hughes und Mill, in Rockstein 1974 [3]; **B, C** nach Heitler 1974; **D–F** nach Pearson und O'Shea, in Eaton 1984).

auf den distalen Rand der Tibia im Femur-Tibia-Gelenk übertragen. Die Konstruktion dieses Gelenks bildet die Voraussetzung für die Sprungbewegung (Heitler 1974). Wenn das Gelenk vor dem Sprung stark gebeugt ist, so daß die Tibia dem Femur dicht anliegt, hat der Flexor-Muskel einen längeren Hebelarm als der Extensor-Muskel (Abb. 4-22B). Dadurch kann der schwächere Flexor bei isometrischer, über das C-Neuron (Abb. 4-22D) gesteuerter Co-Kontraktion dieser beiden Muskeln, die der Sprungvorbereitung dient, die Position des Gelenks halten (Hilfsmechanismus), während die Energie des stärkeren Extensor-Muskels als potentielle Energie in den Muskelfasern, dem Apodem und elastischen Teilen des Gelenks gespeichert wird. Die Auslösung der Sprungbewegung durch visuelle, auditorische oder taktile Reize geschieht dann über ein inhibitorisches, multimodales M-Neuron, das die Motoneurone des Flexor-Muskels hemmt. Dadurch kann die durch die potentielle Energie verstärkte Zugkraft des Extensor-Muskels voll wirksam werden (Pearson und O'Shea, in Eaton 1984). Durch die Vergrößerung des Winkels α im Femur-Tibia-Gelenk nimmt das Drehmoment zusätzlich noch zu, da der Hebelarm für den Extensor-Muskel dabei größer wird (Abb. 4-22C). Durch das synchrone Strecken beider Hinterbeine, deren Coxen nahe dem Schwerpunkt der Heuschrecke liegen, wird ihr Körper nach vorn-oben beschleunigt und erhält beim Loslösen der Tarsen vom Untergrund eine Geschwindigkeit von ungefähr 3 m/s.

Als besonderes biomechanisches Problem galt lange Zeit der Sprung des Flohs. Wie kann ein 1–2 mm großes Insekt bis zu 20 cm hoch springen, d. h. über das 100fache seiner Körpergröße? Die Hauptkraft für den Sprung kommt aus der Abwärtsbewegung der Femora der Hinterbeine, deren Depressor-Muskeln in der Thoraxkapsel am Notum entspringen (dvm; Abb. 4-23). Da der Femur bei der Sprungvorbereitung so stark nach oben abgewinkelt wird, daß im Sprunggelenk zwischen Coxa und Trochanter ein negativer Hebelarm entsteht, wird die Muskelkraft zunächst als potentielle Energie in einem elastischen Polster aus Resilin (4.1.1) gespeichert. Erst durch Kontraktion eines weiteren Muskels (mdt), der seitlich am Apodem des Depressor-Muskels ansetzt (Hilfsmechanismus), wird der Hebelarm im Coxa-Trochanter-Gelenk positiv, so daß die gespeicherte Energie in die plötzliche (ca. 1 ms) Streckung dieses Gelenks und damit die Abwärtsbewegung des Femurs investiert werden kann. Dabei wird der Körper gegenüber dem Untergrund hochgeschleudert und erhält eine Startgeschwindigkeit von bis zu 2 m/s (bei *Pulex irritans*).

4.4 Flug

Zwei Drittel aller rezenten Tiere können fliegen und die meisten davon sind Insekten. Fliegen ist Fortbewegung in höchster Vollendung, es stellt aber auch die größten Anforderungen an den Organismus. Im Flug können die Insekten schnell vor einem Feind flüchten oder zum Erreichen optimaler Lebensbedingungen große Entfernungen überwinden.

Die Insekten haben den aktiven Flug als erste Lebewesen entwickelt. Das älteste bekannte geflügelte Insekt *(Eopterum devonicum)* stammt aus dem oberen Devon. Flugechsen, Vögel und Fledermäuse lernten das Fliegen erst viele Millionen Jahre später. Im Oberkarbon lebten die größten fliegenden Insekten, Libellen mit einer Flügelspannweite

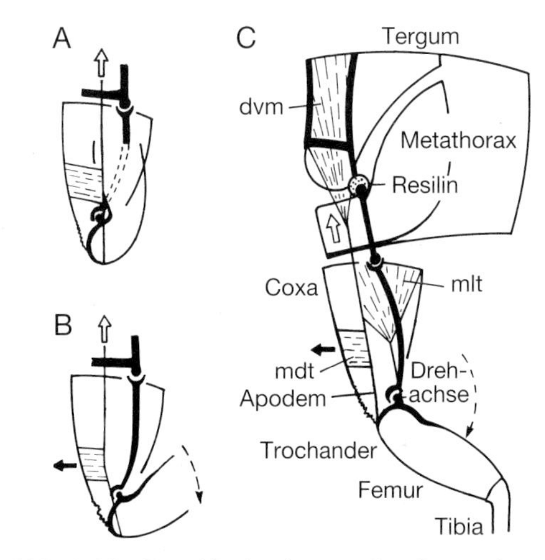

Abb. 4-23: Der Mechanismus der Sprungbewegung des Flohs *(Spilopsyllus cuniculi)*, dargestellt am linken Metathorakalbein. **A** Nach Anwinkelung des Beins durch den Levatormuskel des Trochanters (mlt) wird durch Kontraktion (weißer Pfeil) des Dorsoventralmuskels (dvm) über dessen Apodem, das am Trochanter angreift, der Femur zusätzlich an die Coxa angedrückt und potentielle Energie in dem sehr elastischen Resilinpolster der seitlichen Thoraxwand gespeichert. **B, C** Durch zusätzliche Kontraktion (schwarzer Pfeil) des frontalen Depressormuskels des Trochanters (mdt) wird das Apodem von der Drehachse des Coxa-Trochanter-Gelenks weggezogen, so daß über den jetzt entstehenden Hebelarm durch den anhaltenden Zug des dvm, und verstärkt durch die freiwerdende Energie aus dem Resilin, ein Drehmoment erzeugt wird, das den Femur nach unten gegen den Untergrund bewegt (gestrichelter Pfeil) und den Körper des Tieres so nach oben beschleunigt (nach Bennet-Clark und Lucey, aus Hughes und Mill, in Rockstein 1974 [3]).

von 70 cm (z.B. *Meganeura monyi*). In der Trias, der ältesten Periode des Mesozoikums, zeigte die Insektenfauna bereits ein modernes Gepräge (Hennig 1969).

Die meisten Insekten gehören zu den Pterygota (10.2), sind also flügeltragend (oder sekundär flügellos). Das einzige sicher abgeleitete Grundplanmerkmal dieser Gruppe sind zwei Paar Flügel. Diese sind wahrscheinlich aus seitlichen, flachen Hautduplikaturen des Notums, den **Paranota**, an Meso- und Metathorax hervorgegangen. Die Entwicklung der steifen Paranota zu richtigen Flugorganen konnte aber erst durch die Entstehung von Gelenken an ihrer Basis und durch die Ausbildung der Flugmuskulatur realisiert werden. Neben den Flügeln selbst sind also noch viele andere Organe am Fliegen beteiligt. Sowohl wohlkoordinierte Bewegungen der Flügel gegenüber dem Körper als auch des ganzen Tieres im Luftraum sind abhängig von den optimal angepaßten Leistungen des mechanischen **Flugapparates**, des **Muskelsystems**, des **Stoffwechsels**, der **Atmung** sowie der hormonellen, neuralen und sensorischen **Steuerung**.

Viele Insekten sind aber nicht nur zu kurzen Flügen befähigt, die der Flucht, dem Nahrungserwerb oder der Partnerfindung dienen, sondern auch zu langdauernden Wanderflügen. Dadurch kann sich eine Art verbreiten oder ungünstigen Umweltbedingungen, etwa im Wechsel der Jahreszeiten, ausweichen. Bei manchen Insekten entsteht eine Massenwanderung nach der synchronisierten Imaginalhäutung vieler Individuen einer Art und dem anschließenden gemeinsamen Aufbruch dieser Tiere. Am berüchtigsten sind die großen Heuschreckenwanderungen, z.B. in Nordafrika, bei denen Millionen von Tieren über das Land ziehen und es verwüsten.

Den Physiologen interessieren besonders die Fragen, wie die Insekten ihre Flügel bewegen, wie sie dadurch aerodynamische Kräfte erzeugen, die sie in der Luft tragen und fortbewegen, wie diese energetischen, kinematischen und aerodynamischen Prozesse durch Sinnesorgane und das Nervensystem gesteuert werden sowie mit Hilfe welcher Mechanismen sich die fliegenden Tiere im Raum orientieren, z.B. bei ihren Wanderungen (8.2.6).

4.4.1 Mechanik der Flügelschlagbewegung

Die durch Stoffwechselenergie erzeugten mechanischen Muskelkräfte werden derart über mechanische Konstruktionen des Thoraxskeletts, der Flügelgelenkstücke und der Flügel selbst übertragen, daß die entstehenden aerodynamischen Kräfte das Tier in der Luft tragen und fortbewegen können. Zwar beschrieb schon Chabrier (1822) in seinem Buch «Essai sur le vol des insectes» das klassische Modell zur Erzeugung von Flügelschlagbewegungen, deren exakte Analyse wurde aber erst im 20. Jahrhundert durch neue Techniken wie Fotografie, Kinematografie, Mikroskopie und Elektrophysiologie ermöglicht.

Die Beweglichkeit des Flügels beruht auf der Flexibilität seiner basalen Verbindung mit dem Tergum und Pleurum. Die Palaeoptera

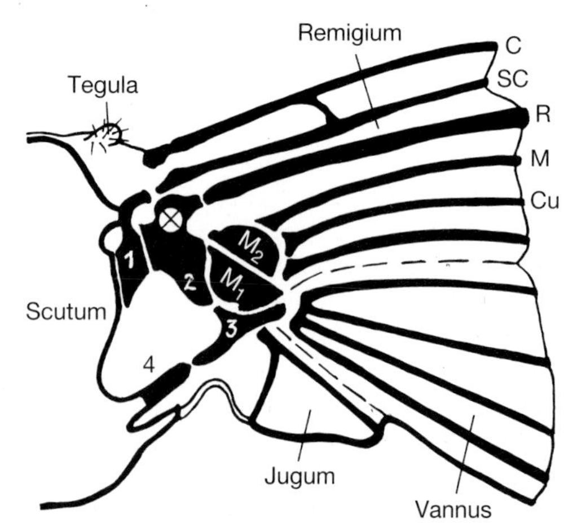

Abb. 4-24: Aufsicht auf die Flügelgelenkregion (Orthopterentyp), an die sich distal die drei Flügelregionen anschließen, das Costal- (Remigium), Anal- (Vannus) und Jugalfeld (Jugum). Unter dem Kreuz ist das Axillare 2 auf dem Fulcrum gelagert. Flügelgelenksklerite: 1–4 Axillare (Pterale) 1–4, $M_{1,2}$ $\text{Media}_{1,2}$; Flügeladern: C Costa, SC Subcosta, R Radius, M Media, Cu Cubitus (nach Snodgrass 1935; Weber und Weidner 1974).

(Eintagsfliegen und Libellen; Abb. 10-2) können die Flügel zwar heben und senken, nicht aber an den Körper anlegen, d.h. das **Flügelgelenk** funktioniert, in erster Näherung, wie ein Scharniergelenk. Bei den Neoptera (Abb. 10-3) wird hingegen zusätzlich das Mittelgelenkstück (Pterale 2) von der Radialader des Flügels abgetrennt, wodurch das Flügelgelenk quasi zu einem Kugelgelenk wird (Abb. 4-24). Der neue Freiheitsgrad der Flügelbewegung ermöglicht neben einer guten Steuerfähigkeit während des Fluges auch eine günstigere, abgewinkelte Ruhehaltung der Flügel.

Die Libellen nehmen unter den Fluginsekten insofern eine Sonderstellung ein, als ihre Flügel nur durch die sogenannten **direkten Flugmuskeln** bewegt werden, d.h. durch Thoraxmuskeln, die direkt an der Flügelbasis oder an Flügelgelenkstücken inserieren (**Libellen-Modell**; Abb. 4-25A, B). Bei der Mehrzahl der Insekten werden diese direkten Flugmuskeln jedoch vor allem zur Steuerung der Flügel- und Flugbewegungen eingesetzt, während die Hauptkräfte für den Auf- und Abschlag der Flügel und damit für die Erzeugung der aerodynamischen Kräfte durch die sogenannten **indirekten Flugmuskeln** erzeugt werden, d.h. durch longitudinale und dorso-ventrale Thoraxmuskeln. Diese Muskeln verformen die Thoraxkapsel und es kommt dadurch zu Relativbewegungen zwischen den Gelenkpunkten an der Flügelbasis. Dadurch werden dann erst die Flügel indirekt gehoben oder gesenkt (**Heuschrecken-Modell**; Abb. 4-25C, D): Die dorsalen Längsmuskeln heben durch Hochwölben des Tergums den medianen Teil des Flügelgelenks (Pterale 1), so daß das Pterale 2 um den pleuralen Flügelgelenkkopf (Fulcrum) gedreht und der Flügel nach unten gedrückt wird. Die Dorsoventralmuskeln (Tergosternal-) ziehen das Tergum und damit den medianen Teil des Flügelgelenks nach unten und heben dadurch die Flügel wieder an.

Eine wesentliche Zusatzeigenschaft des Flugapparates für die rhythmischen Flügelschlagbewegungen liegt in den elastischen Eigenschaften dieses mechanischen Oszillators.

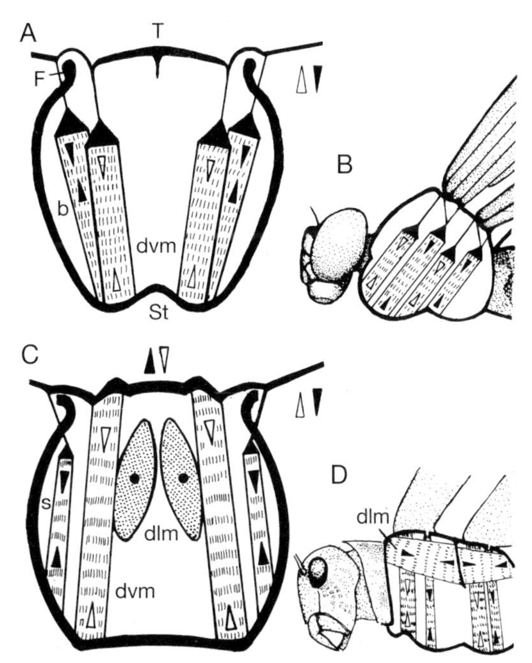

Abb. 4-25: Mechanik des Thorax zur Erzeugung der Flügelschlagbewegungen. **A** Transversal- und **B** Sagittalschnitt durch den Thorax einer Libelle; direkte Auf- und Abbewegung der Flügel durch Muskeln, die direkt an der Flügelbasis ansetzen. **C** Transversal- und **D** Sagittalschnitt durch den Pterothorax einer Heuschrecke; direkte Auf- und Abbewegung der Flügel ähnlich wie bei der Libelle und zusätzlich indirektes Abbewegen der Flügel durch die dorsale Längsmuskulatur (dlm), die nicht direkt an der Flügelbasis angreift, sondern nur die Thoraxkapsel aufwölbt und dadurch die Flügel senkt. Basalar- (b) und Subalarmuskeln (s) sind direkte Flügelsenker, Dorsoventralmuskeln (dvm) sind direkte Flügelheber. F Fulcrum, St Sternum, T Tergum.

Die **Elastizität** erlaubt es, kinetische Energie bewegter Teile als potentielle (elastische) Energie zu speichern, die bei der Bewegungsumkehr der Flügel wieder als kinetische Energie frei wird. Jensen und Weis-Fogh (nach Pringle, in Rockstein 1965) fanden, daß beim Flügelaufschlag einer Heuschrecke 14 % der kinetischen Energie als potentielle Energie gespeichert werden, davon 40 % in der Thoraxkapsel, 35 % in den Flugmuskeln und 25 % in einer speziellen elastischen Cuticula der Gelenkmembran, einem gummiartigen Protein, dem **Resilin** (4.1.1).

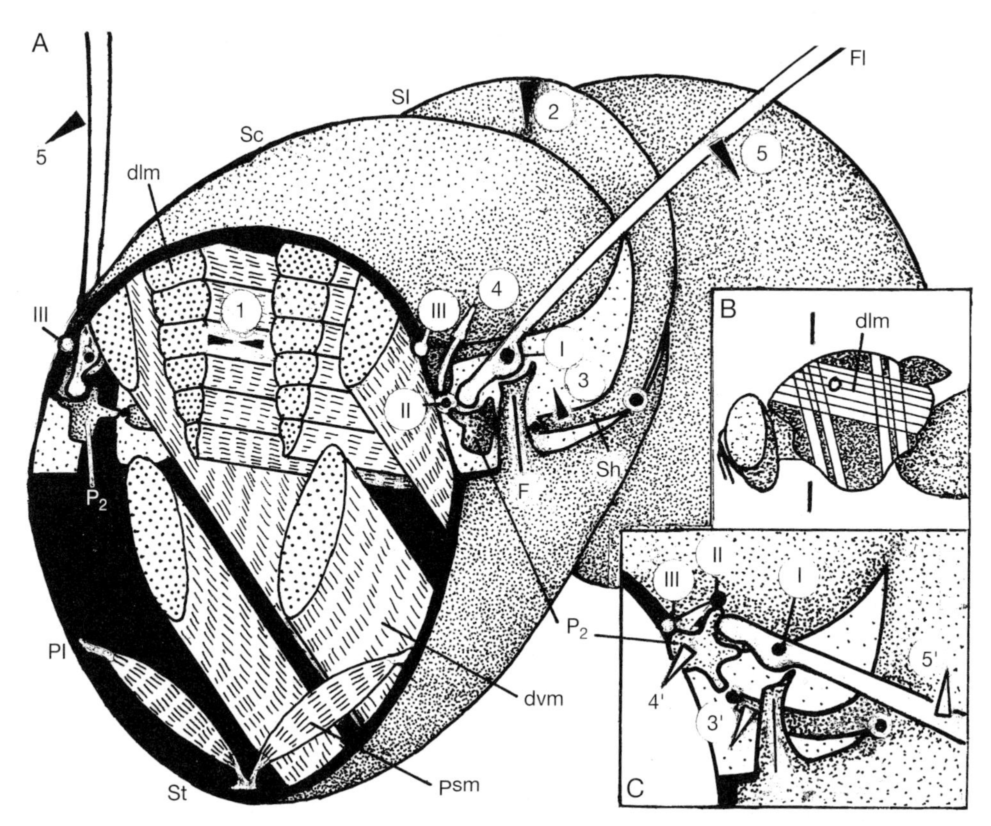

Abb. 4-26: Thoraxmechanismus zur Erzeugung der Flügelschlagbewegungen der Diptera durch indirekte Flugmuskeln. **A** Fronto-laterale Ansicht der durch einen Transversalschnitt geöffneten Thoraxkapsel einer Schmeißfliege mit gehobenen Flügeln (Fl); durch Kontraktion (1) der dorsalen Längsmuskulatur (dlm) wird das Scutum (Sc) gehoben und das Scutellum (Sl) gesenkt (2), der Scutellarhebel (Sh; 3) und über das Pterale 2 (P_2) der mittlere (II) der drei Gelenkpunkte (I–III) gehoben (4) und damit der Flügel um den pleuralen Flügelgelenkkopf (I) am Fulcrum (F) gesenkt (5). **B** Sagittalschnitt durch den Thorax; Lage des Flügelgelenks (Kreis) und Schnittebene von **A** markiert. **C** Gelenkregion (Ansicht wie in **A**) mit gesenktem Flügel; durch Kontraktion der (etwas schräg liegenden) Dorsoventralmuskulatur (dvm) wird das Scutum gesenkt, das Scutellum gehoben, der Scutellarhebel (3′) und über das Pterale 2 der mittlere (II) der drei Gelenkpunkte (I–III) gesenkt (4′) und damit der Flügel um Gelenkpunkt I geschwenkt und so gehoben (5′). Pl Pleurum, psm Pleurosternalmuskel, St Sternum.

Bezogen auf den Thoraxquerschnitt bewirken die einzelnen elastischen Elemente letztlich eine dorso-ventrale und eine laterale Elastizität. Durch das Senken des Tergums werden nicht nur die Flügel gehoben, sondern auch durch Auseinanderdrücken der Fulcren Energie in den lateralen elastischen Elementen gespeichert. Bei der Gegenbewegung drücken die lateralen Elemente der Thoraxkapsel seitlich auf die tergalen Flügelgelenkpunkte und unterstützen damit das Heben des Tergums und das Senken der Flügel.

Neben dem Heuschrecken-Modell haben sich im Laufe der Evolution noch andere Konstruktionen entwickelt. Beispielsweise ist bei den Diptera das dritte, das **Fliegen-Modell** verwirklicht (Abb. 4-26), bei dem durch myogene Steuerung die höchsten Flügelschlagfrequenzen im Tierreich (einige hundert Hz) erzeugt werden (4.4.2.2; Abb. 4-27A). Voraus-

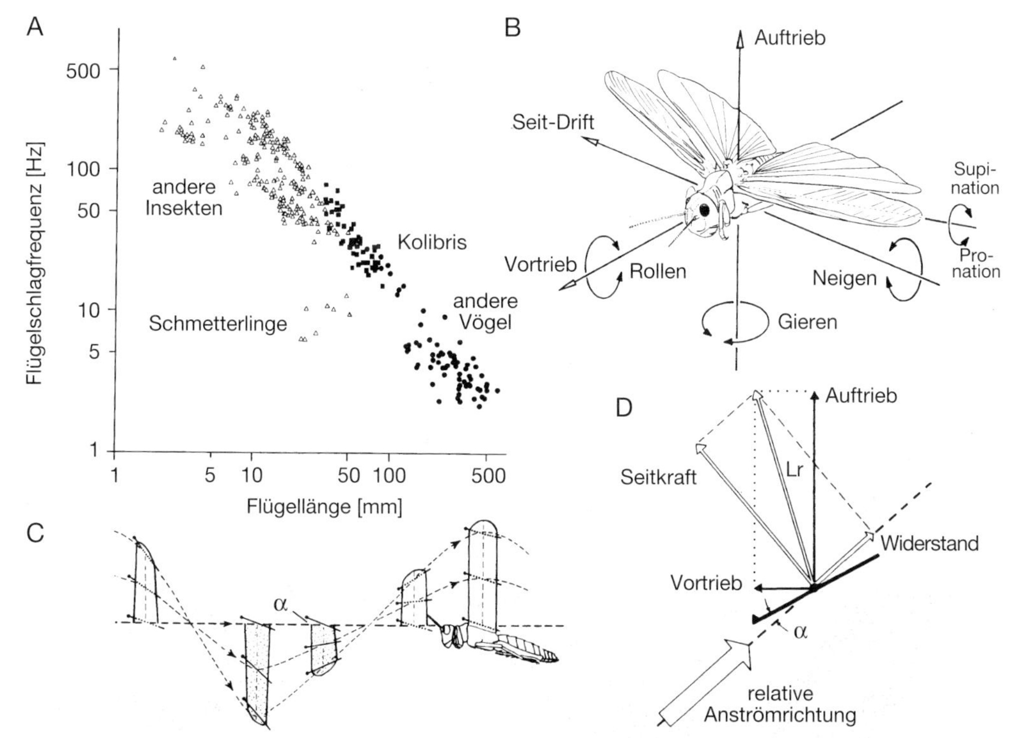

Abb. 4-27: Zur Kinematik und Aerodynamik des Fluges. **A** Abhängigkeit der Flügelschlagfrequenz von der Flügellänge bei verschiedenen Insekten und Vögeln. **B** Die 6 Freiheitsgrade der Translation und Rotation eines fliegenden Insekts im Raum (4.4.3); gestrichelt ist die Achse der Flügelverwindung (twist, ganz rechts) eingezeichnet. **C** Idealisiertes Schema der Verwindung des linken Vorderflügels einer Heuschrecke während eines Flügelschlagzyklus im Vorwärtsflug; die gestrichelten Linien geben die relativen Anströmungsrichtungen der Luft (aus Fahrtwind und Flügelschlagbewegung resultierend) für die drei eingezeichneten Flügelprofile an; α deren Anstellwinkel. **D** Schema zur Erläuterung der Luftkraftkomponenten, die an einem Flügelprofil (schwarzer Balken mit Dreieck, das Vorder- und Oberseite markiert) angreifen: Die Luftströmung erzeugt am Flügelprofil die Luftkraftresultierende (Lr), die man in eine Seitkraft und einen Widerstand bzw. in Auftrieb und Vortrieb zerlegen kann, die das Tier im Raum bewegen (**A** nach Greenewalt 1960; **B** nach Möhl, in Goldsworthy und Wheeler 1989; **C** nach Weis-Fogh, aus Gewecke, in Nachtigall 1983 [2]; **D** nach Nachtigall 1968).

setzung dafür ist u. a. die zusätzliche Beweglichkeit seitlicher Skelettplatten (Parascuta) des Notums. Dadurch liegt, wie das vereinfachte Schema in Abb. 4-26 zeigt, median vom pleuralen (am Fulcrum; I) und tergalen (II) der parascutale (III) als dritter Flügelgelenkpunkt. Die Auf- und Abbewegung der Flügel kommt bei den Dipteren durch folgende Mechanismen zustande: Die indirekten Flugmuskeln deformieren das Notum, vor allem dessen Hauptsklerit, das Scutum, so daß das Scutellum, das posterior angrenzende Sklerit, auf- oder abbewegt wird. Diese Bewegung wird über den Scutellarhebel (Tergalhebel) zum Flügelgelenk übertragen, wodurch der tergale Gelenkpunkt (II) gegenüber den benachbarten Punkten (I, III) gehoben oder gesenkt und dadurch der Flügel gesenkt oder gehoben wird (Abb. 4-26).

Bei einer fliegenden Fliege wird durch einen lateralen Muskel, den Pleurosternalmuskel (Abb. 26A), die seitliche Steifheit des Thorax kontrolliert. Aufgrund dieser Steifheit ist eine Flügelgelenkposition, bei der die drei Gelenkpunkte (I–III) auf einer Höhe liegen, sehr instabil. Bei einer gerin-

Box 4-2: Erich von Holst

Erich v. Holst (28.11. 1908, Riga – 26.5. 1962, Herrsching) war ein genialer Wissenschaftler und gehört zu den Vätern der modernen Physiologie. Wir verdanken ihm viel. Seine von unerschöpflicher Phantasie und Weitsicht sprühenden Publikationen sind von einer für einen Naturwissenschaftler ungewöhnlich großen Vielseitigkeit. Er hat damit die **vergleichende Verhaltensphysiologie** begründet und bis heute geprägt.

Erich v. Holst, geboren in Riga, besuchte in Danzig die Schule und studierte in Kiel, Wien und Berlin, wo er bei Richard Hesse über die Bewegungssteuerung des Regenwurms seine Doktorarbeit schrieb (1932). In seiner Postdoktorandenzeit entwickelte er in Frankfurt/M., Neapel, Berlin und Göttingen, wo er 1938 habilitiert wurde, die Grundlagen für sein facettenreiches Lebenswerk. Nach dem Krieg und nur zweijährigem Wirken als ordentlicher Professor für Zoologie in Heidelberg arbeitete er von 1948 bis 1957 als Abteilungsleiter am Max-Planck-Institut für Meeresbiologie in Wilhelmshaven und von 1957 bis zu seinem frühen Tod als Direktor des **Max-Planck-Instituts für Verhaltensphysiologie in Seewiesen** (bei Starnberg), das er, zusammen mit Jürgen Aschoff und Konrad Lorenz, gegründet hatte. Dieser schrieb in einem Nachruf über «Erich von Holst, Seher und Forscher» (in Grasse 1964): *«Außer Karl Ernst von Baer wüßte ich keinen anderen Biologen zu nennen, der wie Erich von Holst den Ganzheiten umfassenden Seherblick eines Goethe mit der Fähigkeit zu schärfstem analytischen Denken und zur exaktesten experimentellen Verifikation des Erschauten verband... Das Zusammenwirken beider aber ist nötig, um wissenschaftliche Erkenntnis voranzutreiben.»*

So konnten die Forschungsschwerpunkte von Erich von Holst blühen, die **spontane Erregungsbildung** und die **Koordination im Zentralnervensystem**, der **Tierflug** und der **Gleichgewichtssinn**, die er als vergleichender Physiologe analysierte. Seine Versuchstiere waren dabei Anneliden (Regenwürmer), Arthropoden (Hundertfüßler, Schmetterlingsraupen, Libellen und Heuschrecken) sowie Wirbeltiere (Fische, Saurier, Vögel und der Mensch).

Sein Schüler Bernhard Hassenstein (in Grasse 1964) hat es miterlebt, wie er als «Fanatiker der wissenschaftlichen Wahrheitssuche» die ganze Vielseitigkeit seiner wissenschaftlichen Persönlichkeit einsetzte, um zum Erfolg zu kommen. Dabei war es für ihn typisch, **mechanische Funktionsmodelle** zu entwickeln, um unübersichtliche funktionelle Zusammenhänge zu verstehen. Dies Vorgehen entsprach seinem Erfindergeist und seiner hand-

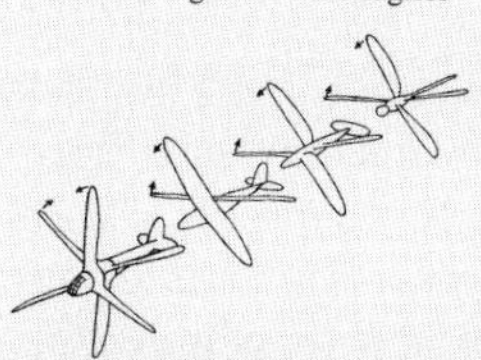

werklichen Geschicklichkeit. Er schuf Modelle zur relativen Koordination und Flugmodelle von künstlichen Libellen, Flugsauriern und Vögeln sowie Analogmodelle zur Statolithenfunktion und dem Reafferenzprinzip. Die Abbildung (nach E. v. Holst, in Grasse 1964) soll beispielhaft zeigen, wie er aus dem Libellenflug über Stufen fortschreitender Technisierung eine neue Flugmaschine entwickelte, den «Triebflügler», dessen Modell tatsächlich fliegen konnte. Zu den großen Theorien, die er aufstellte, gehört das **Reafferenzprinzip** und die Deutung des Muskelspindel-Systems der Vertebraten als Folgeregelkreis.

Die Vielfalt seines Schaffens als Forscher, Künstler und Denker wird einem besonders aus dem Gesamtverzeichnis seiner über 120 Veröffentlichungen (v. Holst, 1969/70) deutlich, wo neben den schon erwähnten wissenschaftlichen Arbeiten auch Titel stehen wie «Vom Wesen des tierischen Lebens», «Der Physiologe und sein Versuchstier», «Von der Kunst des Geigenbaues», «Die physischen Grundlagen des seelischen Erlebens», «Glaube, Macht und physikalisches Weltbild» und ein Jahr vor seinem Tod «Über Freiheit».

Literatur

Grasse, G. (1964) Erich von Holst zum Gedächtnis. Verb. Dtsch. Biol. **4**. Iserlohn/Westf.
Holst, E. v. (1969/70) Zur Verhaltensphysiologie bei Tieren und Menschen, **1**, **2**. R. Piper, München.

Foto: Aus Grasse (1964) M. Gewecke

gen Hebung oder Senkung des mittleren Punktes (II) klickt das Gelenk, durch die laterale Elastizität des Thorax getrieben, in eine obere oder untere stabile Position («Klickmechanismus»), d. h. das Gelenk ist bistabil (Nachtigall 1968). Diese höchst komplizierte Gelenkmechanik ist als Verstärkermechanismus erforderlich, um die sehr geringen Längenänderungen (µm-Bereich; 4.4.2.2) der indirekten Flugmuskel in die großen Ausschläge der Flügel (cm-Bereich) zu übersetzen.

Die Bewegungen der Insektenflügel, die man mit bloßem Auge oder mit Hilfe von Hochgeschwindigkeitskameras beobachten kann, nennt man **Kinematik** oder äußere Kinematik. Sie wird von allen am Flügel angreifenden Kräften bestimmt. Dazu gehören die Kräfte der inneren Kinematik (die auf der Muskelarbeit und der thorakalen Flugmechanik beruhen), die Schwerkraft und Trägheitskräfte (die an der im Flügel verteilten Masse angreifen), sowie aerodynamische Kräfte (die durch Interaktion zwischen Flügel und umgebender Luft erzeugt werden). Für diese aerodynamischen Kräfte ist die Geschwindigkeit der Luftströmung und der Anstellwinkel der Flügel von wesentlicher Bedeutung (Abb. 4-27). Grundsätzlich ist es möglich, die aerodynamischen Kräfte aus der Flügelbewegung zu berechnen. Dieses schwierige mathematische Problem ist aber noch nicht endgültig gelöst (Zarnack 1972 und in Nachtigall 1983 [1]).

Bei einem Flugzeug werden **aerodynamische Kräfte** von verschiedenen Systemen erzeugt, die Auftriebskräfte (der Schwerkraft entgegen gerichtet) entstehen an den Flügeln und die Vortriebskräfte an den rotierenden Propellern oder den Düsentriebwerken (Dubs 1966). Ähnlich dem Hubschrauberprinzip werden jedoch bei Insekten die aerodynamischen Kräfte nur durch die aktive Bewegung der schlagenden Flügel erzeugt, deren Auftriebskomponente das Insekt in der Luft halten und deren Vortriebskomponente das Insekt gegen den aerodynamischen Widerstand vorwärts bewegen (Abb. 4-27; Box 4-2). Bei ursprünglichen Pterygota, Libellen oder Heuschrecken, werden die relativ unabhängig voneinander bewegten Vorder- und Hinterflügel zur Luftkrafterzeugung eingesetzt. Spezialisiertere Insektengruppen mit myogenem Flugmotor schlagen hingegen nur mit **einem** «funktionellen» Flügelpaar. So dienen bei den Diptera nur die Vorderflügel dem aktiven Flug, während die Hinterflügel zu Schwingkölbchen (Halteren) umgewandelt sind, die als Drehbeschleunigungs-Sinnesorgane wirken (4.5.4). Bei den Coleoptera sind hingegen die Vorderflügel als starre Elytren ausgebildet, so daß Auftrieb und Vortrieb vor allem durch die schlagenden Hinterflügel erzeugt werden. Bei den Hymenoptera und Lepidoptera hingegen werden Vorder- und Hinterflügel einer Körperseite gemeinsam wie ein Flügel bewegt, so daß sich bei diesen Insekten zumindest eine funktionelle Zweiflüglichkeit entwickelt hat.

4.4.2 Flugmuskulatur und Steuerung der Flügelschlagbewegungen

Viele Insekten können segeln. Dabei werden sie entweder durch Aufwinde in der Luft gehalten oder sie gleiten abwärts und verlieren dadurch an Höhe. Meistens müssen sie ihre Flügel jedoch rhythmisch auf- und abschlagen, um sich durch die Luft zu bewegen. Die Hauptkraft für die Flügelschlagbewegung wird bei den Libellen durch direkte, bei den anderen Insekten, z. B. Heuschrecken und Fliegen, aber vor allem durch indirekte Flugmuskeln erzeugt, die nicht direkt an der Flügelbasis oder im Flügelgelenk angreifen (Abb. 4-25). Die Frequenz, mit der die Flügel geschlagen werden, kann bei Insekten einige hundert Hz erreichen und ist dann höher als bei Vögeln (Abb. 4-27A). Die Frequenz ist keine unveränderliche Größe, sondern abhängig von den sensoneuralen Systemen, die der Erzeugung des Flügelschlagrhythmus dienen (4.4.2.1), und bei Insekten mit myogenem Rhythmus (4.4.2.2) vom mechanischen Resonanzsystem des schwingenden Thorax.

Der histologische Bau und die Funktion der **Flugmuskelzellen** stimmt mit denen anderer Muskelzellen im Grundsatz überein. Es handelt sich immer um quergestreifte Muskelzellen, die bei Aktivierung ihres «kontraktilen» Eiweißapparates aus Actin und Myosin mit Längen- und Spannungsänderungen antworten. Nach ihrem histologischen Aufbau gehören die synchronen Flugmuskeln, wie die Bein- und Körpermuskeln, zu den quergestreiften, tubulären Muskeln (Abb. 4-4; Tab. 4-1). Bei den Orthoptera und Lepidoptera findet man im close-packed Typ besonders dicht gepackte Fibrillen in den Flugmuskeln. Obwohl alle diese Muskeln Myofibrillen besitzen, werden sie in der Literatur zusammen als «nicht-fibrilläre» den «fibrillären» gegenübergestellt, die sich durch besonders große Muskelfasern mit besonders dicken Fibrillen auszeichnen (Abb. 4-4; Tab. 4-1; Pringle 1957).

Tab. 4-1: Die verschiedenen Flugmuskel-Typen der Insekten, gegliedert nach ihren histologischen und physiologischen Eigenschaften.

<table>
<tr><th colspan="2" rowspan="2">HISTOLOGIE</th><th colspan="4">PHYSIOLOGIE</th></tr>
<tr><th>MECHANIK</th><th>AKTIVIERUNG</th><th>KOPPLUNG</th><th>RHYTHMUS</th></tr>
<tr><td rowspan="2">«nicht fibrillär»</td><td>tubulär</td><td>direkt</td><td rowspan="2">neurogen</td><td rowspan="2">elektro-chemisch</td><td rowspan="2">synchron</td></tr>
<tr><td>close-packed</td><td rowspan="2">indirekt</td></tr>
<tr><td colspan="2">«fibrillär»</td><td>myogen</td><td>mechano-chemisch</td><td>asynchron</td></tr>
</table>

In den motorischen Nerven verlaufen relativ wenige Motoaxone zu den Flugmuskeln. So wird ein dorso-longitudinaler Flugmuskel der Heuschrecke von nur fünf motorischen Einheiten innerviert (Neville 1963). Jedes der fünf «schnellen» Motoaxone innerviert die Muskelfasern eines bestimmten Bündels mit mehreren Synapsen (motorische Endplatten). Diese **polyneuronale und multiterminale Innervierung** (Abb. 4-7) ist erforderlich, da die postsynaptischen Depolarisationen (Endplattenpotentiale, EPP; junction potentials) wie bei allen Muskeln der Arthropoden elektrotonisch nur über die der Endplatte unmittelbar umgebende Muskelzellmembran weitergeleitet werden (4.1.3.2).

Während die Prozesse bis zur Ausbildung der EPP's an der Muskelzellmembran bei allen Flugmuskeln der Insekten in gleicher Weise ablaufen und sich prinzipiell auch nicht von denen in anderen Muskeln unterscheiden, gibt es bei der Kopplung zwischen den EPP's und der Erzeugung mechanischer Kraft bei einigen höher entwickelten Insektengruppen eine Spezialisierung, die oft eine unnötige Verwirrung im Verständnis der unterschiedlichen Mechanismen stiftet. Die Spezialisierung bei der Aktivitätssteuerung der Flugmuskeln hat sich bei den Insekten entwickelt, die eine relativ hohe Flügelschlagfrequenz besitzen, bei den Heteroptera, Coleoptera, Hymenoptera und Diptera (Abb. 10-3). Der Flugmotor dieser Insekten gehört zum myogenen Typ, der dem ursprünglichen, dem neurogenen Typ, gegenübergestellt wird (Tab. 4-1).

4.4.2.1 Neurogener Rhythmus

Der **synchrone Muskel-Typ** ist der primitive Typ, der bei allen Insekten in der normalen Körpermuskulatur und den Muskeln ihrer Extremitäten vorkommt. Bei diesem Typ wirkt die generelle **elektro-chemische Kopplung**, d.h. jedes EPP der Muskelzellmembran löst über den Actin-Myosin-Komplex eine Kontraktion aus. Elektrische und mechanische Prozesse sind also synchronisiert (Abb. 4-28A). Da die Ursache der EPP's in den dem

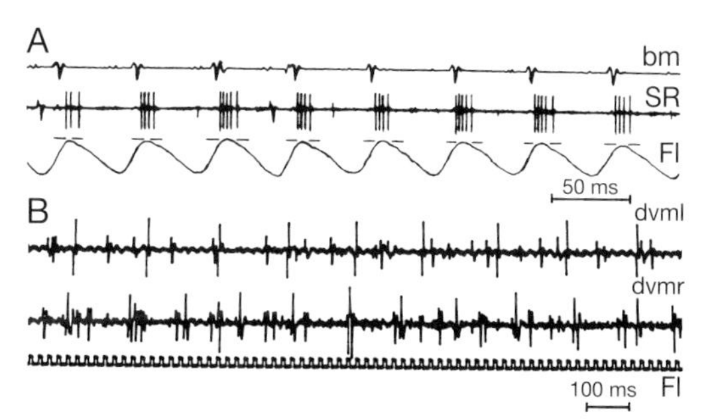

Abb. 4-28: Synchrone und asynchrone Erzeugung des Flügelschlagrhythmus. **A** Bei Heuschrecken *(Locusta migratoria)* ist die elektrische Aktivität der Flugmuskeln (bm Myogramm des 1. Basalarmuskels) mit den Auf- und Abbewegungen des Flügels (Fl; ca. 20 Hz) synchronisiert (bm:Fl = 1:1) und ebenfalls mit den Aktivitätssalven des Flügelgelenk-Streckrezeptors (SR; 4.5.2). **B** Beim Gelbrandkäfer *(Dytiscus marginalis)* ist das Myogramm des linken Dorsoventralmuskels (dvml) weder mit dem des rechten (dvmr) noch mit der Flügelschlagbewegung (Fl; ca. 45 Hz) synchronisiert (dvm: Fl ≈ 1:7; **A** nach Möhl, und **B** nach Bauer und Gewecke, in Gewecke und Wendler 1985).

Muskel vorgeschalteten Neuronen zu suchen ist, nennt man den synchronen Muskel-Typ auch **neurogen**. Zu den synchronen Muskeln gehören sowohl die Flug-Steuermuskeln aller Insekten, als auch die krafterzeugenden Flugmuskeln (power muscles) vieler Insektengruppen mit niedriger Flügelschlagfrequenz, neben den Orthopteroidea auch die Blattodea und Lepidoptera (Abb. 10-3). Die höchsten Flügelschlagfrequenzen, die mit synchronen Flugmuskeln erzeugt werden können, liegen bei etwa 100 Hz. Diese Frequenzen werden von Schmetterlingen erreicht, aber nur dann, wenn sie ihren Flugmotor aufgewärmt haben.

Seit nunmehr Jahrzehnten wird diskutiert, ob der Rhythmus des synchronen Flugmotors Folge eines **Kettenreflexes** ist, also über Sinnesorgane gesteuert wird (Weis-Fogh 1956; Pringle 1957), oder ob es sich um einen neurogenen Rhythmus im engeren Sinne handelt, der vor allem im Netzwerk des ZNS in einem **neuronalen Oszillator** gebildet wird. Donald Wilson (1961) zeigte als erster, daß von allen sensorischen Eingängen der Flügel isolierte Thorakalganglion der Wüstenheuschrecke

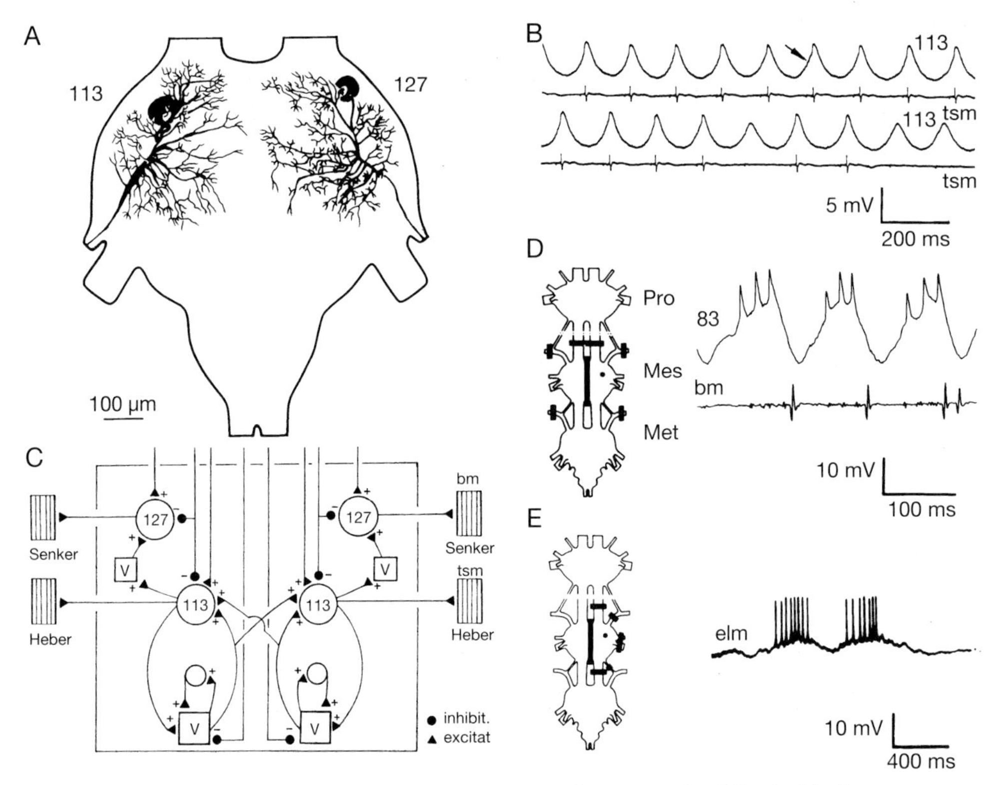

Abb. 4-29: Beiträge zum Verständnis der motoneuronalen Steuerung der Flügelschlagbewegungen von Heuschrecken. **A** Mit Cobalt-Sulfid gefärbte Motoneurone im Metathoralganglion: Neuron 113 innerviert den 1. Tergosternalmuskel (tsm, Flügelheber) und Neuron 127 den 1. Basalarmuskel (bm, Flügelsenker) des Hinterflügels. **B** Intrazellulär aus dem Soma des Neurons 113 abgeleitete rhythmische Depolarisationswellen (Pfeil deutet auf kleine EPSPs) und dadurch ausgelöste Spikes im Muskel (tsm) zu Beginn (oben) und gegen Ende des fixierten Fluges (unten), wenn bei Abnahme der Depolarisationsamplituden keine Spikes im tsm mehr ausgelöst werden. **C** Verschaltungsschema der Motoneurone 113 und 127 beider Körperseiten im meso-metathorakalen Ganglienkomplex; V unbekannte Verzögerungsglieder. **D, E** zur Überprüfung der Lage und des Einflusses eines hypothetischen zentralen Mustergenerators (CPG) wurde nach unterschiedlichen Durchtrennungen von neuronalen Verbindungen im Bereich der Pro-, Meso- und Metathorakalganglien (Pro, Mes, Met) aus Motoneuronen des Mesothorakalganglions (83 des Tergosternalmuskels, elm eines Hebermuskels nach Octopamin-Applikation) einer fixiert fliegenden Heuschrecke abgeleitet. In **D** wurde zusätzlich die Aktivität des kontralateralen Basalarmuskels (bm) aufgezeichnet. Das hier dargestellte Versuchsergebnis zeigt, daß der CPG aus halbseitig-segmentalen Untereinheiten zu bestehen scheint. In diesem Fall würde ein koordinierter Schlagrhythmus der 4 Flügel auf der Kopplung derartiger Untereinheiten beruhen, evtl. den von Robertson und Pearson (1985) beschriebenen Interneuronen (**A** nach Burrows 1973a; **B, C** nach Burrows 1973b; **D, E** nach Wolf et al. 1988).

(Schistocerca gregaria) fähig sind, rhythmische Muster zu erzeugen, die zu koordinierten Bewegungen aller vier Flügel führen. Die Flügelschlagfrequenz ist bei diesen deafferentierten Tieren jedoch niedriger als bei normalen Tieren. Die auf seinen Versuchsergebnissen basierende Hypothese eines von sensorischen Afferenzen unabhängigen neuronalen Oscillators oder **zentralen Mustergenerators** (CPG) lag allen danach folgenden Experimenten und Überlegungen zugrunde (Abb. 4-29). Man nahm an, daß der CPG aus Interneuronen besteht, die die Flügelschlagbewegungen koordinieren. Ein Netz solcher Interneurone wur-

de tatsächlich von Robertson und Pearson (1985) beschrieben. Man geht aber davon aus, daß solche neuro-motorischen Netzwerke nicht starr und «festverdrahtet» sind, sondern, dank der Variabilität der Zahl der beteiligten Neurone und der Modifikabilität der beteiligten Synapsen, eher flexibel und damit anpassungsfähiger (z. B. Abb. 4-14, 4-19, 4-41 H). Welche Rolle einzelne, bereits identifizierte Neurone aber tatsächlich bei der Erzeugung der rhythmischen Aktivität des Flugoscillators spielen, ist noch nicht endgültig geklärt. Bei normalen (hohen) Flügelschlagfrequenzen könnte der CPG ja sowieso wegen seiner relativ niedrigen Eigenfrequenz gar nicht zum Zuge kommen.

Es konnte inzwischen gezeigt werden, daß ein CPG schon im ersten Larvenstadium von Wanderheuschrecken *(Locusta migratoria)* ausgebildet ist, bei Tieren also, die noch gar keine Flügel besitzen. Die rhythmische Aktivität kann entweder durch Anströmen des Kopfes mit Luft oder durch Applikation des Neuromodulators Octopamin ausgelöst werden (Stevenson und Kutsch 1988). Ausschaltversuche, bei denen die drei Thorakalganglien durch unterschiedliche Schnitte durchtrennt wurden, belegen, daß nach Deafferentierung und zum Teil sogar zusätzlicher Längsspaltung einzelner Ganglien in Flug-Motoneuronen noch rhythmische Aktivitätssalven ausgebildet werden (Abb. 4-29D, E).

Während Wilson (1961) den sensorischen Rückkopplungs-Schleifen nur eine modifikatorische Rolle bei der Entstehung der Flügelschlagfrequenz zuschrieb, konnte Wendler (1974) die Bedeutung der Propriorezeptoren für die Steuerung der Phasenlage der einzelnen Flügelschlagperioden nachweisen. Er prägte dem rechten Vorderflügel einer fixiert im Windkanal fliegenden Wanderheuschrecke eine sinusförmige Dorsoventralschwingung auf, deren Frequenz etwas (bis 15 %) von der Flügelschlagfrequenz abwich. Anhand von Muskelableitungen stellte er dann fest, daß die anderen drei Flügel in die gleiche Phase gezwungen wurden (Abb. 4-30). Eine erzwungene Flügelschwingung wirkt also auf ein sensorisches Rückmeldesystem, das die Bewegungs-Koordination aller Flügel beeinflußt. Als Sinnesorgane, die die Flügelschlagbewegung registrieren, kommen Sensilla campaniformia des Flügels in Frage, Haarfelder auf der Tegula (Sklerit am Vorderrand des Flügelgelenks) sowie ein Chordotonalorgan und ein Streckrezeptor im Flügelgelenk selbst (Abb. 4-41). Die Funktion dieser mechanischen Sinnesorgane bei der Bewegungskontrolle sind in Kapitel 4.5 ausführlich dargestellt.

Mit intrazellulärer Ableitung aus anatomisch identifizierten Flug-Motoneuronen der Wanderheuschrecke konnten Wolf und Pearson (1988) den zellulären Mechanismus nachweisen, mit dem die Tegula-Rezeptoren und der Flügelgelenk-Streckrezeptor die Phasenlage der schlagenden Flügel bestimmen. Bei den Untersuchungen flogen die fixierten Tiere mit dem Rücken nach unten, so daß von ventral im Bauchmark liegenden Neuronen durch eine kleine Öffnung im Sternum abgeleitet werden

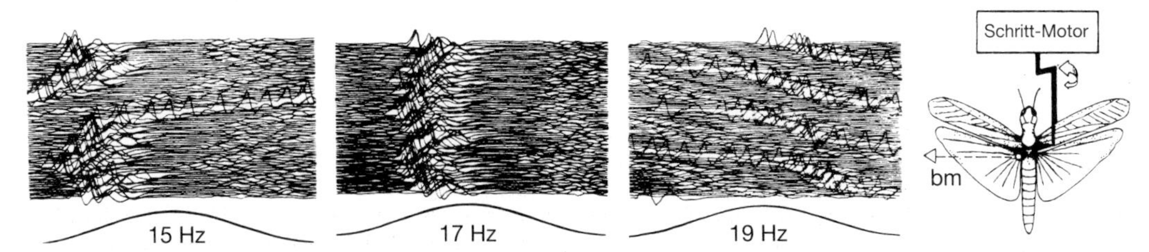

Abb. 4-30: Flügelgelenk-Sinnesorgane als Komponenten des sensoneuralen Flugmuster-Generators. Wird dem rechten Vorderflügel einer im Windkanal fixiert fliegenden Heuschrecke mit Hilfe eines Schrittmotors eine bestimmter sin-förmige Bewegung aufgezwungen, werden die Motoneurone aller Flügel in diesem Rhythmus aktiviert. Links sind 3 Beispiele gezeigt, wie die Phasenlage der extrazellulär vom 1. Basalarmuskel (bm, Senker) des linken Hinterflügels abgeleiteten Aktionspotentiale dadurch beeinflußt wird (Myogramme während aufeinanderfolgender Reizperioden sind von oben nach unten leicht verschoben aufgezeichnet): Bei einer Reizfrequenz von 17 Hz kommt es zu einer perfekten Phasenkopplung zwischen Flügelschlag- und Reizrhythmus; bei niedrigerer (15 Hz) oder höherer (19 Hz) Reizfrequenz kommt es zu einer relativen Koordination (Box 4.2), d. h. die Potentiale vom bm kommen (vorübergehend) früher (links) bzw. später (rechts). Um die Phasenkopplung zu erreichen, müssen die beteiligten Propriorezeptoren phasisch auf die Inter- oder Motoneurone einwirken und so über einen Kettenreflex die Flügelschlagbewegungen zeitlich koordinieren (nach Wendler, in Nachtigall 1983 [2]).

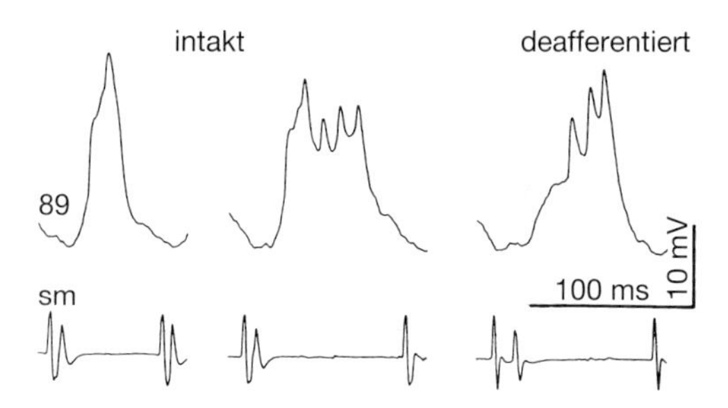

Abb. 4-31: Propriorezeptive Beeinflussung der intrazellulär gemessenen Aktivität eines Flugmotoneurons (89, eines Tergocoxal-Muskels des Mesothorax, Flügelheber) einer fixiert fliegenden Wanderheuschrecke *(Locusta)*. Im gleichzeitig registrierten Myogramm des metathorakalen Subalarmuskels (sm, Flügelsenker) ist die Periodendauer des Flugrhythmus zu erkennen. Bei kurzer Periodendauer (links, Flügelschlagfrequenz 15 Hz) ist die Depolarisation in 89 kurz; sie wird bei 10 Hz (Mitte) plateauartig verlängert. Auch nach Deafferentierung der Flügelgelenke (rechts, Tegula-Organe entfernt) ist die Periodendauer lang, aber die anfängliche Depolarisationswelle fehlt. Diese wird also im normalen Tier durch die Tegula-Sinnesorgane verursacht (nach Wolf und Pearson 1988).

konnte. Die Versuchsergebnisse zeigen, daß die Afferenz von der Tegula die Aktivität eines Flügelheber-Neurons auslöst. Die Afferenz vom Streckrezeptor kontrolliert hingegen die Depolarisationsdauer dieses Neurons in dem Flügelschlagzyklus, der dem (den Streckrezeptor reizenden) Flügelschlag unmittelbar folgt (Abb. 4-31). Bei Zunahme der Flügelschlagfrequenz wird dadurch die späte Komponente der Depolarisation unterdrückt, die auf der Aktivität des CPG beruht.

Welches ist aber nun die Bedeutung eines CPG, wenn die Phasenlage jedes einzelnen Flügelschlages und damit der Flügelschlagrhythmus normalerweise über sensorische Rückmeldesysteme (Kettenreflex) gesteuert wird? Wendler (in Gewecke und Wendler 1985) weist darauf hin, daß neben dem Aspekt der Rhythmuserzeugung auch Aspekte der Koordination der Aktivität aller Flugmuskeln und der Arbeitsteilung berücksichtigt werden müssen. Das heißt, die thorakalen Flug-Interneurone und Flug-Motoneurone bekommen nicht nur Information von den Propriorezeptoren der Flügel, sondern auch von den Exterorezeptoren des Kopfes, die die resultierenden Flugparameter wie Auftrieb und Drehungen des Tieres um seine Körperachsen kontrollieren (4.4.3; Abb. 4-32).

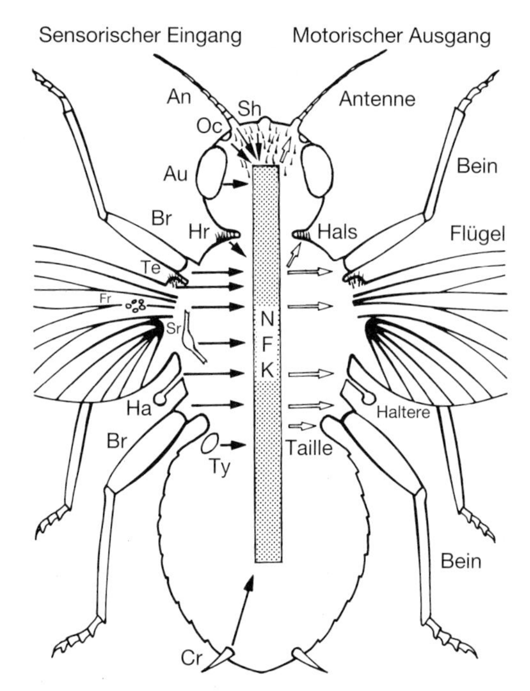

Abb. 4-32: Ein «Wolpertinger»-Insekt, an dem alle bisher nachgewiesenen sensorischen Eingänge zum (links) und alle mototorischen Ausgänge vom (rechts) neuronalen Flugkontrollsystem (NFK), der «black box», schematisch dargestellt sind. Das NFK umfaßt alle Inter- und Motoneurone des Zentralnervensystems, die an der Erzeugung derjenigen motorischen Muster beteiligt sind, die die im Flugzustand auftretenden Verhaltensweisen erzeugen, koordinieren und steuern, d. h. neben den Flügelschlagbewegungen, die die Hauptluftkräfte erzeugen, auch zusätzlich steuernde Bewegungen von Kopf, Abdomen und Extremitäten. An Antenne, Au Komplexauge, Br Beinrezeptoren, Cr Cercus-Rezeptoren, Fr Flügelrezeptoren, Ha Halteren, Hr Halsrezeptoren, Oc Ocellus, Sh Stirn-Scheitelhaare, Sr Streckrezeptor, Te Tegula, Ty Tympanalorgan.

4.4.2.2 Myogener Rhythmus

Die fibrillären Flugmuskeln bezeichnet man ihrer Funktion entsprechend auch als **asynchron** oder myogen (Tab. 4.1). Es handelt sich um spezialisierte Muskeln, die physiologisch durch den Mechanismus der Aktivierung ihrer Myofibrillen und damit der Kontraktionsauslösung

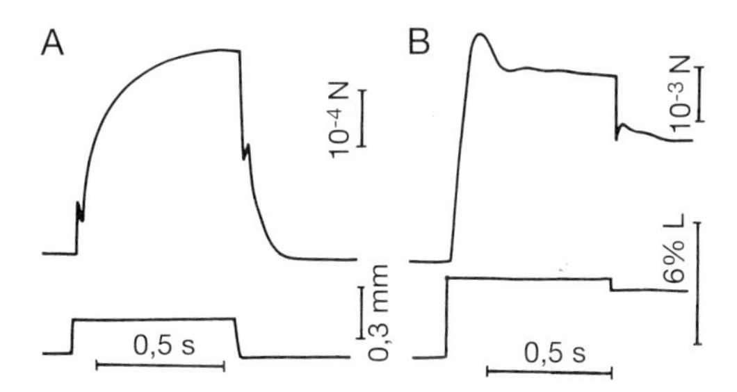

Abb. 4-33: Die Funktionsweise myogen oszillierender Insektenmuskeln. **A** Plötzliche Dehnung (quick stretch, unten) eines dorsalen Längsmuskels der Wanze *Lethocerus* bewirkt eine reaktive Spannungszunahme (oben), plötzliche Entdehnung (quick release) einen verzögerten Spannungsabfall. **B** In einem ähnlichen Versuch wird der kontraktile Apparat auch durch Dehnung eingeschaltet; die Fasern antworten mit einer reaktiven Kontraktion, der aber dann eine gedämpfte Oszillation von ca. 10 Hz folgt (entsprechend der Wechselzahl der Aktomyosin-ATPase bei 20 °C). L Muskellänge (nach Rüegg 1972).

charakterisiert sind. Mit Hilfe dieser Muskeln können periodische Bewegungen mit Frequenzen von einigen hundert Hertz erzeugt werden, wie beim Flügelschlag der Mücken. Im ganzen Tierreich gibt es sonst keine so hochfrequenten Aktivitätsperioden bei der Muskelkontraktion. Bei den asynchronen Flugmuskeln ist der Ablauf der Kontraktionen entkoppelt von dem der EPP's, den elektrischen Depolarisationen der Zellmembran. Nur so können bei Fliegen, Bienen, Käfern und Wanzen die Flügelschlagfrequenzen viel (ca. 10–20mal) höher sein als die Frequenzen der EPP's (Abb. 4-28B). Dabei oszillieren die Muskeln bei Fliegen mit etwa 200 Hz und bei Mücken mit bis zu 1000 Hz um etwa 1 % ihrer Länge.

Die Dehnung spielt für die Aktivierung der myogenen Flugmuskeln eine hervorragende Rolle. Aufgrund des molekularen Aufbaus der Myofibrillen sind sie gegen Dehnung sehr widerstandsfähig. Während dic Kontraktion synchroner Muskeln neurogen gesteuert wird, liegt der Mechanismus der Kontraktionsauslösung bei asynchronen Muskeln in den Muskelzellen selbst, ist also **myogen**. Dies zeigte Boettiger (siehe Pringle, in Rockstein 1965) in einem Versuch, in dem der asynchrone Flugmuskel eines Käfers schnell gedehnt (quick stretched) und dann schnell entdehnt (quick released) wurde. Die Dehnung führte nach einer Verzögerung von 2 ms zu einer weiteren Spannungserhöhung im Muskel und die Entdehnung zu einer um 2 ms verzögerten zusätzlichen Abnahme der Spannung (Abb. 4-33A). Unter physiologischen Bedingungen werden Dehnung und Entdehnung durch die antagonistischen Flugmuskeln und die mechanischen Resonanzeigenschaften des Thoraxsystems vorgegeben. Dabei beeinflußt der mechanische Reiz nicht das Membranpotential, sondern direkt die Myofibrillen (Rüegg 1972). Der Mechanismus ihrer **Dehnungsaktivierbarkeit** ist unabhängig vom Calciumpegel und damit den Calciumpumpen. Im Gegensatz zur elektro-chemischen Kopplung bei synchronen Muskeln kann man bei den asynchronen Flugmuskeln von einer **mechano-chemischen Kopplung** sprechen, da durch die Dehnung der Muskelzellen und ihrer Myofibrillen die Myosin-ATPasen an den Querbrücken aktiviert werden (proportional mit der Spannung), wodurch eine weitere Spannungssteigerung erzeugt wird. Der mechano-chemische Kopplungskoeffizient beträgt bis zu 20 kJ/Mol ATP, was einem Nutzeffekt von 50 % entspricht. Bei maximaler Spannung wird in jedem Kontraktionszyklus etwa 1 Mol ATP/Mol Myosin gespalten, d. h. 1 Molekül ATP pro Querbrücken-Zyklus.

Aus dem Verhältnis von Arbeit pro Kraft kann man berechnen, daß die Bewegungsamplitude im Elementarzyklus des Myosins 10 nm beträgt. Diese Myosinbewegung führt zu der 1 %igen Längenänderung bei Oszillationen, vorausgesetzt, daß die Querbrückenbewegungen in einer Muskelfaser synchronisiert sind. Um das zu überprüfen, wurden asynchrone Flugmuskeln bestimmter Wanzen plötzlich gedehnt. Daraufhin antworteten die Fasern bei 20 °C mit einer reaktiven Kontraktion und einer gedämpften Schwingung von etwa 10 Hz (Abb. 4-33B). Nach Umrechnung auf die physiologische Körpertemperatur (ca. 30 °C) entspricht das den natürlichen Flügelschlagfrequenzen (25–40 Hz) dieser Tiere. Bei der oszillatorischen Ruderbewegung der Myosinköpfe wird die freie Energie der ATP-Spaltung vermutlich als Myosin-ADP-Komplex gespeichert, bevor sie durch den Ruderschlag in mechanische Arbeit umgewandelt wird. Bei dieser Wedelbewegung lösen sich die Querbrücken (Myosinköpfe) nur noch sehr kurzfristig vom Actinfilament.

Der **Flügelschlagrhythmus** wird zwar durch die mechanische Resonanz des Thorax und letzten Endes durch die rhythmische Kontraktion der fibrillären Muskeln bestimmt, aber wie bei den Insekten mit synchronen sind auch bei denen mit asynchronem Flugmotor neurale und sensorische Mechanismen in die Steuerungsprozesse integriert. Am Beispiel der Diptera sollen die neuralen Mechanismen der Flugsteuerung betrachtet werden. Obwohl bei diesen Insekten mit asynchronem Flugmotor die einzelnen Kontraktionen nicht durch neuronale Aktionspotentiale getriggert werden, sind diese doch über die Einstellung des die Muskelfaser umgebenden Ionenmilieus an der Steuerung der Kontraktion indirekt beteiligt, z.B. der Fortdauer der motorischen Aktivität (Pringle 1978). Zwischen verschiedenen motorischen Einheiten gibt es bei höheren Diptera *(Calliphora, Musca* und *Drosophila)* nur eine sehr schwache, auf neuronaler Verbindung beruhende Interaktion, die keine funktionelle Bedeutung besitzt. Bei primitiven Diptera wie Schnaken *(Tipula)* ist jedoch ein deutlicher Einfluß von flügelschlagsynchronen, afferenten Signalen auf die myogenen Flugmuskeln nachweisbar (Heide, in Nachtigall 1983 [2]).

Das ZNS und die Propriorezeptoren haben zwar nur einen sehr geringen Einfluß auf die Aktivität der krafterzeugenden Flugmuskeln, sie kontrollieren aber das davon völlig getrennte System der direkten, «nicht-fibrillären» Flug-Steuermuskeln und so indirekt die von den «fibrillären» Muskeln erzeugten aerodynamischen Kräfte. Damit kommt die Verteilung der durch den myogenen Flugmotor erzeugten Gesamtkraft auf die beiden Flügel und so die Steuerung der Flugrichtung den Steuermuskeln zu. Die Kontraktion der Steuermuskeln selbst wird wie die der übrigen neurogenen Körpermuskulatur über das Nervensystem ausgelöst. Beim Geradeausflug sind nur einige dieser Muskeln aktiv, wie z.B. der Pleurosternal-Muskel (Abb. 4-26A), der die laterale Steifheit des Thorax einstellt und so indirekt über Änderung der Schwingungseigenschaften des Thorax auch die Flügelschlagfrequenz. Abweichungen einer frei fliegenden Fliege vom geraden Kurs werden ebenfalls durch bestimmte «nicht-fibrilläre» Steuermuskeln verursacht. Diese greifen an den Flügelgelenkskleriten an und können über asymmetrische rechts/links-Aktivität den Flügelschlagwinkel und den Flügelanstellwinkel (Abb. 4-27) beider Körperseiten unterschiedlich einstellen. Dadurch wird die Richtung der durch die fibrillären Kraftmuskeln erzeugten Luftkraftresultierenden und damit die Flugrichtung geändert.

4.4.3 Steuerung des Fluges im Raum

Der bisher betrachteten körperbezogenen Steuerung des Flügelschlags kann man die raumbezogene Flugsteuerung gegenüberstellen. Dabei geht es darum, wie die Fortbewegung des ganzen Insekts relativ zur Umwelt kontrolliert wird. Nach der Steuerung eines Flugzeugs gefragt, wird man zuerst an den Steuerknüppel sowie an Höhen- und Seitenruder denken. Bei manchen fliegenden Insekten können Abdomen und Beine als ähnliche Ruder eingesetzt werden, die sowohl die Aerodynamik als auch das Gleichgewicht des Tieres zu beeinflussen vermögen. Die wichtigsten Steuerelemente sind jedoch die Flügel selbst, die die aerodynamischen Kräfte erzeugen sowie durch deren Veränderung die Luftkraftresultierende und damit die Fortbewegung im Raum modifizieren. Die Änderung der Flugrichtung kann dabei auf zwei Wegen erreicht werden:

1. durch Änderung der Größe oder Richtung der Luftkraftresultierenden, die im Körperschwerpunkt des Tieres angreift; dadurch wird das Koordinatensystem des Tieres parallel zu dem des Raumes verlagert;

2. durch Erzeugung einer Luftkraftresultierenden, die nicht im Körperschwerpunkt angreift und deshalb ein Drehmoment erzeugt, das das Koordinatensystem des Tieres gegenüber dem des Raumes dreht. Dies kann durch Verlagerung des Schwerpunkts (z.B. bei Abdomenbewegung) oder durch Verlagerung des Angriffspunktes der Luftkraftresultierenden an der Körpermasse (z.B. bei Änderung des Flügelschlages) erreicht werden.

Alle Drehungen des fliegenden Tieres, die aus der zweiten Situation resultieren, können auf Drehungen um seine drei Körperachsen reduziert werden: Gieren, Neigen und Rollen (Abb. 4-27). Beim Gieren um die Körperhochachse ändert sich die Flugrichtung in der Horizontalen, so daß das Tier eine Rechts- oder Linkskurve fliegt. Beim Neigen um die Körperquerachse ergibt sich eine direkte Kursänderung nach oben oder unten. Beim Rollen um die Körperlängsachse legt sich das Tier schräg in die Kurve und ändert dadurch die Flugrichtung.

Neben den drei Freiheitsgraden der Rotation (Gieren, Neigen und Rollen) besitzen alle Tiere, die sich frei im Raum bewegen, drei Freiheitsgrade der Translation entlang ihrer Körperachsen, d. h. sie können sich vor- oder rückwärts und seitwärts bewegen, sowie steigen oder fallen. Fliegende Tiere müssen also in der Lage sein, **sechs Freiheitsgrade der Lokomotion** zu überwachen. Diese Kontrolle ist aber nur möglich, wenn sie den von ihnen eingestellten Flugkurs und ungewollte Abweichungen davon gegenüber irgendeinem Bezugssystem wahrnehmen können, sei es die sichtbare Umgebung, das Gravitations- oder Magnetfeld der Erde, oder die umgebende Luft (4.5, 6.3, 8.2).

Für die Kontrolle der Lokomotion im Raum werden Sinnesorgane eingesetzt, die man als **Exterorezeptoren** bezeichnet. Die optische Kontrolle dominiert meist bei tagaktiven Insekten. Die Lokomotionskontrolle gegenüber der Luft ergänzt die optische besonders dann, wenn sich das Tier mit der umgebenden Luft aufgrund atmosphärischer Bewegungen gegenüber dem Untergrund bewegt, und sie kann die optische Kontrolle bei Sichtbehinderung, z. B. beim Flug in Wolken oder im Dunkeln, teilweise ersetzen. Als exterorezeptorische Sinnesorgane können hier also neben den Komplexaugen und Ocellen (6) Schwerkrafts-, Beschleunigungs- und Luftströmungs-Sinnesorgane eingesetzt werden (4.5). Diese sind Fühlglieder in Regelkreisen, die über die motorischen Zentren der Thorakalganglien die Aktivität der krafterzeugenden und der steuernden Flugmuskeln überwachen. So kann der Flug mit Hilfe der Sinnesorgane den ständig wechselnden Anforderungen angepaßt werden.

4.4.3.1 Auslösung und Aufrechterhaltung des Fluges

Der **Start** des Fluges kann spontan erfolgen oder über optische und mechanische Reize ausgelöst werden, d. h. über Annäherung eines Objekts an das Insekt, Berührung seines Abdomens oder durch Luftturbulenzen. Der bekannteste flugauslösende Reflex ist der **Tarsalreflex**: Bei den meisten Insekten verursacht das Loslösen der Tarsen von der Unterlage sofort Flugbewegungen. Wenn die Tarsen den Untergrund wieder berühren, wird die Flügelschlagbewegung abgebrochen. Dieser Tarsalreflex wird durch thorakale Neurone und Mechanorezeptoren der Beine gesteuert.

Die **Flugdauer** nach Lösen des Tarsenkontakts ist bei verschiedenen Insekten unterschiedlich. Die Taufliege *Drosophila* kann im fixierten Zustand ohne weitere Reizung von außen stundenlang fliegen, bis sie völlig erschöpft ist (Götz, in Nachtigall 1983 [2]). Die meisten fixierten Insekten unterbrechen ihren Flug aber kurz nach dem Start wieder, es sei denn, sie werden in einem Flugsimulator fortlaufend durch optische oder Luftströmungs-Reize (4.5.5) stimuliert, die ihnen eine Fortbewegung im Raum als Erfolg ihrer motorischen Aktivität vorgaukeln.

4.4.3.2 Steuerung der Translation

Der durch die aerodynamischen Kräfte der schlagenden Flügel erzeugte **Vortrieb** bewegt das Insekt vorwärts in Richtung seiner Körperlängsachse und der **Auftrieb** nach oben. Bienen und Fliegen können sich dank ihrer guten Manövrierfähigkeit im Schwirrflug sogar seitwärts in Richtung ihrer Körperquerachse fortbewegen (Abb. 4-27). Diese Translationsbewegungen in den drei Dimensionen des Raumes werden vor allem von den Sinnesorganen des Kopfes kontrolliert.

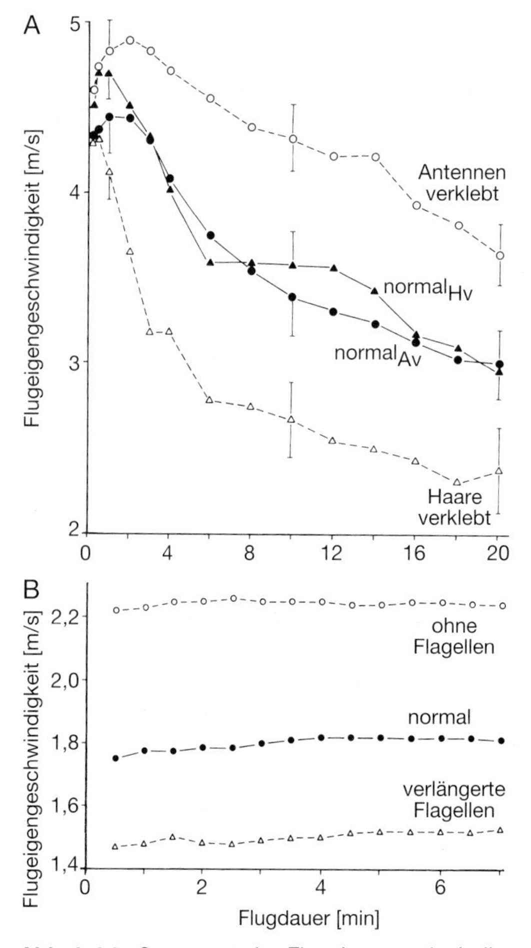

Abb. 4-34: Steuerung der Flugeigengeschwindigkeit durch Luftströmungs-Sinnesorgane. **A** Bei Wanderheuschrecken *(Locusta migratoria)*, die an einer Flugwaage fixiert vor einem Windkanal fliegen, nimmt die Flugeigengeschwindigkeit (Fluggeschwindigkeit gegenüber der umgebenden Luft) direkt nach dem Start ab. Diese Abnahme ist nach dem Verkleben der proximalen Antennengelenke (und damit dem Ausschalten der Mechanorezeptoren des Pedicellus) geringer als vorher ($normal_{Av}$) und nach Verkleben der Sinneshaare auf Stirn und Scheitel stärker als vorher ($normal_{Hv}$). **B** Fixiert an einem Flugkarussell fliegende Schmetterlinge (Kleiner Fuchs, *Aglais urticae*) erzeugen eine Flugeigengeschwindigkeit von etwa 1,8 m/s, die nach Verlängerung der Antennen durch zusätzliches Ankleben von Flagellenkeulen signifikant reduziert und nach anschließendem Entfernen der Flagellen stark erhöht wird (**A** nach Gewecke, in Browne 1974; **B** nach Niehaus 1981).

Die vom Vortrieb abhängige Fluggeschwindigkeit bezeichnet man gegenüber der umgebenden Luft als Eigen- und relativ zum Boden als Grundgeschwindigkeit. Die **Eigengeschwindigkeit** (v_e) wird (über den Fahrtwind) durch Luftströmungs-Sinnesorgane gemessen und geregelt. Das sind vor allem Haarfelder des Kopfes und die Antennen (4.5.5). Wie Ausschaltversuche gezeigt haben, wirken diese Sinnesorgane bei normalen Wanderheuschrecken *(Locusta migratoria)* entgegengesetzt auf die Eigengeschwindigkeit: Über die Haarfelder wird die Flugaktivität stimuliert und über die Antennen gedrosselt (Abb. 4-34; Gewecke, in Browne 1974). Durch diese negative Rückkopplung kann bei den langandauernden Wanderflügen der Energieverbrauch

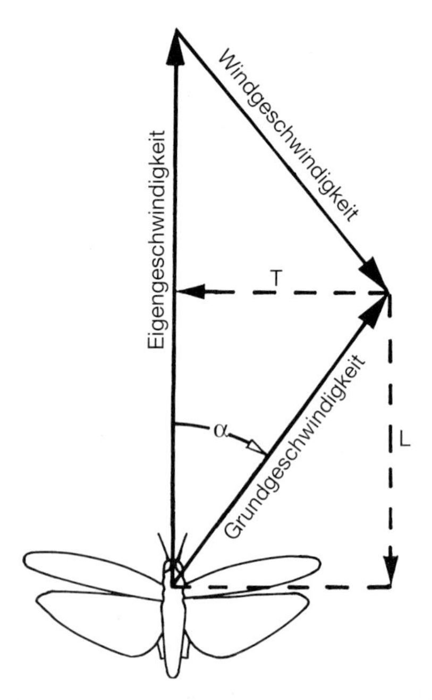

Abb. 4-35: Mit dem Winddreieck wird gezeigt, wie die vom fliegenden Insekt erzeugte Eigengeschwindigkeit und die von atmosphärischen Größen abhängige Windgeschwindigkeit die Grundgeschwindigkeit ergeben. Die Verdriftung über Grund (um den Driftwinkel α) kann mit den Komplexaugen anhand der entgegengesetzten Bewegung des Untergrundmusters (L und T, dessen Längs- und Transversalkomponenten) gemessen werden (nach Preiss und Gewecke 1991).

erheblich reduziert werden, d.h., ähnlich wie beim Autofahren, gibt es auch bei den Heuschrecken eine optimale Geschwindigkeit, bei der ein Minimum an Treibstoff für die Fortbewegung benötigt wird.

Die Eigengeschwindigkeit eines Insekts beruht allein auf seiner eigenen Leistung. Im freien Flug ist das Tier jedoch häufig auch dem atmosphärischen Wind ausgesetzt, der es über dem Untergrund verdriftet. Die **Grundgeschwindigkeit** (v_g) des Insekts ergibt sich dann aus Vektoraddition der Windgeschwindigkeit (v_w) und der Eigengeschwindigkeit: $v_g = v_e + v_w$. Dieser Zusammenhang wird im sogenannten **Winddreieck** veranschaulicht (Abb. 4-35).

Die Geschwindigkeit und Richtung der Bewegung über Grund kann von niedrig und bei klarer Sicht fliegenden Insekten sehr genau mit den Komplexaugen gemessen werden, vorausgesetzt, der Untergrund ist ausreichend strukturiert. So lassen sich Honigbienen *(Apis mellifera)* von Seitenwinden nicht verdriften. Sie stellen ihren Körperwinkel so gegen die Windrichtung, daß die seitliche Winddrift kompensiert wird. Wenn der Untergrund aber homogen ist, wie etwa die Oberfläche eines Sees, fliegen die Bienen langsamer als über Land und sie werden außerdem seitlich verdriftet. Eine ausgelegte Bretterbrücke ermöglicht es ihnen jedoch, wieder einen zielgerichteten Kurs mit normaler Grundgeschwindigkeit über der Wasseroberfläche einzuhalten (Lindauer, in Rainey 1976).

Die Größe der vom fliegenden Insekt erzeugten **Auftriebskraft** muß in Beziehung zu seinem Körpergewicht stehen. Ist der Auftrieb größer als das Gewicht, steigt das Tier, ist er kleiner, verliert es an Höhe. Bei Wanderheuschrecken *(Locusta migratoria)* ist der Auftrieb positiv mit dem Körperanstellwinkel, der Flügelschlagfrequenz und der Fluggeschwindigkeit korreliert, d.h., wenn ein Tier steigen will, muß es auch schneller fliegen. Während Heuschrecken nicht im Schwirrflug auf der Stelle fliegen können, sind z.B. Schwebfliegen (Syrphidae) bekannt für diese Fähigkeit. In allen Fällen kann die Größe des erzeugten Auftriebs sowohl über mechanische Sinnesorgane der Flügel (Sensilla campaniformia; 4.5.1) als auch indirekt über die Augen kontrolliert werden.

Laterale Translationsbewegungen kann man bei Bienen oder Fliegen beobachten, die vor einer Blüte auf der Stelle fliegen. Sie können dann nicht nur kurze Strecken seitwärts um die Blüte herum, sondern auch vor- und rückwärts fliegen. In den meisten Fällen sind seitliche Bewegungen aber den Vorwärtsbewegungen überlagert. Nur im Experiment, bei dem ein Insekt an einer Flugwaage fixiert in einem Windkanal fliegt, kann man die einzelnen Kraftkomponenten getrennt messen und unterscheiden, ob eine Kursabweichung durch laterale Translation oder durch Rotation verursacht wird.

4.4.3.3 Steuerung der Rotation

Fliegende Insekten können zweierlei, einen geraden **Kurs** einhalten und ihn kontrolliert ändern. Beide Verhaltensweisen müssen über Sinnesorgane geregelt werden. Wenn sich ein fliegendes Insekt aufgrund der eigenen Aktivität bei konstanten Umweltbedingungen (Windstille) dreht, kann die Änderung seiner Raumlage über sensorische Information exakt rückgemeldet werden: Die scheinbare Bewegung der visuellen Umwelt wird als retinale Bildverschiebung registriert und die der umgebenden Luftmasse als Änderung der Anströmrichtung. Außerdem können Rotationsbewegungen durch Drehbeschleunigungs-Sinnesorgane registriert werden, bei Fliegen z.B. durch die Halteren (4.5.4; Abb. 4-11). Vom Tier beabsichtigte Drehbewegungen dienen der Steuerung der **Flugrichtung**. Über die sensorischen Rückmeldungen kann die exakte Ausführung eines solchen Manövers überprüft werden. Unbeabsichtigte Drehbewegungen, die durch äußere Einwirkungen, wie etwa Luftturbulenzen, verursacht werden und die Flugstabilität stören, werden hingegen durch Reflexmechanismen kompensiert. Bei retinalen Bildverschiebungen muß also immer unterschieden werden, ob sie auf Eigenbewegungen beruhen oder auf Bewegungen der Umwelt. Dieses Problem kann nur durch Rechenprozesse im

Zentralnervensystem (ZNS) gelöst werden, entweder allein durch Differenzierung der durch die Komplexaugen aufgenommenen visuellen Information oder mit Hilfe von Efferenzkopien. Dazu haben v. Holst und Mittelstaedt (1950) eine Theorie aufgestellt, das **Reafferenzprinzip** (oder **Efferenzkopie-Konzept**; Box 4-2). Danach entsteht im ZNS gleichzeitig mit dem efferenten Kommando eine Efferenzkopie, die mit der durch die aktive Handlung ausgelösten afferenten Information, der Reafferenz, verrechnet wird. Stimmt die Reafferenz mit der Efferenzkopie überein, werden keine weiteren Reaktionen ausgelöst. Fehlt hingegen bei unbeabsichtigten aktiven Bewegungen oder bei passiven Änderungen der Umweltsituation die Efferenzkopie, wird über die Afferenz eine kompensatorische Reaktion ausgelöst.

Die Afferenzen können sowohl von Licht-Sinnesorganen stammen, den Ocellen und Komplexaugen (6.1), als auch von mechanischen Sinnesorganen, wie Haarfeldern, Antennen, Halteren usw. (4.5). Seit vielen Jahren nutzt man die durch diese Sinnesorgane gesteuerten kompensatorischen Flugsteuerungsreaktionen im Labor dazu aus, etwas über die Funktion der beteiligten Sinnesorgane und neuralen Zentren zu erfahren. Dabei werden vor allem die von fixierten Insekten erzeugten **Drehmomente** um die Körperhochachse beim Gieren und um die Körperlängsachse beim Rollen untersucht (Abb. 4-27). Zur Analyse der durch optische Muster induzierten Flugorientierung der Stubenfliege *(Musca domestica)* verwendete Reichardt (1973) einen Drehmoments-Kompensator (Abb. 4-36A). Damit kann die Fliege über einen Servomechanismus die Position eines Musters des sie umgebenden Zylinders selbst einstellen (closed-loop Bedingung). Wird der Fliege auf diesem hellen Zylinder nur ein vertikaler schwarzer Balken gezeigt, bewegt sie ihn über unsymmetrische Drehkommandos derart, daß sie ihn genau vor sich im Visier hat (**optomotorische Fixationsreaktion**; Abb. 4-36B). Werden ihr zwei Streifen geboten, die mehr als 40° auseinanderliegen, ergeben sich zwei stabile Fixationslagen, die jeweils in der Nähe des einen oder des anderen Streifens liegen. Die Fliege ist unter diesen experimentellen Bedingungen bemüht, ihre optische Um-

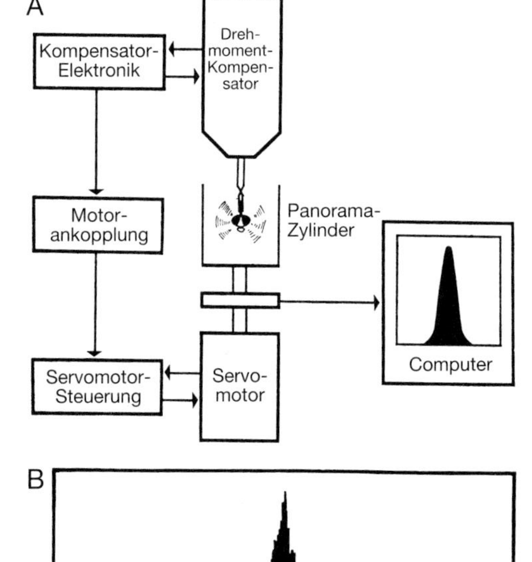

Abb. 4-36: Optomotorische Fixationsreaktionen der Stubenfliege *(Musca domestica)*. **A** Schematische Darstellung der Versuchseinrichtung, eines geschlossenen Regelsystems (closed-loop system). Die Fliege fliegt fixiert an einem Drehmoment-Kompensator und kann indirekt die Winkelposition (ψ = 0° entspricht ihrer Flugrichtung) des sie umgebenden Panorama-Zylinders durch das selbst erzeugte Drehmoment regeln. **B** Positions-Wahrscheinlichkeit (p) eines Musters aus ein oder zwei vertikalen, je 5° breiten schwarzen Streifen als Funktion der Muster-Position ψ; oben ist der Streifenabstand $\Delta\psi$ = 0° (nur 1 Streifen zu sehen); unten ist $\Delta\psi$ = 100°, in diesem Fall wird von der Fliege jeweils eine imaginäre Linie (rechts, gestrichelt neben jedem der 2 Streifen) fixiert, so daß sich 2 Positionen des Musters (Winkelhalbierende zwischen beiden Streifen) ergeben, die abwechselnd (Doppelpfeil) stabil gehalten werden (nach Reichardt 1973).

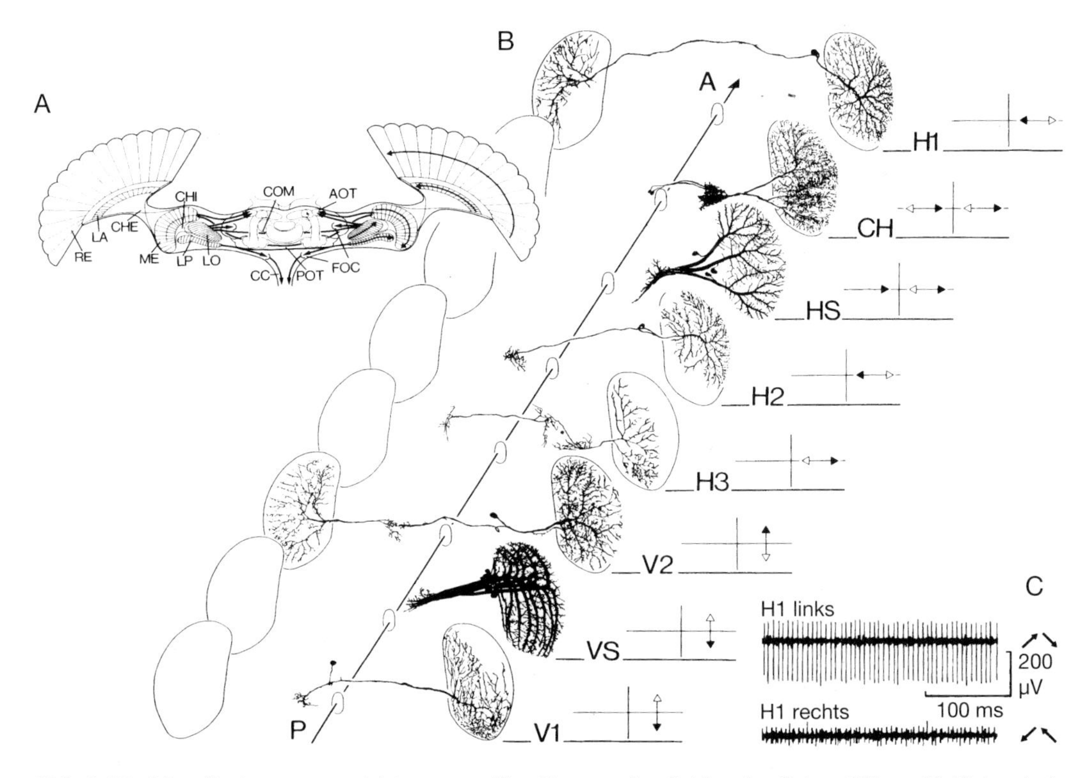

Abb. 4-37: Visuelle, bewegungsrichtungssensitive Neurone im Gehirn der Schmeißfliege *(Calliphora)*. **A** Horizontalschnitt durch die Komplexaugen und das Gehirn mit den zentralen Neuropilen des Mittelhirns und denen der optischen Loben. Die Pfeile in den rechten optischen Loben deuten die retinotope Projektion an. Die wichtigsten Projektionsbahnen von den optischen Loben zu anderen Neuropilen sind ebenfalls durch Pfeile markiert. AOT anteriorer optischer Tuberkel, CC Halskonnektiv, CHE (CHI) Chiasma externa (interna), COM Zentralkommissur, FOC anteriorer und posteriorer optischer Fokus, LA Lamina, LO Lobula, LP Lobulaplatte, ME Medulla, POT posteriorer optischer Trakt, RE Tetina. **B** Tangentialzellen der Lobulaplatte. Zur Orientierung sind die Umrisse der Transversalschnitte des Ösophaguskanals und der beiden Lobulaplatten in gedehnter Körperlängsachse dargestellt. In den Kurzbezeichnungen der Zellen steht H für eine horizontale und V für eine vertikale Vorzugsrichtung in der Empfindlichkeit für bewegte Reizmuster, die jeweils rechts durch die schwarzen Pfeile genauer angezeigt wird. A anterior, P posterior. **C** Extrazelluläre Ableitungen von beiden H1-Zellen bei binokularer Reizung; Bewegungsreize von links nach rechts erregen die linke, entgegengesetzte die rechte H1-Zelle (kleinere Spikes; Abb. 6-44; nach Hausen 1981).

welt konstant zu halten, d.h. möglichst geradeaus zu fliegen.

Die optomotorischen Reaktionen sind nur möglich, wenn in der zentralnervösen Sehbahn der Fliege Elemente existieren, die die Bewegungsrichtung optischer Muster erkennen können. Diese Elemente wurden auch von Hausen (1981) bei Fliegen untersucht und als große Tangentialneurone der Lobula-Platte beschrieben (6.4; Abb. 4-37). Einige dieser Zellen reagieren mit einer erhöhten Entladungsfrequenz bei horizontaler Bewegung eines Streifenmusters in eine bestimmte Richtung, wie das H1-Neuron als Beispiel einer Horizontalzelle. Andere Zellen reagieren nur bei einer vertikalen Musterbewegung und werden als Vertikalzellen bezeichnet. Die visuelle Information über die Bewegung der Umwelt wird von den Lobula-Neuronen über deszendierende Neurone (Abb. 4-10, 6-43) an das neurale Netzwerk der Thorakalganglien geleitet. Dort wird sie mit anderen Eingängen verrechnet und zur Steuerung der Aktivität der Nacken- und Flugmotoneurone und damit zur Steuerung des Flugverhaltens verwendet (Abb. 4-32).

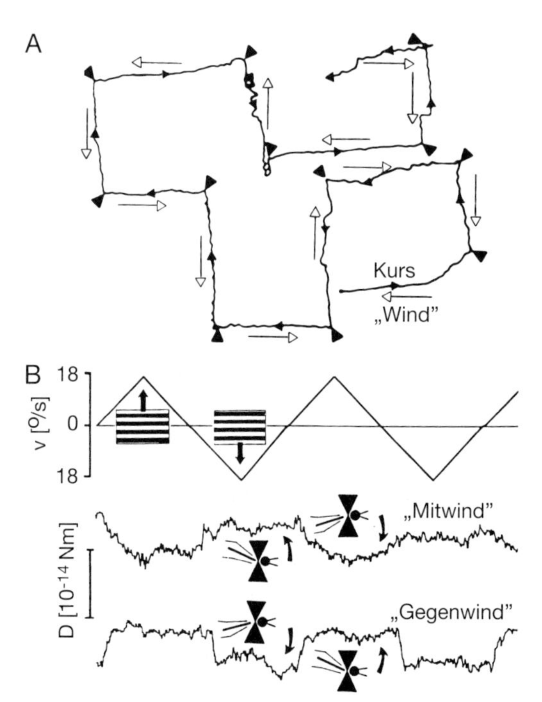

Abb. 4-38: Visuell gesteuerte Flugorientierung gegenüber dem Untergrund («Anemotaxis»). Wie das Winddreieck (Abb. 4-35) zeigt, ergibt sich die Grundgeschwindigkeit durch Vektoraddition von Eigen- und Windgeschwindigkeit. **A** Einem an einer Flugwaage fixiert fliegenden Nachtschmetterlingsmännchen *(Lymantria dispar)* wird durch Untergrundbewegungen eine Windverdriftung (30 cm/s) simuliert (große schwarze Pfeilspitzen geben Änderung der Reizrichtung im Minutenabstand an); daraufhin dreht sich das Tier immer derart um seine Körperachse, daß seine Flugrichtung (Kurs) genau dem durch die Untergrundbewegung simulierten Wind entgegengerichtet ist. **B** Bei seitlichen Untergrundbewegungen (v Mustergeschwindigkeit), die eine Windverdriftung simulieren, kann eine fixiert fliegende Wüstenheuschrecke *(Schistocerca gregaria)* versuchen, entweder durch ein dem Musterlauf entgegengerichtetes Drehmoment (D) «mit dem Wind» (oben) oder durch Folgen der Musterbewegung «gegen den Wind» (unten) zu fliegen (**A** nach Preiss und Kramer, in Payne et al. 1986; **B** nach Preiss und Gewecke 1991).

Um die Steuerung der Flugrichtung über dem Untergrund zu analysieren, wurden unter fixierten Nachtschmetterlingen *(Lymantria dispar)* bewegte Muster geboten (Preiss und Kramer, in Payne et al. 1986). Dabei zeigte sich, daß Männchen immer gegen die optisch simulierte Windrichtung fliegen, wenn sie durch weibliche Pheromone stimuliert werden (Abb. 4-38A). Durch diese positive visuell gesteuerte **«Anemotaxis»** fliegen sie der vermeintlichen Duftquelle, dem Weibchen, entgegen (7.1). Fixierte Wüstenheuschrecken *(Schistocerca gregaria)* zeigen zwar auch eine eindeutige Reaktion auf Untergrundmuster. Bei ihnen kann die visuelle «Anemotaxis» aber willkürlich positiv oder negativ sein, vielleicht weil ein zusätzlicher vorzeichenbestimmender Duftreiz fehlt (Abb. 4-38B).

4.5 Bewegungskontrolle durch mechanische Sinnesorgane

Von außen oder durch die Eigenbewegung des Tieres wirken auf alle Teile des Insektenkörpers mechanische Kräfte, die, wenn sie in bestimmten Sinneszellen Erregung auslösen, als **mechanische Reize** bezeichnet werden. Da diese Reize unterschiedliche Zeitverläufe haben (statische oder dynamische Reize) und durch unterschiedliche Medien übertragen werden, hat sich eine Palette von verschiedenen mechanischen Sinnesorganen entwickelt (Box 4-3). Durch einen adäquaten Reiz können in der Cuticula Druck- und Zugkräfte entstehen oder in Haargelenken Drehmomente. Die Reizprozesse treten über kurze oder längere Zeit aperiodisch oder periodisch auf.

Es gibt bei den Insekten nur wenige morphologische Typen von **Sensillen**: Ciliäre Cuticularsensillen (Sinneshaare, campaniforme Sensillen und Scolopidialorgane) und nichtciliäre, multipolare Neurone (Streck- und Faserrezeptoren; Horn 1982). Die große Mannigfaltigkeit der Sinnesorgane konnte im Lauf der Evolution nur durch die große Variation der reizleitenden Apparate und durch Zusammenschluß mehrerer Sensillen in komplexen Sinnesorganen erreicht werden. Die mechanischen Kräfte wirken je nach Konstruktion der reizaufnehmenden und -leitenden Strukturen als spezielle Eingangsreize (organ-adäquate Reize): Berührung, Druck, Dehnung, Schwerkraft, Beschleunigung, Strömung, Vibration und Schall. Wie im folgenden gezeigt wird, kann jede dieser Reizgrößen durch Cuticularsensillen gemessen werden.

Bei den **propriorezeptorischen Sinnesorganen** stammen die Eingangsreize (z. B. Druck oder Dehnung) aus der motorischen Aktivität des Insekts selbst. **Exterorezeptorische Sinnesorgane** sprechen hingegen auf Reize aus der Umwelt des Organismus an (z. B. Schwerkraft, Vibration, Schall). Die sehr unterschiedlichen Eingangsreize werden über die reizleitenden Apparate auf die sensiblen Endstrukturen der mechanischen Sinneszellen fokussiert und dadurch zu den recht einheitlichen Nutzreizen (rezeptor-adäquate Reize) umgeformt. Diese wirken unmittelbar auf die terminalen Rezeptormechanismen der Sinneszellen ein und lösen zelluläre Prozesse aus, die man als **Erregung** bezeichnet (Thurm, in Hoppe et al. 1977).

Wird die in der Erregung kodierte Information wieder zur Bewegungssteuerung verwendet, schließt sich der Regelkreis (Abb. 4-1).

4.5.1 Berührungs- und Druck-Sinnesorgane

Die beiden Reizformen des **Tastsinns** sind Berührung und Druck, die sich nur graduell durch die Reizstärke unterscheiden. Meist sind diese Reize aperiodisch und dauern nicht lange. Der übertragene Informationsgehalt liegt vor allem in Zeitpunkt und Ort der Reizung, d. h. ihre Modulation ist wichtiger als ihre absolute Stärke (Schwartzkopff, in Rockstein 1974 [2]).

Da Berührungen an der Körperoberfläche stattfinden, werden vor allem **Cuticularsensillen** von ihnen gereizt. Sinneshaare stehen auf allen Körperregionen der Insekten, besonders zahlreich auf dem Kopf, den Antennen, Mundwerkzeugen, Beinen, Kopulationsorganen und in Gelenkregionen. Ihre Berührung mit Umweltstrukturen kann passiv sein oder aktiv, wenn nämlich die Tiere Gegenstände oder Artgenossen betasten. Vom ursprünglichen Typ des echten mechanosensitiven Sinneshaares haben sich andere mechano- und chemosensorische Haarsensillen entwickelt. Auch die Skolopidialorgane leiten sich phylogenetisch vermutlich von Haarsensillen ab.

Die mechanischen Cuticularsensillen gehören zu den am einfachsten gebauten Sinnesorganen, die als Sensillen bezeichnet werden. Sie besitzen eine oder zwei Sinneszellen, wenige Hilfszellen (tormogene, trichogene) und einen unkomplizierten reizleitenden Apparat, ein cuticulares Haar oder eine Kuppel (Abb. 4-39, 4-40). Diese Sensillen sind oft in Feldern angeordnet und bilden so komplexe Sinnesorgane höherer Ordnung. Derartige **Felder** von Haaren, Borsten oder Sinneskuppeln liegen meist an Gelenken der Beine, Flügel, Antennen und des Halses (Prosternalorgane).

Feinstruktur und Funktion eines **Sinneshaares** sind zuerst am Beispiel der Borstenfeld-Sensillen vom Prosternalorgan der Biene beschrieben worden (Abb. 4-39B). Diese kurzen Haare stehen in der Halsregion auf den Episternal-Zapfen und werden durch Berührung mit der Kopfkapsel abgebogen. Jede Borste ist in einer unsymmetrischen Gelenkverbindung über eine Gelenkhaut in der Cuticula verankert. Durch das Cuticula-Loch unter der Borste zieht der Dendrit einer bipolaren Sinneszelle an die Basis des Haarschaftes, wo er in dem Häutungskanal angeheftet ist. Das Soma der Sinneszelle liegt unterhalb der Epidermis, zwischen den Hilfszellen. Das Außensegment des Dendriten enthält die für einen Mechanorezeptor typischen Feinstrukturen: Der distale Tubularkörper ist von einer Cuticularscheide umgeben, die der nach lichtmikroskopischen Befunden für die Skolopidialorgane als Sinnesstift (Skolops) bezeichneten Struktur homolog ist (4.5.2). Am Übergang des Außensegments zum mitochondrienreichen Innensegment des Dendriten liegen

Box 4-3: Sinnesorgane

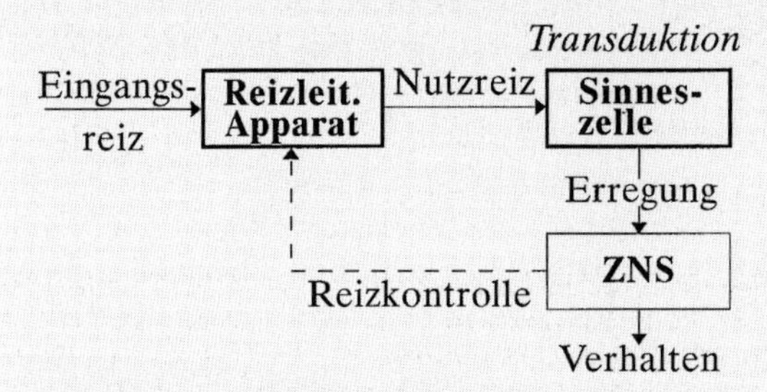

Bei der Aufnahme von Information über Zustände und Zustandsänderungen im Organismus und der Umgebung eines Insekts wirken physikalische und chemische Signale als **adäquate Reize** (Eingangsreize) auf bestimmte Sinnesorgane ein, die dafür eine spezifische Empfindlichkeit besitzen (Abbildung). In der durch den Reiz in der Sinneszelle ausgelösten Erregung wird die Information in einer für das Nervensystem verständlichen Form kodiert (Abb. 4-39B). Die Auswertung der Information im Sinnesorgan und im Zentralnervensystem (ZNS) kann zu einer Verhaltensreaktion führen, die wiederum der Information anderer Tiere dient, wie z. B. bei der Kommunikation (5, 7, 9).

Die Sinnesorgane der Insekten bestehen immer aus einer oder mehreren **Sinneszellen** (Rezeptorzellen), sowie einem reizaufnehmenden und -leitenden **Hilfsapparat**. Dieser kann auch der Reizortung, -abbildung, -filterung und der Adaptation dienen und daher mit darüber entscheiden, welche Reizform als Eingangsreiz für ein bestimmtes Sinnesorgan der adäquate Reiz ist (Burkhardt 1960). Der durch den reizleitenden Apparat veränderte adäquate Reiz (Nutzreiz) löst durch die **sensorische Transduktion** im Außensegment der Sinneszelle eine Erregung aus (Thurm 1977). Die reizbedingten **Primärreaktionen an Rezeptormolekülen** der Membran der Sinneszelle können entweder direkt, oder indirekt über sekundäre Messenger, Ionenkanäle öffnen oder schließen und so den elektrischen Zustand der Zellmembran ändern. Die primäre elektrische Antwort der Sinneszelle wird als **Rezeptorpotential** (= Änderung des Ruhepotentials) bezeichnet. Die Intensität des Reizes ist in der Größe dieser Spannung analog kodiert. Das Rezeptorpotential verursacht den nächsten Schritt der Erregung: Entweder die Auslösung von Aktionspotentialen, deren Frequenz dem Rezeptorpotential proportional ist, oder bei sekundären Sinneszellen die Sekretion eines Neurotransmitters (Box 4-1). Die Transduktion kann zwar bei den verschiedenen Sinnesorganen sehr unterschiedlich sein, in jedem Fall wird aber die in der Erregung der sensorischen Nervenfasern kodierte Information dem jeweils zuständigen Teil des Zentralnervensystems zur weiteren Verarbeitung zugeleitet.

Die Form des adäquaten Reizes wird als Grundlage für die **Einteilung der Sinnesorgane** benutzt (Tabelle). Neben den beiden wichtigsten «physikalischen» Sinnesorganen, den mechanischen (4.5, 5.3) und optischen (6), werden hier auch die «chemischen» Sinnesorgane vorgestellt (7.2). Über die thermischen Sinnesorgane ist nur wenig und über geomagnetische Sinnesorgane bisher nichts bekannt, außer, daß es sie geben muß.

Die **Informationsaufnahme** durch die Sinnesorgane dient zum einen der Funktion des individuellen Organismus und zum anderen der Einordnung des Individuums in das Sozialgefüge seiner Art. In beiden Fällen sind meist verschiedene sensorische Systeme gleichzeitig aktiv, wenn auch oft einzelne Systeme dominieren. Ganz allgemein gilt hier das Prinzip der redundanten oder überlappenden Sensitivität, d. h. eine bestimmte Reizsituation wird im allgemeinen von mehreren Sinnessystemen überwacht (z. B. die Lage im Raum durch Schwerkraft-Sinnesorgane und die Augen). Dadurch wird ein höheres Maß an Sicherheit erreicht. Die hier durchgeführte Trennung der Sinnesorgane ist also, wenn man ihre Funktion im Gesamtsystem betrachtet, künstlich und dient nur der besseren Übersicht.

REIZFORMEN		ADÄQUATE REIZE	SINNESORGANE	BEISPIELE	KAP.
physikalisch	mechanisch	Berührung	Berührungs-	Sinneshaare	4.5.1
		Druck	Druck-	campaniforme Sensillen	4.5.1
		Dehnung	Dehnungs-	Streckrezeptoren	4.5.2
				Chordotonalorgane	
		Schwerkraft	Schwerkraft-	Borstenfelder	4.5.3
		Beschleunigung	Beschleunigungs-	Antennen, Halteren	4.5.4
		Strömung	Strömungs-	Haarfelder, Antennen	4.5.5
		Vibration	Vibrations-	Subgenualorgane	4.5.6
		Schall	Schall-	Sinneshaare, Antennen	4.5.6
				Tympanalorgane	5.3.2
	optisch	Licht	Licht-	Komplexaugen, Ocellen	6
	thermisch	Wärme, Kälte	Temperatur-	Sinneshaare	
	geomagnetisch	magnetisches Feld	magnetische	Sinneshaare?	
chemisch		gelöste Stoffe in hohen Konzentrationen (Kontakt)	Kontakt-chemische („Geschmacks"-)	Schmeckhaare	7.2
		Stoffe in Gas- oder H_2O-Phase in niedrigen Konzentrationen (Entfernung)	osmochemische („Geruchs"-)	Riechhaare	7.2

Literatur

Burkhardt, D. (1960) Die Eigenschaften und Funktionstypen der Sinnesorgane. Ergebn. Biol. **22**, 226–267.

Thurm, U. (1977) Grundzüge der Transduktionsmechanismen in Sinneszellen. In: Hoppe, W. et al. (Eds.) Biophysik. Springer, Berlin. 391–402.

M. Gewecke

Zilienstrukturen mit zwei Basalkörpern, deren Funktionen unbekannt sind.

Wird das Sinneshaar seitlich berührt und abgebogen, drückt der Haarsockel seitlich auf eine elastische Kappe und über Membran-Konen auf den Tubularkörper des dendritischen Außensegments (Abb. 4-39C, D). Die hierdurch ausgelösten Sensor-Mechanismen von spezifischen mechanosensitiven Molekülen, durch die die Reizenergie Erregungsvorgänge auslöst (primäre mechano-elektrische **Transduktions-Mechanismen**), sind bisher noch nicht vollständig bekannt. Sie bewirken vermutlich Zustandsänderungen steuerbarer Membranporen (Na^+- oder K^+-Kanäle?) und damit der Membranleitfähigkeit (Thurm, in

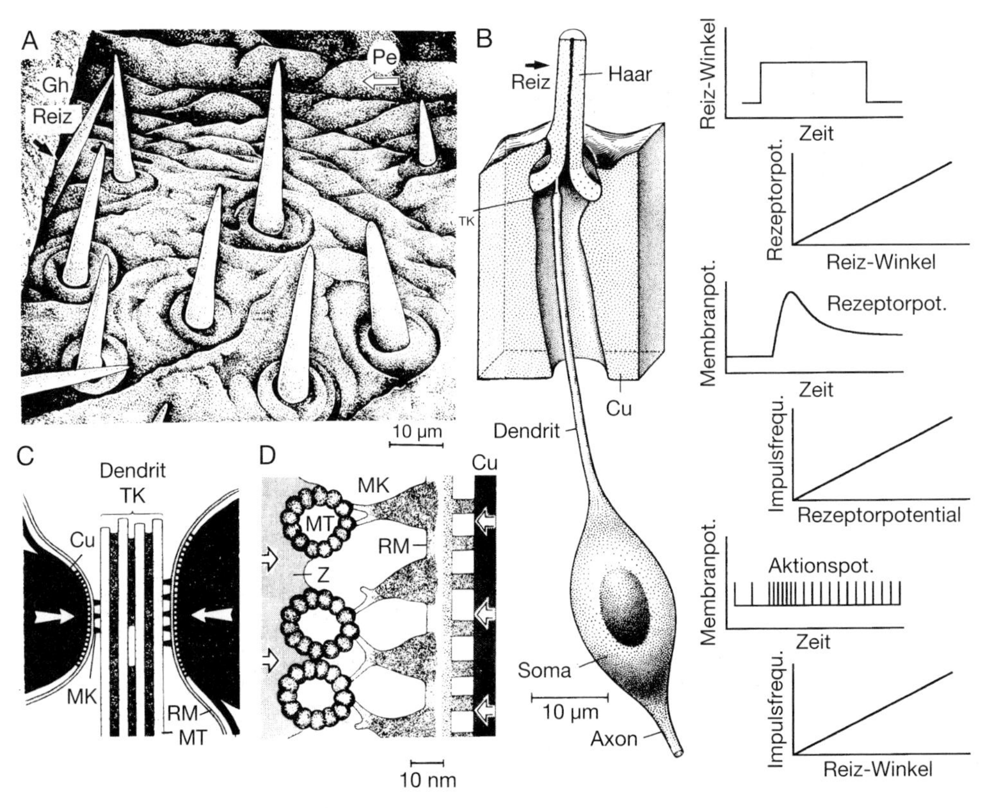

Abb. 4-39: Cuticulare Haarsensillen als mechano-elektrische Transducer. **A** Ein Feld von Borsten an einem Antennengelenk der Wanderheuschrecke *(Locusta migratoria)*; bei Bewegung (weißer Pfeil) des Pedicellus (Pe) wird eine Borste nach der anderen an der Gelenkhaut (Gh) abgebogen und dadurch dem ZNS die Gelenkstellung signalisiert. **B** Zelluläre Mechanismen der Reiz-Erregungs-Transduktion eines Borstenfeld-Sensillums (links im Längsschnitt) der Honigbiene *(Apis mellifera)*: Durch seitliches Abbiegen des Haarschaftes kommt es zu einer seitlichen Kompression des Tubularkörpers (TK) und so zur Entstehung eines Rezeptorpotentials (RP) an der ihn umgebenden Rezeptormembran (RM) des Dendriten, das wiederum die Frequenz der Aktionspotentiale (F_{AP}) bestimmt, die am Axonhügel entstehen. Da sowohl die Kennlinie zwischen Reiz-Winkel und RP als auch diejenige zwischen RP und F_{AP} linear ist, ist auch die Kennlinie zwischen Reiz-Winkel und F_{AP} linear (rechts). **C** Längsschnitt durch die Tubularkörperzone eines Fadenhaares von *Acheta domesticus* und **D** Querschnitt durch diese Zone eines campaniformen Sensillums von *Calliphora vicina*. Die weißen Pfeile geben die Kraftrichtung eines depolarisierenden Reizes an. Cu Cuticula, MK Membran-Konen, MT Mikrotubuli, Z Zwischensubstanz (**A** nach Gewecke 1972; **B** (rechts) nach Burkhardt 1964; **B** (links), **C, D** nach Thurm 1984).

Hoppe et al. 1977). Als Folge von Membranströmen verändert sich das Membran-Ruhepotential. Diese Depolarisation wird als **Rezeptorpotential** bezeichnet. Es erreicht seine maximale Höhe zu Beginn eines Reizes und fällt bei anhaltender Reizung auf Grund von Adaptation auf ein niedrigeres Niveau ab (phasisch-tonische Übergangsfunktion; Abb. 4-39B rechts). Die Rezeptorströme depolarisieren wiederum die Membran der benachbarten Zellregion (Innensegment) und steuern dort (am Axonhügel?) als Generatorpotential über spannungsabhängige Na^+-Kanäle die Entstehung von Spitzenaktionspotentialen (Encoder-Mechanismus). Deren Frequenz ist proportional zur Amplitude des Rezeptorpotentials, d. h. aus einer amplitudenmodulierenden wird eine **frequenzmodulie-**

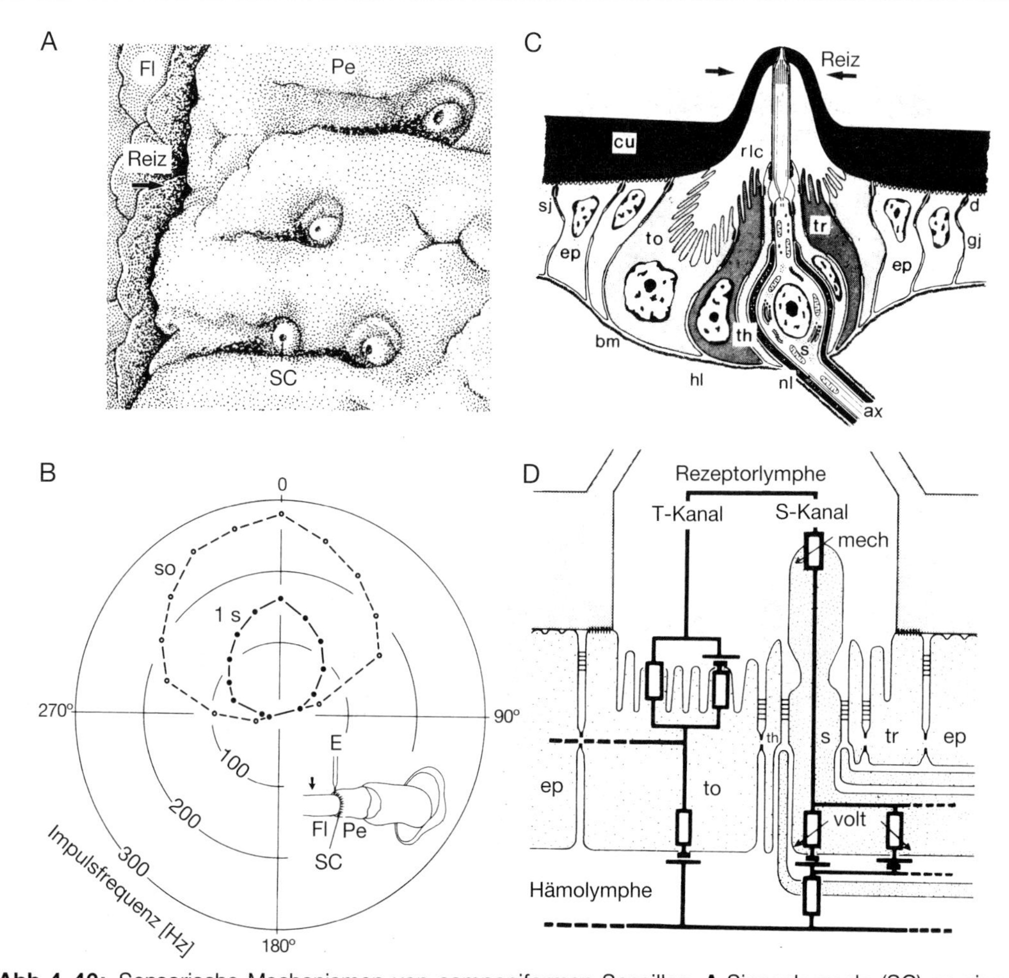

Abb. 4-40: Sensorische Mechanismen von campaniformen Sensillen. **A** Sinneskuppeln (SC) an einem Antennengelenk von *Locusta* und **B** ihre Reizung (schwarzer Pfeil) durch Auslenkung des Flagellums (Fl) gegenüber dem Pedicellus (Pe); mit einer Glaskapillarelektrode (E) können extrazellulär Aktionspotentiale von der Sinneszelle abgeleitet werden; deren Frequenz ist als Funktion der Reizrichtung (0° ≙ ventraler Auslenkung des Flagellums) im Polarkoordinaten-Diagramm dargestellt, das die cosinus-förmige Richtcharakteristik zeigt (so: sofort, Punkte innen: 1s nach Reizbeginn). **C** Schema des epithelialen Aufbaus und **D** das erschlossene Ersatzschaltbild des Rezeptorstromkreises eines mechanosensitiven Sensillums. ax axon, bm Basilarmembran, cu Cuticula, d Desmosom, ep Epidermiszelle, gj gap junction, hl Hämolymphe, nl Neurilemm-Zelle, rlc Rezeptorlymphraum, s Sinneszelle, sj septate junction, th thekogene Zelle, to tormogene Zelle, tr trichogene Zelle; mech durch mechanischen Reiz gesteuerter Widerstand, volt durch Rezeptorstrom elektrisch gesteuerter Widerstand (Nervenimpulsgenerator; **A** nach Gewecke 1972; **B** nach Heinzel und Gewecke 1979; **C, D** nach Thurm 1984).

rende **Signalkodierung**. Die Spitzenaktionspotentiale werden entlang des Axons der Sinneszelle mit einer Geschwindigkeit von 0,5–3 m/s zum Zentralnervensystem geleitet, dem sie so die Information über die Reizgröße übermitteln.

In der bisherigen Betrachtung blieb unberücksichtigt, daß die Erregung der Sinneszelle auch von der Richtung der Haarauslenkung abhängig ist. Die in Abb. 4-39B gezeigten Kennlinien gelten nur für die optimale Reizrichtung. Mit Änderung dieser Richtung wandelt sich die Impulsfrequenz cosinus-förmig (vergl. Abb. 4-40B). Diese **Richtcharakteristik**, die man ähnlich bei vielen Sinneshaaren findet, kann auf der unsymmetrischen Haargelenkkonstruktion beruhen oder der Insertionsstelle des Dendritenendes im Haarsockel. Da die Impulsfrequenz einer Sinneszelle sowohl von der Richtung als auch vom Grad der Haarauslenkung abhängt, ist die in ihr kodierte Information nicht eindeutig. Erst bei gleichzeitiger Abbiegung mehrerer Haare mit unterschiedlichen Vorzugsrichtungen kann im Zentralnervensystem die Richtung und Intensität des Berührungsreizes quantitativ ermittelt werden.

Bei **campaniformen Sensillen** (Sinneskuppeln) ist als reizaufnehmende Struktur statt eines Haares nur eine dünne Cuticula-Kuppel ausgebildet (Abb. 4-40). Die Struktur der Sinneszelle, die an dieser Kuppel angeheftet ist, und die Form der Hilfszellen entsprechen sonst denen eines Sinneshaares. Barth (1986) zählt die Sinneskuppeln neben den Spaltsinnesorganen der Spinnen zu den «innervierten Löchern» des Arthropodenskeletts. Druck- und Dehnungskräfte in der Cuticula, die aus der Aktivität des Tieres oder aus äußeren Einwirkungen resultieren, verformen den Rand des Cuticula-Lochs. Diese Verformung wird auf die Kuppel übertragen, deren Aufwölbung den Nutzreiz für die Sinneszelle darstellt. Die campaniformen Sensillen kann man also mit technischen Dehnungsmeßstreifen vergleichen.

Ein Kranz von ca. 60 campaniformen Sensillen liegt am distalen Rand des zweiten Antennenglieds (Pedicellus) von Heuschrecken (Abb. 4-40A, B). Sie werden durch Abbiegungen des Flagellums gereizt (z. B. durch Trägheits- oder Luftströmungs-Kräfte; 4.5.4, 4.5.5). Dank der phasischen Empfindlichkeit dieser Sensillen können Schwingungen des Flagellums bis zu Frequenzen von 100 Hz synchron mit Nervenimpulsen kodiert werden. Wie bei den Sinneshaaren ist die Erregung der Sinneszellen wiederum vom Grad und der Richtung des Reizes abhängig. Wird das Flagellum von dem untersuchten Sensillum weggebogen, antwortet es optimal mit einem phasisch-tonischen Rezeptorpotential und einer direkt proportionalen Frequenz von Spitzenaktionspotentialen.

Für die in dichten Reihen liegenden campaniformen Sensillen der Fliegenhaltere (Abb. 4-46C) konnte gezeigt werden, daß die Richtungsselektivität auf der Abflachung des Dendritenendes beruht. Die optimale Reizrichtung ist senkrecht zur Ebene dieser Abflachung (4.5.4).

4.5.2 Dehnungs-Sinnesorgane

Für die Messung von Abständen und Abstandsänderungen im Körper werden Dehnungs-Sinnesorgane eingesetzt, die meist zwischen zwei Fixpunkten des Skeletts ausgespannt sind. Sie registrieren Verformungen des Skeletts sowie Stellung und Bewegung von Körper- und Extremitätengelenken. Als ciliäre Dehnungs-Sinnesorgane sind Chordotonalorgane bekannt, die zu den **Skolopidialorganen** (stiftführende Sinnesorgane) gehören, und als nicht-ciliäre Organe Streckrezeptoren und Faserrezeptoren («strand receptors»). Das Soma der Streckrezeptoren liegt peripher, das der Faserrezeptoren hingegen innerhalb des Zentralnervensystems.

Die **Chordotonalorgane**, deren Skolopidien im Gegensatz zu denen der Tympanalorgane (4.5.6) über einen Terminalstrang saitenartig gespannt sind (amphinematisch), findet man an Körper-, Flügel-, Bein- und Antennengelenken. Diese Organe bestehen meist aus mehreren Einzelsensillen, die beim Johnstonschen Organ des Pedicellus besonders komplex angeordnet sind (Abb. 4-45). Von diesem Organ werden Antennenschwingungen perzipiert, die bei der Messung von Beschleunigung (4.5.4), Strömung (4.5.5) und Schall (4.5.6) eine große Rolle spielen.

Zu den physiologisch am besten untersuchten Insekten-Sensillen gehören die **Streckrezeptoren** (Abb. 4-41). Sie bestehen aus Bindegewebs- oder Muskelfasern als reizleitendem Apparat, an dem eine oder mehrere multipolare oder multiterminale Neurone mit peripher liegendem Soma angreifen. Die mit Muskelfasern assoziierten Streckrezeptoren haben eine vergleichbare Funktion wie die analogen Muskelspindeln der Wirbeltiere. Beide Systeme messen die durch Muskeln erzeugte Spannung und steuern die Motorik.

Die Funktion eines Streckrezeptors im Flügelgelenk der Heuschrecken ist besonders intensiv untersucht worden, da seine Erregung zum einen durch extrazelluläre Nervenableitung relativ einfach zu messen ist und er zum anderen eine entscheidende Bedeutung für die Steuerung der Flügelschlagbewegungen besitzt (4.4.2.1, Abb. 4-32). Der Bindegewebsstrang des mesothorakalen Streckrezeptors zieht von einem Flügelgelenksklerit (Pterale 4) zum Mesophragma. Das Axon der multipolaren, großen Sinneszelle dieses Streckrezeptors läuft mit den Axonen eines benachbarten Chordotonalorgans in einem Nerven (N1) u.a. zum Mesothorakalganglion (Abb. 4-41C).

Beim Heben des Vorderflügels wird der Bindegewebsstrang gedehnt und dadurch die Sinneszelle gereizt. Sie antwortet mit einer phasisch-tonischen Erhöhung ihrer Erregung. Die Stärke der Erregung ist vom Grad der Flügelhebung abhängig. Für den tonischen Anteil gilt im normalen Funktionsbereich zwischen diesen beiden Größen eine direkte Proportionalität (Abb. 4-41E, F). Die in der Erregung kodierte Information über die Flügelhebung wird durch das Axon im Nerven N 1 in alle drei Thorakalganglien übermittelt. Burrows (1975) konnte zeigen, daß zwischen den terminalen Endigungen des Streckrezeptorneurons und mehreren Motoneuronen von Flügelsenkermuskeln exzitatorische Synapsen ausgebildet sind. Dank dieser monosynaptischen Verbindungen kann auf schnellstem Wege (1,5–2 ms synaptische Verzögerungszeit) mittels der Streckrezeptor- und Flugmotoneuronen die nachfolgende Phase der Flügelschlagbewegung reflektorisch gesteuert werden. Durch inhibitorische Synapsen werden gleichzeitig die Flügelhebermuskeln gehemmt (Abb. 4-41 C, G).

Bei einer fliegenden Wanderheuschrecke *(Locusta migratoria)* spielt die durch einmaliges Flügelheben ausgelöste tonische Antwort des Streckrezeptors nur beim Segeln eine Rolle (Abb. 4-41H). Die Flügel werden im natürlichen Flug aber meistens etwa 20–26mal pro Sekunde auf- und abgeschlagen. Im Experiment kann man einen Flügel künstlich auf- und abbewegen und dadurch in bestimmten Bewegungsphasen Erregungssalven auslösen. Mit zunehmender Flügelschlagfrequenz nimmt die Zahl der Impulse pro Salve ab, bis (bei einer Reizfrequenz von ca. 40 Hz) eine 1:1-Korrelation resultiert (Abb. 4-41D). Beim natürlichen Flügelschlag enthält die Streckrezeptorentladung also Informationen in Form der Zahl der Impulse pro Salve und des Zeitpunkts der Salve in Bezug auf die Aktivität der Flugmuskeln. Außer den Streckrezeptoren und den Tegula-Organen (Abb. 4-41C, 4-31) der vier Flügel sind noch weitere Sinnesorgane an der Kontrolle und Koordination der Flügelschlagbewegung beteiligt (Abb. 4-32).

4.5.3 Schwerkraft-Sinnesorgane

Die Schwerkraft ist eine ideale Orientierungsgröße für die Kontrolle von Körperlage und Fortbewegung im Raum, da nur sie immer und überall auf der Erde gleich groß und gleich gerichtet ist. Im Gegensatz zu den mechanischen Sinnesorganen, bei denen die Kräfte über soliden Kontakt oder über ein Medium, Luft oder Wasser, auf den reizleitenden Apparat einwirken, greifen Schwerkraft und Trägheit direkt an seiner **Masse** an, d.h. bei vielen Tieren an einem Statolithen oder bei den Landinsekten an Körperteilen und Extremitäten (Markl, in Hoppe et al. 1977; Schwartzkopff, in Rockstein 1974 [2]). Dadurch verursachte Stellungsänderungen der betroffenen Gelenke werden vor allem von Sinnesborsten registriert, die in diesem Fall also als Exterorezeptoren arbeiten. Reizwirksam ist dabei die Linearbeschleunigung, die in Kap. 4.5.4 besprochen wird.

Schwerkraft-Sinnesorgane von Landinsekten sind zuerst bei der Biene *(Apis mellifera)* entdeckt worden. Man hatte lange nach ihnen gesucht, da beim Bienentanz das Transponieren des Sonnenwinkels auf die Richtung zum Lot leistungsfähige Schwerkraft-Sinnesorgane voraussetzt (v. Frisch 1965). Dies sind Haar- oder **Borstenfelder** im Halsbereich (Prosternalorgan) und in der Taille, also Gelenkregionen zwischen Kopf bzw. Abdomen und dem Thorax. Da Bewegungen in diesen Gelenken aber nicht nur durch die Schwerkraft, sondern auch durch Muskelkraft erzeugt werden können, ist die Information über die Reizursache für ein einzelnes Haarfeld nicht eindeutig. Eine Identifizierung des Reizes kann nur durch die integrative Leistung des Zentralnervensystems durchgeführt werden, in dem die Information von vielen Gelenkrezeptoren (Haarfelder, campaniforme Sensillen, Chordotonalorgane) zusammenläuft. Dabei wird der gleichgerichtete Effekt der Schwerkraft auf alle Sinnesorgane durch Vergleich ermittelt und aus den unterschiedlichen passiven und aktiven (propriorezeptorischen) Einwirkungen

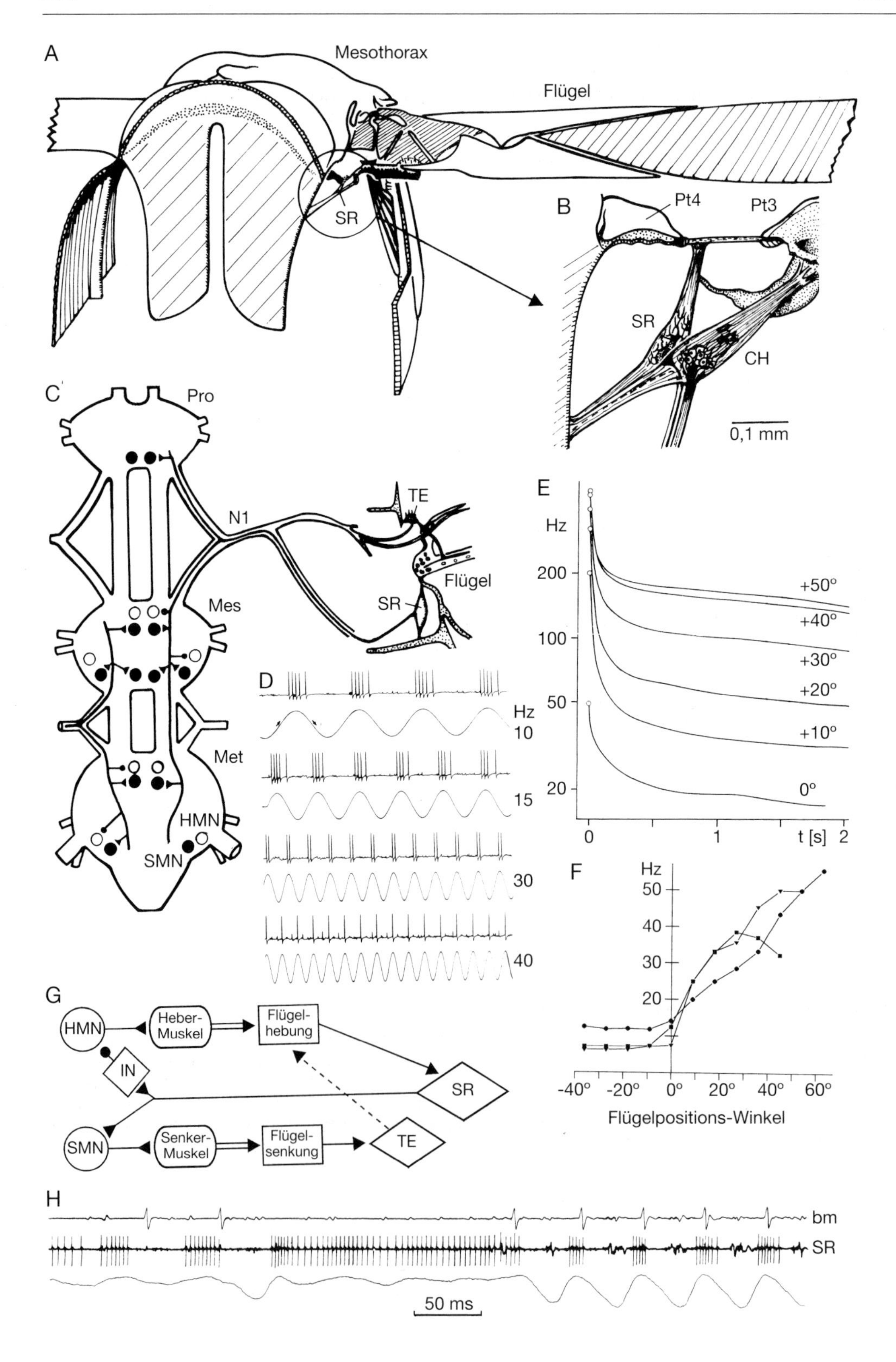
A
Mesothorax
Flügel
SR
B
Pt4
Pt3
SR
CH
0,1 mm
C
Pro
N1
TE
Flügel
SR
Mes
Met
HMN
SMN
D
Hz
10
15
30
40
E
Hz
200
100
50
20
+50°
+40°
+30°
+20°
+10°
0°
0
1
t [s] 2
F
Hz
50
40
30
20
-40° -20° 0° 20° 40° 60°
Flügelpositions-Winkel
G
HMN
Heber-Muskel
Flügel-hebung
IN
SR
SMN
Senker-Muskel
Flügel-senkung
TE
H
bm
SR
50 ms

◀ **Abb. 4-41:** Die Funktion des Flügelgelenk-Streckrezeptors (SR) der Heuschrecken. **A** Caudalansicht der Gelenkregion des rechten Vorderflügels mit Lage des SR. **B** Ausschnittsvergrößerung mit SR und benachbartem Chordotonalorgan (CH). **C** Neuronale Verbindungen (Dorsalansicht) der Streckrezeptoren des rechten Vorder- und des linken Hinterflügels über ihre Kollateralen zu Heber- (○ HMN) und Senker-Motoneuronen (● SMN) der Pro-, Meso- und Metathorakalganglien (Pro, Mes, Met). **D** Bei künstlicher, sin-förmiger Auf- und Abbewegung eines Vorderflügels (untere Spur) nimmt mit zunehmender Frequenz (10–40 Hz) die Zahl der durch die Bewegung ausgelösten Aktionspotentiale des SR pro Flügelschlagzyklus ab (obere Spur). **E** Wird ein Vorderflügel plötzlich aus einer Stellung mit negativem Flügelpositionswinkel (–30°; Flügelspitze ist ventral gerichtet) in verschiedene Stellungen gehoben (bei 0° ist der Flügel seitlich abgespreizt bei +10° bis +50° dorsal gerichtet) reagiert der SR mit einer phasisch-tonischen Erhöhung seiner Entladungsfrequenz. In **F** ist diese Frequenz (für den stationären Zustand, ca. 1 min nach Reizbeginn) als Funktion des Winkels der Endposition für 3 Tiere aufgetragen; bei gesenktem Flügel kann man nur die Spontanaktivität ableiten; bei positiven Reizwinkeln ergeben sich etwa lineare, statische (tonische) Kennlinien, die einen maximalen Sättigungswert erreichen oder aufgrund von Überdehnung (overstretch) wieder abfallen können. **G** Schematische Darstellung des Einflusses des Streckrezeptors (und der Tegula, Abb. 4-31) auf die Flügelbewegung. **H** Entladungen eines SR während sehr unregelmäßiger Flügelschlagbewegungen (untere Spur) einer fixiert fliegenden Heuschrecke; in der Mitte der Registrierung nimmt das Tier eine Segelhaltung mit gehobenem Flügel ein, während der der Basalarmuskel (bm, Flügelsenker) nicht aktiv ist. N1 Nerv 1; IN Interneuron; Pt3 (4) Pterale 3 (4); TE Tegula; ▸– erregende, ●– hemmende Synapse (**A, B** nach Pfau, in Nachtigall 1983 [1]; **C** nach Altman und Tyrer, in Browne 1974; Burrows 1975; **D** nach Wendler, in Nachtigall 1983 [2]; **E** nach Pabst 1965; **F** nach Praktikumsversuchen; **G** nach Burrows 1975; **H** nach Möhl, in Gewecke und Wendler 1985).

auf die verschiedenen Gelenke herausgefiltert. Außer den Borstenfeldern an den Körpergelenken wirken auch Haarfelder oder Chordotonalorgane an Bein- und Antennengelenken als Schwerkraft-Sinnesorgane (Bässler 1965).

Die schwererezeptorische Funktion der Gelenkborstenfelder von roten Waldameisen *(Formica polyctena)* wurde mit Hilfe von Ausschaltversuchen nachgewiesen. Dabei wurden die Spuren von (im Dunkeln) schwereorientierten Fluchtläufen auf geneigter Unterlage bewertet. Es ergab sich, daß nach den wichtigsten Borstenfeldern des Halsgelenks, diejenigen der Petiolus- und Fühlergelenke und dann erst die weniger bedeutenden des Gastergelenks und der Coxagelenke folgen (Abb. 4-42). Eines dieser Gelenksysteme reicht aber immer noch für eine, wenn auch schlechtere, Schwereorientierung aus.

Als einfachere Schwerkraft-Sinnesorgane kommen keulenförmige Haare auf den Cerci der Grillen *(Gryllus bimaculatus)* in Frage (Abb. 4-43A). Aus der durch die Schwerkraft bestimmten Auslenkrichtung dieser Haare können die Tiere ihre Körperlage im Raum ermitteln. Bisher konnte aber nur für laufende Grillen nachgewiesen werden, daß die cerca-

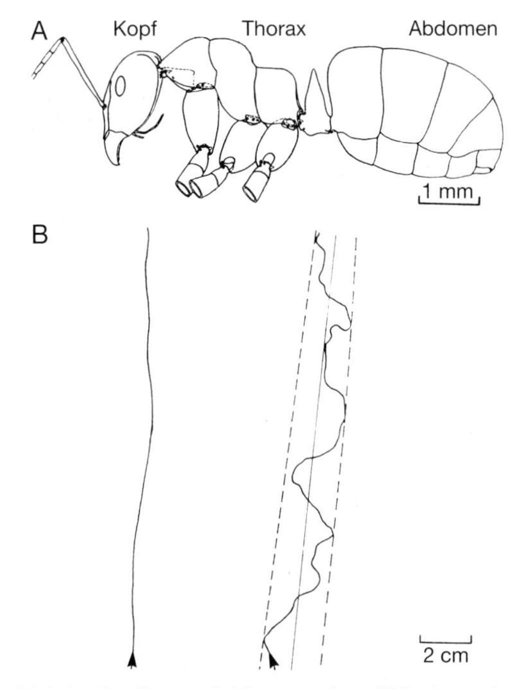

Abb. 4-42: Borstenfelder an den Gelenken als Schwerkraft-Sinnesorgane bei der Ameise *Formica polyctena* (Arbeiterin). **A** Die Lage der wichtigsten Borstenfelder an den Körper- und Extremitätengelenken ist durch schwarze Punkte angegeben. **B** Aufzeichnungen von zwei Laufspuren auf einer senkrechten Fläche (Pfeile geben Laufrichtung an) links eines Normaltiers, rechts eines Tiers, dessen Hals- und Antennengelenke festgelegt sind. Bei beiden Tieren ist die mittlere Laufrichtung zwar negativ geotaktisch ausgerichtet, beim operierten Tier weicht der Lauf jedoch stark nach beiden Seiten davon ab (nach Markl 1962).

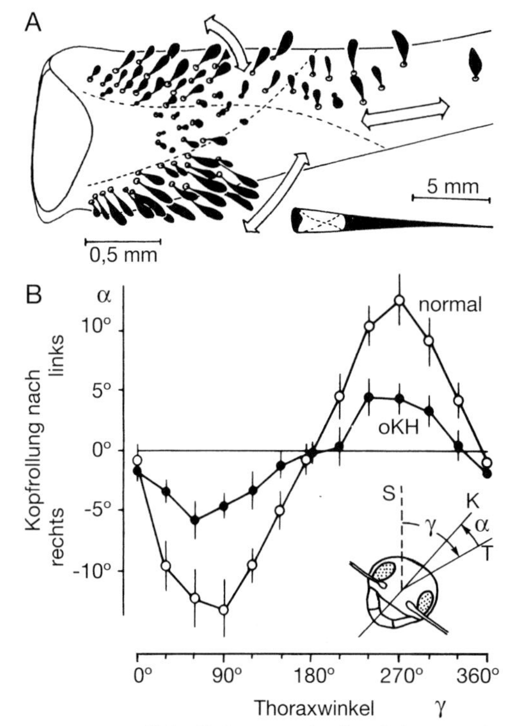

Abb. 4-43: Schwerkraftperzeption bei laufenden Grillen *(Gryllus bimaculatus)*. **A** Mediansicht eines Cercus (rechts unten) mit Verteilung der keulenförmigen Haarsensillen (oben). Doppelpfeile geben Hauptbewegungsrichtungen der Keulen der markierten Bereiche an. **B** Kompensatorische Kopf-Rollbewegungen (α; Abb. 4-10E) als Funktion verschiedener Thorax-Rollpositionen (γ). Nach Abrasieren der Keulenhaare (oKH) ist die Reaktion schwächer als normal; die Schwerkraft kann aber dann noch mit Hilfe der Antennen gemessen werden. Inset: Frontalansicht des Kopfes mit Winkeldefinitionen. K Kopfhochachse, S Senkrechte, T Thoraxhochachse (**A** nach Bischof aus Horn, in Kerkut und Gilbert 1985 [6]; **B** nach Horn und Bischof 1983).

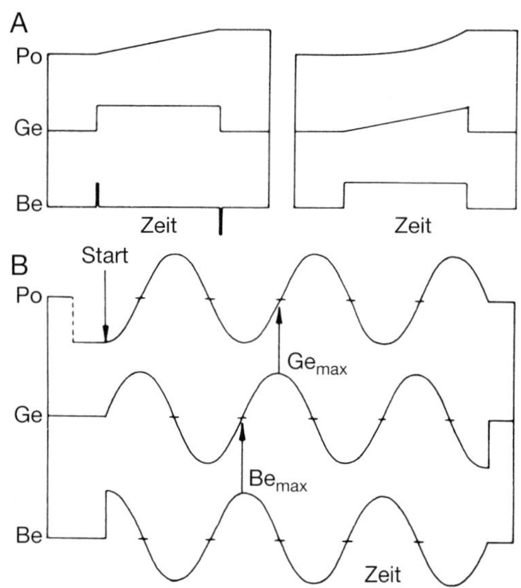

Abb. 4-44: Die zeitlichen Beziehungen zwischen Position (Po), Geschwindigkeit (Ge) und Beschleunigung (Be) bewegter Objekte. **A** Links wird ein Objekt mit konstanter Geschwindigkeit und rechts mit konstanter Beschleunigung von einer Position zu einer anderen bewegt. **B** Beim Start wird ein Objekt in sinus-förmige Pendelschwingungen versetzt. Es kommt zu einer Phasenverschiebung von jeweils 90° zwischen den Maxima der Position, der Geschwindigkeit (Ge_{max}) und der Beschleunigung (Be_{max}; nach Sandeman, in Mill 1976).

len **Keulenhaare** als Schwererezeptoren kompensatorische Kopfbewegungen steuern, wenn die Tiere um ihre Körperlängsachse gerollt werden (Abb. 4-43B).

Ganz besondere Schwerkraft-Sinnesorgane haben Wasserinsekten entwickelt, wie z. B. das zweidimensionale Differentialmanometer des Wasserskorpions *(Nepa cinera)*. In diesem Fall wird der indirekt durch die Schwerkraft verursachte **Auftrieb von Luftblasen** im Tracheensystem für die Raumorientierung ausgenutzt. Die Schirme von ca. 100 spezialisierten Haarsensillen liegen in 6 Zonen an der Luft/Wasser-Grenzfläche, deren Lageveränderung sie kontrollieren. Der adäquate Reiz für das einzelne **Schirmsensillum** ist aber nicht eine seitliche Abbiegung des Haares, wie bei den Nackenhaaren der Bienen (4.5.1), sondern eine Bewegung in Längsrichtung des Haarschaftes. Für die Orientierung des Tieres zur Schwerkraft reicht jedoch die Information einzelner Haare nicht aus. Dafür muß wiederum die Information von mehreren Haarfeldern zentral verrechnet werden (Horn, in Kerkut und Gilbert 1985 [6]).

4.5.4 Beschleunigungs-Sinnesorgane

Die Lage eines Insekts im Raum, seine Geschwindigkeit und seine Beschleunigung müssen von Sinnesorganen kontrolliert werden, damit eine bestimmte Körperposition eingehalten oder erreicht werden kann. Jede Positionsänderung ist zwangsläufig mit einer Beschleunigung verbunden (Abb. 4-44). Die Beschleunigung eines Insekts könnte theoretisch durch die **Augen** gegenüber der festen Umgebung, durch **Strömungs-Sinnesorgane** gegenüber dem umgebenden Medium und unabhängig von der Umgebung durch **Gelenksensillen** gemessen werden, die die Relativbewegung von Körperteilen mit unterschiedlicher Masse gegeneinander registrieren. Neben dieser «statischen» Messung wird bei den Dipteren eine «dynamische» Methode angewandt, bei der die Corioliskräfte gemessen werden, die auf die Masse von aktiv bewegten Körperanhängen, die Halteren, einwirken. Die durch eine Beschleunigung ausgelösten Relativbewegungen können prinzipiell von phasischen und phasisch-tonischen Sinneszellen perzipiert werden, wenn ein geeigneter reizaufnehmender und -leitender Apparat vorhanden ist.

Der Flug der Insekten muß gegen störende äußere und innere mechanische Einwirkungen, die immer mit Beschleunigungen einhergehen, stabilisiert werden. Darum sind Beschleunigungs-Sinnesorgane bisher auch vor allem bei fliegenden Insekten untersucht worden. Bei ihnen wird durch jeden Flügelschlag der Thorax gegenüber allen anderen Körperteilen und -anhängen beschleunigt, die dann auf Grund ihrer trägen Masse oder ihres aerodynamischen Widerstands Relativbewegungen ausführen. Bezogen auf das Koordinatensystem des Insektenkörpers kann man **Linear-Beschleunigung** (z. B. durch die Schwerkraft in Richtung der Körperhochachse) von **Dreh-Beschleunigung** (z. B. um eine Körperachse) unterscheiden. Die bilateral angeordneten Sinnesorgane werden bei Linear-Beschleunigung in der Sagittalebene symmetrisch und bei Dreh-Beschleunigung unsymmetrisch gereizt. Zwischen diesen beiden Reizformen kann im Zentralnervensystem nur auf Grund der Information von den sich entsprechenden Sinnesorganen beider Körperseiten unterschieden werden.

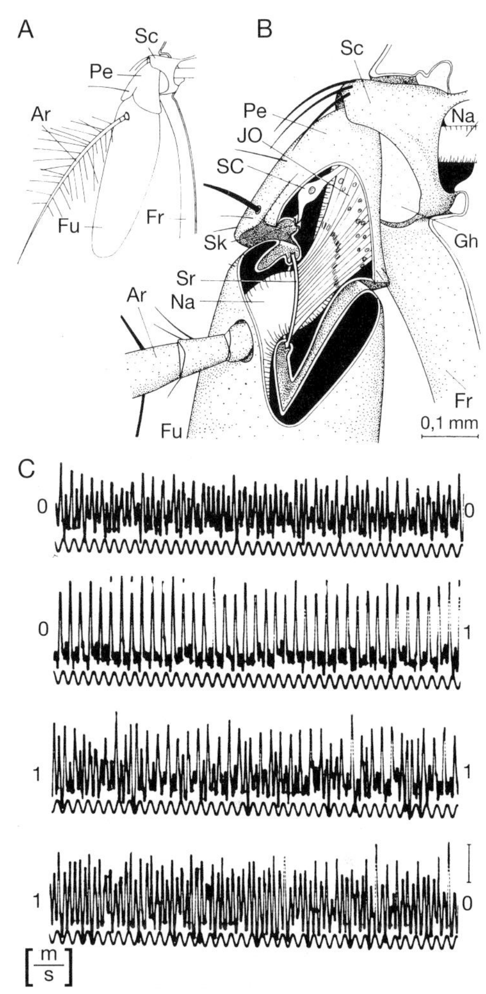

Abb. 4-45: Die Antenne der Schmeißfliege *(Calliphora erythrocephala)* als Beschleunigungs-Sinnesorgan im Flug. **A** Seitenansicht einer Antenne und **B** ihrer proximalen Glieder (teilweise geöffnet). **C** Der Einfluß der Geschwindigkeit (m/s) frontaler Luftströmung sowie ihrer positiven (0 → 1 m/s) und negativen (1 → 0 m/s) Beschleunigung (d. h. lateraler oder medianer Drehung des schwingenden Funiculus gegenüber dem Pedicellus) auf das Summenpotential des Johnstonschen Organs (obere Spur; vertikale Marke ≙ 200 μV). Die untere Spur zeigt die Spannung des Lautsprechers, mit dem über den Luftschall (180 Hz) die Arista und der Funiculus in Schwingungen versetzt wurde (im freien Flug erzeugt der eigene Flugton die Antennenschwingungen). Ar Arista, Fr Frons, Fu Funiculus, Gh Gelenkmembran, JO Johnstonsches Organ, Na Antennennerv, Pe Pedicellus, SC Sensillum campaniformium, Sc Scapus, Sk Sinneskuppel, Sr Skleritspange (nach Gewecke, in Browne 1974).

Bei Großlibellen (z. B. *Anax imperator*) wirkt der leichtbeweglich aufgehängte **Kopf** in Zusammenhang mit Haarfeldern der Halsregion als «dynamisches Organ», das im Fluge der Orientierung im Raum dient. Besonders Dreh-Beschleunigungen des Thorax um die Körperlängsachse reizen die Sinnespolster im Halshautbezirk (Prosternalorgan), wodurch kompensatorische und flugstabilisierende Steuermanöver ausgelöst werden.

Auch die **Antennen** sind gut dafür geeignet, bei fliegenden Insekten Beschleunigungen zu messen. Dank ihrer exponierten Lage sind sie Luftströmungskräften (4.5.5) und Trägheitskräften besonders stark ausgesetzt. Für diese Kräfte sind sie wegen der leichten Beweglichkeit ihrer Gelenke auch sehr empfindlich. Bei Beschleunigung von Thorax und Kopf durch Flügelschlagbewegungen werden die distalen Antennenglieder auf Grund ihrer Masse und ihres aerodynamischen Widerstandes in die entgegengesetzte Richtung ausgelenkt. Diese passiven Bewegungen werden unmittelbar durch antagonistische Reflexbewegungen wieder ausgeglichen (Abb. 4-15).

Bei Bienen *(Apis mellifera)* und Wanderheuschrecken *(Locusta migratoria)* bietet, neben ihrer aerodynamischen Widerstandsfläche, die relativ große Masse der Flagellenglieder einen guten Angriffspunkt für Beschleunigungskräfte. Bei den gefiederten Flagellenendgliedern (Arista) der Fliegenantenne (*Calliphora erythrocephala*; Abb. 4-45A) überwiegen hingegen die aerodynamischen Widerstandskräfte. Im Flug wird dadurch das Flagellum gegenüber dem zweiten Antennenglied (Pedicellus) ausgelenkt und die Sinnesorgane des Pedicellus, ein komplexes Chordotonalorgan (Johnstonsches Organ) und ein großes Sensillum campaniformium, gereizt. Das Johnstonsche Organ kann als rein phasisches Sinnesorgan nur durch Beschleunigungskräfte gereizt werden, das phasisch-tonische Sensillum campaniformium hingegen auch durch statische Kräfte. Die Informationen dieser antennalen Sinnesorgane werden über negative Rückkopplung auf die Flugmotorik geschaltet (4.4.3), so daß der Flugkurs über kompensatorische Flügelschlagreflexe gegen Störungen stabilisiert wird.

Die am höchsten spezialisierten Beschleunigungs-Sinnesorgane sind die zu Schwingkölbchen umgewandelten Hinterflügel der Diptera, die **Halteren** (Abb. 4-46). Bei fliegenden Tieren schwingen die Halteren um ihr proximales Scharniergelenk mit der gleichen Frequenz wie die Vorderflügel (ca. 150 Hz bei *Calliphora*) pendelförmig auf und ab (in einem Winkel von bis zu 170°). Die Schwingungsebene liegt nahezu senkrecht zur Körperlängsachse und ist nur leicht (oben nach hinten) geneigt. Während des Schwingens werden periodische Trägheitskräfte in der Schwingungsebene erzeugt. Wird der Thorax beschleunigt, wirken auf die schwingenden Halteren Corioliskräfte (Kreiselkräfte), die

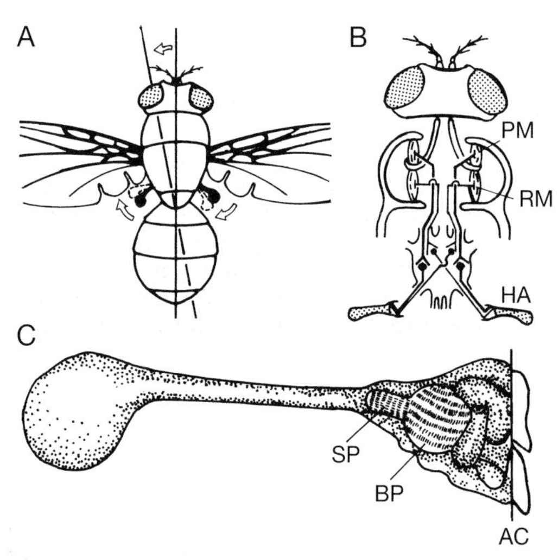

Abb. 4-46: Die Halteren der Schmeißfliege *(Calliphora)* als Beschleunigungs-Sinnesorgane. **A** Dorsalansicht der Fliege, deren Halteren (schwarz) beim Geradeausflug symmetrisch auf- und abschwingen; ändert die Fliege plötzlich ihre Flugrichtung, z. B. nach links, ändert sich aufgrund der Trägheitskräfte die Schwingungsebene der Halteren (gestrichelt) gegenüber dem Körper in entgegengesetzter Richtung (offene Pfeile). **B** Schematische Darstellung der Reflexbahnen zwischen den Mechanorezeptoren der Halteren (HA) und den Halsmuskeln; große Motoneurone werden ipsilateral erregt und kleinere kontralateral, wodurch über Protraktor- (PM) und Retraktor-Muskeln (RM) der Kopf zur einen oder anderen Seite gedreht wird, d. h. bei Vorwärtsbewegung einer Haltere wird der Kopf zur anderen Körperseite gedreht. **C** Dorsalansicht der linken Haltere, die um die Hauptgelenkachse (AC) auf- und abschwingen kann. BP (SP) Basal-(Skapal-)Platte von campaniformen Sensillen (**A, C** nach Chapman 1983; **B** nach Sandeman und Markl 1980).

senkrecht auf der Schwingungsebene stehen und diese im Raum stabilisieren; d.h. auf das Koordinatensystem des Thorax bezogen, kann sich die Schwingungsebene der Halteren in entgegengesetzter Richtung zur Beschleunigung des Tieres verlagern. Dadurch wird die Verteilung der im Schwingungsrhythmus an der Halterenbasis angreifenden Drehmomente verändert. Diese periodischen Kräfte und ihre Änderungen werden von mehreren Feldern campaniformer Sensillen gemessen. Die Richtung und Größe einer Beschleunigung kann im Zeitmuster der Erregung verschiedener campaniformer Sensillen der unterschiedlich angeordneten Felder kodiert werden.

Bisher wurde vor allem die Wirkung von Dreh-Beschleunigung einer Fliege um ihre drei Körperachsen untersucht (Gieren, Rollen und Neigen; 4.4.3.3). Danach wird die Fluglage im Raum stabilisiert, weil auf Grund der Reizung der campaniformen Sensillen (durch die Corioliskräfte) kompensierende Flügelschlagbewegungen ausgelöst werden. Halterenlose Fliegen sind flugunfähig; in die Luft geworfen stürzen sie ab. Außer für die Flugstabilisierung wird die Information der Halteren auch für die Kontrolle der Kopfbewegungen ausgenutzt (4.2.1; Abb. 4-46B, 4-11).

Die gyroskopische Flugsteuerung der Diptera ist besonders vorteilhaft, weil sie, im Gegensatz zu der aerodynamischen Stabilisierung fliegender Heuschrecken, unabhängig von der Flugeigengeschwindigkeit ist und viel kürzere Reaktionszeiten (< 20 ms) für korrigierende Steuermanöver ermöglicht.

4.5.5 Strömungs-Sinnesorgane

Alle Insekten sind von einem Medium umgeben, Luft oder Wasser, und fast ständig kommt es zu Relativbewegungen zwischen Tier und Medium. Die so entstehenden Strömungen werden durch Strömungs-Sinnesorgane gemessen.

Bei Landinsekten entstehen Strömungen entweder dadurch, daß die Luft ein am Boden ruhendes Tier umströmt **(atmosphärischer Wind)** oder das Tier bewegt sich selbst in ruhender Luft, wodurch ein **Fahrtwind** entsteht. Oft überlagern sich bei Bewegung am Boden auch beide Komponenten, die durch äußere Kräfte und die durch eigene Kräfte erzeugten Strömungen. In diesem Fall kann nur die daraus resultierende Strömung, die **Luftkraftresultierende**, gemessen werden, wobei die selbsterzeugte Strömung bei laufenden Insekten wohl meist zu vernachlässigen ist (Abb. 4-47). Bei fliegenden Insekten wird ausschließlich der selbst erzeugte Fahrtwind mit Strömungs-Sinnesorganen gemessen. Atmosphärischer Wind versetzt hingegen das fliegende Tier zusammen mit der umgebenden Luft gegenüber dem Untergrund und daher können die Flugrichtung und die Fluggeschwindigkeit über Grund, die Grundgeschwindigkeit, bei ausreichender Helligkeit mit den Augen überwacht werden (Abb. 4-35).

Bei Insekten werden Cuticularsensillen als Luftströmungs-Sinnesorgane eingesetzt. Häufig sind es längere **Haare** (Sensilla trichodea, Trichobothrien), die in Feldern angeordnet sind und so zusammen ein komplexes Sinnesorgan bilden, wie z. B. auf dem Kopf der Heuschrecken (Abb. 4-48) oder den Cerci der Schaben. Bei Heuschrecken dienen sie der Stimulation und Richtungskontrolle des Fluges, bei laufenden Schaben hingegen der gerichteten Flucht vor einem Feind.

Andere Mechanorezeptoren, wie Sensilla campaniformia oder Skolopidialorgane, liegen innerhalb und unter den Cuticula und können durch Luftströmung nicht direkt gereizt werden, sondern nur indirekt, wenn ein geeigneter reizleitender Apparat vorhanden ist. Dies ist bei der **Antenne** der Fall. Dieses

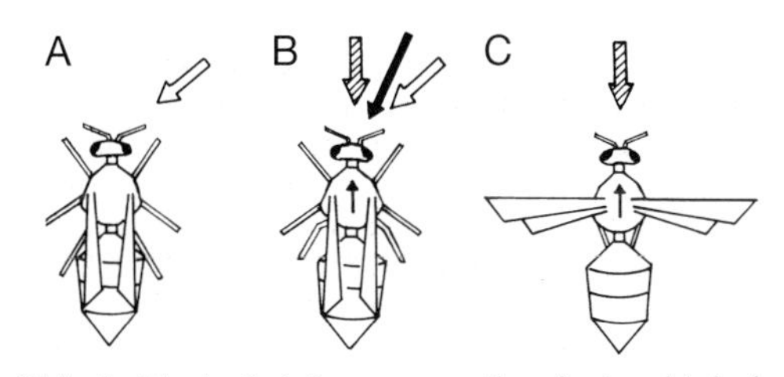

Abb. 4-47: Luftströmungen, die ein Insekt beim Ruhen **(A)**, Laufen **(B)** oder Fliegen **(C)** treffen können; offene Pfeile bedeuten atmosphärischen Wind, schraffierte Pfeile Fahrtwind und der schwarze Pfeil die sich daraus nur beim Laufen ergebende Luftkraftresultierende.

komplexe Sinnesorgan besteht bei allen Pterygota aus dem basalen Scapus, dem Pedicellus und dem Flagellum (Geißel; Abb. 4-45, 4-48). Bei laufenden Käfern und Wanzen dienen die Antennen der Orientierung zur Windrichtung, der **Anemotaxis**. Bei fliegenden Heuschrekken, Käfern, Bienen, Schmetterlingen, Stechmücken, Fliegen usw. werden die Antennen schräg nach vorn gestreckt, so daß sie dem Fahrtwind ausgesetzt sind. Das Flagellum wird durch die aerodynamischen Druck- und Reibungskräfte des Fahrtwindes nach hinten ausgelenkt, wodurch die Mechanorezeptoren des Pedicellus, das Johnstonsche Organ und campaniforme Sensillen, gereizt werden (4.5.4). Im zeitlich-räumlichen Erregungsmuster dieser Sinnesorgane ist die Beschleunigung und Geschwindigkeit der frontalen Luftströmung kodiert, die der Flugeigengeschwindigkeit entspricht.

Die mit Haarfeldern und Antennen aufgenommene Information wird über die Axone der Sinneszellen und Interneurone in das Ober- und Unterschlundganglion sowie in die Thorakalganglien geleitet (Abb. 4-48). Dort wirkt sie, neben den Informationen von den optischen Sinnesorganen und Mechanorezeptoren des Thorax, bei der Produktion des komplexen motorischen Flugmusters mit, das die Flügelschlag-, Abdomen- und Hinterbeinbewegung steuert (4.4.3; Abb. 4-32). Während die Haarfelder einen tonischen und phasischen Einfluß auf den Flügelschlag haben, konnte für die Antennen bisher nur eine tonische Wirkung nachgewiesen werden. Beide Sinnesorgane sind an der Regelung der Flugeigengeschwindigkeit beteiligt, allerdings in entgegengesetztem Sinne: Über die Haarfelder wird die Flugaktivität stimuliert und über die Antennen gedrosselt (Abb. 4-34).

Bei Wasserinsekten kann eine Umströmung des Körpers ebenfalls durch äußere und innere Kräfte verursacht werden. Die Problematik der Unterscheidung dieser Strömungsursachen und die Strömungsmessung überhaupt sind bisher noch nicht intensiv erforscht worden. Nur bei Schwimmkäfern (*Colymbetes fuscus* und *Dytiscus marginalis*) konnte durch verhaltensphysiologische Untersuchungen gezeigt werden, daß bestimmte Haarfelder und die Antennen als Wasserströmungs-Sinnesorgane auf das Schwimmverhalten einwirken. Beim Gelbrandkäfer ist die Haltung der Antennen während des Schwimmens und Fliegens nahezu gleich. Im zäheren Wasser ist die Fortbewegung allerdings viel langsamer (< 0,2 m/s) als in der Luft (< 3 m/s), so daß die Reynoldsche Zahl in beiden Fällen fast übereinstimmt (Re = 1700). So können die Antennen der Schwimmkäfer also als Luft- und Wasserströmungs-Sinnesorgane arbeiten (Gewecke, sowie Bauer und Gewecke, in Gewecke und Wendler 1985).

4.5.6 Vibrations- und Schall-Sinnesorgane

Die adäquaten Reize für die bisher beschriebenen Sinnesorgane, Druck, Dehnung, Beschleunigung oder Strömung, hatten eine einfache zeitliche Struktur, d. h. es waren aperiodische Rechteckreize (Abb. 4-39B). Vibrations- und Schall-Sinnesorgane werden hingegen nur von sich rhythmisch wiederholenden Änderungen (Wellen) solcher mechanischen Einwirkungen erregt, d. h. durch **periodische Reize** (Abb. 5-2, 5-3). Dabei wirken **Vibrationsreize** an Mediengrenzflächen (Boden-Luft, Wasser-Luft) über kurze Distanzen und **Schallreize** innerhalb eines Mediums (Luft, Wasser, Boden) über größere Entfernungen. Da, wie gesagt, nur der Zeitverlauf der Reize komplizierter geworden ist, erstaunt es nicht, daß die gleichen oder homologe Organe, wie oben (4.5.1–4.5.5) besprochen, auch für die Wahrnehmung von Vibration und Schall eingesetzt werden, wenn sie eine phasische oder phasisch-tonische Übergangsfunktion besitzen.

Die Vibrations-Sinnesorgane kann man in zwei Gruppen einteilen: 1. Bei der ersten Gruppe, zu der **campaniforme und Haar-Sensillen** zählen, folgen die Aktionspotentiale der Sinneszellen bis zu einer bestimmten oberen Frequenz (< 400 Hz) dem Schwingungsmuster des Vibrationsreizes synchron (vergl. Abb. 4-41D). 2. Bei der zweiten Gruppe besteht keine Synchronie zwischen Reiz und Auftreten von Aktionspotentialen. Hierzu zählt in erster Linie ein Chordotonalorgan,

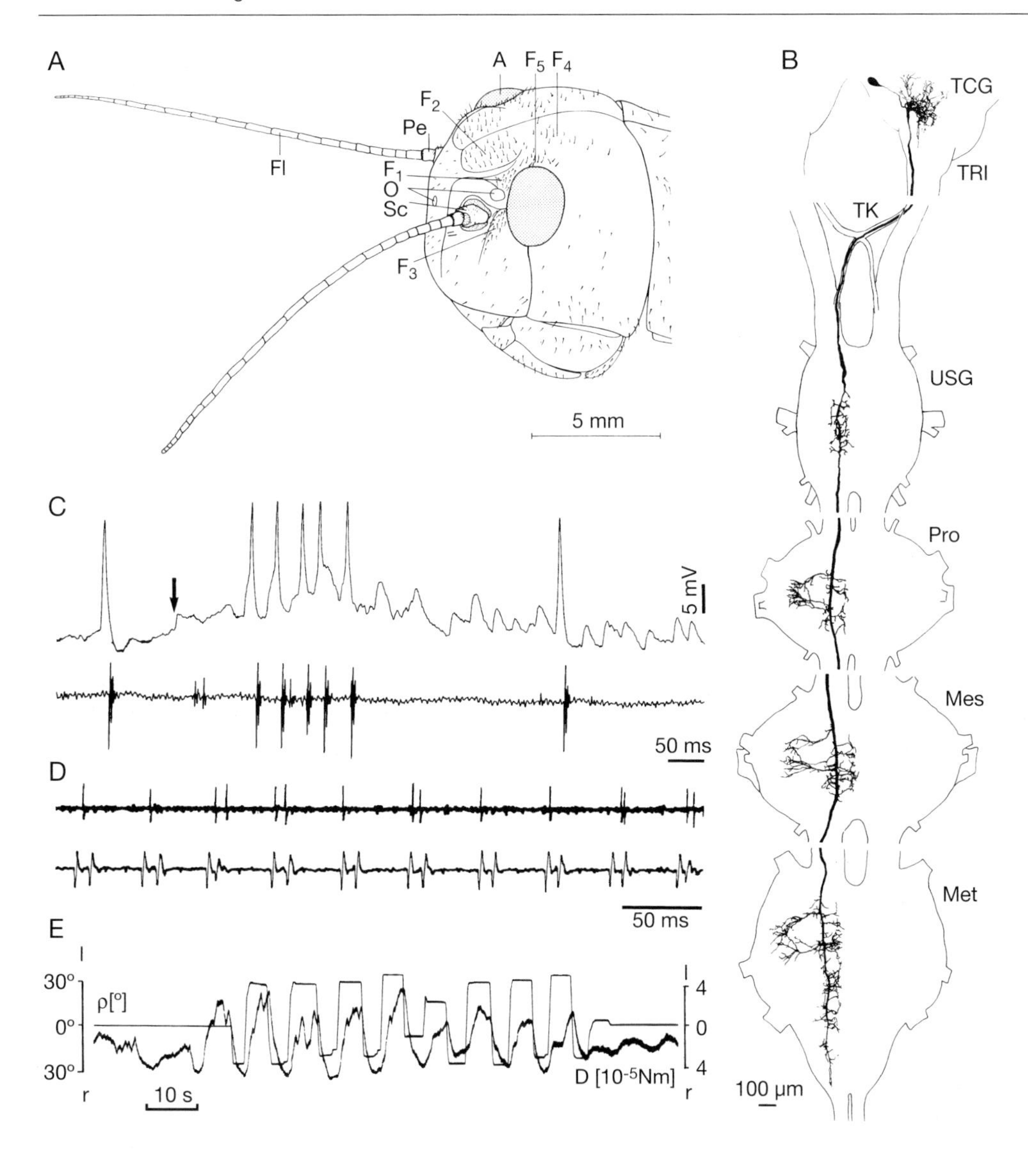

Abb. 4-48: Haarfelder und Antennen als Luftströmungs-Sinnesorgane der Heuschrecken. **A** Seitenansicht des Kopfes der Wanderheuschrecke *(Locusta)* mit den 5 windempfindlichen Haarfeldern (F_1-F_5). Deren primäre Afferenzen führen u. a. zu einem Interneuron (Tritocerebral Commissure Giant, TCG), das vom Tritocerebrum (TRI) durch die Tritocerebral-Kommissur (TK) contralateral in das Unterschlundganglion (USG) und das Pro-, Meso- und Metathorakalganglion (Pro, Mes, Met) projiziert **(B)**. **C** Antwort des TCG (oben, intrazelluläre Ableitung aus dem Zellkörper; unten, extrazelluläre Ableitung von der TK) auf mechanische Reizung des Kopfes (Pfeil; ≙ Reizung mit Luftströmung). **D** Aktivität des TCG (oben, TK-Ableitung) während des fixierten Fluges (unten, Aktivität des Abschlagsmuskels 129). Die Synchronisierung beruht auf rhythmischer aerodynamischer Rückkopplung von den Flügeln auf die Luftströmungs-Sinnesorgane des Kopfes. **E** Werden die Haarfelder einer fixiert fliegenden Heuschrecke (Antennen amputiert) von links (l) oder rechts (r) gereizt (ϱ Anströmwinkel in Horizontalebene) erzeugt das Tier ein Drehmoment in seiner Körperhochachse (D), das es im freien Flug so drehen würde, daß der Fahrtwind wieder genau von vorne käme; dieser Reflex dient also der Stabilisierung des Flugkurses. A Auge, Fl Flagellum, O Ocellus, Pe Pedicellus, Sc Scapus (**A** nach Gewecke 1972; **B** nach Bacon und Tyrer 1978; **C** nach Bacon unveröffentlicht; **D** nach Bacon und Möhl 1979; **E** nach Gewecke und Philippen 1978).

das **Subgenualorgan**. Es hat einen optimalen Frequenzbereich zwischen 1 und 5 kHz und eine sehr niedrige Erregungsschwelle (Reizamplitude $\approx 10^{-9}$m). Die Vibrations-Sinnesorgane werden vor allem in den Funktionskreisen Flucht (bei Schaben und Grillen), Beutefang (beim Rückenschwimmer) und Kommunikation (Notalarm bei Blattschneideameisen) eingesetzt (Horn 1982; Schöne 1980).

Die Schall- oder Gehör-Sinnesorgane sind die mechanorezeptiven Organe mit der höchsten Entwicklung, aber auch der kompliziertesten Funktionsweise. Mit ihnen können reine Töne (Sinus-Schwingungen), Klänge oder Laute (Tongemische) und Geräusche (nichtperiodische Schwingungen) wahrgenommen werden. Dabei werden folgende Reizparameter der Schallwellen unterschieden: Frequenz, Amplitude (Intensität), Dauer und Richtung. Durch das rhythmische Hin- und Herschwingen der Teilchen, das als Schallschnelle gemessen werden kann, ergeben sich wechselnde Verdichtungen und Verdünnungen des Mediums, d.h. Änderungen des Schalldrucks (Box 5-1). Für beide Informationsträger haben sich bei den Insekten Luftschall-Sinnesorgane gebildet.

1 Zur Gruppe der **Schallschnelle-Empfänger** gehören die dünnen langen **Hörhaare** (Fadenhaare, Trichobothrien) auf den Cerci von Schaben und Grillen. Außerdem können antennale Skolopidialorgane, die **Johnstonschen Organe**, zur Schallwahrnehmung dienen, wie es für Mücken und Fliegen (Abb. 4-45) nachgewiesen worden ist.

2 Die zweite Gruppe der **Schalldruckgradienten-Empfänger** wird von den ebenfalls zu den Skolopidialorganen gehörenden **Tympanalorganen** gebildet (Abb. 5-12). Diese Hörorgane, die Trommelfelle als reizaufnehmende Struktur besitzen, sind unabhängig voneinander in verschiedenen Gruppen der Insekten entstanden. Sie liegen bei ihnen in verschiedenen Teilen des Körpers, bei einigen Schmetterlingen im Thorax, bei anderen Schmetterlingen, Feldheuschrecken und Cicaden in den vorderen Abdominalsegmenten und bei Laubheuschrecken und Grillen (Abb. 5-16) in den Tibien der Vorderbeine (Chapman 1983; Horn 1982; Schöne 1980; Schwartzkopff, in Rockstein 1974 [2]).

Das Hörvermögen der Heuschrecken und Grillen hat gemeinsam mit ihrer Fähigkeit zur Lauterzeugung eine hervorragende biologische Bedeutung für diese Tiere erlangt, besonders für ihr Sozialverhalten, d.h. für die Partnerfindung und das Territorialverhalten. Die diesen Phänomenen zugrunde liegenden motorischen, sensorischen und neuronalen Mechanismen werden im folgenden Kapitel (5) über die **akustische Kommunikation** behandelt.

Literatur zu 4

Bacon, J. und Möhl, B. (1979) Activity of an identified wind interneurone in a flying locust. Nature **278**, 638–640.

Bacon, J. und Tyrer, M. (1978) The tritocerebral commissure giant (TCG): A bimodal interneurone in the locust, *Schistocerca gregaria*. J. Comp. Physiol. **126**, 317–325.

Bässler, U. (1965) Proprioreceptoren am Subcoxal- und Femur-Tibia-Gelenk der Stabheuschrecke *Carausius morosus* und ihre Rolle bei der Wahrnehmung der Schwerkraftrichtung. Kybernetik **2**, 168–193.

Bässler, U. (1977) Verhaltensphysiologie bei Stabheuschrecken. Biologie in unserer Zeit **7**, 48–54.

Bässler, U. (1993) The femur-tibia control system of stick insects – a model system for the study of the neural basis of joint control. Brain Res. Rev. **18**, 207–226.

Barth, F. G. (1986) Zur Organisation sensorischer Systeme: die cuticularen Mechanoreceptoren der Arthropoden. Verh. Dtsch. Zool. Ges. **79**, 69–90.

Bauer, C. K. (1991) Modulatory action of proctolin in the locust *(Locusta migratoria)* antennal motor system. J. Insect Physiol. **37**, 663–673.

Bauer, C. K. und Gewecke, M. (1991) Motoneuronal control of antennal muscles in *Locusta migratoria*. J. Insect Physiol. **37**, 551–562.

Browne, L. B. (Ed.) (1974) Experimental analysis of insect behaviour. Springer, Berlin.

Burkhardt, D. (1964) Die Leistungen der Sinnesorgane in ihrer Bedeutung für den Organismus. Verh. Dtsch. Zool. Ges. **57**, 186–204.

Burrows, M. (1973a) The morphology of an elevator and a depressor motoneuron of the hindwing of a locust. J. Comp. Physiol. **83**, 165–178.

Burrows, M. (1973b) The role of delayed excitation in the co-ordination of some metathoracic flight motoneurons. J. Comp. Physiol. **83**, 135–164.
Burrows, M. (1975) Monosynaptic connexions between wing stretch receptors and flight motoneurones of the locust. J. Exp. Biol. **62**, 189–219.
Burrows, M. und Hoyle, G. (1973) Neural mechanisms underlying behavior in the locust *Schistocerca gregaria*, III. J. Neurobiol. **4**, 167–186.
Chabrier, J. (1822) Essai sur le vol des insectes. Mém. Mus. Hist. Nat. **8**, 1–247. A. Belin, Paris.
Chapman, R.F. (1983) The insects. Structure and function. Hodder and Stoughton, London.
Cruse, H. (1990) What mechanisms coordinate leg movement in walking arthropods? Trends in Neurosc. **13**, 15–21.
Darnhofer-Demar, B. (1973) Funktionsmorphologie eines Arthropodengelenks mit extrem großem Aktionswinkel: Das Femoro-Tibial-Gelenk von *Gerris najas* (DeG.) (Insecta, Heteroptera). Z. Morph. Tiere **75**, 111–124.
Dubs, F. (1966) Aerodynamik der reinen Unterschallströmung. Birkhäuser, Basel.
Eaton, R.C. (Ed.) (1984) Neural mechanisms of startle behavior. Plenum, New York.
Frisch, K. von (1965) Tanzsprache und Orientierung der Bienen. Springer, Berlin.
Gewecke, M. (1972) Bewegungsmechanismus und Gelenkrezeptoren der Antennen von *Locusta migratoria* L. (Insecta, Orthoptera). Z. Morph. Tiere **71**, 128–149.
Gewecke, M. und Philippen, J. (1978) Control of the horizontal flight-course by air-current sense organs in *Locusta migratoria*. Physiol. Entomol. **3**, 43–52.
Gewecke, M. und Wendler, G. (Eds.) (1985) Insect locomotion. Parey, Berlin.
Goldsworthy, G.J. und Wheeler, C.H. (Eds.) (1989) Insect flight. CRC Press, Boca Raton, Florida.
Greenewalt, C.H. (1960) The wings of insects and birds as mechanical oscillators. Proc. Amer. Phil. Soc. **104**, 605–611.
Hausen, K. (1981) Monokulare und binokulare Bewegungsauswertung in der Lobula plate der Fliege. Verh. Dtsch. Zool. Ges. **74**, 49–70.
Heinzel, H.-G. und Gewecke, M. (1979) Directional sensitivity of the antennal campaniform sensilla in locusts. Naturwiss. **66**, 212–213.
Heitler, W.J. (1974) The locust jump. J. Comp. Physiol. **89**, 93–104.
Hengstenberg, R. (1988) Mechanosensory control of compensatory head roll during flight in the blowfly *Calliphora erythrocephala* Meig. J. Comp. Physiol. A **163**, 151–165.
Hennig, W. (1969) Die Stammesgeschichte der Insekten. Waldemar Kramer, Frankfurt a.M.
Herman, R.M., Grillner, S., Stein, P.S.G. und Stuart, D.G. (Eds.) (1976) Neural control of locomotion. Plenum, New York.
Holst, E. von und Mittelstaedt, H. (1950) Das Reafferenzprinzip. Naturwiss. **37**, 464–476.
Hoppe, W., Lohmann, W., Markl, H. und Ziegler, H. (Eds.) (1977) Biophysik. Springer, Berlin.
Horn, E. (1982) Vergleichende Sinnesphysiologie. Fischer, Stuttgart.
Horn, E. und Bischof, H.-J. (1983) Gravity reception in crickets: The influence of cercal and antennal afferences on the head position. J. Comp. Physiol. **150**, 93–98.
Hoyle, G. und Burrows, M. (1973) Neural mechanisms underlying behavior in the locust *Schistocerca gregaria*, I, II. J. Neurobiol. **4**, 3–67.
Hughes, G.M. (1958) The co-ordination of insect movements. III. Swimming in *Dytiscus, Hydrophilus*, and a dragonfly nymph. J. Exp. Biol. **35**, 567–583.
Hustert, R. (1974) Morphologie und Atmungsbewegungen des 5. Abdominalsegmentes von *Locusta migratoria migratorioides*. Zool. Jb. Physiol. **78**, 157–174.
Kerkut, G.A. und Gilbert, L.I. (Eds.) (1985) Comprehensive insect physiology, biochemistry and pharmacology, **5, 6**. Pergamon, Oxford.
Markl, H. (1962) Borstenfelder an den Gelenken als Schweresinnesorgane bei Ameisen und anderen Hymenopteren. Z. vergl. Physiol. **45**, 475–569.
Markl, H. (1969) Verständigung durch Vibrationssignale bei Arthropoden. Naturwiss. **56**, 499–505.
Mill, P.J. (Ed.) (1976) Structure and function of proprioceptors in the invertebrates. Chapman and Hall, London.
Müller, A.R., Wolf, H., Galler, S. und Rathmayer, W. (1992) Correlation of electrophysiological, histochemical, and mechanical properties in fibres of the coxa rotator muscle of the locust, *Locusta migratoria*. J. Comp. Physiol. B **162**, 5–15.
Nachtigall, W. (1968) Gläserne Schwingen. Heinz Moos, München.
Nachtigall, W. (Ed.) (1983) Insektenflug, **1, 2**. Fischer, Stuttgart.
Neville, A.C. (1963) Motor unit distribution of the dorsal longitudinal flight muscles in locusts. J. Exp. Biol. **40**, 123–136.
Niehaus, M. (1981) Flight and flight control by the antennae in the small tortoiseshell (*Aglais urticae* L., Lepidoptera), II. J. Comp. Physiol. **145**, 257–264.
Pabst, H. (1965) Elektrophysiologische Untersuchung des Streckrezeptors am Flügelgelenk der Wanderheuschrecke *Locusta migratoria*. Z. vergl. Physiol. **50**, 498–541.
Payne, T.L, Birch, M.C. und Kennedy, C.E.J. (Eds.) (1986) Mechanisms in insect olfaction. Clarendon, Oxford.

Preiss, R. und Gewecke, M. (1991) Compensation of visually simulated wind drift in the swarming flight of the desert locust *(Schistocerca gregaria)*. J. exp. Biol. **157**, 461–481.

Pringle, J.W.S. (1957) Insect flight. University Press, Cambridge.

Pringle, J.W.S. (1978) Stretch activation of muscle: function and mechanism. Proc. R. Soc. Lond. B **201**, 107–130.

Rainey, R.C. (1976) Insect flight. Blackwell, Oxford.

Ramirez, J.M. und Pearson, K.G. (1989) Distribution of intersegmental interneurones that can reset the respiratory rhythm of the locust. J. Exp. Biol. **141**, 151–176.

Reichardt, W. (1973) Musterinduzierte Flugorientierung. Naturwiss. **60**, 122–138.

Robertson, R.M. und Pearson, K.G. (1985) Neural circuits in the flight system of the locust. J. Neurophysiol. **53**, 110–128.

Rockstein, M. (Ed.) (1965) The physiology of insecta, **2**. Academic, New York.

Rockstein, M. (Ed.) (1974) The physiology of insecta, **2, 3**. Academic, New York.

Rüegg, J.C. (1972) Die Funktionsweise myogen oszillierender Insektenmuskeln. Verh. Dtsch. Zool. Ges. **65**, 285–295.

Saager, F. und Gewecke, M. (1989) Antennal reflexes in the desert locust *Schistocerca gregaria*. J. Exp. Biol. **147**, 519–532.

Sandeman, D.C. und Markl, H. (1980) Head movements in flies *(Calliphora)* produced by deflexion of the halteres. J. Exp. Biol. **85**, 43–60.

Schöne, H. (1980) Orientierung im Raum. Wissenschaftl. Verlagsges., Stuttgart.

Seifert, G. (1970) Entomologisches Praktikum. Thieme, Stuttgart.

Smith, D.S. (1965) The flight muscles of insects. Sci. Amer. **212**, 6, 76–88.

Snodgrass, R.E. (1935) Principles of insect morphology. McGraw-Hill Book Comp., New York.

Stevenson, P.A. und Kutsch, W. (1988) Demonstration of functional connectivity of the flight motor system in all stages of the locust. J. Comp. Physiol. A **162**, 247–259.

Strausfeld, N.J., Seyan, H.S. und Milde, J.J. (1987) The neck motor system of the fly *Calliphora erythrocephala*. J. Comp. Physiol. A **160**, 205–224.

Thurm, U. (1984) Beiträge der Ultrastrukturforschung zur Aufklärung sensorischer Mechanismen. Verh. Dtsch. Zool. Ges. **77**, 89–103.

Vincent, J.F.V. und Wood, S.D.E. (1972) Mechanism of abdominal extension during oviposition in *Locusta*. Nature **235**, 167–168.

Weber, H. und Weidner, H. (1974) Grundriß der Insektenkunde. Fischer, Stuttgart.

Weis-Fogh, T. (1956) Biology and physics of locust flight. II. Flight performance of the desert locust *(Schistocerca gregaria)*. Phil. Trans. Roy. Soc. London B **239**, 459–510.

Wendler, G. (1974) The influence of proprioceptive feedback on locust flight co-ordination. J. Comp. Physiol. **88**, 173–200.

Wigglesworth, V.B. (1966) Insect Physiology. Chapman and Hall, London.

Wilson, D.M. (1961) The central nervous control of flight in a locust. J. Exp. Biol. **38**, 471–490.

Wolf, H. und Pearson, K.G. (1988) Proprioceptive input patterns elevator activity in the locust flight system. J. Neurophysiol. **59**, 1831–1853.

Wolf, H., Ronacher, B. und Reichert, H. (1988) Patterned synaptic drive to locust flight motoneurons after hemisection of thoracic ganglia. J. Comp. Physiol. A **163**, 761–769.

Zarnack, W. (1972) Flugbiophysik der Wanderheuschrecke (*Locusta migratoria* L.). J. Comp. Physiol. **78**, 356–395.

5 Akustische Kommunikation

N. Elsner und F. Huber

Einleitung

Lautsignale im Dienste der innerartlichen Kommunikation sind in der Stammesgeschichte der Tiere erstmals von Arthropoden eingesetzt worden, und zwar vor allem im Rahmen der **Partnerfindung** und des **Territorialverhaltens.** Im Laufe der Evolution haben insbesondere die Insekten viele verschiedenartige lauterzeugende Mechanismen und Hörorgane entwickelt. Es verwundert deshalb nicht, daß ihre Bioakustik sowohl in ethologischer und soziobiologischer als auch in biophysikalischer und neurobiologischer Hinsicht ein bevorzugtes Untersuchungsobjekt geworden ist.

Auf die zahlreichen Monographien, die dieses Thema in großer Ausführlichkeit behandeln, sei deshalb schon an dieser Stelle hingewiesen, vor allem auf das Buch «Arthropod Bioacoustics – Neurobiology and Behaviour» von A. Ewing (1989), aber auch auf die früheren Werke von Pierce (1948), Jacobs (1953) und Haskell (1961), die Insekten-Kapitel in den Sammelwerken von Busnel (1963), Lewis (1983), Huber und Markl (1983), sowie auf die Bücher von Tuxen (1967), Kalmring und Elsner (1985), Heller (1988), Huber, Moore und Loher (1989), Bailey und Rentz (1990), Gribakin, Wiese und Popov (1990), Bailey (1991) und auf die Übersichtsartikel von Elsner und Huber (1973), Elsner und Popov (1978), Michelsen und Larsen (1985) sowie Huber (1980, 1992). Dort findet der Leser auch den Zugang zur Originalliteratur, auf deren Dokumentation hier verzichtet wird. Es ist weder möglich, notwendig noch sinnvoll, den Inhalt auch nur eines dieser Werke hier in komprimierter Form wiederzugeben. Stattdessen konzentrieren wir uns auf Grillen und Feldheuschrecken (mit einigen Seitenblicken auf die Zikaden) und behandeln am Beispiel dieser Gruppen verhaltens-, sinnes- und neurophysiologische Aspekte akustischer Kommunikation.

5.1 Verhaltenskontext der Lautäußerungen

Lautäußerungen sind wesentliche Elemente in den Funktionskreisen des Werbe-, Territorial- oder Rivalenverhaltens. Eine spezifische **Sender-Empfänger-Beziehung** garantiert die innerartliche Verständigung. Diese ist den Insekten angeboren und braucht nicht erlernt zu werden. Die in der akustischen Kommunikation sichtbar werdenden Verhaltensweisen lassen sich zu Sequenzen ordnen und als **Ethogramme** oder **Soziogramme** darstellen, wie dies in Abb. 5-1 für die australische Feldgrille gezeigt ist. Dabei ist jeweils eine der dargestellten Verhaltensweisen Auslöser für die nächstfolgende. Man bezeichnet solche Auslöser auch als **Schlüsselreize**, für die im Nervensystem des Empfängers ein **Angeborener Auslösender Mechanismus (AAM)** vorhanden ist. Dies ist ein neuronaler Filterapparat für den Schlüsselreiz, der es dem Empfänger erlaubt, artadäquat zu reagieren.

Die zeitlichen Muster der Gesänge, seltener die Frequenzspektren, sind streng artspezifisch (Abb. 5-2), wobei oft je nach Verhaltenssituation verschiedene Gesänge produziert werden.

So kennt man bei den Männchen vieler Grillenarten drei Typen:

1. Den Lockgesang, der paarungsbereite Weibchen auffordert, das Männchen anzusteuern.
2. Den Werbe- oder Balzgesang, der hervorgebracht wird, sobald ein Weibchen auf Sicht- oder Tastkontakt herangekommen ist. Er hat die Aufgabe, den Partner zur Paarung zu bewegen.
3. Den Kampf- oder Rivalengesang, den ein Männchen nach heftigem Fühlerkontakt mit einem anderen Männchen anstimmt.

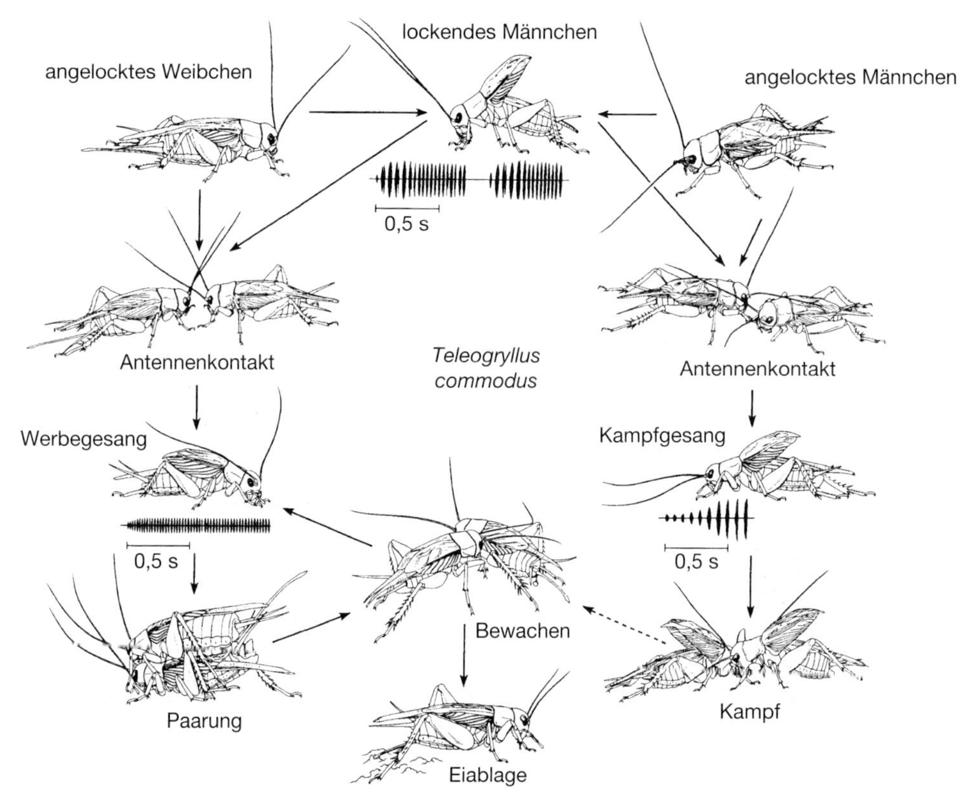

Abb. 5-1: Sequenz von Verhaltensweisen während der innerartlichen Verständigung der Grille *Teleogryllus commodus* (nach Loher und Dambach, in Hubert et al. 1989).

Bei vielen Feldheuschreckenarten der Unterfamilie Gomphocerinae, bei einigen Laubheuschreckenarten und bei Maulwurfsgrillen erzeugen auch die Weibchen Laute, in aller Regel als Antwort auf den Lock- oder den Werbegesang des artgleichen Männchens. An diesen Beispielen sieht man besonders gut, daß die akustische Kommunikation keine einseitige Beziehung darstellt, in der ein Partner den anderen zu manipulieren sucht, sondern beide Partner im Wechselspiel sowohl Sender als auch Empfänger sind.

Die miteinander kommunizierenden Partner müssen darin übereinstimmen, welchen Satz von Nachrichten des Signals sie nutzen und wie diese zu interpretieren sind. Das wirft sofort die Frage auf, wie sich Sender und Empfänger im Laufe der Evolution einander angepaßt haben. Auf sie soll am Schluß dieses Kapitels näher eingegangen werden, zunächst stehen lauterzeugendes und lauterkennendes System, also Sender und Empfänger im Vordergrund der Darstellung.

5.2 Lauterzeugung und ihre neuronalen Grundlagen

5.2.1 Biomechanik der Stridulation

Grillen- und Laubheuschreckenmännchen produzieren ihre Laute mit den schräg gestellten **Vorderflügeln** (Elytren), wobei eine mit Zähnchen besetzte **Schrilleiste** auf der Unter-

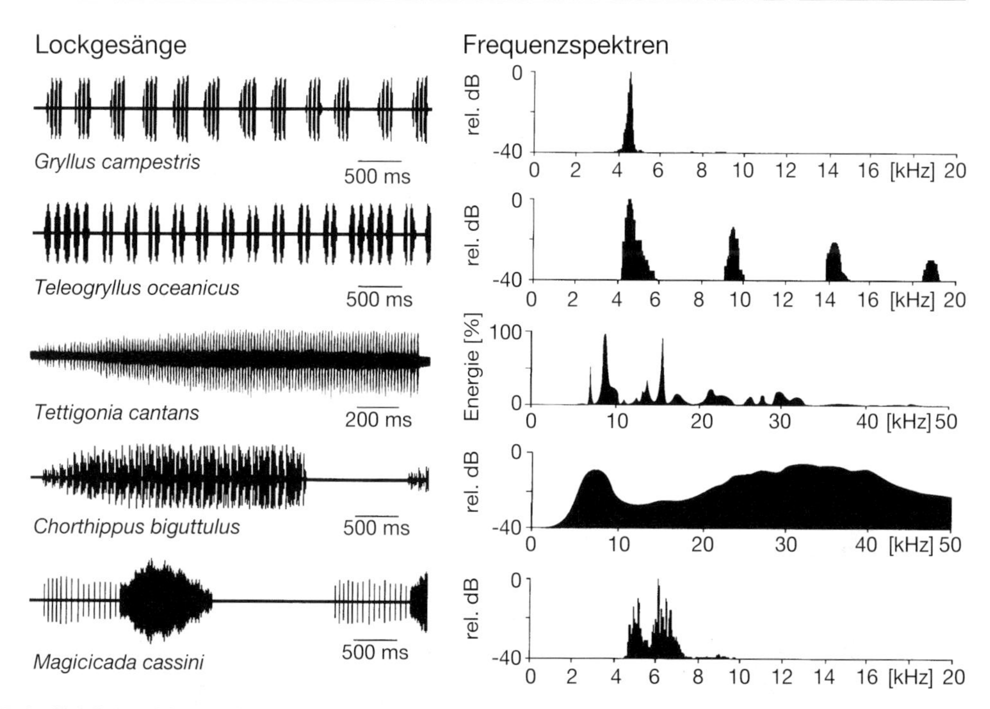

Abb. 5-2: Zeitliches Muster (links) und Frequenzspektren (rechts) des Gesangs zweier Grillen *(Gryllus campestris, Teleogryllus oceanicus)*, einer Laubheuschrecke *(Tettigonia cantans)*, einer Feldheuschrecke *(Chorthippus biguttulus)* und einer Zikade *(Magicicada cassini;* nach Huber 1992).

seite des einen Flügels (bei den Grillen ist es in der Regel der rechte, bei den Laubheuschrecken der linke) gegen eine stärker **sklerotisierte Kante** (Plektrum) des Gegenflügels anstreicht. Das schmale Frequenzband vieler Grillenlaute von einigen hundert Hertz (meist im Bereich zwischen 3–6 kHz) entsteht durch Resonanz eines scharf abgestimmten Flügelfeldes, der sogenannten Harfe, einer dreieckigen und durch Rippen versteiften Flügelstruktur. Sie wird durch den Zahnanschlag an die Kante des anderen Flügels zu Schwingungen angeregt. Man kann diese Schwingungen durch auf den Flügel gestreutes Korkpulver sichtbar machen, das nur über der Harfenfläche emporgewirbelt wird, wenn der Flügel mit der Frequenz ihres Lockgesanges (5 kHz) beschallt wird.

Miniaturspulen, die den Vorderflügeln aufgeklebt sind, erlauben es, bei einer im hochfrequenten elektromagnetischen Wechselfeld singenden Grille, die beim Schließen und Öffnen der Flügel und der mitbewegten Spulen auftretenden Spannungsänderungen als Korrelat der Bewegung aufzuzeichnen. Dabei wurde entdeckt, daß jeder Zahnanschlag eine einzelne Schallwelle induziert und die Trägerfrequenz des Gesanges der Zahnanschlagsrate entspricht (Abb. 5-3, links). Somit ist die Grillenstridulation biomechanisch einem Uhrwerk mit Zahnvorschub gleichzusetzen.

Bei den Laubheuschrecken löst ein Zahnanschlag in aller Regel einen gedämpften Schwingungspuls aus. Diese Pulse und ihre Gruppierung im Gesang erzeugen ein breites Frequenzspektrum, das sich bis in den Ultraschallbereich erstrecken kann.

Bei Feldheuschrecken sind vor allem die Männchen und Weibchen der zu den Unterfamilien Gomphocerinae und, allerdings in weitaus geringerem Maße, Oedipodinae gehörenden Arten für ihr akustisches Verhalten bekannt. Sie streichen die **Hinterbeine** lauthaft an den **Vorderflügeln** auf und ab (Abb. 5-

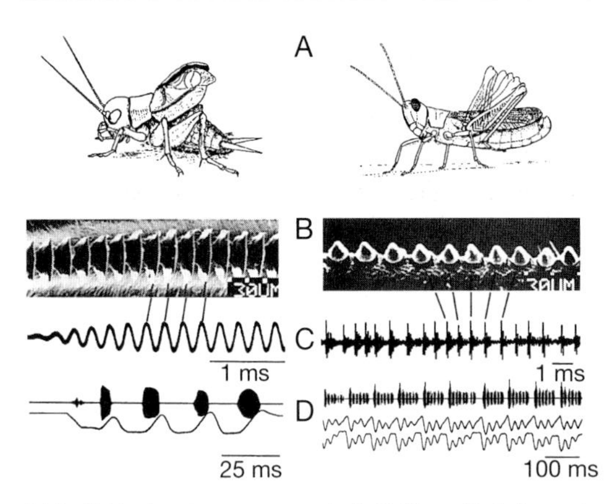

Abb. 5-3: Lauterzeugung bei Grillen (links) und Feldheuschrecken (rechts). **A** Singende Männchen von *Gryllus campestris* (nach Regen, 1903) und *Chorthippus biguttulus* (nach Helversen und Helversen, in Huber und Markl 1983). **B** Rasterelektronenmikroskopische Aufnahmen der Stridulationsleisten. **C** Zeitgedehnte Ausschnitte aus den Lautmustern. **D** Oszillogramme der Gesänge (obere Spuren) und zugehörige Flügel- bzw. Beinbewegungen (untere Spuren); Auslenkungen nach oben bzw. unten entsprechen bei der Grille den Flügelschließ- bzw. Öffnungsbewegungen und bei der Heuschrecke den Auf- bzw. Abwärtsbewegungen der Hinterbeine (**B-D** nach Elsner und Popov 1978).

3, rechts). Bei den beiden Gruppen sind zwei einander spiegelbildliche Stridulationsmechanismen entwickelt worden: Die Gomphocerinae besitzen auf der dem Körper zugewandten Seite der Hinterbeine eine mit ca. 120 Zähnchen besetzte Stridulationsleiste, die an einer scharfkantigen Flügelader angestrichen wird. Bei den Oedipodinae sitzt dagegen die Zähnchenreihe auf den Flügeln und die Kante auf den Beinen. Ähnlich wie bei den meisten Laubheuschrecken wird bei jedem Zahnanschlag ein kurzer Schwingungszug ausgelöst, der rasch abklingt. Spezielle Strukturen mit Resonanzeigenschaften (wie die Harfe bei der Grille) gibt es bei den Feldheuschrecken nicht. Dementsprechend ist das Spektrum der emittierten Laute sehr breitbandig und erstreckt sich von wenigen kHz bis in den Ultraschallbereich.

Ein völlig anderes Prinzip der Lauterzeugung ist bei den Männchen der Singzikaden entwickelt worden. Sie tragen je einen **Schalldeckel** als cuticulare Differenzierungen dorsolateral links und rechts im ersten **Hinterleibssegment.** Der zugehörige Trommelmuskel zieht den Schalldeckel aus der gespannten Außenlage bis zu einem kritischen Punkt nach innen. Nach Erschlaffen des Muskels kehrt der Deckel wieder in seine Außenlage zurück. Abhängig von der Zikadenart können Laute nur im Ein- oder Ausdellen oder bei beiden Vorgängen erzeugt werden. Der Schalldeckel wird durch andere Muskeln versteift, insbesondere durch Tensormuskeln, welche seine Schwingungseigenschaften und die Amplituden der Laute ändern können. Die Männchen setzen diese Muskeln auch vor Beginn und während ihrer eigenen Lauterzeugung ein. Sie falten die Trommelfellmembran, vermutlich zum Schutz vor den eigenproduzierten Lauten. Eine den Hinterleib ausfüllende Kammer dient als Resonator und Schallverstärker.

5.2.2 Neuromuskuläre Grundlagen der Lauterzeugung

Die Insektengesänge sind gute Modelle für die Untersuchung der Frage, wie das Nervensystem rhythmische Verhaltensmuster generiert und deren Elemente auf den verschiedenen Ebenen koordiniert. Wir konzentrieren uns hier auf folgende Fragen: Wie entsteht der **Rhythmus der Stridulation**, ist er eine alleinige Leistung des Zentralnervensystems (ZNS) oder sind daran auch Sinnesorgane beteiligt? Wie werden die einzelnen Elemente der Stridulation koordiniert, z. B. auf segmentaler Ebene die Flügel, die Hinterbeine oder die Schalldeckel, und wie wird auf plurisegmentaler Ebene die Stridulation mit den Bewegungen anderer Körperteile, z. B. dem Kopf mit den Antennen oder dem Abdomen (während der Atmung) gekoppelt?

Einen ersten Einblick erhält man durch die Ableitung der elektrischen Muskelaktivität **(Elektromyographie)** während der Stridulation (Abb. 5-4). Hierzu werden haarfeine

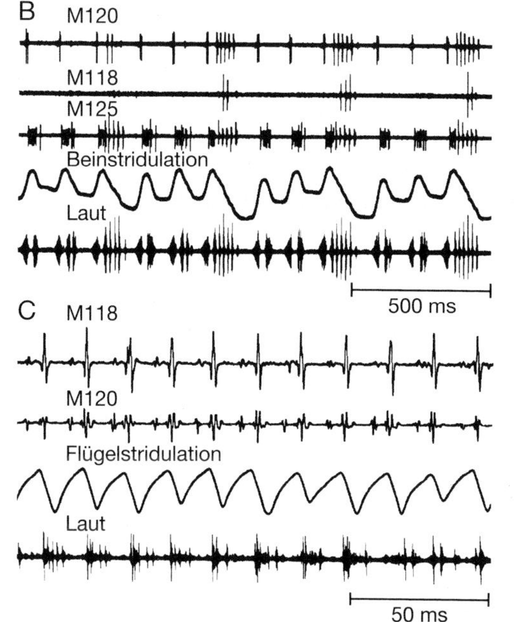

Abb. 5-4: Die Feldheuschrecke *Stenobothrus rubicundus* während der Flügelstridulation; mehr als 20 Feindraht-Elektroden, die das Verhalten nicht behindern, sind in die verschiedenen Muskeln chronisch implantiert worden **(A)**. Unten: Simultane Registrierungen der Laute, der Stridulationsbewegungen mit den Hinterbeinen **(B)** bzw. den Flügeln **(C)**, sowie der elektrischen Aktivitäten verschiedener Muskeln (M 120: Hebermuskel; M 118, M 125: Senkermuskeln), die die Hinterbeine bzw. die Hinterflügel bewegen (nach Elsner und Wasser unveröffentlicht).

Drahtelektroden (Durchmesser 20–30 µm) von außen in die Singmuskeln eingestochen und auf dem Exoskelett befestigt. Selbst wenn mehr als 20 solcher Drähte über Tage und Wochen chronisch implantiert bleiben, behindern sie die freie Beweglichkeit und das Singverhalten der Tiere nicht. Auf diese Weise läßt sich die stridulationsspezifische Aktivität vieler Muskeln gleichzeitig erfassen, häufig sogar bis zur Ebene einzelner motorischer Einheiten, d. h. jener Anteile des Muskels, die von einer einzigen motorischen Nervenzelle (Motoneuron) innerviert sind.

Die Registrierung der Myogramme ist in mehrfacher Hinsicht von Bedeutung. Zum einen hilft sie Fragen zur Funktionsmorphologie des Skelettmuskelsystems klären, zum anderen ist sie ein Spiegelbild zentralnervöser Aktivität: Jedes Muskelpotential wird durch ein Aktionspotential des innervierenden Motoneurons ausgelöst. Über die Muskelableitungen lassen sich damit indirekt die zentralnervösen Ausgangserregungen für die Stridulation erfassen und die Gesänge sozusagen in der Sprache des Nervensystems, nämlich als **Aktionspotentialmuster**, beschreiben.

5.2.3 Sensorische Kontrolle und zentralnervöse Mustergenese

Es stellt sich nun die Frage, ob das Erregungsmuster, mit dem das Zentralnervensystem die Muskulatur ansteuert, allein von diesem generiert wird oder ob es dazu sensorischer Rückkopplung bedarf.

5.2.3.1 Ausschaltversuche bei Feldheuschrecken und Grillen

Bei **Feldheuschrecken** erweist sich das Stridulationsmuster als außerordentlich robust gegenüber Eingriffen in die Singmechanik. Man kann die Flügel abschneiden, so daß die Beine nur noch lautlos auf- und abbewegt werden können oder die Beine (sie werden normalerweise phasenverschoben bewegt) mechanisch koppeln und sie sogar festlegen, so daß keine

Gesangsbewegungen mehr möglich sind: Trotzdem leitet man aus den thorakalen Singmuskeln das unveränderte stridulationsspezifische Erregungsmuster ab. Selbst wenn man die Beine am Coxa-Trochanter-Gelenk ganz abschneidet und die Coxa festklebt, «singt» das Männchen mit seinem Nervensystem und den Muskeln, wenn auch mit etwas verminderter Aktivität. Das alles spricht für eine zentralnervöse Kontrolle der Stridulation: Das ZNS ist in der Lage, auch ohne Rückkopplung von Sinnesorganen, welche die Ausführung der Stridulationsbewegungen messen können, das Grundmuster artspezifischer Gesänge zu generieren.

Freilich, Ausschaltversuche können prinzipiell nur etwas über die Leistungen des übriggelassenen Teils des Systems, aber nichts über die Rolle des eliminierten aussagen. Daß sensorische Rückmeldungen sehr wohl Bedeutung für die Aufrechterhaltung des Gesangsmusters haben, zeigen Versuche an Grillen.

Bei vielen **Grillen** streicht die Schrilleiste des rechten, oben liegenden Flügels über die Kante des linken, unten liegenden Flügels. Werden die Flügel in ihrer Lage vertauscht, macht man also aus einem Rechts- einen Linksgeiger, so korrigiert das Männchen die falsche Flügellage bei Beginn des nächsten Gesangs. Dafür sind männchenspezifische Felder von ca. 50 **mechanosensitiven Sinneshaaren** verantwortlich, die jeweils auf der Ober- und Unterseite jedes Vorderflügels nahe der Schrill- kante lokalisiert sind. Sie werden am Ende jeder lauthaften Schließbewegung durch den Anstrich des Gegenflügels abgebogen und gereizt. Fehlt ihre Meldung, so ist die Singbewegung verändert und in etwa 2 % der Fälle kommt es zu einer Umkehr der Flügelstellung, d.h. das Männchen wird zum Linksgeiger. Sein Gesang bleibt zwar zeitlich artgemäß gegliedert, er ist aber in der Lautstärke deutlich vermindert. Diese Sinneshaarfelder helfen also, die artspezifische Flügellage zu kontrollieren und damit die Lautheit des Gesanges zu optimieren.

Ein zweites männchenspezifisches Sinnessystem auf den Vorderflügeln der Grillen ist eine Gruppe von ca. 15 **campaniformen Sensillen** (4.5.1) auf der Unterseite nahe dem proximalen Abschnitt der Kubitalader. Sie werden durch den Andruck der Flügel während der Schließbewegung gereizt. Werden ihre Meldungen unterbunden, z.B. nach Durchtrennung des cubitalen Flügelnerven proximal zu den Sinneszellen, so fallen Silben im Vers aus oder sind in ihrer Dauer deutlich verkürzt. Das arteigene Muster des Gesanges wird ge-

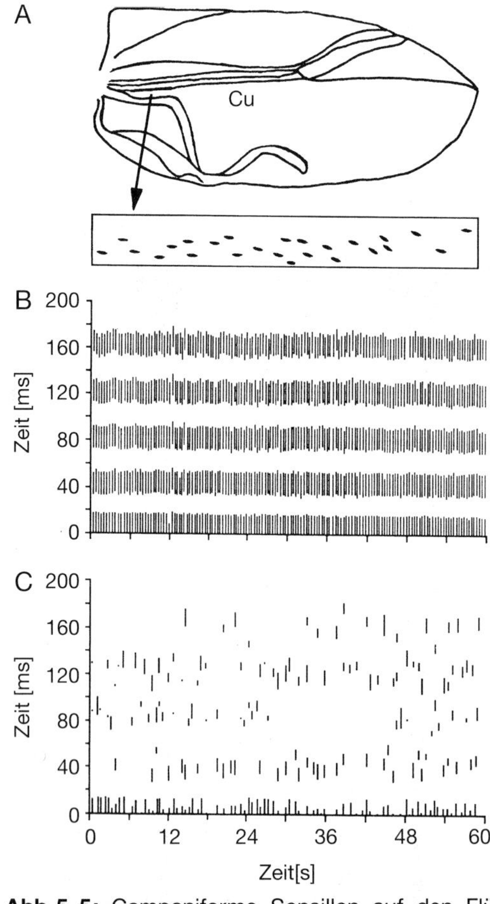

Abb. 5-5: Campaniforme Sensillen auf den Flügeln der Männchen bei der Grille *Gryllus bimaculatus* und ihr Effekt auf die Lauterzeugung. **A** Ventralansicht des Vorderflügels (Cu Cubitalader); der Pfeil weist auf vergrößertes Sensillenfeld hin. **B** Reguläres fünf-silbiges Gesangsmuster eines Männchens mit intaktem Sensillenfeld. **C** Stark gestörtes Muster nach Durchtrennung des afferenten Nerven (nach Schäffner 1984).

ändert (Abb. 5-5). Diese campaniformen Sensillen haben also die Aufgabe, den adäquaten Anstrich der Schrilleiste an die Kante zu garantieren, indem sie die Aktivität von Muskeln beeinflussen, die hierfür verantwortlich sind.

5.2.3.2 Thorakale Mustergeneratoren und die Rolle des Gehirns

Es stellt sich nun die Frage, wo und wie im Zentralnervensystem (Abb. 5-6) das Erregungsmuster für die artspezifischen Gesänge gebildet wird. Die Singmuskeln erhalten ihre Kontraktionsbefehle von Motoneuronen, die bei den Grillen und Laubheuschrecken im Mesothorakalganglion und bei den Feldheuschrecken im Metathorakalganglion lokalisiert sind. Diese Teile des ZNS sind für die Steuerung der Lautproduktion zweifellos notwendig. Aber sind sie auch hinreichend für die Genese der artspezifischen Muster? Spielen andere Ganglien, z. B. das Gehirn, dabei keine Rolle?

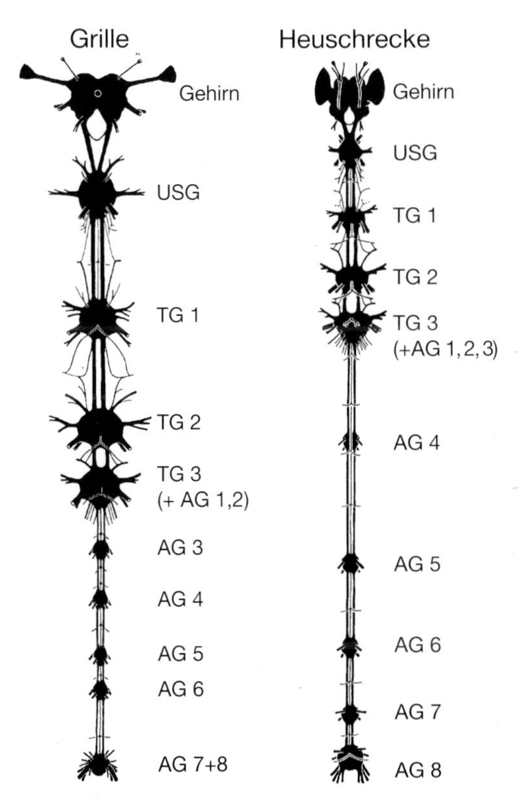

Abb. 5-6: Zentralnervensystem einer Grille *(Gryllus campestris)* und einer Feldheuschrecke *(Psophus stridulus)*. USG Unterschlundganglion; TG 1,2,3 Pro-, Meso-, Metathorakalganglion; AG 1–8 1.–8. Abdominalganglion (nach Huber 1953).

Auf den ersten Blick scheint dies so zu sein. Jedenfalls deuten Ausschaltversuche auf eine starke **Autonomie der Thorakalganglien** hin. Grillen singen nach einiger Zeit auch dann wieder, wenn die Verbindungen zum Gehirn unterbrochen sind. Gleiches gilt nach Durchtrennung der Konnektive zu den abdominalen Ganglien. Offenbar reichen die thorakalen Ganglien, wahrscheinlich allein das Mesothorakalganglion aus, um das zentralnervöse Erregungsmuster für den Gesang zu erzeugen. Bei den Feldheuschrecken zeigen entsprechende Experimente, daß der Mustergenerator im Metathorakalganglion zu finden ist. Genauer gesagt sind es zwei solcher Netzwerke, für jedes Hinterbein eines. Trennt man das Ganglion durch einen Längsschnitt in der Mitte in zwei Hälften, so vermag jedes der beiden Hinterbeine noch in artspezifischer Weise zu stridulieren. Aus all dem könnte man den Schluß ziehen, daß andere Teile des ZNS an der Mustergenese nicht beteiligt sind, eine Folgerung, die freilich am Schluß dieses Abschnitts noch einmal zu diskutieren sein wird.

Wie kann man nun solche neuronalen Mustergeneratoren analysieren? Hierzu sind Ableitungen von den stridulationsrelevanten Neuronen notwendig. Dabei ergibt sich jedoch eine Schwierigkeit, denn solche Experimente erfordern ein festgelegtes Tier mit freigelegten Ganglien. Freiwillig wird eine solche Grille oder Heuschrecke nicht mehr singen, wohl aber bei **elektrischer Hirnreizung.** Auf diese Technik und damit auch auf die Rolle des Gehirns soll daher zunächst eingegangen werden.

Bei Grillen und Heuschrecken gelingt es, durch Stimulation bestimmter Hirnareale die verschiedenen Gesangstypen und auch nichtakustische Balz- und Kampfhandlungen reproduzierbar auszulösen. Dies geschieht über chronisch implantierte flexible Drahtelektroden oder dem Hirn aufliegende Saugelektroden, sowohl beim nahezu freibeweglichen als auch beim gehalterten Tier; letzteres ist für die Kombination mit intrazellulären Ableitungen von Bedeutung.

Umfangreiche Untersuchungen zur Rolle des Gehirns bei der Stridulation sind zuerst bei Grillen durchgeführt worden. Es gibt spezifische Areale für die Auslösung und Hemmung des Gesangs und für einzelne Typen der Gesänge (Abb. 5-7). Die artspezifischen Gesänge konnten durch elektrische Pulsfolgen ausgelöst werden, wobei die Latenzzeit zwischen Reiz- und Gesangsbeginn zwischen wenigen Sekunden und einer Minute schwankte. Sie war besonders groß bei Reizungen im Bereich der pilzhutförmigen Körper (Corpora pedunculata; 7.3.3) des Protocerebrums und dann meist korreliert mit komplexen Verhaltensfolgen, z. B. Lockgesang mit der typischen Körper- und Antennenstellung, Werbe- oder Kampfgesang mit zugehörigen Balz- und Kampfsequenzen. Lockgesang konnte den Reiz um Minuten überdauern, während Kampfgesang unmittelbar nach Reizende aufhörte. Wurden die elektrischen Pulse zu Salven geordnet angeboten, so löste bei niedrigen Salvenraten jede Salve einen oder wenige Lock- bzw. Werbegesangsverse aus. Erst Reizung mit höheren Raten führte zu einem kontinuierlichen Gesang. Eine zeitliche Korrelation zwischen Reiz- und Gesangsmuster bestand nicht. Die Steigerung der elektrischen Pulsfrequenz oder der Stromstärke führte nur zu einer schnelleren Versrate im Lock- und Werbegesang, hatte aber keinerlei meßbaren Einfluß auf den Silbenrhythmus.

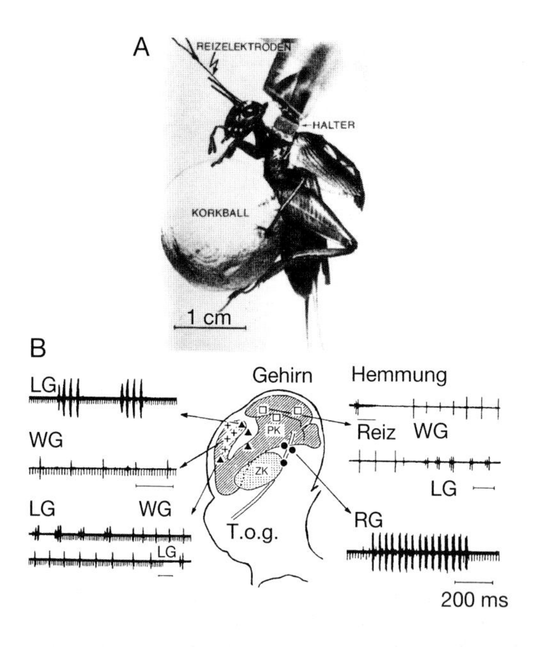

Abb. 5-7: A Singendes Grillenmännchen während der elektrischen Hirnreizung. **B** Sagittalschnitt durch eine Hirnhälfte mit pilzförmigem Körper (PK), Zentralkörper (ZK) und einem Fasertrakt (T. o. g.). Symbole kennzeichnen die Reizorte, Pfeile die Reizeffekte. LG Lockgesang, WG Werbegesang, RG Rivalengesang, Reizpulse sind als kleine Auslenkungen nach unten in den Registrierungen sichtbar (nach Huber 1960, 1989).

Die Ergebnisse solcher Reizversuche deuten an, daß das Gehirn nicht nur eine allgemein-stimulierende Rolle hat, sondern die thorakalen Mustergeneratoren der einzelnen Gesangstypen über diskrete Kommandofasern gezielt ansteuert und kontrolliert. Man kann die thorakalen Mustergeneratoren also nicht als die für die zentralnervöse Kontrolle der Gesänge allein verantwortlichen Instanzen ansehen.

Unabhängig von ihrem analytischen Wert ist die Hirnreizung, wie bereits erwähnt, von großer methodischer Bedeutung: Mit ihr kann man auch dann zuverlässig Stridulation auslösen, wenn die Grille oder Heuschrecke festgelegt und das Nervensystem für intrazelluläre Ableitungen freipräpariert ist (Abb. 5-8).

Im Mesothorakalganglion der Grillen hat man mit dieser kombinierten Hirnreiz-Ableittechnik eine Reihe von stridulationsrelevanten Neuronen finden können, die alternierend im Takt der Öffnungs- und Schließbewegungen der Flügel aktiv sind. Von Bedeutung scheinen vor allem Interneurone zu sein, die zwischen dem Beginn der Aktivität eines Öffner- und dem Beginn der anschließenden Aktivität eines Schließermotoneurons aktiv und andere, die in diesem Zeitabschnitt gehemmt sind.

Besonders umfangreiche Untersuchungen liegen bei Feldheuschrecken vor. Hier kennt man inzwischen eine große Zahl von metathorakalen Interneuronen, die während der Stridulation im Gesangsrhythmus aktiv sind. Sie erstrecken sich über eine oder über beide Ganglienhälften. Durch intrazelluläre Applikation de- oder hyperpolarisierender Ströme kann man den Gesangsrhythmus, die Form der Stridulationsbewegungen und teilweise auch die Koordination der Singbewegungen des rechten und des linken Beins beeinflussen. Die Verbindungen der Interneurone untereinander und zu den Motoneuronen sind allerdings noch unbekannt.

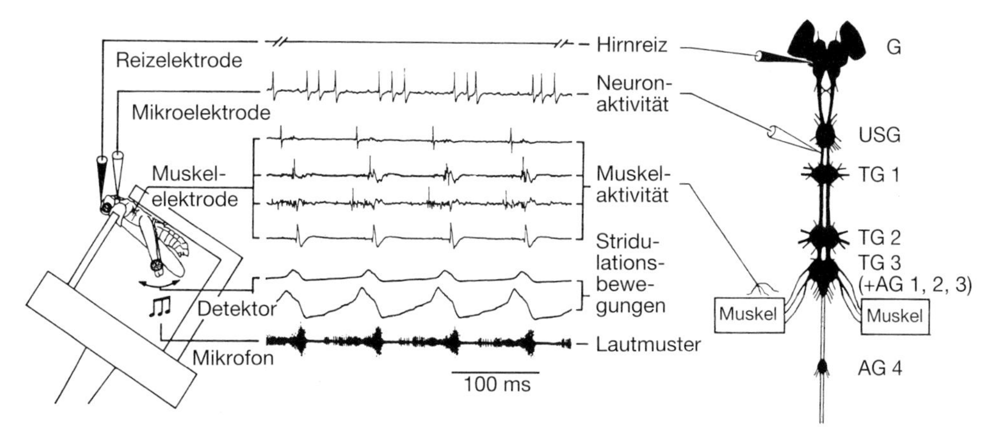

Abb. 5-8: Versuchsaufbau zur Registrierung der Stridulationsmuster auf neuronaler, muskulärer und Verhaltensebene. Die Feldheuschrecke ist so gehaltert, daß über eine dem Gehirn aufgesetzte Saugelektrode Gesang ausgelöst und die Aktivität stridulationsrelevanter Neurone intrazellulär abgeleitet werden kann. Simultan dazu werden der Gesang, die Stridulationsbewegungen der Hinterbeine und die elektrischen Aktivitäten verschiedener Thoraxmuskeln aufgenommen. G Gehirn, USG Unterschlundganglion, TG Thorakal-, AG Abdominalganglien (nach Hedwig 1986).

Zurück zur Frage nach der Rolle der Kopfganglien. Steuern sie die Mustergeneratoren im Meso- (Grillen) bzw. Metathorakalganglion (Feldheuschrecken) nur durch eine allgemeine tonische Erregung an oder nehmen sie dezidierten Einfluß auf die Mustergenese? Durch ausgedehnte Untersuchungen an der Feldheuschrecke *Omocestus viridulus* sind die stridulationsrelevanten Verbindungen zwischen den thorakalen und den cephalen Ganglien zu einem großen Teil aufgeklärt worden. Zunächst gab es keine Überraschungen: Die Aktivität jener Interneurone, die vom Gehirn bis zum Metathorakalganglion (und z. T. sogar in die abdominale Ganglienkette) ziehen, entspricht ganz dem Bild, das man sich bisher gemacht hat: Ihre Aktivität ist während der Stridulation nicht gesangsspezifisch gemustert, sondern lediglich tonisch erhöht. Wahrscheinlich aktivieren sie in dieser allgemeinen Form die metathorakalen Netzwerke, wobei man allerdings sagen muß, daß ihre Verbindungen zu den mustergenerierenden Neuronen z. Zt. noch nicht bekannt sind.

Angesichts der Tatsache, daß die thorakalen Netzwerke das Stridulationsmuster autonom generieren können (vorausgesetzt, sie werden dazu angeregt), überrascht der Befund, daß es auch deszendierende Interneurone gibt, die im Stridulationsmuster aktiv sind. Sie beginnen im Unterschlundganglion und ziehen von dort bis zu den abdominalen Neuromeren des Metathorakalganglions, wobei sie auch im Pro- und im Mesothorakalganglion axonale Verzweigungen besitzen (Abb. 5-9, rechts). Durch De- und Hyperpolarisation des Membranpotentials solcher Neurone läßt sich ihr Entladungsmuster modulieren, was zu Veränderungen im Stridulationsmuster führen kann.

Gibt es also im Unterschlundganglion einen zweiten Mustergenerator? Dies ist wahrscheinlich nicht der Fall, denn die gesangsgemusterte Aktivität der Neurone bricht sofort zusammen, sobald die Konnektive zwischen dem Unterschlundganglion und dem thorakalen Teil des Zentralnervensystems durchtrennt werden. Woher kommt nun das Stridulationsmuster der Neurone des Unterschlundganglions? Neben den deszendierenden gibt es auch zahlreiche aszendierende Interneurone. Sie tragen das Gesangsmuster, sei es als zentrale Efferenzkopie, sei es als sensorische Rückmeldung, aus dem Metathorakalganglion bis «hinauf» zum Gehirn und können es auf die vom Unterschlundganglion deszendierenden Neurone übertragen (Abb. 5-9, links).

Worin mag der Sinn dieser großräumigen Repräsentanz des Gesangsmusters liegen? Zum einen wohl in der Kontrolle des metathorakalen Mustergenerators durch die Kopfganglien. Zum anderen sicherlich darin, den

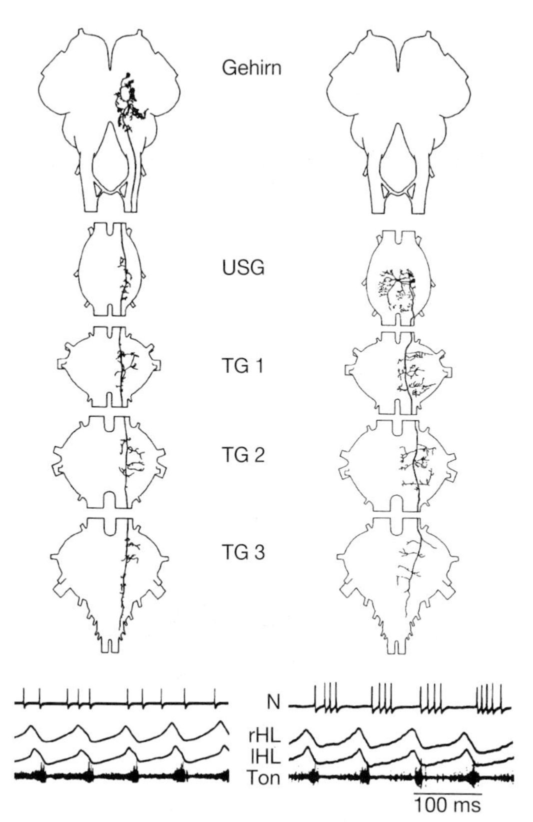

Abb. 5-9: Vom Gehirn bzw. Unterschlundganglion (USG) zu den Thorakalganglien (TG 1–3) deszendierende Stridulations-Interneurone der Feldheuschrecke *Omocestus viridulus.* Die zugehörigen Registrierbeispiele zeigen das Lautmuster (Ton), die Stridulationsbewegungen des rechten und linken Hinterbeins (rHL, lHL), sowie die Aktivität des betreffenden Neurons (N). Während das USG-Neuron (rechts) exakt an den Gesangsrhythmus gekoppelt ist, erhöht das Gehirn-Neuron (links) zwar seine Aktivitätsrate, ist aber nicht im Gesangsrhythmus aktiv (nach Hedwig 1986).

gesamten Körper der Heuschrecke auf Stridulation einzustellen. Durch heftige Stridulationsbewegungen der großen Hinterbeine könnte die Heuschrecke leicht aus dem Gleichgewicht geraten, d.h. der Körper muß im Takt der Singbewegungen stabilisiert werden. Tatsächlich findet man ein stridulationsspezifisches Erregungsmuster in vielen Muskeln wieder, die auf den ersten Blick gar nichts mit den Hinterbeinbewegungen zu tun haben. Besonders eng ist die Koppelung zwischen Stridulations- und Atmungsaktivität, die bei Grillen und Feldheuschrecken exakt miteinander koordiniert sind. Es ist sehr wahrscheinlich, daß die erwähnten plurisegmentalen Stridulations-Neurone auch im Dienste dieser übergreifenden motorischen Koordination stehen.

Zu einem besseren Verständnis der Zusammenarbeit zwischen Gehirn und Bauchmark haben auch Untersuchungen an Grillen beigetragen. Durch Reizung ganzer Konnektive oder einzelner Faserbündel konnten artspezifisch gegliederte Lock- und Werbegesänge, auch Übergänge zwischen beiden Gesangsformen, ausgelöst werden. Wiederum zeigte sich keine Korrelation zwischen der zeitlichen Gruppierung der Reizpulse und den Gesangsmustern. Ferner konnte man durch Reizung einer einzelnen Faser mit verschiedenen Reizpulsfrequenzen bei der Grille *Teleogryllus oceanicus* alle drei Formen der Gesänge auslösen. Die unterschiedliche Erregung in dieser Faser genügte also, um das arttypische und dem jeweiligen Verhaltenskontext angepaßte Singkommando zu geben, ein Beispiel für ein **Kommando-Neuron** im Nervensystem.

5.3 Wahrnehmung und Erkennung der Laute

Für Partnerfindung und Fortpflanzung müssen Sender und Empfänger auf artspezifische Lautsignale abgestimmt sein. Der Empfänger muß die Sendersignale wahrnehmen, als artspezifisch erkennen, sie orten und beantworten. Das verlangt von seinem Nervensystem zwei gleich bedeutsame Leistungen: Es muß arteigene Laute von artfremden und anderen Schallereignissen im Biotop unterscheiden **(Gesangserkennen)** und es muß die Position des Senders lokalisieren können **(Ortung des Gesanges).** Verhaltens- und neurophysiologische Experimente zeigen die Strategien auf, die die Tiere dabei verfolgen.

5.3.1 Verhaltensphysiologische Experimente zur Struktur des Lautschemas (AAM)

5.3.1.1 Antwortgesänge bei Feldheuschrecken

Paarungsbereite Feldheuschreckenweibchen reagieren auf das Lautmuster der Männchen ihrer Art mit einem Antwortgesang, der seinerseits einen gerichteten Lauf des Männchens (Phonotaxis) mit nachfolgendem Gesang auslöst. Diese auch im Labor zuverlässig auszulösenden Reaktionen ermöglichen es, die sogenannten **Lautschemata** (d.h. die **Angeborenen Auslösenden Mechanismen – AAM**) der beiden Partner zu analysieren, also diejenigen Parameter der Gesänge, die für das Erkennen des jeweiligen Partners wichtig sind.

Am besten untersucht ist das Lautschema von Weibchen der Feldheuschrecke *Chorthippus biguttulus*. Der Lockgesang der Männchen besteht aus vielfach wiederholten Sequenzen von 1,5–3 s Dauer. Jede von ihnen ist aus Lautgruppen zusammengesetzt, die durch je 3 (manchmal auch 2 oder 4) lauthafte Auf- und Abbewegungen der Hinterbeine gebildet werden. Die Muster der linken und der rechten Seite sind gegeneinander phasenverschoben, was dazu führt, daß die einzelnen Lautstöße, die bei jedem der Auf- bzw. Abstriche erzeugt werden, im Lautbild nicht mehr zu trennen sind (Abb. 5-10A, B). Die einzelnen Lautgruppen sind allerdings gut voneinander abzugrenzen: Eines der beiden Hinterbeine verlangsamt am Schluß die Bewegung, was zu einer deutlichen Verminderung der Lautstärke führt und das andere steht am Schluß der Lautgruppe sogar für kurze Zeit völlig still.

Man spielt nun paarungsbereiten Weibchen **Lautattrappen** aus weißem Rauschen vor, die dem Gesang der Männchen nachgebildet sind, in denen aber bestimmte Parameter variiert werden. Dabei stellt man fest, daß die Weibchen dann am besten auf die Reizmuster ansprechen, wenn das Verhältnis von Laut zu Pause etwa 5,5 zu 1 ist. Auf die absoluten Längen kommt es (innerhalb bestimmter Grenzen) nicht an: die künstlichen Lautgruppen können zwischen 30 und 160 ms lang sein, die Pausen zwischen 5 und 30 ms. Solange das Laut-Pause-Verhältnis etwa 5:1 beträgt, antworten die Weibchen zuverlässig. Dies ist bedeutsam, denn die Länge dieser Lautparameter variiert bei den Tieren in erheblichem Umfang mit der Umgebungstemperatur. Das weit gefaßte Lautschema der Weibchen von *Chorthippus biguttulus* trägt dem Rechnung: unabhängig von der eigenen Körpertemperatur erkennen sie die Gesänge arteigener Männchen, gleich ob diese bei 20 °C oder 40 °C singen (Abb. 5-10).

Bei anderen Arten ist dies freilich nicht so, hier müssen Sender und Empfänger mehr

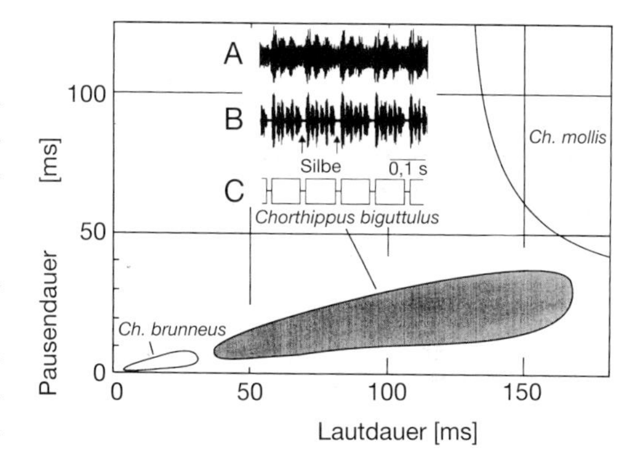

Abb. 5-10: Struktur des Lautschemas (Angeborener Auslösender Mechanismus, AAM) weiblicher Feldheuschrecken der Gattung *Chorthippus.* Lautattrappen aus rechteckig moduliertem weißen Rauschen **(C)** wurden präsentiert, um die Antwortbereitschaft der Weibchen zu testen. Die in dem Diagramm für *Ch. brunneus, Ch. biguttulus* und *Ch. mollis* dargestellten spezifischen AAMs umfassen alle Reize mit Laut-Pause-Verhältnissen, welche mindestens eine halbmaximale Reaktion (Antwortgesang) ausgelöst haben. Alle Reaktionskurven wurden bei 35 °C aufgenommen. Der weibliche AAM entspricht dabei hinsichtlich der Laut-Pause-Verhältnisse aber nicht nur den Männchengesängen bei 35 °C, sondern auch all denen, die bei Temperaturen zwischen 20 °C und 40 °C produziert werden. Die Einschaltbilder zeigen Ausschnitte aus den Gesängen von *Ch. biguttulus*-Männchen, die mit beiden **(A)** bzw. nur mit einem Hinterbein **(B)** stridulieren (nach Helversen 1972; Helversen und Helversen 1991).

oder weniger dieselbe Temperatur haben, wenn es nicht zu Verwechslungen kommen soll. So sind z.B. die Lautmuster von *Chorthippus montanus* und *Ch. longicornis* nahezu gleich, allerdings mit dem Unterschied, daß *Ch. montanus* bei 35 °C etwa so langsam singt wie *Ch. longicornis* bei 25 °C. In derselben Weise temperaturabhängig ist das Lautschema der Weibchen. Dementsprechend läßt sich ein *Ch. longicornis*-Weibchen, das sich bei 25 °C befindet, mit dem Gesang eines *Ch. montanus*-Männchens von 35 °C «betrügen».

5.3.1.2 Phonotaxis bei Grillen

Im Freiland kann man die Phonotaxis durch Verfolgen des Laufes markierter Grillenweibchen aufzeichnen oder bei fliegenden Tieren ihren Anflug an arteigene Schallquellen durch Stimulation mit Schall-Attrappen nachweisen. Freilich reichen nur in besonders übersichtlichen Biotopen Freilanduntersuchungen aus, um jene Gesangsparameter zu finden, die für Erkennen und Lokalisieren wichtig sind. Daher wurde eine Versuchsanordnung, die **Laufkugel**, entwickelt, die es im Laboratorium erlaubt, die Phonotaxis eines auf der Stelle laufenden Grillenweibchens zu messen. Durch eine elektronische Kamera werden die Bewegungen der Grille registriert. Diese Daten lösen sofort Steuerimpulse aus, welche die Kugel in die Gegenrichtung drehen, so daß das Tier trotz seines Laufes immer auf dem «Nordpol» der Kugel bleibt (Abb. 5-11 A). Die Steuerimpulse sind ein Maß für den von der Grille eingeschlagenen Kurs. Zum Studium der Phonotaxis werden synthetische arteigene Gesänge oder in der Frequenz und im Muster geänderte Gesänge aus verschiedenen Raumrichtungen angeboten.

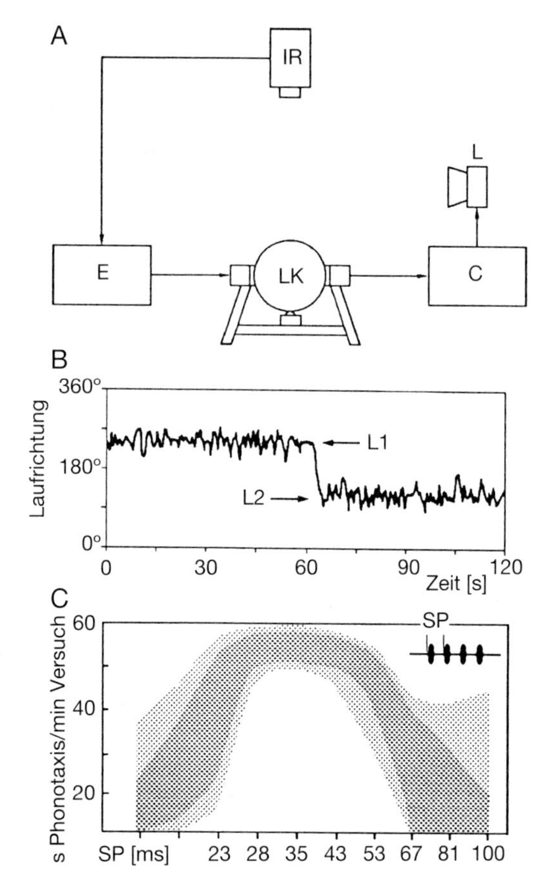

Abb. 5-11: A Schematisches Bild des Laufkompensators (LK) zur Untersuchung der Phonotaxis. Die Infrarotkamera (IR) erfaßt jede Abweichung des Tieres vom höchsten Punkt der Kugel; über die Elektronik (E) werden zwei Motoren am Äquator der Kugel so angesteuert, daß das Tier wieder in die Ausgangsposition zurückgebracht wird. Die Steuersignale sind ein Maß für den vom Tier zurückgelegten Weg und dessen Richtung. Die Lautattrappen werden von einem Computer (C) erzeugt und über einen Lautsprecher (L) abgestrahlt. **B** Laufrichtung mit Mäandrieren um 30°–50° und ihre Änderung beim Wechsel der Schallquelle von Lautsprecher L_1 zu L_2, die 135° zueinander stehen. **C** Bei Variation der Silbenperioden (SP; 15–100 ms, log. Auftragung) reagieren die Tiere maximal bei 25–50 ms. In dem dunkel gerasterten Feld liegen insgesamt 70 % aller Meßpunkte, im gesamten Rasterfeld 98 % (**A, B** nach Kleindienst 1987; **C** nach Huber 1980).

Man stellt fest, daß die Tiere oft einen Zickzack-Kurs einschlagen und von der Sollrichtung bis zu 60° nach links und rechts abweichen. Dieses **Mäandrieren** ist charakteristisch für die Phonotaxis; es fehlt Tieren, die sich optisch orientieren. Werden horizontal aus verschiedenen Raumrichtungen Gesänge des natürlichen Musters angeboten, so wählen die Weibchen die Richtung, aus welcher der lautere Gesang kommt. Bei Gesängen gleicher Intensität pendeln die Weibchen zwischen beiden Lautsprecherrichtungen hin und her. Wird der Lockgesang genau von oben geboten, so werden die Tiere zwar zur Lokomotion stimuliert, können aber keine feste Richtung einhalten.

Zwei weitere Ergebnisse sind bemerkenswert: **1.** Weibchen, die künstlich erzeugte Lockgesänge hören, deren Silben durch eine Trägerfrequenz aufgefüllt worden sind, die erheblich über 5 kHz liegt, laufen einen Fehlwinkel, dessen Größe frequenzabhängig ist. Sie orientieren sich so, als wäre die Schallquelle an einem anderen Ort im Raum. Dieses Verhalten wurde als abnormale Phonotaxis bezeichnet. Der zugrundeliegende Mechanismus ist noch nicht voll verstanden. Fest steht aber, daß die Schallfrequenz offenbar nur die Lokalisation, nicht jedoch das Erkennen beeinflußt. **2.** Wird bei artgemäßer Trägerfrequenz das Muster der Gesänge geändert, z. B. die Zahl der Silben eines Lockgesangverses, die Dauer der Silben oder die Silbenrate, so erweist sich bei vielen Grillenarten die Silbenrate als der kritischste Parameter. Die Weibchen zeigen die Phonotaxis nur in einem bestimmten Silbenratenbereich, in einem Zeitfenster mit einem Optimum nahe 30 Hz. Ein solches Verhalten spricht für ein Lautschema mit Bandpaß (Abb. 5-11 C).

Ergänzend wurde gefunden, daß Grillen, deren Lockgesänge in Verse mit einer diskreten Silbenzahl unterteilt sind, auch Gesänge mit einer kontinuierlichen Silbenfolge (trills) positiv beantworten, d. h. die Untergliederung in Verse ist nicht von entscheidender Bedeutung. Zwischen den zeitlich sehr ähnlich strukturierten Lockgesängen der beiden allopatrisch lebenden Arten, *Gryllus campestris* und *Gryllus bimaculatus*, konnten die Weibchen auf der Laufkugel nicht unterscheiden. Sympatrisch mit anderen Grillenarten lebende Weibchen von *Gryllus bimaculatus* in Rußland engten dagegen ihr Zeitfenster ein, was als Hinweis gewertet wird, daß sympatrische Lebensweise den Bandpaß beeinflussen kann. Bei Änderung der Umge- bungstemperatur verschoben sie ihr Zeitfenster und paßten es der ebenfalls temperaturabhängigen Produktion der Silbenraten der Männchen an.

Die Frage, ob Grillen mehrere Zeitparameter des Gesanges gewichten, wird z. Zt. noch kontrovers diskutiert. Es gibt einzelne Weibchen, die auch auf Verse eines Lockgesanges, die nicht in Silben unterteilt sind, phonotaktisch reagieren und Hinweise, daß an den Grenzen des Zeitfensters für wirksame Silbenraten ggf. auch die Versraten eine Rolle spielen.

5.3.2 Neurobiologie der Lautwahrnehmung

Lautwahrnehmung, Mustererkennung und Ortung erfordern eine Kaskade von Schritten, die an die Ohren (4.5.6) und an die neuronale Hörbahn im Zentralnervensystem gebunden sind. Schallfrequenzen müssen analysiert, Silbenraten bestimmt, Intensitätsunterschiede zwischen links und rechts verglichen werden, und schließlich muß das Ergebnis dieser Verarbeitung in das artspezifische Antwortverhalten umgesetzt werden.

5.3.2.1 Hörorgane und ihre Leistungen

Orthopteren und Zikaden besitzen **Tympanalorgane**, d. h. mit einem Trommelfell ausgestattete Ohren (Box 5-1). Grillen und Laubheuschrecken tragen sie in den oberen Abschnitten der Vorderbeintibien, während Feldheuschrecken und Zikaden sie seitlich und ventral im ersten Hinterleibssegment ausgebildet haben (Abb. 5-12). Die Zahl der Hörsinneszellen variiert bei den einzelnen Gruppen von ca. 50 bis 100 bei Grillen und Laubheuschrecken, ca. 100 bei Feldheuschrecken bis zu ca. 2000 bei Zikaden. Der Hörvorgang beginnt mit den Schwingungen der Trommelfelle und endet mit der Entladung der Sinneszellen, die ihre Information dem ZNS zuleiten. Der genaue Mechanismus dieser Reiz-Erregungs-Transduktion ist freilich noch weitgehend unbekannt.

Die meisten Grillen- und Laubheuschreckenarten besitzen in der Tibia jedes Vorderbeines zwei Trommelfelle (Abb. 5-12 A). Bei den Grillen hat allerdings nur das hintere, größere Trommelfell eine direkte Verbindung zu der im Inneren des Beines ziehenden Trachee, die wiederum mit einer zweiten Trachee, der das Hörorgan aufsitzt, Kontakt hat. Bei den Laubheuschrecken schmiegen sich die beiden etwa gleichgroßen Trommelfelle an zwei Beintracheen an, die durch eine Mittelwand getrennt sind. Diese Tracheen der Gril-

Box 5-1: Hansjochem Autrum

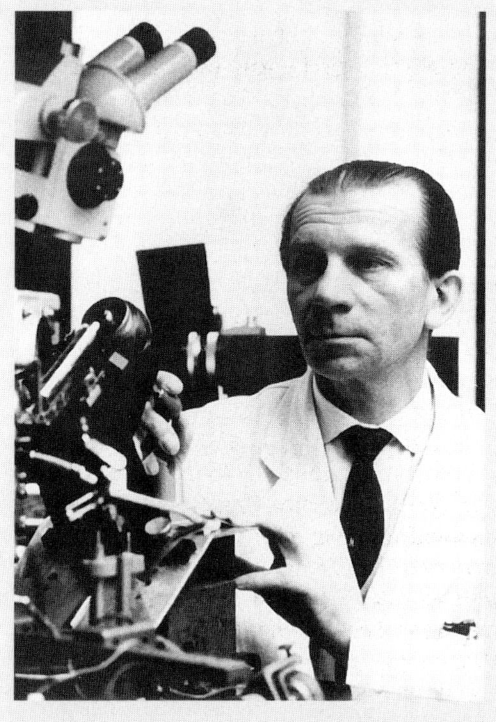

Hansjochem Autrum (geb. am 6. Febr. 1907 in Bromberg) hat die **vergleichende Sinnes- und Nervenphysiologie** über mehr als ein halbes Jahrhundert entscheidend geprägt, aber auch anderen Gebieten der Zoologie wichtige Impulse gegeben. Er promovierte 1931 bei dem Berliner Physiologen Richard Hesse mit einer Arbeit über die Erregbarkeit und Struktur des Blutegels. In den folgenden Jahren widmete er sich, obwohl bereits bahnbrechend auf neuen Gebieten tätig, der Systematik dieser Tiergruppe, ein Unternehmen, das in mehreren Monographien und Bestimmungsschlüsseln seinen Niederschlag fand. Sein Hauptinteresse galt jedoch der Sinnesphysiologie, wofür er durch das parallele Studium von Zoologie, Physik, Mathematik und Philosophie gerüstet war. Er arbeitete zunächst am Heinrich-Hertz-Institut für Schwingungsforschung und später am Zoologischen Institut der Berliner Universität. Seine sinnesphysiologischen Untersuchungen sind durch die Anwendung physikalischer Methoden gekennzeichnet, die eine bis dahin im biologischen Bereich nicht für möglich gehaltene Präzision aufweisen.

H. Autrum (1942) erkannte z. B. daß Ohren auf ganz bestimmte Schallparameter ansprechen, so daß dementsprechend **drei Gehörorgantypen** zu unterscheiden sind: Druckempfänger wie das menschliche Ohr, Schallschnellempfänger wie die Fadenhaare vieler Insekten und sogenannte Druckgradientenempfänger wie die Tympanalorgane der Grillen (Abbildung). Er wies nach, daß die Ohren bestimmter Insekten bis zu 90 kHz, d. h. weit in den Ultraschallbereich, auf Luftschall reagieren und daß die in ihrer Nähe liegenden Vibrationsrezeptoren bis zur Grenze des physikalisch Möglichen empfindlich sind.

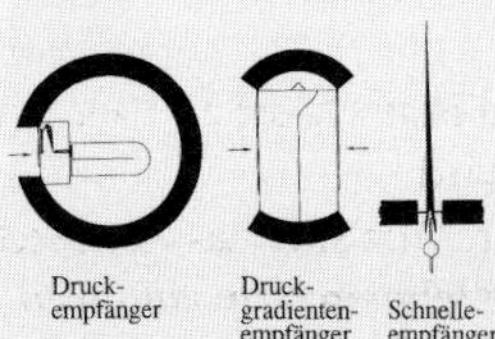

Nach dem Kriege kam H. Autrum nach Göttingen an das Zoologische Institut, dessen Gebäude damals weitgehend zerstört war. Autrums Labor, das provisorisch im von der amerikanischen Militärregierung beschlagnahmten Haus des «Vereins Deutscher Studenten» untergebracht war, entwickelte sich zur Keimzelle einer großen sinnes- und nervenphysiologischen Schule. Viele der von ihm in vier winzigen Dachkämmerchen ausgebildeten Doktoranden haben in den folgenden Jahren bedeutende zoologische und physiologische Lehrstühle übernommen. Im Jahre 1952 folgte Autrum einem Ruf auf den Lehrstuhl für Zoologie in Würzburg, wo er bis 1958 wirkte, um dann Nachfolger von Karl von Frisch am

Zoologischen Institut der **Universität München** zu werden, das er bis zu seiner Emeritierung im Jahre 1975 leitete.

Zentrales Thema dieser Jahrzehnte waren Untersuchungen über die **Augen** der Insekten, ohne daß dabei aber der breite vergleichend-physiologische Ansatz aufgegeben wurde. Wie bereits die Arbeiten zum Hör- und Erschütterungssinn, so sind auch diese Untersuchungen Pioniertaten, so der Nachweis der hohen Flickerfusionsfrequenz (200–300/s) beim Fliegenauge sowie die zu Beginn der 60er Jahre in seinem Labor erstmals durchgeführten intrazellulären Ableitungen von Sehzellen der Insekten. Kennzeichnend für seine Arbeitsweise und die vieler seiner Schüler ist die Fähigkeit, die Sinnesphysiologie trotz der durch den Einsatz physikalischer Methoden oft notwendigen Beschränkung auf das Präparat im biologischen Zusammenhang zu sehen. Auf diese Weise war ein Brückenschlag zwischen der **biophysikalisch-elektrophysiologisch** ausgerichteten und der z.B. von Karl von Frisch mittels **messender Verhaltensforschung** betriebenen **Sinnesphysiologie** möglich. Diese Verbindung führte dann später zur Entwicklung der **Neuroethologie**.

Die über das spezielle Fach hinausgehende Bedeutung Autrums zeigte sich darin, daß er nicht bei der mit elektrophysiologischen Methoden betriebenen Sinnesphysiologie stehen blieb, sondern parallel dazu richtungsweisende Untersuchungen über den Stoffwechsel und die Absorptionskinetik der Sehpigmente sowie der ionalen Prozesse in der Rezeptormembran initiierte, vor allem aber der **Primatenforschung** wichtige Anregungen gab, die später zur Gründung des Deutschen Primatenzentrums in Göttingen führten. Nicht unerwähnt darf auch die Herausgabe des Handbuchs der Sinnesphysiologie (1971–1978) und seine bis ins hohe Alter ausgeübte Betreuung wissenschaftlicher Zeitschriften bleiben, vor allem des «Journal of Comparative Physiology» und der «Naturwissenschaften». Dadurch ist er über den großen Kreis seiner unmittelbaren Schüler hinaus zum kritischen und fördernden Mentor zahlreicher Zoologen geworden.

Literatur

Autrum, H. (1942) Schallempfang bei Tier und Mensch. Naturwissenschaften **5/6**, 69–85.
Autrum, H., Jung, R., Loewenstein, W.R., MacKay, D.M. und Teuber, H.L. (Eds.) (1971–1978) Handbook of sensory physiology. Springer, Berlin.

N. Elsner

len und Laubheuschrecken sind für die Schallleitung spezialisiert. Sie queren bei den Grillen das 1. Brustsegment, wobei in der Mitte ein Septum ausgebildet ist. Nach außen öffnen sie sich in jeder Segmenthälfte durch das akustische Stigma (Abb. 5-16A). Bei den Laubheuschrecken besteht keine solche Querverbindung zwischen den beiden Ohren. Diese Anordnung der schalleitenden Tracheen hat bedeutsamen Einfluß für das Richtungshören der Grillen und Laubheuschrecken, wie später zu erörtern sein wird.

Bei den Feldheuschrecken sitzt das eigentliche Hörorgan der Trommelfellmembran auf (Abb. 5-12C), bei den Zikaden ist es seitlich in eine Chitinkapsel eingeschlossen, die durch einen Hebel Verbindung mit dem Trommelfell hat. Bei diesen Insekten liegen hinter dem Trommelfell eine Serie von Luftsäcken, durch die der Schall von einem Ohr zum anderen dringen kann.

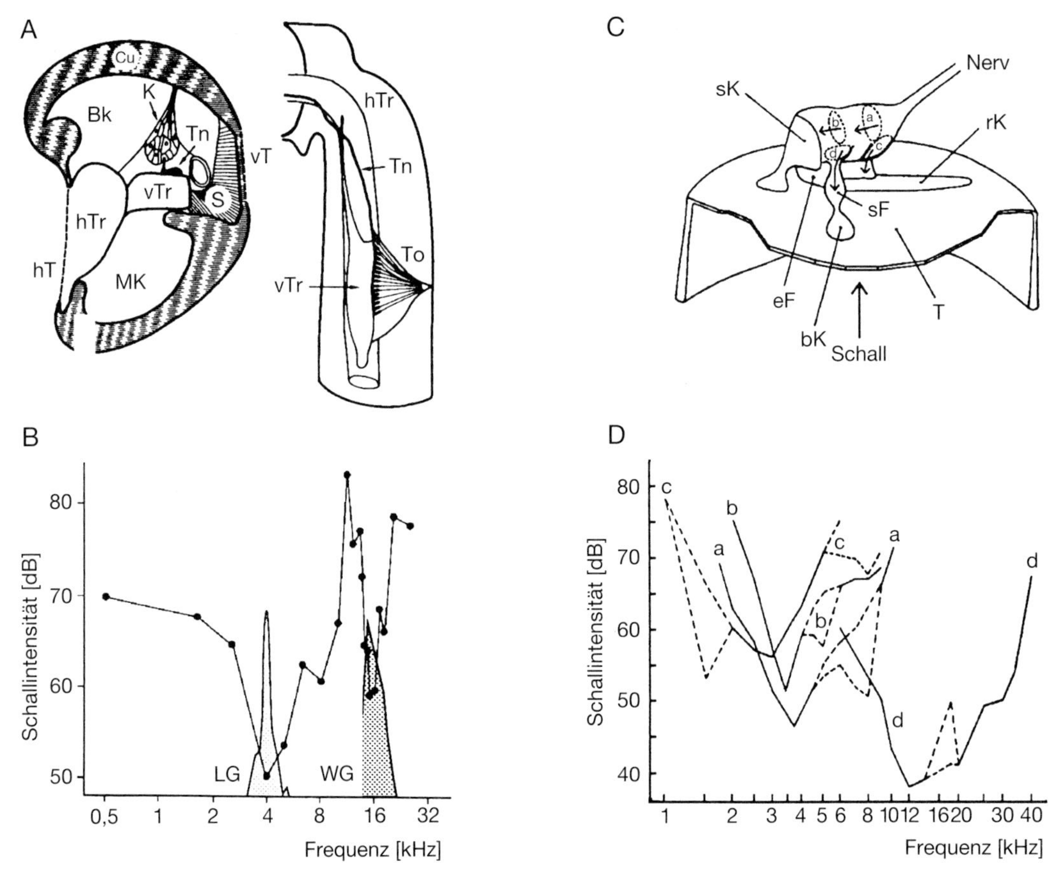

Abb. 5-12: Anatomie der Tympanalorgane von Grillen (**A** links Quer-, rechts Längsschnitt in der Region des Ohres) und Feldheuschrecken **(C)** mit den zugehörigen Schwellenkurven der Rezeptoren **(B, D).** Abkürzungen **A:** hT, vT hinteres bzw. vorderes Trommelfell; hTr, vTr hintere bzw. vordere Trachee; Tn Tympanalnerv, To Tympanalorgan; Bk, Mk Blut- bzw. Muskelkanal; K Kappenzellen; S Suspensorium; Cu Cuticula. **B:** LG, WG Spektren des Lock- bzw. Werbegesangs. **C, D:** a, b, c Tiefton-, d Hochtonrezeptoren; sK, bK, rK, stiel-, birnen- bzw. rinnenförmiger Körper; eF, sF erhobener bzw. spindelförmiger Fortsatz; T Trommelfell. (**A** nach Kleindienst 1987; **B** nach Nocke 1971, 1972; **C, D** nach Michelsen 1971).

Zur Anatomie und Physiologie der Hörsinneszellen ist zu sagen, daß sie bei allen Insektengruppen im Prinzip den gleichen Bau aufweisen. Sie werden bereits im Embryo angelegt, wobei ihre Axone in Richtung des Zentralnervensystems auszuwachsen beginnen. Während der postembryonalen Entwicklung differenzieren sich die Zellen zu den typischen stiftchenführenden Sinnesstrukturen, den **Skolopidien** (4.5.6). Diese Organisation haben sie mit den Subgenualorganen gemeinsam, die zur Wahrnehmung von Substratschwingungen spezialisiert sind.

Bei den Feldheuschrecken liegt auf der Innenseite des Trommelfells das nach Johannes Müller benannte **Rezeptororgan.** Es enthält ca. 70 skolopidiale Sinneszellen, die in 4 senkrecht aufeinander stehenden Gruppen auf dem Trommelfell angeordnet sind (Abb. 5-12C). Diese komplizierte Anatomie beeinflußt natürlich das Schwingungsverhalten des Trommelfells beträchtlich und führt dazu, daß die Schwingungsmaxima für die einzelnen Frequenzen an verschiedenen Orten liegen **(Ortsprinzip).**

Auf diese Weise ist eine erste grobe Frequenzanalyse möglich. Man findet drei Gruppen von Tieftonrezeptoren mit Bestfrequenzen um 4 kHz und eine Hochtongruppe, die bei 12 kHz am empfindlichsten reagiert (Abb. 5-12D).

Das gleiche Ortsprinzip gilt für die Grillen und Laubheuschrecken. Auch hier wird ihre Frequenzempfindlichkeit durch die räumliche Lagerung der Sinneszellen bestimmt. Die Hörsinneszellen sind im Inneren der Vorderbeine einer Trachee aufgelagert und in Reihen angeordnet. Diese Anordnung spiegelt eine **Tonotopie** wider, d.h. je nach Lage im Organ sind die Hörsinneszellen auf andere Frequenzen abgestimmt. Proximal gelegene Zellen reagieren besonders empfindlich auf tiefere, distal gelegene auf höhere Töne. Der genaue Mechanismus dieser ortsabhängigen Frequenzabstimmung ist freilich noch nicht geklärt. Alle Hörsinneszellen bilden in ihrem Bestfrequenzbereich die zeitliche Struktur des arteigenen Gesangs durch Gruppen von Nervenimpulsen ab, ohne allerdings auf dessen Muster speziell abgestimmt zu sein.

Zwischen den Frequenzspektren der Gesänge und der höchsten Empfindlichkeit der Ohren bestehen bei einer Reihe von Arten gute Übereinstimmungen (Abb. 5-12B). Es gibt aber auch Abweichungen. Bei zahlreichen Zikadenarten ist in der Evolution eine Diskrepanz zwischen bestem Hören und den Spektren der artspezifischen Gesänge entstanden. Viele ihrer Hörorgane reagieren besonders empfindlich auf niederfrequente Laute um 1 bis 3 kHz, während die Gesänge mit weit höheren Frequenzen gesendet werden. Dies ist ein Hinweis darauf, daß Hören nicht nur mit artspezifischer Kommunikation befaßt sein muß.

5.3.2.2 Organisation der Hörbahn

Die Axone der Hörsinneszellen enden bei den Grillen und Laubheuschrecken in der ipsilateralen Hälfte des Prothorakalganglions, wo sie das sogenannte akustische Neuropil bilden (Abb. 5-13, links). Dieses ist der Ort, wo die Erregung der Hörsinneszellen auf zentrale Neurone übertragen wird. Bei den Zikaden terminieren die Hörnervenfasern im sogenannten metathorako-abdominalen-Ganglienkomplex und lassen den Aufbau dieses Komplexes aus separaten Neuromeren deutlich erkennen. Bei Feldheuschrecken erstrekken sich die zentralen Projektionen der Hörsinneszellen, anders als bei Grillen und Laubheuschrecken, über mehrere Ganglien. Die Axone treten in das Metathorakalganglion ein und bilden dort ein caudales und ein frontales auditorisches Neuropil. Von dort ziehen sie in das Mesothorakalganglion und weiter in das Prothorakalganglion. Die primären auditorischen Afferenzen werden also nicht nur sofort nach ihrem Eintritt in das Zentralnervensystem, sondern auf mehreren Stufen auf auditorische Interneurone übertragen und von diesen weiterverarbeitet (Abb. 5-13, rechts). Bei Laub- und Feldheuschrecken ist im Neuropil eine zentrale Tonotopie nachgewiesen worden: Tieftonrezeptoren terminieren in einem anderen Areal als Hochtonrezeptoren. Diese Trennung und die entsprechende Verschaltung mit Interneuronen wird als ein anatomisches Korrelat für die getrennte Repräsentation der Frequenz und der Distanz interpretiert.

Gut sind auch die zentralen Neurone der Hörbahn untersucht. Durch intrazelluläre Ableitung und Färbung gelang es bei verschiedenen Grillenarten spiegelsymmetrisch angeordnete Paare von Interneuronen mit Zellkörpern im Prothorakalganglion zu identifizieren (Abb. 5-13, links). Dabei konnten lokale (segmentale) Interneurone, z.B. die **Omega-Neurone** (ON1 und 2), deren Verzweigungen auf die beiden Ganglienhälften beschränkt bleiben, aszendierende Neurone (AN) mit Axonen, die zu den Kopfganglien ziehen, z.B. die Zellen AN1 und AN2, sowie deszendierende Neurone (DN) mit Axonen, die in das nachgeschaltete Bauchmark projizieren, und schließlich Neurone mit T-Struktur (TN), d.h. einem auf- und einem absteigenden Axonast, unterschieden werden.

Durch Miniaturlautsprecher («Beinhörer»), mit denen selektiv nur jeweils ein Ohr beschallt werden kann, läßt sich prüfen, ob diese Interneurone ein- oder beidseitig aktiviert werden. Es zeigt sich, daß einige von ihnen, so z.B. die ON2- und AN2-Zellen von

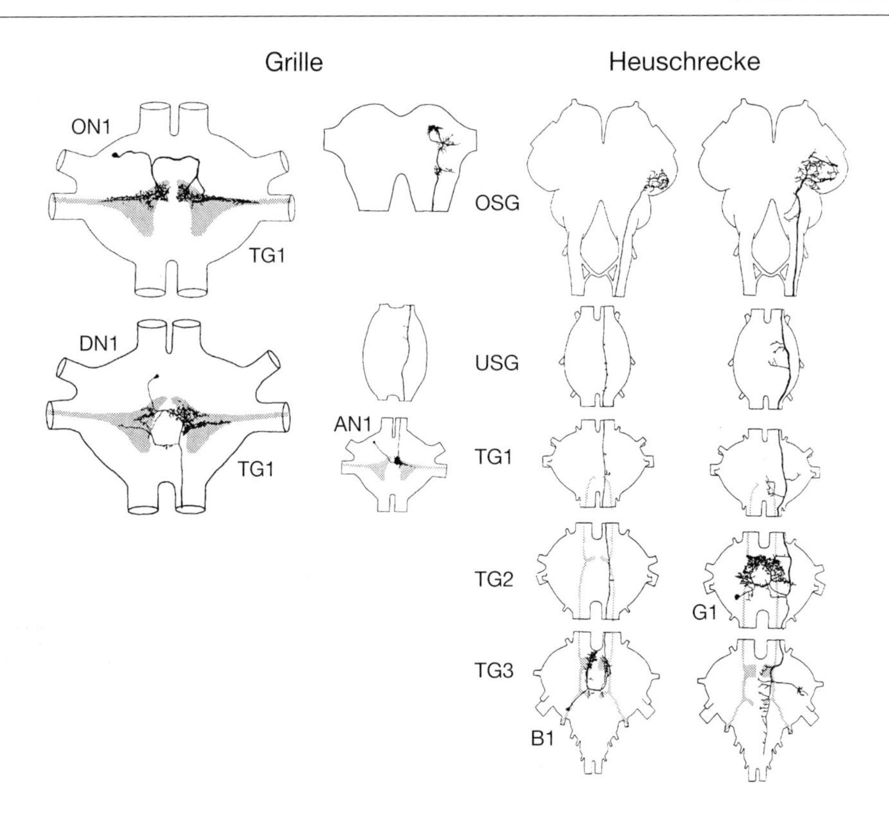

Abb. 5-13: Anatomie einiger auditorischer Interneurone bei Grillen (links) und Feldheuschrecken (rechts) und der Projektion der Hörsinneszellen (gerasterte Felder). Links: ON1, DN1 Omega-Neuron 1 und deszendierendes Neuron 1 im Prothorakalganglion (TG1) der Grillen; Mitte: Vom Prothorakalganglion zum Gehirn (OSG) aszendierendes Neuron (AN1). Rechts: B1 vom Metathorakalganglion (TG3) zum Gehirn aszendierendes Neuron, G1 sogen. T-Faser mit Soma und Dendriten im Mesothorakalganglion (TG2), die Axonäste sowohl zum Gehirn als auch zum Metathorakalganglion sendet (Grille: nach Eibl und Huber 1979; Wohlers und Huber 1982; Heuschrecke: nach Rehbein, in Elsner und Popov 1978).

beiden Ohren, andere (ON1, AN1, DN) nur von einem Ohr erregt werden. Zwischen den ON1-Zellen und den AN1 bzw. AN2 Neuronen konnten im Prothorakalganglion **inhibitorische Wechselwirkungen** nachgewiesen werden, die vermutlich alle durch die kontralaterale ON1-Zelle vermittelt werden. Wird durch Photoinaktivierung die zugehörige ON1-Zelle selektiv ausgeschaltet, so verschwindet diese Hemmung. Ihre Funktion wird in erster Linie in einer Verschärfung des binauralen Erregungskontrastes für das Schallorten gesehen, wie später noch ausführlicher darzustellen sein wird. Ferner ist nicht auszuschließen, daß die Dynamik dieser Wechselwirkungen auch zu einer besseren Abbildung des Lautmusters führt. Entscheidend für die Rolle dieser Neurone bei der Partnerfindung sind ihre Abstimmung auf die Trägerfrequenz des Lockgesangs und ihre Abbildung der phonotaktisch wirksamen Silbenrate. So gut dies im Einzelfall verwirklicht ist, so dürfen wir aber in diesen Zellen und ihren Verschaltungen noch keinen artspezifischen Filter für das Gesangserkennen sehen, da sie auch Muster abbilden, die das Tier im Phonotaxistest nicht beantwortet.

5.3.2.3 Parallele Erregungsverarbeitung in der Hörbahn von Feldheuschrecken

Die Hörbahn der Feldheuschrecken ist ein Musterbeispiel paralleler Erregungsverarbeitung. Zum einen wird die sensorische Erregung in den Axonen der Rezeptorzellen durch das gesamte thorakale Nervensystem geleitet, zum anderen von einem Interneuron zum anderen weitergegeben und dabei verarbeitet. Zwischen beiden Wegen gibt es eine Reihe von Querverbindungen. Es existiert ein komplexes System von lokalen (auf ein Segment beschränkten) und von plurisegmentalen (über mehrere Segmente sich erstreckenden) Interneuronen (Abb. 5-13). Bei den plurisegmentalen Neuronen sind aszendierende Fasern zu nennen, die vom Metathoralganglion bis zum Oberschlundganglion (Gehirn) ziehen und ferner T-Fasern mit auf- und absteigenden Axonästen. Diese Interneurone führen die auditorische Information also nicht nur «vorwärts» zu der Stelle im Zentralnervensystem, wo die gesangserkennenden Mechanismen lokalisiert sind, also zum Gehirn, sondern auch «rückwärts» zum Metathorakalganglion, in das die Axone der autitorischen Rezeptoren ziehen.

Durch intrazelluläre Ableitungen hat man viele dieser uni- und plurisegmentalen auditorischen Interneurone physiologisch charakterisieren können und gefunden, daß sie die einzelnen Parameter der Schallreize in unterschiedlicher Weise übertragen. Einige ähneln in ihrem Erregungsmuster noch sehr den Rezeptoren, während die Antworten anderer offenbar das Ergebnis eines ein- oder mehrstufigen Verarbeitungsprozesses sind. So werden z. B. nicht mehr die Schallpulse als Ganzes, sondern nur noch ihre Anfänge abgebildet, bestimmte Frequenzen bevorzugt beantwortet, oder es zeigt sich eine besonders starke Richtcharakteristik. Nur in wenigen Fällen sind die Verarbeitungsschritte im einzelnen aufgeklärt, und fast gänzlich im Dunkeln tappt man bei der Frage, welchen Beitrag die einzelnen Neurone zum Erkennen der artspezifischen Gesangsmuster leisten. Das mag daran liegen, daß fast alle Untersuchungen an Wander- und Wüstenheuschrecken *(Locusta migratoria* und *Schistocerca gregaria)* durchgeführt worden sind, bei denen die akustische Kommunikation gar keine bzw. nur eine geringe Rolle spielt. Erst in jüngster Zeit sind Arbeiten an lautproduzierenden Feldheuschrecken wie *Chorthippus biguttulus* hinzugekommen. Hier hat man ein Neuron gefunden, das spezifisch auf Pausen im Lautmuster dieser Art anspricht und deshalb zum lauterkennenden System gehören könnte (Abb. 5-14A). Dieses Neuron ist auch bei den Wanderheuschrecken vorhanden, zu welchem Zweck ist unbekannt.

5.3.2.4 Nervöse Filter für artspezifische Lautmuster im Bauchmark und im Gehirn

Bei drei sympatrisch lebenden und periodisch auftretenden Zikadenarten werden die Ohren durch die Gesänge aller drei Arten erregt und bilden auch deren Muster ab. Innerhalb des Nervensystems wurden auditorische Interneurone intrazellulär identifiziert, vorwiegend solche vom aufsteigenden plurisegmentalen Typ. Die Zellen haben oft recht ähnliche Verzweigungsgebiete und sind vermutlich homolog. Einige Neurone der Art *Magicicada septendecim* reagieren nur auf den arteigenen Lock- und Werbegesang. Der Grund ist vermutlich die sehr scharfe Abstimmung auf die arteigene Trägerfrequenz, die bei 1–2 kHz liegt und sich von jener der beiden anderen Arten (bei 4–12 kHz) klar abgrenzen läßt.

Bei *M. cassini* reagieren die autitorischen Neurone mit höherer Schwelle auf den artspezifischen Gesang ihrer eigenen Art, weil das Ohr in seiner Empfindlichkeit zu niedrigeren Lautfrequenzen verschoben ist. Auf den arteigenen Gesang gibt es dagegen funktionelle Spezialisierungen bei den Interneuronen: z. B. solche, die nur den Anfang des arteigenen Lockgesangs, den sogenannten «tick»-Abschnitt abbilden, andere, die auf beides, den «tick»-Abschnitt und den Endteil, den «buzz», antworten und wieder andere, die vorwiegend auf den Endteil reagieren

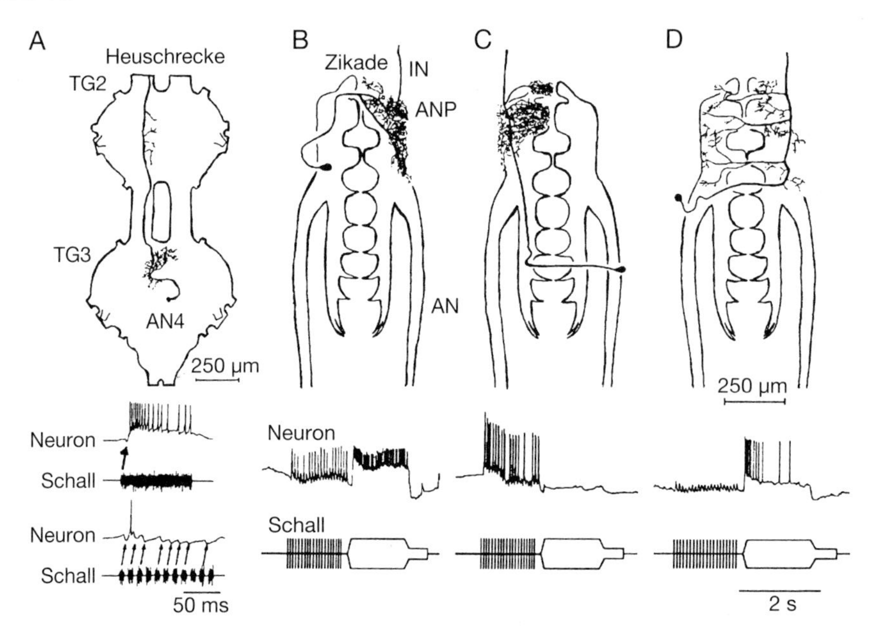

Abb. 5-14: Musterabbildungseigenschaften auditorischer Interneurone bei Feldheuschrecken und Zikaden. **A** Meta- und mesothorakaler Teil des zum Gehirn aszendierenden Interneurons AN4 der Heuschrecke *Chorthippus biguttulus.* Die Registrierbeispiele zeigen, daß das Neuron geschlossene Lautblöcke, wie sie für den Gesang der Männchen typisch sind, abbildet, jedoch inhibiert wird, sobald Pausen eingeschaltet werden. **B–D** Drei auditorische Interneurone der Zikade *Magicicada cassini*, die unterschiedlich auf die Komponenten des Lockgesangs antworten. AN Auditorischer Nerv, ANP Auditorisches Neuropil, IN Interneuron (**A** nach Ronacher und Stumpner 1988; **B–D** nach Huber et al., in Gribakin et al. 1990).

(Abb. 5-14B–D). Diese funktionelle Gliederung korreliert mit dem Verhalten, denn die Serie der «ticks» zu Beginn des Lockgesanges ist Auslöser für die Synchronisation der Gesänge artgleicher Männchen, der «buzz» und vor allem seine gegen Ende auftretende Frequenzmodulation regen Männchen und Weibchen zur Flugphonotaxis an.

Bei den **Grillen** findet man in den Interneuronen des Prothorakalganglions noch keine eindeutigen Hinweise für eine **artspezifische Gesangsfilterung.** Daher wurde die Analyse auf das Gehirn ausgedehnt und dort nach neuronalen Korrelaten für das Gesangserkennen gesucht. Die aufsteigenden Neurone AN1 und AN2 terminieren in bestimmten Abschnitten des Gehirns. Von Bedeutung für den cerebralen Erkennungsprozeß ist allerdings nur die AN1-Zelle, denn ihre Verzweigungsgebiete überlappen mit denen von lokalen auditorischen Hirnneuronen, die man mit BCN1 und BCN2 bezeichnet hat. Die anatomischen Befunde und Latenzzeitmessungen führten zur Hypothese einer seriellen Verarbeitung der Gesangsinformation und zu einem Modell, das ein Erkennen des Gesangsmusters leisten könnte (Abb. 5-15A). Entscheidend ist der Befund, daß nur die sogenannten Bandpaßzellen, Vertreter der BCN-2-Klasse, auf jene Gesangsverse mit wenigen Aktionspotentialen pro Vers antworten, die eine phonotaktisch wirksame Silbenrate enthalten (Abb. 5-15B). Hoch- und Tiefpaßneurone werden nur im Bereich des Bandpasses gemeinsam erregt und könnten den Bandpaßneuronen vorgeschaltet sein.

Etwa zur gleichen Zeit wurde ein ähnliches Netzwerk von Zellen im Froschgehirn entdeckt, womit eine allgemeinere Gültigkeit für dieses Verarbeitungsprinzip nahegelegt wird. Freilich ist weder bei Grillen noch bei Fröschen bekannt, wie und wohin diese Bandpaß-Neurone ihre Information weitergeben, um das phonotaktische Verhalten zu steuern.

5.3.3 Lokalisation der Schallquelle

Die **Phonotaxis** als gerichtete Orientierung ist eine Verhaltensleistung, welche Aussagen über die Ortung der Schallquelle und die hierfür verantwortlichen Mechanismen zuläßt.

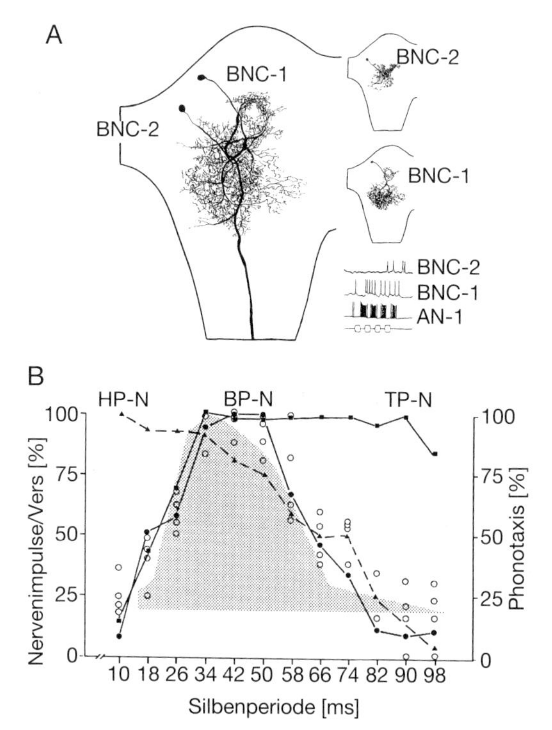

Abb. 5-15: Terminale Projektionen des aszendierenden auditorischen Interneurons AN-1 in der linken Hirnhälfte einer Grille. Überlagert sind die Rekonstruktionen zweier lokaler Hirnneurone (BNC-1; BNC-2), die rechts einzeln dargestellt sind. Die Ableitungen zeigen die Antworten der drei Neurone auf Reizung mit künstlichem Lockgesang (5 kHz, 80 dB SPL). **B** Relative Antwortstärke verschiedener Hirnneurone auf Schallmuster mit verschiedenen Silbenperioden; HP-N Hochpaßneuron; TP-N Tiefpaßneuron; BP-N Bandpaßneuron. Die Symbole o geben die Werte von 4 weiteren anatomisch ähnlichen Bandpaßneuronen aus verschiedenen Tieren wieder. Die schraffierte Schwelle bezeichnet die Wirksamkeit verschiedener Silbenperioden für die Auslösung der Phonotaxis (**A** nach Huber und Thorson 1985; **B** nach Schildberger 1984).

Dabei spielen bereits die Ohren eine entscheidende Rolle.

5.3.3.1 Vorstellungen zum Richtungshören

Grundsätzlich können zwei Größen zur Richtungsfindung herangezogen werden:

1. die zwischen den beiden Ohren bestehenden Unterschiede in der Lautstärke, die durch Hemmechanismen im ZNS noch verstärkt werden, und/oder

2. die durch die Laufzeiten der Schallwellen zwischen den beiden Ohren auftretenden Zeitunterschiede. Wegen des geringen Abstandes der Ohren bei den kleinen Insekten liegen diese Zeitunterschiede freilich im Bereich von wenigen Mikrosekunden, und es fehlt der experimentelle Nachweis dafür, daß sie tatsächlich erkannt werden können. So scheidet dieser Mechanismus wohl aus. Dagegen äußern sich lautstärkeabhängige Reaktionen im Hörnerven auch in den Latenzzeiten der Signale, d.h. in dem zeitlichen Abstand zwischen Schallpuls und Nervenaktivität. Sie können zwischen mehreren Millsekunden variieren, so daß auf neuraler Ebene auch die Zeitbeziehungen eine Rolle spielen (Box 5-2).

5.3.3.2 Richtungsempfindlichkeit der Ohren

Wie bereits dargestellt, erreicht der Schall bei den Grillen und Laubheuschrecken die Hörsinneszellen auf zwei Wegen, von außen über das Trommelfell und von innen über die akustischen Stigmen (Abb. 5-16A). Ein solches System wird **Druckdifferenz-Empfänger** genannt, weil die Schwingungen der Trommelfelle nicht wie bei unserem Ohr durch den Schalldruck allein, sondern durch die Druckunterschiede des von außen und von innen ankommenden Schalles bestimmt werden. Diese Druckunterschiede resultieren von den unterschiedlichen Phasen der Schallwellen, die von außen und innen das Trommelfell erreichen, weil der Schall auf beiden Strecken unterschiedlich lange Leitungswege zurücklegen muß.

Druckdifferenz-Empfänger haben eine kardioide (herzförmige) Richtcharakteristik, d.h. gleichlauter Schall, der aus verschiedenen Raumrichtungen kommt, erregt die Hörsinneszellen unterschiedlich stark (Abb. 5-16B). Besonders große Erregungsunterschie-

Box 5-2: Kenneth David Roeder

K.D. Roeder (9.3.1908, Middlesex, England – 28.9.1979, Conrad, Mass. USA) ist der Pionier der **Neuroethologie** von Insekten. Er hat, ähnlich wie Karl von Frisch, Freilandforschung mit Laborexperimenten in idealer Weise kombiniert und wurde so auch ein Vorreiter der heute neu aufblühenden Verhaltensökologie und Evolutionsbiologie.

Roeder ist deutscher Herkunft. Sein Großvater war Ordinarius für Augenheilkunde in Heidelberg. Sein Vater wanderte nach England aus, wo Roeder Zoologie an der Universität von Cambridge studierte. Dort erhielt er 1933 den Grad M.A. Ohne promoviert worden zu sein, wanderte er 1933 in die USA aus und wurde an der Tufts Universität, in Medford Mass., einer der führenden Biologen. Dieser Universität blieb er ein Leben lang treu.

Schon von Beginn seiner wissenschaftlichen Karriere an hat Roeder sich für die neuralen Mechanismen interessiert, die dem Verhalten von Insekten zugrundeliegen. Er editierte 1953 das lange Zeit führende Buch über Insekten-Physiologie, wobei es sein Verdienst war, auch ältere deutschsprachige Literatur, die in den USA ziemlich unbekannt war, zu verarbeiten. 1963 schrieb er (sozusagen im Nachtrag) seine «Promotionsarbeit» **Nerve cells and insect behavior**, die zu einem Standardwerk der Neuroethologie geworden ist. Sehr bald nach dem 2. Weltkrieg trat Roeder in Kontakt mit Konrad Lorenz und Nico Tinbergen, assimilierte die neuen Konzepte europäischer Ethologie und begleitete diese mit seiner humorvollen Kritik. Jungen Neuroethologen der ganzen Welt wurde er Wegweiser und Stütze über viele Jahre.

K.D. Roeders wissenschaftliche Leistung fußt auf dem schon beim Kind sehr ausgeprägten Talent zur Beobachtung des Verhaltens von Tieren im natürlichen **Biotop.** Dieses Wissen leitete dann seine Arbeiten im Laboratorium. Dort wurde er ein Meister in der Konstruktion von Versuchsapparaturen, die er stets den Erfordernissen seiner Fragestellungen anpaßte.

Roeders wissenschaftliches Werk ist vielseitig. Früh studierte er die höheren Hirnfunktionen der Insekten und analysierte durch Ausschaltexperimente ihren Beitrag zum Lokomotions-, Orientierungs- und Beutefangverhalten, insbesondere bei der Gottesanbeterin. Hier fand er, daß die rhythmischen Begattungsbewegungen der Männchen durch das letzte Hinterleibsganglion organisiert und durch Kommandos des Unterschlundganglions unterdrückt werden. Dieser Befund stützte erstmals die frühere Beobachtung, wonach auch dekapitierte Männchen noch zu einer erfolgreichen Begattung fähig sind. Bei seinen Untersuchungen über die Rolle der Riesenfasern im Fluchtverhalten der Schaben verglich er als erster den Zeitverlauf der Verhaltensreaktion mit den elektrophysiologisch gewonnenen Daten. Bereits 1935 erkannte er die Bedeutung der **«spontanen Aktivität»** im Nervensystem für aktive Leistungen im Verhalten.

Seine experimentelle Geschicklichkeit und technische Begabung führten zu weiteren Entdeckungen. Höchstempfindliche Wegaufnehmer erlaubten ihm die Registrierung der Thorax-Oszillationen bei schnell fliegenden Dipteren und durch simultane Muskelableitungen stellte er fest, daß die direkten Flugmuskeln der Dipteren zu den «myogenen Muskeln» gehören. Mit empfindlichen Anemometern registrierte er die Drehtendenzen während der Orientierung im Flug.

In den letzten 30 Jahren seines Lebens blieb er, nach seinen eigenen Worten, seiner ökologischen Nische, dem Ohr der Nachtfalter, treu. Nun zunehmend behindert durch Krankheit, arbeitete Roeder meistens in seinem Haus in Concord, baute sich eine Hütte zu einem vorzüglichen elektrophysiologischen Laboratorium aus und benutzte den großen Garten für seine wohl bedeutendsten wissenschaftlichen Beiträge zum Beutefangverhalten der Fledermäuse und den Ausweichmanövern der von ihnen gejagten Nachtfaltern. Er registrierte die Jagdflüge der Fledermäuse, ihre Ortungslaute und die verschiedenen Reaktionen der Nachtfalter beim Anflug der Jäger und hielt diese in vorzüglichen Bildern fest. Dann begann er, angeregt durch seine Freilandbefunde, die Suche nach den sensorischen Grundlagen der Falter für ihr Meideverhalten. Zusammen mit Asher Treat und in enger Kooperation mit Donald Griffin, dem Pionier der Fledermaus-Ortung, spürte er den Leistungen des aus zwei Zellen bestehenden Hörorgans der Noctuiden elektrophysiologisch nach und entdeckte das Hörvermögen bei Schwärmern. Mit extrazellulären Methoden analysierte er die Verarbeitung der Hörerregung im Bauchmark und im Gehirn und identifizierte erstmals für die **Hörbahn** von Insekten verschiedene funktionelle Typen von Neuronen.

Dabei fand er Prinzipien für Muster- und Richtungskodierung und im Gehirn «neuronale Korrelate für Aufmerksamkeit» . Sein Artikel «Episodes of the insect brain» ist auch heute noch sehr anregend für die künftige Forschung. Bei gehalterten und fliegenden Faltern bekam er Einblick über die von den Faltern in verschiedenen Flügelpositionen reflektierten Ultraschallechos der Fledermäuse und inaugurierte Untersuchungen über das Erkennen der Beute und ihr Orten im Raum.

Unvergessen bleiben sein Beitrag zu «A dog's world view» (1973) und seine letzte auf dem Krankenlager geschriebene Arbeit» Joys and frustrations of doing research» (1976).

K.D. Roeder war Mitglied der National Academy of Sciences, Washington, und der Academy of Arts und Sciences in Boston, Ehrenmitglied der Royal Entomological Society London und Mitglied der Leopoldina. Vor allem aber war Kenneth David Roeder ein echter Scholar, ein Biologe **und** Humanist, ein Freund der Insekten und der Menschen.

Literatur

Huber, F. (1983) K.D. Roeders impact on insect neuroethology. In: Huber, F. und Markl, H. (Eds.) Neuroethology and behavioral physiology. 1–6. Springer, Berlin. (dort findet sich auch das vollständige Verzeichnis der Arbeiten von Roeder).
Roeder, K.D. (1953) Insect physiology. John Wiley and Sons, New York.
Roeder, K.D. (1963) Nerve cells and insect behavior. Harvard Books Biol. **4**, Harvard University Press, Cambridge Mass. USA.
Roeder, K.D. (1970) Episodes of the insect brain. Am. Sci. **58**, 378–389.
Roeder, K.D. (1973) A dog's world view. Nat. Hist. August 1974.
Roeder, K.D. (1976) Joys and frustrations of doing research. Perspect. Biol. Med. 231–245.

F. Huber

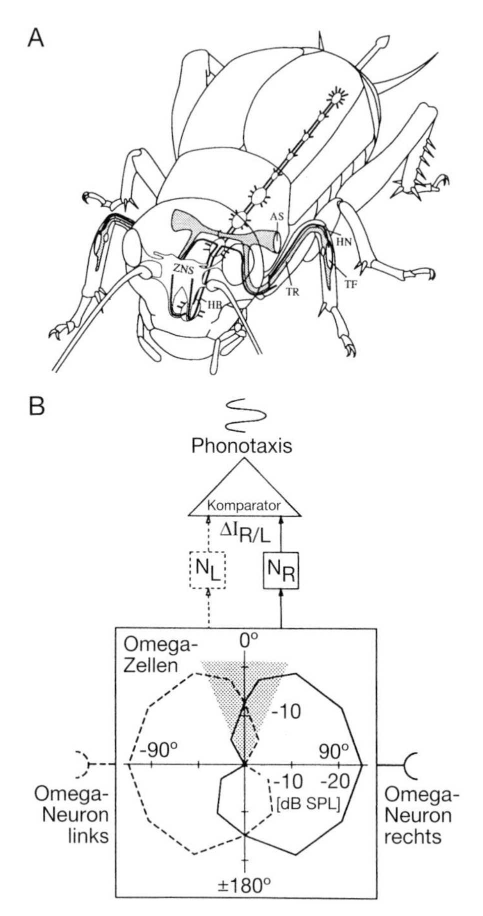

Abb. 5-16: A Ansicht eines Grillenweibchens von vorne zur Darstellung des Zentralnervensystems (ZNS), der Trommelfelle (TF) in den Vordertibien, der schalleitenden Tracheen (TR) und ihrer Öffnung (AS) in der seitlichen Körperwand des 1. Brustsegments. Die Hörbahn (HB) mit dem Hörnerven (HN) ist durch dickere schwarze Striche symbolisiert (nach Huber und Thorson 1985). **B** Richtungshören bei Grillen: Polardiagramm mit den spiegelsymmetrischen Richtkurven der beiden Omegazellen, ermittelt bei Beschallung der Ohren mit gleicher Lautstärke aber verschiedenen Schalleinfallswinkeln (0°–180° Längsachse des Tieres). Die Richtkurven drücken aus, um welchen Betrag sich die Erregung bei gleicher Lautstärke, aber verschiedenen Einfallswinkeln ändert. In dem schraffiert angegebenen Winkelbereich kann das Tier nicht mehr sicher orten. Die Richtungsinformation gelangt zu Nervenzellen der linken (N_L) und der rechten Seite (N_R), die sie einer Vergleichsinstanz (Komparator) zuleiten, welche die Intensitätsdifferenzen ($\Delta I_{R/L}$) auswertet (nach Huber 1992).

de findet man bei seitlicher Beschallung. Diese Unterschiede wertet das Tier beim phonotaktischen Lauf aus, indem es zentral einen Vergleich zwischen den Erregungsstärken des rechten und des linken Ohres durchführt. Dies ist die Grundlage der binauralen Hörhypothese. Auch das Gehörsystem der Feldheuschrecken und der Zikaden hat eine Richtungsempfindlichkeit, die auf diesem Druckdifferenzprinzip beruht.

5.3.3.3 Schallorten bei Grillen

Phonotaktisch reagierende Grillen laufen im Zick-Zack-Kurs in Richtung Sänger. Man gewinnt den Eindruck, daß die Tiere für die Kurssteuerung eine genügend große Intensitätsdifferenz zwischen den beiden Ohren aufbauen müssen, ehe sie diese detektieren und korrigieren. Sie folgen dabei offenbar der Regel: «Drehe stets zur Seite des stärker erregten Ohres». Diese Reaktion findet ihre Entsprechung in den Richtungskurven der Ohren, die frontal und caudal einen Kreuzungspunkt aufweisen. Um den frontalen Kreuzungspunkt pendeln die Tiere, wobei vorne eine Zone von ca. 30° beiderseits liegt, in der sie die Schallquelle nicht eindeutig orten können.

Es läßt sich eine binaurale Hörhypothese formulieren, der folgende Aussagen zugrundegelegt sind:

1. Die Richtcharakteristik der Ohren bestimmt den Erregungsgrad der prothorakalen auditorischen Neurone (ggf. dort verändert durch neuronale Wechselwirkungen).
2. Die Tiere gehorchen der oben postulierten Regel und drehen zur stärker erregten Seite. Auf diese Weise drehen sie ihre Laufrichtung zum frontalen Kreuzungspunkt der Richtkurven zurück.
3. Zentrales Glied des Ortens ist ein Erregungsvergleich zwischen linkem und rechtem Ohr durch eine Vergleichsinstanz, die vermutlich im Gehirn lokalisiert ist. Frontaler Lauf ist dann gewährleistet, wenn möglichst geringe Erregungsdifferenzen zwischen links und rechts festgestellt wird. Diese Hypothese

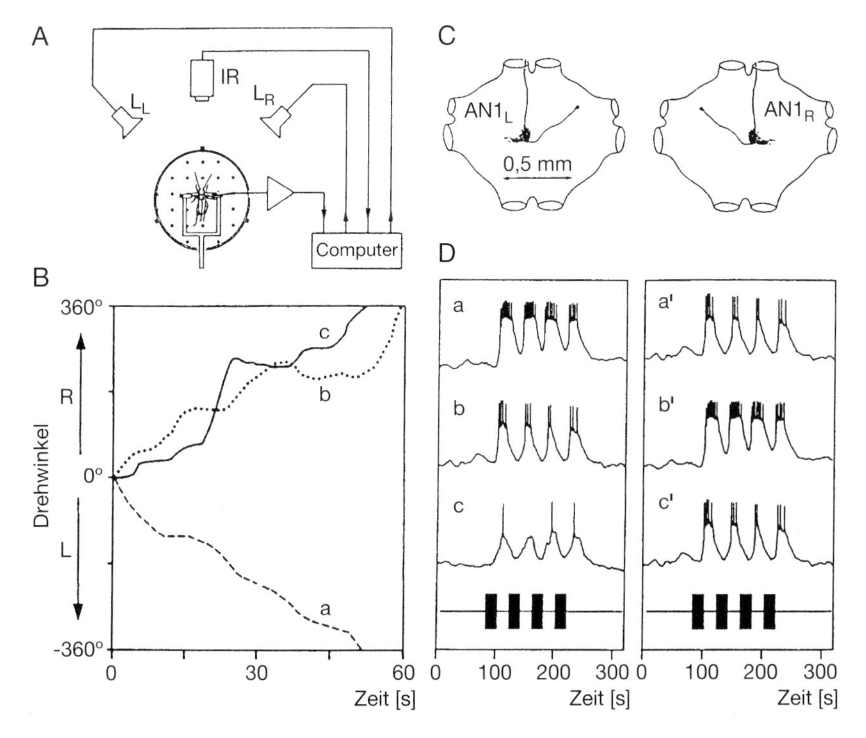

Abb. 5-17: A Intrazelluläre Ableitungen bei der laufenden Grille. Das Tier ist an einem Halter fixiert, kann aber eine luftgelagerte Kugel unter sich drehen. Diese Bewegung wird mit einer Infrarotkamera (IR) gemessen, so daß ein Maß für die Drehtendenz des Tieres in Richtung auf eine Schallquelle (L_L, L_R) angegeben werden kann. **B** Drehtendenz einer Grille bei Beschallung von links (a), rechts (b) und bei Beschallung von links während Deaktivierung des linken AN-1 Neurons (c). **C** Die beiden AN-1-Neurone. Als linkes bzw. rechtes Neuron (AN-1_L; AN-1_R) wird dasjenige bezeichnet, dessen dendritisches Feld im Hörneuropil der linken bzw. rechten Hälfte des Prothorakalganglions liegt. **D** Antworten von AN-1_L auf Beschallung mit künstlichem Lockgesang (linke Bildhälfte) und hypothetischen Antworten (rechte Hälfte) von AN-1_R unter Annahme symmetrischer Eigenschaften; a, a′ Beschallung von links, b, b′ Beschallung von rechts; c, c′ Beschallung von links während der Hyperpolarisation von AN-1_L (nach Schildberger und Hörner 1988; Huber 1989).

sagt voraus, daß Grillen ihre Laufrichtung gesetzmäßig ändern müssen, sobald der Schallzutritt zu einem Ohr abgeschwächt ist, weil sich dann der Kreuzungspunkt der Richtkurven zur Seite des weniger erregten Ohres verschiebt. Wenn die Tiere auch jetzt die Schallquelle erreichen wollen, müssen sie einen Fehlwinkel zur Seite des intakt gebliebenen Ohres laufen. (Solche Fehlwinkel sind gemessen worden, als man die Empfindlichkeit der Ohren asymmetrisch machte). Ferner postuliert die binaurale Hörhypothese, daß Tiere, denen ein Höreingang vollkommen fehlt, stets zur Seite des intakten Ohres kreisen sollten.

Neurophysiologische Experimente stützen diese Hypothese: Bei gehalterten, aber phonotaktisch laufenden Weibchen konnten die durch Schall ausgelösten Drehtendenzen gemessen, gleichzeitig von prothorakalen Neuronen intrazellulär abgeleitet und diese durch Strominjektion in ihrer Aktivität deutlich reduziert werden (Abb. 5-17). Wird, wie nach der binauralen Hörhypothese zu erwarten, z. B. die linke der beiden AN1-Zellen bei Beschallung von vorne links stärker erregt als die rechte Partner Zelle ($AN1_R$), dreht das Tier zur linken Seite. Beschallt man, bei Ableitung von der linken AN1-Zelle, die rechte vordere Seite des Tieres, so sinkt die Erregung in dieser ab. Entsprechend der Richtcharakteristik ist nun die Partnerzelle $AN1_R$ die stärker erregte Zelle; das Tier dreht nach rechts. Wird nun die linke AN1-Zelle bei linker Beschallung durch Hyperpolarisation in ihrer Erregung noch unter jene der rechten AN1-Zelle gedrückt, so sollte das Tier nach der Hypothese von der Schallquelle weg nach rechts laufen. Genau dieses ist beobachtet worden.

Daraus können zwei Schlußfolgerungen gezogen werden:
1. Eine Veränderung der Erregungsdifferenz in den zwei spiegelbildlich organisierten aufsteigenden AN1-Neuronen reicht aus, um den Laufkurs voraussagbar zu ändern, womit diese Zellen als hinreichende Elemente für die Lokalisation identifiziert worden sind.
2. Da die AN1-Zellen als jene in der Hörbahn gelten, die das Lautmuster bei allen Intensitäten mit hoher Verläßlichkeit übertragen und die lokalen Hirnneurone für das Gesangserkennen ansteuern, sie gleichzeitig aber auch zum Richtungsfinden beitragen, sind sie sowohl für Informationen zum Gesangserkennen als auch zum Richtungsfinden verantwortlich.

Diese Befunde werden durch Experimente gehalterter Grillen auf der Laufkugel in einer komplexen Schallsituation gestützt und erweitert. Auch auf der Laufkugel kann man nur die Drehtendenzen in Abhängigkeit von der Schallquelle messen. Wird ein attraktiver Lockgesang von der Seite eingespielt, dreht das Weibchen zu dieser Seite. Wird dieser Gesang aber von oben geboten, so wird das Weibchen zwar zum Laufen angeregt, hält aber keine bestimmte Richtung ein. Bietet man zusätzlich zum Lockgesang von oben einen kontinuierlichen Ton mit der Trägerfrequenz des Lockgesanges von der Seite, verrauscht also das Gesangsmuster, so drehen die Weibchen von der horizontalen Tonquelle weg (negative Phonotaxis). Dieses Verhalten wurde simultan mit der extrazellulär abgeleiteten Aktivität von AN1- und AN2-Neuronen verglichen. Positive und negative Phonotaxis, jeweils sichtbar in der Richtung der Drehtendenz, konnten eindeutig korreliert werden mit der Aktivität jener aufsteigenden Neurone, die unter diesen Bedingungen das Lautmuster bestmöglich abbildeten. Damit ist gezeigt, daß das Gesangsmuster auch für das Richtungsfinden notwendig ist und beide Prozesse, Erkennen und Orten, sich auf prothorakaler Ebene noch nicht trennen lassen.

Die binaurale Hörhypothese besagt, daß phonotaktisch reagierende Tiere mit zwei funktionstüchtigen Ohren den Erregungsvergleich aus beiden Ohren für den gerichteten Laufkurs heranziehen. Sie sollten daher bei Ausfall eines Ohres stets zur Seite des noch vorhandenen Ohres kreisen. Dem stehen Befunde an Grillen entgegen, die auch mit einem Ohr die Schallquelle orten und sich nach ihr orientieren können, vorausgesetzt, der Ausfall eines Ohres liegt eine gewisse Zeit zurück. In dieser Zeit bilden sich in der zentralen Hörbahn neue Verbindungen, die eine Verschaltung von zuvor hördeprivierten Interneuronen des Prothorakalganglions mit den Endverzweigungen der Hörnervenfasern des noch vorhandenen Ohres herstellen. Funktionelle Änderungen dieser Verschaltungen gewährleisten darüber hinaus, daß ein neuer stabiler Abgleichpunkt der Erregungen zwischen den beiden zentralen Hörbahnhälften hergestellt wird. Dies ist ein erstes Beispiel für plastische Veränderungen in der Hörbahn mit einem verhaltensrelevanten Befund.

Da aber auch einige der adulten Weibchen schon wenige Stunden nach dem Ausfall eines Ohres die Schallquelle orten und sich nach ihr orientieren können (zu einem Zeitpunkt, wo man morphologische und ggf. funktionelle Änderungen in der Hörbahn ausschließen kann), muß für diesen Fall wohl ein anderer Mechanismus verantwortlich gemacht werden. Solche Tiere messen anscheinend sukzessive die Intensitäten entlang der noch vorhandenen Richtkurve des einzigen Ohres.

5.3.3.4 Schallorten und Mustererkennung bei Heuschrecken

Wie schon mehrfach betont, hat der Empfänger in einem akustischen Kommunikationssystem zwei Aufgaben zu erfüllen: Er muß das Lautmuster erkennen und die Schallquelle orten. Ob der singende Partner rechts oder links sitzt, vermögen Feldheuschrecken mit erstaunlicher Treffsicherheit zu entscheiden, wie Versuche an *Chorthippus biguttulus* gezeigt haben. Die Männchen dieser Art reagieren auf den Gesang des Weibchens zuverlässig mit einer heftigen Wendereaktion, der sich ein Antwortgesang anschließt. Spielt man nun den Weibchengesang simultan über einen rechts und einen links vom Männchen angeordneten Lautsprecher vor, so genügen bereits Intensitätsunterschiede von 1–2 dB bzw. Latenzzeitunterschiede von ca. 1 ms für eine 100 %ig richtige Seitenwahl. Schon bei Un-

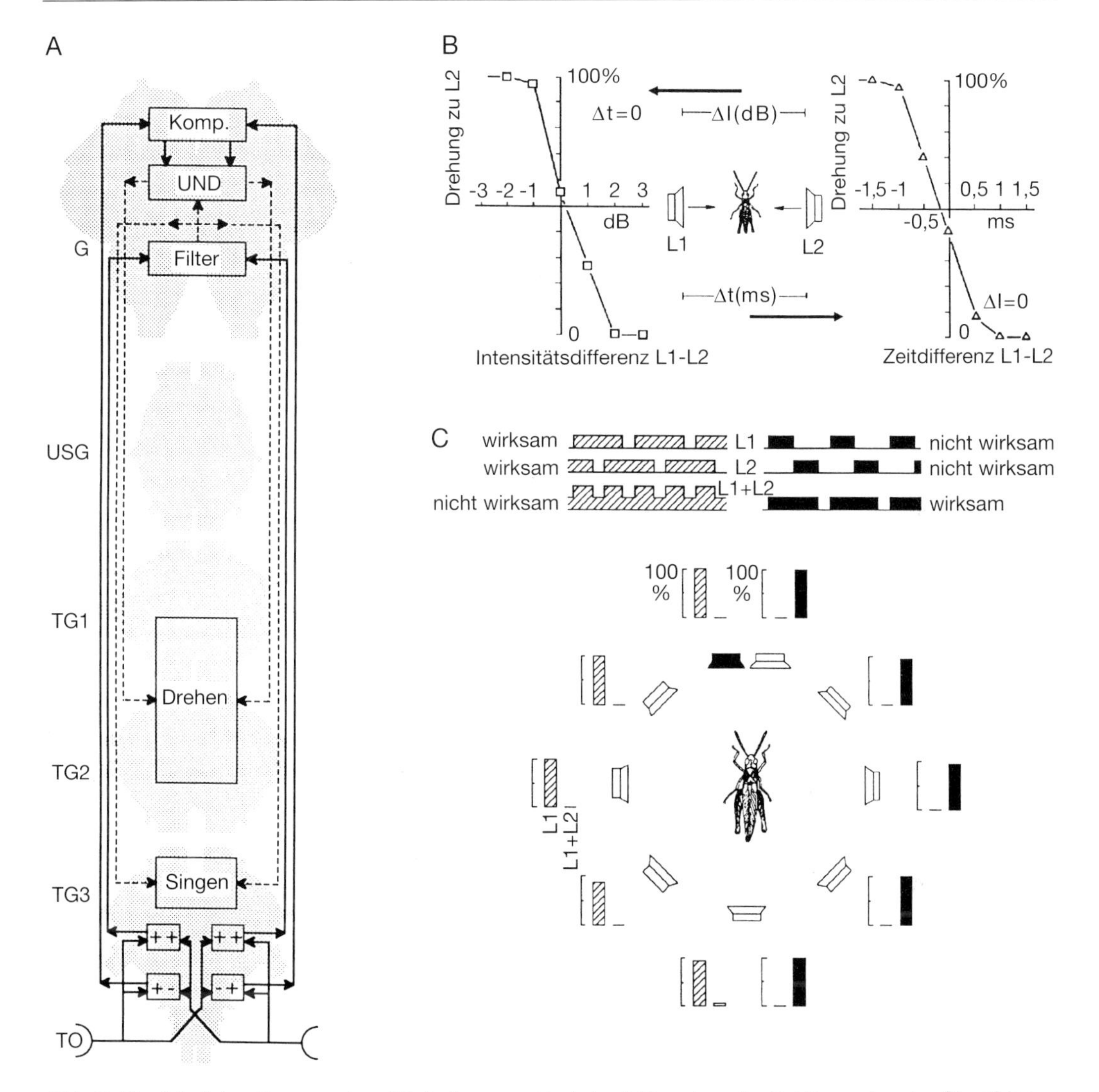

Abb. 5-18: A Auf den Gesang eines Weibchens reagiert das Männchen der Feldheuschrecke *Chorthippus biguttulus* mit einer Drehbewegung und daran anschließendem Antwortgesang. Das Bild zeigt schematisch den Informationsfluß im Zentralnervensystem von den Tympanalorganen (TO) über die auswertenden Instanzen (Rechts-Links-Komperator; logisches UND-Glied; Filter zur Erkennung des artspezifischen Weibchengesangs) im Gehirn (G) bis zu den motorischen Kommandos für Drehen und Singen. USG Unterschlundganglion; TG1, 2, 3 Pro-, Meso-, Metathorakalganglion. **B** Männchen von *Ch. biguttulus* werden über die Lautsprecher L1 und L2 mit dem Gesang artgleicher Weibchen beschallt und drehen entsprechend der Intensitäts- oder der Zeitdifferenz zwischen den Lautsprechern zur linken (L1) bzw. rechten (L2) Seite. Linkes Diagramm: Drehungen in Abhängigkeit von der Intensitätsdifferenz zwischen L1 und L2, wobei die Lautmuster gleichzeitig gegeben werden. Rechtes Diagramm: Drehungen in Abhängigkeit von der Zeitdifferenz zwischen L1 und L2 bei gleicher Intensität. **C** Simultane Stimulation eines Weibchens von *Ch. biguttulus* mit verschiedenen Lautattrappen über zwei Lautsprecher, von denen einer frontal fixiert ist (L1, schwarz) und der andere um das Tier herum bewegt wird (L2, weiß). In den Diagrammen gibt die linke Säule die Reaktion (Antwortgesang des Weibchens) bei alleiniger Reizung über L1 und die rechte Säule die Reaktion bei gleichzeitiger Reizung über L1 und L2 wieder. Die verschiedenen Lautmuster sind links und rechts oben dargestellt. Linke Seite: Unabhängig vom Winkel antwortet das Weibchen auf das über L1 gegebene Muster, aber nicht auf das bei gleichzeitiger Beschallung über L1 und L2 präsentierte überlagerte Muster. Rechte Seite: Das über L1 allein gegebene Muster wird nicht beantwortet, wohl aber das durch simultane Beschallung über L1 und L2 entstehende zusammengesetzte Muster, und zwar unabhängig von der Stellung der Lautsprecher zueinander (nach Helversen und Helversen, in Huber und Markl 1983; Ronacher et al. 1986).

terschieden von 0,6 dB bzw. 0,4 ms wenden sich immerhin bereits 75 % der Männchen zur richtigen Seite (Abb. 5–18B)

Bei dieser Verhaltensreaktion sind Erkennen und Orten untrennbar miteinander verbunden. Gilt dies auch für die neuronalen Mechanismen, welche die entsprechenden Entscheidungen zu treffen haben, bevor es zu den motorischen Kommandos für Wenden und Singen kommt? Auch hier vermögen Verhaltenstests, diesmal an Weibchen, Antwort zu geben. Abb. 5-18C zeigt die Versuchsanordnung: Man geht so vor, daß man den Reiz auf zwei Lautsprecher aufteilt, von denen einer vor dem Weibchen steht und der andere um es herum bewegt wird. Über jeden der beiden Lautsprecher wird ein ineffektives Lautmuster abgestrahlt, wobei die beiden Reize aber so phasenverschoben sind, daß sie in ihrer Summe dem Lautmuster entsprechen, das den Antwortgesang auslöst. Wären nun lauterkennendes und -ortendes System miteinander gekoppelt, so würde man erwarten, daß das Weibchen mit Gesang antwortet, solange die beiden Lautsprecher ganz dicht beieinander stehen. In dem Augenblick aber, in dem sie hinreichend weit voneinander entfernt sind (im Extremfall 180°), müßten die Weibchen entdecken, daß ihnen aus verschiedenen Richtungen zwei artfremde, ineffektive Muster vorgespielt werden, auf die sie dementsprechend nicht reagieren. Diese Voraussage trifft nicht zu: unabhängig wie die beiden Lautsprecher zueinander stehen, setzen die Weibchen die beiden ineffektiven Teilmuster im ZNS zusammen und antworten so, als wäre ihnen ein einziges artspezifisches Lautmuster vorgespielt worden. Mit anderen Worten: von der Richtungsinformation macht das mustererkennende System keinen Gebrauch. Auch der Gegenversuch, über beide Lautsprecher effektive Muster, die sich zu einem ineffektiven überlagern, zeigt dies.

Durch geschickte Ausschaltversuche, z. B. Durchtrennen von Konnektiven und Kommissuren, hat man zeigen können, daß lauterkennende und lautortende Mechanismen von Beginn an, d. h. schon kurz nach Eintritt der beiden Hörnerven in das Metathorakalganglion, voneinander getrennt sind. In diesem Ganglion kommt es im gesangserkennenden System zu einer Addition der Hörerregungen von der rechten und der linken Seite. Im ortenden System findet eine gegenseitige Hemmung statt, die zu einer Kontrastverschärfung führt. Vom Metathorakalganglion gehen die in dieser Weise vorverarbeiteten Informationen in getrennten Bahnen über beide Konnektive zum Gehirn, wo die Lauterkennung durchgeführt und die Kommandos für die Wendereaktion gegeben werden (Abb. 5-18A).

5.4 Kopplung von Lauterzeugung und Lauterkennung

Grundvoraussetzung für jedes funktionierende Kommunikationssystem ist, daß Sender und Empfänger aneinander angepaßt sind. Am einfachsten wäre das durch eine genetische Kopplung zu erreichen. Im Extremfall könnte dies bedeuten, daß die neuronalen Netzwerke für Lauterzeugung und Lauterkennung überlappen, vielleicht sogar teilweise dieselben Neurone verwenden. Eine solche Organisation würde die Artbildung ungemein beschleunigen, denn jede Veränderung in dem einen Teilsystem zöge eine dazu passende in dem anderen nach sich. Durch Kreuzungsversuche mit nahe verwandten Arten kann man diese Hypothese überprüfen.

5.4.1 Kreuzungsversuche bei Grillen

Kreuzt man die beiden Grillenarten *Teleogryllus oceanicus* und *T. commodus*, so erhält man eine F1-Generation, deren Männchen einen intermediären Gesang produzieren. Dabei ist die Kontrolle einiger Gesangsparameter offensichtlich geschlechtsgebunden, denn die Gesangsmuster der Hybriden sind unterschiedlich, je nachdem, welche der beiden Elternarten Vater oder Mutter war. Prüft man nun bei den Hybrid-Weibchen die Wirksamkeit der vier in Frage kommenden Gesangsmuster, so zeigt sich, daß sie die Gesänge der

Männchen ihres Kreuzungstyps bevorzugen und nicht auf die des anderen bzw. auf die der Elternarten ansprechen. Aus diesem Ergebnis hat man den Schluß gezogen, daß lauterzeugendes und lauterkennendes System genetisch gekoppelt sind, wobei man freilich über die mögliche Kongruenz der neuronalen Netzwerke nichts sagen kann.

Diese Folgerung ist nicht unwidersprochen geblieben, vor allem deshalb, weil die Daten vieler Tiere gemittelt wurden und nicht darauf geachtet wurde, ob nicht im Einzelfalle eine Entkoppelung der beiden Teilsysteme zu beobachten gewesen wäre. Im Grunde würde ja schon ein Gegenbeispiel ausreichen, um die Hypothese genetischer Kopplung in Frage zu stellen.

5.4.2 Kreuzungsversuche bei Feldheuschrecken

Zu welchen Ergebnissen führen Kreuzungsexperimente bei Feldheuschrecken? An ihnen sollte sich die gestellte Frage vielleicht besser beantworten lassen, denn hier singen ja auch die Weibchen, d. h. man kann an ein und demselben Individuum prüfen, ob Sender und Empfänger gekoppelt vererbt werden.

Kreuzungsexperimente mit *Chorthippus biguttulus* und *Ch. mollis* brachten überraschende Ergebnisse: Die Gesänge der Hybrid-Männchen und der Hybrid-Weibchen sind durch eine große intra- und interindividuelle Variabilität gekennzeichnet. Es kommen praktisch alle Übergangsformen zwischen den Gesängen der Elternarten vor, wobei allerdings ein deutlicher matrokliner Effekt zu beobachten ist. Bei manchen Tieren hat man den Eindruck, als wären sowohl väterliches als auch mütterliches Gesangsmuster neuronal vorhanden und konkurrierten in der Ausführung miteinander.

Auch im gesangserkennenden System zeigt sich eine große Variationsbreite, wobei den Weibchen gemeinsam ist, daß sie nicht auf die Gesänge ihrer Hybridbrüder, sehr wohl aber auf die der Elternarten antworten, und zwar

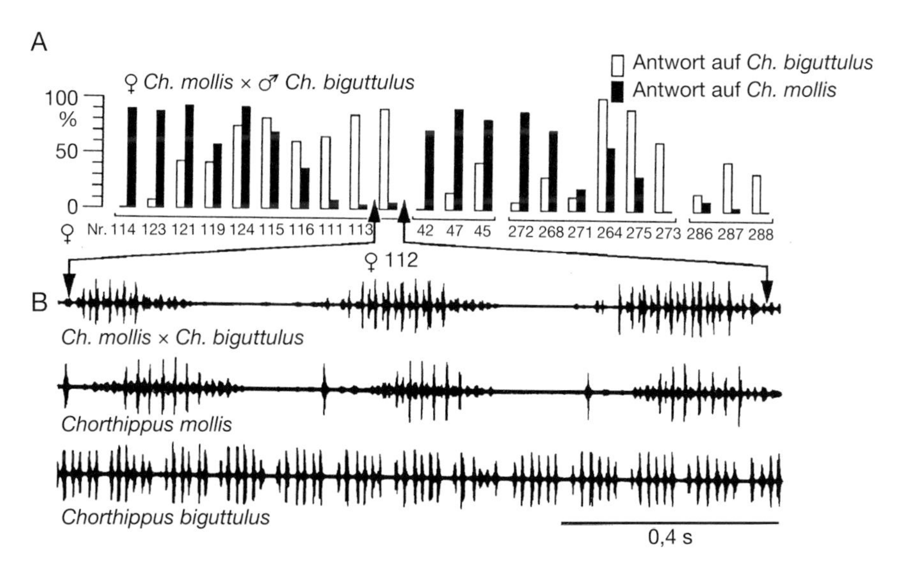

Abb. 5-19: **A** Hybriden zwischen den Feldheuschreckenarten *Chorthippus mollis* und *Ch. biguttulus* antworten auf die Gesänge der Elternarten, wobei eine starke interindividuelle Variabilität besteht. Ihr Gesang ist intermediär, wobei er, ebenfalls von Tier zu Tier verschieden, mehr dem der einen oder der anderen Elternart ähneln kann. Zwischen der Ausprägung des Antwortverhaltens und der des Gesangsmusters gibt es keine Korrelation. **B** Ein Beispiel hierfür ist Hybridweibchen Nr. 112, das bevorzugt auf den Gesang von *Ch. biguttulus* antwortet, aber fast wie *Ch. mollis* singt (nach Helversen und Helversen 1975).

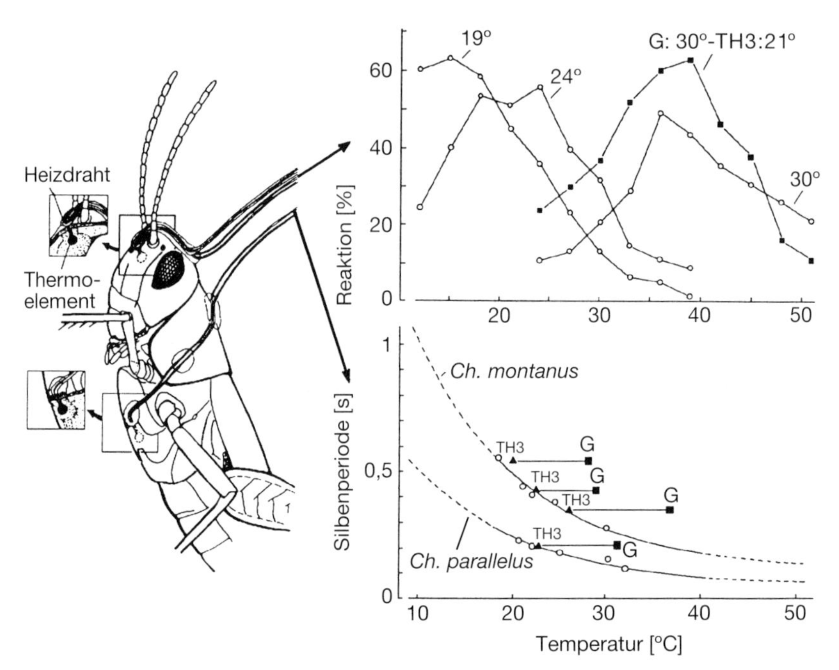

Abb. 5-20: Links: Mittels chronisch implantierter Thermoelemente wird einem Heuschreckenweibchen selektiv der Kopf mit dem Gehirn oder der Brustbereich mit dem Metathorakalganglion erwärmt. Rechts oben: Antwortkurven eines Weibchens von *Chorthippus parallelus* auf Lautattrappen, deren Silbenraten den Gesängen eines Männchens bei verschiedenen Temperaturen (12°–52°) entsprechen. o–o Weibchen bei 19°, 24° und 30°, Gehirn (G) bzw. Metathorax (TH3) nicht selektiv erwärmt. ■–■ Kopftemperatur 30°, Thorax 21°; die Temperatur des Gehirns und nicht die des Metathorakalganglions bestimmt das Antwortverhalten. Rechts unten: Silbenperiode in den Gesängen von *Chorthippus montanus* und *Ch. parallelus* bei verschiedenen Temperaturen. o keine selektive Erwärmung von Gehirn (G) und Metathorax (TH3), ▲ und ■ Gehirn und Metathorax haben verschiedene Temperaturen; die Temperatur des Metathorakalganglions und nicht die des Gehirns bestimmt die Silbenrate der Gesänge (nach Bauer und Helversen 1987).

in unterschiedlich hohem Maße. Wie ein sorgfältiger Vergleich einzelner Tiere zeigt, ist diese Individualität selbst bei Geschwistern zu finden: Es gibt Weibchen, die auf beide Elterngesänge ansprechen und andere, die mehr oder weniger stark den einen oder anderen Typ bevorzugen. Das Besondere ist nun, daß F1-Weibchen vorkommen, die in ihrem Gesang der einen Elternart, in ihrem Antwortverhalten aber der anderen entsprechen. Damit ist klar, daß man hier nicht von einer genetischen Kopplung zwischen dem lauterzeugenden und dem lauterkennenden System sprechen kann (Abb. 5-19).

Daß diese beiden Teilsysteme auch nicht an dieselben neuronalen Strukturen gebunden sind, läßt sich in einem eleganten Versuch zeigen. Es war bereits berichtet worden, daß bei den Feldheuschrekken *Chorthippus montanus* und *Ch. longicornis* (= *Ch. parallelus*) sowohl die Ausprägung des Gesangsmusters als auch die des Lautschemas (AAM) temperaturabhängig sind. Man kann nun mit feinen, chronisch implantierten Thermosonden gezielt einzelne Ganglien des ZNS erwärmen und den Einfluß auf das Gesangsmuster bzw. den AAM prüfen. Es zeigt sich eindeutig, daß die Weibchen ihr Lautmuster der Thorax-, ihr Lautschema aber der Kopftemperatur anpassen (Abb. 5-20). Die beiden Netzwerke sind also getrennt.

Aus all dem ist zu folgern, daß die gute Korrespondenz des lauterzeugenden und des lauterkennenden Systems, zumindest bei den Heuschrecken, nicht auf einer gemeinsamen genetischen Basis beruht, und daß auch nicht dieselben neuronalen Strukturen benutzt werden. Die beiden Teilsysteme der akustischen Kommunikation haben sich vielmehr durch Ko-Evolution aneinander angepaßt.

5.5 Ausblicke auf künftige Forschung

5.5.1 Notwendigkeit bioakustischer Forschung im Freiland

Es gibt mehrere tausend Arten von Grillen, Heuschrecken und Zikaden, die **verschiedenste Lebensräume** besiedelt haben. Bei vielen von ihnen kennen wir ihre akustisch vermittelten Verhaltensstrategien noch nicht. Einige Fragen mögen dies beleuchten: Wir wissen z.B. nicht, wie die singenden Männchen Standorte auswählen, von denen sie am effektivsten und weitesten ihre Laute senden können. Unbekannt ist auch, ob und wie die Empfänger ihre Sender innerhalb einer Population von Sängern auswählen und ob sympatrisch lebende Arten in ihren akustischen Parametern wählerischer sind als allopatrisch lebende Arten. Um solche und andere Fragen beantworten zu können, benötigen wir weit umfangreichere Beobachtungen und Messungen im Freiland, auch über natürliche Feinde und Parasiten und die Strategien, sich zu schützen.

5.5.2 Kombination der Akustik mit anderen Sinnessystemen

Obgleich hier die akustischen Signale und die Hörbahn als entscheidend für die Partnerfindung herausgestellt worden sind, darf nicht übersehen werden, daß es Grillen- und viele Heuschreckenarten gibt, die keine Laute produzieren. Es fragt sich, wie sich die Angehörigen dieser Arten verständigen und orientieren.

Wie Freilandbeobachtungen und Versuche auf der Laufkugel gezeigt haben, nutzen Grillen neben Schallsignalen auch dunkle Landmarken und sogar den e-Vektor des linear polarisierten Lichtes als Orientierungshilfen. Stationäre und bewegte **visuelle Reize**, die gleichzeitig mit den Gesängen angeboten werden, verbessern die Güte der Orientierung, indem sie die Kennlinie der Phonotaxis verbessern.

Heuschreckenmännchen, die sich durch Phonotaxis dem antwortenden Weibchen oder zufällig einem stummen genähert haben, orientieren sich visuell, wenn sie die Balzstellung einnehmen. Sie schätzen mit Hilfe ihrer Augen die Position und den Abstand zum Weibchen ab, ehe sie ihren Balzgesang anstimmen.

Für Grillen und Heuschrecken ist nachgewiesen, daß verschiedene zentrale Nervenzellen sowohl auf Luftschall als auch auf niederfrequente **Substratschwingungen** reagieren. Es konnte gezeigt werden, daß zur Lautquelle laufende Laubheuschrecken für die Fernorientierung den Schall und für die Nahorientierung am Busch auch die Vibration nutzen, die der Sänger auf dem Zweig erzeugt. Hierzu passen elektrophysiologische Studien an Nervenzellen im Bauchmark und im Gehirn, von denen viele akustisch, visuell, aber auch durch Vibration aktiviert werden und zusätzlich auch durch Meldungen von den mechanosensitiven Fadenhaaren auf den Cerci.

Auch der **chemische Sinn** mag bei der Partnerwahl eine Rolle spielen, denn manche tropischen Orthopteren treffen sich erst auf der für sie geeigneten Futterpflanze, ehe sie dann akustisch oder stumm die Balz und Paarung einleiten. Bei *Teleogryllus commodus* ist es wahrscheinlich, daß das Erkennen des Geschlechtes durch die Antennen erfolgt, vermutlich über geschlechtsspezifische Kontaktpheromone.

5.5.3 Hormone und akustische Kommunikation

Sogar die relativ stereotypen Sequenzen im akustischen Verhalten zeigen Variationen in dem Sinne, daß sich ihre Verhaltensschwellen ändern können. Im Extremfall kann ein Verhalten trotz bestehend bleibenden Reizes (Auslöser) ausfallen. Ein Beispiel dafür ist das Grillenweibchen, das nach erfolgreicher Begattung die Phonotaxis einstellt. Verantwortlich ist die übertragene Spermatophore, deren Inhalt die Samentasche des Weibchens dehnt. Wird der Inhalt kurz nach der Begattung künstlich entleert, kehrt die Phonotaxis sofort wieder zurück.

Das akustische Verhalten der Feldheuschrecken-Weibchen steht unter dem Einfluß des **neuroendokrinen und des hormonalen Systems** (3). Weibchen von *Euthystira brachyptera* und *Gomphocerus rufus* zeigen einen Verhaltensformenzyklus, der nach der Imaginalhäutung mit dem Stadium der primären Abwehr beginnt und dann überleitet in das Stadium der passiven und aktiven Paarungsbereitschaft. Letztere ist durch den Antwortgesang des Weibchens auf den Gesang des Männchens gekennzeichnet. Ihr folgt nach der Begattung und vor der Eiablage das Stadium der sekundären Abwehr. Werden jungfräulichen Weibchen von *Gomphocerus rufus* die neurosekretorischen Zellen im Gehirn durch Läsion zerstört, oder werden ihnen die Hormondrüsen (corpora allata), die das Juvenilhormon III bilden und in die Hämolymphe abgeben, entnommen, so verweilen sie zeitlebens im Stadium der primären Abwehr. Entfernt man diese Drüsen im Stadium der aktiven Paarungsbereitschaft, so kehren die Weibchen in das der Abwehr zurück. In jedem Fall fehlt ihnen der Antwortgesang auf das singende Männchen. Implantiert man den abwehrenden Weibchen die Corpora allata oder appliziert man das Juvenilhormon, so kehren sie nach wenigen Wochen in das Stadium der Paarungsbereitschaft mit Gesang zurück.

5.5.4 Individuelles Erkennen als Plastizität in der akustischen Kommunikation

Eines der am wenigsten studierten Phänomene in der akustischen Kommunikation der Insekten ist die Frage, ob es bei ihnen auch individuelles Erkennen gibt. Es wird zwar berichtet, daß Männchen bestimmte Weibchen und Weibchen bestimmte Männchen ihrer Art für die Fortpflanzung bevorzugen, nur ist nicht sicher, ob diese Wahl allein durch akustische Parameter zustandekommt. Dies ist sogar unwahrscheinlich und zwar aus folgenden Gründen: Vielfach sind die Frequenzspektren und die Zeitmuster der Lockgesänge bei den Individuen einer Art so ähnlich, daß der Empfänger einzelne Individuen an diesen Parametern allein nicht unterscheiden kann. Weder die Hörsinneszellen noch zentrale auditorische Neurone sind auf Frequenzen und Muster so scharf abgestimmt, daß daraus individuelles Erkennen resultieren könnte. Was man aber weiß ist, daß Weibchen häufig den lautesten Sänger im Biotop ansteuern. Ob Lautheit im Gesang darüber hinaus noch eine besondere Fortpflanzungs-Fitness anzeigt, wird vermutet, ist aber experimentell noch nicht nachgewiesen.

Gibt es Hinweise, daß auch bei den Insekten Mechanismen ausgebildet sind, die auf Vorerfahrung und ein primitives Gesangslernen hindeuten könnten? Es wird berichtet, daß sich die Effektivität der Phonotaxis von Grillenweibchen temporär, wenn auch geringfügig, ändert, wenn diese Weibchen vor dem Test in Räumen ohne männlichen Lockgesang oder bei Dauerbeschallung gehalten worden sind. Studien über die Entwicklung der Phonotaxis bei *Gryllus bimaculatus* zeigen, daß junge Weibchen sich zunächst von der Schallquelle abwenden (negative Phonotaxis) und erst nach einigen Tagen auf diese zulaufen, wobei die Schwelle für positive Phonotaxis in den folgenden Tagen sinkt. Damit korreliert auch die Empfindlichkeitszunahme in bestimmten zentralen Neuronen. Junge unerfahrene Weibchen, die in einem Y-Labyrinth auf Phonotaxis getestet worden sind, und zwar mit künstlichen Lockgesängen, deren zeitliche Muster etwas außerhalb der normalen Gliederung lagen, waren anschließend weniger wählerisch als die erfahrenen Kontrollen. Sollten sich diese Erstbefunde bestätigen lassen, so wäre ein Hinweis gegeben, daß auch die Hörbahn der Insekten in der Lage ist, in einem beschränkten Rahmen zu «lernen».

Literatur zu 5

Bailey, W. J. (1991) Acoustic behaviour of insects: an evolutionary perspective. Chapman and Hall, London.

Baily, W. J. und Rentz, D. C. F. (Eds.) (1990) The tettigoniidae: biology, systematics and evolution. Crawford House Press, Bathurst.

Bauer, M. und Helversen, O. v. (1987) Separate localization of sound recognizing and sound producing neural mechanisms in a grasshopper. J. Comp. Physiol. A **161**, 95–101.

Busnel, R.-G. (Ed.) (1963) Acoustic behaviour of animals. Elsevier Publ. Company, Amsterdam.

Eibl, E. und Huber, F. (1979) Central projections of tibial sensory fibers within the three thoracic ganglia of crickets (*Gryllus campestris* L., *Gryllus bimaculatus* DeGeer). Zoomorph. **92**, 1–17.

Elsner, N. und Huber, F. (1973) Neurale Grundlagen artspezifischer Kommunikation bei Orthopteren. Fortschr. Zool. **22**, 1–48.

Elsner, N. und Popov, A. V. (1978) Neuroethology of acoustic communication. Adv. Insect Physiol. **13**, 229–335.

Ewing, A. (1989) Arthropod bioacoustics: neurobiology and behaviour. Edinburgh University Press, Edinburgh.

Gribakin, F. G., Wiese, K. und Popov, A. V. (Eds.) (1990) Sensory systems and communication in arthropods. Birkhäuser, Basel.

Haskell, P. T. (1961) Insect sounds. H. F. and G. Witherby Ltd., London.

Hedwig, B. (1986) On the role in stridulation of plurisegmental interneurons of the acridid grasshopper *Omocestus viridulus* L. J. Comp. Physiol. A **158**, 413–444.

Heller, K.-G. (1988) Bioakustik der europäischen Laubheuschrecken. J. Margraf, Weikersheim.

Helversen, D. v. (1972) Gesang des Männchens und Lautschema des Weibchens bei der Feldheuschrecke *Chorthippus biguttulus*. J. Comp. Physiol. A **81**, 381–422.

Helversen, D. v. und Helversen, O. v. (1975) Verhaltensgenetische Untersuchungen am akustischen Kommunikationssystem der Feldheuschrecken. J. Comp. Physiol. A **104**, 273–323.

Helversen, D. v. und Helversen, O. v. (1991) Korrespondenz zwischen Gesang und auslösendem Schema bei Feldheuschrecken. Nova Acta Leopoldina **54**, 449–462.

Huber, F. (1953) Sitz und Bedeutung nervöser Zentren für Instinkthandlungen bei Insekten. Diss. Naturw. Fak. LMU, München.

Huber, F. (1960) Untersuchungen über die Funktion des Zentralnervensystems und insbesondere des Gehirns bei der Fortbewegung und der Lauterzeugung der Grillen. Z. vergl. Physiol. **44**, 60–132.

Huber, F. (1980) Zoologische Grundlagenforschung aus der Sicht eines Insektenbiologen. Verh. Dtsch. Zool. Ges. **73**, 12–37.

Huber, F. (1989) Ordnungsprinzipien im Verhalten und im Nervensystem von Insekten. Verh. Dtsch. Ges. Naturf. Ärzte **115**, 333–357, Wiss. Verl. Ges., Stuttgart.

Huber, F. (1992) Neuroethologie an stimmbegabten Insekten. Naturwiss. **9**, 393–406.

Huber, F. und Markl, H. (Eds.) (1983) Neuroethology and behavioral physiology: roots and growing points. Springer, Berlin.

Huber, F., Moore, T. E. und Loher, W. (Eds.) (1989) Cricket behavior and neurobiology. Cornell University Press. Ithaca, London.

Huber, F. und Thorson, J. (1985) Cricket auditory communication. Sci. Am. **253, 6**, 60–68.

Jacobs, W. (1953) Verhaltensbiologische Studien an Feldheuschrecken. Beiheft Z. Tierpsych.

Kalmring, K. und Elsner, N. (Eds.) (1985) Acoustic and vibrational communication in insects. Parey, Berlin.

Kleindienst, H.-U. (1987) Akustische Ortung bei Grillen. In: Fortschritte der Akustik – DAGA. 25–46.

Lewis, B. (Ed.) (1983) Bioacoustics: a comparative approach. Academic Paul. London.

Michelsen, A. (1971) The physiology of the locust ear I–III. Z. vergl. Physiol. **71**, 49–128.

Michelsen, A. und Larsen, O. N. (1985) Hearing and sound. In: Kerkut, G. A. und Gilbert, L. I. (Eds.) Comp. Ins. Physiol. Biochem. Pharmacol. **6**, 495–556. Pergamon, Oxford.

Nocke, H. (1971) Biophysik der Schallerzeugung durch die Vorderflügel der Grillen. Z. vergl. Physiol. **74**, 272–314.

Nocke, H. (1972) Physiological aspects of sound communication in crickets *(Gryllus campestris L.)*. J. comp. Physiol. **80**, 141–162.

Pierce, G. W. (1948) The songs of insects. Harvard University Press, Cambridge, Ma.

Regen, J. (1903) Neue Beobachtungen über die Stridulationsorgane der saltatoren Orthopteren.

Arbeiten des Zool. Instituts der Univ. Wien **14**, 359–421.

Ronacher, B., Helversen, D. v. und Helversen, O. v. (1986) Routes and stations in the processing of auditory directional information in the CNS of a grasshopper, as revealed by surgical experiments. J. Comp. Physiol. A **158**, 363–374.

Ronacher, B. und Stumpner, A. (1988) Filtering of behavioural relevant temporal parameters of a grasshopper's song by an auditory interneurone. J. Comp. Physiol. A **163**, 517–523.

Schäffner, K. H. (1984) Mechanorezeptoren auf den Vorderflügeln der Grillenmännchen und ihre Bedeutung bei der Stridulation. Diss. Naturw. Fak. LMU, München.

Schildberger, K. (1984) Temporal selectivity of identified auditory neurons in the cricket brain. J. comp. Physiol. A **155**, 171–185.

Schildberger, K. und Hörner, M. (1988) The function of auditory neurons in cricket phonotaxis. I. Influence of hyperpolarization on identified neurons on sound localization. J. Comp. Physiol. A **185**, 621–631.

Tuxen, S. L. (1967) Insektenstimmen. Springer, Berlin.

Wohlers, D. W. und Huber, F. (1982) Processing of sound signals by six types of neurons in the prothoracic ganglion of the cricket *(Gryllus campestris L.)*. J. comp. Physiol. A **146**, 161–173.

6 Sehen

K. Hamdorf

Einleitung

Charakteristisch für den Kopf flugtüchtiger Insekten sind die großen, paarig angelegten **Facetten-** oder **Komplexaugen** sowie die meist in Dreizahl auf der Stirn angeordneten **Ocellen.** Die aus bis zu 28000 Einzelaugen **(Ommatidien)** zusammengesetzten Komplexaugen dienen der Bild- und Bewegungswahrnehmung, die Ocellen in der Regel der Intensitätswahrnehmung. Besonders hervorstechend sind die Facettenaugen bei den im Flug jagenden oder sehr schnell fliegenden Arten der Ordnungen Odonata und Diptera. So machen z. B. bei den Libellen *Aeschna* und *Anax* die fast halbkugelförmigen Augen etwa 70 % und bei der Märzfliege *Bibio* sogar bis zu 90 % der gesamten Kopfoberfläche aus. Die hervorragende Bedeutung des visuellen Systems für die Orientierung dieser Tiere ist auch anatomisch an der Größe der drei optischen Ganglien direkt erkennbar; diese stellen bis zu 80 % des Insektenhirns.

6.1 Komplexauge und Ocellus

Die zellulären und optischen **Bauelemente der Ommatidien** und auch deren Differenzierung sind bei allen Facettenaugen prinzipiell gleichartig. Alle Bauelemente sind epidermaler Herkunft und entwickeln sich, wie in Abb. 6-1C dargestellt, aus einer Mutterzelle durch differentielle Mitosen, Formänderung und Zellverlagerung. Die biconvexe **Cornea-Linse** wird von corneagenen Zellen gebildet und der **Kristallkegel** von vier Kristallkegelzellen (Semper'sche Zellen). Diesem dioptrischen Apparat schließt sich die Rezeptorschicht, die sogenannte **Retinula** an. Ursprünglich besitzt jedes Ommatidium eine Retinula von acht radiärsymmetrisch angeordneten **Rezeptorzellen (Sehzellen)**, die sich mit ihren lichtsensitiven Zellorganellen, den **Rhabdomeren**, am Aufbau eines gemeinsamen, axialen Sehstabes, dem sogenannten geschlossenen Rhabdom, beteiligen. Bei Diptera und Heteroptera (Hydrocorixae) kommt es sekundär zur Trennung der Rhabdomere der acht Sehzellen (Abb. 6-6). Man spricht dann von einem offenen Rhabdom, ein Spezifikum sogenannter neuraler Superpositionsaugen.

Die Retinulae sind gegenüber Streulicht von benachbarten Ommatidien durch drei Typen von **Pigmentzellen** abgeschirmt. Streulicht aus dem dioptrischen Apparat wird hauptsächlich durch zwei, dem Kristallkegel anliegende Hauptpigmentzellen (primäre Pigmentzellen) abgefangen. Durch eine weitere ummantelnde Lage von sechs Nebenpigmentzellen (sekundäre oder akzessorische Pigmentzellen) wird sowohl das Streulicht aus der Dioptrik als auch die Streuung innerhalb der Retinulaschicht weiter reduziert. Die sechs retinalen Pigmentzellen des dritten Typs verhindern das Übersprechen von Licht im proximalen Rezeptorbereich. Die Kerne dieser Pigmentzellen liegen stets nahe der Basalmembran. Dies ist eine rigide, durch Filamente verstärkte Membranstruktur, die das Facettenauge insgesamt weitgehend organstofflich wie ional vom offenen Haemolymphsystem trennt und nur von den Axonen der Rezeptorzellen und den Tracheolen durchbrochen wird.

Die Retina der **Ocellen** zeigt ebenfalls ommatidialen Aufbau: Auch hier ordnen sich meist acht Sehzellen radiärsymmetrisch zu einer Funktionseinheit, umschlossen von jeweils einer Lage Schirmpigmentzellen. Im Gegensatz zum Komplexauge wird jedoch nur ein gemeinsamer dioptrischer Apparat mit **einer Linse** ausgebildet. Letztere kann entweder aus transparentem Zellgewebe bestehen oder von einer corneagenen Zellschicht abgeschieden werden (Abb. 6-1 A, B).

Bei den Ocellen entwirft die hochbrechende bikonvexe Linse auf der Retina ein umgekehrtes, verkleinertes Bild vom Blickfeld, das von den ommatidialen Rezeptoreinheiten in ein relativ grobes, intensitätsabhängiges Erregungsmuster umgesetzt wird. Obwohl diese Augenkonstruktion in vielen Fällen eine grobe Bilderkennung ermöglichen würde, werden die Ocellen, soweit bisher bekannt, nur zur Erkennung der mittleren **Helligkeit** genutzt (Goodman, in Autrum 1981). Alle höheren optischen Sinnesleistungen wie Mustererkennung (Bildsehen), Bewegungssehen, Erkennung der spektralen Zusammensetzung eines Strahlers (Farbunterscheidungsvermögen) sowie Diskriminierung polarisierten Lichtes obliegt den hochentwickelten, in Facetten-

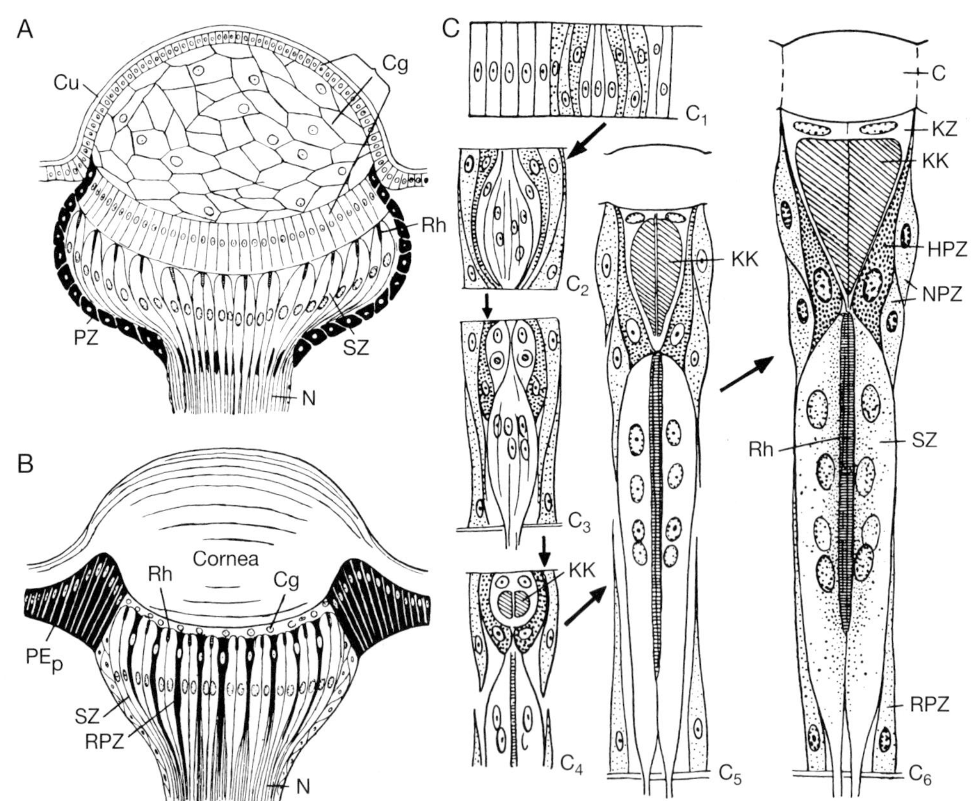

Abb. 6-1: Schematische Schnitte durch typische Ocellen; **A** mit zelligem Linsenkörper und umhüllenden Pigmentzellen (PZ, Ephemeridae); **B** mit von corneagenen Zellen (Cg) sezernierter Cornealinse und mit, die einzelnen Ommatidien abschirmenden, Pigmentzellen (RPZ) und einer epidermalen Pigmentzellpupille (PEp). **C_{1-6}** Schema der Entwicklung eines eukonen Ommatidiums eines Appositionsauges (die Pigmentierung ist, um die Zellformen zu kennzeichnen, schon in Stadien eingezeichnet, bevor sie tatsächlich auftritt: **C_{1-4}**). C Cornea, Cu Cuticula, HPZ Hauptpigmentzelle, KK Kristallkegel, KZ Kristallkegelzelle, N Nerv, NPZ Nebenpigmentzelle, Rh Rhabdom, RPZ retinale Pigmentzellen, SZ Sehzellen (nach Weber und Weidner 1974).

Form und -Anzahl, in Augenkrümmung, in Lage und Gesamtform genetisch definierten **Komplexaugen.** Die Blickrichtung eines jeden Ommatidiums, bezogen auf die Sagittalebene des Kopfes, ist hier weitgehend genetisch definiert. Diese präzise **Richtcharakteristik** der Einzelaugen ist eine wesentliche Voraussetzung dafür, daß gerade bei Holometabolen bereits unmittelbar nach der Imaginalhäutung ohne langwierige Lernvorgänge ein von einer Facette empfangenes Lichtsignal ortstreu erkannt werden kann.

6.1.1 Variation des Komplexaugenprinzips

Nach histologischen Kriterien, wie der Feinstruktur des dioptrischen Apparates, dem Bau der Rezeptorzellen und deren Anordnung zur Dioptrik sowie der Verteilung der Pigmente in den sekundären Pigmentzellen lassen sich folgende **Ommatidientypen** unterscheiden (Abb. 6-2):

1 Nach dem Feinbau der Dioptrik: Kennzeichnend für alle dioptrischen Apparate ist

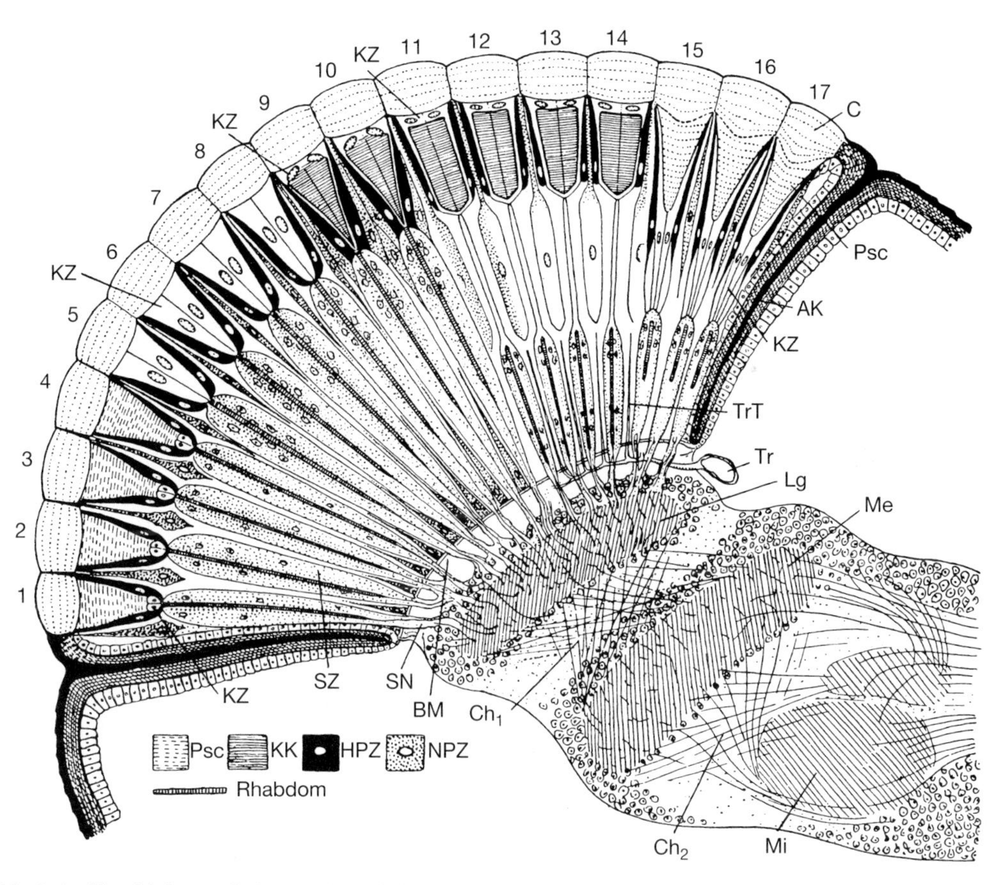

Abb. 6-2: Kombiniertes Schema eines Schnittes durch ein Komplexauge und dessen Lobus opticus. Dioptrik der Ommatidien: 1–4 pseudokon, 5–8 akon, 9–10 eukon mit terminad zunehmendem Brechungsindex, 11–14 eukon mit zentrad zunehmendem Brechungsindex, 15–17 pseudokon mit kutikularem Kegel. Funktionsweise der Ommatidien in 1–10 Appositionsauge, 11–17 Superpositionsauge; Ommatidium 11 zeigt Helladaptation. AK Augenkapsel, BM Basalmembran, C Cornea, $Ch_{1,2}$ äußeres und inneres Chiasma, HPZ Hauptpigmentzelle, KK Kristallkegel, KZ Kristallzelle, Lg Lamina ganglionaris, Me (Mi) Medulla externa (interna), NPZ Nebenpigmentzelle, Psc Pseudokonus, SN Sehnervenzone, SZ Sehzellen, Tr Trachee, TrT Tracheentapetum (nach Weber und Weidner 1974).

die hohe Brechkraft ihrer bikonvexen, mehrschichtig gegliederter **Cornealinsen**, wobei die Brechungsindices der Schichten von außen nach innen von etwa 1,47 auf 1,42 gestuft abnehmen (Abb. 6-3). Alle Cornealinsen sind aufgrund ihres hohen Gehaltes an aromatischen Aminosäuren nur transparent bis etwa 300 nm. Sie wirken also gleichzeitig als langwellige UV-Kantenfilter, die durch Absorption die Rezeptoren vor der eiweißzerstörenden, kurzwelligen UV-Strahlung < 300 nm schützen. Abgesehen von einigen Besonderheiten, wie die Aufrauhung der Oberfläche durch cuticuläre Nippel oder Anlage hoch-/niederbrechender λ/4 Schichten, auf deren physiologische Bedeutung noch näher eingegangen wird, variiert die Linsenstruktur nur gering. Die **Kristallkegel** variieren dagegen sehr stark in Bau- und Funktionsweise. Drei Grundbautypen werden unterschieden:

a) Die **akone Dioptrik** (Abb. 6-2: 5–8), bei der die vier Kerne zentral im Kristallkegel liegen und dieser keine optische Differenzierung aufweist. Dies ist wohl der Urtyp eines Kristallkegels, aus dem sich die eukonen und pseudokonen Typen entwickelten. **b)** Die **eukone Dioptrik** (Abb. 6-2: 9–14), bei der die Kerne der Kegelzellen distal, direkt unter der Cornea liegen. Die Brechungsindices dieser Kegel sind generell inhomogen. Sie steigen entweder von distal nach proximal wie beim Kegeltyp 9–10, oder sie nehmen zu von lateral nach zentral, wie beim Kegeltyp 11-14, (s. a. afokale Dioptrik, Abb. 6-3). **c)** Die **pseudokone Dioptrik** (Abb. 6-2: 1–4, 15–17), bei der die Kerne proximal, an der Spitze der Kegel liegen. Hier entstehen die Kegel offensichtlich durch gemeinsame Sekretion der Kristallkegelzellen (1–4), hier auch als Semper'sche Zellen bezeichnet, oder auch als kutikuläre Abscheidung (15–17). Diese sekretierten Kristallkegel können optisch homogen sein wie im Falle 1–4 oder optisch inhomogen wie im Falle 15–17, bei dem Cornea und Kegel nahezu kontinuierlich ineinander übergehen. Die abbildenden Eigenschaften dieser pseudokonen Dioptriken sind daher völlig verschieden (Abb. 6-3, fokale und afokale Dioptrik).

2 Nach dem Abstand der Rhabdome von der Dioptrik: a) Beim Appositionsauge (Abb. 6-2: 1–10) und beim sogenannten neuralen Superpositionsauge (Abb. 6-4B) kontaktieren die lichtabsorbierenden Rhabdome (Rhabdomere) direkt die Spitzen der Kristallkegel, während **b)** bei den Superpositionsaugen (Abb. 6-2: 11–17) Dioptrik und Rhabdom durch eine breite, optisch neutrale Zone weit voneinander getrennt sind. Hier sind die Kristallkegel nur über einen Strang sehr dünner Rezeptorfortsätze mit dem zugeordneten Rhabdom verbunden. Die optisch neutrale Zone wird durch einen geschlossenen hexagonalen Zellverband akzessorischer Schirmpigmentzellen aufgefüllt (Abb. 6-11, *Ascalaphus;* Abb. 6-9A, *Ephestia*).

Die optischen Funktionsweisen der verschiedenen Typen von Facettenaugen stimmen weitgehend mit der folgenden histologisch-morphologischen Klassifizierung überein.

6.1.1.1 Appositionsauge

Beim Appositionsauge vieler tagaktiver Insekten (wie Libellen, Bienen, Ameisen) wird die in der optischen Achse einer Facette einfallende Strahlung durch die stark brechende Linse direkt auf das distale Ende des **geschlossenen Rhabdoms** fokussiert. Die optisch homogenen, akonen und pseudokonen Kristallkegel wirken hierbei ausschließlich als optische Distanzstücke, die die Rhabdome am Ort der hinteren Brennweite der Cornealinse fixieren. Man spricht dann von einer **fokalen Dioptrik** (Abb. 6-3). Appositionsaugen verschiedener Tagfalter haben häufig auch **afokale Dioptriken**, bei denen der Brennpunkt nicht am distalen Ende des Rhabdoms (wie in Abb. 6-3B) liegt sondern bereits innerhalb des Kegels (Abb. 6-3C). Aufgrund des steigenden Brechungsindex' zur Spitze hin, können jedoch die Strahlen den Kegel seitlich nicht verlassen und treten daher als etwa paralleles

Abb. 6-3: Die dioptrischen Apparate der Insektenaugen. Fokale Dioptriken: **A** Diptera und **B** bestimmte Tagfalter mit trichterförmigem Rhabdom. Afokale Dioptriken: **C** Tagfalter *(Vanessa, Heteronympha)*, **D** dämmerungsaktive Motten und Schwärmer *(Ephestia, Deilephila)* und **E** Eintagsfliegen *(Atalophlebia)*; **F** Wellenoptik der selektiven cornealen Lichtreflexion und **G** der cornealen Antireflexnippel. Zu **A** und **B:** Bei der fokalen Dioptrik wird ein Objektpunkt allein aufgrund der hohen Brechkraft der Cornealinse (n=1,473-1,415) auf das distale Ende der Rhabdmere fokussiert. Die Kristallkegel wirken hier, mit einem ▶

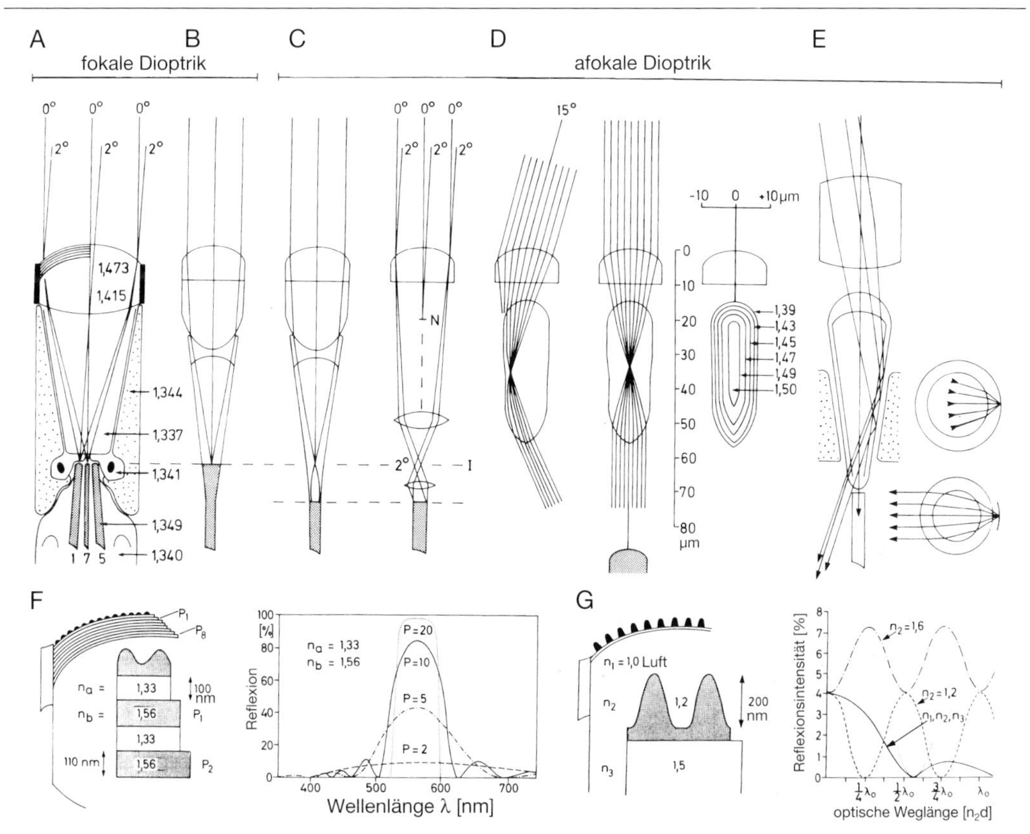

homogenen Brechungsindex, von 1,337, rein als wässerige Distanzstücke. Beim neuralen Superpositionsauge werden 7 Brennpunkte in der Brennebene (I) von 7 verschiedenen Rhabdomeren hoher Brechkraft (Nr. 1, 7, 5; n = 1,349) abgegriffen, während beim Appositionsauge nur ein zentraler Brennfleck vom verschmolzenen Rhabdom abgegriffen wird. Bei Tagfaltern wird der Lichteintritt ins Rhabdom häufig durch Trichterform deutlich verbessert **(B).** Zu **C:** Andere Tagfalter verbessern den Lichteintritt ins Rhabdom durch eine einfache afokale Dioptrik. Hier liegt der Brennpunkt innerhalb des Kristallkegels. Aufgrund des steigenden Brechungsindex' zur Spitze hin können jedoch die divergierenden Strahlen den Kegel nicht verlassen und treten als etwa paralleles Bündel ins Rhabdom ein. Dieser Kegeltyp entspricht einer Optik aus zwei bikonvexen Linsen. Lichtbündel von bis zu ± 2° Divergenz werden von dieser Optik erfaßt und aufs Rhabdom fokussiert. Zu **D:** Beim Superpositionsauge vom *Ephestia*-Typ liegt der Brennpunkt im Zentrum des hochbrechenden zylindrischen Kristallkegels. Aufgrund der Kegelform und seiner abnehmenden Brechkraft (von n = 1,50 auf 1,39) zum proximalen Pol hin, wird achsenparallel einfallendes Licht auch achsenparallel aus der Dioptrik entlassen und trifft als Parallelbündel auf die wesentlich tiefer gelegenen, zugeordneten Rhabdome. Schräg einfallende Strahlung (15°) wird dagegen zur Gegenseite umgelenkt und verläßt ebenfalls als Parallelbündel die Dioptrik. Zu **E:** Beim parabolischen Superpositionsprinzip der Augen von Eintagsfliegen wird achsenparalleles Licht zunächst auf die lichtleitenden Zellfortsätze der Sehzellen gebündelt und gelangt dann zu dem tiefer gelegenen Rhabdom. Schräg einfallende Strahlung wird dagegen zunächst aus dem Kegel herausgebrochen, dann von einer Spiegelschicht in den Kegel rückreflektiert und verläßt diesen schließlich als paralleles Strahlenbündel. Auftreffen des Bündels auf den Reflektor (oberer Kegelquerschnitt), Verlassen des reflektierten Bündels (unterer Querschnitt). Zu **F:** Corneale λ/4-Schichten des Tabaniden-Auges; die links dargestellte Schichtung aus hoch und niedrig brechendem Material bedingt selektive Reflexion der Strahlung um 560 nm. Die Reflexion nimmt etwa proportional mit der Anzahl der Schichten P zu. Zu **G:** Scharfe Grenzflächen zwischen niedrig und hochbrechenden Medien (n_1 = 1,0; n_3 = 1,5) bedingen Reflexionsverluste. Diese Verluste modulieren mit der Schichtdicke, also der optischen Weglänge $n_2 \cdot d$, zwischen 4 und 7,3 %. Durch die Nippel von 200 nm Höhe wird der optische Übergang kontinuierlich und die Reflexionsverluste für reizwirksame Wellenlängen minimal (Kurve n_1, n_2, n_3 zwischen $\lambda_o/2$ bis λ_o; **A** nach Seitz 1968; **B, C** nach Nilsson et al. 1988; **D** nach Kunze, in Autrum 1979; **E** nach Horridge et al. 1982; Nilsson et al. 1988; **F, G** nach Miller, in Autrum 1979).

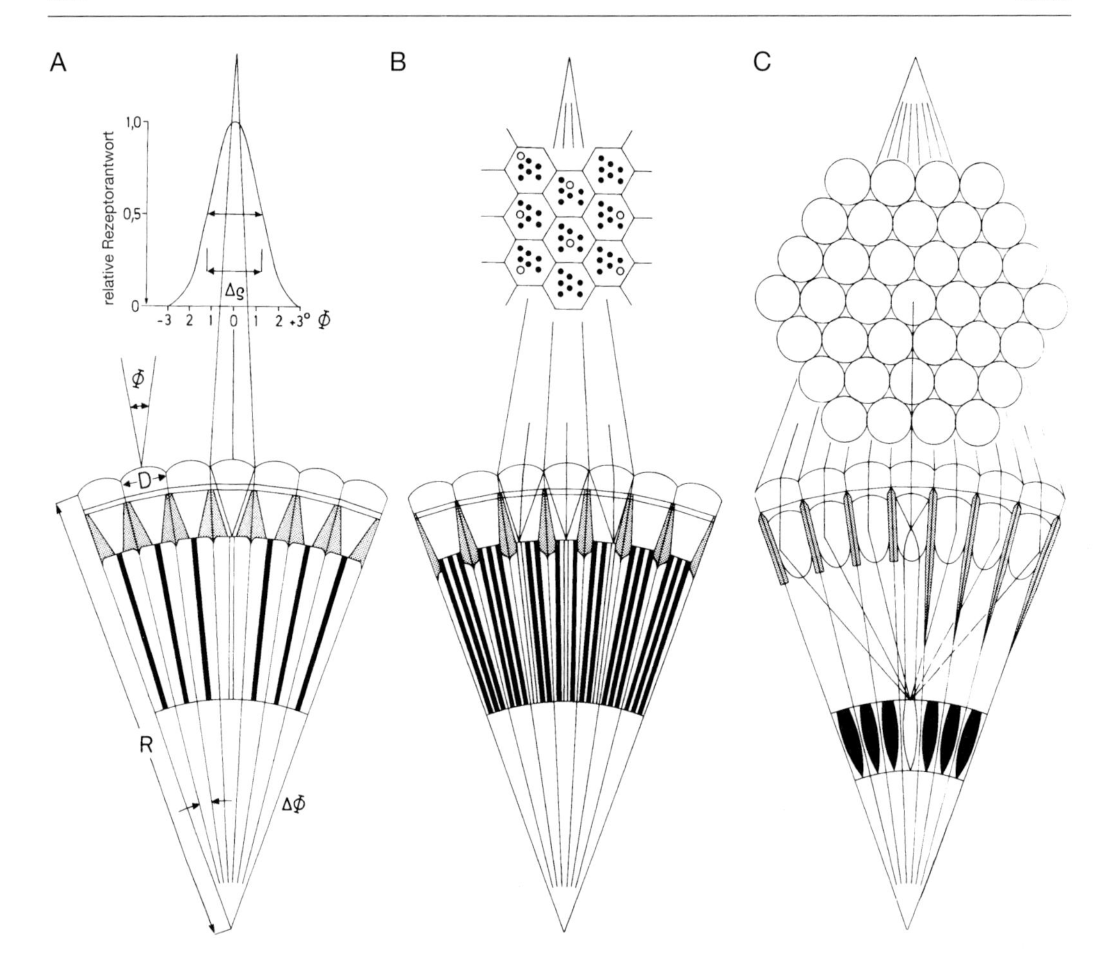

Abb. 6-4: Abbildung eines Objektpunktes (punktförmige Lichtquelle) **A** im Appositionsauge, **B** im neuralen Superpositionsauge und **C** im optischen Superpositionsauge. Durchmesser der Cornealinse (D), Radius des Auges (R), Divergenzwinkel der Ommatidien ($\Delta\Phi$), Winkel des einfallenden Lichtes (Φ), effektiver Öffnungswinkel ($\Delta\varrho$), bestimmt anhand der elektrischen Reizantworten der Sehzellen auf eine «unendlich weit» entfernte Lichtquelle. Beleuchtete Rhabdome hell gezeichnet. Zu **A:** Im Appositionsauge (z. B. tagaktive Hymenoptera) werden Objektpunkte nur von einem Ommatidium erfaßt und auf dem distalen Ende der verschmolzenen Rhabdome in Form eines Beugungsscheibchens (airy disk) abgebildet. Aufgrund des höheren Brechungsindex' wirkt das Rhabdom als absorbierender Wellenleiter. Zu **B:** Im neuralen Superpositionsauge (Fliegen, Wasserwanzen) werden Objektpunkte gleichzeitig von sieben Ommatidien erfaßt und als Beugungsscheibchen auf sieben verschiedenen Rhabdomeren abgebildet, wie in der Aufsicht auf das Facettenraster angedeutet. Zu **C:** Beim Superpositionsauge der dämmerungs- und nachtaktiven Schmetterlinge wird die, von einer Lichtquelle ausgehende Strahlung von einem größeren Facettenfeld (hier im Schema 37 Facetten) erfaßt und über deren dioptrische Apparate (Cornea und Kristallkegel) auf das in direkter Blickrichtung liegende Rhabdom umgelenkt. Im dunkeladaptierten Zustand, also bei maximal kontrahiertem Schirmpigment zwischen den Kristallkegeln (linke Ommatidien), ist daher die Lichtintensität an der Eintrittspupille der Rhabdomere bis zu 37fach höher als im voll helladaptierten Zustand, wenn alle schräg einfallenden Strahlenbündel durch Schirmpigment abgefangen werden (rechte Ommatidien). Durch graduelle Verschiebung der Pigmentfront zwischen extremer Dunkel- und extremer Hell-Stellung kann die Beleuchtungsstärke des Rhabdoms kontinuierlich nachgeregelt werden. (**A, B** nach Kunze, in Autrum 1979; **C** nach Kirschfeld, in Wehner 1972).

Bündel ins Rhabdom ein. Dieser Kegeltyp entspricht einem optischen System aus zwei bikonvexen Linsen, welches noch Lichtbündel von ± 2° Divergenz erfaßt. Vergleichbares gilt auch für fokale Optriken, bei denen das Rhabdom trichterförmig aufgeweitet ist (Abb. 6-3B; Land, in Autrum 1981; Nilsson 1990).

Aufgrund seines höheren Brechungsindex' im Vergleich zu dem des Rezeptorsomas wirkt das Rhabdom als **optischer Wellenleiter**, der das am distalen Ende eintretende Licht proximad weiterleitet. Das geleitete Licht wird von den verschiedenen Sehfarbstoffen der am Aufbau des Rhabdoms beteiligten Sehzellen fortschreitend absorbiert und gemeinsam zur Erregungsbildung genutzt.

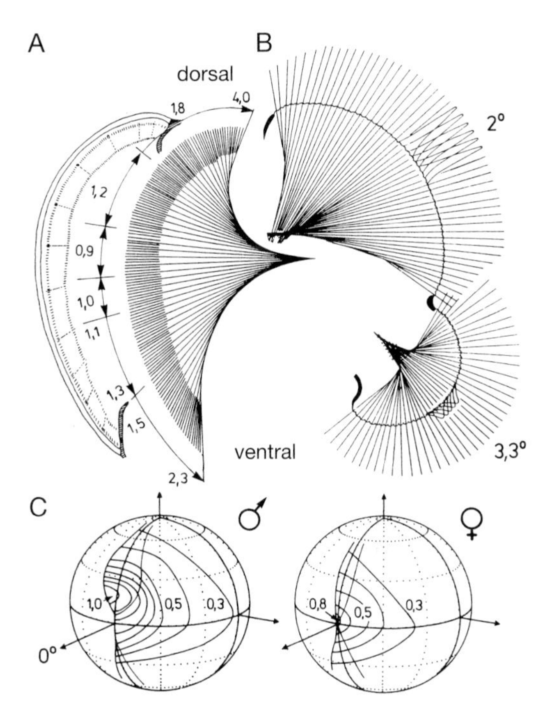

Abb. 6-5: Divergenzwinkel der Ommatidien des Appositionsauges: **A** der Bienenarbeiterin, **B** des zweigeteilten Facettenauges des Männchens von *Atalophlebia* (Ephemeridae) sowie **C** die Anzahl der Facettenachsen pro Grad^2 des Sehbereichs beim männlichen und weiblichen Fliegenauge (*Calliphora*, jeweils linkes Auge schräg von vorn gesehen). Zu **A:** Geringster Divergenzwinkel von 0,9° und somit beste Rasterauflösung beim musivischen Sehen besteht in der Horizontalebene des Bienenauges. Zu **B:** Das Dorsalauge des Männchens ist rein UV-sensitiv. Seine Dioptrik entspricht dem parabolischen Superpositionsprinzip von Abb. 6-3E. Die glockenförmigen Funktionen bei 2° (Dorsalauge) und 3,3° (Lateralauge) geben S(Φ) im helladaptierten Zustand an. Die Weibchen verfügen nur über Lateralaugen. Zu **C:** Beim männlichen Auge liegt der Sehbereich größter Auflösung (1,0 Facettenachsen pro Grad^2) etwa 15° oberhalb des Augenäquators und überlappt stark mit dem Sehfeld des rechten Auges, während beim weiblichen Auge der Bereich größter Sehschärfe (0,8 Facettenachsen pro Grad^2) in der Äquatorebene liegt und die binokularen Augenbereiche weit geringer überlappen. (**A** nach Baumgärtner 1928; **B** nach Horridge et al. 1982; **C** nach Land und Eckert 1985).

Das Licht aus dem Gesichtsfeld eines Ommatidiums wird also im Brennpunkt der Dioptrik in einem Bildfleck (Beugungsscheibchen oder Airy disk, benannt nach G. B. Airy, 1801–1892) aufsummiert und von den Rezeptoren auf seine Intensität und seine spektrale Zusammensetzung hin analysiert. Jedes Ommatidium trägt somit nur mit einem Bildpunkt zum Mosaikrasterbild von der Umwelt im Sehbereich des Appositionsauges bei. Die Auflösung dieses sogenannten **musivischen Sehens**, d. h. die Feinheit des Bildrasters, wird wesentlich bestimmt durch die artspezifische Anzahl der Ommatidien pro Auge (bis zu 28000 bei Odonaten) und durch die **Divergenzwinkel** $\Delta\Phi$ zwischen den Ommatidien (Abb. 6-4); dabei gilt: Je geringer $\Delta\Phi$, desto feiner das musivische Bildraster. $\Delta\Phi$ ist selten annähernd konstant, sondern variiert systematisch von Augenregion zu Augenregion, wie der dorsoventral geführte Schnitt durch ein Bienenauge zeigt (Abb. 6-5A). Geringste $\Delta\Phi$-Werte und somit das feinste Bildraster besitzt das Bienenauge im horizontalen Blickbereich (0,9°–1,0°). Nach dorsal wie ventral vergrößern sich die Divergenzwinkel auf 4° bzw. 2,3°. Anhand histologischer Präparate läßt sich, wegen unkontrollierbarer Schrumpfungen, $\Delta\Phi$ nur annähernd ermitteln.

Exakte dreidimensionale Bestimmungen sind nur mit Hilfe optischer Meßverfahren an intakten Tieren oder frischen Augenpräparaten möglich. So läßt sich $\Delta\Phi$ des Facettenrasters anhand der sogenannten **Pseudopupille** genau vermessen. Die Pseudopupille ist ein optisches Phänomen, welches bei vielen Appositionsaugen direkt zu beobachten ist, und zwar besonders deutlich im Auflicht bei mikroskopischer Betrachtung mit Objektiven geringer Vergrößerung und langer Brennweite: Dem Betrachter erscheint dann diejenige Facette, deren optische Achse mit der des Mikroskops übereinstimmt, deutlich dunkler als das Umfeld, da die axial einfallende Strahlung von diesem Ommatidium nahezu vollständig verschluckt, von den Rezeptoren absorbiert und nur in geringem Umfang reflektiert wird. Wird das Auge auf einem Goniometerkopf fixiert, lassen sich, anhand des Weiterspringens der Pseudopupille bei Drehung des Goniometers, die Divergenzwinkel zwischen benachbarten Facetten exakt ermitteln. Auf diese Weise wurden die optischen Divergenzwinkel des Facettenrasters verschiedener Appositionsaugen systematisch kartographiert. In der Regel liegen die mittleren Winkel im Bereich zwischen 1° und 3°. Sie variieren jedoch relativ stark von Augen- zu Augenbereich, ähnlich wie beim Bienenauge. So besitzen z. B. die hochauflösenden Augen von *Aeschna*-Larven oder von *Mantis* höchstauflösende, frontale Facettenbereiche von nur 0,2° Divergenzwinkel, mit denen sie ihre Beutetiere vor dem Fangschlag fixieren (Abb. 6-13B). Diese höchstauflösenden Bereiche werden in Analogie zum Wirbeltierauge auch als **Fovea** bezeichnet und sind häufig (bereits mit bloßem Auge) bei Betrachtung des Kopfes von vorn in beiden Augen als dunkle, fast schwarze Facettenflächen zu erkennen. Dies beruht darauf, daß man gleichzeitig in die Pseudopupillen zahlreicher, nur wenig gegeneinander geneigter Facetten blickt (6.1.7; Stavenga, in Autrum 1979).

Der physiologisch wirksame **Öffnungswinkel** der Facetten ist häufig deutlich größer als der optische Divergenzwinkel zwischen den Facetten, wie elektrophysiologische Untersuchungen über die Abhängigkeit der Rezeptorantworten vom Einfallswinkel Φ des Lichtes zur Achse der Dioptrik zeigen. Die Empfindlichkeit der Sehzellen gegenüber Φ folgt in der Regel einer glockenförmigen Funktion S (Φ), deren Breite durch den Winkel Δϱ bei halbmaximaler Empfindlichkeit definiert ist (Abb. 6-4A). Dieser Winkel Δϱ entspricht in etwa ΔΦ. Die Glockenform der Richtungsempfindlichkeit der Sehzellen bedeutet jedoch, daß durch ein Punktlicht nicht nur die Sehzellen desjenigen Ommatidiums erregt werden, welches exakt in Richtung des Strahlers blickt, sondern auch solche benachbarter Ommatidien; letztere werden jedoch geringer erregt als erstere. Das Auflösungsvermögen der Appositionsaugen wird daher kaum durch diese Erregungsüberlappung in benachbarten Ommatidien beeinträchtigt.

6.1.1.2 Neurales Superpositionsauge

Dieser Augentyp leitet sich direkt vom Appositionsauge ab. Charakteristisch für diese Augen von Dipteren und Wasserwanzen ist das sogenannte **offene Rhabdom**, d. h. hier schließen sich die Rhabdomere der acht Sehzellen nicht zu einem gemeinsamen Sehstab zusammen, sondern bilden separate Lichtwellenlei-

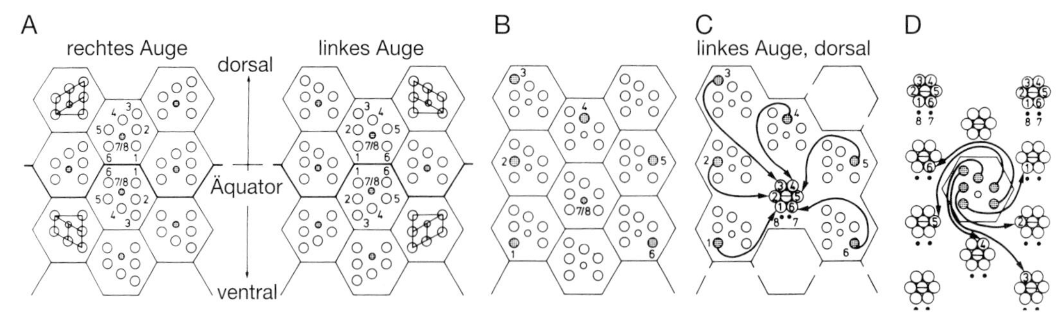

Abb. 6-6: Die strukturellen Beziehungen zwischen Facetten-, Rhabdomeren- und Neurommatidien-Raster beim Fliegenauge. **A** Die Rhabdomerenanordnung im rechten und linken Auge bei Anblick von vorn. Beachte das Umschlagen des pultdachartigen Rhabdomerenmusters am Augenäquator und die Spiegelung der Muster im rechten und linken Auge. **B** Die erregten Sehzellen in einem linken, dorsalen Facettenfeld bei Bestrahlung mit einem Punktlicht sowie **C** deren synaptische Aufschaltung (Kreise 1–6) auf die L-Neurone (zentrale Halbkreise) des, der zentralen Facette zugeordneten, Neurommatidiums. **D** Synaptische Verknüpfung der R1–6-Rezeptoren der zentralen Facette mit dem Neurommatidienraster der Lamina. (Erregte Elemente grau punktiert). Axone von R7 und R8 bilden keine Kontakte zu den L-Neuronen (nach Kirschfeld 1973; Kirschfeld, in Wehner 1972).

ter, die in einer festen geometrischen Anordnung zum Facettenraster stehen. Im Falle des Fliegenommatidiums werden sieben Wellenleiter ausgebildet (Abb. 6-4B, 6-6), wobei die Sehzellen R1–6 separate, die Zellen 7 und 8 einen gemeinsamen Wellenleiter bilden (distale Hälfte Zelle 7, proximale Zelle 8).

Im Gegensatz zum Appositionsauge wird beim neuralen Superpositionsauge eine Punktlichtquelle nicht nur von einer Facette sondern gleichzeitig von sieben verschiedenen Dioptriken erfaßt und auf sieben verschiedene Rhabdomere benachbarter Ommatidien fokussiert (wie im Schnittbild und in Aufsicht von Abb. 6-4B dargestellt). Hier steht also jeder Sehzelle die gesamte, von einer Dioptrik erfaßte Energie zur Erregungsbildung zur Verfügung, d.h. im Vergleich zum Appositionsauge empfangen die Rhabdomere eine 7fach höhere Lichtintensität. Da weiterhin die Erregung der Sehzellen R1–6 gleicher Blickrichtung von den L1- und L2-Neuronen der **Lamina ganglionaris** aufsummiert werden (Abb. 6-6C, D), ist die effektive Lichtausbeute beim neuralen Superpositionsauge etwa 7fach besser als beim Appositionsauge. Die R1–R6-Sehzellen sind also für das Sehen im Niedrigintensitätsbereich ausgelegt, während die Rezeptoren R7–R8, die jeweils die obere bzw. untere Hälfte des zentralen Rhabdomers bilden, zur Erkennung der Modulation höherer Intensitäten konstruiert sind. Ihre Erregung wird über längere Axone direkt auf die Verarbeitungsebenen der Medulla geleitet. Diese Hochintensitäts-Rezeptoren R7 und R8 sind aufgrund ihres geringeren Wellenleiter- und somit geringeren Absorptionsquerschnitts bei nur halber Rhabdomerlänge wesentlich lichtunempfindlicher (etwa ¼ dessen von R1–R6). Da weiterhin R7 und R8 verschiedene, die Rezeptoren R1–R6 dagegen denselben Spektralbereich zur Erregungsbildung nutzen (Abb. 6-18; Tab. 6-1), ist das neural integrierte R1–R6-Sehsystem zwischen 12- bis 24fach lichtempfindlicher als das R7/8-Sehsystem.

Das neurale Superpositionsprinzip erfordert ein sehr präzis festgelegtes Rhabdomerenraster sowie eine sehr exakte Verschaltung aller Sehzellen gleicher Blickrichtung in der Lamina ganglionaris. Beim Fliegenauge ist die Präzision des Facettenrasters besonders deutlich am sogenannten Augenäquator zu erkennen (Abb. 6-6A). Dies ist eine sehr genau horizontal durchs Auge verlaufende Facettengrenze, an der das pultdachförmige Rhabdomerenraster umschlägt und das Auge somit strukturell wie funktionell in einen Dorsal- und einen Ventralbereich teilt. Die Präzision der Verschaltung des Sehzellrasters geht aus Abb. 6-6C hervor. Jedem Ommatidium ist in der Lamina ein Miniganglion, ein sogenanntes **Neurommatidium (cartridge)** zugeordnet, welches die Erregung der Sehzellen gleicher Blickrichtung integriert. Dies bedeutet andererseits, daß die R1–R6-Rezeptoren einer Facette auf sechs verschiedene Elemente des Neurommatidienrasters aufschalten. Dies erfordert eine komplizierte Drehung der Axone gegen den Uhrzeigersinn, wie in Abb. 6-6D für den linken dorsalen Augenbereich veranschaulicht ist (Kirschfeld 1973).

Neurale Superpositionsaugen lassen sich sehr häufig bereits anhand ihrer charakteristischen Pseudopupillenmuster erkennen. Besonders auffällig ist dieses Pupillenmuster bei weißäugigen Fliegenmutanten im Auflicht bei mikroskopischer Betrachtung (Abb. 6-7). Bei Fokussierung des Mikroskops auf die Objektebene im Abstand R von der Cornea kommt es zur Überlagerung der **virtuellen Bilder** von den distalen Enden der Rhabdomere von sieben Ommatidien, die in die optische Achse des Mikroskops blicken. Hierdurch entsteht ein virtuelles vergrößertes Bild von der Rhabdomerenanordnung innerhalb der Ommatidien, und zwar in der Größe des Facettenrasters. Bei weißen Fliegenaugen ist daher unter den genannten Bedingungen stets ein Muster aus sieben dunklen Facetten zu beobachten. Da dieses Pupillenbild erst bei tiefer Fokussierung (auf Kreuzungsebene IV des Strahlengangs von Abb. 6-7A) scharf zu beobachten ist, spricht man hier von der **tiefen Pseudopupille** des Fliegenauges. (Auch bei Fokussierung auf die Kreuzungsebenen I, II und III sind superponierte virtuelle Bilder zu beobachten. Diese Bilder sind jedoch kleiner als das Facettenraster und entsprechen keineswegs der Rhabdomeranordnung).

Die exakte Ordnung der sieben Rhabdomere unter jeder Facette ist mikroskopisch auch im Durchlicht sehr gut erkennbar und zwar dann, wenn die Brechkraft der Cornealinsen durch ein geeignetes Immersionsöl neutralisiert wird. Bei normalpig-

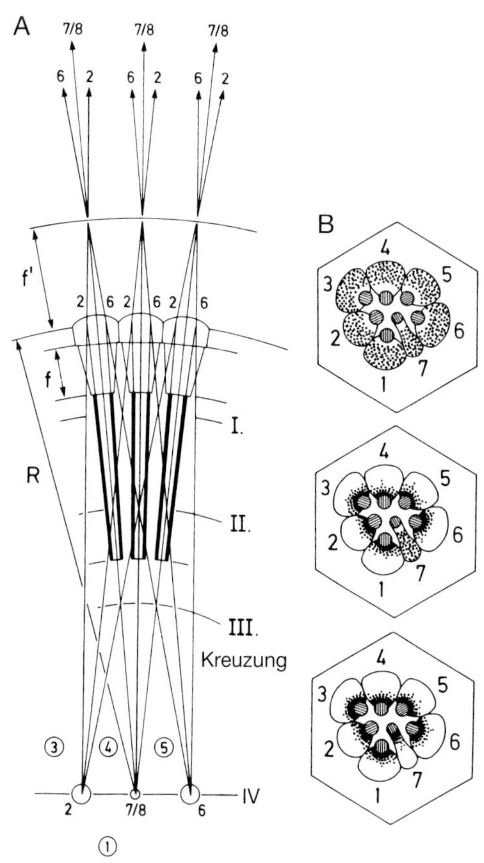

Abb. 6-7: **A** Strahlengang bei der tiefen Pseudopupille des Fliegenauges, sowie **B** die Stellung der Schirmpigmente bei dunkel- und selektiv hell-adaptiertem Ommatidium. Zu **A:** Im Auf- wie im Durchlicht ist bei mikroskopischer Betrachtung die Anordnung der Rhabdomere in den Ommatidien direkt beobachtbar und zwar kommt es bei Fokussierung auf die Objektebene, im Abstand R von der Cornea, zur Überlagerung virtueller Bilder von den distalen Enden gleicher Rhabdomere aus 7 Ommatidien, die in der optischen Achse des Mikroskops liegen. Das Bild des Rhabdomeren-Musters hat dann die gleiche Größe wie das Facettenraster. Bei Fokussierung auf die Kreuzungsebenen I, II und III der Strahlengänge sind ebenfalls superponierte Bilder zu beobachten. Diese sind jedoch kleiner als das Facettenraster und entsprechen nicht der Rezeptoranordnung. Zu **B:** Oben: dunkeladaptierter Zustand; Mitte: helladaptierter Zustand nach selektiver Reizung von R1–6; unten: helladaptierter Zustand aller Rezeptoren. (**A** nach Franceschini, in Snyder und Menzel 1975; **B** nach Franceschini und Kirschfeld 1976).

mentierten Augen erscheint dann das Muster der lichtleitenden Rhabdomere leuchtend hell auf rotbraunem Hintergrund. Dieses mikroskopische Abbildungsverfahren und das Phänomen der tiefen Pseudopupille wurden in vielfältiger Weise zur Struktur- und Funktionsanalyse neuraler Superpositionsaugen genutzt, so zur Bestimmung der monokularen und binokularen **Sehfelder** und deren Auflösungsvermögen, zur Analyse der durch Helladaptation in Sehzellen ausgelösten Pigmentwanderung und zur spektralphotometrischen Ermittlung der Verteilung der Sehzelltypen in den verschiedenen Augenbereichen (Tab. 6-1).

6.1.1.3 Optisches Superpositionsauge

Beim optischen Superpositionsauge der tag-nacht-aktiven Insekten wird von einem Objektpunkt ausgehende Strahlung von einigen hundert (z. B. bei der Motte *Ephestia* 180) oder sogar von über tausend Facetten (z. B. bei den Nachtschwärmern *Deilephila* und *Manduca*) gleichzeitig erfaßt und gemeinsam auf das Ende des, in der optischen Achse befindlichen, aber weit von der Dioptrik entfernten, Rhabdoms gebündelt. Das Abbildungsprinzip dieser Superpositionsaugen geht schematisch aus der Abb. 6-4C hervor. Bei diesem Schema wird die Punktlichtquelle von einem hexagonalen Facettenfeld von insgesamt 37 Facetten erfaßt und auf das axiale Rhabdom gebündelt. Real sind diese Facettenfelder weit größer: Statt sieben Facetten wie im Schema beträgt der hexagonale Felddurchmesser bei *Ephestia* etwa 15–16 Facetten und bei *Deilephila* sogar 33–35 (Kunze, in Autrum 1979; Nilsson 1990).

Dies gilt für den dunkeladaptierten Zustand, wenn die Pigmentgrana der sekundären Schirmpigmentzellen maximal zwischen den Kristallkegeln kontrahiert sind. Bei Helladaptation expandieren diese Schirmpigmente in Richtung Rhabdomschicht und absorbieren zunehmend die schräg einfallende Strahlung. Bei maximaler Expansion gelangt nur noch Strahlung über die axiale Facette zum zugeordneten Rhabdom. Die sekundären Pigmentzellen wirken also als **Jalousien-Blende**, die, je nach Helligkeit, die Beleuchtungsstärke des axialen Rhabdoms sehr fein gestuft regulieren kann. Der Regelungsbereich umfaßt 2–3 Größenordnungen je nach Größe des jeweiligen Facettenfeldes im dunkeladaptierten Zustand (also im Falle von *Ephestia* zwischen 1 und 1/180 sowie im Falle der Nachtschwärmer zwischen 1 und 1/1000). Dieser große Regelbereich entspricht in etwa dem einer modernen, sehr lichtstarken Kamera bei Schließen der Irisblende von maximaler Öffnung 1,9 auf Blende < 22.

Superpositionsaugen bilden die Umwelt wie Appositionsaugen (im Gegensatz zum Kameraauge) stets aufrecht und seitenrichtig auf der Rhabdomerenschicht ab, wie in Abb. 6-8 die Fokussierung zweier Lichtquellen auf die zugeordneten Rhabdome veranschaulicht. Den Superpositionsaugen der Arthropoden liegen drei verschiedene optische Abbildungsprinzipien zugrunde: Abbildung entsteht entweder a) durch **afokale Dioptrik**, b) durch reine **Spiegeloptik (Katoptrik)** oder c) durch Kombination von a) und b). Bei Insekten ist das Abbildungsprinzip a) am häufigsten realisiert.

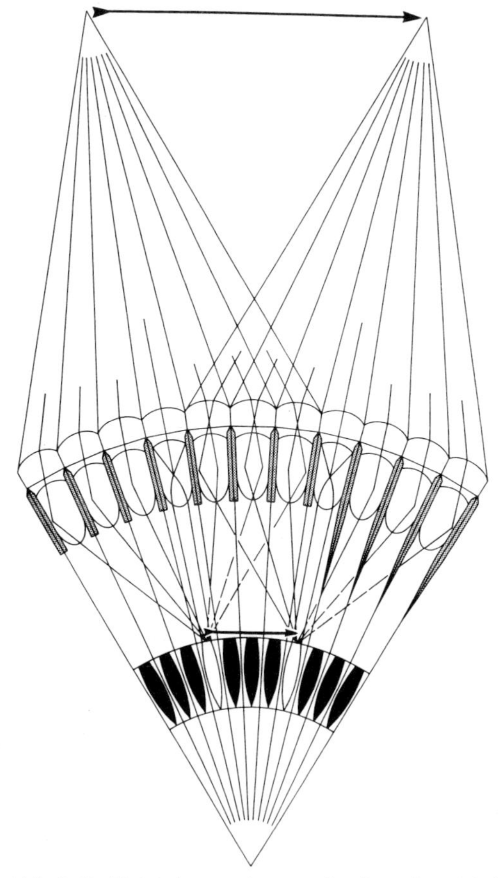

Abb. 6-8: Entstehung eines aufrecht-seitenrichtigen Rasterbildes im Superpositionsauge. Pfeilkerbe und Pfeilspitze werden stets ortsgetreu, im dunkel- wie im helladaptierten Zustand, auf der Retinula abgebildet.

Das klassische Beispiel hierfür ist das *Ephestia*-Auge (Abb. 6-3D, 6-9A). Bei diesem liegen die Brennpunkte der Cornealinsen im Zentrum ihrer afokalen Kristallkegel. Aufgrund der hohen Brechkraft und Krümmung am proximalen Pol wird achsennahe, parallele Strahlung vom Kristallkegel auf das zugeordnete, wesentlich tiefer gelegene Rhabdom gebündelt. Aber auch schräg, in benachbarte Facetten einfallende Strahlenbündel (z.B. von 15° Einfallswinkel) werden durch diese Kristallkegel auf dasselbe Rhabdom umgelenkt. Bei *Ephestia* liegt der Grenzwinkel für einfallende Strahlung, die noch auf das axiale Rhabdom umgelenkt werden kann, bei 23°. Diese optische Eigenschaft der Kristallkegel beruht im wesentlichen auf dem konzentrischen Anstieg ihres Brechungsindex' (Abb. 6-3D). Superpositionsaugen mit derartigen «Longitudinal-Linsen» werden als **lichtbrechende Superpositionsaugen** (refractive superposition eyes) bezeichnet.

Die Superpositionsaugen vieler wasserlebender Arthropoden, wie von höheren Krebsen mit quadratischem Facettenraster, arbeiten nach einem völlig anderen optischen Prinzip: Hier erfolgt die Superponierung der Strahlenbündel durch eine **Spiegeloptik (Katoptrik)**, die von den Kristallkegeln gebildet wird. Diese, im Brechungsindex homogenen Kegel, sind exakt quadratisch gebaute Pyramidenstümpfe mit verspiegelten Oberflächen. Das im Wassermedium von den quadratischen Facettenlinsen nur schwach gebündelte Licht wird von den geneigten Spiegelflächen der Pyramidenstümpfe zu dem in der optischen Achse befindlichen Rhabdom umgespiegelt. Auch bei diesem, **katoptrischen Superpositionsprinzip** können 100 und mehr Ommatidien beteiligt sein, d.h. der corneale Grenzwinkel für einfallende Strahlung ist ähnlich groß wie beim *Ephestia*-Auge. Zu flach in die Katoptrik einfallende Strahlung (> 25°) wird durch Mehrfachreflexionen an den geneigten Spiegelflächen direkt aus dem Auge zurückgeworfen und somit eliminiert.

Beim dorsalen **Ephemeridenauge** (Abb. 6-5B) werden beide Abbildungsprinzipien, brechende und spiegelnde Superponierung, gleichzeitig genutzt. Das Facettenraster ist wie beim Krebsauge streng quadratisch, und der Kern der Kristallkegel ist wesentlich höher brechend als die Peripherie. Letztere ist von einer spiegelnden $\lambda/4$-Schicht aus dichtgepacktem endoplasmatischen Retikulum umhüllt. Achsnahe Strahlung wird von dieser Dioptrik direkt auf die distalen lichtleitenden Rezeptorfortsätze fokussiert und von letzteren zu dem tiefer gelegenen

Rhabdom geleitet. Diesbezüglich arbeitet dieser Augentyp, das **parabolische Superpositionsauge**, wie ein Appositionsauge. Schräg, bis zu ± 20° einfallende Strahlung wird dagegen auf die λ/4-Schicht fokussiert und divergierend reflektiert. Dies divergierende Bündel wird dann durch den hochbrechenden Kern als etwa paralleles Strahlenbündel aus dem Kristallkegel in Richtung des axialen Rhabdoms herausgeführt. Der Kristallkegel wirkt also für schräg einfallende und an der λ/4-Schicht reflektierte Strahlung zweifach als Zylinderlinse, wie in den beiden Querschnitten durch den Kegel angedeutet. Die leicht konkave Krümmung der Spiegeloberfläche garantiert dabei, über einen Winkelbereich von ± 20° hin, eine Bündelung der Strahlung auf das axiale jeweils zugeordnete Rhabdom. Diesbezüglich arbeitet das Ephemeridenauge also als afokales Superpositionsauge kombiniert mit den katoptrischen Eigenschaften eines Krebsauges (Land, in Autrum 1981; Nilsson et al. 1988; Horridge et al. 1982).

6.1.1.4 Tracheentapetum und Pupille des Superpositionsauges

Superpositionsaugen, gleichgültig welches abbildende Prinzip ihnen zugrunde liegt, sind bereits äußerlich sehr leicht anhand des optischen Phänomens **Augenglühen** erkennbar. Die Bezeichnung Augenglühen rührt daher, daß im Weißlicht große, kreisförmige Facettenareale des dunkeladaptierten Auges farbig zu leuchten scheinen. Nachtaktive Insekten zeigen meist ein rötliches Glühen. Dieses Phänomen ist bedingt durch ein hochreflektierendes, bei allen Arten prinzipiell gleichartig gebautes Tracheolentapetum: Die Ommatidien aller Insektenaugen werden über eine eigene größere Trachee, die die Basalmembran durchdringt, separat mit O_2 versorgt. Bei Superpositionsaugen spaltet sich diese Trachee unmittelbar distal der Membran dichotom in eine definierte Anzahl von Tracheolen auf, die dann korbartig die ommatidialen Sehzellen umhüllen, einlagig bei *Ascalaphus* (Abb. 6-11 A) oder mehrlagig bei Sphingiden.

Charakteristisch für diese Tracheolen ist, daß sie im proximalen Bereich durch Einfaltung einen Stapel von 40 und mehr optisch hochbrechender, chitinverstärkter Doppellamellen ausbilden. Diese Lamellen sind bei einer Schichtdicke von 125–130 nm optische λ/4-Plättchen für grünes Licht der Wellenlänge 500 nm. Auch der Luftspalt zwischen diesen λ/4-Lamellen ist mit 180–200 nm exakt festgelegt. Derartige Stapel alternierender hochbrechender λ/4- und niedrigbrechender Luft-Schichten sind ideale, auf den sichtbaren Spektralbereich abgestimmte Reflektoren. Reizwirksame Strahlung wird daher nach Durchlaufen des Rhabdoms von diesem proximalen Reflektor fast vollständig in das Rhabdom zurückgespiegelt, und kann somit nochmals zur Rezeptorerregung genutzt werden. Generell fungieren die **Tracheolenkörbe als optische Lichtfallen:** Die von den bis zu 1000 Dioptriken an der Korböffnung superponierten, konvergierenden Strahlenbündel werden an der Korbwandung in den Korb hinein totalreflektiert. Dies gilt für alle Einfallswinkel der Strahlenbündel auf die Spiegelwandung von 90° bis hin zum Grenzwinkel der Totalreflexion für den Übergang Wasser/Luft (a_g = 48°). Innerhalb des Korbes werden die Bündel ein- bis mehrfach immer tiefer in den Korb hinein reflektiert: Je schräger der Einfallswinkel zur Korböffnung, desto zahlreicher auch die Reflexionen. Am Boden des Korbes wird dann die Strahlung durch die λ/4-Lamellenstapel komplett rückgespiegelt und somit nochmals die optische Weglänge durch das Rhabdom stark vergrößert. In diesen Korblichtfallen wird daher die reizwirksame blaue bis gelbgrüne Strahlung von den Sehfarbstoffen nahezu vollständig absorbiert. Langwelligere, nicht absorbierbare Strahlung wird dagegen von den Tracheolenkörben in die Dioptrik zurückgeworfen. Das Augenglühen ist dann gelb- bis organge-farben. Bei einer Reihe von Schmetterlingsarten zeigen die Augenbereiche verschiedene, sich von dorsal nach ventral ändernde Glühfarben, von blau über grün zu tief rot. Es wird vermutet, daß dieses Phänomen primär mit der unterschiedlichen Verteilung von UV-, Blau- und Grünrezeptoren in den verschiedenen Augenbereichen in Zusammenhang steht, und daß möglicherweise die λ/4-Reflektoren der Tracheolenkörbe auf den jeweils reizwirksamsten Spektralbereich abgestimmt sind. Daß eine spektralspezifische Abstimmung des Tracheolenreflektors erfolgen kann, zeigt das Augenbeispiel von *Ascalaphus* (Abb. 6-11). Sein rein UV-sensitives Frontalauge erscheint im Weißlicht fast schwarz, dagegen ist bei Blaulicht ein schwaches Glühen zu erkennen. Ein starkes Indiz dafür, daß der Reflektor speziell auf UV abgestimmt ist (Miller, in Autrum 1979).

Das glühende Facettenareal ist stets identisch mit dem Facettenareal, welches zur Superponierung der Strahlung von einer entfernten Punktlichtquelle auf einen ommatidialen Tracheolenkorb beiträgt. Wegen dieser exakten Umkehr des Strahlengangs läßt sich die physiologisch wirksame Pupillenöffnung eines Superpositionsauges anhand seines Glühareals exakt bestimmen und durch Reflexionsmessungen lassen sich auch das graduierte Verengen oder Erweitern der Pupille, also die Bewegungen des Schirmpigments, sehr genau zeitlich verfolgen. Derartige Reflexionsmessungen an sehr verschiedenen Superpositionsaugen, wie von *Deilephila* oder von *Ascalaphus*, haben gezeigt, daß die **Schirmpigmentpupille** der Superpositionsaugen im Vergleich zur Irispupille der Wirbeltiere außerordentlich träge reagiert. So setzt nach Blitzreizung beim *Deilephila*-Auge die Expansion des Schirmpigments erst nach einer langen Latenz von 20–30 s ein und kommt erst nach ca. 3 min zum Stillstand. Für das Wiederöffnen der Pupille, also für die Kontraktion des Pigments zwischen die Kristallkegel, werden noch längere Zeiten, bis zu 30 min, benötigt. Trotz, oder gerade wegen dieser sehr trägen Pupillenreaktion paßt sich die Amplitude der Schirmpigmentexpansion sehr genau an die relativ langsam wechselnden, mittleren Lichtverhältnisse beim Tag/Nacht- und Nacht/Tag-Übergang an. Beim UV-sensitiven Superpositionsauge des tagaktiven *Ascalaphus* sind die Reaktionszeiten sinngemäß etwas schneller, um UV-Intensititätswechsel bei durchziehenden Wolken rascher zu kompensieren. Aber auch hier werden zur Expansion und vollständigen Kontraktion des Pigments mehrere min benötigt (Hamdorf et al. 1986).

6.1.2 Steuerung der Pigmentwanderung

Die molekularen **Mechanismen der Pigmentwanderung** sind noch weitgehend ungeklärt. Da sich bei einer Reihe von Superpositionsaugen die spektrale Empfindlichkeit zur Auslösung der Pigmentexpansion annähernd mit der der Photorezeptoren (6.2.3.2) deckt, nahm man lange Zeit an, daß generell die Pigmentwanderung direkt unter der Kontrolle der Sehzellen (über elektrische oder ionale Kopplung oder über Transmitter) steht. Neuere Untersuchungen sprechen jedoch dafür, daß entweder die sekundären Pigmentzellen selbst oder benachbarte Zellen des dioptrischen Apparates über ein eigenes, UV-blausensitives Photoprinzip verfügen, welches weitgehend autonom, also unabhängig von der Sehzell-Aktivität, die Pigmentwanderung steuert (Nilsson et al. 1992). Weiterhin wurde gezeigt, daß die Pupillenreaktion durch antagonistisch wirkende **Katecholamine** neurohumoral modifiziert wird und sogar zu paradoxen, lichtinduzierten Effekten führen kann: So wirkt Adrenalin verstärkend auf die Expansion, Noradrenalin und Octopamin dagegen abschwächend. Letztere führen in höheren Konzentrationen sogar zu extremer Kontraktion des Pigments (Juse et al. 1987).

Für eine Reihe von Superpositionsaugen wurde ein **circadianer Rhythmus** nachgewiesen. Bei einer australischen, nachtaktiven Käferart wurde sogar gezeigt, daß linkes und rechtes Auge im Dauerdunkel voneinander unabhängige Rhythmen entwickeln können (Box 8-2). Eine zentralnervöse, neurohumorale Kontrolle der Augenrhythmen ist somit zumindest bei dieser Tierart auszuschließen. Die oben genannte Sensitivität der Pigmentzellen gegenüber Katecholaminen deutet darauf hin, daß Neurohormone möglicherweise in der Retina selbst von bestimmten Zellen synthetisiert werden.

Der Vorgang der **Pigmentkontraktion** und die Aufrechterhaltung der Pigmentballung zwischen den Kristallkegeln ist offensichtlich sehr energieaufwendig, denn maximale Kontraktion wird nur bei optimalem O_2-Angebot erreicht; N_2-Atmosphäre oder Vergiftung des oxydativen Stoffwechsels führen automatisch zur vollen Expansion des Pigments. Die molekulare Mechanik der Pigmentwanderung ist noch unklar. Vermutlich gleiten die Pigmentgrana an sich ständig umlagernden Mikrotubulistrukturen entlang.

Appositions- (Lepidoptera) und neurale Superpositionsaugen (Diptera) verfügen ebenfalls über eine, den Lichtfluß modulierende **Pigmentpupille.** Diese arbeitet jedoch nach einem völlig anderen Prinzip. Hier wandern die Pigmentgrana innerhalb der Photorezeptoren selbst, und zwar bei stärkerer Lichtreizung, an das distale Ende des lichtleitenden Rhabdomers heran. Aufgrund ihres hohen Brechungsindex' wird von den Grana das einfallende Licht förmlich aus dem Rhabdomer abgesaugt, aus der Facette rückreflektiert oder zum größten Teil vom Pigment absorbiert. Bei geringeren Intensitäten wandert das Pigment zurück in das Lumen des Photorezeptors. Man schätzt, daß durch diese Rezeptorpupille der Lichtfluß im Rhabdomer mindestens um einen Faktor 10 moduliert werden kann. Wie durch selektive Reizung am Beispiel der Fliegenrezeptoren R1–6 und R7/8 gezeigt (Abb. 6-7B), werden diese Wanderbewegungen zweifellos von den Sehzellen selbst gesteuert, und zwar über den Anstieg der intrazellulären Ca^{2+}-Konzentration bei stärkerer Rezeptorerregung. Die ausgelösten Pupillenreaktionen liegen im Minutenbereich und sind vergleichsweise schnell gegenüber denen der Superpositionsaugen.

6.1.3 Antireflexbeläge und Schillerfarben

Bei dämmerungs- und nachtaktiven Insekten werden alle möglichen wellenoptischen Raffinessen eingesetzt, um Streulicht und Lichtverluste in der Dioptrik zu minimalisieren. So bilden z. B. alle Sphingiden keine glatten, sondern rauhe Corneaoberflächen aus, die wie **Antireflexbeläge** moderner Kameraobjektive wirken. Diese **rauhen Corneae** besitzen kegelförmige Nippel von 200 nm Höhe und Spitzenabstand (Abb. 6-3G). Durch diese Nippelstruktur wird erreicht, daß der Übergang vom niedrigbrechenden Medium Luft (n_1 = 1,0) zum hochbrechenden Corneamedium (n_3 = 1,5–1,6) nicht abrupt, sondern nahezu kontinuierlich über eine dünne Schicht mit einem mittleren Brechungsindex (n_2 = 1,2) erfolgt.

Dieser optische Übergang ist optimal auf den reizwirksamen blau-grünen Spektralbereich abgestimmt, wie durch theoretische Überlegungen zur Reflexion monochromatischen Lichts der Wellenlänge λ_0 an dünnen Filmen der optischen Weglänge $n_2 \cdot d$ nachgewiesen wurde (Abb. 6-3G). Bei einem Film mit n_2 = 1,6 variiert die Reflexion in Abhängigkeit von $n_2 \cdot d$ zwischen 4 % und 7,3 % und bei einem Film mit n_2 = 1,2 zwischen 0 und 4 %. Reflexionsmaxima und -minima sind dabei phasenversetzt. Liegt der Film (n_2 = 1,2) dem Medium n_3 (1,6) auf, ergibt sich nur ein Reflexionsminimum bei einer optischen Weglänge von etwa $\lambda/2$. D. h., daß bei einer Filmdicke von 200 nm, Blaulicht der Wellenlänge 450 nm von der Cornea überhaupt nicht reflektiert wird. Aber auch kürzere Wellenlängen bis ins UV werden zu weniger als 1 % reflektiert, wie aus dem flachen Kurvenverlauf zwischen $\lambda/2$ bis λ_0 hervorgeht, und auch größere Wellenlängen bis 600 nm (siehe Pfeilspitze: n_1, n_2, n_3) werden nur wenig mehr (um 1,4 %) reflektiert. Die Nippelstrukturen wirken somit als Breitbandantireflexbeläge. Im helladaptierten Zustand erscheinen daher Superpositionsaugen meist tief braun-schwarz (Miller, in Autrum 1979).

Im Gegensatz zu den Glühfarben der dunkeladaptierten Superpositionsaugen zeigen bestimmte Appositionsaugen tagaktiver Insekten, wie z. B. die der Tabaniden, auffällige **Schillerfarben**, die meist als grüne Bänder die Augen überziehen. Diese Schillermuster sind nur am lebenden Tier zu beobachten, sie verschwinden bei Trocknung der Tiere schnell und völlig. Sie werden durch 8 und mehr alternierende Schichten aus hoch- und niedrig-brechendem Material direkt unterhalb der Cornea hervorgerufen. Die Schichtung ist dabei auf $\lambda/4$ der reizwirksamsten Wellenlängen um 500 nm abgestimmt (Abb. 6-3F). Die Schichten wirken daher als spektralselektive Reflektoren: Je größer die Schichtzahl (p = 2, 5, 10 oder 20), desto höher ist der Reflexionsgrad, wie das Diagramm für eine auf 560 nm abgestimmte Schichtung zeigt. Bei 10 Schichten wird bereits mehr als 80 % der einfallenden Strahlung des grün-roten Spektralbereichs reflektiert.

Die biologische Bedeutung dieser spektralen Schillerfarben ist noch umstritten. Es wird vermutet, daß sie bei der Partnererkennung eine wichtige Rolle spielen; physiologisch sind sie sicherlich bedeutungsvoll, wenn die Schichten, wie bei den Tabaniden, auf den reizwirksamsten Spektralbereich (um 490–510 nm) abgestimmt sind. Aufgrund der starken Reflexion wird die Quantenabsorption am Sehfarbstoff P495 erheblich reduziert, die Photoregeneration des M560 wird dagegen wegen der hohen Transparenz der Cornea für Wellenlängen > 550 nm erheblich gefördert (6.2.2.3).

6.1.4 Retinomotorische Reaktionen

Im Superpositionsauge von *Ephestia* löst Lichtreizung nicht nur Pigmentexpansion in den Nebenpigmentzellen aus, sondern auch Pigmentverlagerungen in den Hauptpigmentzellen und in den Sinneszellen (Abb. 6-9A). Dabei verlängert sich gleichzeitig der Kristallkegel und die Kerne der Sinneszellen wandern in Richtung Rhabdom. Vergleichbare Reaktionen wurden bei sehr unterschiedlichen Augentypen gefunden. Bei *Chrysopa* z. B. (Abb. 6-9B) expandieren ebenfalls die Pigmente von Neben- und Hauptpigmentzellen, die Spitze des Kristallkegels verlängert sich

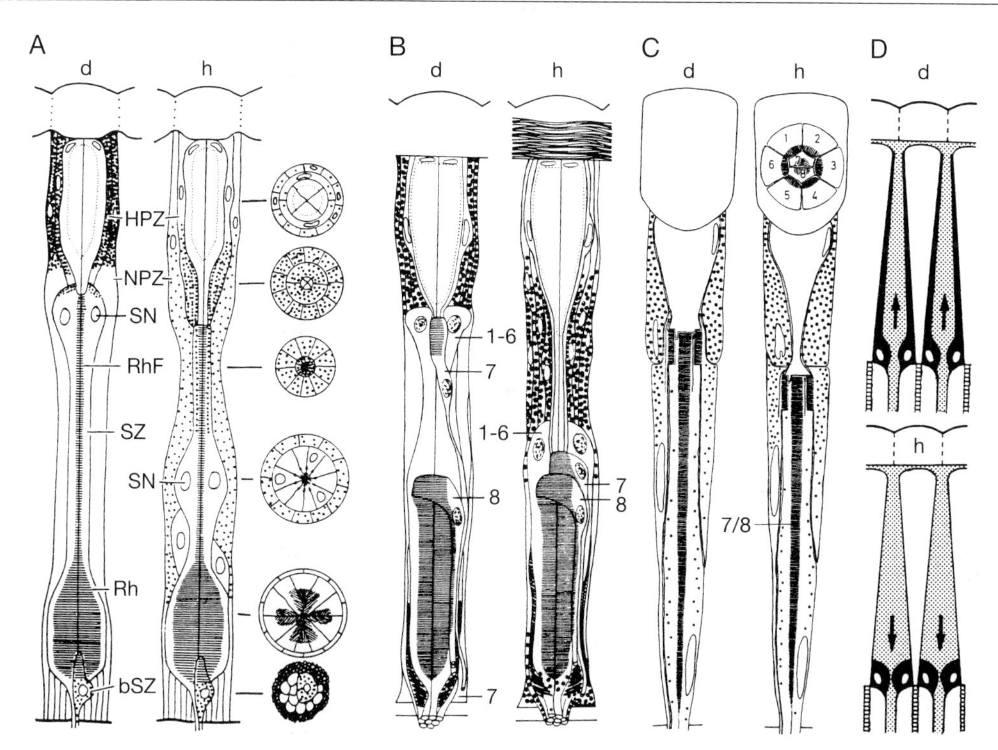

Abb. 6-9: Pigmentstellung und Retinomotorik bei dunkel- (d) und hell-adaptierten (h) Ommatidien verschiedener Facettenaugen: **A** *Ephestia* (Lepidoptera) **B** *Chrysopa* (Neuroptera), **C** *Coccinella* (Coleoptera), **D** *Mantis* (Mantoidea). Zu **A:** Helladaptation bewirkt nicht nur Expansion des Pigments in den primären und sekundären Pigmentzellen (HPZ, NPZ) sondern auch in den Sehzellen (SZ) entlang der dünnen Rhabdomfortsätze (RhF). Dabei verlagern sich die Zellkerne (SN) proximad und gleichzeitig verlängert sich der eukone Kristallkegel. Zu **B:** Helladaptation bedingt hier Verformung des Kristallkegels, Verlagerung der Zellkerne (1–6) sowie Kontraktion der Sinneszelle 7. Zu **C:** Helladaption verlängert den Kristallkegel und verengt stark die Rhabdompupille. Das Rhabdom wird hier hauptsächlich von den Zellen 7 und 8 gebildet (Querschnitt bei h). Zu **D:** Helladaption bewirkt hier statt Expansion eine Kontraktion des Schirmpigments im Pupillenbereich. Dies ist mit einem drastischen Farbwechsel der Augen verbunden; nachts sind sie nahezu schwarz, tagsüber dagegen, wie das gesamte Tier, grünlich gefärbt. (**A** nach Horridge und Giddings 1971; **B** nach Horridge und Henderson 1976; **C** nach Home 1975; **D** nach Stavenga, in Autrum 1979).

extrem, die Kerne der Sehzellen 1–6 ziehen sich ebenfalls zum Rhabdom zurück und das Rhabdomer der Sehzelle 7 verlagert sich drastisch. Auch bei Appositionsaugen von Käfern wurde eine entsprechende lichtinduzierte Einengung und Verlängerung der Kristallkegel nachgewiesen (Abb. 6-9C). Die Ähnlichkeit der retinomotorischen Phänomene bei den verschiedenen Augentypen läßt vermuten, daß die lichtinduzierte Verformung der Kristallkegel durch Turgorerhöhung in den Hauptpigmentzellen bei gleichzeitiger Kontraktion der Sinneszellen hervorgerufen werden. Zweck all dieser Reaktionen ist es, den Lichtfluß zu den Rhabdomen fein zu regulieren. Die molekularen Mechanismen dieser retinomotorischen Reaktionen sind jedoch noch unbekannt.

6.1.5 Tag-Nacht-rhythmische Reaktionen der Augen

Wie bereits in Kap. 6.1.2 erwähnt, folgt die Schirmpigmentwanderung bei manchen Superpositionsaugen einem **circadianen Rhyth-**

mus. Einen circadianen Rhythmus zeigen auch die Appositionsaugen von Mantiden. Hier kontrahieren paradoxerweise die Schirmpigmente der Hauptpigmentzellen am Tage und expandieren nachts (Abb. 6-9 D). Verbunden mit dieser circadiangesteuerten Pigmentbewegung ist ein dramatischer Wechsel der Augenfarbe. Nachts erscheinen sie tief schwarz, tagsüber dagegen, der Körperfarbe angepaßt, grünlich; nur die Ommatidien in direkter Blickrichtung erscheinen als schwarze Punkte. Parallel zum Farbwechsel der Augen ändern sich auch die physiologischen Öffnungswinkel $\Delta\varrho$ der Facetten. Nachts sind die Öffnungswinkel generell etwa zweifach größer als am Tage (vergleiche die dunkeladaptierten Zustände d in Abb. 6-10). Helladaptation am Tage bewirkt eine weitere Einengung von $\Delta\varrho$ auf 2,4° im Dorsal- und auf 0,74° im Fovealbereich. Dies entspricht einer Verringerung des Lichtflusses im helladaptierten Tagauge gegenüber dem des Nachtauges auf 1/6 bzw. 1/7 (Rossel 1979; Rossel, in Stavenga und Hardie 1989).

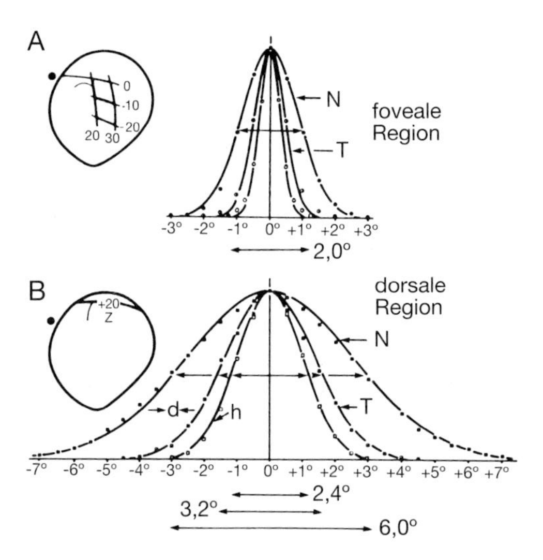

Abb. 6-10: Die Abhängigkeit der Empfindlichkeit der Sehzellen vom Einfallswinkel S (Φ) bei einem Mantidenauge *(Tenodera australasiae)* im dunkel- (d) und hell-adaptierten (h) Zustand während der Nacht (N) und am Tage (T). **A** foveale Augenregion; **B** dorsale Augenregion (nach Rossel 1979; Rossel, in Stavenga und Hardie 1989).

6.1.6 Spektrale Abschirmung der Rhabdome durch Ommochrome und Pteridine

Die Pigmentgrana der Haupt- und Nebenpigmentzellen und der Sehzellen enthalten entweder Ommochrome oder Pteridine als Farbstoff. Die Ommochrome sind eiweißgebundene, rote bis rot-braune Farbstoffe, deren Extinktionsspektren pH-abhängig modulieren (Abb. 6-11 C). Die **Ommochrome** werden ausgehend vom Tryptophan über Kynurenin und 3-Hydroxykynurenin synthetisiert, wie anhand von Punktmutanten bei *Ephestia* und *Drosophila* übereinstimmend gezeigt wurde. Weißäugige Mutanten dieser Tiere können entweder durch Applikation von Kynurenin oder von 3-Hydroxykynurenin zur Ommochromsynthese angeregt werden. Die **Pteridine** sind wasserlösliche gelbe Farbstoffe, die durch alkoholische oder saure Seitenketten (meist an C6 oder C7, Abb. 6-11 C) vielfältig variiert werden. (Wegen der leichten Löslichkeit erscheinen die Pteridingrana bei histologischen Präparaten meist als leere Vesikel.) Die Nebenpigmentzellen enthalten stets Ommochromgrana, die Hauptpigmentzellen dagegen häufig Pteridingrana, so bei den zweigeteilten UV-sensitiven Superpositionsaugen von *Atalophlebia* (Abb. 6-5 B) oder von *Ascalaphus* (Abb. 6-11). Beim mediterranen Neuropter *Ascalaphus* werden die eukonen Kristallkegel von zwei gelben Hauptpigmentzellen umhüllt. Die Nebenpigmentzellen bilden einen geschlossenen, mosaikartigen Zellverband, der die 440 μm langen, lichtleitenden Rezeptorfortsätze fixiert.

Die braunroten Ommochromgrana dieser Zellen befinden sich konzentriert im Bereich der Dioptrik und zwischen den Tracheolenreflektoren im Rhabdombereich. Die Übergangszone ist glasklar (Querschnitte in Abb. 6-11 A). Wie Reflexionsmessungen zeigen, wandern die Ommochromgrana bei starker UV- oder Blau-Reizung (ähnlich wie beim Superpositionsauge von *Deilephila*) in Richtung Rhabdom. Aufgrund der Absorptionsspektren von Haupt- und Nebenpigmentzellen einerseits und andererseits des UV-Sehfarbstoffs P345 und seines thermostabilen

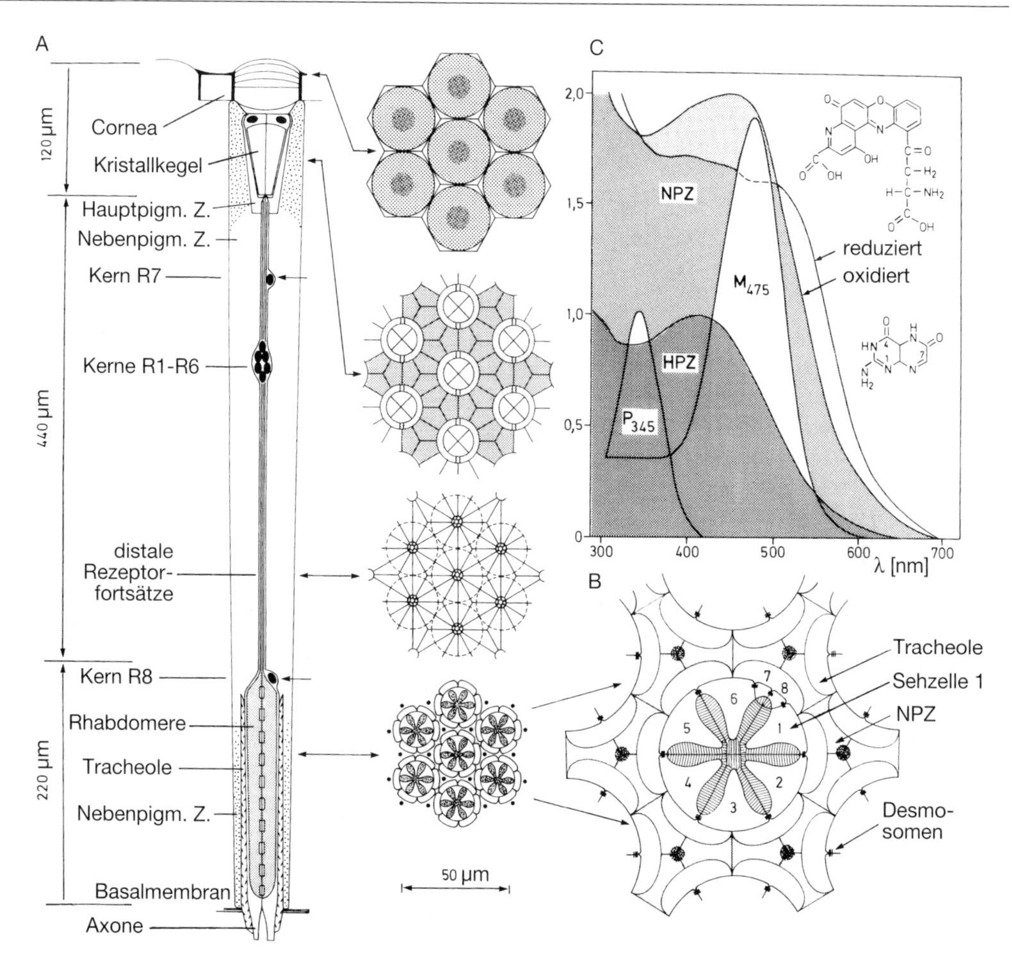

Abb. 6-11: Bau der Ommatidien des UV-sensitiven Superpositionsauges von *Ascalaphus macaronius* (Neuroptera) und die Funktionsweise seiner Schirmpigmente. **A** Längsschnitt durch ein Ommatidium sowie Aufsicht auf die Nippelstruktur der Cornea (oben rechts) und Querschnitte in drei verschiedenen Schnittebenen, wie durch Pfeile angedeutet (beim oberen Querschnitt sind die zwei Hauptpigmentzellen hell und die zwölf angrenzenden Nebenpigmentzellen dunkel gerastert). **B** Vergrößerter Querschnitt durch das Rhabdom mit seinen großen radiärsymmetrischen Sehzellen 1–6 und kleinen exzentrischen Zellen 7 und 8. **C** Extinktionsspektren des gelben Pigments der Hauptpigmentzellen (HPZ), des rotbraunen Pigments der Nebenpigmentzellen (NPZ, im oxydierten und reduzierten Zustand) sowie des UV-Sehfarbstoffes P345 und seines Metaprodukts M475. Die obere Strukturformel zeigt ein einfaches Ommochrom, Xanthommatin, die untere ein einfaches Pteridin (Xanthopterin; nach Schneider et al. 1978; Hamdorf, in Autrum 1979).

Belichtungsproduktes M475 (Abb. 6-11C, 6-17) ist folgende Funktionsweise des *Ascalaphus*-Auges wahrscheinlich: Da die gelben Pteridine der HPZ vorrangig UV-Strahlung absorbieren, kann bei Expansion dieser Pigmente nur die unmittelbar auf die Rezeptorfortsätze fokussierte, reizwirksame Strahlung zu den P345 enthaltenden Rhabdomen gelangen. Die HPZ wirken also als **UV-selektive Pupille;** photoregenerierende Blaugrünstrahlung (6.2.2.3) wird dagegen durch die HPZ-Pupille kaum geschwächt. Nur das rote Ommochrompigment der Nebenpigmentzellen vermag diese regenerierende Strahlung zu reduzieren. Die Nebenpigmentzellen sind somit wohl vorrangig als Jalousie-Pupille für die regenerierende Strahlung wirksam. Demnach verfügt das Superpositionsauge von *Ascalaphus* über zwei Pupillenmechanismen, die eine unabhängige Feinregulierung von reizwirksamer UV-Strahlung und photoregenerierender Blaugrünstrahlung erlauben (Schneider et al. 1978).

6.1.7 Binokulare Gesichtsfelder der Facettenaugen

Bei den meisten Insekten überlappen sich die mehr als halbkugelförmigen Gesichtsfelder der Facettenaugen beträchtlich (Abb. 6-5, 6-12, 6-13). Besonders groß sind diese sich überlappenden, binokularen Gesichtsfelder im Frontal- und Dorsalbereich der Tiere, bei einigen bis zu 70°. Häufig besteht ein erheblicher **Geschlechtsdimorphismus** in der Augengröße und vor allem in der Größe des dorsalen Binokularbereichs. Ein extremes Beispiel hierfür ist das Doppelauge des Männchens von *Atalophlebia* (Abb. 6-5B); dem Weibchen fehlt das große UV-sensitive Dorsalauge völlig. (Doppelaugen sehr ähnlichen Bautyps, mit in sich selbst überlappenden Sehbereichen finden sich bei Vertretern weit entfernter Ordnungen: *Ascalaphus* (Neuroptera), *Bibio* (Diptera)). Auch bei den Männchen vieler Diptera und Hymenoptera (Drohne) sind die dorsalen Sehbereiche deutlich größer als die der Weibchen, und deren Ommatidien besitzen auch größere Öffnungswinkel $\Delta\varrho$. Der frontale Binokularbereich zeichnet sich bei vielen Insekten durch hohe Sehschärfe aus. Fliegenmännchen *(Calliphora)* besitzen z. B. höchste Auflösung (1 Facettenachse pro 1° Raumwinkel) in einem zur Gegenseite blikkenden Frontalfeld, etwa 15° oberhalb des Augenäquators (Abb. 6-5C). Die präzise Überschneidung der Facettenachsen in den binokularen Sehbereichen ließ vermuten, daß Insekten über ein vergleichbares **sterisches Entfernungssehen** verfügen wie die Wirbeltiere. Träfe dieses zu, wäre der Abstand d eines kleinen Objektes vom Tier definiert durch den Winkel α, unter dem das Objekt von den Facetten beider Augen erfaßt wird (Abb. 6-12, Schema). Weiterhin müßte die Güte einer derartigen Entfernungsschätzung stark vom Augenabstand i abhängen; je größer der Abstand i, um so tiefer wird der Raum sein, in dem eine Tiefenschätzung möglich ist.

Diese Zusammenhänge veranschaulicht Abb. 6-12 an zwei extremen Beispielen: Bei geringem Augenabstand (Kurve B) bleibt der Blickwinkel a, unter dem ein sich näherndes Objekt gesehen wird, bis unmittelbar vor dem Tier praktisch konstant, d. h. in diesem Falle ist eine Tiefenschätzung unmöglich. Bei großem Augenabstand (Kurve A) dagegen ändern sich die Blickwinkel relevant, so bei Annäherung von 100 mm auf 60 mm bereits um 2°, was einem Blicksprung zum nächsten Facettenpaar entspricht. Dennoch, auch bei den Stielaugenfliegen spricht vieles dagegen, daß der vergrößerte Augenabstand einer Verbesserung eines sterischen Sehens dient.

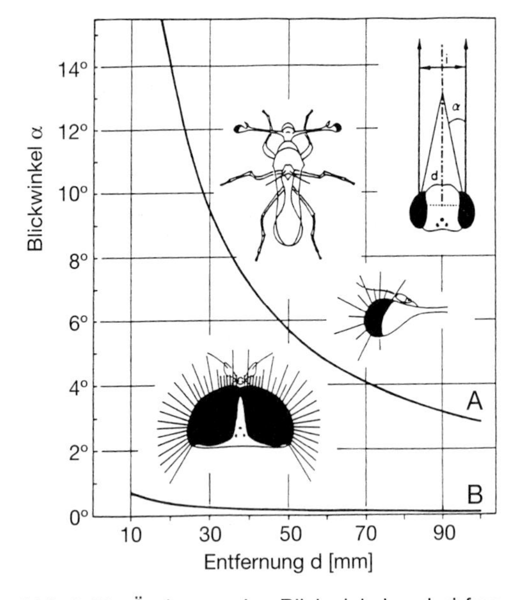

Abb. 6-12: Änderung des Blickwinkels α bei frontaler Annäherung eines punktförmigen Objektes aus dem Unendlichen auf d = 100 bis 10 mm bei Insekten mit extrem unterschiedlichen Augenabständen. Kurve A: Großer Augenabstand von 11 mm, Stielaugenfliege *Cyrtodiopsis dalmanni* (Inset); Kurve B: Kleiner Augenabstand von 0,25 mm, Schwebfliege *Syritta pipiens* (Inset); Definition von α, d und i am Beispiel eines Fliegenkopfes; Blickrichtungen von linkem Stielauge und den Syrphiden-Augen; jeweils die Blickrichtung jeder zehnten Facette durch lange Striche markiert. Beachte, daß die meisten Insekten relativ enge Augenabstände besitzen und somit für deren Sehräume eher die flache Kurve B zutrifft (nach Wehner, in Autrum 1981).

So verfügen nur Männchen über lange Augenstiele, und wie Verhaltensversuche zeigten, sind diese bedeutungsvoll bei den Rangkämpfen der Männchen; je länger die Stiele, desto höher der Rang des Männchens (Burkhardt und Motte 1988).

Auch durch Verhaltensversuche an verschiedenen räuberisch lebenden Insekten mit relativ großen Augenabständen (Abb. 6-13) ließ sich kein sterisches Sehen nachweisen, sondern nur, daß Fangreaktionen ausgelöst werden, wenn Objekte (gleichgültig welcher Absolutgröße) gerade von definierten Facettenarealen beider Augen erfaßt werden. So wird das Öffnen der Mandibeln der Bulldoggenameise durch verschiedene Attrappengrößen ausgelöst, wenn ihre Kanten von den Arealen zwischen a_1 und a_2 erfaßt werden. Der Fangschlag der Libellenlarve wird automatisch ausgelöst, wenn sich ein Objekt scheinbar im Greifbereich der Fangmaske befindet, wobei die Kreuzung von a_2 recht genau mit der maximalen Greifweite übereinstimmt. Einer Fangreaktion geht häufig ein komplexes Verhaltensmuster voraus. Staphyliniden fixieren ihre Beute in aufgerichteter Haltung vor dem Fangschlag (Abb. 6-13A; Wehner, in Autrum 1981).

Auch das Flugverhalten der Insekten wird wesentlich durch den **frontalen Binokularbereich** bestimmt. Drehbar aufgehängte Fliegen stabilisieren ihre Flugrichtung, wenn ihnen zur binokularen Fixierung eine schmale Streifenmarke auf homogenem Hintergrund geboten wird (Abb. 4-36). Außerdem ist der geschlechtsspezifische, binokulare Frontalbereich schärfsten Sehens für die Fliegenmännchen wichtig zur Erkennung des Weibchens beim Verfolgungsfliegen (Abb. 6-5C). Bestimmte Facettenareale des Frontalbereiches kontrollieren somit eine Reihe von automatischen, artspezifischen Fang- und Lokomotionsreaktionen. Der überlappende dorsale Sehbereich dient dagegen vielen Insekten zur Sonnenkompaßorientierung und ist dann speziell zur Erkennung des Polarisationsmusters des Himmels ausgelegt (6.3.2).

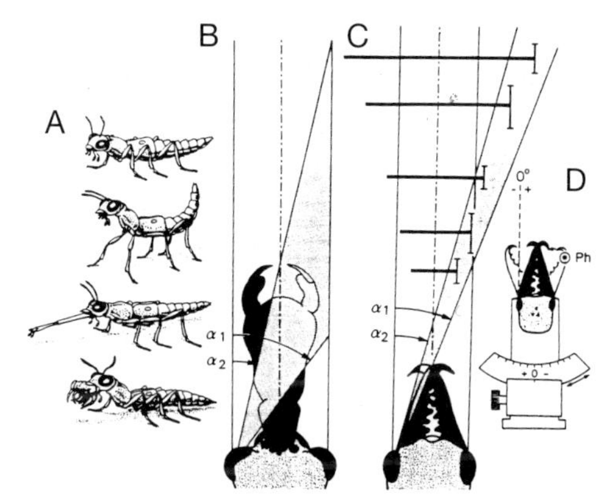

Abb. 6-13: Visuell ausgelöstes Fangverhalten bei räuberischen Insekten. **A** *Stenus bipunctatus* (Staphylinidae); Fixierung der Beute, Vorschleudern des Labiums und Ergreifen des Beutetieres (Collembola). **B** Libellenlarve, *Aeschna cyanea;* Fangschlag wird ausgelöst, wenn die Beute in den binokularen Sehfeldbereich zwischen $a_1 = 36°$ und $a_2 = 14°$ gerät, sich also exakt im Greifbereich der Fangmaske befindet. **C, D** Bulldoggenameise, *Myrmecia gulosa;* **C** Öffnen der Mandibeln bei Annäherung von Beuteattrappen verschiedener Größe. Die Reaktion wird ausgelöst, wenn die Kanten der Attrappe von den Sehfeldern beider Augen zwischen $a_1 = 24°$ und $a_2 = 17°$ erfaßt werden. **D** Meßeinrichtung zur automatischen Registrierung der Mandibelbewegung bei fixierten Ameisen mittels Phototransistor (Ph; nach Wehner, in Autrum 1981).

6.2 Ultrastruktur und Funktionsweise der Sehzellen

6.2.1 Parakristalline Struktur der Rhabdomere und molekulare Bauelemente der Mikrovilli

Die licht-leitenden und -absorbierenden **Rhabdomere** der Insekten-Sehzellen sind aus schlauchförmigen Membranstrukturen von ca. 50 nm Durchmesser, den Mikrovilli, parakristallin aufgebaut. Besonders eindrucksvoll ist die Präzision der Feinstruktur bei den Rhabdomeren der Rezeptoren R1–R6 der Fliegenommatidien (Abb. 6-14). Jedes dieser, etwa 250 µm langen Rhabdomere wird von etwa 10^5 Mikrovilli gebildet. Der Querschnitt der Rhabdomere ist dabei durch alternierende Reihen definierter Mikrovilluszahlen (n und n + 1) festgelegt (z. B. beim Rhabdomer R6 durch n = 20 und n + 1 = 21). Hierdurch entsteht ein **kristallähnliches, hexagonales Mikrovillusmuster.** Diese parakristalline Struktur wird durch ein axiales Zytoskelett, welches über radiale Filamente rechts- oder linksseitig

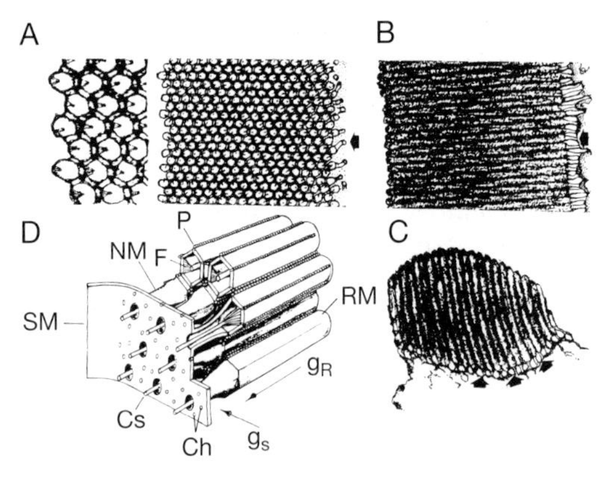

Abb. 6-14: Die parakristalline Struktur des Rhabdomers der Sehzellen R1–6 von *Calliphora.* **A** Querschnitt durch die Mikrovilli nahe der Somamembran. Die schwächere Vergrößerung zeigt die alternierenden Reihen der Mikrovilli, die stärkere Vergrößerung die hexagonale Form der Querschnitte, die Separierung der Mikrovillusmembran durch elektronendichte Partikel und die Verknüpfung des axialen Cytoskeletts mit der Membran durch Filamentbündel (hier meist linksseitig orientiert). **B** Längsschnitt und **C** Querschnitt durchs Rhabdomer. Beide zeigen, daß die Mikrovilli über dünnere Membranschläuche mit der Somamembran verbunden sind (Pfeile). **D** Modell des Rhabdomers: Die Mikrovillusmembran wird wahrscheinlich durch sechs Reihen von Proteinkomplexen (P) separiert. Die Struktur wird durch ein Cytoskelett (CS) und Filamente (F) stabilisiert. Die Mikrovilli sind über Membranschläuche (NM) mit der Somamembran (SM), die die lichtaktivierbaren Kanäle (Ch) enthält, verbunden. Aufgrund des geringeren Querschnitts von NM ist der elektrische Leitwert tangential zur Somamembran (g_s) wesentlich größer als der durch das Rhabdomer (g_R). Die lichtinduzierten Ionenströme fließen daher hauptsächlich tangential zur Somamembran (nach El Gammal et al. 1987).

mit der Mikrovillusmembran verknüpft ist, stabilisiert. Weiterhin werden die Membranen benachbarter Mikrovilli durch jeweils sechs Reihen membrangebundener Proteinkomplexe separiert. Vermutlich sind die **Sehfarbstoffmoleküle** in diese separierten Membranbereiche eingelagert. Aufgrund einer gewissen Beweglichkeit in der Lipiddoppelschicht vermögen lichtaktivierte Farbstoffmoleküle wahrscheinlich die Proteinkomplexreihen zu kontaktieren und mit diesen zu interagieren.

Das Lipidmuster der Mikrovillusmembran zeichnet sich durch einen ungewöhnlich hohen Gehalt an Cholesterol (Ch) im Vergleich zu dem der Phospholipide aus (PE Phosphatidyl-Ethanolamin, PC Phosphatidyl-Cholin, PS Phosphatidyl-Serin, PI Phosphatidyl-Inosit). Bezogen auf das Sehpigment P besteht ein Molverhältnis von: P:Ch:PE:PC:(PS + PI) = 1:40:35:35:10. Diese Molverhältnisse implizieren, daß die Sehfarbstoffmoleküle in der Mikrovillusmembran, innen- wie außenseitig, jeweils von nur einem Ring mehr oder weniger fest assoziierter Phospholipid- und Cholesterol-Moleküle umgeben sind. Die freie **Beweglichkeit der Pigmentmoleküle**, d. h. deren Rotation und Translation in der Mikrovillusmembran, dürfte bereits hierdurch stärker eingeschränkt sein.

Hinzu kommt, daß der Querschnitt der P-Moleküle aufgrund der vermutlichen Anordnung der sieben membranüberspannenden α-Helices nicht rotations-symmetrisch, sondern nierenförmig ist (Abb. 6-15B). Diese Asymmetrie bedingt, daß sich die P-Moleküle in der Mikrovillusmembran mit ihrer größten Querschnittachse bevorzugt in Richtung der Längsachse des Mikrovillus orientieren. Diese molekularen Besonderheiten der Mikrovillusmembran und der parakristalline Aufbau der Rhabdomere sind wichtige strukturelle Voraussetzungen für die Erkennung des E-Vektors **linearpolarisierten Lichtes.**

6.2.2 Sehfarbstoffe

6.2.2.1 Sehfarbstoffmolekül

Die Sehfarbstoffe der Insekten sind wie die der Wirbeltiere membranüberspannende Chromoproteide (**Opsine** mit einem MG um 40 kDa) mit **Retinoiden** in der 11-cis-Konfiguration als Chromophor. Zu Beginn der 80er Jahre gelang es Ovchinnikov et al. (1982) erstmalig, die primäre Aminosäuresequenz eines derartigen Membranfarbstoffes (Stäbchenfarbstoff des Rindes) weitgehend aufzuklären und erste Modelle zur **Sekundär- und Tertiär-Struktur** dieses Moleküls zu entwickeln. Nach dieser Modellvorstellung überspannen sieben α-Helices, verbunden durch sehr unterschiedlich lange hydrophile Sequenzschleifen, die

Lipiddoppelschicht (Abb. 6-15A; Hargrave 1982). Die Sequenz beginnt extrazellulär (NH_2-Terminal) und endet intrazellulär (COOH-Terminal). Diese Sekundärstruktur dürfte für alle bisher untersuchten Sehfarbstoffe gelten, wie durch vergleichende Analyse der DNA-Sequenz der Gene des Rinderrhodopsins, der vier Sehfarbstoffe von Stäbchen und Zapfen des menschlichen Auges und der Sehfarbstoffe der Rezeptoren R1–R6, R7 und R8 von *Drosophila* und *Calliphora* gezeigt wurde (O'Tousa et al. 1985; Huber et al. 1990).

Der Chromophor, das **11-cis-Retinal** bzw. das 11-cis-3-Hydroxy-Retinal, ist stets an ein zentral gelegenes Lysin der 7. α-Helix über eine Schiff'sche Basenbindung gekoppelt und wird von den sechs anderen Helices etwa in der Mitte der Lipidmembran umschlossen. Hierdurch wird der Chromophor mit seinen konjugierten Doppelbindungen etwa parallel zur Membranoberfläche fixiert, also sein Absorptionsdipol für senkrecht zur Oberfläche einfallende Strahlung optimal orientiert. Dies ist eine weitere wichtige Voraussetzung für die Erkennung des E-Vektors polarisierten Lichtes.

Die Anordnung der α-Helices zur nierenförmigen Tertiärstruktur ist noch weitgehend hypothetisch. Abb. 6-15 zeigt eine der möglichen Anordnungen sowie das durch Absorption eines Photons induzierte Umspringen des Chromophors von der 11-cis- in die all-trans-Konfiguration. Bei dieser **Photoisomerisierung** bleibt der Iononring des Chromophors wahrscheinlich zwischen den α-Helices fixiert. Die sterische Änderung wirkt sich somit primär auf Ordnung und Ladungsverteilung im rechten Molekülbereich, besonders auf die 6. α-Helix aus. Hierdurch wird zunächst der Bindungsbereich für G-Proteine **(Transducine)** aktiviert, d.h. die intrazelluläre Proteinschleife zwischen den α-Helices 5 und 6. Sekundär wird dann einerseits das C-terminale Ende für eine Opsinkinase zugänglich, die die Serine und Threonine an den durch Pfeile markierten Stellen phosphoryliert und andererseits eine weitere Bindungsstelle für ein 49 KD-Protein **(Arrestin)** freilegt (Paulsen et al. 1987; Hamdorf et al. in Lüttgau und Necker 1989; Huber et al. 1990).

Insekten sind in der Regel in einem weiten Spektralbereich sehtüchtig, angefangen vom UV (um 300 nm) bis hin in den Rotbereich (um 600 nm). Diese Insekten besitzen meist drei Sehzelltypen in ihren Ommatidien mit drei Sehfarbstoffen verschiedener spektraler Absorptionseigenschaft, wie es erstmalig durch die elektrophysiologischen Experimente von Burkhardt (1962) am Fliegen- und von Autrum und v. Zwehl (1964) am Bienenauge nachgewiesen wurde. Vergleichende Untersuchungen durch Menzel und Mitarbeiter (in Stavenga und Hardie 1989) zeigten, daß die farbtüchtigen Hymenoptera (ca. 25 untersuchte Arten) stets drei Klassen von Rezeptoren mit UV-, blau- und grüngelbsensitiven Sehfarbstoffen besitzen, mit Absorptionsmaxima um 330–360 nm, 430–470 nm und 520–560 nm. Eine geschlossene Theorie, die dieses Phänomen der drei Farbstoffklassen auf molekularer Ebene befriedigend erklärt, gibt es bisher nicht. Die Klassen werden aber sicher, wie für die *Drosophila*-Rezeptoren gezeigt, durch spezifische Modifikation der Aminosäuresequenz im helikalen Einbettungsbereich des Chromophors hervorgerufen.

Die Hymenoptera-Farbstoffe sowie der UV-Sehfarbstoff von *Ascalaphus* besitzen, wie die Stäbchenfarbstoffe der Wirbeltiere, **11-cis-Retinal** als chromophore Gruppe. Stattdessen wird bei den phylogenetisch jungen Ordnungen (Lepidoptera, Trichoptera, Mecoptera und Diptera) vorzugsweise **3-Hydroxy-Retinal** als Chromophor eingesetzt (Vogt, in Stavenga und Hardie 1989). Dieser Chromophor entsteht durch zentrale Spaltung der in 3,3′-Stellung hydroxylierten α- und β-Carotine, gemeinhin unter den Bezeichnungen **Lutein/Xantophyl** bzw. **Zeaxanthin** bekannt. In Anlehnung hieran werden diese Sehfarbstoffe auch als **Xanthopsine** bezeichnet (Kirschfeld, in Stieve 1986).

Regulation der Sehfarbstoffsynthese: Um die präzise Funktionsweise der Rhabdomere zu garantieren, ist es notwendig, entweder die Mikrovilli zu gegebener Zeit komplett zu erneuern oder rentabler, defekte Moleküle, insbesondere defekte Sehfarbstoffmoleküle, gegen neusynthetisierte auszutauschen. Komplette Erneuerung der Rhabdomere wurde bisher nur bei Tag-Nacht-aktiven Crustacea nachgewiesen, die rhythmisch, innerhalb von ca. 30 min kurz vor Tagesan- bzw. Nachteinbruch, ihre Mikrovilli völlig einschmelzen und neu aufbauen (und zwar kurze Mikrovilli für das Tagessehen und

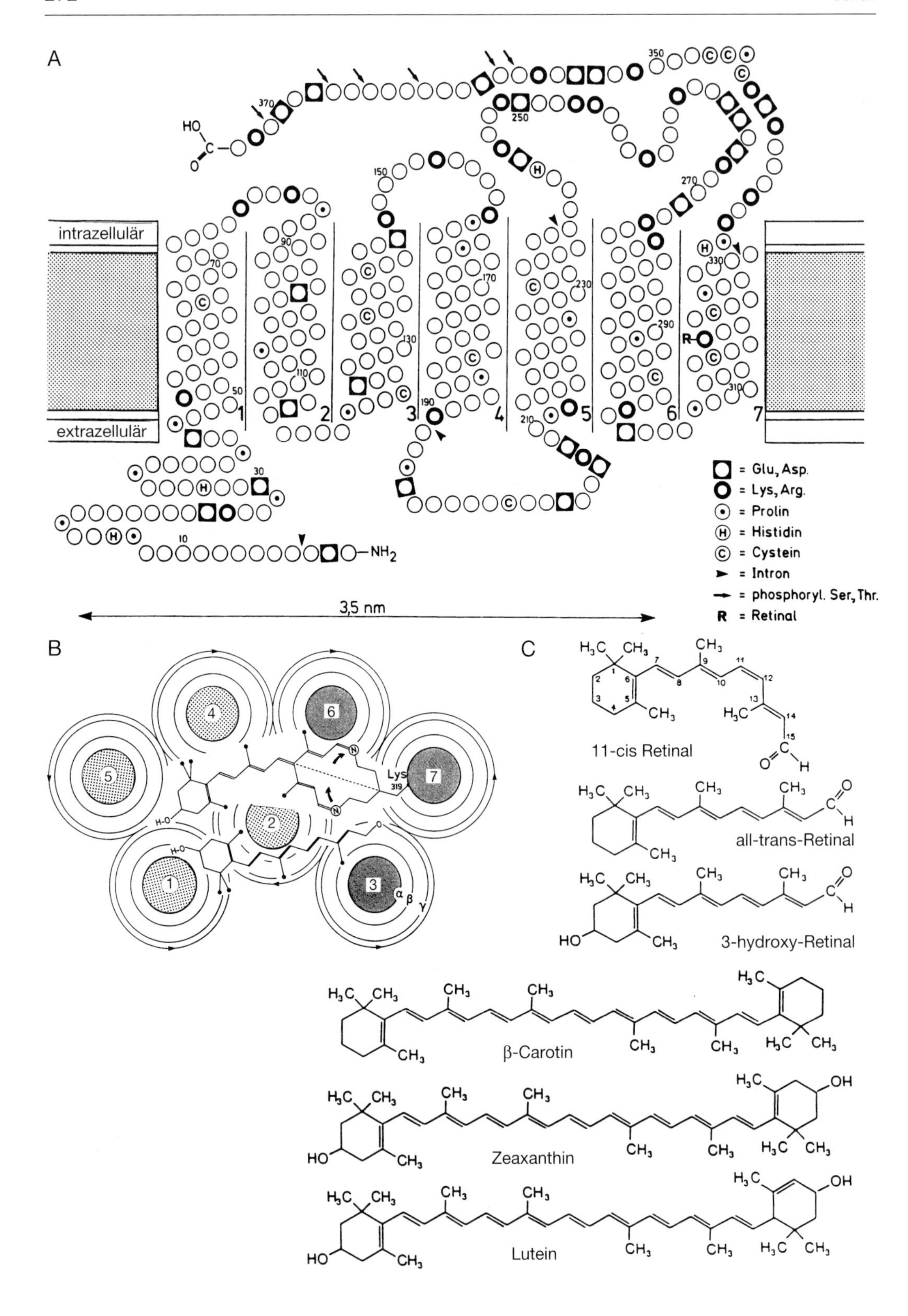
A
intrazellulär
extrazellulär
HO
NH2
3,5 nm
= Glu, Asp.
= Lys, Arg.
= Prolin
= Histidin
= Cystein
= Intron
= phosphoryl. Ser, Thr.
R = Retinal
B
Lys 319
C
11-cis Retinal
all-trans-Retinal
3-hydroxy-Retinal
β-Carotin
Zeaxanthin
Lutein

◀ **Abb. 6-15:** Der Sehfarbstoff P490 von *Drosophila*. **A** Die membrandurchgreifende Aminosäuresequenz des Moleküls. Die Kette von 373 Aminosäuren faltet sich sehr wahrscheinlich zu 7 membrandurchgreifenden α-Helices (1–7; hier nebeneinander gezeichnet), verbunden durch unterschiedlich lange hydrophile extra- und intrazelluläre Schleifen (loops). Der Chromophor (R) ist an das Lys 319 der 7. α-Helix gebunden. Von besonderer physiologischer Bedeutung sind die Schleife zwischen den Helices 5 und 6, da hier die G-Proteine ankoppeln, und die lange, hydrophile endterminale Kette, deren Serine und Threonine (Pfeile) nach Erregung phosphoryliert werden. **B** Querschnitt des Moleküls im Bindungsbereich des Chromophors. Die 7 Helices umschließen wahrscheinlich nierenförmig den Chromophor. Die Reihenfolge der Helices in dieser 3/4-Struktur ist dabei jedoch noch völlig hypothetisch. Ist der Ionenring des Chromophors durch die Helices 1, 2, und 4 und 5 wie angedeutet weitgehend fixiert, wirkt sich zwangsläufig ein Umspringen von der 11-cis- in die all-trans-Konfiguration (um die gestrichelte Achse herum) nur im rechten Molekülbereich aus. Hiervon wird besonders die 6. Helix betroffen sein. Möglicherweise wird hierdurch unmittelbar die Bindungsstelle für G-Proteine (intrazelluläre Schleife zwischen 5. und 6. Helix) aktiviert. Die Kopplungsstellen des Antennenpigments 3-hydroxy-Retinol an das P490-Molekül sind noch völlig unklar. **C** Die Chromophore der Insektenfarbstoffe und ihre natürlichen Carotinvorstufen (**A, B** nach O'Tousa et al. 1985; Zuker et al. 1987; **C** nach Goodwin 1984).

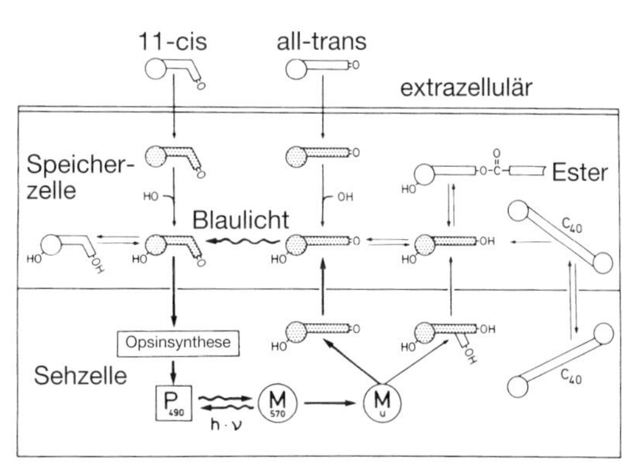

Abb. 6-16: Zyklus der Sehfarbstoffchromophore im Fliegenauge. Die beim Abbau von Metapigment (M_u) freigesetzten Chromophore (all-trans-Retinal und div. Retinole) werden über Transportproteine in Speicherzellen des dioptrischen Apparates geschafft, dort durch Blaustrahlung zum 11-cis-Retinal spezifisch photoregeneriert und anschließend wieder zu den Sehzellen rücktransportiert. 11-cis-Retinal regt in diesen die Opsinsynthese an (dickere Transport- bzw. Reaktionspfeile). Extrazellulär appliziertes 11-cis-Retinal wird im Speicher enzymatisch sehr schnell in 3-Hydroxy-Retinal oder -Retinol umgewandelt und letzteres als Ester zwischengespeichert. Auch die zentrale Spaltung der C_{40}-Carotine in zwei Chromophore erfolgt in den Speicherzellen (nach Schwemer, in Stavenga und Hardie 1989).

ca. 4fach längere für das Nachtsehen). Bei Insekten dürfte dagegen der punktuelle, spezifische Austausch defekter Moleküle vorherrschen. Vieles spricht dafür, daß z. B. bei den Fliegen, die hochphosphorylierten M-Moleküle (M_u, Abb. 6-16) vom Rezeptor als defekt bewertet, selektiv aus der Membran ausgeschleust und durch neue Moleküle kontinuierlich ersetzt werden. Beim Abbau der M_u-Moleküle werden die Chromophore, 3-hydroxy-Retinal und -Retinol, freigesetzt und wie folgt bei der Synthese neuer Sehpigmente wiederverwendet: Bei der Biene bindet zunächst der all-trans-Chromophor stereospezifisch an ein wasserlösliches Protein. Es entsteht ein im Blaubereich absorbierender Farbstoff. Durch Blaustrahlung wird der Chromophor spezifisch zur 11-cis-Form photoisomerisiert (6.2.2.3) und der Neusynthese von Sehfarbstoff zur Verfügung gestellt. Bei Fliegen gelangen die all-trans-Chromophore sehr wahrscheinlich mittels hydrophiler Transportproteine zunächst in Zellen des dioptrischen Apparates und werden dort durch Blaulicht zur 11-cis-Form regeneriert. In diesen, den Chromophor speichernden Zellen, laufen weiterhin die enzymatische Hydroxylierung von Retinal zum 3-hydroxy-Retinal sowie die Spaltungsreaktion von C40-Carotinen (Xantophyll, Zeaxanthin, β-Carotin) in zwei Chromophore ab. Letztere werden wohl als Ester in diesen Zellen zwischengespeichert. Weiterhin wird offensichtlich die Opsinsynthese in den Photorezeptoren über das Angebot an 11-cis-Retinoiden seitens der Speicherzellen reguliert: denn, je höher das Angebot an endogen, durch Blaulicht erzeugtem, oder an exogen appliziertem 11-cis-Chromophor, um so höher ist auch die Opsin- und letztlich die Pigment-Produktion (Schwemer, in Stavenga und Hardie 1989).

6.2.2.2 Modulation der spektralen Sensitivität der Sehfarbstoffe durch Antennenpigmente

Außer diesem primären Chromophor, der durch Photoisomerisierung das Opsin direkt aktiviert, besitzen eine Reihe von Sehfarbstoffen der Diptera *(Drosophila, Musca, Cal-*

liphora, Bibio und *Simulium)* noch zusätzlich **Antennenpigmente** (sensitizing pigments). Dies sind ebenfalls Retinoide, und zwar Retinole, die im UV-Bereich um 330 nm absorbieren und im Blaubereich fluoreszieren, wie Retinol und 3-hydroxy-Retinol (Kirschfeld, in Stieve 1986). Die Antennenpigmente sind möglicherweise über ein oder zwei Salzbrükken relativ locker, außenseitig an das Opsin gekoppelt, und zwar derart, daß ihr Absorber- bzw. Emitterdipol parallel oder bis maximal 45° geneigt zum Absorberdipol des primären Opsinchromophors ausgerichtet ist. Nur so ist es möglich, die vom Antennenpigment absorbierte Quantenenergie fluoreszenzfrei, also ohne Quantenverlust, über eine Distanz von 2,5 nm hin, auf den Primärchromophor zu übertragen, also bei diesem die Photoisomerisierung und am Opsin die Folgereaktionen auszulösen (Vogt, in Stavenga und Hardie 1989).

Der Sehfarbstoff von *Calliphora* verfügt offensichtlich über mehrere derartige Proteinbereiche der Ankopplung von mindestens zwei Antennenpigmenten. Auch künstlich läßt sich UV-Sensitivität bei *Calliphora* erzeugen, und zwar durch kovalente Bindung von synthetischen Fluorophoren, wie **Pyrenmaleimid**, an das P490-Molekül (Hamdorf et al. 1992). Die physiologische Wirkung der Antennenpigmente ist unmittelbar an den spektralen Empfindlichkeitsfunktionen, S(λ), der Rezeptoren erkennbar [S(λ) = Sensitivität S gegenüber monochromatischen Reizlichtern der Wellenlänge λ; 6.2.3.2]: Sind nur primäre Chromophore vorhanden, ergeben sich eingipflige S(λ)-Funktionen, die sich durch Dartnall-Nomogramme für Retinal-Proteide approximieren lassen. Tragen dagegen Antennenpigmente (wie 3OH-Retinol) zur Erregungsbildung bei, werden die S(λ)-Funktionen zweigipflig, mit Maxima im UV- und im sichtbaren Bereich: Die sekundären UV-Maxima zeigen dann, im Gegensatz zu den echten, primären UV-Sehpigmenten von *Apis* und *Ascalaphus*, meist eine dreigipflige Feinstruktur (Abb. 6-17, 6-18).

Am genauesten wurde bisher die Verteilung der verschiedenen Rezeptortypen und deren sekundäre Aktivierung durch Antennenpigmente im *Musca*-Auge studiert, wie Tab. 6-1 zeigt. Danach besitzt das *Musca*-Auge mindestens fünf Grundtypen von Rezeptoren mit fünf verschiedenen Sehpigmenten, deren spektrale Empfindlichkeit zusätzlich durch UV-Antennenpigmente moduliert wird. Eine weitere Besonderheit zeichnet den Rezeptortyp $R7_{yellow}$ aus: Durch Ankopplung eines weiteren Chromophors, eines blau-absorbierenden, aber nicht fluoreszierenden Carotins (Zeaxanthin), an das P425 wird erreicht, daß eine direkte Erregung des Sehfarbstoffes durch Blaustrahlung stark herabgesetzt, dafür aber die indirekte Erregung via UV-Antennenpigment

Tab. 6-1: Verteilung von Sehpigmenten und Antennenpigmenten im *Musca*-Auge. Die Indices (pale, yellow und red) geben die Farbe der R7- und R8-Rezeptoren bei mikroskopischem Durchlicht an (nach Kirschfeld, in Stieve 1986).

Rezeptortyp	anatomische Lokalisation	Pigment λ_{max} in nm	UV-Antennen-pigment	Bemerkungen
R1 – R6	in allen Ommatidien	490	+	hohe Absolut-empfindlichkeit
$R7_{marg}$ $R8_{marg}$	dorsaler Augenrand	335 335	– –	hohe Polarisations-empfindlichkeit
$R7_{pale}$ $R8_{pale}$	in 1/3 normaler Ommatidien	335 460	– –	statistisch übers Auge verteilt
$R7_{yellow}$ $R8_{yellow}$	in 2/3 normaler Ommatidien	425 515	+ +	Zeaxanthin als Blaufilter
$R7_{red}$ $R8_{red}$	dorsofrontaler Augenbereich der Männchen	490 490	+ +	Liebesfleck der Männchen
RO	Ocellen	430	+	

erhöht wird. Aus einem primär blau-sensitiven Rezeptor wird hierdurch sekundär ein UV-Rezeptor von maximaler Sensitivität um 360 nm (Hardie 1984; Kirschfeld, in Stieve 1986).

6.2.2.3 Photoreaktionen der photoreversiblen Sehfarbstoffsysteme

Die Sehfarbstoffe der Insekten gehören wie die der Tintenfische zu den **thermostabilen Sehpigmenten** (P), d.h. die Photoisomerisierung vom 11-cis- zum all-trans-Retinoid führt nicht wie bei den Wirbeltieren zu einem thermolabilen Photoprodukt (Metarhodopsin, M III), welches durch Abspaltung des all-trans-Chromophors ausbleicht, sondern zu einem stabilen Metapigment (M) hoher spektraler Absorption. Wird von diesen Metapigmenten ein Photon absorbiert, springt ihr all-trans-Chromophor in die 11-cis-Konfiguration zurück. Dieser Photoprozeß, die **Photoreisomerisierung**, bewirkt weiterhin, daß auch die durch die primäre Isomerisierung ausgelösten Konformationsänderungen im Opsinmolekül wieder rückgängig gemacht werden: aus dem all-trans-Metapigment entsteht über ein 11-cis-Metapigment wiederum das originale Sehpigment. Dieser **Photozyklus der Insektenpigmente** wurde erstmals am Beispiel des UV-Sehfarbstoffes von *Ascalaphus* aufgeklärt (Hamdorf, in Autrum 1979; Abb. 6-17) und später für eine Reihe weiterer Sehpigmente, wie z.B. für die Pigmente P350, P440 und P525 des Schwärmers *Deilephila* sowie für den R1-6-Farbstoff P490 der Fliegenaugen, nachgewiesen. Weiterhin gilt für diese Farbstoffe, daß nur Quantenabsorption durch das Sehpigment, also nur der Sprung von der 11-cis- in die all-trans-Konfiguration, eine Rezeptorerregung auslöst. Die Photoregeneration, also der all-trans/11-cis-Sprung, bewirkt dagegen keinerlei elektrische Rezeptoraktivität.

Thermostabilität und Photoregeneration der Sehpigmente bestimmen maßgeblich die physiologischen Eigenschaften und Besonderheiten der Sehzellen der Insekten: Nach mehrstündiger Dunkeladaptation über Nacht

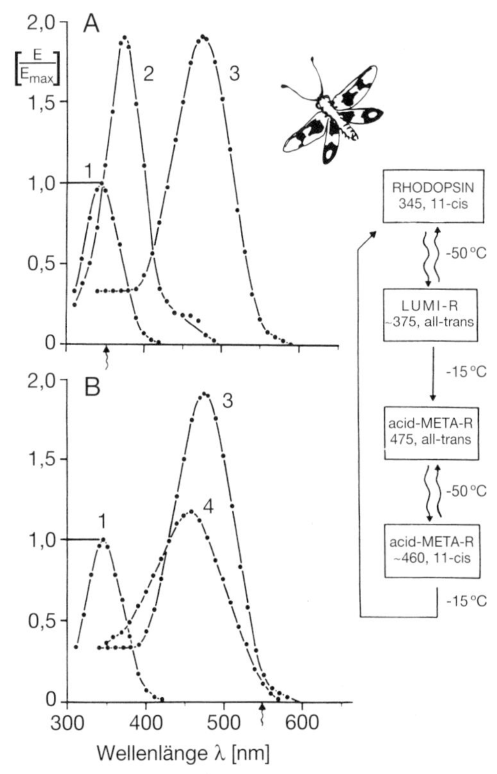

Abb. 6-17: Der Photozyklus des UV-Sehfarbstoffs von *Ascalaphus macaronius*. **A** Der UV-Sehfarbstoff P345 (Spektrum 1) besitzt als chromophore Gruppe wie die Sehfarbstoffe der Wirbeltiere 11-cis-Retinal. Photoisomerisierung zum all-trans-Retinal führt zu dem Photoprodukt Lumi-R (Spektrum 2). Dieses ist thermostabil bei −50 °C. Bei etwa −15 °C geht Lumi-R in acid-Meta-Rhodopsin über (Spektrum 3). Der große spektrale Sprung von 375 nm nach 475 nm ist dabei bedingt durch große Konformationsänderungen am Protein. Unter physiologischen pH-Bedingungen (pH $\leq$ 8) ist nur das acid-Meta-Rhodopsin nachweisbar. **B** Belichtung des acid-Meta-Rhodopsins läßt den Chromophor in die all-trans-Konfiguration umspringen zum 11-cis-Meta-Rhodopsin (Spektrum 4). Dies bedingt eine drastische Abnahme der Absorption aber nur geringe Verlagerung von λ_{max} nach 460 nm. Erst bei Erhöhung der Temperatur auf −15 °C, wenn Konformationsänderungen am Eiweiß möglich werden, springt das Spektrum 4 nach 1 zurück. Dieser photoregenerierte UV-Sehfarbstoff ist nach kurzer Erholungszeit im Dunkeln wieder voll funktionstüchtig, d.h. bei UV-Treffern wieder membranerregend, wie elektrophysiologische Untersuchungen zeigten (nach Hamdorf et al., in Langer 1973).

enthalten die Zellen, infolge der ständigen oder schubweisen Neusynthese, praktisch nur Sehpigment P und kein Metapigment M. Diese maximale P-Konzentration wird als P_o bezeichnet. Bei Tageslicht entwickelt sich in den Rhabdomeren sehr bald ein quasi stabiles Gemisch von P- und M-Molekülen. Die Anteile am Gemisch werden weitgehend durch die spektralen Absorptionseigenschaften der beiden Farbstoffe P und M, also durch deren **spektrale Extinktionskoeffizienten** $\alpha_p(\lambda)$ und $\alpha_M(\lambda)$ bestimmt und lassen sich sehr einfach durch eine photochemische Gleichgewichtseinstellung zwischen photochemischer Vorwärtsreaktion ($P \rightarrow M$) und Rückreaktion ($M \rightarrow P$) beschreiben (Abb. 6-18a). Für die Konzentrationen von P und M im **photochemischen Gleichgewicht** (photochemical **eq**uilibrium) P_{eq} und M_{eq} gilt bei monochromatischer Bestrahlung mit der Wellenlänge λ_S:

$$P_{eq} = P_o \frac{\alpha_M(\lambda_S)}{\alpha_M(\lambda_S) + \alpha_p(\lambda_S)}, \quad M_{eq} = P_o - P_{eq} \quad (1)$$

Die Bedeutung dieses Zusammenhangs geht aus dem Beispiel des P/M-Systems der Fliegenrezeptoren R1–6 hervor (Abb. 6-18). Grüne Bestrahlung mit der isosbestischen Wellenlänge $\lambda_S = 506$ nm, die von beiden Farbstoffen gleich stark absorbiert wird, erzeugt ein Gleichgewicht von exakt 50 % P und 50 % M; Bestrahlung mit Blaulicht ($\lambda_S = 450$ nm) dagegen, welches etwa 4fach stärker von P als von M absorbiert wird, erzeugt ein Gleichgewicht von nur 20 % P gegenüber 80 % M, während gelbe und rote Strahlung ($\lambda_S \geq 570$ nm), die praktisch nur von M absorbiert wird, das Gleichgewicht nach nahe 100 % P-Gehalt verschiebt. Nach der theoretischen Funktion (Abb. 6-18; P_{eq}) wird minimale P_{eq}-Konzentration durch Blaubestrahlung von $\lambda_S = 440$ nm hervorgerufen, bei der das Verhältnis von $\alpha_M(\lambda_S)/\alpha_p(\lambda_S)$ ein Minimum durchläuft. Bei monochromatischer Bestrahlung ist die Geschwindigkeit der Gleichgewichtseinstellung abhängig von der Bestrahlungsintensität, nicht jedoch die Höhe von $P_{eq}(\lambda_S)$ selbst. Anders verhält es sich dagegen bei gleichzeitiger Bestrahlung mit zwei oder mehr Wellenlängen. Werden z. B. Fliegen-Rezeptoren gleichzeitig mit blau und rot, also mit einem Mischlicht bestrahlt, werden die Gleichgewichte wesentlich durch das jeweilige Verhältnis der Strahlungsintensitäten I_{rot}/I_{blau} bestimmt: Je höher die Intensität der regenerierenden Rotstrahlung im Mischlicht, um so höher steigt auch der P_{eq}-Gehalt in den Rezeptoren von minimal 20 % auf maximal

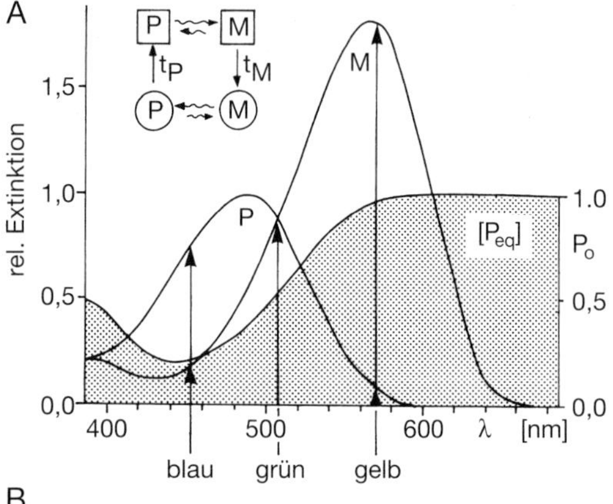

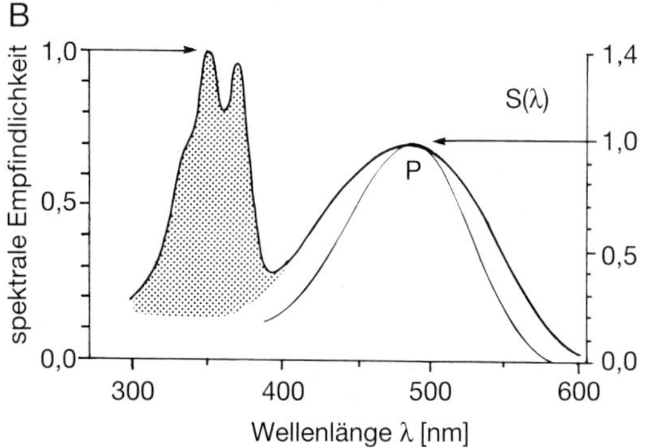

Abb. 6-18: Das Sehfarbstoffsystem P490/M570 der Sehzellen R1–6 von *Calliphora* und seine Photochemie **(A)** sowie **B** die Modulation der spektralen Empfindlichkeit S (λ) im UV-Bereich durch das Antennenpigment 3-hydroxy-Retinol. **A** Monochromatische Bestrahlung mit der isosbestischen Wellenlänge (506 nm, $\alpha_P = \alpha_M$) erzeugt ein photochemisches Gleichgewicht P_{eq} von 50 %, Bestrahlung mit blau (440–450 nm, $\alpha_P > \alpha_M$) ein P_{eq} von 20 % P_o und Bestrahlung gelb (570 nm, $\alpha_P < \alpha_M$) ein P_{eq} von mehr als 95 % P_o. Die grau hinterlegte Kurve gibt den P_{eq}-Gehalt in Abhängigkeit von der Bestrahlungswellenlänge an. Prinzipiell gilt diese photochemische Gleichgewichtsreaktion auch für den membrangebundenen Sehfarbstoff im Rhabdomer. Zu berücksichtigen ist jedoch, daß sich hier das Gleichgewicht zwischen jeweils zwei isochromen, aktiven [P]-, [M]- und passiven (P)-, (M)-Molekülzuständen einstellt (Reaktionsschema). **B** Der grau hinterlegte Spektralanteil entspricht dem Beitrag des Antennenpigments zur spektralen Empfindlichkeitsfunktion S (λ; **A** nach Hamdorf, in Autrum 1979; Schwemer, in Stavenga und Hardie 1989; **B** nach Kirschfeld, in Stieve 1986).

100 % P_0. Vergleichbares gilt auch bei Bestrahlung mit kontinuierlichen Spektren: Bei Tageslicht mit seinem relativ hohen blauen Spektralanteil stellt sich in den Fliegenrezeptoren ein Gleichgewicht von um 70 % P_0 ein. Auch bei dem völlig andersartigen Farbstoffsystem P520-40/M470 der Grünrezeptoren von Hymenoptera und Sphingoidea, bei dem Blaustrahlung maximal regenerierend wirkt, bedingt das Spektrum des Tageslichtes einen hohen P_{eq}-Gehalt von ebenfalls um 70 % P. Aufgrund der Photoregeneration stellt sich also unter natürlichen Bestrahlungsbedingungen automatisch ein relativ hoher P_{eq}- und geringerer M_{eq}-Gehalt im Rhabdomer ein. Der M_{eq}-Gehalt liegt in der Regel bei 20–30 % und erreicht auch bei stärkeren Änderungen in der Spektralverteilung im Tageslauf selten 50 % (Hamdorf, in Autrum 1979).

Dieses Prinzip, den Gehalt an P-Molekülen in der Sehzelle automatisch möglichst hochzuhalten, ist bei dem UV-sensitiven Frontalauge von *Ascalaphus* optimiert. Dieses Auge fungiert bezüglich der erregenden UV-Strahlung meist als **Appositionsauge** und bezüglich der photoregenerierenden Blaustrahlung als **Superpositionsauge.** Diese Doppelfunktion wird dadurch erreicht, daß die Hauptpigmentzellen (HPZ, Abb. 6-11) selektiv die UV-Strahlung absorbieren, nicht dagegen die Blaustrahlung. UV-Strahlung kann somit nur aus der direkten Blickrichtung der Facetten über die Wellenleiter zu den UV-sensitiven Rhabdomen gelangen. Die regenerierende Blaustrahlung wird dagegen von einer größeren Zahl dioptrischer Apparate erfaßt und auf die Rhabdome superponiert. Hierdurch wird also die Intensität der regenerierenden Blaustrahlung in den Rhabdomen um ein Vielfaches erhöht und bewirkt, daß praktisch alle M475-Moleküle unmittelbar nach ihrer Entstehung photoregeneriert werden. Unter natürlichen Bestrahlungsbedingungen des blauen Himmelslichtes wird daher der P345-Gehalt dieser Rezeptoren nahe 100 % und somit auch deren UV-Sensitivität konstant hoch gehalten. Diese automatische Gleichgewichtseinstellung, stets zugunsten eines hohen P-Gehaltes, ist essentiell für die stets außerordentlich präzise Signalbildung der Insektenrezeptoren und deren schnelle **Empfindlichkeitsanpassung** an wechselnde Lichtintensitäten.

Für das Verständnis dieser Zusammenhänge ist zu berücksichtigen, daß in der Rezeptormembran die Gleichgewichtseinstellung nicht nur zwischen zwei Farbstoffen P und M, sondern eigentlich zwischen vier Farbstoffen erfolgt, nämlich zwischen jeweils isochromen, aktiven □ und passiven ○ P- und M-Molekülzuständen. Im Reaktionsschema (Abb. 6-18) symbolisiert [P] den reaktiven Sehfarbstoff, der nach Quantenabsorption in aktives [M] übergeht, welches die biochemische Verstärkerkaskade (Abb. 6-19) zündet und dann in den inaktiven Ⓜ-Zustand fällt. Quantenabsorption durch Ⓜ führt zunächst zu einem inaktiven Ⓟ-Zustand, der erst durch thermische Reaktion (t_p) wieder in den aktiven [P]-Zustand übergeht. Die thermischen Reaktionen t_M und t_p sind relativ schnell (wenige ms bis 100 ms). Bei Bestrahlung mit physiologischen Intensitäten (d. h. solange die Zahl der photochemischen Übergänge vergleichweise gering ist) läuft der Reaktionszyklus nur im Uhrzeigersinn ab (Abb. 6-20C, lange gewellte Pfeile). Dabei kommt es ausschließlich zur Anhäufung von [P] und Ⓜ im Rhabdomer. Anders dagegen bei hohen Intensitäten, wenn die Photoreaktionen die thermischen Übergänge übersteigen. Dann werden auch die photochemischen Rückreaktionen von [M] nach [P] und von Ⓜ nach Ⓟ relevant (kurze gewellte Pfeile). Während starker Belichtung kommt es daher zur Anhäufung aller aktiven und passiven Molekülzustände im Rhabdomer.

6.2.3 Biochemie und Biophysik der Rezeptorerregung

6.2.3.1 Biochemische Verstärkerkaskade der Photorezeptoren

Die durch Photoisomerisierung in den Insektenrezeptoren ausgelöste biochemische Verstärkerkaskade, die letztendlich zur transienten Aktivierung von Ionenkanälen führt, ist noch weitgehend hypothetisch. Einige Indizien sprechen dafür, daß die ersten Schritte

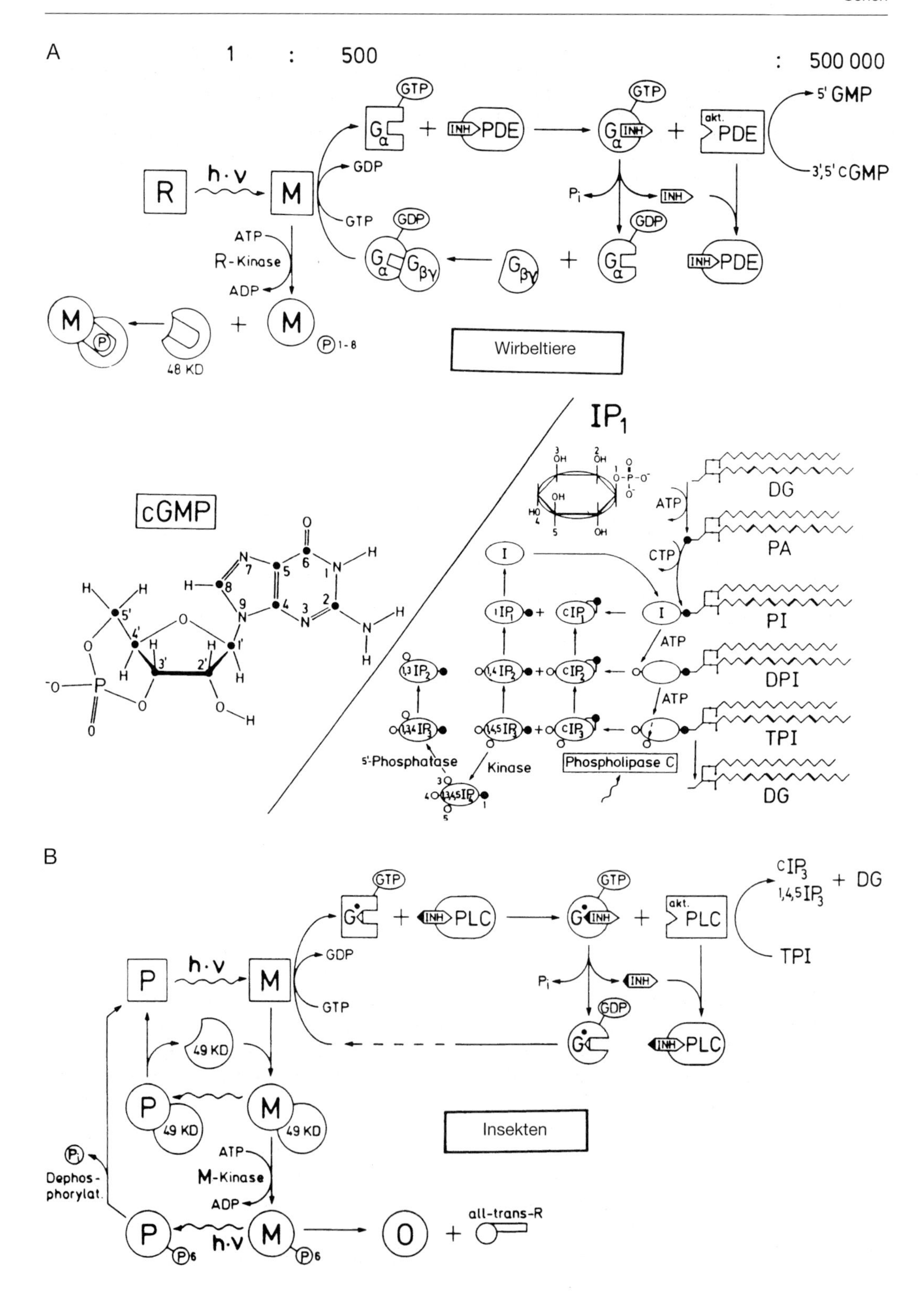

A
1 : 500 : 500 000
R
h·ν
M
GTP
GDP
PDE
INH
akt.
5' GMP
3',5' cGMP
P_i
ATP
R-Kinase
ADP
48 KD
Wirbeltiere
IP_1
cGMP
DG
PA
PI
DPI
TPI
CTP
Phospholipase C
5'-Phosphatase
Kinase
B
PLC
P
49 KD
Dephos-phorylat.
M-Kinase
O
all-trans-R
Insekten

◀ **Abb. 6-19:** Die biochemische Reaktionskaskade der Rezeptorerregung bei Wirbeltieren und Insekten. **A** Bei Wirbeltieren wirkt das lichtaktivierte Rhodopsin (R) in der Meta-II-Konformation kurzfristig als Enzym. Es tauscht an der α-Untereinheit eines G-Proteins GDP gegen GTP (**G**uanosin**tri**phosphat) aus. Insgesamt werden ca. 500 G-Moleküle umgesetzt. Das α-G-GTP wirkt dann als Aktivator einer Phosphodiesterase (PDE) durch Ankopplung ihres Inhibitors (INH). Die aktivierte PDE setzt ihrerseits einige hundert 3,5′-cGMP-Moleküle (**c**ycl. **G**uanosin**mono**phosphat) zu 5′-GMP um. Hierdurch sinkt der cGMP-Spiegel in der Zelle. Dieses Absinken des sekundären Messengers bewirkt dann das Schließen der lichtaktivierbaren Ionenkanäle in der Somamembran. Diese Enzymkaskade wird durch die folgenden molekularen Mechanismen abgeschaltet: das α-G-GTP verliert seine Wirkung durch intrinsische GTP-ase-Aktivität. Der freigesetzte Inhibitor blockiert dann wiederum die PDE. Das Meta-II-Molekül wird durch zwei Reaktionsschritte inaktiviert: Durch Ankoppeln einer Kinase (K) an das C-Terminal wird zunächst der weitere Umsatz von G-Proteinen verhindert und dann durch Phosphorylierung von bis zu 8 Serinen und Threoninen die dauerhafte Kopplung eines weiteren 48 KD-Proteins (Arrestin) ermöglicht. **B** Die Reaktionskaskade der Sehzellen von Insekten ist prinzipiell ähnlich, führt aber zu einem anderen sekundären Messenger (vermutlich Inositol-tri-phosphat; 1, 4, 5-IP_3), der die lichtaktivierbaren Kanäle nicht schließt sondern öffnet. Auch hier wirkt die Meta-Konformation (M) als GTP/GDP-austauschendes Enzym an einem G-Protein (G·). G·-GTP aktiviert eine Phospholipase C (PLC) durch Kopplung ihres Inhibitors (INH). Diese Lipase spaltet spezifisch die Lipide **T**ri-**p**hosphatidyl-, **D**i-**p**hosphatidyl- und **P**hosphatidyl-**I**nositol (TPI, DPI und PI) in die phosphorylierten Inositole und Diglycerid (DG). Dabei entstehen zu etwa 50 % **c**yclische **P**hosphatidyl-**I**nositole (cIP_1, cIP_2 und cIP_3) und 50 % nichtcyclische ($1IP_1$, 1, 4-IP_2 und 1, 4, 5-IP_3). Die Synthese von TPI erfolgt ausgehend von DG über Phosphatidsäure (PA) unter Verbrauch von **C**ytidil-**t**ri-**p**hosphat (CTP) über PI und durch anschließende Phosphorylierung unter ATP-Verbrauch. IP_3 wird wohl normalerweise durch eine Phosphatase zum Inositol abgebaut. Neutralisierung der potentiellen Messenger 1, 4, 5-IP_3 bzw. cIP_3 könnte auch durch weitere Phosphorylierung zum 1, 3, 4, 5-IP_4 und anschließendem Abbau zum unwirksamen 1, 3, 4-IP_3 erfolgen, wie angedeutet. Gestoppt wird die Reaktionskaskade wiederum durch drei Mechanismen: 1. durch die intrinsische GTP-ase-Aktivität des G·-Proteins. Der freigesetzte Inhibitor blokkiert dann die PLC. 2. Die Enzymaktivität von [M] wird wahrscheinlich direkt durch Kopplung eines 49 KD-Proteins abgeschaltet. Eine Abschaltung des M-Moleküls mittels Phosphorylierung (an 6 Positionen der C-terminalen Kette) durch eine M-Kinase erfolgt hier wohl erst sekundär. Photoisomerisierung von Ⓜ in Ⓟ bedingt unmittelbare Freisetzung des 49 KD-Proteins, bzw. sofortige Dephosphorylierung. Die inaktiven Ⓟ-Formen gehen hierdurch wieder in die membranerregende [P]-Form über. Einige Indizien sprechen dafür, daß bei Fliegen hoch phosphoryliertes Ⓜ selektiv aus der Mikrovillusmembran ausgeschleust und abgebaut wird (Abb. 6-16; nach Hamdorf et al., in Lüttgau und Necker 1989; nach Stryer 1986).

der Kaskade bei Insekten- und Wirbeltierrezeptoren prinzipiell gleichartig sind, die sekundären Enzymaktivierungen jedoch völlig verschieden sein müssen, da völlig konträre Rezeptorantworten ausgelöst werden: **Depolarisation bei den Insektenrezeptoren** durch Öffnen von Ionenkanälen und **Hyperpolarisation bei den Wirbeltierrezeptoren** durch Schließen von Kanälen. Gemeinsam ist beiden Kaskaden (Abb. 6-19), daß sie innerhalb von ~ 100 µs nach Quantenabsorption gebildeten [M]-Pigmente einen GDP/GTP-Austausch an G-Proteinen **(Transducinen)** katalysieren. Die GTP-aktivierten G-Proteine binden hochspezifisch die Inhibitoren verschiedener Enzyme, so bei den Wirbeltierrezeptoren den Inhibitor (INH) der Phosphodiesterase **(PDE).** Die so aktivierte PDE katalysiert den Abbau des kanalaktivierenden Messengers **cGMP** (cyclisches Guanosinmonophosphat) zum neutralen **GMP.** Die Photoreaktion von [R] (Rhodopsin) nach [M] bewirkt bei Vertebraten ein lokal begrenztes Absinken der intrazellulären Messengerkonzentration im Bereich aktivierter PDE-Moleküle und führt hierdurch zum Schließen von Ionenkanälen in benachbarten Membranbereichen.

Bei den Sehzellen der **Arthropoden** binden dagegen die lichtaktivierten G-Proteine speziell den Inhibitor der Phospholipase C (PLC), ein Enzym, welches vorrangig das Phospholipid **TPI** (Triphosphatidyl-Inositol) in membrangebundenes **DG** (Diglycerid) und in **cIP_3** (cyclisches Inositol-Triphosphat) spaltet. Diese Substanz wirkt bei einigen Arthropodenrezeptoren ähnlich membranerregend wie eine

Lichtreizung. cIP_3 könnte daher der zu fordernde sekundäre Messenger dieser **lichtaktivierbaren Ionenkanäle** sein. Andererseits ist bekannt, daß cIP_3 aus intrazellulären Ca-Speichern Ca^{++} freisetzt und weiterhin, daß der Anstieg der freien Ca-Konzentration die absolute Lichtempfindlichkeit der Rezeptoren herabsetzt. Es ist daher ebenso denkbar, daß die cIP_3-Produktion nicht unmittelbar der Membranerregung dient, sondern eine lichtaktivierte Nebenreaktion ist, die über den intrazellulären Ca^{++}-Spiegel die Rezeptorempfindlichkeit reguliert.

Abgeschaltet wird die Reaktionskaskade durch folgende Mechanismen: **1** Durch eine intrinsische GTP-ase-Aktivität des G-Proteins wird P_i und gleichzeitig der Inhibitor freigesetzt. Letzterer blockiert dann erneut die PLC. **2** Die Enzymaktivität von [M] wird wahrscheinlich zunächst durch Kopplung eines 49KD-Proteins im Bindungsbereich des G-Proteins gestoppt. Das inaktive Ⓜ-Molekül wird dann an bis zu sechs Positionen (Ser, Thr) der C-terminalen Aminosäuresequenz durch eine M-Kinase phosphoryliert. Photoisomerisierung von Ⓜ in Ⓟ bedingt unmittelbare Freisetzung des 49KD-Proteins bzw. sofortige Dephosphorylierung. Die inaktiven Ⓟ-Formen gehen hierdurch wieder in die [P]-Form über, die durch Lichtabsorption erneut die biochemische Verstärkerkaskade auszulösen vermag.

Alle photochemischen und enzymatischen Reaktionen der **Verstärkerkaskade** laufen in den **Mikrovilluskompartimenten der Rhabdomere** ab (Abb. 6-20). Durch Membranoberfläche und Volumen dieser Kompartimente ist also die Anzahl der an diesen funktionsspezifischen Reaktionen beteiligten Moleküle festgelegt: So können maximal in die Membran eines Mikrovillus von Fliegenrezeptoren bis zu 1000 P-Moleküle eingelagert sein. Die Zahl der membranassoziierten G-Proteine dürfte noch einige Hundert betragen, die der Messenger-produzierenden Enzyme (E) dagegen weit geringer sein. Auch die Zahl der verfügbaren Vorstufe TPI, des potentiellen Messengers cIP_3, ist mit 10^3 relativ gering und ebenso die Mengen an ATP- (10^4) und GTP-Molekülen (10^3), die die Energie für die verschiedenen, lichtinduzierten Reaktionen bereitstellen. Vergleichsweise gering ist auch die Dichte der lichtaktivierbaren Ionenkanäle in der assoziierten Somamembran, etwa zwei Kanäle pro Mikrovillus. Aufgrund dieses begrenzten Molekülvorrats ist es verständlich, daß jeder Mikrovillus nach Absorption eines Photons durch ein [P]-Molekül nur eine bestimmte Menge an Messenger-Molekülen produziert und somit auch nur eine bestimmte Anzahl von Kanälen in der benachbarten Somamembran aktiviert. Die Anzahl aktivierter Kanäle wird dabei um so größer sein, je größer der Vorrat an Messengervorstufen, an energieliefernden Substanzen und aktivierbaren Enzymen ist. Im dunkeladaptierten Zustand, wenn der Molekül-Vorrat der biochemischen Verstärkerkaskade maximal aufgefüllt ist, ist die Zahl **aktivierter Kanäle pro absorbiertes Photon** zwangsläufig höher als bei Dauerbelichtung, wenn der Verbrauch an energieliefernden Substanzen ständig durch Nachschub aus dem Zellsoma kompensiert werden muß. Im dunkeladaptierten Zustand erzeugt daher jedes absorbierte Photon eine diskrete Rezeptorantwort, einen **Quantenbump.** Die Parameter dieser Einquantensignale, wie Amplitude, Latenz und Dauer, sind art- und rezeptorspezifisch. Bei nachtaktiven Tieren, wie z. B. den Küchenschaben, sind die Bump-Amplituden wesentlich größer (einige mV) als bei tagaktiven Insekten, wie z. B. bei den Fliegen (0,5 mV).

6.2.3.2 Selbstabschirmung und spektrale Empfindlichkeit der Sehzellen

Die spektrale Erregbarkeit der Photorezeptoren, also ihre **spektrale Empfindlichkeit** $S(\lambda)$, wird weitgehend durch die Extinktionsspektren ihrer Sehfarbstoffe $\alpha_p(\lambda)$ bestimmt. Die hohe Farbstoffdichte in den Rhabdomeren bedingt jedoch eine Reihe charakteristischer Abweichungen der Empfindlichkeitsspektren

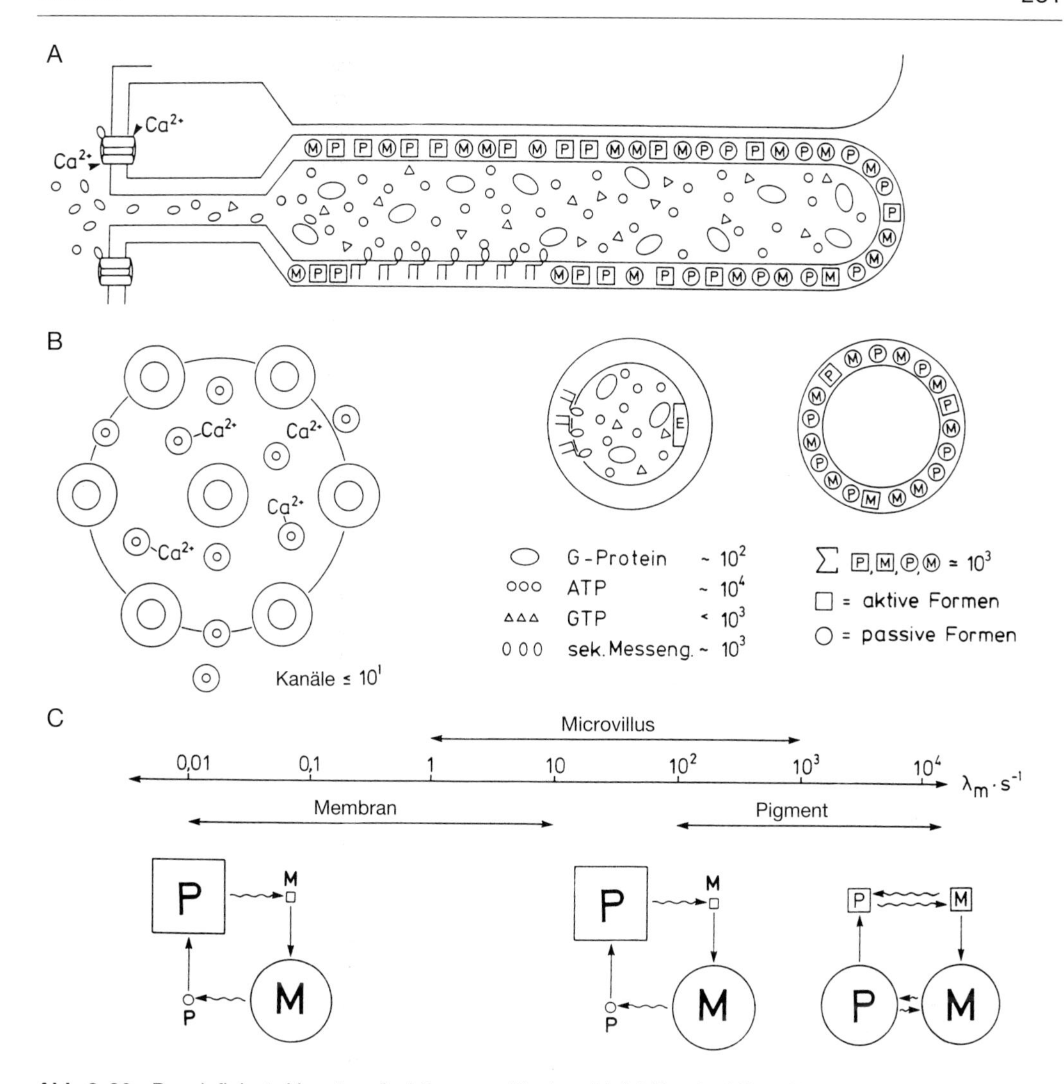

Abb. 6-20: Der definierte Vorrat an funktionsspezifischen Molekülen im Mikrovilluskompartiment des Insektenrhabdomers und seine Bedeutung für die Rezeptorerregung und die Adaptation. **A** Schematische Darstellung der Molekülkomposition in Membran und Cytosol des Mikrovilluskompartiments sowie **B** Aufsicht auf das zugeordnete Membranareal des Somas mit seinen durch Ca^{2+}-modulierbaren Kanälen. **C** Intensitätsskala ($\lambda_M \cdot s^{-1}$ = Zahl der Quantenabsorptionen/Mikrovillus und Sekunde) der drei sich ergänzenden und überlappenden molekularen Mechanismen der Helladaptation: Membran-, Mikrovillus- und Pigmentadaptation (s. u.), sowie die drastische Änderung der photochemischen Gleichgewichtseinstellung bei Dauerbelichtung im Intensitätsbereich, $\lambda_M \cdot s^{-1} = 10^2–10^4$: Abnahme der aktiven P-Moleküle bei paralleler Zunahme der passiven Ⓟ-Fraktion (symbolisiert durch die jeweiligen Flächen). Zu **A:** Wegen des geringen Molekülvorrats und wegen des relativ langsamen Nachschubs von ATP setzt der Prozeß einer verminderten Messengerproduktion pro absorbiertes Lichtquant bereits bei Adaptationsintensitäten von nur $\lambda_M \cdot s^{-1} = 1$ ein und wird minimal bei $10^2–10^3$ (Skala in **C**). In diesem Adaptationsbereich dürfte somit die Helladaptation der Rezeptoren auf verminderte Messengerproduktion pro absorbiertem Quant im Kompartiment zurückzuführen sein und wird daher als Mikrovillusadaptation bezeichnet. Zu **C:** Nach photochemischer Gleichgewichtseinstellung und anschließender Dunkeladaptation liegt in der Mikrovillusmembran nur aktives P und passives Ⓜ vor. Auch bei Adaptation mit Intensitäten bis zu $\lambda_M \cdot s^{-1} = 10^2$ ändert sich dieses Gemisch praktisch nicht; nur wenige Moleküle befinden sich in der Ⓟ- und M-Form. Dies gilt solange die thermischen Umwandlungen (gerade Pfeile) vergleichsweise schnell sind gegenüber der Zahl der photochemischen Übergänge (gewellte Pfeile). Werden letztere schneller, kommt es zur Anhäufung von passivem Ⓟ in der Membran.

von den Farbstoffspektren. Diese durch spektrale Selbstabschirmung entlang des Rhabdomers hervorgerufenen Effekte erläutern die Abb. 6-21 und 6-22.

In Abb. 6-21 ist der einfache Fall dargestellt, in dem ein Fliegenrezeptor, der nur P490 enthält, von einem monochromatischen Blitzreiz (490 nm) getroffen wird. Aufgrund der progressiven Lichtabsorption im Rhabdomer nimmt die Zahl der isomerisierten P-Moleküle und somit auch die Zahl der

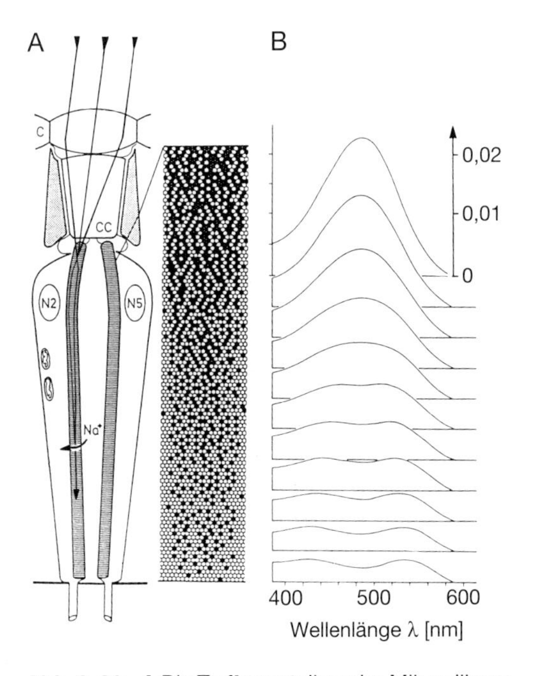

Abb. 6-21: A Die Trefferverteilung im Mikrovillusraster eines Fliegenrhabdoms nach Blitzreizung mit der Wellenlänge 490 nm. **B** Die durch Selbstabschirmung bedingte Modulation der Kurven der spektralen Wirksamkeit (Ordinate) in 11 Rhabdomerenabschnitten entlang des physiologischen Strahlengangs bei 100 % [P]-Gehalt. Zu **A:** Die Trefferverteilung im Rhabdomer wurde für eine Blitzintensität berechnet, die nach der Poisson-Trefferstatistik in den distalen Mikrovilluszeilen gerade eine mittlere Trefferzahl von einem absorbierten Photon pro Mikrovillus (λ_M = 1) auslöst. Zu **B:** Die Spektren wurden ebenfalls nach Poisson für quantengleiche, monochromatische Lichtblitze berechnet, die bei der wirksamsten Wellenlänge 490 nm in den distalen Mikrovilluszeilen wiederum gerade ein λ_M = 1 auslösen. Durch Selbstabschirmung werden die proximalen Wirksamkeitsspektren zweigipflig (nach Hamdorf et al., in Lüttgau und Necker 1989).

erregten Mikrovilli von distal nach proximal exponentiell (auf etwa 1/10) ab. Diese Selbstabschirmung der Rezeptoren bedingt also im Spektralbereich um λ_{max} des Pigments ein steiles Erregungs-(Treffer-)gefälle. Anders ist die Situation, wenn mit Wellenlängen gereizt wird, die schwächer absorbiert werden. So nimmt bei der Reizung mit 420 nm oder 540 nm das Treffergefälle wesentlich geringer ab (nur auf etwa 1/2). Diese Wellenlängen sind also im proximalen Rhabdomerbereich reizwirksamer als die maximal absorbierte Wellenlänge 490 nm. Dementsprechend werden die spektralen Wirksamkeitskurven im proximalen Rhabdomer zunehmend zweigipflig, mit Maxima um 420 nm und 540 nm. Den kontinuierlichen Übergang von einer eingipfligen Wirksamkeitsfunktion (λ_{max} = 490 nm) zur aberranten zweigipfligen entlang des Rhabdomers veranschaulicht Abb. 6-21B. Im helladaptierten Zustand, wenn bis zu 50 % des Sehpigments in der inaktiven (M)-Form vorliegt, ändert sich die Situation erheblich: (M) wirkt im Rhabdomer als selektives Farbfilter, welches besonders die langwellige Strahlung um 560 nm schwächt. Dies bewirkt, daß die spektralen Wirksamkeitskurven von distal nach proximal eingipflig bleiben, sich ihre Maxima jedoch zunehmend von 490 nm nach 470 nm hin verlagern.

Da die Rezeptorantwort durch die Summation aller lokalen Membranerregungen (Bumps) zustande kommt, ergibt sich die **spektrale Wirksamkeitskurve** eines Rezeptors in erster Näherung aus der Summe aller lokalen Wirksamkeitskurven. Der Vergleich dieser aufsummierten Kurven zeigt (Abb. 6-22), daß die Selbstabschirmung durch P nach M erheblich Form und λ_{max} des Wirksamkeitsspektrums eines Rezeptors beeinflußt: beim dunkeladaptierten Rezeptor wird es stark verbreitert, bei 50 % M-Gehalt um 15 nm zum Kurzwelligen verschoben. Beide Spektren weichen in ihrer Form stark vom zugrundeliegenden P490-Spektrum $\alpha_p(\lambda)/\alpha_{p(\lambda max)}$ ab.

Wirksamkeitsspektren sind somit nur bedingt geeignet, Rückschlüsse auf die Pigmentspektren zu ziehen. Weit besser geeignet hierfür ist die **relative spektrale Empfindlichkeit** der Rezeptoren (rel. s. S.), meist vereinfacht als S(λ) bezeichnet. Diese ist definiert als der Kehrwert des Faktors f, um den die Intensität I (Zahl der eingestrahlten Quanten) eines Reizes der Wellenlänge λ erhöht werden muß, um eine gleich hohe Reizantwort auszulösen wie bei der Reizung mit der wirksamsten Wel-

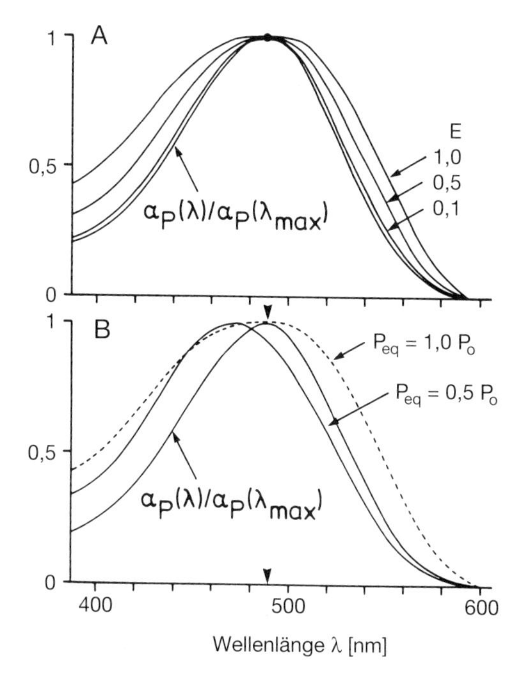

Abb. 6-22: Die Modulation der Kurven der spektralen Wirksamkeit (Ordinate) der Sehzelle einer Fliege *(Calliphora)* durch spektrale Selbstabschirmung im Rhabdomer. **A** Modulation der Wirksamkeitsspektren in Abhängigkeit vom absoluten [P]-Gehalt im Rhabdomer bzw. von dessen Länge, berechnet für eine Extinktion von 1,0, 0,5 und 0,1 entsprechend einer Gesamtabsorption des Rhabdomers von 90 %, 68 % und 20 %. Bei den dunkeladaptierten, 250 μm langen Rezeptoren R1–6, die nur [P] enthalten, ist E ≈ 0,8, was einer Gesamtabsorption von 85 % der einfallenden Strahlung entspricht. Der Vergleich zeigt, daß die Wirksamkeitsspektren nur bei sehr niedriger Gesamtabsorption (E = 0,1) dem P490-Spektrum ($\alpha(\lambda)/\alpha(\lambda_{max})$) ähnlich werden. **B** Modulation des Wirksamkeitsspektrums durch 50 % (M)-Gehalt im Rhabdomer ($P_{eq} = 0{,}5\ P_o$). Der Vergleich zeigt, daß das 0,5-P_o-Spektrum aufgrund der Farbfilterwirkung von (M) kurzwellig (um ca. 15 nm), gegenüber dem P490-Spektrum verschoben wird und wesentlich schmaler ist als das 1,0-P_o-Spektrum. Die spektralen Wirksamkeitskurven von **A** und **B** entsprechen der Summe der 11 lokalen spektralen Absorptionskurven von Abb. 6-21B normiert auf die wirksamste Wellenlänge (nach Hamdorf, in Autrum 1979).

lenlänge λ_{max}; also ist $S(\lambda)$ = rel. s. S. = $1/f(\lambda) = I_{\lambda max}/I(\lambda)$. Diese Funktion wird experimentell entweder direkt durch Quantenabgleich der monochromatischen Reizlichter $I(\lambda)$ auf gleiche Wirksamkeit wie bei $I_{\lambda max}$ ermittelt oder mehr indirekt, aus dem Wirksamkeitsspektrum über die A/I-Funktion des Rezeptors abgeleitet (6.2.3.3; Hamdorf et al. 1992).

Vorteil dieser $S(\lambda)$-Funktion ist es, daß sie im Gegensatz zur spektralen Wirksamkeitsfunktion in Form und Breite unabhängig ist von der Reizstärke (Quantenzahl I), bei der sie experimentell bestimmt wird. Sie ist damit direkt proportional dem Absorptionsspektrum des Sehpigments im dunkeladaptierten Rezeptor. Absorptionsspektren variieren jedoch stark mit dem jeweiligen P-Gehalt und der Rhabdomerenlänge: Je größer der Gehalt und/oder die Länge, um so breiter werden die Absorptionsspektren. Nur bei niedrigem Gehalt und kurzen Rhabdomeren sind sie nahezu formgleich mit dem Extinktionsspektrum des Sehfarbstoffes (Abb. 6-22). Dementsprechend sind auch die Empfindlichkeitsspektren von Rezeptoren, die für das Dämmerungssehen ausgelegt sind (lange Rhabdomere, hoher P-Gehalt), breiter als die der für Tageslicht und Farbunterscheidung ausgelegten Rezeptoren. Die $S(\lambda)$-Funktionen letzterer Rezeptoren sind erwartungsgemäß fast identisch mit den Extinktionsspektren ihrer jeweiligen Sehfarbstoffe. Dies ist von essentieller Bedeutung für eine präzise und konstante Farbunterscheidung bei farbtüchtigen Insekten (6.3.1).

6.2.3.3 Ionale Mechanismen der Rezeptorerregung und Mechanismen der Adaptation

Photorezeptoren der Insekten haben in der Regel ein **Membranruhepotential** von –45 bis –60 mV. Dieses Membranpotential wird, wie bei anderen neuronalen Elementen, durch entgegengerichtete K^+/Na^+-Ionengradienten erzeugt (Abb. 6-23). Aufgebaut und aufrechterhalten werden diese Gradienten durch eine **Na/K-ATPase (Na/K-Pumpe)**, die für den Auswärtstransport von drei Na^+ aus der Zelle und für den gekoppelten Einwärtstransport

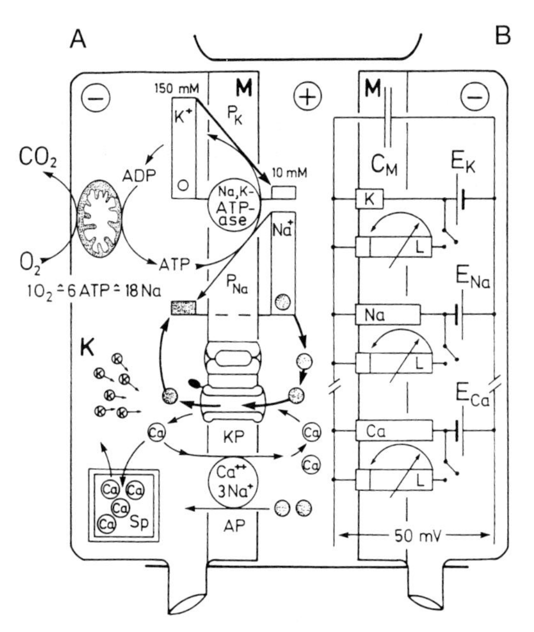

Abb. 6-23: Die ionalen Mechanismen bei der Erregung einer Fliegen-Sehzelle. **A** Durch die Na/K-ATPase werden über der Zellmembran (M) entgegengerichtete Ionengradienten (150 mM/10 mM) aufgebaut, wobei jeweils 1 ATP für den Auswärtstransport von 3 Na^+ und den gekoppelten Einwärtstransport von 2 K^+ verbraucht wird. Aufgrund der höheren Membranpermeabilität für K-Ionen ($P_K \approx 8\ P_{Na}$) erzeugen die Gradienten ein Ruhepotential von um –50 mV. Die lichtaktivierbaren Kanalproteine (KP) lassen K^+, Na^+, Mg^{2+} und Ca^{2+} etwa gleich gut passieren. Während der Erregung eingeströmtes und/oder aus Zellspeichern (Sp) freigesetztes Kalzium wird entweder durch das Austauscherprotein (AP) aus der Zelle geschafft oder in den Ca-Speicher zurückgepumpt. **B** Elektrisches Ersatzschaltbild des Photorezeptors. C_M Membrankapazität; E_K, E_{NA}, E_{Ca} Ionenbatterien entsprechend den Nernst-Potentialen; K, Na, Ca Membranwiderstände für die Ionensorten im unerregten Zustand; L licht-zugeschaltete und -variierte Membranwiderstände.

von zwei K^+ ein ATP verbraucht. Da bei Fliegen Glukose einziger Brennstoff für den energieliefernden Stoffwechsel ist, läßt sich die Transportleitung der ATPase über den O_2-Verbrauch der Rezeptoren ($1O_2 \triangleq 18Na^+$) abschätzen (Hamdorf et al. 1988). Danach muß der aktive Ionentransport extrem hoch sein: Bereits im Dunkeln, also allein zur Aufrechterhaltung des Ruhepotentials, wird das gesamte, intra- und extrazellulär vorhandene Na^+ innerhalb von nur 60 s einmal umgepumpt und bei Erregung der Photorezeptoren kann die Transportleistung kurzfristig bis auf das 20fache gesteigert werden. Der Na^+-Vorrat der Retina wird dann innerhalb von nur 3 s über die Rezeptormembran transportiert. Aufgrund dieser hohen Aktivität der Ionenpumpe sind die Augen, gleich nach der Flugmuskulatur, mit die energieaufwendigsten Organe dieser Insekten: Der **Energieverbrauch der Augen** nimmt mindestens 20 % des Grundstoffwechsels der Fliege in Anspruch! Dieser hohe Energieverbrauch ist notwendig, um ein höchstmögliches zeitliches Auflösungsvermögen der Rezeptoren bei schnellen Bildfolgen, wie im Flug, zu erreichen.

Die Eigenschaften der **Membranpotentiale** E_M der Sinneszellen der Insekten lassen sich recht gut durch die Goldman- (constant-field-)Gleichung beschreiben: Amplitude und Polarität von E_M sind hiernach durch die Höhe der Ionengradienten (extra-, a, gegen intrazellulär, i; $[K]_a/[K]_i \simeq 10$ mM/150 mM und $[Na]_a/[Na]_i \simeq 150$ mM/10 mM) und durch das Verhältnis der Membranpermeabilitäten dieser Ionensorten ($P_{Na}/P_K = 1/10$) gegeben. Nach der **Goldman-Gleichung** ergibt sich für 25 °C (298°K) ein Ruhepotential E_{M298} von –46 mV:

$$E_M = \frac{RT}{nF} \ln \frac{P_K[K]_a + P_{Na}[Na]_a}{P_K[K]_i + P_{Na}[Na]_i},$$

$$E_{M298} = 59 \log_{10} \frac{[K]_a + \frac{P_{Na}}{P_K}[Na]_a}{[K]_i + \frac{P_{Na}}{P_K}[Na]_i}.$$

Wie bereits dargestellt, werden bei Lichtreizung im Bereich der getroffenen Mikrovilli sekundäre Messenger gebildet, die zugeordnete, spezielle Kanalproteine vorübergehend aktivieren. Diese **lichaktivierbaren Kanäle** haben ungewöhnlich große Durchmesser (etwa 0,8 nm) und lassen daher alle relevanten Kationen (wie K^+, Na^+, Ca^{2+}, Mg^{2+}) ungehindert passieren (Hochstrate et al. 1989). Daß durch diese Kanäle bei Erregung zunächst dominant Na-Ionen in die Zelle einströmen und keine K-Ionen aus der Zelle heraus, beruht allein auf dem negativen Zellpotential, welches die positiven Ladungsträger aus dem Intraommatidialraum absaugt. Dieser primäre Na^+-Einstrom bedingt, daß die Membranspannung abfällt, die Membran also depolarisiert wird. Gleichzeitig sinkt dabei in der Nachbarschaft aktivierter Kanäle die extrazelluläre Na^+-Konzentration. Als Folge hiervon können K^+-Ionen vermehrt ausströmen und somit die Membran wieder aktiv repolarisieren.

Die gleich hohe Permeabilität der lichtaktivierbaren Kanäle für Na^+- und K^+-Ionen bedingt weiterhin, daß selbst bei starker Blitzreizung, durch die alle Kanäle synchron geöffnet werden, die Rezeptorantworten nur maximal bis zum Nullwert depolarisieren, niemals aber in den positiven Bereich überschießen, wie es die Regel ist bei Aktionspotentialen von Nervenzellen, die durch Na^+-selektive Kanäle getrieben werden. (Dies ergibt sich unmittelbar aus der Goldman-Gleichung: Werden die Permeabilitäten gleich ($P_K \simeq P_{Na}$), konvergiert E_M gegen Null.)

Aufgrund der hohen lichtinduzierten Na/K-Permeabilität bricht bei starker Reizung der Ionengradient über der Rezeptormembran kurzzeitig zusammen. Der Gradient wird aber nach Inaktivierung der Kanäle binnen weniger Sekunden durch die hochaktive Na/K-ATPase der Rezeptoren wieder aufgebaut. Dieser schnelle Wiederaufbau der Gradienten wird wahrscheinlich durch Gliazellen (sekundäre Pigmentzellen) unterstützt, die einen relevanten Anteil des aus den Rezeptoren ausgeströmten Kaliums schnell aufnehmen und dann langsam wieder an den Extrazellularraum abgeben.

Zu Beginn der Öffnung der Kanäle strömen außer Na^+ beträchtliche Mengen an Ca^{2+} ($[Ca^{2+}]_a/[Ca^{2+}]_i$ = 1–3 mM/0,001 mM) in die Zelle ein und/oder werden bei Lichtreizung aus intrazellulären Speichern, möglicherweise durch IP_3 freigesetzt. Dieses eingeströmte Ca^{2+} wird auf zwei Wegen eliminiert: 1. durch ein sehr schnell und elektrogen arbeitendes Ionenaustauscherprotein **(AP)**, welches 1 Ca^{2+} gegen 3 Na^+ aus der Zelle schafft. Die ausgetauschten 3 Na-Ionen müssen dann aktiv durch die Na/K-ATPase wieder nach außen transportiert werden. 2. Durch aktive Aufnahme unter ATP-Verbrauch in die intrazellulären Ca^{2+}-Speicher, vergleichbar mit der Aufnahme von Ca^{2+} in das sarkoplasmatische Reticulum von Muskelzellen. Dieser doppelte Mechanismus zur Eliminierung von freiem intrazellulären Kalzium ist u.a. von großer Bedeutung für die schnelle Empfindlichkeitsanpassung der Rezeptoren an wechselnde Helligkeiten in der Umwelt.

Die Funktionsweise der Photorezeptoren läßt sich durch eine relativ einfache **elektronische Ersatzschaltung** aus drei Batterie-Widerstandskreisen (E_K, E_{Na} und E_{Ca}), die gemeinsam eine Membrankapazität C_M auf- und umladen, nachbilden (Abb. 6-23B). Die Spannungen der Batterien (E_{Kat}) sind dabei definiert durch die Nernst-Potentiale für Kationen (Kat) der Ladungszahl (n): $E_{Kat} = RT/nF \cdot \ln([Kat]_a/[Kat]_i)$. Danach ergibt sich bei den o.g. Konzentrationsgradienten für E_K = –69 mV, für E_{Na} = +69 mV und für E_{Ca} = +88 mV.

Im Ruhezustand ist der Leitwert für K^+-Ionen (g_K) etwa 10fach höher als für Na^+- und Ca^{2+}-Ionen (vergl. die Widerstandslänge von K, Na und Ca in Abb. 6-23B). Bei Belichtung werden, parallel zu diesen Grundleitwerten (g_K, g_{Na} und g_{Ca}), die Leitwerte der lichtaktivierbaren Kanäle (g_L) zugeschaltet. Hierbei gilt: Je höher die Reizintensität, desto höher die Zahl der aktivierten Kanäle, also um so höher ist der Leitwert der Membran (Pfeilbögen der variablen L-Widerstände in Abb. 6-23B). Zieht man nur die beiden wichtigsten Ionen in Betracht, K^+ und Na^+, die die transmembranen Ströme vorrangig tragen, ergibt sich das Membranpotential E_M (gemessen über der Membrankapazität C_M) in Abhängigkeit vom lichtvariablen Leitwert g_L zu:

$$E_M(g_L) = E_K(g_K + g_L) + E_{Na}(g_{Na} + g_L)/(g_K + g_{Na} + 2g_L).$$

Sind die Spannungen der gegengepolten Batterien etwa gleich ($-E_K = +E_{Na}$), vereinfacht sich die Beziehung zu:

$$E_M(g_L) = E_{Na}(g_{Na} - g_K)/(g_{Na} + g_K + g_L).$$

Diese Gleichung konvergiert mit wachsendem g_L gegen Null, d. h. die Sehzelle beantwortet Blitzreize steigender Intensität mit graduierten Depolarisationen, die bei maximaler Reizung am Nullwert anschlagen. Würde der Leitwert g_L linear mit der Zahl der Quantenabsorptionen, also mit der Zahl der [P] → [M]-Isomerisierungen und somit mit der Zahl der erregten Mikrovilli zunehmen, wäre nach dem elektronischen Modell ein relativ steiler Anstieg der Amplituden der Reizantworten (A) in Abhängigkeit von der Blitzintensität (I) zu erwarten (Abb. 6-24). Der Anstieg der gemessenen Kennlinien (die sog. A/I- oder Amplituden/Intensitäts-Funktionen) der Insektenrezeptoren ist jedoch deutlich flacher (vergl. die Steigungsmaße, rel. Zunahme der Amplitude/$\log_{10}$ I im Bereiche der Halbsättigung der Kennlinie, Abb. 6-24). Die Leitwerte als Funktion von I ($g_L(I)$) nehmen also keineswegs linear mit der absorbierten Quantenzahl (Q) zu, sondern stark nichtlinear. Recht gut läßt sich die Kennlinie der Rezeptoren R1–R6 durch das elektronische Modell anpassen, wenn für $g_L(I)$ die Exponentialfunktion $g_L(I) = g_1 = Q^{2/3}$ eingesetzt wird, wobei g_1 den Lichtleitwert für Einquantenantworten (Bumps) bedeutet. Noch bessere Anpassung gelingt, wenn die lichtinduzierten Depolarisationen nach einer modifizierten Goldman-Gleichung berechnet werden, bei der das Permeabilitätsverhältnis P_{Na}/P_K des Ruhepotentials durch einen intensitätsabhängigen, aber ionenunspezifischen Term, $P_L(I) = P_1Q^{2/3}$, erweitert wird, $(P_{Na} + P_L(I))/(P_K + P_L(I))$, wobei P_1, in Analogie zu g_1, die Permeabilitätszunahme bei Einquantensignalen bedeutet und etwa 0,007 P_K beträgt. Die Steigung der Kennlinien variiert art- und funktions-spezifisch. Bei vergleichenden Rezeptoruntersuchungen wird in der Regel daher das Steigungsmaß n der Kennlinien im Bereich halbmaximaler Reizantwort ($A_{max}/2$) angegeben. n wird dabei über die Exponentialfunktion $A = A_{max}(I/I_{0,5})^n/(1 + (I/I_{0,5})^n)$ ermittelt, wobei $I_{0,5}$ die Reizintensität bei $A_{max}/2$ bedeutet (Matić und Laughlin 1981).

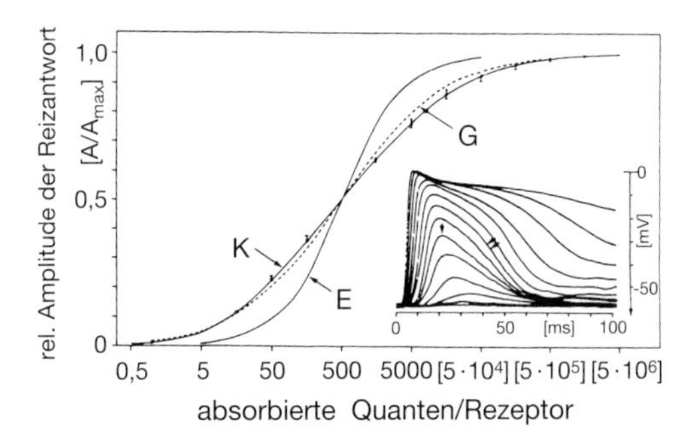

Abb. 6-24: Die Kennlinie des dunkeladaptierten Fliegenrezeptors (K, auf A_{max} normierte Mittelwerte nebst Standardabweichung von 7 Zellen) und deren Approximation durch das elektronische Modell (E) von Abb. 6-23B, sowie für das physikochemische Modell nach Goldman (G; E berechnet für Z = 1 in der Leitwertfunktion $g_L(I) = g_1 \cdot Q^2$; G berechnet für Z = 2/3 und P_1 = 0,007 P_K in der Permeabilitätsfunktion $P_L(I) = P_1 \cdot Q^Z$). Das Inset zeigt die Beschleunigung und Formänderung der Reizantworten in Abhängigkeit von der Blitzintensität im Bereich zwischen 5 und 10^7 absorbierten Quanten. Beachte, daß halbmaximale Amplitude ($A_{max}/2$) bei ca. 500 absorbierten Quanten (durch Pfeil markierte Antwort) erreicht wird und daß Verlängerung der Antwort bei ca. 5000 absorbierten Quanten (durch Doppelpfeil markierte Antwort) einsetzt (nach Hamdorf et al., in Lüttgau und Necker 1989).

Die Präzision der Rezeptorantwort: Die Amplituden-Intensitäts (A-I)-Kennlinien der dunkeladaptierten Rezeptoren R1–6 des Fliegenauges sind bei Blitzreizung stets eindeutig korreliert mit der Zahl der absorbierten Lichtquanten (Abb. 6-24): Halbsättigung wird stets erreicht, wenn 500 Quanten zur Signalbildung beitragen, und 90 % Sättigung, wenn 10^5 Quanten absorbiert werden. Sättigung tritt erst bei 10^6–10^7 absorbierten Quanten ein. Die statistische Analyse (Poisson-Trefferstatistik) dieser strengen Beziehung zwischen Antwort und absorbierter Quantenzahl zeigt, daß jeder Quantentreffer an den 10^5 Mikrovilli zur Amplitude des Rezeptorsignals beiträgt und Sättigung erst eintritt, wenn jeder Mikrovillus durch mindestens ein Photon erregt wird.

Nicht nur die Amplituden, sondern auch der Zeitverlauf der Reizantworten (Inset von Abb. 6-24) wird durch die Zahl der absorbierten Quanten bestimmt: Solange die Mikrovilli nur durch jeweils ein Lichtquant erregt werden, repolarisieren die Reizantworten etwa zum gleichen Zeitpunkt (nach ca. 70 ms). Oberhalb einer Reizintensität von 10^3 absorbierten Quanten/Rezeptor, bei der erstmalig Doppeltreffer an einigen Mikrovilli auftreten, verlängert sich die Reizantwort kontinuierlich (Doppelpfeile im Inset). Maximale Verlängerung wird erreicht, wenn alle [P]-Moleküle der Mikrovilli durch > 10^8 Quanten synchron aktiviert werden. Die Amplitude der Reizantwort wird also bestimmt durch die Zahl der lichtaktivierten Mikrovilli, die Dauer der Signale dagegen durch die Zahl der jeweils isomerisierten [P]-Moleküle/Mikrovillus.

Analyse des PDA-Signals: Die durch Mehrfachtreffer an den Mikrovilli hervorgerufene Verlängerung der Reizantwort wird als **P**rolonged **D**epolarizing **A**fterpotential bezeichnet. Die Analyse dieses PDA-Signals hat wesentlich zum Verständnis der Kopplung von Photoreaktionen, der biochemischen Verstärkerkaskade und der Membranerregung beigetragen (Schema, Abb. 6-25C; Hamdorf et al., in Lüttgau und Necker 1989). Die maximale Dauer dieser Antwortkomponente ist artspezifisch: Bei

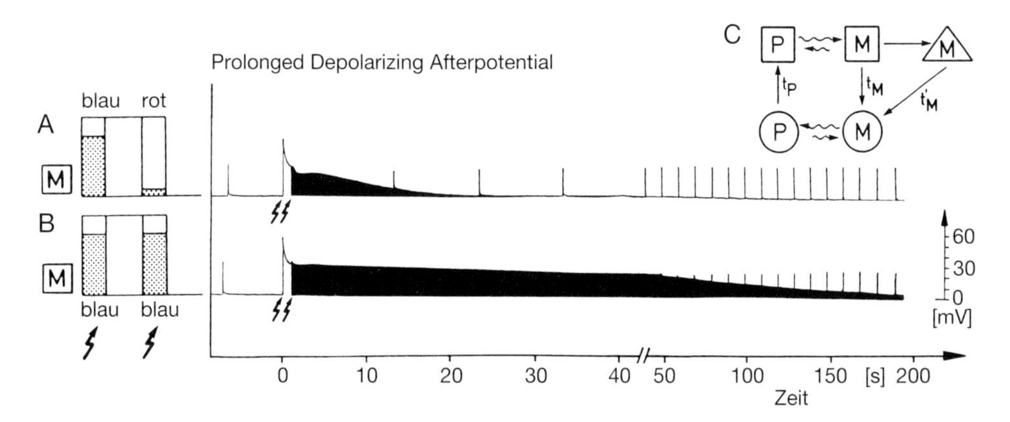

Abb. 6-25: Das **P**rolonged **D**epolarizing **A**fterpotential (PDA) der Fliegensehzelle und sein Reaktionsschema. **B** Auslösung des PDA-Signals durch 2 Blaublitze (1 s Abstand), die ein photochemisches Gleichgewicht von 0,75 [M] und 0,25 [P] im Rhabdomer erzeugen. **A** Unterdrückung des PDA-Signals durch eine blau-rote Blitzfolge, die das primäre photochemische Gleichgewicht von 0,75 [M] sekundär nach < 0,1 [M] verschiebt. **C** Reaktionsschema wie in Abb. 6-18A jedoch erweitert um den aktiven Molekülzustand △M, der wie [M] die Verstärkerkaskade zünden kann, jedoch statistisch verzögert. Zu **A** und **B:** Beachte, daß 1. das PDA-Signal nach den Blaublitzen sehr langsam im Laufe von 200 s abklingt, während es nach der blau-rot-Blitzfolge nur 10 s anhält (vergl. schwarz hinterlegte Signalfelder) und 2., daß Testreize bereits während des Abklingens des PdA's (50–200 s) normal schnelle Reizantworten auslösen. Neu entstandenes [M] muß somit effektiver bei der Zündung der Kaskade sein als das △M (nach Hamdorf et al., in Lüttgau und Necker 1989).

den Rezeptoren R1–6 von *Calliphora* kann das PDA bis zu 3 min, bei denen von *Drosophila* sogar über Stunden hin andauern. Diese Maximalzeiten werden stets dann erzielt, wenn dunkeladaptierte Rezeptoren mit einem starken Blaublitz gereizt werden, der momentan in jedem Mikrovillus ein **photochemisches Gleichgewicht** von ca. 250 [P]- zu 750 [M]-Molekülen erzeugt. Von diesen werden zunächst nur wenige [M]-Moleküle (1–4) zur Auslösung der Verstärkerkaskade und somit zur primären Bumperzeugung genutzt und verbraucht. Der große Überschuß an aktiven M-Molekülen löst dann eine Serie von Sekundärerregungen im Mikrovillus aus, und zwar solange, bis der Vorrat an aktiven M-Molekülen erschöpft ist. Die membranerregende Wirkung dieser Überschuß-Moleküle ist jedoch geringer als die frisch erzeugter [M]-Moleküle. Durch Lichtreize lassen sich daher während der PDAs, diesem superponiert, normal schnelle Reizantworten auslösen. Es sind somit drei M-Zustände zu unterscheiden: [M], welcher unmittelbar und △M, welcher verzögert die Erregung auslöst, sowie ein inaktiver (M)-Zustand. Die beiden aktiven M-Zustände lassen sich durch Rotstrahlung direkt zum aktiven [P] photoregenerieren. Dies ist an folgenden physiologischen Effekten ablesbar: Durch starke Rotblitze kann zu jedem beliebigen Zeitpunkt das durch Blaublitz initiierte PDA-Signal gestoppt, und weiterhin kann auch die Auslösung des PDAs selbst (durch eine schnelle Blau-Rot-Blitzfolge innerhalb der Latenzzeit < 5 ms) völlig unterdrückt werden. Ein weiterer Blaublitz vermag dann das PDA wieder im vollen Umfang auszulösen. Photoregeneration der inaktiven (M)-Form dagegen führt zunächst zu einer inaktiven (P)-Form, die dann thermisch in die aktive [P]-Form übergeht. Bei Rezeptoren mit hohem (M)-Gehalt (wie es der Fall ist nach Abklingen des PDAs oder bei Dauerbelichtung) löst daher eine schnelle Rot-Blau-Blitzfolge kein PDA aus. Ca. 30 s Abstand zwischen regenerierendem und aktivierendem Blitz sind dann notwendig, um wiederum maximale PDA-Signale auszulösen.

Die Rezeptorantwort bei Helladaptation: Die Sehzellen der Insekten vermögen sehr schnell, über einen weiten Intensitätsbereich hin ihre Empfindlichkeit an die mittlere Beleuchtungsstärke im Habitat anzupassen. Dieses Phänomen einer exakt graduierten Helladaptation an Intensitätsstufen veranschaulicht der Versuch an einem Fliegenrezeptor (Abb. 6-26).

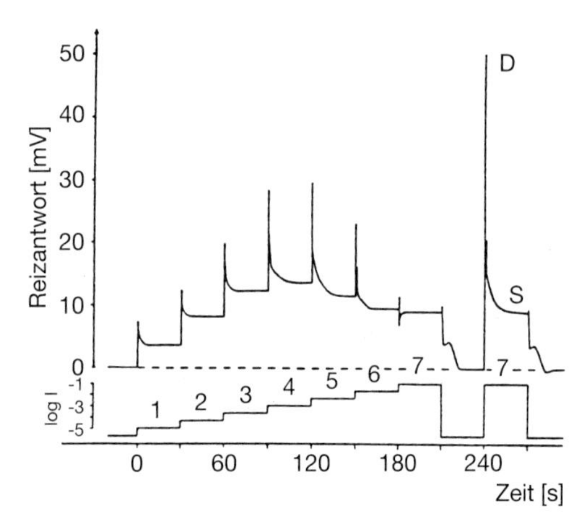

Abb. 6-26: Helladaptation einer Fliegensehzelle an 7 Intensitätsstufen weißen Lichts. Beachte, daß jeder Intensitätssprung bis zur 6. Stufe dynamisch (D) beantwortet wird, sich im Laufe von jeweils 30 s Belichtung bis zur Stufe 4 eine intensitätsspezifische Dauerdepolarisation (S, steady state depolarization) einstellt, der Rezeptor durch Adaptation an die Stufe 6 geblendet wird und 30 s Dunkeladaptation nach Blendung ausreichen, um mit Stufe 7 wieder eine normale und maximale Reizantwort auszulösen (nach Dörrscheidt-Käfer 1972).

Bis zur 4. Intensitätsstufe reagiert die Zelle auf jeden Intensitätssprung mit einer dynamischen und einer intensitätsspezifischen tonischen Phase. Bei den Stufen 5 und 6 werden die Sprünge noch normal dynamisch beantwortet, während die tonische Phase leicht abnimmt. Erst bei sehr hoher Intensität löst der Sprung (von Stufe 6 nach 7) praktisch keine dynamische Phase mehr aus, d.h. erst ab Stufe 6 wird der Rezeptor intensitätsblind, geblendet. Nach einer derartigen Blendung (210 s) reichen überraschenderweise schon wenige Sekunden Dunkeladaptation aus, um erneut maximale Reizantworten auszulösen. Bereits aus diesem einfachen Versuch geht hervor, daß bei der Helladaptation an die verschiedenen mittleren Beleuchtungsstärken mindestens drei **Helladaptationsbereiche** zu unterscheiden sind:

1. Ein unterer Bereich (Stufe 1–3), in dem die Intensitätssprünge sowohl phasisch als auch tonisch etwa proportional beantwortet werden,

2. ein mittlerer Bereich (Stufe 4–5), in dem die Sprünge nur noch phasisch kodiert werden und

3. ein Blendungsbereich, in dem auch die phasischen Antworten ausbleiben.

Der Prozeß der Helladaptation setzt einerseits die Empfindlichkeit der Rezeptoren herab, wirkt aber andererseits beschleunigend auf die Signalbildung und verkürzend auf die Signaldauer, wie Abb. 6-27 zeigt. Bei diesem Versuch wurde eine Sehzelle daueradaptiert an Lichter steigender Intensität, von 0,006 bis 67 Quantenabsorptionen/Mikrovillus und Sekunde ($\lambda_M \cdot s^{-1}$). Dies entspricht einer Trefferdichte/Sekunde wie im Mikrovillusraster dargestellt. Superponiert zu diesen Dauerlichtern wurden Testblitze steigender Intensität. Wie aus dem Vergleich der überlagerten Reizantworten hervorgeht, verkürzt sich die Signaldauer mit steigender Adaptationsintensität. Dieser Effekt der Signalverkürzung setzt bereits bei einer Adaptationsintensität von etwa $\lambda_M \cdot s^{-1} = 0{,}062$ ein, die eine Dauerdepolarisation von ca. 10 mV hervorruft (vergl. Differenz zur Basislinie, d.h. zum Ruhepotential). Maximal wird dieser Effekt bei $\lambda_M \cdot s^{-1} = 7{,}3$. Bei diesem Adaptationslicht depolarisieren die Rezeptorantworten bei der stärksten Blitzreizung noch bis nahe Null. Bei noch höheren Adaptationslichtern nehmen dann auch die Amplituden der Reizantworten ab, bis schließlich oberhalb $\lambda_M \cdot s^{-1} = 67{,}0$ sich auch durch extrem hohe Testblitze, die alle [P]-Moleküle isomerisieren, nur noch geringe oder gar keine Reizantworten mehr auslösen lassen.

Die intensitätsspezifischen Effekte stellen sich nicht momentan, sondern erst nach längerer Adaptationsdauer ein: Konstantes Signalverhalten wird in der Regel erst nach etwa 30 s Belichtung erreicht. Dies zeigt, daß zur optimalen Anpassung der Rezeptorempfindlichkeit die absorbierten Lichtmengen über einen relativ langen Zeitraum hin aufsummiert werden. Experimentell wurde nachgewiesen, daß hierbei das **Intensitäts-Zeit (I · t)-Gesetz** gilt: gleiche Lichtmengen (I · t; appliziert in t = 30 s oder innerhalb von nur ms) erzeugen gleichstarke helladaptative Wirkung, gleiche Abnahme der Amplituden der Reizantwort, gleiche Beschleunigung der Signalbildung und gleiche Verkürzung der Signaldauer. Diese Adaptationseffekte sind sehr gut mit der Treffer-, also der Erregungs-Verteilung, im Mikrovillusraster des Rhabdomers korrelierbar; und zwar dann, wenn man annimmt, daß jede Mikrovilluserregung zu einer lokalen, auf einen kleinen Rhabdomer-Membran-Bereich beschränkten und über 10 s andauernden Helladaptation führt. Die überraschende Gültigkeit des I · t-Gesetzes über einen Zeitraum bis zu 30 s ist dann auf einfache Weise durch die jeweiligen Anteile dunkeladaptierter und hell-

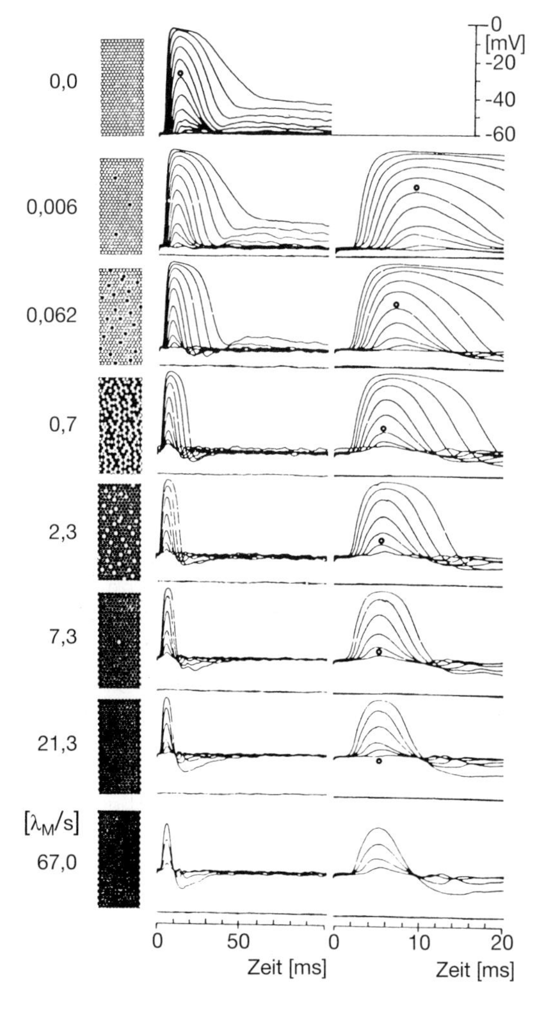

Abb. 6-27: Die Modulation der Antworten einer Fliegensehzelle auf 11 kurze Testblitze steigender Intensität während Helladapation an monochromatische Hintergrundlichter, ebenfalls steigender Intensität (506 nm, $\lambda_M \cdot s^{-1}$ = 0,0; 0,006 bis 67,0). Die Hintergrundlichter, deren Trefferdichte im Rhabdomer ($\lambda_M \cdot s^{-1}$) die beigefügten Mikrovillusraster veranschaulichen, erzeugen intensitätsspezifische Dauerdepolarisationen, wie aus dem zunehmenden Abstand zur jeweiligen Basislinie hervorgeht. Parallel hierzu sind an den blitzinduzierten Antworten folgende Effekte zu beobachten: Am auffälligsten ist die Verkürzung der Signaldauer mit steigender Hintergrundintensität. Diese ist bereits bei $\lambda_M \cdot s^{-1}$ = 0,062 im gesamten Signalset sehr deutlich ausgeprägt und wird maximal bei einem $\lambda_M \cdot s^{-1}$ = 7,3. Weiterhin verkürzen sich Gipfel- und Latenzzeiten der Signale bereits bei relativ niedrigen Hintergrundlichtern, wie aus den Registrierungen bei höherer Zeitauflösung zu erkennen ist (rechts); beachte hierbei besonders die mit ○ markierten Antworten (nach Hamdorf et al., in Lüttgau und Necker 1989).

adaptierter Membranbereiche im Rhabdomer zu erklären.

Konstanz der Intensitätsunterscheidung während der Helladaptation: Für das visuelle System des Menschen gilt das **psychophysikalische Gesetz:** ΔI_T = const. · ($I_A + I_D$). Dies besagt, daß ein einem Adaptationslicht (I_A) superponiertes Testlicht (I_T) nur als heller erkannt wird (also vom Hintergrundlicht I_A unterschieden wird), wenn dessen Intensität einen Mindestwert (Schwellenwert) ΔI_T überschreitet, und daß dieser Schwellenwert über einen weiten Adaptationsbereich hin stets proportional ($I_A + I_D$) ist. Die Größe I_D in der Gleichung entspricht dabei einer scheinbaren Adaptationsintensität bei Dunkelheit ($I_A = 0$). Für das Auge des Menschen gilt weiterhin, daß die Helligkeit eines f-fach stärkeren Schwellenreizes ($f \cdot \Delta I_T$) in Relation zur Helligkeit des Hintergrundes ebenfalls konstant ist, also ebenso gilt: $f \cdot \Delta I_T = f \cdot$ const. · ($I_A + I_D$). Dieses psychophysikalische Gesetz ist primär auf die **Empfindlichkeitsanpassung** der Sehzellen an die jeweilige Beleuchtungsstärke zurückzuführen. Das adaptative Verhalten der Sehzellen (Abb. 6-28) spricht dafür, daß dieses Gesetz auch bei Insekten in gleicher Form gültig ist.

Das Gesetz impliziert, daß sich superponierte Testlichter ($f \cdot \Delta I_T$) nur dann gleich hell vom Hintergrundlicht I_A abheben, also nur dann gleichen Helligkeitskontrast erzeugen, wenn die Amplitude der Rezeptorantwort $A(f \cdot \Delta I_T, I_A)$ direkt proportional mit der I_A-bedingten Depolarisationsamplitude Dep(I_A) anwächst. Für die Amplitude der Reizantworten auf Testlichter, die gleiche Helligkeitskontraste vermitteln, muß somit (normiert auf A_{max}) allgemein gelten: $A/A_{max}(I_A) = A_D/A_{max}/(1\text{-}Dep/A_{max})$, wobei A_D die Antwortamplitude im dunkeladaptierten Zustand bedeutet. Die Auswertung des Adaptationsversuches von Abb. 6-27 unter Berücksichtigung dieses Zusammenhangs (Abb. 6-28) zeigt, daß zwischen der Intensität ($f \cdot \Delta I_T$), die zur Auslösung einer Reizantwort der Amplitude A/A_{max} (I_A) erforderlich ist, und der Intensität des Adapta-

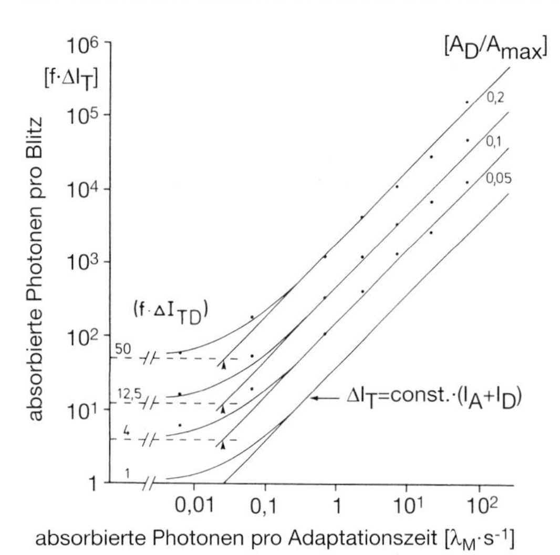

Abb. 6-28: Das Intensitätsunterscheidungsvermögen der Fliegensehzellen während Helladaptation. Auswertung des Versuchs von Abb. 6-27 unter dem Aspekt, daß gleicher Helligkeitskontrast zwischen aufgesetztem Testreiz ($f \cdot \Delta I_T$) und Adaptationslicht I_A nur dann erzeugt wird, wenn die aufgesetzte Testreizantwort (A) proportional mit der I_A-bedingten Dauerdepolarisation (Dep) anwächst. Die drei experimentell bestimmten Datensätze für drei verschiedene Amplitudenwerte (A_D = 0,05; 0,1 und 0,2 A_{max}, entsprechend $f \cdot \Delta I_{TD}$ = 4; 12,5 und 50 absorbierter Photonen pro Testblitz beim dunkeladaptierten Rezeptor lassen sich sehr gut durch die psychophysikalische Funktion $f \cdot \Delta I_T = f \cdot \text{const.} \cdot (I_A + I_D)$ anpassen, wobei I_D einem I_A von 0,025 $\lambda_M \cdot s^{-1}$ (markierte Schnittpunkte der gerissenen und durchgezogenen Geraden) und f den Werten 1; 4; 12,5 und 50 entspricht.

tionslichtes I_A über drei Zehnerpotenzen hin (zwischen $\lambda_M \cdot s^{-1}$ = 0,1 und 10^2) direkte Proportionalität besteht und daß sich weiterhin auch im unteren Übergangsbereich die Experimentaldaten gut durch die psychophysikalische Funktion $f \cdot \Delta I_T = f \cdot \text{const.} \cdot (I_A + I_D)$ approximieren lassen. Die elektrophysiologischen Eigenschaften dieser Insektensehzellen erfüllen somit alle Anforderungen für ein zumindest gleich gutes Intensitätsunterscheidungsvermögen über einen weiten Adaptationsbereich hin, wie psychophysikalisch für das Sehsystem des Menschen nachgewiesen wurde.

Die molekularen Mechanismen bei der Helladaptation: Die optimale Anpassung der Rezeptorempfindlichkeit an die jeweilige mittlere Beleuchtungsstärke ist sicherlich nicht nur auf einen, sondern auf mehrere sich ergänzende, molekulare Adaptationsmechanismen zurückzuführen. Die wichtigste Rolle dürfte hierbei **freies Ca^{++}** spielen, denn die lichtinduzierten Adaptationsphänomene, wie Verkürzung von Latenz und Dauer der Reizantwort sowie die Reduktion der Signalamplitude, lassen sich experimentell durch Variation der extrazellulären Ca^{++}-Konzentration im physiologischen Modulationsbereich (zwischen 10^{-5} und 10^{-2} M) perfekt simulieren (Abb. 6-29). Bisher ist jedoch noch nicht eindeutig geklärt, wie und wo Ca^{++} in den Adaptationsprozeß eingreift. Relativ gut gesichert ist, daß bei Rezeptorerregung Ca^{++} aus den submikrovillären Speichern (glattes endoplasmatisches Retikulum, ER) durch den Messenger cIP_3 intrazellulär freigesetzt wird und daß dieses intrazelluläre Ca^{++} sehr schnell durch den Ca/Na-Austauscher in den Extrazellularraum transportiert wird. Hierdurch kommt es zu einem transienten Anstieg der Ca_a^{++}-Konzentration, bis sich der ER-Ca-Speicher unter ATP-Verbrauch wieder langsam aufgeladen hat. Wahrscheinlich wirkt der transiente Anstieg von freiem Ca^{++} direkt auf die lichtaktivierenden Ionenkanäle helladaptierend, indem Ca^{++} durch Besetzung von mindestens zwei Bindungsstellen deren Öffnungszeiten drastisch verkürzt und hierdurch Dauer und Amplitude der Reizantwort reduziert. Ca^{++} kontrolliert somit primär die Empfindlichkeit der erregbaren Membran. Neben dieser **Membranadaptation** greift Ca^{++} möglicherweise auch in die Messenger-Produktion der Verstärkerkaskade ein, indem es wichtige Enzyme hemmt, wie z. B. die **Guanylatcyclase.**

Der zweite Mechanismus, der zur Helladaptation wesentlich beiträgt, läßt sich auf die **Mikrovilluskompartimentierung** zurückführen. Wie Abb. 6-20 zeigt, verfügt jeder Mikrovillus nur über einen sehr begrenzten, unmittelbar verfügbaren Energievorrat (ATP und GTP) und über eine geringe Anzahl von G-Proteinen und Messengervorstufen. Bei Lichtaktivierung werden diese Vorräte innerhalb weniger ms verbraucht und können nur

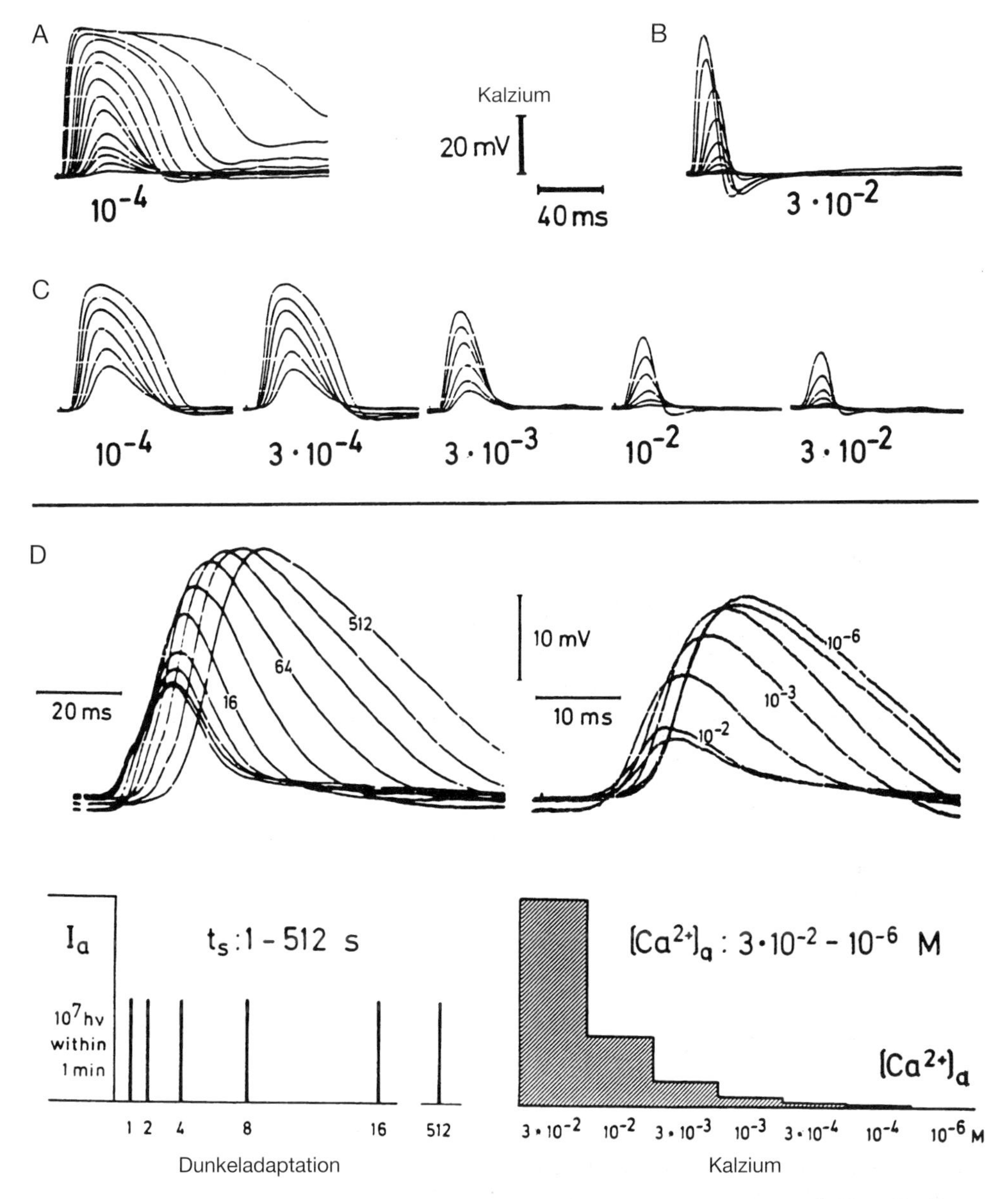

Abb. 6-29: Die Abhängigkeit der Antwort der Sehzelle von *Calliphora* von der extrazellulären Ca-Konzentration. **A** und **B** Superponierte Reizantworten bei Blitzreizung (1,5 ms, 506 nm) mit 14 Intensitätsstufen: **A** bei 10^{-4}M Ca_a^{2+} und **B** bei $3 \cdot 10^{-2}$ Ca_a^{2+}. **C** Superponierte Reizantworten auf die Intensitätsstufen 5–10 bei den angegebenen Ca_a-Konzentrationen. Der Vergleich der Antwortsets mit denen von Abb. 6-27 zeigt, daß sich durch Modulation des Ca_a^{2+} in physiologischen Grenzen ähnliche Adaptationseffekte auslösen lassen wie bei Helladaptation. **D** Vergleich der Formänderungen einer Reizantwort während Dunkeladaptation (konstanter Testblitz 1, 2, 4, ... 512 s nach Helladaptation appliziert) mit denen durch Ca_a^{2+} bedingten. Die Formänderung im Laufe der Dunkeladaptation entspricht einer Ca-Abnahme von $3 \cdot 10^{-2}$ auf 10^{-6}M (nach Hochstrate und Hamdorf 1985).

durch relativ langsame Diffusion vom Soma her erneuert werden. Nach maximaler Erregung wird daher jeder Mikrovillus gegenüber weiteren Photon-Absorptionen für einen kurzen Zeitraum total (oder relativ) refraktär. Dieser Adaptationsmechanismus ist von Bedeutung bei Tageslicht, wenn jeder Mikrovillus zwischen 1- und 100mal pro Sekunde aktiviert wird (Hochstrate und Hamdorf 1985). Bei noch höheren Intensitäten (im Blendungsbereich) wird wahrscheinlich ein dritter Adaptationsmechanismus, nämlich auf **Pigmentebene**, wirksam. Wie in Abb. 6-20 C dargestellt, führen hohe Intensitäten zum Absinken des [P]-Gehaltes in der Mikrovillusmembran. Dies bedingt, daß die Zahl erfolgreicher, zur Erregung führender Photoreaktionen automatisch vermindert wird. Hierdurch wird also bereits auf Pigmentebene eine energieaufwendige Übererregung des Rezeptors verhindert. Nach Absetzen des Blendlichtes kann sich aus dem Ⓟ sehr rasch wieder [P] bilden, so daß bald nach der Blendung wieder hinreichend [P] für normale Erregungsabläufe bei moderaten Lichtbedingungen bereitsteht.

Somit sind mindestens drei molekulare Adaptationsmechanismen zu unterscheiden, die in verschiedenen Intensitätsbereichen einsetzen und sich über sechs Zehnerpotenzen hin (von $\lambda_M \cdot s^{-1} = 0{,}01$ bis 10^4) ergänzen: **Membran-, Mikrovillus-** und **Pigment-Adaptation** (Abb. 6-20).

Die Dunkeladaptation: Der Verlauf der Dunkeladaptation, d. h. die **Empfindlichkeitszunahme** nach Helladaptation, ist bei den Rezeptoren der Insekten weitaus (bis zu ca. 20fach) schneller als bei denen warmblütiger Wirbeltiere. So benötigen die Sehzellen tagaktiver Insekten (z. B. R1–6 von *Calliphora*) selbst nach starker Blendung nur ca. 1–5 min, um ihre maximale Empfindlichkeit wiederzuerlangen. Rezeptoren dämmerungsaktiver Insekten (z. B. die Grünrezeptoren von *Deilephila*) benötigen hierfür etwas länger (um 10 min). Diese schnelle Dunkeladaptation ist zweifellos sehr vorteilhaft bei extremem Helligkeitswechsel, wie z. B. beim Wechsel vom grellen Tageslicht ins Dämmerlicht eines Unterschlupfes.

Noch wichtiger für den Erhalt oder die schnelle Wiedererlangung der Sehfähigkeit bei extremem Intensitätswechsel ist, daß z. B. nach Blendung durch die Sonne die Rezeptorempfindlichkeit nicht kontinuierlich, sondern diskontinuierlich in drei Phasen ansteigt: Während der ersten Phase nach der Blendung schnellt die Empfindlichkeit innerhalb von nur 300 ms um ca. 5 Zehnerpotenzen hoch. Das bedeutet, daß bereits nach 300 ms diese Rezeptoren wieder in der Lage sind, hohe Tageslichtintensitäten über 3 Zehnerpotenzen hin dynamisch amplitudenmoduliert zu beantworten. Kein Wirbeltierrezeptor ist hierzu fähig. Während der zweiten Phase (0,3 s–60 s) nimmt die Empfindlichkeit um weitere 3 Zehnerpotenzen zu. Charakteristisch für diese Phase ist, daß zwar die Amplitude der Reizantworten (bei einem konstanten Testreiz) stetig anwachsen, die Latenzzeiten der Antworten jedoch noch unverändert kurz bleiben (Abb. 6-29 D). Erst während der dritten Phase (1–5 min) verlängern sich Latenz und Signaldauer. Dabei nimmt die Empfindlichkeit nur noch relativ gering, um eine weitere halbe bis eine Zehnerpotenz zu. Dieser dreiphasische Verlauf der Dunkeladaptation spiegelt offensichtlich die Sequenz von drei verschiedenen Regenerationsprozessen wider: Die erste schnelle Phase dürfte hauptsächlich durch die **Pigmentregeneration** (von Ⓟ nach [P]) und durch die rasche Erneuerung des Molekülvorrats der Verstärkerkaskade (Abb. 6-19, 6-20) bedingt sein. Die zweite Phase wird sicherlich durch die Geschwindigkeit der Eliminierung von freiem Ca_a^{++}, also durch die **Pumpaktivität der zellulären Ca^{++}-Speicher** bestimmt. Als Indiz hierfür spricht, daß sich am geöffneten Auge durch schrittweises Absenken der Ca_a^{++}-Konzentration die gleichen Formänderungen bei der Reizantwort erzeugen lassen wie beim intakten Auge während der zweiten/dritten Phase der Dunkeladaptation (Abb. 6-29 D). Die dritte Phase dürfte mit der Zunahme an **«dunkeladaptierten»**, den Mikrovilli zugeordneten **Membranarealen** korreliert sein (Abb. 6-20).

6.3 Farben- und Polarisationssehen

6.3.1 Farbensehen

Auffällige Musterung und Farbenpracht vieler Insekten weisen bereits darauf hin, daß die meisten tagaktiven Spezies über ein hochentwickeltes Farbunterscheidungsvermögen verfügen. Der erste eindeutige Nachweis, daß Insekten Farben zu unterscheiden vermögen, gelang K. v. Frisch bereits 1914 (Box 9-1) durch seine klassischen Bienendressuren auf farblich markierte Futterquellen innerhalb eines willkürlich variierten Rasterfeldes aus Graustufen (Abb. 6-30). Diese Farbdressuren gelingen besonders leicht, da die Bienen im Bereich des Futterplatzes auch natürlicherweise die Nektarquelle am Farbmuster der Blüten wiedererkennen. Die erhöhte Aufmerksamkeit der Biene für Farben am Futterplatz wurde vielfältig experimentell genutzt, das Farbensehen der Biene aufzuklären. Es ist ein **trichromatisches Farbensehen**, für das prinzipiell die gleichen Gesetzmäßigkeiten gelten wie für das trichromatische Farbensehen der Primaten: Nach Young/Helmholtz (1896, in Mütze 1961) sind drei unabhängige spektrale Rezeptoreingänge erforderlich, um eine zentralnervöse Verarbeitung nach Farbton, Farbsättigung und Helligkeit zu ermöglichen. Erst 1964 gelang es, diese drei geforderten Farbrezeptoren in der Retina des Menschen photometrisch nachzuweisen. Noch im selben Jahr wurden auch im Bienenauge entsprechende Farbrezeptoren elektrophysiologisch aufgefunden (Autrum und v. Zwehl 1964). Abb. 6-31 zeigt die mit verbesserter Meßtechnik gewonnenen S(λ)-Funktionen der drei Farbrezeptoren (Menzel et al. 1986).

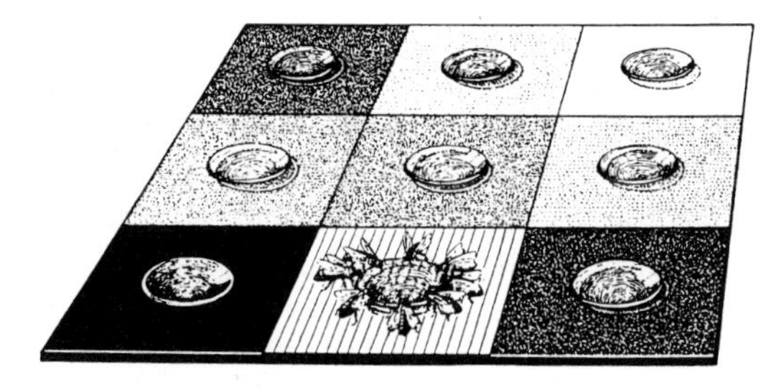
Abb. 6-30: Anordnung zur Farbdressur der Bienen. Blaues Dressurfeld (schraffiert) frequentiert von Arbeiterinnen (nach v. Frisch 1965; Hanke et al. 1977).

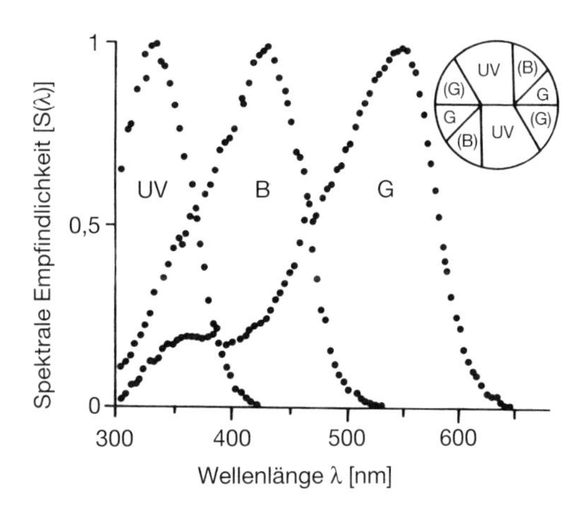

Abb. 6-31: Spektrale Empfindlichkeit der Farbrezeptortypen des Bienenauges (UV, B, G; λ_{max} = 335 nm, 435 nm und 540 nm) sowie deren Anordnung im Rhabdomquerschnitt, unmittelbar unterhalb des Kristallkegels. Alle Ommatidien sind aufgebaut aus insgesamt neun Sehzellen: Aus zwei großen und einer kleinen, proximalen UV-Sehzelle, zwei Blaurezeptoren (B) und vier Grünrezeptoren (G). Vitalfärbungen zeigen, daß deren Rezeptoraxone auf verschiedene Verarbeitungsebenen projizieren: (B)- und (G)-Rezeptoren terminieren in der Lamina, die G-Zellen in der proximalen Medulla und die UV-Zellen im dritten Neuropil, der Lobula (nach Menzel und Backhaus, in Stavenga und Hardie 1989).

Für das trichromatische Farbensehen des Menschen gelten die **Farbmischungsgesetze** nach Graßmann (1853). Die wichtigsten Regeln dieser sogenannten niederen Farbmetrik sind: **1** Alle Spektralfarben des sichtbaren Spektrums (zwischen 400 nm bis 750 nm) mit Ausnahme der drei **Grundfarben Blau-Violett** (ca. 420 nm), **Grün** (ca. 520 nm) und **Rot** (ca. 700 nm) lassen sich durch Mischung von geeigneten Farbpaaren (Intensitätsmischung von zwei Wellenlängen) und/oder durch Mischung der drei Grundfarben simulieren. So entstehen durch Addition von Blau-Violett und Grün die Farbe Blau und die blau-grünen Farbtöne (Türkis) und durch die Addition von Grün und Rot die gelb-grünen Farbtöne, die Farbe Gelb und die orange-farbenen

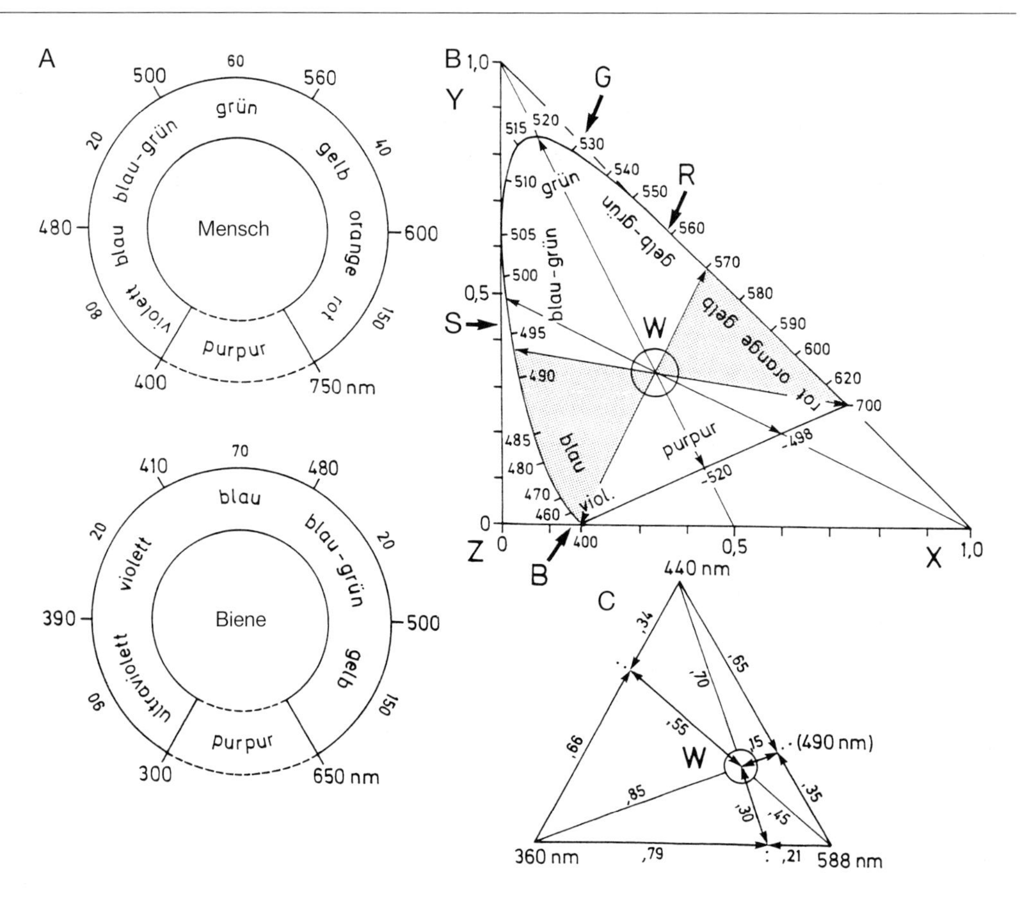

Abb. 6-32: Farbmetrik des Auges des Menschen und der Biene. **A** Die Farbkreise von Mensch und Biene. Beachte 1., daß sich in den Farbkreisen die komplementären Spektralfarben gegenüberliegen, 2. die unterschiedlichen Bandbreiten der einzelnen Farbbereiche und 3. den Ringschluß über die Purpurfarben, die beim Menschen durch Grün und bei der Biene durch «Blau» zu «Weiß» kompensiert werden. **B** Das Normdreieck des Menschen; Konstruktionsbasis ist ein gleichseitiges rechtwinkliges Dreieck der Seitenlänge 1 (virtuelle Farbvalenzen X und Y, Scheitelpunkt: virt. Farbvalenz Z), Weißpunkt (W) = Schnittpunkt der Seitenhalbierenden (X = 0,33, Y = 0,33). Vorteil dieser Darstellungsart ist es, daß 1. sich alle Farbtöne bereits durch zwei Koordinaten (X und Y) eindeutig definieren lassen, 2. alle Farbtöne, die durch Mischung verschiedener Spektralfarbpaare erzeugt werden können, auf den jeweiligen Verbindungsgeraden zwischen den Wellenlängen liegen, sowie 3. die Wellenlängen der spektralen Komplementärfarben auf dem Farbenzug direkt gegenüber liegen und ebenso die Wellenlängen der Kompensationsfarben, zwischen Grün- und Purpurbereich (z.B.: Grün von 520 nm wird durch die Purpurfarbe –520 nm zu Weiß kompensiert. B, G und R geben die Absorptionsmaxima der drei Zapfentypen, S das der Stäbchen an). **C** Farbdreieck der Biene aufgrund von Verhaltensversuchen mit den «primären Farbvalenzen» 360 nm, 440 nm und 588 nm. Nach dem Farbmischungsgesetz werden alle durch drei Spektrallichter erzeugbaren Farbtöne sowie der Ort für Weiß von einem gleichseitigen Dreieck umschlossen. Vorteil dieser Darstellung ist es, daß die jeweiligen Farbmischungsverhältnisse aus den jeweiligen Farbvektoren (Pfeile) direkt ablesbar sind. Durch spezifische Intensitätsmischung von jeweils zwei Spektralfarben (in den angegebenen Verhältnissen) lassen sich komplementäre Mischfarben zur dritten Spektralfarbe erzeugen: Alle drei Verbindungsgeraden kreuzen im Weißpunkt W. Weiterhin läßt sich Weiß durch die Summe der drei Farbvalenzen (360, 440, 588 nm; 0,15 + 0,30 + 0,55 = 1) simulieren. Schließlich ist die Spektralfarbe 490 nm, die der Biene farbgleich mit der Mischfarbe aus 440 nm und 588 nm erscheint, eine echte Komplementärfarbe zu 360 nm (**A** nach Hanke et al. 1977; **B** nach Mütze 1961; **C** nach Daumer 1956).

Töne des Spektrums. **2** Mischungen von Blau-Violett mit Rot bedingen die sogenannten **Purpurfarben**, Farbtöne, die im Spektrum nicht vorkommen. Das sichtbare Spektralband wird über diese Mischfarbe Purpur zum Farbkreis geschlossen (Abb. 6-32A). **3** Durch Mischung der drei Grundfarben läßt sich der farbneutrale, unbunte Eindruck, **Weiß**, erzeugen. Weiß läßt sich im begrenzten Umfange auch durch Mischung von nur **zwei** Spektrallichtern hervorrufen. Derartige Wellenlängenpaare werden als spektrale **Komplementärfarben** bezeichnet. So sind die Wellenlängen zwischen 400 nm und 493 nm komplementär zu denen zwischen 570 nm bis 700 nm (Normdreieck, Abb. 6-32B). Die Wellenlängen oberhalb 493 nm bis 570 nm sind dagegen nur in Verbindung mit einem weiteren Wellenlängenpaar, das zusammen einen bestimmten Purpurton ergibt, komplementär (z. B. 520 nm gegen –520 nm; Abb. 6-32B). **4** Die Farbmischung von 2 bis 4 Spektralfarben lassen sich in Form eines gleichseitigen Dreiecks mit den **Primärvalenzen** als Eckpunkte darstellen. Vorteil dieser Darstellung ist, daß jeder Farbton durch seinen Ort innerhalb des Dreiecks, also durch das jeweilige Intensitätsverhältnis der drei Spektralfarben zueinander, streng definiert ist. Graphisch läßt sich ein **Farbort** wie folgt ermitteln: Dreiecksseiten im inversen Intensitätsverhältnis teilen; Teilungsorte mit gegenüberliegendem Eckpunkt verbinden. Schnittpunkt dieser Verbindungslinien ist der gesuchte Farbort. Dies gilt ebenfalls für den farbneutralen Ort Weiß und weiterhin folgt aus der Dreiecksgeometrie: a) Mischfarben, deren Verbindungslinien durch diesen Weißort laufen, sind stets komplementär zur dritten Spektralfarbe; b) der Eindruck Weiß ist nur durch das geometrisch definierte Intensitätsverhältnis der drei Primärvalenzen erzeugbar (Abb. 6-32C).

Wie Daumer (1956) durch Dressur auf reine und gemischte Spektralfarben nachwies, sind diese **Mischungsgesetze** gleichermaßen für die Biene gültig, wenn als Primärvalenzen des **Farbdreiecks** 360 nm, 440 nm und 588 nm gewählt werden (Abb. 6-32C): **1** Mischfarben aus zwei Spektrallichtern innerhalb der spektralen Bandbereiche 350 nm bis 440 nm und 440 nm bis 590 nm sind für die Biene mit reinen Spektralfarben dieser Bereiche identisch, so z. B. die Mischung von 0,35 von 440 nm + 0,65 von 588 nm = 490 nm. **2** Mischungen von zwei Spektrallichtern der beiden Endbereiche des Bienenspektrums (300–340 nm und 600–650 nm) erzeugen «**Bienenpurpur**», Farbtöne, die mit keiner reinen Spektralfarbe verwechselt werden. **3** «**Bienenweiß**» (W) läßt sich einerseits herstellen durch Mischung von Komplementärfarben (so z. B. durch 0,15 von 360 nm + 0,85 von 490 nm) oder durch Mischung der drei Primärvalenzen im Verhältnis 0,15 von 360 nm + 0,30 von 440 nm + 0,55 von 590 nm = W. Diese Gesetzmäßigkeiten sprechen stark dafür, daß jede Spektralfarbe oder ihr Mischungsäquivalent aus zwei oder drei anderen Spektralfarben, und auch die Purpurfarben, auf relativ einfache Weise, nämlich durch spezifische Erregungsverhältnisse der drei Farbrezeptoren zueinander, definiert werden.

Diese Theorie wird weiter gestützt durch das Farbton- oder auch **Wellenlängenunterscheidungsvermögen** ($\Delta\lambda/\lambda$). Experimentell läßt sich diese Funktion durch Dressur auf monochromatische Lichter und Wahlangebot benachbarter Wellenlängen ermitteln. Diese Funktion ist innerhalb des für die Biene sichtbaren Spektralbereichs keineswegs konstant. Benachbarte Wellenlängen werden am besten in den Bereichen zwischen 370 nm und 410 nm ($\Delta\lambda$ = 8 nm) sowie zwischen 470 nm und 520 nm ($\Delta\lambda$ = 5 nm) unterschieden. Im Zentralbereich um 450 nm ist dagegen die Unterscheidung nur etwa halb so gut ($\Delta\lambda$ = 16 nm; Abb. 6-33A). Dieser Verlauf der $\Delta\lambda/\lambda$-Funktion ist offensichtlich bedingt durch Glockenform und Abstand der Absorptionsspektren der drei Rezeptorfarbstoffe: Bestes Unterscheidungsvermögen ist in den jeweiligen Überschneidungsbereichen der Absorptionsspektren zu erwarten, da sich in diesen Bereichen das Erregungsverhältnis der Rezeptoren pro $\Delta\lambda$-Sprung (bei steilem Abfall des einen und steilem Anstieg des nächsten Spektrums) am stärksten ändert. Im Bereich von λ_{max} des Blaurezeptors sind dagegen weit größere $\Delta\lambda$-Sprünge notwendig, um das Erregungsverhältnis gleichermaßen zu ändern, und somit ist hier ein deutlich geringeres $\Delta\lambda/\lambda$-Unterscheidungsvermögen zu erwarten. Berücksichtigt man die Streuung der Quantenabsorption, das Eigenrauschen und die Kennlinien der Rezeptoren sowie das Rauschen der synaptischen Übertragung auf die nachgeschalteten Neurone, errechnet sich eine sehr ähnliche Funktion, wie sie durch Dressurversuche ermittelt wurde.

Da die Ommatidien des Bienenauges im Bereich schärfsten Sehens über den gleichen Satz von Farbrezeptoren in gleicher Anordnung verfügt (Abb. 6-31), ist anzunehmen, daß die Strahlung aus jeder Blickrichtung punktuell auf ihre spektrale Zusammenset-

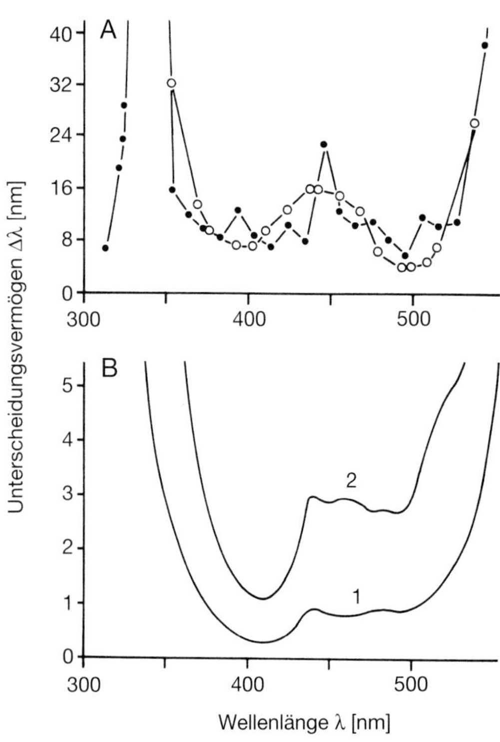

Abb. 6-33: Das spektrale Unterscheidungsvermögen Δλ/λ **A** der Biene und **B** des Weinschwärmers. Zu **A:** Dressurversuche (Kurve mit offenen Kreisen) ergaben, daß die Biene am besten Wellenlängen (λ) in den Bereichen um 400 nm und 500 nm zu unterscheiden vermag (Δλ = 8 nm bzw. 4 nm) und etwas weniger gut im Bereich um 440 nm (Δλ = 16 nm). Einen sehr ähnlichen Verlauf zeigt die theoretische Funktion (schwarze Punkte) basierend auf der Annahme, daß beste Δλ-Unterscheidung in den beiden Überschneidungsbereichen der Absorptionsspektren der drei Rezeptorfarbstoffe vorhanden sein sollte. Zu **B:** Theoretisch zu erwartendes Δλ-Unterscheidungsvermögen bei einem Superpositionsauge mit hintereinandergeschalteten Farbrezeptoren (Abb. 6-34) bei zwei geringen Lichtintensitäten; Kurve 1: 50000 Photonen und Kurve 2: 5000 Photonen jeweils pro Summationszeit und Ommatidium. Dies entspricht Beleuchtungsstärken von etwa 1 bzw. 0,1 cd/m^2 (**A** nach v. Helversen 1972; Menzel 1987; **B** nach Schlecht 1979).

zung und somit auf ihren Farbton hin analysiert werden kann. Hierdurch sind gleichzeitig auch die strukturellen Voraussetzungen für eine punktuelle Farbkonstanz bei der Farbunterscheidung erfüllt: Unter dem Begriff **Farbkonstanz** versteht man das psychophysikalische Phänomen, daß bei farbiger Allgemeinbeleuchtung (wie bei gelbem Glühlampenlicht oder blaustichiger Neonbeleuchtung) eine farbige Umwelt bereits nach nur relativ kurzer Adaptationsdauer wieder in den natürlichen Farben erscheint, d. h. auch unter farbstichigen Beleuchtungsverhältnissen behalten die Graßmann'schen Gesetze der Farbmischung ihre Gültigkeit. Dieses, von der Spektralverteilung der Beleuchtung weitgehend unabhängige Farbunterscheidungsvermögen ist primär darauf zurückzuführen, daß jeder der drei Farbrezeptoren individuell und sehr exakt seine Empfindlichkeit an die mittlere Beleuchtungsstärke in seinem Spektralbereich anzupassen vermag. Weniger durch das Beleuchtungsspektrum belastete Rezeptoren bleiben also empfindlicher als stärker belastete und reagieren somit auch innerhalb ihres Spektralbereichs proportional stärker auf geringere, von farbigen Objekten reflektierte Intensitäten. Diese sehr fein graduierte Helladaptation der Farbrezeptoren, die in der Psychophysik sehr allgemein, aber auch sehr zutreffend als **Stimmung des Auges** bezeichnet wird, erfordert beim Menschen etwa 3–5 min, bei Insekten dagegen sicherlich nur wenige Sekunden, wie die Geschwindigkeiten von Hell- und Dunkeladaptation der Fliegenrezeptoren R1–6 beispielhaft zeigen (Abb. 6-26, 6-29). Nach einer derartigen Rezeptorabstimmung muß zwangsläufig jeder Farbton weitgehend unabhängig von der Spektralverteilung der Beleuchtung richtig erkannt werden, immer vorausgesetzt, daß jeder Farbton durch ein bestimmtes Erregungsverhältnis der drei Farbrezeptoren definiert ist.

Bei einem schnellen und präzisen Anpassungsprozeß der Farbrezeptoren spielt zweifellos die **Photoregeneration** ihrer Sehfarbstoffe eine bedeutende Rolle. Bei dem dämmerungsaktiven Weinschwärmer *(Deilephila)*, der über ein ähnliches trichromatisches Farbensehen wie die Biene verfügt, absorbieren die Metarhodopsine aller drei Sehfarbstoffe maximal im gleichen blauen Spektralbereich

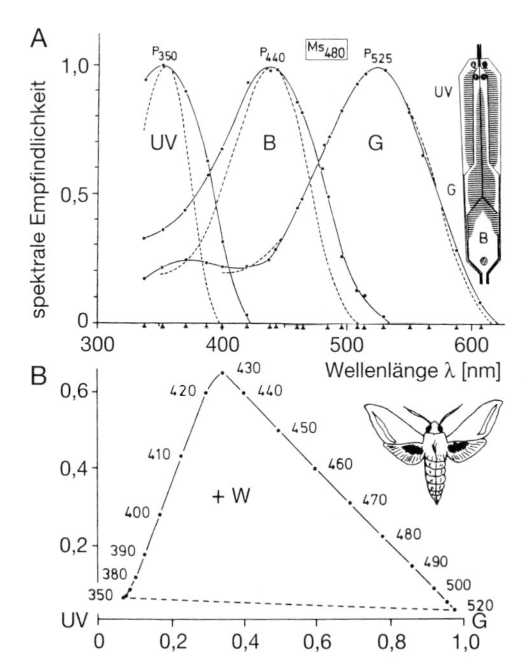

Abb. 6-34: A Die spektrale Empfindlichkeit der Farbrezeptoren von *Deilephila* und deren Anordnung im Rhabdom sowie **B** das vermutliche Farbdreieck. Zu **A**: Gestrichelte Kurven entsprechen den Dartnall-Normogrammen für die drei Sehfarbstoffe, deren Meta-Farbstoffe alle maximal im Bereich der Wellenlänge (λ) um 480 nm absorbieren. Die zwei UV- und sechs Grünzellen (G) sowie die singuläre Blauzelle (B) sind im Rhabdom hintereinander angeordnet. Zu **B**: Theoretisch berechnetes Normfarbdreieck mit den virtuellen Farbvalenzen G (X), B (Y) und UV (Z) und vorgegebenem Weißpunkt (W) bei 0,33 X und 0,33 Y; Darstellung wie in Abb. 6-32B (nach Schlecht 1979; Schlecht et al. 1978).

(Abb. 6-34). Diese Übereinstimmung der Absorptionsmaxima aller Metarhodopsine mit dem blauen Strahlungsmaximum des Himmelslichtes bedingt, daß in allen Rezeptoren automatisch ein hoher P_{eq}-Gehalt aufrechterhalten wird, im UV-Rezeptor nahe 100% (6.2.2.3), im Grün-Rezeptor um 80% und selbst im Blau-Rezeptor noch nahe 70%. Auch die tageszeitlichen Änderungen in der Spektralverteilung der Himmelsstrahlung verändern nur gering das photochemische Gleichgewicht: Zu allen Tageszeiten ist der Sehfarbstoffgehalt (P_{eq}) in allen Rezeptoren wesentlich höher als der Metagehalt (M_{eq}). Dies bedeutet, daß bei den Insektenrezeptoren die Lichtabsorption nahezu unabhängig von Intensität und Spektralverteilung des Tageslichtes konstant gehalten wird (völlig im Gegensatz zu den Farbrezeptoren der Wirbeltiere, bei denen die Absorption durch intensitätsabhängige Bleichung der Sehfarbstoffe stark abnimmt). Hierdurch wird auch die spektrale Selbstabschirmung durch die drei Farbrezeptoren im Rhabdom konstant gehalten, eine wesentliche Voraussetzung dafür, daß mit steigender Beleuchtungsstärke keine Farbverstimmung der Rezeptoren erfolgt. Dies gilt gleichermaßen für Rhabdome mit parallel angeordneten Einzel-Rhabdomeren der Farbrezeptoren (Biene, Hymenoptera; Abb. 6-31) wie für Rhabdome mit hintereinander angeordneten Einzel-Rhabdomeren wie im *Deilephila*-Auge (Abb. 6-34).

Viele blütenbesuchende Hymenoptera und Lepidoptera besitzen sehr ähnliche UV-, Blau- und Grün-absorbierende Rezeptorsysteme in ihren Ommatidien. Das trichromatische Farbensehen all dieser Insektenspezies ist offensichtlich speziell auf die Erkennung von nektarliefernden und auf Insektenbestäubung angewiesene Blüten abgestimmt. Eine besondere Rolle spielt die **UV-Reflexion der Blüten:** Viele unauffällig, homogen gefärbt erscheinende Blüten zeigen in dem von den Insekten wahrgenommenen UV-Bereich sehr auffällig, kontrastreiche Reflexionsmuster: In der Regel heben sich die Blüten durch verstärkte UV-Reflexion oder auch -Absorption von ihrem Laubwerk oder Hintergrund ab. So werden die Saftmale der Blüten oder die Landeplätze für Insekten bei den Lippenblütlern und Orchideen häufig besonders UV-kontrastreich hervorgehoben. Zahlreiche Untersuchungen belegen diese enge **Coevolution** von Blüten-Form, -Farbe und -Farbkontrast und dem trichromatischen Sehbereich der für ihre Bestäubung wichtigen Insektenarten.

Sind Farben durch das jeweilige Erregungsverhältnis definiert, läßt sich anhand der spektralen Empfindlichkeiten der Rezeptoren (unter Berücksichtigung ihres Adaptationszustandes und der

Spektralverteilung der Beleuchtung) das vermutliche Farbdreieck eines Insekts relativ einfach über den **orthogonalen Sehraum** abschätzen (Abb. 6-35A). Die Achsen UV, B und G des Sehraums geben die jeweiligen Erregungsamplituden der Rezeptoren mit ihren Rauschbereichen an und die Resultierende den Farbort auf der Dreiecksfläche UV, B und G. Das Rauschen der Rezeptoren, der Signalübertragung und -Verarbeitung bedingen einen meist elliptischen Unsicherheitsbereich im Farbdreieck, in dem Farben nicht mehr eindeutig unterschieden werden können. Die elliptischen Farbareale der Reflexionsfarben verschiedener, uns weiß, gelb, blau, rot erscheinender Blüten und von grünem Gras sind auch im Farbdreieck der Biene sehr gut voneinander separiert (Abb. 6-35B) und somit eindeutig voneinander unterscheidbar. Hinzu kommt, daß uns homogen gelb erscheinende Blüten oder Pollenbeutel aufgrund ihrer sehr unterschiedlichen UV-Reflexion von der Biene als sehr kontrastreich wahrgenommen werden (Abb. 6-35B; Pollen = Areal 2; gelber Sonnenhut, UV-reflektierender äußerer Blütenbereich = Areal 7, innerer Blütenbereich = Areal 8). Auch roter Mohn (Areal 3) hat für die Biene wegen der hohen UV-Reflexion einen völlig anderen Farbwert.

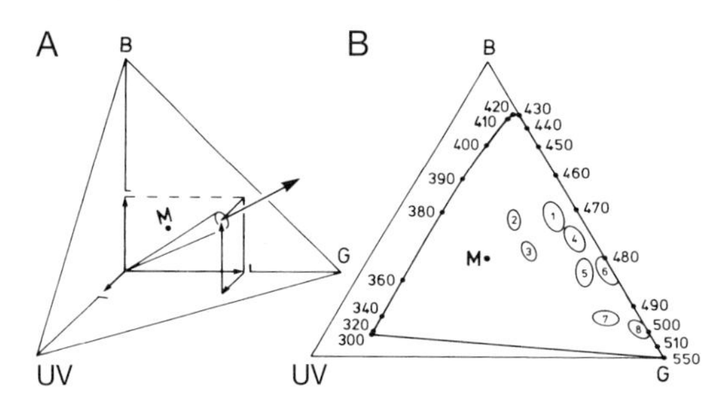

Abb. 6-35: A Konstruktion des Farbdreiecks der Biene aufgrund der Erregungsamplituden von UV-, Grün- und Blaurezeptoren im orthogonalen Farbraum, sowie **B** die Orte einiger Blütenfarben im resultierenden Farbdreieck. Zu **A:** Pfeillängen an den orthogonalen Achsen entsprechen den Erregungsamplituden der drei Rezeptoren nach «Stimmung» an das Tageslicht. Die Resultierende ergibt den Farbort auf der Dreiecksfläche mit den Eckpunkten UV, B und G und dem Mittelpunkt M (≙ Bienenweiß). Rauschen von Rezeptorantwort, Signalübertragung und -verarbeitung bedingen einen ellipsenförmigen Unschärfebereich des Farbortes im Dreieck, in dem Farben nicht mehr eindeutig voneinander unterschieden werden können. Zu **B:** Farbbereiche der Reflexionsfarben verschiedener Blüten und von Gras im Farbdreieck: 1 blaue Kornblume, 2 gelbe Pollen, 3 roter Mohn, 4 blaue Wegwarte, 5 grünes Gras, 6 weiße Schafgarbe, 7 (8) äußerer (innerer) Blütenbereich vom gelben Sonnenhut (nach Menzel 1987).

Zur Erkennung der Grundfarben Blau, Grün und Rot ist eine **Mindesthelligkeit** erforderlich. Die beste Farbunterscheidung wird bei Primaten erst ab einer etwa hundert- bis tausendfach höheren Leuchtdichte erreicht. So liegt die Schwelle der Farbwahrnehmung beim Menschen etwa einen Faktor 10 oberhalb Vollmondintensität (~ 1 Candela $\cdot$ m^{-2}) und optimale Farbunterscheidung $\Delta\lambda$ ~ 1 nm) wird kurz nach Sonnenaufgang bei etwa 100 cd/m^2 erreicht. In diesem Intensitätsbereich des Dämmerungssehens erfolgt die kontinuierliche Umschaltung vom hochempfindlichen achromatischen Stäbchensehen auf das chromatische Zapfensehen. Bienen verfügen über keine speziellen Hochempfindlichkeitsrezeptoren, sondern nur über Farbrezeptoren etwa gleicher absoluter Empfindlichkeit. Dennoch zeigen auch die Bienenaugen vergleichbare Phänomene beim Übergang vom **Dämmerungssehen** zum **Tagessehen.** Durch Dressurexperimente auf Spektrallichter (413 nm, 440 nm und 533 nm; Menzel 1981) gegen Weißlicht gleich geringer Intensität wurde nachgewiesen, daß bei der Biene die Schwelle für eine reine Intensitätsunterscheidung wesentlich niedriger liegt (bei etwa 1–2 %) als die Schwelle für die erste Farbunterscheidung (oder neutraler gesagt: Buntunterscheidung). Dieses und elektrophysiologische Befunde sprechen dafür, daß bei geringen Intensitäten die Antworten aller Rezeptoren aufsummiert werden und somit zunächst einen farbneutralen Helligkeitswert vermitteln, lange bevor durch neuronalen Vergleich der Amplituden der drei Rezeptorantworten eine grobe Farbunterscheidung möglich wird. Die neurale Aufsummierung aller Antworten kann also in gewissem Umfange das hochempfindliche Stäbchensehen ersetzen. Die Schwelle für erste **Buntunterscheidung** gegenüber Weißlicht liegt für grünes Licht (533 nm) bei etwa 4500 innerhalb von 30 ms (Summationszeit der Grünrezeptoren) eingestrahlten Quanten pro Facette. Um eine optimale Farbunterscheidung zu ermöglichen, sind bei der Biene wie beim Menschen weit höhere (~ 100fach) Leuchtdichten (also Tageslicht) erforderlich. Dämmerungsaktive Insekten mit Superpositionsaugen benötigen weit geringere Leuchtdichten zur optimalen Spektralunterscheidung. Bei dem Schwärmer *Deilephila* z. B., dessen Farbdreieck und $\Delta\lambda$-Farbunterscheidungsvermögen theoretisch berechnet wurden (Abb. 6-33, 6-34), reichen bereits $5 \cdot 10^4$ eingestrahlte Quanten pro Rhabdom für eine maximale $\Delta\lambda$-Unterscheidung aus. Im dunkeladaptierten Auge werden durch Superponierung derartige Reizintensitäten bereits bei Dämmerlicht einer Leuchtdichte von 1 cd/m^2 erreicht. Es ist daher stark anzunehmen, daß diese Tiere bereits bei Mondlicht (0,1 cd/m^2) über ein recht gutes

Spektralunterscheidungsvermögen von etwa 2 nm Auflösung vermögen (Abb. 6-33B, Kurve 2).

Die meisten Phänomene des Farbensehens, wie die Graßmann'schen Gesetze für Farbmischung und -löschung zu Weiß sowie simultaner und sukzessiver Farbkontrast, lassen sich durch eine **zentralnervöse Verarbeitung** der drei Rezeptoreingänge nach dem **Gegenfarbenprinzip** zwanglos erklären. Nach dieser von Hering (1920) entwickelten und von Walraven (1973) verifizierten Theorie, ist für den Menschen folgendes, minimale Verarbeitungsschema zu fordern (Abb. 6-36): Die Erregungen benachbarter Grün- und Rot-Rezeptoren werden antagonistisch in einem (R, G)-Element aufsummiert. Das Y-Signal wird dann mit dem Signal eines B-Neurons im (Y, B)-Element verglichen. Außerdem werden die Erregungen aller drei Rezeptoren durch ein die Helligkeit (Luminosity) messendes L-Element aufsummiert. Zentralnervöse Konvergenz der Elemente (R, G), (Y, B) und L ermöglicht dann die eindeutige Erkennung einer Farbe und des Grades ihrer Sättigung (d. h. der Menge an Beimischung an Weiß), weitgehend unabhängig von ihrer Intensität.

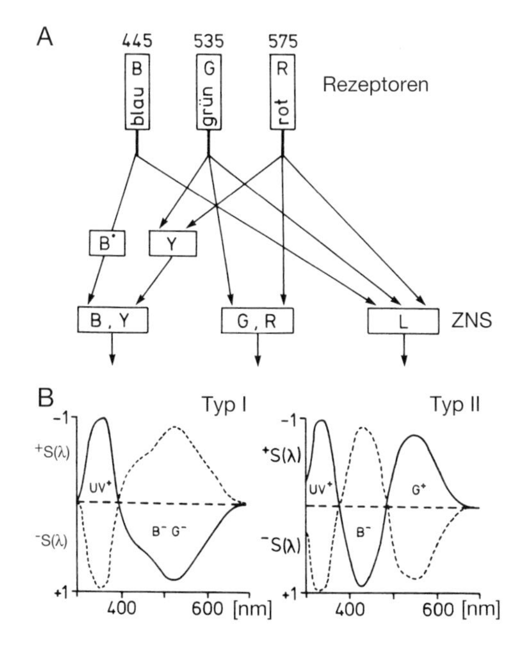

Abb. 6-36: Verarbeitung der Rezeptoreingänge nach dem Heringschen Gegenfarbenprinzip: **A** Minimales Verarbeitungsschema für das Primatenauge. **B** Die zwei dominanten Typen von Gegenfarbenneuronen im Bienenhirn. Zu **A:** Eingänge von R- und G-Rezeptoren werden antagonistisch verrechnet im (R, G)-Element und summiert im Y-Element. Antagonistischer Vergleich von Y-Element und B'-Element erfolgt im (Y, B)-Element. Erregungen aller Rezeptoren werden farbenneutral im L-Element aufsummiert. Zu **B:** Spektrale Sensitivität der Impulsfrequenz der Gegenfarbenneurone von Typ I ($UV^+B^-G^-$) und Typ II ($UV^+B^-G^+$) und ihrer Spiegelbilder ($UV^-B^+G^+$; $UV^-B^+G^-$; gerissene Kurven) im Bienenhirn (**A** nach Walraven 1973; **B** nach Menzel und Backhaus, in Stavenga und Hardie 1989).

Elektrophysiologische Untersuchungen an farbsensitiven Interneuronen der Sehbahn der Wirbeltiere haben gezeigt, daß dieses Prinzip eines antagonistischen Vergleichs zwischen jeweils zwei chromatischen Signaleingängen auf allen Verarbeitungsebenen des ZNS zutrifft. Vergleichbare Typen von Neuronenpaaren wurden im Bienenhirn nachgewiesen: Typ I: ($UV^+B^-G^-$), $UV^-B^+G^+$) und Typ II: ($UV^+B^-G^+$), ($UV^-B^+G^-$) (Abb. 6-36B).

Aufgrund der Eigenschaften solcher Neurone lassen sich die Daumer'schen Verhaltensexperimente zur Neutralisierung von Spektralfarben durch adäquate Beimischung einer spektralen Gegenfarbe zu **«Bienenweiß»** auf neuronaler Ebene plausibel erklären: So wird beim Neuron-Typ I eine durch 360 nm ausgelöste Erregung durch Beimischung einer bestimmten Menge an 490 nm, also durch Auslösung einer entsprechenden Inhibitionsamplitude, exakt zu Null kompensiert. Vergleichbares gilt auch für Typ II. Hier kann die durch 360 nm und 588 nm ausgelöste Erregung durch Spektrallicht von 440 nm kompensiert werden. Schließlich ließe sich auch (durch Konvergenz beider Typen) die Neutralisation von 400 nm durch 588 nm zu unbunt erklären. Neuronen, die farbneutral die Erregungen aller drei Rezeptoreingänge aufsummieren (vergleichbar mit den L-Elementen) werden dann die Helligkeit von Bienenweiß vermitteln. Diese, im Bienenhirn sehr häufigen, rein auf Gegenfarben reagierenden Typen I und II sind Großfeldneurone, die Farbsignale aus Sehwinkeln zwischen 40° bis 68° integrieren. Sie erlauben daher nur eine großflächige Farbanalyse, aber keine lokale, in Blickrichtung einer Facette. Alle wichtigen Voraussetzungen für eine derartige, punktuelle Farbanalyse nach dem Gegenfarbenprinzip (wie Konstanz der Gesamtabsorption im Rhabdom, wie schnelle, individuelle Helladaptation der drei Farbrezeptoren an die Intensität des jeweils von ihnen absorbierten Spektralbereichs, was eine automatische «Stimmung» des Sehsystems an wechselnde Lichtverhältnisse im Tagesablauf bereits auf der Eingangsebene ermöglicht) sind im Bienen- und auch im *Deilephila*-Ommatidium optimiert. Ob diese Chance zu einer punktuellen Farbanalyse von den Tieren tatsächlich genutzt wird, ist noch fraglich.

6.3.2 Polarisationsanalyse

Seit der Entdeckung durch K. v. Frisch (1949), daß Bienen das Polarisationsmuster des Himmels zur Kompaßorientierung nutzen, wurden durch vergleichende Studien an verschiedenen Insektenarten die strukturellen und physiologischen Prinzipien der Erkennung linearpolarisierten Lichtes durch Facettenaugen generell aufgeklärt. Übereinstimmend wurde für alle Augentypen gezeigt, daß die Erkennung des E-Vektors nicht etwa auf einer Polfilterwirkung der dioptrischen Apparate beruht, sondern ausschließlich auf die **Analysatoreigenschaften der kristallartig aufgebauten Rhabdomere** bestimmter Sehzellen (Abb. 6-14) zurückzuführen ist. Burkhardt und Wendler (1960) und Moody und Parriss (1961) waren die Ersten, die erkannten, daß die Rhabdomere, rein strukturbedingt, linearpolarisiertes Licht, dessen E-Vektor mit der Längsachse der Mikrovilli übereinstimmt (0°, ||), wesentlich stärker absorbieren müssen als polarisiertes Licht, dessen E-Vektor quer zu diesen (90°, ⊥) orientiert ist. Dies gilt auch dann, wenn, wie aus Abb. 6-37 hervorgeht, die Absorberdipole um eine Achse senkrecht zur Membranebene frei rotieren können, die Sehfarbstoffmoleküle also statistisch ungeordnet in der Mikrovillusmembran vorliegen.

Theoretisch gut begründbar läßt sich zur besseren Veranschaulichung das hexagonale Mikrovillusrohr durch ein quadratisches Rohr ersetzen, in dessen A- und B-Seiten die Moleküle frei rotieren (Abb. 6-37A). Bei Lichteinfall auf die A-Seite werden die A-Moleküle Licht aller Schwingungsrichtungen absorbieren, nicht dagegen die Moleküle der B-Seiten. Von den B-Molekülen können nur diejenigen absorbieren, deren Absorberdipol nach 0° ausgerichtet ist, und zwar nur Licht, dessen E-Vektor parallel (||) orientiert ist. Dies wird besonders deutlich in Abb. 6-37B: Licht der Polrichtung 0° (||) wird von den Molekülen aller vier Seiten absorbiert, dagegen Licht der Polrichtung 90° (⊥) nur von denen der A-Seiten. Hieraus folgt ein Absorptionsverhältnis für linearpolarisiertes Licht ($A_{\parallel}/A_{\perp}$ = N) von 2. Die Verhältniszahl N wird als **Dichroismus** bezeichnet. Bei frei rotierenden Absorberdipolen wird ein Wert von N = 2 nur dann erreicht, wenn sie exakt parallel zur Membranebene ausgerichtet sind. Sind die Dipole zur Ebene geneigt, verringert sich der Dichroismus zunehmend mit deren

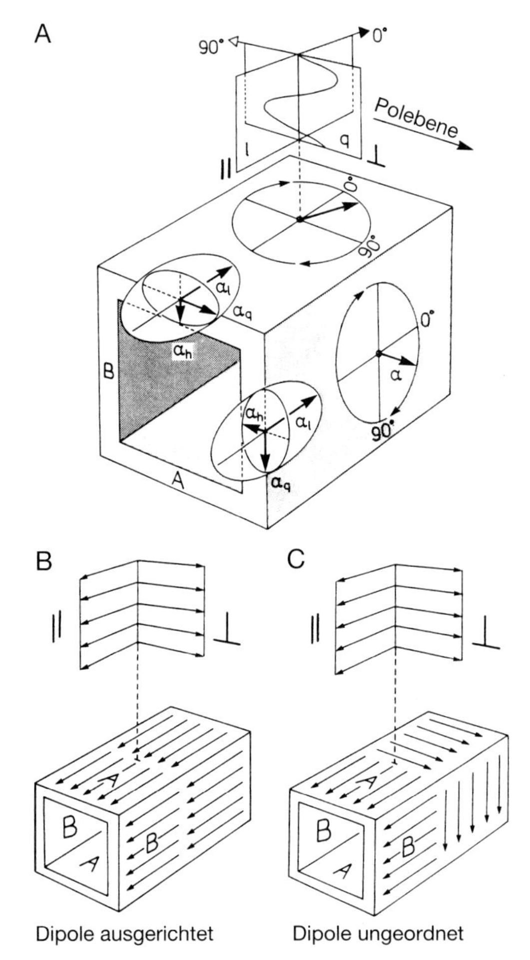

Abb. 6-37: Modell der dichroistischen Absorption in der Mikrovillusstruktur. **A** Rotierende P-Moleküle (mit ideal membranparallelem Absorptionsvektor, schwarze Pfeile) der A-Seiten können beide Polarisationsrichtungen (|| und ⊥) absorbieren, die P-Moleküle der B-Seiten können dagegen nur bei Ausrichtung in 0° ||-polarisiertes Licht absorbieren, nach 90° orientierte Moleküle der B-Seiten absorbieren weder || noch ⊥ polarisiertes Licht. Die Sehfarbstoffe sind keine idealen Absorberdipole sondern entsprechen eher Dipolkörpern mit den Vektoren α_1, α_q und α_h. **B** Streng in Längsrichtung fixierte P-Dipole, die nur ||-polarisiertes Licht absorbieren, bedingen einen Dichroismus D = ∞. **C** Bei statistisch verteilten Dipolen (wie bei freier Rotation in **A**) ergibt sich stets ein Dichroismus D = 2. (nach Laughlin, in Autrum 1981; Schlecht und Täuber, in Snyder und Menzel 1975).

Neigungswinkel (Φ). Bei einem Grenzwinkel $\Phi_u = 38{,}2°$ wird N = 1, erlischt also der Dichroismus der Mikrovilli. Bei größeren Winkeln als 38,2° beginnen die Moleküle der B-Seiten mehr Licht zu absorbieren als die der A-Seiten. N wird dann < 1 und schlägt in einen anomalen Dichroismus um (Laughlin et al. sowie Schlecht und Täuber, in Snyder und Menzel 1975).

Elektrophysiologisch wurde für eine Reihe von Arthropodenrezeptoren aufgrund ihrer **Polarisationsempfindlichkeit** (PS; d.h. aufgrund des Verhältnisses der Reizintensitäten $I_\perp/I_\parallel$, die zur Auslösung gleich großer Reizantworten durch ⊥- und ‖-polarisiertes Licht erforderlich sind) ein Dichroismus von ~ 2 ermittelt. Für diese Rezeptoren könnte somit die Hypothese rotierender Dipole in der Mikrovillusmembran zutreffen. Bei vielen Insektenrezeptoren von Libellen, Grillen, Bienen, Wüstenameisen, Schmetterlingen und Fliegen (Rossel, in Stavenga und Hardie 1989) übersteigt jedoch der über die PS ermittelte Dichroismus mit Werten zwischen 6 und 50 bei weitem den theoretischen Maximalwert von N = 2 für rotierende Dipole. Dies ist nur zu erklären, wenn die Dipole mehr oder weniger in Längsrichtung der Mikrovilli fixiert sind; denn nur mit zunehmendem Ordnungsgrad, bis zur idealen Längsausrichtung der Dipole, kann $N >> 2$ werden.

Wie theoretische Überlegungen zeigten, sind lange Rhabdomere kaum als Analysatoren für den E-Vektor geeignet. Darüber hinaus wird, wie für die Sehzellen von Fliegen und Bienen nachgewiesen, durch leichte **Torsion** (Twist) der Rhabdomere die bevorzugte Absorption einer Schwingungsrichtung und somit die PS stark vermindert oder sogar völlig aufgehoben. Die Torsion erhöht andererseits die Gesamtabsorption. Lange Rezeptoren mit ungeordneten Dipolen sind daher besonders für die Wahrnehmung niedriger Intensitäten, also für das **Dämmerungssehen** geeignet. Bei gleichlangen Sehzellen mit längsgeordneten Dipolen ist die Gesamtabsorption der Rhabdomere deutlich geringer als bei ungeordneten Dipolen, da der ⊥-polarisierte Anteil der einfallenden Strahlung nicht nutzbar ist. Andererseits absorbieren Rhabdomere mit längsgeordneten Dipolen bereits bei halber Länge ‖-polarisiertes Licht genauso effektiv (bis zu 90 %) wie die mit ungeordneten Dipolen bei voller Länge. Daher sind **kurze Rhabdomere**, die außerdem weit weniger zur Torsion neigen, besonders als **Analysatoren für den E-Vektor** geeignet. Elektrophysiologisch wurde nachgewiesen, daß tatsächlich nur kurze und sehr gerade Rhabdomere, meist von UV-sensitiven Sehzellen, hohe PS besitzen (Bienen, Ameisen, Fliegen, Rückenschwimmer) und daß speziell diese Rezeptoren auch zur Erkennung des E-Vektors genutzt werden (8.2.2). Die Amplituden der Reizantworten der polarisationssensitiven Sehzellen modulieren zwar mit $\cos^2\Phi$ des E-Vektors, aber auch gleichzeitig mit der Intensität des Reizlichtes. Daher können diese Sehzellen, wie alle anderen auch, nur die Quantität des absorbierten Lichtes, nicht aber dessen Qualität, wie Wellenlänge oder Polarisation, direkt messen. Die **Polarisation einer Lichtquelle** in Blickrichtung eines Ommatidiums kann somit nur durch den **neuralen Vergleich** der Antworten mehrerer Sehzellen eines Ommatidiums (verschiedener Mikrovillusorientierung aber identischer spektraler Empfindlichkeit) erkannt werden.

Bei den farbtüchtigen Bienen und Ameisen sowie dem Rückenschwimmer kann eine **E-Vektoranalyse** nur über **UV-Rezeptoren** erfolgen; denn nur diese (mit Ausnahme der Blaurezeptoren des Heimchens) zeigen die notwendige Polarisationssensitivität. Dementsprechend ist die Richtung des Schwänzeltanzes der Biene nur streng korrelierbar mit der spektralen Sensitivität der UV-Rezeptoren und der Polarisationsrichtung der UV-Strahlung (v. Helversen und Edrich 1974). Polarisationsempfindliche UV-Rezeptoren lassen sich in der Regel in allen Augenbereichen nachweisen, jedoch in denjenigen Augenbereichen, die aufgrund ihrer Blickrichtung für die Tiere besonders interessante Polarisationsmuster erfassen, ist offensichtlich die Orientierung der Mikrovilli der Rezeptoren spezifisch dem jeweiligen Erkennungsproblem angepaßt. Diese POL-Areale der Komplexaugen zeichnen sich häufig durch weitere Besonderheiten aus; so besitzt z. B. das den Himmel beobachtende Areal häufig übergroße Facetten mit stark überlappenden und geringer gegeneinander abgeschirmten Sehfeldern. Hierdurch wird sicherlich der Ausschnitt des Himmels, der zur Erkennung seines Polarisationsmusters genutzt werden kann, essentiell vergrößert (Labhart 1980, 1986; Labhart et al. 1984). Bei Rückenschwimmern ist der ventrale Augenbereich speziell zur Erkennung der von Wasserflächen reflektierten, horizontalpolarisierten UV-Strahlung ausgelegt. Im gesamten Gesichtsfeld ist einer der UV-Polanalysatoren exakt horizontal orientiert, bezogen auf die normale Fluglage der Tiere. Künstliche UV-Lichtquellen lösen bei den Tieren Sturzflugreaktion auf eine vermeintliche Wasserfläche aus. Unter natürlichen Bedingungen ist somit zur eindeutigen Erkennung einer glatten Wasserfläche nur die eindeutige Erkennung der horizontalen Schwingungsrichtung von reflektierter UV-Strahlung erforderlich (Schwind, in Stavenga und Hardie 1989).

Bei Insekten, die das Polarisationsmuster des Himmels zur Kompaßorientierung nutzen, erscheint die Verarbeitungsaufgabe zunächst weit schwieriger zu sein. Eine Verarbeitung der Signaleingänge aus dem **dorsalen Sehbereich** (dorsal rim area) zu einem mosaikartigen Polarisationsabbild des Himmels ist beim Bienen- und Ameisen-Auge auszuschließen, da 1. jede Facette nur über zwei, statt der erforderlichen drei Polanalysatoren verfügt und 2. die Achsen der Analysatoren keineswegs konstant orientiert sind, sondern von hinten nach vorn um 180° drehen, Abb. 6-38B. Aufgrund des Befundes, daß ein kleiner, zentraler Himmelsausschnitt von nur 10° der Biene zur Kompaßorientierung ausreichen kann, nahm man zunächst an, daß das gesamte Polmuster des Himmels sowie seine zeitliche Veränderung im Tageslauf im Bienenhirn abgespeichert sein müßte. Diese globale Gedächtnishypothese wurde durch Rossel und Wehner (1984) aufgrund systematischer Ausschaltexperimente im dorsalen linken und rechten Sehbereich eindeutig widerlegt und durch eine weit einfachere **Theorie der Kompaßorientierung** ersetzt, die weder Training noch Langzeitgedächtnis der Tiere voraussetzt. Diese Theorie basiert auf folgenden Befunden:

1. Beim Schwänzeltanz der Biene zur Richtungsangabe einer Futterquelle spielt weder die Höhe des Sonnenstandes noch die Sonne selbst als markante Lichtquelle eine Rolle, sondern nur das durch sie induzierte Polarisationsmuster im Himmelsgewölbe. Dieses **Polarisationsmuster** ist stets spiegelsymmetrisch um die Ebene von Sonnen-Meridian (SM) und Antimeridian (AM; Abb. 6-38). Maximale ⊥-Polarisation wird stets auf einem Großkreis 90° zur Sonne induziert. Bei Sonnenaufgang kreuzt dieser Großkreis höchster ⊥-Polarisation exakt den Zenit.

2. Das Orientierungsmuster der Analysatorzellen (X-Typ) beider Facettenaugen entspricht in etwa dem Polarisationsmuster des Himmels bei Sonnenaufgang (Abb. 6-38). Diese Koinzidenz von Himmelsmuster und genetisch festgelegter Analysatoranordnung führte zur Idee, daß die Tiere zur Kompaßorientierung möglicherweise nur die Symmetrieachse der Himmelspolarisation zwischen SM und AM erkennen müssen. Dies wäre auf relativ einfache Weise möglich, nämlich dann, wenn zunächst für jede Facette die Differenz zwischen X- und Y-Rezeptorantwort gebildet würde und diese Differenzsignale aus den POL-Arealen beider Augen von einem Feldneuron aufsummiert würden. Maximale Erregung eines derartigen Feldneurons wäre zu erwarten, wenn die Polarisationsrichtungen der Himmelsemission mit den X-Analysatorachsen der POL-Areale optimal übereinstimmten. Somit müßte sich die Symmetrieachse der Himmelspolarisation, zumindest bei Sonnenauf- und -untergang, relativ schnell und genau durch leichte Pendelbewegung des Tieres nach links und rechts über dieses Feldneuron eingrenzen lassen.

Durch eine Reihe kritischer Verhaltensexperimente wurde geprüft, inwieweit ein derartiges Verarbeitungsprinzip zutreffen könnte (8.2.2). An dieser Stelle sei nur kurz auf die Problematik der **Navigation nach dem Polarisationsmuster** des Himmels eingegangen: Bei Sonnenauf- und -untergang ist der **Polarisationskontrast** des Himmels am größten (Abb. 6-38); am Horizont, 90° und 270° zur

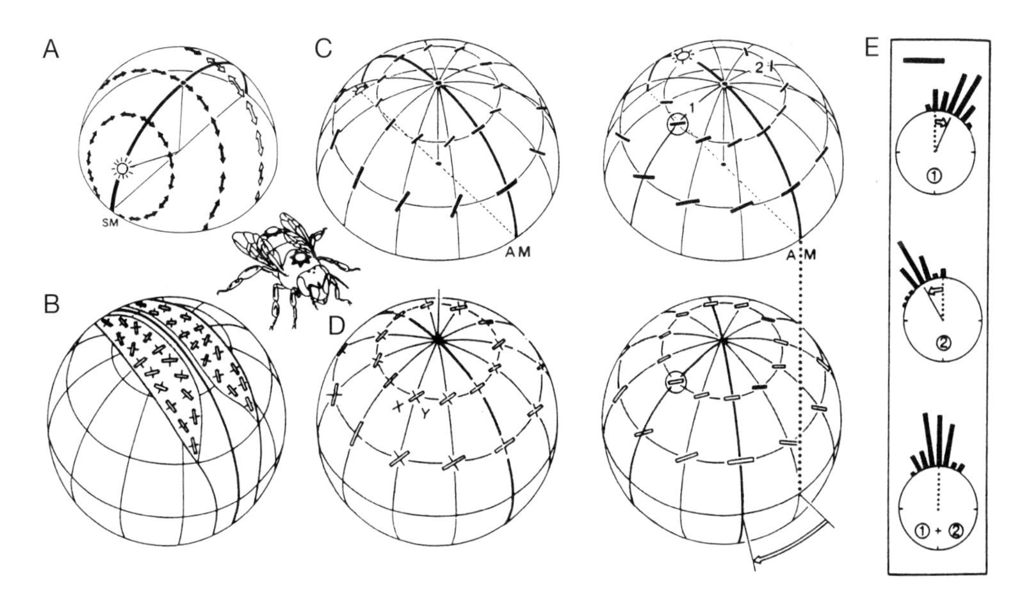

Abb. 6-38: Das Pol-Areal der Biene und seine Funktionsweise bei der Kompaßorientierung. **A** Polarisationsmuster des Himmelsgewölbes. Maximale Polarisation wird stets auf dem Großkreis 90° zur Sonne induziert. SM Sonnenmeridian. **B** Das Pol-Areal mit seinen gekreuzten UV-sensitiven X- und Y-Analysatoren. Beachte: Zur Orientierung ist der Zentralbereich von ca. 10° völlig ausreichend. **C** Polarisationsrichtungen des Himmels bei Sonnenaufgang (links) und bei 50° Sonnenhöhe (rechts). AM Antimeridian. **D** Modellanalysatorsystem mit exakter Ausrichtung der X-Analysatoren zum Polarisationsmuster bei Sonnenaufgang (links) und seine zu erwartende Mißweisung gegenüber AM (weißer Pfeil, rechts), wenn nur ein kleiner, polarisierter Himmelsausschnitt (1, bei 50° Sonnenstand) zur Orientierung zur Verfügung steht. **E** Mißweisung beim Schwänzeltanz der Biene, wenn ihr jeweils die Himmelsausschnitte (1), (2) oder beide gleichzeitig (1) + (2) zur Orientierung geboten werden. Balken = 20 Schwänzeltänze. Die Winkelabweichungen nach rechts (1) und links (2) sowie die Kompensation bei (1) + (2) stimmen mit der Modellerwartung überein. (**A, C–E** nach Rossel, in Stavenga und Hardie 1989; **B** nach Sommer 1979).

Sonne, ist dann der E-Vektor des Himmels exakt senkrecht zum horizontalen E-Vektor bei 180° (AM) orientiert. Mit aufsteigender Sonne (und somit entsprechender Kippung des Großkreises für senkrechte Polarisation) verringert sich der Polarisationskontrast des Himmelsgewölbes. Bereits bei 50° Sonnenhöhe (Abb. 6-38C) ist bei 90° und 270° der E-Vektor nur noch um 40° gegenüber dem horizontalen E-Vektor bei AM geneigt. Mit steigender Sonne verringert sich somit die Koinzidenz von Analysatormuster des POL-Areals und des Polarisationsmusters des Himmels. Dies bedeutet, daß mit steigender Sonne die Güte der **Himmelsnavigation** abnehmen, also die statistische Streuung der Richtungsangabe beim Schwänzeltanz zunehmen muß. Die empirisch ermittelte Zunahme der Streubreite stimmt mit der theoretischen Voraussage nach Rossel und Wehner überein. Aufschlußreich ist in diesem Zusammenhang folgendes Experiment: Wird Bienen nur ein kleiner Ausschnitt jeweils aus der linken oder rechten Himmelshälfte (mit E-Vektoren wie in Abb. 6-38C–E, 1 bzw. 2 dargestellt) geboten, machen die Bienen systematische Orientierungsdrehungen nach links oder rechts, nicht aber, wenn beide Ausschnitte (1 und 2) gleichzeitig geboten werden. Dieser Versuch zeigt also eindeutig, daß die Tiere die Symmetrieachse des Himmels über die Balance linker und rechter Analysatoreingänge ermitteln.

Da alle bisher untersuchten Insektenspezies, die sich nach der Himmelspolarisation orientieren, vergleichbare Rezeptormuster in den POL-Arealen aufweisen wie die Biene, ist anzunehmen, daß auch die Verarbeitungsstrategien gleichartig sind. Dies gilt insbesondere für die Wüstenameise *Cataglyphis*, bei der sich experimentell auch die gleichen Orientierungsfehler wie bei der Biene auslösen lassen. Interneurone, die dieser Verarbeitungsstrategie entsprechen, wurden erstmalig bei Grillen nachgewiesen. Die Spontanfrequenz dieser Neurone wird durch antagonistische Eingänge von Photorezeptoren mit orthogonal angeordneten Mikrovilli moduliert. Drei Typen derartiger **Polarisations-Gegenneurone**, jeweils spezialisiert auf drei verschiedene Polrichtungen, wurden nachgewiesen. Theoretische Überlegungen zeigen, daß ein derartiger Satz von Neuronen für eine recht genaue Kompaßorientierung völlig ausreichend sein könnte (Rossel, in Stavenga und Hardie 1989).

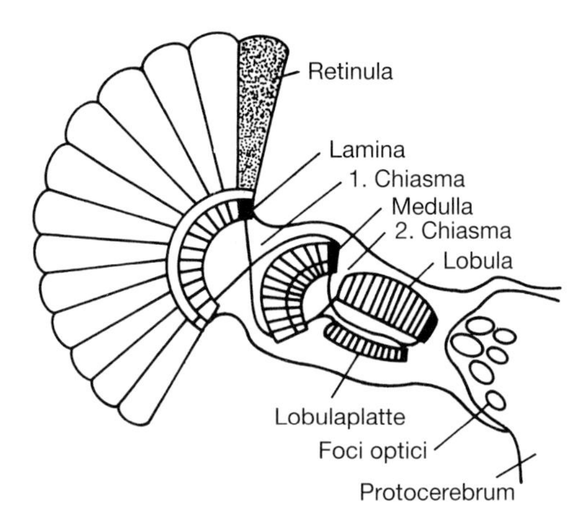

Abb. 6-39: Genereller Bauplan der Sehbahn der Insekten: Retinula, 1. opt. Neuropil (Lamina), 2. opt. Neuropil (Medulla), 3. opt. Neuropil (Lobula). Bei den Diptera und Lepidoptera spaltet sich das 3. Neuropil in Lobula und Lobulaplatte auf (nach Strausfeld, in Stavenga und Hardie, 1989).

6.4 Sehbahn

Die Signalverarbeitung des Facettenrasters erfolgt stets in drei hintereinandergeschalteten Regionen des Lobus opticus: **Lamina, Medulla** und **Lobula** (Abb. 6-39). Alle drei Verarbeitungsstufen sind streng retinotopisch organisiert, d. h. das Facetten-Rezeptor-Raster wird stets ortsgetreu auf allen neuronalen Verarbeitungsschichten abgebildet. Die Kreuzung der Sehbahn (1. Chiasma) dreht nur die Facettenkarte auf der Medullaoberfläche um etwa 180°. Bei Diptera, Lepidoptera und Coleoptera spaltet sich die Lobula in zwei parallele Neuropile auf, in die eigentliche Lobula und die Lobulaplatte (LP). Erneute Kreuzung der Sehbahn (2. Chiasma) bedingt erneute Umkehr der Facettenkarte, so daß sich gleiche retinale Projektionsorte in Lobula und Lobulaplatte exakt gegenüber liegen. Die **Lobulaplatte** ist für die oben genannten Ordnungen das Zentrum zur Erkennung von Bewegungsrichtungen über das Facettenraster durch Großfeldneurone. Die entsprechende Funktion erfüllt bei anderen Insektenordnungen wohl die Lobula interna (Abb. 6-40).

Nicht nur die grobe strukturelle Gliederung der **Sehbahn**, sondern auch die für sie typischen neuronalen Elemente und deren Verschaltungsebenen in den drei Neuropilen sind bei allen Insektenordnungen sehr ähnlich (Abb. 6-40): Stets werden in der Lamina die Reizantworten der Rezeptoren gleicher Blickrichtung durch zwei Typen von monopolaren Laminaneuronen (L1 und L2) aufsummiert und auf zwei diskrete Verarbeitungsebenen (L2 und L1) in der Medulla übertragen. Innerhalb der Medulla wird die L1/L2-Erregung entweder von Kleinfeld-Relais-Neuronen (Tm1) abgegriffen und direkt an die Lobula weitergeleitet, oder aber durch einen zweiten Relaistyp (S-ub) zunächst auf den Dendritenbusch von T4-Zellen (deren Somata an der Oberfläche der LP liegen) umgeschaltet. Die T4-Neurone terminieren dann direkt in den vier Verarbeitungsschichten der Lobulaplatte. Einen zweiten Verarbeitungsweg zur LP vermitteln die T5-Neurone. Ihre Dendritenbüsche greifen die Erregung der medullären Tm1-Elemente an der Lobulaoberfläche ab.

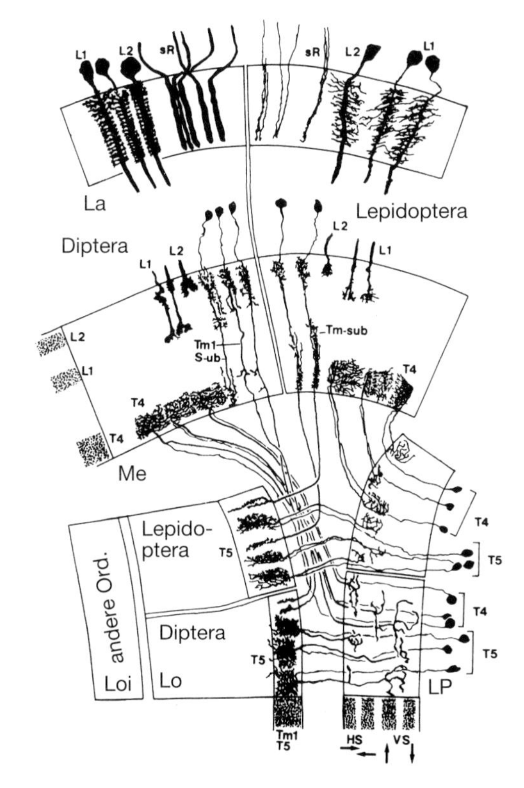

Abb. 6-40: Die wichtigsten, vergleichbaren Neurontypen in den Sehbahnen der Fliege *Calliphora* (Diptera) und des Tabakschwärmers *Manduca* (Lepidoptera). In der Lamina (La) werden die Rezeptoren gleicher Blickrichtung auf L1- und L2-Neurone umgeschaltet, deren Axone in zwei verschiedenen Verarbeitungsschichten der Medulla (Me) terminieren. Die Signalübermittlung innerhalb der Medulla zwischen L1/L2-Schichten und der T4-Dendritenschicht erfolgt bei der Fliege über zwei Neurontypen S-ub und Tm1, dagegen beim Schwärmer nur über einen Typ Tm-sub. Tm1 und Tm-sub terminieren in der Lobula (Lo), in der Dendritenschicht der T5-Zellen, welche Lobula und Lobulaplatte (LP) verknüpfen. Medulla und Lobulaplatte sind darüber hinaus durch T4-Elemente direkt miteinander verbunden. Die vier Verarbeitungsschichten der LP werden von Großfeldneuronen, die spezifisch auf horizontale (HS) und vertikale (VS) Musterbewegungen ansprechen, abgegriffen. Das retinotope Erregungsmuster der Tm1 bzw. Tm-sub-Zellen wird in der Lobula von verschiedenen iso- und heteromorphen Kleinfeld- (Col A–C) und Großfeld-Neuronen (MLG 1–3, Abb. 6-42) erfaßt. Alle abgreifenden Neurone von Lo und LP haben spezifische Projektionsorte im Protocerebrum. Dieses Verschaltungsschema gilt für Diptera, Lepidoptera und Coleoptera. Bei anderen Ordnungen mit «ungeteilter» Lobula übernimmt eine spezielle Verarbeitungsschicht der Lo, die Lobula interna (Loi), die Funktion der LP als Großfeldbewegungsdetektor. Durch Desoxyglucose markierte Verarbeitungsschichten in Me, Lo und LP nach Reizung mit horizontalen und vertikalen Bewegungsmustern durch Punktierung gekennzeichnet (nach Strausfeld, in Stavenga und Hardie 1989).

(Bei den Lepidoptera werden wohl beide Übertragungswege zur LP gleichzeitig durch die medullären Tm-Sub-Neurone angeregt.) Das Erregungsmuster der T4- und T5-Zellen wird in der LP auf vier Verarbeitungsschichten von bewegungssensitiven Großfeldneuronen (HS, VS), die spezifisch auf horizontale und vertikale Bewegungsrichtungen ansprechen, abgegriffen. Diese doppelte Verarbeitungsbahn für Bewegungsreize läßt sich histologisch mit Hilfe von radioaktiv markierter Desoxyglucose darstellen. Desoxyglucose wird wie Glucose von den Neuronen aufgenommen, kann aber von diesen nicht verstoffwechselt werden und häuft sich somit spezifisch in allen aktivierten Schichten der Sehbahn an. So werden bei Reizung mit Streifenmustern in der Medulla die Verarbeitungsebenen von L2, L1 und T4, in der Lobula die Ebene von T5 und in der Lobulaplatte die Abgriffebenen der HS- und VS-Neurone richtungsspezifisch markiert.

Das von den Tm-Zellen auf die Lobulafläche ortstreu projizierte Erregungsmuster der Medulla wird in der Lobula generell von zwei Grundtypen isomorpher Kleinfeldneuronen abgegriffen und auf zwei ipsilaterale Foci optici des Protocerebrums projiziert. Die Feldgröße dieser Neurone überlappt jeweils 3–9 Medullaprojektionen. Weiterhin verfügt die Lobula über eine Reihe hochspezialisierter Großfeldneurone (s. u.).

Die Anzahl der Neurontypen in der Sehbahn ist weit größer und deren Verschaltung weit komplexer als aus dem Grundschema von Abb. 6-40 hervorgeht. Am genauesten analysiert sind bisher die Elemente der **Fliegensehbahn.** Bereits auf Laminaebene sind mindestens 12 verschiedene Neurontypen an der retinotopen Signalverarbeitung in den Cartridges (Abb. 6-6) und der Signalübertragung zur Medulla und rückkoppelnd von der Medulla zur Lamina beteiligt (Abb. 6-41): Folgende Neurontypen sind zu unterscheiden: Die monopolaren Laminaneurone L1–L5, die amakrinen Zellen AM1 und

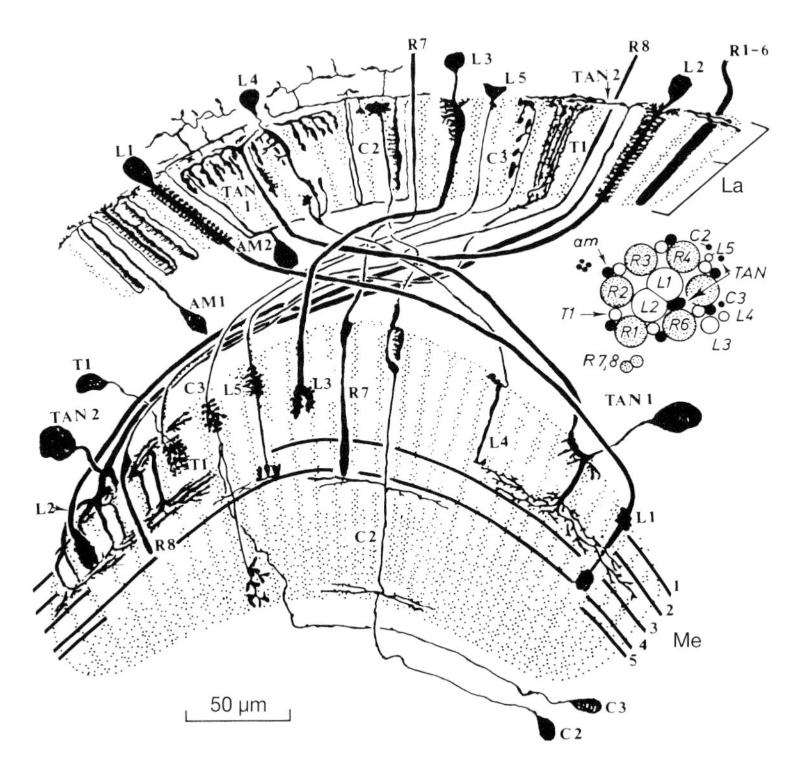

Abb. 6-41: Die am Aufbau der laminären Cartridges beteiligten Neurontypen, sowie deren Kontaktzonen in der Lamina (La) und in den Verarbeitungsschichten (1–5) der Medulla (Me) bei der Fliegensehbahn. Axone der Sehzellen: R1–6, R7 und R8; monopolare Laminaelemente: L1, L2, L3, L4 und L5; amakrine Laminaelemente: AM1 und AM2; medulläre Tangentialzellen TAN1, TAN2 und medulläre Cartridgezellen T1, C2 und C3. Die strenge Ordnung der Neurontypen in der Cartridge veranschaulicht der Querschnitt aus dem oberen Laminabereich: Die synaptischen Kontakte zwischen den Elementen sind vielfältig, jedoch in ihrer Funktionsweise noch weitgehend ungeklärt. Jeweils sechs Äste der T1-Zellen kontaktieren die R1–6-Axone, die C2- und C3-Elemente zentrifugad L1/L2-Neurone. Die Cartridges sind untereinander neuronal mehrfach verknüpft; großflächig durch AM2, TAN1 und TAN2, kleinflächig, mit jeweils zwei bzw. drei benachbarten Cartridges, durch L4 bzw. AM1. Die systematische Cartridge-Verschaltung durch L4 und AM1 von anterior nach posterior spricht dafür, daß L4 ein wichtiges Element des Netzwerks aus «elementary motion detectors» darstellt (nach Strausfeld und Nässel, in Autrum 1981).

AM2, die in der Medulla entspringenden Neurone, Tangentialzellen TAN1 und TAN2, die Centrifugalzellen C2 und C3 und die T-Zelle T1. Obwohl die synaptischen Kontakte aller Elemente innerhalb und zwischen den Cartridges weitgehend bekannt sind und ebenso deren 5 Verschaltungsebenen in der Medulla, ist die Funktionsweise der Lamina nur in groben Zügen verstanden, Hauptaufgabe der **Lamina** ist es, die Erregung von Rezeptoren gleicher Blickrichtung R1–R6 auf die L1/L2-Neurone zu bündeln. Darüber hinaus spricht die systematische Vernetzung der Cartridges durch L4, AM1/2 und TAN1/2 Elemente dafür, daß bereits auf der Laminaebene wichtige Teile der Schaltkreise für **Kontrastverstärkung** und zur primären Erkennung von Bewegungsrichtungen über das Facettenraster in x, y, h und v-Richtung realisiert sind. Die retinotopen Schaltkreise der **Medulla** sind noch weit komplexer organisiert. An jeder Verschaltungssäule sind 43 Relaisneurone beteiligt, die untereinander auf einer oder mehreren Verarbeitungsebenen kommunizieren. Charakteristisch für die Medulla ist die hohe Anzahl amakriner Zelltypen (35), die entweder einzelne oder mehrere **retinotope Säulen** transmedullär versorgen und auf diskreten Ebenen kontaktieren oder innerhalb dieser medullären Verarbeitungsebenen die retinotopen Säulen horizontal, meist großflächiger, untereinander vernetzen.

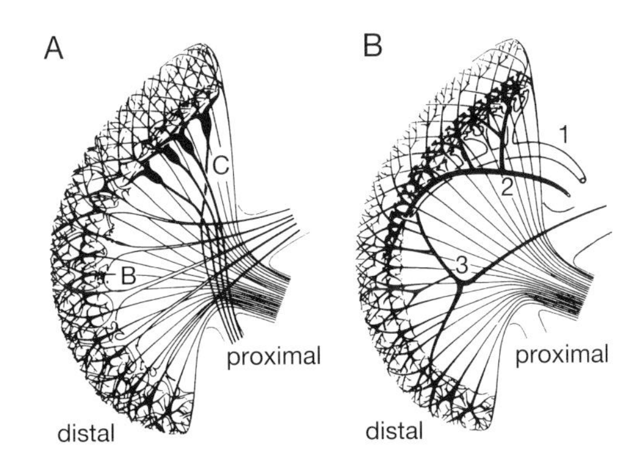

Abb. 6-42: Die Neurone der Lobula. **A** Die retinotope Projektion wird in der Lobula auf zwei Verarbeitungsebenen von Kleinfeldneuronen, Col A und Col B (columnar relay cells) abgegriffen. Der dorsale Augenbereich wird beim Männchen durch Col C-Zellen abgetastet. **B** Die drei Typen von Großfeldneuronen (MLG 1–3), die das Erregungsmuster der Col A-Elemente definierter Augenbereiche integrieren (nach Strausfeld und Nässel, in Autrum 1981).

Etwas einfacher und übersichtlicher sind die Verschaltungen der **Lobula** (Abb. 6-42, 6-43). Die retinotopen Eingänge der medullären Tm1-Zellen werden in der Lobula auf zwei Verarbeitungsebenen, 9:1 untersetzt, von zwei Typen isomorpher Kleinfeldneurone (Col A und Col B) abgetastet. Weiterhin wird die retinotope Projektion von mehreren Sehfeld- bzw. geschlechtsspezifischen Klein- und Großfeldneuronen abgegriffen: So wird der binokulare Sehbereich zusätzlich abgetastet durch Kleinfeldelemente, die im entsprechenden, contralateralen Lobulabereich terminieren. Es ist anzunehmen, daß dieser Neurontyp einen direkten Vergleich der Erregungsmuster im **binokularen Sehbereich** ermöglicht (Abb. 6-43B). Die polarisationssensitiven **Marginalbereiche** der Facettenaugen sind auf der Lobulaebene durch einen speziellen Neurontyp miteinander verknüpft. Er terminiert contralateral nicht nur in der Lobula, sondern auch über Collaterale in der Medulla und am absteigenden Neuron DN (Abb. 6-43C). Der für Männchen typische frontale Sehbereich erhöhter Sehschärfe wird doppelt von geschlechtsspezifischen Klein- und Großfeldneuronen abgegriffen. Im Gegensatz zu den isomorphen Kleinfeldneuronen, die stets ipsilateral den DN-Neuronen aufgeschaltet werden, kontaktieren die geschlechtsspezifischen Elemente die contralateralen DN-Neurone (Abb. 6-43D). Die Großfeldneurone der Männchen kontaktieren direkt im Stammbereich der DN. Diese direkte Aufschaltung auf die absteigende, den Flug steuernde Bahn zeigt, welch große Bedeutung das Facettenareal schärfsten, binokularen Sehens für das Männchen beim Verfolgen der Weibchen hat (Abb. 6-43E).

Die Lobulaplatte ist bei den Diptera das wichtigste Verarbeitungszentrum zur **Erkennung von Bewegungsrichtungen.** Hier wird die retinotope Projektion in vier Verarbeitungsschichten von insgesamt etwa 50 verschiedenen, spezifisch auf vertikale (V) und horizontale (H) Bewegungsrichtungen ansprechende Feldneurone abgegriffen oder moduliert. Struktur, synaptische Fokussierung und Richtungssensitivität der markantesten Neurontypen geht aus den Abb. 4-37 und 6-43F, G hervor: Die Dendritenbäume der Großfeldneurone H1 und V2 erfassen das gesamte ipsilaterale Gesichtsfeld und terminieren feinverzweigt in der contralateralen LP. H1 und V2 koppeln also unmittelbar linke und rechte LP. Alle übrigen Neurone fokussieren auf Seitenäste oder den Stammbereich der absteigenden Riesenneurone DN (Abb. 6-43F, G). Während die kleineren (smaller) Feldneurone HS (3) und VS (11) stets ipsilateral im Stammbereich terminieren, kontaktieren H2 und H3 Seitenäste von DN contra- und auch ipsilateral. Die CH (2) und V1-, V5-Zellen sind zentrifugal rückkoppelnde Elemente, mit Eingängen aus den ipsi- bzw. contralateralen DN-Foci (Strausfeld 1976; Strausfeld und Nässel, in Autrum 1981; Strausfeld, in Stavenga und Hardie 1989).

Kopf-, Lauf- und Flugbewegungen (4) werden über diese Sätze von LP-Neuronen kontrolliert. Drehungen um die drei Körperachsen (Abb. 4-27) lösen spezifische synaptische Verstärkungen in den DN-Foci aus, und zwar durch Interaktion verschiedener Neurontypen von linker und rechter LP. So interagieren a) bei horizontaler Linksdrehung (Gieren) H2 und H5 der rLP mit den HS- und CH-Zellen in der lLP, b) bei linker Rollbewegung um die Körperlängsachse V2 und V1 der rLP mit VS2–6 der lLP und c) beim Neigen um die Körperquerachse VS1 mit VS7–11 derselben LP-Seite. In den Fällen a) und b) werden die DN-Neuronen der linken Körperseite, im Fall c) beider Seiten aktiviert (Hausen und Egel-

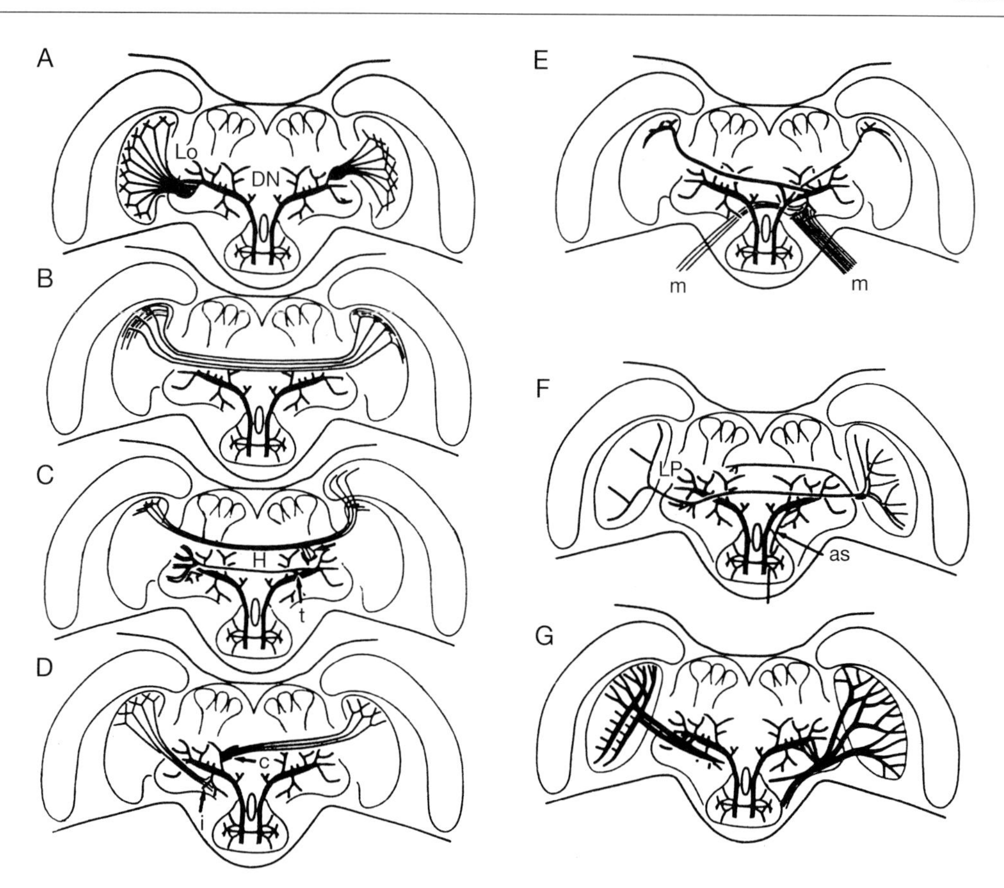

Abb. 6-43: Die Verschaltung der Neurone von Lobula (Lo; **A–E**) und Lobulaplatte (LP; **F, G**) im Fliegenhirn. **A** Die isomorphen Neurone Col A und Col B projizieren ipsilateral auf zwei verschiedene Äste der absteigenden Riesenneurone DN. **B** Direkte heterolaterale Kopplung von linker und rechter Lobula im binokularen Sehbereich durch Kleinfeldneurone. **C** Hochspezialisierter Abgriff der polarisationssensitiven Marginalzone des Komplexauges durch Kleinfeldneurone, die heterolaterad auf Lobula und Medulla projizieren und über Collaterale DN kontaktieren. Linke und rechte DN-Zellen sind durch H-Neurone, die bei t terminieren, untereinander verknüpft. **D** Die contralaterale Projektion (c) der für Männchen spezifischen Kleinfeldneurone und die ipsilaterale Projektion (i) der geschlechtsunspezifischen Neurone des binokularen Sehbereichs. **E** Die contra- und ipsilateralen Projektionen der männchenspezifischen Großfeldneurone im Stammbereich der DN-Elemente. m zeigt den Projektionsbereich diverser mechano-sensorischer Eingänge am DN. **F** Die meisten Tangentialzellen der Lobulaplatte terminieren in heterolateralen Hirnbereichen und/oder in der contralateralen Lobulaplatte (as aufsteigende Fasern und ihre Kontakte im DN-Stamm). **G** Die spezifisch auf Vertikal- bzw. Horizontalbewegungen ansprechenden V- und H-Neurone der Lobulaplatte und ihre ipsilateralen Aufschaltungen im DN-Stammbereich (nach Strausfeld, in Stavenga und Hardie 1989).

haaf, in Stavenga und Hardie 1989). Neurone, die spezifisch auf Bewegungsrichtungen ansprechen (directionally sensitive motion neurons, DS), wurden in der Sehbahn vieler Insekten nachgewiesen (Wehner, in Autrum 1981; Franceschini et al., in Stavenga und Hardie 1989). Es ist anzunehmen, daß allen DS das gleiche **neuronale Netzwerk** aus identischen, **elementaren Bewegungsdetektoren** (elementary motion detectors, EMD's; Abb. 6-44 D) zugrunde liegt, wie es bereits von Hassenstein und Reichardt (1956) auf-

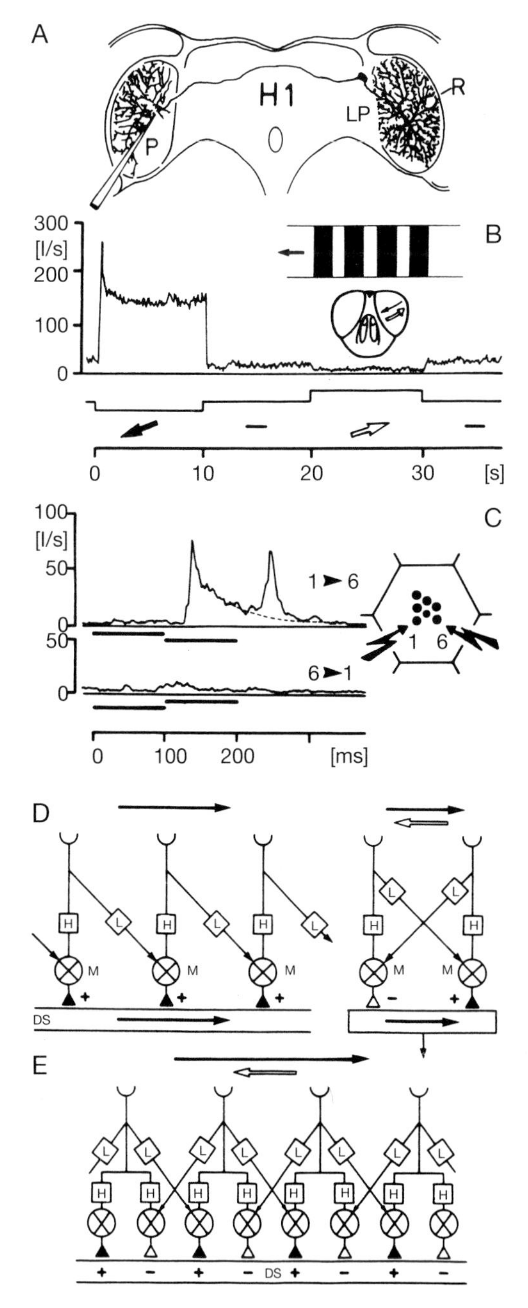

Abb. 6-44: Struktur und Funktion des H1-Neurons der Lobulaplatte von *Calliphora erythrocephala*. **A** Der Dendritenbaum von H1 erfaßt die gesamte retinotope Projektion in der Lobulaplatte (LP) und terminiert ähnlich weit verzweigt in der contralateralen LP; P Ableitort der Aktionspotentiale; R lokaler Reizort. **B** Reaktion von H1 auf die Bewegungsrichtung eines Streifenmusters. Bewegung von hinten nach vorn wirkt stark erregend, Bewegung von vorn nach hinten dagegen hemmend, wie die Erniedrigung der Ruhefrequenz (I/s) zeigt. **C** Reaktion von H1 auf lokale sequenzielle Reizung der Rezeptoren R1 und R6 einer einzelnen Facette. Die Reizfolge R1, R6 entspricht dabei einer Bewegung von hinten nach vorn! Nur diese Reizfolge erregt das Neuron und zwar doppelt, sowohl auf Licht-ein als auch auf Licht-aus des zweiten Reizes. **D** Blockschaltbild eines EMD-Netzwerkes (elementary motion detector) bei unidirektionaler Bewegungserkennung durch DS-Neurone. Erregung von DS erfolgt nur bei sequenzieller Reizung der Eingänge in Pfeilrichtung, und zwar nur dann, wenn der Multiplikator (M), bereits vor Eintreffen eines Signals über den Hochpaßfilter (H), durch ein Signal über den collateralen Tiefpaßfilter (L) aktiviert wurde. **E** Schaltbild eines EMD-Netzwerkes bei bidirektionaler Bewegungserkennung durch DS-Neurone. Hier sind zwei Typen von Multiplikatoren zu fordern: aktivierende M (schwarze Ausgänge) und inhibierende M (weiße Ausgänge). Reizabfolge in schwarzer Pfeilrichtung steigert die Impulsfrequenz von DS, Reizabfolge in Gegenrichtung (weißer Pfeil), erniedrigt sie (nach Franceschini et al., in Stavenga und Hardie 1989).

grund von Verhaltensversuchen am Rüsselkäfer *Chlorophanus* theoretisch gefordert und später elektrophysiologisch am Beispiel des H1-Neurons der Fliege direkt nachgewiesen wurde (Abb. 6-44).

Das **H1-Neuron** reagiert auf horizontale Musterbewegungen. Mit seinem feinverästelten Dendritenbaum erfaßt es die gesamte (durch T4-Zellen vermittelte) retinotope Projektion. In Ruhe hat H1 Entladungsfrequenzen zwischen 0 und 20 Aktionspotentialen pro s (I/s). Bewegung eines Streifenmusters von hinten nach vorn steigert die Frequenz transient bis auf 270 I/s und im «Steady state» auf 150 I/s (Abb. 6-44B). Umgekehrte Bewegung hemmt dagegen die Erregung des Neurons. H1 läßt sich nicht nur durch großflächige, makroskopische Reize stark aktivieren, sondern auch durch mikroskopische Reizung der Rezeptoren einzelner Facetten. So reicht die sequenzielle Reizung von nur zwei Rezeptoren (R1 und R6) einer einzigen Facette bereits aus, um im H1-Neuron eine On-Off-Erregung bis zu 100 I/s auszulösen. Diese On-Off-Erregung tritt jedoch nur auf, wenn zuerst R1 und dann zeitverzögert R6 gereizt werden (was im neuralen Superpositionsauge einem lokalen Bewegungsreiz von hinten nach vorn entspricht, Abb. 6-44B, C). Die umgekehrte Reizfolge, zunächst R6 dann R1, inhibiert das Neuron! Diese Reaktionen von H1 zeigen, daß die DS-Neurone der LP eine Bewegungsrichtung über das Facettenraster hin nicht selbständig analysieren, sondern nur die Ausgänge retinotop geordneter EMD's abgreifen und integrieren.

Zur unidirektionalen Erkennung einer Bewegungsrichtung durch ein DS-Neuron ist minimal ein EMD-Netzwerk mit einem Hoch- (H) und einem collateralen Tiefpaßfilter (L) [der einen Multiplikator (M) verzögert, über einen definierten Zeitraum hin aktiviert (bahnt) und somit DS erregt] zu fordern (Abb. 6-44D). Zur bidirektionalen Bewegungserkennung durch DS-Neurone (mit einer Ruhefrequenz) ist ein verzweigtes EMD-Netzwerk mit aktivierenden (+) und inhibierenden (–) Multiplikationsausgängen zu fordern (Abb. 6-44E). Da weiterhin die DS-Neurone etwa gleichermaßen auf die Bewegung heller wie dunkler Kanten reagieren, wird z. Zt. diskutiert, ob die primäre Bewegungsanalyse eventuell über zwei parallele EMD-Netzwerke für Hell- und Dunkelreize erfolgt. Die Lokalisierung dieser EMD-Netze in den optischen Loben ist noch strittig. Wichtige Schaltelemente scheinen jedoch bereits in der Lamina realisiert zu sein.

Literatur zu 6

Autrum, H. (Ed.) (1979) Handbook of sensory physiology, **VII/6a**. Springer, Berlin.

Autrum, H. (Ed.) (1981) Handbook of sensory physiology, **VII/6c**. Springer, Berlin.

Autrum, H. und Zwehl, V. von (1964) Spektrale Empfindlichkeit einzelner Sehzellen des Bienenauges. Z. vergl. Physiol. **48**, 357–384.

Baumgärtner, H. (1928) Der Formensinn und die Sehschärfe der Bienen. Z. vergl. Physiol. **7**, 56–143.

Burkhardt, D. (1962) Spectral sensitivity and other response characteristics of single visual cells in the arthropod eye. Symp. Soc. Exp. Biol. **16**, 86–109.

Burkhardt, D. und Motte, I. de la (1988) Big ‹antlers› are favoured: female choise in stalk-eyed flies (diptera, insecta), field collected harems and laboratory experiments. J. Comp. Physiol. A **162**, 649–652.

Burkhardt, D. und Wendler, L. (1960) Ein direkter Beweis für die Fähigkeit einzelner Sehzellen des Insektenauges, die Schwingungsrichtung polarisierten Lichtes zu analysieren. Z. vergl. Physiol. **43**, 687–692.

Daumer, K. (1956) Reizmetrische Untersuchungen des Farbensehens der Biene. Z. vergl. Physiol. **38**, 413–478.

Dörrscheidt-Käfer, M. (1972) Die Empfindlichkeit einzelner Photorezeptoren im Komplexauge von *Calliphora erythrocephala*. J. Comp. Physiol. **81**, 309–340.

El Gammal, S., Henning, U. und Hamdorf, K. (1987) The paracrystalline structure of an insect rhabdomere *(Calliphora erythrocephala)*. Cell Tissue Res. **248**, 511–518.

Franceschini, N. und Kirschfeld, K. (1976) Le contrôle automatique du flux lumineux dans l'oeil composé des Diptères. Biol. Cybern. **21**, 181–203.

Frisch, K. von (1949) Die Polarisation des Himmelslichtes als orientierender Faktor bei den Tänzen der Bienen. Experientia **5**, 142–148.

Frisch, K. von (1965) Tanzsprache und Orientierung der Bienen. Springer, Berlin.

Goodwin, T. W. (1984) The biochemistry of carotinoids, **2.** Chapman und Hall, London.

Graßmann, H. (1853) Zur Theorie der Farbenmischung. Ann. Phys. Chem. **89**, 69–84.

Hamdorf, K., Höglund, G. und Juse, A. (1986) Ultraviolet and blue induced migration of screening pigment in the retina of the moth *Deilephila elpenor*. J. Comp. Physiol. A **159**, 353–362.

Hamdorf, K., Hochstrate, P., Höglund, G., Burbach, B. und Wiegand, U. (1988) Light activation of the sodium pump in blowfly photoreceptors. J. Comp. Physiol. A **162**, 285–300.

Hamdorf, K., Hochstrate, P., Höglund, G., Moser, M., Sperber, S. und Schlecht, P. (1992) Ultra-violet sensitizing pigment in blowfly photoreceptors R1–6; probable nature and binding sites. J. Comp. Physiol. A **171**, 601–615.

Hanke, W., Hamdorf, K., Horn, E. und Schlieper, C. (1977) Praktikum der Zoophysiologie. Gustav Fischer, Stuttgart.

Hardie, R. (1984) Properties of photoreceptors R7 and R8 in dorsal marginal ommatidia in the compound eyes of *Musca* and *Calliphora*. J. Comp. Physiol. A **154**, 157–165.

Hargrave, P. A. (1982) Rhodopsin chemistry, structure and topography. Prog. Retinal Res. **1**, 1–51.

Hassenstein, B. und Reichardt, W. (1956) Systemtheoretische Analyse der Zeit-, Reihenfolgen- und Vorzeichenauswertung bei der Bewegungsperzeption des Rüsselkäfers *Chlorophanus*. Z. Naturforsch. **11b**, 513–524.

Helversen, O. von (1972) Zur spektralen Unterschiedsempfindlichkeit der Honigbiene. J. Comp. Physiol. **80**, 439–472.

Helversen, O. von und Edrich, W. (1974) Der Polarisationsempfänger im Bienenauge: ein Ultraviolettrezeptor. J. Comp. Physiol. A **94**, 33–47.
Hering, E. (1920) Grundzüge der Lehre vom Lichtsinn. Springer, Berlin.
Hochstrate, P. (1989) Lanthanum mimicks the trp photoreceptor mutant of *Drosophila* in the blowfly. J. Comp. Physiol. A **166**, 179–188.
Hochstrate, P. und Hamdorf, K. (1985) The influence of extracelular calcium on the response of fly photoreceptors. J. Comp. Physiol. A **156**, 53–64.
Home, E.M. (1975) Ultrastructural studies of development and light-dark adaptation of the eye of *Coccinella septempunctata* L., with particular reference to ciliary structures. Tissue and Cell **7**, 703–722.
Horridge, G.A. und Giddings, C. (1971) The retina of *Ephestia* (Lepidoptera). Proc. Roy. Soc. London B **179**, 87–95.
Horridge, G.A. und Henderson, I. (1976) The Ommatidium of the lacewing *Chrysopa* (Neuroptera). Proc. Roy. Soc. London B **192**, 259–271.
Horridge, G.A., Marĉelja, L. und Jahnke, R. (1982) Light guides in the dorsal eye of the male mayfly. Proc. Roy. Soc. London B **216**, 25–51.
Huber, A., Smith, D.P., Zuker, C.S. und Paulsen, R. (1990) Opsin of *Calliphora* peripheral photoreceptors R1–6. J. Biol. Chem. **265**, 17906–17910).
Juse, A., Höglund, G. und Hamdorf, K. (1987) Reversed light reaction of the screening pigment in a compound eye induced by noradrenaline. Z. Naturforsch. **42c**, 973–976.
Kirschfeld, K. (1973) Das neurale Superpositionsauge. Fortschr. Zool. **21**, 229–251.
Labhart, T. (1980) Specialized photoreceptors at the dorsal rim of the honey bee's compound eye: polarization and angular sensitivity. J. Comp. Physiol. A **141**, 19–30.
Labhart, T. (1986) The electrophysiology of photoreceptors in different eye regions of the desert ant *Cataglyphis bicolor*. J. Comp. Physiol. A **158**, 1–7.
Labhart, T., Hodel, B. und Valenzuela, I. (1984) The physiology of cricket's compound eye with particular reference to the anatomically specialized dorsal rim area. J. Comp. Physiol. A **155**, 289-296.
Land, M.F. und Eckert, H. (1985) Maps of the acute zones of fly eyes. J. Comp. Physiol. A **156**, 525–538.
Langer, H. (Ed.) (1973) Biochemistry and physiology of visual pigments. Springer, Berlin.
Lüttgau, H. und Necker, R. (Eds.) (1989) Biological signal processing. VCH-Verlag, Weinheim.
Matić, T. und Laughlin, S.B. (1981) Changes in the intensity-response function of an insect's photoreceptors due to light adaptation. J. Comp. Physiol. A **145**, 169–177.
Menzel, R. (1981) Achromatic vision in the honeybee at low intensities. J. Comp. Physiol. **141**, 389–393.
Menzel, R. (1987) Farbensehen blütensuchender Insekten. KFA-Jülich, 1–8.
Menzel, R., Ventura, D.F., Hertel, H., de Souza, J. und Greggers, U. (1986) Spectral sensitivity of photoreceptors in insect compound eyes: Comparison of species and methods. J. Comp. Physiol. A **158**, 165–177.
Moody, M.F. und Parriss, J.R. (1961) The discrimination of polarized light by *Octopus*: a behavioural and morphological study. Z. Vergl. Physiol. **44**, 268–291.
Mütze, K. (1961) ABC der Optik. Dausien, Hanau.
Nilsson, D.E. (1990) From cornea to retinal image in invertebrate eyes. Trends in Neurosci. **13**, 55–64.
Nilsson, D.E., Land, M.F. und Howard, J. (1988) Optics of the butterfly eye. J. Comp. Physiol. A **162**, 341–366.
Nilsson, D.E., Hamdorf, K. und Höglund, G. (1992) Localization of the pupil trigger in insect superposition eyes. J. Comp. Physiol. A **170**, 217–226.
O'Tousa, J.E., Baehr, W., Martin, R.L., Hirsch, J., Pak, W.L. und Applebury, M.L. (1985) The *Drosophila* ninaE gene encodes an opsin. Cell **40**, 839–850.
Ovchinnikov, Y.A. (1982) Rhodopsin and bacteriorhodopsin: structure function relationships. FEBs Lett. **148**, 179–191.
Paulsen, R. (1984) Spectral characteristics of isolated blowfly rhabdoms. J. Comp. Physiol. A **155**, 47–55.
Paulsen, R., Bentrop, J., Bauernschmitt, H.G., Böcking, D. und Peters, K. (1987) Phototransduction in invertebrates: components of a cascade mechanism in fly photoreceptors. Photobiochem. Photobiophys. **13**, 261–272.
Rossel, S. (1979) Regional differences in photoreceptor performance in the eye of the praying *Mantis*. J. Comp. Physiol. **131**, 95–112.
Rossel, S. und Wehner, R. (1984) How bees analyze the polarization patterns in the sky. Experiments and model. J. Comp. Physiol. A **154**, 607–615.
Schlecht, P. (1979) Colour discrimination in dim light: an analysis of the photoreceptor arrangement in the moth *Deilephila*. J. Comp. Physiol. A **129**, 257–267.
Schlecht, P., Hamdorf, K. und Langer, H. (1978) The arrangement of colour receptors in a fused rhabdom of an insect. J. Comp. Physiol. A **123**, 239–243.
Schneider, L., Gogala, M., Drăslar, K., Langer, H. und Schlecht P. (1978) Ommatidien des Doppelauges von *Ascalaphus* (Insecta, Neuroptera). Cytobiol. **16**, 274–307.

Seitz, G. (1968) Der Strahlengang im Appositionsauge von *Calliphora erythrocephala* (Meig.). Z. vergl. Physiol. **59**, 205–231.

Snyder, A. W. und Menzel, R. (Eds.) (1975) Photoreceptor optics. Springer, Berlin.

Sommer, E. (1979) Untersuchungen zur topographischen Anatomie der Retina und zur Sehfeldtopologie im Auge der Honigbiene *Apis mellifera* (Hymenoptera). Diss. Univ. Zürich.

Stavenga, D. und Hardie, R. (Eds.) (1989) Facets of vision. Springer, Berlin.

Stieve, H. (Ed.) (1986) The molecular mechanism of photoreception. Springer, Berlin.

Strausfeld, N.J. (1976) Atlas of an insect brain. Springer, Berlin.

Stryer, L. (1986) Cyclic GMP cascade of vision. Ann. Rev. Neurosci. **9**, 87–119.

Walraven, P. L. (1973) Theoretical models of the colour vision network. Hilger, London.

Weber, H. und Weidner, H. (1974) Grundriß der Insektenkunde. Gustav Fischer, Stuttgart.

Wehner, R. (Ed.) (1972) Information processing in the visual system of arthropods. Springer, Berlin.

Zuker, C. S., Montell, C., Jones, K., Laverly, T. und Rubin G. M. (1987) A rhodopsin gene expressed in photoreceptor cell R7 of the *Drosophila* eye: homology with other signal-transducing molecules. J. Neurosci. **7**, 1550–1557.

7 Chemische Sinne

J. Boeckh

Einleitung

Bereits die Naturforscher des 19. Jahrhunderts hatten entdeckt, daß Insekten über leistungsfähige chemische Sinne verfügen, und 1910 veröffentlichte A. Forel Beobachtungen, die zeigen, daß die Männchen der Nachtpfauenaugen ihre Weibchen über große Entfernung wahrscheinlich mit Hilfe ihres Geruchssinns finden. Mittlerweile ist von vielen Insekten bekannt, daß sie chemische Reize auf ihrer Suche nach Nahrung und bei der Nahrungswahl nutzen. Häufig beruhen Beziehungen von Insekten zu Pflanzen und zu anderen Tieren auf der Verwendung chemischer Reize. Dasselbe gilt für die sensorische Erfassung des Lebensraums und die Biotopwahl. Chemische Reize dienen auch der intraspezifischen Kommunikation zwischen den Geschlechtern und zwischen den Mitgliedern von Lebensgemeinschaften wie den Insektenstaaten. Solche Leistungen beruhen auf der hohen Empfindlichkeit vieler Insekten für chemische Reize und ihren erstaunlichen Fähigkeiten bei der Erkennung und Unterscheidung einer Vielzahl von Geruchs- und Geschmacksstoffen und deren Gemischen. Beim Auffinden der betreffenden Reizquellen zeigen Insekten beträchtliche Orientierungsleistungen, wobei auch zeitliche und räumliche Verteilungsmuster chemischer Reize ausgewertet werden. Der enormen Vielfalt der Insekten und ihrer Lebensweisen entspricht eine Vielfalt ihrer chemischen Sinnesorgane und der speziellen Leistungen ihrer chemischen Sinne, aus der bisher nur eine geringe Zahl von Beispielen genauer analysiert worden ist. Auf diese bezieht sich die im folgenden präsentierte Darstellung, welche dementsprechend Verallgemeinerungen nur in sehr begrenztem Umfang erlaubt.

Charakterisierung und **Definitionen:** Chemische Sinnesreize können als winzige Kostproben des Inhalts natürlicher (oder künstlicher) Reizquellen betrachtet werden bzw. als molekulare Merkmale, an denen diese identifiziert und mit deren Hilfe sie lokalisiert werden können. Chemische Reize wirken häufig in derart geringen Mengen, daß sie zwar von den Sinnesorganen, jedoch nicht mit chemischen Nachweismethoden erfaßt werden können. Dabei kann es sich

1. um (meist) **wasserlösliche Substanzen** handeln, welche in der Reizquelle oder deren nächster Umgebung gelöst vorliegen. Die Sinnesorgane geraten mit dem Substrat oder der Lösung in direkten Kontakt. Im

2. Fall handelt es sich um **flüchtige Substanzen**, die in geringerer oder weiterer Entfernung von der Reizquelle per Diffusion oder über Luftströmungen zum Sinnesorgan gelangen. Der Einfachheit halber spricht man in Anlehnung an Bezeichnungen aus der menschlichen Sinneswahrnehmung auch bei Insekten im **1.** Fall von **Geschmacksreizen** und Geschmackssinneszellen bzw. von Kontaktchemorezeptoren, im **2.** Fall von **Geruchsreizen** und entsprechend von Geruchssinneszellen. Die Tatsache, daß auch Geruchsstoffe die letzte Wegstrecke zur Sinneszelle in deren wäßriger Umgebung zurücklegen, wird bei dieser Einteilung nicht berücksichtigt.

7.1 Bedeutung und Leistung der chemischen Sinne

7.1.1 Geschmackssinn und Nahrungswahl

Eine einfache und leicht zu beobachtende Verhaltensantwort auf chemische Reize ist der sogenannte **Rüsselreflex** von verschiedenen Fliegen und Tagfaltern: Sobald beim Umherlaufen die Geschmacksborsten auf den Vordertarsen mit zuckerhaltigem Substrat, wie z. B. Blütennektar oder Fruchtfleisch, in Kontakt kommen, wird der Rüssel ausgefahren und Flüssigkeit aufgesogen (Abb. 7-1). Der Reiz ruft eine stereotyp ablaufende Reaktion hervor, die an Schluckreflexe beim Menschen erinnert, die ausgelöst werden, wenn Geschmacksstoffe wie Zucker auf die Zunge gebracht werden. Besonders reizwirksam sind dabei das Disaccharid Saccharose und seine Konstituenten, die Monosaccharide Glucose und Fructose, Stoffe von hohem Nährwert und weit verbreitet in Pflanzen, ihren Blüten und Früchten (Abb. 7-2, Tab. 7-1). Sie stellen

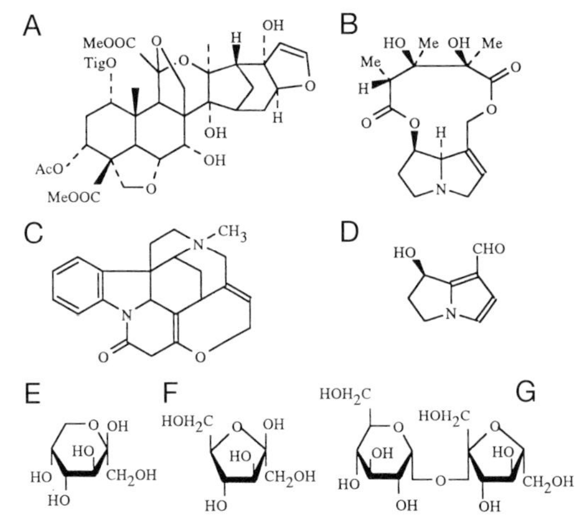

Abb. 7-2: Geschmacksstoffe. **A** Azadirachtin, **B** Monocrotalin (Pyrrolizidinalkaloid), **C** Strychnin, **D** Hydroxidanaidal (flüchtiger Abkömmling von **B**, wirkt als Duft anlockend, 7.1.1), **E** D-Glucose, **F** D-Fructose, **G** Saccharose.

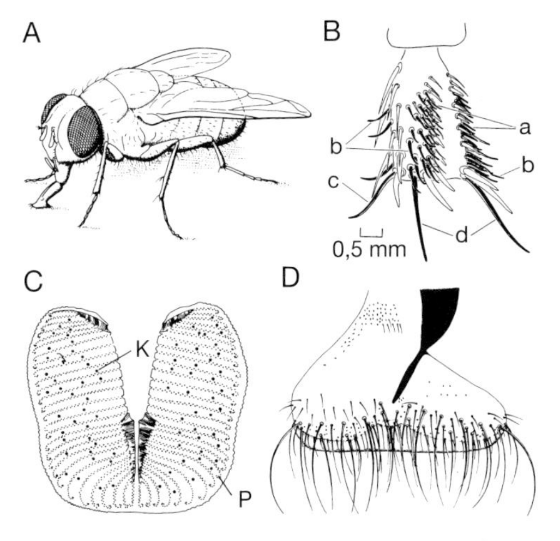

Abb. 7-1: Geschmackssinn bei Fliegen. **A** Rüsselreaktion bei Reizung an den Tarsen mit Zuckerlösung. **B** Geschmacksborsten (dunkel dargestellt) verschiedener Typen (a–d) auf dem Vordertarsus; auf allen 6 Tarsen zusammen stehen ca. 600 solcher Sensillen. **C** Aufsicht auf Vorderfläche des gespreizten Rüssels mit papillenartigen Geschmackskegeln (K, schwarze Punkte) zwischen den Pseudotracheen (P, raspelartige Rippen); insgesamt sind es ca. 130 Sensillen dieses Typs. **D** rechtes Labellum (Rüsselhälfte) von median mit Geschmacksborsten; zusammen sind es etwa 250. (**A** Original; **B** nach Grabowski und Dethier 1954; **C**, **D** nach Wilczek 1967).

Tab. 7-1: Auslöseschwellen der Rüsselreaktion verschiedener Insekten für Saccharose in mol/l wäßriger Lösung (nach v. Frisch 1965; Dethier 1976).

Spezies	gereizte Sinnesorgane auf	Auslösung bei mol/l
Apis mellifica	Rüssel	$10^{-1} - 6 \cdot 10^{-2}$ je nach Hungerzustand
Apis mellifica (nach Dressur)	Antenne	10^{-4}
Phormia	Vordertarsen	$4 \cdot 10^{-4}$
Pyrameis	Vordertarsen	$8 \cdot 10^{-4}$

die hauptsächliche Kohlenhydratquelle für viele Insekten dar. Entsprechend häufig finden sich hier Sinnesorgane, die spezifisch und empfindlich die Anwesenheit solcher Verbindungen signalisieren und die entsprechenden Reaktionen auslösen (Abb. 7-1, 7-3A).

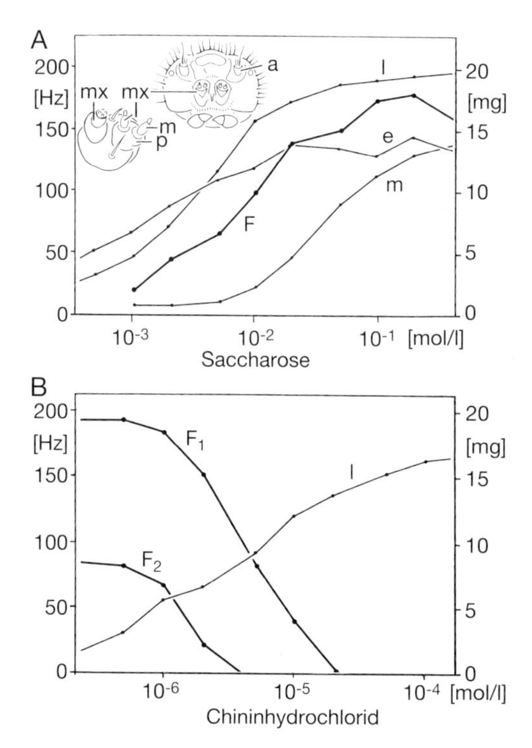

Abb. 7-3: Raupen von *Pieris brassicae* (Kohlweißling), Verhaltensreaktionen und Sinneszellantworten auf Geschmacksstoffe (Tab. 7-3). **A** Attraktivstoff Saccharose: F Fraßmenge gemessen am Gewicht der Faeces (rechte Ordinate) bei Zugabe von Saccharose unterschiedlicher Konzentration zu künstlicher Diät; e, l, m Reaktionen je einer Sinneszelle in Impulsen/s (Hz) des epipharyngealen Sensillums (e), bzw. des lateralen (l) und medianen (m) Sensillum styloconium der Maxille; Inset rechts, Kopf der Raupe von vorn mit Antenne (a) und Maxille (mx); Inset links, Maxille (mx) und Maxillarpalpus (p) mit medianem (m) und lateralem (l) Sensillum styloconicum. **B** Widriger Geschmacksstoff Chinin: Fraßmengen (Faecesgewicht, rechte Ordinate) bei $2 \cdot 10^{-2}$ mol/l Saccharosegehalt der Diät (F_1) bzw. 10^{-1} mol/l Saccharose (F_2) und Zugabe von Chininhydrochlorid in verschiedenen Mengen; l: Reaktionen einer zweiten Sinneszelle im lateralen Sensillum styloconicum der Maxille auf Chininhydrochlorid in Impulsen/s (Hz; nach Blom 1978).

Durch Beobachtung und experimentelle Manipulation solcher und ähnlicher Verhaltensweisen konnten die Fähigkeiten mehrerer Insektenspezies bei der **Wahrnehmung** und **Unterscheidung** verschiedener Geschmacksstoffe ermittelt und die Rolle und die Leistungen der beteiligten Geschmackssinnesorgane festgestellt werden (v. Frisch 1965). Neben den bereits erwähnten bewirken einige weitere Kohlenhydrate die Rüsselreaktion in ähnlicher Weise, d. h. sie besitzen für das Insekt dieselbe Reizqualität; sie wirken jedoch in einer stoffspezifischen Rangordnung unterschiedlich stark. Diese ist z. B. für die Honigbiene Saccharose > Glucose = Fructose ≫ Galactose, variiert jedoch von Spezies zu Spezies. Befindet sich Kochsalz in der Schmecklösung, wird der Rüssel nicht ausgefahren; eine sonst akzeptierte Zuckerlösung ist durch die Beimischung nunmehr «vergällt». Salze werden von anderen Geschmackssinneszellen registriert und offensichtlich einer anderen Geschmacksqualität zugerechnet. Arbeiterinnen von Honigbienen ordnen in ähnlicher Weise verschiedene Alkaloide, wie z. B. Chinin und andere für Menschen bitter schmeckende Stoffe in eine gesonderte Gruppe widriger Substanzen und lehnen, ähnlich wie z. B. Kohlweißlinge, ein Gemisch von $1{,}25 \cdot 10^{-4}$ mol/l Chininhydrochlorid und $6 \cdot 10^{-2}$ mol/l Saccharose ab (Abb. 7-3B). Bei genauerer Analyse stellt sich heraus, daß auch Substanzen innerhalb einer solchen Gruppe qualitativ ähnlich wirksamer Reize voneinander unterschieden werden können, jedoch nicht so gut wie Stoffe, die verschiedenen Gruppen angehören.

Ein überraschendes Ergebnis war es, daß auch reines Wasser die Rüsselreaktion von Fliegen hervorruft vor allem dann, wenn diese längere Zeit ohne Wasser gehalten (also durstig) waren. Später wurden entsprechende, auf Wasser reagierende Sinneszellen in Geschmacksborsten verschiedener Insekten nachgewiesen (Abb. 7-25).

Abgesehen von den unterschiedlichen relativen Wirksamkeiten von Geschmacksstoffen hängt die **Verhaltensschwelle**, d. h. die niedrigste Konzentration eines Geschmacksstoffes, welche eine Reaktion bewirkt (oder hemmt), auch davon ab, welche Sinnesorgane mit dem Reiz in Kontakt kommen. Die niedrigsten Auslöseschwellen für das Rüsselausstrecken der Schmeißfliege werden bei einer Reizung der Geschmacksborsten auf den Vordertarsen erreicht, während an den Sensillen des Labellums eine etwas höher konzentrierte Lösung notwendig ist. Bei Reizung dieser Sensillen mit Zuckerlösung werden die Motoneurone der Streckermuskeln des Rüssels aktiviert, worauf dieser ausgefahren wird. Dabei kommen die Sensillen am Labellenrand in Kontakt mit den Geschmacksstoffen. Daraufhin wird das Labellum aufgespreitet, was nunmehr Zuckerlösung an die Geschmackssensillen zwischen den Chitinleisten des Lippenpolsters bringt (Abb. 7-1C). Deren Reizantwort aktiviert die Muskulatur der Cibariumpumpe am Schlund und die Lösung wird aufgesogen. Bei *Drosophila* wurden Geschmackssinnesorgane im Mund gefunden, deren Reizung den Schluckvorgang auslösen soll. Somit ist im Laufe einer Kette von aufeinanderfolgenden Reizen und Reaktionen auf verschiedenen Stufen jeweils erneut eine geschmackliche Prüfung und eine Entscheidung über weitere Schritte der Nahrungsaufnahme möglich (Morita und Shiraishi 1985).

Honigbienen besitzen sowohl an den Mundwerkzeugen als auch auf den Fühlern Geschmackssinnesorgane. Dressiert man sie durch Belohnung darauf, ihren Rüssel auszustrecken, wenn die antennalen Sinnesorgane mit Zuckerlösung gereizt werden, erfolgt die Reaktion auf weniger als $6 \cdot 10^{-4}$ mol/l Saccharose. Undressierte Sammelbienen reagieren bei Reizung an den Sinnesorganen der Mundwerkzeuge nur bei höheren Reizstärken und akzeptieren im Freiland Blütennektar erst ab Zuckerkonzentrationen von mindestens $5 \cdot 10^{-4}$ mol/l. Schwächer konzentrierte Lösung wird nicht aufgenommen, was damit erklärt wird, daß geringerer Zuckergehalt den Aufwand für das Eintragen und die Konzentration des Nektars zu Honig im Stock nicht lohnt. Je höher der Zuckergehalt des Nektars, desto mehr wird aufgenommen. Bei günstiger Tracht liegt dieser in vielen Blumen zwischen 20 und 70 %, was eine Berücksichtigung niedrigerer Konzentrationen gewöhnlich unnötig macht (v. Frisch 1965). Als Saugstimulans bei blutsaugenden Mükken und Wanzen haben sich Nucleotide, insbesondere ATP aber auch ADP und vor allem Adenosin-5'-Tetraphosphat erwiesen, welches z. B. bei der Tsetsefliege *Glossina* bereits mit ca. $4 \cdot 10^{-7}$ mol/l wirkt (Galun und Kabayo 1988). Diese Schwellen gehören zu den niedrigsten bisher bekannten Geschmacksschwellen im Tierreich.

Viele phytophage Insekten betasten, wenn sie auf ihrer Futterpflanze angelangt sind, diese mit ihren Fühlern und Mundwerkzeugen und bringen dadurch Geschmackssinnesorgane mit Stoffen an der Oberfläche der Pflanze in Kontakt. Bei Heuschrecken u. a. wirken dabei wachsartige Substanzen als chemische Reize und spielen eine Rolle bei der Beurteilung auf Brauchbarkeit. Nach oder während dieser Phase werden zur Probe Bisse oder Bohrungen angebracht, wobei Inhaltsstoffe der Pflanze mit Geschmackssinnesorganen in Kontakt kommen. Die Wahrnehmung bestimmter Kohlenhydrate, Aminosäuren u. a. Nährstoffe löst dann den eigentlichen Saug- oder Freßvorgang aus. Auch hier sind es häufig die **energieliefernden Stoffe** selbst, welche die entscheidenden Geschmacksreize darstellen (Abb. 7-3).

Eine Reihe von Pflanzen enthalten jedoch geschmackswirksame Substanzen, welche primär keine Nährstoffe für Insekten sind, sondern sogenannte **sekundäre Pflanzenstoffe**, d. h. Produkte des Sekundärstoffwechsels wie z. B. Sinigrin, Nikotin oder andere Glucosinolate und Alkaloide (Abb. 7-2). Diese sind für viele Tiere giftig und gehören zum Abwehrarsenal der betreffenden Pflanzen gegenüber Pflanzenfressern (Norris 1986). Die Geschmackssinnesorgane vieler phytophager Insekten reagieren auf solche Stoffe: Die Tiere erkennen und meiden entsprechend alkaloidhaltige Pflanzen. Viele dieser Verbindungen wirken im Experiment fraßhemmend (Abb. 7-3B, Tab. 7-2). Ein derartiges phytogenes, höchst potentes **Insekten-Abwehrmittel** ist das Azadirachtin (Abb. 7-2), welches u. a. vom indischen Neem-Baum produziert wird. Der Zusatz von 1 ng dieses Stoffes zu 1 cm^2 Oberfläche von sonst freßbarem Material bewirkt etwa bei Wüstenheuschrecken vollkommene Ablehnung.

Tab. 7-2: Pflanzeninhaltsstoffe als Phagostimulantien (+) und Phagoinhibitoren (–) für Raupen zweier Schmetterlingsarten, die beide an Kohlpflanzen fressen. Zahlenangaben mol/l (nach Blom 1978).

Substanz	*Mamestra*		*Pieris*	
Saccharose	$2 \cdot 10^{-1}$	+	$2 \cdot 10^{-1}$ Bei Zusatz von Synergisten 10^{-3}	+
Inositol	$5 \cdot 10^{-1}$	+	0	0
Sinigrin	$2 \cdot 10^{-3} - 10^{-1}$	–	$10^{-7} - 10^{-4}$	+
Strychnin	$10^{-2} - 10^{-1}$	–	$10^{-6} - 10^{-4}$	–

Einige Insekten haben solche Abwehrbarrieren durch Stoffwechseltoleranz gegen die Gifte (oder durch Entgiftung) überwunden und sich dadurch Nahrungsnischen erschlossen. Dementsprechend ist die Verhaltensantwort auf diese Stoffe auch nicht bei allen Insekten dieselbe. Z. B. akzeptieren an Solanaceen fressende Raupen des Tabakschwärmers *(Manduca sexta)* alle Pflanzen dieser Familie, die durchwegs Alkaloide bilden. Der Kartoffelkäfer *(Leptinotarsa decemlineata)* akzeptiert zwar nikotinhaltige Pflanzen aber nicht jene, in denen Tropan und verwandte Alkaloide vorkommen. Für *Lema crileneata*, eine verwandte Blattkäferart, sind sowohl nikotinartige als auch stereoidartige Alkaloide Fraßhemmer. Diese Art hat damit auch das engste Wirtspflanzenspektrum. Andere sekundäre Pflanzenstoffe wie Glucosinolate dienen mehreren Arten als Merkmale für günstige Nahrungsquellen, werden geschmacklich wahrgenommen und bewirken dadurch die Aufnahme (Tab. 7-3).

Für die **geschmackliche Erkennung eines Nahrungssubstrats**, seine qualitative Einordnung sowie die Entscheidung für oder gegen die Aufnahme und die aufgenommene Menge steht damit gewöhnlich ein **Bukett** mehrerer Substanzen in der Futterquelle zur Verfügung. Alle bisher erhobenen Befunde sprechen für eine sehr enge Anpassung des Geschmackssinns gerade bei phytophagen Insekten an dieses Angebot (Tab. 7-2, 7-3). Selbst sehr nah verwandte Arten haben diesbezüglich unterschiedliche sensorische Ausstattungen. So reagieren bestimmte Sinneszellen von *Pieris rapae*, die *P. brassicae* nicht besitzt, auf Salicin und Inositol. Beide Arten fressen an Pflanzen derselben Familie, erkennen jedoch unterschiedliche Komponenten des Angebots an Geruchsstoffen (Visser 1983).

Tab. 7-3: Arbeitsbereiche gustatorischer Sinneszellen des Epipharynx und der Maxille beim Kohlweißling *(Pieris brassicae)*. Die Wirkung der Anthocyanine/Pflanzenpigmente auf das Verhalten ist unbekannt (nach Visser 1983).

Sinnesorgan	**Zelle Nr.**	**Substanzen und Wirkung**
Medianes Sensillum styloconicum der Maxille	1	Kohlenhydrate, fraßauslösend
	2	Alkaloide, Steroide (Strychnin, Azadirachtin), fraßhemmend
	3	aromatische Glucosinolate (Sinalbin), fraßfördernd
	4	Salze, fraßfördernd
Laterales Sensillum styloconicum der Maxille	1	Kohlenhydrate (**nur** Glucose und Saccharose), fraßauslösend
	2	Glucosinolate (aliphatisch und aromatisch), fraßfördernd
	4	Anthocyanine/ Pflanzenpigmente
Epipharyngealsensillum	1	Zucker, fraßauslösend
	2	Fraßhemmer
	3	Salze, fraßfördernd

Sekundäre Pflanzenstoffe werden nicht nur als Erkennungsmerkmale für genießbare bzw. ungenießbare Pflanzen verwendet. Es ist bereits lange bekannt, daß verschiedene Insekten, wie z. B. der Monarchfalter (Danaidae), durch die Aufnahme und Speicherung von Cardenoliden (sog. Herzglykosiden) ungenießbar für Freßfeinde werden: Sie schmekken widrig und werden auch aufgrund einer bestimmten Warntracht gemieden (Brower, in Boppré 1986). Bei *Danaus plexippus* nehmen bereits die Larven mit Material aus ihren Futterpflanzen (z. B. Asclepiadaceen) solche Stoffe auf und speichern sie über die Puppenruhe hinweg, so daß auch die Imagines die Giftstoffe enthalten.

Die Raupen von *Creatonotos* (Arctiidae) fressen gezielt Pflanzenmaterial, welches Pyrrolizidin-Alkaloide (Abb. 7-2) enthält. Diese Stoffe wirken direkt als Geschmacksreize, welche das Fressen auslösen: Wird den Raupen reines Pyrrolizidinalkaloid auf Glasfaserträgern angeboten, nehmen sie es bereitwillig auf. Damit erwerben sie nicht nur chemischen Schutz, sondern auch eine Ausgangssubstanz für die Synthese von Pheromonen bei heranwachsenden Männchen (7.1.3.1). Bei verschiedenen Bärenspinnern, Monarchfaltern u. a. fliegen die Adulti getrocknete Stengel pyrrolizidin-alkaloidhaltiger Pflanzen an, z. B. Boraginaceen wie *Heliotropium*, speicheln sie ein, lösen so die enthaltenen Alkaloide heraus und saugen sie auf. Von den Männchen der Danaiden wird das aufgenommene Alkaloid zu einem Pheromon umgewandelt, welches beim Balzflug an das Weibchen abgegeben wird (Abb. 7-7, 7-10). Das aktive Aufsuchen und die gezielte Aufnahme alkaloidhaltigen Materials ist hier nicht im Kontext der Ernährung des Individuums zu sehen, sondern als Erwerb wichtiger Substanzen, die im Zusammenhang mit Verteidigung und Kommunikation eine Rolle spielen. Man hat deshalb die Beschaffung derartiger Substanzen getrennt von der Nahrungsaufnahme als **Pharmakophagie** bezeichnet (Boppré 1986). Nach neueren Ergebnissen ist diese bei einer ganzen Reihe von Insekten verbreitet und spielt im Rahmen der speziellen Ökologie von Insekten-Pflanzen-Beziehungen eine besondere Rolle (Wink und Schneider 1990).

Die Reaktionen eines Insekts auf Geschmacksreize und die Nahrungsaufnahme erfolgen keineswegs stets bei den gleichen Konzentrationen und Konstellationen von Geschmacksstoffen. Bereits die **Reaktionsschwellen der Sinnesorgane** können im Laufe der Tages- oder anderer Rhythmen und z. B. nach einer Mahlzeit durch innere Faktoren verstellt werden (Blaney et al. 1986). Bei Wüstenheuschrecken ist nach einer Nahrungsaufnahme die Schwelle der Geschmackssinnesorgane auf den Palpen für Inhaltsstoffe der Nahrung signifikant erhöht, was auf humorale Faktoren zurückgeführt wird. Injiziert man Hämolymphe oder Extrakte von Neurohormondrüsen gefütterter Wüstenheuschrecken in ungefütterte Tiere, ist dieser Effekt an deren Sinnesorganen festzustellen. Im Laufe längerer **Erfahrung** mit bestimmten Substanzen, z. B. Aufzucht mit entsprechend zusammengesetzten Diäten, können sich die Schwellen auch der Rezeptoren für aversiv wirkende Geschmacksstoffe ändern. Werden Raupen des Tabakschwärmers auf Tomatenblättern gezogen, meiden sie Kohl, Löwenzahn und Wegerich. Nach Aufzucht mit bestimmten anderen Diäten fressen sie bereitwillig Kohl oder Wegerich. Selbst an normalerweise stark abgelehnte Alkaloide können sie durch Aufzucht auf bestimmten Pflanzen und Diäten gewöhnt werden. Auch bei diesen Tieren wurden in elektrophysiologischen Untersuchungen entsprechend veränderte Antwortmuster der Sinneszellen registriert (Schoonhoven, in Chapman et al. 1987).

Die **zentralnervös getroffene Entscheidung** über die Reaktion auf das Angebot von Geschmacksreizen (bzw. die entsprechenden Meldungen der Rezeptororgane) wird von einer Reihe interner Zustände beeinflußt, wie Ernährungszustand, spezifische Nahrungsanforderungen im Zusammenhang mit der Gonadenreifung oder bestimmten Entwicklungsstadien, die teils auf humoralem teils auf neuralem Wege die zentralen Schwellen modulieren. So hängt die Auslöseschwelle für die Rüsselreaktion der Schmeißfliegen von der Dauer ab, die sie ohne Nahrung waren bzw. vom Gehalt ihrer Diät an Nährstoffen (Morita und Shiraishi 1985). Hungern sie für 24 Stunden, bewirkt $2{,}7 \cdot 10^{-3}$ mol/l Saccharose die Rüsselreaktion. Enthielt die Diät kurz vor dem Test 2 mol/l Saccharose, reagieren sie erst bei 10^{-1} mol/l. Bei sehr hungrigen Fliegen reicht ein Tropfen einer etwa 1-molaren Saccharoselösung an einer einzigen Geschmacksborste zur Auslösung der Rüsselreaktion. Unter anderen Bedingungen (und niedrigeren Konzentrationen) ist die gleichzeitige Reizung mehrerer bis vieler Borsten notwendig. Zunehmende Magenfüllung, die über Streckrezeptoren registriert wird, hemmt die Reaktion bzw. die Nahrungsaufnahme selbst bei höherer Zukkerkonzentration. Innerhalb eines bestimmten Mengenbereichs wird von sehr ertragsreichem (d.h. stark zuckerhaltigem und entsprechend sensorisch wirksamem) Substrat besonders viel aufgesogen. Dazu kommen Erfahrungs- und Lerneffekte. Wird z.B. Wüstenheuschrecken kurz nach einer Mahlzeit ein Stoffwechselgift injiziert, lehnen sie für längere Zeit Nahrung ab, die mit den zuvor wahrgenommenen Geschmacksstoffen versetzt ist.

7.1.2 Gerüche und Informationen über die Entfernung

Gerüche sind Sinnesreize mit **Distanzwirkung**. Sie bestehen aus flüchtigen Inhaltsstoffen von Geruchsquellen, welche durch Diffusion oder durch Luftströmungen zu den Geruchssinnesorganen gelangen. Sie dienen

1. als Merkmale zur Identifizierung einer evtl. weit entfernten Geruchsquelle (Nahrung, Fortpflanzungspartner, Wohnbereich etc.),

2. als Orientierungshilfe beim Aufspüren solcher Geruchsquellen und

3. zusätzlich der Überprüfung im Nahbereich.

Eine besondere Rolle spielen Düfte als Signale bei der intra- und interspezifischen Kommunikation der Insekten (7.1.3.2). Sie bestehen, wie z.B. die weiblichen Sexuallockstoffe vieler Schmetterlinge, häufig jeweils nur aus einer oder wenigen Verbindungen. Es gelingt daher leicht, sie zu analysieren und die ausgelösten Verhaltensweisen zu studieren. Es gibt auch Substrate, die anhand eines einzigen Duftstoffs erkannt werden und attraktiv auf verschiedene Insekten wirken, wie z.B. die oben erwähnten Asclepiadaceen, welche Pyrrolizidin-Alkaloide enthalten. Im Falle des Bärenspinners *Rhodogastria* wirkt ein Zerfallsprodukt dieser selbst nicht flüchtigen Alkaloide, das Hydroxidanaidal, als Duftstoff, durch den die Falter angelockt werden (Abb. 7-2, 7-7).

Bei vielen natürlichen Nahrungsquellen kommen die für den Nutznießer wichtigen Stoffe wie Kohlenhydrate, Aminosäuren u.a. wegen ihrer mangelnden Flüchtigkeit als geruchlich wirksame und damit über die Entfernung erkennbare Merkmale nicht in Betracht. Als solche dienen vielmehr **flüchtige Inhaltsstoffe**, die entsprechend der Bedeutung des erkannten Dufts Verhaltensweisen hervorrufen, wie Aufmerken (kenntlich am Antennenheben oder -wedeln), Alarmierung (verstärkte Motorik) oder Orientierungsverhalten (Suchbewegungen, gezielter Lauf oder Flug). Nahrungsquellen und andere natürliche Duftquellen tierischer, pflanzlicher oder mikrobieller Herkunft enthalten gewöhnlich eine Vielzahl flüchtiger Verbindungen, von denen wiederum viele adäquate Reize für die Geruchssinneszellen verschiedener Insekten darstellen. So wurden im Luftraum um frische Maisblätter mehr als 90 Duftsubstanzen nachgewiesen, Aromen von Früchten enthalten z.T. hunderte flüchtiger Verbindungen. Welche dieser Stoffe besonders geruchswirksam für ein bestimmtes Insekt sind und welche für die Erkennung einer bestimmten Duftquelle verwendet werden, ist nur in wenigen Fällen im Detail bekannt.

Gewisse flüchtige Verbindungen kommen typischerweise in bestimmten großen Gruppen **natürlicher Geruchsquellen** vor, wie z.B. die sogenannten Blätteraldehyde und -alkohole (2-t-Hexenal, 2-t-Hexenol u.a.) in grünen Pflanzen (Abb. 7-4, 7-26). Sie stammen aus dem oxidativen Abbau von Carbonsäuren, wie etwa Linol- und Linolensäure, haben auch für die menschliche Nase einen typischen «Grüngeruch» und wirken attraktiv auf eine Reihe phytophager Insekten. Ähnliches gilt für bestimmte Alkohole, Ketone, Ester u.a. in reifen oder gärenden Früchten, welche eine ganze Reihe verschiedener Insekten anlokken. Andere Substanzen sind charakteristisch nur für eine engere Verwandtschaft von Duftquellen wie z.B. Isothiocyane der Kreuzblütler, welche für Gäste dieser Pflanzenfamilie, etwa *Delia brassicae*, attraktiv sind. Gewöhnlich sind einzelne solcher Verbindungen nur

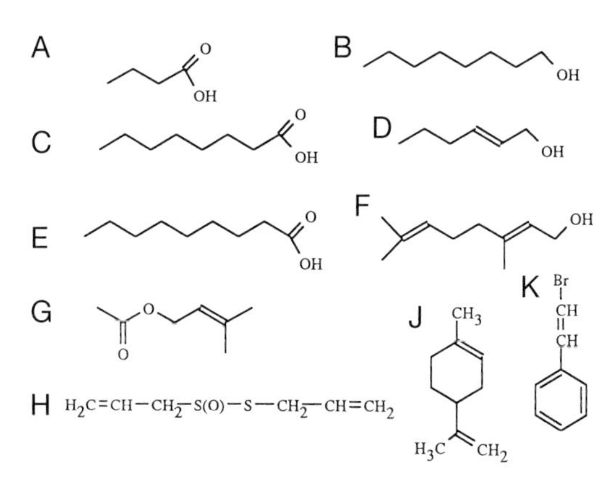

Abb. 7-4: Geruchsstoffe (zur Illustration werden entsprechende Geruchsassoziationen des Menschen genannt). **A** Butansäure (schweißig, ranzig); **B** Octanol (fruchtig); **C** Octansäure (wachsig); **D** Hexenol (Grüngeruch); **E** Nonansäure (wachsig); **F** Geraniol (blumig, nach Rosen); **G** Amylacetat (fruchtig, nach Banane); **H** Allicin (nach Knoblauch); **J** Limonen (Zitrusgeruch); **K** Bromstyrol (nach Hyazinthen).

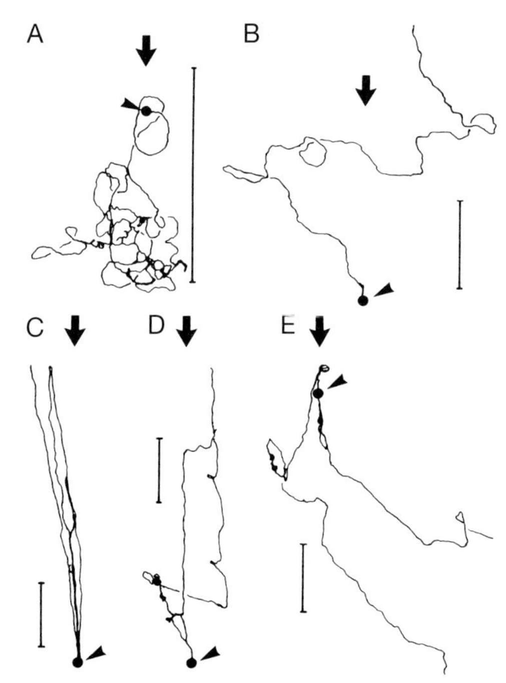

Abb. 7-5: *Leptinotarsa decemlineata* (Kartoffelkäfer). Läufe hungriger Weibchen auf dem Laufkompensator (Abb. 7-15). Startpunkte durch Pfeilköpfe markiert, Windrichtung durch Pfeile; Windgeschwindigkeit 80 cm/s; Streckenmarken 50 cm. **A** ohne Wind und Licht; **B** Wind und helle Beleuchtung (gilt auch für **C–E**); **C** zusätzlich Geruch von Kartoffelpflanzen; **D** Geruch von Wildtomatenpflanzen; **E** Geruch beider Pflanzen (nach Thiery und Visser 1986; Visser 1988).

schwach und in so hohen Konzentrationen wirksam, wie sie in den natürlichen Substraten nicht vorkommen (Visser 1983). Voll attraktiv und als Auslöser kompletter Verhaltensmuster wirken solche Stoffe nur im **Gemisch** und in bestimmten Mischungsverhältnissen. Hungrige Kartoffelkäfer laufen in einer Duftfahne in Lee von Kartoffelpflanzen direkt und längere Zeit windauf (Abb. 7-5). Andere Solanaceen, wie Tabak- oder Tomatenpflanzen, weisen ein prinzipiell ähnliches Inventar an flüchtigen Blattinhaltsstoffen auf, aber in anderen Mengenverhältnissen als Kartoffelpflanzen. Diese sind besonders reich an cis-3-Hexenol und in der Reihenfolge weniger an cis-3-Hexenylacetat, trans-2-Hexenal und trans-2-Hexenol. Wird Duft einer solchen Pflanze dem Kartoffelduft beigegeben, laufen die Käfer viel seltener und kürzere Strecken windauf (Tab. 7-4). Setzt man dem Kartoffelduft eine seiner eigenen Komponenten zu, d. h. ändert man deren Mischungsverhältnis, nimmt die Attraktivität ebenfalls ab.

Diese und andere Beobachtungen sprechen für eine geruchliche Erkennung von Futter- und anderen Geruchsquellen anhand von **Duftstoffmustern**, **Aromen** oder **Buketts** und nicht anhand von jeweils einer einzigen Schlüsselsubstanz. Es werden auch jeweils mehrere Komponenten eines solchen Buketts von mehreren verschiedenen Typen von Geruchssinneszellen eines Insekts registriert, die ein bukettspezifisches Erregungsmuster zum Gehirn senden (Abb. 7-29). Im Prinzip findet eine sensorische Identifizierung der chemischen «Fingerabdrücke» von Duftquellen statt, was eine sehr differenzierte Merkmalsbildung, aber auch eine exakte Erkennung und Unterscheidung einer Unzahl unterschiedlicher Gemische, d. h. von Aromen verschiedener Duftquellen gestattet. Dies gilt

Tab. 7-4: Windauflauf hungriger Weibchen des Kartoffelkäfers *(Leptinotarsa decemlineata)* bei reiner Luft, Luft mit Gemisch von Kartoffelpflanzen und Luft mit Kartoffelduft und Beimischung bestimmter Inhaltsstoffe des Kartoffeldufts. Angegebene Werte als Quotient zwischen windaufgelaufener Strecke und insgesamt gelaufener Strecke. Werte kleiner als 0,5 bedeuten netto Windablauf (nach Thiery und Visser 1986).

Wind	Wind + Kartoffelpflanze	Wind + Kartoffelpflanze + Inhaltsstoff
0,61	0,79	0,46, cis-3-Hexen-1-ol
0,50	0,79	0,48, trans-2-Hexenal
0,55	0,73	0,45, cis-3-Hexenylacetat
0,56	0,79	0,38, trans-2-Hexen-1-ol
0,61	0,86	0,76, 1-Hexanol

z.B. auch für das Erkennen von Veränderungen im relativen Gehalt der Duftsubstanzen im Bukett einer Blüte im Tagesverlauf, die mit Änderungen im Nektargehalt einhergehen. Honigbienen wären angesichts ihrer Leistungen beim Unterscheiden von fein abgestuften Duftgemischen wohl in der Lage, solche Veränderungen zu registrieren. Die Weibchen von Schmeißfliegen bevorzugen zur Eiablage Fleisch bestimmten Frischegrades, in welchem die Larven nach dem Schlupf günstige Ernährungsbedingungen vorfinden. In neurophysiologischen Untersuchungen an den Geruchssinnesorganen solcher Insekten wurde festgestellt, daß sich die Antwortmuster mehrerer Typen von Sinneszellen in charakteristischer Weise ändern, wenn Geruch von Fleisch verschiedenen Zersetzungsgrades geboten wird (Kaib, in Kaissling 1987). Das sensorische Inventar zur Registrierung solcher chemischen Muster ist demnach vorhanden.

Die Auswertung komplexer Geruchsreize und die Erfassung subtiler Unterschiede in ihrer Zusammensetzung erfordern entsprechende Fähigkeiten bei der Identifizierung von Substanzen, der exakten Feststellung ihrer relativen Mengen im Gemisch und für die Wahrnehmung über größere Distanzen auch eine hohe Empfindlichkeit. Die umfassendsten Kenntnisse über solche **Geruchsleistungen** besitzen wir aus Verhaltensexperimenten mit Honigbienen (v. Frisch 1965). Sammelbienen lernen rasch, künstlich beduftete Futterschalen anzulaufen oder anzufliegen, wenn sie dort mit Zuckerwasser belohnt werden. Der Duft wirkt als Merkmal für die Nahrung: Die Schale wird noch weiter besucht, und anderen Schalen ggf. mit anderem Duft vorgezogen, selbst wenn keine Belohnung mehr erfolgt. Bienen lernen auch durch Belohnung mit Zuckerwasser, bei Anwesenheit eines bestimmten Dufts an den Antennen den Rüssel auszustrecken (8.4). Durch gleichzeitiges oder sukzessives Anbieten von Konkurrenzreizen, wie anderen Düften oder anderen Konzentrationen bzw. Weglassen der Belohnung etc. werden die Lern- und Sinnesleistungen der Versuchstiere getestet.

In solchen Experimenten zeigen Bienen, daß sie viele Duftstoffe wahrnehmen und auch chemisch sehr ähnliche Substanzen, wie optische Isomeren oder um nur eine CH_2-Gruppe verlängerte bzw. verkürzte Moleküle, voneinander unterscheiden können. Bestimmte Duftstoffe werden offenbar in Gruppen ähnlicher Wirkung zusammengefaßt und deren Mitglieder untereinander leichter verwechselt, während Stoffe aus verschiedenen Gruppen besonders gut unterschieden werden (Abb. 7-6). Sie sind auch in der Lage, Komponenten und ihre Mixturen zu unterscheiden: Bietet man bei der Dressur Zuckerwasser unter der Duftmarke Bromstyrol, wird im Wahltest ein Gemisch von bereits 4 % dieser Substanz mit (nicht belohntem) Methylheptenon noch vor reinem Methylheptenon bevorzugt. Gegenüber einem Gemisch von 10 % Methylheptenon in Bromstyrol wird reines Bromstyrol bevorzugt, d.h. der Zusatz mit dem anderen Stoff wird bemerkt. Wie präzis Bienen nur wenig voneinander verschiedene Buketts unterscheiden, zeigt sich in Versuchen mit dem Duft von Sonnenblumen: Aus den mehr als 100 flüchtigen Duftstoffen im Bukett der Blüten dieser Pflanzen verwenden sie offenbar ca. 20 zur Erkennung. Die geringen Variationen in der Zusammensetzung der Buketts bei verschiedenen genetischen Linien oder Standorten dieser Pflanzen (sie liegen in der Größenordnung von 10 % im Gehalt einzelner Komponenten) reichen den Bienen zur sicheren Unterscheidung.

Hierzu paßt, daß Bienen eine im Lernversuch belohnte Duftkonzentration so gut im Gedächtnis behalten, daß sie im Wahltest nicht auf den gleichen Duft reagieren, wenn die Konzentration um mehr als 10 % von der gelernten abweicht. Dies ist eine Leistung, die Menschen, obwohl sie Düfte sehr gut voneinander unterscheiden können, nicht erzielen. Auch *Drosophila* kann die relativen Mengen einzelner Duftstoffe in Gemischen gut behalten und ihre

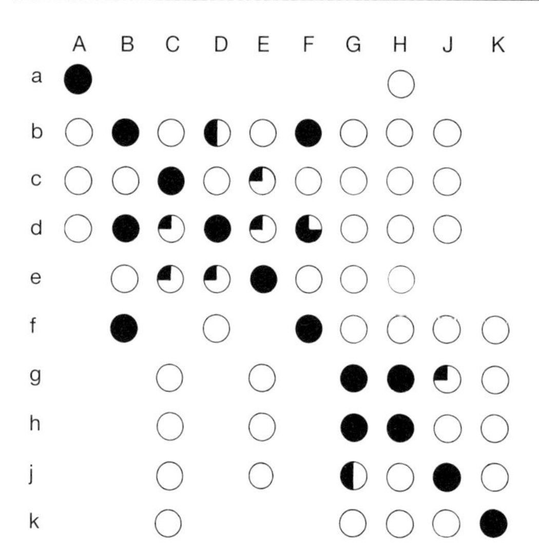

Abb. 7-6: Unterscheidung bzw. Verwechslung von Düften bei Honigbienen nach Duftdressur der Rüsselreaktion. Ein Testduft (große Buchstaben) wird stets beantwortet, wenn er auch Dressurduft (kleine Buchstaben) war (ausgefüllte Kreise). Innerhalb der Duftgruppen Bb–Ff bzw. Gg–Jj werden auch andere als der Dressurduft stets (volle Kreise) oder weniger häufig (dreiviertel-, halb- oder einviertelvolle Kreise) beantwortet. Aa 3-cyclo-1-Hexensäure, Bb 3-methyl-Hexanylformiat, Cc 3-methyl-2-Hexenylformiat, Dd 3-methyl-Hexanylacetat, Ee 3-Hexenylacetat, Ff Amylacetat, Gg Geranylacetat, Hh Citronellylacetat, Jj Nerylacetat, Kk Geranial (nach Vareschi 1971).

Unterscheidungsleistungen sind höher für Gemische, bei denen die Mengenverhältnisse verändert werden, als für andere, bei denen die Konzentrationen der Komponenten gleichmäßig verändert sind (Borst, in Kaissling 1987).

Es leuchtet unmittelbar ein, daß derartige Leistungen vor allem bei der **chemischen Mustererkennung** beste Voraussetzungen nicht nur für die Identifizierung geruchlicher Merkmale vieler Futterquellen bieten, sondern auch für das rasche Lernen und gute Behalten ihrer Düfte. Die Verwendung vielerorts in vielen Blüten, Blättern oder Faulsubstraten vorkommenden Duftkomponenten als Merkmalselemente bringt den Vorteil, daß mit einem Vielzweckinventar von Sinneszellen eines Insekts viele und auch neue Aromen codiert werden können, solange die relativen Anteile der Komponenten Duftquellen-typisch voneinander unterschiedlich sind und jede Mixtur zu einem anderen Erregungsmuster der Zellen führt (7.2.6).

7.1.3 Chemische Sinne und Kommunikation

Insekten haben eine Vielfalt von chemischen Signalen zur intraspezifischen Kommunikation zwischen Fortpflanzungs- und Sozialpartnern entwickelt, die als Geruchs- oder Geschmacksreize wirken. Sie werden auch als **Pheromone** bezeichnet, d. h. Substanzen, welche, von einem Partner abgegeben, den anderen in bestimmter Weise beeinflussen (Karlson und Lüscher 1959). **Primer Pheromone** bewirken beim Empfänger z. T. gravierende Umstellungen etwa im Hormonhaushalt. Beispiele sind Königinnenpheromone, welche die Ovariolentwicklung von Arbeiterinnen und anderen Weibchen hemmen, sowie Pheromone von Termitensoldaten, welche Larven oder Nymphen sich zu Mitgliedern anderer Kasten entwickeln lassen. **Releaser Pheromone** bewirken beim Empfänger Verhaltensänderungen. Bekannte Beispiele sind weibliche Sexuallockstoffe bei vielen Insektengruppen und Signale zwischen Mitgliedern von Insektenstaaten.

7.1.3.1 Sexuallockstoffe

Als eines der ersten Pheromone wurde mit enormem chemischen Aufwand der Sexuallockstoff weiblicher Seidenspinner *(Bombyx mori)* isoliert und analysiert (Butenandt et al. 1961). Es handelt sich um das E-10, Z-12 Hexadecadienol (Bombykol; Abb. 7-8B), welches von ausstülpbaren, zu Drüsen umgebildeten Intersegmentalmembranen des Hinterleibs von Weibchen abdiffundiert, auf Geruchssinnesorgane der Männchen wirkt und dadurch Antennenzittern, Flügelschwirren und windauf-Laufen auslöst. Mittlerweile sind hunderte von Sexualpheromonen analysiert

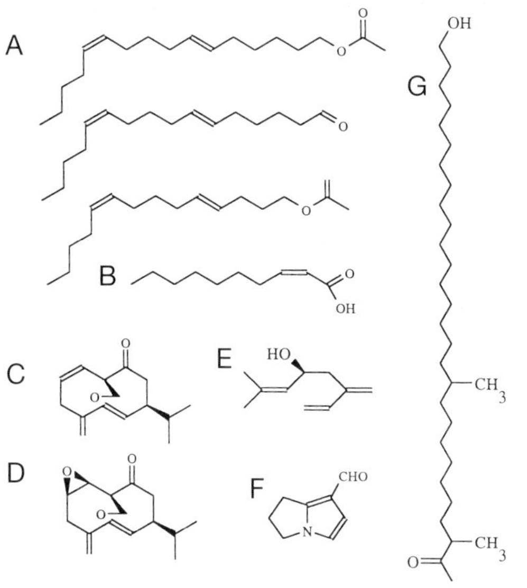

Abb. 7-7: Sexualpheromone verschiedener Insekten. **A** *Antheraea polyphemus* (Nachtpfauenauge), 3 Komponenten des Weibchenlockstoffs; **B** *Apis mellifica* (Honigbiene), Königinnensubstanz; **C, D** *Periplaneta americana* (amerikanische Schabe), 2 Komponenten des Weibchenlockstoffs; **E** *Ips typographus* (Buchdrucker), Männchenpheromon; **F** *Danaus* (Monarchfalter), Männchenpheromon (Abb. 7-2); **G** *Blatella germanica* (deutsche Schabe), Weibchenlockstoff, wirkt als Geschmackssubstanz bei Kontakt. Die Stoffe **A–F** wirken als Duftstoffe (nach verschiedenen Autoren).

worden (Abb. 7-7), nicht zuletzt in der Hoffnung, durch künstliche Lockstoffquellen begattungsbereite Männchen von Schadinsekten von Weibchen abzulenken oder zumindest durch Fallenfänge Bestandsaufnahmen von Schädlingspopulationen zu erhalten. Solche weiblichen Sexuallockstoffe werden in sehr geringen Mengen produziert und abgegeben. Die Drüsen enthalten Pheromon in µg-Mengen. Im Luftraum um lockende Weibchen der amerikanischen Schabe konnten, über Stunden summiert, nur Mengen in der Größenordnung von 10^{-15}g nachgewiesen werden.

Die **Empfindlichkeit** der Männchen des Seidenspinners aber auch anderer Spezies für das Pheromon ihrer Weibchen geht bis an die Grenze des theoretisch möglichen. Leitet man einen Luftstrom mit einer Geschwindigkeit von 6 cm/s für etwa 1 s über einen mit $3 \cdot 10^{-9}$ g Bombykol ($7{,}5 \cdot 10^{9}$ Molekülen) beschickten Duftträger, reagieren bereits 20 % einer Gruppe von hinter der Duftquelle sitzenden *Bombyx*-Männchen mit Flügelschwirren (Abb. 7-8). Dabei werden 640 Moleküle von den insgesamt 17000 für Bombykol empfindlichen Sinneshaaren auf der Antenne adsorbiert, im Mittel treffen auf jede der 17000 Bombykolzellen je 0,004 Moleküle. Dies bedeutet, daß statistisch gesehen ca. 1 % aller Sinneszellen je ein Molekül und nur ganz wenige je 2 erhalten können. Diese Zahl von 170 getroffenen Zellen entspricht auch der bei Reizung mit $3 \cdot 10^{-9}$ g Bombykol/Reizquelle ermittelten Gesamtzahl dufterzeugter Nervenimpulse pro Antenne. Die im elektrophysiologischen Experiment festgestellte Spontanaktivität solcher Sinneszellen ohne Duftreiz beträgt im Mittel 8 Impulse pro 100 Sekunden, so daß von allen Sinneszellen zusammen ca. 1450 Impulse pro Sekunde ins Gehirn laufen. Eine Zunahme dieser Aktivität um insgesamt 170 duftausgelöste Impulse während einer Reizsekunde reicht für die Auslösung der Verhaltensreaktion. Nach den Vorstellungen der Nachrichtentheorie muß ein Signal das Rauschen (hier die Spontanaktivität) in einem Übertragerkanal um einen Betrag von 3mal der Standardabweichung ($3 \cdot \sqrt{\text{Rauschen}}$) übersteigen, damit es vom Empfänger erkannt werden kann. Hiernach wären bei 1450 Impulsen Spontanaktivität theoretisch mindestens 114 dufterzeugte Impulse für die Erkennung des Signals des Weibchens notwendig. Dies ist ein Betrag, von dem die im Experiment ermittelten 170 nicht allzuweit entfernt liegen (Kaissling und Priesner 1970).

Bei vielen Insekten werden ganze Handlungssequenzen im Rahmen des Fortpflanzungsverhaltens von chemischen Signalen gesteuert (Abb. 7-9). Dabei kommen Duft- und Geschmacksstoffe zum Einsatz, die teils vom Männchen teils vom Weibchen abgegeben werden. Bei vielen Saturniiden, Noctuiden, Tortriciden u. a. Nachtfaltern produzieren die Weibchen **Lockstoffe aus mehreren Komponenten**, die sich in ihrer Wirkung ergänzen (Abb. 7-7, Priesner 1985). Die Männchen besitzen für jede Komponente spezielle Rezeptoren. Die Hauptkomponenten alleine wirken nur schwach attraktiv. Erst die Zugabe weiterer Stoffe macht das Pheromon voll wirksam, selbst wenn diese im Vergleich zur Hauptkomponente nur in geringen Mengen im natürlichen Pheromon vorkommen (Abb. 7-27).

Nur ein einziges Männchen der Noctuide *Euxoa ochrogaster* wurde in einer Falle gefangen, welche

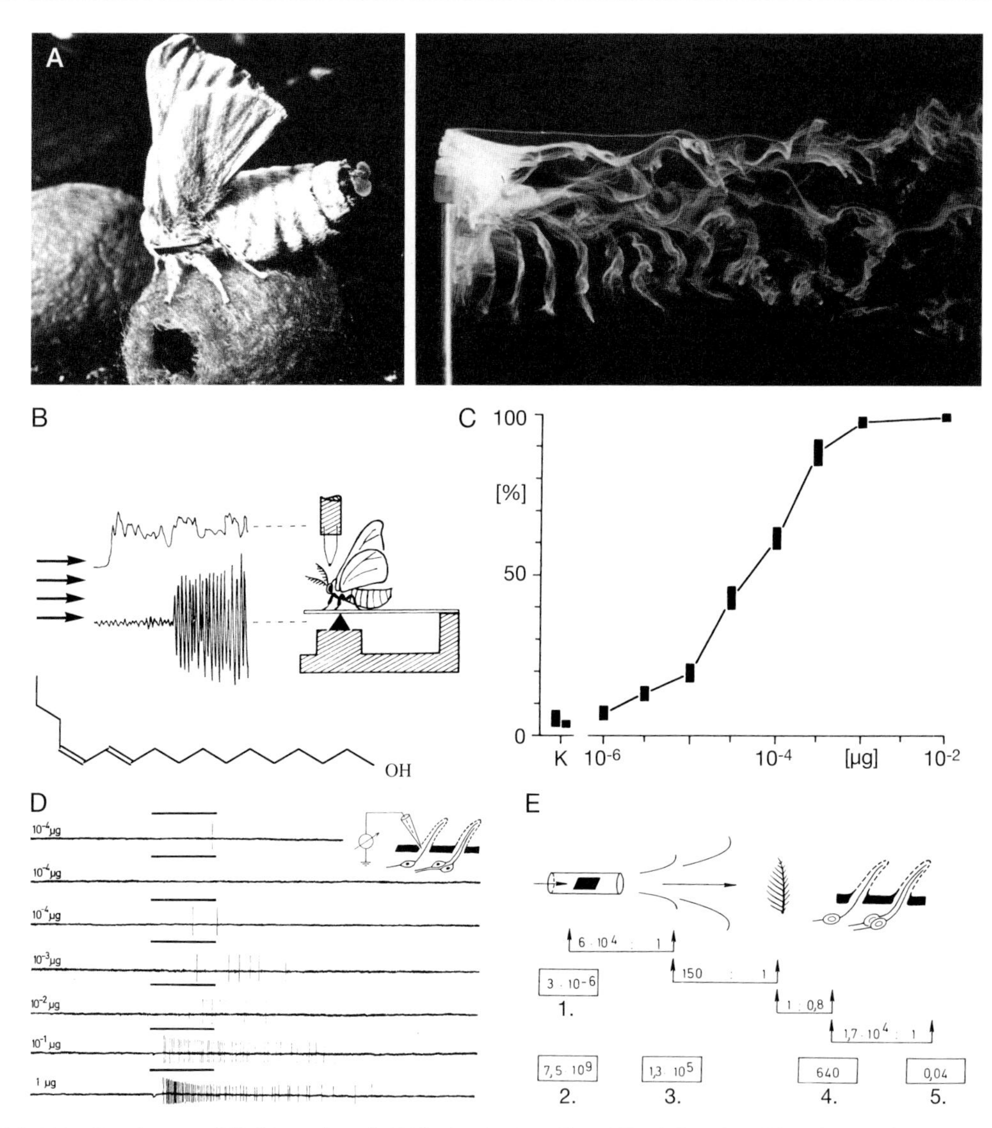

Abb. 7-8: *Bombyx mori* (Seidenspinner), Weibchenlockstoff und Reaktion der Männchen. **A** (links) Frisch geschlüpftes Weibchen auf Kokon mit ausgestülpten Lockdrüsen am Hinterleibsende. Rechts: Simulation einer Duftfahne; der Luft- bzw. Duftstrom kommt von links; die Fahne ist durch Verwendung von TiCl sichtbar gemacht. **B** Männchen auf Plattform mit Aufnehmer für Schwirrbewegungen (Registrierbeispiel Mitte); über dem Tier Meßfühler für (duftbeladenen) Luftstrom (Pfeile von links, Registrierbeispiel oben); unten Formel des Weibchenlockstoffs Bombykol. **C** Schwirreaktionen in % reagierender Männchen auf verschiedene Lockstoffmengen auf der Reizquelle, über die Luft zu den Männchen geblasen wird; K Kontrollreiz mit duftloser Luft. **D** Reaktionen einer Sinneszelle der Männchenantenne auf Bombykol, die Duftmenge auf der Reizquelle ist jeweils links, die Reizdauer (1 s) als Balken über der Registrierspur angegeben; bei sehr niedrigen Reizmengen (erste drei Registrierzeilen) wird die Zelle nicht bei jedem Duftreiz von einem Molekül getroffen; bei stärkeren Reizen reagiert sie proportional zur Duftkonzentration. **E** Kalkulation der Duftmenge an einzelnen Pheromon-Rezeptorzellen an der Verhaltensschwelle; 1. Duftmenge auf der Reizquelle (vgl. **C**), 2. Zahl der dort vorhandenen Moleküle, 3. pro s abgegebene Moleküle, 4. an den Sinneshaaren der Antenne absorbierte Moleküle, 5. Moleküle pro Sinneszelle (nach Kaissling und Priesner 1970; Kaissling 1987).

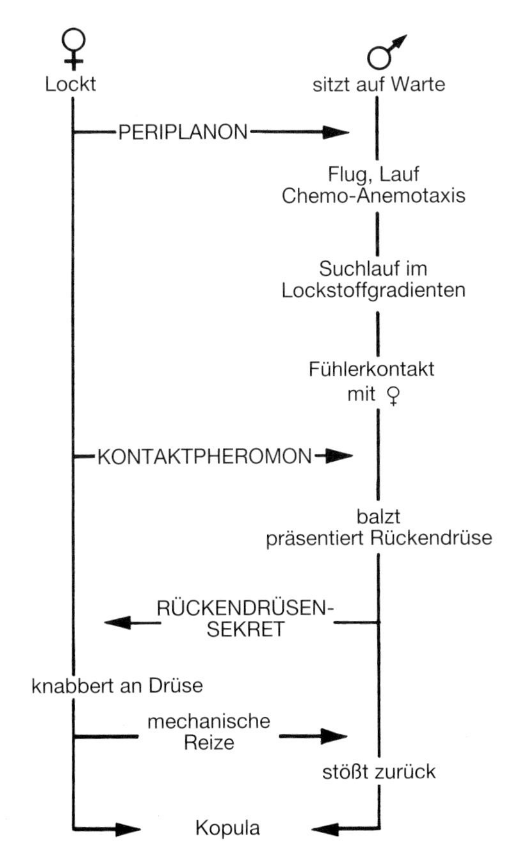

Abb. 7-9: *Periplaneta americana* (amerikanische Schabe). Rolle verschiedener Sexualpheromone (Großbuchstaben) bei der Partnerfindung (nach Angaben von G. Seelinger).

200 µg der Hauptkomponente des Lockstoffs enthielt. Zusatz von 2 µg einer 1. Nebenkomponente steigerte den Fangerfolg auf 52 Männchen, bei Zugabe von 0,5 µg einer 2. stieg der Fang auf 100 und bei 0,5 µg einer 3. auf 370. Interessanterweise verwenden ganze Gruppen z.T. nah verwandter Falter ähnliche oder sogar identische Verbindungen im Weibchenlockstoff. Diese werden von den Weibchen jeder Spezies in einem artspezifisch eingehaltenen Mischungsverhältnis abgegeben und sind für die konspezifischen Männchen auch nur in diesem Mischungsverhältnis besonders attraktiv. Bei sympatrisch vorkommenden, nah verwandten Arten sind diese Mischungsverhältnisse besonders unterschiedlich. Bei *Agrotis segetum* zeigen nord- und westeuropäische sowie balkanisch-westasiatische Populationen jeweils signifikant unterschiedliche Mengenverhältnisse der Lockstoffkomponenten bei den Weibchen bzw. Rezeptortypen bei den Männchen. In Ungarn existieren beide Typen nebeneinander und scheinen sich gegenseitig nicht anzulocken. Bastarde kommen höchst selten vor. Künstlich im Labor erzeugte Hybride aus Paarungen von Vertretern der beiden Populationen zeigen z.T. Mischtypen sowohl der Pheromonzusammensetzung als auch der Rezeptorpopulation (Löfstedt et al. 1986).

Häufig ist die Präsenz aller oder mehrerer Komponenten des Pheromons bereits für die erste Reaktion des Männchens aus der Ferne auf den Duft notwendig. In einigen Fällen konnte jedoch gezeigt werden, daß die einzelnen Komponenten jeweils unterschiedliche Subroutinen der Handlungskette bei der Partnerfindung bestimmen (Bradshaw et al. in Priesner 1985). So werden die Männchen der Kieferneule *(Panolis flammea)* von der in besonders großer Menge vorliegenden Hauptkomponente (Z)-9-Tetradecenylacetat im Weibchenpheromon zum Flug gegen den Wind gebracht, während die Nebenkomponenten (Z)-11-Tetradecenylacetat bzw. (Z)-11-Hexadecenylacetat Landeanflug und Nahbereichsreaktionen hervorrufen.

Eine zusätzliche Unterscheidungsmöglichkeit für die Düfte arteigener bzw. artfremder Weibchen besteht durch **Pheromonkomponenten mit verhaltenshemmender Wirkung**. So produzieren Weibchen der Nonne *(Lymantria monacha)* ein Gemisch der optischen Isomeren des Lockstoffs Disparlure aus 90 % der (–)- und 10 % der (+)-Verbindung. Die Männchen haben nur Rezeptoren für (+), nicht aber für (–). Die Weibchen des nah verwandten Schwammspinners *(L. dispar)* produzieren fast reines (+)-Dispalure. Ihre Männchen besitzen jedoch Rezeptoren sowohl für die (+)- als auch für die (–)-Komponente und werden von (+) angelockt, von (–) jedoch abgestoßen. In diesem Fall dient offensichtlich eine Pheromonkomponente speziell nur dem Abhalten artfremder Männchen (Hansen et al., in Schneider 1984). In anderen Fällen wirkt der für die eigenen Männchen attraktive Lockstoff direkt als Hemmer für die Männchen der jeweils anderen Art, was in wechselseitiger Weise zwischen Apfelwicklern *(Laspeyresia pomonella)* und Birnenwicklern *(L. py-*

Abb. 7-10: *Danaus gilippus* (Monarchfalter) beim Hochzeitsflug. Das Männchen überfliegt das Weibchen und gibt von den ausgestülpten Duftpinseln am Abdomenende Pheromon ab (vgl. Abb. 7-2, 7-7, nach Brower et al. 1965).

rivora) der Fall ist. Hier besitzen offenbar die Männchen beider Arten Rezeptoren für die Pheromone sowohl des gleichartigen (attraktiven), als auch des andersartigen (gemiedenen) Weibchens.

Die Verwendung hoch wirksamer Duftsignale erlaubt Kommunikation über große Distanzen und im Dunkeln. Die Präzision bei der Herstellung der Stoffe und Gemische einerseits sowie bei der Erkennung durch den Empfänger und seine spezifische Reaktion andererseits macht solche Signale störsicher, der Signalgeber bleibt z. B. von Feinden unbemerkt. Die Verwendung von Gemischen erlaubt weitere Präzisierung und eine Vielfalt von Formulierungen bis hin zur lokalen Dialektbildung (s. o.). Die entscheidende Rolle der Weibchenlockstoffe bei der Partnerfindung machen, im Zusammenhang mit den genannten Vorteilen, solche Pheromone zu wichtigen potentiellen Faktoren **reproduktiver Isolation** vor allem sympatrisch lebender, verwandter Arten.

Bei einer Reihe von Insekten geben Männchen vor allem im Verlauf der Balz Pheromone ab, welche die Weibchen begattungsbereit machen. Am besten bekannt ist dies bei Monarchfaltern (Danaiden) und deren Verwandtschaft. Hier stülpt das Männchen während des Balzflugs große Duftpinsel am Abdomen aus, von denen Pheromon an das Weibchen abgegeben wird (Abb. 7-10). Diese Pheromone werden aus Pyrrolizidin-Alkaloiden hergestellt, welche die Männchen aus PA-haltigen Pflanzen aufnehmen (7.1.1). **Männchenpheromone** werden, im Gegensatz zu den Weibchenlockstoffen, von beiden Partnern geruchlich wahrgenommen. Sie werden in relativ großen Mengen (bis zu mehreren Hundert µg pro Individuum) hergestellt und über relativ geringe Entfernung eingesetzt. Sie wirken in erster Linie nicht anlockend auf das Weibchen, sondern bewegen es zur Landung und dazu, die Kopulation zu akzeptieren (Schneider 1984).

7.1.3.2 Soziale Kommunikation

Die Verständigung der Mitglieder von Sozietäten mittels chemischer Signale ist besonders bei staatenbildenden Insekten wie Termiten, Wespen, Bienen und Ameisen verbreitet. Speziell bei den letzteren findet man eine Vielfalt hoch entwickelter sozialer Organisationsformen, die z. T. ganz wesentlich von der hoch differenzierten Kommunikation zwischen den Angehörigen der Kolonie getragen werden (Hölldobler 1991). Unter den ca. 10–20 verwendeten Signaltypen in Ameisenstaaten ist ein großer Anteil chemischer Natur. Bei der Feuerameise *Solenopsis invicta* finden sich Koloniegerüche, Kastengeruch, Körpergeruch, Spurstoffe, Alarmstoffe, Königinnenstoff zur Erkennung des Weibchens, Hemmstoff der Königin für das Flügelabwerfen anderer Weibchen und Gerüche verschiedener Entwicklungsstadien. Bereits bei der Betrachtung der wenigen gut analysierten **chemischen Signalsysteme** einzelner Spezies wird unmittelbar deutlich, welch entscheidende Rolle diese bei der Anpassung an spezifische Anforderungen und für den so offensichtlichen Erfolg der betreffenden Arten spielen. Entsprechend vielfältig ist die Liste der bei den einzelnen Spezies eingesetzten Pheromone und der produzierenden Gewebe, so daß Ameisen den Eindruck «wandelnder Batterien exokriner Drüsen» erwecken, wie es E. O. Wilson (1971) treffend ausgedrückt hat (Abb. 7-11). Stellvertretend für die Vielfalt chemischer Kommunikationssysteme bei sozialen Insekten sollen daher Beispiele aus dieser Familie vorgestellt werden.

Hat eine fouragierende oder eine Pfadfinderameise eine gute Nahrungsquelle bzw. einen günstigen neuen Nestplatz gefunden, legt sie bei der Rückkehr zur Kolonie eine **Duftspur**. Bei der Feuerameise *(Solenopsis)* zieht der Spurenleger mit dem Stachel am Boden eine Spur mit Duftstoff aus der Doufourdrüse, der in der unmittelbaren Umgebung diffundiert und eine Art Dufttunnel bildet, in und an dem sich Nestgenossen orientieren können (Abb. 7-12). Dessen sensorisch wirksamer Durchmesser beträgt für die Ameisen ca. 1 cm. Die eingesetzten und auch wahrnehmbaren Duftmengen sind sehr klein; die Drüsen produzieren Pheromonmengen von ca. 10^{-9} g. Spur- und auch Alarmstoffe werden bereits in Mengen von 10^{10} Molekülen/ml Luft wahrgenommen. Eine nur einmal gelegte Spur erlischt rasch. Bei vielen Spurstoffen stellt die Hauptkomponente ein bezüglich der Kolonie anonymes Signal dar, welches von mehreren Spezies oder von Angehörigen verschiedener Kolonien einer Spezies verwendet werden kann, während weitere Komponenten die Art- oder Koloniespezifität der Spur sichern. Verschiedene Arten von *Pogonomyrmex* verwenden Sekret der Giftdrüse als erste Spur zur Rekrutierung der Nachfolger. Bei günstigem Ertrag aus der Nahrungsquelle wird die Spur durch Markierung mit spezifischeren Düften aus der Doufourdrüse zur wichtigen Verkehrsader aufgewertet. Spuren zu Dauerfutterquellen wie z. B. Blattlauskolonien werden anders markiert als die zu temporären. Die Menge der aufgetragenen Spursubstanz gibt in gewissem Rahmen die Qualität der Futterquelle oder eines potentiellen neuen Nistplatzes wieder und beeinflußt die Zahl der auf die Spur gehenden rekrutierten Nestgenossen. Je nach Ertrag bzw. Güte des Zieles können Spuren durch Nachfolger verstärkt werden.

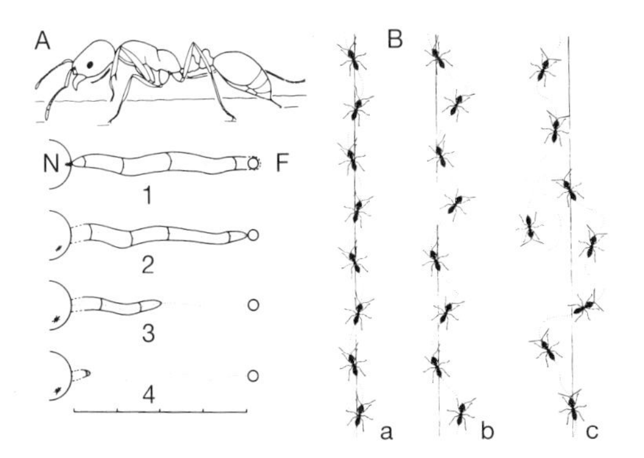

Abb. 7-12: Spurpheromone und Orientierung bei Ameisen. **A** Arbeiterin von *Solenopsis invicta* (Feuerameise) legt mit dem Stachel eine Duftspur zwischen Futterquelle (F) und Nest (N). Der geruchswirksame Duftraum entlang der Spur schrumpft mit der Zeit nach dem Auftragen. 1 Spur frisch gelegt, 2 nach 55s, 3 nach 80s, 4 nach 100s; Maßstab 4×5 cm (nach Wilson und Bossert 1963). **B** *Lasius fuliginosus* (Holzameise). Orientierung an einer künstlich gelegten geraden Pheromonspur. **a** frei bewegliche Fühler, die Ameise pendelt leicht nach links bzw. rechts und hält die Spur exakt; **b** linker Fühler amputiert, Abtasten des Duftfeldes mit dem verbleibenden Fühler, stärkere Abweichungen von der Spur, sie wird jedoch eingehalten; **c** überkreuz festgeklebte Fühler, Verlust der Spur durch Drehen zur «falschen» Seite, durch Suchschleifen wird sie wieder erreicht (nach Hangartner 1967).

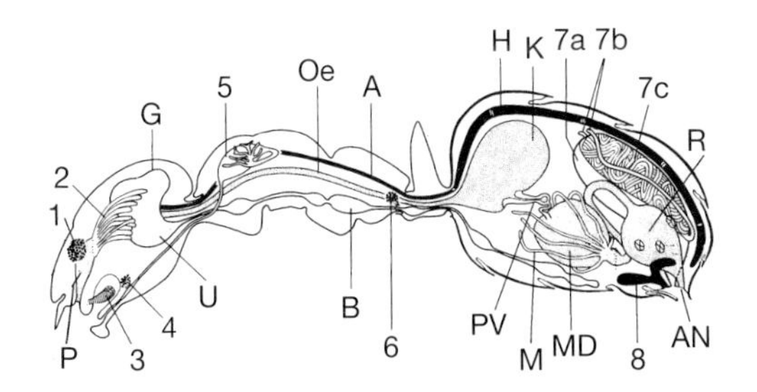

Abb. 7-11: *Formica* (Waldameise). Exokrine Drüsen einer Arbeiterin. 1 Pro-, 2 Postpharyngealdrüse, 3 Mandibel-, 4 Maxillar-, 5 Labial-, 6 Metapleuraldrüse; 7 Giftdrüse mit Reservoir (a), Tubuli (b) und Vesikeln (c); 8 Doufourdrüse; A Aorta, AN Anus, B Bauchmark, G Gehirn, H Herz, K Kropf, M Malpighigefäß, MD Mitteldarm, Oe Ösophagus, P Pharynx, PV Proventriculus, U Unterschlundganglion, R Rectum (nach Otto und Gößwald, in Hölldobler und Wilson 1990).

Andere Pheromone dienen als **Alarmsignale**, z. B. für das Herbeiholen von Helfern zur Überwältigung der Beute oder von Feinden (Maschwitz, in Hölldobler und Wilson 1990). Dabei können bestimmte Substanzen, wie giftige Terpene oder Kohlenwasserstoffe, sowohl zur Vertreibung der Fremden als auch zur Benachrichtigung der Stockgenossen verwendet werden. Die betreffenden Substanzen haben häufig hohen Dampfdruck und diffundieren und verteilen sich rasch. Bei Honigbienen wird das beim Sterzeln abgegebene Alarmpheromon eines Wächters vor dem Stock durch Flügelschwirren zusätzlich in die Kolonie geblasen und alarmiert innerhalb von Sekunden den ganzen Stock. Die charakteristische dampfdruckabhängige Diffusion und Ausbreitung eines solchen Duftstoffs um die Duftquelle erzeugt einen bestimmten Duftgradienten, entlang dessen eine Abstufung der Konzentration und entsprechend der Wirkung besteht. Dies kann sich in der Intensität bzw. dem Charakter der ausgelösten Verhaltensweise auswirken. So werden Blattschneiderameisen *(Atta)* durch das Alarmpheromon 4-Methyl-3-Heptanon in geringer Konzentration (d.h. in größerem Abstand von der Duftquelle) angelockt, von höheren Konzentrationen (d.h. in der Nähe der Duftquelle) zu aggressivem Alarmverhalten veranlaßt. Bei mehreren Substanzen mit unterschiedlichen Dampfdrucken durchläuft eine sich der Duftquelle nähernde Ameise mehrere Duftzonen. Wird Mandibeldrüsenextrakt der Weberameise *Oecophylla* an einem Fleck aufgetragen, ergibt sich nach ca. 20 s ein Duftraum von ca. 16 cm Durchmesser mit konzentrisch angeordneten Bereichen verschiedener Düfte, durch welche unterschiedliche Verhaltensweisen im Kontext einer Alarmierung abgerufen werden (Abb. 7-13).

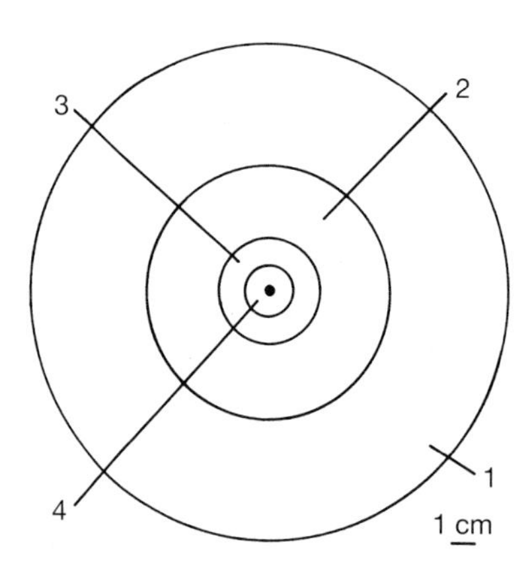

Abb. 7-13: Alarmpheromone von *Oecophylla longinoda* (Weberameise). Im Mittelpunkt der Kreise aufgebrachte Substanzen aus der Mandibeldrüse (Abb. 7-11) bilden nach 20 s durch unterschiedlich rasche Diffusion konzentrische Bereiche, in denen jeweils ein Signal vorherrscht. 1 Hexanal (alarmiert), 2 Hexanol (lockt an), 3 Undecanon (lockt an, löst Beißen aus), 4 Butyl-2-Octenal (löst Beißen aus; nach Hölldobler und Wilson 1990).

Von besonderer Bedeutung für die Existenz einer Kolonie ist die **Erkennung von Nestgenossen** untereinander sowie die Unterscheidung von Angehörigen fremder Nester. Dies wird durch Kolonie- und andere gruppenspezifische Gerüche ermöglicht, d.h. gemeinsame chemische Abzeichen der Mitglieder einer Gruppe, welche je nach Spezies und Lebensweise aus unterschiedlichen Quellen kommen können: Ein spezieller **Königinnenduft** kann sich über alle Mitglieder der Kolonie verteilen und deren Duftabzeichen darstellen; Arbeiterinnen können genotypisch bestimmte Abzeichen bilden und untereinander austauschen, so daß eine koloniespezifische Duftmixtur entsteht; dazu können Komponenten aus Futtergerüchen oder Nestmaterial kommen. Bei Feuerameisen *(Solenopsis)* bestehen solche chemosensorisch wirksamen Abzeichen aus sehr komplexen Gemischen von Kohlenwasserstoffen auf der Körperoberfläche. Wahrscheinlich müssen solche **Koloniegerüche** von frisch geschlüpften neuen Mitgliedern durch Austausch übernommen und auch gelernt werden (Hölldobler 1991). Einigen Sozialparasiten, insbesondere bestimmten Käfern, gelingt es, die Duftbarriere durch Übernahme des Koloniegeruchs, Nachahmung von Pheromonen u.a. zu überwinden (Hölldobler, in Hölldobler und Wilson 1990).

Besonders eng verwandte Individuen innerhalb einer Sozietät zeichnen sich ebenfalls durch gemeinsame chemische Abzeichen aus, die möglicherweise nur in Nuancen unterschiedlich zu denen anderer solcher Gruppen sind. So unterscheiden sich Vollschwestern in einer Bienenkolonie (d.h. Töchter der Königin und einer bestimmten Drohne) von ihren Halbschwestern (Töchter einer anderen Drohne) durch geruchlich wirksame Abzeichen. Auch hier wird ein komplexes, genetisch bestimmtes Muster von Kohlenwasserstoffen auf der Cuticulaoberfläche als sensorisch wirksames Merkmal angenommen (Getz, in Hölldobler 1991). Eine solche Erkennung zwischen Mitgliedern einer Sippe (kin recognition) wird als Grundlage des Beistandsverhaltens gegenüber Nächstverwandten und der resultierenden Sippenselektion betrachtet (Hölldobler 1991). Wie bei der Verwertung komplexer Aromen von Nahrungsquellen und dem Erkennen von Komponentengemischen der Sexuallockstoffe ist auch bei der Identifizierung sozialer chemischer Signale und Abzeichen die sensorische Analyse, Erkennung und subtile Unterscheidung komplexer chemischer Muster Grundlage der Erkennungsleistung.

7.1.4 Chemoorientierung, das Auffinden chemischer Reizquellen

Dem Auffinden von Geschmacks- und Geruchsquellen dient eine Vielfalt von Verhaltensstrategien. Bei mehreren Insektenarten ist unter bestimmten Umständen **Klinokinese** zu beobachten. Hierbei läuft z.B. eine Stubenfliege ohne erkennbare Einwirkung eines richtenden Außenreizes in einer Folge von Geraden, Bögen und Schleifen umher, gesteuert von einem intern (idiothetisch) erzeugten motorischen Programm. Stößt sie dabei auf Nahrung, erfolgt die Rüsselreaktion (Abb. 7-1). Genügt die dabei aufgenommene Mahlzeit der Fliege nicht, tanzt sie in engen Windungen um die Fundstelle und sucht dabei den Boden mit ihren schmeckhaarbesetzten Tarsen ab (Abb. 7-14). Dieses nunmehr durch den chemischen Reiz modulierte Programm wird für eine begrenzte Zeit eingehalten. Stößt die Fliege dabei nicht auf weitere Nahrung, geht das Lokomotionsmuster wieder in das vor dem ersten Fund über.

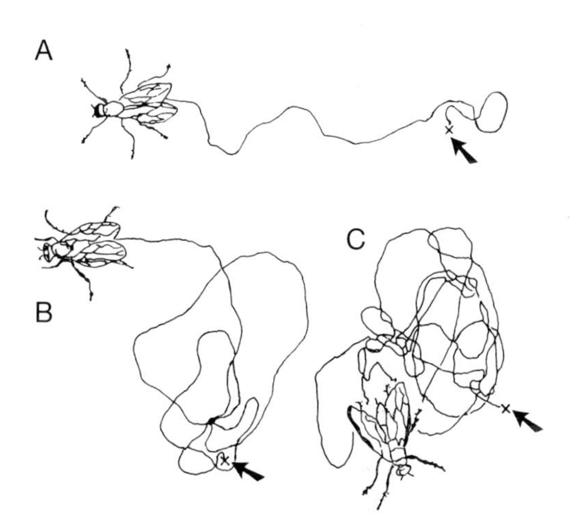

Abb. 7-14: Laufspuren einer Fliege von der Stelle aus, an der sie eine kleine Menge Zuckerwasser gefunden hat (Pfeil). Form und Dauer des Tanzes hängen von der vorgefundenen Zuckerkonzentration ab. **A** 0,125 mol/l Saccharose, **B** 0,5 mol/l, **C** 1,0 mol/l (nach Dethier 1976).

Im Nahbereich um eine Duftquelle und bei ruhiger Luft ist eine Orientierung am **Duftgradienten** möglich. Um eine Blüte oder eine Alarmstoff abgebende Ameise entsteht durch Diffusion eine Glocke oder Kugel von Duft, dessen Konzentration zum Rande hin abnimmt. Bewegt sich ein Insekt in diesem Duftraum nicht direkt auf die Duftquelle zu, werden die Geruchssinnesorgane der duftabgewandten Antenne schwächer gereizt als die der Duftquelle zugewandten. Dieses Ungleichgewicht der Erregung an den beiden symmetrisch angeordneten Antennen führt zentralnervös eine Wendetendenz herbei, die (so der Duft attraktiv ist) eine Drehung zur stärker gereizten Stelle hin bewirkt und so lang anhält, bis Erregungsgleichgewicht zwischen den Sinnesorganen beider Seiten herrscht, d.h. eine symmetrische Einstellung zur Reizquelle erreicht ist. Durch Geradeausbewegung kann diese dann angesteuert werden. Bei Honigbienen wurde eine solche **Osmotropotaxis** im Experiment nachgewiesen (Martin, in v. Frisch 1965). Sie funktioniert nur in steilen Duftgradienten, bei denen für das Insekt wahrnehmbare Konzentrationsunterschiede an den beiden Antennen entstehen können. Bei Abständen der Antennen von wenigen Millimetern bis Zentimetern und auswertbaren Konzentrationsunterschieden von wenigstens 1 : 2 bis 1 : 1,5 bieten sich für eine Osmotropotaxis Möglichkeiten im Nahbereich von Zentimetern, z.B. für eine Biene in der Nähe oder an einer Blüte beim Aufsuchen des Nektarreservoirs. Bei *Drosophila* wird allerdings Osmotropotaxis über mehrere cm beschrieben, was immerhin einer Distanz der vielfachen Körperlänge entspricht (Borst, in Kaissling 1987).

7.1.4.1 Duftspuren

Ameisen folgen einer von Stockgenossen gelegten Duftspur mit aufeinanderfolgenden Messungen der Konzentration an verschiedenen Orten. Sie bringen durch seitliche Pendelbewegungen **(Klinotaxis)** jeweils die rechte bzw. die linke Antenne zur Spurmitte und damit der Region höchster Duftkonzentration (Abb. 7-12). Dabei entstehen zwischen den beiden Fühlern maximale Konzentrationsunterschiede. Die Spuren, z. B. bei *Myrmica*, sind mit etwa $2 \cdot 10^{10}$ Molekülen/cm optimal für solch eine Orientierung angelegt. Bei dieser Konzentration ist das Verhältnis zwischen abdiffundierender Menge Duft und Gradient quer zur Spur klein, d. h. die seitliche Grenze des Duftes steil, so daß der sensorisch wirksame «Tunnel» schmal ausfällt. Höhere Konzentration führt zu einer sensorischen Verbreiterung der Spur, die Gefahr des Spurverlustes bei seitlicher Abweichung ist groß.

Unter solchen Umständen entsteht kein Duftgradient, entlang dessen eine Orientierung möglich wäre. Der Geruchsreiz bietet keine richtende Größe. Die Lösung besteht in einer **geruchsgesteuerten Anemotaxis**: Das Insekt läuft oder fliegt in Lee der Duftquelle windauf und erreicht, solange es im Bereich der Duftwölkchen und -fäden bleibt, zumindest die Nähe der Duftquelle. Die Windrichtung kann von einem laufenden Insekt mit Hilfe von Mechanorezeptoren, z. B. dem Johnstonschen Organ der Antennen festgestellt werden (4.5.5). Der Duftreiz wirkt als Auslöser, Stimulator und Modulator der Lokomotion windauf.

7.1.4.2 Orientierung in Duftfahnen

Selbst bei der geringsten Luftbewegung diffundieren die Moleküle flüchtiger Substanzen ungestört nur in die nächste Umgebung der Duftquelle und werden sogleich von Luftturbulenzen und -strömen erfaßt. Grob gesehen entsteht dabei windab eine langgestreckte Duftfahne. Sie wird mit der Entfernung von der Duftquelle breiter. Dabei müßte die mittlere Zahl der Moleküle pro Volumen, d. h. die Duftkonzentration, abnehmen. Modellexperimente mit Rauch und ionisierten Gasen zeigen jedoch, daß aufgrund von Verwirbelungen die **Duftfahne** z. T. aus **diskontinuierlichen Wölkchen und Fäden** besteht, welche sich längs der Vertragungsrichtung in verschiedener Weise schlängeln (Abb. 7-8A; Murlis und Jones, in Kaissling 1990). Dadurch kommt es zu einem sehr unregelmäßigen Verteilungsmuster der Duftmoleküle innerhalb der Duftfahne; wahrscheinlich existieren auch in größerer Entfernung von der Duftquelle noch Wölkchen mit relativ hoher Duftdichte. Dies könnte eine der Ursachen für die Reichweite lokkender Weibchen über Distanzen von mehreren hundert bis tausend Metern sein. Auf dem Weg durch die Vegetation kann es zur Ablenkung der Duftfahne sowie zur Adsorption von Duft an Pflanzen und damit zur Bildung sekundärer Duftquellen kommen.

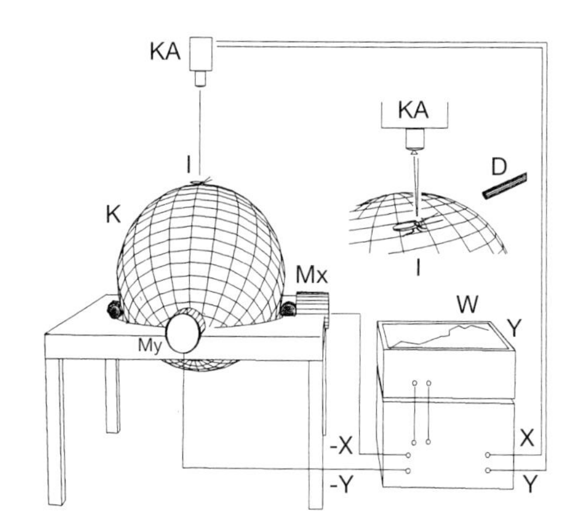

Abb. 7-15: Von E. Kramer entwickelter Laufkompensator. Das Insekt (I) steht auf einer leicht gelagerten und durch Motoren (Mx, My) über Reibräder beweglichen Kugel (K). Es trägt einen Reflektor auf dem Rücken, von dem ein feiner von der Kamera (KA) ausgehender Lichtstrahl wieder dorthin zurückgeworfen wird (Inset). Bewegt sich das Insekt z. B. infolge eines Duftreizes aus der Düse (D) von der Stelle, wandert der reflektierte Lichtstrahl über ein Raster lichtempfindlicher Elemente in der Kamera, woraus der Laufweg (W) des Insekts errechnet und die betreffenden Koordinaten (X, Y) mit entgegengesetztem Vorzeichen an die Stellmotoren gegeben werden. Dadurch wird mit minimaler Verzögerung die Fortbewegung des Tieres durch eine entgegengesetzte Bewegung der Kugel kompensiert; das Insekt «läuft auf der Stelle» und bleibt so in seiner Reizwelt justiert. Gleichzeitig wird der Lauf relativ zur Kugeloberfläche aufgezeichnet.

Auf dem Laufkompensator (Abb. 7-15) beschreiben hungrige Kartoffelkäfer im Dunkeln und ohne richtende Außenreize unregelmäßig verlaufende Rechts- und Linkswendungen, Schleifen und Bögen um ihren Standort herum (Abb. 7-5). In einem Luftstrom erfolgen anemomenotaktisch gerichtete Läufe in einem bestimmten Winkel (dem **Menotaxiswinkel**) zur Windrichtung, dessen Vorzeichen zuweilen wechselt. Bei Zugabe des Dufts von Kartoffelpflanzen wird der Lauf gestreckt und lang anhaltend.

Männchen des Seidenspinners *Bombyx* laufen in Lee einer Lockstoffquelle und in turbulentem Luftstrom in einer Art gestrecktem Zickzacklauf windauf und vollführen an manchen Stellen Drehbewegungen. Das dafür zur Erklärung vorgeschlagene Modell sieht eine Verrechnung zwischen einer inneren, Außenreiz-unabhängigen, **idiothetischen** und einer duftmodulierten, an der Windrichtung orientierten, **allothetischen Wendetendenz** vor. Ohne Außenreiz bewirkt die interne Wendetendenz ein ungerichtetes Laufmuster. Im Duftstrom überlagern sich beide Tendenzen, und es kommt solange zu Wendungen, bis ein Gleichgewicht zwischen ihnen erreicht ist. Dieses stellt sich bei einem bestimmten Winkel zum Wind ein, mit dem dann eine gewisse Strecke ohne Wendungen weiter gelaufen wird. Wechsel im Vorzeichen der internen Wendetendenz führen zu neuem Ungleichgewicht und damit zu Wendungen zur anderen Seite bis zur Einstellung des gleichen Menotaxiswinkels zum Wind, jedoch mit diesmal umgekehrtem Vorzeichen. Bei Abbruch des Duftreizes, z. B. durch Verlassen der Duftfahne, kommt es zu Drehläufen oder Schleifen quer zur Windrichtung oder windab (Kaissling 1987).

Beim Lauf auf dem Kompensator erweisen sich kurzzeitige **Duftpulse** als wesentliche Orientierungshilfen für die Seidenspinner (Kramer, in Kaissling 1990). In einem kontinuierlichen Duftstrom finden sie die Duftquelle schlechter, sie beschreiben weniger Wendungen. Am besten wirken Pulse in Abständen von weniger als 0,6 s. Solche Reizverhältnisse bestehen auch in natürlichen Duftfahnen mit ihren Wölkchen und Fäden (s. o.). Jeder Duftpuls erzeugt dabei mit kurzer Verzögerung eine Wendung zum Wind. Bleibt der Duft aus, folgt eine Gegenwendung und Lauf quer zum Wind oder windab bzw. Drehung. In Versuchen im Windkanal zeigt sich, daß die Nachtfaltermännchen auch im Flug den Wind als richtende Größe verwenden. Dabei kann jedoch aus einsichtigen Gründen die **Windrichtung** nicht direkt festgestellt werden, sondern nur die Relativbewegung zur umgebenden Luft (Abb. 7-16; 4.5.5). Bietet man jedoch einem Falter im Windkanal einen optisch gegliederten Untergrund, der mit unterschiedlicher Richtung und Geschwindigkeit

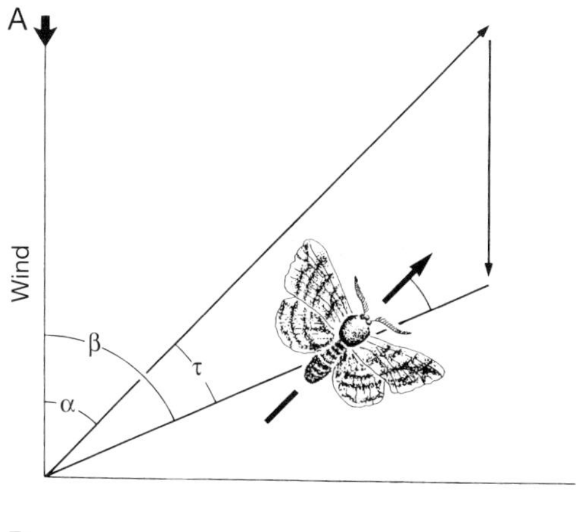

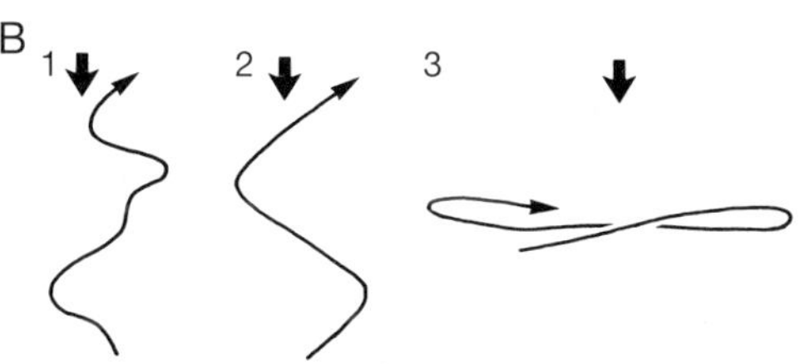

Abb. 7-16: Anemotaktischer Flug eines Nachtfalters. **A** Die Längsachse des Insekts (unterbrochener Pfeil) zeigt in Flugrichtung relativ zur umgebenden Luft und bildet einen Schenkel des Kurswinkels α zum Wind (dicker Pfeil). Beim Flug schräg zum Wind wird das Insekt um den Winkel τ verdriftet, es resultiert eine Flugbahn über Grund mit einem Bahnwinkel β zum Wind. Mit Hilfe des Sehsystems erfaßt der Falter seine Verdriftung über dem Boden und kann einen bestimmten Menotaxiswinkel zum Wind mit kleinen seitlichen Abweichungen einhalten (Flugbahn wie in **B**, 2). **B** Flugbahn 1 resultiert beim Flug windauf, 3 beim Flug quer zum Wind, wenn die Duftfahne verlassen wird (Suchschleife). Beim Laufen in einer Duftfahne fällt keine Verdriftung an, Bahn-β und Kurswinkel α sind gleich (vergl. Abb. 4-38; nach Preiss und Kramer 1986; Kaissling 1987).

Abb. 7-17: Flugbahn eines Nachtfalters in der aus Duftwölkchen und -fäden bestehenden Duftfahne in Lee eines lockenden Weibchens. Beim Durchqueren eines Duftfadens erhält das Männchen einen pulsartigen Duftreiz, der nach einer Reaktionszeit von ca. 0,3 s (und damit einer weiteren Flugstrecke) eine Wendung zum Wind bewirkt und den Flug steiler zum Wind richtet (dicker gezeichnetes Stück der Flugbahn). Nach dem Ende der Reizwirkung erfolgt Drehung aus dem Wind und Gegendrehung zum Flug quer zum Wind. Nach dem Durchfliegen eines weiteren Duftfadens erfolgt wiederum Drehung zum Wind usw. α Kurs-, β Bahnwinkel (Abb. 7-16; nach Kaissling 1990).

bewegt wird, stellt man fest, daß das Insekt über visuelle Registrierung seiner Bewegung über Grund seine Verdriftung durch den Wind feststellen und seinen Flugkurs an der Windrichtung orientieren kann.

Unter Einbeziehung der an laufenden Tieren gewonnenen Erkenntnisse läßt sich die Flugbahn in der Duftfahne modellhaft beschreiben (Abb. 7-17). Solche Orientierungsweisen dienen der Annäherung aus der Entfernung an die Duftquelle. In ihrer Nähe werden teilweise andere Reize verwendet. So landen duftangelockte Schabenmännchen an vertikal ausgerichteten Objekten wie Sträuchern und Bäumen, an denen sie auf- und ablaufen und mit einiger Wahrscheinlichkeit auch auf das lockende Weibchen stoßen. Aas- und Dungkäfer landen in der Nähe des mit Duft/Wind-Orientierung angeflogenen Substrats, beschreiben Suchschleifen und finden evtl. mit Hilfe chemischer Nahorientierung oder Klinokinese (s. o.) ihr Ziel.

7.2 Chemische Sinnesorgane

7.2.1 Struktur und Inventar

Als Sinnesorgane für chemische Reize dienen **Haare, Borsten, Kegel** und andere Gebilde der Cuticula, welche von einzelnen oder Paketen von Sinneszellen innerviert sind. Sie werden daher auch als **Sensillen** (d. h. Kleinsinnesorgane) bezeichnet (Abb. 7-18, 7-19). Die Sinneszellen liegen unterhalb der Cuticula und senden in das Haar jeweils Dendriten, deren Innen- und Außensegment durch eine ciliäre Struktur verbunden sind. Das Außensegment kann unverzweigt, vielfach verzweigt oder auch blattartig und aufgefaltet sein. Die Sinneszelle, bzw. das Paket von Zellen, ist von mehreren, meist 3 Hüllzellen umgeben, die während der Ontogenese für die Ausbildung verschiedener Teilstrukturen des Sensillums zuständig sind: Die **tormogene Zelle** für den Haarsockel, die **trichogene** Zelle für den Haarschaft samt Porentubuli und die **thekogene** für die Dendritenscheide. Im voll ausgebildeten Zustand des Sensillums sind diese Zellen auf den Bereich unter der Cuticula reduziert. Tormo- und trichogene Zellen begrenzen mit ihren aufgefalteten apikalen Membra-

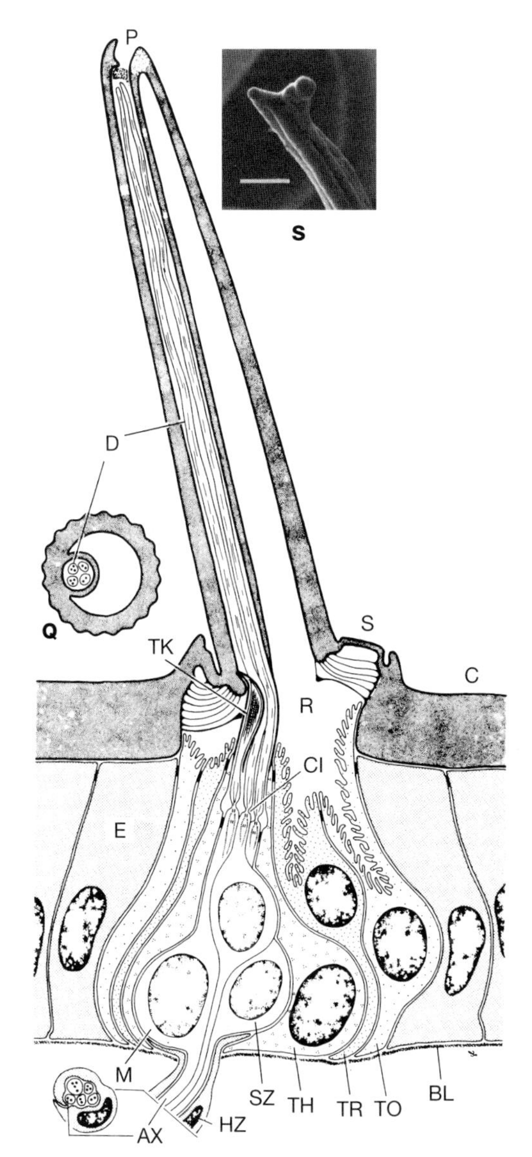

Abb. 7-18: Geschmacksborste mit terminalem Porus (P) und Gelenksockel (S). Ax Bündel der Axone der insgesamt 5 Sinneszellen, umgeben von gliaähnlicher Hüllzelle (HZ). BL Basallamina, C Cuticula, D Dendriten von Geschmackssinneszellen im Kanal der Borste (im Borstenquerschnitt **Q** sind alle 4 eingetragen), E Epidermiszelle, M mechanosensible Sinneszelle (Dendrit mit Tubularkörper, TK, inseriert an der Borstenbasis, reagiert auf Auslenkung der Borste), R Rezeptorlymphraum, SZ Sinneszelle (3 von insgesamt 5 sind dargestellt) mit Cilienstrukturen (CI) zwischen Innen- und Außenglied der Dendriten, TH, TO, TR Hüllzellen (Abb. 7-19; Originalzeichnung D. Schaller-Selzer nach Hansen und Heumann 1971; u.a.). Zu den Größenverhältnissen s. Abb. 7-21. Inset **S** zeigt die Spitze eine Borste der Schmeißfliege *Calliphora* mit kugelförmigem Sekretpfropf auf dem Endporus. Maßstab 2 µm (Rasterelektronenmikroskopische Aufnahme von A. Kühn).

nen einen äußeren Rezeptorlymphraum um die Sinneszelldendriten. Sinnes- und Hüllzellen bilden ein geschlossenes Epithel, dessen Interzellularräume und damit der äußere Rezeptorlymphraum durch spezialisierte Zellkontakte (plated septate junctions) abgedichtet sind. Proximal wird das Epithel von einer Basallamina gegen den Hämolymphraum abgegrenzt. Die Axone der Sinneszellen werden von einer gliaähnlichen zellulären Scheide umgeben. Dieses Arrangement spielt, zusammen mit der Sekretionstätigkeit der Hüllzellen, eine Rolle beim Zustandekommen eines transepithelialen Potentials. Kennzeichnend für chemosensorische Sensillen sind Durchbrüche in der Cuticula, durch welche die Reizmoleküle ins Innere der Sensillen und zu den sensiblen Dendriten der Sinneszellen gelangen.

Als typische **Geschmacks-** oder **kontaktchemosensitive Sensillen** können steifwandige Borsten oder kleinere Kegel gelten, in denen die Dendriten der Sinneszellen bis zu einem terminalen Porus von ca. 0,3 µm Weite ziehen, über welchen sie Kontakt zur Außenwelt gewinnen (Abb. 7-18). Derartige Sinnesorgane finden sich häufig auf Rüsseln, Tarsen, Mundtastern, Fühlern, Ovipositoren usw., wo sie mit Nahrung, Eiablagesubstrat etc. in Kontakt kommen (Abb. 7-1, 7-3). Direkt im Mundbereich stehen besonders kurze kegelförmige Sensillen. Bei manchen Schaben und Heuschrecken bilden Kontaktchemorezeptoren auf den Palpen der Mundwerkzeuge dichte Haarpolster, welche durch Hämolymphdruck aufgewölbt werden können. In den Geschmacksborsten von Fliegen, Schaben u.a. befindet sich zusätzlich je eine mechanosensorische Sinneszelle, deren Dendrit die Borstenbasis innerviert und dort einen typischen Tubularkörper ausbildet (Abb. 7-18). Sie reagiert auf Auslenkung der Borste (Abb. 7-25A).

Tab. 7-5: Inventar an Sensillen auf der Geißel eines Fühlers eines adulten Männchens der amerikanischen Schabe *(Periplaneta americana)*. Die Typisierung nach dem Wandbau (swA, dw, usw.) wurde von Altner und Prillinger (1980) vorgenommen. Die Typennumerierung ist Grundlage der Bezeichnungen in verschiedenen Abbildungen wie Abb. 7-21, 7-29 (nach Schaller, in Boeckh et al. 1984).

Sensillentyp, Wand, Form, Länge	Zahl der Sinneszellen	Zahl der Sensillen pro Antenne	Funktion der Sinneszellen
1. Sensillum basiconicum, einfache glatte Wand, Wandporen, rundes Ende kurz (8–12 μm; Typ swA, Abb. 7-19, 7-21, 7-29)	2	5300	Olfaktorisch. Reaktion je nach Zellklasse auf Alkohole, Fruchtester, Komponenten von Fruchtaromen u. a.
2. wie 1., jedoch lang (18–28 μm; Typ swB, Abb. wie 1) **Nur bei Männchen!**	4	37000	Olfaktorisch. 2 Zellen reagieren auf Weibchenpheromon, 2 Zellen auf andere Duftstoffe, u. a. Terpene, Aromastoffe
3. S. basiconicum, Wand wie 1. und 2., spitz zulaufend, Sockel mit Wandriefen (30–40 μm; Typ swC, Abb. 7-21)	2	4100	Olfaktorisch?
4. a S. basiconicum, doppelte, geriefte Wand (Abb. 7-19.2), rundes Ende (8–12 μm; Typ dw, Abb. 7-21, 7-29)	3	5300	Olfaktorisch. Reaktion je nach Zellklasse auf Carbonsäuren, Amine, Inhaltsstoffe von Fleisch, Käse, u. a.
b wie a	4		Olfaktorisch. Reaktionen ähnlich Klassen in 4a, eine Zelle reagiert zusätzlich auf Kälte
5. S. chaeticum (Borste) mit Gelenksockel, geriefter Wand, Terminalporus (bis 180 μm; Typ tp, Abb. 7-18, 7-21, 7-25). 1 Zelle mit Tubularkörper	5	18000	Gustatorisch. Reaktionen u. a. auf Zucker, Salze, evtl. Männchenpheromon. 1 Zelle reagiert auf Auslenkung der Borste (Berührung)
6. S. capitulum, ohne Wandporen (ca. 20 μm; Typ np)	3	200	Thermo-Hygrorezeption. Reaktionen auf Luftfeuchte (2 Zellen) und Kälte (1 Zelle)

Die Vielfalt der **Geruchssensillen** ist unübersehbar. Die bekanntesten sind lange oder kurze Haare verschiedener Größe, schlauch- und kegelförmige Gebilde auf der Cuticulaoberfläche oder in Gruben versenkt, sowie Platten (Abb. 7-19, 7-21, 7-22; Tab. 7-5). Es gibt einfachwandige Sensillen mit engeren oder weiteren Poren, welche sich im Haarinneren in Porentubuli fortsetzten und doppelwandige mit schlitz- oder labyrinthartigen Wanddurchbrüchen (Abb. 7-19). Die Zahl der Sinneszellen kann je nach Typ 1 bis nahezu 100 betragen. Bestimmte Sensillentypen, wie z. B. die Porenplatten der Bienenantenne (Abb. 7-21), sind für bestimmte Insektenordnungen oder -familien typisch, andere, wie

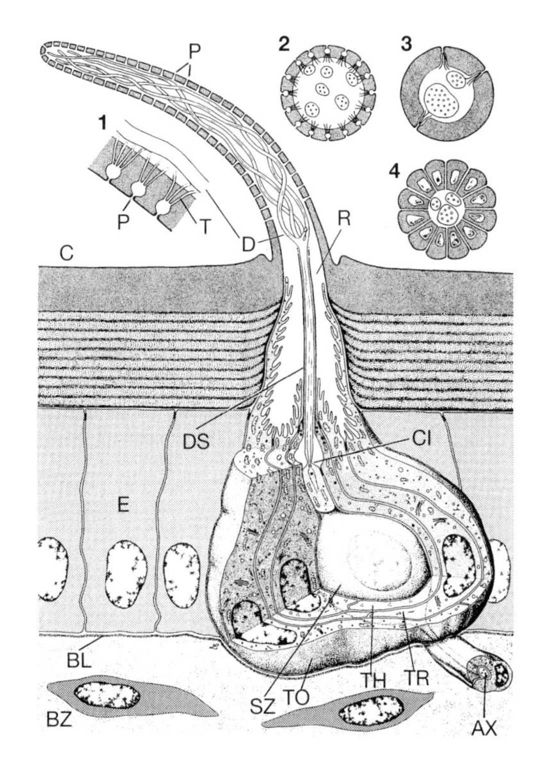

Abb. 7-19: Geruchssensillum vom Typ Sensillum basiconicum (Schlauchhaar) mit einfacher Wand und Wandporen (P). AX Axon der Sinneszelle umhüllt von gliaähnlicher Zelle, BL Basallamina, BZ Blutzellen im Hämolymphraum unterhalb der Epidermis, CI Cilienstruktur zwischen Innen- und Außenglied des Dendriten, C Cuticula der Antennenoberfläche, D verzweigter Dendrit, DS Dendritenscheide gebildet von der thekogenen Zelle (TH), E Epithelzelle, R Rezeptorlymphraum, SZ Sinneszelle, T Porentubulus, TR mittlere (trichogene)- und TO äußere (tormogene) Hüllzelle mit apikalen Mikrovilli zum R (beachte die abdichtenden Zellkontakte zwischen Hüll- und Sinneszellen). Insets: **1** Längsschnitt im Detail, **2** bis **4** Querschnitte durch Geruchssensillen mit verschiedenen Wandstrukturen: **2** Typ der Hauptzeichnung, vgl. Abb. 7-21, Tab. 7-5; **3** Sensillum trichodeum, langes Sinneshaar eines Nachtfalters, vgl. Abb. 7-22, mit unverzweigten Dendriten zweier Sinneszellen; **4** doppelwandiges Sensillum, z. B. in einer Grube auf der Heuschreckenantenne oder auf der Oberfläche einer Schabenantenne (vgl. Abb. 7-21, 7-26, Tab. 7-5) mit Speichenkanälen und unverzweigten Dendriten von drei Sinneszellen (Originalzeichnung D. Schaller-Selzer, nach Altner und Prillinger 1980; Ernst 1969; Steinbrecht 1987; u. a.).

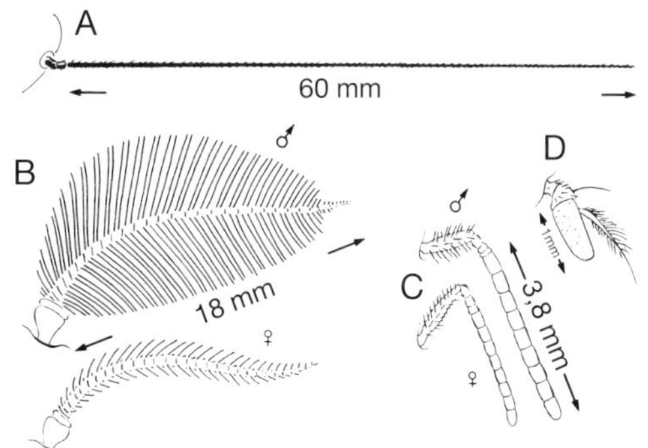

Abb. 7-20: Insektenantennen. **A** *Periplaneta americana* (amerikanische Schabe). **B** *Antheraea polyphemus* (Nachtpfauenauge) ♂ und ♀. **C** *Apis mellifica* (Honigbiene), Arbeiterin und Drohne. **D** *Calliphora vicina* (Schmeißfliege); das 3. Segment (Funiculus) ist vergrößert und trägt den Hauptteil der Sensillen, daran sitzt die fiederförmige Arista (**A** Original; **B–D** nach Kaissling 1987).

z. B. schlauchförmig dünnwandige Haare, sind beinahe überall zu finden. Ihre Zahlen bewegen sich zwischen wenigen 100 und mehreren 100000 pro Tier. Die wichtigsten Standorte sind die Antennen und die Palpen der Mundwerkzeuge. Häufig sind artspezifische Verteilungsmuster, z. B. geschlossene Felder oder Konzentrationen bestimmter Sensillentypen, auf bestimmten Abschnitten der Antennen oder Palpen erkennbar. Bei cyclorhaphen Diptera trägt das umgebildete 3. Antennenglied praktisch alle Geruchssinnesorgane. Es ist von einem Pelz von Sensillen überzogen und förmlich kaverniert von großen Gruben voller Sensillen (Abb. 7-20, 7-21). Bei vielen hemimetabolen Insekten dagegen tragen alle Fühlerglieder ein ähnliches Inventar von lokker verteilten, weitgehend durcheinanderstehenden Sensillentypen (Abb. 7-21 A, B).

Bei einer ganzen Reihe von Arten ist ein auffälliger **Sexualdimorphismus** im Bau der Antennen und im Sensillenbesatz festzustellen (Abb. 7-20). Die Seitenäste der gefiederten Antennen von Saturniidenmännchen sind sehr lang, der ganze Fühler ist mit einem bestimmten Typ von langen Sinneshaaren besetzt, deren Sinneszellen auf weiblichen Sexuallockstoff reagieren, und die eine reusenartige Anordnung aufweisen (Abb. 7-22). Die Äste der Weibchenantennen sind kurz, der genannte Sensil-

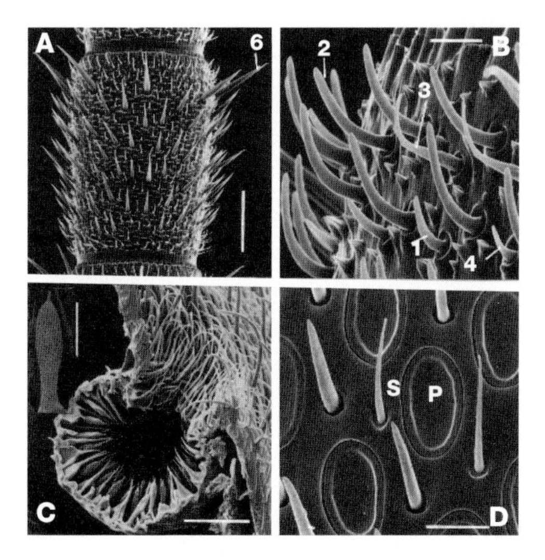

Abb. 7-21: Chemosensorische Sensillen auf Antennen verschiedener Insekten. **A**, **B** *Periplaneta americana* (amerikanische Schabe), mittleres der über 200 Antennenglieder (vgl. Abb. 7-20). Die Zahlen bezeichnen die in der Tab. 7-5 angegebenen Sensillentypen. **C** *Glossina morsitans* (Tsetsefliege), Ausschnitt aus dem quer durchtrennten 3. Antennensegment (Funiculus, vgl. Abb. 7-20D) mit Sensillen verschiedener Typen auf der Oberfläche und in einer Grube (Inset: Sensillum aus der Grube, vergrößert. Beachte die Wandporen). **D** *Apis mellifica* (Honigbiene), Ausschnitt aus einem Antennenglied (vgl. Abb. 7-20), mit Porenplatten (P) und anderen olfaktorischen Sensillen (S). Maßstäbe **A** 100 μm, **B** 10 μm, **C** 20 μm (Inset 5 μm), **D** 10 μm (Rasterelektronenmikroskopische Aufnahmen von A. Kühn).

lentyp tritt hier nicht auf. Drohnenantennen sind bis auf kleine Ansammlungen von Grubensensillen förmlich gepflastert mit Porenplatten.

Das Sensilleninventar eines Insekts ändert sich im Laufe der **Ontogenese** und insbesondere der **Metamorphose** holometaboler Insekten. Bei hemimetabolen Insekten wird über die verschiedenen Häutungen der Sensillenbesatz gewöhnlich ergänzt, häufig treten im Zuge der Imaginalhäutung zum Geschlechtstier neue oder veränderte Sensillentypen hinzu, die Funktionen im Rahmen der Fortpflanzung haben. Dabei ist gewährleistet, daß im Verlauf der Häutung der Zeitraum der Funktionslosigkeit kurz gehalten wird. So bleibt das Außenglied des Dendriten noch durch das mittlerweile neu gebildete Sensillum hindurch mit dem Sensillum der alten Cuticula verbunden und in der Lage, über dieses adäquate Sinnesreize zu registrieren. Mit dem Abstreifen der alten Cuticula wird diese äußerste Strecke des Dendriten an der Wand des neuen Sensillums gekappt, und dieses ist in Kürze funktionsfähig.

7.2.2 Transport der Moleküle zu den Sinneszellen

Die **Geschmackssensillen** kommen aufgrund ihrer Position leicht mit Substrat in Kontakt. Geschmackswirksame Moleküle können durch den terminalen Porus zu den distalen Enden der Sinneszelldendriten diffundieren. Bei Schmeißfliegen und bestimmten Käfern ist eine viskose Flüssigkeit im Endporus der Schmeckborsten nachgewiesen worden, deren Rolle als Überträger für Wasserreize disku-

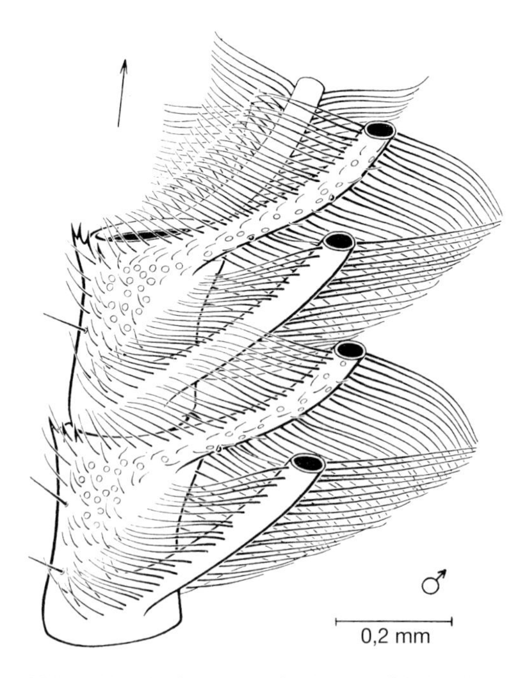

Abb. 7-22: *Antheraea polyphemus* (Nachtpfauenauge). Zwei Segmente der Männchenantenne (vgl. Abb. 7-20b) mit angeschnittenen Seitenästen und zu Reusen zusammenstehenden langen Haarsensillen (vgl. Abb. 7-19), deren Sinneszellen auf Weibchenpheromon antworten. Daneben feine Schlauchhaare und (durch Kreise markiert) Grubensensillen. Pfeil deutet nach distal zur Antennenspitze (nach Boeckh et al. 1960).

tiert wird. Ob sie eine Barriere für potentielle Schmeckstoffe darstellt, ist ungeklärt. Physiologische und feinhistologische Untersuchungen bei Schaben und Fliegen deuten darauf hin, daß eine Verengung oder ein Verschluß der Pore möglich ist, welcher erst beim Aufsetzen der Borste auf ein festes Substrat aufgeht. Bei Geschmacksborsten von *Locusta* wird nach Nahrungsaufnahme ein erhöhter elektrischer Längswiderstand in der Spitzenregion festgestellt, was auf einen behinderten Durchtritt für wasserlösliche Stoffe hinweist.

Riechsensillen finden sich hauptsächlich auf den Antennen und den Palpen der Mundwerkzeuge. Diese werden bei Anwesenheit eines Geruchs wedelnd durch die Luft gezogen, was, wie das Schnüffeln bei Säugetieren, die Trefferchance für Duftmoleküle auf Riechzellen erhöht. Lipophile Moleküle, die auf die Cuticulaoberfläche treffen, werden dort absorbiert.

Dabei wirken die verzweigten Antennen von Nachtfaltern mit ihren langen Haaren wie Reusen, an denen die Duftmoleküle aus der vorbeistreichenden Luft herausgefiltert werden. In Experimenten mit tritiummarkiertem Sexualduft wurde gezeigt, daß aus einem mit Pheromon beladenen Luftstrom von 100 ml/s über die Antenne eines Nachtfaltermännchens ca. 30 % der durch das Gitter der Haare und Äste tretenden Duftmoleküle auf der Cuticula adsorbiert werden. Etwa 80 % hiervon finden sich auf den langen Haaren, in denen die Riechzellen für den Lockstoff sitzen (Kanaujia und Kaissling, in Kaissling 1987). Der Abstand zwischen diesen Haaren beträgt etwa 10–30 μm, was dem Luftstrom ohne größeren Stau den Durchtritt erlaubt, jedoch durch Turbulenzen und kurze Diffusionsstrecken so viel Duftmoleküle mit Haaroberflächen in Kontakt bringt, daß im Laufe von 1 s ca. 10^3 mal so viel Duft am Haar akkumuliert wird, als es bei unbewegter Luft möglich wäre. Gemäß einem physikalisch-chemisch begründeten Denkmodell gestattet die Antennen- bzw. Haaroberfläche den adsorbierten Molekülen nur eine zwei- (und nicht eine drei-) dimensionale Diffusion, was eine beschleunigte Verbreitung auf der Oberfläche und damit zu den Wandporen ermöglicht (Adam und Delbrück, in Kaissling 1987). Die Diffusion in den engen Porentubuli dürfte dann eindimensional verlaufen. Damit bewirken die Geometrie und die Struktureigenschaften des Wanderwegs der Moleküle einen raschen Transport zu dem Dendriten der Sinneszellen. Die kürzesten Latenzzeiten in der Antwort von Geruchssinneszellen auf starke Reize liegen bei 10 ms (Abb. 7-26). Bei sehr geringen Reizstärken können sie mehrere hundert ms betragen, was jedoch auch durch lange Laufzeiten von Transduktionsprozessen am Dendriten bedingt sein kann (s. u.). Solche sehr effizienten Filter- und Transporteigenschaften der Nachtfalterantennen sind neben der hohen Empfindlichkeit (und der großen Zahl) der Sinneszellen die Grundlage der Reaktion der Männchen auf Duftmengen von 10^3 Molekülen/ml Luft und der Wahrnehmung über große Entfernungen.

Während in vielen elektronenmikroskopischen Präparaten von Riechsensillen die **Porentubuli** nur wenig ins Haarinnere ragen, konnten mit speziellen Fixiermethoden in Pheromonsensillen beim Wildseidenspinner Tubuli beobachtet werden, die bis zu den Dendriten reichen (Keil, in Steinbrecht 1987). Hierüber könnten die Duftmoleküle direkt zum Dendriten gelangen. Bisher ist nicht geklärt, welche der beiden Anordnungen in der Mehrzahl der Geruchssensillen vorherrscht. In der Sensillenlymphe dieser und anderer Pheromonsensillen wurden jedoch auch relativ große Mengen von **Proteinen** nachgewiesen, welche **Pheromon** mit hoher Affinität **binden**. An solche Proteine gebunden, könnten die lipophilen Pheromone die wäßrige Phase bis zur Dendritenmembran überwinden und dabei auch zeitweise vor den ebenfalls in der Sensillenlymphe vorhandenen pheromonspaltenden Enzymen geschützt werden (Abb. 7-23; v. d. Berg und Ziegelberger 1991).

7.2.3 Reiz-Erregungs-Transduktion

Über die **Primärvorgänge** der Reaktion chemosensorischer Sinneszellen auf Reizmoleküle gibt es derzeit lediglich Modellvorstellungen (Abb. 7-23). Die Spezifität und die Dynamik der Übertragerfunktion chemischer Sinneszellen, der Ausfall der Antworten auf bestimmte Stoffklassen bei Mutanten und die selektive Wirkung bestimmter Pharmaka auf die Reaktion auf bestimmte Stoffe sprechen jedoch dafür, daß an den Dendriten der Sinneszellen diskrete, membranständige, **spezifische Rezeptoren** (receptor sites) für Reizmoleküle existieren. In Analogie zu den Rezeptoren für Neurotransmitter oder Peptidhormone nimmt man an, daß auch für Geruchs- und Geschmacksmoleküle Proteine der Dendritenmembran als Bindestellen dienen. Zusätzlich

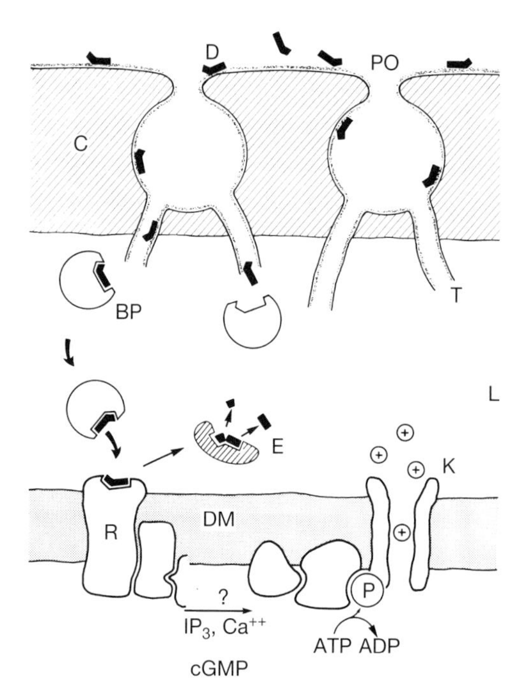

Abb. 7-23: Weg der Duftmoleküle (D, schwarz) zu den Sinneszellen und Reiz-Erregungstransduktion in einem olfaktorischen Sensillum (vgl. Abb. 7-19, Inset 3). BP Bindeprotein, C Cuticula der Sensillenwand, DM Dendritenmembran, E Duftstoff-spaltendes Enzym, K Kationenkanal, L Rezeptorlymphraum, P Phosphorylierung (Aktivierung) des Kanals, PO Pore, R Rezeptorprotein, T Porentubulus in der Sensillenwand. Wahrscheinlich sind (hell dargestellt) weitere Proteine, z. B. eine Proteinkinase C, eine Guanylatcyclase u. a., an der Signalübertragung zwischen R und K beteiligt. Mögliche intrazelluläre Signalstoffe sind IP_3 Inositoltrisphosphat, cGMP zyklisches Guanosinmonophosphat, Ca++. ? ungeklärte Transmissionswege (nach Breer et al. 1990; Kaissling 1987; Ziegelberger et al. 1990; Zufall et al. 1991).

wird diskutiert, ob Membranlipide um diese Rezeptoren bei der Anlagerung der häufig lipophilen Duftstoffe eine Rolle spielen. Welche Moleküle auf eine Sinneszelle wirken, hängt von deren Besatz mit bestimmten Membranrezeptoren ab. Durch die Bindung eines Moleküls an einem Rezeptor und die dabei auftretenden Wechselwirkungen kommt es zu einer Aktivierung des Rezeptors und der elektrischen Antwort der Sinneszelle. Wahrscheinlich werden die Duftmoleküle nach ihrer Wirkung rasch von Enzymen, wie sie bei Riechhaaren von Nachtfaltern nachgewiesen wurden, abgebaut (Vogt et al., in Kaissling 1987).

Über die **Elektrogenese** an der Sinneszellmembran sind neuerdings mehr Details bekannt geworden. In **patch-clamp-Untersuchungen** an isolierten Dendriten pheromonsensibler Riechzellen von Nachtfaltern konn-

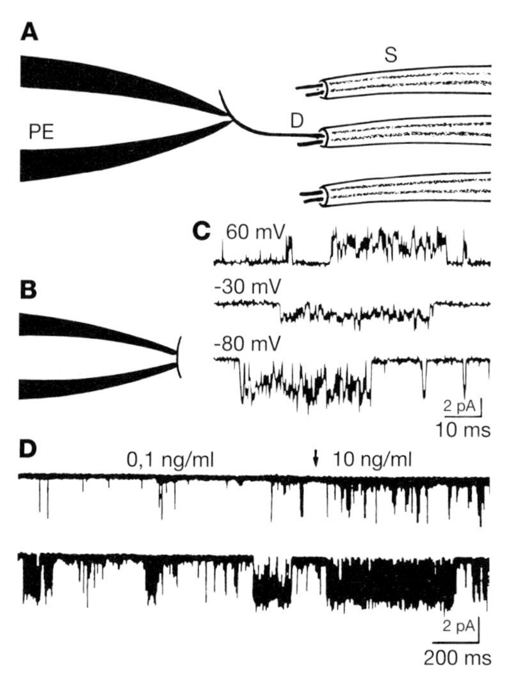

Abb. 7-24: Patch clamp-Experiment zur Registrierung von Kanalströmen durch die Membran von Riechzellen der Antenne eines Saturniidenmännchens bei Reizung mit Weibchenpheromon. **A** Aus den Stümpfen distal durchgeschnittener Sinneshaare (S; Abb. 7-22) ragen die Dendriten (D) der Sinneszellen. Einer wird durch den Unterdruck an die Spitze der patch-Elektrode (PE) angesaugt und aus der Membran ein Stück (Fleck) der Membran herausgerissen. **B** Spitze der Elektrode mit Membranstück. An die zellinnenseitige wie die zellaußenseitige Membranfläche können Pharmaka, Ionen, Reizstoffe herangebracht und die Membran auf verschiedenen Potentialen festgehalten (geklemmt) werden. **C** Kanalströme bei verschiedenen Membranpotentialen. **D** Kanalströme bei Anwesenheit verschiedener Konzentrationen von Weibchenpheromon (nach Zufall et al. 1991 und Angaben von H. Hatt).

ten erstmals Öffnungen von Membrankanälen für Kationen bei Zugabe von Pheromon registriert werden (Abb. 7-24). Messungen des spezifischen Anstiegs bestimmter second messenger, wie Inositoltrisphosphat in Antennenfraktionen von Schabenmännchen bei Angebot von Weibchenpheromon, lieferten erste Hinweise auf eine Beteiligung solcher Stoffe bei der Signalübertragung und -amplifikation zwischen Rezeptoren und Kanälen (Breer et al. 1990). Weitere patch-clamp-Experimente deuten auf die Rolle einer Proteinkinase sowie von cyclischen Nucleotiden und Ca^{++} bei der Aktivierung der Kanäle bzw. Modulation bereits ablaufender Prozesse hin (Ziegelberger et al. 1990; Zufall und Hatt 1991).

Nach dem klassischen Konzept der **Elektrogenese an Rezeptorzellen** würde aufgrund des Einstroms von Ionen an der gereizten Stelle der Dendritenmembran ein Rezeptorpotential gebildet werden, welches sich elektronisch, d. h. entsprechend der Längskonstante der Dendritenmembran, zum Zellsoma und zum Impulsgenerationsort ausbreitet. In Anlehnung an ein für cuticulare Mechanorezeptoren entwickeltes Modell (Abb. 4-40 D) könnte auch bei Riechsensillen die Übertragung des Signals zum Soma mit Unterstützung einer Stromquelle außerhalb der Sinneszelle erfolgen. Diese würde durch den an eine Protonenpumpe gekoppelten (und bei antennalen Thermo- bzw. Hygrorezeptoren nachgewiesenen) Transport von K^+-Ionen über die gefalteten apikalen Membranen der Hüllzellen des Sensillums in den Rezeptorlymphraum bereitgestellt (Abb. 7-19; Zimmermann 1992). Da die Interzellularräume zwischen allen Zellen durch spezialisierte Membrankontakte abgedichtet sind, wird eine **transepitheliale Potentialdifferenz** zwischen Hämolymphraum einerseits und Sensillenlymphraum andererseits aufgebaut (Keil und Steinbrecht, in Steinbrecht 1987). Wird durch Öffnung von Ionenkanälen an der gereizten Stelle des Dendriten die Membranleitfähigkeit erhöht, fließt dort, getrieben durch das transepitheliale Potential, Strom durch den Dendriten bis in das Soma der Sinneszelle und tritt durch dessen Membran wieder aus. Dies bewirkt die überschwellige Depolarisation an der Generatorregion und es kommt zur Ausbildung einer oder, je nach Reizstärke, mehrerer Nervenimpulse am Soma oder am Axonhügel. Unter der Vorstellung, daß bereits das Eintreffen eines einzelnen Pheromonmoleküls auch weit distal am Dendriten genügt, um ein Aktionspotential am Soma auszulösen, wird eine solche Vorstellung plausibel.

Die Registrierung der elektrischen Antworten der Geschmackssinneszellen erfolgt über den Spitzenporus der Borsten mit übergestülpten, Elektrolyt-gefüllten Kapillarelektroden, die gleichzeitig die Geschmacksstoffe enthalten (Abb. 7-25 A). Es ist auch gelungen, die Borstenwand aufzubrechen und von den Dendriten selbst abzuleiten. Bei Riechsensillen wird die Ableitelektrode an der Sensillenbasis in den Rezeptorlymphraum eingeführt (Abb. 7-25 B) oder das Riechhaar gekappt und mit einer übergestülpten Kapillare im Prinzip wie bei der Geschmacksborste abgeleitet. Bei solchen Ableitungen erfaßt die Registrierelektrode sowohl langsame Potentiale (Rezeptorpotentiale und Schwankungen des transepithelialen Potentials) als auch Nervenimpulse. Sind mehrere Sinneszellen eines Sensillum an der Antwort beteiligt, lassen sich ihre Impulse an den unterschiedlichen Amplituden auseinanderhalten (Abb. 7-25 A). Die frühesten extrazellulär erfaßbaren Potentiale nach Duftreizungen an den Sinneszellen sind Gleichspannungspotentiale sehr geringer Amplitude, sog. **elementare Rezeptorpotentiale**, welche kurz vor einem Nervenimpuls auftreten und als Resultat einzelner Molekültreffer an den Rezeptoren gedeutet werden. Sie sind das extrazellulär erfaßbare Korrelat der darauf folgenden lokalen Potentialantwort an der Dendritenmembran (Kaissling 1987).

7.2.4 Zeitverlauf der Antwort

Bei vielen Geruchssinneszellen steigt unter einem wirksamen Duftreiz mittlerer Konzentration die Impulsrate steil an und fällt nach einem rasch erreichten Maximum auf ein Plateau ab, dessen Höhe etwa der Reizstärke proportional ist (Abb. 7-25). Bei längerem Dauerreiz fällt die Erregung weiter ab, die Sinneszelle adaptiert unter Einfluß des Reizes und erholt sich nach dem Reizende nur langsam, bevor sie auf einen neuerlichen Reiz wieder anspricht. Viele Zellen reagieren nur mit einer kurzen Erregungsspitze zu Reizbeginn und bleiben dann stumm. Die starke Betonung des

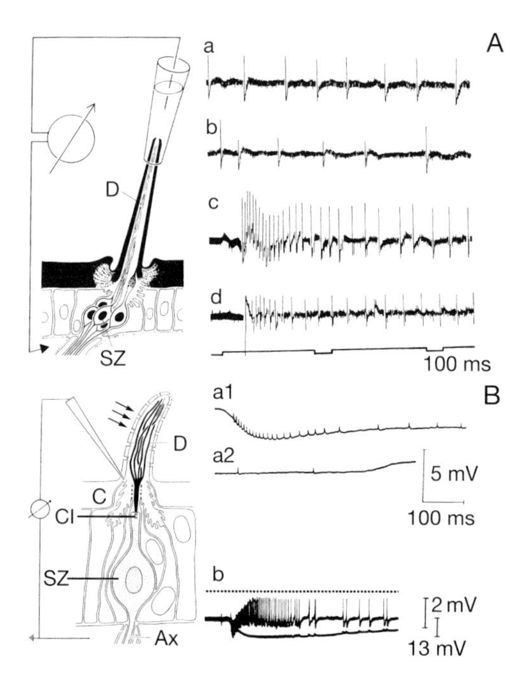

Abb. 7-25: Extrazelluläre Registrierung der Sinneszellaktivität in Sensillen. **A** Geschmacksborste einer Fliege (Abb. 7-1, Abb. 7-18). Links: Eine mit Elektrolytlösung gefüllte Kapillare ist über die Borstenspitze gestülpt, die Impulse werden aus dem Haarinnern durch den terminalen Porus abgeleitet. Durch Beigabe von Geschmacksstoffen in die Kapillare können gleichzeitig die Dendriten (D) der Sinneszellen (SZ) gereizt werden. a Reizung mit 0,5 mol/l NaCl, ein Impulstyp (die Salzzelle) reagiert; b 0,25 mol/l Saccharose, die Salzzelle reagiert schwach, dazu eine weitere Zelle, die Zuckerzelle, kenntlich an den kleineren Impulsen; c Abbiegen der Borste, Reaktion einer 3., der mechanosensitiven Zelle mit großen Impulsen; d Reizung mit stark verdünntem Elektrolyt (fast reinem Wasser), eine 4. Zelle, der Wasserrezeptor, reagiert mit Impulsen etwas größer als die der Zuckerzelle; sie wird gehemmt, wenn mehr Salz im Elektrolyt vorhanden ist (nach Boeckh, in Siewing 1980). **B** Riechhaar eines Aaskäfers oder einer Fleischfliege (Abb. 7-19). Eine feine Metallelektrode oder Elektrolyt-gefüllte Glaskapillare an der Haarbasis hat Kontakt zum Rezeptorlymphraum. Pfeile: Reizluftstrom mit Fleischgeruch; Ax Axon, C Cuticula, Cl Cilienstruktur, D verzweigter Dendrit, SZ Sinneszelle. a simultan registriertes Rezeptorpotential (langsame Strahlabsenkung nach unten) und aufsitzende Impulse. Die unterschiedlichen Polaritäten der Potentiale ergeben sich aus den elektrischen Netzwerkbedingungen bei der Registrierung. Intrazellulär gesehen handelt es sich bei beiden Vorgängen um Depolarisationen. a_1 Beginn, a_2 Ende der Reaktion, b getrennt AC-verstärkte Impulse (obere Spur) und DC verstärktes Rezeptorpotential (untere Spur); Abstände der Zeitmarken (Punkte) über der Registrierung 50 ms, Reizdauer 1 s (nach Boeckh 1969).

Reizbeginns durch eine hohe Erregung ist gut geeignet, die steilen Übergänge zwischen wenig und viel Duft an den Grenzen von Duftfahnen oder Duftwölkchen zu registrieren (7.1.4.2). Die raschen Reizwechsel, welche dabei entstehen, werden von den Sinneszellen bis zu einer Aufeinanderfolge von 5–8/s mit zeitlich deutlich korreliertem Rhythmus der Impulse beantwortet (Rumbo und Kaissling, in Kaissling 1990). Bei dieser zeitlich-räumlichen Verteilung der Duftwölkchen und -fäden, d. h. von gepulsten Duftreizen, erzielen *Bombyx*-Männchen die besten Orientierungsleistungen. Damit ist die neuronale Erfassung der für diese Leistungen wichtigen **diskontinuierlichen Duftreizung** gewährleistet.

7.2.5 Quantitativer Arbeitsbereich chemischer Sinneszellen

Die geringen Mengen von Sexualpheromon, welche Verhaltens- und Impulsantworten auslösen, lassen den Schluß zu, daß das Auftreten eines **einzigen Reizmoleküls** am Dendriten der Sinneszelle bereits zur Bildung **eines Nervenimpulses** ausreicht (7.1.3.1). Zwei aufeinanderfolgende Molekültreffer führen zu zwei Impulsen usw., bis bei höheren Duftmengen die Zahl der gebildeten Impulse nicht mehr direkt der Zahl der Einzeltreffer entspricht, sondern sich beim Verzehnfachen der Duftkonzentration nur noch verdoppelt (Abb. 7-8). Damit kann eine Sinneszelle über einen relativ weiten Bereich verschiedene Duftkonzentrationen mit unterschiedlichen Impulszahlen beantworten. Ab einer bestimmten Konzentration tritt die Zellantwort in eine Sättigung. Dadurch ergibt sich die typische sigmoidale Form der Überträgerkennlinie ei-

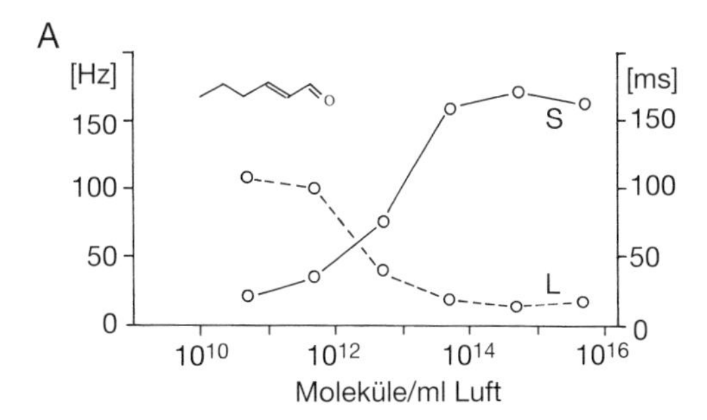

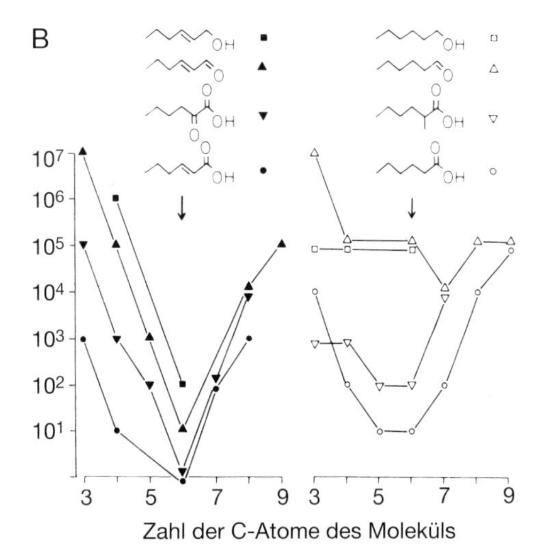

Abb. 7-26: *Locusta migratoria* (Wanderheuschrekke), «Grüngeruchs»-empfindliche Sinneszellen in Grubenkegeln der Antenne (vgl. Abb. 7-19, Inset 4). **A** Reaktionen bei Reizung mit verschiedenen Konzentrationen von 2-t-Hexenal; durchgezogene Kurve (S): Impulsantwort in Hz; gestrichelte Kurve (L): Latenzzeit in ms zwischen Auftreffen des Duftstroms an einem Meßfühler direkt neben der Antenne und dem ersten Impuls der Sinneszelle. **B** Chemische Spezifität, getestet mit Hilfe systematisch abgewandelter Moleküle. Wirksamkeit der Stoffe bezogen auf die höchst wirksame Verbindung (2-t-Hexensäure, ausgefüllte Kreissymbole). Ordinate: Faktor, um den die Testsubstanzen höher als 2-t-Hexensäure auf der Reizquelle konzentriert sein müssen, damit dieselbe Impulsantwort von 30 Hz an den Rezeptorzellen erzeugt wird (nach Boeckh 1967; Kafka 1970; Kaissling 1987).

nes Chemorezeptors mit einem mittleren, steilen Bereich, in dem die Impulsantwort etwa dem Logarithmus der Reizstärke folgt (Abb. 7-26). Bei den Pheromonrezeptoren einiger Insektenmännchen liegen die Arbeitsbereiche verschiedener Sinneszellen in unterschiedlichen Bereichen der Duftstärke. Dabei sind die Kennlinien der einzelnen Zellen steil, d. h., daß auch relativ geringe Unterschiede der Reizkonzentration noch unterschiedlich viele Impulse hervorrufen. Die gesamte Zellpopulation jedoch überdeckt einen Intensitätsbereich von 1 : 10 000.

Die Reaktionsschwellen chemosensorischer Sinneszellen liegen bei recht unterschiedlichen Reizmengen. Während Pheromonrezeptoren mancher Insektenmännchen bereits bei etwa 10^3 Molekülen pro ml Luft ansprechen (dies bedeutet bei *Bombyx* im Mittel 0,01 Treffer pro Sinneszelle, d. h. 1 Zelle von 100 wird getroffen), wirken Inhaltsstoffe der Nahrung, wie z. B. Früchten oder Blättern, auf entsprechende Riechzellen erst bei 10^7 und mehr Molekülen pro ml Luft. Die empfindlichsten Reaktionen auf Geschmacksreize sind von bestimmten Raupen für Pflanzenalkaloide und von Tsetsefliegen für Nucleotide bekannt (7.1.1). Sie liegen bei 10^{-7} mol/l, d. h. bei etwa 10^{13} Molekülen pro ml Reizlösung. Für Saccharose, einen der häufigsten und wichtigsten Geschmacksreize, beträgt diese Zahl 10^{17} Moleküle pro ml.

7.2.6 Neurale Codierung von chemischen Reizen

In den **Geschmackssensillen** der Insekten finden sich häufig 3–4 Sinneszellen, von denen jeweils eine für eine gesonderte Gruppe von Geschmacksreizen zuständig ist. Die Schmeckborsten der Schmeißfliegen auf den Tarsen und Labellen (Abb. 7-1) enthalten jeweils eine Zucker-, eine Salz-, eine Wasser- und eine Anionenzelle (Abb. 7-25). Die erste reagiert unterschiedlich stark auf verschiedene Zucker wie Saccharose, die zweite auf Salze wie NaCl, die dritte auf reines Wasser bzw. stark verdünnte Salzlösungen, die Spezifität der Vierten ist nicht genau umrissen. Bei systematischer Untersuchung vieler Reizstoffe und Reizmischungen sowie der Verwendung selektiv blockierender Pharmaka ergaben sich Hinweise auf die Existenz unterschiedlicher Typen von Membranrezeptoren für verschiedene Stoffgruppen auf den Dendriten der Zuckerzellen. Einer spricht am besten auf den

Pyranosetyp von Monosacchariden an wie Glucose, Mannose u. a., deren Moleküle äquatorial angeordnete OH-Gruppen in Position C2, C3 und C4 besitzen. Er dient wahrscheinlich auch als Rezeptor für Saccharose. Ein anderer bevorzugt Monosaccharide vom Furanosetyp, wie Fructose. Ein dritter ist für die Reaktionen dieses Zelltyps auf Aminosäuren wie Valin und Leucin zuständig. Überraschenderweise läßt sich auch bei Wasserrezeptorzellen ein Zuckerrezeptor, ähnlich dem Furanosetyp der Zuckerzelle, nachweisen, bei der Salzzelle ein Rezeptor des Pyranosetyps. Diese Zelle reagiert auf einen Reiz mit 10^{-1} mol/l Saccharose mit deutlicher Erregung. Da ihre Antwort auf Salze erst oberhalb von ca. 10^{-2} mol/l NaCl einsetzt, dürfte bei vielen natürlichen Geschmacksreizen, wie Früchten oder Blütensäften, die Erregung aufgrund anwesender Zucker stärker sein als aufgrund der nur in geringen Mengen vorkommenden Salze. Die aversive Wirkung von Salzen scheint bei Fliegen erst durch hohe Konzentrationen von Salz und entsprechend starke Erregung der Salzzellen hervorgerufen zu werden, wo die anderen, auf Zucker bzw. Wasser reagierenden Zellen schweigen (Schnuch und Hansen 1990).

Zumindest Zuckerreize wirken demnach bei diesen Fliegen nicht exklusiv über einen einzigen und spezialisierten Eingangskanal (eine labelled line) und über mehr bzw. weniger Impulse eines einzigen Zelltyps, sondern es entsteht je nach Art und Konzentration des Kohlenhydrats ein Muster aus verschieden hohen Erregungen über bis zu 3 Sinneszelltypen (across fibre pattern), welches eine detaillierte Unterscheidung verschiedener Zucker ermöglicht. Viele der im Lebensraum von Fliegen vorkommenden Nahrungssubstrate enthalten mehrere z. T. recht verschiedene Geschmacksstoffe und sprechen damit Vertreter mehrerer bis aller Schmeckzelltypen an. Dementsprechend entsteht ein von Substrat zu Stubstrat unterschiedliches Muster von Antworten.

Das Freßverhalten bestimmter phytophager Schmetterlingsraupen an Futterpflanzen läßt sich mit den Reaktionen bestimmter Sinneszellen korrelieren (Tab. 7-2). Je nach den Anteilen an Aminosäuren, Zuckern und sekundären Pflanzenstoffen kommt es zu deutlich mit bestimmten Reaktionen des Insekts korrelierten Antworten in bis zu 11 verschiedenen Sinneszellen in den verschiedenen Geschmacksorganen (Tab. 7-3). Die Muster aus all diesen Zellreaktionen bieten sehr genaue neuronale Abbilder des Stoffmusters verschiedener Pflanzen und damit eine gute Grundlage für die Beurteilung auf Brauchbarkeit bzw. Schädlichkeit sowie für eine exakte Unterscheidung verschiedener Pflanzenindividuen und -arten.

Die neurale **Codierung von Gerüchen** erfolgt in einigen Fällen nach dem Schema der labelled lines. Dies gilt u. a. für die flüchtigen Produkte der Pyrrolizidinalkaloide und die zuständigen Sinneszellen pharmakophager Falter (7.1.1), des weiteren für CO_2 (einen wichtigen Reiz für blutsaugende Insekten, für Honigbienen und für mehrere Schmetterlinge) sowie schließlich für die einzelnen Komponenten der Weibchenpheromone als wichtige Reize für fortpflanzungsbereite Männchen. Die auf solche Gerüche reagierenden Sinneszellen sprechen sehr spezifisch und häufig sehr empfindlich nur auf jeweils eine bestimmte Substanz oder auf chemisch sehr nah verwandte Stoffe an. Deshalb, und weil sie offenbar für besondere Aufgaben reserviert sind, bezeichnet man solche Zellen als **Geruchsspezialisten**. Im Falle der Sexualpheromone sind solche Spezialistenzellen in großen Zahlen auf den Männchenantennen vertreten (Tab. 7-5). Die spezielle artspezifische Mixtur der Pheromonkomponenten (7.1.3.1) erzeugt in jedem der jeweils für eine Komponente zuständigen Sinneszelltypen eine der Konzentration dieser Komponente entsprechende Impulsantwort. Das Verhältnis der Erregungshöhen zwischen den Antworten der beteiligten Zelltypen entspricht dem Mischungsverhältnis der Komponenten. So ist es aus den selektiven Verhaltensantworten der Männchen deutlich, daß dieses Muster aus Antworten mehrerer Zelltypen im ZNS identifiziert wird (Abb. 7-27; Meng et al., in Kaissling 1990).

Sehr schwierig ist die Analyse der Reaktionen von Riechzellen auf Inhaltsstoffe von Nahrungsquellen und auf andere natürliche Duftreize. Wie bereits bei Verhaltensuntersuchungen klar wurde, bestehen auch die Gerüche der meisten natürlichen Nahrungsquellen aus mehreren bis vielen Komponenten (7.1.2).

Relative Mengen der Komponenten Nr. 1	2	3	4	Sinneszelltyp A	B	C	D	Wirkung in Falle
100				●	•	•	·	–
	100			•	●	•	•	–
		100		•	•	●	·	–
			100	·	•	·	●	–
100	3			●	•	•	·	–
100	10			●	●	•	·	–
100	30			●	●	•	·	+
100	100			●	●	•	•	+ + +
30	100			●	●	•	•	+
10	100			●	●	•	•	–
3	100			•	●	•	•	–
100	100	1		●	●	•	•	+ + +
100	100	10		●	●	●	•	+ + +
100	100	30		●	●	●	•	+ +
100	100	100		●	●	●	•	(+)
100	100		1	●	●	•	•	+ + +
100	100		3	●	●	•	●	+ +
100	100		10	●	●	•	●	+
100	100		30	●	●	•	●	(+)
100	100		100	●	●	•	●	–

Abb. 7-27: *Polisa pisi* (Eulenfalter). Reaktionen der 4 Typen von Weibchenlockstoff-empfindlichen Sinneszellen (A–D) der Männchenantenne auf die Lockstoffkomponenten Nr. 1–4 und auf ihre Gemische. Rechte Spalte: Lockwirkung in Freilandfallen. Die Durchmesser der Kreise symbolisieren die relativen Erregungshöhen der Sinneszellen, die Zahl der + Zeichen die relative Zahl der in den Fallen gefangenen Männchen. Komponente Nr. 1: (Z) 11-Tetradecenylacetat, Nr. 2: (Z) 9-Tetradecenylacetat, Nr. 3: (Z) 11-Hexadecenylacetat, Nr. 4: 7-Dodecenylacetat (nach Priesner 1986).

Aus der großen Zahl flüchtiger Verbindungen in einem Fruchtaroma sind viele auch wirksame Reize für die Riechzellen verschiedener Insekten. Dabei fällt auf, daß die betreffenden Stoffe häufig in verschiedenen Früchten vorkommen. Dort treten sie jedoch wieder in fruchtspezifisch unterschiedlichen Mischungen auf.

Die hierauf ansprechenden Sinneszellen kommen bei mehreren Insekten ebenfalls in Reaktionsklassen vor, d. h. größeren Gruppen von 100 bis mehreren 1000 Sinneszellen mit jeweils gleichen oder sehr ähnlichen Duftspektren. Sie sind chemisch nicht so eng auf eine oder wenige Substanzen besonderer Bedeutung abgestimmt wie die o. g. Spezialisten, sondern reagieren (mit einer gewissen Rangordnung der Empfindlichkeit) auf mehrere oder viele Stoffe. Möglicherweise besitzen sie mehrere Typen von Membranrezeptoren. Die Spektren der Zellklassen überschneiden einander. Gewöhnlich sind jedoch die Stoffe mit größter Wirkung für eine Klasse nicht dieselben wie für andere Klassen (Abb. 7-28). Damit bewirkt ein Duftstoff, z. B. eine Komponente eines Aromas, Reaktionen in mehreren Zellklassen und je nach deren Empfindlichkeit in unterschiedlichem Ausmaß. Eine andere Komponente erzeugt in derselben Kombination von Zellklassen ein entsprechend anderes Muster von Antwortgrößen. Auf diese Weise lassen sich mit wenigen Zellklassen sehr viele Duftstoffe durch unterschiedliche Kombinationen von Erregungshöhen codieren. Dasselbe gilt für ganze Aromen bzw. die Mixtur ihrer geruchswirksamen Komponenten: Alle Zellklassen, in deren Spektren eine oder mehrere Komponenten passen, reagieren entsprechend der Konzentration dieser Komponente(n) und entsprechend ihrer eigenen relativen Empfindlichkeit für diese Stoffe. Die Überschneidung der Inhalte vieler Aromen an Komponenten sowie die Überschneidung der Duftspektren mehrerer Rezeptorklassen führen dazu, daß an der Antwort auf jedes Aro-

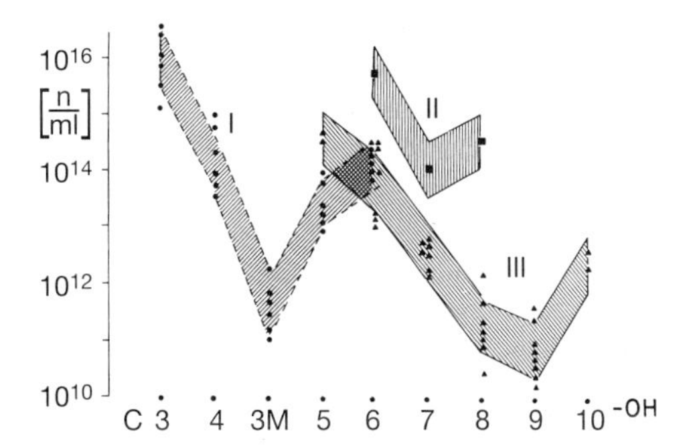

Abb. 7-28: *Periplaneta americana* (amerikanische Schabe). Teile der Duftspektren dreier Klassen von Duftrezeptorzellen in Sensillen der Antenne (I–III), welche sich bei bestimmten alipathischen Alkoholen überschneiden. Abszisse: Zahl der C-Atome im Alkoholmolekül (C 3 Propanol, C 4 Butanol usw., 3M 3-Methylbutanol). Ordinate: Zahl der für eine Erregung von 10 Impulsen/s notwendige Zahl von Molekülen pro ml Luft (nach Sass 1976).

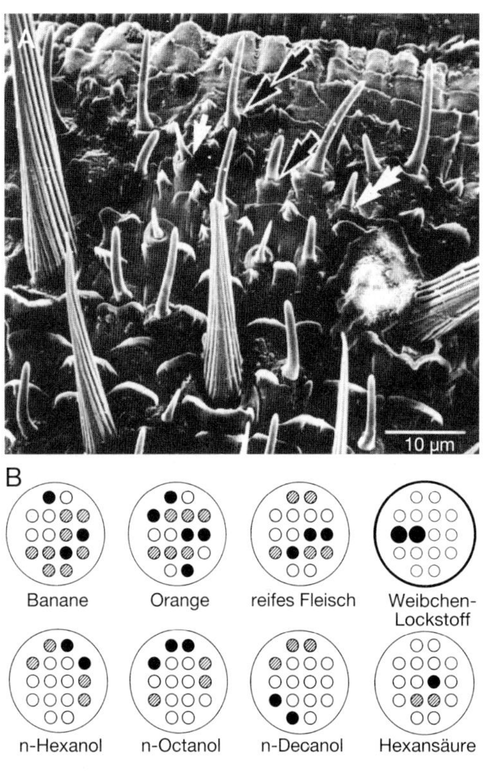

Abb. 7-29: *Periplaneta americana*. Kodierung von Duftstoffen und Aromen durch Klassen von Geruchssinneszellen auf den Antennen mit überschneidenden Spektren (Abb. 7-28). **A** Identifizierung der Sensillentypen und Sinneszellen (Abb. 7-21). Von den im Bild mit Pfeilen markierten Sensillen wurde die Aktivität der darunter befindlichen Sinneszellen mit Mikroelektroden an der Sensillenbasis registriert. Die Zahlen beziehen sich auf die in Tab. 7-5 beschriebenen Sensillentypen: Schwarzer Pfeil: Typ 1; schwarzer Doppelpfeil: Typ 2; weißer Pfeil: Typ 4a; weißer Doppelpfeil: Typ 4b. **B** 8 Reaktionsmuster (große Kreise) der Vertreter von 16 Sinneszellklassen (symbolisiert jeweils durch einen der kleinen Kreise) bei Reizung der Antenne mit verschiedenen Gerüchen. Die relativen Reaktionshöhen der Sinneszellen sind durch die Schattierung der kleinen Kreise angedeutet. Schwarz: zwischen 75 und 100 % maximal erreichter Antwort, grau: zwischen 40 und 75 % der Maximalantwort, hell: unter 25 % der Maximalantwort. Auf Weibchenpheromon antworten nur 2 Sinneszellklassen, die ihrerseits nicht auf andere Düfte reagieren (nach Sass und Selzer, in Boeckh und Ernst 1987).

Abb. 7-30: Zentralnervensystem und chemosensorische Bahnen von Insekten. **A** Ganglien des Kopfes und des 1. Thorakomers eines Orthopters in Seitenansicht und **B** Zentralnervensystem eines Hymenopters von dorsal. AG Abdominalganglion, AN Antenne mit Nerv, AO Aorta, CA Corpus allatum und CC Corpus cardiacum (neuroendokrine Organe), D Deutocerebrum, DA Darm, E Eingeweidenerven, FG Frontalganglion, G Gehirn (synonym: Oberschlundganglion aus Protocerebrum, Deutocerebrum und Tritocerebrum; bei vielen holometabolen Insekten ist auch das Unterschlundganglion ins Gehirn einbezogen), KA Komplexauge, M Mundöffnung, O Ocellus, P Protocerebrum, PD Prothoraxdrüse (Hormondrüse), SG Unterschlundganglion aus ursprünglich 3 Neuromeren (Mandibel-Maxillen-Labialganglion), SK Schlundkonnektiv, T Tritocerebrum, TH 1–3 Ganglien der Thorakomere 1–3 (bei vielen Insekten sind einige dieser Ganglien miteinander und mit Abdominalganglien verschmolzen; nach Siewing 1980). **C** Zentralhirn und Unterschlundganglion einer Schabe von der Kopf-Vorderseite gesehen mit wichtigen Schalt-Neuropilen und chemosensorischen Bahnen (AN, D, P, SG, T: wie in **A**); Schaltgebiete in P: Pilzkörper mit Calices (Ca), α- und β-Loben (α, β) und den Stielen zwischen Ca und α bzw. β, Zentralkörper (CB) und lateraler Lobus (LLP); DN absteigende Neurone. Untereinheiten der Verschaltung in D sind Glomeruli, darunter der große Makrogomerulus (MG) beim Männchen. Projektionsneurone (PN) verbinden Glomeruli und Ca bzw. LLP. Lokale axonlose Interneurone (IN) verbinden Glomeruli miteinander. Die Axone des AN enden in den Glomeruli. SG erhält Eingänge aus den Mundtastern über den Labial-, den Maxillar- und den Mandibelnerv (LN, MN, MNN); verschiedene Axone ziehen bis in den Lobus glomeratus (LG) am Deutocerebrum, andere ins Tritocerebrum. VC im Bild nach hinten ziehendes Bauchmark (nach Boeckh und Ernst 1987). **D** Weibchenlockstoff-sensitives Projektionsneuron mit Fortsätzen in MG, Ca und LLP (vgl. **C**; nach Boeckh et al. 1984). **E** Schaltbild eines Glomerulus. Sinneszellaxone der Antenne (Ax, hell) sind mit multiglomerulären lokalen, GABAergen, inhibitorischen Interneuronen (IN, dunkel) sowie dem Projektionsneuron (PN) und diese Neurone untereinander vielfältig verknüpft (Originalzeichnung von K. D. Ernst).

ma viele Zellklassen beteiligt sind, die aber für jedes Aroma ein deutlich unterschiedliches Antwortmuster bilden (Abb. 7-29). So können mit relativ wenigen **Riechzellklassen mit überlappenden Duftspektren** unterschiedliche Erregungsmuster für sehr viele Düfte und Aro-

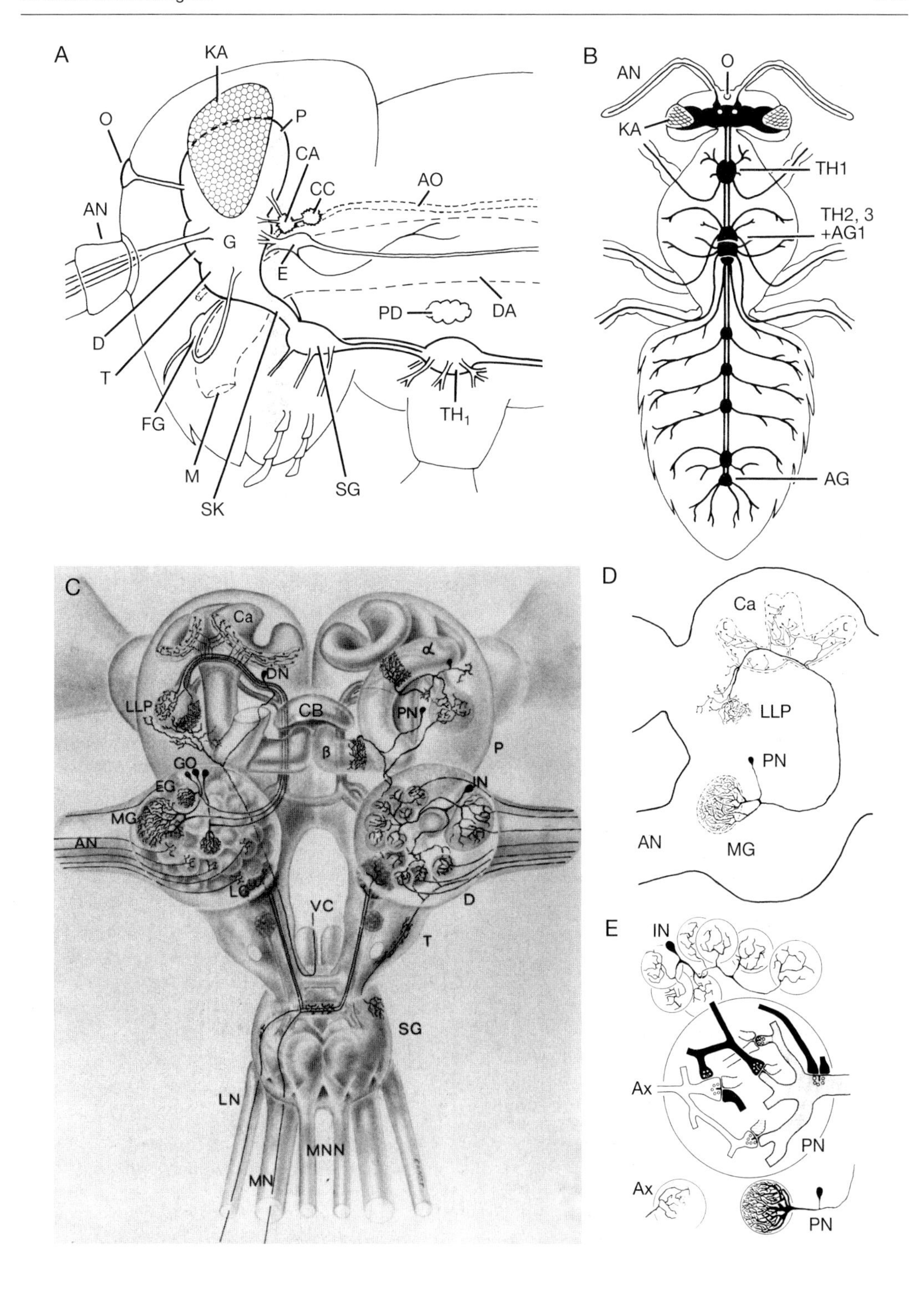
A
KA
O
P
CA
CC
AO
AN
G
E
D
T
PD
DA
FG
M
SK
SG
TH_1
B
AN
O
KA
TH1
TH2, 3
+AG1
AG
C
Ca
DN
LLP
CB
PN
P
GO
EG
MG
AN
IN
LC
VC
D
T
SG
LN
MNN
MN
D
Ca
LLP
PN
AN
MG
E
IN
Ax
PN
Ax
PN

men gebildet werden. Die relativ hohe Zahl der Angehörigen einer Klasse bietet den Molekülen des Duftspektrums eine gute Trefferchance. Dienen dabei Duftstoffe, die in vielen natürlichen Duftquelle vorkommen, als Reize und sind lediglich ihre Gemische zu unterscheiden, kann ein Insekt mit einem Vielzweck-Inventar von Sinneszellen nicht nur viele, sondern auch bisher nicht erfahrene, neue Gerüche wahrnehmen und unterscheiden.

7.3 Chemosensorische Bahnen

7.3.1 Neuroanatomische Übersicht

Die Axone der chemosensorischen Sinneszellen auf den verschiedenen Körperabschnitten ziehen direkt und ohne Umschaltung in das Zentralnervensystem (Abb. 7-30). Sie treten über die Nervenwurzeln der betreffenden Extremität oder Körperregion in das zuständige metamere Ganglion ein und bilden Kontakte zu dort vorhandenen Neuronen. Dies ist für die Antennen das **Deutocerebrum** (auch Antennallobus genannt), für die frontalen und ventralen Kopfbereiche samt Oberlippe und Hypopharynx das **Tritocerebrum** und für die Mundwerkzeuge und ihre Taster das **Unterschlundganglion** (Abb. 7-30C). Es kommt auch zu ganglienüberschreitenden Projektionen: z. B. von Chemorezeptoren der Maxillar- und Labialpalpen von Orthopteren im Lobus glomeratus an der Grenze zwischen Deuto- und Tritocerebrum, von CO_2-Rezeptoren in einer terminalen Grube der Labialpalpen verschiedener Nachtfalter, von den Maxillarpalpen bei Fliegen in speziellen Glomeruli des Deutocerebrum (s. u.) und von Geschmackssinnesorganen der Antenne zum Unterschlundganglion. Während die antennalen Eingänge, außer bei einigen Diptera, strikt ipsilateral projizieren, enden die von den Palpen der Mundwerkzeuge mit wenigen Ausnahmen bilateral.

7.3.2 Olfaktorische Zentren des Antennallobus

Unsere Kenntnis der zentralen **chemosensorischen Bahnen** beschränkt sich auf wenige Schaltgebiete in den Gehirnen einiger Nachtfalter, der amerikanischen Schabe sowie der Honigbiene und dabei vor allem auf die Verarbeitung der olfaktorischen Eingänge aus den Antennen (Homberg et al. 1989; Boeckh et al. 1990). Die Axone der Geruchssinneszellen aus den antennalen Sensillen enden in den sogenannten **Glomeruli** des ventralen Abschnitts des Antennallobus (Abb. 7-30, 7-31). Diese Glomeruli sind Knäuel untereinander verschalteter feinster Fortsätze von Sinneszellen sowie von Neuronen des Lobus. Die Somata der Neurone liegen am Rande des Lobus. Die sogenannten **lokalen Interneurone** senden ihre Fortsätze jeweils in mehrere bis viele Glomeruli und stellen sowohl innerhalb der Glomeruli als auch zwischen ihnen Verbindungen her. Immuncytochemisch zeigen sie Eigenschaften GABAerger Neurone und üben inhibitorische Wirkung aus (Box 4-1). Die **Projektionsneurone** innervieren ebenfalls Glomeruli, senden je 1 Axon in das Protocerebrum und dienen als Ausgangsneurone der Glomeruli und damit des gesamten Lobus (Abb. 7-30D, E, 7-31). Uniglomeruläre Neurone innervieren jeweils nur einen Glomerulus, bei *Periplaneta* kommen auf jeden Glomerulus auch nur 1–2 solcher Projektionsneurone. Pluri- oder multiglomeruläre Projektionsneurone innervieren viele Glomeruli.

Glomeruli sind die synaptischen Schaltgebiete und typische Gebilde der **ersten zentralen Station der Riechbahn** aller höheren Tiere und morphologisch und funktionell als individuelle Untereinheiten der Verarbeitung olfaktorischer Sinneseingänge zu betrachten. Bei *Periplaneta americana* wird jeder der ca. 125 Glomeruli von 2000–3000 Rezeptorzellaxonen, 20–30 lokalen Interneuronen und einem (selten 2) uniglomerulären Projektionsneuron(en)

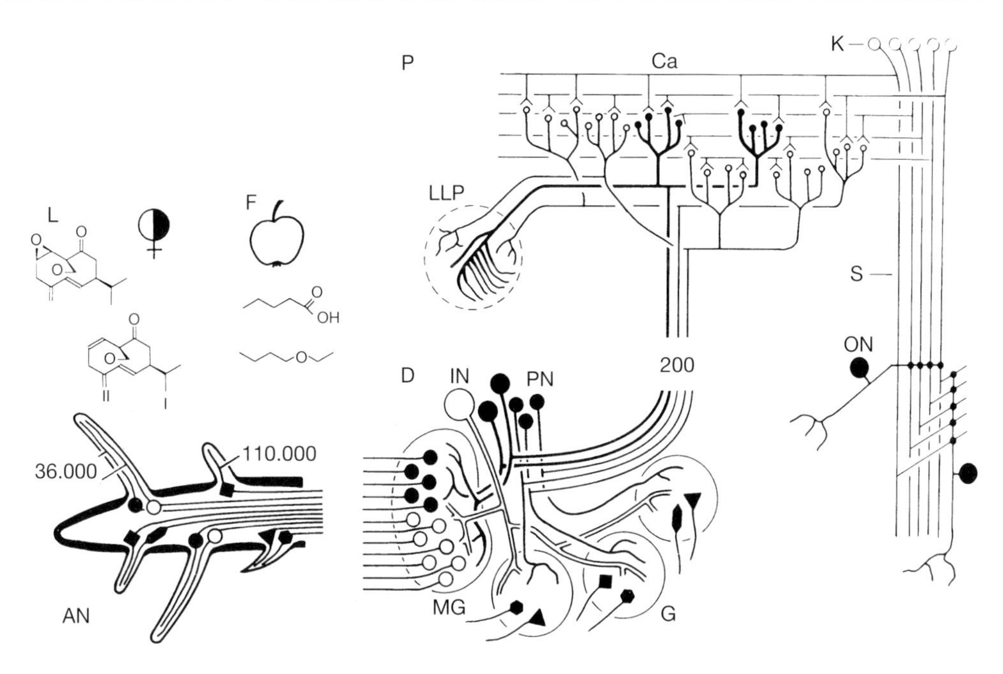

Abb. 7-31: Schema der Riechbahn eines Insekts am Beispiel der amerikanischen Schabe. Auf einer Antenne (AN) stehen 2×36 000 Sinneszellen für die beiden Komponenten des Weibchenlockstoffs (L, Kreissymbole unter langen Sensillen) und ca. 110 000 für andere, z. B. Futtergerüche (F, eckige Symbole für andere Sinneszelltypen in anderen Sensillen; Abb. 7-29). Erstere projizieren in den Makroglomerulus (MG) des Deutocerebrum (D), die anderen in verschiedenen Kombinationen in die insgesamt 125 anderen Glomeruli (G). Lokale, axonlose Interneurone (IN, hell) verbinden viele Glomeruli untereinander und dienen als Schaltneurone innerhalb der Glomeruli. Ca. 200 Projektionsneurone (PN, davon 15 für den MG) verbinden die Glomeruli mit Schaltzentren des Protocerebrums (P), d. h. die Pilzkörperbecher (Ca) bzw. den Laterallobus (LLP; Abb. 7-30 C). Dort verzweigen sie sich stark und erreichen viele Neurone (Kenyonzellen, K) in dem Ca. Diese bilden wiederum Fortsätze in den Pilzkörperstielen (S) und -Loben, von denen Ausgangsneurone (ON) abgreifen (Originalzeichnung von K. D. Ernst).

innerviert. Deren reich verzweigte Fortsätze stehen in vielfältigen erregenden und hemmenden Wechselwirkungen über einander dicht benachbarte Synapsen (Abb. 7-30 E). Deren Zahl wird in einem $50 \cdot 50 \cdot 50\ \mu m^3$ großen Glomerulus auf etwa 10^5 geschätzt. Das ganze Gebilde ist weniger als Umschalter, denn als integrierter Schaltkreis mit unzähligen Funktionen auf engstem Raum zu betrachten. Das Resultat der Rechenvorgänge wird von den Projektionsneuronen zu anderen Gehirnregionen und von den lokalen Interneuronen zu anderen Glomeruli vermittelt. Eine Besonderheit stellt der geschlechtsspezifisch nur bei Männchen vorkommende besonders große sog. **Makroglomerulus** (bei Nachtfaltern ein sog. makroglomerulärer Komplex) dar (Abb. 7-30 C, 7-31). In ihm enden die meisten, wenn nicht alle Axone derjenigen antennalen Sinneszellen, welche auf Weibchenlockstoff antworten (Tab. 7-5). Die Zahl der Ausgangsneurone dieses Glomerulus beträgt bei *Periplaneta*, anders als bei normal großen Glomeruli, etwa 15.

Im Detail sind die Verarbeitungsprozesse innerhalb der Glomeruli unbekannt. Aus den Reaktionen der einlaufenden Rezeptorzellaxone einerseits und denen der Ausgangsneurone andererseits können jedoch bestimmte Verarbeitungsmodi erschlossen werden. Dies ist besonders beim Makroglomerulus der Fall, wo Antworten der **Projektionsneurone** auf eine Filterung bestimmter, verhaltensrelevanter Reizparameter schließen lassen. Im folgenden sind einige Beispiele hierfür zur Erläuterung allgemeiner Prinzipien der Verarbeitung in Glomeruli genannt.

Für die Erfassung auch der Antworten der wenigen an der Verhaltensschwelle reagierenden Geruchssinneszellen für Weibchenpheromon durch zentrale Neurone und die Absicherung des dufterzeugten Signals von der Spontanerregung (7.1.3.1) ist eine hohe Konvergenz der Eingänge von vielen Rezeptorzellen an einzelnen Neuronen erforderlich. Bei der amerikanischen Schabe projizieren etwa 70000 pheromonsensitive Sinneszellen in den Makroglomerulus mit seinen 15 Projektionsneuronen, bei einigen Nachtfaltern sind die Zahlen ähnlich. Solche Projektionsneurone sind bereits aktiv, wenn sie Eingänge von den wenigen (1 % im Falle von *Bombyx*) in zufälliger Kombination von einzelnen Molekülen getroffenen und mit je einem zusätzlichen Impuls antwortenden Sinneszellen erhalten (Boeckh et al. 1984).

Auch eine Konvergenz der Meldungen von Sinneszellen unterschiedlicher Duftspezifität zeigt sich in den Antworten der Projektionsneurone. Während Sinneszellen wirksame Reize generell mit Erregung beantworten, kommt es über Vermittlung inhibitorischer Interneurone zur Hemmwirkung bestimmter Gerüche an zentralen Neuronen. Bietet man z. B. komplette Weibchenpheromone mit verhaltensanregenden und -hemmenden Komponenten, kommt es zu einer Kombination von exzitatorischen und inhibitorischen Prozessen an bestimmten Projektionsneuronen des Makroglomerulus und zu einem Gemisch-charakteristischen Zeitverlauf der Antwort. Bei *Periplaneta americana* bewirkt Weibchenpheromon einen anderen Erregungsgang als andere Duftstoffe, die aus den Spektren anderer Sinneszellklassen als den Pheromonrezeptoren stammen (Waldow, in Boeckh et al. 1984).

Die exakte Zeitauflösung zeitlich getakteter Duftpulse und der entsprechenden Sinneszellantworten wird von bestimmten Projektionsneuronen im Makroglomerulus der Tabakmotte ebenfalls mit Hilfe einer speziellen Verschaltung erreicht. Während die synaptische Verarbeitung vieler und zeitlich versetzt aus verschiedenen Antennenbereichen ankommender Sinneszellsignale eine gewisse Trägheit im Zeitverhalten solcher Neurone bedingt, werden hier durch zusätzliche Aktivierung inhibitorischer Interneurone die Antworten der Projektionsneurone rasch unterbrochen. So entsteht eine scharf abgegrenzte Impulssalve, und die neue Sinneszellmeldung trifft auf ein unerregtes Neuron (Christensen und Hildebrand, in Homberg et al. 1989). Auf diese Weise wird neuronal die für die Orientierungsleistung in der Duftfahne notwendige Verarbeitung der Duftpulse gesichert.

Bestimmte Projektionsneurone des Makroglomerulus von *Periplaneta americana* ermöglichen die Lokalisation eines kleinräumigen Duftreizes und auch die Verteilung der Duftintensität entlang der Antenne. Sie reagieren jeweils nur auf Reizung eines bestimmten Antennenabschnitts, der ihr rezeptives Feld darstellt. Die Felder verschiedener Neurone überlappen und beeinflussen einander inhibitorisch, ähnlich wie die retinalen rezeptiven Felder von visuellen Neuronen. Die reich verzweigten Dendriten solcher Neurone sind im Makroglomerulus bandenartig konzentriert, ähnlich wie die Projektionsgebiete der Sinneszellaxone verschiedener Antennenbereiche. Dadurch ergibt sich eine topographisch getreue neuronale Repräsentation des Duftraums entlang der Antenne (Hösl, in Boeckh et al. 1990).

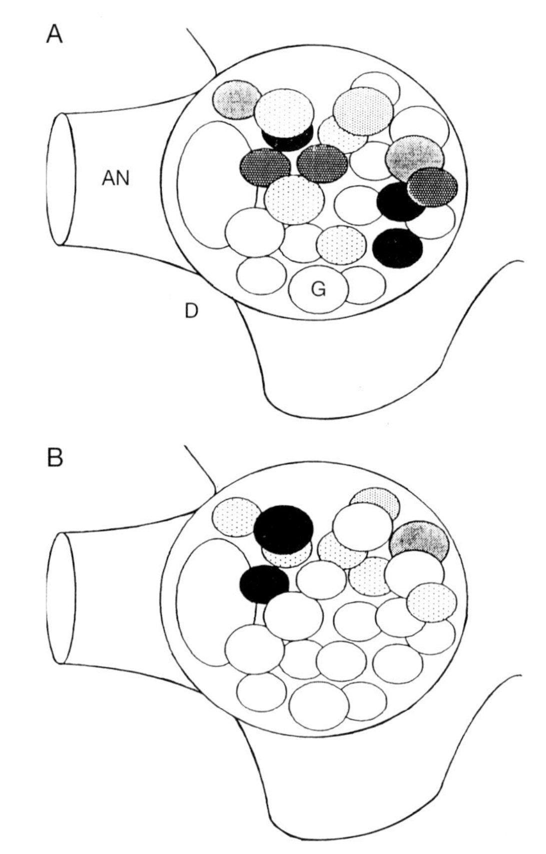

Abb. 7-32 Antwortmuster über den Glomeruli (G) des Deutocerebrum (D) bei Reizung der Antenne (AN, Antennennerv) mit zwei verschiedenen Düften (**A, B**). Die Verteilung sehr hoher (schwarz), hoher (dunkel) und schwacher Erregung (grau) sowie fehlender Erregung (u. a. wegen Hemmung) wechselt von Reiz zu Reiz. Stets sind viele Glomeruli beteiligt. Bei Anwesenheit von Weibchenpheromon würde nur ein einziger Glomerulus (bei Schaben und Nachtfaltern der Makroglomerulus) aktiviert (nach verschiedenen Autoren).

Andere Glomeruli als der Makroglomerulus erhalten Projektionen anderer Rezeptorklassen (Abb. 7-31). Ihre Projektionsneurone reagieren z. B. auf Inhaltsstoffe von Nahrungsquellen. In solche Glomeruli projizieren wahrscheinlich jeweils unterschiedliche Kombinationen von Riechzelltypen in einer Art und Weise, daß kein Duftstoff oder Aroma nur in einem einzigen Glomerulus repräsentiert ist, sondern in vielen. Dabei kommt es jedoch zu Abstufungen, so daß ein bestimmter Duft in bestimmten Glomeruli stärker, in anderen schwächer zur Wirkung kommt und eine Rangordnung der wirksamen Düfte in jedem Glomerulus besteht (Abb. 7-32).

7.3.3 Protocerebrum und absteigende Bahnen

Die Axone der (uniglomerulären) Projektionsneurone des Antennallobus enden im lateralen Lobus des Protecerebrum und in den Pilzkörperbechern (Abb. 7-30C, D, 7-31). Die Projektionen in den **Pilzkörpern** sind stark divergent: Bei *Periplaneta americana* bildet jedes Projektionsneuron etwa 100 büschelförmige Endigungen mit jeweils bis zu mehreren hundert Ausgangssynapsen. Diese starke Repräsentation olfaktorischer Eingänge in einem Pilzkörper paßt zu seiner Funktion als Zentrum multimodaler Konvergenz verschiedener Sinneseingänge und als Schaltwerk für olfaktorisches Lernen, das den Pilzkörpern aufgrund neuer Daten zugeschrieben werden kann (8.4.8).

Es gibt Hinweise darauf, daß im Bereich des lateralen Lobus Verbindungen zwischen den Projektionsneuronen aus dem Deutocerebrum und absteigenden Bahnen zur Motorik bestehen. Große absteigende Interneurone haben Fortsätze im Protocerebrallobus und zeigen komplexe Antwortmuster sowohl auf Reizung der Augen mit bewegten Sehmustern als auch der Kopfregion mit Wind und endlich Pheromonreizen an den Antennen (Kanzaki et al. 1991). Im Bauchmark männlicher Wildseidenspinner wurden Neurone registriert, die auf rasch bewegte Sehmuster an beiden Augen, Wind an beiden Antennen und auf Weibchenpheromon an der kontralateralen Antenne stärker als an der ipsilateralen antworten. Als prämotorische Neurone könnten sie in den Thorakalganglien Lokomotion und Wendung hin zur gereizten Seite erzeugen, wie das im Verhalten zu beobachten ist. Gewisse Neurone in den Schlundkonnektiven von *Bombyx*-Männchen schalten bei jedem Pheromonreiz oder -puls an der Antenne ihren Erregungszustand um. Die gleichzeitig beobachteten kompensatorischen Antennenreflexe und Drehbewegungen des Tiers lassen vermuten, daß ein solches Neuron jeweils bei Ankunft eines Duftpulses und dem Ende der Duftreizung Wendekommandos einleitet, welche die bei *Bombyx*-Männchen in der Fahne des Weibchendufts beobachteten Wendereaktionen (Zickzacklauf windauf) bewirken (Olberg, in Kaissling 1990).

Literatur zu 7

Altner, H. und Prillinger, L. (1980) Ultrastructure of invertebrate chemo-, thermo- and hygroreceptors and its functional significance. Int. Rev. Cytol. **67**, 69–139.

Berg, M. J. van den und Ziegelberger, G. (1991) On the function of the pheromone binding protein in the olfactory hairs of *Antheraea polyphemus*. J. Insect Physiol. **37**, 79–85.

Blaney, W. M., Schoonhoven, L. M. und Simmonds, M. S. J. (1986) Sensitivity variations in insect chemoreceptors; a review. Experientia **42**, 13–19.

Blom, F. (1978) Sensory activity and food intake: A study of input-output relationships in two phytophagous insects. Neth. J. Zool. **28**, 277–340.

Boeckh, J. (1967) Reaktionsschwelle, Arbeitsbereich und Spezifität eines Geruchsrezeptors auf der Heuschreckenantenne. Z. vergl. Physiol. **55**, 378–406.

Boeckh, J. (1969) Electrical activity in olfactory receptor cells. In: Pfaffmann, C. (Ed.) Olfaction and taste III. 34–51. Rockefeller University Press, New York.

Boeckh, J., Distler, P., Ernst, K. D., Hösl, M. und Malun, D. (1990) Olfactory bulb and antennal lobe. In: Schild, D. (Ed.) Chemosensory information processing. 201–227. Springer, Berlin.

Boeckh, J., Ernst, K. D., Sass, H. und Waldow, U. (1984) Anatomical and physiological characteristics of individual neurons in the central antennal pathway in insects. J. Insect Physiol. **30**, 15–26.

Boeckh, J. und Ernst, K. D. (1987) Contribution of single unit analysis in insects to an understanding of olfactory function. J. comp. Physiol. A **161**, 549–565.

Boeckh, J., Kaissling, K. E. und Schneider, D. (1960) Sensillen und Bau der Antennengeißel von *Telea polyphemus*. Zool. Jb. Anat. **78**, 559–584.

Boppré, M. (1986) Insects pharmacophagously utilizing defensive plant chemicals (pyrrolizidine alkaloids). Naturwiss. **73**, 17–26.

Breer, H., Boekhoff, I. und Tarelius, E. (1990) Rapid kinetics of second messenger formation in olfactory transduction. Nature **334**, 65–68.

Brower, L. P., Brower, J. V. Z. und Cranston, F. P. (1965) Courtship behavior of the queen butterfly, *Danaus gilippus berenice*. Zoologica (N.-Y.) **50**, 1–39.

Butenandt, A., Beckmann, R. und Stamm, D. (1961) Über den Sexuallockstoff des Seidenspinners II. Konstitution und Konfiguration des Bombykols. Hoppe Seylers Z. Physiol. Chem. **324**, 84–87.

Chapman, R. F., Bernays, E. A. und Stoffolano, J. G. (1987) Perspectives in chemoreception and behavior. Springer, New York.

Dethier, V. G. (1976) The hungry fly. Harvard University Press, Cambridge, Mass.

Ernst, K. D. (1969) Die Feinstruktur von Riechsensillen auf der Antenne des Aaskäfers *Necrophorus* (Coleoptera). Z. Zellforsch. **129**, 217–251.

Forel, A. (1910) Das Sinnesleben der Insekten. Reinhard, München.

Frisch, K. v. (1965) Tanzsprache und Orientierung der Bienen. Springer, Berlin.

Galun, R. und Kabayo, J. B. (1988) Gorging response of *Glossina palpalis* to ATP analogues. Physiol. Entomol. **13**, 419–423.

Grabowski, C. T. und Dethier, V. G. (1954) The structure of the tarsal chemoreceptors of the blowfly, *Phormia regina* Meigen, J. Morph. **94**, 1–20.

Hangartner, W. (1967) Spezifität und Inaktivierung des Spurpheromons von *Lasius fuliginosus* Latr. und Orientierung der Arbeiterinnen im Duftfeld. Z. vergl. Physiol. **57**, 103–136.

Hansen, K. und Heumann, H. G. (1971) Die Feinstruktur der tarsalen Schmeckhaare der Fliege, *Phormia terraenovae* Rob.-Desv. Z. Zellforsch. **117**, 419–442.

Hölldobler, B. (1991) Soziobiologische Klammern und Barrieren im Superorganismus Ameisenstaat. Verh. dt. Zool. Ges. **84**, 61–78.

Hölldobler, B. und Wilson, E. O. (1990) The ants. Harvard University Press, Cambridge, Mass..

Homberg, U., Christensen, T. A. und Hildebrand, J. G. (1989) Structure and function of the deutocerebrum in insects. Ann. rev. Entomol. **34**, 477–501.

Kafka, W. (1970) Molekulare Wechselwirkungen bei der Erregung einzelner Riechzellen. Z. vergl. Physiol. **70**, 105–143.

Kaissling, K. E. (1987) Insect olfaction. R. H. Wright lecture. Simon Fraser University, Burnaby, B. C.

Kaissling, K. E. (1990) Sensory basis of pheromone-mediated orientation in moths. Verh. dt. Zool. Ges. **83**, 109–131.

Kaissling, K. E. und Priesner, E. (1970) Die Riechschwelle des Seidenspinners. Naturwiss. **57**, 23–28.

Kanzaki, R., Arbas, E. A. und Hildebrand, J. G. (1991) Physiology and morphology of protocerebral olfactory neurons in the male moth *Manduca sexta*. J. comp. Physiol. A **168**, 281–298.

Karlson, P. und Lüscher, M. (1959) Pheromone. Ein Nomenklaturvorschlag für eine Wirkstoffklasse. Naturwiss. **46**, 63–64.

Löfstedt, C., Löfqvist, J., Lanne, B. S., Pers, J. N. C. van der und Hansson, B. S. (1986) Pheromone dialects in European turnip moths *Agrotis segetum*. Oikos **46**, 250–257.

Morita, H. und Shiraishi, A. (1985) Chemoreception physiology. In: Kerkut, G. A. und Gilbert, L. I. (Eds.) Comprehensive insect physiology, biochemistry and pharmacology. **6**, 133–170. Pergamon, Oxford.

Norris, D. M. (1986) Anti-feeding compounds. In: Norris, D. M. (Ed.) Chemistry of plant protection. 99–146. Springer, Berlin.

Preiss, R. und Kramer, E. (1986) Mechanism of pheromone orientation in flying moths. Naturwiss. **73**, 555–557.

Priesner, E. (1985) Pheromone als Sinnesreize. Verh. Ges. dt. Naturf. Ärzte **113**, 207–226.

Priesner, E. (1986) Correlating sensory and behavioral responses in multichemical pheromone systems in Lepidoptera. In: Payne, T. L., Birch, M. und Kennedy, C. (Eds.) Mechanisms in insect olfaction. Oxford Unversity Press, Oxford.

Sass, H. (1976) Zur nervösen Codierung von Geruchsreizen bei *Periplaneta americana*. Z. vergl. Physiol. **107**, 49–65.

Schneider, D. (1984) Insect olfaction – Our research endeavour. In: Dawson, W. W. und Enoch, J. M. (Eds.) Foundation of sensory sciences. Springer, Berlin.

Schnuch, M. und Hansen, K. (1990) Sugar sensitivity of a labellar salt receptor of the blowfly *Protophormia terraenovae*. J. Insect Physiol. **36**, 409–417.

Siewing, R. (1980) Lehrbuch der Zoologie, **1.** Allgemeine Zoologie. Fischer, Stuttgart.

Steinbrecht, R.A. (1987) Functional morphology of pheromone-sensitive sensilla. In: Prestwich, G.D. und Blomquist, G.J. (Eds.) Pheromone biochemistry. 353–384. Academic Press, New York.

Thiery, D. und Visser, J.H. (1986) Masking of host plant odour in the olfactory orientation of the colorado potato beetle. Entomol. exp. appl. **41**, 165–172.

Vareschi, E. (1971) Duftunterscheidung bei der Honigbiene. Einzelzell-Ableitungen und Verhaltensreaktionen. Z. vergl. Physiol. **75**, 143–173.

Visser, H. (1983) Differential sensory perception of plant compounds of insects. In: Hedin, P.A. (Ed.) Plant resistance to insects. 208–230. ACS Symp. Series **208**, 215–230.

Visser, H. (1988) Host-plant finding by insects: Orientation, sensory inputs and search pattern. J. Insect Physiol. **34**, 259–268.

Wilczek, M. (1967) The distribution and neuroanatomy of the labellar sense organs of the blowfly, *Phormia regina* Meigen. J. Morphol. **122**, 175–201.

Wilson, E.O. (1971) The insect societies. Harvard University Press, Cambridge, Mass..

Wilson, E.O. und Bossert, W.H. (1963) Chemical communication among animals. Recent progress in hormone research **19**, 673–716.

Wink, M. und Schneider, D. (1990) Fate of plant-derived secondary metabolites in three moth species *(Syntomis mogadorensis, Syntoma epilais, and Creatonotos transiens)*. J. comp. Physiol. B **160**, 389–400.

Ziegelberger, G., Berg, M.J. van den, Kaissling, K.E., Klumpp, S. und Schultz, J.E. (1990) Cyclic GMP levels and guanylate cyclase activity in pheromone-sensitive antennae of the silkmoth *Antheraea polyphemus* and *Bombyx mori*. J. Neurosci. **10**, 1217–1235.

Zimmermann, B. (1992) Antennal thermo- and hygrosensitive sensilla in *Antheraea pernyi* (Lepidoptera, Saturniidae): Ultrastructural and immunohistochemical localization of Na-K-ATPase. Cell Tiss. Res. **270**, 365–376.

Zufall, F. und Hatt, H. (1991) Dual activation of a sex pheromone-dependent ion channel from insect olfactory dendrites by protein kinase C activators and cyclic GMP. Proc. ntl. Acad. Sci. **88**, 8520–8524.

Zufall, F., Stengl, M., Frank, C., Hildebrand, G. und Hatt, H. (1991) Ionic currents of cultivated olfactory receptor neurons from antennae of male *Manduca sexta*. J. Neurosci. **11**, 956–965.

8 Orientierung

R. Menzel

Einleitung

Insekten sind mit einer großen Zahl von Sinneszellen ausgestattet, die ihrem Nervensystem eine Fülle von Informationen über die Umwelt für die **Verhaltenssteuerung** zur Verfügung stellen. Mit ihren Extremitäten und dem vor allem im Bauchmark lokalisierten motorischen Nervensystem können sie eine Vielzahl von Verhaltensweisen ausführen. Insbesondere die sozialen Insekten (Termiten, Ameisen, Wespen und Bienen) haben eine Fülle von Verhaltensweisen entwickelt, die von denen der Wirbeltiere nur graduell verschieden sind. Bei Ameisen (z. B. der Weberameise *Oecophylla*, der Ernteameise *Pogonomyrmex* und der Honigameise *Myrmecocystus*) verteidigen die sterilen Arbeiter gemeinsam und in koordinierten Aktionen Territorien, in denen sie Futter sammeln. Arbeitsteilung, Alarm- und Verteidigungsrekrutierung werden durch ein vielgestaltiges Kommunikationssystem geregelt. Die Beißkämpfe mit artgleichen Ameisen einer anderen Kolonie sind bei der Honigameise zu ritualisierten territorialen Turnieren entwickelt. Diese Turniere dienen offensichtlich dazu, die ökologische Dominanz innerhalb einer Art zu regulieren. Verfeindete Kolonien schätzen während der Turniere ihre Stärke ab und passen die Rekrutierung weiterer Kämpfer der Stärke des Gegners an (Hölldobler 1985). Solche Verhaltensweisen verlangen eine differenzierte Verhaltenssteuerung nach chemischen (Territoriumsmarkierung, Stockgenossen) und visuellen Marken (Landmarken, Bewegungsweise des Gegners). Informationen müssen gesammelt und integriert werden (z. B. über den Verlauf des Turniers), um Entscheidungen treffen zu können (im Turnier bleiben, rekrutieren, aufgeben). Auch eine langandauernde Erinnerung über den Ausgang des Kräftemessens muß gebildet werden, um gefährlichen Kräfteverschleiß zu vermeiden.

Nicht weniger große Anforderungen werden an das Nervensystem gestellt, wenn sich Insekten in Raum und Zeit orientieren. Erfahrene Hummeln und Bienen kennen die Landmarken an Futterstellen auch in der weiteren Umgebung ihrer Nester so genau, daß sie sich aus Entfernungen von über 5 km zu ihrem Heimatstock zurückorientieren können, wenn man sie in einem Gebiet freiläßt, das sie schon einmal beflogen haben. Ameisen und Bienen navigieren bei ihrer Fernorientierung nach dem Sonnenstand und dem Muster des linear polarisierten Lichtes des blauen Himmels, wobei sie die scheinbare Sonnenbewegung über einen inneren Zeitsinn verrechnen (von Frisch 1965). **Orientierung** im Raum verlangt neben der Richtungsbestimmung auch eine Entfernungseinschätzung, die, wie wir sehen werden, zumindest bei fliegenden Insekten nach dem subjektiven Maß des Energieverbrauchs erfolgt. Diese Leistungen basieren auf der neuronalen Verrechnung einer großen Fülle von Informationen verschiedener Sinne, auf der Aktivierung angeborener und erlernter neuronaler Operationen sowie auf der ständigen Aktualisierung der im Nervensystem wirksamen Informationen über die Sinneseingänge.

Eine Anpassung des Verhaltens an wechselnde Anforderungen erfolgt durch **Lernvorgänge**, also individuell gemachte Erfahrungen. Das Zurückkehren zum Futterplatz, zur Schlafstelle, zur Beobachtungwarte oder zum eigenen Volk bei sozialen Insekten setzt voraus, daß die wechselnden Orientierungsmarken von jedem Tier neu erlernt werden. Wenn eine Honigbienenarbeiterin mit der alten Königin aus einem zu groß werdenden Volk auszieht, um an einer anderen Stelle eine neue Kolonie zu gründen, muß sie alle Landmarken um den neuen Nistplatz neu erlernen, bekannte Landmarken in einen neuen Bezug bringen und das Navigationssystem auf den neuen Ort ausrichten (Lindauer 1963). Die Grabwespe *Ammophila* schleift eine erbeutete Raupe auf dem Boden zu ihrem vorbereiteten Erdloch zurück und orientiert sich dabei nach Landmarken, die sie vorher nur im Flug gesehen hat. Kaum jemals wird der Weg auf dem Boden zurück zur Erdhöhle der gleiche sein, und dennoch läuft die Wespe zielstrebig, teils mit dem Kopf, teils mit dem Körperende voraus, auf ihr Ziel zu. Dabei müssen Rechenoperationen in ihrem Nervensystem an den neuronalen Repräsentationen der erlernten Orientierungsmarken durchgeführt werden, die das Wiedererkennen der Marken weitgehend unabhängig machen von den aktuellen Abbildungen auf der Retina und im visuellen System. Es muß also ein **Gedächtnis** der Orientierungsmarken im Gehirn des Tieres existieren, das ihre relative Lage unabhängig von der Position des Tieres speichert.

Die Suche nach den physiologischen Grundlagen solcher **komplexer Verhaltensweisen** soll in vier Fragenbereiche aufgeteilt werden: Wahrnehmung, Orientierung im Raum, Orientierung in der Zeit, Lernen und Gedächtnis. Die messende Verhaltensforschung kann uns helfen, eine Vorstellung darüber zu entwickeln, welche Leistungen das Nervensystem erbringen muß, um eine bestimmte Verhaltensweise zu ermöglichen. Sie kann auch helfen, unnötig komplizierte Annahmen über die möglichen neuronalen Mechanismen zu vermeiden. Das Verhalten wird dabei in Teilkomponenten aufgelöst und so eine neurophysiologische Analyse vorbereitet. Solche Untersuchungen werden bei unserer Betrachtung im Vordergrund stehen, weil sie Arbeitshypothesen für den Neurophysiologen liefern. Es sollte aber stets auch bedacht werden, daß die Ergebnisse der **messenden Verhaltensforschung** in anderen Zusammenhängen nicht weniger wichtig sind: In der **vergleichenden Verhaltensforschung**, die die Frage nach evolutiven Entstehung von Verhaltensweisen stellt, und in der **Verhaltensökologie**, die die Frage untersucht, wie die Eigenschaften der Umwelt die Verhaltensweisen bestimmen. Diese beiden Forschungsgebiete befruchten den neurophysiologischen Erklärungsansatz, wie auch in anderen Kapiteln dieses Lehrbuches (z. B. 5, 7) deutlich wird.

8.1 Wahrnehmung: Von den Leistungen der Sinnesorgane zum Verhalten

8.1.1 Was ist Wahrnehmung?

Was Wahrnehmung ist, können wir aus eigenem Erleben sehr genau sagen. Was Wahrnehmung bei Tieren ist und ob diese eine der unseren vergleichbare Wahrnehmung haben, ist uns weitgehend verschlossen. Mit gutem Recht können wir annehmen, daß die Wahrnehmung bei Tieren unserer eigenen um so ähnlicher ist, je ähnlicher (also phylogenetisch näher verwandt) der aus den Sinnesorganen und dem Nervensystem bestehende wahrnehmende Apparat des betreffenden Tieres dem unseren ist. Von einem Mitmenschen können wir schon mit großer Sicherheit sagen, daß er über die gleichen Wahrnehmungen verfügt wie man selbst, zumal wenn er einem in der gleichen Situation das beredt schildert, was man selbst wahrnimmt. Das ist bei einem Affen, einem Hund oder einer Katze schon viel schwieriger. Um wieviel schwieriger ist dies aber erst, wenn es um die Wahrnehmung der Insekten geht. Sicherlich, die Sinnesorgane und das Nervensystem der Insekten sind von dem unseren sehr verschieden. Muß das bedeuten, daß die Wahrnehmung grundsätzlich ganz anders ist? Ja, sicherlich – und nein, möglicherweise doch nicht so verschieden. Das wird uns klarer werden, wenn wir genauer festlegen, was wir unter Wahrnehmung verstehen wollen.

Die Sinnesorgane sind die Antennen der Wahrnehmung, aber ihre Meldungen an das Nervensystem sind nicht mit der Wahrnehmung identisch, weil folgende Zusammenhänge gelten:

1. Wahrnehmung ist **selektiv**. Ein Artenvergleich zeigt, daß die Ausstattung mit Sinnesorganen bei verschiedenen Arten verschieden ist und daß damit unterschiedliche Ausschnitte aus der Umwelt neuronal abgebildet werden. Dies wird auch häufig als **sensorisches Fenster** bezeichnet (von Uexküll 1921). Außerdem gilt, daß die Wahrnehmung von der Aufmerksamkeit abhängt. Das kann sich so auswirken, daß bestimmte Reize nur in bestimmten Verhaltenszusammenhängen wirken (kontextabhängige Wahrnehmung) oder daß sich die Bedeutung von Reizen mit dem Verhalten des Tieres ändert. Wahrnehmung kann zudem verhaltensabhängig sein und damit vorübergehend ein selektives sensorisches Fenster erzeugen.

2. Für die Wahrnehmung ist die Aufteilung in Sinnesmodalitäten von geringer Bedeutung, weil zur Wahrnehmung die Meldungen vieler Sinnesorgane **integriert** werden. Dadurch ergänzen und fördern sich sensorische Meldungen wechselseitig. In die Flugsteuerung von Heuschrecken gehen z.B. die optischen Stimuli, die über die Komplexaugen und die Ocellen aufgenommen werden, genauso ein, wie die mechanische Stimulation der windempfindlichen Haare auf dem Kopf oder der Streckrezeptoren in den Flügeln (Abb. 4-32). Aus dem gesamten Komplex von Stimuli verschiedener Modalitäten wird offensichtlich eine gemeinsame und sich gegenseitig ergänzende Repräsentation der für die Flugsteuerung wichtigen Umweltzustände erzeugt. Auf der Ebene dieser neuronalen Repräsentation ist es dann nicht mehr sinnvoll, die verschiedenen sensorischen Eingänge getrennt zu betrachten. **Multimodale** und **polysensorische Neurone** im Nervensystem sind ein Indiz für solche kontextspezifischen Konvergenzen. Sie stellen offensichtlich eine eigenständige Form der neuronalen Repräsentation von Reizkomplexen dar.

3. Wahrnehmung schließt zwar die Bedeutung von Sinnesreizen mit ein, die Bedeutung von Stimuli wird aber durch das im Nervensystem verankerte **Gedächtnis** festgelegt. Das phylogenetische Gedächtnis manifestiert sich in der genetisch programmierten und für jede Art spezifischen Verschaltung der Neurone im Nervensystem. Das individuelle Gedächtnis ist das Ergebnis der Erfahrung jedes einzelnen Tieres und gibt den Stimuli durch Verknüpfung (Assoziation) mit dem genetisch fixierten Art-Gedächtnis die erfahrungsabhängige Bedeutung. Für die Wahrnehmung des Menschen wurde gezeigt, daß der aus dem Gedächtnis abgerufene Anteil den der sensorischen Eingänge häufig weit übertrifft. Für Tiere gibt es aus methodischen Gründen keine vergleichbaren Untersuchungen.

4. Aufgrund der unter 2. und 3. genannten Prinzipien kann Wahrnehmung eigene **Dimensionen** haben, die mit denen der sensorischen Eingänge nicht identisch sind. Zum Beispiel ist die olfaktorische und räumliche Wahrnehmung mit Hilfe der Antennen bei vielen Insektenarten so innig miteinander verwoben, daß schon von Frisch (1965) von einem «topochemischen Sinn» (z.B. bei Bienen und Wespen) spricht. Ein weiteres Beispiel ist das Farbensehen, das wir weiter unten genauer betrachten wollen (8.1.3) und bei dem ebenfalls die Wahrnehmungsdimensionen nicht identisch sind mit den Meldungen der Sinnesorgane (Box 8-1; 6.3.1).

5. Wahrnehmen ist innig mit **aktivem Tun**, Reagieren auf Stimuli, Verhalten in komplexen Umweltverhältnissen verquickt.

Das Verhalten eines Tieres auf Reize hin ist die einzige Quelle unserer Kenntnis darüber, daß ein Tier etwas wahrnimmt. Wir Menschen können unsere eigene Wahrnehmung durch Introspektion erfahren und erleben dabei die Objekte unserer Wahrnehmung als verschieden und außerhalb unserer Wahrnehmung. Die biologische Wissenschaft kann aber keine Aussagen darüber machen, ob ein Tier eine solche Art von Wahrnehmung besitzt. Zwar können wir beschreiben, wie eine Biene sich nach dem polarisierten Licht orientiert, aber wir geraten in unauflösbare Probleme, wenn wir sagen wollen, was die Biene dabei wahrnimmt. Der in Abb. 8-1 gezeigte Kasten, in dem die Wahrnehmung an der Repräsentation der erfahrenen Welt arbeitet, mag uns veranschaulichen, wie wir als Wissenschaft treibende Menschen des 20. Jahrhunderts über die Trennung zwischen äußerer und innerer Welt nachdenken. Es ist aber aus erkenntnistheoretischer Sicht wichtig, sich klarzumachen, daß innerhalb des Nervensystems eines Tieres eine solche Trennung von äußerer und innerer Welt keine notwendige Annahme, vielleicht sogar eine überflüssige Annahme ist.

8.1.2 Experimentelle Analyse von Wahrnehmung

Für den Physiologen sind die entwickelten Kriterien für Wahrnehmung nur dann nützlich, wenn 1. sie sich experimentell prüfen lassen, 2. die Suche nach den neuronalen Grundlagen für die Verhaltenssteuerung damit

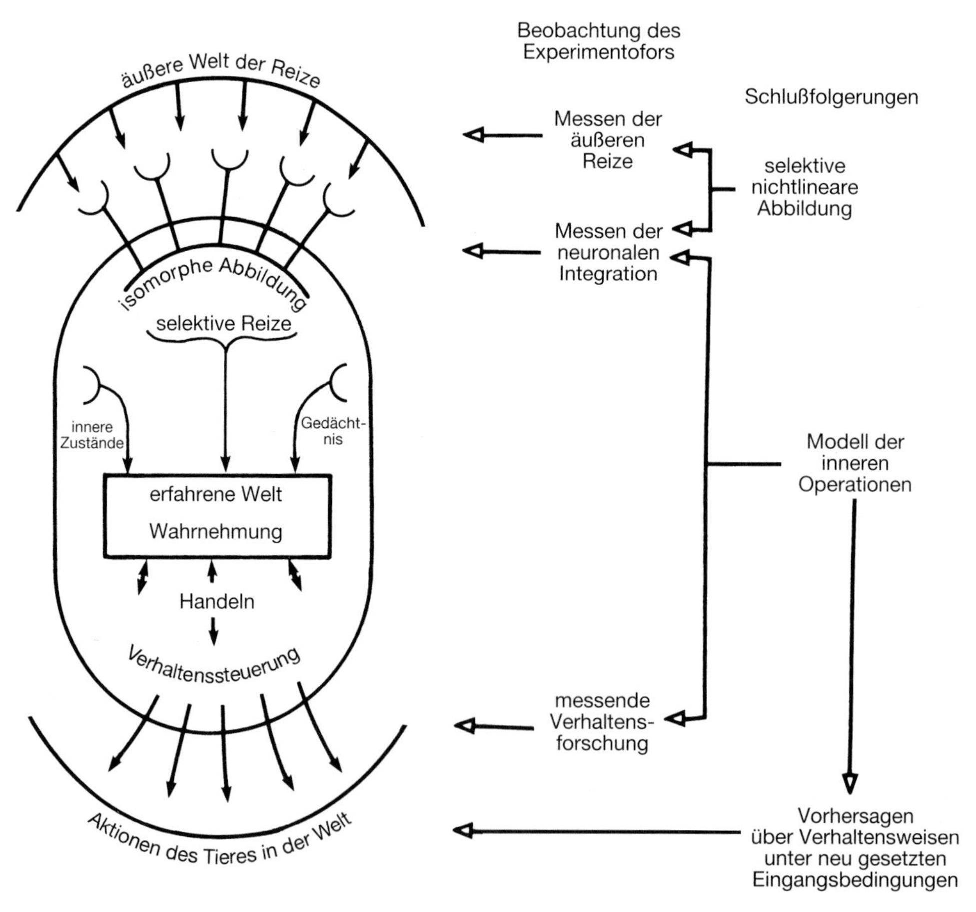

Abb. 8-1: Wechselwirkungen des Organismus mit der äußeren Welt und die Schlußfolgerungen des Experimentators über die inneren Zustände des Organismus. Das Schema zeigt die im Text besprochenen Stufen der Argumentation, nach denen auf eine Wahrnehmungsebene im Organismus geschlossen wird.

erleichtert wird, also leichter Modellvorstellungen über die wirkenden Mechanismen entwickelt werden können, 3. einfachere Erklärungsversuche als unzureichend erkannt werden können (Kriterium der notwendigen Annahmen) sowie 4. leichter geprüft werden kann, ob keine weiteren Annahmen notwendig sind (Kriterium der hinreichenden Annahmen). Wie lassen sich also diese eigenständigen Repräsentationen von Wahrnehmung experimentell prüfen? Das wird in den folgenden Beispielen deutlich werden. Zuvor wollen wir uns das Methodeninventar für solche Untersuchungen ansehen.

Messen können wir die äußeren Reize (**inputs**) und die Aktionen bzw. Reaktionen des Tieres (**outputs**; Abb. 4-1). Aus den Zusammenhängen zwischen input und output schließen wir auf die im Nervensystem ablaufenden Prozesse. Es sollen also Aussagen über die Operationen im Nervensystem getroffen werden. Der Weg dazu ist die Bildung eines **Modells**, dessen eigenständige innere Logik (Konsistenz, Regelhaftigkeit) neue Fragen aufwirft, die experimentell beantwortet werden können. Dabei soll im Wechselspiel mit den Ergebnissen der Experimente sukzessiv das Modell verbessert werden.

8.1.3 Direkte Wege zwischen Reiz und Reaktion: Die Rolle der Sinnesorgane

Der hohe Anteil genetisch programmierter, meist einfacher und stereotyper Verhaltensweisen bei Insekten erlaubt es in vielen Fällen, einen quantitativen Zusammenhang zwischen den Parametern der auslösenden Reize und der Stärke der Reaktion auf einfache Weise zu messen. Beispiele wurden schon beschrieben: z. B. Phototaxis, Geotaxis, Polarotaxis, Anemotaxis, optomotorische Drehreaktion und Fixationsdrehung, Stopreaktionen auf Vibrationen des Substrats, Phonotaxis, Chemotaxis, Flugsteuerung nach dem Horizont (4–7). Fliegende Insekten streben in Fluchtstimmung dem Licht zu, laufende Insekten, z. B. Schaben, meist nach den dunkelsten Stellen. Häufig lassen sich die inneren Zustände im Experiment zuverlässig einstellen (z. B. indem eine Biene in einen dunklen Kasten gesetzt wird und dann auf ein Licht zulaufen darf: Positive Phototaxis in der Fluchtreaktion; indem mit einem Luftstrom auf die Cerci einer Schabe ihre Flucht vor einem möglichen Feind ausgelöst wird, oder indem eine Fliege an einem Drehmomentkompensator befestigt ist und im visuell gesteuerten Flug auf einen Umweltpunkt zuzusteuern versucht). Der Signalcharakter des Reizes ist in solchen Fällen für das Tier eindeutig und aktiviert einen **angeborenen Auslösemechanismus**, also ein phylogenetisches Gedächtnis, das ein stereotypes motorisches Programm auslöst. Dies ist eine direkte Steuerung der outputs durch die inputs.

Aber auch in dieser einfachen Situation muß das Nervensystem den **Bedeutungscharakter des Reizes** (Schlüsselreiz, spezifisches Signal) in Abhängigkeit von den inneren Zuständen feststellen und ein, wenn auch einfaches, Verhaltensrepertoire aus dem Gedächtnis abrufen (Abb. 8-1). Die «erfahrene Welt» hat also eine denkbar einfache Struktur, weil sie von Parametern eines Reizes in sehr direkter Weise abhängt. Dies erlaubt in vielen Fällen eine psychophysische, d. h. durch Verhaltensmessungen erfolgte Bestimmung der Eigenschaften von Sinnesorganen (z. B. Schwellenkurven, Abhängigkeit der Reaktionsstärke von der Reizstärke) und unter günstigen Bedingungen auch neuronaler Verschaltungen, wie z. B. bei elementaren Bewegungsdetektoren, binauralen Verschaltungen bei der Phonotaxis, Richtungsempfindlichkeiten von Riesenfasern im Bauchmark von Schaben, die mit Gruppen von Haarsensillen auf den Cerci verschaltet sind.

Die Regeln, die diesen Leistungen zugrunde liegen, lassen sich in drei Gesetzen der **Psychophysik** zusammenfassen:

1. Webersches Schwellengesetz: $\frac{\Delta S}{S} = \text{const.}$

Eine konstante Unterscheidungsleistung (z. B. eine Schwellenreaktion) hängt vom Verhältnis zwischen Reizstärkenänderung ΔS und der andauernden Reizstärke S ab.

2. Fechnersches Gesetz: $\frac{\Delta S}{S} = \Delta R$. Die Unterscheidungsleistung ΔR steigt mit dem Verhältnis von ΔS und S an. Aus dem Fechnerschen Gesetz ergibt sich durch Integration die formale Beziehung: $R = c \cdot \log\left(\frac{S}{S_0}\right)$. Die Wahrnehmungsstärke R als Summe aller Unterscheidungsleistungen ΔR wächst also mit dem Logarithmus des Verhältnisses zwischen der Reizstärke S und einer Bezugsreizstärke (meist der Schwellenreizstärke S_0) an (c ist ein Proportionalitätsfaktor). Die **Stevensche Potenzfunktion** $R = K \cdot S^n$ ist eine Formulierung des Fechnerschen Gesetzes, in der die Potenzzahl n Werte unter und über 1 annehmen kann (K, Konstante).

Die gerade noch sichere Unterscheidungsleistung ΔR läßt sich als eine Einheit in einem Urteilsraum auffassen. Daher gibt man diesen Urteils-Einheiten auch eine besondere Bezeichnung: jnd, just noticable difference step, ein gerade unterscheidbarer Unterschiedsschritt. Je kleiner R, um so mehr jnd-Einheiten werden auf einen Anstieg von $\frac{S}{S_0}$ fallen, um so besser wird also eine Änderung von S zu S_0 unterschieden. Dieser Zusammenhang ist in dem 3. psychophysischen Grundgesetz nach Thurstone allgemein formuliert (siehe unten).

Diese psychophysischen Regeln beschreiben quantitativ die Übersetzung eines physikalischen Reizes in neuronale Information. Überall dort, wo die Einflüsse der inneren Zustände des Gedächtnisses und der Wahrnehmungsebene (Abb. 8-1) als konstant und einfach angenommen werden können, beschreiben die gefundenen Funktionen die Eigenschaften der Sinnesorgane. Dafür gelten die beiden genannten Grundregeln der Psychophysik. Ein Beispiel dafür gibt Abb. 8-2. Weitere Beispiele findet man in den vorangegangenen Kapiteln.

3. Psychophysisches Grundgesetz nach Thurstone: In der natürlichen Umwelt wählen Tiere meist, indem sie zwischen einem aktuellen Stimulus und der Erinnerung an einen gelernten, bzw. einen angeborenermaßen angestrebten Stimulus vergleichen. Die Wahrscheinlichkeit für die Wahl des Stimulus wird davon abhängen, wie ähnlich (oder verschieden) dieser dem erlernten oder angeborenen erscheint. Solche Stimuli haben meist komplexe physikalische Reizgrößen und erregen daher mehrere bis sehr viele Rezeptorzellen mit unterschiedlichen Empfindlichkeiten für physikalische Reize. Die oben aufgeführten psychophysischen Grundregeln lassen sich daher nicht einfach anwenden, aber man kann sagen, daß die Wahrscheinlichkeit der Wahl von

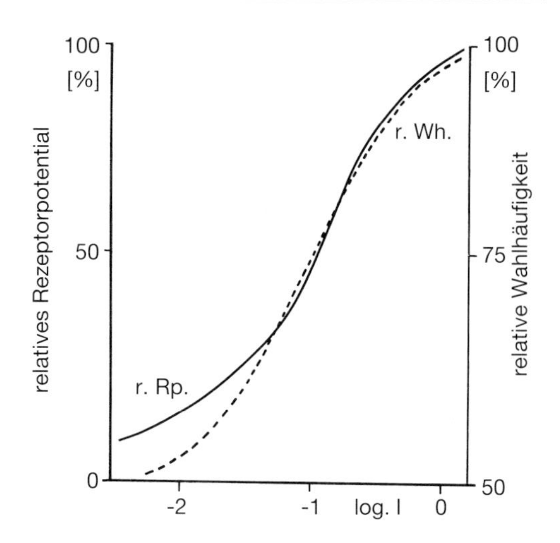

Abb. 8-2: Ein Beispiel für die Gültigkeit der Steven'schen Potenzfunktion und gleichzeitig ein Beispiel für die Messung von Rezeptoreigenschaften mit Hilfe einer einfachen Verhaltensweise. Die ausgezogene Kurve gibt die Intensitätsabhängigkeit von Photorezeptoren im Bienenauge wieder. Das intrazellulär gemessene Belichtungspotential (6.3) steigt mit der Intensität des Testlichtes an. 100 % der linken Ordinate entspricht 45 mV depolarisierendes Belichtungspotential. Die gestrichelte Kurve (rechte Ordinate) zeigt die Intensitätsabhängigkeit der phototaktischen Reaktion von Bienen. Die Bienen konnten in einem Y-förmigen Entscheidungsrohr zwischen einem belichteten Schenkel (Intensität als logarithmischer Wert auf der Abszisse aufgetragen) und einem dunklen Schenkel wählen. Je höher die Intensität, um so mehr Bienen laufen in das belichtete Rohr (relative Wahlhäufigkeit). Die Ordinate gibt die relative Wahlhäufigkeit in dieser dualen Wahlentscheidung an.

der Verschiedenheit der verglichenen Stimuli abhängen wird, repräsentiert als Abstand in einem Urteilsraum. Diese Urteilsebene enthält Eigenschaften der Stimuli, so wie sie dem neuronalen Substrat für die Beurteilung des «gleich» oder «verschieden» von den Rezeptoren zur Verfügung gestellt werden (Abb. 8-1), isomorphe Abbildung selektiver Reize). Eine Analyse dieser Zusammenhänge kann uns Anhaltspunkte für die Operationen des Nervensystems geben, denn es ist ja das Nervensystem, das die Urteilsebene auf der Grundlage der Meldungen der Sinnesorgane erzeugt.

Für den einfachsten Fall kann man sich formal vorstellen (Abb. 8-3), daß die Stimuli S_1 und S_2 entlang einer Skala des Rezeptorerregungskontinuums (E_1 und E_2) und der hypothetischen Urteilsebene (R_1 und R_2) abgebildet sind. Da die Abbildung der Außenwelt auf die Innenwelt mit Fehlern behaftet ist (z. B. statistische Fluktuationen in den Rezeptoren, Rauschen), werden E_1 und E_2 sowie R_1 und R_2 entsprechend einer Häufigkeitsverteilung auf den entsprechenden Skalen repräsentiert sein. Aus diesen Überlegungen leitet sich das 3. psychophysische Gesetz der vergleichenden Urteilsfindung nach Thurstone (1927) ab (Gesetz des vergleichenden Urteils): $R_i - R_j = Z_{ij} \cdot \sigma \sqrt{2}$ (σ ist die Standardabweichung, wobei für den einfachen hier dargestellten Fall gilt $\sigma_1 = \sigma_2 = \sigma$ und angenommen wird, daß die statistischen Fluktuationen unabhängig sind). In Abb. 8-3 ist die allgemeine Formulierung des Gesetzes von Thurstone angegeben. Diese Gleichung besagt, daß die subjektive Differenz d_{ij} zwischen zwei Stimuli den wahrscheinlichkeitstransformierten Wahlprozenten Z (p) proportional ist. Man kann sich diesen Zusammenhang leicht verdeutlichen, wenn man eine Sequenz von aufeinander folgenden Entscheidungen betrachtet. Wie Abb. 8-3 zeigt, ist die Unterscheidung zwischen R_1 und R_2 um so sicherer, je größer der Unterschied zwischen R_1 und R_2 sowie je kleiner die Streuung σ_1 und σ_2 sind. Allgemein gilt:

$$R_i - R_j = Z_{ij} \sqrt{\sigma^2 + \sigma^2 - 2\, r_{ij} \cdot \sigma_i \cdot \sigma_j}.$$

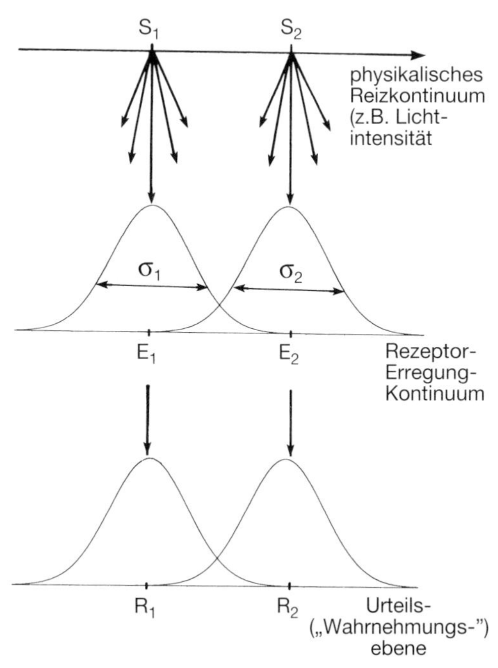

Abb. 8-3: Die Unterscheidung von zwei Reizen S_1 und S_2 ist eine Funktion ihrer Abstände in der physikalischen Reizebene, der Erregungsebene und in der Repräsentationsebene. Auf der Urteilsebene werden kategoriale Urteile gebildet (gleich–verschieden, größer–kleiner, ja–nein). Dies beschreibt das 3. psychophysische Grundgesetz nach Thurstone (1927). Es gilt: Die Unterscheidung zwischen R_1 und R_2 (Repräsentationsebene) ist um so sicherer, je größer der Unterschied zwischen R_1 und R_2 sowie je kleiner die Steuerung σ_1 und σ_2 ist. Allgemein gilt: $R_i - R_j = Z_{ij} \sqrt{\sigma_i^2 + \sigma_j^2 - 2r_{ij} \cdot \sigma_i \cdot \sigma_j}$. Betrachtet man R_i und R_j als unabhängig voneinander (r=o) und setzt $\sigma_i = \sigma_j$ dann gilt: $R_i - R_j = Z_{ij} \cdot \sigma \sqrt{2}$.

Betrachtet man die Reize R_i und R_j als unabhängig voneinander (r = o) und setzt $\sigma_i = \sigma_j$, dann gilt:

$$R_i - R_j = Z_{ij} \cdot \sigma \cdot \sqrt{2}.$$

Abb. 8-4 zeigt den Ablauf eines Unterscheidungstests entsprechend dem 3. psychophysischen Grundgesetz. Zu den Zeitpunkten t_1, t_2, t_3... werden die Stimuli S_1 und S_2 zur Unterscheidung angeboten. Das auf der Urteilsebene geltende Maß (1 jnd = ein gerade unterscheidbarer Abstand) ist als Maßstab eingetragen. Wegen der statistischen Schwan-

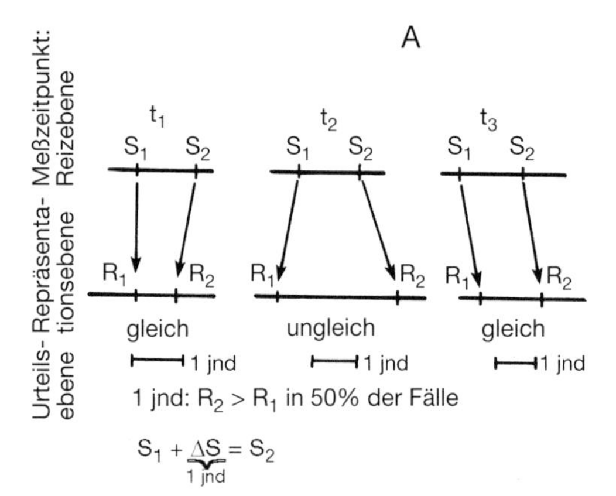

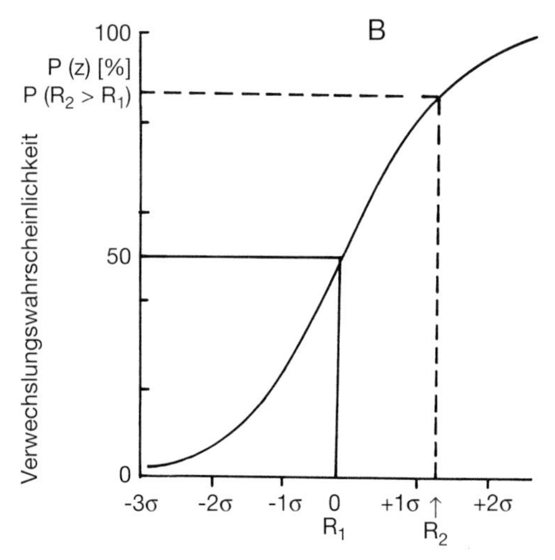

Abb. 8-4: Ablauf eines Unterscheidungstests entsprechend dem 3. psychophysischen Grundgesetz. **A** Zu den Zeitpunkten t_1, t_2, t_3... werden die Stimuli S_1 und S_2 zur Unterscheidung angeboten. Das auf der Urteilsebene geltende Maß (1 jnd = ein gerade unterscheidbarer Abstand) ist als Maßstab eingetragen. Wegen der statistischen Schwankungen bei der Abbildung von der Reizebene (S_1, S_2) auf die Repräsentationsebene (R_1, R_2) werden R_1 und R_2 bei manchen Tests innerhalb (z.B. zum Zeitpunkt t_1, t_3) und bei anderen Tests außerhalb (t_2) des jnd-Maßes liegen (Urteilsebene). Das Urteil wird dann entsprechend «S_1 und S_2 sind gleich» bzw. «S_1 und S_2 sind ungleich» lauten. **B** Daraus folgt ein sigmoidaler Zusammenhang zwischen der Wahrscheinlichkeit für die Aussage «ungleich» und dem Abstand zwischen den Repräsentationen der Reize (R_1–R_2).

kungen bei der Abbildung von der Reizebene (S_1, S_2) auf die Urteilsebene (R_1, R_2) werden R_1 und R_2 bei manchen Tests innerhalb (z. B. zum Zeitpunkt t_1, t_3) und bei anderen Tests außerhalb (t_2) des jnd-Maßes liegen. Das Urteil wird dann entsprechend «S_1 und S_2 sind gleich» bzw. «S_1 und S_2 sind ungleich» lauten. Daraus folgt ein sigmoidaler Zusammenhang zwischen der Wahrscheinlichkeit für die Aussage «ungleich» und dem Abstand zwischen der Repräsentation der Reize ($R_1 - R_2$).

Diese Überlegungen gelten nicht nur für so einfache Aufgaben wie die Unterscheidung zwischen zwei Stimuli entlang einer physikalischen Reizdimension (z. B. der Intensität von zwei Lichtquellen). Vielmehr läßt sich das Thurstone'sche Gesetz nach Torgerson (1958) auf mehrdimensionale Fälle verallgemeinern. In einer typischen Versuchssituation wird ein Tier auf einen Stimulus (z. B. eine Farbe) dressiert. Im Unterscheidungstest werden zwei Stimuli zur Auswahl geboten. Beide Stimuli werden von dem Tier mit dem Gedächtnis an den Dressurstimulus verglichen. Es werden also zwei Abstände d_{kj} und d_{ki} gleichzeitig getestet (S_k sei der Dressurstimulus und S_i und S_j die Teststimuli). Nach dem oben gesagten gilt: $d_{kj} = R_k - R_j$, $d_{ki} = R_k - R_i$. Es gilt also:

$${}_kd_{ij} = d_{kj} - d_{ki} = {}_kZ_{ij} \cdot \sqrt{\sigma_{kj}^2 + \sigma_{ki}^2 - 2\,r_{kj,\,ki} \cdot \sigma_{kj} \cdot \sigma_{ki}}$$

vereinfacht (Abb. 8-3): $d_{kj} - d_{ki} = {}_kZ_{ij} \cdot \sigma \cdot \sqrt{2}$ (Sixtl 1982).

Thurstones Gesetz und Torgersons Verallgemeinerung erweisen sich als sehr hilfreich bei der Analyse von Wahrnehmungsdimensionen. Dies soll am Beispiel des **Farbensehens von Bienen** gezeigt werden. Bienen können mit Hilfe einer Futterdressur danach befragt werden, wie gut sie Farbstimuli unterscheiden. Mit dieser Methode hatte von Frisch (1914) gezeigt, daß Bienen Blau von vielen Graustufen unterscheiden können und Rot mit Schwarz verwechseln. Später wurde nachgewiesen, daß Bienen auch für ultraviolettes Licht zwischen 300 und 400 nm empfindlich sind. Daumer (1956) zeigte, daß die Gesetze der Farbmischung auch für Bienen gelten (6.3). Aus den Ergebnissen der Farbmischexperimente kann abgelesen werden, in welchen Proportionen zwei Farbreize gemischt werden müssen, um von einer anderen Mischung oder einem spektral reinen Farbreiz nicht unterscheidbar zu sein. Solchen Ergebnissen liegt also stets das Urteil des Versuchstieres «gleich» zugrunde. Subjektive Differenzen, also wie verschieden zwei Farbreize erscheinen, können aus den Mischexperimenten nicht ab-

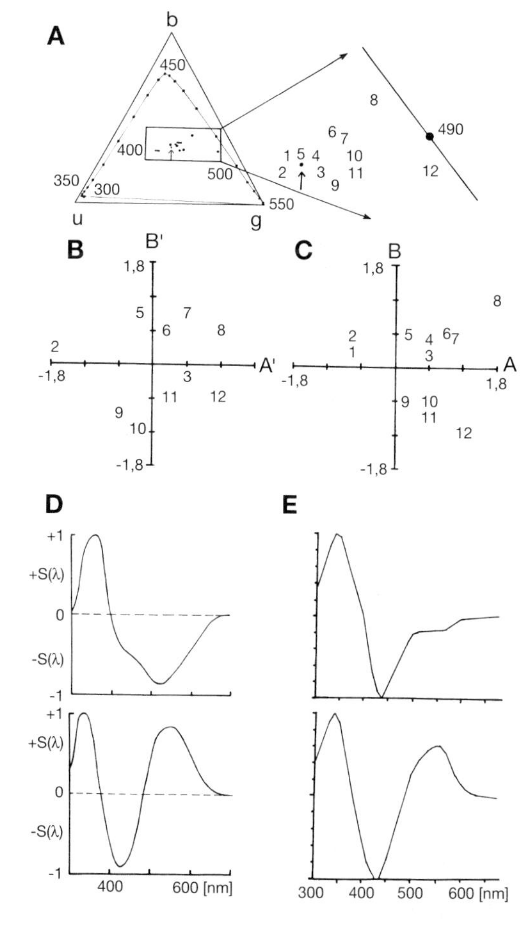

Abb. 8-5: Wahrnehmungsdimensionen im Farbensehen der Honigbiene. **A** Zwölf Farbstimuli wurden auf ihre Unterscheidung in Dressurtests untersucht (Matrixexperiment, Box 8-1). Die Farborte der zwölf Farbstimuli sind im Farbendreieck angegeben (links das ganze Farbendreieck, rechts Ausschnittsvergrößerung). Das Farbendreieck beruht auf den spektralen Empfindlichkeiten der drei Rezeptortypen im Bienenauge (b blau, g grün, u uv). Der kleine Pfeil markiert den Hintergrund, auf den die Rezeptoren sich adaptieren. **B** Die multidimensionale Skalierungsmethode (Box 8-1) liefert zwei unabhängige Wahrnehmungsskalen A′ und B′. Die zwölf Farbstimuli lassen sich in diesem Skalensystem darstellen. Man vergleiche die relative Anordnung der Orte dieser Farbstimuli in diesem Achsensystem und im Farbendreieck darüber. Es zeigt sich eine große Übereinstimmung in der Anordnung der Stimuli zueinander. **C** Die Interpretation der beiden Skalen A′ und B′ als physiologische Größen ergeben, daß die beiden korrespondierenden Skalen A und B aus der Verrechnung der Erregung von allen drei spektralen Rezeptorarten entsteht. Dabei gilt: $A = -9{,}86\ E_u + 7{,}7\ E_b + 2{,}16\ E_g$ und $B = -5{,}17\ E_u + 20{,}25\ E_b - 15{,}08\ E_g$, wobei E_u, E_b und E_g Erregungsgrößen der UV-, der Blau- und der Grün-Rezeptoren sind. **D** Zwei Beispiele für Ableitungen von Gegenfarbenneuronen im visuellen System der Honigbiene. Oben: Ein Neuron der Art $u^+\ b^-\ g^-$ das mit Erregung auf UV-Licht und Hemmung auf langwelliges Spektrallicht reagiert. Die Kurve gibt die spektrale Empfindlichkeit für die Erregung [$+S(\lambda)$ nach oben aufgetragen, $-S(\lambda)$ nach unten aufgetragen] an. Darunter: Ein Neuron der Art $u^+\ b^-\ g^+$ mit der entsprechenden spektralen Empfindlichkeitskurve. **E** Ergebnis von Modellrechnungen zur Bestimmung der spektralen Empfindlichkeitskurven der beiden Skalen A und B (siehe **C**). Es ergibt sich eine recht gute Übereinstimmung mit den gemessenen spektralen Empfindlichkeiten von Gegenfarbenneuronen (nach Backhaus 1991).

gelesen werden. Das Urteil «gleich» wird dann gefällt, wenn die Rezeptoren für beide Teststimuli innerhalb der Streubreiten ihrer Signale die gleiche Information liefern. Aus diesem Grund lassen sich aus den Farbmischexperimenten die spektralen Eigenschaften der Rezeptoren vorhersagen oder umgekehrt aus den Rezeptoreigenschaften die Ergebnisse von Mischexperimenten (6).

Über Farbensehen, in dem Sinne wie wir es in unserer eigenen Wahrnehmung erleben, sagen diese Befunde wenig aus, weil die Unterschiedlichkeit von Farben und die Art des verschiedenen Farbeindruckes (etwa nach dem Farbton, der Sättigung, der Helligkeit oder anderen Maßen für Verschiedenheit) nicht geprüft wird. Solche subjektiven Maße für Verschiedenheit könnten uns aber ein Indiz für die **Wahrnehmung von Farbe** geben und damit ein Hinweis sein, wie die Informationen im Nervensystem verrechnet werden.

Die Frage lautet: Lassen sich Wahrnehmungsdimensionen im Farbensehen der Biene nachweisen, die von den spektralen Rezeptortypen verschieden sind, etwa so wie wir Rot-Grün und Blau-Gelb als Gegenfarben erleben oder die Sättigung und Helligkeit von Farben verschieden von ihrem Farbton wahrnehmen können? Diese Frage können wir mit den oben beschriebenen Methoden der Analyse von Unterschiedsurteilen beantworten. Dazu benötigt man als experimentelles Ausgangsmaterial eine große Zahl von Wahlentscheidungen zwischen Farbpaaren, wobei stets auf eine Farbe dressiert wurde und die Unterscheidung von allen anderen Testfarben geprüft wird. Aus einer 12 × 12 Matrix, z. B. 12 Farbsignale, die alle gegeneinander dressiert und getestet wurden, läßt sich mit Methoden der multidimensionalen Skalierung (Box 8-1) errechnen,

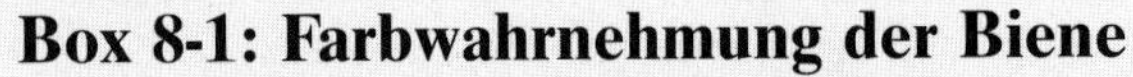

Box 8-1: Farbwahrnehmung der Biene

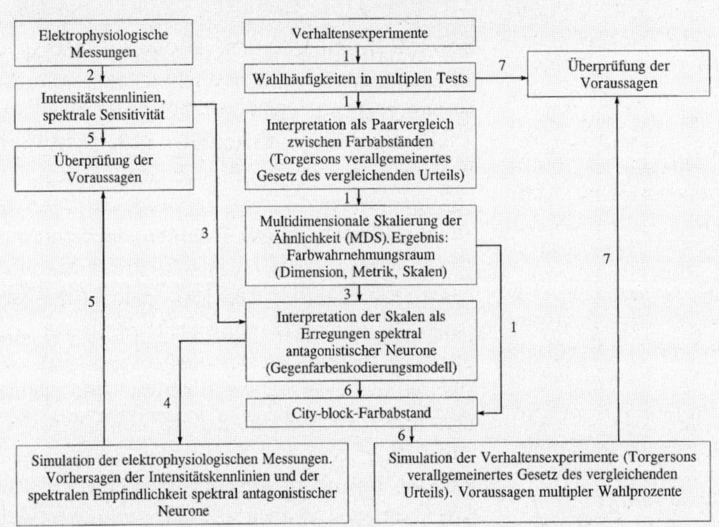

Zusammenwirken verschiedener Untersuchungsmethoden in der Neurobiologie bei der Bestimmung der **neuronalen Basis** von **Wahrnehmungssystemen am Beispiel des Farbensehens der Honigbiene** (Abbildung): 1) Ausgangspunkt bildet die Hypothese, daß das Farbwahlverhalten der Bienen in multiplen Tests durch Torgersons verallgemeinertes Gesetz des vergleichenden Urteils beschrieben werden kann. Demgemäß wird der subjektive Farbraum (Urteilsraum), der die gemessenen Wahlprozente am besten zu reproduzieren gestattet, durch multidimensionale Skalierungsverfahren bestimmt. 2) Aus der Elektrophysiologie des Bienengehirns sind die Eigenschaften von zwei verschiedenen Typen tonisch spektral antagonistischer Interneurone qualitativ bekannt. 3) Dies motiviert die Entwicklung einer zweiten Hypothese (Gegenfarbenkodierungsmodell), die die abstrakten psychophysischen Skalen als Erregungen von hypothetischen, spektral antagonistischen Neuronen interpretiert. Die Parameter der Modellneurone sind für die beste Anpassung der Erregungen an die Skalenwerte der zwölf im multiplen Verhaltensexperiment verwendeten Farbmarken bestimmt. 4) Mit diesen Modellneuronen können in Computersimulationen elektrophysiologische Experimente durchgespielt und dabei z. B. die spektralen Sensitivitätsfunktionen bestimmt werden. 5) Die gute Übereinstimmung der simulierten mit den gemessenen Funktionen zeigt, daß die beiden Typen im Bienengehirn nachgewiesener, tonischer, spektral antagonistischer Neurone wesentlich am Farbensehen beteiligt sind. 6) Auf der Basis des Farbraums der Biene und der ersten Hypothese über Unterschiedsurteile können nun aus den Erregungen in den beiden Modellneuronentypen Farbunterschiede für beliebige Farbmarken vorhergesagt und in unabhängigen Verhaltensexperimenten geprüft werden. 7) Ist eine erklärende Hypothese, wie im vorliegenden Beispiel, mehrmals in kritischen Experimenten verifiziert und in keinem Fall falsifiziert worden, so erlangt sie den Status einer Theorie. W. Backhaus

wieviele unabhängige Skalen (Wahrnehmungsdimensionen) mindestens notwendig sind, um die Ergebnismatrix zu rekonstruieren. Außerdem läßt sich bestimmen, wie die Skalenwerte miteinander verrechnet werden müssen, also welche Metrik der Wahrnehmungsraum besitzt. Im Falle des Farbensehens der Biene stellt sich heraus, daß nur zwei unabhängige Skalen angenommen werden müssen. Die Abb. 8-5 A, B zeigt, daß sich aus den zurückgerechneten Orten der Farbstimuli in diesem Skalensystem eine ganz ähnliche Anordnung ergibt, wie in dem Farbendreieck. Der wesentliche Unterschied ist jedoch, daß die Skalen einen eigenen Wahrnehmungsraum aufspannen, also von den Rezeptormeldungen abgeleitete und verrechnete Größen darstellen, die in einer bestimmten Weise, nämlich ihrer eigenen Metrik, verrechnet werden. Diese Metrik im Falle des Farbensehens der Bienen ist die sog. city block-Metrik; d. h.: Der subjektive Wahrnehmungsabstand entspricht der Summe der Abstände auf den beiden Wahrnehmungsskalen. Im Wahrnehmungsraum, der dem Farbensehen der

Biene zugrunde liegt, gelten also einfache lineare Verrechnungsregeln.

Die so gefundenen Skalen- oder Wahrnehmungsdimensionen sind abstrakte Größen, unter denen wir uns zunächst einmal weder etwas vorstellen, noch unmittelbar eine physiologische Größe ablesen können. Eines kann man aber direkt sehen: Diese Skalen sind nicht identisch mit den spektralen Rezeptoreingängen, sondern stellen eine eigenständige Abbildung der Farbstimuli in einem Wahrnehmungsraum dar. Im Falle des Farbensehens der Biene kann man nun einen Schritt weitergehen und findet, daß sich die beiden Skalen funktionell interpretieren lassen. Prüft man nämlich, welche additive oder subtraktive Verrechnung der Erregung von allen drei spektralen Rezeptortypen (6.3) jeweils die beiden Skalen (A, B) am besten wiedergeben, findet man zwei verschiedene spektral-antagonistische Systeme (Abb. 8-5C, mit den Achsen A und B). Das Aufregende an diesem Befund ist, daß genau solche spektral-antagonistischen System gefunden wurden, als von visuellen Interneuronen im Bienengehirn abgeleitet wurde (Abb. 8-5D). Die spektrale Empfindlichkeit dieser beiden Neuronentypen entspricht recht genau der für die Achsen A und B berechneten spektralen Empfindlichkeit (Abb. 8-5E; Menzel und Backhaus 1991; Backhaus 1991).

Wahrnehmungsdimensionen können sich also in günstigen Fällen, wie hier beim Farbensehen der Bienen, aus Verhaltensexperimenten ableiten lassen. Sie erweisen sich als eigenständige neuronale Verarbeitungsstrategien des Nervensystems und erlauben einen Blick in die subjektive Wahrnehmungswelt eines Tieres. Allerdings wurden auch die hier geschilderten Experimente zum Farbensehen der Biene unter stark standardisierten Bedingungen durchgeführt. Die Wahrnehmung im natürlichen Verhaltenskontext ist noch viel komplexer. Bleiben wir beim Beispiel des Farbensehens der Biene. Bienen setzen ihr Farbensehen an der Futterquelle und bei der Rückkehr in den Stock ein. Bei der tropischen Biene *Melipona quadrifasciata* fand man, daß an der Futterstelle tatsächlich alle Informationen, die die Rezeptoren dem Nervensystem zur Verfügung stellen, zur Farbuntersuchung genutzt werden. Am Stockeingang dagegen werden nur die im Blaugrün-Bereich optimal genutzt, die im Violett-Bereich dagegen vernachlässigt. Zentralnervöse Umwertungsprozesse passen also die Wahrnehmungsleistungen dem Verhaltenskontext an: Blüten (Verhaltenskontext: Nahrungssuche) werden im Violett und Blaugrün genau zu unterscheiden sein, der in hohlen Bäumen versteckte Eingang (Verhaltenskontext: Nestsuche) nur im Blaugrün. Es lassen sich noch extremere Beispiele für das dahinter verborgene neuronale Prinzip aufführen: Bei der Kurssteuerung im Flug und beim phototaktischen Lauf zum Licht ist die Biene gänzlich farbenblind, gewichtet aber die drei spektralen Rezeptoreingänge ganz unterschiedlich. Bei der Orientierung nach dem Polarisationsmuster des Himmels verrechnet ihr Nervensystem ausschließlich die Meldung der UV-Rezeptoren. Die Ökonomie der neuronalen Verarbeitung besteht also darin, die im jeweiligen Verhaltenskontext zu leistende Aufgabe zu lösen, nicht aber einen allgemein Code anzuwenden. Die Ökonomie mag für ein kleines Gehirn wie das der Insekten besonders bedeutsam sein.

8.2 Orientierung im Raum

Insekten verfügen über ausgezeichnete Mechanismen, sich in ihrem Lebensraum zu orientieren. Transportiert man z. B. Ameisen, solitäre oder soziale Bienen und Wespen zu einer weit entfernten Stelle, sind sie meist nicht verloren, sondern kehren mit großer Sicherheit zu ihrem Nest zurück. Die Holzbiene *Xylocopa* und große Hummelarten finden häufig aus mehr als 10 km weit entfernten Auflaßorten zurück, Honigbienen aus mehreren Kilometern und Ameisen bis aus etwa 200 m. Entdeckt eine Ameise, Biene oder Wespe auf ihren vielfältig gewundenen Suchläufen oder -flügen eine Nahrungsquelle, kehrt sie nach der Futteraufnahme auf dem kürzesten Weg direkt zum Nest zurück. Bei diesen Navigationsleistungen richten sich die Tiere nach Himmelsmarken sowie fernen und nahen Landmarken. Dabei verrechnen sie fortlau-

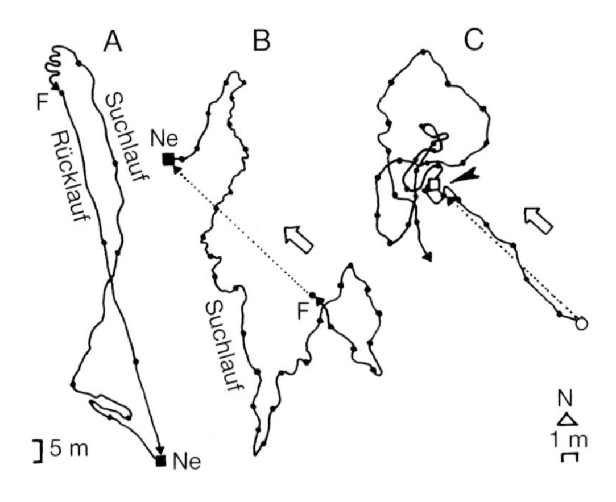

Abb. 8-6: A Laufstrecke einer Wüstenameise, *Cataglyphis fortis*, auf dem flachen Sandboden der nördlichen Sahara. Auf dem gewundenen Suchlauf findet die Ameise zufällig bei F Futter, das sie mit den Mandibeln aufgreift und nun auf dem kürzesten Weg zum Nesteingang Ne (■) zurückträgt (Rücklauf). **B** Auslauf einer *Cataglyphis fortis* auf gewundenem Suchlauf. Nachdem bei F zufällig Futter gefunden wurde, wird die Ameise versetzt und an der Stelle o freigelassen (**C**). Wäre sie nicht versetzt worden, wäre sie in **B** entlang der gepunkteten Linie in Richtung des offenen Pfeiles zurückgelaufen. An der versetzten Stelle (o, **C**) läuft sie tatsächlich entsprechend dieser Richtung (offener Pfeil in **C**) geradlinig über eine Entfernung, in der sie das Nest erwartet (schwarze Pfeilspitze). Dort beginnt sie an der erwarteten Stelle des Nesteingangs (□) mit Suchlaufen. Rechts unten: Maßstab und N Norden (nach Wehner und Wehner 1986).

fend Kurven und Schleifen, so daß sie in jedem Moment die kürzeste Rückkehrstrecke einschlagen können. Im natürlichen Verhalten wirken meist die Orientierungsleistungen nach Himmels- und Landmarken zusammen. Da aber eine Navigation nach Himmelszeichen ganz andere Anforderungen stellt, als die nach Landmarken, muß man versuchen, in Experimenten diese Fähigkeiten getrennt zu testen, um die neuronalen Mechanismen dieser Leistungen besser zu verstehen.

Bei der **Landmarkenorientierung** erscheinen die Objekte in endlicher Entfernung. Ein sich bewegendes Tier sieht sie daher in wechselnder relativer Lage zueinander (Bewegungsparalaxe) und, je nach Entfernung, in unterschiedlicher Größe, also unter verschiedenen Sehwinkeln. **Himmelsmarken**, wie die Sonne und das Polarisationsmuster des blauen Himmels (6.3), unterliegen nicht der Bewegungsparalaxe, weil sie unendlich weit entfernt sind. Landmarkenorientierung muß also nach einer Art seriellem Gedächtniscode erfolgen, die das Tier durch Erfahrung in seinem Gedächtnis aufgebaut und in der bestimmte Orte unverwechselbar und eindeutig durch ihre relative Lage zueinander charakterisiert sind. Das ermöglicht eine Orientierung, die wir **Pilotieren** nennen wollen, weil sich die Tiere von einer bekannten Landmarkenkonstellation zur nächsten bewegen können, indem sie die bestmögliche Passung zwischen den wahrgenommenen und dem gespeicherten Muster der Landmarken suchen. Da dies in einer zeitlichen Sequenz erfolgt, kann man die Strategie der Tiere mit dem Durchblättern einer Bildsequenz vergleichen, etwa so, wie wir uns in einer uns wenig bekannten Gegend an eine bestimmte Wegstrecke erinnern.

Himmelsmarken liefern dagegen nur Informationen über die Richtung im Raum, sind also für ein **Navigieren** nach einer **Kompaßrichtung** geeignet. Zusammen mit einer Entfernungsmessung bietet dies die Möglichkeit einer **Vektororientierung**. Eine Standortbestimmung und eine Kartenorientierung, wie beim Pilotieren, sind jedoch nicht möglich. Ein weiterer wichtiger Unterschied zwischen Landmarken und Himmelsmarken ist, daß letztere eindeutig vorhersehbar sind, da sie ständig wiederkehrenden astronomischen Regeln folgen. Landmarken dagegen sind wegen ihrer vielfältigen Anordnungen nicht vorhersehbar und müssen von jedem Individuum neu erlernt werden. Wovor wir uns aber bei der Benutzung der Begriffe **navigieren** und **pilotieren** hüten müssen, ist die Annahme, daß Insekten etwa ähnliche Strategien wie Menschen verwenden. Wir werden sehen, daß sie tatsächlich häufig ganz andere Orientierungsweisen anwenden.

8.2.1 Wegintegration

Betrachten wir zuerst die Fähigkeit eines Insekts, nach vielfach gewundenen Suchläufen oder -flügen schnurstracks zum Ausgangspunkt (z. B. Nest) zurückzukehren. Die Laufspur der Wüstenameise *Cataglyphis* in Abb. 8-6A zeigt, daß sie gezielt und sehr schnell zum Nesteingang zurückläuft, wenn sie zufällig bei Punkt F (85 m vom Nest entfernt) Nahrung findet. Da der Ameise auf dem flachen Wüstenboden der nördlichen Sahara keine anderen Orientierungsmarken als die des Himmels zur Verfügung stehen, muß man schließen, daß sie die Richtung mit Hilfe des Himmelskompasses (Sonne, Muster des polarisierten Lichts) bestimmt und die Entfernung über einen inneren Wegmesser (vielleicht eine Art Schrittzähler) abschätzt. Das Versetzungsexperiment in Abb. 8-6B, C bestätigt diese Vermutung: Der Rücklauf erfolgt kompaßartig, und Suchläufe nach dem Nesteingang beginnen recht genau nach einer Laufstrecke, die der kürzesten Entfernung entspricht. Wie die Kompaßrichtung und die Entfernung bestimmt werden, beschäftigt uns in den nächsten Kapiteln. Hier interessiert uns die Frage: Wie kann aus dem gewundenen Suchlauf der direkte Rückweg bestimmt werden? Wir stellen also die Frage nach dem Vorgang der **Wegintegration**.

Schiffe auf hoher See werden z. B. über eine Wegintegration gesteuert. Die Winkelabweichungen gegenüber einer Kompaßrichtung werden gemessen, mit der zurückgelegten Wegstrecke verrechnet und ein Integral über den mit der Wegstrecke gewichteten Winkel bestimmt. Da das Tier zu jedem Zeitpunkt seines Suchlaufs direkt zurückkehren kann, muß es laufend aus dem zurückliegenden Laufweg seinen Ort relativ zum Nest errechnen. Man könnte sich nun vorstellen, daß das Tier fortlaufend einen mittleren Laufwinkel bestimmt, indem es alle Winkeländerungen relativ zum Himmelskompaß über die Zeit addiert (**Hypothese der mittleren Vektorbestimmung**). Wenn sich das Tier mit konstanter Geschwindigkeit bewegt, könnte somit ständig ein mittlerer Winkel berechnet werden, oder wenn es sich unterschiedlich schnell bewegt, müßte jeder Zeitabschnitt vor der Integration mit einem entsprechenden Faktor gewichtet werden. Bei einem solchen Verfahren müßten sich systematische Fehler akkumulieren, weil ja alle vorangegangenen Ungenauigkeiten als Eingangsbedingungen für die nächsten Rechenoperationen erhalten bleiben. Ein Verfahren, das von diesen Fehlern frei ist, wäre eine **Vektor-Summen-Berechnung**, die eine mathematisch korrekte Lösung des Problems ohne Fehlerakkumulation wäre (Abb. 8-7). Dabei stellt man sich vor, daß das Tier seinen Ort (X_{loc}, Y_{loc}) in einem kartesischen System gekreuzter Achsen fortlaufend bestimmt, indem es die Komponenten X und Y aus den Winkelveränderungen und Wegstrecken berechnet. Noch ist nicht eindeutig geklärt, ob das Nervensystem von Insekten, Spinnen, Mäusen und Vögeln, für die entsprechende

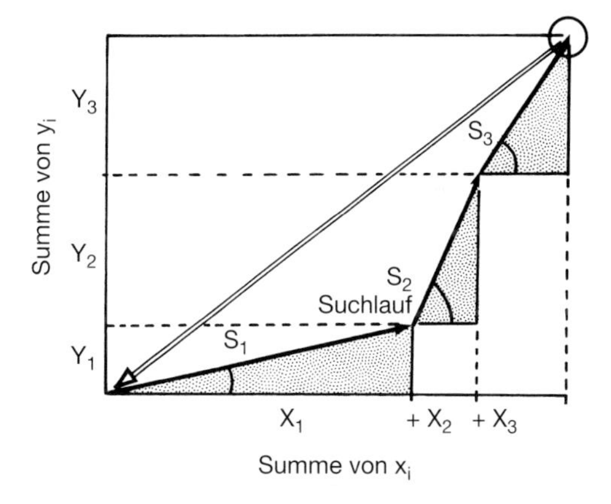

Abb. 8-7: Ein einfaches Modell der Wegintegration nach dem Verfahren der Vektor-Summen-Berechnung. Der Ausgangs- und Rückkehrpunkt ist in den Ursprung des kartesischen Achsensystems gelegt. Die Koordinaten des aktuellen Aufenthaltsortes des Tieres X_{loc} und Y_{loc} lassen sich aus den Wegsegmenten s_i (s_1, s_2, s_3, ...) und den dazu orthogonalen Komponenten des Azimuts φ (φ_1, φ_2, φ_3, ...) berechnen:
$X_{loc} = \Sigma x_i = {}_i\Sigma s_i \cdot \cos \varphi_i$ und $Y_{loc} = \Sigma y_i = {}_i\Sigma s_i \cdot \sin \varphi_i$
Für sehr kleine s_i gilt als allgemeiner Fall:
$X_{loc} = \sqrt{\cos \varphi \, ds}$ und $Y_{loc} = \sqrt{\sin \varphi \, ds}$
(nach Mittelstaedt und Mittelstaedt 1982).

Experimente durchgeführt wurden, trigonometrische Operationen entsprechend der Vektor-Summe-Hypothese anwendet, oder ob es eine approximative und viel weniger aufwendige Lösung in der Art der mittleren Vektorbestimmung anwendet.

Bei der Wüstenameise fand Wehner (1983), daß die Genauigkeit der Richtungsbestimmung des Rückweges von der Größe der eingeschlagenen Winkeländerung in systematischer Weise abhängt (Abb. 8-8). Läuft die Wüstenameise *Cataglyphis fortis* auf einem Weg zum Futter, der aus zwei Wegstrecken mit einstellbarem Winkel α zueinander besteht, dann hängt der Winkelfehler des direkten Rücklaufs (ε) von dem Winkel α des Hinlaufs ab. Dies sollte nach dem Vektor-Summen-Modell nicht der Fall sein. Abb. 8-8B zeigt, daß mit größer werdendem α der Fehlerwinkel ε erst ansteigt und dann für Winkel nahe 180° wieder stark abfällt. Überträgt man diesen Befund in die allgemeinere Situation, bei der viele Winkeländerungen im Hinlauf aufeinander folgen können, dann läßt sich jede neue Laufrichtung über den Winkel δ zur alten Laufrichtung φ_n (Laufrichtung der Strecke l_n) in Beziehung setzen. Die neue Laufrichtung hat dann den Winkel φ_{n+1} zum Nesteingang (Abb. 8-8C). Man kann nun annehmen, daß die Ameise die Rücklaufrichtung (φ_n –180°) als Bezugsgröße für die Errechnung des neuen Rücklaufwinkel (φ_{n-1} –180°) nimmt. Die Abweichung zu (φ_n –180°) aufgrund der neu eingeschlagenen Richtung (φ_n +δ) kann annäherungsweise bestimmt werden durch eine Multiplikation der beiden möglichen Winkeldifferenzen: (180° +δ) und (180° –δ). Die Differenz zwischen diesen beiden Winkeln (also 2δ) enthält die Information über die Größe und das Vorzeichen der neuen Laufrichtung. Das Produkt all dieser Größen könnte ein approximatives Maß für die neue Laufrichtung φ_{n-1} sein:

$$\varphi_{n+1} = \varphi + \frac{k}{l_n}(180^\circ + \delta) \cdot (180^\circ - \delta).$$

In diese Formel geht noch der Normierungsfaktor k ein und die Strecke l_n, die als Gewichtungsfaktor den Effekt verschiedener Laufstrecken eliminiert. Die Abb. 8-8B zeigt, daß diese Formel tatsächlich die systematische Abhängigkeit des Rücklaufs von der neuen Laufrichtung sehr präzise beschreibt [Dabei wurde für $k = 4{,}009 \cdot 10^{-5}$ /Winkelgrad^2 einge-

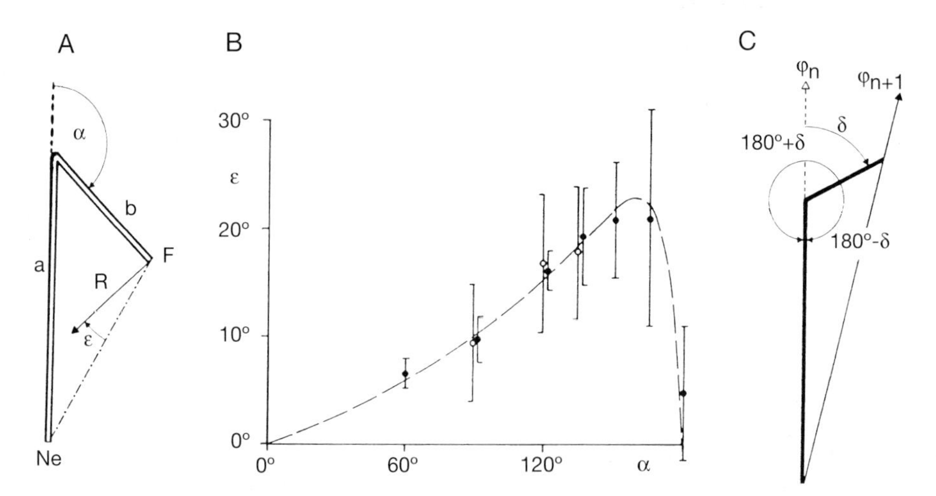

Abb. 8-8: Das approximative Verfahren der Wegintegration bei der Wüstenameise *Cataglyphis fortis.* **A** Einzelne Tiere laufen vom Nest (Ne) in einem Gang über die Strecken a und b. Der Gang gibt freie Sicht auf die Sonne und/oder das Polarisationsmuster des Himmels. Bei F findet das Tier Futter und tritt aus dem Gang aus. Der Rücklauf (R) zeigt eine Winkelabweichen ε von der direkten Verbindung zwischen F und Ne. **B** Der Fehler beim Rücklauf (ε) hängt in einer systematischen Weise von dem Winkel α ab. α ist der Winkel zwischen den beiden Laufstrecken a und b. Den Datenpunkten liegen 1412 Läufe von 310 Ameisen zugrunde. Die offenen Kreise (○) gelten für Läufe, bei denen die Ameisen sich nur nach der Sonne orientieren konnten, die geschlossenen Kreise (●) für eine Orientierung nur nach dem Polarisationsmuster. Es läßt sich kein Unterschied zwischen den beiden Mechanismen der Kompaßorientierung feststellen. Die gestrichelte Kurve ist das Ergebnis der im Text angegebenen Formel. **C** definiert die Winkel, die im Text zur Ableitung des approximativen Mechanismus der Wegintegration verwendet werden (nach Müller und Wehner 1988).

setzt, damit das Produkt $(180° + \delta) \cdot (180° - \delta)$ maximal 90° erreicht]. Weitere Experimente mit zwei aufeinander folgenden Laufrichtungswechseln und mit langen, natürlich gewundenen Laufwegen unterstützen die Anwendbarkeit dieses Formalismus. Im Prinzip bedeutet das, daß die Wegintegration einem approximativen aber einfachen Mechanismus folgt, mit dem bei jedem Richtungswechsel die neue Richtung zum Nest aus der alten Richtung zum Nest bestimmt wird. Dieser Mechanismus ist einfach, weil keine trigonometrischen Berechnungen an einer Art inneren Karte durchgeführt werden müssen, wie das im Modell der Vektor-Summen-Berechnung (Abb. 8-7) angenommen wird, und weil nur unmittelbar zugängliche Größen in die Rechnung eingehen, nämlich Winkeländerung (δ) zur aktuellen Laufrichtung (φ_n) und Streckenmaß (l_n). Wie allerdings das Streckenmaß bestimmt wird, ist unbekannt (8.2.3). Unklar ist auch, ob der mathematische Formalismus eine neuronale Entsprechung hat oder von einem Neuronennetz völlig anders gelöst wird.

8.2.2 Navigation nach dem Himmelskompaß

Neben der Sonne bietet der Himmel den Insekten ein für uns unsichtbares Orientierungsmuster, die Verteilung des polarisierten Lichtes. Als Karl von Frisch vor nunmehr 40 Jahren den auf horizontaler Wabe tanzenden Bienen ein kleines Stück des blauen Himmels zeigte, waren ihre Tänze (9.2) zu seiner Verwunderung genau so richtig auf die Futterquelle hin ausgerichtet wie unter Testbedingungen, bei denen sie den ganzen Himmel mit der Sonne sahen. Von Frisch schloß daraus: «...., daß die Bienen an dem Ausschnitt blauen Himmels eine nach der Sonne ausgerichtete Erscheinung wahrnehmen, nach der sie sich zum Sonnenstand orientieren können. Vielleicht ist es die Polarisation des Himmelslichtes, die ja sehr bestimmte Beziehungen zum Sonnenstand aufweist...». Tatsächlich ist es die Polarisation des Himmelslichtes, die die Bienen mit ihren UV-Rezeptoren in der dorsalen Region der Komplexaugen wahrnehmen (6.3) und mit deren Hilfe sie ihren Kompaßkurs steuern (von Frisch 1965). Welche Strategie sie dabei einschlagen, um aus einem kleinen Flecken blauen Himmelslichtes die Richtung nach dem Sonnenkompaß zu bestimmen, wurde in den letzten Jahren von R. Wehner und seinen Mitarbeitern bei Bienen (1985) und bei der Wüstenameise *Cataglyphis* (1986) weitgehend aufgeklärt.

Das **Polarisationsmuster des Himmels** entsteht durch die Streuung der Sonnenstrahlung in der oberen Atmosphäre. Für einen Beobachter auf der Erde steht die Richtung des **elektrischen Vektors** sowie die Stärke des Polarisationsgrades in einer einfachen Beziehung zur Sonne (Abb. 8-9). Die e-Vektoren sind auf konzentrischen Kreisen um die Sonne ausgerichtet und der Polarisationsgrad ist am stärksten auf einem Kreisbogen, der 90° zur Sonne steht. Abb. 8-9 A und B zeigen zwei Ansichten des Polarisationsmusters für die gleiche Sonnenhöhe (24°). Weiterhin sind zwei Großkreise eingetragen, einer der den Sonnenmeridian (SM) und den Antisonnenmeridian (AM) einschließt; der zweite Großkreis verläuft entlang der Linie maximaler Polarisation (G_{max}). Eine einfache Regel wird in Abb. 8-9 C angegeben, nach der ein Mensch auf dem Polarisationsmuster von mindestens zwei Himmelsflecken die Sonnenstellung berechnen kann. Man wähle sich zwei Stellen am Himmel, bestimme jeweils den e-Vektor und ziehe Großkreise durch jede Himmelsstelle. Die Großkreise stehen jeweils senkrecht auf der e-Vektorrichtung. Die Sonnenposition ist dann an einem der beiden Überkreuzungspunkte der Großkreise. Um den tatsächlichen Sonnenstand zu bestimmen, benötigen wir allerdings ein umfangreiches Tabellenwerk, in dem wir für verschiedene Tages- und Jahreszeiten sowie für die geographische Breite des Standortes auf der Erde den Zusammenhang zwischen e-Vektor und Himmelsstelle entnehmen können. Haben Bienen und Ameisen einen solchen Almanach von Tabellen in ihrem Gehirn oder verfügen sie über die mathematischen Operationen, um aus den Gesetzen der Atmosphärenphysik die Sonnenposition eindeutig zu berechnen?

Keines von beiden. Vielmehr verfolgen sie eine andere Strategie, die sich uns als die bestmögliche Näherungslösung mit dem gering-

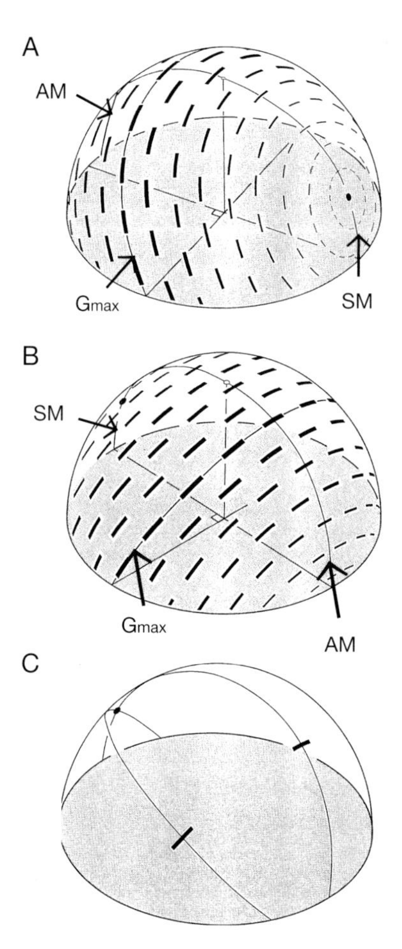

Abb. 8-9: A, B Das Muster des linear polarisierten Lichtes für einen Sonnenstand von 24° Höhe über dem Horizont (rechts in **A**). Dic e-Vektoren sind auf konzentrischen Kreisen um die Sonne angeordnet. Die Richtung und die Dicke der schwarzen Balken gibt die Richtung und das Ausmaß der Polarisation (e-Vektoren) für die verschiedenen Himmelsorte an. Zwei Großkreise sind eingezeichnet: Der eine schließt den Sonnenmeridian (SM) und den Antisonnenmeridian (AM) ein; der andere (G_{max}) verläuft entlang der Linie mit größten Polarisationsgrad (dickste Balken) **A** und **B** sind so gegeneinander rotiert, daß man einmal auf den Sonnenmeridian und einmal auf den Antisonnenmeridian schaut. **C** Veranschaulichung einer einfachen Regel, nach der wir Menschen die Position der Sonne aus mindestens zwei Polarisationsrichtungen an zwei Himmelsflekken errechnen können: Konstruiere zwei Großkreise über die Himmelskuppel, die senkrecht zu den e-Vektorrichtungen in den beiden Himmelsrichtungen stehen. Dort, wo sich die Großkreise schneiden, steht die Sonne (nach Wehner 1983).

sten neuronalen Aufwand darstellt. Dazu muß die Komplexität der Aufgabe so eingeschränkt werden, daß die unvermeidlichen Fehler, die durch eine Näherungslösung entstehen, klein gehalten werden. Insekten nutzen dazu nur das prägnanteste Merkmal des Polmusters, nämlich das e-Vektormuster mit maximaler Polarisation. Da es stets 90° zur Sonne steht, wird jeder Fleck blauen Himmelslichtes so interpretiert, als ob er auf dem der Sonne abgewandten Halbhimmel erscheint. Ein weiteres Merkmal der e-Vektoren maximalen Polarisationsgrades ist in Abb. 8-10 A dargestellt, nämlich die auffallende Spiegelsymmetrie des e-Vektormusters auf Höhenkreisen in der der Sonne abgewandten Himmelshälfte. Für verschiedene Höhenkreise ist das genaue Muster der Ausrichtung der e-Vektoren etwas verschieden. Das bedeutet auch, daß sich für einen bestimmten Höhenkreis das Polmuster mit der Wanderung der Sonne etwas verändert. Diese Feinheiten vernachlässigt die Biene aber und wendet eine generalisierte Version der mittleren Verteilung der e-Vektoren für alle Höhenkreise an (Abb. 8-10 B). Wenn sich eine Biene unter dem Polarisationsmuster dreht (z. B. beim Tanz oder im Flug), wird in dem Moment der bestmöglichen Übereinstimmung zwischen dem tatsächlichen Polmuster und dem in ihrem Nervensystem eingeprägten Erwartungsmuster eine plötzliche maximale Übereinstimmung entstehen, wenn sich ihre Körperlängsachse in einem bestimmten Winkel (z. B. parallel) zur Symmetrieachse des Musters befindet. Die Körperlängsachse ist in diesem Moment parallel zu dem Großkreis ausgerichtet, der durch die Sonne geht (SM, AM in Abb. 8-9 und 8-10). Damit ist der Sonnenazimut bestimmt. Zusammen mit der Verrechnung der Tageszeit und der zeitabhängigen Verschiebung des Sonnenazimuts (8.3) kann somit eine von der scheinbaren Sonnenbewegung unabhängige Kompaßrichtung bestimmt werden.

Wenn Bienen eine **neuronale Schablone des mittleren Polmusters** anwenden, sind Fehler unvermeidlich. Die Analyse solcher Fehler war tatsächlich der Weg, auf dem Wehner und

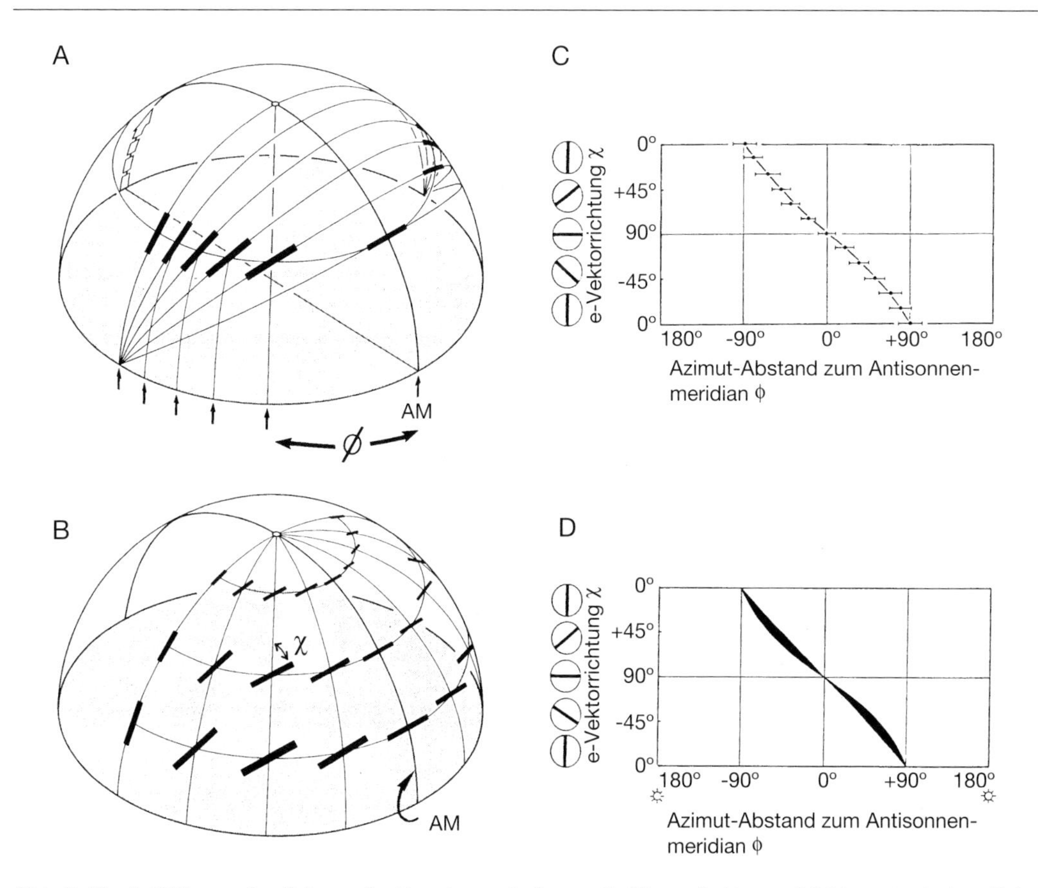

Abb. 8-10: A, B Veranschaulichung der Regeln, nach denen die Biene die Kompaßrichtung nach dem Polarisationsmuster des blauen Himmels bestimmt. Die Polarisationskarte des Himmels, die die Biene anwendet, ist eine vereinfachte Form des tatsächlichen Polarisationsmusters. Diese vereinfachte Karte bezieht sich ausschließlich auf den Streifen maximalen Polarisationsgrades. **A** Wenn die Sonne sich bewegt (offener unterbrochener Pfeil links), kippt der Streifen maximalen Polarisationsgrades abwärts. Betrachtet man einen bestimmten Höhenkreis (hier 45°), dann ergibt sich die eingetragene Verteilung der e-Vektoren mit maximalem Polarisationsgrad. Diese Verteilung der e-Vektoren ist tatsächlich sehr ähnlich für verschiedene Höhenkreise (außer dem nahe des Horizonts). Wenn man den Mittelwert all dieser Verteilungen für die verschiedenen Höhenkreise errechnet, dann erhält man die vereinfachte Polarisationskarte, die die Biene anwendet. Diese ist in **B** dargestellt. Sie gibt an, wo die Biene welche e-Vektorrichtung an welcher Himmelsstelle erwartet. Ein Vergleich mit dem tatsächlichen Polarisationsmuster des Himmels zeigt, daß sie zu keinem Zeitpunkt genau übereinstimmt (Abb. 8-9B). Vielmehr stellt sie eine generalisierte und vereinfachte Version dar (**Polarisations-Schablone**). **C** Die Polarisations-Schablone der Biene kann dadurch experimentell überprüft werden, daß man die systematischen Fehler analysiert, die sie beim Tanzen auf horizontaler Wabe nach kleinen Flecken polarisierten Lichtes macht. Diese Fehler sind meist klein und daher in der Vergangenheit übersehen worden. Die Abbildung zeigt die Streuung der Tanzrichtung sehr vieler Tänze (n = 10229, von 118 Bienen). Angegeben ist der Zusammenhang zwischen der e-Vektorrichtung (χ) und der Azimutrichtung des e-Vektors (φ) zum Antisonnenmeridian (Winkeldefinition in **A** und **B**). Die Funktion beschreibt, unter welchem Azimut φ die Biene eine bestimmte e-Vektorrichtung (χ) erwartet. Dies ist also die **bienensubjektive χ/φ-Funktion** und charakterisiert die von ihr angewandte Polarisationsschablone. (Vergleiche mit **D**; Mittelwerte und Standardabweichungen sind angegeben). **D** Azimutpositionen der maximal polarisierten e-Vektoren im Himmel: **tatsächliche χ_{max}/φ-Funktion.** Es wurden die gleichen Bereiche der e-Vektoren und der Sonnenhöhen ausgewertet, wie sie in den Experimenten in **C** eingegangen sind. Die Breite des schwarzen Streifens gibt die Bereiche der χ_{max}/φ-Positionen an. Ein Vergleich mit **C** zeigt die gute Übereinstimmung zwischen den beiden Funktionen (nach Wehner 1983; Wehner und Rossel 1985).

seine Mitarbeiter die Mechanismen der Polarisationsorientierung aufgeklärt haben. Die Fehler, die tanzende Bienen machten, wenn sie sich nach sehr kleinen Flecken polarisierten Lichtes orientieren, waren dann am größten, wenn die generalisierte Schablonenfunktion am meisten von dem e-Vektormuster der am stärksten polarisierten Region des Himmels abwich. Weiterhin: Vertikale e-Vektoren treten in der neuronalen Schablone doppelt auf. Tatsächlich tanzen Bienen in zwei Richtungen, wenn man ihnen solche e-Vektoren zeigt. Ein weiteres Indiz für die Vorstellung, daß Bienen die bestmögliche Passung ihrer neuronalen Schablone mit dem tatsächlichen Polmuster als Markierung für den Antisonnen-Sonnen-Meridian (AM-SM) nutzen, zeigt Abb. 8-11. Hier sehen tanzende Bienen einen größeren Bereich des Polarisationsmusters. Solange dieser symmetrisch zum AM-SM-Meridian ausgerichtet ist, geben sie einen richtigen Tanzwinkel an. Wird der Ausschnitt aber verstellt, tanzen sie in eine Richtung, die offensichtlich die bestmögliche Passung ihrer Polarisationsschablone mit dem gesehenen Polarisationsmuster darstellt.

Was verbirgt sich nun hinter der hypothetischen neuronalen Polmuster-Schablone? Wie in 6.3 dargestellt wurde, sind die UV-Rezeptoren in der dorsalen Augenregion des Komplexauges polarisationsempfindlich. Die maximale e-Vektor-Empfindlichkeit dieser UV-Rezeptoren bildet ein Muster in der dorsalen Augenregion, das zu einem gewissen Grad eine Abbildung des vereinfachten Polarisationsmusters im Himmel darstellt

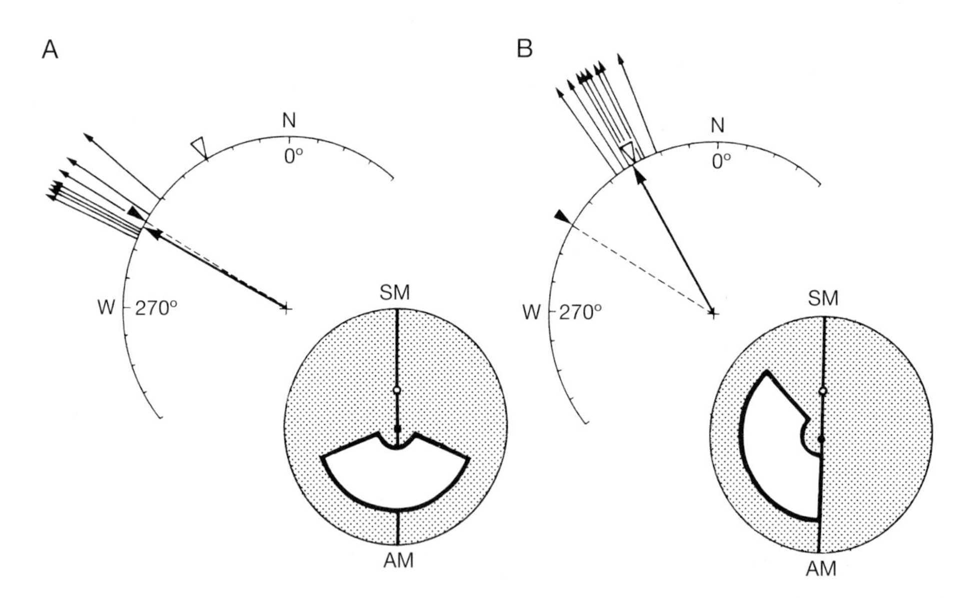

Abb. 8-11: In diesem Experiment wird tanzenden Bienen ein größeres Stück des Polarisationsmusters am blauen Himmel gezeigt (weißer Ausschnitt der grauen Kreisfläche). Die Richtungen der Tänze sind als dünne Pfeile am äußeren Kreisbogen eingetragen. Die mittlere Tanzrichtung wird mit dem ausgezogenen Pfeil vom Kreiszentrum zum Kreisbogen markiert. Die Flugrichtung zur Futterstelle ist mit einer punktierten Linie und einem schwarzen Dreieck ▼ markiert. SM, Sonnenmeridian; AM, Antisonnenmeridian; •, Zenit; ○, Sonnenposition (Höhe 61°). **A** Wenn der gesehene Himmelsfleck symmetrisch zu AM liegt, tanzen die Bienen korrekt. **B** Wenn der Himmelsfleck asymmetrisch zu AM liegt, treten gravierende Abweichungen zwischen Flugrichtung und mittlerem Tanzwinkel auf. Der Tanzwinkel entspricht nun der Richtung, die die Bienen einnehmen sollten, wenn sie die bestmögliche Passung ihrer neuronalen Schablone mit dem gesehenen Polarisationsmuster einstellen. Dieser theoretische Winkel aufgrund der in Abb. 8-9 und -10 abgeleiteten Zusammenhänge ist mit einem offenen Dreieck (▽) markiert (nach Wehner 1983).

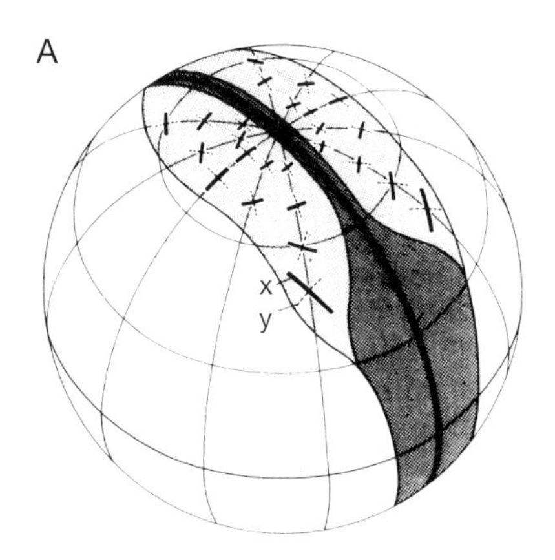

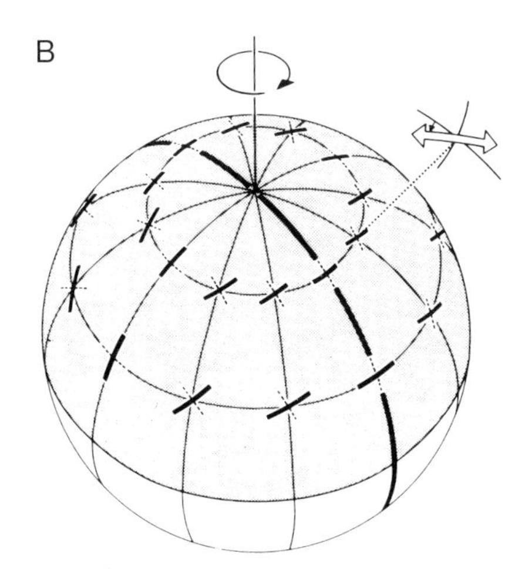

Abb. 8-12: A Verteilungsmuster der maximalen e-Vektorempfindlichkeiten in Ommatidien der dorsalen Augenregion bei Bienen. Die Vorzugsrichtungen x von zwei der drei UV-Rezeptoren in jedem Ommatidium ist mit einem dicken Balken gekennzeichnet, die des 3. UV-Rezeptors mit einer 90° dazu stehenden gepunkteten Linie y. Die dorsale Augenregion des linken Komplexauges blickt auf die rechte Sehfeldsphäre, und die des rechten Komplexauges blickt auf die linke Sehfeldsphäre. Der Bereich des binokularen Sehfeldes ist dunkel gerastert, der Sehfeldbereich der jeweiligen dorsalen Region hell gerastert. **B** Darstellung der Ausrichtung der e-Vektorempfindlichkeiten in der dorsalen Augenregion für zwei Höhenkreise. Vergleiche dieses Muster mit der Abb. 8-9B und 8-10B. Die dick ausgezogenen Meridiane markieren die Medianebene zwischen den beiden Augen und damit die Körperlängsachse. Der offene Doppelpfeil rechts oben markiert eine e-Vektorrichtung. Wenn sich die Biene um die Hochachse dreht, wird der e-Vektor sukzessiv durch verschiedene polarisationsempfindliche UV-Rezeptoren abgetastet (nach Rossel 1987).

(Abb. 8-12). Es erscheint möglich, daß ein wichtiger Teil der neuronalen Schablone als **morphologisches Muster** von polarisationsempfindlichen Sehzellen bereits im Komplexauge verwirklicht ist. Neuronale Verschaltungen werden hinzukommen, so z. B. solche, die den Kontrast durch Verschaltung zwischen Rezeptoren mit 90° zueinander stehenden Polarisationsempfindlichkeiten erhöhen. Außerdem wird das Signal der Polarisationsdetektoren unabhängig von allgemeinen Intensitätsschwankungen gemacht werden müssen. Wie allerdings diese Signale im visuellen System verarbeitet werden, ist unbekannt. Vieles spricht dafür, daß tatsächlich ein einfacher Bezug zwischen der gemeinsamen Erregungsmodulation in den polarisationsempfindlichen Sehzellen und der Richtungsbestimmung des AM-SM besteht.

Man kann nämlich einer tanzenden Biene das Vorhandensein eines polarisierten Himmelsfleckes mit nicht polarisiertem UV-Licht vortäuschen, wenn man dem Versuchstier eine Polarisationsfolie über das dorsale Auge klebt und die Intensität des nicht polarisierten UV-Lichtes im zeitlichen Rhythmus der Körperdrehung während des Tanzes moduliert. Dadurch wird in den dorsalen UV-Rezeptoren ein zeitliches Erregungsmuster induziert, das mit der Stellung der Körperlängsachse streng korreliert ist. Die Versuchstiere zeigen dann die Richtung der Futterstelle genau so an, wie man es erwarten sollte, wenn die beste Passung ihrer Polarisationsdetektoren mit der Verteilung der e-Vektorrichtung im Himmel die Symmetrieachse im Polarisationsmuster und damit den AM-SM anzeigt. Es spricht also vieles dafür, daß die wichtigste Eigenschaft des Polarisationsmusters, seine Symmetrieachse entlang des AM-SM, durch ein zeitliches Abrastern mit den Polarisationsdetektoren im dorsalen Augenbereich bestimmt wird.

8.2.3 Entfernungsmessung

Der Himmelskompaß liefert einen Vektor für die Navigation, der dann ortsfest ist, wenn die scheinbare Sonnenbewegung über einen Zeitsinn verrechnet wird. Darauf wird in 8.3 näher eingegangen. Hier wollen wir uns darüber klar werden, daß für das Auffinden eines Ortes im Raum neben der Richtung noch die Bestimmung der Entfernung gehört. Die Messung der Entfernung war bereits für die Wegintegration wichtig (8.2.1). Laufende Insekten können als Entfernungsmaß 1. ihre Schritte zählen, 2. die Zeit messen, die sie für eine Wegstrecke benötigen (was natürlich nur bei konstanter Geschwindigkeit ein brauchbares Maß ist), 3. den Energieaufwand messen oder 4. die durch die Eigenbewegung erzeugte Bewegung im Sehfeld verwenden. Fliegenden Insekten steht neben der Zeitschätzung und der Auswertung der Objektbewegung im Sehfeld nur noch das subjektive Maß des Energieaufwandes zur Verfügung, denn die Zahl der Flügelschläge wäre bei den unvorhersehbaren Bewegungen der Luft sicher ein schlechtes Maß. Vieles spricht dafür, daß weder laufende noch fliegende Insekten die Entfernung optisch oder über den Zeitaufwand schätzen. Vielmehr scheint der **Energieaufwand** zumindest bei fliegenden Insekten die wichtige Maßeinheit zu sein. Da Bienen die Entfernung einer Futterquelle im Tanz kodieren (9.2), läßt sich diese Frage wieder besonders gut an Bienen studieren.

Bienen geben die Entfernung im Tanz richtig an, auch wenn sie über eine Wasserfläche fliegen. Diese und andere Befunde sprechen gegen ein optisches Meßverfahren. Belastet man sie mit einem Gewicht oder erhöht ihren Luftwiderstand mit aufgeklebten Fähnchen, zeigen sie eine größere Entfernung an. Dies tun sie auch bei Gegenwind oder wenn sie bergauf fliegen. Beim Bergauffliegen und beim Gegenwindfliegen ist ihre Flugzeit nicht länger als beim Bergabfliegen und Mitwindfliegen, weil sie entsprechend ihren Energieaufwand erhöhen. Das spricht gegen die Möglichkeit, daß sie den Zeitaufwand als Entfernungsmaß verwenden. Diese Schlußfolgerung wird auch durch folgenden Befund gestützt: Laufende Bienen gehen vom Rundtanz in den Schwänzeltanz über, wenn die Entfernung zur Futterstelle größer als 3–4 m ist. Für den Fußweg benötigen sie ca. 50–60 s. Der Übergang vom Rundtanz in den Schwänzeltanz erfolgt bei fliegenden Bienen ab einer Entfernung von 50–100 m. Für die Flugstrecke brauchen sie 10–20 s. Als geeignetes Maß erscheint nach all diesen Beobachtungen nur der benötigte Kraftaufwand zu sein. Karl von Frisch beschreibt in seinem 1965 erschienenen Buch über die Tanzsprache und Orientierung der Bienen viele weitere Experimente, die für diese Schlußfolgerung sprechen. Der Kraftaufwand ist für uns Menschen ein fremdes Streckenmaß und käme etwa der Angabe gleich, die Entfernung zum nächsten Berggipfel beträgt drei belegte Frühstücksbrote, anstelle, wie üblich, der Angabe: 3 St. bis zum Berggipfel. (Immerhin ist die Zeitangabe schon recht nahe einer physiologischen Aufwandsmessung, jedenfalls wird eine Bergwanderung nicht in Kilometern angegeben). Unklar ist noch, wie das Nervensystem den Kraftaufwand mißt. Es könnte z.B. sein, daß der Energieverbrauch als Änderung des Spannungszustandes im Kropf (sozialer Magen) der Bienen gemessen wird. Würde auch der Zuckergehalt (Süßegrad) im gespeicherten Nektar berücksichtigt, könnte eine exakte Berechnung der verbrauchten Energie (in J) durchgeführt werden.

8.2.4 Pilotieren nach Landmarken

Kompaßwinkel und Entfernung sind hinreichende Angaben, um jeden Ort von einem Zentrum ausgehend zu bestimmen. Viele Insekten nutzen diese zentrumbezogene Orientierung. Bienen können sie darüberhinaus dazu verwenden, ihren Stockgenossen den Ort einer ertragreichen Futterquelle mitzuteilen (9.2). Bedeutet dies, daß sie eine kartenartige Vorstellung von ihrer Umwelt haben und in einer Art inneren Vorstellung Operationen durchführen, um einen Ort zu kennzeichnen? Wir wollen diese Frage weiter unten stellen, uns jetzt aber zuerst dem Pilotieren nach Landmarken zuwenden.

Bei bewölktem Himmel sind Insekten auch ohne Himmelskompaß in der Lage, sich zu orientieren. Auch die eingangs zitierte Fähigkeit, nach **Versetzung** zum Nest zurückzufinden, erfordert die Orientierung nach Landmarken, denn allein mit einem Himmelskompaß wäre das ja nicht möglich. Wenn Sandwespen zu ihrem Nesteingang zurückkehren, um Beute für die Larven einzutragen, suchen sie den Eingang dort, wo die näheren und ferneren Landmarken in einer Anordnung erscheinen, die sich das Tier beim letzten Ausflug gemerkt hat. Die afrikanische Stechameise *Paltothyreus* verwendet das Fleckenmuster der Bäume und Sträucher über sich, wenn sie sich auf ihren Sammelläufen zum Nest zurückorientiert. Transportiert man das Nest ins Labor und zeigt den Ameisen eine Fotografie des Fleckenmusters über einer Arena, lassen sich ihre Rückläufe zum Nest durch Drehen der Fotografie in alle Richtungen lenken. Schwebfliegen der Gattung *Eristalis* hat sicherlich jeder schon vor einem Objekt in der Luft stehen sehen. Bewegt sich dieses Objekt, folgen die Fliegen so, als ob sie das Bild auf ihrer Retina festhalten wollten. Bienen, Wespen und Hummeln fliegen stets bestimmte Wege zwischen Landmarken zurück zu ihrem Nest. Diese Wege sind häufig für verschiedene Individuen unterschiedlich, werden aber stur eingehalten. Offensichtlich haben sich die Tiere bei ihren ersten Lernflügen bestimmte Sequenzen und Anordnungen von Marken eingeprägt. Verschiebt man die Marken, verschieben sich auch ihre Flugbahnen entsprechend. Von Bienen der Gattung *Euglossa* ist bekannt, daß sie in einer landmarkenreichen Gegend bestimmte Flugbahnen sehr stabil einhalten. In einer offenen Gegend mit weniger Landmarken sind ihre Flugbahnen hingegen sehr variabel.

Diese und viele andere Beobachtungen könnten durch zwei mögliche Orientierungsstrategien erklärt werden: 1. Die Orientierung erfolgt nach einer Art geistigen, **mentalen Karte**, die im Gehirn niedergelegt, die Landmarken wie in einer topografischen Karte enthält. Die Karte gäbe dann Auskunft über die kartesischen Koordinaten der Landmarken (Länge und Breite oder X, Y, wie in Abb. 8-7), über ihre relative Lage zueinander sowie ihre absolute Höhe (Winkelgrade über die Horizontalen). 2. Die Orientierung erfolgt nach Sequenzen von **Gedächtnisbildern**, die wie fotografische Schnappschüsse in einem sequentiellen, eidetischen (bildhaften) Gedächtnis niedergelegt sind. Mit einer mentalen Karte, wie in der ersten Möglichkeit angenommen, könnte ein Insekt, so wie Menschen mit einem Stadtplan, jeden Standort eindeutig bestimmen und durch mentale Triangulation jeden beliebigen anderen Ort gezielt ansteuern. Das müßte gelingen, auch wenn der Weg zu dem Ort noch nie vom augenblicklichen Standort aus angelaufen oder angeflogen wurde. Voraussetzung ist natürlich, daß ein Insekt über ein inneres (mentales) Koordinatensystem verfügt. Dieses könnte aus dem zeitkorrigierten Himmelskompaß abgeleitet werden, indem alle Erfahrungen mit den Landmarken auf den alten Orientierungs- und Sammelflügen in das um den Stock zentrierte Kompaßachsensystem eingetragen werden. Mit fortlaufender Erfahrung müßte die Gedächtniskarte immer reichhaltiger werden und immer sicherer mentale Operationen ermöglichen. Im Falle einer Sequenz von «Schnappschüssen» dürfte ein Pilotieren nach Landmarken nur entlang bekannter Routen möglich sein. Wird das Tier aus diesen bekannten Routen heraus versetzt, mag es systematische und auf den Himmelkompaß bezogene Suchstrategien anwenden, aber sich erst dann gezielt zurückorientieren können, wenn es auf eine bekannte Route stößt und seiner sequentiellen Schnappschuß-Karte folgen kann.

Alle zuverlässigen experimentellen Daten sprechen für die Orientierung nach der sequentiellen Schnappschuß-Karte. Nehmen wir nochmals die Wüstenameise *Cataglyphis*, die sich auf dem flachen Sandboden nur wenig nach Landmarken orientieren kann. Sie richtet sich ausschließlich nach der Kompaßrichtung, wenn sie von ihrer bekannten Route parallel versetzt wird (Abb. 8-6 A). Findet sie ihr Nest nach der erwarteten Laufstrecke nicht, beginnt sie immer größer werdende Suchschleifen, in denen sie den erwarteten Ort systematisch häufiger absucht und andere Orte um so seltener je weniger sie dort den Nesteingang erwartet. Trifft *Cataglyphis* aber auf ein Segment einer bekannten Route, klinkt sie sich in ihre Schnappschuß-Karte ein und läuft gezielt zum Nest.

Bei Bienen wurde die Möglichkeit einer mentalen Karte besonders genau untersucht, weil Bienen ja über die erstaunliche Fähigkeit verfügen, ihren Stockgenossen mit dem Schwänzeltanz die Richtung und Entfernung eines wichtigen Ortes (Nahrungsquelle, neue Niststelle) anzuzeigen. Dies können Bienen auch an bewölkten Tagen. Daher bestimmen sie offensichtlich aus der Landmarkenkonstellation die Sonnenstellung (9.2). Es liegt also nahe anzunehmen, daß Bienen ihren Tanz nach einer mentalen Karte orientieren, in der die Landmarken auf den Sonnenkompaß bezogen eingetragen sind. Das in Abb. 8-13 wiedergegebene Experiment zeigt jedoch, daß auch Bienen über keine mentale Karte verfügen und keine kartografische Triangulation durchführen. Eine Gruppe von Bie-

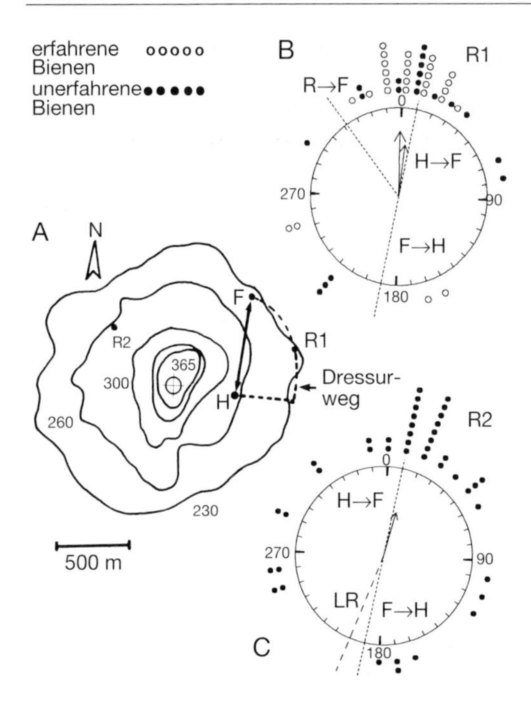

Abb. 8-13: A Ein Experiment zur Überprüfung der Frage, ob sich Bienen nach einer inneren (mentalen) Karte der Umgebung orientieren. Individuell markierte Bienen werden an mehreren aufeinander folgenden Tagen entlang der gestrichelten Linie mit einer wandernden Futterstelle dressiert. Sie kennen also die Gegend zwischen Stock (H) und den verschiedenen Stationen der Futterstelle (F). Da der Stock am Fuß eines Berges steht und die wandernde Futterstelle in etwa einem Kreisbogensegment um den Berg folgt, steht den Bienen auch eine sehr deutliche Landmarke im Profil der Horizontlinie zur Verfügung. Nachdem die Bienen einen Tag lang bei F Futter gesammelt haben, werden sie einzeln in dem Moment nach R1 versetzt, in dem sie den Stock verlassen, um nach F zu fliegen. **B** Die Abflugrichtung bei R1 zeigt, daß die Bienen einen Winkel einschlagen, der der Kompaßrichtung zwischen H und F entspricht (gestrichelte Linie H → F). Diese Kompaßrichtung wählen sowohl Bienen, die R1 aus der vergangenen Dressur entlang der gestrichelten Linie kennen (○, langer Vektor), als auch Bienen, die die Stelle R1 nicht von einer vorangegangenen Dressur kennen (•, kürzerer Vektor). Diese Ergebnisse wurden an sonnigen Tagen gewonnen. **C** Der Auflaßort R2 liegt außerhalb des Flugbereiches der Bienen im Stock H. Er ist also allen bei F futtersammelnden Bienen unbekannt. Da er auf der anderen Seite des Berges liegt, läßt sich prüfen, ob die Bienen neben dem Sonnenkompaß auch eine sehr auffällige Landmarke zur Orientierung verwenden. Die Abflugrichtungen (•) zeigen, daß sie an sonnigen Tagen die Kompaßrichtung wählen, obwohl die Landmarke «Berg» nun rechts und nicht links von ihnen liegt, wenn sie die Kompaßrichtung zur Futterstelle einschlagen. An bewölkten Tagen sind die Bienen desorientiert (nicht dargestellt). Die gestrichelte Linie (LR) gibt die Flugrichtung für die Orientierung nach dem Horizontprofil an. Die beiden gepunkteten Linien markieren die Flugrichtung nach dem Sonnenkompaß, einmal für die Rückkehr zum Stock und einmal für den Flug vom Stock zur Futterstelle (H→F; nach Menzel et al. 1990).

nen wurde in 360 bis 490 m Entfernung vom Stock in einem Kreisbogensegment dressiert. Diese Bienen kannten also alle Landmarken auf Routen zwischen Stock und der wandernden Futterstelle. Nachdem sie sich an der letzten Futterstelle (F) eingefunden hatten, flogen sie einen Tag lang nur zwischen Nest und F hin uns her. Dann wurden Sie an die Stelle R 1 transportiert, die sie von ihren früheren Dressurflügen her kannten. Zum Versetzen wurden die individuell gekennzeichneten Bienen in dem Moment eingefangen, in dem sie im Begriff waren, von H (Stock) nach F zu fliegen.

Die Richtung, in die sie an R 1 abfliegen, kann man als zuverlässiges Maß für ihre Orientierung zum angestrebten Ziel hin interpretieren, weil sie nach dem Freilassen erst kreisende Suchflüge machen und dann in eine ganz bestimmte Richtung schnell davonfliegen. Wie das Kreisdiagramm zeigt, fliegen die Bienen nicht in die Richtung F, wie man es erwarten müßte, wenn sie sich nach einer mentalen Karte orientieren würden. Vielmehr schlagen sie eine Richtung ein, die genau der Kompaßrichtung vom Stock entspricht, und die sie also nach der Versetzung in eine falsche Gegend führt. Bienen, die nicht auf die wandernde Futterstelle dressiert wurden, sondern nur die direkte Strecke H nach F kennen, verhalten sich genauso. Das bedeutet, daß Bienen Landmarken nicht zur kartografischen Triangulation verwenden. Vielmehr dominiert der Himmelskompaß. Ist der Himmel bedeckt, wird die Kompaßrichtung aus den bekannten Landmarken bestimmt. Werden Bienen unter blauem Himmel in einer Gegend freigelassen, die sie nicht kennen (Abb. 8-13, R 2), dann fliegen sie ebenfalls kompaßrichtig. Bei bedeckten Himmel dagegen sind sie desorientiert und fliegen in alle Richtungen ab. Weitere Experimente mit gleichen Ergebnissen findet man bei Wehner und Menzel (1990).

Wie ist nun die sequentielle Schnappschuß-Karte organisiert? Das müßte ja ein riesiges Gedächtnis sein, wenn Bienen und Ameisen alle Bilder, die sie auf ihren Wegen jemals sahen, vollständig einspeicherten. Tatsächlich vereinfachen sie die Bilder im Gedächtnis sehr: 1. Das dreidimensionale Arrangement der Landmarken wird vernachlässigt. Alle Marken werden sozusagen als ein gleich fernes Panorama interpretiert, denn Größe (in Sehwinkelmaßen) und Entfernung gehen nicht als unabhängige Maße in die Orientierungsleistung ein (Wehner 1983). 2. Das eidetische Schnappschuß-Gedächtnis ist nicht ein generalisiertes, sondern ein direktes Abbild der Umwelt. Blendet man einen Teil des Komplexauges, dann verliert die damit gesehene Marke ihre Orientierungshilfe, obwohl sie mit anderen Körper- und Kopfstellungen sehr wohl wahrgenommen wird. Das Insekt sucht also beim Umherfliegen die beste Passung des aktuellen retinalen Bildes mit der gespeicherten neuronalen Schablone. Eine partielle Passung führt zu solchen gerichteten Wendungen, die die Passung erhöhen. Die sequentielle Anordnung der neuronalen Schablonen läßt sich z.B. daraus entnehmen, daß Bienen an zwei nacheinander besuchten Futterstellen mit unterschiedlicher Lage der Futterstelle zu nahen Landmarken die jeweils richtige Passung mit den jeweiligen Landmarken suchen. Von der richtigen Sequenz lassen sie sich auch nicht abbringen, wenn man sie zuerst an der 2. Stelle und dann an der 1. Stelle suchen läßt.

8.2.5 Angepaßte sensorische Filter: Das Prinzip der neuronalen Ökonomie

Die dem Menschen eigene rationale Analyse komplexer Wahrnehmungs- und Orientierungsleistungen verleitet uns allzuleicht zur Annahme, daß das Nervensystem von Tieren eine ähnliche Lösungsstrategie verfolgt. Die in diesem Kapitel beschriebenen Beispiele zeigen aber, daß das zumindest bei Insekten häufig nicht der Fall ist. Uexküll (1921) hat als erster darauf hingewiesen, daß verschiedene Tierarten jeweils andere Ausschnitte aus der Welt der physikalischen Reizenergien wahrnehmen (Box 4–3), sozusagen in verschiedenen Welten leben. Diese Welten sind entlang der **Skalen physikalisch-chemischer Reizenergie** gegeneinander verschoben oder stellen verschiedene Ausschnitte dar. Viele Insektenarten sehen UV-Licht, aber kein langwelliges Licht. Andere Arten, wie z.B. Käfer und Schmetterlinge, sehen das ganze Spektrum zwischen UV und langwelligem Licht. Das Hörspektrum für Luftschall kann bis in den Ultraschallbereich ausgedehnt und sehr empfindlich sein, wie z.B. bei Grillen, Feldheuschrecken (5), bestimmte Mottenarten. Andere Insekten hören wenn überhaupt nur sehr starken Luftschall (9, akustische Kommunikation beim Bienentanz). In der Duftwahrnehmung sind die Unterschiede zwischen den Arten noch viel stärker ausgeprägt (7). Ob eine physikalische Energieform ein Signal für ein Tier darstellt, wird bereits mit der Rezeptorausstattung in der Peripherie des Nervensystems festgelegt.

Die neuronale Verrechnung der Umweltsignale wird häufig durch die räumliche Anordnung der Rezeptoren bereits wesentlich bestimmt und vereinfacht. Ein besonders eindrucksvolles Beispiel ist, wie oben dargestellt, die Orientierung nach dem **Polarisationsmuster des Himmelslichtes**. Das Muster der Polarisationsdetektoren in der dorsalen Augenregion von Insekten spiegelt in vereinfachter und vergröberter Form das mittlere e-Vektormuster einer bestimmten Region des Himmels wieder, nämlich der mit maximalem Polarisationsgrad (8.2.2). Eine solche Anordnung der Polarisationsdetektoren erlaubt eine schnelle Bestimmung der Symmetrieebene des Polarisationsmusters, ermöglicht aber nicht die Bestimmung der e-Vektorrichtung an einem beliebigen Himmelsfleck. Die Orientierungsaufgabe wird damit für die relativ kurzen Flugstrecken der Insekten hinreichend gut gelöst, zumal wenn man daran denkt, daß andere Orientierungshilfen (Sonne, Landmarken, Duft) die Genauigkeit der Orientierung wesentlich verbessern. Die periphere, geometrische Bestimmung der Kompaßrichtung nach dem Polarisationsmuster ist also eine sehr spezielle Lösung, die das Nervensystem zwar entlastet, aber auf Kosten einer allgemeinen und generell verwendbaren Lösung. Es wundert daher nicht, daß es bisher noch nie gelungen ist, Bienen auf ein Polarisationsmuster oder eine e-Vektorrichtung als Futtermarke zu dressieren. Genau genommen haben Bienen keine Wahrnehmung für polarisiertes Licht im Sinne unserer Definition von Wahrnehmung (Abb. 8.1).

Die **Ökonomie** der neuronalen Verrechnung im Sinne speziell angepaßter Lösungen anstelle genereller Verrechnungen findet man auch bei spezifischen Verschaltungen von Rezeptoreingang zur Steuerung bestimmter Verhaltensweisen. Das Fluchtverhalten bei fliegenden Insekten wird hauptsächlich von den UV-Rezeptoren gesteuert, die Bewegungswahrnehmung erfolgt ausschließlich mit den Grün-Rezeptoren. In beiden Verhaltensweisen sind Insekten also farbenblind. Die natürliche, nicht fluchtinduzierte Phototaxis wird bei Bienen von allen drei Photorezeptortypen gesteuert, nicht nur von den UV-Rezeptoren. Dabei sind Bienen aber ebenfalls farbenblind, weil alle Rezeptorsignale addiert werden. Die neuronal aufwendigen Operationen des Farbensehens sind häufig auf bestimmte Verhaltenskontexte beschränkt, bei Bienen z. B. auf die Orientierung an der Futterstelle und am Stockeingang. Die spezielle Anpassung der Rezeptorverschaltung an die natürliche Situation ist hier offensichtlich. Freier Flugraum ist durch einen höheren Anteil kurzwelliger Strahlung charakterisiert; UV-Rezeptoren leiten also besonders zuverlässig in den freien Flugraum. Die Kontraste natürlicher Objekte sind im langwelligen Bereich besonders groß, die Grün-Rezeptoren also die passenden Sensoren dafür. Das Herausfinden aus einer Höhle wird überwiegend nach vielfach reflektiertem Licht erfolgen; die natürliche Phototaxis sollte also mit besonders hoher Lichtempfindlichkeit über das ganze wahrgenommene Spektrum gesteuert werden. Die diffizile Unterscheidung einer Fülle von Farbmustern auf Blüten und in den kryptischen Mustern am Nesteingang machen dagegen ein hochentwickeltes Farbensehsystem notwendig. Darin investiert das visuelle Nervensystem. Auch die vereinfachenden Lösungsstrategien für die anderen visuellen Orientierungsleistungen entlasten das Nervensystem.

Ähnlich approximativ und, man kann sagen, egozentrisch ist die **Raumorientierung** der Insekten. Eine ortsstabile Karte entwikkeln sie bei ihren Läufen und Flügen nicht. Vielmehr wenden sie selbstzentrierte Orientierungsachsen an, befinden sich sozusagen immer im Zentrum ihres Achsensystems, das sie ständig mit den Vektoren des Himmelskompasses, ihrem subjektiven Entfernungsmeßsystem und einem Bilderbuch von eidetischen Erinnerungen in Übereinstimmung zu bringen suchen. Dieses Verfahren ist uns so fremd nicht. Jeder, der sich in einem unbekannten Gebiet zur Ausgangsstelle zurück zu orientieren sucht, verwendet ein solches selbstzentriertes System: Wegintegration, Entfernungsschätzung, generelle Richtungen nach dem Himmelskompaß und Erinnerungsbilder sind dabei unsere Hilfen. Das Konstruieren einer Karte, so als ob wir die Landschaft aus der Vogelperspektive sehen, und das geistige Bild dieser Karte ist ein viel späterer rationaler Vorgang. Darüber verfügen Insekten, wen mag das wundern, nicht. Ihre Leistungen sind an ihren zeitlich und räumlich eingegrenzten Aktionsradius angepaßt und stellen keine allgemeinen Lösungen des Orientierungsproblems dar.

Ein weiteres Prinzip kommt hinzu. Orientierungsleistungen sind meist über **mehrere Sinnesmodalitäten** abgesichert. Zur visuellen können Duft- und Windorientierung hinzukommen und in die Sequenz der Gedächtnisbilder eingebaut werden. Auf kurzen Laufstrecken spielt auch die kinaesthetische Orientierung über Propriorezeptoren eine Rolle (4.5). Bei größeren Entfernungen kann auch die Orientierung nach dem Magnetfeld der Erde mitspielen. Die Ökonomie des Nervensystems ist also keine Knauserigkeit mit Sinneseingängen, sondern eine Sparsamkeit der neuronalen Operationen mit dem Ziel, nur jene Informationen für das Verhalten zur

Verfügung zu stellen, die den strengen evolutiven Kriterien der unbedingten Notwendigkeit und Nützlichkeit unterliegen.

8.2.6 Wanderzüge von Insekten

Wanderflüge über viele Kilometer, ja hunderte von Kilometern, sind keine Seltenheit bei Insekten (Dingle 1972). Wanderheuschrecken entwickeln sich in aufeinanderfolgenden stationären und migratorischen Phasen. In der ersteren nehmen sie Nahrung auf und vermehren sich. Die **migratorische Phase** wird durch Futterknappheit und sozialen Streß ausgelöst. Dann können sich riesige Schwärme bilden mit vielen Millionen von Tieren, die über hunderte von Kilometern mit dem Wind fliegen und segeln. Futterknappheit, Populationsdichte und widrige Wetterbedingungen sind die Ursache von Wanderzügen auch bei Aphiden, Fliegen und vielen kleinen Insektenarten. Meist fliegen oder segeln die Tiere mit dem Wind, ohne daß sich eine aktive Orientierung nachweisen läßt. Ausnahmen stellen die Wanderungen von Libellen und Schmetterlingen dar, die wegen der Größe der Tiere und der jährlich regelmäßig auftretenden, auffälligen Erscheinungen schon lange beobachtet wurden. Schwärme von Libellen wurden in Europa und im Nordosten der Vereinigten Staaten vielfach beobachtet. Sie ziehen regelmäßig im Herbst nach Südsüdwest, wobei sie, anders als Schmetterlinge (siehe unten), auch große Strecken über Wasser zurücklegen. Meist fliegen sie in großen Höhen und werden daher auch nicht selten von Radarornithologen beobachtet. Es ist bisher nicht bekannt, wohin Libellen im Herbst ziehen, ob sie im Frühjahr wieder nach Norden ziehen und wie sie sich auf dem Flug orientieren.

Mehr weiß man über die Züge von Schmetterlingen, weil sie meist dichter am Boden fliegen und mitunter in solchen Massen auftreten können, daß sie wie Wolken den Himmel verdunkeln. In Europa wurden beim Distelfalter, Admiral, Taubenschwänzchen und Trauermantel Wanderzüge beobachtet, die ab Jahresmitte in südlicher Richtung über die Alpen, das Mittelmeer und teilweise über die Sahara führen. Im Frühsommer beobachtet man eine Tendenz, nach Norden zu fliegen, aber große Schwärme werden selten beobachtet. Auch Nachtschmetterlinge, wie z.B. die Gamma-Eule, ziehen im Frühjahr aus dem Mittelmeergebiet über die Alpen nach Norden und im Herbst, mitunter in großen Massen, wieder nach Süden. Wie der Distelfalter überqueren sie auch in großen Strecken das Mittelmeer. Ein besonders spektakuläres Phänomen sind die Herbstzüge des Monarchfalters *Danaus plexipus* von Kanada und dem Nordosten der USA nach Mexiko. Dabei überfliegen die Tiere das östliche Nordamerika in süd-südwestlicher Richtung und erreichen Zentral-Mittelamerika nach einem Flug über die karibische See. Trotz der Auffälligkeit von mitunter vielen hunderten ziehender Falter ist über Ursache und Steuerung der Wanderflüge noch wenig bekannt. Wir wollen uns hier auch nur mit der Frage der Orientierung beschäftigen.

Da die Falter vom **Wind** verfrachtet werden, stellt sich die Frage, wie gezielte Wanderflüge über so große Entfernungen möglich sind. Schmidt-Koenig (1985) beobachtete an verschiedenen Standorten der östlichen USA folgende Strategien: 1. bei geringen Windgeschwindigkeiten fliegen die Falter in mittleren oder größeren Höhen sehr genau in die erwartete süd-südwestliche Richtung. 2. Bei größeren Windstärken, die im offenen Gelände deutlich eine Verdriftung verursachen, halten sie sich bevorzugt nahe der windabgewandten Seite von Hügeln, Baumreihen und Dünen, die sie mitunter deutlich von der Sollrichtung ablenken können. 3. Bei starkem Mitwind zur Sollrichtung können Falter bis in 300–400 m großen Höhen über Land beobachtet werden. Herrscht an der gleichen Stelle ein starker Gegen- oder Seitenwind, halten sie sich dicht am Boden und fliegen im Windschatten der Berge. 4. An der Küste vermeiden die Falter den Flug über offenes Wasser auch wenn Mitwind herrscht. Sie fliegen bei Mitwind aus größeren

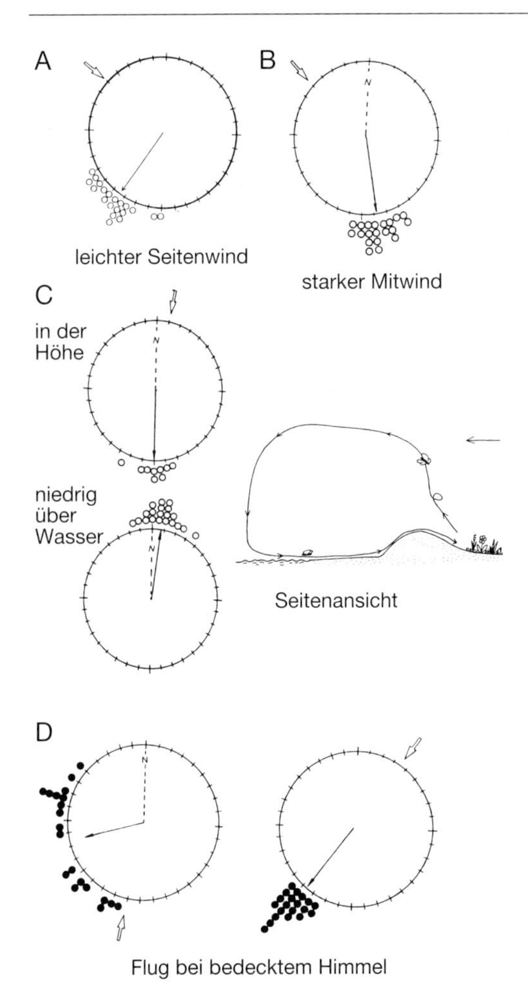

Abb. 8-14: Beobachtungen während der herbstlichen Wanderzüge des Monarchfalters im Nordosten der USA. **A** Ein Beispiel für Flugrichtungen bei leichtem Seitenwind (offener Pfeil). Die Flugrichtung einzelner Tiere wurde über 20 Minuten beobachtet (nahe Ithaca im Staat New York). Der Pfeil in der Mitte markiert die mittlere Zugrichtung für die mit kleinen Kreisen markierten Einzelbeobachtungen. Ein Vergleich mit Beobachtungen bei anderen Windstärken zeigt, daß die mittlere Zugrichtung nur von stärkeren Winden verändert wird. **B** Zugrichtungen über Land während starker Winde. Die Beobachtungen wurden am Grandfather Mountain in 1600 m Höhe gemacht. Bei Mitwind (3–6 m/s) fliegen die Falter in großer Höhe, bei Gegenwind nahe dem Boden (letzteres ist nicht dargestellt). Die Zugrichtungen unterscheiden sich aber nur wenig. **C** Zugrichtung und Flugverhalten bei starkem Wind an der Küsten einer Landzunge, an der die Monarchfalter über offenes Wasser fliegen müssen, um ihre generelle Zugrichtung einzuhalten. Hoch fliegende Falter fliegen mit dem Wind über das offene Wasser. Über Wasser tauchen sie aber nach unten und fliegen gegen den Wind zurück an Land. Man beachte, daß der Wind sie etwa in die richtige Zugrichtung getrieben hätte. **D** Zwei Beispiele für Zugbeobachtungen bei völlig bedecktem Himmel. Die Tiere sind auch bei bedecktem Himmel orientiert (nach Schmidt-Koenig 1985).

Höhen herunter und fliegen dann sehr dicht über der Wasseroberfläche oder dem Boden gegen den Wind zurück in den Windschatten von Objekten (Abb. 8-14). Diese Verhaltensweisen führen auch dazu, daß sich unter ungünstigen Windbedingungen viele Tausende von Faltern z. B. an Küstenstrichen anhäufen können.

Als Orientierungshilfe für eine angeborene Flugrichtung bietet sich die Sonne und das Polarisationsmuster des Himmels an. Nun stellt sich aber heraus, daß die Falter auch bei bedecktem Himmel gezielt fliegen (Abb. 8-14D). Da sie ja keine Landmarken kennen können, kommt als richtende Komponente nur das **Erdmagnetfeld** in Frage. Über die Orientierung nach dem Magnetfeld ist bei dem Monarchfalter noch nichts bekannt. Von anderen Insekten (Bienen) und auch von Fischen und Vögeln weiß man, daß sie sich nach dem Magnetfeld orientieren können (Kirschvink 1982). Bienen richten ihren Schwänzeltanz nicht nur nach der Schwerkraft, sondern auch nach dem Magnetfeld. Tauben und Zugvögel sind besonders gründlich auf den Einfluß des Magnetfeldes bei der Himmelsorientierung untersucht worden. Es zeigte sich, daß nicht die Polarität, sondern die Neigung der magnetischen Feldlinien die richtende Komponente darstellt und die Tiere bei ihrem Flug versuchen, einen bestimmten Neigungswinkel der Erdmagnetfeldlinien konstant zu halten. Ein konstanter Neigungswinkel führt sie nämlich dann entlang einer bestimmten Kompaßrichtung (Kiepenheuer 1984). Weder bei Bienen noch bei Tauben ist ein Sinnesorgan für Magnetfelder bisher gefunden worden. Es wird vermutet, daß es dafür auch kein isoliertes Sinnesorgan gibt, sondern daß Sinneszellen anderer Modalität (z. B. Photorezeptoren) durch die Bewegung des Tieres im Magnetfeld moduliert werden.

8.3 Orientierung in der Zeit

Die Ordnung von Ereignissen in der Zeit ist eine wesentliche Informationsquelle für die Tiere und für den Menschen. Wenn bestimmte Ereignisse häufig und zuverlässig kurz hintereinander auftreten, ist das ein Indiz dafür, daß sie mit großer Wahrscheinlichkeit kausal miteinander verkoppelt sind. Dieser Zusammenhang wird für Lernprozesse genutzt und soll im Kap. 8.4 diskutiert werden. Wenn Ereignisse über längere Zeiträume regelmäßig und wiederholt auftreten, bietet sich die Möglichkeit, daß sich die Organismen auf die rhythmisch wechselnden Bedingungen vorbereitend einstellen. Die vielfältig über Regelkreise miteinander gekoppelten Vorgänge in und zwischen Zellen, zwischen Organen und zwischen Individuen werden durch die rhythmisch auftretende Vorbereitung auf erwartete Veränderungen beschleunigt und laufen dann präziser ab. Außerdem kann damit ein Problem von fein abgestimmten und verkoppelten Regelkreisen vermieden werden, nämlich die Gefahr, daß Regelkreise bei plötzlichen starken Abweichungen leicht in unkontrollierte Schwingungen geraten. Rhythmische Vorgänge bei Organismen sind also in erster Linie **Zeitstrukturen** der Zellen, Organe, Individuen und Populationen, die der schnellen und feinen Regelung und Abstimmung in einem komplexen Netz von Abhängigkeiten und Rückwirkungen dienen.

8.3.1 Rhythmen und das Konzept der inneren Uhr

Wir werden uns im weiteren vor allem mit der circadianen, also etwa im 24-Stundentakt laufenden Rhythmik beschäftigen (Box 8-2; Aschoff 1979). Es ist aber wichtig, sich klarzumachen, daß rhythmische Vorgänge mit Periodenlängen zwischen Millisekunden und vielen Jahren in biologischen Systemen auftreten. Zur Veranschaulichung dient Abb. 8-15, in der Beispiele für Säugetiere und den Menschen dargestellt sind. Die Periodenlängen überstreichen einen Bereich von etwa 10 log-Stufen. Sie können sehr präzise sein, wie z. B. die

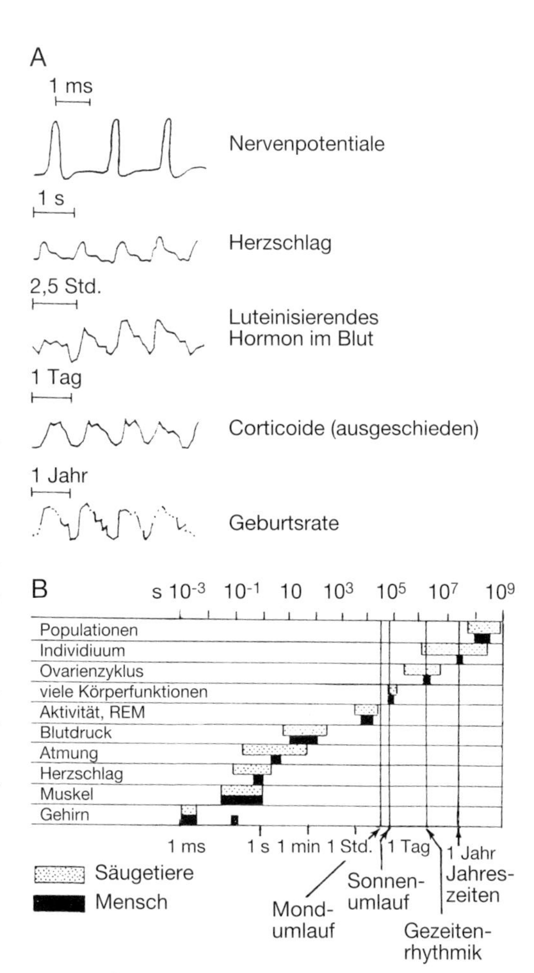

Abb. 8-15: Beispiele für Periodenlängen rhythmischer Vorgänge bei Menschen und Wirbeltieren. **A** Im ms-Bereich ändert sich die Spannung in Nervenzellen (Aktionspotentiale), im s-Bereich kontrahiert das Herz, im Stunden- oder Tagesbereich ändern sich die Konzentrationen von Hormonen im Blut, im Jahreszyklus schwanken populationsbezogene Größen, wie z. B. die Geburtsrate. **B** Spannweite rhythmischer Erscheinungen lebender Systeme. Die logarithmische Zeitskala verdeutlicht die große Spannweite. Die vertikalen Striche markieren die wichtigsten Zeitgeber in der Umwelt (nach Aschoff 1979).

Box 8-2: Circadiane Rhythmik

Alle Organismen müssen sich in einer zeitlich vielfältig strukturierten Umwelt zurechtfinden. Endogene, angeborene Rhythmen (auch innere oder physiologische Uhren genannt) in Entwicklung, Stoffwechsel, Sinneserleben und Verhalten ermöglichen den Lebewesen eine effiziente Anpassung an exogene Periodizitäten. Es gibt u. a. Tages-, Mond- und Jahresuhren. Sie sind Forschungsgegenstand der Chronobiologie (Saunders 1982).

Die **Tagesuhren**, die am besten untersuchten inneren Uhren, funktionieren bei allen Organismen, ob Insekt, Mensch, Einzeller oder Pflanze, nach gleichen Prinzipien. Ein **Schrittmacher (pacemaker)** gibt den Takt mit einer Periodenlänge von ungefähr (lat. circa) einem Tag (lat. dies) vor, deshalb **circadiane Uhren**. Über äußere periodische Einflüsse (Zeitgeber), z.B. den täglichen Hell/Dunkelwechsel, aber auch Temperaturschwankungen, Nahrungsangebot oder soziale Reize, werden die Uhren phasenkorrigiert und mit dem 24-Stunden-Tag synchronisiert. Spezifische circadiane Zeitsignale kontrollieren auf neuronalem oder hormonalem Weg die unterschiedlichsten Effektorsysteme. Generell stehen fast alle Körperfunktionen wenigstens indirekt unter circadianer Kontrolle, wie z.B. die Augenempfindlichkeit (Abb. A), das Schlüpfen aus der Puppe (Abb. B), spontane Lauf- oder Singaktivität (Abb. C). Die circadiane Uhr regelt die innere zeitliche Harmonie, die Einpassung in die äußere Tagesperiodik und die photoperiodische Messung der Nachtlänge. Sie stellt auch die Zeitinformation für den Sonnenkompaß zur Verfügung (8.3.2).

Circadiane Uhren sind **selbsterregt**. Sie laufen auch unter konstanten Bedingungen (z.B. konstante Temperatur und Dauerdunkel) meist lebenslang weiter. Sie zeigen dann im sog. Freilauf ihre spontane, von 24 Stunden abweichende Periodenlänge (Abb. A, C). Dieser Freilauf ist der direkte experimentelle Beleg für einen endogenen Rhythmus. **Zeitgeber-Sinnesorgane** vermitteln die Phasenkorrektur. Zur Verarbeitung der Zeitsignale aus der Umwelt werden eigene, noch unbekannte Zeitgeber-Sinnesorgane gefordert. Im Fall der photischen Zeitgeber sind es nicht-visuelle Photorezeptoren, die innerhalb von Augen oder extraokulär im ZNS gesucht werden. Die Zeitgeberreize wirken nach dem Formalismus der Phase-Response-Curve (PRC; in der subjektiven Tagphase keine Reaktion auf Licht, in der ersten Hälfte der subjektiven Nacht Phasenverzögerung, in der zweiten Phasenbeschleunigung). Dauerlicht beeinflußt die Periodenlänge nach der Aschoffschen Regel: Nachtaktive Tiere verlängern die Dauer ihrer circadianen Periode, tagaktive verkürzen sie. Die circadiane **Periodenlänge** ist **temperaturkompensiert**. In dem vom Organismus normalerweise erfahrenen Temperaturbereich ist die circadiane Periodenlänge von der Temperatur unabhängig, d.h. der Q_{10}, der bei biochemischen Reaktionen bei 2–3 liegt, ist hier nahe 1.

Circadiane Schrittmacher sind **anatomisch** von diskreter Natur. Man kann sie transplantieren und damit nicht nur die «tickende Uhr», sondern auch die aktuelle Uhrzeit übertragen (Abb. B). Sie liegen bei Insekten beiderseits im optischen Lobus zwischen Medulla und Lobula (Abb. A). Weitere Schrittmacher (Nebenuhren) werden im Protocerebrum, der Prothorakaldrüse und in den Ovarien vermutet. Circadiane Systeme sind als **Multioszillatorsysteme** organisiert. Die Schrittmacherlokalisation in den beiden optischen Loben impliziert bereits die bilateral symmetrisch doppelte Anlage des Systems. Die linke und rechte Uhr können z.B. bei Käfern im Freilauf unabhängig voneinander und mit unterschiedlicher spontaner Periodenlänge schwingen (Abb. A, interne Desyn-

CIRCADIANE ADAPTATION DER KOMPLEXAUGEN (Beispiel Käfer)

A

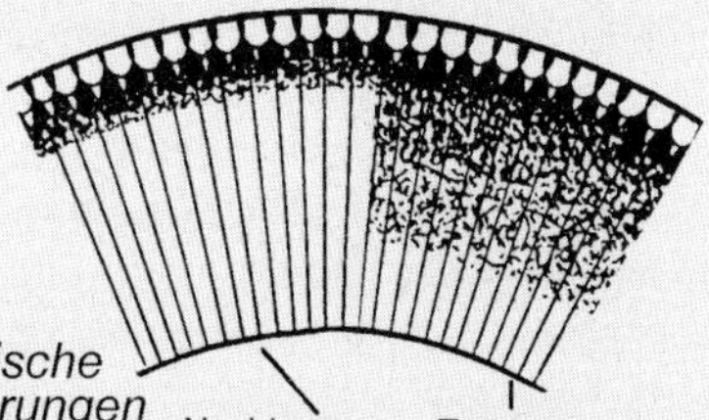

Histologische Veränderungen
(dunkeladaptierte Komplexaugen)

Nachtauge
Tagauge

Empfindlichkeitsänderungen
(ERG-Amplituden bei konst. Testreiz)

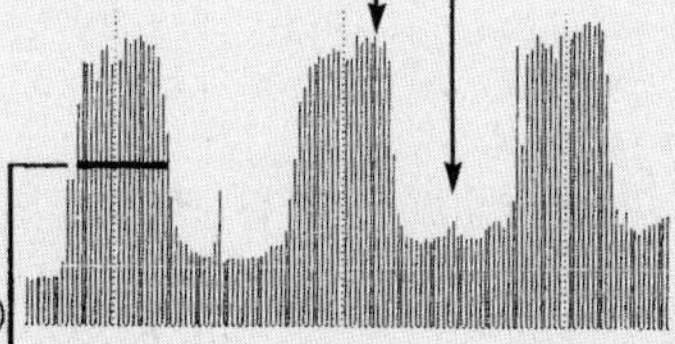

Nachtphase
(hohe Empfindlichkeit)

Tagphase
(niedrige Empf.)

Freilauf und Synchronisation der Nachtphasenrhythmik
Interne Desynchronisation zwischen rechtem (═ L/D-Programm) und linkem Auge (━ Dauerdunkel)

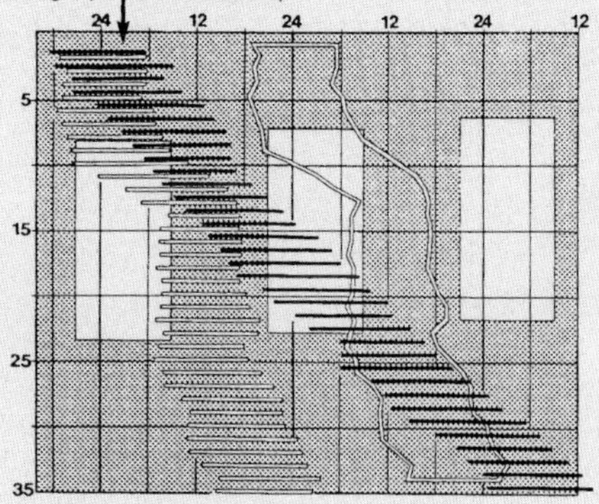

Tageszeit (h)
24 12 24 12 24 12
Versuchstage
5 15 25 35

Lokalisation des circadianen Schrittmachers
(Schema der Neuropile im optischen Lobus)

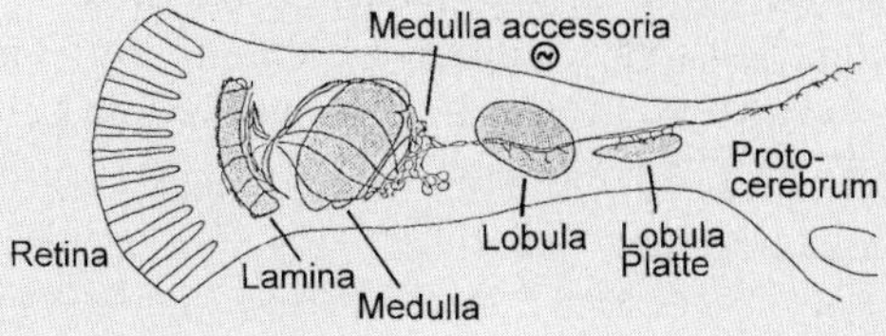

Medulla accessoria
Proto-cerebrum
Retina
Lamina
Medulla
Lobula
Lobula Platte

CIRCADIANE SCHLÜPFRHYTHMIK (Beispiel Nachtschmetterlinge)

B

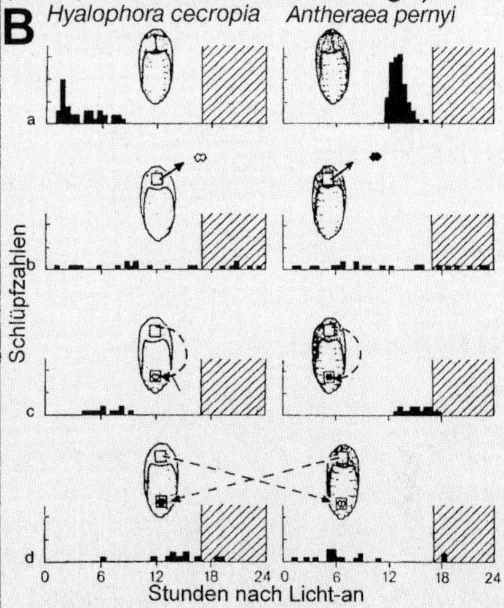

Hyalophora cecropia *Antheraea pernyi*

a b c d
Schlüpfzahlen
0 6 12 18 24 0 6 12 18 24
Stunden nach Licht-an

Zeitstruktur des Schlüpfens von zwei Falterarten im gleichen L/D-Programm
Das circadiane Zeitsignal wird im ZNS gebildet und kann mit ihm transplantiert werden.

C CIRCADIANE LOKOMOTIONS-RHYTHMIK (Beispiel Taufliegen-Mutanten)

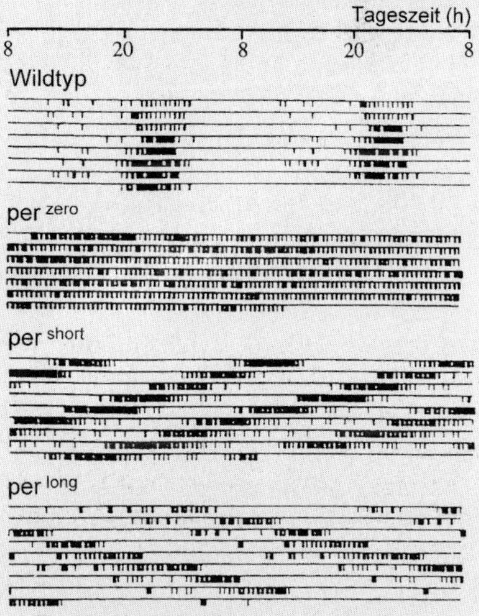

Tageszeit (h)
8 20 8 20 8

Wildtyp

per [zero]

per [short]

per [long]

Freilaufende Periodik von Aktivität und Ruhe im Dauerdunkel
Die Mutation des per-Gens beeinflußt die spontane Periodenlänge.

chronisation). Die durch Nebenuhren erzeugten Periodizitäten werden oft nur bei Fehlen der Hauptschrittmacher sichtbar (Master-Slave-Prinzip, z. B. bei der Schlüpfrhythmik).

Circadiane Uhren sind **angeboren**. Bei Taufliegen-Mutanten konnte ein für die circadiane Periodenlänge notwendiges Gen, das per-Gen, isoliert und analysiert werden. Wenn dieses Gen verändert wird, beschleunigt oder verzögert sich die circadiane, spontane Periodendauer, beim Fehlen des Gens ist die Fliege unrhythmisch (Abb. C). Der circadiane Oszillatorprozeß beruht auf **kerngebundenen** Mechanismen. Die Arbeiten über das per-Gen haben u. a. zu der Vorstellung geführt, daß Rückkopplungsvorgänge bei der Proteinbiosynthese die zur circadianen Periodik führende Zeitkonstante erzeugen.

Literatur

Hall, J. C. und Rosbash, M. (1987) Genetic and molecular analysis of biological rhythms. J. Biol. Rhythms **2**, 153–178 [Abb. C].

Köhler, W. K. und Fleissner, G. (1978) Internal desynchronization of bilaterally organised circadian oscillators in the visual system of insects. Nature **274**, 708–710 [Abb. A].

Saunders, D. S. (1982) Insect clocks. Pergamon, Oxford.

Truman, J. W. (1972) Physiology of insect circadian rhythms. J. Comp. Physiol. **81**, 99–114 [Abb. B].

G. und G. Fleissner

Zyklen der Aktivierung/Inaktivierung des Na-Kanals beim Aktionspotential oder die Rhythmik in neuronalen Netzen, die den Herzschlag, das Atmen, Singen, Laufen, Fliegen und Schwimmen steuern 4, 5). Viele Rhythmen können aber auch unregelmäßig sein und stark schwanken, wie etwa der Blutdruck oder die Lebensdauer von Individuen.

Als physiologische Mechanismen liegen all diesen Rhythmen **innere Uhren** zugrunde, die vielfältig miteinander verkoppelt sind. Unklar sind allerdings noch weitgehend die Mechanismen der Verkopplung, d. h. die Frage, ob schnell laufende Uhren die langsam laufenden antreiben, ob es neben übergeordneten Meisteruhren auch untergeordnete Sklavenuhren gibt. Vor allem ist noch recht unklar, wie die inneren Uhren mit der **Zeitmessung** und dem **Zeitgedächtnis** zusammenhängen. Hier soll auch auf zwei Eigenschaften der circadianen inneren Uhr der in sozialen Verbänden lebenden Insekten hingewiesen werden, die für die Zeitmessung und das Zeitgedächtnis wichtig sind (9.2).

Äußere **Zeitgeber**, wie z. B. der Tagesgang der Helligkeit, synchronisieren die innere Uhr (Box 8-2). Auch das regelmäßig angebotene Futter kann diese Zeitgeberfunktion in sonst konstanter Umgebung übernehmen. Der Rhythmus der Fütterung muß aber innerhalb eines bestimmten Zeitintervalls liegen. Weicht er merklich von 24 Std. ab (über einem 26 bzw. unter einem 19 Stundenrhythmus), dann gelingt eine Synchronisation mit der inneren Uhr nicht. Die Periodenlänge der circadianen Rhythmik ist also nur innerhalb eines recht engen Rahmens durch äußere Zeitgeber verstellbar.

Wichtige Zeitgeber bei sozial lebenden Tieren, wie z. B. der Honigbiene, sind Signale der sozialen Kommunikation. Vergleicht man die freilaufende Aktivitätsperiodik unter Dauerlichtbedingungen von einzelnen Tieren mit Tieren in einem Volk, dann findet man sehr viel präzisere Rhythmen bei den Tieren im Volk (Abb. 8-16). Außerdem wird die Periodenlänge der Aktivitätsrhythmik über lange Zeit von den Tieren im Volk unverändert bei-

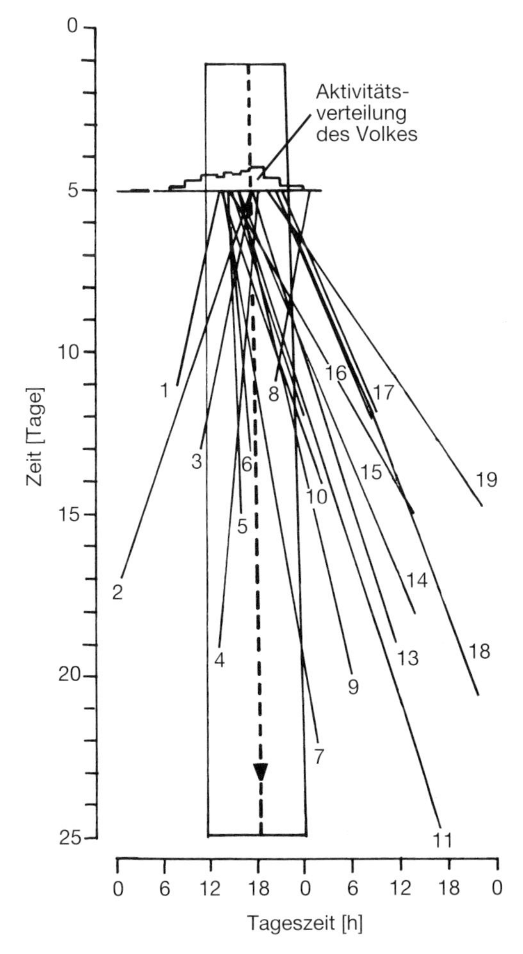

Abb. 8-16: Ein Experiment, mit dem die Rolle sozialer Zeitgeber für die Aktivitätsperiodik von Bienen untersucht wird. Die gestrichelte Linie (Median des Volkes) gibt den Tageszeitpunkt der maximalen mittleren Aktivität des ganzen Volkes an. Die Linien 1 bis 19 markieren die Zeitpunkte der maximalen Aktivität von 19 verschiedenen Bienen. Diese 19 Bienen wurden 5 Tage nach dem Einschalten konstanter Umweltbedingungen (Dauerhell ab Tag 0, Ordinate) aus dem Volk entnommen und isoliert gehalten. Ihre individuellen Aktivitätsmaxima während ihrer Zugehörigkeit im Volk lassen sich am Ursprungsort der Linien am Tag 5 ablesen. Die Ordinate markiert 25 aufeinander folgende Tage, die Abszisse gibt den Tageszeitpunkt an, zu dem an jedem Tag das jeweilige Aktivitätsmaximum auftrat. Das Aktivitätsmaximum wurde als Medianwert aus der zeitlichen Verteilung der Aktivität errechnet. Bei Tag 5 ist eine solche Verteilung für das ganze Volk angegeben (nach Frisch und Koeniger 1994).

behalten, während die einzelnen Tiere zu kürzeren oder längeren Periodenlängen übergehen.

Abb. 8-16 zeigt ein Experiment, in dem eine Kolonie am Tag 0 von einem Hell-Dunkel-Rhythmus von 12:12 Std. in Dauerlicht überführt wurde. Die Aktivitätsrhythmik des ganzen Volkes wird gemessen, und es zeigt sich, daß der Mittelwert der zeitlichen Aktivitätsverteilung über 25 Tage lang bei der gleichen Tageszeit (18.00 Uhr) bleibt (gestrichelte Linie: Medianwert der Aktivität des Volks). Am 5. subjektiven Tag werden 19 Tiere der Kolonie isoliert und deren Aktivitätsrhythmik weiterhin im Dauerlicht gemessen (Geraden 1–19). Manche Tiere beschleunigen ihre circadiane Rhythmik (Tier 1–4), andere verlangsamen sie (Tiere 5, 7, 10–19). Aus diesen und ähnlichen Befunden läßt sich schließen, daß der soziale Zeitgeber die individuellen inneren Uhren synchronisiert. Die Periodenlänge der sozial synchronisierten Tiere liegt näher bei 24 Stunden und folgt einer präziseren Rhythmik. Die Befunde sagen aber noch mehr aus (Frisch und Koeniger 1994). Bei der erstaunlich genauen und lange andauernden circadianen Rhythmik der Bienen unter Dauerlichtbedingungen ist immer wieder vermutet worden, es gäbe vielleicht doch noch einen exogenen Faktor, der synchronisierend wirkt. Eine solche Vermutung ist ja auch nicht von der Hand zu weisen, wenn man an die Überraschungen denkt, die man bei den Studien der sensorischen Fähigkeiten von Bienen erlebt hat. Bienen können ultraviolettes Licht wahrnehmen, die Polarisationsrichtung des Lichtes und das Magnetfeld der Erde. Alles Eigenschaften, über die wir Menschen nicht verfügen. Der Verdacht auf einen für uns nicht wahrnehmbaren exogenen Faktor zur zeitlichen Steuerung der Bienen lag daher nahe. Die Existenz eines versteckten exogenen Faktors wird aber durch die hier gezeigten Befunde eindeutig ausgeschlossen, denn dieser hypothetische exogene Faktor kann ja nicht für die Bienen mit kürzerer Periodenlänge als 24 Std. eine kürzere Periodenlänge als 24 Std. haben, für die Bienen mit längerer Periodenlänge als 24 Std. eine längere. Damit ist klar erwiesen, daß die unter Dauerlichtbedingungen fortlaufende **innere Uhr ein endogener Mechanismus** ist.

8.3.2 Zeitgedächtnis und zeitkompensierte Orientierung

Die biologische Zeitmessung im Tagesverlauf dient vier Zielen (Pittendrigh 1960): 1. Programmierung der circadianen Rhythmik metabolischer Prozesse und des Verhaltens (Box 8-2); 2. die Fähigkeit, sich an einen bestimmten Zeitpunkt zu erinnern und sich bei der zukünftigen Verhaltenssteuerung danach zu orientieren (Zeitgedächtnis); 3. die Fähigkeit vieler Tiere, sich nach dem Azimutwinkel der Sonne zu orientieren und eine bestimmte Kompaßrichtung, unabhängig vom tatsächlichen Sonnenstand, einzuhalten (Sonnenkompaßorientierung); 4. die Fähigkeit von Pflanzen und Tieren, die Tages- bzw. Nachtlänge zu messen und zur zeitlichen Orientierung im Jahreszyklus zu nutzen (Photoperiodizität).

Wir wollen uns erst dem **Zeitgedächtnis** zuwenden. Werden Bienen zu einer bestimmten Tageszeit mit Futter belohnt, erlernen sie innerhalb weniger Tage, nur zu dieser Zeit an der Futterstelle zu suchen (Abb. 8-17). Auch wenn man sie auf 2, 3 oder 4 Zeitpunkte am Tag dressiert, merken sie sich die Zeiten und kommen recht präzise nur zu diesen Zeiten an die Futterstelle. In der Zeit dazwischen bleiben sie mehr oder weniger untätig im Stock und beachten auch keine Werbetänze anderer Bienen. Im Kap. 8.4 werden wir hören, daß Lernen darin besteht, neue Verknüpfungen zwischen Sinnesreizen und Verhaltensreaktionen herzustellen. Welche Sinnesreize werden beim Erlernen eines Zeitpunktes mit dem Verhalten «Futtersuche» assoziiert? Sicher nicht der Sonnenstand oder das Polarisationsmuster des Himmels, auch nicht ein über die Landmarken errechneter Sonnenstand (8.2), denn Bienen können auch auf einen Zeitpunkt unter Dauerlichtbedingungen in einem Flugraum dressiert werden. Die Futterbelohnung muß also mit einem Zustand der inneren Uhr assoziiert werden. Durch das Zeitgedächtnis erhält die innere Uhr sozusagen einen Zeiger, der auf einen bestimmten Zeitpunkt gesetzt wird. Wir wissen zwar nicht, welcher neuronale oder neurohumorale Mechanismus dem Zeiger entspricht, es ist aber klar, daß der Zeiger auf jeden beliebigen Zeitpunkt deuten kann, daß dies durch individuelle Erfahrung (Lernen) geschieht, und daß der Zeiger den Zeitpunkt recht genau angibt (etwa ± 5 min).

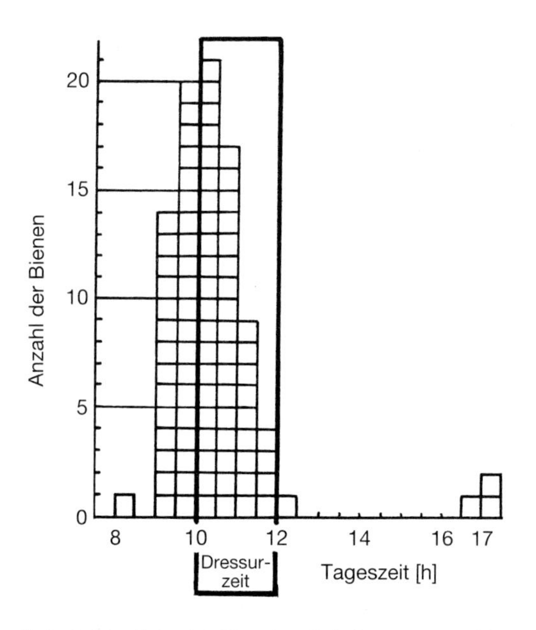

Abb. 8-17: Beispiel für eine Zeitdressur von Bienen. Eine Schar von 7 Bienen wurde über mehrere Tage zwischen 10.00 und 12.00 Uhr an einer künstlichen Futterstelle gefüttert. Am Versuchstag wurde den ganzen Tag über beobachtet, welche Bienen zu welcher Zeit an der Futterstelle landen. Jeder Besuch einer Bienen während 30 min ist mit einem Kästchen markiert. Die Futterstelle war den ganzen Tag leer (nach von Frisch 1965).

Das Zeitgedächtnis der Biene ist eine Anpassung an die zeitlichen Rhythmen der **Produktivität von Blüten**. Viele Blüten bieten Nektar oder Pollen nur zu bestimmten Tageszeiten an. Als Ursache dafür kommen einmal genetisch fixierte Programme in Frage, die zu artspezifischen Unterschieden führen, wann im Tagesverlauf der Pollen reift oder die Nektarien aktiv sind. Tagesrhythmen bei Blüten können aber auch dadurch entstehen, daß zu einem bestimmten Zeitpunkt eine Blütenansammlung von der Sonne beschienen wird und sonst im Schatten liegt. Die Sonneneinstrahlung regt dann nur zu diesem Zeitpunkt Nektar- und Pollenproduktion an. In beiden Fällen ist der Tageszeitpunkt besten Sammlererfolgs vorherbestimmbar und Bienen, die zum richtigen Zeitpunkt an den Blüten sind, haben einen Vorteil.

Bei der **Orientierung nach dem Sonnenkompaß** müssen Bienen den Tagesgang des Sonnenazimuts berücksichtigen (Abb. 8-18). Das tun sie tatsächlich mit recht hoher Genauigkeit, wobei sie auch die unterschiedliche Azimutwinkelgeschwindigkeit im Tagesverlauf berücksichtigen. Am Morgen bewegt sich ja der Azimut der Sonne um einen kleineren Winkel pro Stunde als um die Mittagszeit. Genau genommen ändert sich dieser Zusammenhang im Verlauf des Jahres und er ist für verschiedene Breitenkreise unterschiedlich. Im Extremfall, wenn die Sonne mittags genau durch den Zenit geht, ändert sich sogar der Azimut den ganzen Vormittag und den ganzen Nachmittag über nicht, springt aber um 12.00 Uhr von Osten nach Westen um 180°. Viele experimentelle Daten sprechen dafür, daß Bienen die jahreszeitlichen (und von den Breitenkreisen abhängige) Veränderungen nicht berücksichtigen, sondern eine generelle Funktion für die Azimutwinkelgeschwindigkeit anwenden.

Die Kopplung der inneren Uhr an den Sonnenazimut kann nicht angeboren sein. Bienenvölker, die von Sri Lanka nach München oder von Kalifornien nach Brasilien versetzt wurden, orientierten sich nach einiger Zeit kompaßrichtig. Genauso verhielten sich Tiere, die über viele Längengrade zwischen Osten und Westen (oder umgekehrt) verfrachtet wurden. Unmittelbar nach der Versetzung müssen sie sich natürlich systematisch falsch orientieren, denn sie interpretieren den Sonnenazimut entsprechend der alten Ortszeit. Renner (1959) dressierte z. B. eine Schar von Bienen in der Nähe von New York ab 13.00 Uhr in eine nordwestliche Richtung. Bei Beginn der Dressur sahen die Bienen

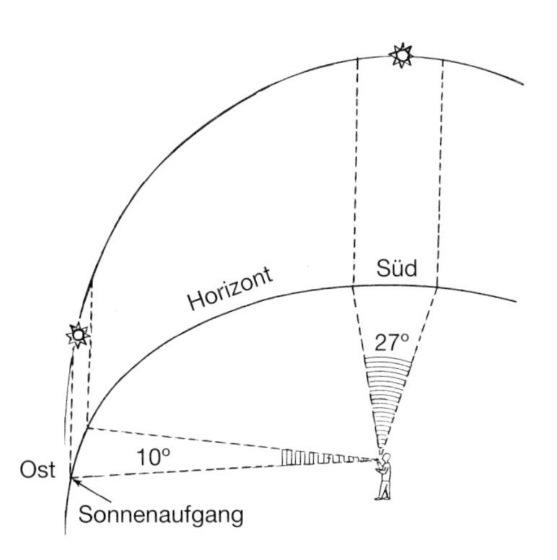

Abb. 8-18: Der Azimut der Sonne ändert sich im Tagesverlauf, morgens und abends aber weniger (z. B. 10° pro Std.) als um die Mittagszeit (z. B. 27° pro Std.; nach von Frisch 1965).

beim Ausflug die Sonne unter 108° links von sich. Als das Volk nach dem Transport nach Kalifornien (genau 24 Stunden später) um 10.00 Uhr geöffnet wurde, flogen die dressierten Bienen ganz überwiegend in eine südwestliche Richtung, die ca. 108° rechts von der Sonne liegt. Sie hielten also den Sonnenwinkel gemäß der inneren Uhren richtig ein, nun aber zur falschen Ortszeit und flogen daher in die falsche Himmelsrichtung. Werden Bienen in Sri Lanka um die Mittagszeit im April nach Norden dressiert, sehen sie die Sonne vor sich. Nach Poona in Indien transportiert, fliegen die Bienen um die Mittagszeit ebenfalls auf die Sonne zu, um nach der andressierten Futterstelle zu suchen. Nun aber steht die Sonne um die Mittagszeit im Süden (Lindauer 1957). Die Bienen verwechseln also Norden und Süden. Wie schnell sich die Bienen an die neuen Zusammenhänge zwischen innerer Uhr und Sonnenkompaß gewöhnen, ist nicht bekannt. Es könnte sogar sein, daß Nord-Süd- bzw. Süd-Nord verfrachtete Tiere nicht umzulernen vermögen. Lindauer (1957, 1959) fand nämlich, daß es mehrere Wochen dauert, bis ein Bienenvolk wieder normal orientiert ist. Nach so langer Zeit könnten nun mehr Tiere da sein, die an der neuen Stelle ihre ersten Lernflüge absolvierten, während die alten Tiere inzwischen gestorben sind. Es ist also möglich, aber noch nicht überzeugend belegt, daß der Zusammenhang zwischen innerer Uhr und Sonnenazimut ein prägungsartiger Lernvorgang ist.

Wie Bienen den **Sonnenkompaß erlernen**, untersuchte Lindauer (1959) in klassischen Experimenten. Ein Volk wurde aus Bienen zusammengestellt, die im Brutschrank schlüpften. An drei aufeinander folgenden Nachmittagen wurde das Volk im Freien aufgestellt und eine Gruppe von ihnen nach Süden dressiert. Die Vormittagssonne sahen die Bienen nie. Als die Bienen am 4. Tag vormittags in einer ihnen unbekannten Gegend ausflogen, suchten sie die Futterstelle im Osten, also in einer Richtung, die zeigte, daß sie einen konstanten Winkel zur Sonne einhielten und den Tagesgang der Sonne nicht berücksichtigten. Sie flogen winkeltreu, aber nicht kompaßtreu. Hatten aber andere Bienen fünf Tage lang Erfahrung mit der nachmittäglichen Sonne, flogen sie auch am Vormittag kompaßtreu. Bienen mit längerer Erfahrung mit der Sonne ergänzten also den nicht wahrgenommenen Sektor des Sonnenlaufs. Wie schnell Bienen diesen Lernvorgang durchführen, hängt offensichtlich von der Art ihrer Lernflüge ab, die sie machen. Tiere, die nicht dressiert wurden, also an vier Nachmittagen nur Orientierungs- und Suchflüge durchführten, verhielten sich sogar nach sechs Tagen noch winkeltreu und nicht kompaßtreu. Längere Erfahrung mit einem Teil des Sonnenlaufs führt also insbesondere im Rahmen erfolgreicher Futtersuche zu einer vollständigen Sonnenazimutkurve, die sogar die Nacht mit einschließt (8.3.3).

8.3.3 Orientiertheit in der Zeit

«Alle Gegenstände der Sinne sind in der Zeit und stehen notwendigerweise im Verhältnis der Zeit». Kant (1787) erfaßt damit ein wesentliches Charakteristikum unserer Wahrnehmung von Zeit als Attribut von Gegenständen und Ereignissen. So wie sich unsere Raumvorstellung als eine innere Karte beschreiben läßt, so läßt sich unsere Zeitvorstellung als ein

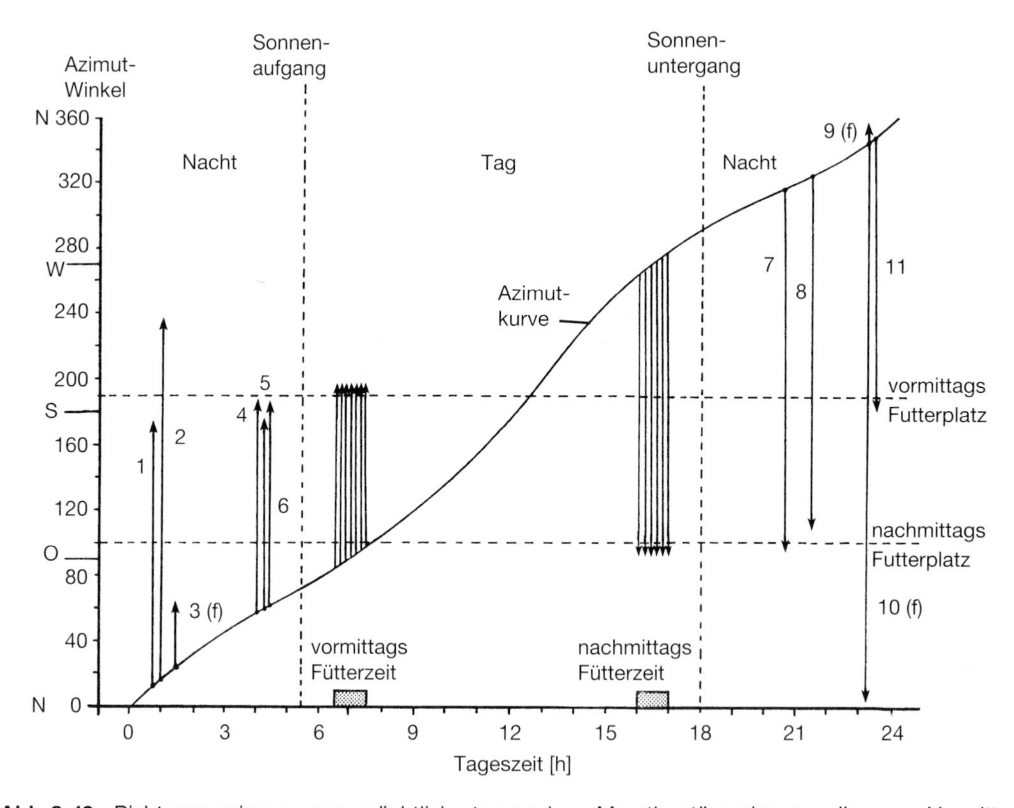

Abb. 8-19: Richtungsweisung von nächtlich tanzenden Marathontänzerinnen, die am Vormittag (6.30–7.30 Uhr) auf eine südliche und am Nachmittag (16.00–17.00 Uhr) auf eine östliche Futterstelle dressiert worden waren. Die Richtung der einzelnen Tänze (jeweils mit Nummern gekennzeichnet) ist in der Länge der Pfeile angegeben, die sich auf den Sonnenazimut beziehen. Die Pfeile sitzen auf der Azimutwinkelkurve auf, weil dies der Bezugspunkt für den Tanzwinkel zu einer bestimmten Tageszeit ist (9.2). Pfeile 1 und 2: kurz vor 1.00 Uhr nachts wird der Vormittagsfutterplatz angezeigt, aber mit großen Fehlern. Etwas später wird ein desorientierter Tanz beobachtet (nicht eingetragen), dann ein Tanz (Nr. 3) mit falscher Richtung (f). Kurz nach 4.00 Uhr folgen 3 Tänze (4, 5, 6), die eindeutig den Vormittagsfutterplatz angeben. Zur normalen Futterzeit sind die Tänze natürlich alle richtig (viele Pfeile, ohne Nrn.). Die Tänze nach Sonnenuntergang sind erst eindeutig auf den Nachmittagsfutterplatz ausgerichtet (7, 8), und nach 23.00 Uhr folgen 2 Tänze mit falscher Richtungsangabe (9, 10) und ein desorientierter Tanz. Bereits um 23.30 Uhr wird dann ein Tanz beobachtet (11), der bereits eindeutig auf den Vormittagsfutterplatz gerichtet ist. Die Pfeile während der jeweiligen Dressurzeiten markieren die Tanzrichtung während der Fütterzeiten. (Zusammengestellt aus Angaben in von Frisch 1965; nach einem Experiment von Lindauer).

Pfeil betrachten, auf dem die Erinnerungen der Erlebnisse und Wahrnehmungen wie Perlen auf einer Kette aufgereiht sind. Unsere Orientiertheit in der Zeit (oder weniger genau, unser **Zeitsinn**) besteht nun darin, daß wir unsere innere Vorstellung auf jede beliebige Stelle des Zeitpfeils einstellen können und die spezifisch zeitliche Beziehung zwischen den Ereignissen erleben können.

Wir wollen die Frage stellen, ob es Gründe gibt, eine einfache, aber im Prinzip vergleichbare, Orientiertheit in der Zeit bei Insekten anzunehmen. Die bisher geschilderten Befunde lassen sich mit der einfachen Annahme erklären, daß das assoziative Lernvermögen der Biene eine Verkopplung zwischen der Futterbelohnung und einem bestimmten Zustand der inneren Uhr (wir nannten es: den Zeiger) hergestellt hat und im Sinne eines konditionierten Reflexes wieder abrufbar macht. Einen experimentellen Zugang zu unserer Frage liefern Beobachtungen von Lindauer (1954) an ausdauernd tanzenden Bienen (Marathontänzerinnen), die sogar nachts zum Tanzen zu bewegen sind, indem man sie mit dem Duft anbläst, den sie an der Futterstelle wahrgenommen haben. Solche Bienen zeigen auch in der Nacht die richtige Kompaßrichtung zur Futterstelle an. Sie beweisen damit erneut und besonders eindrucksvoll, daß sie den Sonnenazimut zu jedem beliebigen Zeitpunkt über die innere Uhr abzulesen vermögen und daß sie aus nur teilweise erfahrenen Sektoren den gesamten Kreisbogen der Sonne über 24 Stunden ergänzen können.

Spannend wird die Situation dann, wenn die Bienen auf zwei Futterstellen in unterschiedlichen Richtungen und zu unterschiedlichen Tageszeiten dressiert worden waren, z. B. morgens nach Süden, abends nach Osten. Welche Futterstelle werden die Marathontänzerinnen anzeigen? Die Abb. 8-19 zeigt das Ergebnis. Die nächtlich tanzenden Bienen zeigen jene Futterstelle an, die zeitlich näher am Zeitpunkt des Tanzes liegt: Bis 21.30 Uhr ist das die Futterstelle im Osten (Dressurzeit abends), ab 4.00 Uhr die Stelle im Süden (Dressurzeit morgens). Dazwischen sind die Bienen entweder desorientiert (zeigen in aufeinander folgenden Schwänzelläufen verschiedene Richtungen an) oder sie geben falsche Richtungsangaben (also keine der beiden Richtungen Süden und Osten). Dieser Befund beweist ein erstaunliches Ausmaß von zeitlicher Orientiertheit bei Bienen, die über die Vorstellung einer einfachen konditionierten Verkopplung zwischen Futterbelohnung und Zustand der inneren Uhr hinausweisen könnte. Zumindest bedeutet diese Beobachtung, daß die Bienen über den Zeitbereich der eigentlichen Dressur hinaus auf benachbarte Zeitbereiche generalisieren, eine Fähigkeit, die sie auch bei anderen Lernaufgaben zeigen (8.4).

8.4 Lernen und Gedächtnis

Von den vielen neuronalen Programmen, die im Nervensystem der Insekten gespeichert sind, werden bei einem geordneten Verhalten nur ganz wenige sinnvoll aufeinander bezogene Programme aktiviert. Diese führen zu einem zeitlich-räumlichen Muster von Bewegungsabläufen, die der gerade herrschenden Umweltsituation und den inneren Bedürfnissen des Tieres in besonderer Weise angemessen sind. Für die Auswahl und Anpassung der neuronalen Programme benötigt das Nervensystem Information. Diese Information gelangt auf zwei Wegen in das Nervensystem: Über die Mechanismen der Evolution und über die des individuellen Lernens. Im ersten Fall führt dies zu einem phylogenetischen Gedächtnis (auch **Art-Gedächtnis** genannt), im zweiten Fall zum individuellen **Erfahrungs-Gedächtnis.** Beide Quellen der Information sind innig miteinander verzahnt. Diese Verbindung bezieht sich einmal darauf, was ein Individuum aus Erfahrung lernt, wie schnell es lernt und zu welchem Zeitpunkt. Umweltreize, für die ein Tier keine Sensoren hat, kann es natürlich auch nicht lernen, weil diese im Nervensystem gar nicht abgebildet werden. Dies gilt in gleicher Weise für neuronal codierte Reizparameter und motorische Muster: Nur im Nervensystem abgebildete oder vom Nervensystem erzeugte neuronale Muster können erlernt und schrittweise zur Verhaltensanpassung verändert werden. Bei weitem aber nicht alle im Nervensystem abgebildeten Sinnesreize können in ihrem Bedeutungscharakter geändert, also erlernt werden, und nur ein Teil der motorischen Programme kann durch Erfahrung verändert werden. Sicherlich ist der Anteil solcher plastischen Schaltkreise bei Insekten geringer als bei den hochentwickelten Wirbeltieren, aber eine quantitative Angabe darüber ist schwierig.

Um lernen zu können, muß das Art-Gedächtnis das Tier zumindest im groben darüber informieren, welche Stimuli gut oder schlecht, also aufgrund der phylogenetischen Erfahrung zu erstreben oder zu vermeiden sind. Aufgrund der Fülle der ständig in das Nervensystem einströmenden Information wird es, vor allem für kleine Nervensysteme wie das der Insekten, von großer Bedeutung sein, Zeitpunkte für mögliches Lernen vorzuprogrammieren. Diese Zeitpunkte können im individuellen Leben einmalig auftreten, was dann zum **Prägungslernen** führt, oder sie können häufig sein. Im zweiten Fall vermag ein Tier sich fortlaufend ständig wechselnden Bedingungen anzupassen. Das ehemals Gelernte kann dann kontinuierlich durch neu Erlerntes ersetzt werden oder neben dem früher Gelernten bestehen. Je größer die individuelle Lebensspanne eines Tieres ist und je abwechslungsreicher und damit unsicherer die Lebensbedingungen sind, um so notwendiger wird individuelles Lernen sein. Für Insekten, die nur unter ganz bestimmten ökologischen Bedingungen für kurze Zeit auftreten oder in sehr einheitlichen Biotopen leben, wird das genetische Programm stereotyper Verhaltensweisen ausreichen.

Aus diesen Zusammenhängen läßt sich eine Definition für Lernen ableiten und ein Katalog von Lernarten aufstellen: **Lernen** ist eine **adaptive Verhaltensänderung** aufgrund von individueller Erfahrung. Eine Voraussetzung dafür ist, daß das Nervensystem Information speichern kann, also über ein **Gedächtnis** verfügt. Als einfachste Lernform betrachtet man die niederen, nicht assoziativen Verhaltensplastizitäten, wie **Gewöhnung (Habituation)** und **Sensitisierung.** Assoziatives Lernen, die nächst höhere Art von Lernen, tritt in zwei Formen auf, der **klassischen** (oder **Pavlovschen**) **Konditionierung** und der **instrumentellen** (oder **operanten**) **Konditionierung**. Noch weiter entwickelt sind höhere Formen des nicht-assoziativen Lernens wie latentes Lernen, symbolisches Lernen und **einsichtiges Lernen.** Neben diesen fakultativen Formen des Lernens gibt es eine Fülle von obligatorischen, ontogenetisch programmierten Lernformen, die man als **Prägungslernen** bezeichnet.

Die Gliederung der Lernformen nach aufsteigender Komplexität ist nicht nur ein didaktisches und deskriptives Hilfsmittel. Vielmehr verbinden wir damit zwei aufeinander bezogene Hypothesen: 1. Phylogenetisch ältere Formen des Lernens sind einfache Lernarten und treten in einfach organisierten Nervensystemen auf. Abgeleitete und damit höher organisierte Formen neuronaler Plastizität ermöglichen komplexe Lernarten und benötigen komplexere Nervensysteme. 2. Die physiologischen Mechanismen neuronaler Plastizität werden in ihrer wachsenden Komplexität Anteile der jeweils einfachereren Formen neuronaler Plastizität enthalten. Diese Hypothesen werden durch eine Reihe von Beobachtungen unterstützt. Ursache für eine aufsteigende Reihe zunehmend komplexerer Lernformen ist die biologische Evolution. Wie bei morphologischen Strukturen, schafft die Evolution nichts aus dem Leeren, sondern variiert bewährte Vorstufen, hält an Bewährtem konservativ fest und selektioniert die erfolgreichen Abwandlungen (10).

Wenn wir das Lernverhalten bei Insekten betrachten, wird uns die Verzahnung mit den stereotypen Strukturen der angeborenen Verhaltensweisen besonders interessieren. Nehmen wir doch an, daß das Verhalten von Insekten zu einem größeren Anteil als das bei Wirbeltieren vom Art-Gedächtnis bestimmt wird. Wir werden auch fragen: Gibt es spezies-spezifische Lernweisen und genetisch (phylogenetisch) vorbereitetes Lernen, d.h. **Lerndispositionen?** Welche Stimuli und welche Bewegungsabläufe vermag ein Insekt zu lernen? Wieviel und wie schnell kann es lernen? Wie lange vermag es sich daran zu erinnern? Unter welchen Bedingungen lernt es und in welche größeren biologischen Zusammenhänge ist der Lernvorgang eingebettet? Schließlich werden wir uns in einem eigenen Kapitel mit den neuronalen, zellulären und molekularen Grundlagen von Lernen und Gedächtnis bei Insekten beschäftigen.

8.4.1 Niedere, nicht-assoziative Verhaltensplastizität

8.4.1.1 Habituation (Gewöhnung)

Alle Tiere, ja bereits Bakterien und Flagellaten, zeigen das Phänomen, daß ein häufig wiederholter oder dauernd anhaltender Stimulus nur anfänglich eine Reaktion, z.B. eine Stopreaktion, ein Fluchtverhalten oder einen Schutzreflex auslöst. Bei Ciliaten sind eine ganze Reihe von Gewöhnungsphänomenen beschrieben worden. Je komplexer die Verhaltensweisen bei Metazoen werden, um so vielfältiger werden die Formen, in denen sich Habituationsprozesse auswirken. Wanderheuschrecken machen einen Fluchtsprung bei einem plötzlichen Geräusch, wenn sich ein Gegenstand bewegt oder wenn eine Bodenerschütterung erfolgt. Wird der gleiche Stimulus mehrmals wiederholt, wird die Reaktion erst kleiner und fällt schließlich aus. Die Habituation ist **Stimulus-spezifisch:** Ein etwas anders bewegter Gegenstand löst z.B. erneut die Flucht aus. Die Habituation verschwindet auch nach einiger Zeit nach dem letzten Reiz (spontane Erholung) und sie hält um so länger an, je häufiger der Reiz wiederholt wurde (starke und schwache Habituation). Außerdem läßt sich die Habituation durch einen starken anderen Reiz plötzlich rückgängig machen (Dishabituation). Diese vier Kriterien weisen nach, daß die Habituation keine sensorische Adaption oder motorische Ermüdung ist. Vielmehr ist sie eine spezifische Schwächung synaptischer Erregungsübertragung in zentralen Neuronen.

8.4.1.2 Sensitisierung (Erhöhung der Reaktionsbereitschaft)

Starke Reize, wie mechanische Stöße, Vibrationen, Luftschall, Lichtblitze oder chemische Signale, können die allgemeine Reaktionsbereitschaft erhöhen oder eine habituierte Reaktion dishabituieren. Werden z.B. die Zuckerrezeptoren an den Tarsen einer Fliege mit einer Zuckerlösung gereizt, erhöht sich für einige Minuten die Bereitschaft des Tieres, auch bei Reizung mit einer stark verdünnten Zuckerlösung oder sogar einer Salzlösung, das reflexartige Ausstrecken des Rüssels auszulösen. Die Reaktionen danach sind verstärkt und dauern länger an. Diese allgemeine Reaktionserhöhung nennt man **Sensitisierung.** Sie hält eine Weile an und klingt dann innerhalb von Minuten wieder ab.

Habituation und Sensitisierung werden als **nicht-assoziative Lernvorgänge** bezeichnet, weil sie im Gegensatz zu den assoziativen Lernvorgängen keine neue Reiz-Reaktionsbeziehung herstellen. Vielmehr modulieren sie vorhandene, meist angeborene, Reiz-Reaktionsbeziehungen und verändern die Aufmerksamkeit und Gerichtetheit der Tiere.

8.4.2 Assoziatives Lernen

Alle Tiere, und in besonders hohem Grad die Insekten, sind durch ihr Art-Gedächtnis mit einer Fülle von stereotypen Reiz-Reaktionsverknüpfungen ausgestattet. Das können einfache Reflexe sein oder auch komplexe Verhaltensabläufe, die auf einen Schlüsselreiz hin ausgelöst werden. Der **Schlüsselreiz** besitzt eine angeborene Bedeutung, die sich in der Art des ausgelösten Verhaltens manifestiert. Ein Futterreiz löst appetitives Verhalten aus, ein Feindsignal Fluchtverhalten. Assoziatives Lernen besteht nun darin, daß solche Schlüsselreize ihre Qualität, eine Reaktion auszulösen, auf «neutrale» Reize übertragen können, wenn sie mit diesen innerhalb eines engen zeitlichen Fensters gemeinsam auftreten, man sagt gepaart werden. Die bedeutungsvollen Schlüsselreize, die diese Eigenschaft besitzen, werden **unkonditionierte Stimuli (US)** genannt, weil sie ihre Qualität auch ohne den Vorgang einer Konditionierung (zeitliche Paarung) besitzen. Wichtig in diesem Zusammenhang ist, daß es viele Schlüsselreize gibt, die nicht die Qualität eines US haben. Zur Qualität eines US gehört nämlich, daß er eine Reaktion (oder eine ganze Verhaltenssequenz) auslöst **und** im Nervensystem bewertet wird. Bewertung bedeutet, daß der Reiz eine Situation signaliert, die das Tier aufgrund seines phylogenetischen Gedächtnisses anstrebt oder zu meiden sucht. Die **«neutralen» Reize** sind die zu **konditionierenden Stimuli (CS).** Die von dem US ausgelöste Reaktion wird die unkonditionierte Reaktion (UR) genannt, die nach dem Vorgang des Trainings auf den CS hin ausgelöste Reaktion ist die konditionierte Reaktion, CR. Die von Pavlov (1967) stammende Bezeichnung «neutrale» Stimuli wurde in Anführungszeichen gesetzt, um zu markieren, daß wir die Frage, in welcher Weise und wofür diese Stimuli neutral sind, noch genauer betrachten müssen. An dieser Stelle mag es genügen festzuhalten, daß die als neutral bezeichneten Stimuli keine offensichtliche Wirkung haben, wie sie etwa den unkonditionierten Stimuli zukommt.

Es hat sich bewährt, zwei Formen der Konditionierung zu unterscheiden: **Die klassische oder Pavlov'sche Konditionierung** und die **instrumentelle oder operante Konditionierung.** Im ersteren Fall kann das Tier passiv dem Trainingsvorgang, also der Paarung von CS und US, ausgesetzt werden. Im zweiten Fall ist aktives Verhalten des Tieres Voraussetzung. Das Tier bringt sich selbst durch sein Verhalten in eine Situation, in der ein bewertender Stimulus, ein US, auftritt. Die dem US vorangegangenen «neutralen» Stimuli und die eigenen Verhaltensweisen des Tieres werden dadurch mit der Wirkung des US verknüpft. Handelt es sich um einen positiven (belohnenden) Stimulus, werden diese ehemals «neutralen» Stimuli angestrebt und das zur Belohnung führende Verhalten wird in ihrer Gegenwart häufiger auftreten. Bei einem negativen (bestrafenden) Reiz wird das Gegenteil eintreten.

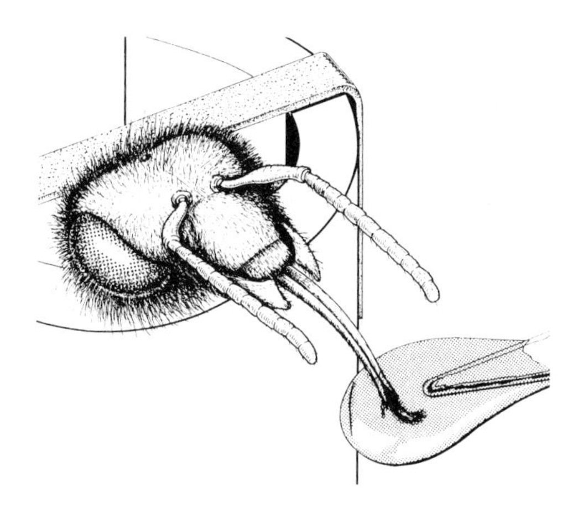

Abb. 8-20: Beispiel einer klassischen Konditionierung, die Dressur von Honigbienen auf einen Duftreiz: Diese von Kuwabara (1957) entwickelte Versuchsanordnung erlaubt eine sehr genaue Untersuchung des assoziativen Lernvorgangs. Die Biene ist in einem Röhrchen eingeklemmt, kann aber die Antennen und den Rüssel bewegen. Sie gewöhnt sich recht schnell an diese Situation, aus der sie nach dem Experiment wieder befreit wird. Nach Berührung einer Antenne mit einem Tropfen Zuckerlösung streckt das Tier reflektorisch den Rüssel aus. Diese Rüsselreaktion läßt sich durch zeitliche Paarung mit einem kurz vorher gegebenen Duftsignal konditionieren (siehe Text).

8.4.2.1 Klassische Konditionierung

Als Beispiel soll die olfaktorische Konditionierung der Honigbiene besprochen werden (Abb. 8-20). Wird die Antenne mit einem Tropfen einer Zuckerlösung berührt, streckt das Tier reflexartig den Rüssel aus und versucht, die Zuckerlösung zu trinken. Dieses Verhalten gewährleistet im Kontext der Nahrungssuche (z. B. auf Blüten) das effektive Sammeln von Nektar, im Kontext der sozialen Kommunikation (im Stock) die Verteilung von Nektar zwischen den Stockgenossen und bei der Vorratshaltung die Verteilung und Prozessierung von Nektar zu Honig. Wird das Tier vor Auslösen des Reflexes (UR) mit einem Duft gereizt und unmittelbar anschließend mit der Zuckerlösung belohnt, dann assoziiert das Tier den Duftstimulus (CS) mit der Belohnung (US). Der vorher «neutrale» Duftstimulus erlangt durch den Vorgang der Paarung mit dem US die Qualität eines CS. Seine Präsentation allein löst später das Rüsselausstrecken (CR) aus. Je häufiger CS und US gepaart werden, desto höher ist die Wahrscheinlichkeit dafür, daß auf den CS (Duft) allein die CR auftritt. Diesen Vorgang beschreibt die Lernkurve (auch Akquisitionsverlauf genannt, Abb. 8-21).

In Abb. 8-21 wird der Vorgang der differentiellen Konditionierung beschrieben. Zwei Gruppen von Bienen werden dadurch differentiell auf zwei Düfte dressiert, daß der eine Duft stets mit dem US (Zuckerwasserbelohnung) gepaart wird (CS^+), der andere Duft aber nicht gepaart wird (CS^-), d. h. diesem Duft folgt kein US. Bei der einen Gruppe von Bienen war der CS^+ Nelkenduft und der CS^- Propionsäure, bei der anderen Gruppe umgekehrt der CS^+ Propionsäure und der CS^- Nelkenduft. In der Abb. 8-21 sind diese beiden Gruppen von Bienen zusammengefaßt und der Akquisitionsverlauf für CS^+ und CS^- dargestellt. Bei der ersten Stimulation des CS^+ reagierte kein Tier mit dem Ausstrecken des Rüssels (CR = 0 %). Beide Düfte sind also neutrale Reize. Dem CS^+ folgte nach 2 s der US (Zuckerwasserbelohnung). Dies ist der 1. CS^+-Lernakt. Als nächstes wurde jedes Versuchstier mit dem CS^- gereizt, also dem Duft, auf den kein US folgt. Nun reagieren ca. 40 % der Tiere mit dem CR (Rüsselausstrecken). Dies liegt daran, daß die vorangegangene Konditionierung auf CS^+ die Reaktionswahrscheinlichkeit auch auf einen anderen Duft erhöht. Da die Tiere, wie der weitere Kurvenverlauf zeigt, die beiden Düfte eindeutig unterscheiden können, liegt diese hohe CR-Rate an einer **Generalisierung** zwischen den Düften. Werden nun die CS^+- und CS^--Lernakte mehrmals wiederholt, steigt die CR-Rate auf den CS^+ an, während sie auf den CS^- absinkt. Die Tiere haben also gelernt, nach dem mit US gepaarten Stimulus (CS^+) den US zu erwarten, während sie ihn nach dem CS^- nicht mehr erwarten.

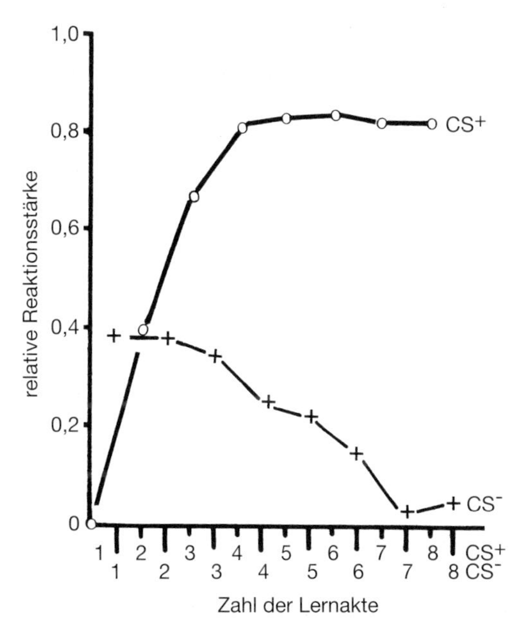

Abb. 8-21: Akquisitionsverlauf während einer differentiellen Duftkonditionierung der Rüsselreaktion der Biene. Als Düfte wurden Nelkenduft und Propionsäure verwendet. Bei einer Gruppe von Bienen war der CS^+ Nelkenduft und der CS^- Propionsäure, bei einer anderen Gruppe von Bienen der CS^+ Propionsäure und der CS^- Nelkenduft. Beide Gruppen von Bienen wurden zusammengefaßt (siehe Text). Die Ordinate gibt die Wahrscheinlichkeit der CR (konditionierte Reaktion, Rüsselausstrecken auf Duftreizung) an. CS^+ ist der mit US gepaarte Duft, CS^- der nicht mit US-gepaarte Duft (nach Menzel 1990).

Die differentiellen **Lernkurven** allein beweisen schlüssig, daß es sich hier um eine Konditionierung, also um assoziatives Lernen, handelt. Mehrmaliges Füttern oder die mehrmalige Stimulation mit dem Duft allein erhöhen nämlich die Wahrscheinlichkeit nicht, daß die Biene auf den Duftreiz hin den Rüssel ausstreckt. Im Gegenteil, mehrmalige Duftstimulation ohne US (CS^--Gruppe) erniedrigt die CR-Rate, weil die Tiere lernen, daß dieser Duft spezifisch mit Nicht-Belohnung verknüpft ist. Damit ist der assoziative Charakter der Verhaltensänderung nachgewiesen. Ein anderes kritisches Experiment zum Nachweis des assoziativen Charakters der Verhaltensänderung fragt nach dem **zeitlichen Fenster**, in dem der CS präsent sein muß, um mit dem US assoziiert zu werden. Wie Abb. 8-22 zeigt, ist das nur der Fall, wenn der 2 s lang dauernde Duftstimulus (der CS) wenige Sekunden vor dem US auftritt. Größere Zeitintervalle oder eine umgekehrte Reihenfolge von CS und US sind unwirksam. Ein derartiges optimales Zeitintervall wurde auch bei den meisten Reflexkonditionierungen von Wirbeltieren und beim Menschen gefunden. Es gibt aber auch Konditionierungen, wie z. B. das Futterabwehrverhalten bei Säugetieren, bei denen der CS lange Zeit (Stunden vor dem US; in diesem Fall: Übelkeit) vorausgehen kann und dennoch assoziiert wird. Als Regel gilt für viele Konditionierungsvorgänge, daß der CS dem US vorausgehen muß. Auf diese Weise

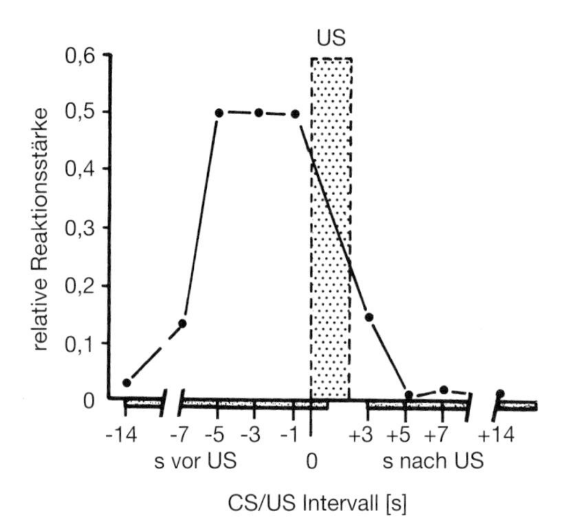

Abb. 8-22: Bestimmung des optimalen Zeitintervalls zwischen CS und US bei der Duftkonditionierung der Rüsselreaktion der Biene. Der 2 s lange CS (Nelkenduft) wurde zu verschiedenen Zeitpunkten vor (auf der Abszisse links des grauen Balkens) oder nach dem 2 s langen US (Zuckerwasserbelohnung) gegeben (rechts des Balkens). Für jedes Zeitintervall wurde eine eigene Gruppe von Tieren getestet (nach Menzel 1990).

kann der CS zum **Prädiktor** für den bedeutungsvollen US werden. In dieser Grundregel manifestiert sich ein universales Gesetz, wie Nervensysteme kausale Zusammenhänge aus Vorgängen in der Umwelt rekonstruieren: Was zuverlässig zeitlich aufeinander folgt, wird als kausal miteinander verknüpft interpretiert.

Die **Stimulusspezifität** des CS ist auch ein wichtiges Kriterium der Konditionierung. Wird z. B. ein mechanischer Stimulus an der Antenne mit dem US gepaart, erhöht sich nicht die Reaktionsbereitschaft für einen Duftstimulus. Das gleiche gilt umgekehrt. Auch die in Abb. 8-21 gezeigte Duftunterscheidung im Verlauf einer differentiellen Konditionierung beweist die Stimulusspezifität bei der Konditionierung. Die Stimulusspezifität ist schärfer, wenn appetitive Lernvorgänge (Belohnungslernen) mit negativen Lernvorgängen (Bestrafungslernen) zusammenwirken. Die Bestrafung kann auch, wie z. B. im Experiment der Abb. 8-21, im Ausbleiben einer erwarteten Belohnung bestehen. Pavlov nannte die bestraften Stimuli (CS^-) «konditionierte Inhibitoren» im Gegensatz zu den «konditionierten Erregern» (CS^+). Die konditionierten inhibitorischen Eigenschaften eines Stimulus kann man auch dadurch nachweisen, daß man einen CS-Reiz nach mehrmaliger Präsentation ohne US nun mit dem US paart. Dann ergibt sich eine sehr viel flachere Lernkurve und ein niedrigeres Lernniveau, was auf einen Widerstand gegen das Erlernen des konditionierten Inhibitor-Stimulus hinweist, also auf einen Abbau einer konditionierten Inhibition, bevor eine konditionierte Erregung aufgebaut werden kann.

In vielen Fällen ist die Akquisitionskurve (wie z. B. in Abb. 8-21) kein genügend sensibles Maß für den Lernverlauf, weil sich im Sättigungsbereich der Kurve keine Differenzierung mehr im Verhalten niederschlägt, obwohl die Tiere weiterhin lernen. Man setzt dann andere Verhaltensmaße ein, z. B. die Erinnerungsdauer **(Retentionsdauer)**, den **Extinktionsverlauf**, also den langsamen Verlust der CR bei wiederholter Präsentation des CS ohne US (auch Abdressur genannt) oder den Verlauf des Umlernens von einem auf einen anderen Stimulus. Viele solche Experimente sind mit Insekten, vor allem mit der Honigbiene, im Kontext der Duftkonditionierung durchgeführt worden (Menzel 1990). Stets haben sich gleichartige Befunde ergeben, wie sie von zahlreichen Untersuchungen an Wirbeltieren bekannt sind.

Werden z. B. Bienen nicht bei jeder Präsentation des CS mit dem US verstärkt, sondern nur jedes 2. oder 4. Mal **(partielle Verstärkung)**, ist der Akquisitionsverlauf langsamer, die Gedächtnisspur erweist sich aber als widerstandsfähiger gegen Extinktion. Dies ist ein häufig bei Wirbeltieren gefundenes Lernphänomen. Die Verknüpfung zwischen dem Prädiktorsignal (CS) und dem bewertenden US ist unter natürlichen Bedingungen ganz selten eine 1:1 Relation. Typischer ist, daß z. B. ein bestimmter CS (CS1) den US (Belohnung) mit einer bestimmten Wahrscheinlichkeit (z. B. $p_1 = 0{,}4$) signalisiert. In einem solchen Fall ist die Wahrscheinlichkeit für Nicht-Belohnung $q_1 = 0{,}6$, weil $p + q = 1$. Für einen anderen Stimulus (CS2) mögen andere Wahrscheinlichkeiten gelten (z. B. $p_2 = 0{,}75$ und $q_2 = 0{,}25$). Die beiden Signale CS1 und CS2 unterscheiden sich also in ihrer Mächtigkeit, den US Belohnung zu prädiktieren. Bienen verhalten sich in einer solchen Lernsituation nicht anders als Säugetiere. Stimuli mit höherer Prädiktionsstärke werden stärker mit dem CR beantwortet, bleiben länger im Gedächtnis und erweisen sich als widerstandsfähiger bei Abdressuren und bei Umlernvorgängen. Eine solche Fähigkeit setzt voraus, daß Bienen die Assoziationsstärken der konditionierten Stimuli über viele Lernakte ermitteln.

Wie Säugetiere verhalten sich Bienen auch in einem Experiment, in dem ein Komplex von 2 Stimuli (z. B. ein Duft und ein mechanischer Reiz) gleichzeitig dressiert wird. Wie die Säugetiere reagieren Bienen mit der CR auch auf den einzelnen Reiz, wenn diese einzeln konditioniert werden. Wenn aber die Tiere vor der Dressur auf den Komplex der Stimuli auf einen der beiden Stimuli bereits dressiert wurden, dann lernen die Tiere den neuen Stimulus in dem Komplex nicht. Die vorangegange Dressur blockiert das Erlernen des zweiten Reizes bei der Dressur auf den Komplex. Der erlernte Stimulus scheint das Erlernen des neuen Stimulus im Komplex deshalb zu blockieren, weil ein erwarteter US seine Wirkung als US-Verstärker verliert. Dieses Blockingexperiment zeigt, daß es bei der Konditionierung nicht nur auf die Paarung von CS und US ankommt, sondern auch auf das Gedächtnis, das durch vorangegangenes Lernen gebildet wurde.

Auch bei so einfachen assoziativen Lernvorgängen wie der klassischen Konditionierung kann man das immer reichhaltiger werdende Verhaltensinventar aufgrund individueller Erfahrung erkennen. Beispiele dafür sind vor allem höhere Formen der Konditionierung. Von Konditionierung höherer Ordnung spricht man, wenn ein anfänglich neutraler Stimulus (S1) durch Paarung mit einem US auch die Qualität eines erlernten Verstärkers erwirbt. Dies zeigt sich dann daran, daß S1 die erworbene US-Eigenschaft auf einen zweiten «neutralen» Stimulus (S2) übertragen kann **(Konditionierung zweiter Ordnung).** Dies läßt sich z. B. bei der olfaktorischen Konditionierung des Rüsselreflexes der Biene nachweisen. Konditioniert man S1 (z. B. Citral) mit einem primären US (Zuckerlösung) und paart dann S1 mit einem anderen Duft (S2, z. B. Propionsäure), dann zeigt das Tier die CR auch auf S2 allein, obwohl S2 nie direkt mit dem primären US verstärkt wurde. Diese Beobachtung ist sehr wichtig, bedeutet sie doch, daß auch ein Insekt in der Lage ist, das Repertoire der bewertenden Stimuli durch Lernen zu erweitern.

Über Jahrzehnte folgte die Lernpsychologie der Vorstellung Pavlovs, daß ein Tier jeden beliebigen wahrgenommenen «neutralen» Stimulus durch Konditionierung erlernen kann. Dies trifft aber weder für Säugetiere noch für Insekten zu. Den Rüsselreflex der Biene kann man, wie die Darstellungen zeigen, gut auf olfaktorische und auch auf mechanische Reize konditionieren, ganz schlecht jedoch oder gar nicht auf visuelle Reize, obwohl Bienen visuelle Reize sehr gut in einer operanten Situation lernen können (8.4.2.2). Innerhalb der olfaktorischen Reize gibt es wiederum solche, die sehr rasch gelernt werden, wie z. B. blumige Düfte, die auch für uns angenehm riechen, und andere, wie Fettsäuren, die nur recht langsam gelernt werden. Diese Beobachtungen führen zu der Vorstellung einer **biologischen Prädisposition** zum Lernen. Darunter versteht man, daß aufgrund phylogenetischer Erfahrung (Art-Gedächtnis) vorbereitete Stimulus-Reaktionsassoziationen existieren und nur solche durch Lernen für die Verhaltenssteuerung wirksam werden können. Eine mögliche Interpretation dieses Konzepts geht für Insekten (und Vögel) soweit, daß alles Lernen ausschließlich in genetisch vorbereiteten Bahnen verläuft (sog. instinktives oder programmiertes Lernen; Gould und Marler 1987). Wirklich Neues könnten Insekten nach diesem Konzept nicht durch Erfahrung hinzugewinnen. Wir werden diese Frage weiter unten nochmals aufgreifen. Im Zusammenhang mit dem hier diskutierten Beispiel soll eine Beobachtung erwähnt werden, die vor einer zu weit gehenden Interpretation warnt. Bläst man einer Biene das Pheromon ihres Giftsekrets (Isoamylacetat) über die Antennen, dann streckt sie reflektorisch den Stachel aus und zeigt damit an, daß ein angeborenes Verhaltensprogramm (Aggression) aktiviert wurde. Paart man nun Isoamylacetat mit Zuckerlösung, läßt sich der Rüsselreflex fast genauso gut dressieren wie mit einem blumigen Duft. So dressierte Bienen strecken dann häufig gleichzeitig den Rüssel (als CR im Kontext der Nahrungssuche) und den Stachel (als Reflex im Kontext der Attacke) aus. Es ist schwer vorstellbar, daß das Bienengehirn auf zwei so widersprüchliche Verhaltensweisen programmiert sein sollte. Näher liegt es, anzunehmen, daß beim Konditionieren auf das Stachelpheromon tatsächlich eine neue Verknüpfung im Nervensystem hergestellt worden ist, die nicht bereits schon im Gehirn vorbereitet war.

8.4.2.2 Instrumentelle (operante) Konditionierung

Während bei der klassischen Konditionierung die Paarung zwischen zwei Stimuli (CS und US) bei einem passiven Tier im Vordergrund steht, ist die instrumentelle oder operante Konditionierung **verhaltensabhängig.** Das bedeutet, daß der bewertende Stimulus US als Folge einer spezifischen Verhaltensweise auftritt. Das Tier lernt also die Assoziation zwischen seiner Verhaltensweise und dessen Konsequenz. Wenn Insekten erfolgreich in ihr Nest zurückkehren oder eine Futterstelle gefunden haben, dann assoziieren sie die Stimuli und Verhaltenssequenzen mit diesen Belohnungen und verwenden das Gedächtnis dazu, sich zukünftig effektiver zu orientieren. Der Weg zu diesen neuen Informationen geht über **Versuch und Irrtum;** die Tiere müssen sich also aktiv verhalten.

Das Spektrum der erlernbaren Stimuli (CS) und der bewertenden Stimuli **(Verstärker)** ist bei operanten Lernweisen wesentlich größer als bei der klassischen Konditionierung. Positive Verstärker sind unter natürlichen Umständen sicherlich wichtiger und zahlreicher als negative Verstärker. Als positive Verstärker wirken neben Futterbelohnung noch viele andere, z.B. erfolgreiches Heimkehren zum Nest, zur sozialen Gruppe, zum Schlaf- und Schutzplatz, Eintragen von Puppen und Larven, Finden von Baumaterial, geringerer Energie- und Zeitaufwand bei der Orientierung und Futtersuche. Bei Bienen, die von Stockgenossen die Richtung, die Entfernung, den Duft und die Ergiebigkeit einer Futterstelle während der Tanzkommunikation lernen (9), mögen noch andere Stimuli dazu kommen (z.B. die Tanzbewegung der Tänzerin, die Schallpulse, die sie aussendet). Negative Verstärker können auch eine Rolle spielen, z.B. wenn Bienen lernen, die Blüte der Lucerne *(Medicago sativa)* zu vermeiden oder von hinten anzufliegen, weil sie beim Landen auf den kielförmigen Blütenblättern von dem herausschnellenden Stempel und den Staubgefäßen wegkatapultiert wird. Den schwereren Hummeln, für die dieser Mechanismus zum Einstäuben mit Pollen konstruiert ist, macht das nichts aus. Da jede Blüte ihren Federmechanismus nur einmal einsetzen kann, lernen Bienen nur solche anzufliegen, bei denen er bereits entspannt ist, oder sie drängen ihren Rüssel so von der Seite in das Schiffchen ein, daß sie von Stempel und Staubgefäßen nicht getroffen werden (weitere Beispiele für motorisches Lernen bei Insekten findet man bei Heinrich 1984).

8.4.2.3 Signallernen

Karl von Frisch (1965) hat in meisterhafter Weise die **instrumentelle Dressurmethode** eingesetzt, um Sinnes- und Orientierungsleistungen der Bienen zu erforschen (Box 9-1). Viele Aspekte dieser Entdeckungen wurden in den vorangegangenen Kapiteln bereits besprochen und weitere werden wir im Kap. 9 kennenlernen. Hier interessiert uns der Lernvorgang selbst und seine Verschränkung mit dem phylogenetischen Gedächtnis. Wie bei der klassischen Konditionierung werden auch beim instrumentellen Lernen von Futtersignalen nur solche Signale mit dem erfolgreichen Verhalten assoziiert, die einige Sekunden vor der Belohnung wahrgenommen werden. Dies sind die Farbe, die Form und der Duft in unmittelbarer Umgebung der Nektarquelle. Sie werden dann gelernt, wenn sie im Anflug wahrgenommen wurden. Es gilt also der gleiche Zusammenhang wie bei der klassischen Konditionierung (Abb. 8-22), wonach eine Assoziation zwischen dem CS und US dadurch hergestellt wird, daß der CS unmittelbar dem US vorausgeht.

Die Merkmale der weiteren Umgebung dagegen werden bevorzugt während kreisender

Orientierungsflüge bei Beginn des Rückfluges erlernt. Hier ist unklar, ob beim Lernen während der Orientierungsflüge eine Assoziation mit der zuvor erfolgten Verstärkung (Futter) hergestellt wird (dann würde es sich um eine Rückwärts-Konditionierung handeln), ob die Tiere latent lernen (8.4.3, Beobachtungslernen) oder ob vielleicht ein Lernen mit sehr langem CS-US Intervall vorliegt. Letzteres wäre der Fall, wenn die Verstärkung in der erfolgreichen Rückkehr in den Stock bestehen würde, da ja zwischen Anfliegen von einer Futterstelle bis zum erfolgreichen Zurückkehren viele Minuten vergehen können. Der Bienenwolf *Philanthus*, andere Grabwespen und solitäre Bienen lernen wie die Honigbiene die Umgebungsmarken ihrer Nester ebenfalls während der Abflüge.

Auch hier stellt sich das Problem, worin im lernpsychologischen Sinne die Verstärkung besteht. Junge Bienen erlernen die Signale der Umgebung des Stockeingangs während eines charakteristischen Verhaltens, dem Vorspiel. Dabei wenden sie den Kopf dem Stockeingang zu, fliegen davor hin und her und machen kurze Exkursionen mit zunehmend größer werdenden Entfernungen vom Stock. Ein solches charakteristisches Zuwenden zeigen Bienen auch, wenn sich an den Merkmalen einer Futterstelle etwas verändert hat. Dann fliegen sie nicht sofort ab, nachdem sie sich mit Nektar (Zuckerlösung) gefüllt haben, sondern wenden sich nach dem Auffliegen nochmals um und machen langsam größer werdende Abflugkreise. Dabei erlernen sie auch die nahen Merkmale der Futterquelle (Lehrer 1991). Man kann bisher nicht entscheiden, ob der Vorgang des Hinwendens, die erfolgreiche Rückkehr in den Stock oder, im Falle des Besuchs an der Futterstelle, die kurz vorher erfolgte Aufnahme des Futters die Verstärkung darstellt. Im ersten Fall wäre die Durchführung eines aktiven Beobachtens des Stockeingangs, wie beim Beobachtungslernen (8.4.3), die eigentliche Verstärkung, im zweiten Fall läge ein langer CS/US-Intervall für eine Vorwärtskonditionierung vor, und im dritten Fall würde es sich um eine Rückwärtskonditionierung handeln.

Welche Signale Insekten als Futterzeichen erlernen, wird durch das phylogenetische Gedächtnis mehr oder weniger vorbereitet und eingeschränkt. Blinkende Lichter, polarisiertes Licht, Helligkeitsabstufungen von grauen Blütenattrappen oder die Bewegungsrichtung von Streifenmustern werden nicht oder nur ganz schlecht mit Belohnung assoziiert. Dies liegt nicht daran, daß Bienen diese Signale nicht wahrnehmen, denn im Zusammenhang mit anderen Verhaltensweisen lernen sie diese und orientieren sich danach. Nicht alle wahrgenommenen Signale können also gelernt werden. Wirksame visuelle und olfaktorische Lernsignale brauchen jedoch nicht unbedingt Blütenähnlichkeit zu haben. So können es geometrische schwarz/weiß Muster, blumenuntypische Farben oder unnatürliche Düfte sein. Von einem strengen Lernprogramm kann also nicht die Rede sein. Analysiert man die Zusammenhänge etwas genauer, dann findet man dennoch, daß bestimmte Signale offensichtlich als Lernzeichen besser vorbereitet sind als andere. Solche **Prädispositionen** zum Lernen sind mitunter schwer von den sensorischen und perzeptorischen Aspekten abzutrennen. Werden Signale nicht oder nur schlecht wahrgenommen oder unterschieden, dann darf es einen natürlich nicht wundern, wenn sie auch schlechter erlernt werden. Dies hat vor allem beim Erlernen von Mustern zu Fehlinterpretationen geführt, weil das Mustersehen von Insekten trotz vieler guter Experimente noch nicht recht verstanden wird.

Ein Beispiel aus dem Bereich des Farbensehens: Bienen lernen Spektrallichter als Futterzeichen unterschiedlich schnell (Abb. 8-23). Violett wird besonders schnell gelernt, dann Blau und eine Mischung aus UV und Gelb (UV-gelb); ganz langsam wird Blaugrün gelernt. Eine Erklärung für diese unterschiedliche Bedeutung von Farben als Lernzeichen kann nicht im sinnesphysiologischen Bereich gefunden werden. Violett ist weder auf der Rezeptorebene, noch auf der neuronalen Ebene der farbcodierenden Neurone irgendwie gegenüber dem Blaugrün ausgezeichnet. Beide Farbbereiche werden von der Biene besonders gut unterschieden (6.3). Visuelle Interneurone in der Sehbahn der Bienen codieren Farben in einem spektralen Antagonismus (Abb. 8-5). Aber auch diese Neurone zeigen keine andersartige Codierung des violetten und blaugrünen Bereichs. Die Prädisposition zum Farbenlernen ist also ein zentralnervöser Bewertungsprozeß, unabhängig von und zusätzlich zu den Farbwahrnehmungsphänomenen. Diese Prädisposition ist von individuellen Vorerfahrungen unabhängig, also genetisch programmiert. Das genetische Programm für operantes Farbenlernen erweist sich also als ein lockerer Rahmen, denn es schließt das Ler-

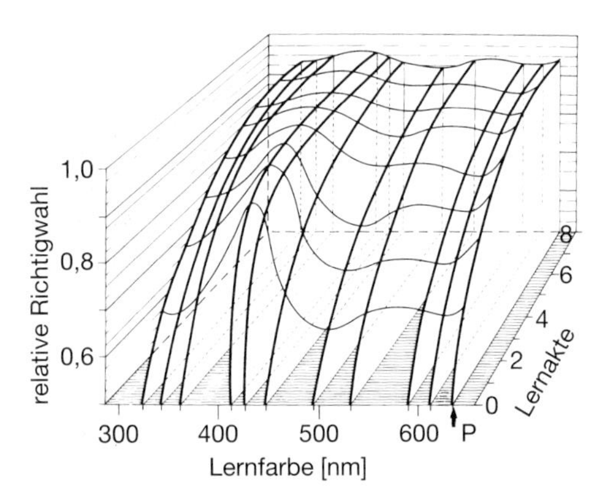

Abb. 8-23: Das Erlernen von Spektralfarben an der Futterstelle. Bienen werden 8mal (z-Achse: Lernakte) auf einer Mattscheibe mit Zuckerwasser belohnt, die mit einer von 10 Spektralfarben oder einer Mischung von UV und Gelblicht (P = UV + gelb) beleuchtet war (x-Achse, Lernfarbe). Nach jedem Lernakt wird geprüft, wie stark die Lernfarbe von einer Alternativfarbe unterschieden wird. Die Alternativfarbe ist stets die Komplementärfarbe zur Lernfarbe (6.3.1). Beide Farben werden sehr gut voneinander unterschieden. Vor Beginn der Dressur werden die beiden Alternativfarben gleich häufig gewählt (50 % Wahlhäufigkeit = 0,5 Richtigwahl, y-Achse). Violette Farben (400–420 nm) werden am schnellsten erlernt, blaugrüne Farben (495 nm) am langsamsten (nach Menzel 1967).

nen aller Farben ein, favorisiert aber manches mehr und anderes weniger. Eine ko-evolutive Passung zwischen dem Farbenlernen und den Blütenfarben kann man aus der Beobachtung entnehmen, daß die rascher gelernten Farben den Farbsignalen von Blumen entsprechen, die im Mittel über eine größere Zahl von Pflanzenspezies eine höhere Nektarproduktion aufweisen.

8.4.2.4 Manipulatorisches Lernen

Der Insektenkörper ist zu einer erstaunlichen Vielfalt von Bewegungsabläufen in der Lage: Laufen, Fliegen, Schwimmen, Kämpfen, Zirpen, Nestbauen, Putzen, Schwänzel-Tanzen, etc. (4, 5, 9). Sicherlich sind viele Grundstrukturen dieser motorischen Programme stereotyp, und dennoch müssen die präzisen Abläufe durch Lernen moduliert und angepaßt werden, z.B. wenn ein Flügel oder Bein beschädigt wurde, wenn im Verlauf der hemimetabolen Entwicklung die Körpergröße zunimmt, wenn Lauf-, Schwimm- und Flugmanöver effektiv durchgeführt werden sollen.

Nahrungssammeln ist eine Tätigkeit, die besonders vielfältige manipulatorische Fähigkeiten verlangt. Wir wollen als ein Beispiel die Futtersuche von bestäubenden Insekten auf Blüten näher betrachten. Wie andere motorische Muster liegt die Manipulation von Blüten als stereotypes Programm im Nervensystem vor und muß durch Lernvorgänge angepaßt werden. Vertikal angeordnete Blütenstände werden z.B. von Hummeln stets so angeflogen, daß zuerst die unteren, dann die mittleren und dann die oberen Blüten besucht werden. Dies ist als eine Anpassung an die zeitliche Sequenz der Blütenreifung zu verstehen. Viele Hummeln versetzen die Blüte mit der Flugmuskulatur in Vibrationen, um den Pollen aus den Staubblättern zu schütteln. Bienen kämmen die im Haarkleid hängenden Pollenkörper mit den Mittelbeinen heraus und stopfen sie in speziell ausgebildete Schienenbürsten der Hinterbeine. Die im Flug ausgeführten Bewegungen sind komplizierte, stereotype Verhaltensprogramme. Blüten sind nicht selten komplizierte Gebilde, die durch allerlei Schutzvorrichtungen den Pollen, die Narbe und den Nektar vor Regen schützen. Auch Pollen- und Nektarräubern, die das Transportgeschäft von Pollen zwischen Blüten der gleichen Art nicht oder weniger effektiv übernehmen, wird der Zugang häufig durch komplizierte Einrichtungen verwehrt.

Diese Zusammenhänge weisen uns darauf hin, daß sich zwischen insektenbestäubten Blütenpflanzen und den sie besuchenden Insekten im Verlaufe einer **Koevolution** eine innige Beziehung zum gegenseitigen Nutzen entwickelt hat. Blüten haben Merkmale ausgebildet, die es den Insekten erlauben, sie als Blüten von anderen Objekten auch auf größere Entfernung hin zu unterscheiden. Außerdem bieten die Blüten Merkmale an, die die Unterscheidung zwischen Blüten verschiedener Pflanzenarten erleichtern. Erstrebtes Ziel in der Evolution der Blütenmerkmale ist es, den Transport des genetischen Materials (Pollen) so effektiv wie möglich zu machen, also mit möglichst geringem Aufwand an Pollenproduktion eine möglichst hohe Bestäubungsrate auch weit entfernte Blüten der gleichen Art zu erreichen. Viele Insekten haben sich an dieses Angebot mit zwei Evolutionsstrategien angepaßt. Die **Spezialisten** besuchen nur eine oder wenige Pflanzenarten. Zu ihnen gehören vor allem kurzlebige solitäre Bienen und Wespen und einige soziale Hummelarten. Sie wenden ihr Artgedächtnis an, das sie zu den Blüten und Pflanzenarten bringt, die für ihre Körperstrukturen (Rüssellänge, Borsten an Beinen und Körper) und ihre Gehirnstrukturen, also ihre motorischen Programme, genetisch angepaßt sind. Die **Generalisten**, fast alle sozialen Hymenopterenarten und viele große, solitäre Bienen und Wespen, wenden dagegen ihre individuelle Lernfähigkeit an, die es ihnen erlaubt, viele verschiedene Blütenarten als Nahrungsquelle auszubeuten. Man sollte meinen, daß die Strategie der Generalisten in jedem Fall die vorteilhaftere für die Pflanzen wie die Insekten sein sollte, weil die Risiken einer präzisen programmierten zeitlichen und räumlichen Abstimmung zwischen den Partnern vermieden werden. Lernen ist aber auch ein riskanter Faktor und wird nur unter bestimmten Bedingungen die vorteilhaftere Strategie darstellen.

Ein Beispiel: Im Eisenhut ist der Nektar in einer Tasche versteckt, die mit dem Rüssel nur erreicht werden kann, wenn die Hummel innerhalb der Blüte nach oben kriecht und in einer bestimmten Stellung den Rüssel in die hoch oben liegende Tasche schiebt. Wie Abb. 8-24 zeigt, ist der Generalist anfänglich dem Spezialisten an dessen Blüte unterlegen. Der Spezialist *Bombus consobrinus* benötigt die kürzeste Zeit und braucht nahezu nichts zu erlernen. Der Generalist, *Bombus fervidus*, benötigt anfänglich 4 mal länger, lernt aber die komplizierte Manipulation und ist dann fast so schnell wie der Spezialist. Insgesamt hat der Spezialist in seiner Blüte einen Vorteil. Wenn sich aber das Nektarangebot ändert, ist ihm der intelligentere Generalist weit überlegen.

Neben der Strategie der programmierten Spezialisten und der lernenden Generalisten gibt es noch eine dritte Strategie, die als die

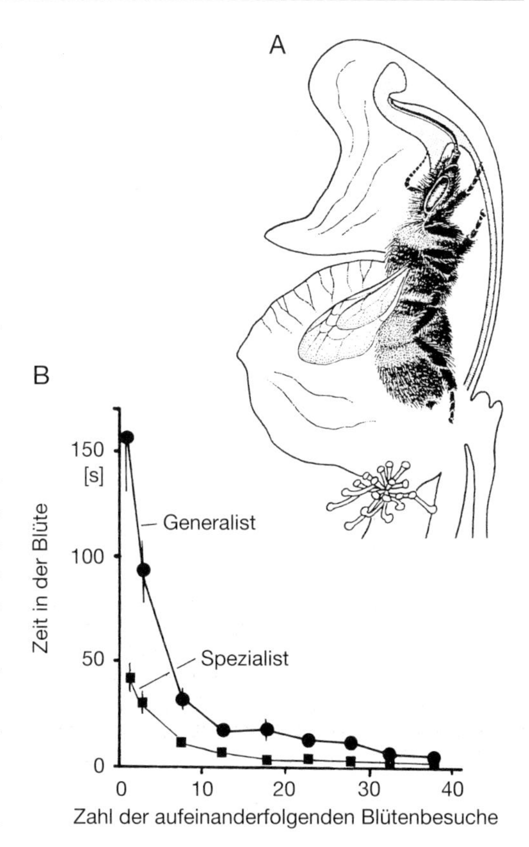

Abb. 8-24: Vergleich der Sammeleffizienz von zwei Hummelarten an dem Eisenhut *Aconitum*. **A** zeigt die Körperstellung, die die Hummeln einnehmen müssen, um an den in einer Tasche am Ende eines nach oben reichenden engen Ganges heranzukommen. Dazu müssen die Tiere an der Innenwand der Blüte den Weg in den engen Gang finden. Nur Hummeln mit langen Rüsseln können den Nektar des Eisenhuts ausbeuten. *Bombus consobrinus* ist ein Spezialist, der nahezu ausschließlich den Eisenhut besucht, *Bombus fervidus* ein Generalist, der an vielen verschiedenen Blütenpflanzen Nektar und Pollen sammelt. Beide Hummelarten unterscheiden sich kaum in ihrer Körpergröße und Rüssellänge. **B** Als Maß für die Effizienz der Sammeltätigkeit wird die Zeit innerhalb der Blüte genommen. Je häufiger die Hummeln Eisenhutblüten besuchen, um so schneller vermögen sie die schwierigen Manipulationen durchzuführen. Dem Spezialisten gelingt dies von Anfang an sehr gut, während der Generalist mit sehr langen Verweildauern beginnt und sich erst im Verlauf vieler Lernversuche verbessert (nach Laverty und Plowright 1988).

ursprüngliche angesehen werden kann und von vielen Käfer- und Fliegenarten angewandt wird. Wir könnten sie die Strategie der **dummen Generalisten** nennen. Sie scheinen sich um den Erfolg oder Mißerfolg ihrer Wahlentscheidungen und Manipulationen nicht zu kümmern und fliegen alle Blüten wahllos an. Da sie kurze Rüssel haben, können sie nur an offen liegende Nektar- und Pollenquellen herankommen. Viele Blüten unterstützen diese Wahlstrategie und sichern sich über diese wahllose Transporteure ihr Befruchtungsgeschäft.

Motorische Lernvorgänge verändern in einer komplexen Weise die Koordination der Position und Bewegung der Extremitäten. Wenn man verstehen will, welche neuronalen Mechanismen diesen Anpassungen zugrundeliegen, muß man nach einfachen Situationen suchen. Schaben, Heuschrecken und Fliegen lernen durch Versuch und Irrtum eine bestimmte Position eines Beines einzuhalten (Abb. 8-25). Wird das Absinken des Beins durch einen elektrischen Reiz an den Tarsen bestraft, dann hält das Tier das Bein über längere Zeit hoch. Mit einem Kontrollexperiment kann man zeigen, daß es sich dabei um einen instrumentellen Lernvorgang handelt: Ist der Strafreiz nicht mit der vom Tier selbst eingenommenen Beinstellung korreliert, sondern z. B. mit der Beinstellung eines anderen Tieres, dann lernt das Tier nicht, eine bestimmte Beinstellung einzuhalten. Die in Abb. 8-25 gezeigte Versuchssituation ist besonders interessant, weil die Beinstellung auch erfolgreich konditioniert werden kann, wenn vom Nervensystem nur noch die ipsilaterale Hälfte des zugehörigen Thorakalganglions mit den Beinnerven in Verbindung steht. Außerdem kann statt der Beinstellung die Frequenz der Aktionspotentiale in einem der Motoneurone (FETi; Abb. 4-8) durch Paarung mit dem Strafreiz konditioniert werden. Es liegt auf der Hand, daß man mit so einer Versuchsanordnung Aufschluß über neuronale Vorgänge beim Konditionieren gewinnen kann (siehe unten).

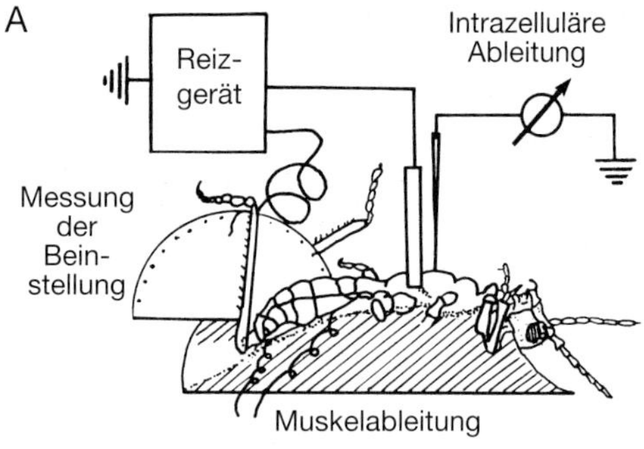

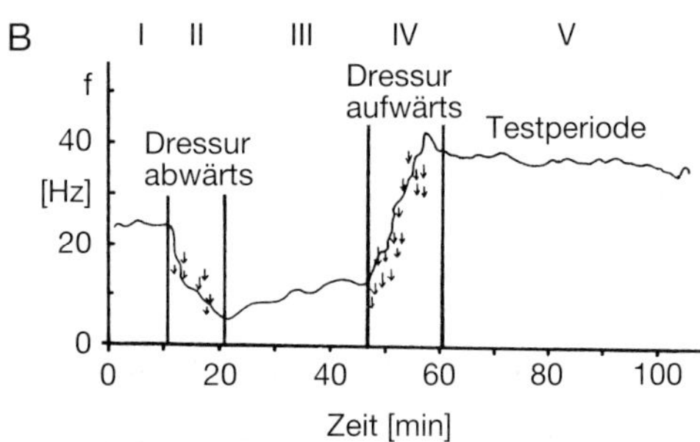

Abb. 8-25: A Versuchsanordnung zur Strafdressur der Beinstellung bei einer Heuschrecke. Weicht die Stellung des untersuchten Beines von einem vorher bestimmten Wert ab, dann führt das Reizgerät den Tarsen elektrische Reize zu. Innerhalb kurzer Zeit lernt das Präparat, das Bein in einem bestimmten Winkelbereich zu halten, in dem keine Strafreize auftreten. **B** zeigt den Verlauf einer Dressur. In diesem Experiment wurde nicht direkt die Beinstellung als Maß für die Strafdressur gewählt, sondern die Frequenz (f) von Aktionspotentialen im Flexormuskel des Femurs, die der Beinstellung proportional ist. Zu Beginn des Experiments (Periode I) liegt die Frequenz der Aktionspotentiale bei etwa 24 Hz. Während der Periode II wird jede Erhöhung der Frequenz mit einer Salve von elektrischen Reizen an den Tarsen bestraft (durch Pfeile markiert). Dies führt innerhalb weniger Minuten zu einem starken Absinken der Frequenz. Innerhalb der Periode III werden keine Strafreize gegeben. Die Aktionspotentialfrequenz bleibt lange niedrig und steigt nur langsam an. Während der Periode IV wird jede Erniedrigung der Frequenz bestraft (siehe Pfeile). Als Folge davon steigt die Aktionspotentialfrequenz stark an und bleibt während der Periode V hoch. Während der Periode V werden wiederum keine Strafreize mehr gegeben (nach Tosney und Hoyle 1977).

8.4.3 Beobachtungslernen

Insekten lernen wie alle Tiere sehr viele Eigenschaften ihrer Umwelt, ohne daß sich ein zeitlicher und räumlicher Zusammenhang zwischen den Stimuli, den Verhaltensweisen und bewertenden Erfahrungen feststellen läßt. Dafür wurden in 8.4.2.3 bereits Beispiele besprochen. Diesen Lernweisen wurden verschiedene Bezeichnungen gegeben: Latentes Lernen, instruktives Lernen, exploratorisches Lernen, etc. Wir wollen es Beobachtungslernen nennen, weil das Tier die Stimuli speichert, auf die es seine Aufmerksamkeit richtet, sie also beobachtet.

Wenn eine Wespe oder Biene an einer ihr unbekannten Stelle freigelassen wird, führt sie zunehmend größer werdende Orientierungsflüge durch, entfernt sich aus der Sichtweite und kehrt nach 10–20 min an die Auflaßstelle zurück. Sie hat also ihre rotatorischen Bewegungen relativ zum Sonnenkompaß und die transpatorischen Bewegungen so fortlaufend gespreichert, daß sie sich über den Vorgang der Wegintegration (8.2.1) zurückorientieren kann. Außerdem hat sie die Landmarken erlernt, die ihr eine präzise Rückorientierung erlauben. Wenn eine Suchbiene eines Schwarms eine Baumhöhle entdeckt, inspiziert sie deren Qualität als möglichen Nistplatz für das schwärmende Volk und kodiert die Vielzahl der charakteristischen Merkmale (inneres Volumen, Feuchtigkeit, Geschlossenheit, Öffnung nach außen, etc.) in der Stärke ihres Werbetanzes auf der Schwarmoberfläche (9.2). Sie beobachtet auch die Werbetänze anderer Suchbienen, inspiziert deren Fund und entscheidet, ob sie zu ihrem Fund zurückkehrt oder für den besseren rekrutiert. Auch das Lernen der Richtung und Entfernung einer Futterstelle aus den Schwänzelläufen einer Tänzerin ist wohl eine Art Beobachtungslernen, obwohl die Rolle des Fütterns der Nachläuferinnen durch die tanzende Biene und die Bedeutung des beim Tanzen erzeugten Tons für das Lernen noch nicht recht klar ist.

Ammophila- und andere Grabwespenweibchen inspizieren jeden Morgen eine ganze Reihe von Bodennestern, in die sie Eier gelegt haben. Je nach Entwicklungszustand der Larven werden diese mit mehr oder weniger paralysierten Raupen versorgt. Wenn Ameisen oder Schaben in einem Irrgarten herumlaufen konnten, bevor sie darin dressiert werden, dann erlernen sie eine bestimmte Sequenz von rechts-links Wendungen rascher, als wenn sie den gleichen Irrgarten nicht explorieren konnten.

Die Zahl der Beispiele ließe sich leicht fortsetzen (siehe auch 8.3 und 9.2). Es stellt sich nun die Frage: Welche Verhaltensmechanismen stecken hinter diesen Lernvorgängen? Wie, wann und durch welchen Vorgang wird dem Gehirn signalisiert, welche Signale und/ oder Verhaltensprogramme zu speichern sind. Dabei geht es um die Frage, ob eine Grundregel der Lernpsychologie auch bei Insekten allgemeine Bedeutung hat, wonach nämlich Lernen stets nur durch eine positive oder negative Konsequenz (Verstärkung) zustande kommt. In der angelsächsischen Literatur wird vom **law of effect** gesprochen und in der **Kontiguität** (zeitlich-räumliche Paarung) von Signal, Verhalten und Konsequenz der entscheidende Mechanismus für Lernen gesehen. Da es viele Lernvorgänge, vor allem unter natürlichen Bedingungen, gibt, bei denen die Konsequenz (der Effekt) nicht offensichtlich ist, muß man entweder versteckte Effekte annehmen oder zulassen, daß Lernen auch ohne Verstärkung durch bewertende Konsequenzen möglich ist. Die letztere Möglichkeit ist schwer durch gut kontrollierte Experimente zu belegen, weil solche Lernvorgänge stets im komplexen Zusammenhang natürlicher Verhaltensweisen auftreten und in ein dichtes Geflecht mit angeborenen Mechanismen eingebunden sind, wie die obigen Beispiele zeigen. Für leichter kontrollierbare Lernvorgänge dieser Art nimmt die Ethologie Verstärker als Bewertungsmechanismen an, die in einer Triebreduktion bestehen, während die Lernpsychologie eher die Verbindung zu assoziativen Lernvorgängen herzustellen sowie nach versteckten Belohnungen und Bestrafungen sucht.

Für Insekten erscheint die **Triebreduktions-Hypothese** näher zu liegen, weil zu dem Komplex eines Triebes eine Fülle von Vorinformationen aus dem Art-Gedächtnis gehören, in das sich das aktuelle Erfahrungs-Gedächtnis wie Mosaiksteine einzupassen hat. Ein Explorationstrieb, wie er häufig angenommen wird, wäre dann ein loses Netz von programmierten Verhaltenssequenzen, in das die aktuelle Erfahrung zur Komplettierung eingepaßt wird. Das Ablaufen der Handlung selbst während des Explorierens hätte dann Verstärkercharakter für die Signale aus der Umwelt. Die gerichtete Beobachtung ist ein Ausdruck dieses Programms, sowie die Komplettierung des Programmnetzes die innere Belohnungsstruktur darstellen könnte. Beobachtungslernen bei Insekten mag daher in besonders weitgehender Weise genetisch vorprogrammiert sein.

8.4.4 Prägung

Fliegen und Bienen wählen den Duft als Futterquelle, bei dem sie als Larven aufgewachsen sind. Solitäre Bienen wählen den Duft der Blüte mit deren Pollen das Muttertier die Eiablage versorgt hat und von dem sich die heranwachsenden Larven ernährt haben. Diese Prägung ist so stark, daß der Eindruck einer genetischen Programmierung entsteht. Bei den Honigbienen und bei *Drosophila* ist dieses frühe Duftlernen aber kein so starker Effekt, weil viele andere Düfte als Futtersignale gelernt werden können. Da zudem über eine sensible Periode noch wenig bekannt ist und die Irreversibilität dieses frühen Lernvorganges nicht bewiesen ist, bleibt echtes Prägungslernen bei Insekten noch recht unsicher.

8.4.5 Umfang des Lernens und einsichtiges Lernen

Die Lern- und Gedächtniskapazität der Insekten, vor allem der Hymenoptera, ist erstaunlich (Markl 1974; Menzel 1990). Eine Honigbiene lernt, vier verschiedene Futterplätze zu verschiedenen Tageszeiten anzufliegen und dabei jedesmal einen anderen Duft oder eine andere Farbe zu wählen. Sie kann aber auch lernen, alle 45 Minuten für wenige Minuten einen bestimmten Duft zu erwarten und in der Zwischenzeit eine unbeduftete Futterquelle zu wählen. Über die Fülle von Landmarken, die Bienen, Hummeln, Wespen und Ameisen auf ihren Sammelläufen und -flügen lernen und über lange Zeit im Gedächtnis speichern, haben wir noch keine rechte Vorstellung. Versetzungsexperimente zeigen aber, daß das Gedächtnis für Landmarken sehr groß und lang andauernd sein muß (8.2.4).

So erstaunlich diese Leistungen sind, die Grenzen sind doch auch sehr eng. Bienen lernen z. B. nicht, daß sich eine Futterstelle bewegt, weder wenn sie mit dem Tagesgang der Sonne wandert, noch wenn sie sich zunehmend weiter vom Stock wegbewegt. Es konnte bisher auch nur in wenigen Fällen überzeugend gezeigt werden, daß Bienen eine gemeinsame Eigenschaft verschiedener Signale, sozusagen einen Begriff, erlernen und auf neue Signale übertragen. Überprüft wurden bisher vor allem visuelle Muster, wie z. B. symmetrische gegen unsymmetrische, buntscheckige gegen gleichmäßig farbige, kettenförmige gegen flächige. Nur für den Fall «symmetrische gegen unsymmetrische Formen» ließ sich eine Fähigkeit eindeutig belegen, die sich in Experimenten mit Säugetieren und Tauben recht leicht nachweisen läßt, daß nämlich eine Art abstraktes Konzept einer gemeinsamen Eigenschaft gebildet und auf eine neue Aufgabe angewandt wird. Einfache Generalisierungen sind bei Insekten dagegen häufig nachgewiesen worden (z. B. Duft gegen Nicht-Duft, farbig gegen nicht farbig, geschlossene Figur gegen zergliederte Figur). Wenig erfolgreich sind Bienen beim Erlernen des Umlernens, eine Aufgabe, die etwa Mäuse sehr schnell meistern. Wenn mehrmals zwischen zwei alternativen Signalen umdressiert wird, finden Mäuse rasch heraus, worin die Aufgabe besteht, während Bienen immer wieder von neuem umlernen.

Da von den Insekten vor allem soziale Hymenopteren auf ihr Lernverhalten untersucht wurden und relativ wenige Daten von anderen Insektengruppen vorliegen, läßt sich auch noch nicht sagen, ob und gegebenenfalls wie verschiedene Komplexitätsgrade des Lernvermögens mit der phylogenetischen Entwicklung der Insekten zusammenhängen. Es fällt auf, daß Belohnungsdressuren auf visuelle und olfaktorische Signale bei großen Hymenopterenarten (auch nicht sozialen) sehr gut gelingen, nicht dagegen so gut oder gar nicht bei kleinen Hymenopterenarten, Fliegen, Schmetterlingen, Schaben und Käfern. Auch in anderen Lernleistungen, z. B. Orientierung im Raum, sind große Hymenopterenarten den anderen Insektengruppen meist deutlich überlegen. Es ist eine offene und spannende Frage, ob diese Überlegenheit eine ökologische Anpassungsstrategie ist oder ein Indiz für eine evolutive Höherentwicklung innerhalb der Insekten.

Einsichtiges Lernen wurde bisher bei keinem Insekt beobachtet. Unter Einsicht mag man die Fähigkeit verstehen, größere Zusammenhänge zur Verhaltenssteuerung zu verwenden, ohne daß diese jeweils speziell erlernt wurden. Dies gilt auch für die Orientierung im Raum. Im Kap. 8.2.4 wurde ausgeführt, daß Bienen trotz ihrer hervorragenden Orientierung keine Karte der Landmarken in ihrem Gedächtnis bilden, die ihnen erlauben würde, eine noch nie beflogenen Route auszurechnen und dann zu befliegen. Das Abstraktionsvermögen der Insekten ist also auf einfache oder speziell vorbereitete Generalisierungen beschränkt.

8.4.6 Gedächtnis

So vielfältig wie die Lernformen sind auch die Formen des daraus resultierenden Gedächtnisses. Bei der Analyse des Gedächtnisses muß man sich einer grundsätzlichen Schwierigkeit bewußt sein: Das Gedächtnis ist nicht unmittelbar zugänglich. Ein Gedächtnisinhalt oder Gedächtniszustand läßt sich stets nur in Verhaltensexperimenten prüfen, in denen ein Tier in Folge vorangegangenen Lernens sein Verhalten ändert. Dazu wird in geeigneten Tests das Erinnerungsvermögen geprüft. Für das Erinnerungsvermögen spielt aber nicht nur das Gedächtnis eine Rolle, sondern auch eine Reihe von Faktoren, die das Wirksamwerden des Gedächtnisse beeinflussen. Solche Faktoren sind z.B. der **Verhaltenskontext** (Gelerntes ist Kontext-bezogen und nur im gleichen Kontext wieder ganz wirksam) und die **Motivation** (nur wenn eine erlernte Verhaltensweise den Bedürfnissen des Tieres entspricht, kann das Gedächtnis wirksam werden). Erinnerungsvermögen setzt sich also aus dem Gedächtnisinhalt und der Abrufbereitschaft des Gedächtnisses zusammen. Der Schluß auf das Gedächtnis aus Erinnerungstests ist daher häufig nur mit Einschränkungen möglich. Analysiert man, welches Gedächtnis zur aktuellen Verhaltenssteuerung herangezogen wird, trennt man zwischen **Referenzgedächtnis** und **Arbeitsgedächtnis**. Mit dem ersteren werden solche Gedächtnisinhalte bezeichnet, die als sichere und lang andauernde Spuren aus früheren Erfahrungen resultieren und das Verhalten langfristig der Umweltsituation anpassen. Das Arbeitsgedächtnis dagegen speichert kurzfristig die gerade erfahrenen Stimuli und die durchgeführten Aktionen, um die nächsten Verhaltenssequenzen auf dem Hintergrund des Referenzgedächtnisses aktuell zu steuern. Mit Bezug auf die Art des Lernens, das zu einem bestimmten Gedächtnis führt, kann man zwischen **nichtassoziativem**, **assoziativem** und **Beobachtungs-Gedächtnis** unterscheiden. Eine dritte Einteilung der Gedächtnisformen nimmt Bezug auf seine zeitliche Dauer und Stabilität. Dabei unterscheidet man vor allem zwischen **Kurzzeit-** und **Langzeitgedächtnis** sowie einem dazwischenliegenden **intermediärem Gedächtnis**. Wir werden nun am Beispiel der Honigbiene diese Gedächtnisformen etwas näher betrachten.

Jeder geordnete Ablauf einer Verhaltensweise macht das Zusammenspiel des Referenz- und Arbeitsgedächtnisses notwendig. Bei der Orientierung nach einer Orientierungsmarke (z.B. Sonne) bestimmt das Referenzgedächtnis die generelle Lauf- oder Flugrichtung, während das Arbeitsgedächtnis für die Kompensation von kurzzeitigen Abweichungen sorgt. Dazu muß die Richtung und Dauer der Abweichung in einer kurzfristigen Gedächtnisspur niedergelegt werden, um die Richtung und Stärke der Kompensation zu steuern (8.2.1, Wegintegration).

Beim Futtersammeln in einer Ansammlung von Blüten speichert das Arbeitsgedächtnis kurzfristig die aktuelle Flugbahn aufgrund der gerade gemachten Erfahrung. Findet die Biene in einer Blüte, bei der sie Nahrung erwartet, keine Nahrung, wird anschließend mit größerer Wahrscheinlichkeit ein Referenzgedächtnis für eine andere Blüte aktiviert, während bei erfolgreichem Besuch die gerade gemachten Erfahrungen im aktuellen Gedächtnis verbleiben (Arbeitsgedächtnis) und die nächste Entscheidung in unmittelbarer Nähe zur gerade besuchten Blüte steuern. Dies führt dazu, daß die Umgebung produktiver Blüten stärker abgesucht wird. Auf diese Weise werden leere Blüten, also bereits besuchte, vermieden und noch nicht besuchte Blüten gefunden.

Das Zusammenwirken der nicht-assoziativen und assoziativen Gedächtnisformen lassen sich in der Duftkonditionierung des Rüsselreflexes der Biene untersuchen. Ein Zuckerreiz an der Antenne oder am Rüssel sensitisiert das Tier. Appetitive Reflexe sind verstärkt oder treten mit größerer Wahrscheinlichkeit auf (Abb. 8-26). Diese erhöhte Reaktionsbereitschaft ist aber schon nach 3 Minuten wieder abgeklungen. Das nicht-assoziative Gedächtnis der Sensitisierung dauert also nur ca. 3 Minuten.

Ganz anders ist der zeitliche Verlauf des assoziativen Gedächtnisses in der gleichen Versuchssituation. Wird ein Duftstimulus (CS) mit dem Zuckerreiz (US) konditioniert, dann findet man in den ersten 15 Minuten einen zweiphasigen Gedächtnisverlauf: In der ersten Minute ist die Wahrscheinlichkeit sehr hoch, daß der Duftstimulus (CS) allein die konditionierte Reaktion (CR) auslöst, nach 2–3 Minuten ist die CR relativ niedrig, um dann wieder anzusteigen. Dieser Kurvenverlauf resultiert offensichtlich aus dem Zusammenwirken der nicht-assoziativen Gedächtnisspur mit einer spezifischen assoziativen Gedächtnisspur. Die letztere läßt sich aus den beiden anderen Kurven durch Subtraktion berechnen. Sie zeigt einen über die Zeit ansteigenden Verlauf. Das bedeutet, daß nach einem assoziativen Lernakt das Gedächtnis sich erst langsam im Verlauf von Minuten bildet.

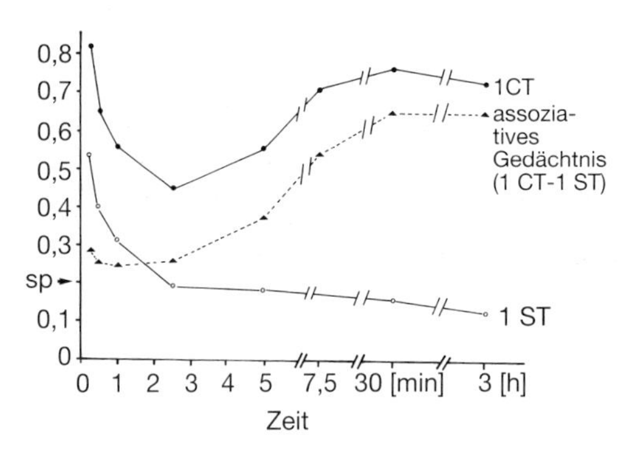

Abb. 8-26: Der Zeitverlauf der nicht-assoziativen und assoziativen Gedächtnisformen beim olfaktorischen Konditionieren der Biene. Kurve 1 ST (einmalige Sensitisierung): eine Stimulation der Zuckersensillen auf der Antenne und/oder des Rüssels sensitisiert das Tier. Als Folge davon erhöht sich für kurze Zeit (< 2 min) die Wahrscheinlichkeit, daß ein Duftreiz die Rüsselreaktion auslöst. Wird der Duftreiz einmal mit dem Zuckerstimulus (US) gepaart (Kurve: 1 CT, ein assoziativer Lernakt) ergibt sich ein zweiphasiger Zeitverlauf der konditionierten Reaktion. Da in einem assoziativen Lernakt auch die Sensitisierung durch den Zuckerstimulus mitwirkt, ist der zweiphasige Zeitverlauf das Ergebnis des Zusammenwirkens des rasch abfallenden nicht-assoziativen Gedächtnisses (Kurve 1 ST) und des langsam anwachsenden assoziativen Gedächtnisses. Die reine assoziative Komponente des Gedächtnisses läßt sich dadurch abschätzen, daß man die Kurve 1 ST von der 1 CT subtrahiert (assoziatives Gedächtnis). Der Pfeil sp an der Ordinate gibt die Wahrscheinlichkeit der Rüsselreaktion auf den Duftreiz ohne Vorbehandlung an (spontane Reaktion).

Dieses Experiment demonstriert uns ein Phänomen des assoziativen Gedächtnisses, das seit den berühmten Beobachtungen von Ebbinghaus (1885) am Menschen und bei vielen Tieren nachgewiesen wurde: Die Gedächtnisspur als Folge eines Lernaktes braucht Zeit sich zu entwickeln und läuft dabei durch verschiedene Stadien. In unserem Beispiel ist anfänglich der Beitrag der nicht-assoziativen Gedächtnisspur groß und die assoziative Gedächtnisspur wächst nach einem einzigen Lernakt erst langsam an. Da beide Gedächtnisspuren das Verhalten steuern, kommt es zu einer starken Reduktion der CR ca. 3 Minuten nach dem Lernakt. Das Anwachsen der assoziativen Gedächtnisspur wird **Konsolidierung** genannt, weil man beobachten kann, daß das zunehmend stärker das Verhalten steuernde Gedächtnis auch stabiler wird gegenüber störenden Einflüssen, sich also fester einprägt. Lernt z. B. die Biene kurz nach einer Konditionierung einen anderen Duft, so hängt später die Erinnerung an den ersten Duft davon ab, wieviel Zeit zwischen den beiden Lernvorgängen vergangen ist. Folgen sie rasch aufeinander, erinnert sie sich vor allem an den 2. Duft. Vergehen mehr als 3–5 Minuten, erinnert sie sich auch sehr gut an den zuerst gelernten Duft, weil dessen Gedächtnisspur sich bereits fester eingeprägt (konsolidiert) hatte, bevor der zweite Duft gelernt wurde. Im Verlaufe der Konsolidierung wird das Gedächtnis auch immer unempfindlicher gegenüber solchen Störfaktoren, die die geordnete neuronale Aktivität beeinträchtigen. Kühlt man die Biene z. B. nach einem Lernakt für kurze Zeit au 1 °C, dann erinnert sie sich an den Duft nahezu gar nicht mehr, wenn die Kühlung innerhalb der 1. Minute nach dem Lernen erfolgte, während die Kühlung um so weniger die Erinnerung stört, je länger damit gewartet wird. Man nennt dieses Phänomen die zeitlich begrenzte **retrograde Amnesie**, weil ein Gedächtnisverlust (Amnesie) **nach** einem Lernvorgang verursacht wird. Die Zeitspanne des Kurzzeitgedächtnisses läßt sich mit solchen Störexperimenten recht genau bestimmen. Im Falle des Duft- und Farbenlernens der Biene beträgt sie bis zu 7 Minuten. Beim Menschen hängt das Ausmaß der retrograden Amnesie, die z. B. als Folge einer Gehirnerschütterung auftritt, sehr von der Stärke und Art der Störung der normalen Gehirnaktivität und der Art des Lernens ab. Bei Bienen dagegen findet man sehr ähnliche retrograde Amnesiespannen für die verschiedenen Behandlungsweisen und auch für verschiedene Lernformen und Lernstimuli. Das Kurzzeitgedächtnis der Bienen ist also durch einen besonders hohen Anteil der nicht-assoziativen Gedächtnisspur und durch seine Störbarkeit ausgezeichnet. Nach abgeschlossener Konsolidierung ist das Gedächtnis nicht mehr störbar und hält einige Tage an, wenn nur einmal gelernt wurde.

Ein permanentes, nicht störbares und lebenslanges Langzeitgedächtnis bildet sich bei Bienen erst nach mehrmaligen Lernakten aus. Nach längerer Dressur können sie eine Futterstelle, die sie im Herbst des vergangenen Jahres besucht haben, noch nach mehr als vier Monaten im nächsten Frühjahr anfliegen. Selbst wenn Bienen nur 3 mal auf einer Farbmarke belohnt wurden, wählen sie diese nach 14 Tagen noch mit gleicher Sicherheit wie kurz nach dem Lernen.

Aus diesen Beobachtungen kann man schließen, daß bei Bienen drei assoziative Gedächtnisphasen auftreten. Das Kurzzeitgedächtnis, das leicht störbar ist und das anfänglich mit dem nicht-assoziativen Gedächtnis überlappt, das intermediäre Gedächtnis, das nicht störbar ist und ca. 1–3 Tage lang andauert und das Langzeitgedächtnis, das permanent ist und erst nach mehreren Lernakten erreicht wird. Folgen die Lernakte rasch aufeinander, wird das Langzeitgedächtnis auch entsprechend rasch erreicht (Abb. 8-27).

Diese Modellvorstellung wird durch Ergebnisse an Lern- und Gedächtnismutanten von *Drosophila* unterstützt. Diese Mutanten wurden aufgrund ihres schlechteren Gedächtnisses für Duftunterscheidungen selektioniert. Sie erhielten die schönen Bezeichnungen dunce, amnesiac und rutabaga. In einer Zweifach-Wahlapparatur wird ein Duft mit einem elektrischen Strafreiz über ein Metallgitter am Boden des Gefäßes mit einem Duft gepaart, während die Fruchtfliegen dem zweiten Duft ohne Strafreiz ausgesetzt werden. Nach einer jeweils einmaligen, 60 s dauernden, Konditionierung wählen die normalen Tiere unmittelbar danach den unbestraften Duft viel häufiger als den bestraften. Nach drei Stunden ist das Wahlverhalten zwar viel weniger unterschiedlich, aber noch immer statistisch verschieden. Die Mutanten unterscheiden sich vor allem darin, daß sie ein kürzeres Gedächtnis haben, während ihr Lernverhalten nicht beeinträchtigt erscheint. Die Mutanten dunce und rutabaga vergessen besonders schnell, behalten aber das wenige genau so lang wie die normalen Tiere. Die Mutante amnesiac vergißt etwas weniger schnell. Aus diesen und anderen Befunden wurde geschlossen, daß das Kurzzeitgedächtnis bei dunce und rutabaga geschädigt ist, während das intermediäre Gedächtnis bei amnesiac beeinträchtigt ist (Tully 1987). Genauso verhalten sich auch einige genetische Linien von schlecht lernenden Bienen. Interessanterweise ist bei den *Drosophila* Mutanten und den schlechten Lernern der Biene auch das anfängliche nicht-assoziative Gedächtnis stark reduziert. Das deutet auf eine gemeinsame zelluläre Grundlage der nicht-assoziativen und kurzzeiten-assoziativen Gedächtnisformen.

Wie kann man sich nun die Beziehung zwischen den Gedächtnisphasen vorstellen: Folgen sie seriell aufeinander oder sind sie parallel zueinander angeordnet? Diese Frage wird bei Wirbeltieren intensiv diskutiert, da sich für beide Vorstellungen Beobachtungen anführen lassen. Auch bei Insekten ist das Problem noch nicht geklärt. Für eine serielle Anordnung zumindest des Kurzzeitgedächtnisses und des intermediären Gedächtnisses läßt sich folgender Befund anführen: Konditioniert man Bienen rasch hintereinander auf zwei verschiedene Düfte und löst unmittelbar anschließend eine retrograde Amnesie aus, so erinnern sich die Tiere sehr gut an den zuerst gelernten Duft, sehr viel schlechter dagegen an den zweitgelernten. Die Gedächtnisspur des zuerst gelernten Duftes muß also durch den zweiten Lernakt in eine resistente Form überführt worden sein, so wie auch zwei Lernakte mit demselben Duft die Gedächtnisspur ebenfalls stabil gegen Störung machen. Die Gedächtnisspur des zweitgelernten Duftes muß sich dagegen noch im Kurzzeitgedächtnis befinden, denn sie wird ja durch die Störung gelöscht. Kurzzeit- und intermediäres Gedächtnis sind also möglicherweise seriell angeordnet und der Übergang (die Konsolidierung I) ist sowohl zeitabhängig wie auch abhängig von zusätzlichen Lernakten. In Abb. 8-27 haben wir deshalb eine Modellvorstellung gewählt, die eine serielle Anordnung der verschiedenen Gedächtnisphasen annimmt. Zu den gleichen Schlüssen führt die Analyse der Gedächtnismutanten von *Drosophila*. Für die Bildung des Langzeitgedächtnisses dagegen werden parallele Wege angenommen, weil es verschiedene Formen von Langzeitgedächtnis gibt, die unabhängig voneinander entstehen und getrennt störbar sind.

8.4.7 Physiologische Grundlagen von Lernen und Gedächtnis

Die Lokalisation und Art der Gedächtnisspur im Netzwerk der vielen Neurone eines Nervensystems sind noch weitgehend unbekannt. Am Nervensystem der Mollusken und Insek-

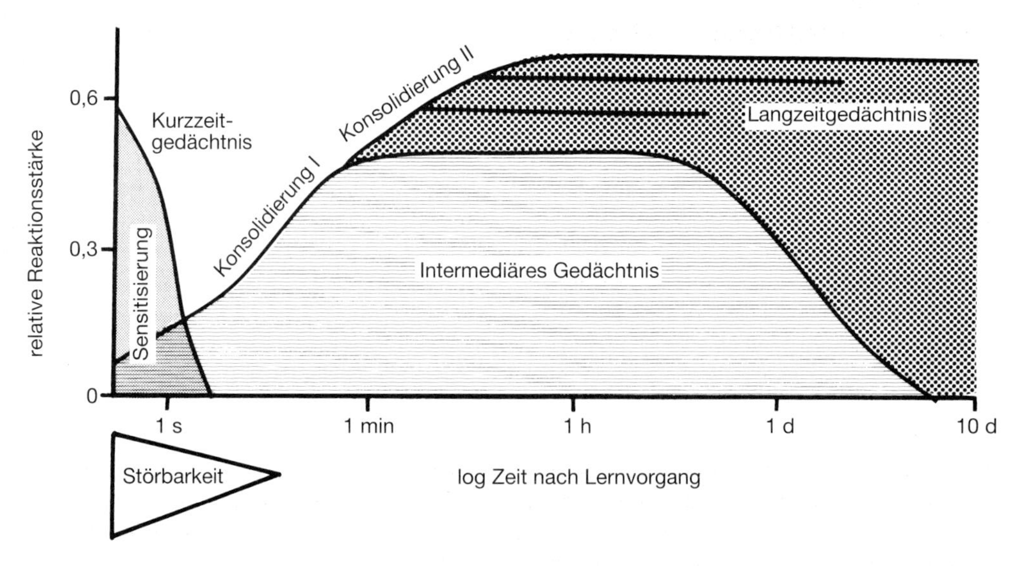

Abb. 8-27: Modellvorstellung über die Sukzession und das Zusammenwirken der Gedächtnisphasen bei Bienen. Die Zeitachse ist logarithmisch aufgetragen, um die kurzen, anfänglichen Zustände besser darzustellen. Der Keil «Störbarkeit» gibt an, daß eine retrograde Amnesie um so nachhaltiger ausgelöst werden kann, je kürzer das Zeitintervall zwischen einem einmaligen Lernvorgang und dem Einsetzen der Störung (z. B. Kühlen oder Narkotisieren des Tieres) ist. Nach 5 min ist das Gedächtnis nicht mehr störbar. Ein intermediäres Gedächtnis bildet sich im Verlauf von Minuten nach einmaligem Lernen aus dem Kurzzeitgedächtnis (Abb. 8-26). Der Übergang wird Konsolidierung I genannt. Ein stabiles, lebenslanges Gedächtnis bildet sich nach mehreren Lernakten (Konsolidierung II). Erfolgen diese Lernakte rasch hintereinander, z. B. innerhalb einer Minute, wird das Langzeitgedächtnis bereits innerhalb einer Minute gebildet (nach Menzel 1990).

ten gibt es jedoch schon vielversprechende Ergebnisse, und man kann sicher sein, daß gerade die Studien an diesen beiden Tiergruppen weiterhin wesentlich zur Erkenntnis über die zellulären und neuronalen Grundlagen von Lernen und Gedächtnis beitragen werden. Der Optimismus stützt sich auf drei günstige Umstände: 1. Diese Nervensysteme enthalten eine relativ geringe Zahl von Neuronen; 2. manche dieser Neuronen sind identifizierbar, d.h. als individuelle Zellen erkennbar und immer wieder registrierbar; 3. es sind Verhaltensweisen bekannt, die den Kriterien verschiedener Lernformen genügen und einfach genug sind, um eine Analyse ihrer neuronalen Grundlagen zu erlauben.

8.4.8 Engramm auf der Netzwerkebene

Die Frage nach dem stofflichen Substrat und dem Ort der **Gedächtnisspur**, des **Engramms**, stellt sich auf zwei Ebenen: Der Netzwerkebene und der zellulären Ebene.

Im Kapitel über manipulatorisches Lernen (8.4.2.4) wurde eine operante Strafdressur an Heuschrecken und Schaben beschrieben (Abb. 8-25). Man kann die Stellung eines Beines dadurch dressieren, daß jede Abweichung von einem vorgegebenen Wert durch elektrische Reize an den Tarsen bestraft wird. Diese Dressur gelingt nur, wenn der Strafreiz als Folge einer vom Nervensystem des Tieres selbst erzeugten Stellungsänderung des Beines auftritt. Wird das Bein passiv verstellt oder ist der Strafreiz nicht direkt mit der aktiv vom Tier eingehaltenen Beinstellung gekoppelt, erfolgt kein Lernen. Es handelt sich also um eine typische operante oder instrumentelle Konditionierung. Man kann auch bei einem festliegenden Bein eine Abweichung von einer gewünschten Entladungsrate in einem Motoneuron andressieren (Abb. 8-25B). Die Gedächtnisspur umfaßt nur wenige Neurone in der ipsilateralen Hälfte des zugehörigen Thorakalganglions, die mit den sensorischen und motorischen Nerven eines Beines in Verbindung stehen müssen. Im Motoneuron lassen sich dressurbedingte Veränderungen in den Ionenflüssen nachweisen, die die Frequenz der Aktionspotentiale bestimmen (Hoyle 1979). Ob und welche Synapsen zwischen den Interneuronen und den Motoneuronen eine plastische Veränderung zeigen, ist in diesem Fall noch nicht geklärt.

Daß Synapsen die Orte adaptiver plastischer Veränderungen in Neuronennetzwerken sind, wird aber durch eine Reihe von anderen Beobachtungen an anderen Präparaten sehr wahrscheinlich gemacht. Wenn man z.B. Schaben die windsensitiven Haare auf einem der beiden Cerci während der Entwicklung kürzt und damit unempfindlicher macht, so findet man eine Veränderung in der Stärke der synaptischen Übertragung zwischen den mechanosensorischen Afferenzen und den Riesenfasern im Bauchmark der Schabe. Die erhöhte synaptische Erregungsübertragung kompensiert die geringere sensorische Empfindlichkeit. Sie garantiert auf diese Weise bei symmetrischer Windreizung wieder einen symmetrischen Erregungseingang von allen Haaren der beiden Cerci zu den Riesenfasern und damit einen geradeaus gerichteten Fluchtweg bei Windreizung direkt von hinten (Murphey 1986). Direkte Beweise für eine veränderte synaptische Erregungsübertragung in Folge nicht-assoziativer und assoziativer Lernvorgänge liefern Untersuchungen an den marinen Nacktschnecken *Aplysia* und *Hermissenda*. Besonders genau wurden monosynaptische sensomotorische Verbindungen studiert (8.4.9). Neben der Plastizität der monosynaptischen Verbindung ändert sich die synaptische Übertragungsstärke noch an vielen parallel verlaufenden Neuronenverbindungen.

Die Frage nach der Gedächtnisspur im **Gehirn** (Oberschlundganglion) der Insekten läßt sich für das olfaktorische Lernen der Bienen und der Fliege *Drosophila* schon recht präzise beantworten. M. Heisenberg und seine Mitarbeiter (1985) fanden zwei Mutanten, bei denen symmetrisch im Oberschlundganglion angelegte Neuropile, die **Pilzkörper** (mushroom bodies; Abb. 7-30), nicht normal ausge-

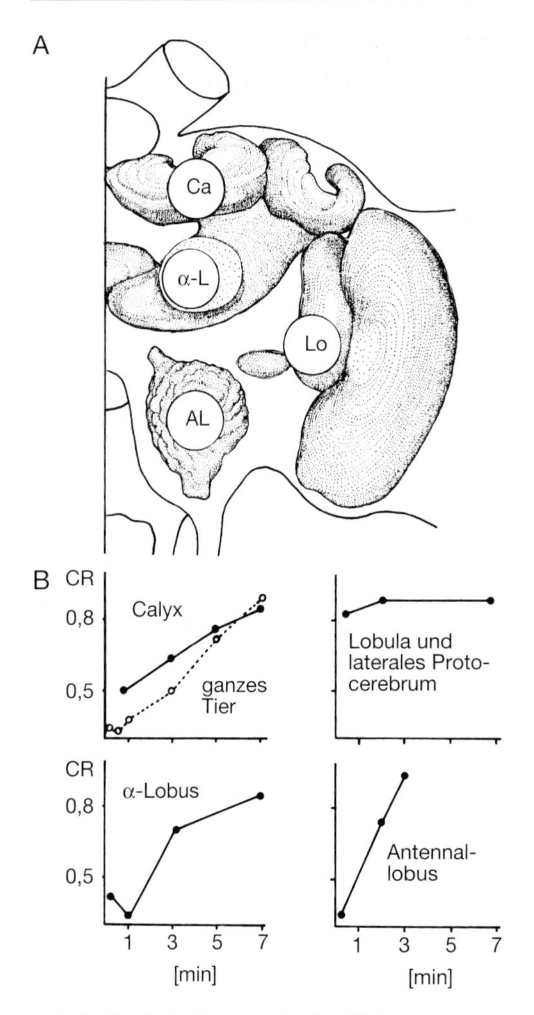

Abb. 8-28: Lokalisation der Gedächtnisspuren im Bienengehirn durch lokale Kühlung von vier Gehirnbereichen. **A** Die Gehirnbereiche (weiße Kreisflächen) wurden einige s lang auf +1 °C gekühlt und damit vorübergehend die neuronale Aktivität lokal ausgeschaltet. **B** Der Zeitpunkt der Kühlung erfolgte zu verschiedenen Zeitpunkten nach dem einmaligen Lernakt. Dieses Zeitintervall ist in den Diagrammen auf der Abszisse aufgetragen. Der Erinnerungstest erfolgte stets 20 min nach der Kühlung, also zu einem Zeitpunkt lange nach dem Wiederherstellen der normalen Gehirnaktivität. In den drei Bereichen Antennnallobus (AL), α-Lobus (α-L) und Calyx (Ca) führt eine lokale Kühlung kurz nach dem Lernakt zu einer retrograden Amnesie. Kühlung der Lobula und des lateralen Protocerebrums (Lo) hat keine Wirkung. Die Kühlung des Antennallobus erzeugt nur dann eine retrograde Amnesie, wenn sie sehr schnell nach dem Lernakt angewandt wird (Diagramm rechts unten). In den beiden Strukturen des Pilzkörpers (Calyx und α-Lobus) stören dagegen auch spätere Kühlungen die Gedächtnisbildung. Im oberen linken Diagramm gibt die gestrichelte Kurve den Zeitverlauf für die Kühlung des ganzen Tieres an. Auf den Ordinaten ist die CR-Wahrscheinlichkeit während des Erinnerungstests aufgetragen, die als Maß für die Stärke der Gedächtnisspur interpretiert wird (nach Erber et al. 1980).

bildet sind (Balling et al. 1987). Bei der mbd-Mutante (mushroom bodies deranged) wachsen die Neurone des Pilzkörpers in die falsche Richtung, und bei der mbm-Mutante (mushroom body miniature) verschwindet der Pilzkörper völlig oder ist nur sehr klein. Beide Mutanten verhalten sich nicht auffällig verschieden von den Wildtypen, aber ihr Duftlernen ist massiv gestört. Ebenfalls gestört ist das Duftlernen bei *Drosophila*-Mutanten, deren median liegender, unpaarer Zentralkörper nicht normal ausgebildet ist. Diese Fliegen sind allerdings auch in anderen Verhaltensweisen beeinträchtigt, vor allem solchen, die eine präzise motorische Koordination und eine rasche Informationsverarbeitung zwischen den beiden Gehirnhälften verlangen.

Die wichtige Rolle der **Pilzkörper** beim **Duftlernen** läßt sich auch bei den Bienen nachweisen. In einem vorangegangenen Kapitel wurde gezeigt, daß die Kühlung einer Biene kurz nach einem einmaligen Lernakt eine retrograde Amnesie erzeugt, d. h. gerade Gelerntes auslöscht. Kühlt man nun nicht das ganze Tier, sondern kleine Bereiche im Gehirn, läßt sich prüfen, ob die normale neuronale Aktivität in dem entsprechenden Bereich notwendig ist für die Einspeicherung des gerade gelernten Gedächtnisinhaltes. Wie Abb. 8-28 zeigt, werden diese Experimente so durchgeführt, daß für vier verschiedene Bereiche jeweils die paarigen Strukturen gleichzeitig für einige Sekunden auf + 1° gekühlt werden. Eine solche Kühlung unterbricht die neuronale Aktivität. Kurz nach dem Ende des Kühlens stellt sich die Gehirnfunktion wieder normal ein. Der Zeitpunkt der Kühlung wird bei verschiedenen Tieren zu unterschiedlichen Zeitpunkten nach der einmaligen Duftkonditionierung gesetzt. Der Gedächtnistest erfolgt dann bei allen Tieren 20 min nach der Kühlung, also zu einem Zeitpunkt, zu dem sich längst wieder die Gehirnfunktionen normalisiert haben. Man prüft also zu diesem Zeitpunkt, ob und wie stark die Gedächtnisbildung durch den Kühlimpuls beeinträchtigt wurde. Ein niedriger Erinnerungsgrad bedeutet eine starke retrograde Amnesie.

Liegt ein starker retrograder Amnesieeffekt vor, wird die betreffende Struktur also eine wichtige Rolle bei der Gedächtnisbildung spielen. Es ist offensichtlich, daß das 3. visuelle Ganglion, di Lobula, keine Rolle beim olfaktorischen Lernen spielt, da eine Kühlung der Lobula keine retrograde Amnesie bewirkt. Die Antennalloben sind nur für kurze Zeit nach dem Lernakt an der Gedächtnisbildung beteiligt, und zwar gerade über die Zeitspanne, die von der nicht assoziativen, kurzzeitigen Gedächtnisspur dominiert wird (Abb. 8-26 bis Abb. 8-28). Die beiden Strukturen des Pilzkörpers, der Eingangsbereich (Calyx) und der Ausgangsbereich (α-Lobus) spielen offensichtlich eine zentrale Rolle, weil sie über Minuten nach dem Lernakt normal funktionieren müssen, damit eine Gedächtnisspur für einen konditionierten Duftstimulus gebildet werden kann.

Die Zeitspanne, über die ein reversibles Ausschalten der Pilzkörper eine retrograde Amnesie erzeugt, entspricht recht genau dem Zeitraum für die langsame Entstehung der assoziativen Gedächtnisspur, wie sie in Abb. 8-27 in der Kurve «Konsolidierung I» dargestellt ist. Die Zeitspanne des nicht-assoziativen Gedächtnisses (der Sensitisierung) dagegen korrespondiert mit dem Effekt der Kühlwirkung der Antennalloben. Es liegt also nahe, anzunehmen, daß die Gedächtnisspuren für die Sensitisierung und für das assoziative Gedächtnis getrennt sind, und zwar die für die Sensitisierung im sensorischen Neuropil der Antennalloben und die für das assoziative Duftgedächtnis in den Pilzkörpern (Menzel 1990).

Die 170000 Neuronen in jedem Pilzkörper der Biene und die 2500 Neuronen im Pilzkörper von *Drosophila* sollten also in besonderem Maße über Mechanismen neuronaler Plastizität als Substrat für langzeitige Gedächtnisbildung verfügen. Dafür hat man auch noch andere Indizien gefunden. So ist die Zahl von Pilzkörperneuronen niedriger bei *Drosophila*-Fliegen, die in Isolation und ohne Duftstimuli aufwuchsen, verglichen mit normal aufwachsenden Tieren (Technau und Heisenberg 1982). Bei Bienen wurde gefunden, daß die Dornen an den Dendriten von Pilzkörperneuronen kürzer sind, nachdem die Tiere ihren ersten Lernausflug aus dem Stock absolviert haben (Brandon und Coss 1982).

8.4.9 Engramm auf der zellulären Ebene

Die Neurobiologie hat in den letzten Jahren viele Beispiele dafür gefunden, daß über die elektrische Erregung die metabolischen Reaktionskaskaden im Cytoplasma von Neuronen gesteuert werden. Das führt z. B. in der Entwicklung von Neuronen dazu, daß Wachstumskegel ihre Bewegung ändern, daß die Ausstattung der Neurone mit Kanal- und Rezeptorproteinen sich verändert und daß die Gestalt der Neurone geändert wird (z. B, neue Synapsen gebildet oder vorhandene abgebaut werden). Man hat frühzeitig angenommen, daß ähnliche, ja vielleicht sogar die gleichen Mechanismen das zelluläre Substrat für die Gedächtnisspur darstellen könnten. Hierfür liegen nun überzeugende Befunde vor, besonders für die marinen Nacktschnecken *Aplysia* und *Hermissenda* sowie für die Fruchtfliege *Drosophila*.

Die Erregungsbildung in Neuronen hängt empfindlich von der Ausstattung und der Modifikation von **Kanalmolekülen** in der Zellmembran ab. Die Erregungsübertragung an Synapsen wird durch die Menge des pro Aktionspotentials ausgeschütteten Transmitters und die Zahl der postsynaptischen **Rezeptormoleküle** bestimmt. Alle diese Faktoren kommen als zelluläre Träger der Gedächtnisspur in Frage, weil sie über die elektrische Aktivität der Neuronen unter Vermittlung intrazellulärer Botenstoffe verändert werden können. Bei Insekten sind die zellulären Mechanismen mit Bezug auf Gedächtnisphänomene noch wenig untersucht worden. Vieles spricht aber dafür, daß ähnliche oder gleiche Mechanismen vorliegen, wie sie an Molluskenneuronen schon sehr genau studiert wurden. Eine experimentell besonders gut gestützte Vorstellung geht davon aus, daß kurzzeitige Modulationen der neuronalen Aktivität, als Folge einer Sensitisierung, eine Vorstufe für langzeitig anhaltende Neuromodulation nach assoziativen Lernvorgängen darstellen.

Werden Mechanorezeptoren in der Haut der Nacktschnecke *Aplysia* stark gereizt, dann führt dies, neben der direkten Erregung von Motoneuronen, auch zur Aktivierung bestimmter, genau bekannter Interneurone. Deren Transmitter bewirken eine Verstärkung der Erregungsübertragung von den Mechanorezeptoren auf die Motoneurone. Da diese Interneurone also in anderen Neuronen eine Erhöhung der Erregungsbildung verursachen, nennt man sie **fazilitierende Interneurone** und die von ihnen ausgeschütteten Transmitter **fazilitatorische Modulatoren**. Wie Abb. 8-29 zeigt, führt die Aktivierung des Rezeptor-Enzymkomplexes durch den modulatorischen Transmitter zur Aktivierung einer Adenylatcyclase und damit zur Erhöhung des cAMP-Spiegels in dem Neuron. cAMP aktiviert eine Proteinkinase und diese phosphoryliert einen K-Kanal in der Membran. Die Phosphorylierung des K^+-Kanals verändert die Proteinstruktur derart, daß der Kanal sich schließt. Dies wiederum verzögert die Repolarisationsphase der Aktionspotentiale. Spannungsabhängige Ca^{2+}-Kanalmoleküle bleiben daher etwas länger geöffnet. Der dadurch erhöhte Ca^{2+}-Einstrom läßt pro Aktionspotential mehr Transmittervesikel mit der präsynaptischen Membran verschmelzen und erhöht somit die Erregungsübertragung auf das nächste Neuron. In diesem speziellen Fall, der sensomotorischen Synapse im monosynaptischen Reflexkreis der Kiemenkontraktionen bei *Aplysia*, liegt die Plastizität auf der präsynaptischen Seite und wird durch den modulatorisch Transmitter des fazilitatorischen Interneurons gesteuert. Als Folge davon wird die Erregungsübertragung an der Synapse generell erhöht, d. h. sie wird fazilitiert.

Im Falle einer zeitlichen Paarung des starken sensitisierenden Stimulus mit einer vorausgehenden schwachen Erregung des sensorischen Neurons durch einen konditionierenden Stimulus (CS), beobachtet man eine noch stärkere Aktivierung der Adenylatcyclase (Abb. 8-29B). Ursache dafür ist, daß die vom CS ausgelösten Aktionspotentiale über spannungsabhängige Ca^{2+}-Kanäle den Ca^{2+}-Spiegel kurzfristig anheben. Ein erhöhter Ca^{2+}-Spiegel führt zu einer vorübergehenden Aktivierung von Ca^{2+}/Calmodulin. Ca^{2+}/Calmodulin verstärkt die Aktivierung der Adenylatcyclase. Dieser Mechanismus erklärt auch, warum der CS dem starken Reiz (US) vorangehen muß, um eine kooperative Stimulation von modulatorischen Transmittern und Ca^{2+} der Adenylatcyclase zu bewirken. Die Calmodulinaktivierung folgt den CS-Aktionspotentialen wie ein Schweif; wäre der US vorangegangen,

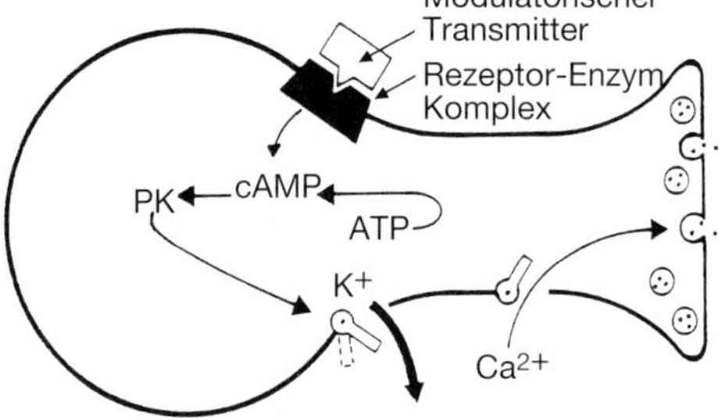

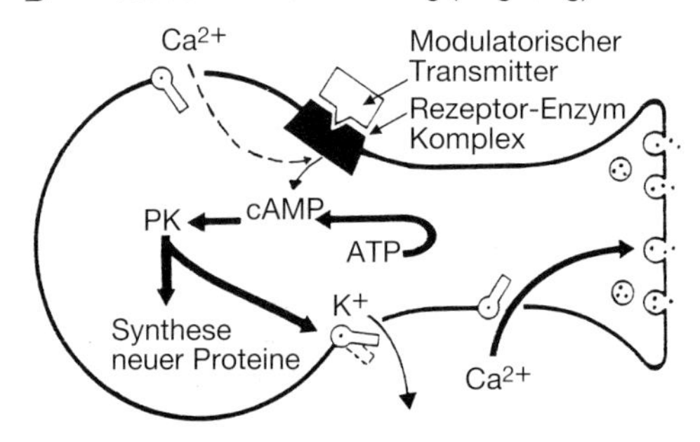

Abb. 8-29: Zelluläre Reaktionswege der aktivitätsabhängigen Neuromodulation, wie sie in sensorischen Neuronen der Meeresschnecke *Aplysia* gefunden wurden. ATP, Adenosintriphosphat; cAMP, cyclisches Adenosinmonophosphat; PK, Proteinkinase (nach Byrne 1987).

bliebe die Wirkung auf die Adenylatcyclase ohne Folgen (Byrne 1987).

Der beschriebene Mechanismus wird als **aktivitätsabhängige Neuromodulation** bezeichnet und einem Mechanismus gegenübergestellt, der das Kürzel **Hebb-Synapse** erhielt. Hebb (1949) formulierte eine Vorstellung, nach der neuronale Verknüpfungen dann gebahnt oder stabilisiert werden, wenn die prä- und postsynaptischen Seiten gleichzeitig erregt sind. Im Insektennervensystem wurden bisher weder für die aktivitätsabhängige Neuromodulation noch für die Hebb-Synapse experimentelle Belege gefunden. Wichtig ist aber, daß bei Untersuchungen an den Molluskenneuronen sowie an Hippocampusneuronen der Säugetiere eine Vielzahl prä- und postsynaptischer Plastizitäten nachzuweisen sind, die häufig innerhalb eines Netzwerks eng benachbart zusammenwirken. Aktivitätsabhängige Neuromodulation und Hebb-Synapsen-Mechanismus sind also keine alternativen Wege neuronaler Modulation, sondern wohl beide sind verwirklicht.

Die zellulären Mechanismen neuronaler Plastizität, die dem Lernen zugrundeliegen, wurden bei Insekten besonders erfolgreich über die Analyse genetischer Defekte bei der Fruchtfliege *Drosophila* studiert (Tully 1987). Wie oben dargestellt, konnten Mutanten mit gestörter Gedächtnisbildung isoliert werden. Sieben besonders wichtige Mutanten (rut, duc, amn, tur, sh, Min und Ddc) sind in der Abb. 8-30 in ein Schema der intrazellulären Reaktionskaskaden eingetragen, das sich an den Befunden an *Aplysia* orientiert. Die verschiedenen Mutanten liefern nun folgende Kenntnisse über die bei der Gedächtnisbildung beteiligten Reaktionen (Abb. 8-30): 1. rutabaga (rut) verfügt über keine Ca^{2+}/Calmodulin-stimulierte Adenylatcyclase. 2. Dunce (duc) verlor eine bestimmte Phosphodiesterase, so daß sich ein permanent hoher Spiegel an cAMP einstellt, der offensichtlich nicht genügend moduliert werden kann. 3. amnesiac (amn) lernt normal, vergißt aber schneller als normale Tiere. Der molekulare Effekt der Mutation ist noch nicht bekannt. 4. turnip (tur) verfügt über sehr geringe Mengen von Proteinkinase C (PKC). Da diese über andere sekundäre Transmitter aktiviert wird, könnte die tur-Mutante ein Hinweis auf weitere Reaktionskaskaden neben der über cAMP sein. 5. shaker (sh): Dieser Mutante fehlt ein bestimmter spannungsabhängiger K^+-Kanal, der für den I_a-Strom bei der Repolarisation des Aktionspotentials zuständig ist. Diese Mutante lernt schlecht und vergißt anfänglich sehr

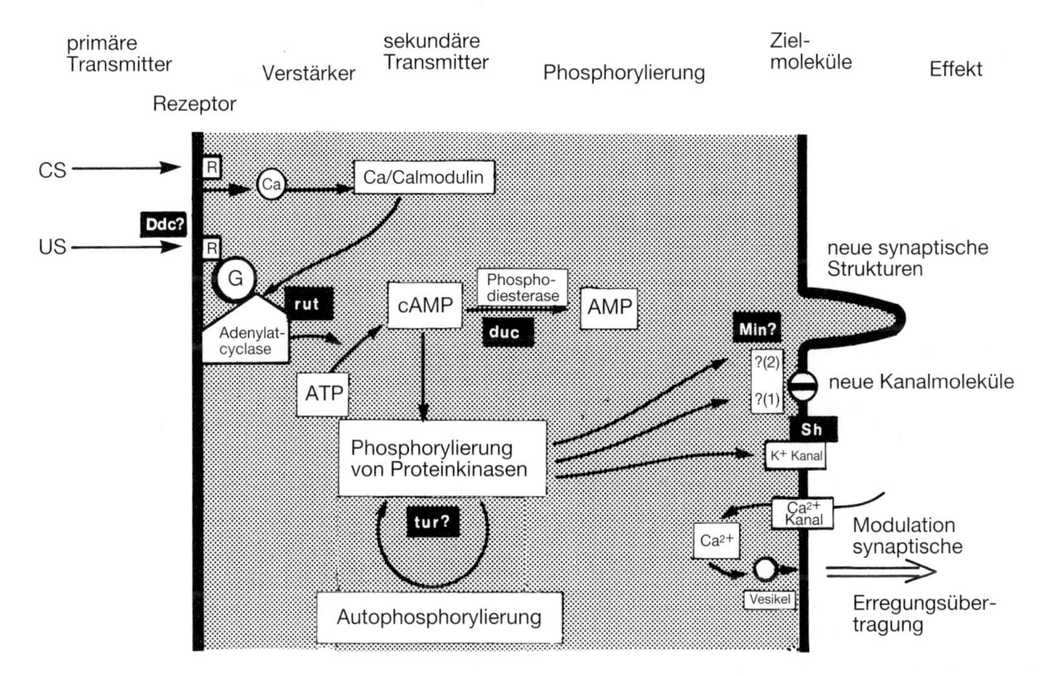

Abb. 8-30: Zusammenfassung der möglichen zellulären Defekte von *Drosophila*-Mutanten, deren Lern- und Gedächtnisleistungen beeinträchtigt sind. Die verschiedenen Mutanten sind mit schwarzen Kästen und weißer Schrift an den Stellen der zellulären Reaktionskaskaden plaziert, wo die betreffende Mutation zu einem Block führen könnte. Die Zuordnung der Mutationen zu Reaktionsschritten, wie sie sich in den Experimenten mit der Schnecke *Aplysia* als wichtig für die Gedächtnisbildung herausgestellt haben (Abb. 8-29), ist recht hypothetisch und bedarf noch genauer Überprüfung (nach Tully 1987).

schnell. 6. Mutanten der Minute Loci (Min): Die fehlenden Gene codieren für ribosomale Proteine. Ihr Fehlen führt zu einer allgemeinen Reduktion der Proteinsynthese. Die Tiere zeigen ein schwaches und labiles Gedächtnis bei Duftunterscheidungsdressuren. 7. Dopadecarboxylase-Mangel-Mutanten (Ddc) können die Transmitter Serotonin und Dopamin nicht synthetisieren. Der Lerndefekt, der ursprünglich beobachtet wurde, tritt nicht immer auf.

Aus diesen Befunden läßt sich wie ein Puzzle ein Reaktionsschema zusammenfügen, das als Arbeitshypothese sehr nützlich ist (Abb. 8-30). Allerdings bleiben noch wichtige Fragen offen: 1. Der oder die primären Transmitter, die den US neuronal repräsentieren, sind unbekannt. Bei Bienen ergab sich aus pharmakologischen Experimenten, daß Octopamin und Noradrenalin im Pilzkörper eine das Lernen und das Abrufen aus dem Gedächtnis fördernde Rolle spielen. Serotonin und Dopamin scheinen antagonistisch zu Octopamin und Noradrenalin zu wirken, denn sie reduzieren die Einspeicherung und das Abrufen. Man könnte also annehmen, daß Octopamin und/oder Noradrenalin im Pilzkörperneuropil den US repräsentieren (Bicker und Menzel 1989). Dies wurde kürzlich durch den Nachweis eines Neurons im Bienengehirn bewiesen, das die Funktion des US während der olfaktorischen Konditionierung repräsentiert, und dessen Transmitter sehr wahrscheinlich Octopanin ist (Hammer 1993). 2. Bisher erwies sich das cAMP als ein wesentlicher sekundärer Botenstoff für die neuronale Plastizität bei Invertebraten. Sicherlich werden auch andere sekundären Botenstoffe eine Rolle spielen. Es ist aber unklar, welche anderen intermediären Substanzen beteiligt sind. 3. Das zelluläre Substrat für die langzeitige Stabilität des Gedächtnisses über viele Tage und Wochen ist noch weitgehend unbekannt. Wenn neue Strukturen ausgebildet und neue Rezeptoren und Kanalmoleküle in die Membran eingebaut werden, wird die spezifische Proteinsynthese ein wichtiger Schritt sein. Die Entstehung von neuen Strukturen im Verlauf von obligatorischen und prägungsartigen Lernvorgängen ist bei *Drosophila* und der Biene auch gut belegt, es ist aber auch gezeigt worden, daß eine Blockierung der Proteinsynthese im Bienengehirn die Ausbildung eines langzeitigen Gedächtnisses nicht verhindert (Wittstock et al. 1993). Für *Drosophila* wurde gezeigt, daß es zwei Formen von Langzeitgedächtnis gibt, die parallel gebildet werden, ein Proteinsynthese-abhängiges und ein davon unabhängiges Gedächtnis.

Literatur zu 8

Aschoff, J. (1979) Circadian rhythms: General features and endocrinological aspects. In: Krieger, D.T. (Ed.) Endocrine rhythms. 1–62. Raven Press, New York.

Backhaus, W. (1991) Color opponent coding in the visual system of the honeybee. Vision Res. **31**, 1381–1397.

Balling, A., Technau, G.M. und Heisenberg, M. (1987) Are the structural changes in adult *Drosophila* mushroom bodies memory traces? Studies on biochemical learning mutants. J. Neurogenetics **4**, 65–73.

Bicker, G. und Menzel R. (1989) Chemical codes for the control of behaviour in arthropods. Nature **337**, 33–39.

Brandon, J.G. und Coss, R.G. (1982) Rapid dendritic spine stem shortening during one-trial learning: the honeybee's first orientation flight. Brain Res. **252**, 51–61.

Byrne, J.H. (1987) Cellular analysis of associative learning. Physiol. Rev. **67**, 329–439.

Daumer, K. (1956) Reizmetrische Untersuchung des Farbensehens der Bienen. Z. vergl. Physiol. **38**, 413–478.

Dingle, H. (1972) Migration strategies of insects. Science **175**, 1327–1335.

Ebbinghaus, M. (1885) Über das Gedächtnis. K. Buehler, Leipzig.

Erber, J., Masuhr, T. und Menzel, R. (1980) Localization of short-term memory in the brain of the bee, *Apis mellifera*. Physiol. Entomol. **5**, 343–358.

Frisch, B. und Koeniger, N. (1994) Social synchronization of the activity rhythms of the honeybee within a colony. Behav. Ecol. Sociobiol. **35**, 91–98.

Frisch, K. von (1914) Der Farbensinn und Formensinn der Biene. Zool. Jb. Physiol. **37**, 1–238.

Frisch, K. von (1965) Tanzsprache und Orientierung der Bienen. Springer, Heidelberg.

Gould, J.L. und Marler, P. (1987) Learning by instinct. Scient. Amer. **255**, 74–85.

Hammer, M. (1993) An identifield neuron mediates the unconditioned stimulus in associative olfactory learning in honeybees. Nature **366**, 59–63.

Hebb, D. (1949) The organization of behaviour. Wiley, New York.

Heinrich, B. (1984) Learning in invertebrates. In: Marler, P. und Terrace, H.S. (Eds.) The biology of learning (Dahlem Konferenzen). 135–147. Springer, Berlin.

Heisenberg, M., Borst, A., Wagner, S. und Byers, D. (1985) *Drosophila* mushroom body mutants are deficient in olfactory learning. J. Neurogenetics **2**, 1–30.

Hölldober, B. (1985) Konkurrenzverhalten und Territorialität in Ameisenpopulationen. In: Eisner, T., Hölldobler, B. und Lindauer, M. (Eds.) Chemische Ökologie, Territorialität, gegenseitige Verständigung. Information processing in animals, **3**. 25–70. G. Fischer, New York.

Hoyle, G. (1979) Mechanisms of simple motor learning. Trends in Neurosc. **2**, 153–159.

Kant, I. (1787) Kritik der reinen Vernunft. Ausgabe von Valentiner, T., 1923. Meiner, Leipzig.

Kiepenheuer, J. (1984) The magnetic compass mechanism of birds and its possible association with the shifting course direction of migrants. Behav. Ecol. Sociobiol. **14**, 87–99.

Kirschvink, J.L. (1982) Birds, bees and magnetism. Trends in Neurosc. **5**, 160–167.

Laverty, T.M. und Plowright, R.C. (1988) Acquisition of handling skills on a complex flower: behavioural differences between specialist and generalist bumble bee species. Anim. Behav. **36**, 1–20.

Lehrer, M. (1991) Bees which turn back and look. Naturwiss. **78**, 274–276.

Lindauer, M. (1954) Dauertänze im Bienenstock und ihre Beziehung zur Sonnenbahn. Naturwiss. **41**, 506–507.

Lindauer, M. (1957) Sonnenorientierung der Bienen unter der Äquatorsonne und zur Nachtzeit. Naturwiss. **44**, 1–6.

Lindauer, M. (1959) Angeborene und erlernte Komponenten in der Sonnenorientierung der Bienen. Z. vergl. Physiol. **42**, 43–62.

Lindauer, M. (1963) Allgemeine Sinnesphysiologie. Orientierung im Raum. Fortschr. Zool. **16**, 58–140.

Markl, H. (1974) Insect behavior: functions and mechanisms. In: Rockstein, M. (Ed.) The physiology of insecta, **3**. 3–148. Academic Press, New York.

Menzel, R. (1967) Untersuchungen zum Erlernen von Spektralfarben durch die Honigbiene *(Apis mellifica)*. Z. vergl. Physiol. **56**, 22–62.

Menzel, R. (1990) Learning, memory and «cognition» in honey bees. In: Kesner, R.P. und Olten, D.S. (Eds.) Neurobiology of comparative cognition. 237–292. Erlbaum Inc., Hillsdale, N.J.

Menzel, R. und Backhaus, W. (1991) Colour vision in insects. In: Gouras, P. (Ed.) Vision and visual dysfunction. The perception of colour. 262–288. MacMillan Press, London.

Menzel, R., Chittka, L., Eichmüller, S., Geiger, K., Peitsch, D. und Knoll, P. (1990) Dominance of celestial cues over landmarks disproves map-like orientation in honey bees. Z. Naturforsch. **45c**, 723–726.

Mittelstaedt, H. und Mittelstaedt, M.L (1982) Homing by path integration. In: Papi, F. und Walraff, H. G. (Eds.) Avian navigation. 290–297. Springer, Berlin.

Müller, M. und Wehner, R. (1988) Path integration in desert ants, *Cataglyphis fortis*. Proc. Natl. Acad. Sci. USA **85**, 5287–5290.

Murphey, R.K. (1986) The myth of the inflexible invertebrate: competition and synaptic remodelling in the development of invertebrate nervous systems. J. Neurobiol. **16**, 585–591.

Pavlov, I.P. (1967) Lectures on conditioned reflexes. International Publishers, New York.

Pittendrigh, C.S. (1960) Circadian rhythms and the circadian organization of the living systems. Cold Spring Harbor Symp. quant. Biol. **25**, 159–184.

Renner, M. (1959) Über ein weiteres Versetzungsexperiment zur Analyse des Zeitsinnes und der Sonnenorientierung der Honigbiene. Z. vergl. Physiol. **42**, 449–483.

Rossel, S. (1987) Das Polarisationssehen der Biene. Naturwiss. **74**, 53–62.

Schmidt-Koenig, K. (1985) Migration strategies of monarch butterflies. In: Rankin, M.A. (Ed.) Migration: Mechanisms and adaptive significance. 786–798. Contribut. in Marine Science, Austin, Texas.

Sixtl, F. (1982) Meßmethoden der Psychologie. Verlag Chemie, Weinheim.

Technau G. und Heisenberg, M. (1982) Neural reorganization during metamorphosis of the corpora pedunculata in *Drosophila melanogaster*. Nature **295**, 405–407.

Thurstone, L.L. (1927) A law of comparative judgement. Psychol. Rev. **34**, 273–286.

Torgerson, W.S. (1958) Theory and methods of scaling. Wiley, New York.

Tosney, T. und Hoyle, G. (1977) Computer-controlled learning in a simple system. Proc. Roy. Soc. Lond. B **195**, 365–393.

Tully, T. (1987) *Drosophila* learning and memory revisited. Trends in Neurosc. **10**, 330–335.

Uexküll, J. von (1921) Umwelt und Innenwelt der Tiere. Springer, Berlin.

Wehner, R. (1983) Celestial and terrestrial navigation: human strategies – insect strategies. In: Huber, F. und Markl, H. (Eds.) Neuroethology and behavioral physiology. 366–381. Springer, Berlin.

Wehner, R. und Menzel, R. (1990) Do insects have cognitive maps? Annu. Rev. Neurosc. **13**, 403–414.

Wehner, R. und Rossel, S. (1985) The bee's celestial compass – A case study in behavioural neurobiology. Fortschr. Zool. **31**, 11–53.

Wehner, R. und Wehner, S. (1986) Path integration in desert ants. Approaching a long-standing puzzle in insect navigation. Monitore zool. ital. **20**, 309–331.

Wittstock, S., Kaatz, H. H. und Menzel, R. (1993) Inhibition of protein synthesis by cycloheximide does not affect formation of long-term memory in honeybees after olfactory conditioning. J. Neurosci. **13**, 1379–1386.

9 Kommunikation im Insektenstaat

R. Menzel

9.1 Kommunikationssysteme im Sozialverband

Soziale Gemeinschaften von Insekten erreichen ein hohes Maß an Komplexität gemeinschaftlichen Handelns. Es wird daher mit Recht von einem **Superorganismus** oder einem **Insektenstaat** gesprochen, weil bei den hochentwickelten Formen sozialen Lebens die Einzeltiere alleine nicht mehr lebensfähig sind und gemeinschaftlich Leistungen erbringen, die nur im **Sozialverband** möglich sind. Umfangreiche und kunstvolle Nester werden gebaut, in denen die Temperatur und Luftfeuchtigkeit reguliert wird. Das Nahrungsangebot wird in kooperativen Aktionen ausgebeutet oder, wie z.B. bei der afrikanischen Blattschneiderameise *Atta*, in Form von Pilzgärten gezüchtet. Feinde, die um vieles größer, stärker und gefährlicher sind als die Einzeltiere, werden in koordinierten Attacken abgewehrt. Überfallartige Angriffe gegen andere konkurrierende Kolonien werden blitzartig koordiniert und sehr effektiv durchgeführt. Raubzüge werden veranstaltet, die bei einigen Ameisenarten zur Versklavung der geraubten Larven und Puppen führen. Sklavenhaltung findet man bei der blutroten Raubameise *Formica sanguinea*, die Nester von *Formica fusca* überfällt, alle adulten Tiere tötet und die Larven und Puppen in das eigene Nest transportiert, wo sie nach dem Schlüpfen die Arbeiterinnen der Räuberart aufziehen (Hölldobler und Wilson 1990).

All diese Leistungen setzen effektive Mechanismen der Kommunikation voraus. Sozialgemeinschaften sind daher **Informationszentren** und **Handlungszentren.** Die von den Einzeltieren gesammelte Information wird in einen Mitteilungscode übersetzt; die Nachricht wird an hunderte, ja mitunter viele tausende von Tieren weitergegeben. Die aufnehmenden Tiere müssen daraufhin ihr Verhalten zielgerichtet verändern und mit dem Verhalten der anderen Tiere des Volkes koordinieren.

Der Träger der Nachricht ist bei Insekten in den überwiegenden Fällen eine chemische Substanz oder ein Gemisch von Substanzen. Diese werden in speziellen Drüsen produziert und auf ein Substrat deponiert oder an die Luft abgegeben. Viele Aspekte der chemischen Kommunikation werden in Kap. 7 besprochen und sollen hier nicht wiederholt werden. Mitglieder der Sozialgemeinschaft erkennen sich an Duftmarken, wobei angeborene und erlernte Dufterkennung innig verzahnt sind. Geschlechter, Entwicklungsstadien und Ethotypen unterscheiden sich in ihrem Duft und lösen damit unterschiedliche Verhaltensweisen bei ihren Stockgenossen aus. Ganze Sozialgemeinschaften haben einen für sie jeweils spezifischen **Geruchscharakter** und fördern auf diese Weise das Wiederfinden durch seine einzelnen Mitglieder. Duftspuren werden gelegt, um Stockgenossen zu Futterstellen zu führen, um Verteidigungs- und Angriffskämpfe zu koordinieren und um die Geschlechtstiere zusammenzuführen.

Das nächste wichtige Medium der Kommunikation bei Insekten sind **akustische Signale**, die über Vibrationen des Substrats, als Luftschall oder durch direkten mechanischen Kontakt zwischen den Tieren ausgetauscht werden. Hierüber wird im Kap. 5 berichtet. **Visuelle Signale** sind bei sozialen Insekten eher ein selten eingesetztes Nachrichtenmedium (1.7). Darin unterscheiden sich die Insekten auffällig von Wirbeltieren, vor allem den Säugetieren, bei denen die visuelle und akustische Kommunikation die chemische Kommunikation weit an Bedeutung übertrifft. Die Gründe sind vielfältig. Die Komplexaugen der Insekten besitzen eine etwa hundertfach schlechtere räumliche Auflösung als die großen Linsenaugen der Wirbeltiere. Weiterhin ist das Mienenspiel eines kleinen Tieres mit einem harten Außenskelett natürlich dem Gesichtsausdruck und der Körpergestik eines großen Wirbeltieres mit seiner weichen, muskeldurchsetzten Haut weit unterlegen.

Die Dominanz der chemischen Signale für die Kommunikation bei Insekten hat wichtige Konsequenzen. Trotz der Vielfalt von Substanzen und Chemorezeptoren, die vom Sender und Empfänger eingesetzt werden, ist ein **chemischer Code** doch sehr viel weniger reichhaltig als ein visuell oder akustisch vermittelter Verhaltenscode. Zudem ist der chemische Code stärker genetisch verankert, da die Synthesemaschine für Duftsubstanzen viele genetisch programmierte Schritte enthält. Lernvorgänge auf beiden Seiten der Informationspartner, des Senders und des Empfängers, spielen daher eine geringere Rolle. Aber auch dort, wo bei Insekten akustische und visuelle Signale zur Kommunikation eingesetzt werden, sind Lernvorgänge eher von geringer Bedeutung.

Die bei den höheren Säugetieren und vor allem bei den Primaten so wichtige Traditionsbildung beim Austausch akustischer und visueller Signale, die Innovation neuer Signale, der Erfindungsreichtum und das Lernvermögen für neue soziale Signale, findet sich bei keiner Insektenart. Selbst die am höchsten entwickelte Kommunikationsform, der **Bienentanz**, ist ein stereotypes Signalsystem, in dem Lernvorgänge und Traditionsbildung, nach all dem was wir bisher darüber wissen, keine wichtige Rolle spielen.

Auch die Geschwindigkeit, mit der Signale ausgesandt und moduliert werden können, ist ein wichtiger Aspekt. Wieder besitzen optische und akustische Signale Vorteile gegenüber chemischen. Licht und Schall breiten sich sehr schnell aus und können schnell moduliert werden. Die Ausbreitung chemischer Substanzen beruht auf Diffusion und Konvektion, ist also langsam und von vielen unberechenbaren Einflüssen abhängig. Eine zeitliche Modulation der Duftfahne als zusätzlicher Signalträger ist von Nachtschmetterlingen bekannt, aber eher eine seltene Ausnahme (7). Die Anzahl ausgesandter Signale pro Zeiteinheit ist also viel größer, wenn Seh- und Hörsinn eingesetzt werden. Auch die schnelle Interaktion zwischen dem sendenden und empfangenden Tier ist bei akustischen und visuellen Signalen viel besser möglich. Die Verzögerung beim Einsatz von Duftstoffen kann so groß sein, daß eine Rückwirkung des empfangenden Tieres auf das sendende nicht möglich ist. Dort, wo Duftstoffe auf der Körperoberfläche als Erkennungssignal eingesetzt werden, z. B. bei der Gruppen- und Individualerkennung, sind mechanischer und chemischer Sinn innig verkoppelt. Dadurch ist auch ein wechselseitiger und schneller Informationsaustausch möglich.

Soziale Systeme verfügen über mehr Information aus der Umwelt und verarbeiten diese schneller und effektiver als Einzeltiere (Seeley 1985; Markl 1987). Damit können soziale Insekten schneller auf Änderungen in der Umwelt reagieren als einzeln agierende Insekten. Der Informationsfluß in der Gemeinschaft und das kooperierende Handeln führen zu übergeordneten, supraindividuellen Leistungen, die der Gemeinschaft eine eigenständige und höhere Form von problemlösender «Intelligenz» verleiht. Diese Aspekte sollen etwas genauer am Bienentanz studiert werden.

9.2 Bienentanz

Aus der Fülle von Kommunikationssignalen in Insektenstaaten wollen wir den Bienentanz zur genaueren Betrachtung auswählen. Dieser ritualisierte Bewegungsablauf informiert über Entfernung, Richtung und Qualität von Futterquellen, Wasserstellen, harzenden Bäumen und, bei schwärmenden Bienen, über geeignete neue Neststellen. Karl von Frisch beschrieb die eigentümlichen Tänze der Bienen zum ersten Mal 1920 und erkannte die Bedeutung sowie den Mitteilungscode im Verlauf einer Fülle von großartigen Experimenten (v. Frisch 1946, 1965; Box 9-1).

Wenn eine Sammlerin eine Nektarquelle entdeckt hat, verteilt sie einen Teil des Nektars an die im Stockeingang wartenden jungen Empfängerbienen. Aus der Geschwindigkeit, mit der sie ihre Nektarladung los wird, schließt sie unter Berücksichtigung des investierten Energieaufwandes beim Futtersammeln auf die Bedeutung des gesammelten Nektars für das ganze Volk. Hat das Volk einen hohen Bedarf an Nektar, ist der Nektar von guter Qualität (hoher Zuckergehalt) und auch nicht zu weit entfernt, dann beginnt sie mit ritualisierten Läufen und Bewegungen (dem Tanz) an einer bestimmten Stelle der vertikal stehenden Waben (auf dem «Tanzboden»). Diese Läufe und Bewegungen nehmen unterschiedliche Formen für verschieden weit entfernte Nektarquellen an. Abb. 9-1 zeigt, daß eine Art **Rundtanz** für nahe Futterquellen durchgeführt wird, während für weiter entfernte Quellen ein in einer 8er Figur geführter **Schwänzeltanz** ausgeführt wird. Bei der dunklen Bienenrasse *Apis mellifera carnica* geht für Entfernungen von 25–100 m der Rundtanz über Zwischenformen in den Schwänzeltanz über. Oberhalb von 100 m wird nur noch der Schwänzeltanz durchgeführt. Bei der hellen italienischen Bienenrasse *A. m. ligustica* treten andere Übergangsformen auf, und der Übergang zum Schwänzeltanz erfolgt für Entfernungen von 10–50 m.

Die für den Schwänzeltanz charakteristischen Laufstrecken, während denen seitliche Schüttelbewegungen mit dem Abdomen auftreten (schwänzeln) und akustische Signale mit der Flügelmuskulatur im Thorax erzeugt werden (Abb. 9-1D), findet man auch bei den Übergangsformen, und zwar um so deutlicher, je weiter die Nektarquelle entfernt ist. Die akustischen Signale bestehen aus Serien von

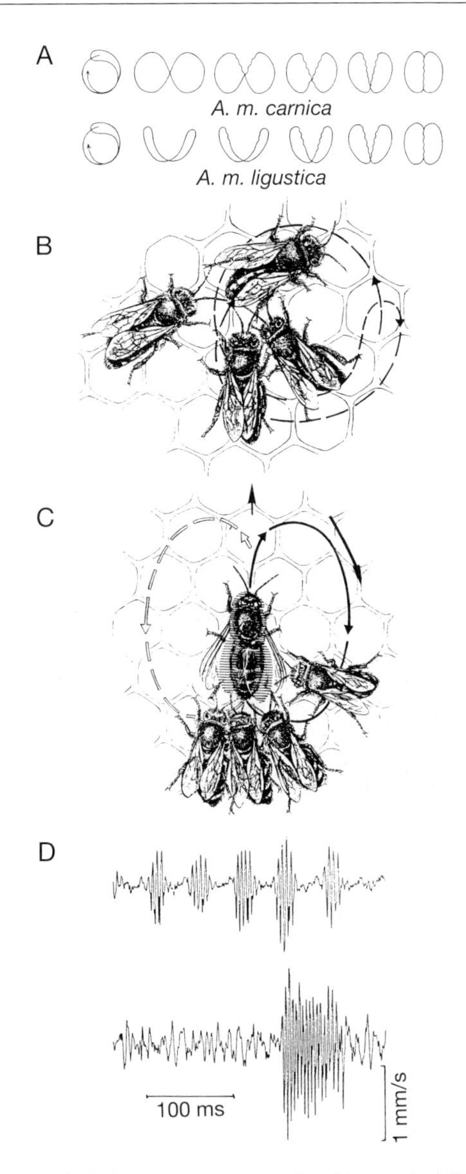

Abb. 9-1: Die verschiedenen Tanzformen bei Bienen. **A** der Übergang vom Rundtanz (links) zum Schwänzeltanz (rechts) bei zwei Bienenrassen, *Apis mellifera carnica* (der Kärntner Biene, oben) und *Apis mellifera ligustica* (der italienischen Biene, unten). **B** Der Rundtanz, **C** der Schwänzeltanz. Beachte die Stellung der Nachläuferinnen und deren Antennenposition. **D** Schallsignale während der Schwänzelphase (obere Spur) und ein Stopsignal einer Nachläuferin (untere Spur). Die Schallsignale zeigen den Zeitverlauf der Bewegung der Luftteilchen in unmittelbarer Nähe des Körpers der tanzenden Biene (nach von Frisch 1965; Michelsen 1989).

Box 9-1: Karl von Frisch

Die Verhaltensforschung und die **vergleichende Sinnesphysiologie** verdanken Karl von Frisch (20.11.1886, Wien – 12.6.1982, München) eine Fülle von großartigen Entdeckungen. Gemeinsam ist all diesen Entdeckungen, daß sie aus der genauen Beobachtung der Tiere in ihrem natürlichen Verhaltenskontext entstanden sind. An die Beobachtung schlossen sich dann Fragen nach den physiologischen Grundlagen an, die von Frisch wiederum mit genau kontrollierten Verhaltensexperimenten studierte.

Nach seinem Studium in Wien führte er zuerst Untersuchungen über den Farbwechsel von Fischen durch und kam über diese zum Problemkreis **Farbensehen.** Er wies nicht nur nach, daß Fische farbentüchtig sind, sondern erarbeitete eine der wichtigsten methodischen Grundlagen für die vergleichende Physiologie. Diese bestand darin, die Dressur von Tieren auf sorgfältig ausgewählte Reize als Zugang zum Studium ihrer Sinnesleistungen zu machen. Tatsächlich ist die Erarbeitung der Kriterien und Methoden einer aussagekräftigen Dressur eine der hervorragendsten Leistungen Karl von Frisch's und begründet den Erfolg für viele seiner berühmten Experimente mit Honigbienen.

Seine Arbeiten mit Honigbienen begannen 1910, ebenfalls zur Frage des Farbensehens. Der hochangesehene Mediziner Carl von Hess (1863–1923), Ordinarius für Augenheilkunde in München, schloß aus Experimenten mit Fischen und Wirbellosen, daß alle diese Tiere farbenblind sind. Karl von Frisch, gerade Assistent am Zoologischen Institut in München geworden, hatte einen schweren Stand, denn er konnte mit seiner Dressurmethode eindeutig zeigen, daß Bienen Farben unterscheiden können (1914). Er hatte auch ein gutes evolutionsbiologisches Argument auf seiner Seite: Warum sollten denn Blumen farbig sein, wenn die Bestäuber sie nicht aufgrund ihrer Farbe erkennen und unterscheiden können? Heute wissen wir, daß auch von Hess seine Experimente zutreffend interpretiert hat, denn im Verhaltenskontext «Flucht» (Hess prüfte stets die Wahl von Lichtreizen in der Flucht-induzierten Phototaxis) sind Bienen farbenblind. Da Bienen aber auf Farbreize mit Futter dressiert werden können und es lernen, den Eingang zu ihrem Stock nach Farbreizen zu finden, müssen sie Farben sehr gut wahrnehmen können. Karl von Frisch wählte in der weisen Einsicht eines evolutionsbiologisch geprägten Biologen die Verhaltenskontexte, die für die Leistung des Farbensehens von entscheidender Bedeutung sind. Ähnlich verfuhr er bei allen seinen anderen Arbeiten, und dies erwies sich als eine «magische Quelle, aus der um so mehr zu schöpfen war, je mehr bereits geschöpft wurde», wie er sich einmal selbst ausdrückte.

Die **Dressurmethode** hat Karl von Frisch mit einem scheinbar kleinen Trick aber mit großen Folgen kombiniert. Da das Erlernen eines Signals stets die Leistung eines ganz bestimmten Tieres auf der Grundlage seiner Erfahrungen ist, mußte er die Versuchstiere als Individuen markieren. Das machte er mit einem Code von Farbtupfen auf dem Thorax. Jetzt kannte er jedes einzelne Tier, seine Lerngeschichte und sein Verhalten. Die Dressur einzeln markierter Bienen hat er für viele seiner genialen Studien über **sensorische Leistungen** und die **soziale Kommunikation von Bienen** erfolgreich eingesetzt. Er beschrieb, wie gut Bienen Düfte unterscheiden können und welche Formen und Muster sie zu unterscheiden lernen; er wies nach, daß sie auf bestimmte Tageszeiten dressiert werden können, also über einen Zeitsinn verfügen müssen; er nutzte die Dressurmethode, um zu zeigen, daß Bienen die Orientierung nach Landmarken lernen. Auch bei den zwei anderen großartigen Entdeckungen, die **Orientierung nach dem Polarisationsmuster des Himmels** und die **Tanzkommunikation,** stand die Dressur einzelner Bienen im Zentrum seiner Arbeiten (1964, 1965).

Eigentümliche Bewegungen von Bienen im Volk hatten schon viele vor ihm beobachtet, bis hin zu Aristoteles. Aber die Entschlüsselung des Bewegungscodes gelang erst Karl von Frisch nach jahrzehntelanger Beobachtung. Schon 1920 beschrieb er den Schwänzellauf als «Sprache». Aber erst, als er den Rundtanz studierte (1942), erkannte er, daß seine erste Interpretation unrichtig war. Er schreibt in seinen «Erinnerungen» (1957, S. 126): «Den Schwänzeltanz kannte ich wohl, ich hatte ihn 20 Jahre lang als den Tanz der Pollensammlerinnen beschrieben. Nun kam heraus, daß ich mich geirrt hatte. Der Rundtanz bedeutete eine nahe Futterquelle, der Schwänzeltanz eine solche, die 50 bis 100 m oder noch weiter entfernt lag. Der Irrtum war dadurch entstanden, daß ich früher das Zuckerwasserschälchen stets in Stocknähe aufstellte und die Schwänzeltänze nur an Pollensammlerinnen sah, die von ihren natürlichen Trachtquellen aus größerer Entfernung kamen.»

Daß Bienen ein für uns unsichtbares Muster am blauen Himmel sehen können, aus dem sie den Sonnenstand erschließen, fand von Frisch bei Experimenten, mit denen er herausbekommen wollte, wie sie im Schwänzellauf die Richtung zu einer Futterstelle angeben. Er benötigte nur ein Stück Ofenrohr und eine Polarisationsfolie, um die auf einer horizontalen Wabe tanzenden Bienen in ihrer Richtungsangabe zu manipulieren. So einfach war der Anfang einer Entdeckung, die in ihrem Schlepptau nicht nur die Aufklärung dieser erstaunlichen Orientierungsleistung nach sich zog, sondern auch vielfältige Studien über spezielle Sinnesleistungen bei Tieren, über die der Mensch nicht verfügt (Ultraschallorientierung der Fledermäuse, Infrarot-«sehen» von Schlangen, Magnetfeldorientierung, und vieles mehr).

Karl von Frisch erhielt viele Auszeichnungen, Ehrendoktorwürden und Preise, so auch den Pour le merit und den Nobel-Preis für Medizin (1973, gemeinsam mit K. Lorenz und N. Tinbergen). Wer einmal einen wissenschaftlichen Text lesen möchte, der von Klarheit und Begeisterung, sorgfältiger Versuchsplanung und kritischer aber eindeutiger Interpretation geprägt ist, möge sich eine der vielen Arbeiten von Karl von Frisch vornehmen, er wird sie nicht so schnell zur Seite legen.

Karl von Frisch studierte zunächst Medizin, dann Naturwissenschaften in Wien. Seit 1919 war er Professor in München und Wien, 1921 in Rostock, 1923 in Breslau, 1925–1945 war er als Nachfolger Hertwigs Direktor des Zoologischen Instituts in München, ab 1946 in Graz und ab 1950 wieder in München. Ab 1924 war er Herausgeber der «Zeitschrift für vergleichende Physiologie» (heute: «Journal of Comparative Physiology»).

Literatur

Frisch, K. von (1914) Der Farbensinn und Formensinn der Biene. Zool. Jb. Physiol. **37**, 1–238.
Frisch, K. von (1957) Erinnerungen eines Biologen. Springer, Berlin.
Frisch, K. von (1964) Aus dem Leben der Bienen. Verständliche Wissenschaft **1.** Springer, Berlin.
Frisch, K. von (1965) Tanzsprache und Orientierung der Bienen. Springer, Heidelberg.
Frisch, K. von (1974) Tiere als Baumeister. Ullstein, Frankfurt.

Foto: W. E. Böhm, in Z. vergl. Physiol. **53** (1966)

R. Menzel

etwa 50 ms lang dauernden Pulsen einer 250–300 Hz Schwingung. Neuere Untersuchungen (Michelsen et al. 1987) ergaben, daß die Schwingungen der Flügel eine starke Luftströmung (0,5–1 m/s) an den Flügelrändern erzeugt, die von den Nachläuferinnen als Luftschall mit den Fühlern wahrgenommen wird. Dazu halten die Nachläuferinnen ihre Fühler ganz dicht an das Abdomen der Tänzerin (Abb. 9-1), da sich die Schwingungen der Luft nur über einen Bereich von 1–2 mm vom Flügelrand ausbreiten. Der enge Fühlerkontakt der Nachläuferinnen mit der Tänzerin dient auch dazu, die im Haarkleid der Tänzerin haftenden Duftmoleküle zu rezipieren. Die Nachläuferinnen erhalten damit eine Information über den Duft der Futterquelle, die die Tänzerin anzeigt. Sie lernen nachweislich diesen Duft, wobei es vom Standpunkt des Lernvorganges interessant wäre zu wissen, ob dazu ein Futteraustausch notwendig ist (8.4). Während der Tanzläufe hält die Biene immer wieder kurz an und bietet den ihr folgenden Bienen eine Probe ihres gesammelten Nektars an. Zu diesen Unterbrechungen wird sie auch durch ein piependes Geräusch einer sie verfolgenden Biene aufgefordert. Dazu bleibt eine Nachfolgerin plötzlich stehen, spreizt mit einem Ruck die Flügel V-förmig nach hinten und erzeugt einen kurzen (0,1–0,2 s) Ton von 300–400 Hz (Abb. 9-1D, untere Spur). Im Gegensatz zu den Luftschallpulsen der Tänzerin wird der piepende Bettellaut der Nachfolgerin als Substratvibration übertragen.

Der Entfernungscode: Wie Abb. 9-2 zeigt, nimmt das Tanztempo des Schwänzeltanzes mit der Entfernung ab. Als Maß für das Tanztempo wird die Zahl der Umläufe pro Zeiteinheit (meist 15 s) genommen. Karl von Frisch und später seine Mitarbeiter bestimmten diesen Zusammenhang immer wieder, indem sie künstliche Futterstellen in verschiedenen Entfernungen aufstellten und eine große Zahl von Tänzen vermaßen. Bei diesen Experimenten stellte sich heraus, daß eine ganze Reihe von Faktoren den Entfernungscode beeinflussen: 1. Verschiedene Bienenrassen haben unterschiedliche Tanztempo-/Entfernungskurven. Die Italienerbiene z. B. tanzt schneller, zeigt also weitere Entfernungen mit dem gleichen Code an wie die Kärntnerbiene nähere Entfernungen. 2. Verschiedene Völker der gleichen Bienenrasse können unterschiedliche Tanztempo/Entfernungskurven haben. Das gilt sogar für Völker, deren Königinnen Geschwister sind. Es scheint nicht ausgeschlossen, daß sich bei manchen Völkern eine Tradition zum schnellen Tanzen, bei anderen zum langsamen Tanzen einstellt. 3. Die Entfernungsangabe ist von der Erfahrung der individuellen Biene mit der Futterquelle abhängig. Eine neu entdeckte Futterquelle wird erst als weiter entfernt angegeben. Nach vielen Stunden langem Sammelflug sinkt die Entfernungsangabe sy-

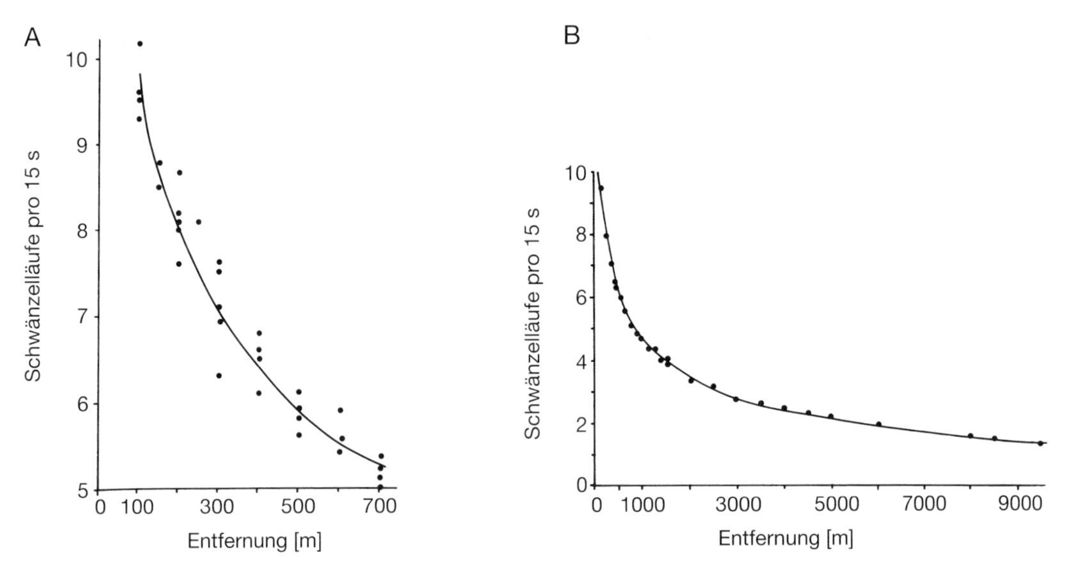

Abb. 9-2: Beziehung zwischen Tanztempo (Zahl der Schwänzeltanzläufe pro 15 s) und Entfernung der Futterstelle. **A** gibt das Tanztempo für die Entfernungen 100–700 m an, **B** für größere Entfernungen. Beide Kurven gelten für die Kärntnerbiene *Apis mellifera carnica.* Andere Bienenrassen haben andere Tanztempo-/Entfernungskurven. Die Tiere eines Volkes, das aus Bienen verschiedener Rassen besteht, interpretieren daher den Entfernungscode unterschiedlich. Die Italienerbiene tanzt z. B. schneller. Eine Entfernung, die von einer Italienerbiene angezeigt wird, wird daher von einer Kärntnerbiene als kürzere Entfernung interpretiert (nach von Frisch 1965).

stematisch. 4. Gegenwind beim Hinflug verlangsamt das Tanztempo, die Entfernung wird also größer angegeben. Mitwind beim Hinflug beschleunigt das Tanztempo. Bergaufflug beim Hinflug verlangsamt ebenfalls das Tanztempo, und Bergabflug beim Hinflug beschleunigt es. Dieser uns sinnvoll erscheinende Zusammenhang bedeutet, daß die Nachläuferinnen die Menge des für die Flugstrecke notwendigen Reiseproviants (Honig aus dem Honigreservoir) berechnen können. Die Schätzung der Entfernung erfolgt nicht über ein visuelles Maß oder über die Zeitdauer des Fluges, sondern über den Energieverbrauch des Hinfluges (8.2).

Neben dem Tanztempo (ganze Umläufe pro Zeit) korrelieren noch eine Reihe von weiteren Faktoren des Schwänzeltanzes mit der Entfernung: Die Dauer und Länge der Schwänzelstrecke S (Abb. 9-1C), die Rücklaufzeit R, die Frequenz der Schwänzelbewegungen des Abdomens auf der Schwänzelstrecke, die Dauer der Schallerzeugung während des Schwänzelns, die Wiederholrate der Schallpulse sowie die Dauer der einzelnen Schallpulse. Da alle diese Faktoren untereinander gekoppelt sind, kann eine Korrelationsanalyse nur Hinweise dafür geben, welcher Parameter der entscheidende Entfernungscode ist. Von Frisch fand die besten Korrelationskoeffizienten zwischen Tanztempo und Entfernung. Da zudem jeder Umlauf mit den Schallpulsen sehr präzise markiert wird, schloß er auf ein Zeitmaß (Zeit pro Umlauf, also Tanztempo) für die Entfernungsangabe. Inzwischen kann man mit einer computergesteuerten Roboterbiene die Nachläuferinnen auf den Weg schicken, so daß sich die noch offenen Fragen bald beantworten lassen werden (Michelsen 1989).

Die Richtungsangabe: Hin und wieder kann man Schwänzeltänze auch auf dem Flugbrett am Eingang des Stockes beobachten. Dann ist auf dem horizontalen Flugbrett die

Schwänzelstrecke direkt auf das Ziel hingerichtet. Legt man die Wabe eines kleinen Volkes horizontal und zeigt den Bienen den Himmel (Sonne und/oder blauer Himmel), dann tanzen die Bienen so, daß der Schwänzellauf ebenfalls direkt zum Ziel zeigt. Schattet man den Himmel und die Sonne ab, sind die Bienen desorientiert und tanzen in alle möglichen Richtungen. Daraus kann man schließen, daß sie die Sonne und/oder das Polarisationsmuster (8.2) zur Orientierung während des Tanzens verwenden. Im dunklen Stock auf der senkrecht stehenden Wabe wird der Winkel zur Sonne auf die Schwerkraft übertragen (Abb. 9-3). Senkrecht nach oben repräsentiert die Richtung direkt auf die Sonne zu. Da sich der Winkel zwischen Sonnenazimut und Futterstelle im Laufe des Tages ändert, ändert sich entsprechend der Winkel des Schwänzellaufes zur Schwerkraft. Steht die Sonne z. B. zu einem bestimmten Zeitpunkt gerade hinter der Futterstelle (beim Ausflug vom Stock aus gesehen), dann zeigt der Schwänzellauf genau nach oben, steht die Sonne 80° rechts zur Flugstrecke (Stock-Futterstelle), tanzt die Biene einen Winkel, der um 80° nach links zur Lotrechten gekippt ist, hält also auf der vertikalen Wabe die Lotrechte um 80° rechts zur Schwänzelstrecke.

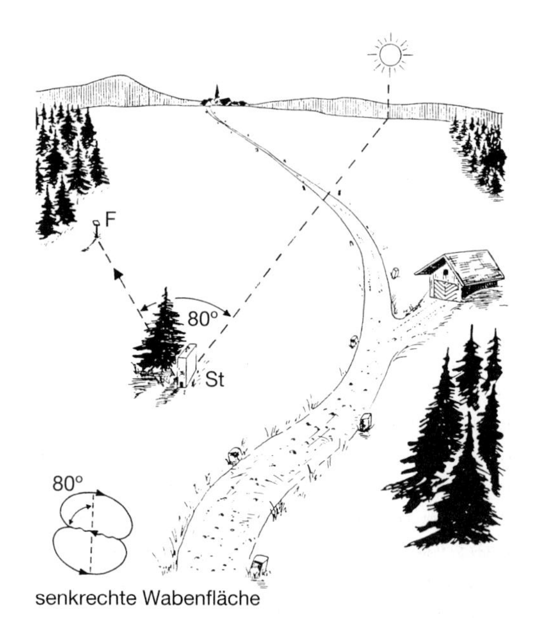

Abb. 9-3: Übersetzung der Flugrichtung zur Futterstelle relativ zur Sonne (hier: 80° links vom Sonnenazimut) in die Richtung des Schwänzellaufs auf der senkrechten Wabe im dunklen Stock (80° links zur Richtung nach oben). St Stock, F Futterstelle (nach von Frisch 1965).

Nutzen die Nachläuferinnen die Informationen des Tanzes? Karl von Frisch und Martin Lindauer zeigten in einer Fülle von Experimenten, daß die Nachläuferinnen die Entfernungs- und Richtungsangaben bei ihren Suchflügen tatsächlich verwenden. Abb. 9-4 gibt zwei Beispiele, eines für die Entfernungsangabe (Stufenversuch) und eines für die Richtungsangabe (Fächerversuch).

Trotz dieser überzeugenden Belege wurden die Schlußfolgerungen mit dem Argument in Frage gestellt, daß sich die Nachläuferinnen vielleicht ausschließlich nach Duftmarken der Futterstelle, nach Landmarken oder nach den sammelnden Bienen orientieren könnten und nicht nach der Information, die sie beim Nachlaufen der Tänzerin aufgenommen haben. Bestärkt wurde dieser Zweifel durch die Beobachtung, daß übermäßig starke Beduftung der Attrappenfutterstellen die rekrutierten Bienen ablenken kann und daß die rekrutierten Bienen häufig sehr lange unterwegs sind, bis sie an der Futterstelle ankommen, z. B. viele Minuten für Strecken, die sie in 30 s fliegen können. Diese Zweifel sind inzwischen mit einer Reihe von zusätzlichen Experimenten ausgeräumt worden.

In einem Experiment hat z. B. Gould (1976) die Tatsache ausgenutzt, daß Bienen mit zugemalten Ocellen weniger empfindlich für eine Lichtquelle sind, die den tanzenden Bienen als Sonnenattrappe gezeigt wird. Legt man eine Wabe fast (aber nicht ganz) waagerecht und zeigt als Sonnenersatz eine schwache Glühlampe, dann werden die Bienen mit verklebten Ocellen die verbleibende Schwerkraftkomponente für die Ausrichtung ihrer Tänze verwenden, weil sie die schwache Lichtquelle nicht sehen. Die nachlaufenden Bienen sehen aber die Glühlampe und interpretieren sie als Sonne. Bei geschickter Anordnung der beiden richtenden Faktoren lassen sich die Nachläuferinnen für eine andere Richtung rekrutieren als die Tänzerinnen anzeigen, weil beide Gruppen verschiedene Bezugsquellen (Schwerkraft, Lichtquelle) verwenden. Tatsächlich suchen die Nachläuferinnen in dieser falschen Richtung. Für die Entfernungsangabe kann man ein ähnliches «Mißverständnis» dadurch erzeugen, daß

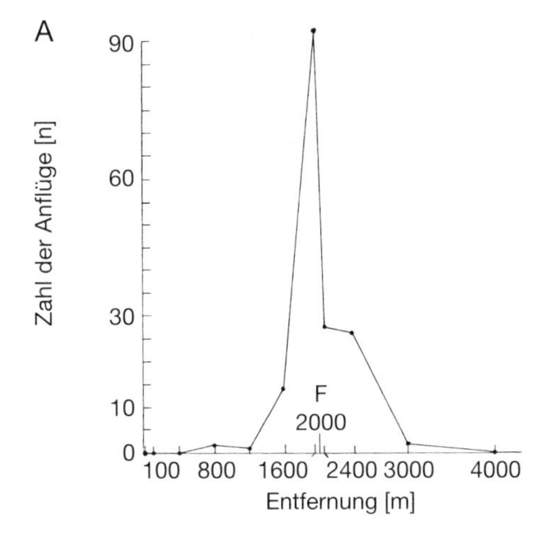

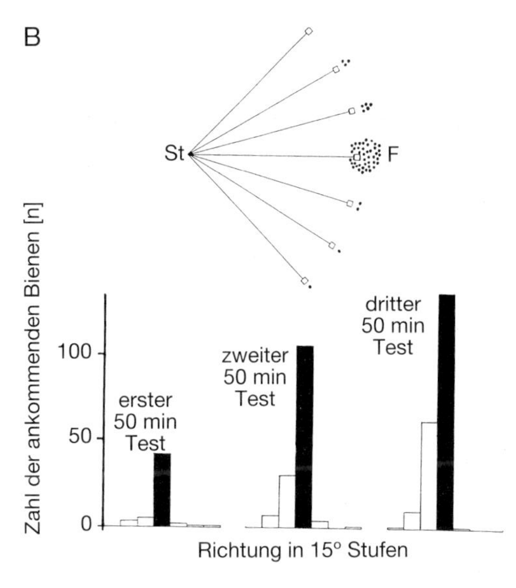

Abb. 9-4: A Stufenversuch zum Nachweis der Entfernungsangabe im Schwänzeltanz. Eine Gruppe von Bienen wurde auf eine Futterstelle in 2000 m Entfernung dressiert. Die rekrutierten Bienen landen auf bedufteten Attrappen von Futterstellen, die in verschiedener Entfernung vom Stock entlang eines geraden Weges aufgestellt waren. Die meisten Tiere finden sich bei 2000 m ein. **B** Fächerversuch zum Nachweis der Richtungsangabe im Schwänzeltanz. Eine Gruppe von Bienen wird auf eine Futterstelle (F) im Osten des Stockes (St) dressiert (Entfernung 600 m). Sieben beduftete Attrappen von Futterstellen werden in einer Entfernung von 550 m in verschiedener Richtung fächerförmig angeordnet. Die Zahl der rekrutierten Bienen wird an jeder Attrappe gezählt. Die Punkte geben die Zahl der Bienen an, die in den ersten 50 min des Experiments an jeder Attrappe ankamen. Es zeigt sich, daß die meisten Bienen in der richtigen Richtung suchen. Die drei Balkengrafiken geben die Ergebnisse für die ersten, zweiten und dritten 50 min des Experiments wieder (nach von Frisch 1965).

man die Tänzerinnen mit Pharmaka behandelt, die ihre Tanzgeschwindigkeit entweder herauf- oder herabsetzen. Die überzeugendsten Beweise kommen aber von Experimenten mit der Roboterbiene (Michelsen 1989). Jetzt gelingt es, Bienen in Richtungen und Entfernungen zu schicken, ohne daß überhaupt Sammelbienen dorthin ausfliegen.

Orientierung bei bedecktem Himmel: Die Richtungsangabe im Tanz erfolgt mit bezug auf die Sonne. Was geschieht, wenn der ganze Himmel bedeckt ist, also weder die Sonne noch das Polarisationsmuster des blauen Himmels zur Orientierung zur Verfügung steht? Sind dann die Tänze desorientiert? Keineswegs. Zwei Mechanismen stellen sicher, daß auch unter diesen Bedingungen der in die Schwerkraftrichtung übersetzte Sonnenkompaß richtig angezeigt wird. 1. Die innere Uhr informiert Bienen über den Sonnenstand, auch wenn sie die Sonne seit längerer Zeit (mitunter viele Wochen) nicht wahrgenommen haben. Im Kap. 8.3 war von «Marathontänzerinnen» die Rede, die selbst in der Nacht zum Tanzen zu bewegen sind und dann die Futterstelle nach dem Sonnenkompaß richtig angeben. 2. Landmarken, die den Weg zur Futterstelle weisen, werden mit Bezug zum Sonnenkompaß erlernt (8.2). Wurden Bienen z. B. entlang einer Baumreihe nach Nordosten zur Futterstelle dressiert (Abb. 9-5), dann geben sie die Nordost-Richtung auch bei bedecktem Himmel richtig an. Wurde der Stock über Nacht an eine unbekannte Stelle transportiert, bei der nun eine gleichartige Baumreihe nach Süden verläuft, geben sie bei bedecktem Himmel ebenfalls die Nordost-Richtung an. Sehen sie aber an der neuen Stelle die Sonne, korrigieren sie innerhalb kurzer Zeit ihre Richtungsangabe und tanzen nun nach dem Sonnenkompaß richtig (Süden). Die Richtungsangabe ist also doppelt abgesichert (Himmelskompaß, Landmarken) und

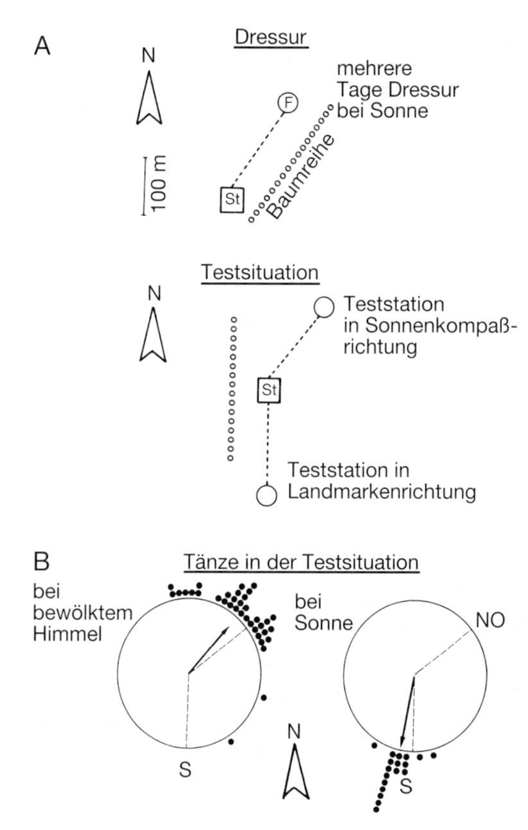

Abb. 9-5: Bienen orientieren ihre Tänze auch dann nach dem Sonnenkompaß, wenn sie die Sonne nicht wahrnehmen können. Dazu verwenden sie auffällige Landmarken, deren Lage relativ zum Sonnenkompaß erlernt wurde. **A** In diesem Experiment fliegen Bienen vom Stock (St) etwa 150 m nach Nordosten (NO) entlang einer Baumreihe so zur Futterstelle (F), daß die Baumreihe beim Ausflug rechts von ihnen liegt. Wird der Stock über Nacht an eine Stelle transportiert, an der eine ähnliche Baumreihe nach Süden (S) verläuft, fliegen die Beinen bei bedecktem Himmel entlang der Baumreihe nach S und suchen dort die Futterstelle. **B** Im Tanz geben sie dann die für den alten Futterplatz richtige, aber jetzt falsche Kompaßrichtung NO an (linkes Kreisdiagramm). Jeder Punkt gibt einen Schwänzeltanz an; der schwarze Pfeil zeigt den Mittelwert der getanzten Richtungen; die gestrichelten Linien geben die beiden theoretischen Richtungen an, S und NO. Nachdem die Bienen eine Weile an der neuen Stelle geflogen sind, kommt die Sonne durch die Wolkendecke. Kurz danach zeigen die Bienen im Tanz die richtige Richtung an (rechtes Kreisdiagramm; nach Dyer und Gould 1981).

ermöglicht eine zuverlässige Orientierung auch ohne Himmelsmarken.

Ein Code für die Qualität der Futterquelle: Je höher die Konzentration einer Zuckerlösung ist, um so lebhafter und um so ausdauernder sind die Tänze für eine bestimmte Futterstelle (Abb. 9-6). Auch die Zahl der Schallpulse pro Sekunde nimmt mit der Süßigkeit zu. Länger und lebhafter ausgeführte Tänze führen zu mehr Nachläuferinnen und folglich zu mehr rekrutierten Bienen. In diesem Zusammenhang stellt sich die wichtige Frage, ob der Code für die Qualität einer Futterstelle eine konstante Größe ist. Es wäre ja recht unsinnig, die Qualität einer Futterstelle nur von der Zuckerkonzentration abhängig zu machen, denn der Aufwand für einen Flug, z. B. über 100 m oder über mehrere Kilometer, ist natürlich sehr verschieden. Was zählt, auch im Vergleich zu anderen Futterquellen, ist wohl das Verhältnis zwischen Aufwand und Nutzen. Weiterhin ist natürlich der Bedarf des ganzen Volkes zu berücksichtigen. Wird gerade mehr Pollen oder Wasser benötigt, sollte auch besonders süßer Nektar an Wert verlieren.

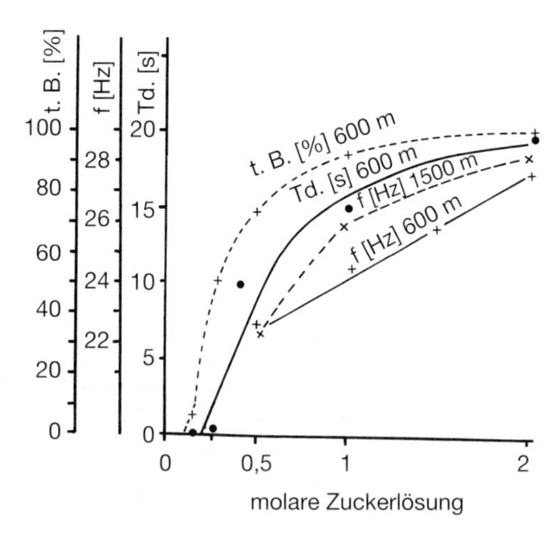

Abb. 9-6: Die Abhängigkeit des Schwänzeltanzes von der Zuckerkonzentration einer künstlichen Nahrungsquelle. Drei Parameter des Tanzes werden aufgetragen: der Anteil der tanzenden Biene (t. B., %), die Frequenz der Schallpulse (f, Hz) und die Tanzdauer (Td., s; nach Tabellen in von Frisch 1965).

Tatsächlich werden diese komplexen Zusammenhänge im Bienenvolk durch Informationsaustausch geregelt und drücken sich in der kontinuierlichen Anpassung des Codes für die Qualität der Futterstelle aus. Eine Übersicht der dabei zusammenspielenden Faktoren gibt Abb. 9-7. Alle diese Faktoren muß die Sammelbiene so integrieren, daß eine angemessene und bedarfsorientierte Bewertung der eigenen Sammelleistung erfolgt. Eine Schlüsselrolle bei diesem Prozeß spielen die jungen Empfangsbienen, an die am Stockeingang die Sammlerinnen ihre Nektarladung abgeben und die dann den Nektar im Stock verteilen. Diese jungen Bienen laufen dabei auf die ankommenden Sammlerinnen zu, betrillern sie mit ihren Fühlern und veranlassen sie auf diese Weise, den Nektar aus dem Kropf herauszudrücken. Je schneller eine Sammlerin ihre Nektarladung los wird, um so größer ist der Bedarf des Volkes und um so qualitativ hochwertiger wird die Nektarladung von den Empfangsbienen beurteilt. Braucht eine Sammlerin lange, um ihren Nektar loszuwerden, von um so geringerer Qualität wird er also im Verhältnis zu dem Nektar anderer Sammlerinnen und dem Bedarf des Volkes sein. Es sind also die jungen Empfangsbienen, die auf diese Weise den Bedarf des ganzen Volkes und die relative Wertigkeit (im Verhältnis zu den anderen eingetragenen Nektarqualitäten) an die Sammlerinnen zurückmelden. Diese allerdings müssen die Rückmeldung noch mit ihrem Sammelaufwand (Zeit, Flugstrecke) verrechnen, um die Effizienz ihrer Sammeltätigkeit zu beurteilen.

Was nicht im Tanz mitgeteilt wird: Eine nektarspendende Blüte hat eine Reihe von Eigenschaften, über die der Tanz keine Informationen enthält: Ihre Form und Farbe, ihre Lage zu näheren und ferneren Landmarken, ihre Höhe über dem Boden, die Anordnung in Gruppen oder als einzeln blühende Blume und die Tageszeit der Nektarproduktion. Der Tanz gibt auch nur in indirekter Weise den Flugweg an, den die Nachläuferinnen zu fliegen haben. Müssen die Sammelbienen z. B. einen Umweg fliegen (etwa um eine Bergnase herum), dann wird die Richtung der direkten Verbindung (Stock-Futterstelle) getanzt, aber

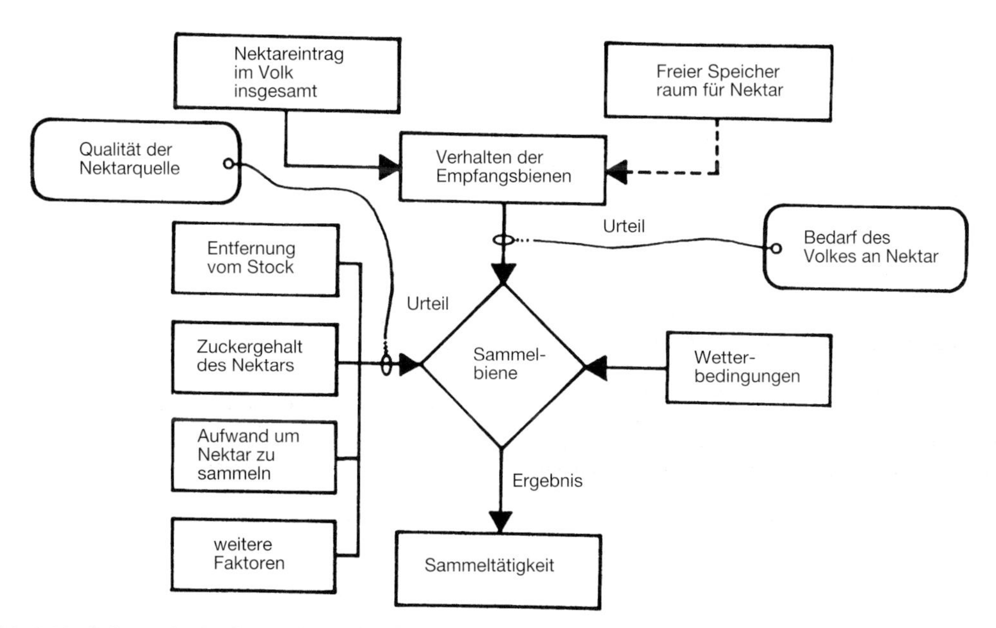

Abb. 9-7: Schematische Darstellung der Faktoren, die eine Sammelbiene integrieren muß, um ihre Sammelleistung zu beurteilen (nach Seeley 1985).

eine Entfernung angegeben, die dem Energieaufwand des tatsächlichen Hinfluges entspricht. Bienen errechnen fortlaufend über den Mechanismus der Wegintegration die Richtung der kürzesten Entfernung zu ihrem Ausgangspunkt (Stock; 8.2). Erzwingen große Landmarken Abweichungen von der im Tanz vermittelten Richtung, halten sie die Abweichungen so klein wie möglich und versuchen, sie so bald wie möglich zu kompensieren. Gemeinsam mit der Entfernungsangabe führt sie das zum Ziel. Diese Verhaltensweisen können auch dazu führen, daß die tanzenden Sammlerinnen und die neu rekrutierten Bienen verschiedene Flugwege wählen. Von Frisch trainierte einmal eine Sammelschar um einen großen Hauskomplex herum. Die Sammlerinnen flogen in geringer Höhe den Umweg, die neu rekrutierten Bienen dagegen wählten den Weg über den Häuserkomplex, folgten also der Richtungsangabe, aber wählten einen anderen Umweg als die eingeflogene Sammelschar.

Tänze auf der Schwarmtraube: Schwänzeltänze informieren nicht nur über den Ort und die Qualität von Nektarquellen, sondern auch über Pollenquellen, Wasseransammlungen (zum Kühlen des Volkes bei großer Hitze), Harzausscheidungen (zum Sammeln von Propolis, das vor allem im Herbst zum Abdichten der Nisthöhle verwendet wird) und über geeignete Nistplätze. Wird ein Bienenvolk zu groß, zieht ein Teil der erfahrenen Sammelbienen gemeinsam mit der Königin aus und bildet einen Schwarm, der sich zuerst in der Nähe des alten Stockes, meist an einem Ast hängend, niederläßt. Suchbienen fliegen von dort aus und erkunden die Umgebung nach geeigneten Nistplätzen, also Höhlen in Bäumen und im Boden. Das Innere solcher Höhlen wird von den Suchbienen durch rasches Hin- und Herlaufen inspiziert, wobei die Größe der Höhle, ihre Öffnung, ihre Feuchtigkeit und der Schutz gegen Wind und Regen beurteilt werden (Seeley 1977). Geeignete Höhlen werden durch Tänze auf der Schwarmoberfläche angezeigt. Je höher die Qualität der Höhle eingeschätzt wird, um so lebhafter und ausdauernder wird für sie getanzt. Häufig wird für mehrere potentielle Nistplätze gleichzeitig geworben. Andere Schwarmbienen fliegen dann aus, inspizieren die Höhlen, tanzen ebenfalls für diese Stellen oder folgen anderen Tänzerinnen, um deren Stellen zu inspizieren. M. Lindauer hat einmal einen Schwarm über 6 Tage lang beobachtet. Anfänglich wurden nur zwei Stellen angegeben. Eine der beiden, in kurzer Entfernung liegenden Stellen ist die, zu der der Schwarm nach einem 6-tägigen «Meinungsbildungsprozeß» letztlich aufgebrochen ist und sie als Nistplatz einnahm. Im weiteren Verlauf wurden aber bis zu 11 verschiedene Stellen angezeigt, für die wechselnde Zahlen von Bienen in Tänzen warben. Der Entscheidungsprozeß geht in den meisten Fällen rascher, kann aber auch erfolglos sein, dann nämlich, wenn gar keine geeigneten Nistplätze gefunden werden oder wenn der Schwarm sich teilt und die Königin nur einem Teil der Schwarmbienen folgt.

Wie mag die Tanzkommunikation entstanden sein? Keine andere Verhaltensweise von Insekten hat so viel Aufmerksamkeit erregt wie die Tanzkommunikation bei Honigbienen. Dies ist auch nicht verwunderlich, wenn wir bedenken, welche erstaunlichen Leistungen ein so kleines Tier mit einem geradezu winzigen Nervensystem damit zustande bringt. Gerade weil dieses ritualisierte, kommunikative Verhalten so erstaunlich ist, ist die Frage nach den evolutiven Wurzeln besonders interessant.

Bewegungsrituale, die Merkmale für Richtung und Entfernung enthalten, gibt es nur bei den vier Arten: *Apis florea*, die ihre Waben im Freien baut, *Apis dorsata*, die eine große Wabe im freien an einem Ast hängend baut, *Apis cerana*, einer höhlenbrütenden Art, wie auch bei der im kälteren Klima vorkommenden *Apis mellifera*, auf die sich alle Beschreibungen bisher bezogen haben. Abb. 9-8 gibt die phylogenetische Verwandtschaft dieser vier *Apis*-Arten sowie die Bauformen ihrer Nester an. Die kleine indische Biene *A. florea* tanzt auf den horizontalen und vertikalen Oberflä-

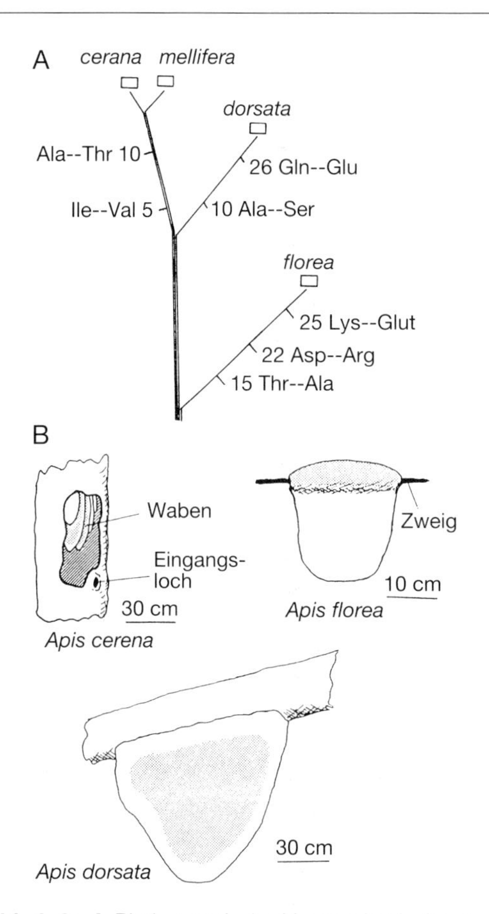

Abb. 9-8: A Phylogenetische Verwandtschaft von vier *Apis*-Arten, wie sie sich aus der Übereinstimmung des Aminosäuregehalts einer Hauptkomponente des Stachelsekrets, des Melittins, ergibt. Die Nummern geben die Positionen der veränderten Aminosäuren an. **B** Nestbau von drei *Apis*-Arten. *Apis mellifera* ist ein Höhlenbrüter wie *Apis cerana* **A** nach Kreil, in Ruttner 1987; **B** nach Dyer 1987).

chen ihrer Wabe (Abb. 9-9). Im Gegensatz zu allen anderen drei Arten transponiert sie den Sonnenazimutwinkel nicht in einen Winkel zur Schwerkraft. Vielmehr ist der Schwänzellauf auf der horizontalen Fläche direkt auf das Ziel hin gerichtet und auf den vertikalen Flächen ebenfalls so ausgerichtet, daß er mit Bezug zu den umgebenden Landmarken so direkt wie möglich zur Futterstelle weist. Der Sonnenazimut wird dabei nicht berücksichtigt. Da die anderen drei Arten auf horizontaler Fläche die Schwänzelläufe auch direkt auf das Ziel ausrichten, nimmt man mit gutem Grund an, daß die ursprüngliche Form der Tanzkommunikation eine auf Landmarken und dann später auch auf den Himmelskompaß bezogene **Intentionsbewegung** ist (Lindauer 1956; Dyer 1987). Unter einer Intentionsbewegung versteht man eine aus einem anderen Verhaltensbereich kommende Bewegungsfolge, die durch Ritualisierung abgewandelt wird und so zum Signal für andere Tiere werden kann.

Beim Bienentanz stellt man sich einen intendierten Abflug vor, bei dem in ritualisierter Weise die gerade bevorstehende Flugstrecke in einem Lauf vorweggenommen wird. Für eine solche Interpretation spricht, daß es Verhaltensweisen bei anderen Insekten gibt, die man als **Präadaptationen** interpretieren kann: 1. Viele fliegende Insekten zeigen vor Flugbeginn eine erhöhte Laufaktivität, ein Vibrieren der Flugmuskulatur und ein Pumpen des Abdomens. Die Folge ist eine erhöhte Körpertemperatur, die bei den poikilothermen Tieren eine Voraussetzung ist für den Flugbeginn. 2. Schnelles Umherlaufen, verbunden mit Anstoßen und Fühlertrillern, ist ein häufig beobachtetes Verhalten bei sozialen Insekten und signalisiert eine Aufforderung zum

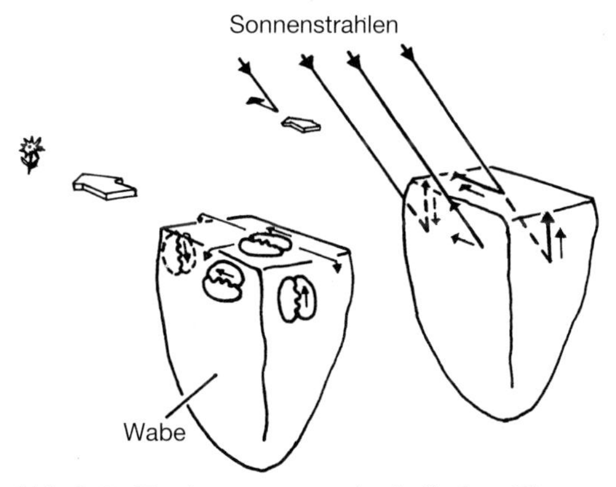

Abb. 9-9: Tanzbewegungen der indischen Bienen *Apis florea* auf der horizontalen oberen Fläche und den vertikalen seitlichen Flächen der im Freien hängenden Waben. Der breite weiße Pfeil weist auf die Futterquelle. Zu diesem Zeitpunkt steht die Sonne in Richtung der Futterstelle. Die rechte Abb. gibt mit den dicken Pfeilen auf den Waben die projizierte Sonnenrichtung an und mit den kürzeren dünnen Pfeilen die Tanzrichtung. Es ist offensichtlich, daß *Apis florea* nicht nach dem Sonnenazimut tanzt (nach Dyer 1987).

Auslaufen bzw. Ausfliegen und Folgen. Als Präadaptation für dieses Verhalten wird das suchende Umherlaufen in Kreisen und Schleifen von solitären Insekten (z. B. Fliegen) betrachtet, das auftritt, wenn man bei fressenden Tieren die Futterquelle entfernt. 3. Als Präadaptation für die Übersetzung des Sonnenkompaßwinkels in einen zur Schwerkraft ausgerichteten Winkel wird die bei vielen Insekten beobachtete Übertragung eines phototaktischen Laufes in einen geotaktischen Lauf betrachtet. Wenn ein Insekt auf eine Lichtquelle zuläuft (positive Phototaxis), dann hat es bei plötzlichem Ausschalten der Lichtquelle die starke Tendenz, auf einer schrägen Ebene nach oben zu laufen (negative Geotaxis). Bei negativer Phototaxis beobachtet man eine Tendenz zur positiven Geotaxis. Mitunter zeigt sich auch eine winkelgetreue Übertragung zwischen diesen beiden Taxien. 4. Die zum Ziel hin orientierte Bewegung beim Schwänzellauf läßt sich mit den Intentionsbewegungen vergleichen, wie man sie z. B. auch bei gesellig lebenden Vögeln beobachtet. Die Abflugstimmung wird durch ansatzweises Abfliegen und Recken des Halses zum Ziel hin signalisiert und löst schließlich ein gemeinsam koordiniertes Abfliegen aus.

Diese Liste von möglichen Präadaptationen und vergleichbaren Erscheinungen bei anderen Tieren mag uns einige Hinweise für die schrittweise evolutive Entstehung der Tanzkommunikation der *Apis*-Arten geben. Dennoch bleibt der Evolutionsablauf noch weitgehend im Dunkeln. Es ist aber erstaunlich, daß sich ein solch erfolgreiches Kommunikationsmittel nicht auch bei anderen sozialen Hymenopteren-Arten findet.

Am Ende dieses Kapitels wollen wir uns noch einer Frage zuwenden, die in den letzten Jahren im Zusammenhang mit der Tanzkommunikation und Orientierung der Bienen kontrovers diskutiert wurde. Welcher Art sind die inneren Repräsentationen der äußeren Welt im Bienengehirn, die es ihnen erlauben, sich über große Strecken effektiv zu orientieren und ausgezeichnete Orte (Futterstellen, Nistorte) im Tanz mitzuteilen? Bei der Beschreibung der Beobachtungen und Experimente wurden hier Begriffe verwandt, die den Eindruck erwecken könnten, Bienen seien zu abstrakten, kognitiven Leistungen befähigt. So wurde von berechnen, schätzen, schließen, beurteilen und inspizieren gesprochen, um das Ergebnis der jeweiligen Verhaltensweisen für den weiteren Verlauf der individuellen und sozialen Verhaltensweisen so prägnant und kurz wie möglich zu charakterisieren. Aus der Benutzung dieser Begriffe darf aber nicht geschlossen werden, daß kognitive Leistungen dieser Art bei Bienen angenommen werden sollten. Dafür gibt es tatsächlich keinerlei Hinweise. Könnte es aber sein, daß Bienen eine **innere Vorstellung** (in Art einer **kognitiven Karte**, 8.2) von der Landschaft haben? Ihr Tanzverhalten wäre dann wie ein Fingerzeig auf eine bestimmte Stelle in dieser inneren Vorstellung zu verstehen (Griffin 1985). In einem solchen Falle würde die tanzende Biene mit den Mitteln ihrer **«Sprache»** auf einen Punkt der inneren Karte deuten, und die Nachläuferinnen würden den Punkt auf ihrer inneren Karten kennzeichnen und dann im Flug ansteuern. Als Stütze für eine solche Interpretation wurden Experimente herangezogen, nach denen z. B. Bienen in der Lage sein sollten, neue Wege auf der Grundlage einer inneren Vorstellung zu fliegen. Im Kap. 8.2 wird gezeigt, daß Bienen diese Fähigkeit nicht haben. Als anderer Hinweis wurde die Beobachtung herangezogen, daß Nachläuferinnen einen Ausflug verweigern, wenn eine Tänzerin eine Stelle angibt, an der es nach früherer Erfahrung keine Nahrung geben kann, z. B. mitten in einem See (Gould und Gould 1988). Auch diese Beobachtung läßt sich als voreiliger Schluß aus unvollständigen Daten interpretieren.

Es läßt sich also sagen, daß es keine überzeugenden experimentellen Befunde gibt für höhere kognitive Funktionen, weder für eine kognitive Karte der Landschaft im Gehirn noch für deduktive Leistungen bei der Verknüpfung und Kommunikation von einzelnen Erfahrungsinhalten. Karl von Frisch hat die Reichweite dieser Frage und die Grenzen unserer Erkenntnis so ausgedrückt: «Nach meiner Kenntnis gibt es kein Beispiel für intelligentes Verhalten bei Bienen» (von Frisch 1965); und «die Frage, wo im Tierreich die Grenzen zum einsichtigen Handeln liegen, ist mir seit meiner Jugend immer wieder durch den Kopf gegangen. Letztlich glaube ich, daß wir nichts Definitives zu dieser Frage sagen können. Persönlich zweifle ich nicht daran, daß Tiere, wie Affen, Hunde und mein Wellensittich, der 15 Jahre lang mein Freund war, eine bestimmte Art von Bewußtsein haben und in einer gewissen Weise denken können. Nur, das kann man niemandem beweisen, der es nicht glauben will ... Die Tänze von Bienen zeigen zwar viele Formen der Anpassung, ich glaube aber nicht, daß sie in irgendeiner Weise Ausdruck eines willentlichen oder überlegten Verhaltens sind. Sie geben mir den überwältigenden Eindruck eines instinktiven Verhaltensablaufes» (zitiert nach Griffin 1985, S. 474).

Literatur zu 9

Dyer, F.C. (1987) New perspectives on the dance orientation of the asian honeybees. In: Menzel, R. und Mercer, A. (Eds.) Neurobiology and behavior of honeybees. 54–65. Springer, Berlin.

Dyer, F.C. und Gould, J.L. (1981) Honey bee orientation: A Backup system for cloudy days. Science **214**, 1041–1042.

Frisch, K. von (1946) Die Tänze der Bienen. Österr. Zool. Zeitschr. **1**, 1–48.

Frisch, K. von (1965) Tanzsprache und Orientierung der Bienen. Springer, Heidelberg.

Gould, J.L. (1976) The dance-language controversy. Quart. Rev. Biol. **51**, 211–244.

Gould, J.L. und Gould, C.G. (1988) The honey bee. Scientific American Library, New York.

Griffin, D.R. (1985) The cognitive dimensions of animal communication. In: Hölldobler, B. und Lindauer, M. (Eds.) Experimental behavioral ecology and sociobiology. 471–482. Gustav Fischer, Stuttgart.

Hölldobler, B. und Wilson, E.O. (1990) Host tree selection by the neotropical ant *Praponera clavata* (Hymenoptera: Formicidae). Biotropica **22.2**, 213–214.

Lindauer, M. (1956) Über die Verständigung bei indischen Bienen. Z. vergl. Physiol. **38**, 521–557.

Markl, H. (1987) Soziale Systeme als kognitive Systeme – Zur Anpassungsleistung sozialer Organisation bei Tieren. Rhein. Westfl. Akad. Wiss.-Vorträge **354**, 35–71.

Michelsen, A. (1989) Ein mechanisches Modell der tanzenden Honigbiene. Biol. in unserer Zeit **19**, 121–126.

Michelsen, A., Towne, W.F., Kirchner, W.H. und Kryger, P. (1987) The acoustic near field of a dancing honeybee. J. Comp. Physiol. A **161**, 633–643.

Ruttner, F. (1987) The evolution of honeybees. In: Menzel, R. und Mercer A. (Eds.) Neurobiology and behavior of honeybees. 8–20. Springer, Berlin.

Seeley, T. (1977) Measurement of nest cavity volume by the honey bee *(Apis mellifera)* Behav. Ecol. Sociobiol. **2**, 201–227.

Seeley, T. (1985) The information-center strategy of honeybee foraging. Fortschr. Zool. **31**, 75–90.

10 System der Insekten

O. Kraus

Einleitung

Für den Physiologen ist es wichtig, über die Stellung seiner Versuchstiere im System informiert zu sein. Darüber hinaus wird er sich gelegentlich für die Verhältnisse in der Außengruppe interessieren; damit ist das jeweilige **verwandtschaftliche Umfeld** gemeint. Hierzu können die in den meisten Lehr- und Handbüchern dargestellten gängigen Systeme nicht ohne weiteres herangezogen werden. Das liegt daran, daß vergleichende Fragestellungen an einem System zu orientieren sind, das nicht etwa nur dem Anspruch genügt, ein Ordnungsschema zu bieten. Vielmehr muß es darüber hinaus über die tatsächliche Verwandtschaft zwischen den Teilgruppen und damit über die Stammesgeschichte informieren, soweit das bei dem derzeitigen Stand unserer Kenntnis möglich ist.

Ausgangslage: Die Mehrzahl der heute verfügbaren «Systeme» sollte besser als Klassifikationen bezeichnet werden. Sie stellen Einteilungs-Schemata dar, bei denen in unterschiedlicher Weise versucht worden ist, unter Berücksichtigung wissenschaftlich unpräziser Vorstellungen (wie Ähnlichkeit oder evolutives Niveau) eine Übersicht über die Formenmannigfaltigkeit der Natur zu bieten. Da hierbei vielfach subjektives Ermessen in die Darstellungen einfließt, ist es nicht verwunderlich, wenn die in verschiedenen Büchern gebotenen Systeme nicht übereinstimmen. Darüber hinaus ist der Wissenschaftler nur zu oft desorientiert, weil er (manchmal ohne es zu merken) nicht einzuschätzen vermag, auf welcher Grundlage er seine Befunde vergleichend einordnet; bei Studenten breitet sich Unsicherheit aus, weil sie, irritiert, nicht abschätzen können, welche Darstellung akzeptiert und gelernt werden soll. So kann fahrlässiger Umgang mit dem System letztlich alle Beteiligten daran hindern, zu der integrativen Ebene des Erkennens von Zusammenhängen und damit des Begreifens vorzudringen. Gibt es aber überhaupt **ein** zutreffendes, ein **richtiges System**? Diese Frage gewinnt zunehmend an Bedeutung.

10.1 Phylogenetisches System

Etwa seit vier Jahrzehnten ist der Ausweg aus diesem Dilemma gewiesen und somit ohne weiteres möglich. Die Grundvoraussetzung hierfür besteht in der kompromißlosen Abkehr von Systemen, welche Elemente enthalten, die auf Typologie oder Intuition beruhen. Vielmehr ist ein System zu fordern, das reale Einheiten der Natur, also geschlossene Abstammungsgemeinschaften **(Monophyla)**, in einem hierarchischen Gefüge präsentiert; wobei diese Ordnung, Schritt für Schritt, mit den Verzweigungen im Verlauf der Stammesgeschichte übereinzustimmen hat. Ein solches phylogenetisches System basiert auf der **Evolutionstheorie.** Da es nur **einen** Ablauf des historischen Prozesses der Stammesgeschichte gegeben hat, ist somit auch nur **ein** System möglich.

Nur dieses **Phylogenetische System** kann die Funktion einer verläßlichen Integrationsplattform erfüllen: der Physiologe wird hierdurch in die Lage versetzt, die Ergebnisse seiner Experimente, seine Resultate, vergleichend einzuordnen. Darüber hinaus bietet es ihm die Möglichkeit, gezielt Versuchsstrategien zu entwickeln, insbesondere bei der Wahl miteinander zu vergleichender Organismen aufgrund tatsächlicher Verwandtschaft. Demgegenüber wird ihm mit einem der bisher üblich gewesenen Systeme der Insekten, in dem z. B. die Pterygota linear in die Ordnungen 6 bis 33 (Weber und Weidner 1974) oder 1 bis 28 (Storch und Welsch 1991) «eingeteilt» sind, das Gegenteil eines Ordnungsgefüges mit dem wünschenswerten und tatsächlich auch benötigten Informationsgehalt geboten.

An dieser Stelle kann nicht auf die Methoden der Rekonstruktion des Ablaufs der Stammesgeschichte eingegangen werden; es wird verwiesen auf die zusammenfassenden Darstellungen durch Hennig (1982) und Ax (1984, 1988). Deshalb erfolgt hier nur der Hinweis, daß die Feststellung von Verwandtschaft im eigentlichen, strengen Sinne zu erfolgen hat. Das ist gleichbedeutend mit der Ermittlung der jeweiligen Monophyla. Diese können prinzipiell nur durch den gemeinsamen Besitz abgeleiteter Besonderheiten festgestellt und belegt werden (10.2.3.1, Abb. 10-2). Entsprechend bilden zum Beispiel alle Holometabola ein Monophylum, weil alle Vertreter dieses Taxon das innerhalb der Insekten abgeleitete Merkmal «Holometabolie» aufweisen; umgekehrt bilden die «Hemimetabola» aber kein Monophylum, denn sie stellen gleichsam den dann verbleibenden Rest der Pterygota dar, der die sogenannte unvollkommene Entwicklung aus dem Grundmuster letztlich der Articulata im Prinzip beibehalten hat. Genausowenig würde man ernsthaft erwägen, etwa alle Pterygota, welche noch das Merkmal aufweisen «3 Medianaugen (= Ocellen) vorhanden», als geschlossene Abstammungsgemeinschaft anzusehen, da es sich hierbei um ein Grundmuster-Merkmal der Arthropoden insgesamt handelt; es ist in zahlreichen Gruppen der geflügelten Insekten ebenso beibehalten worden wir unter anderem bei den Collembolen.

Verwandtschaft wird deshalb im folgenden stets und konsequent mit dem Erwerb evolutiver Neuheiten begründet, also durch **Apomorphien** belegt. Ursprüngliche Merkmalsausprägungen **(Plesiomorphien)** sind hierfür unbrauchbar. Sie führen zu typologischer Einschätzung aufgrund oberflächlicher Ähnlichkeit (overall similarity), wie sie in der Vergangenheit in nicht monophyletischen Gruppenbildungen wie «Apterygota», «Hemimetabola» oder «Thysanura» Ausdruck gefunden hat.

10.2 Stammesgeschichte der Insekten

10.2.1 Schwestergruppen

Die Insecta bilden, zusammen mit den Chilopoda und den Progoneata (zu denen die Symphyla und die Dignatha [= Diplopoda + Pauropoda] gehören), das ranghohe Taxon **Tracheata.** Hierbei handelt es sich um die Schwestergruppe zu den Krebsen (Crustacea) (Abb. 10-1). Entgegen der Bezeichnung Tracheata sollte der gemeinsame Besitz von Tracheen jedoch nicht zur Begründung dieses Monophylum herangezogen werden, da derartige Atmungsorgane möglicherweise mehrfach unabhängig ausgebildet worden sind. Die Begründung der geschlossenen Abstammungsgemeinschaft Tracheata basiert vielmehr auf der totalen Reduktion des Extremitätenpaares III des Kopfes, das den Antennen II der Crustacea homolog ist; das zugehörige Segment (Intercalarsegment) ist durch das Tritocerebrum repräsentiert. Eine weitere exquisite Besonderheit der Tracheaten besteht darin, daß die Mandibeln aus einem ganzen Gliedmaßenpaar gebildet worden sind (telognathe oder Ganzbein-Mandibeln) und deshalb auch nie einen Kiefertaster (Palpus) aufweisen (im Gegensatz zu den lagegleichen, aber gnathobasischen Mandibeln der Crustaceen).

Auf die bislang allgemein angenommene Gruppe «Myriapoda» muß künftig verzichtet werden, da es sich hierbei nicht um ein Monophylum handelt, sondern lediglich um die willkürliche Zusammenfassung all derjenigen Tracheata, die nicht zu den Insekten gehören. Die tatsächlichen Schwestergruppen-Verhältnisse sind in Abb. 10-1 dargestellt und begründet (Kraus und Kraus 1993, 1994). Deshalb sei hier nur angeführt, daß der Mundraum der Chilopoda bereits von den Maxillen I abgeschlossen und begrenzt wird, während ein weitgehend extremitätenhafter Charakter der Maxillen II, die nicht als Mundwerkzeuge im eigentlichen Sinne funktionieren, beibehalten worden ist. Demgegenüber ist es bei allen Vertretern der Labiophora, also der Schwestergruppe der Chilopoda, die Maxille II, welche den Mundraum nach unten bzw. hinten abschließt.

Die Monophylie der Progoneata ist unter anderem belegt durch die Verlagerung der Geschlechtsöffnung nach vorn zwischen das 3. und 4. Beinpaar (Progoneatie), aber auch durch den Besitz spezieller Bothriotrichen (Dohle 1980). Demgegenüber ist die Monophylie der Schwestergruppe, also der Insecta, u.a. zu begründen durch Verweis auf die spezielle Zweiteilung des postcephalen Körpers in 3 Thorax- und die anschließenden primär 11 Abdominal-Segmente. Das geht einher mit der Ausbildung dreier lokomotorischer thorakaler Extremitätenpaare, bei gleichzeitiger Tendenz zu weitgehender bis völliger Reduktion der abdominalen Gliedmaßen.

10.2.2 Basale Dichotomien innerhalb der Insecta

Wahrscheinlich bereits im Kambrium erfolgte die Aufspaltung der Stammlinie der Insekten in die beiden großen Teilgruppen **Entognatha** und **Ectognatha** (Abb. 10-1). Während bei den Entognatha die Maxillen II ventral in die Kopfkapsel eingeschmolzen und gleichzeitig die Mandibeln sowie Maxillen I in das Innere dieser Kapsel sekundär verlagert erscheinen,

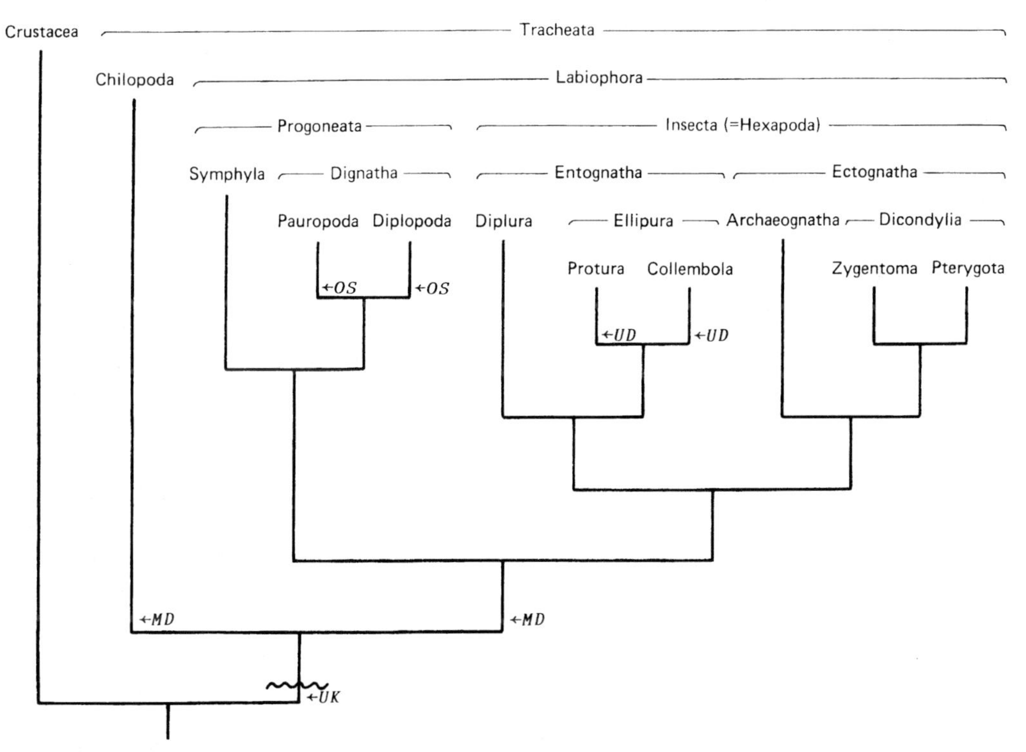

Abb. 10-1: Stammbaum der Mandibulata, unter Beschränkung auf die Verwandtschafts-Verhältnisse zwischen den hochrangigen Teiltaxa der Tracheata. Die Wellenlinie auf der Stammlinie der Tracheata weist auf den Übergang vom Wasser- zum Landleben hin. Pfeile markieren das jeweilige stammesgeschichtliche Mindestalter aufgrund der fossilen Überlieferung (soweit bekannt). UK Unter-Kambrium, OS Ober-Silur, UD Unter-Devon, MD Mittel-Devon (nach Kraus und Kraus 1993).

haben die Ectognatha den ursprünglichen Zustand mit außen an der Kopfkapsel angelenkten Mundgliedmaßen beibehalten; das ist bei jeder Heuschrecke unschwer zu erkennen. Somit kann die Monophylie der Ectognatha nicht mit einem Merkmal «Ectognathie», also einer Plesiomorphie, begründet werden, wohl aber durch den Erwerb von dreigliedrigen Geißelantennen. Entsprechend konsequent muß bei der Analyse der weiteren stammesgeschichtlichen Aufspaltung dieser beiden großen Entwicklungslinien argumentiert werden: Die Entognatha haben den ursprünglichen flügellosen Zustand ebenso unverändert aus dem Grundmuster der Insekten übernommen wie die Archaeognatha (Felsenspringer) und die Zygentoma (z.B. Silberfischchen) unter den Ectognatha. Lediglich bei den (hinsichtlich der Beibehaltung des ursprünglichen ectognathen Zustandes «primitiven») Ectognatha sind bei einer der drei hochrangigen Teilgruppen Flügel «erfunden» worden. Diese evolutive Neuheit belegt zwar die Monophylie einer geschlossenen Abstammungsgemeinschaft Pterygota, sie berechtigt aber nicht dazu, diejenigen Insektengruppen, wie vielfach geschehen, als «Apterygota» zusammenzufassen, welche die Plesiomorphie der primären Flügellosigkeit noch immer aufweisen. Andernfalls würde man stammesgeschichtliche Verzweigungen, einhergehend mit dem Erwerb wesentlicher evolutiver Neuheiten (Apomorphien), regelrecht vertuschen; hierzu braucht z.B. nur hingewiesen zu werden auf die totale Reduktion der Antennen bei den Protura oder den Erwerb des Ventraltubus und der Furca bei den Collembola.

Aus dem begründeten Stammbaum leitet sich unter Einbezug der nächst verwandten Außengruppen (Kraus und Kraus 1993, 1994) das nachstehende Phylogenetische System ab (Hennig 1969, 1981), wobei die Darstellung zunächst auf die hohen Hierarchie-Ebenen beschränkt wird (Tab. 10-1). Dieses System muß als zutreffend angesehen werden, solange die ihm zugrunde liegende Stammbaum-Rekonstruktion nicht teilweise oder ganz widerlegt worden ist.

Tab. 10-1: System der Tracheata

1	**Chilopoda** (Hundertfüßer)
2	**Labiophora**
2.1	Progoneata
2.1.1	Symphyla (Zwergfüßer)
2.1.2	Dignatha
2.1.2.1	Pauropoda (Wenigfüßer)
2.1.2.2	Diplopoda (Doppelfüßer)
2.2	Insecta [= Hexapoda] (Insekten)
2.2.1	Entognatha
2.2.1.1	Diplura (Doppelschwänze)
2.2.1.2	Ellipura
2.2.1.2.1	Protura (Beintastler)
2.2.1.2.2	Collembola (Springschwänze)
2.2.2	Ectognatha
2.2.2.1	Archaeognatha (Felsenspringer)
2.2.2.2	Dicondylia
2.2.2.2.1	Zygentoma («Silberfischchen»)
2.2.2.2.2	Pterygota (Geflügelte Insekten)

Es empfiehlt sich, wie hier geschehen, auf Kategorien-Bezeichnungen wie Klasse, Unterklasse, Überordnung, Ordnung, Unterordnung usw. ganz zu verzichten, da hierdurch fast immer unzutreffende Äquivalenzen vorgetäuscht werden. Wenn eine Form des Ausdrucks der verschiedenen Hierarchie-Ebenen und damit von Äquivalenzen als notwendig erachtet werden sollte, dann dürfte das vergleichsweise neutrale Verfahren der Dezimal-Klassifikation noch am ehesten vertretbar sein (Tab. 10-1 bis 10-3).

10.2.3 Dichotomien innerhalb der Pterygota

10.2.3.1 Basale Verzweigung

Die stammesgeschichtliche Zweiteilung der Pterygota in **Palaeoptera** (mit Ephemeroptera und Odonata) und **Neoptera** ist in Abb. 10-2 dargestellt. In diesem Falle sind die wesentlichsten evolutiven Neuheiten (Apomorphien) eingetragen, um das Argumentationsprinzip bei der Begründung von Verwandtschaft exemplarisch darzustellen. Danach ist das Phylogenetische System wie in Tab. 10-2 zu schreiben.

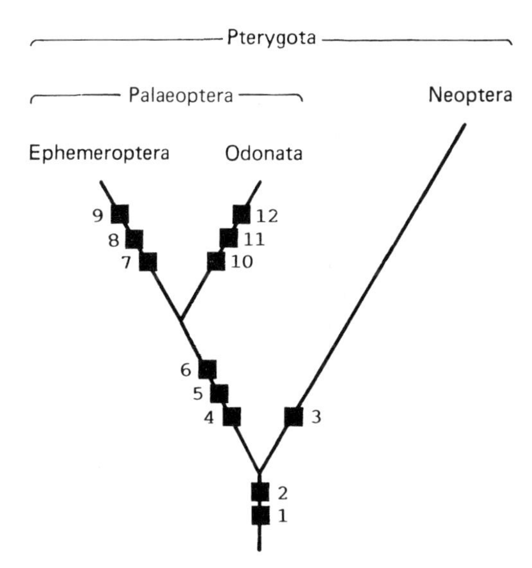

Abb. 10-2: Basaler Stammbaum der Pterygota. Die jeweils eingetragenen «evolutionary novelties» (■) stellen Apomorphien zur Begründung von Verwandtschaft bzw. Belege für die Monophylie der drei Taxa dar. Hierdurch wird die Argumentationsweise exemplarisch verdeutlicht, mittels derer auch die in Abb. 10-1 und 3 wiedergegebenen Diagramme erarbeitet worden sind. **1** Pterygotie (Flügel an Meso- und Metathorax); **2** Verlust der Coxalblasen; **3** Neopterie (spezielle Differenzierung der Flügelbasis); **4** kurze, borstenförmige Fühlergeißel der Imagines; **5** sekundär aquatische Lebensweise der Larven; **6** Verschmelzung von Galea und Lacinia der I. Maxillen der Larven; **7** Reduktion der Mundwerkzeuge der Imagines; **8** Verlagerung der Existenz auf die Larven, einhergehend mit extremer Kurzlebigkeit der Imagines; **9** Palménsches Organ; **10** spezielle Flügelbasis; **11** direkte Flügelbewegung; **12** Fangmaske der Larven.

Tab. 10-2: System der Pterygota (nur hochrangige Taxa, entsprechend der basalen stammesgeschichtlichen Differenzierung)

1	**Palaeoptera**
1.1	Ephemeroptera (Eintagsfliegen)
1.2	Odonata (Libellen)
2	**Neoptera**

10.2.3.2 Stammesgeschichte und System der Neoptera

Innerhalb der Pterygota stellen die Neoptera die mit Abstand formenreichste und damit erfolgreichste Teilgruppe dar. Wie bereits einleitend bemerkt, werden ihre Untereinheiten gewöhnlich in Gestalt von 28 Ordnungen mehr oder weniger linear gereiht. Der Stammbaum (Abb. 10-3) zeigt jedoch, daß diese Subtaxa unterschiedlichen Hierarchie-Ebenen zuzuordnen sind. So erweisen sich beispielsweise die Thysanoptera (Blasenfüße oder Fransenflügler) als stammesgeschichtliches Äquivalent zu der Gesamtheit der Hemiptera (Schnabelkerfe).

Es würde den Rahmen der hier zu bietenden Übersicht sprengen, wollte man im folgenden für den Stammbaum der Neoptera ebenfalls die jeweiligen Begründungen eintragen und anführen. Deshalb wird auf die vollständigen Angaben verwiesen, die von Hennig (1969, 1981) zusammenfassend dargestellt und kritisch erörtert worden sind (Kristensen 1981).

Statt dessen kommt es hier primär darauf an, die nach dem derzeitigen Stande unserer Kenntnis wahrscheinlichsten **Verwandtschaftshypothesen** in einem Diagramm darzustellen und dabei noch bestehende Unsicherheiten zu verdeutlichen. Dieser Stammbaum wird sodann umgesetzt in ein hierarchisches System der Neoptera (Tab. 10-3), das mit dem realhistorischen Prozeß der Stammesgeschichte kongruent ist und zugleich diejenigen Positionen erkennen läßt, bei denen heute noch Unklarheit besteht. In diesem geschriebenen System (Tab. 10-3) sind Äquivalenzen (jeweiligen Schwestergruppen-Verhältnissen entsprechend) durch gleichsinniges Einrücken verdeutlicht. Erscheinen in einigen Fällen mehr als nur zwei Gruppen auf derselben Hierarchie-Ebene, so bedeutet das, daß die Verwandtschaftsbeziehungen noch nicht abschließend geklärt werden konnten. Die am Rande vorgenommene Dezimal-Klassifikation läßt das gleichfalls erkennen, da in solchen Fällen die Alternativen (1) und (2) überschritten

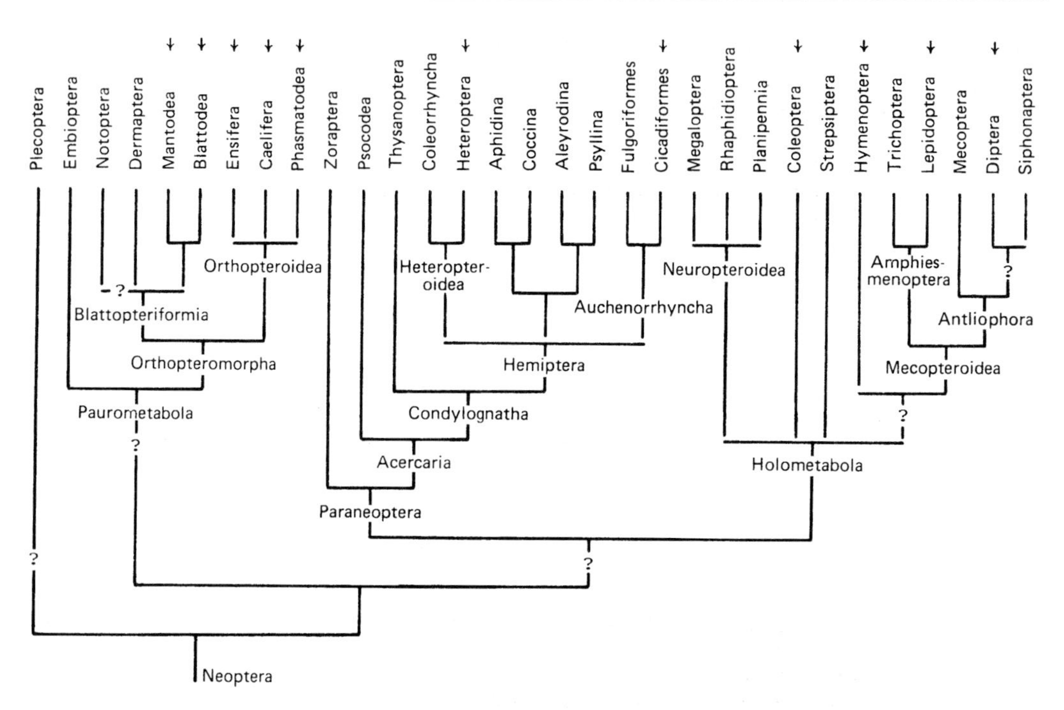

Abb. 10-3: Stammbaum der Neoptera. Pfeile weisen auf 11 von 31 Gruppen hin, zu denen die derzeit wichtigsten Versuchstiere gehören und verdeutlichen hierdurch indirekt diejenigen Bereiche, die demgegenüber zur Zeit keine oder nur geringe Berücksichtigung finden. Fragezeichen und Unterbrechungen von Verzweigungslinien sowie die Zusammenfassung von mehr als zwei Gruppen durch eine horizontale Linie weisen auf ungenügende Sicherung von Verwandtschaftsverhältnissen bzw. auf noch offene Fragen hin. Die Darstellung enthält nur die wichtigeren Namen von Gruppen höheren Ranges (horizontale Schrift); vollständige Angaben sind Tab. 10-3 zu entnehmen. – Anmerkungen: Hennig (1969) betrachtete die Plecoptera nicht als Schwestergruppe aller übrigen Neoptera sondern der Paurometabola; deren Monophylie ist ungenügend begründet. Auch die hier angenommenen Schwestergruppen-Verhältnisse zwischen Hymenoptera und Mecopteroidea sowie zwischen Diptera und Siphonaptera bedürfen der Sicherung.

sind, so daß die Ziffern (3) bis maximal (5) vorkommen. Das trifft bis auf weiteres leider sogar noch immer für die basale Aufgliederung der Neoptera zu. Hier sind **Plecoptera, Paurometabola, Paraneoptera** und **Holometabola** vorerst nebeneinandergestellt, da die wechselseitigen Verwandtschafts-Verhältnisse dieser Teiltaxa noch nicht abschließend bewertet werden können. Eine ähnliche Situation ist bis auf weiteres z. B. auch bei den Blattopteriformia, den Orthopteroidea, sowie in besonderem Umfang bei den Holometabola gegeben. Gegenüber diesen damit verdeutlichten wissenschaftlichen Problemen sind z. B. bei den Mecopteriodea vergleichsweise klare Verhältnisse gegeben.

Die hier bewußt angesprochenen Schwachstellen des gegenwärtigen Phylogenetischen Systems der Neoptera dürfen jedoch nicht als Mangel oder gar als ein Zeichen von Inkonsequenz mißverstanden werden. Vielmehr ergeben sie sich überhaupt erst dadurch, daß das Phylogenetische System (im Gegensatz zu der heilen Welt herkömmlicher Klassifikationen) offene wissenschaftliche Fragen auch erkennen läßt und damit konkrete **Fragestellungen** induziert.

Tab. 10-3: System der Neoptera. (Kritische Anmerkungen zu einzelnen Positionen sind in der Legende zu Abb. 10-3 gegeben).

1	**Plecoptera** (Steinfliegen)
2	**Paurometabola**
2.1	Embioptera (Embien, Spinnfüßer)
2.2	Orthopteromorpha (Geradflügler im weitesten Sinne)
2.2.1	Blattopteriformia
2.2.1.1	Notoptera (Grillenschaben)
2.2.1.2	Dermaptera (Ohrwürmer)
2.2.1.3	Blattopteroidea
2.2.1.3.1	Blattodea
2.2.1.3.1.1	Blattaria (Schaben)
2.2.1.3.1.2	Mantodea (Fangschrecken)
2.2.1.3.2	Isoptera (Termiten)
2.2.2	Orthopteroidea
2.2.2.1	Ensifera
2.2.2.2	Caelifera (Feldheuschrecken im weiteren Sinne)
2.2.2.3	Phasmatodea (Gespenst-, Stabheuschrecken)
3	**Paraneoptera**
3.1	Zoraptera
3.2	Acercaria
3.2.1	Psocodea
3.2.1.1	Psocoptera (Flechtlinge, Staub-, Bücherläuse)
3.2.1.2	Phthiraptera (Feder- u. Haarlinge; Läuse)
3.2.2	Condylognatha
3.2.2.1	Thysanoptera (Fransenflügler, Blasenfüße)
3.2.2.2	Hemiptera (Schnabelkerfe)
3.2.2.2.1	Heteropteroidea
3.2.2.2.1.1	Coleorrhyncha (Peloridiiden)
3.2.2.2.1.2	Heteroptera (Wanzen)
3.2.2.2.2	Stenorrhyncha
3.2.2.2.2.1	Aphidomorpha
3.2.2.2.2.1.1	Aphidina (Blattläuse)
3.2.2.2.2.1.2	Coccina (Schildläuse)
3.2.2.2.2.2	Psyllomorpha
3.2.2.2.2.2.1	Aleyrodina (Mottenschildläuse)
3.2.2.2.2.2.2	Psyllina (Blattflöhe)
3.2.2.2.2.3	Auchenorrhyncha (Zikaden i. weit. Sinne)
3.2.2.2.2.3.1	Fulgoriformes (Laternenträger)
3.2.2.2.2.3.2	Cicadiformes (Zikaden i. eng. Sinne)
4	**Holometabola**
4.1	Neuropteroidea
4.1.1	Megaloptera
4.1.2	Rhaphidioptera (Kamelhalsfliegen)
4.1.3	Planipennia (Hafte, Netzflügler i. eng. Sinne)
4.2	Coleoptera (Käfer)
4.3	Strepsiptera (Fächerflügler)
4.4	Hymenoptera
4.5	Mecopteroidea
4.5.1	Amphiesmenoptera
4.5.1.1	Trichoptera (Köcherfliegen)
4.5.1.2	Lepidoptera (Schmetterlinge)
4.5.2	Antliophora
4.5.2.1	Mecoptera (Schnabelfliegen)
4.5.2.2	Diptera (Zweiflügler)
4.5.2.3	Siphonaptera (Flöhe)

Literatur zu 10

Ax, P. (1984) Das Phylogenetische System. Systematisierung der lebenden Natur aufgrund ihrer Phylogenese. Fischer, Stuttgart.

Ax, P. (1988) Systematik in der Biologie. Darstellung der stammesgeschichtlichen Ordnung in der lebenden Natur. Fischer, Stuttgart.

Dohle, W. (1980) Sind die Myriapoden eine monophyletische Gruppe? Eine Diskussion der Verwandtschaftsbeziehungen der Antennaten. Abh. naturwiss. Ver. Hamburg (NF) **23**, 45–103.

Hennig, W. (1969) Die Stammesgeschichte der Insekten. Kramer, Frankfurt a.M.

Hennig, W. (1981) Insect phylogeny. Wiley, Chichester.

Hennig, W. (1982) Phylogenetische Systematik. Paul Parey, Berlin.

Kraus, O. und Kraus, M. (1993) Phylogenetisches System der Tracheata: Die Frage nach der Schwestergruppe der Insekten. Mitt. dtsch. Ges. allg. angew. Entomol., **8.2**, 441–445.

Kraus, O. und Kraus, M. (1994) On «Myriapoda» – Insecta interrelationships, phylogenetic age and primary ecological niches. Verh. naturwiss. Ver. Hamburg, (NF) **34**, 5–36.

Kristensen, N.P (1981) Phylogeny of insect orders. Ann. Review Entomol. **26**, 135–157.

Storch, V. und Welsch, U. (1991) Systematische Zoologie. Fischer, Stuttgart.

Weber, H. und Weidner, H. (1974) Grundriß der Insektenkunde. Fischer, Stuttgart.

Sachregister

Die Seitenhinweise auf Abbildungen und Tabellen sind kursiv gesetzt.

A

B

C

D

E

F

G

H

I

J

K

L

M

N

O

P

Q

R

S

T

U

V

W

X

Z

Fachbücher der *Zoologie*

BIONA report

Biologie und angrenzende Naturwissenschaften in der Biologischen Arbeitsgruppe der Akademie der Wissenschaften und der Literatur, Mainz

Report 8 • Nachtigall • **Technische Biologie und Bionik 1**
1. Bionik-Kongreß, Wiesbaden
1992. X, 168 S., zahlr. Abb.u.Tab., kt. DM 44,-

Report 7 • Kallenborn/Wisser/Nachtigall • **3-D SEM-Atlas of Insect Morphology Vol.1: Heteroptera**
1990. XII, 164 pp., 38 fig., 134 photographs, soft cover DM 54,-

Report 6 • Nachtigall • **The flying Honeybee (Aspects of Energetics/Die fliegende Honigbiene (Aspekte der Energetik)**
1988. X, 151 S., zahlr. Abb. u. Tab., kt. DM 28,-

Report 5 • Nachtigall • **Bat flight/ Fledermaus**
1986. XII, 235 S., zahlr. Abb. u. Tab., kt. DM 38,-

Report 4 • Laudien • **Temperature Relations in Animals and Man**
1986. X, 234 pp., soft cover DM 34,-

Report 3 • Nachtigall • **Bird flight/Vogelflug**
1985. XVIII, 509 S., 8 Taf., zahlr. Abb. u. Tab., kt. DM 48,-

Report 2 • Nachtigall • **Physiologie und Biophysik des Insektenfluges (Neuro-, Sinnes- und Muskelphysiologie)**
1983. X, 137 Doppelseiten, zahlr. Abb., kt. DM 38,-

Report 1 • Nachtigall • **Physiologie und Biophysik des Insektenfluges (Atmung, Stoffwechsel, Flügelbewegung)**
1983. X, 135 Doppelseiten, zahlr. Abb., kt. DM 38,-

Preisänderungen vorbehalten.